辽宁东盛集团 中国绿色环保包装制品出口百强企业

辽宁东盛科技集团有限公司，成立于2000年，总部位于中国自由贸易试验区营口片区，并在上海、日本、香港等地设有子公司，现有员工700余人。辽宁东盛集团是一家集生物降解材料及制品研发制造、农产品保鲜材料及制品研发制造、品牌化、平台化运营于一体的全产业链集团公司，公司深耕国际市场23年，在世界环保领域传播中国主张，在内循环中不断提高国内市场占有率，是中国出口绿色环保包装制品行业龙头企业。

企业基地实拍：

企业部分荣誉展示：

地址：中国（辽宁）自由贸易试验区营口市西市区青花大街西88号
电话：18304171177

无锡灵鸽机械科技股份有限公司

失重喂料及物料输送系统方案服务商

WEIGHTLESS FEEDING AND MATERIAL CONVERING SYSYTEM
SOLUTION SERVICE PROVIDER

无锡灵鸽机械科技股份有限公司（以下简称**灵鸽科技**）成立于2012年，是我国失重喂料技术的发源地、失重喂料机的诞生地，是物料计量配料及输送领域的一家高新技术企业，新三板挂牌公司，股票代码833284。公司核心团队由失重喂料和塑机行业的专家组成，从事喂料配料技术研发已有二十多年的历史。目前，**灵鸽科技**已成为我国规模化的失重喂料机、成套流程装备的研发及生产制造基地。

灵鸽科技努力打造民族品牌，精心致力于物料计量配料及输送技术的开发与应用，为用户提供各种失重式喂料机、称重配料系统、切粒机、智能微量配料系统、失重喂料及原料输送系统、锂电正负极材料生产线、锂电双螺杆高速制浆系统等产品研发、工程设计、技术服务，为塑料、化工、食品、橡胶、制药、环保、新能源等流程工业提供一体化的解决方案。

灵鸽科技在中国国内各地区、全球各主要区域设有售后及服务网络，可以为用户快速、便捷的提供售前技术支持和售后技术服务。

佛山市海瑞嘉精密挤出机械有限公司

HIGHRICHJA PRECISION EXTRUSION MACHINERY CO.,LTD

海瑞嘉精密挤出机械有限公司成立于2006年，坐落于美丽的广东佛山，是非标设计制造精密管材挤出设备的专业厂家。公司面积约 36500平方米，总人数200余人，技术人员占比30%。

海瑞嘉公司生产的精密挤出生产设备特别为顾客的管材和型材挤出而开发和设计，多款挤出机采用了免维护的交流变频电机直接驱动，结构紧凑，操作简单，广泛的产量范围以及适用于多种原料和多项应用的优点。

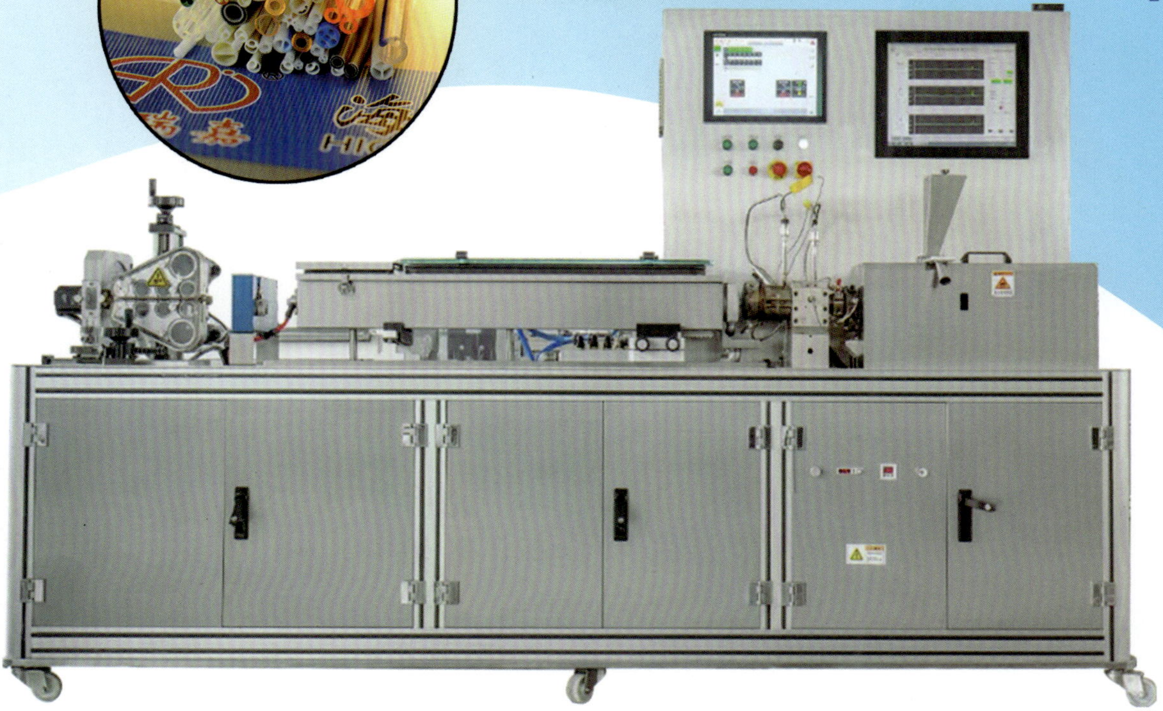

海瑞嘉系列挤出生产设备的适中价位源于连续生产以及标准化模块组合的概念，实现了生产规模，生产范围以及采购成本的经济性，各项严格的生产指标保证了挤出生产设备的高品质，进而实现了无与伦比的性价比，为企业创造更大的利润价值。

公司严格执行行业标准进行挤出机械生产的制造，并接受国家有关部门的技术监督和质量检验，更获得(ISO9001： 2015质量管理体系认证证书》 和《欧共体CE认证证书》，这是海瑞嘉质量的保证，也是给客户信心的保证。

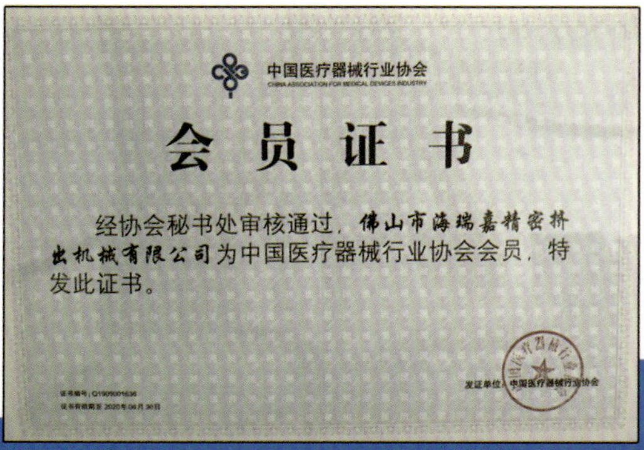

中国医疗器械行业协会
CHINA ASSOCIATION FOR MEDICAL DEVICES INDUSTRY

会员证书

经协会秘书处审核通过，佛山市海瑞嘉精密挤出机械有限公司为中国医疗器械行业协会会员，特发此证书。

发证单位：中国医疗器械行业协会

Certificate of Compliance

实用新型专利证书

CERTIFICATE OF REGISTRATION
认证证书
佛山市海瑞嘉精密挤出机械有限公司
GB/T19001-2016/ISO9001:2015

地址：广东省佛山市南海区狮山镇桃园西路白藤村工业区1号
Add：No.1 Industrial Park, Baiteng Village,Taoyuan West Rd, Shishan Town, Nanhai District, Foshan City, Guangdong, China
电话：0757-86407501 网址：www.chinahrj.com.cn 联系人电话：13902843029 /13929985372

产品介绍 PRODUCT INTRODUCTION

产品名称： PA 66/6T　　**牌　号：** A3015

产品描述： A3015V是己二胺、己二酸和对苯二甲酸共聚物，熔点273℃，与PA66相比具有良好的耐热性，也非常适用于尼龙阻燃改性。

产品名称： 透明尼龙　　**牌　号：** A1315

产品描述： A1315是一种非晶的聚酰胺树脂，具有高透明、高刚性、高流动、低吸水、低翘曲，高耐化、可以有效抑制其他组分析出等特点。

产品名称： 无定形尼龙　　**牌　号：** BR34

产品描述： BR34是一种经过特殊工艺合成的半芳香族透明尼龙，具有优异的阻隔性，有效阻隔氧气、水蒸气、二氧化碳等，可以大幅提高薄膜的透明度、耐穿刺性和吹胀比等。

产品名称： MXD6　　**牌　号：** M30

产品描述： M30是一种半结晶 芳香族尼龙树脂，由间苯二甲胺和己二酸聚合而成，具有高刚性、高流动、低吸水、低翘曲等特点，尤其适用于高玻纤增强尼龙改性体系和阻燃改性中，对抑制阻燃剂析出和产品表观改善有非常好的效果。

产品名称： 阻隔尼龙　　**牌　号：** BR607

产品描述： BR607是一种半结晶的芳香族尼龙树脂，具有优异的阻隔性，可以有效阻隔氧气、水蒸气、二氧化碳等，并且耐蒸煮性能优异，蒸煮之后阻隔性能更高，尤其适用于高端食品包装薄膜、PET阻隔瓶等领域

产品名称： PA610　　**牌　号：** A50

产品描述： A50是己二胺、癸二酸聚合的通用性聚酰胺树脂，具有较好的耐化学性和低吸水性，用做注塑、纺丝原料、改性基料等，终端应用于电子电器、汽车部件、高铁、家电、运动器材等。

产品名称： PA612　　**牌　号：** A60

产品描述： A60是己二胺、十二酸聚合的通用性聚酰胺树脂，较A50有更低的吸水率和更好的尺寸稳定性，具有较好的耐化学性和低吸水性，用做注塑、纺丝原料、改性基料等，终端应用于电子电器、汽车部件、高铁、运动器材等。

产品介绍

PRODUCT INTRODUCTION

PP系列相容剂

用作玻纤或矿物填充聚丙烯的界面改性剂；可改善聚丙烯的涂覆性和喷漆性能。

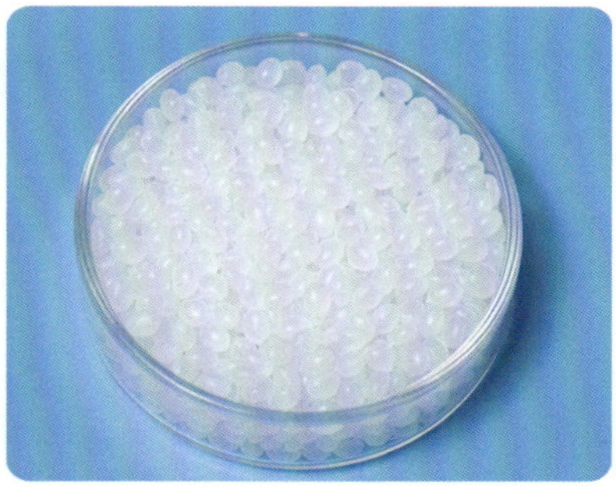

尼龙增韧剂

用于PA6、PA66增韧、增强增韧、阻燃增强增韧，提高材料抗冲击性，在高铁、汽车、电子电器方面应用广泛。

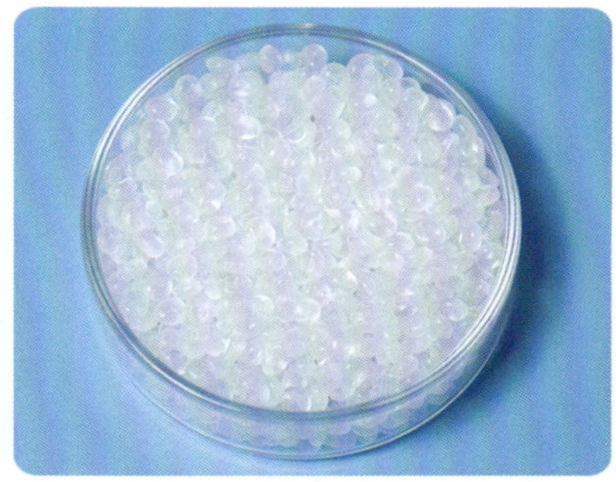

PE系列相容剂

用于PE与含有极性基团树脂合金的相容；且具有优异的粘结性能，与金属和聚烯烃有很好的粘结力，可用于铝塑复合板、塑粉、木塑、电缆料等。

ABS系列相容剂

作为玻纤增强或矿物填充ABS、AS界面改性剂；或PC与ABS共混合金的相容剂。

聚酯类增韧剂

用于PBT增韧、增强增韧、阻燃增强增韧以及PBT类合金的相容增韧。

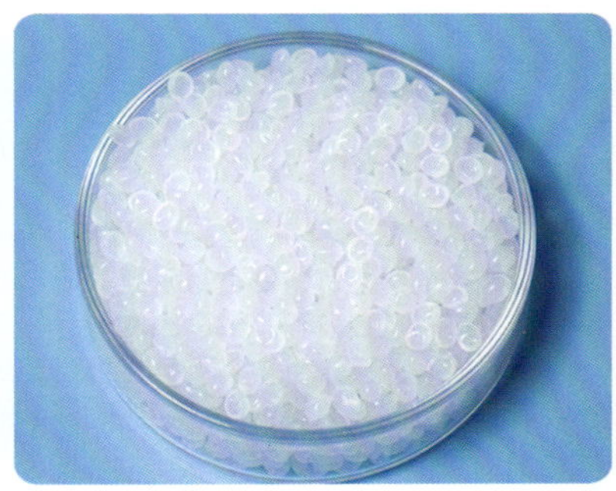

粘合树脂

作为多层共挤阻隔薄膜的粘接层，与EVOH、PA都具有优异的粘结效果。

企业发展历程

2003年，成立沈阳科通塑胶有限公司，建立第一工厂
2005年，建立华南办事处
2006年，成立国际贸易事业部
2007年，建立华东办事处
2008年，建立西南办事处
2021年，建立科通企业第二工厂，科通新材料有限公司

企业使命

- 让全体员工持续获得物质和精神双幸福
- 让客户持续使用性价比高、品质稳定的产品。
- 为国家多纳税，多承担社会责任。

企业愿景

成为一家立足于亚太地区，致力于为改性工程塑料、包装、管道、防水等行业提供较高价值解决方案的国际化企业。

北京天罡助剂受阻胺光稳定剂独创代表产品

一、受阻胺类光稳定剂

（1）Tiangang® HS-950 新一代高分子量聚合型受阻胺光稳定剂

该产品荣获 2023 塑料行业－荣格术创新奖，特别适用于聚烯烃（PP, PE 等）、聚烯烃共聚物、尼龙、聚缩醛、聚酯等高分子聚合物制品中，可有效防止光老化现象的发生，如机械强度下降、变黄等，提升制品的耐候性。也可用于聚烯烃与 EVA, PPO 等的共聚物，聚甲醛（POM），尼龙（PA），聚氨酯（PU），软硬聚氯乙烯（PVC）及 PVC 共混物等。另外，本品对苯乙烯类，橡胶和胶粘体等也有良好的光稳定功效。

作为聚合型高分子量受阻胺光稳定剂，Tiangang® HS-950 具有与树脂极佳的相容性和耐抽提性，可用于要求低挥发及少量迁移的系统中。特别适于薄膜、扁丝与纤维中使用。应用于人造草坪中，可有效保障人造草丝 5 年以上的使用寿命。

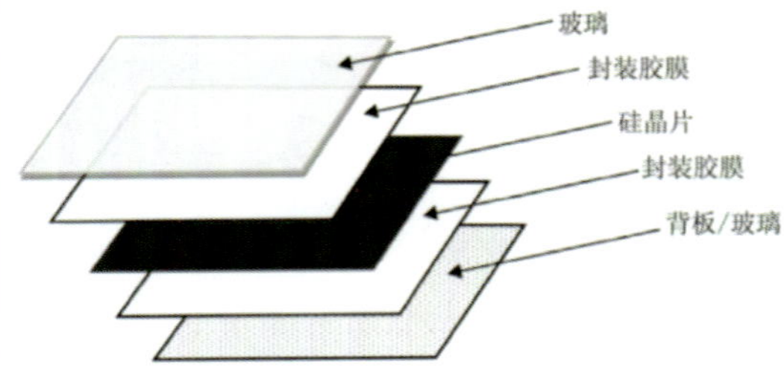

光伏组件 EVA 封装胶膜的稳定性受环境影响较大，特别是紫外线、红外线辐射和湿度。EVA 封装胶膜的老化会由于变色（黄变、褐变）而导致光学解耦，随之而来的是功率损失、附着力下降、分层以及由醋酸产生的金属件腐蚀。

本品应用于水上光伏项目可显著提高 EVA 封装胶膜的耐久性和耐候性，使浮体使用寿命延长至 10~20 年。

荧光紫外加速老化实验，比较不同光稳定剂对于藤条力学性能和光泽度的影响。EFW1 为加入 Tiangang® HS-950 藤条。

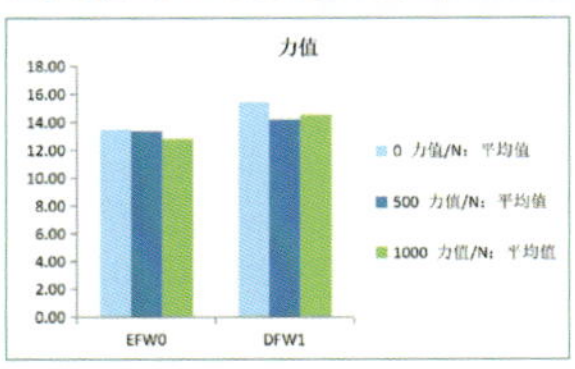

实验时间（小时）	测量结果	EFW0	DFW1
0	力值/N：平均值	13.49	15.47
500	力值/N：平均值	13.37	14.21
1000	力值/N：平均值	12.79	14.50

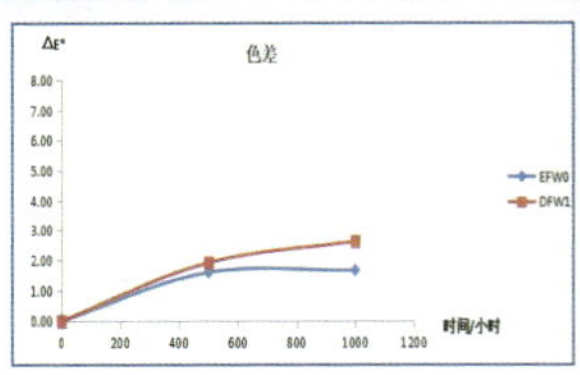

实验时间（小时）	样品编号/测量结果	EFW0	DFW1
0	△E*	0.00	0.00
500	△E*	1.59	1.91
1000	△E*	1.65	2.62

（2）Tiangang® HS-625 新型高性能低碱性聚合型受阻胺光稳定剂

该产品荣获多项省部级与行业科技进步奖，具有低析出、耐迁移、低碱性的特点，特别适用于聚烯烃（PP, PE 等）、聚烯烃共聚物、尼龙、聚缩醛、聚酯等高分子聚合物制品中，可有效长效防止光老化现象的发生，如机械强度下降、变黄等，提升制品的耐候性。

对聚烯烃与 EVA，PPO 等的共聚物，聚甲醛（POM），尼龙（PA），聚氨酯（PU），软硬聚氯乙烯（PVC）及 PVC 共混物，以及苯乙烯类，橡胶和胶粘体等都具有极佳的长效光稳定功效。此外，本产品也可以有效提升制品的长效耐热氧老化性能。

作为聚合型高分子量受阻胺光稳定剂，Tiangang® HS-625 具有与树脂极佳的相容性和耐抽提性，可用于要求低挥发及少量迁移的系统中。特别适于薄膜与纤维中使用。Tiangang® HS-625 与传统高分子量受阻胺光稳定剂相比，具有较低的碱性，可以适用于传统受阻胺难以使用的酸性或含卤素环境。

上海崇明岛西瓜扣棚膜自然暴晒实验，比较不同光稳定剂对于棚膜曝晒后断裂伸长率的影响。

案例：上海西瓜膜试验（HS-625 vs.进口 119）

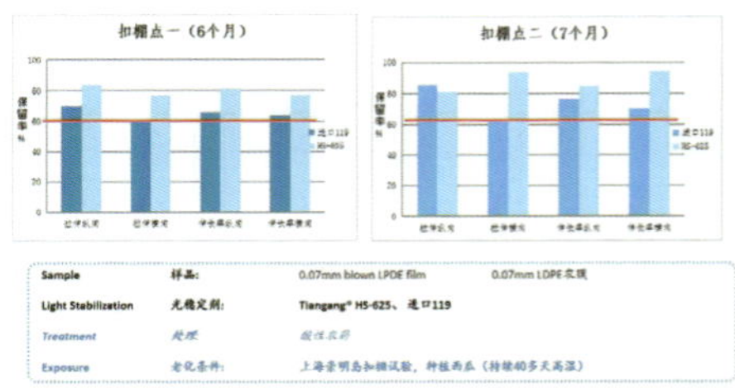

（3）Tiangang® T-81/T-70 高性能低 VOC 光稳定剂体系

该系列产品为汽车内外饰聚丙烯材料专用产品，是为具有低 VOC、低析出、高性能等要求的应用领域开发的专用光稳定剂复合体系，特别适合于聚丙烯注塑件等厚制品的耐候性保护，可以极为有效地防止聚合物在光、热作用下老化现象的发生，如褪色、失光、表面粉化、机械强度下降等光老化现象；添加量往往远低于传统产品即可达到使用要求。

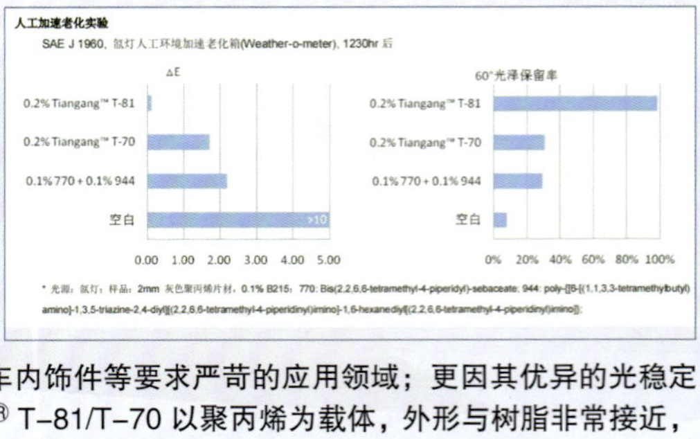

Tiangang® T-81/T-70 分子结构优于传统产品，与 PP/TPO 等树脂具有更佳的相容性，可在厚制品表面形成较高浓度却极少析出，因此，不仅大大降低了表面发粘、VOC 上升等不利因素的影响，特别适用于汽车内饰件等要求严苛的应用领域；更因其优异的光稳定性能，使得如汽车外饰件等对长期光老化要求较高的应用领域。Tiangang® T-81/T-70 以聚丙烯为载体，外形与树脂非常接近，因此易于加工、且无粉尘，特别适合各种 PP/TPO 注塑件中使用。

（4）Tiangang® T-68/T-69/XT-8

该系列产品是针对聚烯烃膜开发的新一代高性能光稳定剂体系，可对各类聚烯烃薄膜提供极佳的耐候性保护，有效防止薄膜制品在光、热作用下老化现象的发生，如断裂伸长率、拉伸强度下降等，仅需添加量很少的量即可使产品户外使用寿命显著提升，并可起到长效保护的作用。不仅如此，Tiangang® T-68/T-69/XT-8 更对有酸性物质，如酸雨、农药、杀虫剂、除草剂等存在的严苛环境中，有较好的适应性，有效改善了传统光稳定剂易受酸性物质影响失效的问题。

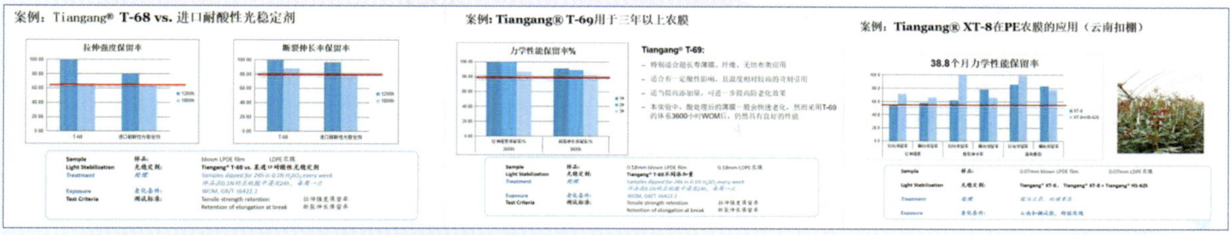

（5）Tiangang® HS-362 高分子量聚合型复配受阻胺光稳定剂

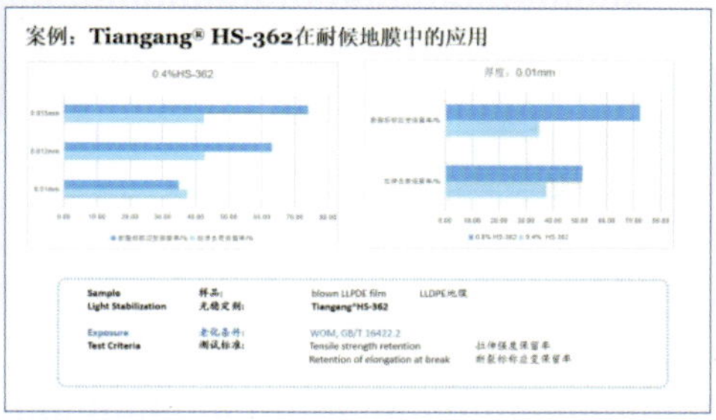

Tiangang® HS-362 是一种高性能聚合型受阻胺光稳定剂协效复配物(HALS)，特别适用于聚烯烃（PP, PE 等）、聚烯烃共聚物、尼龙、聚缩醛、聚酯等高分子聚合物制品，可有效防止光老化现象的发生，如机械强度下降、变黄等，提升制品的耐候性。本品也可用于聚烯烃与 EVA, PPO 等的共聚物，聚甲醛（POM），尼龙（PA），聚氨酯（PU），软硬聚氯乙烯（PVC）及 PVC 共混物等。另外，本品对苯乙烯类，橡胶和胶粘体等也有良好的光稳定功效。

作为聚合型高分子量受阻胺光稳定剂，Tiangang® HS-362 具有与树脂极佳的相容性和耐抽提性，可用于要求低挥发及少量迁移的系统中。特别适于薄膜、扁丝与纤维等薄制品中使用，特别适用于农用大棚膜、地膜、滴灌带等领域使用。

二、紫外线吸收剂

在实际应用中，天罡助剂公司作为专注于研发和生产高性能助剂的企业，产品在诸多领域得以普遍应用，其中新型的三嗪类紫外线吸收剂 Tiangang® UV-570/Tiangang® UV-630，投放市场即受到了广泛关注与好评。天罡助剂公司将这类三嗪类紫外线吸收剂添加到塑料、涂料、化妆品等产品中，以提高这些产品的防护能力。例如，在塑料中添加三嗪类紫外线吸收剂可以防止塑料制品在户外长时间暴露导致的黄变、龟裂等现象。在涂料中添加三嗪类紫外线吸收剂可以增强涂料的耐候性，延长其使用寿命。在化妆品中添加三嗪类紫外线吸收剂可以保护皮肤免受紫外线的伤害，减少皮肤癌和晒伤等问题的发生。

（1）Tiangang® UV-570

是一种性能卓越的高效防老化杂环化合物，可溶于有机溶剂，如二甲基甲酰胺、酯类溶剂和环氧乙烷等。该化合物由一个酚羟基和多环结构组成，可以在亚稳态下分子内转换，能吸收 250-400 纳米的紫外光，用量仅需 0.1%-0.5%，具有色浅、无毒、耐高温、相容性好、迁移性小、挥发性低、高添加量也不易析出等特点。即便处在高温和酸碱的苛刻环境中也可超长效抵抗光热影响。除了对紫外线具有优异的吸收能力，Tiangang® UV-570 还具有红外线吸收性能，与其他红外线吸收剂相比，其吸收能力更好，能够有效防止涂层因高温而泛黄或退色。广泛用于 PS、PC、PET、PMMA、聚醚胺、聚醚酯、丙烯酸共聚体、聚酰胺、苯乙烯－丙烯腈树脂及聚烯烃等方面。

产品性状				
Tiangang® UV-570	外观	熔程，℃	比重 g/cm³, @25℃	热失重温度，5%,℃
	淡黄色低尘粉末	148	1.15	>320

在实际应用中，天罡助剂公司将这类新型三嗪类紫外线吸收剂添加到塑料、涂料、化妆品等产品中，以提高这些产品的防护能力。例如，

①在塑料中添加三嗪类紫外线吸收剂可以防止塑料制品在户外长时间暴露导致的黄变、龟裂等现象。

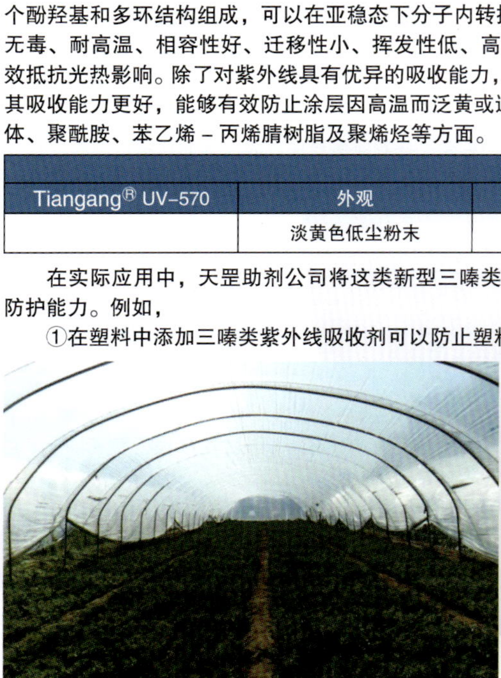

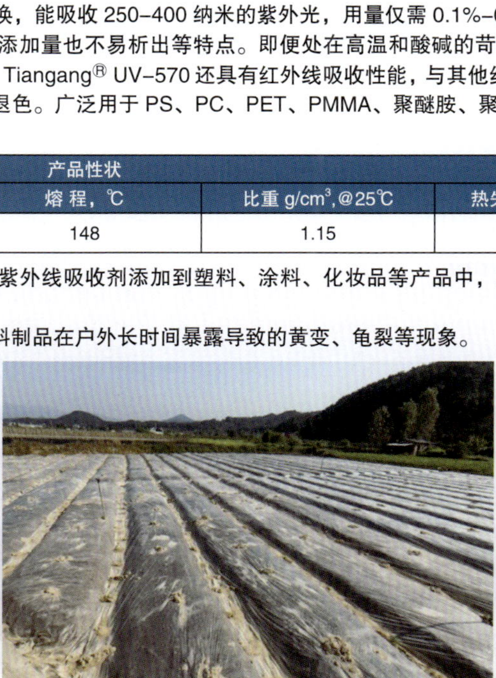

Tiangang® UV-570 可广泛地应用于各种塑料中，如聚丙烯、聚氨酯、聚碳酸酯等，具有较高的紫外线吸收性能和稳定性，可以有效地抵抗光和热的影响。Tiangang® UV-570 在塑料领域中的应用主要集中在塑料的稳定性、耐候性和透明度方面。

塑料稳定性：Tiangang® UV-570 可以有效地抑制塑料在紫外线照射下的老化和降解。它可以吸收在 200-400nm 波长范

围内的紫外线，并将其转化为热量。这种机制可以有效地防止塑料中的自由基产生和聚合反应，从而延缓塑料老化和降解的过程。Tiangang® UV-570 能够有效地提高塑料的稳定性，延长其使用寿命。

塑料耐候性：塑料在户外使用时，受到太阳光、氧气、水等环境因素的影响，容易发生变质、升白、变脆等现象。使用 Tiangang® UV-570 可以有效地提高塑料的耐候性。Tiangang® UV-570 能够吸收紫外线、过滤有害的紫外线和可见光，并将其转化为热量，从而减少紫外线对塑料的损害。同时，Tiangang® UV-570 还能够有效地防止塑料表面的氧化反应，减少塑料的变质和老化。

塑料透明度：Tiangang® UV-570 还可以提高塑料的透明度和光学性能。由于它能够过滤掉紫外线和可见光，又不影响有用的光谱范围，所以可以使得塑料的透明度增加，明亮度增加，色彩更加鲜艳。

②在涂料中添加三嗪类紫外线吸收剂可以增强涂料的耐候性，延长其使用寿命。

Tiangang® UV-570 的添加可以提高颜料和涂料的稳定性，尤其是对有机和金属颜料更为有效，可以明显延长颜料和涂料的光稳定性能。在颜料和涂料中添加适量的 Tiangang® UV-570，可以显著减少因紫外线照射而导致的颜料和涂料的颜色变化，同时也可以有效防止涂层出现龟裂和剥落。Tiangang® UV-570 与其他紫外线吸收剂相比，更适合在户外底漆和面漆中使用，尤其对于需要使用有害溶剂的高固体涂料，如丙烯酸酯聚合物和乙烯基醇酯共聚物，其效果更为突出。

Tiangang® UV-570 适用于水性涂料、溶剂漆、UV 固化涂料、粉末涂料和其他各种涂料，可以改善不同类型涂料的稳定性能，保护其表面光泽和颜色稳定性，所以 Tiangang® UV-570 在涂料领域中的应用范围非常广泛。

③ Tiangang® UV-570 在化妆品中添加三嗪类紫外线吸收剂可以保护皮肤免受紫外线的伤害，减少皮肤癌和晒伤等问题的发生，被广泛用于制备防晒霜、防晒喷雾、防晒乳液等防晒产品。

④ Tiangang® UV-570 在医药领域中也有重要应用，比如在某些药品中加入 Tiangang® UV-570，可以增强药品的稳定性和药效，延长药品的保质期。

⑤ Tiangang® UV-570 紫外线吸收能力强、添加量小、长效稳定、可与农药混配、延长药效保护农作物、提高产量。

随着人口的不断增长和城市化进程的加速，农药的应用越来越普遍和重要。在农业生产中，为了提高作物产量和增加作物抗逆性，往往需要使用一定量的农药来防治病虫害。然而，人们环保意识的不断增强使得传统农药的使用逐渐受到限制。Tiangang® UV-570 有效解决了这一问题。

⑥在防爆膜中的应用：

在一些加速老化的实验中表面，防爆膜在氙气灯加速老化实验舱内经过 2000 小时照射后仍能阻断 98% 的有害紫外线辐射。这种时效基本等于日常 3~5 年的室外防爆膜使用时效。同样条件下的实验，在压敏胶内添加紫外线吸收剂，在安装防爆膜时，紫外线阻隔能力一般是 96% 至 98%，在室外曝光 900 小时后的阻隔能力达到 93%。几年后的室外曝光后，这类防爆膜的紫外线保护就很少了。防爆膜在其他产品中紫外线防护消失后还能有效的保护人体健康！

（2）Tiangang® UV-630

紫外线吸收剂 Tiangang® UV-630 是一种性能卓越的高效防老化助剂，对 UVA,UVB 都有较强的吸收力、吸收范围 200-400 纳米，具有色浅、无毒、相容性好、迁移性小、易于加工、同时具有低挥发性且本身具有较强的光热稳定性等特点。它对聚合物有最大的保护作用，并有助于减少色泽，同时延缓泛黄和阻滞物理性能损失。它广泛用于 PE、PET、PA、POM、PC、ABS、PMMA 等方面。为它们提供了良好的光稳定效果。用量 0.2%-0.5%。

产品性状				
Tiangang® UV-630	外观	熔 程，℃	比重 g/cm3,@25℃	热失重温度，5%,℃
	淡黄色低尘粉末	88.0-91.0	1.15	327

Tiangang® UV-630 具有出色的紫外线和热稳定性，并具有良好的耐化学性。可用于地板和墙壁覆盖物，建筑膜，工业设备零件，光伏发电应用。Tiangang® UV-630 为 PET 背板薄膜提供出色的紫外线防护，并为 PC 和 PET 提供出色的紫外线耐久性。

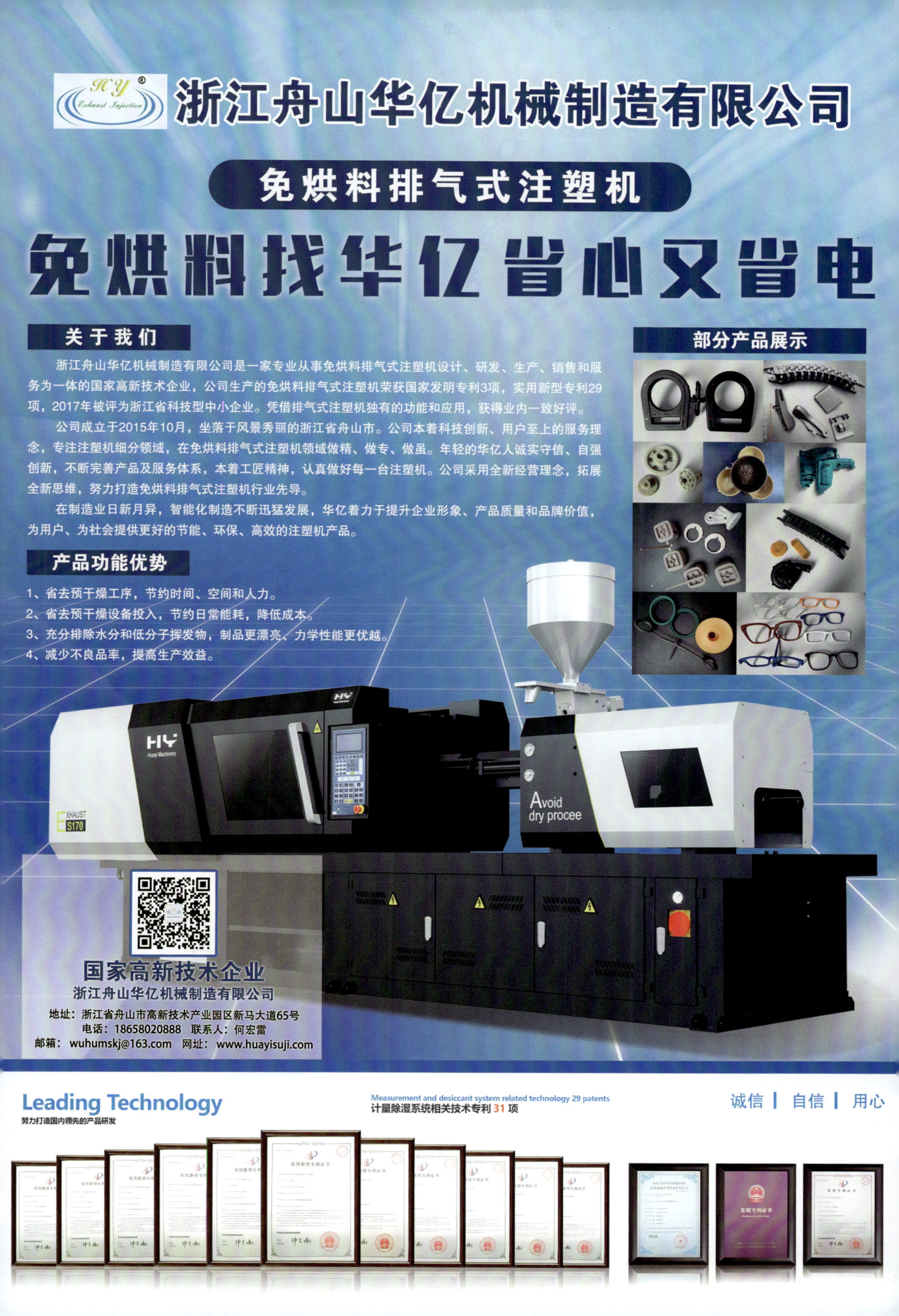
浙江舟山华亿机械制造有限公司
HY Exhaust Injection
免烘料排气式注塑机
免烘料找华亿 省心又省电
关于我们
浙江舟山华亿机械制造有限公司是一家专业从事免烘料排气式注塑机设计、研发、生产、销售和服务为一体的国家高新技术企业，公司生产的免烘料排气式注塑机荣获国家发明专利3项，实用新型专利29项，2017年被评为浙江省科技型中小企业。凭借排气式注塑机独有的功能和应用，获得业内一致好评。
公司成立于2015年10月，坐落于风景秀丽的浙江省舟山市。公司本着科技创新、用户至上的服务理念，专注注塑机细分领域，在免烘料排气式注塑机领域做精、做专、做虽。年轻的华亿人诚实守信、自强创新，不断完善产品及服务体系，本着工匠精神，认真做好每一台注塑机。公司采用全新经营理念，拓展全新思维，努力打造免烘料排气式注塑机行业先导。
在制造业日新月异，智能化制造不断迅猛发展，华亿着力于提升企业形象、产品质量和品牌价值，为用户、为社会提供更好的节能、环保、高效的注塑机产品。
部分产品展示
产品功能优势
1、省去预干燥工序，节约时间、空间和人力。
2、省去预干燥设备投入，节约日常能耗，降低成本。
3、充分排除水分和低分子挥发物，制品更漂亮、力学性能更优越。
4、减少不良品率，提高生产效益。
HY Huayi Machinery
EXHAUST S170
Avoid dry procee
国家高新技术企业
浙江舟山华亿机械制造有限公司
地址：浙江省舟山市高新技术产业园区新马大道65号
电话：18658020888 联系人：何宏雷
邮箱：wuhumskj@163.com 网址：www.huayisuji.com
Leading Technology
努力打造国内领先的产品研发
Measurement and desiccant system related technology 29 patents
计量除湿系统相关技术专利31项
诚信 | 自信 | 用心

熙荣塑机
xirong rubberand plastic
专业生产制造平行同向三螺杆/双螺杆挤出机
www.sjzxrsj.com
石家庄熙荣橡塑机械有限公司
15833216318
高扭矩：18Nm/cm³
高转速：Max1200~1800rpM/M
最大产能：4.5T/H
产品及应用
聚烯烃材料挤出造粒机
环保型改性全自动化挤出三螺杆造粒机
中国石化类改性造粒
电线电缆类辅助材料挤出生产线
失重式全生物降解类三螺杆造粒机
ufi Approved Event
Chinaplas®
国际橡塑展
2023
时间:4月17-20日 地点:中国·深圳
欢迎莅临我司展位：
6 F31
石家庄熙荣橡塑机械有限公司
Shijiazhuang Xirong rubber and plastic machinery Co.,Ltd.
地址：石家庄无极县东侯坊
电话：0311-85020263
邮箱：wangweiheng88@126.com
手机：（+86）13102889793

塑料材料的选用

3 第三版

THE THIRD EDITION

SELECTION OF PLASTIC MATERIALS

王文广　主编

梁学博　王贤文　何征　陈焕仁　副主编

何盛宝　主审

化学工业出版社

·北京·

内容简介

《塑料材料的选用》（第三版）以塑料的化学结构与性能关系为核心，结合现代工业需求，全面解析从通用塑料到特种功能材料的应用场景与选型逻辑。全书分为五篇，绪论涵盖塑料发展史、分类体系及鉴别技术；第一至四篇深入剖析通用塑料、工程塑料及特种塑料等的特性与应用；第五篇提出选材方法，助力行业实践。本书以数据驱动，收录数百种塑料的力学、热学参数，辅以行业案例和技术前瞻内容，对第二版进行了修订和增补。

本书是一部系统阐述塑料材料特性、分类及选材策略的专业科技手册，适用于材料科学、工业设计、制造业领域的工程师、研究人员及高校师生。

图书在版编目（CIP）数据

塑料材料的选用 / 王文广主编；梁学博等副主编. -- 3版. -- 北京：化学工业出版社，2025. 11
ISBN 978-7-122-44538-4

Ⅰ. ①塑… Ⅱ. ①王… ②梁… Ⅲ. ①塑料-原料-基本知识 Ⅳ. ①TQ320. 4

中国国家版本馆 CIP 数据核字（2023）第 231545 号

责任编辑：高 宁 仇志刚　　文字编辑：王文莉
责任校对：王鹏飞　　装帧设计：王晓宇

出版发行：化学工业出版社
(北京市东城区青年湖南街 13 号　邮政编码 100011)
印　装：中煤（北京）印务有限公司
787mm×1092mm 1/16 印张 41¼ 字数 1030 千字
2026 年 2 月北京第 3 版第 1 次印刷

购书咨询：010-64518888　　售后服务：010-64518899
网　址：http://www.cip.com.cn
凡购买本书，如有缺损质量问题，本社销售中心负责调换。

定　价：198.00 元

编写人员名单

主　　编　王文广

副 主 编　梁学博　王贤文　何　征　陈焕仁

参编人员　史振国　代惊奇　王格侠　刘晓播
　　　　　黄少鹏　王海瑛　陆书来　康　宁
　　　　　杨　松　郑　雯　吕晓平　刘坐镇
　　　　　朱栋栋　王国瑞　胡丽萍　汤明佳
　　　　　刘绍兴　李　花　张素敏　储少林
　　　　　潘学知　彭　军　董　斌　程　林
　　　　　龚学全　陈富贵　毛坤玉　黄和仔
　　　　　李德明　张向南　高家玉　孙珍珍
　　　　　叶远锋　杨丽双　王泰来　黄　榕
　　　　　陈向文　毕　玮　郭　玲

特邀审稿人名录

内容	单位	审稿人
全书	中国合成树脂协会	何盛宝
PE	中国石化北京化工研究院	夏先知
EVA	宁夏宝丰能源集团股份有限公司 盛虹炼化（连云港）有限公司	王杰 黄少鹏
PP	中国石化北京化工研究院	夏先知
ABS	上海锦湖日丽塑料有限公司	查超、刘辉辉
PS	山东卓创资讯股份有限公司	边国林
PVC	内蒙古君正化工有限责任公司	崔增平
PA	湖南工业大学	王文志
PC	摩珈生物科技有限公司	张雷
POM	中国合成树脂协会聚甲醛行业协作组	闫春洪
PETG	盛虹炼化（连云港）有限公司	黄少鹏
PPO	北京化工集团	陈宇
PPS	四川大学	王孝军
LCP	深圳市沃特新材料股份有限公司	钱洵
PAEK	浙江鹏孚隆新材料有限公司	于顺东
POE	盛虹炼化（连云港）有限公司	刁望升
PLA	安徽丰原生物技术股份有限公司	付松
PBAT	珠海金发生物科技有限公司	李建军
PCL	湖南聚仁化工新材料科技有限公司	高伟
PHA	清华大学	陈国强
PPC	中山大学	孟跃中
PVA	内蒙古双欣环保材料股份有限公司	徐勇彪
TPAE	北京旭阳科技有限公司	姜立忠
MXD6	湖南工业大学	王文志
PA6I/PA6T	北京安耐吉能源工程技术有限公司	霍超
接枝类功能聚合物	宁波能之光新材料科技股份有限公司	张发饶
树枝状聚合物	威海晨源高分子新材料有限公司	刘聪聪
EP	中国合成树脂协会环氧树脂分会	孔振武
UP	中国合成树脂协会不饱和聚酯分会	翟基业
AF	常州乔尔塑料有限公司	肖和平
PMMA	深圳市新涛新材料股份有限公司	陈文彦
塑料材料的选用方法	深圳蜜蜂塑化科技有限公司	高　治

序

FOREWORD

材料是建设制造强国的基石，是破解下游制造业瓶颈制约的重要保障，也是应对国际产业竞争、抢占未来发展制高点的迫切需要。塑料在材料领域具有不可或缺的地位。

我国塑料行业在过去几年中，步入了一个高速发展的新阶段。随着新的应用领域的不断拓展，塑料国产化率的提高，下游领域对高性能塑料需求的持续增长，整个行业迎来了新的发展机遇。特别是在储能材料、光伏材料、风能材料为代表的新能源材料及电动汽车、氢能源汽车等产业的带动下，大大弥补了一些由于传统市场需求增长放缓产生的需求减弱和市场缺失。

近年来，在塑料材料方面也取得了一系列重大关键技术的突破，先后攻克了茂金属聚丙烯、110kV高压绝缘电缆专用料、光伏级EVA、医用聚丙烯、高压管道专用料等高端聚烯烃，光学级PMMA、COC、COP、POE及其合金材料，溶液法聚苯醚、聚砜、聚酰亚胺、LCP、PA6T、MXD6、PEK、PEKK、聚芳醚腈及酚酞型聚醚醚酮等高性能工程塑料，医用SEBS、防弹玻璃用TPU等高性能橡胶，高强高模聚酰亚胺、大丝束碳纤维、T1000碳纤维、高伸长间位芳纶、高韧性对位芳纶、超高分子量聚乙烯等高性能纤维。生物基聚乳酸、PEF、PBS、聚酰胺56技术也取得了重大突破，为“补短板”和保障国家经济安全做出了突出贡献。

本书由原料制备、树脂合成、塑料加工应用的工程技术和研发人员共同编著。既结合了国内外的最新发展现状，也融入了编著者的研究成果和心得体会，反映了我国合成树脂生产、塑料加工及应用的研发和产业化的真实现状。书籍内容涵盖了聚合原理、工艺流程、检测手段，以及塑料的改性、纺丝、制膜、成型等加工方法，内容丰富、信息量大，非常具有实用性。此次更新，还加入了近年来新材料的研发和产业化情况。相信该书的出版，可以帮助从业人员提高业务水平，对促进产品升级与应用领域的开拓，起到积极的推动作用，并且赢得读者的喜爱。

本书主编王文广从事塑料行业40年，是塑料行业公认的行家和专家，先后主编过《塑料配方设计》《塑料配方大全》《聚合物改性原理》等书，并且不断更新再版。

本书涉及的内容，绝大部分都邀请到生产企业专家进行了审稿，保证内容符合行业真实发展情况。

原中国合成树脂协会 理事长

郑垲

2025年10月

前言

PREFACE

《塑料材料的选用》第一版于2001年、第二版于2007年在化学工业出版社出版后，市场销量超乎想象，尤其是第二版连续重印5次以上。《塑料材料的选用》第二版出版距今已经18年。这期间，有许多新的树脂和塑料品种出现，这些都是第二版没有涉及的内容，具体如生物降解塑料聚乳酸、聚乙醇酸、PBAT、PBS、PBST、PBSA、PPC、PEC、PBC、PCL、PHB、P34HB、PHBV、PHBHH等，还有特种塑料如聚酰胺4T、聚酰胺5T、聚酰胺10T、聚酰胺12T、聚酰胺56、聚酰胺1012、硅烷共聚PC、聚酮等，弹性体OBC等，还有光电树脂聚噻吩及其衍生物PEDOT、富勒烯及其衍生物PCBM等。

这期间，很多新的塑料应用领域不断出现，如光电高分子材料中的太阳能封胶膜、背板和边框，OLED光转换材料中的光电聚合物，5G用高介电性能聚合物、高导热聚合物和高屏蔽聚合物等，固态电池电解质用聚合物，氢能源汽车中的质子薄膜，先进制程的芯片光刻胶和封装基板等。

为此，广大读者纷纷联系作者，强烈要求尽早出版第三版，需要本书对新出现的树脂进行拓展和补充，以便读者选用树脂时，有详细资料可以查询。

现在，《塑料材料的选用》第三版终于要和广大读者见面了。

本次再版沿用前两版的格局，分为材料和选用两大部分，第一篇到第四篇共22章为塑料材料内容，第五篇2章为塑料选用内容。在塑料材料介绍的四篇内容中，按照材料的应用分类方法，将书中介绍的近百种树脂分成通用塑料、工程塑料、特种塑料和其他塑料四大类。书中每一种树脂大都包括一般概况、结构性能、成型加工、改性品种和应用范围5大部分，涵盖读者设计时需要的知识，可以作为读者手头必备的工具书。

为了保证书中内容尽可能真实可靠，本书绝大部分内容都邀请大型生产企业专家进行了审稿，并邀请中国合成树脂协会何盛宝理事长对全书总审稿，在此感谢各位审稿人的辛苦付出。

尽管作者花费了6年时间进行本次内容的更新和修订，但是因为涉及内容过多，加上作者水平有限，书中难免存在疏漏之处，请读者多多谅解。并希望读者提出修改意见，以便作者后续修订时采纳。

王文广

2025年10月

目 录

CONTENTS

绪论 塑料的概况 ………… 001

第一节 塑料的历史………… 001
第二节 塑料的分类………… 001
第三节 塑料的名称………… 003
第四节 塑料的鉴别………… 009
第五节 塑料的应用………… 016

第一篇 通用塑料

第一章 聚乙烯（PE）类 ………… 020

第一节 聚乙烯………… 020
第二节 乙烯-乙酸乙烯酯共聚物（EVA） ………… 035
第三节 超高分子量聚乙烯（UHMWPE） ………… 040
第四节 茂金属聚乙烯（mPE） ………… 048

第二章 聚丙烯（PP）类 ………… 056

第一节 均聚聚丙烯………… 056
第二节 共聚聚丙烯………… 064
一、无规共聚聚丙烯………… 065
二、嵌段共聚聚丙烯………… 066
三、三种聚丙烯类塑料的性能对比………… 067
第三节 茂金属聚丙烯………… 068
一、茂金属等规聚丙烯………… 068
二、茂金属间规聚丙烯………… 072

第三章 丙烯腈-丁二烯-苯乙烯共聚物（ABS）类 ………… 075

第一节 丙烯腈-丁二烯-苯乙烯共聚物 ………… 075
第二节 丙烯腈-丁二烯-苯乙烯共聚物同类三元共聚物 ………… 080
一、丙烯腈-苯乙烯-丙烯酸酯共聚物（ASA） ………… 080
二、丙烯腈-氯化聚乙烯-苯乙烯共聚物（ACS） ………… 083
三、透明丙烯腈-丁二烯-苯乙烯共聚物 ………… 085

四、耐热丙烯腈-丁二烯-苯乙烯共聚物 …… 087
五、丙烯腈-丁二烯-苯乙烯共聚物/聚氯乙烯合金 …… 090

第四章 聚苯乙烯（PS）类 …… 093

第一节 无规聚苯乙烯（aPS） …… 093
一、通用聚苯乙烯（GPPS） …… 093
二、高抗冲聚苯乙烯（HIPS） …… 097
三、可发性聚苯乙烯（EPS） …… 099
第二节 茂金属间规聚苯乙烯（sPS） …… 100
第三节 茂金属等规聚苯乙烯（iPS） …… 110
第四节 苯乙烯系共聚物 …… 110

第五章 聚氯乙烯（PVC）类 …… 119

第一节 聚氯乙烯 …… 119
第二节 氯化聚氯乙烯（CPVC） …… 127

第二篇 工程塑料

第六章 聚酰胺（PA） …… 136

第一节 聚酰胺 6 …… 138
第二节 聚酰胺 66 …… 144
第三节 其他品种 …… 149
一、聚酰胺 46 …… 150
二、聚酰胺 1010 …… 157
三、聚酰胺 610 …… 164
四、聚酰胺 56 …… 170
五、聚酰胺 11 …… 172
六、聚酰胺 12 …… 174
七、透明聚酰胺 …… 177
八、单体浇铸聚酰胺（MCPA） …… 179

第七章 聚碳酸酯（PC） …… 181

第八章 聚甲醛（POM） …… 191

第九章 热塑性聚酯 …… 198

第一节 聚对苯二甲酸乙二醇酯（PET） …… 198
第二节 聚对苯二甲酸丁二醇酯（PBT） …… 203
第三节 其他聚酯品种 …… 207
一、聚对苯二甲酸丙二醇酯（PTT） …… 207

二、聚对苯二甲酸-1,4-环已烷二甲醇酯（PCT） …… 211
三、二元醇改性 PET（PETG） …… 213
四、二元酸改性 PET（PETA） …… 219
五、二元醇改性 PCT …… 220

第十章 聚苯醚（PPO） …… 224

第三篇 特种塑料

第十一章 耐热塑料 …… 234

第一节 高温聚酰胺 …… 234
一、聚酰胺 6T …… 235
二、聚酰胺 9T …… 236
三、聚酰胺 10T …… 238
四、聚酰胺 12T …… 241
五、聚酰胺 4T …… 245
第二节 聚苯硫醚（PPS） …… 245
第三节 聚砜（PSF） …… 254
一、双酚 A 型聚砜（PSU） …… 256
二、聚醚砜（PES） …… 259
三、聚苯砜（PPSU） …… 261
四、聚芳砜（PASU） …… 263
第四节 聚酰亚胺（PI） …… 264
一、热固性聚酰亚胺 …… 269
二、热塑性聚酰亚胺 …… 277
第五节 聚芳醚酮（PAEK） …… 284
一、聚醚醚酮（PEEK） …… 289
二、聚醚酮（PEK） …… 291
三、聚醚酮酮（PEKK） …… 292
第六节 液晶聚合物（LCP） …… 293
第七节 聚苯酯（POB） …… 298
第八节 聚芳酯（PAR） …… 301

第十二章 生物降解塑料 …… 304

第一节 聚交酯类 …… 304
一、聚乳酸（PLA） …… 304
二、聚乙醇酸（PGA） …… 318
三、聚乙丙交酯（PLGA） …… 321
第二节 聚二元酸二元醇酯 …… 323
一、聚丁二酸丁二醇酯（PBS） …… 325

二、对苯二甲酸-己二酸-丁二醇共聚聚酯（PBAT） …… 331
三、对苯二甲酸-丁二酸-丁二醇共聚聚酯（PBST） …… 333
四、丁二酸-己二酸-丁二醇共聚聚酯（PBSA） …… 334
第三节　聚 ε-己内酯（PCL）…… 335
第四节　聚羟基脂肪酸酯（PHA） …… 339
一、聚 3-羟基丁酸酯（PHB） …… 342
二、3-羟基丁酸-3-羟基戊酸共聚聚酯（PHBV） …… 346
三、3-羟基丁酸-3-羟基己酸共聚聚酯（PHBHHx） …… 349
四、3-羟基丁酸-4-羟基丁酸共聚聚酯（P34HB） …… 350
第五节　二氧化碳共聚物…… 355

第十三章　热塑性弹性体（TPE） …… 361

第一节　热塑性弹性体概述…… 361
第二节　热塑性聚苯乙烯类弹性体（TPS）…… 367
一、苯乙烯-丁二烯-苯乙烯嵌段共聚物（SBS） …… 367
二、苯乙烯-乙烯-丁二烯-苯乙烯嵌段共聚物（SEBS） …… 371
三、苯乙烯-异戊二烯-苯乙烯嵌段共聚物（SIS） …… 374
四、苯乙烯-乙烯-丙烯-苯乙烯嵌段共聚物（SEPS） …… 375
五、随机型丁苯橡胶氢化后的产品（HSBR 弹性体）…… 376
第三节　热塑性聚烯烃类弹性体（TPO） …… 376
一、热塑性硫化橡胶（TPV） …… 376
二、聚烯烃弹性体（POE） …… 380
三、乙丙橡胶（EPR）弹性体…… 389
第四节　热塑性聚氨酯弹性体（TPU） …… 394
第五节　其他热塑性弹性体…… 398
一、热塑性聚酯弹性体（TPEE） …… 398
二、热塑性聚酰胺弹性体（TPAE） …… 403
三、聚氯乙烯类热塑性弹性体…… 405
四、二烯类热塑性弹性体…… 408
五、热塑性氟弹性体（TPF） …… 410
六、离子键型热塑性弹性体…… 410

第十四章　耐腐蚀塑料 …… 411

第一节　氟塑料…… 411
一、聚四氟乙烯（PTFE/F4） …… 411
二、聚偏氟乙烯（FVDF/F2） …… 417
三、聚三氟氯乙烯（PCTFE/F3） …… 423
四、聚全氟乙丙烯（FEP/F46） …… 427
五、四氟乙烯-全氟烷基乙烯基醚共聚物（PFA） …… 428
六、聚氟乙烯（PVF/F1） …… 429

七、四氟乙烯-乙烯共聚物（ETFE/F40） …… 430
八、三氟氯乙烯-乙烯共聚物（ECTFE/F30） …… 431
第二节　氯化聚醚（CP） …… 431

第十五章　阻隔塑料 …… 435

第一节　乙烯-乙烯醇共聚物（EVOH） …… 435
第二节　偏二氯乙烯的共聚物（PVDC） …… 439
第三节　聚乙烯醇（PVA） …… 441
第四节　聚萘二甲酸乙二醇酯（PEN） …… 445
第五节　聚己二酰间苯二甲胺（MXD6） …… 448
第六节　间苯二甲酰己二胺-对苯二甲酰己二胺共聚物（PA6I/6T） …… 451
第七节　茂金属环烯烃均聚物和共聚物（COC） …… 453
第八节　聚酮（POK） …… 458
第九节　聚丙烯腈（PAN）共聚物（PAN 共聚物） …… 461

第十六章　功能性聚合物 …… 463

第一节　接枝类功能聚合物 …… 463
一、马来酸酐接枝聚乙烯（PE-*g*-MAH） …… 463
二、马来酸酐接枝聚丙烯（PP-*g*-MAH） …… 465
三、马来酸酐接枝 ABS（ABS-*g*-MAH） …… 466
四、马来酸酐接枝聚烯烃弹性体（POE-*g*-MAH） …… 467
五、马来酸酐接枝乙烯-乙酸乙烯酯共聚物（EVA-*g*-MAH） …… 468
六、马来酸酐接枝三元乙丙橡胶（EPDM-*g*-MAH） …… 469
七、马来酸酐接枝高抗冲聚苯乙烯（HIPS-*g*-MAH） …… 470
第二节　共聚物类功能聚合物 …… 471
一、乙烯-丙烯酸共聚物和乙烯-甲基丙烯酸聚物（EAA 或 EMAA） …… 471
二、乙烯-丙烯酸乙酯共聚物（EEA） …… 472
三、乙烯-丙烯酸丁酯共聚物（EBA） …… 473
四、乙烯-丙烯酸甲酯共聚物（EMA） …… 474
第三节　树枝状聚合物 …… 475

第十七章　光电塑料 …… 481

第一节　聚噻吩及其衍生物（PEDOT） …… 482
一、聚噻吩（PTh） …… 482
二、聚噻吩衍生物 …… 483
第二节　富勒烯及其衍生物 …… 484
一、富勒烯 …… 484
二、富勒烯衍生物 …… 485
第三节　其他光电塑料 …… 486
一、聚苯胺（PAn） …… 486

二、聚苯乙炔（PPv） …… 487
三、聚对亚苯（PPp） …… 487
四、聚吡咯（PPy） …… 487
五、聚乙炔（Pa） …… 487

第十八章 智能化塑料 …… 489

第一节 形状记忆塑料 …… 489
第二节 压电塑料 …… 496
第三节 自修复塑料 …… 497
第四节 热电塑料 …… 498

第四篇 其他塑料

第十九章 热固性塑料 …… 501

第一节 酚醛树脂及塑料 …… 501
一、酚醛树脂 …… 501
二、酚醛模塑料 …… 503
三、酚醛层压制品 …… 507
四、酚醛泡沫塑料 …… 509
五、其他酚醛塑料制品 …… 511
第二节 氨基树脂及塑料 …… 511
一、脲醛树脂及塑料 …… 512
二、三聚氰胺甲醛树脂及塑料 …… 515
第三节 环氧树脂及塑料 …… 516
第四节 不饱和聚酯树脂及塑料 …… 521
一、不饱和聚酯树脂 …… 522
二、不饱和聚酯塑料 …… 523
三、不饱和聚酯模塑料 …… 525
第五节 环氧乙烯基酯树脂及塑料 …… 535
一、环氧乙烯基酯树脂 …… 537
二、环氧乙烯基酯树脂模塑料 …… 554
第六节 其他热固性树脂及塑料 …… 560
一、氰酸酯 …… 560
二、聚双环戊二烯 …… 565
三、苯并噁嗪 …… 568
四、呋喃 …… 569
五、烯丙基塑料 …… 571

第二十章 聚氨酯（PU） …… 573

第一节 聚氨酯弹性体 …… 574

第二节　聚氨酯泡沫塑料 ………………………………………………………………… 578

第二十一章　聚甲基丙烯酸甲酯（PMMA） ……………………………………………… 580

第二十二章　其他一般塑料 ……………………………………………………………… 586

第一节　聚丁烯（PB）类 ………………………………………………………………… 586
　　一、聚丁烯 ………………………………………………………………………… 586
　　二、聚异丁烯（PIB） ……………………………………………………………… 589
第二节　纤维素塑料 ……………………………………………………………………… 591
　　一、乙酸纤维素 ……………………………………………………………………… 592
　　二、硝酸纤维素 ……………………………………………………………………… 593
第三节　聚乙烯醇缩丁醛树脂（PVB） …………………………………………………… 593
第四节　聚 4-甲基-1-戊烯（PMP） ……………………………………………………… 595
第五节　其他一般聚合物 ………………………………………………………………… 597
　　一、聚硅氧烷 ………………………………………………………………………… 597
　　二、笼型聚倍半硅氧烷（POSS） ………………………………………………… 598
　　三、聚乙烯吡咯烷酮（PVP） ……………………………………………………… 600
　　四、石油树脂 ………………………………………………………………………… 601
　　五、萜烯树脂 ………………………………………………………………………… 602

第五篇　材料选用原则及方法

第二十三章　塑料材料的选用原则 ……………………………………………………… 605

第一节　塑料选材的一般原则 …………………………………………………………… 605
第二节　塑料材料的适应性 ……………………………………………………………… 613
第三节　塑料制品的使用性能 …………………………………………………………… 617
第四节　塑料的加工性能 ………………………………………………………………… 624
第五节　塑料制品的成本性 ……………………………………………………………… 628
第六节　塑料原料的来源 ………………………………………………………………… 629

第二十四章　塑料材料的选用方法 ……………………………………………………… 630

第一节　雷达图模型法 …………………………………………………………………… 630
第二节　统计数量化综合法 ……………………………………………………………… 631
第三节　价值分析法 ……………………………………………………………………… 632
第四节　计算机辅助选用法 ……………………………………………………………… 634

附录 ……………………………………………………………………………………… 637

参考文献 ………………………………………………………………………………… 644

绪论

塑料的概况

第一节 塑料的历史

塑料是以树脂为主要成分，适当加入各类添加剂，可用塑化、烧结或溶解等方法成型，并能在常温下保持成型形状的一类高分子材料。

塑料与树脂的主要区别是树脂为纯聚合物，而塑料是以树脂为主要成分混入其他成分的聚合物制品，当塑料由纯树脂制成时两个概念通用。

合成塑料、合成橡胶（弹性体）、合成纤维统称为三大合成高分子材料，但三者的区分界线已越来越不明显了。如在20世纪80年代，塑料和橡胶之间产生了新的材料——热塑性弹性体。聚酰胺、聚对苯二甲酸乙二醇酯、聚丙烯在塑料和纤维中都是重要的品种，目前从树脂种类上已区分不出是塑料还是纤维，只能看其具体用途。如PA用于塑料制品就属于塑料类，而用于纤维制品则属于纤维类。

最早的改性塑料俗称“赛璐珞”，通过在硝化纤维中添加樟脑进行改性，由美国的Albang Dental Plate公司于1870年开发。最早的合成塑料为酚醛树脂，由美国Bakelite公司于1909年实现工业化生产。

自20世纪初到20世纪70年代，塑料品种的增长速度很快，每年都有几十个新品种诞生。然而到20世纪70年代以后，塑料新品种的开发速度放慢，几年才有一个新品种诞生。但已有塑料品种的产量却增长迅速，已有几十年保持双位数增长。近年来，人们的着重点已从着力开发树脂新品种向对原有树脂的改性方向转变。因为，大部分容易开发的树脂品种都已完成开发，剩下一些难开发的品种成本都比较高，即使开发成功，推广应用也比较难。而对原有树脂的改性，可获得全新的性能，并且使成本降低。因此，近年来树脂的改性研发很活跃，新的改性品种不断出现，可以说目前很难找到不经改性而直接应用的树脂了，可见应用领域已越来越广泛。

目前已见报道的树脂品种接近万种，其中有百种获得了工业化生产，获得广泛应用的树脂品种已近百种。本书对大部分获得应用的树脂进行相应的介绍。

第二节 塑料的分类

塑料的种类很多，如何对其进行科学系统的分类，是本节要讨论的问题。

目前比较流行的分类方法如下。

1. 按树脂的受热变化分类

热固性塑料——指成型后不能再重新加热软化而重复加工的一类塑料。其树脂在加工前为线型预聚体，加工中发生化学交联反应使制品内部形成三维网状结构，具有不溶、不熔的特点。本书中介绍的这类树脂有酚醛树脂、氨基树脂、环氧树脂、不饱和聚酯、氰酸酯树脂、呋喃树脂、烯丙基树脂、醇酸树脂等，其品种不多，总共不到 10 种。热固性塑料在早期发展很快，在塑料中占比很大。随着热塑性塑料的应用比例增大，目前热固性塑料用量低于 5%，但热固性塑料在价格上和某些特殊应用领域仍具有独特的优势。

热塑性塑料——指成型后再加热可重新软化加工而化学组成不变的一类塑料。其树脂在加工前后都为线型结构，具有可熔、可溶的特点。树脂在加工过程中不发生化学变化，只发生物理变化。本书中介绍的这类树脂很多，具体如聚乙烯、聚丙烯、聚氯乙烯、聚苯乙烯、聚酰胺类、聚碳酸酯、聚甲醛、聚酯类、聚苯醚、聚甲基丙烯酸甲酯、聚氨酯、氟塑料类、聚苯硫醚、聚砜及聚酰亚胺、热塑性弹性体等，是塑料的绝对主流原料树脂，用量占 95% 以上。

因为热固性塑料目前所占的比重很低，本书只是将其列入第四篇其他塑料的第十九章内容中，其他章节内容都属于热塑性塑料的内容。

2. 按树脂的应用分类

通用塑料——指产量大、应用范围广、成型加工好、成本低的一类树脂，其产量可占整个树脂的 90%以上。具体品种包括聚乙烯、聚丙烯、聚氯乙烯、聚苯乙烯、酚醛树脂、氨基树脂、不饱和聚酯及环氧树脂等。通用塑料主要用于包装、建筑、农业及日用等领域。

工程塑料——指力学性能较好（增强后拉伸强度大于 100MPa）、尺寸稳定性高、抗蠕变性好、可在较高温度（增强后热变形温度大于 150℃）下使用的一类塑料，其用量只占整个树脂的 5%左右。它具有接近金属的性能，可用于结构制品如机械、电子、汽车、航空和航天等高性能领域。

特种塑料——指具有独特性能、价格高、产量少、应用范围窄的一类塑料。主要包括耐热塑料、阻隔塑料及导电塑料等，具体品种有聚苯硫醚、聚砜、聚酰亚胺、聚苯胺及乙烯-乙烯醇共聚物等。

其他塑料——指用量不大、应用范围不广、性能一般的一类塑料，主要包括聚甲基丙烯酸甲酯、聚氨酯、氟塑料类及氯化聚醚等。

本书按照此分类方法安排章节内容，将性能相近的塑料安排在一起，主要目的是方便读者查询。

3. 按树脂的结构分类[1]

此种分类方法是按树脂大分子链上官能团特性而分类，一般可分成如下几类。

乙烯基类（除聚烯烃类外的）——指大分子主链为烃类结构，而侧链为非烷烃取代基的一类树脂及其共聚物，包括聚氯乙烯、聚四氟乙烯、聚三氟乙烯及聚全氟乙烯等。

聚烯烃类——是乙烯基类的子集，特指由烯烃单体聚合而成的聚合物，包括聚乙烯、聚

[1] 本部分内容中英文缩写对应中文名请参见表 0-1。

丙烯、聚苯乙烯、苯乙烯-丁二烯-丙烯腈共聚物、聚甲基-1-戊烯、乙烯-乙烯醇共聚物及乙烯-乙酸乙烯酯共聚物等。

聚酰胺类——指大分子链中含有酰胺基团的一类树脂，包括 PA6、PA66、PA610、PA46、PA1010、PA11、PA12 及 PI 等。

聚酯类——指大分子链中含有酯基结构的一类树脂，包括的种类很多，如 PET、PBT、UP、PMMA、PC、POM、PAR、PSF、PES、PPO 及 PPS 等。

其他种类还有：纤维素类、聚氨酯类、酚醛类、氨基树脂类及环氧树脂类等。

4. 按所含树脂的种类分类

单一树脂——指塑料中仅含有一种树脂品种的一类，具体如 PE、PP、PVC、PS、PC、PA、POM、PBT、PET、PPO 及 PPS 等。

塑料合金——指塑料中含有两种或以上树脂组成的一类，塑料合金最初作为塑料的改性品种而开发，但因具有优异的性能，目前已逐渐成为独立的品种。常用的塑料合金有：PPO/HIPS、PPO/PA、PC/ABS、PVC/ABS、PA/HEPE、PC/PBT、PET/PBT 及 PS/SBS 等。

第三节　塑料的名称

每一种塑料都会有不同的称呼，包括正式名称、俗称、英文名称和英文简称，在不同的场合使用不同的名称，塑料相关的各种名称具体见表 0-1。

表 0-1　塑料相关名称、俗称、英文名称、英文简称

名称	俗称	英文名称	英文简称
树脂		resin	
塑料		plastic	
聚乙烯	软胶	polyethylene	PE
高密度聚乙烯	软胶	high density polyethylene	HDPE
中密度聚乙烯	软胶	medium density polyethylene	MDPE
低密度聚乙烯	花料	low density polyethylene	LDPE
线型低密度聚乙烯	拉力料	linear low density polyethylene	LLDPE
超高分子量聚乙烯		ultra-high molecular weight polyethylene	UHMWPE
发泡聚乙烯	发泡胶、珍珠棉	expanded polyethylene	EPE
乙烯-乙酸乙烯酯共聚物	橡皮胶	ethylene-vinyl acetate copolymer	EVA
乙烯-丙烯酸共聚物		ethylene-acrylic acid copolymer	EAA
乙烯-丙烯酸乙酯共聚物		ethylene ethylacrylate copolymer	EEA
乙烯-甲基丙烯酸共聚物		ethylene-methacrylic acid copolymer	EMAA
乙烯-丙烯酸甲酯共聚物		ethylene-methyl acrylate copolymer	EMA
乙烯-丙烯酸丁酯共聚物		ethylene-butyl acrylate copolymer	EBA

续表

名称	俗称	英文名称	英文简称
聚烯烃弹性体		polyolefin elastomer	POE
环烯烃共聚物		cycloolefin copolymer	COC
氯化聚乙烯		chlorinated polyethylene	CPE
三元乙丙橡胶		ethylene propylene diene monomer	EPDM
二元乙丙橡胶		ethylene propylene monomer	EPM
马来酸酐接枝聚乙烯	接枝改性聚乙烯	maleic anhydride grafted polyethylene	PE-*g*-MAH
马来酸酐接枝聚丙烯	接枝改性聚丙烯	maleic anhydride grafted polypropylene	PP-*g*-MAH
马来酸酐接枝聚烯烃弹性体	马来酸酐接枝 POE	maleic anhydride grafted polyolefin elastomer	POE-*g*-MAH
马来酸酐接枝乙烯-乙酸乙烯酯共聚物	马来酸酐接枝 EVA	maleic anhydride grafted ethylene-vinyl acetate copolymer	EVA-*g*-MAH
马来酸酐接枝三元乙丙橡胶		maleic anhydride grafted ethylene propylene diene monomer	EPDM-*g*-MAH
聚丙烯	百折胶	polypropylene	PP
发泡聚丙烯	发泡胶、保力龙	expanded polypropylene	EPP
聚 1-丁烯		poly(1-butene)	PB
聚异丁烯	黏稠胶	polyisobutylene	PIB
聚氯乙烯		polyvinyl chloride	PVC
高分子量聚氯乙烯		high molecule polyvinyl chloride	HPVC
氯化聚氯乙烯		chlorided polyvinyl chloride	CPVC
聚氯乙烯-乙酸乙烯酯		poly(vinyl chloride-acetate)	PVCA
聚偏二氯乙烯		poly(vinylidene chloride)	PVDC
氯乙烯-乙烯共聚物		vinyl chloride-ethylene copolymer	VCE
氯乙烯-乙烯-乙酸乙烯酯共聚物		vinyl chloride-ethylene-vinyl copolymer	VCEV
氯乙烯-丙烯酸甲酯共聚物		vinyl chloride-methyl acrylate copolymer	VCMA
氯乙烯-甲基丙烯酸甲酯共聚物		vinyl chloride-methylmethacrylate copolymer	VCMMA
氯乙烯-丙烯酸辛酯共聚物		vinyl-chloride-octyl acrylate copolymer	VCOA
氯乙烯-乙酸乙烯共聚物		vinyl chloride-vinyl acetate copolymer	VCVAC
氯乙烯-偏氯乙烯共聚物		vinyl-chloride-vinylidene chloride copolymer	VCVDC
聚苯乙烯	硬胶	polystyrene	PS
通用聚苯乙烯	硬胶	general purpose polystyrene	GPPS
可发性聚苯乙烯	发泡胶、拿普龙	expanded polystyrene	EPS
高抗冲聚苯乙烯	不脆胶	high impact polystyrene	HIPS

续表

名称	俗称	英文名称	英文简称
马来酸酐接枝高抗冲聚苯乙烯		maleic anhydride grafced high impact polystyrene	HIPS-*g*-MAH
丙烯腈-丁二烯-苯乙烯共聚物		acrylonitrile-butadiene-styrene copolymer	ABS
马来酸酐接枝 ABS	接枝 ABS	maleic anhydride grafted acrylonitrile-butadiene-styrene copolymer	ABS-*g*-MAH
丙烯腈-苯乙烯共聚物	散粉	acrylonitrile-styrene copolymer	AS,SAN
丁二烯-苯乙烯共聚物	K 料	butadiene-styrene copolymer	BS
丙烯腈-苯乙烯-丙烯酸酯共聚物		acrylicacid-styrene-acrylonitrile copolymer	ASA,AAS
丙烯腈-甲基丙烯酸甲酯共聚物		acrylonitrile-methyl methacrylate copolymer	AMMA
丙烯腈-丁二烯-丙烯酸酯共聚物		acrylonitrile-butadiene-acrylate copolymer	ABA
丙烯腈-乙烯-苯乙烯共聚物		acrylonitrile-ethylene-styrene copolymer	AES
丙烯腈-氯化聚乙烯-苯乙烯共聚物		acrylonitrile-chlorinated polyethylene-styrene copolymer	ACS
甲基丙烯酸甲酯-丁二烯-苯乙烯共聚物		methyl methacrylate-butadiene-styrene copolymer	MBS
苯乙烯-马来酸酐共聚物		styrene-maleic anhydride copolymer	SMA
聚酰胺	尼龙	polyamide(nylon)	PA
聚酰胺 6	尼龙 6	polyamide6(nylon6)	PA6
聚酰胺 66	尼龙 66	polyamide66(nylon66)	PA66
聚酰胺 610	尼龙 610	polyamide610(nylon610)	PA610
聚酰胺 1010	尼龙 1010	polyamide1010(nylon1010)	PA1010
聚酰胺 46	尼龙 46	polyamide46(nylon46)	PA46
聚酰胺 6T	尼龙 6T	polyamide6T(nylon6t)	PA6T
聚酰胺 9T	尼龙 9T	polyamide9T(nylon9t)	PA9T
聚酰胺 11	尼龙 11	polyamide11(nylon11)	PA11
聚酰胺 12	尼龙 12	polyamide12(nylon12)	PA12
聚邻苯二甲酰胺		polyphthalamide	PPA
聚己二酰间苯二甲胺		poly *m*-xylylene	MXD6
聚碳酸酯	防弹胶	polycarbonate	PC
聚甲醛	赛钢、夺钢	polyoxymethylene	POM
聚苯醚		polyphenylene oxide,polyphenylene ether	PPO,PPE
改性聚苯醚		modified polyphenylene oxide	MPPO

续表

名称	俗称	英文名称	英文简称
饱和聚酯		saturated polyester	SP
热塑性聚酯		thermoplastic polyester	TPES
聚对苯二甲酸乙二醇酯	涤纶	poly ethylene terephthalate	PET
二元醇改性聚对苯二甲酸乙二醇酯		poly(ethylene terephthalate)glycol	PETG
聚对苯二甲酸丁二醇酯		poly butylene terephthalate	PBT
聚对苯二甲酸环己烷二甲醇酯		poly 1,4-cyclohexyle nedimethylene terephthalate	PCT
聚对苯二甲酸丙二醇酯		poly trimethylene terephthalate	PTT
聚萘二甲酸乙二醇酯		poly ethylene naphtholate	PEN
酚醛树脂	贝克莱特、电木	phenol-formaldehyde	PF
氨基树脂	电玉粉	amino formaldenide resin	AF
不饱和聚酯		unsaturated polyester	UP
环氧树脂	冷凝胶	epoxy resin	EP
脲甲醛树脂		urea-formaldehyde resin	UF
三聚氰胺甲醛树脂		melamine-formaldehyde resin	MF
三聚氰胺酚醛树脂		melamine/phenol-formaldehyde resin	MPF
酚呋喃树脂		phenol-furfural resin	PFF
有机硅树脂	硅橡胶	silicone	SI
聚氨酯		polyurethane	PU
热塑性聚氨酯		thermoplastic polyurethane	TPU
热固性聚氨酯		thermoset polyurethane	TSU
聚醚型聚氨酯		poly ether urethane	PEU
聚甲基丙烯酸甲酯	有机玻璃、亚克力、亚加力	poly methyl methacrylate	PMMA
硝酸纤维素	赛璐珞	cellulose nitrate	CN
乙酸纤维素	酸性胶	cellulose acetate	CA
乙酸-丁酸纤维素		cellulose acetate butyrate	CAB
乙酸-丙酸纤维素		cellulose acetate propionate	CAP
通用纤维素塑料		general cellulose plastics	CE
甲酚-甲醛树脂		cresol-formaldehyde	CF
羧甲基纤维素		carboxymethyl cellulose	CMC
丙酸纤维素		cellulose propionate	CP
三乙酸纤维素		cellulose triacetate	CTA

续表

名称	俗称	英文名称	英文简称
乙烷纤维素		ethyl cellulose	EC
热塑性弹性体		thermoplastic elastomer	TPE
热塑性橡胶		thermoplastic rubber	TPR
热塑性聚苯乙烯		thermoplastic polystyrene	TPS
热塑性聚烯烃		thermoplastic polyolefin	TPO
热塑性硫化橡胶		thermoplastic dynanuic vqlcanizate	TPV
苯乙烯-丁二烯-苯乙烯嵌段共聚物		styrene-butadiene-styrene copolymer	SBS
苯乙烯-乙烯-丁二烯-苯乙烯嵌段共聚物		hydromated styrene-butadiene-styrene copolymer	SEBS
苯乙烯-异戊二烯-苯乙烯嵌段共聚物		styrene-isoprene-styrene copolymer	SIS
苯乙烯-乙烯-异戊二烯-苯乙烯嵌段共聚物		hydromated styrene-isoprene-styrene copolymer	SEPS
热塑性聚氯乙烯		thermoplastic polyvinyl-chloride	TPVC
热塑性聚酰胺弹性体		thermoplastic polyamide elastomer	TPAE
热塑性聚酯弹性体		thermoplastic polyester elastomer	TPEE
聚酰亚胺		polyimide	PI
聚醚酰亚胺		polyether-imide	PEI
聚酰胺亚胺(聚酰胺-酰亚胺)		polyamide-imide	PAI
聚苯硫醚		poly(phenylene sulfide)	PPS
聚砜		polysulfone	PSF
聚醚砜		polyethersulfone	PES
聚苯砜		poly(phenylene sulfone)	PPSU
聚芳砜		polyarylsulfone	PASU
聚芳酯		polyarylate	PAR
聚芳醚		polyarylether	PAE
聚芳醚酮		polyaryletherketone	PAEK
聚醚醚酮		polyetheretherketone	PEEK
聚醚酮		polyetherketone	PEK
聚芳香酯		aromatic polyester	ARP
液晶聚合物		liquid crystal polymer	LCP
聚四氟乙烯		polytetrafluoroethylene	PTFE,F4
聚三氟氯乙烯		polychlorotrifluoroethylene	PCTFE,F3
聚氟乙烯		poly(vinyl fluoride)	PVF,F1

续表

名称	俗称	英文名称	英文简称
聚偏氟乙烯		poly(vinylidene fluoride)	PVDF,F2
四氟乙烯-乙烯共聚物		tetrafluoroethylene-ethylene copolymer	ETFE,F40
四氟乙烯-全氟烷基乙烯基醚共聚物	可溶性聚四氟乙烯	tetrafluoroethylene-perfluorinated alkyl vinyl ether copolymer	PFA
四氟乙烯-全氟丙烯共聚物	聚全氟乙丙烯全氟(乙烯-丙烯)塑料	fluorinated ethylene-propylene resin, perfluoro (ethylene-propylene)	FEP,F46
氯化聚醚		chlorinated polyether	CP
乙烯-乙烯醇共聚物		ethylene-ethylene alcohol,ethylene-vinyl alcohol	EVOH,EVAL
聚苯胺		polyaniline	PAn
聚噻吩		polythiophene	PTh
聚吡咯		polypyrrole	PPy
聚乳酸	聚丙交酯	poly(lactic acid)	PLA
聚乙交酯		poly(glycolic acid)	PGA
聚乙丙交酯		poly(lactic-w-glycolic)acid	PLGA
聚羟基脂肪酸酯		polyhydroxyalkanoate	PHA
聚 3-羟基丁酸酯		poly(3-hydroxybutyrate)	PHB
3-羟基丁酸-3-羟基戊酸共聚聚酯		poly(3-hydroxybutyrate-*co*-3-hydroxyburate)	PHBV
3-羟基丁酸-4-羟基丁酸共聚聚酯		poly(3-hydroxy butyrate-*co*-4-hydroxybu-tyrate)	P34HB
聚 4-羟基戊酸酯		poly(4-hydroxyvalerate)	P4HV
聚 3-羟基戊酸酯		poly(3-hydroxyvalerate)	P3HV
聚 4-羟基丁酸酯		poly(4-hydroxybutyrate)	P4HB
聚 ε-己内酯		polycaprolactone	PCL
聚碳酸亚丙酯		poly(propoylene carbonate)	PPC
聚丁二酸丁二醇酯	聚琥珀酸丁二酯	poly(butylene succinate)	PBS
聚酯酰胺		poly(esteri amide)	PAE
聚对二氧环己酮		poly(*p*-dioxanone)	PDO
聚丙烯酸		poly(acrylic acid)	PAA
聚丙烯腈		polyacrylonitrile	PAN
聚丙烯酸丁酯		poly(butyl acrylate)	PBA
聚丙烯酸酯		polyacrylate	AC
聚环氧乙烷		poly(ethylene oxide)	PEO
聚环氧丙烷		poly(propylene oxide)	PPOX
聚 4-甲基-1-戊烯		poly(4-methyl-1-pentene)	PMP,TPX

续表

名称	俗称	英文名称	英文简称
聚 α-甲基苯乙烯		poly(α-methylstyrene)	PMS
苯乙烯-α-甲基苯乙烯共聚物		styrene-*co*-α-methylstyrene	SMS
聚乙酸乙烯酯		poly(vinyl acetate)	PVAC
聚乙烯醇		poly(vinyl alcohol)	PVOH,PVA
聚乙烯醇缩丁醛		poly(vinyl butyral)	PVB
聚乙烯醇缩甲醛		poly(vinyl formal)	PVFM
聚乙烯咔唑		polyvinylcarbazole	PVK
聚乙烯吡咯烷酮		polyvinylpyrrolidone	PVP

第四节 塑料的鉴别

在对废旧塑料进行再生利用前，大多需要将塑料分拣，以保证其纯洁性。由于塑料消费渠道多而复杂，有些消费后的塑料又难以通过外观简单将其区分，因此，最好能在塑料制品上标明材料品种。日本率先在塑料制品上标明树脂名称。中国参照美国塑料协会（SPE）提出并实施的材料品种标记制定了 GB/T 16288—1996《塑料包装制品回收标志》（现已更新为 GB/T 16288—2024《塑料制品的标志》）。虽可利用上述标记的方法以方便分拣，但由于中国尚有许多无标记的塑料制品，给分拣带来困难。为了将不同品种的塑料加以分别，以便分类回收，首先要掌握鉴别不同塑料的知识。

下面介绍塑料的各种鉴别方法。

1. 塑料的外观鉴别法

通过观察塑料的外观，可初步鉴别出塑料制品所属大类，如热塑性塑料、热固性塑料、热塑性弹性体等。

硬质塑料为热塑性塑料和热固性塑料，其中 PP、PS、HPVC、PMMA、POM、PC、PA、PPS 等坚硬如金属，其中 PE、EVA、PTFE 的表面硬度不高，可用手指甲划出痕迹。

软质塑料主要为热塑性弹性体、软质 PVC、EVA、EAA、LDPE 等，其特征为易于弯曲。

透明类塑料可能是厚壁制品，如 PS、PC、PMMA、BS、AS、透明 ABS、透明 PP、TPX、PET、PP、PVC、COC 等，常见的透明塑料见表 0-2。

表 0-2 常见的透明塑料

树脂	PC	PS	PMMA	BS	AS	TPX
透光率/%	93	90～92	90～93	90～95	87～94	90

2. 塑料的加热鉴别法

不同类塑料的加热特征各不相同的，通过加热的方法可以鉴别。

热塑性塑料、热塑性弹性体：加热时软化，易熔融，且熔融时变得透明，常能从熔体拉出丝来，通常易于热成型，常用热塑性塑料的软化或熔融温度范围见表 0-3。

热固性塑料：加热至材料化学分解前，保持其原有硬度不软化，尺寸较稳定，至分解温度炭化为止。

表 0-3　常用热塑性塑料的软化或熔融温度范围

塑料品种	软化或熔融范围/℃	塑料品种	软化或熔融范围/℃
聚乙酸乙烯酯	35～85	聚甲醛	165～185
聚苯乙烯	70～115	聚丙烯	160～170
聚氯乙烯	75～90	聚酰胺 12	170～180
低密度聚乙烯	110	聚酰胺 11	180～190
中密度聚乙烯	约 120	聚三氟氯乙烯	200～220
高密度聚乙烯	约 130	聚酰胺 610	210～220
聚 1-丁烯	125～135	聚酰胺 6	215～225
聚偏二氯乙烯	115～140（软化）	聚碳酸酯	220～230
甲基丙烯酸甲酯	126～160	聚 4-甲基-1-戊烯	240
乙酸纤维素	125～175	聚酰胺 66	250～260
聚丙烯腈	130～150（软化）	聚对苯二甲酸乙二醇酯	250～260

3. 塑料的溶剂处理鉴别法

热塑性塑料和热塑性弹性体在溶剂中会发生溶胀，但一般不溶于冷溶剂，在热溶剂中有些热塑性塑料会发生溶解，如聚乙烯溶于二甲苯中。热固性塑料在溶剂中不溶，一般也不发生溶胀或仅发生轻微溶胀。热塑性弹性体不溶于溶剂，但通常会发生溶胀。常用塑料的溶解性能见表 0-4。

表 0-4　常用塑料的溶解性能

树脂	溶胀	溶解
PE	与脂肪烃、芳香烃、卤代烃长期接触溶胀	100℃溶于四氢化萘，不耐发烟硫酸、浓硫酸、铬酸；60℃以上少量溶于甲苯、乙酸戊酯、三氯乙烯、松节油、矿物油、二甲苯、三氯苯等
聚 1-丁烯		癸烷、十氢化萘
PVC	在酯、酮、芳烃、卤烃中溶解或溶胀	在四氢呋喃、环己酮、甲酮、二甲基甲酰胺中溶解
PP	在低分子脂肪烃、卤代烃、芳烃中溶胀	高温下溶解于十氢化萘、四氢化萘、乙酸异戊酯、1,2,4-三氯苯等
PS	在烃类、酮类、高级脂肪酸等中溶胀	溶解于芳烃如苯、甲苯、乙苯、苯乙烯，氯化烃如四氯化碳、氯仿、二氯甲烷、三氯甲烷、氯苯，环己酮，乙酸丁酯，二硫化碳
ABS		溶解于酮类、醛类、氯代烃
PA	酸、碱、盐中溶胀，危害最大为氯化锌	溶解于甲酸、浓硫酸、二甲氨基甲酰胺、间甲酚及酚类化合物

续表

树脂	溶胀	溶解
PC	不耐氯烃、稀碱、溴水、浓酸、胺类、酮、酯等	常温下易溶于四氯乙烷、二氯甲烷、二氯乙烷、三氯乙烷、三氯乙烯、二噁烷、吡啶、四氢呋喃、三甲酚、噻吩、磷酸三甲酯、甲酚；温热条件下也可溶于氯苯、苯酚、环己酮、*N*,*N*-二甲基甲酰胺及磷酸三甲苯酯等
POM	不耐强酸和氧化剂	与全氟丙酮、醇类在熔融状态可形成溶液
PBT		不耐强酸、强碱、苯酚等
PET	在浓硝酸、三氯乙烯、二氯乙烯、氢氧化钠、苯胺中溶胀	溶解于浓硫酸
PPO	在乙酸乙酯、丙酮、汽油等脂肪烃和芳香烃中溶胀	溶解于氯化烃、脂肪烃和芳香烃
PMMA		溶解于芳烃、氯代烃，具体有四氯化碳、苯、二甲苯、二氯乙烷及氯仿等
SBS		溶解于四氯化碳、氯仿、二硫化碳、苯、甲苯、氯苯、环己烷、乙酸乙酯、丁酮等
TPU		溶解于强酸、强碱、极性溶剂
PTFE	高温下被熔融金属钠、氟单质、三氟氯乙烯等腐蚀	
PCTFE	高温下被熔融碱金属、氟单质、氨、氯气、氢氟酸、浓硫酸、浓硝酸腐蚀，在乙醚、乙酸乙酯中溶胀	高温下溶解于四氯化碳、苯、甲苯、醚、对二甲苯、环己酮、环己烷等
F46	高温下被碱金属、三氟化氯腐蚀	
PVF		高温下溶解于环己酮、二甲基甲酰胺、二甲基乙酰胺、六甲基磷酰胺、γ-丁内酯、四甲基脲等
PFA	高温下被熔融金属和氟气分解	
氯化聚醚	被发烟硫酸、发烟硝酸、二氯乙烷、四氢呋喃、铬酸腐蚀	
PPS		不耐氯代联苯、氧化性酸、浓硫酸、浓硝酸、王水、过氧化氢、次氯酸钠等
PSF	被浓硫酸、浓硝酸等腐蚀	溶解于芳香烃、酮类、卤代烃等
PASF		溶解于二甲基甲酰胺、丁内酯
PES		溶解于极性酮、酯、氯仿等
PI	不耐碱	
PEEK	不耐浓硫酸、浓硝酸、丙酮等	

续表

树脂	溶胀	溶解
聚苯酯	不耐浓硫酸和氢氧化钠	
PAR	不耐热水、碱及浓硫酸	溶解于卤代烃、丙酮、香蕉水、芳香烃、氨水
LCP	不耐热水、浓硫酸	
纤维素		溶解于含水氢氧化铜氨等
乙酸纤维素		溶解于丙酮、三氯甲烷、二噁烷
甲基纤维素		溶解于三氯甲烷、苯

4. 塑料的密度鉴别法

塑料的品种不同，其相对密度也不同，可利用测定密度的方法来鉴别塑料品种；但发泡制品、玻璃纤维增强制品和无机矿物填充制品不适用，因为这类塑料的密度不是树脂的真正密度。常用树脂的相对密度见表 0-5，常用于塑料密度鉴别的溶液见表 0-6。

表 0-5　常用树脂的相对密度

材料	相对密度	材料	相对密度
聚 4-甲基-1-戊烯	0.83	软聚氯乙烯（含 40%增塑剂）	1.19～1.35
聚丙烯	0.85～0.91	聚碳酸酯	1.20～1.22
低密度聚乙烯	0.89～0.93	交联聚氨酯	1.20～1.26
聚 1-丁烯	0.91～0.92	酚醛树脂（未填充）	1.26～1.28
聚异丁烯	0.9～0.93	聚乙烯醇	1.26～1.31
高密度聚乙烯	0.92～0.98	乙酸纤维素	1.25～1.35
聚酰胺 12	1.01～1.04	酚醛树脂（填充纸、织物）	1.30～1.41
聚酰胺 11	1.03～1.05	聚氟乙烯	1.30～1.40
丙烯腈-丁二烯-苯乙烯共聚物	1.04～1.06	硝酸纤维素	1.34～1.40
聚苯乙烯	1.04～1.08	聚对苯二甲酸乙二醇酯	1.38～1.41
聚苯醚	1.05～1.07	硬聚氯乙烯	1.38～1.50
苯乙烯—丙烯腈共聚物	1.06～1.10	聚甲醛	1.41～1.43
聚酰胺 610	1.07～1.09	脲-三聚氰胺树脂（填充有机填料）	1.47～1.52
聚酰胺 6	1.12～1.15	氯化聚氯乙烯	1.47～1.55
聚酰胺 66	1.13～1.16	氨基塑料（填充无机填料）	1.50～2.00
环氧树脂，不饱和聚酯树脂	1.10～1.40	聚苯硫醚	1.64～1.98
聚丙烯腈	1.14～1.17	聚偏二氟乙烯	1.70～1.80
乙酰丁酸纤维素	1.15～1.25	不饱和聚酯和环氧树脂（填充玻璃纤维）	1.80～2.30
聚甲基丙烯酸甲酯	1.16～1.20	聚偏二氯乙烯	1.86～1.88
聚乙酸乙烯酯	1.17～1.20	聚三氟氯乙烯	2.10～2.20
丙酸纤维素	1.18～1.24	聚四氟乙烯	2.10～2.30

表 0-6　常用于塑料密度鉴别的溶液

溶液的种类	相对密度	配制方法	塑料（制品）种类	
			浮于溶液	沉入溶液
水	1	干净水	聚乙烯、聚丙烯	聚氯乙烯、聚苯乙烯
饱和食盐溶液	1.19	74mL 水和 26g 食盐	聚苯乙烯、ABS	软质聚氯乙烯
58.4%的酒精溶液	0.91	100mL 水和 140mL 95%的酒精	聚丙烯	聚乙烯
55.4%的酒精溶液	0.925	100mL 水和 124mL 95%的酒精	低密度聚乙烯	高密度聚乙烯
氯化钙水溶液	1.27	100g 的氯化钙（工业用）和 150mL 水	聚甲基丙烯酸甲酯	硬质聚氯乙烯、酚醛塑料

5. 塑料的热解试验鉴别法

热解试验鉴别法是在热解管中加热塑料至热解温度，然后利用石蕊试纸或 pH 试纸测试逸出气体的 pH 值来鉴别的方法。不同塑料的热解产物对试纸的颜色反应见表 0-7。

表 0-7　不同塑料的热解产物对试纸的颜色反应

石蕊试纸颜色	红	基本上无变色	蓝
pH 值	0.5～4.0	5.0～5.5	8.0～9.5
塑料类型	含卤素聚合物、聚乙烯、纤维素酯、聚对苯二甲酸乙醇酯、酚醛树脂、不饱和聚酯树脂、含氟聚合物、聚苯硫醚等酸性树脂	聚烯烃、聚乙烯醇、聚乙烯醇缩甲醛、聚乙烯醚、苯乙烯聚合物、聚甲基丙烯酸酯、聚甲醛、聚碳酸酯、聚氨酯、酚醛树脂、环氧树脂等中性树脂	聚酰胺、ABS、聚丙烯腈、酚和甲酚树脂、氨基树脂（苯胺-三聚氰胺和脲醛树脂）等碱性树脂

6. 塑料的燃烧试验鉴别

燃烧试验鉴别法是利用小火燃烧塑料试样，观察塑料燃烧难易程度、火焰颜色、是否滴落和发烟性，同时用熄火后的气味来鉴别塑料种类。

按燃烧的难易程度可将塑料分为不燃、难燃（离火即灭或慢慢熄灭）和易燃（离火不灭）三类。

按燃烧时是否发烟分为：

无烟塑料——PE、PP、PMMA、POM、PA、氟塑料；

发烟塑料（分子结构内含有卤素或苯环结构）——PS、PVC、PC、ABS、PET、PBT、PPO、PPS、PI、PSF、LCP 等。

表 0-8 为不同塑料的燃烧性能。

表 0-8　不同塑料的燃烧性能

中文名称	燃烧难易	离火后状态	火焰颜色	燃烧气味	是否有烟	燃烧状态
纤维素塑料	容易	继续燃烧				

续表

中文名称	燃烧难易	离火后状态	火焰颜色	燃烧气味	是否有烟	燃烧状态
乙烯-乙酸乙烯酯共聚物	容易	继续燃烧	上黄下蓝	乙酸味	无	熔融落滴
聚乙烯	容易	继续燃烧	上黄下蓝	石蜡味	低烟	少量熔融落滴
聚丙烯	容易	继续燃烧	上黄下蓝	石油味	少量黑烟	熔融落滴
聚苯乙烯	容易	继续燃烧、表面油性光亮		芳香气味	浓黑烟、炭飞灰	软化起泡、橙黄色
丙烯腈-丁二烯-苯乙烯共聚物	容易	继续燃烧	黄色	特殊的肉桂味	浓黑烟、炭飞灰	烧焦但不滴落
硬聚氯乙烯	难燃	离火即灭	上黄下绿	刺激性酸味	黑烟	软化卷曲
软聚氯乙烯	慢	离火不灭	上黄下绿	刺激性酸味	黑烟	软化卷曲
聚碳酸酯	容易	离火即灭		花果臭味	黑烟、炭飞灰	软化起泡
聚酰胺	慢	离火慢慢熄灭		烧指甲或羊毛气味	白烟	起泡、熔融落滴
聚甲醛	容易	继续燃烧	上黄下蓝	强烈刺激性甲醛味	无烟	熔融落滴
饱和聚酯	容易	继续燃烧	黄色	烧焦		燃烧有落滴
聚苯醚	慢	离火即灭				
氟树脂	不燃					
聚甲基丙烯酸甲酯	容易	继续燃烧				
聚氨酯	容易	继续燃烧				
聚砜	难燃	离火即灭				
聚苯硫醚	不燃					
聚酰亚胺	不燃					
聚醚醚酮	难燃	离火即灭				
液晶聚合物	难燃	离火即灭				
酚醛树脂	难燃	离火即灭				
氨基树脂	难燃	离火即灭				
不饱和聚酯	容易	继续燃烧				

7. 塑料的显色反应鉴别法

通过不同的指示剂可鉴别某些塑料，在 2mL 热乙酸酐中溶解或悬浮几毫克试样，冷却后加入 3 滴 50％的硫酸（由等体积的水和浓硫酸制成）后：

① 立即观察显色反应；

② 放置 10min 后再观察试样颜色；

③ 放置 10min 后再在水浴中将试样加热至 100℃，观察试样颜色。

此显色反应称为 Liebermann-Storch-Morawski 反应，各类塑料的显色反应见表 0-9。

表 0-9 各类塑料的显色反应

材料	立即显色	10min 后颜色	加热到 100℃后颜色
酚醛树脂	浅红紫-粉红色	棕色	棕-红色
聚乙烯醇	无色-淡黄色	无色-浅黄色	棕色-黑色
聚乙酸乙烯酯	无色-浅黄色	蓝灰色	棕色-黑色
环氧树脂	无色-黄色	无色-黄色	无色-黄色
聚氨酯	柠檬黄	柠檬黄	棕色-绿荧光

含氯类塑料有聚氯乙烯、氯化聚氯乙烯、聚氯丁二烯、聚偏二氯乙烯、聚氯乙烯混配料等，它们可通过吡啶显色反应来鉴别，具体见表 0-10。注意，在试验前，试样必须经乙醚萃取，以除去增塑剂。试验方法：将经乙醚萃取过的试样溶于四氢呋喃，滤去不溶成分，加入甲醇使之沉淀，萃取后在 75℃以下干燥。将干燥过的少量试样用不少于 1mL 吡啶与之反应，过几分钟后，加入 2～3 滴 5%氢氧化钠的甲醇溶液（1g 氢氧化钠溶解于 20mL 甲醇中），立即观察一下颜色，5min 和 1h 后再分别观察一次。根据颜色即可鉴别不同的含氯塑料。

表 0-10 吡啶用于含氯塑料的显色反应

材料	与吡啶和试剂溶液一起煮沸		与吡啶煮沸，冷却后加入试剂溶液		在试样中加入试剂溶液和吡啶，不加热	
	即刻	5min 后	即刻	5min 后	即刻	5min 后
聚氯乙烯	红至棕	血红，棕至红	血红，棕至红	红至棕，黑沉淀	红至棕	黑至棕
氯化聚氯乙烯	血红，棕至红	棕至红	棕至红	红至棕，黑沉淀	红至棕	红至棕
聚氯丁二烯	白色至浑浊	白色至浑浊	无色	无色	白色至浑浊	白色至浑浊
聚偏二氯乙烯	棕至黑	棕至黑，沉淀	棕至黑，沉淀	黑至棕，沉淀	棕至黑	棕至黑
聚氯乙烯混合料	黄	棕至黑，沉淀	白色至浑浊	白色，沉淀	无色	无色

聚酰胺也可通过对二甲基氨基苯甲醛显色反应来鉴别。鉴别如下：在试管中加热 0.1～0.2g 试样，将热分解物置于小棉花塞上，在棉花上滴上浓度为 14%的对二甲基氨基苯的甲醇溶液，再滴一滴浓盐酸，如为聚酰胺则显示枣红色。

对二甲基氨基苯甲醛显色反应也可用来鉴别聚碳酸酯，当显示的颜色为深蓝色时，即可知材料为聚碳酸酯。

弹性体可用 Burchfield 显色反应来鉴别其种类，方法为在试管中加热 0.5g 试样，将产生的热解气化物通入 1.5mL 试剂（在 100mL 甲醇中加入 1g 对二甲基氨基苯甲醛和 0.01g 对苯二酚，缓慢加热溶解后，加入 5mL 浓盐和 10mL 乙二醇）中，观察其颜色，然后再加入 5mL 甲醇稀释溶液，并使之沸腾 3min，再观察其颜色。不同种类弹性体的 Burchfield 显色反应结果见表 0-11。

表 0-11 不同种类弹性体的 Burchfield 显色反应结果

弹性体	热解蒸气与试剂接触处	在持续沸腾和加甲醇后
空白试验	淡黄色	淡黄色
天然橡胶（聚异戊二烯）	黄棕色	绿至紫至蓝色
聚丁二烯	淡绿色	蓝绿色
丁基橡胶	黄色	黄棕色至淡紫色
苯乙烯-丁二烯共聚物	黄绿色	绿色
丁二烯-丙烯腈共聚物	橙红色	红色至红棕色
聚氯丁二烯	黄绿色	淡黄绿色
硅橡胶	黄色	黄色
聚氨酯弹性体	黄色	黄色

含不饱和双键的聚合物可用韦氏试剂鉴别。溶液制备：将 6～7mL 纯一氯化碘溶解于 1L 乙酸中制得。检验时，先将材料溶解在四氯化碳或熔化的对二氯苯（熔点 50℃）中，滴加韦氏试剂，如材料带有双键，则使溶液褪色。

8. 其他塑料鉴别法

塑料的分子结构中有的含有碳、氢以外的杂原子。通过红外分析等确定化学键或官能团也可鉴别不同的塑料。

另外，如聚酰胺也可通过测定熔点区分不同的种类，如 PA6、PA66、PA610、PA11 和 PA12 等。表 0-12 列出不同 PA 的熔点范围。

表 0-12 各种 PA 的熔点范围

聚酰胺类型	熔点范围/℃	聚酰胺类型	熔点范围/℃
PA6	215～225	PA1010	190～200
PA66	250～260	PA11	180～190
PA610	210～220	PA12	170～180

第五节 塑料的应用

据 Plastics Europe 发布 *Plastics-the fast Facts 2023* 数据，2022 年全球塑料生产总量在 4 亿吨，从世界各地区塑料生产情况来看，中国是最大的塑料生产国，产量占到了全球 32%。

2024 年我国塑料制品产量 7707.6 万吨，同比增长 2.9%。具体到塑料制品的各细分领域产品产量，包括塑料板管型材、塑料丝绳及编织品、塑料包装箱及容器、塑料零件及其他塑料制品类别的产量为 4859.5 万吨，占比依然最高，达到 63%；其次是塑料薄膜，产量 1785.6 万吨，占比 23.2%，其中，农用薄膜产量为 81.6 万吨，同比增长 5.5%。

从市场应用来看，包装、建筑、汽车和电子电器等仍是塑料的主要消费领域。

下面具体介绍塑料在各个领域的应用。

1. 包装材料

包装材料为塑料的最大用途，占20%以上，主要产品如下：

膜类制品——轻重包装膜、阻隔膜、热收缩膜、自粘膜、防锈膜、撕裂膜及气垫膜等。

瓶类制品——食品包装瓶如装油、啤酒、汽水、白酒、醋、酱油及牛奶的瓶子等，以及化妆品瓶、药品瓶及化学试剂瓶等。

盒类制品——食品盒如饭盒、糕点盒、礼品盒及冰激凌盒等，以及五金、工艺品、文教用品等盒类包装材料。

杯类制品——一次性饮料杯、牛奶杯及酸奶杯等。

箱类制品——啤酒箱、汽水箱、食品箱、周转箱、炮弹箱及瓦楞箱等。

袋类制品——手提袋及编织袋等。

2. 日用品

杂品类制品——盆、桶、盒、篓、盘、椅子、凳子、行李箱、丝及网等制品。

文体用品——笔、尺、夹、刀、乒乓球、羽毛球及球拍等。

服装类制品——鞋底、合成革类、纽扣、发夹、拉链、帽类、雨衣等。

厨房用品——碗、盘、叉、勺、菜板、打火器等。

3. 农用材料

地膜、棚膜、育秧盘、灌溉管、滴灌管、喷雾器、鱼漂、渔网等。

4. 建筑材料

管材——上水管、下水管、输气管、穿线管、地热管及供暖管等。

型材——门、窗、家具、楼梯扶手、装饰线及暖气罩等。

板材——装饰板、天花板、地板、外墙装饰铝塑复合板、阳光板、隔墙板及屋顶隔热板等。

其他——地毯、地板革、壁纸、人造大理石、人造玛瑙、整体浴室及防水材料等。

5. 绝缘材料

高、中、低压绝缘电缆及护套电缆，电容器介质膜、接线盒、开关、继电器及空气开关等。

6. 机械配件

各类壳体、泵类材料、拉杆、绳索、链条、链轮、齿轮、轴承、导轨、密封件及垫片等。

7. 汽车配件

仪表盘、保险杠、轮壳罩、方向盘、座椅、油箱、输油管、散热器格栅、顶棚、扶手、镜架、灯罩、摩擦片、发动机配件、车身等。

8. 医学材料

人体器官材料如人造骨、气管、血管、皮肤、牙、肾及心脏瓣膜等，医疗器械类如一次性注射器、手术器械、输血管、内窥镜管及导尿管等。

9. 光学材料

主要有光学透镜材料、反光材料、太阳能材料、光纤材料及光盘材料等。

10. 航空航天材料

用于高速飞行器外表面的耐烧蚀材料隔热材料，天线罩的透波材料，高强度结构材料如飞机的机身、尾翼、垂直翼等。

SELECTION OF

PLASTIC

MATERIALS

第一篇　通用塑料

第一章

聚乙烯（PE）类

目前聚乙烯的主要品种有低密度聚乙烯（LDPE）、高密度聚乙烯（HDPE）、线型低密度聚乙烯（LLDPE）、中密度聚乙烯（MDPE）、超低密度聚乙烯（ULDPE）等。此外还有其衍生品种乙烯-乙酸乙烯酯（EVA）和氯化聚乙烯（CPE）等。

第一节　聚乙烯

1. 一般概况

聚乙烯是指由乙烯单体经自由基聚合或者配位聚合而成的聚合物，英文名称为 polyethylene，英文简称 PE，俗称软胶。PE 的合成原料来自化石资源，具体如石油、煤和天然气，因全球石化资源丰富，其产量自 1965 年超过 PVC 后一直高居第一。聚乙烯是一种工业化年代较晚，但发展速度最快的塑料品种。最早实现工业化的品种为 LDPE，于 1951 年首次实现万吨级工业规模生产。

2020—2024 年，中国石油始终保持中国聚乙烯产能第一位，企业占比从 2020 年的 21.85%降至 21.63%；中国石化企业占比从 2020 年 19.54%降至 16.48%；宝丰集团 2024 年新增产能 75 万吨/年，企业占比从 2020 年 2.56%提升至 4.9%；荣盛集团从 3.20%提升至 6.3%；国能集团从 5.63%降至 3.7%。

2024 年中国聚乙烯生产企业产能统计见表 1-1。

表 1-1　2024 年中国聚乙烯生产企业产能统计

企业名称	所在地	品种	产能/(万吨/年)	乙烯来源
宝来利安德巴赛尔石化有限公司	辽宁省	低压	35	轻烃
		线型	45	轻烃
北方华锦化学工业股份有限公司	辽宁省	低压	7.5	油制
		低压	7.5	油制
		低压	30	油制
福建联合石油化工有限公司	福建省	低压	45	油制
		线型	45	油制
国家能源集团宁夏煤业有限责任公司	宁夏回族自治区	线型	45	煤制
国能包头煤化工有限责任公司	内蒙古自治区	线型	30	煤制

续表

企业名称	所在地	品种	产能/(万吨/年)	乙烯来源
国能新疆化工有限公司	新疆维吾尔自治区	高压	27	煤制
国能榆林化工有限公司	陕西省	高压	30	煤制
黑龙江省海国龙油石化股份有限公司	黑龙江省	低压	40	油制
恒力石化(大连)炼化有限公司	辽宁省	低压	40	油制
江苏虹景新材料有限公司	江苏省	高压	20	油制
江苏斯尔邦石化有限公司	江苏省	高压	10	甲醇制
		高压	20	甲醇制
连云港石化有限公司	江苏省	低压	40	轻烃
		低压	40	轻烃
内蒙古宝丰煤基新材料有限公司	内蒙古自治区	线型	55	煤制
内蒙古久泰新材料科技股份有限公司	内蒙古自治区	线型	28	煤制
宁波华泰盛富聚合材料有限公司	浙江省	线型	40	轻烃
宁夏宝丰能源集团股份有限公司	宁夏回族自治区	低压	30	煤制
		低压	40	煤制
		高压	25	煤制
		线型	30	煤制
蒲城清洁能源化工有限责任公司	陕西省	线型	30	煤制
山东劲海化工有限公司	山东省	低压	40	轻烃
山东寿光鲁清石化有限公司	山东省	低压	35	轻烃
		线型	20	轻烃
		线型	20	轻烃
山东裕龙石化有限公司	山东省	低压	30	油制
		线型	50	油制
		线型	50	油制
陕西延长石油延安能源化工有限责任公司	陕西省	低压	42	煤制
陕西延长中煤榆林能源化工股份有限公司	陕西省	低压	30	煤制
		高压	30	煤制
		线型	30	煤制
上海金菲石油化工有限公司	上海市	低压	13.5	外采乙烯
上海赛科石油化工有限责任公司	上海市	低压	30	油制
		线型	30	油制
沈阳化工股份有限公司	辽宁省	线型	10	油制
万华化学集团股份有限公司	山东省	低压	35	轻烃
		线型	45	轻烃

续表

企业名称	所在地	品种	产能/(万吨/年)	乙烯来源
新疆天利高新石化股份有限公司	新疆维吾尔自治区	高压	20	外采乙烯
扬子石化-巴斯夫有限责任公司	江苏省	高压	20	油制
		高压	20	油制
浙江石油化工有限公司	浙江省	低压	35	油制
		低压	30	油制
		高压	30	油制
		高压	40	油制
		线型	45	油制
		线型	45	油制
中安联合煤化有限责任公司	安徽省	线型	35	煤制
中国石化海南炼油化工有限公司	海南省	低压	30	油制
		线型	30	油制
中国石化上海石油化工股份有限公司	上海市	低压	25	油制
		高压	5	油制
		高压	5	油制
		高压	10	油制
中国石化扬子石油化工有限公司	江苏省	低压	12	油制
		低压	8	油制
		低压	7	油制
		高压	10	油制
		线型	20	油制
中国石化中原石油化工有限责任公司	河南省	线型	26	油制
中国石化北京燕山分公司	北京市	低压	7	油制
		低压	7	油制
		高压	6	油制
		高压	6	油制
		高压	6	油制
		高压	20	油制
中国石化广州分公司	广东省	线型	10	油制
		线型	10	油制
中国石化茂名分公司	广东省	低压	35	油制
		高压	11	油制
		高压	25	油制
		线型	22	油制

续表

企业名称	所在地	品种	产能/(万吨/年)	乙烯来源
中国石化齐鲁分公司	山东省	低压	7	油制
		低压	7	油制
		低压	25	油制
		高压	14	油制
		线型	12	油制
中国石化天津分公司	天津市	线型	12	油制
中国石化镇海炼化分公司	浙江省	低压	30	油制
		低压	30	油制
		线型	50	油制
中国石油四川石化有限责任公司	四川省	低压	30	油制
		线型	30	油制
中国石油大庆石化分公司	黑龙江省	低压	8	油制
		低压	8	油制
		低压	8	油制
		低压	30	油制
		高压	6.5	油制
		高压	20	油制
		线型	25	油制
		线型	8	油制
中国石油独山子石化分公司	新疆维吾尔自治区	低压	30	油制
		低压	8	油制
		低压	30	油制
		线型	15	油制
		线型	30	油制
中国石油抚顺石化分公司	辽宁省	低压	35	油制
		低压	8	油制
		线型	45	油制
中国石油广东石化分公司	广东省	低压	40	油制
		低压	40	油制
		线型	40	油制
中国石油吉林石化分公司	吉林省	低压	30	油制
		线型	28	油制

续表

企业名称	所在地	品种	产能/(万吨/年)	乙烯来源
中国石油兰州石化分公司	甘肃省	低压	8.5	油制
		低压	8.5	油制
		低压	6	油制
		高压	20	油制
		线型	30	油制
中国石油辽阳石化分公司	辽宁省	低压	3.5	油制
		低压	3.5	油制
中国石油塔里木石化分公司	新疆维吾尔自治区	低压	30	轻烃
		线型	30	轻烃
中海壳牌石油化工有限公司	广东省	低压	40	油制
		低压	26	油制
		高压	25	油制
		线型	30	油制
中韩(武汉)石油化工有限公司	湖北省	低压	30	油制
		低压	30	油制
		线型	30	油制
中化泉州石化有限公司	福建省	低压	40	油制
		高压	10	油制
中科(广东)炼化有限公司	广东省	低压	35	油制
中煤鄂尔多斯能源化工有限公司	内蒙古自治区	线型	30	煤制
中煤陕西榆林能源化工有限公司	陕西省	线型	30	煤制
中沙(天津)石化有限公司	天津市	低压	30	油制
		线型	30	油制
中石化英力士(天津)石化有限公司	天津市	低压	50	油制
		线型	30	油制
中国石油兰州石化榆林化工有限公司	陕西省	低压	40	轻烃
		线型	40	轻烃
中天合创能源有限责任公司	内蒙古自治区	高压	25	煤制
		高压	12	煤制
		线型	30	煤制
总计			3571	

2. 结构性能

(1) 结构

PE 为线型或带有支链的聚合物，具有同烷烃相似的结构，属于高分子长链脂肪烃。PE

分子对称无极性，分子间作用力小，力学性能不高，电绝缘性能好，熔点低，印刷性不好。

PE分子链上含有短的甲基和长的烷基支链，含有少量的双键和醚基。不同品种PE上的支链数目的大小依次为LDPE＞LLDPE＞HDPE，支链越多其耐光降解和氧化能力越差。

普通PE的分子量为4万～12万，超高分子量聚乙烯的分子量为100万～1000万。分子量越高，树脂的力学性能如拉伸性能、低温脆化性能、耐环境应力开裂性能等越好，但加工性能变差。PE分子量的大小常用熔体流动速率（MFR）来表示，PE的MFR越大其流动性越好，常用PE的MFR为LDPE 20～50g/10min、HDPE 4～15g/10min、LLDPE 3～10g/10min。

PE的结构规整，线性度高，因而易于结晶，晶型属斜方晶系。不同类型聚乙烯的结晶度不同，LDPE一般为65%左右，HDPE一般为80%～90%，LLDPE一般为65%～75%。随着结晶度的提高，PE制品的密度、刚性、硬度和强度等性能提高，但其抗冲击性能及拉伸性能却下降。所以LDPE的结晶度低，韧性较好，但刚性差；而HDPE的结晶度高，韧性较差，但刚性高。

（2）性能

① 一般性能　PE树脂为无味、无毒的白色粉末或颗粒，外观呈乳白色，有似蜡的手感，吸水率低到小于0.01%。PE的膜透明，但随着结晶度的提高透明度下降。PE膜的透水率低，但透气性较大，不适于保鲜包装，而适于防潮包装。PE属于易燃材料，氧指数仅为17.4%，燃烧时低烟，有少量熔融落滴，火焰上黄下蓝，有石蜡气味。PE的耐水性较好。PE制品表面无极性，难以黏合和印刷，经表面处理才可改善。

② 力学性能　PE的力学性能一般，拉伸强度较低，耐蠕变性不好，只有抗冲击性能较好。三种PE比较而言，冲击强度LDPE＞LLDPE＞HDPE，其他力学性能LDPE＜LLDPE＜HDPE。PE的力学性能受相对密度、结晶度和分子量大小的影响很大，随着这几种指标的提高，其力学性能增大。PE的耐环境应力开裂性不好，但随着分子量增大而改善。PE的耐穿刺性好，并以LLDPE最好。

③ 热学性能　PE的耐热性不高，但随着分子量和结晶度的提高而改善。PE的耐低温性好，脆化温度一般可达-50℃以下；随着分子量的增大，最低脆化温度可达－140℃。PE的线膨胀系数大，最高可达（20～24）$\times 10^{-5}K^{-1}$，是塑料中系数较大者。不同品种PE线膨胀系数的大小顺序为LDPE＞LLDPE＞HDPE。PE的热导率属塑料中较高者，不同PE热导率的大小顺序为HDPE＞LLDPE＞LDPE。

④ 电学性能　PE无极性，因此电性能十分优异。介电损耗很低，且随着温度和湿度的变化极小，可用于高频绝缘。PE是少数耐电晕性好的塑料品种，介电强度又高，因此可用作高压绝缘电缆材料。

⑤ 环境性能　PE属烃类惰性聚合物，具有良好的化学稳定性。PE在常温下可耐酸、碱、盐类水溶液的腐蚀，包括稀硫酸、稀硝酸、任何浓度的盐酸、氢氟酸、磷酸、甲酸及乙酸等，但不耐强氧化剂如发烟硫酸、浓硫酸和铬酸等。PE在60℃以下不溶于一般溶剂，但与脂肪烃、芳香烃、卤代烃等长期接触会溶胀或龟裂。温度超过60℃后，可少量溶于甲苯、乙酸戊酯、三氯乙烯、松节油、矿物油及石蜡中；温度超过100℃后，可溶于四氢化萘。

因PE分子中含有少量双键和醚基，其耐候性不好，日晒、雨淋都引起老化，需加入抗氧剂和光稳定剂以改善。PE的具体性能如表1-2所示。

表 1-2 LDPE、LLDPE、HDPE 的具体性能

性能	LDPE	LLDPE	HDPE
相对密度	0.910～0.925	0.920～0.930	0.941～0.945
吸水率/%	<0.01	<0.01	0.01
成型收缩率/%	1.5～5.0	1.5～5.5	2.0～5.0
拉伸强度/MPa	7～15	15～25	21～37
断裂伸长率/%	>650	>880	>500
弯曲强度/MPa	34	20	11
压缩强度/MPa	28	19	10
缺口冲击强度/(kJ/m^2)	80～90	>70	40～70
洛氏硬度	R45	R60	R70
热变形温度(1.86MPa)/℃	50	75	78
脆化温度/℃	−80～−55	<−120	<−120
热膨胀系数/($\times10^{-5}K^{-1}$)	20～24	18−20	12～13
热导率/[W/(m·K)]	0.35	0.40	0.44
体积电阻率/(Ω·cm)	6×10^{15}	6×10^{15}	6×10^{15}
相对介电常数(10^9Hz)	2.28～2.32	2.25～2.35	2.34～2.38
介电损耗角正切值(10^9Hz)	0.0003	0.0003	0.0003
介电强度/(kV/mm)	>20	>20	>20
耐电弧/s	115	115	115
氧指数/%	20	20	20

3. 成型加工

(1) 加工特性

LDPE、HDPE 的流动性好，加工温度低，黏度大小适中，加工性能好，很容易注射成型。但 LLDPE 的黏度稍高，需相应增大电机功率 20%～30%；易发生熔体破裂，需增加模间隙和加入加工助剂；加工温度稍高，可达 200～215℃。

虽然 PE 在惰性气体中的热稳定性很好，分解温度可达到 300℃以上。但在受热状态下，温度超过 50℃时热氧就会引发其降解反应，因此需要加入抗氧剂，具体如主抗氧剂 1010 和辅助抗氧剂 168。

不同聚合方法得到的 PE，其加工熔点不同，具体见表 1-3。

表 1-3 不同 PE 的熔点范围

类别	相对密度	结晶度/%	熔点/℃
LDPE	0.910～0.925	55～65	108～126
MDPE	0.926～0.940	70～80	126～135
HDPE	0.941～0.945	75～90	135

续表

类别	相对密度	结晶度/%	熔点/℃
LLDPE	0.920～0.930	65～75	118～146
UHMWPE	0.920～0.940	65～85	—

PE为非极性分子，它的吸水率低（小于0.01%），微量的水对制品性能和外观无影响，因此加工前不需要干燥处理。

PE分子链柔性好，键间作用力小，熔体黏性弱，流动性极好，因此成型时无需太高压力就能成型出薄壁长流程制品。

PE熔体属非牛顿流体，但是PE熔体的非牛顿性不明显，剪切速率的改变对黏度的影响较小，PE熔体黏度受温度的影响也较小。但是总体上，黏度随温度的变化波动较小，而随剪切速率的变化大一些，并呈线性关系，其中以LLDPE的下降速度最慢。但剪切速率不应超过临界值，否则会产生熔体破裂现象。

PE的成型收缩率范围大，一般成型收缩率为1.5%～2.5%，其中LDPE收缩率1.22%、HDPE收缩率约1.5%。PE的收缩方向性明显，流动性方向的收缩率为2.8%～3.2%，垂直方向的收缩率为1.8%～2%，易引起翘曲，因此在设计模具时一定要控制好模具温度，保持冷却均匀、稳定。

PE的结晶能力高，模具的温度对塑件的结晶状况有较大的影响。模温高，熔体冷却慢，塑件结晶度高，强度也就高。

PE的熔点不高，但比热容较大，因此塑化时仍需要消耗较多的热量，故要求塑化装置要有较大的加热功率，以便提高生产效率。

PE的软化温度范围较小，且熔体易氧化，因此在成型加工中应尽可能避免熔体与氧发生接触，以免降低塑件质量。

PE制件质地较软，且易脱模，因此当塑件有浅侧凹槽时可以强力脱模。

PE熔体的冷却速度较慢，因此必须充分冷却。模具应该有较好的冷却系统。

若PE熔体在注射时采用直接进料口进料，易增大应力、产生收缩不均匀及方向性明显的变形，因此应注意选择进料口参数。

PE的成型温度较宽，在流动状态下，温度的少许波动对注射成型没有影响。

PE的热稳定性较好，一般在300℃以下无明显的分解现象，对质量没有影响。

在具体选用树脂时，不同PE制品与熔体流动速率的关系如表1-4所示。

表1-4 PE的熔体流动速率与制品种类的关系

用途	熔体流动速率/(g/10min)		
	LDPE	LLFPE	HDPE
吹塑薄膜	0.3～8.0	0.3～3.3	0.5～8.0
重包装薄膜	0.1～1.0	0.1～1.6	3.0～6.0
挤出平膜	1.4～2.5	2.5～4.0	—
单丝、扁丝	—	1.0～2.0	0.25～1.2
管材、型材	0.1～5.0	0.2～2.0	0.1～5.0
中空吹塑容器	0.3～0.5	0.3～1.0	0.2～1.5

续表

用途	熔体流动速率/(g/10min)		
	LDPE	LLFPE	HDPE
电缆绝缘层	0.2～0.4	0.4～1.0	0.5～8.0
注塑	1.5～50	2.3～50	2.0～20
涂覆	20～200	3.3～11	5.0～10
旋转成型	0.75～20	1.0～25	3.0～20

PE 熔体流动速率和性能的关系为：随着 PE 熔体流动速率的升高，表面光泽、透明度、收缩率和断裂伸长率都升高，而熔融黏度、拉伸强度、冲击强度和耐应力开裂性下降。

PE 一般不需要热处理，如需要可在 80℃的各种介质中处理 1～2h，然后冷却到室温。

（2）加工方法

PE 可用注塑、挤出、吹塑、压制、压延、滚塑、涂覆等方法成型。

① 注塑加工　PE 因质软而易脱模，侧壁带有浅凹槽也可强制脱模。PE 的流动性好，壁厚应在 0.8mm 以上，LDPE 流动比为 280∶1，HDPE 的流动比 230∶1，排气槽深度应控制在 0.03mm 以下。脱模斜度沿脱模方向为 25′～45′，模腔部分为 20′～45′。

LDPE 的注射成型工艺条件为：注射温度 180～240℃、模具温度 50～70℃、注射压力 80～100MPa。

HDPE 的注射成型工艺条件为：注射温度 180～250℃、模具温度 50～70℃、注射压力 80～100MPa。

LLDPE 的注射成型工艺条件为：注射温度 200～240℃、模具温度 50～70℃、注射压力为 80～100MPa。

② 挤出加工　LDPE 的挤出温度随制品不同而变化，管材为 150℃、吹塑薄膜为 163℃、片材为 177℃、电缆为 218℃、挤出平膜为 246℃。

HDPE 的挤出条件为：温度 165～260℃，挤出压力 35～140MPa。

4. 特殊品种及衍生品种简介

（1）中密度聚乙烯

中密度聚乙烯（medium density polyethylene，MDPE）是在合成过程中用 α-烯烃共聚，控制密度范围 0.926～0.953 而成。

1970 年美国用浆液法制出 MDPE，其生产合成工艺采用 LLDPE 的方法。α-烯烃常用丙烯、1-丁烯、1-己烯、1-辛烯等，其用量的多少影响着 MDPE 密度大小，一般烯烃用量为 5%左右。

MDPE 分子主链中平均每 1000 个碳原子中引入 20 个甲基支链，或 13 个乙基支链，其性能变化由支链多少及长短不同而定。共聚可使其晶体小的片晶之间的连接链增多。

MDPE 的特点是耐环境应力开裂性及强度的长期保持性。MDPE 的相对密度为 0.926～0.940，结晶度为 70%～80%，平均分子量为 20 万，拉伸强度为 8～24MPa，断裂伸长率为 50%～60%，熔融温度为 126～135℃，熔体流动速率为 0.1～35g/10min，热变形温度（0.46MPa）为 49～74℃。

MDPE 可用挤出、注塑、吹塑、滚塑、旋转、粉末等方法成型，生产工艺参数与

HDPE 和 LDPE 相似，常用于管材、薄膜、中空容器等。产品用于高速成型各种瓶类、高速自动包装薄膜、旋转成型品、电线电缆包覆层、防水材料、水管、燃气管等。

对于国内市场来讲，MDPE 似乎还是个新名词，但由于其性能介于 HDPE 和 LDPE 两者之间，既保持了 HDPE 的刚性，又有了 LDPE 的柔性、耐蠕变性，集两者优点于一身，在制造配气管、配水管、通信和电缆护套方面占有绝对优势，因而越来越受市场关注，具体原因如下。

① 独特性能确立市场地位　MDPE 因其良好的抗环境应力开裂性、焊接性和使用寿命长等，近年来应用发展迅速，用量增加很快，MDPE 被认为是世界上通信电缆、光纤光缆最合适的护套材料。

在国外，MDPE 的开发是与 LDPE 和 HDPE 同步的。陶氏化学有限公司采用 Insite 技术开发成功增强型 PE 树脂 DOW LEX2344 E，该树脂是一种十分稳定的 MDPE，为乙烯-辛烯共聚物，具有特殊的线型乙烯主链和辛烯支链，具有优越的韧性和杰出的长期耐水压性能。北欧化工公司开发出多种牌号的 MDPE，广泛应用于天然气管、饮水管、发泡同轴电缆、发泡绝缘电话板、通信和动力电缆护套的生产，其中采用北星双峰技术生产的 PE100 树脂成功地挤出了世界上最大直径（1600mm）的管道。韩国三星公司开发出旋转成型级 MDPE 系列产品，主要用于化学品储罐、玩具、油箱、水箱。韩国 SK 公司在 HDPE 装置上，采用三井和 Sclairtech 两种工艺，结合其优势，开发出旋转成型、管材涂覆、注射成型、拉丝级 MDPE 产品。在欧洲，MDPE 在配气和配水压力管市场上已确立了优势地位，在大直径配气管（外径 100mm 以上）、输气管（外径 300mm 以上）和配水管（外径 200mm 以上）领域，MDPE 具有进入金属和聚氯乙烯领地的巨大潜力，仅在配水管方面欧洲 MDPE 年用量为 16 万吨。

② 国内研发步伐亟待加快　国内市场 MDPE 树脂发展滞后，面市产品不多，大多数电缆护套生产厂家只能采用共混方式完成。

茂名石化和中原乙烯公司引进的全密度聚乙烯生产装置中都有 MDPE 牌号，如管材料 DGDA-2401 和用于旋转成型的 DNDD-7152，但产量很少。燕化公司新引进 Exxon 化学公司的 20 万吨/年 LDPE 生产装置中有 3 个 MDPE 牌号（117、151、157），密度值范围在 $0.9280 \sim 0.9355 g/cm^3$，已生产出其中两个牌号 117 和 151 产品 600 吨，但产品密度偏低，且非共聚物产品，耐环境应力开裂性能差，不适宜制作压力管如燃气管等。

③ 市场需求潜力可观　国内使用 MDPE 的领域有电线电缆护套料、水输送管道、埋地用燃气管道、农用浇灌软管（带）等，且用量需求越来越大。

大多数厂家使用 HDPE 加 LDPE 生产 MDPE 通信电缆、光缆护套料，年产量在 3 万吨左右；燃气管原料要求具有良好的可焊接性、耐环境应力开裂性和耐开裂快速传递性，生产厂商均采用进口 MDPE 原料；农用浇灌软管（带）也是 MDPE 的应用领域之一，为了降低价格控制生产成本，这类厂家只有少数使用进口 MDPE，多数采用国产 LDPE 和 LLDPE，个别厂家加入少量 HDPE 共混以提高刚度；世界公认最好的软管卷盘式自动喷灌机，是适合我国国情的一种喷灌机，该机上缠绕的 PE 软管不仅要承受弯曲、拉伸应力及内水压力等，还要耐地面摩擦、日晒雨淋、冷热交替等综合作用，国外开发出了 MDPE 管，使软管的使用寿命和喷灌机同步。我国 20 世纪 80 年代中后期研制出了这种形式的喷灌机，而与之配套的质量上乘的 MDPE 软管尚未见有成功研制的报道，市场需求在 2 万～3 万吨/年。西部大开发中西气东输、西电东输工程的开发以及城市天然气输送管网、城乡输水燃气管网工程建设和我国农业大国的地位都为PE家族的新宠MDPE及其制品描绘了一幅光辉的前景。但对于国内市场来说，国内用户无论从理性还是感性方面对MDPE的认识都很不够，但通过加大宣传和开发MDPE牌号的力度，相信MDPE在逐渐被人们认知的同时，也会为国家的建设和发展作出越来越突出的贡献。

（2）氯化聚乙烯

氯化聚乙烯（chlorinated polyethylene，CPE），为HDPE或LDPE大分子中仲碳原子上的氢原子被氯原子部分取代的一种无规聚合物。

CPE含氯量大小不同，其性能差别很大。含氯量为25%～40%时为柔性材料，含氯量大于40%时为硬质材料，常用的CPE含氯量为30%～40%，并以含氯量35%的135A和含氯量为40%的140B两个牌号最为常用。

CPE最早于1963年由美国的Allied Chemical公司实现工业化生产，主要厂商有美国陶氏公司等。由于PVC冲击改性用CPE的推动，我国CPE的增长很快。2024年我国CPE产能大于100万吨/年，主要生产企业包括山东日科化学、潍坊亚星化学、杭州科利化工等。

CPE与EVA类似，都为PE的改性产品，CPE为PE氯化的产物，PE大分子的规整性被破坏，结晶力降低，制品的柔软性提高，成为弹性体类材料。CPE具有优异的抗冲击性能、阻燃性能（氧指数为27%）、耐热性能（可在120℃温度下长期使用）、耐候性、耐油、耐酸碱和耐臭氧老化、耐磨性、电绝缘性等。

① CPE的加工　可分为直接加工和硫化加工两种。

a. 直接加工　CPE可用注塑、挤出、压延等方法成型，如用压延法生产防水卷材和用挤出法生产门窗用密封条等。

CPE直接加工可不加交联剂，但需加入稳定剂、增塑剂和填料等。常用的稳定剂为金属氧化物如氧化铅、氧化钙、硬脂酸盐、环氧化物和有机磷酸盐等。增塑剂有氯化石蜡、己二酸二(2-乙基己基)酯（DOA）、癸二酸二异辛酯（DOS）、石蜡油、环氧大豆油及硬脂酸等。填充剂有碳酸钙、陶土及炭黑等。一个CPE直接加工的配方（质量份）如下：

原料	用量	原料	用量
CPE	100	稳定剂	18
无机填料	83	增塑剂	9

b. 硫化加工　CPE硫化加工时需在CPE中加入交联剂、稳定剂、增塑剂和填充剂等，其中稳定剂、增塑剂和填充剂同CPE直接加工用助剂一样。但交联剂的种类很多，可分为5类，具体为过氧化物类、硫黄类、硫脲类、胺类和三嗪类等。下面举几个交联配方实例。

配方一　　　　单位：质量份

原料	用量
CPE	100
过氧化二异丙苯（DCP）	2.5
助交联剂（二甲基丙烯二盐基性亚磷酸铅酸乙二醇酯）	4
炉黑	35
高岭土	20
氯化石蜡	15

硬脂酸铅　　1

聚合的三甲基二氢喹啉　　0.25

此配方的拉伸强度为13.6MPa，断裂伸长率为500%。

配方二——CPE仿革鞋底配方　　单位：质量份

原料	用量
CPE	100
硫黄	1
促进剂NA-22	3.5
氧化镁	10
邻苯二甲酸二丁酯（DBP）	7
软化剂	6
填充剂	153

此配方的性能为：拉伸强度11.3MPa，断裂伸长率290%，永久变形率28%，邵氏硬度93。

② CPE的应用　可分为单独制品和改性剂两类。

a.单独制品不如改性剂用量大，主要用于防水卷材、地板、门窗用密封条、电缆护套及输送带等。

b.冲击改性剂可用于硬质PVC、PE及ABS的共混材料，主要改善其冲击性能和阻燃性能。此外，CPE还可用于共混物的相容剂。

（3）交联聚乙烯

交联聚乙烯是由热塑性线型聚乙烯经分子之间的化学反应形成的一种具有网状结构的热固性塑料，英文简称XLPE。聚乙烯由线型变为体型结构后，性能发生了彻底的变化，具有耐磨性、抗爆破性、耐溶剂性、尺寸稳定性、耐应力开裂性和耐候性，低温柔软性好，耐热性优良，软化点达到200℃，可在140℃温度下长期使用，冲击强度、拉伸强度、耐蠕变性和刚性均优于HDPE，弹性模量比HDPE高5倍，电绝缘性卓越，耐辐射性好。

XLPE制成的薄膜具有适当的透明性和足够的水蒸气透过性。XLPE具有形状记忆性能，其制品经加热、拉伸、冷却定形后，重新加热到结晶温度以上时，能自然恢复到原来的形状和尺寸。

XLPE的制造方法有：过氧化物交联法、辐射交联法和硅烷交联法。生产厂家有上海电缆厂、上海电化厂、上海高桥石油化工公司、上海塑料研究所。

① 过氧化物交联法　LDPE选用DCP为交联剂，分解温度为132℃。HDPE选用2,5-二叔丁基-2,5-二甲基乙烷（AD）为交联剂，分解温度为141℃。具体交联配方见表1-5。

表1-5　PE过氧化物交联配方

成分	绝缘电缆料				护层电缆料		泡沫绝缘料
	1	2	3	4	1	2	
LDPE	100	100	100	100	100	100	100
DCP	2	2	—	—	2	2	4～6
AD	—	—	2	2	—	—	—

续表

成分	绝缘电缆料				护层电缆料		泡沫绝缘料
	1	2	3	4	1	2	
防老剂	—	—	—	—	0.8	0.6	—
防老剂 DNP	0.5	—	0.5	—	—	—	—
防老剂 RD	—	—	—	0.5	—	—	0.5
4,4-硫代双-(6-叔丁基-3-甲基苯酚)	—	0.5	—	—	—	—	—
热裂炭黑	—	—	—	—	80	50	50
活性剂	—	—	—	—	—	—	2～5
发泡剂 N	—	—	—	—	—	—	10～15

过氧化物交联聚乙烯的主要力学性能见表 1-6。

表 1-6 过氧化物交联聚乙烯的主要力学性能

性能		数据	性能	数据
相对密度		1.27	邵氏硬度（D）	78
拉伸强度/MPa	室温	32～33	缺口冲击强度/（kJ/m^2）	29.4
	100℃	14	耐应力开裂（F50）/h	>1000
断裂伸长率/%		46		

② 辐射交联法 将 PE 制品经 γ-射线、高能射线辐射处理，辐射剂量为 10^5Gy，可成为交联聚乙烯。具体配方见表 1-7。

表 1-7 辐射交联聚乙烯配方

组分	1 号	2 号	3 号
LDPE	100	100	100
防老剂	1	1	1
二碱式亚磷酸铅	—	3	3
氯化石蜡	—	15	10
三氧化二锑	—	15	18
高耐磨炭黑	—	25	—

交联聚乙烯主要用于电缆料和形状记忆收缩管。

③ 硅烷交联法 硅烷交联聚乙烯的配方含有聚乙烯、硅烷接枝剂、引发剂、催化剂和抗氧剂等，分成 A、B 两组分。A 组分为聚乙烯、硅烷接枝剂、引发剂，经接枝反应生产聚乙烯硅烷接枝物；B 组分为聚乙烯、催化剂、氧化剂等，主要作用为催化聚乙烯硅烷接枝物生成聚乙烯交联产物。

LDPE 硅烷交联配方如下：

配方	单位：质量份
原料	用量
LDPE	100

A151	2.5～3
DCP	0.1
二月桂酸二丁基锡	0.25
抗氧剂 1010	0.1

此配方的水交联温度为 80～85℃，交联时间为 8～12h。

HDPE 硅烷交联配方如下：

配方　　单位：质量份

原料	用量
HDPE	100
A151	2.5
DCP	0.03
二月桂酸二丁基锡	0.125
抗氧剂 1010	0.1

硅烷交联聚乙烯的主要性能见表 1-8。

表 1-8　硅烷交联聚乙烯的主要性能

性能	上海塑料研究所	日本住友 S0121	英国 Sioplas231
相对密度	0.929	0.922	0.932
凝胶率/%	68	55～77	70～75
拉伸强度/MPa	14.21	13.72～20.68	10.78～15.68
断裂伸长率/%	700	500～600	255～350
体积电阻率/(Ω·cm)	10^{18}	10^{16}～10^{18}	0.0005
介电损耗角正切（10^6Hz）	0.0004	0.0004	—
相对介电常数（10^6Hz）	2.33	2.3～2.4	2.32
脆化温度/℃	<−70	<−70	—
维卡软化点/℃	98	93	94.5
耐环境应力开裂（F_{50}）/h	>1000	>500	—

（4）耐热聚乙烯

耐热聚乙烯（polyethylene of raised temperature resistance resin，PERT）是乙烯和 α-烯烃如丁烯、己烯或辛烯单体经茂金属催化共聚而成的共聚物，又称为耐热增强聚乙烯，为了与交联耐热聚乙烯区别，又称为耐热非交联增强聚乙烯。

与 LLDPE 和 POE 不同的是，它是一种采用特殊的分子设计和合成工艺生产的聚乙烯，通过控制侧链的数量和分子量分布，从而得到独特的分子结构，达到提高耐热性能的目的。由于 α-烯烃短支链的存在，使 PE 的大分子不能结晶在一个片状晶体中，而是贯穿在几个晶体中，形成了晶体之间的联结。在保留了 PE 管良好的柔韧性、高导热性和化学稳定性的同时，又提高了聚乙烯的耐压性能和耐热温度，耐低温温度降低至−40℃。

PERT 目前有两个型号的树脂，为 PERT Ⅰ 型和 PERT Ⅱ 型。PERT Ⅰ 型为中密度聚乙烯与辛烯的共聚物，耐热温度可以达到 70℃。PERTⅡ型为高密度聚乙烯与辛烯的共聚物，耐热温度可以达到 95℃，在 110℃温度下的静液压强度已经超过 1000h，用 PERTⅡ型树脂制造的管材在 80℃长期使用时压力可以达到 1MPa。

PERT 主要用于生产耐热管材，是一种可以用于热水的非交联的聚乙烯管。耐热性聚乙烯管材的使用温度高于 80℃，而普通聚乙烯管材的使用温度不高于 50℃。PERT 管材主要用途为地暖管和冷热水供水管，管道具有抗压、耐腐蚀、寿命可达 50 年、绿色环保等优点，与交联聚乙烯管不同的是它可回收再生。PERT 管可热熔连接，安装维修方便。

能够生产 PERT 的企业不多。主要生产厂家和牌号有：美国 Dow Chemical Company DOWLEX™ 2388（2344E），荷兰 LyondellBasell Hostalen 4731B（乙烯-丁烯共聚物），韩国 SK energy YUCLAIR DX800（乙烯-辛烯共聚物），韩国 LG 公司的 SP980（乙烯-己烯共聚物），韩国大林的 DAELIM XP9000。

5. 应用范围

（1）薄膜制品

薄膜类制品是 PE 的最主要用途。LDPE 树脂中用于膜类制品的可占 50%以上，可用于食品、日用、收缩、自粘等轻质包装膜及农业用地膜、棚膜、保鲜膜等。HDPE 树脂中用于膜类制品的可占 10%以上，因其薄膜强度高，主要用于重包装膜、撕裂膜及背心袋等。LLDPE 树脂用于薄膜类制品的比重比 LDPE 还要大，可占树脂的 70%以上。LLDPE 膜具有延伸性好、拉伸强度较高、耐穿刺、收缩膜、超薄、耐环境应力开裂及低温冲击性好等优点，主要用于包装膜、垃圾袋、保鲜膜、自粘膜、缠绕膜、收缩膜及超薄地膜等，并常与 LDPE 共混制膜，以改善其加工性能。

（2）注塑制品

PE 因加工性好而广泛用于注塑制品，其中 HDPE 占 30%以上，LDPE 和 LLDPE 各占 10%以上。主要产品为盆、筒、篓、盒、周转箱、瓦楞箱、暖瓶壳、杯、台灯、玩具等。

（3）中空制品

以 HDPE 树脂为主，可占树脂用量的 20%。其制品具有耐应力开裂性好、抗油性好、抗低温冲击性好等优点，可用于食品油、酒类、汽油及化学试剂等液体的包装，此外还有中空玩具等。

（4）管材类制品

以 HDPE 树脂为主，主要用于生活给水管、煤气输送管、农业灌溉管、穿线波纹管、液体吸管及圆珠笔芯等；LDPE 管还可用于化妆品、药品、鞋油及牙膏等化学品的包装。

（5）丝类制品

圆丝常以 HDPE 为原料，主要用于编织渔网、缆绳、工业滤网及民用纱窗网等。

扁丝常以 HDPE 和 LLDPE 为原料，主要用于编织袋、编织布及撕裂膜等。

（6）电缆制品

PE 广泛用于中高压电缆的绝缘和护套材料，其中以 LDPE 为主，最高耐压可达 200kV。

（7）其他制品

HDPE、LLDPE 可用于打包带。LLDPE 可用于型材。

第二节　乙烯-乙酸乙烯酯共聚物（EVA）

1. 一般概况

乙烯-乙酸乙烯酯共聚物中乙酸乙烯酯（VA）的含量不同，其性能差异很大，而且其用途也不同。通常EVA有如下三类。

（1）EVA树脂

VA含量在40%以下，用高压法连续本体聚合合成，可用高压聚乙烯装置合成。最常用的为VA含量18%和28%的EVA牌号。主要用于塑料和改性材料，可制造注塑制品、电缆、薄膜及发泡鞋底等。

VA含量的不同，决定EVA树脂的性能和用途，具体见表1-9。

表1-9　不同VA含量EVA树脂用途

VA含量	用途
1%～6%	常用薄膜，包括烘烤食品袋、冷冻食品袋、冰袋和尿布包装袋等
6%～15%	农膜、挤出膜、泡沫塑料、注塑制品、拉伸包装、电线电缆等
15%～20%	发泡鞋材、热熔胶、农膜、涂层、挤出和共挤出、注塑制品
20%～35%	热熔胶、地毯背衬、挤出成型制品、注塑制品、太阳能板、电池
35%～40%	涂层、热熔胶、塑料共混、接枝改性

（2）EVA弹性体

VA含量在40%～70%范围内，用中压溶液法合成。材料柔软且富有橡胶的弹性，拉伸强度小而断裂伸长率大，主要用于弹性体、PVC增韧改性剂和汽车配件。

（3）EVA乳液

VA含量在70%～95%，用乳液法合成，其实质为聚乙酸乙烯酯（PVAC）的改性品种。产品为乳液状，主要用于黏合剂和涂料。

EVA是在LDPE基础上发展起来的一种共聚物，由美国的杜邦公司在1960年实现工业化生产，是一种熔点低、柔软性好的典型热塑性树脂，既可用于改性，又可单独加工塑料制品。

近年来，受太阳能EVA光伏料大量需求的带动，我国EVA树脂产业发展十分迅速，2020年我国EVA总产能才97万吨/年，到2021年底我国EVA总产能达到187万吨/年，几乎实现了产业规模翻倍增长。2022年EVA成为继五大通用塑料之后的第六大通用塑料，主要用于薄膜、电缆料、发泡料、热熔胶和光伏料几个方面。

2024年中国EVA下游消费中光伏占比55.5%，消费量178万吨。2024年我国EVA主要生产企业产能见表1-10。

表1-10　2024年我国EVA主要生产企业产能

企业	产能/(万吨/年)	地点
江苏斯尔邦石化有限公司	30	江苏连云港

续表

企业	产能/(万吨/年)	地点
江苏虹景新材料有限公司	20	江苏连云港
浙江石油化工有限公司(荣盛石化)	30	浙江舟山
联泓新材料科技股份有限公司	15	山东滕州
新疆天利高新石化股份有限公司	20	新疆独山子
宁夏宝丰能源集团股份有限公司	25	宁夏银川
中国石化扬子石油化工有限公司	10	江苏南京
中化泉州石化有限公司	10	福建泉州
中科(广东)炼化有限公司	10	广东湛江
中国石化北京燕山石油化工有限公司	20	北京燕山
	6	北京燕山
	4	北京燕山
陕西延长中煤榆林能源化工有限公司	30	陕西榆林
扬子石化-巴斯夫有限责任公司	20	江苏南京
福建古雷石化有限公司	30	福建泉州
台塑工业(宁波)有限公司	10	浙江宁波

目前国内外 EVA 树脂生产工艺有四种，主要是高压法连续本体聚合、中压悬浮聚合、溶液聚合、乳液聚合。目前来看，高压法连续本体聚合是最主要的工艺，市场上 EVA 树脂多用高压连续本体聚合工艺来生产，而根据所采用的反应器不同，又可以分为管式法和釜式法两种工艺，工艺原理上类似于 LDPE 的生产工艺，高压装置通常由乙烯压缩、引发剂制备、引发剂注入系统、反应器系统、分离系统、挤出造粒组成。

目前我国在产企业中采用釜式法工艺生产的占比约 64%；在管式法工艺中，巴赛尔管式法在总产能中占比约 50%。巴赛尔管式工艺规模较大，且 LDPE 及 EVA 树脂可以相互切换较为灵活，目前国内新增产能的企业选择巴赛尔管式工艺的也较多。

此外，按照现有工艺来看，可以较大规模生产光伏级 EVA 树脂的主要是巴赛尔管式法、Exxon 釜式法、埃尼釜式法，不过 Exxon 釜式法由于授权等方面的限制，后续新增产能采用该工艺的可能性较低，这样未来新增的产能中可能只有采用巴赛尔管式法的产能才能较高负荷地生产光伏级 EVA 树脂。

下面简单介绍各类方法。

① 高压法　高压法连续本体聚合工艺类似于 LDPE 的生产。共聚工艺可采用高压釜反应器或管式反应器。一般来说，釜式法更适合于 EVA 的生产，此法的生产工艺类似于高压法低密度聚乙烯，所用引发剂的种类也相同。其主要差别是需要增设 VA 单体注入系统和分离回收系统、精制系统。具体制法是乙烯、乙酸乙烯酯、引发剂和分子量调节剂，按一定的配比加入高压反应器中，于温度 150～200℃和 160～190MPa 的压力下进行聚合反应，即制得乙酸乙烯酯含量为 10%～30%（按需要控制）和分子量为 5 万～50 万的不同牌号的共聚

物。熔融状态的聚合物经高压产品分离器、低压产品分离器、挤压造粒系统、颗粒干燥及脱气，最终得到直径为2～3mm，长度为3～4mm的聚合物颗粒。最后，经过挤出造粒和干燥得到粒状产品。

② 溶液法　溶液法是以不产生链转移的叔丁醇、脂肪族烃类和苯作溶剂，以过氧化物、偶氮化合物为引发剂，将乙烯和VA在5～7MPa、30～150℃的溶液中下进行聚合，所得共聚物的VA含量可在相当大的范围内变动，一般在35%以上。

③ 乳液法　乳液聚合是制取高VA含量的EVA产品的方法。乳液法是在高压反应釜中，将VA及引发剂$K_2S_2O_8$或$(NH_4)_2S_2O_4$加入已配制好的乳化液介质（水介质中加入了稳定剂、乳化剂等）中，通入乙烯，在低于95℃、1～10MPa条件下聚合，可制得VA含量为70%～95%的共聚物乳液。

2. 结构性能

塑料工业中常用的为EVA树脂和EVA弹性体。

（1）结构

EVA是乙烯和乙酸乙烯酯的无规共聚物，在无极性、结晶性的PE大分子链中，引入了极性的乙酸乙烯酯链段，乙酸乙烯酯短支链打乱了PE原有的规整性，改变了原来的结晶状态，导致其结晶度很低，形成一种支化度高的无规共聚物。同时乙酸乙烯酯链段的引入，增大了PE分子链的极性，改善了其冲击强度和印刷性。随乙酸乙烯酯含量的增大，EVA的分子链间的距离增大，使EVA弹性、柔软性和透明性比PE都更好。

EVA的结构中羧基的存在，影响了其热稳定性和抗老化性；同时由于结构中VA基团的存在，EVA的电绝缘性不如PE，使其不适合于高频信号和电视电缆的绝缘材料。另外，EVA对气体和湿气的透过性比PE高，不宜用于阻隔性要求高的包装材料。

EVA树脂的性能与乙酸乙烯酯的含量和MFR有很大的关系。当MFR一定时，随着乙酸乙烯酯含量的增高，其弹性、柔韧性、相容性和透明性等均有所提高，结晶度下降；随着乙酸乙烯酯含量的降低，则性能接近于聚乙烯，刚性增大、耐磨性和电绝缘性能提高。若乙酸乙烯酯含量一定，当MFR增加时，软化点下降，加工性和表面光泽得到改善，但力学强度有所下降；反之，随着MFR的降低，分子量增大，抗冲击性能和耐应力开裂性能有所提高。乙酸盐的极性增加了弹性和黏度，降低了结晶度和电性能，并且使材料可溶于烃类溶剂和油。

EVA常作为改性剂与其他聚合物共混，这是由于EVA具有良好的挠曲性、韧性、耐应力开裂性和黏结性能。聚乙烯与EVA的共混物具有优良的柔韧性、加工性，较好的透气性和印刷性，因而受到广泛的应用。

聚乙烯与EVA共混物随EVA的掺混量、EVA中VA的含量、EVA的分子量、共混物制备及加工成型条件等很多因素的变化而呈现不同的性能。尤其是EVA中VA含量的影响极为显著。当EVA中VA含量较低（6.6%）时，EVA掺入量对结晶度基本无影响；EVA掺入量对密度的影响较为明显，即共混物密度随EVA掺入量增加而上升，尤其在EVA含量达25%以后，上升更快。含VA量多的EVA对PE的改性效果较大，不论是结晶度还是密度，均出现急剧的变化，提高EVA中VA含量同样导致PE/EVA共混物的断裂伸长率的迅速上升。PE/EVA中EVA比例增加所产生的改性效果大体上与增加EVA中VA含量的效果近似。

EVA 可以改善 HDPE 的抗冲击性能和耐环境应力开裂性能。这是由于 EVA 分子的较长支链不能进入紧密堆积的晶格中，强化了片晶间的无定形区域，所以韧性、耐环境应力开裂性得到提高。EVA 也常用来提高 HDPE 与其他聚合物的相容性，例如 HDPE/LDPE 或 HDPE/PP 共混物中加入 EVA 后，由于改进了二者间的相容性，从而使 HDPE 的冲击韧性增大。HDPE 中掺入 EVA 可成为柔性材料，用于制造泡沫塑料。

EVA 还常用马来酸酐（MAH）接枝，称为马来酸酐接枝 EVA，英文简称为 EVA-*g*-MAH。EVA-*g*-MAH 主要用于 LDPE 无卤阻燃电缆料的流动和冲击改性，是目前的环保无卤阻燃电缆配方必不可少的品种之一。

（2）性能

EVA 的外观为半透明或乳白色的粒料或粉料，易燃，离火不灭，并有熔融落滴，发出乙酸味。

EVA 的主要优点得益于将乙酸乙烯酯单体引入分子链，降低了结晶度，提高了柔韧性、抗冲击性、透明度、表面光泽、填料的相容性、热封性能、化学稳定性、抗老化性、耐臭氧性、耐开裂性、着色性和成型加工性。

EVA 的重量轻，相对密度为 0.91～0.93，而 PVC 的相对密度为 1.32。EVA 具有高热黏合性，可以牢固地黏附在尼龙、聚酯、帆布和其他布料上。EVA 的柔韧性很好，柔软度好到具有类似橡胶的弹性，在 −50℃ 时也具有良好的柔韧性。

3. 成型加工

EVA 的加工性良好，加工特性和技术与 LDPE 相同，可采用一般热塑性塑料的加工方法和设备加工。且由于 EVA 的熔融黏度较低，热稳定性有限（分解温度为 229～230℃），加工温度超过分解温度后，乙酰氧基团的化学键开始断开，生成乙酸，因此其应该在低温下加工，加工温度一般比 LDPE 低 20～40℃。

EVA 可用注塑、挤塑、吹塑、压延、滚塑，真空热成型、发泡、涂覆、热封、焊接等方法成型加工。

（1）注射成型

可用一般 PE、PS 的注射成型设备加工。由于 EVA 具有弹性，摩擦系数大，对于一些部件如模腔或芯孔的顶出有时比较困难，因此在设计顶杆系统时必须注意尽可能有较大的锥度，成型温度为 170～200℃，并尽可能选择下限值。

（2）挤出成型

料筒温度为 105℃、180℃、170℃、180℃，机头温度 200℃，EVA 薄膜的开口性差，应加入开口剂，并应该慢速牵引。

（3）发泡成型

EVA 泡沫塑料可以通过发泡剂的加入量来控制密度，其生产中的边角料可回收使用。

4. 应用范围

EVA 主要用于太阳能封胶膜、包装薄膜、农业用膜、电缆材料、泡沫塑料、着色母料和香味母料的载体、共混增韧材料、阻尼隔声材料等。

（1）太阳能封胶膜

由于 EVA 胶膜在黏着力、耐久性、光学特性等方面具有优越性，又具有透明、柔软、热熔黏结性和熔融温度低、熔体流动性好等特点，正好满足了太阳能电池封装材料的要求，使得它被越来越广泛地应用于太阳能电池封装胶膜。高黏着力可以适用于各种界面，包括玻璃、金属及塑料如 PET；良好的耐久性可以抵抗高温、潮气、紫外线等等，黏着力不受湿度和吸水性胶片的影响。EVA 相比 PVB 有更强的隔音效果，尤其是高频率的音效；高透明性，可以保证阳光有效透过，提高光电转换效能。

但同时其耐湿热性和抗紫外线性差、易老化变黄、内聚强度低而抗蠕变性差，又会在一定程度上影响太阳能电池的光电转换效率以及使用寿命，因此对 EVA 的改性，提高其分子链的稳定性和耐候性，就显得至关重要。目前对 EVA 改性的方法主要集中在加入交联剂使其交联以及加入一些具有抗氧、紫外吸收或光稳定性等功能的助剂。

目前应用较多的是 VA 含量为 28%～33%的 EVA 材料，如杜邦的 Elvax150 树脂等。国内近年来越来越多的 EVA 已经可以用于太阳能胶膜了。

（2）包装薄膜

包装薄膜为 EVA 的主要用途，占总用量的 60%左右。树脂选用管式法 EVA，VA 含量为 10%～20%，特点为长支链少，透明度高，抗冲击韧性高，热稳定性好，透气性低，印刷性好，生理无害，适合于薄膜的生产。EVA 包装薄膜具体有重包装膜、冷却包装膜、食品包装膜、复合膜、绝缘用膜、热收缩膜、自粘膜及阻隔保鲜膜等特点。VA 含量低的 EVA 适合于单层透明包装材料；EVA/LLDPE/AVA 复合材料，可用于收缩包装材料；VA 含量 9%～15%的 EVA 与 PVDC 复合薄膜可用于鲜肉的包装。

（3）农业用膜

EVA 树脂具有隔绝红外线的功能，力学性能比 PE 好，弹性好，更能适合于各种恶劣天气，透明性好于 LDPE，一般选用 VA 含量为 10%～20%。其农膜的保温性、透光性、耐老化性、无滴性都优于 PE。常用 VA 含量为 10%～15%的 EVA 制造农用薄膜，主要用于多层复合如 LDPE/EVA 双层和 LDPE/EVA/LDPE 三层复合薄膜，用于耐候保温大棚膜和耐候无滴保温大棚薄膜。

（4）发泡制品

EVA 具有良好的发泡性能，泡沫塑料具有回弹性好、质量轻、耐龟裂性、强韧和吸收率低等优点，主要用于凉鞋、拖鞋等的鞋底和鞋垫，以及自行车胎、玩具车轮、隔声板、汽车零件、缓踏板、体操垫和游艇防护板等。用于泡沫塑料的 EVA 一般选用 VA 含量在 20%以上的牌号。鞋材是我国 EVA 树脂最主要的应用领域，在鞋材使用的 EVA 树脂中，乙酸乙烯酯含量一般为 15%～22%。

（5）电缆材料

由于 EVA 易于交联，可添加大量填料并可保持韧性和力学性能，适合于生产无卤阻燃线缆绝缘材料，典型的应用为热收缩性绝缘体、半导体绝缘材料和阻燃绝缘材料等。

（6）改性材料

EVA 具有良好的填充性能，可与多种有机或无机材料共混，制成复合材料和母料。EVA 主要用于抗冲击、耐应力和粘接等改性，用于 PE、PP、PVC 等。

（7）热熔胶

热熔胶是 EVA 最主要的应用之一，其特点是有很好的力学性能和机械稳定性，有较高的黏度，粒度可以控制，耐蠕变性及热封性之间有很好的平衡关系，有很好的湿黏性及很快的固化速度，对难以粘接的薄膜基质等有特殊的粘接性。由于不含溶剂，不污染环境且安全性较高，非常适合于自动化的流水线生产，因此被广泛应用于书籍无线装订、家具封边、汽车和家用电器的装配、制鞋、地毯涂层和金属的防腐涂层上。

（8）注塑制品

可用于软制品如自行车座、玩具、密封容器、人造草坪及挡泥板等。

（9）挤出制品

软管、电缆护套、吸水管及挡水板等。

（10）阻尼隔声材料

选用 VA 含量为 18%～29%的 EVA，填充 80%的填料，可用于汽车底盘等阻尼隔声材料。

第三节　超高分子量聚乙烯（UHMWPE）

1. 一般概况

超高分子量聚乙烯为分子量高达 100 万以上的无支链线型聚乙烯类聚合物，常见的分子量以 100 万～600 万居多，最高甚至能达到 1000 万，链长和分子量分别是高密度聚乙烯的 10～20 倍和 20～30 倍。超高分子量聚乙烯的英文名称为 ultra-high molecular weight polyethylene，简称 UHMWPE 或者 UPE。UHMWPE 虽然属于聚乙烯家族，但因其分子量太高，且具有与普通 PE 截然不同的性能，所以单列为一个品种，从严格意义上讲，UHMWPE 应属于工程塑料的范畴。UHMWPE 具有广阔的市场潜力，它的开发成功，被普遍认为是 20 世纪十大科技成果之一。

近年来，UHMWPE 的应用领域不断扩大，尤其是在防弹衣纤维和锂电池隔膜的带动下，UHMWPE 的增长十分迅速。

目前国外 UHMWPE 树脂主要生产企业有：美国塞拉尼斯、巴西布拉斯科、大韩油化公司、利安德巴赛尔、荷兰帝斯曼、日本旭化成、日本三井化学和雪佛龙菲利普斯化工等。

2024 年中国 UHMWPE 生产企业产能统计见表 1-11。

表 1-11　2024 年中国 UHMWPE 生产企业产能统计

企业名称	地址	产能/(万吨/年)
塞拉尼斯(南京)化工有限公司	江苏	4
九江中科鑫星新材料有限公司	江西	2.5
江苏斯尔邦石化有限公司	江苏	2
安徽丰达新材料有限公司	江苏	2
中国石化扬子石油化工有限公司	江苏	4
上海联乐化工科技有限公司	上海	1.5
中玺新材料(安徽)有限公司	安徽	1.25
河南沃森超高化工科技有限公司	河南	4

续表

企业名称	地址	产能/(万吨/年)
湖北昱泓高新材料科技有限公司	湖北	0.8
中国石油天然气股份有限公司辽阳石化分公司	辽宁	2
中国石油天然气股份有限公司大庆石化分公司	黑龙江	0.3
中国石油化工股份有限公司北京燕山分公司	北京	2
联泓新材料科技股份有限公司	山东	2
中国石油天然气股份有限公司兰州石化分公司	甘肃	2
中石化英力士(天津)石化有限公司	天津	10
合计		40.4

从整体上来看，超高分子量聚乙烯处于高速发展的阶段。但目前国产料多为中低端产品，生产高端纤维和薄膜级产品的龙头企业仍是塞拉尼斯等跨国企业。

按分子量的大小不同，UHMWPE 可分为分子量 200 万以下、分子量 200 万～300 万之间、分子量 300 万以上三个系列。

2. 结构性能

UHMWPE 为线型结构，但因分子量太大，分子太长，导致结晶困难，属于低结晶度产品。

UHMWPE 具有无可比拟的性能优势，为新型的热塑性（工程）塑料，且目前还没有一种单纯的高分子材料兼有如此众多的优异性能，可以称为“塑料之王”。

与普通 PE 相比，UHMWPE 具有耐磨性好（比 POM 大 15 倍）、低摩擦性（油润滑时摩擦系数为 0.05～0.08）、抗冲击性好、吸收冲击能优异、抗反复疲劳强度高、重量轻、电绝缘性好、自润滑性好、耐低温（－169～90℃）、生理相容性好（用于医学）及耐腐蚀等优点，被称为“令人惊异”的工程塑料。但 UHMWPE 也存在一定的不足，具体如硬度低、强度不高、耐热性差、加工困难及耐蠕变性差等。UHMWPE 的具体性能如表 1-12 所示。

表 1-12 UHMWPE 和 HDPE 性能比较

性能	UHMWPE	HDPE
相对密度	0.939	0.945
透明性	不透明	半透明至不透明
吸水率/%	<0.01	<0.01
熔体流动速率/(g/10min)	0	0.2～8
成型收缩率/%	2～3	2～5
拉伸强度/MPa	30～50	21～37
洛氏硬度(R)	38	35
缺口冲击强度/(kJ/m^2)	>100	40～70

续表

性能	UHMWPE	HDPE
热变形温度/℃	95	78
脆化温度/℃	<−137	−140～−100
熔点/℃	135～137	131～137
耐环境应力开裂/h	>4000	2000

（1）密度低

UHMWPE 的相对密度不超过 0.94，比 PTFE 低 56%、比 POM 低 33%、比 PBT 低 30%，比其他工程塑料密度都要低，并且只有钢材密度的 1/8。在目前各类材料都强调轻量化的时代，密度低是一种很突出的优点。

（2）耐磨性

UHMWPE 的耐磨性居各类纯塑料之冠，UHMWPE 与其他塑料的耐磨性比较见表 1-13。而且其分子量越大，其耐磨性越高，具体见表 1-14。UHMWPE 与钢、铜配对时易产生黏着磨损，并且对配偶件的磨损小。

表 1-13　UHMWPE 与其他塑料的耐磨性比较

材料	UHMWPE	PA66	PTFE	POM	45＃钢	不锈钢	黄铜
磨损率/[$\times 10^{-6}mm^3/(U\cdot m)$]	0.58	1.51	2.31	3.1	4.02	4.05	16.74

表 1-14　北京助剂二厂不同分子量 UHMWPE 的耐磨性

分子量	573 万(M-5)	400 万(M-4)	381 万(M-3)	282 万(M-2)	166 万(M-1)
磨损率/[$\times 10^{-6}mm^3/(U\cdot m)$]	0.27	0.38	0.41	0.43	0.67

UHMWPE 与聚四氟乙烯，共同属于超耐磨的热塑性树脂类别。与其他工程塑料相比，UHMWPE 的砂浆磨耗指数仅是 PA66 的 1/5、HEPE 和 PVC 的 1/10。UHMWPE 管材的耐磨性，在输送各种浆体时优势明显，分别比钢管、不锈钢管高 4～7 倍，比聚氯乙烯管和聚乙烯管高 10 倍左右，这大幅度提高了管道的使用寿命。

（3）自润滑性

UHMWPE 的自润滑性好，其滚动摩擦系数在塑料中较低，无润滑时摩擦系数为 0.04～0.11，油润滑时摩擦系数为 0.05～0.08，这是其自润滑性好的原因。UHMWPE 对钢的摩擦系数与其他塑料的比较见表 1-15。UHMWPE 可以在无润滑下，以滑动或转动的形式工作，比钢和铜在加润滑油的场合下润滑性还要好。

UHMWPE 具有很强的吸收冲击能和摩擦消声性能，具有摩擦噪声小的优点。

表 1-15　UHMWPE 的摩擦系数与其他塑料的比较

项目	PTFE	UHMWPE	PA6	PA66	GF/PA66	共聚 POM
摩擦系数	0.04	0.04～0.11	0.13	0.37	0.35	0.14
磨痕宽度/mm	18.4	0.34	8.50	—	—	5.50
磨耗量/[mg/(cm·h)]	—	0.28	0.7	—	3.5	—

续表

项目	PBT	PI	聚苯酯	氯化聚醚	ABS	PC
摩擦系数	0.13	0.29	0.30	0.35	0.37	0.36
磨痕宽度/mm	—	4.50	—	—	—	—
磨耗量/[mg/(cm·h)]	0.7	—	—	—	—	—

与其他工程塑料比较，UHMWPE的动摩擦系数在水润滑条件下是PA66和POM的1/2，在无润滑条件下仅次于塑料中自润滑性最好的聚四氟乙烯。因此，在摩擦学领域UHMWPE被誉为成本/性能非常理想的摩擦材料。

（4）抗冲击性

UHMWPE的冲击强度列各类塑料之首，是现有塑料品种中最抗冲击的一个品种，常温冲击强度可与以抗冲击著称的聚碳酸酯相媲美，低温冲击性能甚至比聚碳酸酯还要好，其冲击强度为PA66的10倍、PVC的20倍、PE100的5倍、ABS的8倍、POM的22倍、PBT的25倍。

抗冲击性如此之强，以至于采用通常冲击试验方法难以使其断裂破坏。其冲击强度随分子量的增大而提高，在分子量为150万时达到最大值，然后随分子量的继续升高而逐渐下降。即使在液氮中（−195℃）也能保持优异的冲击强度，这一特性是其他塑料所没有的。

UHMWPE具有优异的冲击能吸收性，冲击能吸收值在所有塑料中最高，因而噪声阻尼性能很好，具有优良的消声效果。

（5）耐化学腐蚀性

UHMWPE的分子量极大，是一种饱和分子团结构，含有的不饱和键极少。所以化学稳定性极高，除强氧化性酸液外，在一定温度和浓度范围内能耐各种腐蚀性介质如酸、碱、盐及有机介质（萘溶剂除外）。在20℃和80℃的80种有机溶剂中分别浸渍30天，外表无任何反常现象，其他物理性能也几乎没有变化。

（6）拉伸强度

由于UHMWPE具有超拉伸取向必备的结构特征，所以有无可匹敌的超高拉伸强度。因此可通过凝胶纺丝法制得超高模量和强度的纤维，其拉伸强度高达3～3.5GPa，拉伸模量高达100～125GPa，纤维比强度是迄今已商品化的所有纤维中最高的，比碳纤维大4倍、比钢丝大10倍、比芳纶纤维大50%。

（7）耐候性和抗老化性

UHMWPE管材分子链中不饱和键很少而且分子量巨大，并且树脂中添加了抗老化剂，使得UHMWPE管材使用寿命大大超过了普通聚乙烯管材。UHMWPE管材的低温脆化温度极低，可在−60～40℃内安全使用，冬季施工时不必采取特殊保护措施，不会发生管材脆裂。UHMWPE具有优异的耐低温性，在液氦温度（−269℃）下仍具有延展性，因而能够用作核工业的耐低温部件。

（8）吸水性

UHMWPE吸水率很低，一般小于0.01%，仅为PA66的1%，因而在成型加工前一般不必干燥处理。

（9）不粘性

UHMWPE表面吸附能力非常微弱，其抗粘能力仅次于塑料中不粘性最好的PTFE，因而制品表面与其他材料不易粘。UHMWPE 有自润滑性和不黏附性，又具有不结垢、摩擦系数小、抗腐蚀、抗磨损等优点，因此流动阻力很小，可长期保持流速和流量不减。

（10）阻燃性

特殊行业用于防火环境，需要加入阻燃剂改性，以克服 UHMWPE 本身可燃性，使其具有阻燃性能。

（11）热性能

UHMWPE 的耐热性虽不高，热变形温度只有 90℃，使用温度只有 100～110℃，但其耐低温性能十分好，是耐低温性最好的塑料品种，而且低温冲击性十分好。UHMWPE 的线膨胀系数为 $(1.5\sim2.5)\times10^{-4}$/℃，热导率为 8.5W/(m·K)。

（12）电性能

UHMWPE 的体积电阻率大于 $10^{15}\Omega\cdot cm$，介电强度为 90kV/mm，相对介电常数为 2.3。

（13）卫生性

UHMWPE 卫生无毒，完全符合日本卫生协会的标准，并得到美国食品与药物监督管理局和美国农业部的认可，可用于接触食品和药物。

（14）其他性能

① 耐疲劳　UHMWPE 的耐疲劳性能好，耐疲劳强度大于 50 万次，是 PE100 的 30 倍之多。

② 耐应力开裂　UHMWPE 的耐环境应力开裂性能很好，抗应力开裂时间高达 4000h，是 PE100 的 2 倍以上。

③ 耐蠕变　UHMWPE 的耐高温蠕变性好。

④ 耐辐射　UHMWPE 的耐辐射性好。

3. 成型加工

（1）加工特性

UHMWPE 虽属于热塑性树脂，但它的加工性能不好，具体体现在如下几个方面。

① UHMWPE 的熔体黏度太大　UHMWPE 的黏度高达 10^8Pa·s，即使熔融也难以流动，熔体流动速率接近 0g/10min，这一点同 PTFE 相似。

② UHMWPE 的临界剪切速率较低　UHMWPE 在挤出成型时的临界剪切速率为 $10^{-3}\sim10^4s^{-1}$，吹塑成型时的临界剪切速率为 $1\sim10^{-1}s^{-1}$，注射成型时的临界剪切速率为 $10^2\sim10^6s^{-1}$。而且制品的截面积越大，剪切速率也越小。UHMWPE 在较低的剪切速率时，就会产生熔体破裂、滑流和喷流现象。导致出现孔状和脱层现象。因此，挤出速度不能太快，否则会出现熔体破裂而引起制品表面裂纹。UHMWPE 的分子量越大，临界剪切速率就越低，越易产生熔体破裂现象。例如，高分子量的 UHMWPE 的临界剪切速率为 $10^{-2}s^{-1}$，而普通 PE 的临界剪切速率为 10^2s^{-1}。因此，分子量越高的 UHMWPE，挤出速率应该越低。

③ UHMWPE 的摩擦系数小　在进料阶段的加料段容易发生打滑，无法输送物料，这也是 UHMWPE 为什么不选择螺杆式而选择柱塞式挤出机的原因。

④ UHMWPE 的热稳定性不好　其成型温度范围窄，在热加工成型过程中，易产生氧化降解。

（2）加工方法

UHMWPE 以前只能用烧结方法成型，现在开发了热塑性加工方法如柱塞挤出、螺杆挤出、注塑和吹塑等，从而扩大了其应用范围，但也导致分子量在加工中大幅度下降，牺牲了 UHMWPE 原有的优异性能，如耐磨性降低等。所以，要得到高原始性能的 UHMWPE 制品，还应尽可能采用烧结的方法加工。

① 烧结成型　选用 UHMWPE 的粉末树脂，不受分子量大小限制。先将粉末状树脂压制成各种形状的型坯，具体如棒、板、轮、轴套等，压制压力最好为 42MPa，保压时间 30～90s。型坯尺寸的设计要考虑 1%～3%的热胀冷缩率。然后在 250～300℃温度下烧结，制品每 10mm 厚度烧结 1h。

② 热塑性成型　选用的 UHMWPE 树脂应与 LDPE、LCP 或助挤剂共混，以使其具有流动性。

挤出用柱塞式或同向旋转双螺杆挤出机，以克服摩擦系数低、物料易打滑的缺点。以双螺杆挤出成型为例，挤出温度为 180～200℃，螺杆转速为 10～15r/min。对于制品形状简单的制品，可用单螺杆挤出机加工；但要采取适当措施：一加入加工助剂，二增大电机功率。

注塑用普通注塑机，但螺杆和模具需改进，注射压力为 120MPa 以上，螺杆转速为 40～60r/min，料筒温度为 180～220℃，模具温度为 85～110℃。

挤出-压制成型为先用挤出方法挤出熔融型坯，再加入模具中压制成需要的制品。

4. 改性品种

（1）流动改性

UHMWPE/LCP 共混后，流动性大大改善，可用普通的单螺杆挤出机加工。随着 UHMWPE 中混入的 LCP 增多，其流动性也不断增强，具体见表 1-16。

表 1-16　UHMWPE/LCP 不同组成（质量比）的流动性

UHMWPE/LCP	70/30	80/20	90/10	95/5	100/0
熔体流动速率/(g/10min)	24.74	8.07	0.02	0.015	0

注：负荷 12.5kg，口模直径 2.095mm，温度 260℃。

用于 UHMWPE 改性的 LCP 选用热致性聚酯类液晶聚合物，主要有以美国 Celanese 公司生产的 Vectra 系列为代表的全芳香性聚酯和具有芳香族刚性链段与脂肪族柔性链段的嵌段聚酯。

UHMEPE/PE 共混后，流动性大大改善，一般 PE 含量控制在 30%以下，以保证在可加工的条件下，尽可能减小 UHMWPE 的性能损失。

UHMWPE 中加入助挤剂，具体如聚乙烯蜡、硬脂酸盐等，加入量为 10%以下。

UHMWPE 中加入层状纳米硅酸盐，加入量为 3%～5%，熔体流动速率可达到 0.2～0.4g/10min。

UHMWPE 中加入 1%的热解硅石，热解硅石可作为聚乙烯的成核剂，以改善其流动性。

（2）耐磨改性

在 UHMWPE 中加入偶联处理的二硫化钼、石墨、超细炭黑、超细玻璃微珠、碳纤维和聚四氟乙烯等，可起到降低摩擦系数和提高耐磨性的作用。如要提高 UHMWPE 的摩擦系数，需加入橡胶和聚氨酯等。

（3）耐热改性

将 UHMWPE 制品用等离子体交联处理后，使用温度达到 200℃。

在 UHMWPE 中填充偶联处理的无机填料如玻璃微珠、碳纤维、硅灰石、玻璃纤维、滑石粉、石墨、硅藻土、铜粉、云母、碳酸钙等，可明显提高其热变形温度。如在 UHMWPE 中加入玻璃微珠后，热变形温度可达到 130℃。再如在 UHMWPE 中加入石墨后，热变形温度可达到 120℃。

（4）导热改性

在耐磨场合的应用中，为了及时散发热量，需要提高其导热性能，具体为加入偶联处理的铜粉、铝粉、铅粉等金属粉末。

（5）力学改性

在 UHMWPE 中加偶联处理的超细玻璃微珠、碳纤维、针状硅灰石、玻璃纤维、滑石粉、三氧化二铝、二氧化硅、高岭土、云母、碳酸钙等，可提高其强度、硬度和刚度。

5. 应用范围

UHMWPE 已经广泛应用于国民生产的各个领域，在军事领域的应用尤为突出。

UHMWPE 树脂主要应用于纤维、电池隔膜、板材和工业管材，消费分别占比 31%、28%、22%和 15%，预计到 2030 年将有一半以上的树脂用于生产电池隔膜。特别是纤维，是继碳纤维、芳纶纤维之后的第三代高性能纤维。

UHMWPE 的具体应用领域如下。

（1）军事领域

以防弹衣为主。1975 年荷兰发明了凝胶纺丝法，成功制备出了 UHMWPE 纤维，达到了工业生产的水准。UHMWPE 纤维“轻薄如纸、坚硬如钢”，用该纤维增强的树脂复合材料制成的防弹头盔、防爆头盔已成为钢盔和芳纶增强的复合材料头盔的替代品。国内外 UHMWPE 纤维生产企业产能见表 1-17。

表 1-17 全球的超高分子量聚乙烯纤维主要企业产能概览

公司简称	主要产品	2024 年产能/(吨/年)
Avient（收购荷兰 DSM）	UHMWPE 纤维、无纬布	6000
北京同益中新材料科技股份有限公司	UHMWPE 纤维及其制品	4320
江苏九州星际高性能纤维制品有限公司	UHMWPE 纤维及其制品	3000
中国石化仪征化纤股份有限公司	UHMWPE 纤维及其制品	3300
东洋纺（日本）株式会社	UHMWPE 纤维	3200
霍尼韦尔（美国）公司	UHMWPE 纤维	3000
浙江千禧龙纤特种纤维股份有限公司	UHMWPE 纤维、无纬布及防护产品	2500
江苏璟邦新材料股份有限公司	UHMWPE 纤维及其制品	2500
江苏恒辉安防股份有限公司	UHMWPE 纤维	3000
山东南山智尚科技股份有限公司	UHMWPE 纤维	3600

（2）电池隔膜

用于生产湿法锂电池隔膜，在树脂中加入约 50%的液体石蜡，挤出成膜后，用二氯乙烷进行萃取去除液体石蜡，薄膜会产生大量微孔，用于锂离子进出，而电子不能通过。

（3）机械领域

纺织机械是UHMWPE最早应用的领域，最早在1958年就开始应用，代表产品包括投梭器、打梭棒、齿轮、连接器、扫花杆、缓冲块、杆轴套、摆动后梁等耐冲击磨损零件。造纸机械是应用UHMWPE的第二个工业领域，早在1960年开始应用，代表产品为UHMWPE防磨条。机械领域的其他替代也很广泛，应用范围包括各种齿轮、凸轮、叶轮、滚轮、滑轮、轴瓦、轴套、削轴、垫片、密封垫、弹性联轴节、螺钉等机械零部件。

（4）运输领域

UHMWPE可制作装煤、水泥、石灰、矿粉、盐、谷物之类粉状材料的料斗、料仓、滑槽的衬里，由于它具有优良的自润滑性和不粘性，可使上述粉状材料对储运设备不发生黏附现象，保证稳定输送。对于石油输送，油田周围恶劣酸性土壤，海水和天然盐水的腐蚀，内部含硫石油的侵入，使钢管的使用寿命很短，而且原油大多为高黏度，输送过程中容易沉积，特别是冬季，管道需要附设加热系统和保温层。UHMWPE管道不仅可以解决冬季保温问题，还可以大大提高输送效率与管道使用寿命。

（5）化工领域

UHMWPE具有优良的化学稳定性和不吸水性，可用作各种溶液存储设备的铺面材料和大型包装容器，如浮筒、接水槽、汽油箱、农药容器以及太阳能设备的退水容器等，这也是UHMWPE目前应用最广泛的领域之一。

UHMWPE容器具有优良的落球冲击强度。如果将容器装水20kg，从高空跌落至10mm厚的铁板上，普通聚乙烯容器的破坏高度仅为9m，而UHMWPE容器可高达15m以上。

（6）食品领域

UHMWPE具备食品工业所要求的无毒性、耐水性及非黏着性，被指定为可直接与食品接触使用的材料，可用于啤酒、饮料、调味品等的输送线。输送物品时，可以防止瓶子等的破损，降低噪声，减少输送带、输送螺杆等的磨损，并可减少电力损耗，它还可用来制造肉食、牛奶以及糖果蜜饯和面包食品生产设备的零部件。

（7）医疗领域

UHMWPE具有优异的生理惰性和生理适应性，经美国食品与药物监督管理局、农业部批准，可在医药及与人体接触的领域使用，如作为心脏瓣膜、矫形外科零件、人工关节及节育植入体等的临床使用，是理想的医用高分子材料。由UHMWPE制成的腕臼和金属股骨组成的人工髋膝关节，耐磨性和安全性比PTFE更为优异。

（8）电子电气

UHMWPE具有优异的耐低温性能，可应用于各种冷冻机械中，并可作为核工业的耐低温部件，在低温超导领域中是较为理想的绝缘材料。

UHMWPE电绝缘性能良好，尤其是介电损耗角正切值低，可用于制造电镀槽、辊子及在高频和超高频区间工作的绝缘子、绝缘拖架、电缆管道、短路器、电缆端子和其他电气装置。

（9）其他领域

利用耐辐射性，制造核电站遮盖板；利用高抗冲击性，制造滑冰鞋及滑雪板等。

第四节 茂金属聚乙烯（mPE）

茂金属聚乙烯为使用茂金属型催化剂催化聚合的一类聚合物，因其性能独特而单列。茂金属聚乙烯的英文简称为 mPE，“m”表示“茂金属”，目前已开发的有 mLDPE、mLLDPE、mULDPE、mHDPE、mHMHDPE（HMHDPE 为高模量高密度聚乙烯）等，但以 mLLDPE 最常用，所以本书只介绍 mLLDPE。

1. 一般概况

早期，茂金属催化剂用于乙烯聚合只能得到分子量为 2 万～3 万的蜡状物，而且催化活性不高，没有实用意义，因而没有引起重视和推广。

1980 年德国 Kaminsky 教授发现茂金属催化剂与甲基铝氧烷助催化剂组成的催化体系用于乙烯的聚合，产物获得了许多传统聚乙烯从未有过的独特性能，如分子量高且分布窄、支链少而短、密度低、纯度高、高透明性、高拉伸强度、高抗冲击性、热封温度低且范围广、耐穿刺性等。茂金属聚乙烯因具有高立构规整性和分子量分布窄的结构特点，因而具有一般 PE 不具有的独特性能，属于一类新型聚乙烯材料。

1991 年美国埃克森（Exxon）公司首次实现了茂金属催化剂用于聚烯烃工业化生产，生产出第一批茂金属聚乙烯，其商品名是“Exact”，中文名为埃能宝。称该产品在帮助生产商保持优异的薄膜性能的同时，强化薄膜的挤出加工性能。埃克森美孚认为其优良性能带来了更稳定的生产操作、更高的薄膜生产线产量、简化的薄膜原材料配方，也实现了薄膜厚度的减薄。1996 年 Exxon 化学公司与美国联合碳化物公司（UCC）成立合资公司 Univation，主要开发和生产茂金属聚烯烃类聚合物。此外，日本的出光石油化学公司 1997 年也投产 mLLDPE，美国的 Dow 公司、Mobil 公司、Phillips 公司，日本的三菱油化公司都有生产。

埃能宝 mPE 在 LLDPE 和 LDPE 设备上都拥有极宽而且稳定的操作窗口，能在更低熔体温度下挤出，这一特性为追求效率的生产商带来了挤出能耗的降低，使之获得更好的膜泡稳定性以及实现稳定无忧的生产操作。该产品可以提供更快的薄膜加工速度，因而提高了薄膜生产线的产能。当替代 LLDPE 为主的共混配方时，埃能宝 mPE 能提高产量高达 20%，从而可使薄膜生产商的收入提高，并且可以延长设备的使用寿命。

mLLDPE 可以使用单一树脂成型加工，而传统 PE 需要共混其他材料才能成型加工。它通过树脂品种的减少，简化了原料采购计划并降低了仓储成本。据介绍，此新产品通常可以超越以 LLDPE 为主配方薄膜的力学性能要求，它也能显著提高以 LDPE 为主配方薄膜的韧性，使薄膜减薄，此外还能拓宽 LDPE 设备的使用范围。

目前，由于茂金属聚乙烯的价格偏高，一时尚不能全部取代传统的聚烯烃，但可以同 EVA 等传统塑料相竞争。mLLDPE 目前主要的应用为膜类产品，并主要用于同其他聚烯烃共混生产高性能塑料薄膜。

mLLDPE 是 20 世纪 90 年代聚烯烃工业最重要的技术进展，是继 LLDPE 生产技术后的一项重要革新。由于它是使用茂金属为聚合催化剂生产出来的聚乙烯，因此在性能上与传统的 Ziegler-Natta 催化剂聚合而成的 PE 有显著的不同。茂金属催化剂在合成茂金属聚乙烯方面独特的优良性能和应用，引起了市场的普遍关注，许多世界著名大型石化公司投入巨大人力、物力竞相开发和研究，成为聚烯烃工业乃至整个塑料工业的热门话题。

因为许多发达国家纷纷采用茂金属线型低密度聚乙烯替代常规的线型低密度聚乙烯，使茂金属线型低密度聚乙烯的年均消费增长率明显高于线型低密度聚乙烯，增长率达到 15% 以上，预计未来发达国家线型低密度聚乙烯产量增长的近一半将来自茂金属线型低密度聚乙烯。

mLLDPE 的优点为：分子量高且分布窄、分子链中支链少而短、相对密度低、产品纯度高、透明性好、抗污染能力强、强度高、韧性好、耐穿刺能力强、封口温度低、热封温度范围宽等。表 1-18 列出了 Phillips 公司 mLLDPE 薄膜与 LLDPE 薄膜产品的性能比较，表 1-19 和表 1-20 为我国大庆石化和埃克森美孚产品物性介绍。

表 1-18 Phillips 公司 mLLDPE 薄膜与 LLDPE 薄膜产品的性能比较

性能	R	S	T	PPCO-M	PPCO-M
催化剂	Z-N	Z-N	Z-N	M	M
熔体流动速率/(g/10min)	1.0	0.7	1.0	0.9	0.9
相对密度	0.920	0.923	0.918	0.918	0.918
厚度/μm	25	25	25	25	12.5
落锤冲击/g	120	116	62	>810	446
纵向撕裂强度/g	277	385	114	209	93
横向撕裂强度/g	475	561	509	419	271
光泽度/%	62	68	95	133	121
雾度/%	18.4	19.5	12.2	4.0	5.0

表 1-19 大庆石化 mLLDPE（HPR18H10AX）的物性

性能	熔体流动速率/(g/10min)	相对密度	熔点/℃	结晶度/%	拉伸强度/MPa	断裂伸长率/%	悬臂梁冲击强度/(J/m)	共聚单体
数据	0.96	0.919	117.2	35	38.7	652	不断	己烯

表 1-20 埃克森美孚 mLLDPE（1018FA、含 4500×10^{-6} 抗粘连剂、450×10^{-6} 滑爽剂）的物性

性能	熔点/℃	熔体流动速率/(g/10min)	结晶度/%		断裂伸长率/%		雾度/%	光泽度/%
			纵	横	纵	横		
数据	119	1	46.1	32.8	470	555	16	42

1995 年以前 mLLDPE 的主要缺点集中在加工性能方面，具体为加工性较差、熔点低、熔融速率快、熔体黏度大且强度差。但可通过与普通 LDPE 共混改进，或者改进设备或加工工艺，或者采用新的合成技术，目前已解决了 mLLDPE 的加工问题。

茂金属聚乙烯的生产发展十分迅速，已有多家企业可以生产。国外主要茂金属聚乙烯生产厂家包括埃克森美孚、陶氏化学、北欧化工、雪佛龙菲利普斯、三井化学、宇部兴产、利安德巴赛尔、大林工程、道达尔、沙特基础工业公司、日本东曹、住友化学、英力士、旭化成、日本出光等，具体牌号等见表 1-21。我国的主要生产企业为中国石油和中国石化，具体有大庆石化、齐鲁石化、独山子石化、扬子石化和沈阳蜡化等。

表 1-21 世界主要茂金属聚乙烯生产厂家、牌号及主要性能指标

生产企业	商品牌号	共聚单体	熔体流动速率/(g/10min)	相对密度
Univation（陶氏化学与埃克森美孚合资）	Exact3017	丁烯	27.0	0.901
	Exact3022	丁烯	9.0	0.905
	Exact3024	丁烯	4.5	0.905
	Exact3027	丁烯	3.5	0.900
	Exact3030	己烯	2.2	0.905
	Exact3035	丁烯	3.5	0.900
	Exact3122	丁烯	1.2	0.910
	Exact3128	丁烯	1.2	0.900
	Exact3131	己烯	3.5	0.900
	Exact3132	己烯	1.2	0.900
	Exact4003	丁烯	9.0	0.895
	Exact4006	丁烯	10.0	0.880
	Exact4011	丁烯	2.2	0.888
	Exact4015	丁烯	1.5	0.896
	Exact4023	丁烯	35.0	0.882
	Exact4033	丁烯	0.8	0.880
	Exact4041	丁烯	3.0	0.878
	Exact4042	丁烯	1.1	0.899
	Exact4044	己烯	16.5	0.895
	Exact4049	丁烯	4.5	0.873
	Exact4053	丁烯	2.2	0.888
	Exact4150	己烯	3.5	0.895
	Exact4151	己烯	2.2	0.895
	Exact5008	丁烯	10.0	0.865
	Exceed350×60	己烯	1.0	0.917
	Exceed350×50	己烯	1.0	0.917
	Exceed357×80	己烯	3.4	0.917
	Exceed363×32	己烯	2.5	0.917
	Exceed377×60	己烯	1.0	0.922
	Exceed399×60	己烯	0.75	0.925
	Exact E0201	辛烯	1.1	0.902
	Exact E0201HS	辛烯	1.1	0.902
	Exact E0202	辛烯	2.0	0.902
	Exact E0203	辛烯	3.0	0.902
	SSC-1	辛烯	0	0.913
	SSC-2	辛烯	2.0	0.924

续表

生产企业	商品牌号	共聚单体	熔体流动速率/(g/10min)	相对密度
陶氏化学	Affinity HF1030	辛烯	2.5	0.935
	Affinity FM1570	辛烯	1.0	0.915
	Affinity PL1840	辛烯	1.0	0.909
	Affinity PL1845	辛烯	3.5	0.910
	Affinity PL1880	辛烯	1.0	0.902
	Affinity PF1140	辛烯	1.6	0.895
	Affinity FW1650	辛烯	3.0	0.902
	Affinity SM1300	辛烯	30.0	0.902
	Affinity GF1550	辛烯	4.25	0.902
	Affinity PT1405	辛烯	7.5	0.902
	Affinity PL1270	辛烯	2.7	0.898
	Affinity KC8852	辛烯	3.0	0.875
	Affinity SM1350	辛烯	30.0	0.913
	Affinity PL1850	辛烯	3.0	0.902
	Affinity PL1881	辛烯	1.0	0.904
	Affinity SL1170	辛烯	1.5	0.912
	Affinity PT1409	辛烯	6.0	0.911
	Affinity SE1400	辛烯	1.6	0.895
	Affinity VP1770	辛烯	1.0	0.885
	Affinity SQ1503	辛烯	6.0	0.900
	Affinity DSQ1501.02	辛烯	20.0	0.898
	Affinity DSQ1501.00	辛烯	30.0	0.885
	Elite 5100	辛烯	1.85	0.920
	Elite 5101	辛烯	0.85	0.922
	Elite 5110	辛烯	0.85	0.925
	Elite 5400	辛烯	1.0	0.916
	Elite 5401	辛烯	1.0	0.918
	Elite 5200	辛烯	4.0	0.917
	Elite 5600	辛烯	15.0	0.935
三井化学	Evolue SP0540	己烯	4.0	0.905
	Evolue SP1540	己烯	4.0	0.915
	Evolue SP2040	己烯	4.0	0.920
	Evolue SP2020	己烯	1.5	0.916
	Evolue SP2520	己烯	1.7	0.928
	Evolue SP2510	己烯	1.0	0.926

续表

生产企业	商品牌号	共聚单体	熔体流动速率/(g/10min)	相对密度
宇部兴产	Umerit 2040F	己烯	4.0	0.918
	Umerit 1540F	己烯	4.0	0.913
	Umerit 0540F	己烯	4.0	0.904
	Umerit 1520F	己烯	2.0	0.913
	Umerit 2525F	己烯	2.5	0.926
	Umerit 2515HF	己烯	1.0	0.925
	Umerit 2040FC	己烯	4.0	0.918
	Umerit 3540F	己烯	4.0	0.933
	Umerit 4540F	己烯	4.0	0.943
	Umerit 15200F	己烯	20.0	0.915
雪佛龙菲利普斯	mPact D139	己烯	0.9	0.918
	mPact D143	己烯	1.3	0.916
	mPact D143SA	己烯	2.3	0.916
	mPact D350	己烯	1.0	0.933
	mPact D352	己烯	1.0	0.928
利安德巴赛尔	Luflexen 0322HS	丁烯	1.4	0.903
	Luflexen 0322LS	丁烯	5.0	0.903
	Luflexen 1712SX	丁烯	25.0	0.917
	Luflexen 18PFA	己烯	1.0	0.918
	Luflexen 18PFFX	己烯	1.0	0.918
	Luflexen 18RFA	己烯	2.5	0.918
	Luflexen 18TFA	己烯	3.4	0.918
三菱化学	Kernel 57L		11.0	0.905
	Kernel 64FT		3.5	0.910
	Kernel 54FT		3.5	0.905
	Kernel 65FI		2.2	0.910
	Kernel 53FI		2.2	0.905
Borealis	Borecene ME8160		6.0	0.940
	Borecene ME8166		3.2	0.940
	Borecene ME8168		6.0	0.934

2. 结构性能

(1) 结构

mLLDPE 的分子量分布比较窄，一般仅为 2.0～2.5；而传统的 LLDPE 的分子量分布为 4～8。

共聚单体在 mLLDPE 分子中分布均匀，而 LLDPE 的共聚单体在分子链内倾向于嵌段分布。

（2）性能

① 结晶性能　LLDPE 的高分子量部分含有很少的共聚单体，其成核速率高于共聚单体含量高的低分子量部分，整体趋于异相成核，球晶的大小差异大，且尺寸较大。

mLLDPE 的分子组成较窄，不同分子间的成核速率比较接近，倾向于均相成核，球晶的大小均一，且尺寸较小。因此 mLLDPE 薄膜具有较高的透明度，雾度一般不大于 10%。

② 耐溶剂性　LLDPE 中低分子量部分含有较多的共聚单体，这部分容易被溶剂抽提出来进入溶液中，耐溶剂性不好。而 mLLDPE 的低分子量部分含量少，耐溶剂性好，可用于医药和食品包装材料。

③ 热性能　与相同密度的 LLDPE 相比，因 mLLDPE 分子中共聚单体的含量大而导致熔点低、熔融范围窄，且随共聚单体含量的增加熔点快速下降。因 mLLDPE 的熔点低，相应地 mLLDPE 薄膜的热封温度较低。

④ 力学性能　相对密度相近的 LLDPE 和 mLLDPE 具有相近的模量和屈服应力，但断裂伸长率相差较大，mLLDPE 具有较大的断裂伸长率，具体见表 1-22。

表 1-22　LLDPE 和 mLLDPE 断裂伸长率等性能比较

性能指标	mLLDPE		LLDPE	
	逐步降温	淬火	逐步降温	淬火
相对密度	0.963	0.946	0.964	0.948
模量/MPa	1173.8	933.5	1462	959.5
屈服应力/MPa	26.2	22.3	27.1	22.3
断裂伸长率/%	145.2	302.7	2.0	97.3

mLLDPE 具有比 LLDPE 更加优异的抗冲击性能，尤其具有优良的低温抗冲击性，可用于 PP 的增韧改性剂。

mLLDPE 特别是与辛烯的共聚品种具有较好的抗撕裂强度和抗穿刺强度。

mLLDPE 的热封强度高。

⑤ mLLDPE 的清洁度高　茂金属催化剂的催化活性高达 4×10^{8}g/g，所以即使所有催化剂都留在制品中，其重金属含量也只有 25×10^{-9}。这在所有金属催化剂聚合的聚合物中金属含量最低。mLLDPE 固有的热氧稳定性，可不加任何抗氧化剂，因此无抗氧剂析出。因分子量分布窄，低分子物的析出也很少。上述原因使 mLLDPE 具有很高的清洁度，适合于食品和医药保健行业。

3. 成型加工

（1）加工特性

① 熔体流动性差　因 mLLDPE 的分子量分布窄，无小分子物先熔化流动，所以其熔融黏度高，熔体的流动性比 LLDPE 差，对剪切速率的敏感性差。mLLDPE 可在现有的 LLDPE 设备上加工，但在 LDPE 设备上能否加工要视具体牌号而定，如三井的 Evolue 即可加工。

② 熔体强度低　mLLDPE 的熔体强度比 LDPE 低，但与 LLDPE 相当，且长支链化的 mLLDPE 要比 LLDPE 好些，甚至与 LDPE 相当。这些特点就是有些 mLLDPE 吹膜膜泡不稳定的原因。采用增加长支链化是解决 mLLDPE 熔体流动性差和熔体强度低的有效方法。

(2) 加工方法

① 改进合成技术以提高可加工性　Univation 公司将茂金属催化剂与齐格勒-纳塔催化剂并用于乙烯的聚合，产品 SZP 分子量变宽或呈双峰，既有茂金属聚合物的优异性能，又具有齐格勒-纳塔催化剂聚合物的良好加工性，实现优势互补，具体见表 1-23 和表 1-24。

表 1-23　SZP 型 mLLDPE 与普通 LDPE/LLDPE 加工性能比较

性能指标	mLLDPE(SZP)	LDPE/LLDPE(75/25)
相对密度	0.9	—
熔体流动速率/(g/10min)	0.918	—
共聚单体	1-己烯	1-丁烯
催化剂	茂金属	齐格勒-纳塔
熔体强度/($\times10^{-2}$J/m)	6.4	21.8
生产效率/(kg/h)	52	52
熔点/℃	215	220
机头压力/MPa	17.2	17.2
载荷电流/A	34	31

表 1-24　典型 SZP 型 mLLDPE 吹塑膜的性能

性能指标		SZP 20H10	SZP 20H20	SZP 26H06
相对密度		0.920	0.920	0.920
熔体流动速率/(g/10min)		1.0	2.0	0.6
共聚单体		1-己烯	1-己烯	1-己烯
模量 (1%割)/MPa	纵向	349	253	294
	横向	279	259	321
断裂应力/MPa	纵向	50	44	45
	横向	49	38	45
屈服应力/MPa	纵向	10	9	11
	横向	10	10	12
撕裂强度/MPa	纵向	370	374	206
	横向	960	934	954
落镖冲击强度/MPa		496	248	314
雾度/%		9	7	11
光泽度(45°)/%		64	71	61

北欧化工集团公司 Borealis 和菲纳 (Fina) 公司采用双反应器装置生产出双峰茂金属聚合物 Bimodel Polymer，其中低分子链可促进长分子链塑化，从而提高聚合物的熔融和加工流动性。

陶氏化学公司推出 Insite 工艺，应用了限定几何构型单中心 (CGSC) 催化技术，保留了 SSC 技术中窄分子量分布的特点，同时在聚合物的分子链上引入支化长链，得到含较多支化长链的 mLLDPE，改善了加工性能，其加工性比普通的 LLDPE 还要好，挤出性相当于 LDPE，可在 LDPE 的加工设备上进行加工，不必改造设备或加入加工助剂。具体两个牌号的产品为：一种为辛烯含量为 10%～20% 的塑性体，英文称为 polyolefin plastomer

（POP），商品名为 Affinity，产品韧性好，透明度高，热黏性高，热封温度高，气味小，易加工，用于包装行业；另一种为辛烯含量为 20%～30%的弹性体，英文称为 polyolefin elastomer（POE），牌号为 Engage，可与 EVA、SBS 媲美，主要用于电线、电缆、增韧剂等。

通过化学聚合改性方法生产的第二代茂金属聚合物解决了第一代的加工问题，为其大批量应用创造了条件。

② 加入加工助剂改进加工性　可用氟类弹性体加工助剂作为内润滑剂，作用为降低树脂的黏度、减少挤出扭矩，因此可降低马达负荷和机头压力、减少熔体破裂、增加产量。

除氟类弹性体外，因成本原因还可以考虑滑石粉、硅藻土等无机润滑剂和油酰胺等有机润滑剂作为外润滑剂，为保持透光性，用量不能太大。

③ 与 LDPE 共混改进加工性　在 mLLDPE 中加入 3%～5%LDPE 可以解决熔体强度低的问题，可用 LDPE 的设备加工，薄膜的性能影响不大。

④ 改进加工设备　mLLDPE 的挤出行为和黏弹性行为与 LLDPE 接近，因此如在 LLDPE 的专用设备上加工，不用改变设备，只改变工艺条件即可。

如果将 mLLDPE 在 LDPE 设备上加工，因两者的挤出行为和黏弹性行为区别较大，需要对设备进行改进。主要改进为挤出机马达、螺杆和机头，另外对薄膜的冷却、牵引、制袋工序也要相应改进。

4. 应用范围

目前 mLLDPE 的主要用途为薄膜，用量占 80%左右。mPE 薄膜品级具有较低的熔点和明显的熔区，并且在韧性、透明度、热黏性、热封温度、低气味方面等明显优于传统聚乙烯，可用于生产重包装袋、金属垃圾箱内衬、食品包装、拉伸薄膜等。其中用于食品包装领域的产品约占总消费量的 36%，非食品包装约占 47%，其他方面（医药、汽车和建筑等）约占 17%。

（1）包装薄膜

mLLDPE 薄膜具有韧性高、耐穿刺性好、耐撕裂、使用寿命长、热封温度低、热封强度高、高光泽、高透明性等优点，非常适合于快速包装生产线。

mLLDPE 薄膜主要用于大宗包装市场，具体如重包装生产线、普通食品包装、捆扎包装、金属容器衬里等，此外还可生产自粘膜、收缩膜、弹性膜和超薄膜等。

mLLDPE 薄膜对水蒸气的阻隔性好，同时氧气的透过性适当，适合于农产品的保鲜包装，既防止水分流失，保持一定湿度，又可保证氧气和二氧化碳气体的进出，延长保鲜时间。

（2）挤出涂层材料

mLLDPE 薄膜的热封起始温度低、热封强度高、透明性好，因此适合于热封性不好的材料如双向拉伸聚丙烯（BOPP）薄膜、双向拉伸聚酯（BOPET）薄膜、双向拉伸聚酰胺（BOPA）薄膜、铝箔等复合，成为热封层。

（3）防渗片材和土工膜

mLLDPE 的高低温抗冲击性好，热封强度高，对水的阻隔性高，因此适合作为防渗材料。可以制成片材和薄膜，具体用于屋顶防渗片材、堤坝和水池防渗膜等。

（4）其他用途

mLLDPE 可用于 PP 的冲击改性剂，用量仅次于 POE 和 EPDM。

因 mLLDPE 的清洁度高、卫生性好，可用于医疗器具和药品包装。

可生产弹性泡沫塑料用于汽车仪表盘和内门衬板、密封材料和黏胶带基材等。

第二章
聚丙烯（PP）类

聚丙烯为丙烯单体经过聚合而成的产物。英文全称为 polypropylene，简称 PP。根据聚合单体的种类不同，可以分成均聚物和共聚物两大类；根据合成聚合物使用催化剂的不同，还可分为齐格勒-纳塔（Ziegler-Natta）催化剂催化生成的聚丙烯和茂金属催化剂催化生成的茂金属聚丙烯。

均聚聚丙烯（PP-H）为单一丙烯单体的聚合物，即 PP。共聚聚丙烯（PP-C），为丙烯单体与乙烯单体的共聚物，按乙烯单体在分子链上的分布方式，可分为无规共聚聚丙烯（PP-R）和嵌段共聚聚丙烯（PP-B）两种。PP-H 的刚性好，但抗冲击性不好，尤其抗低温冲击性不好，耐蠕变性差。PP-B 的抗冲击性好，但耐蠕变性和 PP-H 一样差。PP-R 的抗冲击性和耐蠕变性都好。

与 PP-H 相比，PP-R 改进了光学性能（增加了透明度并减少了雾度）、抗冲击性能、挠性，降低了熔化温度；同时在化学稳定性、水蒸气隔离性能和器官感觉性能（低气味和味道）方面与均聚物基本相同。

第一节　均聚聚丙烯

（一）一般概况

按 PP 中甲基的排列不同，PP 可分为等规、间规及无规三类。目前应用的主要为等规 PP，其用量可占 PP 的 90%以上。

PP 的优点为电绝缘性和耐化学腐蚀性优良，力学性能和耐热性在通用热塑性塑料中最高、耐疲劳性极好，因疲劳强度极好而俗称百折胶。经过玻璃纤维增强的 PP，具有很高的力学性能，因而常用作工程塑料。

PP 的缺点为低温脆性大和耐老化性不好。

PP 最早于 1957 年由意大利 Montecatini 公司实现工业化生产，目前美国的 Amoco、Exxon、Phillips 及 Shell，日本的三菱、三井、住友，德国的 BASF，英国的 IC 等知名公司都有大批量生产。

我国塑料产量中 PP 继 PE、PVC 之后排在第三位。2012 年 6 月中国超过美国成为第一大 PP 树脂合成国。近年来，中国的 PP 树脂合成行业进入快速发展阶段，2020 年产能 2816 万吨。

2024 年中国聚丙烯产能为 4461.0 万吨/年。2020—2024 年中国聚丙烯产能持续扩增，新增装置产能主要为民营企业。其中，产能在 40 万吨/年及以上的企业产能在总产能中的占比提升至70%。2024年中国聚丙烯行业主要生产企业产能统计见表2-1。

表2-1　2024年中国聚丙烯行业主要生产企业产能统计

企业名称	地址	产能/(万吨/年)	原料路线
福建中景石化有限公司	福建	220	PDH制
宁夏宝丰能源集团股份有限公司	宁夏	160	煤制
浙江石油化工有限公司	浙江	180	油制
宁夏煤业有限责任公司	宁夏	160	煤制
金能化学(青岛)有限公司(公司)	山东	135	PDH制
东华能源股份有限公司	浙江	160	PDH制
东莞巨正源科技有限公司	广东	120	PDH制
山东裕龙石化有限公司	山东	110	油制
陕西延长中煤榆林能源化工有限公司	陕西	100	煤制
恒力石化股份有限公司	辽宁	85	油制
合计		1430	

（二）结构性能

1. 结构

（1）甲基的位置

PP为线型结构，其大分子链上甲基的空间位置有三种不同的排列方式，即等规（甲基都排列在一侧）排列、间规（甲基交替排列在两侧）排列和无规（甲基无规律排列）排列。甲基的排列方式不同，PP的性能大不相同。PP聚合时所用催化剂和聚合工艺不同，所得聚合物的分子结构有三种不同类型的立体化学结构，其含量也不同。

等规PP的结构规整性好，具有高度的结晶性，熔点高，硬度和刚性大，力学性能好，是常用品种。等规PP主要以Ziegler-Natta型催化剂催化聚合。在等规PP中，甲基都处在聚合物骨架的同一侧，这一结构很容易形成结晶态，高的结晶性赋予等规PP良好的耐溶剂性和耐热性能。以往工业中常用的普通PP大部分（约90%）为等规成分，其中还含有非等规成分。随着催化剂技术的飞速发展，等规PP中非等规异构体的含量越来越少，性能越来越好，且可省去分离环节，简化了生产步骤。

无规PP为无定形结构聚合物，外观为微带黏性的白色蜡状物，分子量很低，强度也很低，难以用作工程塑料，常用于填充母料的载体。在Natta和Ziegler（互相独立地）开发出立体定向催化剂之前，只能生产出软且粘连的无规聚丙烯。

间规PP为低结晶聚合物，用茂金属催化剂生产，最早开发于1988年，属于高弹性热塑材料。间规PP的性能介于等规PP和无规PP两者之间，具有透明、韧性和柔性，但刚性和硬度只为等规PP的一半。间规PP可像乙丙橡胶那样被硫化，产品具有弹性体的力学性能，甚至超过普通橡胶。因价格较高，目前间规PP的应用面不广，但很有发展前途，为PP类树脂中最具有增长点的品种。20世纪90年代茂金属催化剂的开发，使间规PP的间规度接近100%。

PP与PE的不同之处在于，PP每隔一个碳原子上就有一个甲基，这起到使分子链硬化的作用。

（2）叔碳原子

PP分子链中甲基的存在，使分子链上交替出现叔碳原子，而叔碳原子极易发生氧化反应，导致PP的抗氧化性和耐辐射性差，难以用于户外。与聚乙烯相比较，等规聚丙烯更易受光和热而氧化降解。在通常的加工和最终使用条件下，聚丙烯要经受无规的断链作用，导致分子量降低。所以，商品级聚丙烯都需加入光、氧稳定剂，以便在加工时保护材料，提供令人满意的最终使用性能。对于特别的用途，除了加抗氧剂和紫外线抑制剂外，还需加其他添加剂。例如，在薄膜配方中加入润滑剂和防粘剂，以减少摩擦系数并防止薄膜自身粘连；在包装材料中添加抗静电剂以消除静电荷；为了提高透明度或缩短模型周期，还需用成核剂。成核剂还可以改善材料的其他各种性能，例如刚性、耐高温性、韧性、透明度、抗冲击性等。

（3）分子量及分子量分布系数

分子量和分子量分布系数在PP加工过程中很重要，工业用PP的数均分子量为3.8万～6万，重均分子量为22万～70万。习惯上用熔体流动速率来间接反映分子量的大小，商品聚丙烯的熔体流动速率由低至0.25g/10min到高达800g/10min，不同PP制品选用的熔体流动速率如表2-2所示。分子量分布系数用重均分子量与数均分子量的比值来表示。高结晶度PP的分子量分布系数可以高达11，而用作熔吹织物的PP则可低至2.2。分子量分布系数在PP纤维纺丝过程中极为重要，会影响到挤压、挤出物胀大、模塑内应力和定向过程。

表2-2　PP制品与熔体流动速率的关系

制品	熔体流动速率/(g/10min)	制品	熔体流动速率/(g/10min)
管、板	0.15～0.85	丝类	1～8
中空吹塑	0.4～1.5	吹塑膜	8～12
双向拉伸膜	1～3	注塑制品	1～15
纤维	15～20		

（4）结晶

PP分子中因有甲基的存在而结晶能力低，随着PP等规度的提高，其结晶能力也越来越大，即对结晶能力而言，PE＞等规PP＞间规PP＞无规PP。

PP制品的晶体属球晶结构，具体形态有α、β、γ和拟六方4种晶型。不同晶型的PP制品在性能上有差异。α晶型属单斜晶系，力学性能好，它为最常见、热稳定性最好的晶型，熔点为176℃，相对密度0.936；β晶型属六方晶系，它不易得到，一般骤冷或加β晶型成核剂方可得到，但它的抗冲击性能好，熔点为147℃，相对密度0.922，制品表面多孔或粗糙；γ晶型属三斜晶系，熔点为150℃，相对密度0.946，形成的机会比β晶型还少，在特定条件下才可获得；拟六方为不稳定结构，骤冷可制成，相对密度为0.88，主要产生于拉伸单丝和扁丝制品中。

PP制品球晶的种类对性能影响大，球晶尺寸的大小对制品性能的影响更大，大球晶制品的冲击强度低、透明性差，而小球晶则正相反。

PP制品的结晶度大小对其性能的影响很大。结晶度越高，制品的透明性越差，但力学性能越高。

2. 性能

PP 的具体性能如表 2-3 所示。

表 2-3 PP 的具体性能

性能	数据	性能	数据
相对密度	0.90	热变形温度(1.82MPa)/℃	102
吸水率/%	0.01	脆化温度/℃	−20～−5
成型收缩率/%	1.6～2.5	线膨胀系数/($\times10^{-5}K^{-1}$)	5.8～10.2
拉伸强度/MPa	29	热导率/[W/(m·K)]	0.12～0.24
断裂伸长率/%	>200	体积电阻率/(Ω·cm)	10^{19}
弯曲强度/MPa	50	相对介电常数(10^6Hz)	2.15
压缩强度/MPa	45	介电损耗角正切值(10^6Hz)	0.0008
缺口冲击强度/(kJ/m^2)	0.5	介电强度/(kV/mm)	24.6
洛氏硬度(R)	80～110	耐电弧/s	185
摩擦系数	0.51	氧指数/%	18
磨痕宽度/mm	10.4		

① 一般性能　PP 树脂为白色蜡状固体，外观似 PE，但比 PE 更透明、更轻，为仅次于 TPX 的轻塑料品种。PP 易燃，离火继续燃烧，火焰上端黄、下端蓝，有少量黑烟，熔融落滴，有石油气味。PP 的吸水性低，气体透过率低。PP 的成纤性较好，可用于丙纶的生产。

由于 PP 表面惰性极大，如果不采用火焰处理或类似处理技术，很难在 PP 上进行印刷、涂漆、电镀及粘接等表面处理。

② 力学性能　PP 的力学性能与分子量和结晶度有关，分子量低、结晶度高、球晶尺寸大时，制品的刚性大而韧性差。

PP 具有较好的力学性能，其屈服强度和拉伸强度都超过 PE，其拉伸强度还超过 PS 和 ABS，而且经增强和拉伸处理后还可大幅度提高。PP 的力学性能受温度的影响比较小，即使温度为 100℃，其拉伸强度仍能保持室温的一半。

PP 的冲击强度强烈依赖于温度的大小，在室温以上，PP 的抗冲击性能较好；但在低温时，其抗冲击性能迅速变差。PP 的冲击强度还与分子量、结晶度、结晶尺寸等因素有关。

PP 制品的表面硬度较高、刚性强，但不如 PS 和 ABS 高，且有良好的表面光泽。

PP 的干摩擦系数为 0.12，与 PA 接近，但在润滑状态下降不明显，只适于低 PV（轴承压力与速度的乘积）值和无冲击的齿轮和轴承使用。PP 的耐磨性一般，小于 HPVC 和 PMMA，略高于 HDPE。

PP 有突出的抗弯曲疲劳性能，用它制成的铰链经 7000 万次折叠弯曲也不损坏。PP 的耐蠕变性较好，比 HDPE 要好，因此经过适当的增强改性处理可用作工程塑料。

③ 热学性能　PP 的耐热性能良好，制品可耐 100℃热水煮沸，可在 100～120℃下长期使用，用于热水输送管道；PP 制品不受外力作用时，可在 150℃使用不变形。但 PP 的耐低温性不好，在−20～−5℃即脆化，不能用于低温受冲击力场合。

PP 的线膨胀系数为 (5.8～10.2)$\times10^{-5}K^{-1}$，在塑料中属较大者；热导率为 0.12～

0.24W/(m·K)，在塑料中属中等。

④ 电学性能　PP为非极性类聚合物，电绝缘性优良。电性能受湿度、稳定温度和频率的影响小，耐电弧性好，但不耐电晕。因低温脆性的影响，PP在绝缘领域应用远不如PE和PVC广泛，主要用于电信电缆的绝缘和电器外壳。

⑤ 环境性　PP类属烷烃类聚合物，具有很高的耐化学腐蚀性，其中PP比PP-C耐环境性更好。PP可耐除强氧化剂、浓硫酸及浓硝酸等以外的酸、碱、盐及大多数有机溶剂（如醇、酚、醛、酮及大多数羧酸等）。但低分子量的脂肪烃、卤烃及芳烃等非极性溶剂可使其溶胀，液体如汽油、二甲苯和氯代烃能使PP溶胀并变软。在高温下可溶于十氢化萘、四氢化萘及1,2,4-三氯代苯等。

PP的耐候性不好，叔碳原子上的氢易氧化，对紫外线很敏感，不改性难以用于户外，需加入抗氧剂和光稳定剂。

PP的酸碱性较好，好于HDPE和PS，除应用在腐蚀性介质中如浓硫酸、浓铬酸及王水。

（三）成型加工

1. PP的加工特性

PP的吸水率低，在水中浸泡一天，吸水率低于0.01%，因此加工前不必干燥处理。

虽然PP在惰性气体中的热稳定性很好，分解温度在300℃以上。但在受热状态下，热氧会引发其降解反应，因此需要加入抗氧剂，具体如主抗氧剂1010和辅助抗氧剂168。

PP的熔体接近非牛顿流体，黏度对温度敏感性小，而取决于剪切速率的大小。

PP属结晶性聚合物，成型收缩率大，一般可达1.6%～2.5%，而对厚度和方向补贴时，收缩率差别很大，具体如表2-4所示。

表2-4　PP制品壁厚和流动方向对收缩率的影响

壁厚/mm	流动方向收缩率/%	垂直方向收缩率/%
1.7	2.1	1.2
2.9	2.1	1.4
4.2	2.5	1.8

PP的收缩率大，方向选择性强，这对制品的精度影响较大，在具体设计模具和确定工艺条件时要注意。PP在加工中易产生取向，并造成不同方向上的性能差异，在成型中要引起注意。

PP制品对缺口较敏感，制品应避免出现尖角和缺口，以免引起应力集中。

PP熔体与铜接触会导致降解，应避免与铜接触或加入抗铜剂。

PP在冷却凝固速度快时，易产生内应力。应对办法为对制品进行退火处理，可以消除残留的内应力，改善冲击强度。

PP如需加入金属嵌件，必须对金属嵌件进行热处理，且嵌件周围塑料的厚度不应小于嵌件直径。

2. PP 的加工方法

PP 可用注塑、挤出及吹塑等方法成型加工。

（1）注塑

选用通用注塑机，浇口随制品重量增大而加大，原料选用熔体流动速率中等（0.4～15g/10min）的树脂。制品的最小壁厚不得低于 0.4mm，当壁厚在 2.3～3mm 范围内时，极限流动长度与厚度比为 250∶1。模具的脱模斜度为 30′～1°。

具体成型工艺条件为：料筒温度后 160～180℃、中 180～200℃、前 200～220℃，喷嘴温度 200～280℃，模具温度 60～80℃，注射压力 40～70MPa，注射时间 20～60s，冷却时间 20～60s。其中模具温度对 PP 制品密度的影响如表 2-5 所示。

表 2-5　模具温度对 PP 制品密度的影响

模温/℃	20	40	60	80	100
相对密度	0.8960	0.8970	0.8990	0.9000	0.9020

（2）挤出

可生产膜、片、管及丝等制品挤出机的螺杆的加料段长度要比 PE 长，以克服热导率低的缺点。

具体成型温度条件为：加料段 180℃、其他 250℃、最高达 300℃，冷却条件对制品的透明性和抗冲击性能影响都很大。

PP 挤出制品可进行拉伸处理。既可单向拉伸，也可双向拉伸，拉伸倍率可达 3 倍以上；拉伸后 PP 制品的强度、抗冲击性、透明性、耐热性、表面光泽和阻隔性都有明显的提高。

（四）改性品种

1. 增强聚丙烯

增强 PP 常用玻璃纤维（GF）为增强材料，增强不仅保留了 PP 原有的优良性能，还使其拉伸强度、耐热性、刚性、硬度、耐蠕变性、线膨胀系数及成型收缩率等性能明显改善，如可使拉伸强度提高 1 倍，热变形温度提高 50%，线膨胀系数降低 50%，具体增强 PP 的性能如表 2-6 所示。

表 2-6　PP 与增强 PP 的性能比较

性能	PP	20%GF/PP	30%GF/PP
相对密度	0.9	1.04	1.13
成型收缩率/%	1～2.5	0.004	0.003
拉伸强度/MPa	29	52	55
断裂伸长率/%	200～700	2.2	2.1
弯曲强度/MPa	50	98	120
剪切强度/MPa	—	34.5	41.3

续表

性能	PP	20%GF/PP	30%GF/PP
压缩强度/MPa	41.3	44.8	48.2
弹性模量/MPa	1378	5768	6201
缺口冲击强度/(kJ/m^2)	0.5	7	9
邵氏硬度(R)	80～100	107	110
热变形温度（1.82MPa)/℃	102	149	152
线膨胀系数/($\times10^{-5}K^{-1}$)	6～10	2.4	2.4

2. 填充聚丙烯

PP用的填充材料为碳酸钙、滑石粉、云母及木粉等，填充前需进行偶联剂活化处理，以提高其相容性。

填充PP在相对密度、刚性、硬度、热变形温度、耐蠕变性、成型收缩率及线膨胀系数等方面都有所改善，但使拉伸强度、冲击强度及断裂伸长率等性能有所下降。表2-7所示为不同填料对PP性能的影响。

表2-7　不同填料对PP性能的影响

项目	添加不同填料PP性能提高的幅度/%					
	滑石粉		云母	玻璃微珠	碳酸钙	
	20%①	40%	40%	20%	40%	60%
相对密度	12	25	25	10	25	50
硬度	15	12	10	20	15	15
拉伸强度	0	0	−10	−20	−35	−40
弯曲强度	70	150	150	25	70	150
热变形温度	20	30	40	10	15	15

①填料在成品中的含量，质量分数，右同。

3. 聚丙烯合金

聚丙烯合金又称共混聚丙烯，共混的目的主要是改善PP的低温抗冲击性能。常用的共混实例如下：

① PP/POE共混　最有效的高冲击强度共混物，冲击改性效果最好，是目前最常用的组合。

② PP/EPDM（EPR）共混　改善冲击性能幅度仅次于PP/POE组合，在POE出现前为PP冲击改性的最佳组合，有POE后退居二线。缺点为刚性下降明显。常协同填料一起加入，以弥补刚性损失，可用于汽车保险杠、仪表盘和安全帽等。

③ PP/mPE共混　最新合金组合，冲击强度提高幅度也很大，尤其是对拉伸强度影响小。

④ PP/HDPE 共混　提高冲击强度，HDPE 含量在 10%～40%，冲击强度可提高 8 倍之多。

⑤ PP/顺丁橡胶悬臂梁冲击强度可提高 6 倍以上，脆化温度降低 8℃。

⑥ PP/PA 共混改善冲击性能、耐磨性及耐热性等。

4. 氯化聚丙烯

氯化聚丙烯（chlorinated polypropylene，CPP）的阻燃性、硬度、耐磨性、耐酸性、耐热、耐光、耐老化性及粘接性都好于普通 PP。

CPP 的外观为白色粉末或粒状产品，无毒，含水量小于 0.5%，相对密度为 1.63，熔点为 100～120℃，在 150℃温度下稳定，热分解温度为 180～190℃，可耐醇和脂肪烃，不耐芳烃、酯类和酮类。

因制备方法不同，CPP 的含氯量不同，含氯量最高可达到 65%。含氯量高的 CPP 具有难燃性，含氯量为 20%～40%的 CPP 具有良好的粘接性，并与大多数树脂具有良好的相容性。

生产 CPP 的企业有我国太原塑料研究所、日本东洋合成公司等。

氯化 PP 主要用途如下：

含氯量高达 65%的 CPP，可作为氯代橡胶的替代品。

含氯量为 20%～40%的 CPP 主要用作胶黏剂，可以粘接 PE、PP、PVC、PA、PPO、PU、铝、铜、金、银等。

CPP 在涂料中的应用为 PP 薄膜的涂层，使之具有良好的防潮性和尺寸稳定性，代替玻璃纸用于香烟、磁带和糖果的包装材料。也可用于 PP 注塑制品的涂料，装饰汽车部件和其他制品。

CPP 可用于复合薄膜的粘接层原料，用于 PP/PP、PP/纸、PP/铝箔的复合。

5. 透明聚丙烯

透明聚丙烯是 PP 的一个重要改性品种，开发于近几年。其制造原理为在普通 PP 树脂中加入山梨醇类成核剂，从而使其具有较高的透明性。与普通 PP 相比，透明 PP 的透明度高（80%以上）、雾度低（10%以下）、耐热性提高、表面光泽度高、低温抗冲击性好（−20℃），但拉伸强度有所降低。

透明 PP 的市场应用越来越广泛，可代替 PET、PVC、PS 等树脂，用于医疗器械、透明包装家庭用品等方面。我国 2025 年 1—6 月透明 PP 累计表观消费量 1949.23 万吨。国内主要企业有燕山石化、京博控股、上海石化、扬子石化等。

（五）应用范围

1. 注塑制品

PP 树脂应用中注塑制品可占一半左右，日用品以普通 PP 为原料，汽车配件以增强或增韧 PP 为原料，其他用途以高冲击强度和低脆化温度的 PP-C 原料为主。PP 的具体注塑制品如下：

① 汽车　PP 越来越成为汽车配件的主导材料，成为第一大汽车用塑料品种。如保险杠

和轮壳罩等用增韧 PP，而增强 PP 用于仪表盘、方向盘、手柄及蓄电池壳等。

② 日用品　普通 PP 用于衣架、椅子、桶类、盆类、凳子、书架、浴盆、玩具、文具、办公用品、家具、周转箱及货箱等。

③ 电器　改性 PP 用于洗衣机桶、电视机壳、电扇叶、电冰箱内衬及电话壳等。

2. 薄膜制品

PP 膜可占 PP 用量的 10%左右，其特点为透明性和表面光泽接近玻璃纸，但柔软性不好，手揉有强声；强度高，可用于重包装材料；透氧率仅为 HDPE 膜的 30%，适用于防潮包装材料如高级衣物、药品及香烟等包装。

PP 膜的耐热性能好，可进行煮沸消毒，用于冷冻和保鲜食品的包装。

PP 膜的电绝缘性能好，经过热定型处理的定向薄膜可用于电容器、电机和变压器的绝缘材料，比 PET 膜还要好。

PP 双向拉伸膜的强度、透明性及光泽等都好，可用于胶黏带基膜及香烟包装膜等。

3. 纤维制品

PP 纤维制品主要包括单丝、扁丝和纤维三类。

PP 单丝的密度小、韧性好、耐磨性好，适用于生产绳索和渔网。

PP 扁丝拉伸强度高，适用于生产编织袋以代替麻袋。PP 编织袋具有防潮、高强度等特点，可用于包装化肥、水泥、粮食、食糖、矿物粉及化工原料等。PP 扁丝还可生产编织布，用于宣传品、帐篷及防雨布等。

PP 纤维广泛用于地毯、毛毯、衣料、蚊帐、人造草坪、人造毛、尿布、滤布、无纺布及窗帘等。

4. 挤出制品

① 管及管件　管及管件为新型应用领域，主要以 PP-C 为原料；管材可用于上水、排水、供暖及化工腐蚀性介质等，管材与管件用热熔法连接。

② 片　PP 片材以 PP/PE 共混物为原料，主要用于文具及吸塑制品，具体有水杯、冰淇淋盒、药托、影集、名牌夹、文件夹、工艺品等。

此外，PP 还可用于制作棒、板等制品，板材可用于生产汽车挡泥板、汽车座椅、马达和泵的壳体、液体储槽等。

5. 中空制品

PP 中空制品的透明性和力学性能好，但单层瓶主要用于洗涤剂、化妆品和药品的包装，与阻隔材料复合的复合瓶用于食品如酱油、液体燃料和化学试剂的包装。

第二节　共聚聚丙烯

共聚聚丙烯（PP-C）为丙烯与乙烯的共聚物，可分为无规共聚聚丙烯（PP-R）和嵌段共聚聚丙烯（PP-B）两种，目前应用的主要为 PP-R。

一、无规共聚聚丙烯

1. 一般概况

共聚物是在高分子链的基本结构中加进不同种类的单体分子加以改性。乙烯是最常用的改性单体，它能引起聚丙烯物理性质的改变。一般共聚聚丙烯中乙烯含量为1%～7%（质量分数，下同）。与均聚聚丙烯相比，PP-R改进了光学性能，增加了透明度并减少了雾度，提高了抗冲击性能，增加了挠性，降低了熔化温度，从而也降低了热变形温度；同时在化学稳定性、水蒸气隔离性能和器官感觉性能（低气味和味道）方面与均聚物基本相同。应用于吹塑、注塑、挤塑、薄膜和片材挤压加工领域，生产家用自来水管、食品包装材料、医药包装材料和日常消费品等。

2. 化学合成

乙烯-丙烯无规共聚物是由乙烯分子和丙烯分子同时进行聚合反应而制得的，所用反应器与生产PP-H的一样。乙烯分子比丙烯分子小，反应快于（反应活性约10倍）丙烯。这使催化剂的立体定向性减弱而活性增大，从而导致无规聚丙烯生成量增多。为了减少这种无规物的生成，需要降低反应温度，从而降低催化剂的活性，并减少终极产物中无规异构体的含量，得到一种具有较均衡性能的产品。

乙烯含量高（>3%）的无规共聚物在生产过程中处理起来比较困难，也很难在己烷稀释剂中进行聚合反应，由于反应的二级副产品（无规聚丙烯和含乙烯量很高的共聚物）能溶于己烷。这在液体丙烯的本体聚合反应也是一样，尽管溶解度较低。己烷稀释工艺生产出的大量副产品，必须在己烷再循环阶段分离出来，这会增加总生产成本，然而却能得到含少量可溶组分的较清洁的聚合物。在本体聚合工艺中，这些杂质会留在聚合物中，并在处理薄片状材料时带来麻烦。而且，终极共聚产品中含有较多的可溶性杂质。使用有机溶剂进行二次清洗，可除去大部分杂质，但又会进一步增加共聚物的总生产成本。副产物含量高时，薄片状无规共聚物会变得较黏，当乙烯含量高于3.5%时，这个问题更突出。

PP-C熔点降低和乙烯含量直接相关。据报道，乙烯含量为7%时，PP-C的熔点可低至152℃。

3. 结构性能

（1）结构

PP-R一般含有1%～7%的乙烯分子及99%～93%的丙烯分子。在聚合物链上，乙烯分子无规则地插在丙烯分子中间。在这种无规的或统计学共聚物中，大多数（通常75%）的乙烯是以单分子插入的方式结合的，叫作X3基团（三个连续的亚甲基依次排列在主链上），这还可看成是一个乙烯分子插在两个丙烯分子中间。另有25%的乙烯是以多分子插入的方式结合进主链的，又叫X5基团，因为有5个连续的亚甲基（两个乙烯分子一起插在两个丙烯分子中间）。很难把X5和碳数更高的基团如X7、X9等加以区分。鉴于此，把X5和更高基团的乙烯含量一起统计为>X3。

无规度比值X3/X5可以测定。当X3以上基团的百分比很大时，将显著降低共聚物的结晶度，这对无规共聚物的最终性能影响很大。共聚物中极高含量的乙烯对聚合物结晶度的影响，类似于高无规聚丙烯含量时的作用。

无规 PP 共聚物不同于均聚物，因为无规地插入聚合物主链中的乙烯分子阻碍了聚合物分子的结晶型排列。共聚物结晶度的降低引起物理性质的改变：与 PP-H 相比，PP-R 刚度降低，抗冲击性能提高，透明度更好，还有较低的熔化温度。

无规共聚物含有较多的挥发物和无规 PP。由于不同的聚合过程，挥发物不同程度地存在于所有的商品共聚聚丙烯材料中，并在满足 FDA 关于食品接触的规定上造成困难。

（2）性能

一般性能：PP-R 的乙烯含量为 1%～7%，与普通 PP-H 相比，其结晶度和熔点低、柔软透明。

力学性能：一般地说，PP-R 比 PP-H 的挠曲性好而刚性低。共聚物的弯曲模量（1%应变时的割线模量）在 483～1034MPa 范围内，而均聚物则在 1034～1379MPa 范围内。PP-C 材料的分子量对刚性的影响不如 PP-H 的大。PP-R 的抗冲击性能好，在温度低于 0℃时仍具有良好的冲击强度，－20℃时才达到应用极限，但其硬度、刚性、耐蠕变性等要比普通 PP 低 10%～15%。

耐化学品性能：对酸、碱、醇、低沸点碳氢化合物溶剂及很多有机化学品的作用有很强的抵抗力。室温下，PP-C 基本不溶于大多数有机溶剂。而且，当暴露在肥皂、皂碱液、水性试剂和醇类中时，它们不像其他很多聚合物那样会发生环境应力断裂损坏。当与某些化学品接触时，特别是液体烃、氯代有机物和强氧化剂，会产生表面裂纹或溶胀。非极性化合物一般比极性化合物更轻易为聚丙烯所吸收。

阻隔性能：PP-C 和 PP-H 都有很低的水蒸气透过率。这些性质可以通过定向加以改进。

电学性能：聚丙烯有很好的电性能，包括高介电强度、低介电常数和低损耗因子，但电力应用一般选择均聚物较多。

PP-R 的具体性能如表 2-8 所示。主要用于上水管和供暖管。

表 2-8　PP（PP-H）、PP-R 和 PP-B 的性能

性能	PP(PP-H)	PP-B	PP-R
热变形温度/℃	100～110	90	105
脆化温度/℃	－8～8	－25	10～15
悬臂梁冲击强度/(kJ/m^2)	0.01～0.02	0.05～0.1	0.02～0.05
落球冲击强度/(kJ/m^2)	0.05	1.4～1.6	0.1～0.15
拉伸强度/MPa	30～31	23～25	26～28
邵氏硬度(R)	90	60～70	80～85

二、嵌段共聚聚丙烯

嵌段共聚聚丙烯（PP-B）是共聚结构中乙烯链段以嵌段方式排列在丙烯链段之中的一类共聚聚丙烯，乙烯含量为 5%～20%。

PP-B 的聚合方法有溶剂法（包括间歇溶剂法和连续溶剂法两种）、气相本体法、液相本体法三大类。国内中国石油和中国石化的大部分企业都能够生产PP-B树脂。

PP-B的结晶度高，具有与PP和HDPE相似的性能。PP-B既具有较高的刚性，又具有较好的低温韧性，可以称为耐冲击PP。与PP-R相比，冲击强度大大提高，脆化温度大大降低。最低可以降到－35℃。与PP相比，刚性下降不大，但是脆性大大改善。与HDPE相比，刚性有所增大，耐热温度和耐应力开裂也提高不少。PP-B的具体性能见表2-9。

表2-9 PP-B的具体性能指标

熔体流动速率/(g/10min)	脆化温度/℃	简支梁冲击强度/(kJ/m²)	弯曲强度/GPa	雾度/%	软化温度/℃
0.3	－40～－10	9.8～58.9	0.45～0.51	50～90	140～142
0.5	－40～－10	9.8～58.9	0.47～0.52	50～90	140～142
1.0	－30～－10	9.8～58.9	0.47～0.54	50～90	140～142
4.0	－15～－0	4.9～14.7	0.54～0.62	60～95	140～142
8.0	－10～－5	4.9～9.8	0.55～0.64	70～95	140～142

在成型加工方面：PP-B的加工性能与PP-H相似，因此可以采用PP-H同样的加工设备进行加工。

在具体应用方面：PP-B的应用与PP-H类似，但是因为其具有高冲击性能和高耐寒性能，用于高冲击和高寒冷场合。主要用于耐热管材、大型容器、周转箱、中空吹塑容器、机械零件、电线电缆包覆制品等。

三、三种聚丙烯类塑料的性能对比

前面介绍了三种聚丙烯PP-H、PP-R、PP-B，它们性能对比介绍如下：

1. PP-H

由单一的丙烯单体聚合而成，分子链中不含乙烯单体，分子链的规整度很高，因此材料的结晶度高，冲击性能较差。为改善PP-H的较脆的问题，部分原料供应商也采用聚乙烯及乙丙胶共混改性的方法来提高材料的韧性，但却不能从本质上解决PP-H的长期耐热稳定性能。

优点：强度较好。

缺点：抗冲击性能较差（较脆）、韧性差、尺寸稳定性差、易老化、长期耐热稳定性能差。

用途：挤出吹制级、扁纱级、注塑级、纤维级、吹膜级。可用于打包带、吹瓶、刷子、绳索、编织袋、玩具、文件夹、电器用品、家庭用品、微波炉餐盒、收纳盒、包装纸膜。

辨别方式：火烧拉开丝是扁形，拉得不长。

2. PP-R

由丙烯单体和少量（1%～4%）的乙烯单体在加热、加压和催化剂作用下共聚得到的，乙烯单体无规、随机地分布到丙烯的长链中。乙烯的无规加入降低了聚合物的结晶度和熔点，改善了材料的抗冲击、长期耐静水压、长期耐热氧老化及管材加工成型等方面的性能。PP-R分子链结构、乙烯单体含量等指标对材料的长期热稳定性、力学性能及加工性能都有着直接的影响。乙烯单体在丙烯分子链中的分布越无规，聚丙烯性能的改变越显著。

优点：综合性能好、强度高、耐热性能好、尺寸稳定性好、低温韧性极佳（挠曲性好）、透明性好、光泽度好。

缺点：硬度、刚性、耐蠕变性不如 PP-H。

用途：挤出吹制级、薄膜级、注塑级。管材、收缩膜、点滴瓶、高透明容器、透明家庭用品、一次性针筒、包装纸膜。

辨别方式：点燃后不发黑，能拉出很长的圆丝。

3. PP-B

乙烯含量较高，一般为 7%～15%，但由于 PP-B 中两个乙烯单体及三个单体连接在一起的概率非常高，因此说明由于乙烯单体仅存在嵌段相中，并未将 PP-H 的规整度降低，因而达不到改善 PP-H 熔点、长期耐静水压、长期耐热氧老化及管材加工成型等方面的性能的目的。

优点：抗冲击性能较佳，一定程度的刚性又提高了冲击强度。

缺点：低透明度、低光泽度。

用途：挤出级、注塑级。保险杠、薄壁产品、婴儿车、运动器材、行李箱、涂料桶、电池盒、薄壁产品。

辨别方式：点燃后不发黑，能拉出很长的圆丝。

共同点：抗吸湿性、抗酸碱腐蚀性、抗溶解性，高温下抗氧化性差。

4. 总结归纳

透明性：PP-R＞PP-H＞PP-B。

抗冲击性（韧性）：PP-B＞PP-R＞PP-H。

模量（刚性）：PP-H＞PP-R＞PP-B。

热变形温度（耐热性）：PP-H＞PP-R＞PP-B。

第三节　茂金属聚丙烯

在 Ziegler-Natta 催化剂诞生以前，人们只能合成出无规 PP。在茂金属催化剂诞生以前，人们只能用 Ziegler-Natta 催化剂合成出等规度不十分高的等规 PP，合成时还可能产生无规 PP 副产物，现在大规模应用的 PP 即为此类。在茂金属催化剂诞生以后，人们合成出高等规度的等规 PP（iPP）和间规 PP（sPP）。

目前茂金属聚丙烯的主要生产商有 Fina、Hoechst、Exxon 和三井东压化学公司等。

一、茂金属等规聚丙烯

用 Ziegler-Natta 催化剂合成的等规聚丙烯开发于 1957 年，目前应用的 Z-NPP 即属于此类。茂金属催化聚合等规聚丙烯开发于 1997 年，虽与 Z-NPP 属于同类型，但其等规度远远高于 Z-NPP，性能也与 Z-NPP 大不相同。茂金属 iPP 的流动性好、强度高、硬度大、耐热性好、熔点低，但冲击性能和断裂伸长率不如 Z-NPP。Z-NPP 与茂金属 iPP 的具体性能比较见表 2-10。虽然目前茂金属 iPP 还未大批量生产，但因性能比普通 Z-NPP 优异，应用前景十分广阔。

表 2-10 Z-NPP 与茂金属 iPP 的具体性能比较

项目	Z-NPP	茂金属 iPP
熔体流动速率/(g/10min)	45	60
球压痕硬度	58	78
屈服应力/(N/mm)	28	35
断裂伸长率/%	16	8
无缺口冲击强度/(J/m)	180	100
缺口冲击强度/(J/m)	4.5	2.2
维卡软化点/℃	130	140
熔点/℃	153	150

（一） Targor 公司产品

1997 年 6 月德国 BASF 公司和 Hoechst 公司合资的聚丙烯公司 Targor 推出两个商业化茂金属 iPP 牌号，分别为 MetoceneX50081 和 MetoceneX50109。MetoceneX50081 是欧洲第一个商业化茂金属 iPP 品种，含有抗静电剂，适合于薄壁注塑制品；MetoceneX50109 不含有抗静电剂，适合于注塑制品。MetoceneX50081 与普通 iPP（Novolen 1148T、Novolen 3248TC）的性能比较见表 2-11。

表 2-11 MetoceneX50081 与普通 iPP 的性能比较

性能	MetoceneX50081	Novolen 1148T	Novolen 3248TC
熔体流动速率/（g/10min）	60	48	48
拉伸强度/MPa	35	35	29
断裂伸长率/%	>200	>50	>100
拉伸模量/MPa	1700	1550	1150
硬度/MPa	77	80	58
冲击强度（23℃）/（kJ/m^2）	90	103	180
雾度/%	7	7	
光泽度（20°）/%	77	57	60

两个牌号的茂金属 iPP 的透明性很高，可替代 PS 和 HIPS；与 HIPS 相比，其断裂伸长率高，相对密度低 15%，透明度相同；与 PS 相比，热变形温度高。茂金属 iPP 与 GPPS、HIPS 的性能比较见表 2-12。

表 2-12 茂金属 iPP 与 GPPS、HIPS 的性能比较

性能	MetoceneX50109	HIPS	GPPS
熔体流动速率/(g/10min)	60	16	3
相对密度	0.95	1.02	1.05
拉伸强度/MPa	35	35	55
拉伸模量/MPa	1700	1800	3000
冲击强度（23℃）/(kJ/m^2)	90	30	150
热变形温度/℃	90	77	17

续表

性能	MetoceneX50109	HIPS	GPPS
维卡软化温度/℃	88	65	80
雾度/%	7	3	2

此外，茂金属 iPP 还可取代 SAN、PC 和 AC（聚丙烯酸酯）等。

Metocene 牌号树脂容易加工，其加工流动性和脱模性好。为使制品的透明度最佳化，加工温度应在 220℃以上。

Metocene 牌号树脂主要用于透明包装、食品包装、家庭和办公用品等。

（二） Exxon 公司产品

1997 年美国 Exxon 公司推出茂金属聚丙烯 MDK253，具体性能见表 2-13。它可取代传统的 iPP、填充 PP 和 ABS 等，用于家用器具和仪表盘等制品。另外 Exxon 公司还有 3 个商业化茂金属 iPP 牌号：Achieve3825，熔体流动速率为 32g/10min、相对密度为 0.9；Achieve3835，熔体流动速率为 30g/10min、相对密度为 0.9；Achieve3844，熔体流动速率为 22g/10min、相对密度为 0.9。MDK253 系列产品主要用于挤出级 BOPP 膜、流延膜和无纺布级产品。

表 2-13　MDK253 的具体性能

性能	指标
熔体流动速率/(g/10min)	10.7
相对密度	0.90
拉伸强度/MPa	21.4
弯曲模量/MPa	6.89
悬臂梁冲击强度(23℃)/(kJ/m^2)	4.22
成型收缩率/%	1.0～1.5
热变形温度/℃	71
典型加工温度/℃	191～204

（三） BASF 公司产品

BASF 公司的茂金属 PP 的熔点低，特别适合于 BOPP 膜和 PP 纤维的生产，BASF 茂金属 PP 与普通 PP 生产 BOPP 膜的性能比较见表 2-14，BASF 茂金属 PP 与普通 PP 生产纤维的性能比较见表 2-15。

表 2-14　BASF 茂金属 PP 与普通 PP 生产 BOPP 膜的性能比较

性能	茂金属均聚 PP	传统 PP
熔体流动速率/(g/10min)	8	2.5
厚度/μm	12	18

续表

性能		茂金属均聚 PP	传统 PP
拉伸强度/MPa	纵向	134	120
	横向	362	260
断裂伸长率/%	纵向	210	200～240
	横向	37	20～50
弹性模量	纵向	1700	2000
	横向	3110	2800
雾度/%		0.1	2.5
光泽度/%		116	85～90

表 2-15 BASF 茂金属 PP 与普通 PP 生产纤维的性能比较

抽丝速度/(m/min)	纤维直径/μm	传统 iPP(CR 级)		茂金属 iPP(熔体流动速率 18g/10min)	
		拉伸强度/(cN/dtex)	断裂伸长率/%	拉伸强度/(cN/dtex)	断裂伸长率/%
2500	26	2.23	265	3.63	154
3000	26	2.20	255	3.69	142
3500	26	达不到		3.65	145
4000	26	达不到		3.64	137

BASF 茂金属无规共聚聚丙烯具有力学性能优异、热封温度低和萃取物含量低等优点。

BASF 公司 2000 年推出的 Novolen 牌号 iPP，具有高韧性，透明度接近 PET。用于要求透明性好和抗冲击的薄壁模塑食品容器，具体如冷冻食品和其他冷冻薄壁食品包装、一次性饮料杯、大型家用器皿等。

（四）具体应用

1. 纺粘和熔融吹塑无纺布

选用高流动性 iPP，其分子量分布窄且均匀，黏度对剪切速率的依赖小，熔融张力也小，适合于纤维的生产，生产中不会产生氧化分解的发烟和臭味，可进行高速纺丝，并可制成细纤维。

2. 双向拉伸膜

为改善加工性能，可选用双峰分布的 iPP。用 iPP 制成的 BOPP 膜，拉伸强度高、透明性和表面光泽好。

3. 薄壁注塑制品

iPP 具有窄分子量分布，为改善其加工性，可用不同品种 iPP 混合的方法拓宽其分子量分布。iPP 的光学性能好，韧性较高，制品厚度可以减薄。因原料的耐抽出性能好，可用于饮水杯和其他食品器皿的生产。

二、茂金属间规聚丙烯

20 世纪 80 年代末，Fina 公司开发出一种新型茂金属催化剂，可聚合出高纯度的间规聚丙烯（sPP），其间规度大于 80%以上。

与 iPP 相比，sPP 的熔点低 5～10℃，透明性好，韧性高，光泽性好，弯曲强度仅为 iPP 的一半，多用于包装领域。

sPP 为低结晶聚合物，在含有成核剂的条件下结晶度仅为 30%～40%，属于高弹性热塑性材料，可像乙丙橡胶那样进行硫化，得到力学性能超过普通橡胶的弹性体。sPP 具有柔性、韧性和透明性，硬度仅为 iPP 的一半，相对密度仅为 0.88，比 iPP 还要低。

1. sPP 的结构与性能

sPP 具有非常窄的分子量分布，较好的透明性、透气性和耐辐射性能。

sPP 结晶结构的稳定形式是 8_1 螺旋结构，单体重复单元为 4；准稳定形式是平面锯齿结构。iPP 是 3_1 螺旋结构，单体重复单元为 3。

sPP 的结晶度低，在含有成核剂的树脂中只为 30%～40%，仅为 iPP 的一半左右。sPP 的结晶速度也很慢，对立体规整性的依赖性大，通过加入成核剂可增大其结晶速率。

sPP 的熔点对立体规整性的依赖性也大，间规度为 0.9 的 sPP 熔点为 150℃，而间规度为 0.8 的 sPP 熔点仅为 130℃。

sPP 是密度最轻的 PP 树脂，其相对密度仅为 0.88，而 iPP 均聚物的相对密度为 0.90，iPP 无规共聚物的相对密度为 0.89。

sPP 的抗 γ 射线能力比 iPP 强，电气绝缘性也高，比交联 PE 还要好。

sPP 与 iPP 共混合，以改进 sPP 的加工性能，并可缩短模塑循环时间，具体见表 2-16。

表 2-16 sPP/iPP 混合物的加工性能

性能		sPP	sPP+10% iPP	sPP+30% iPP	iPP
熔融温度/℃		190	190	190	190
注射压力/MPa		42.72	42.72	41.34	23.43
注射时间/s		20	15	12	10
冷却时间/s		30	20	22	20
总循环时间/s		53	38	37	33
雾度/%		7.4	8.7	29.7	67.8
加得纳冲击强度/J	室温	36.2	22.1	24.8	22.9
	−25℃	25.3	25.0	23.7	0

sPP 与 iPP 共混合，可改善 iPP 的透明性，当两者比例为 80/20 时，透明效果最佳。

sPP 还可改善 iPP 的抗冲击性能，比 EPDM 的效果还好。

2. sPP 的应用

（1）注塑片材

sPP 片材的显著特性是透明性好和光泽度高，用三井东压化学公司 sPP 和 iPP 混合物制成片材的性能见表 2-17。

表 2-17　三井东压化学公司 sPP 和 iPP 及混合物制成片材的性能

性能		sPP 均聚物	sPP/iPP(20%)	iPP	无规共聚物(PP-R)
熔体流动速率/(g/10min)		4.9	6.1	4.0	1.5
拉伸强度/MPa		16.5	16.8	37	25.5
屈服伸长率/%		394	554	620	500
悬臂梁冲击强度/(kJ/m^2)	23℃	<NB	NB(54)	0.35	1.3
	−10℃	0.1	0.23	—	0.15
弯曲强度/MPa		23	22	50	28
弹性模量/MPa		550	600	1650	750
洛氏硬度		76	80	109	85
维卡软化点/℃		113	112	153	124
热变形温度/℃		76	72	112	81
光泽度/%		>100	>100	88	89
透光率/%		>90	90	82	84
雾度/%		25	25	88	57

（2）薄膜

对于 CPP 流延膜制品，用 sPP 制造的透明性好于用 iPP 制造，而两者的杨氏模量和热封温度则相当，具体见表 2-18。以 sPP 材料作为 iPP 复合薄膜的密封层，比纯 iPP 复合膜的热封性更好，具体如表 2-19 所示。

表 2-18　sPP 流延膜的性能

性能		sPP	iPP	PP-R
雾度/%		1.7	3.5	3.0
粘连性/%		15	5	30
杨氏模量/MPa		597.8	813.4	588
屈服强度/MPa		23.32	24.01	21.56
热封温度/%	300g，25mm	134.8	147.0	137.6
	500g，25mm	136.6	153.0	142.9
冲击强度/MPa		8	8.1	9

表 2-19　sPP 为芯层的 iPP 复合膜性能

性能	sPP 芯层		iPP 芯层	
	iPP 基材	PP-R 基材	iPP 基材	PP-R
雾度/%	2.3	2.2	2.2	2.5
光泽度/%	136	135	136	133
粘连性/%	5	5	5	5
杨氏模量/MPa	735	637	793.8	666.4

续表

性能		sPP 芯层		iPP 芯层	
		iPP 基材	PP-R 基材	iPP 基材	PP-R
屈服强度/MPa		20.09	19.01	20.97	19.40
热封温度/℃	300g，25mm	115.6	115.6	125.7	127.5
	500g，25mm	49	117.2	129.5	133.0
冲击强度/MPa	5℃	78.4	68.6	58.8	392
	10℃	112	519.4	205.8	793.8
热黏性/℃			112	132	133

(3) 中空吹塑

以 sPP 为原料制成的中空吹塑制品，具有优异的透明性和光泽性，具体性能见表 2-20。但由于其熔体的垂伸性大，成型加工困难；但选用双峰分子量分布的 sPP，加工性可改善。

表 2-20 sPP 中空吹塑制品的性能

性能		sPP	双峰 sPP	无规共聚 iPP
熔体流动速率/(g/10min)		3.7	0.9	3.2
离模膨胀比		1.15	1.89	1.36
分子量分布(M_w/M_n)		2.7	5.1	5.0
螺杆转速/(r/min)		72	72	72
挤出温度/℃		195	210	175
挤出量/(kg/h)		32.1	29.2	22.4
垂伸性/cm	5s	23	14	13
	10s	95	28	22
	15s	—	43	33
表面光泽度/%		115	57	50
雾度/%		6.0	23.0	31.9
外观熔体破裂		有	无	无

(4) 挤出片材

与 iPP 相比，sPP 挤出片材的透明性更好，拉伸弹性模量低。

第三章
丙烯腈-丁二烯-苯乙烯共聚物（ABS）类

第一节　丙烯腈-丁二烯-苯乙烯共聚物

（一）一般概况

ABS树脂为丙烯腈（A）、丁二烯（B）、苯乙烯（S）三种单体共聚而成的聚合物，最初是在HIPS树脂改性基础上发展起来的，由于其自身具有韧、刚、硬的独特优点（只比PC略逊一点），其用量与HIPS相当，而且应用范围已远远超过HIPS，所以成为一种独立于HIPS的新塑料品种。ABS既可用作普通塑料，又可用作工程塑料，早期将ABS划分为工程塑料一类，因其发展速度太快，产量很快就接近其母体PS，因此从2000年起就将其划为通用塑料，成为第五大通用塑料品种。

合成的ABS树脂有很多品种，典型的有普通型、中冲击型、高冲击型、超高冲击型、透明型及耐热型等。

根据ABS树脂中三个单体的特性，通过调节各单体构成比例、分子量、添加助剂的方法，可生产满足不同客户要求的各种ABS牌号。理论上ABS的组成可以做出无限变化，但通常在A/B/S=(20～30)/(5～40)/(40～70)的范围内，只要改变三者的比例、聚合方法、颗粒的尺寸，便可以生产出一系列具有不同冲击强度、不同流动特性的ABS品种。如增加丁二烯组分的含量，则其冲击强度会得到提高，但是硬度和流动性就会降低，强度和耐热性亦变差。如ABS中丁二烯的含量达到50%以上，则称为高胶粉，常用于ABS和PC/ABS的增韧改性。再如通过控制ABS中橡胶相的含量、粒径、AN含量、分子量降低，则可以制得高光泽ABS。

ABS树脂为非晶态、不透明的三元共聚物，一般为浅黄色粒料或珠状料，它具有三种组分带来的优点。丙烯腈赋予ABS树脂的化学稳定性、耐油性、一定的刚性和硬度，丁二烯使其韧性、抗冲击性和耐寒性有所提高，苯乙烯使其具有良好的介电性能和光泽，并呈现良好的加工特性。ABS树脂具有优良的综合性能：无毒、无臭，耐热，抗冲击，特别是低温冲击性好，电性能、耐磨性、化学稳定性好，耐水、无机盐、碱和酸类，不溶于大部分醇类和烃类溶剂，而易溶于醛、酮、酯和某些氯代烃中，耐候性较差，可燃烧，热变形温度较低，具有良好的尺寸稳定性，成型收缩率小。

ABS树脂是极少数可以直接电镀的树脂。镀层可以在－25～60℃的环境下表现正常，而且有很好的成型性，加工出的产品表面光洁，易于染色。因此ABS树脂可以用于家电外壳、玩具等日常用品。

ABS树脂可与多种树脂配混成共混物，如PC/ABS、PVC/ABS、PA/ABS、PBT/ABS等，产生新性能和新的应用领域，如将ABS树脂和PMMA混合，可制造出透明ABS树脂。

（二）树脂合成

ABS树脂在工业上的生产方法很多。目前世界上应用最广的仍然是乳液法，而乳液法又可分为乳液接枝法和乳液掺混法两大类。乳液掺混法ABS最早由美国橡胶公司于1946年开发，乳液接枝法ABS由美国Marbon公司于1954年首先合成。另外，本体悬浮法合成ABS仍有一定应用。

1. 浮液接枝法

将丁二烯（或与苯乙烯一起）置于聚合釜中，以合成脂肪酸钾皂为乳化剂，有机过氧化物为引发剂，在5～20℃下进行乳液聚合，制得聚丁二烯或丁苯胶乳。再将一定量的乳胶按所需比例加入苯乙烯、丙烯腈、乳化剂、引发剂（过硫酸钾）和调节剂（叔硫醇）于接枝聚合釜中，在60～90℃进行乳液接枝共聚6h便得接枝聚合物胶乳。在此胶乳中加入抗氧剂，在凝聚槽中用食盐水或硫酸凝聚，经分离、洗涤、干燥、造粒而得ABS树脂产品。

2. 乳液掺混法

将聚丁二烯胶乳乳液接枝共聚制得的ABS粉料，与用悬浮聚合法制得的AS粒料和各种添加剂掺混，经凝聚水洗、离心分离、干燥、造粒，制得ABS树脂产品，是国外工业生产上常采用的方法。

3. 本体悬浮法

先将聚丁二烯（或丁苯）橡胶，溶于苯乙烯和丙烯腈单体中，进行本体预聚合。当聚合转化率达到20%～40%且出现相转变后，将其转入含有水悬浮聚合釜中进行悬浮聚合，聚合反应结束后，经离心脱水、洗涤、干燥即得产品。

中国ABS树脂生产大国，合成ABS的企业很多。2024年中国ABS生产企业产能统计见表3-1。

表3-1 2024年中国ABS生产企业产能统计

企业名称	地址	产能/(万吨/年)
镇江奇美化工有限公司	江苏	80
台化兴业(宁波)有限公司	浙江	70
宁波乐金甬兴化工有限公司	浙江	93
中国石油天然气股份有限公司大庆石化分公司	黑龙江	10
中石化上海高桥石化有限公司	上海	20
中国石油天然气股份有限公司吉林石化分公司	吉林	60
北方华锦化学工业股份有限公司	辽宁	14
天津大沽化工股份有限公司	天津	40
乐金化学惠州化工有限公司	广东	45

续表

企业名称	地址	产能/(万吨/年)
山东海江化工有限公司	山东	20
盛禧奥聚合物(张家港)有限公司	江苏	7.5
漳州奇美化工有限公司	福建	60
广西科元新材料有限公司	广西	10
辽宁金发科技股份有限公司	辽宁	60
山东利华益集团股份有限公司	山东	40
浙江石油化工有限公司	浙江	130
中国石油天然气股份有限公司(吉化)揭阳分公司	广东	60
中石化英力士苯领高新材料(宁波)有限公司	浙江	60
恒力石化(大连)有限公司	大连	30
新浦化学(泰兴)化工有限公司	江苏	7
合计		916.5

因 ABS 树脂具有刚、硬、韧的独特性能，加上流动性好、易染色、耐刮擦性能好，所以目前其最大的用途为壳体材料。

（三）结构性能

1. 结构

ABS 大分子主链由三种结构单元重复连接而成。

2. 性能

（1）一般性能

ABS 的外观为不透明呈象牙色的粒料，其制品可着色成各种颜色，并具有 90%的高光泽度。ABS 的相对密度为 1.05，吸水率低。ABS 同其他材料的结合性好，易于表面印刷、涂层和镀层处理。ABS 的氧指数为 18.2%，属易燃聚合物，燃烧后火焰呈黄色，有黑烟，烧焦但不落滴，并发出特殊的肉桂味。

（2）力学性能

ABS 具有优良的力学性能，其冲击强度极好，可以在极低的温度下使用。即使 ABS 制品被破坏也只能是拉伸破坏而不会是冲击破坏，这是 ABS 高韧性的体现。ABS 的耐磨性优良，尺寸稳定性好，又具有耐油性，可用于中等载荷和转速下的轴承。ABS 的耐蠕变性比 PSF 及 PC 好，但不如 PA 及 POM。ABS 的弯曲强度和压缩强度属塑料中较差的。ABS 的力学性能受温度的影响较大。

（3）热学性能

ABS 的热变形温度为 93～118℃，制品经退火处理后还可提高 10℃左右。ABS 在 −40℃时仍能表现出一定的韧性，可在 −40～100℃的温度范围内使用。

（4）电学性能

ABS的电绝缘性较好，并且几乎不受温度、湿度和频率的影响，可在大多数环境下使用。

（5）环境性能

ABS不受水、无机盐、碱及多种酸的影响，但可溶于酮类、醛类及氯代烃中，受乙酸、植物油等侵蚀会产生应力开裂。ABS的耐候性差，在紫外线的作用下易产生降解；于户外半年后，冲击强度下降一半。

各类ABS树脂的一般性能范围见表3-2。

表3-2 各类ABS树脂的一般性能范围

性能	通用型	中抗冲击型	高抗冲击型	耐热型	电镀型
相对密度	1.02～1.06	1.04～1.05	1.02～1.04	1.04～1.06	1.04～1.06
吸水率/%	0.2～0.45	0.2～0.45	0.2～0.45	0.2～0.45	0.2～0.45
拉伸强度/MPa	33～52	41～47	33～44	41～52	38～44
断裂伸长率/%	10～20	15～50	15～70	5～20	10～30
弯曲强度/MPa	68～87	68～80	55～68	68～90	69～80
弯曲模量/GPa	2.0～2.6	2.2～2.5	1.8～2.2	2.1～2.8	2.3～2.7
悬臂梁冲击强度(23℃)/(J/m)	105～215	215～375	375～440	120～130	265～375
洛氏硬度(R)	100～110	95～105	88～100	100～112	103～110
热变形温度(1.82MPa)/℃	87～96	89～96	91～100	105～121	95～100
线膨胀系数/($\times10^{-5}$℃$^{-1}$)	7.0～8.8	7.8～8.8	9.5～11.0	6.4～9.3	6.5～7.0
热导率/[W/(m·K)]	0.16～0.2	0.16～0.29	0.16～0.29	0.16～0.29	0.16～0.29
氧指数/%	20	20	20	20	20
相对介电常数(10^6Hz)	2.4～3.8	2.4～3.8	2.4～3.8	2.4～3.8	2.4～3.8
介电损耗角正切值(10^6Hz)	0.009	0.009	0.009	0.009	0.009
介电强度/(kV/mm)	13～82	13～82	13～82	13～82	13～82
耐电弧/s	66～82	66～82	66～82	66～82	66～82

（四）成型加工

1. 加工特性

ABS同PS一样，是一种加工性能优良的热塑性塑料，可用通用的加工方法加工。

ABS的熔体黏度属于中等，其流动性比PVC和PC好，但比PE、PA、HIPS、AS、PS差，与POM和HIPS类似；ABS熔体属非牛顿流体，其熔体黏度与加工温度和剪切速率都有关系，但对剪切速率更为敏感，这与其他无定形树脂不同；ABS的熔体冷却固化速度较快。ABS的注射温度虽然比PS稍高，但不能像PS那样有宽松的升温范围，不能用盲目升温的办法来降低其黏度，可用增加螺杆转速或注射压力的办法来提高其流动性。一般加工温度在190～235℃为宜。

ABS的热稳定性好，不易出现降解现象，热分解温度大于250℃。虽然ABS在惰性气体中的热稳定性很好，但在受热状态下，热氧会引发其降解反应，因此需要加入抗氧剂，具体如主抗氧剂 1010 和辅助抗氧剂 168。加工过程中，在停机后，要及时清洗螺杆和料筒，以免长时间受热分解。

ABS 属于无定形聚合物，无明显熔点，但可在 217～237℃的温度范围内熔融加工。

ABS 的吸水性较高，不干燥会在制品上产生银纹和气泡等缺陷。因此，ABS 在加工前应进行干燥处理，使其含水量在 0.03%以下。一般制品的干燥条件为温度 80～85℃，时间 2～4h；对特殊要求的制品（如电镀）的干燥条件为温度 70～80℃，时间 18～24h。

ABS 制品在加工中易产生内应力，内应力的大小可通过浸入醋酸中检验。如应力太大和制品对应力开裂绝对禁止，应进行退火处理，具体条件为放置于 70～80℃的热风循环干燥箱内 2～4h，再冷却至室温即可。

ABS 的耐热性很好，但在 265℃温度下，物料在料筒内停留时间最多不能超过 5～6min；若温度为 280℃，则物料在料筒内停留时间就不能超过 2～3min；若生产过程中出现意外，应先把料筒温度调低至 120℃，才可用一般 ABS 级来清理料筒，有些 ABS 制品在顶出时并无问题，但却可能会在储存期内产生褐色或黄色条纹，可能是由料筒过热或滞留时间过长而引起的。

ABS 成型收缩率低，一般为 0.4%～0.7%。

ABS 宜采用中高速度等注射速度，成型效果较好，除非形状复杂、薄壁制件需用较高的注射速度，否则产品易产生气纹。

ABS 需采用较高的注射压力，具体范围为 500～1000bar。

ABS 成型时模具温度一般调节在 25～70℃。生产较大产品时，定模（前模）温度一般比动模（后模）略高 5℃左右。模具温度影响塑件光洁度，温度较低则导致光洁度较低。

2. 加工方法

ABS 可用注塑、挤出、压延、吸塑及吹塑等方法成型加工，并以注塑法应用最广，挤出法次之。

① 注塑　选用柱塞式注塑机的成型温度为 180～230℃，而选用螺杆式注塑机的成型温度为 160～220℃；对表面光泽度要求高的制品模具温度为 60～80℃，而一般制品模具温度为 50～60℃即可；薄壁制品注射压力为 130～150MPa，而厚壁制品注塑压力则为 60～70MPa。选用螺杆式注塑机时，喷嘴为通用延伸式，带加热圈，直径为 4～5mm 或 6～8mm。制品壁厚在 1.5～4.5mm，极限流动长度与厚度之比为 190∶1，型芯脱模斜度为 35′～1°，型腔脱模斜度为 40′～1°20′。

② 挤出　可生产管材、板材、片材及型材等，挤出机的长径比（L/D）为 18～22，压缩比为 2.5～83。以管材为例，挤出成型的工艺条件为：料筒温度 160～180℃，机头温度为 175～195℃。

③ 吸塑　加热温度可控制在 140～180℃范围内，并以 150℃最佳。

（五）应用范围

1. 壳体材料

广泛用于制造移动电话、电视机、洗衣机、录音机、收音机、复印机、传真机、玩具及厨房用品等的壳体。

2. 机械配件

ABS 可用于制造齿轮、泵叶轮、轴承、把手、管材、管件、蓄电池槽及电动工具壳等。

3. 汽车配件

具体品种有方向盘、仪表盘、风扇叶片、挡泥板、手柄及扶手等。如仪表板用 PC/ABS 作骨架，表面再覆以 PVC/ABS 制成的薄膜。此外，车内装饰件大量使用了 ABS，如手套箱、杂物箱总成是用耐热 ABS 制成，门槛上下饰件、水箱面罩用 ABS 制成。

4. 其他制品

各类化工防腐蚀管材，镀金制品，文具如笔杆、玩具等，保温、防振用泡沫塑料，仿木制品等。

第二节　丙烯腈-丁二烯-苯乙烯共聚物同类三元共聚物

一、丙烯腈-苯乙烯-丙烯酸酯共聚物（ASA）

1. 一般概况

ASA 树脂也称为 AAS，是由丙烯腈（acrylonitrile）、苯乙烯（styrene）、丙烯酸酯（acrylate）组成的非结晶型三元接枝共聚物，以聚丙烯酸酯为主链，由丙烯腈、苯乙烯单体接枝共聚而成，属于抗冲击改性型树脂。

ASA 最早由德国的 BASF 公司于 1962 年实现工业化生产，随后日本的日立化成也实现了工业化生产。ASA 是沙比克公司的一种主要产品，于 2002 年以 Geoly 商标作为共挤原料推向 PVC 彩色共挤型材市场。国内对 ASA 的研究比较晚，直到 2002 年上海锦湖日丽有限公司在韩国锦湖石化的支持下，生产出 ASA 树脂及共混改性品种，形成了年产 8000t 的能力。ASA 典型的塑料合金品种有 PC/ASA、PBT/ASA，树脂和合金可用于注射成型和挤出成型，用于汽车、消费电子产品、建材等行业。

目前国内 ASA 树脂生产企业主要有利华益（10 万吨/年）、华峰（20 万吨/年）、金发（15 万吨/年），总产能超 50 万吨/年。

与 ABS 相比，由于引入不含双键的丙烯酸酯橡胶取代丁二烯橡胶，因 ASA 的而耐候性有了本质的改善，比 ABS 高出 10 倍左右；而 ASA 的其他力学性能、加工性能、电绝缘性、耐化学腐蚀性与 ABS 相似。

ASA 的突出优点为：ASA 的着色性好、耐候性好，制品不用喷漆和电镀等表面防护，可直接在户外使用。在日光下曝晒 15 个月，冲击强度和断裂伸长率几乎不变，颜色也无变化。

2. 树脂合成

ASA 的聚合方法有本体法、悬浮法和乳液接枝共混法，并以乳液接枝共混法为主导。

ASA乳液接枝共混法的工艺与ABS相似，其工艺过程如下：

交联丙烯酸酯（PBA）胶乳合成→乳液接枝共聚合→凝聚→洗涤→干燥→与SAN掺混→造粒→ASA树脂。

在上述过程中，接枝丙烯酸酯聚合物的合成是制备ASA树脂的关键，接枝率和分子量等因素决定ASA的力学性能和加工性，对树脂的表面性能也起重要作用。

3. 性能

ASA为一种不透明的黄色无定形聚合物，无臭无毒，本身阻燃性即可达到UL 94 HB级，燃烧缓慢，并发出苯和橡胶的气味。

ASA的相对密度为1.05～1.09，缺口冲击强度为480～580J/m，拉伸强度为38～48MPa，在1.86MPa负荷下热变形温度为85～105℃，可长期在−20～75℃下使用，具有比较好的耐高温性能。

ASA具有良好的力学性能，耐环境应力开裂性能好。

ASA化学稳定性与ABS相似，耐油、耐盐酸溶液、耐稀酸和碱，但不耐酯类、酮类、芳香类、氯代类及醇类的侵蚀。

与ABS相比，ASA不含有双键，不但可抵抗紫外线照射引起的降解、老化、褪色，同时在加工中有耐热氧的作用，防止分解和变色。正是因为如此，ASA成为塑料中耐候性最好的品种之一，其耐老化性比ABS高10倍以上。

ASA是一种自身抗静电材料，能使制品表面少积灰尘。

ASA的同系物有ABS和AES，其橡胶相分别为聚丙烯酸丁酯、丁二烯-苯乙烯共聚物、乙烯-丙烯共聚物。研究表明，橡胶相的T_g越低，树脂的冲击强度越高，具体见表3-3。

表3-3　不同橡胶相对共聚树脂性能的影响

树脂	橡胶相种类	T_g/℃	冲击强度	耐低温
ASA	聚丙烯酸丁酯	−45	低	低
ABS	丁二烯-苯乙烯共聚物	−80	高	高
AES	乙烯-丙烯共聚物	−75～−70	中	中

ABS、AES、ASA三种聚合物冲击强度的具体数据见表3-4。

表3-4　ABS、AES、ASA三种聚合物冲击强度

树脂	不同温度下的冲击强度/(J/m)					
	常温	0℃	−10℃	−20℃	−30℃	−40℃
ASA	110	95	67	35	19	17
ABS	190	127	104	92	79	65
AES	150	101	86	75	63	50

4. 成型加工

ASA可进行注塑、挤出、吹塑、压缩等成型，也可机械加工、焊接、粘接及热成型。

ASA的注射温度为240～260℃，注射压力80～100MPa，模具温度50～85℃。ASA挤

出温度为 200～230℃。ASA 不需要表面处理就可印刷和真空镀铝金属化。

5. 改性品种

ASA 虽具有优异的耐气候性、良好的加工性、耐化学品性和均衡的力学性能，但也存在耐热性和耐寒性差的缺点，从而限制了 ASA 在某些领域的应用。因此，有必要对其进行适当改性。

ASA 与其他聚合物有极好的相容性，可以组成性能广泛的塑料合金材料。

（1）耐热改性

用 α-甲基苯乙烯全部或部分替代苯乙烯单体，可制备耐热 ASA，耐热温度最高可达 110～115℃。但用此法制成的耐热 ASA 流动性差、颜色发黄、光泽变差、制品发脆。

用 SMA 与 ASA 共混，可提高一定幅度的耐热温度。

用 N-苯基马来酰亚胺（NPMI）单体全部或部分替代苯乙烯单体共聚，可制备高耐热 ASA，耐热温度最高可达 120℃，是目前最好的耐热改性方法。

（2）ASA/AES 合金

可提高树脂的耐寒性，满足耐低温使用场合。

（3）ASA/PC 合金

将 ASA 与 PC 共混，可改善 ASA 的耐热温度和冲击强度，其耐应力开裂、耐低温性、耐候性和缺口敏感性都优于 PC，拉伸强度和弯曲强度与 PC 相当。

（4）ASA/PBT 合金

ASA 与 PBT 的相容性不好，需加入相容剂 PMMA、MBS、SMA 等。合金可大大改善 ASA 的加工流动性、耐化学品性和耐刮伤性，改善 PBT 的尺寸稳定性、耐候性和韧性。ASA/PBT 合金特别适合于生产大型薄壁制品，如汽车保险杠、防擦条、商用机器壳体、手提电脑外壳等。

上海锦湖日丽的 ASA 和其合金的性能见表 3-5。

表 3-5　上海锦湖日丽的 ASA 和其合金的性能

性能	ASA					ASA/PC		ASA/PBT
	XC-180	XC-801	XC-802	XC-220	XC-811	XC-7045	XC-7079	XC-8045
相对密度	1.08	1.08	1.07	1.08	1.08	1.12	1.15	1.13
熔体流动速率/(g/10min)	10	15	10	17	6	13	10	80
收缩率/%	0.4～0.7	0.4～0.7	0.4～0.7	0.4～0.7	0.4～0.7	0.4～0.7	0.4～0.7	0.5～0.8
阻燃性	HB	HB	HB	HB	HB	HB	HB	HB
产品特性	高刚性	高冲击	—	准耐热	耐热	高流动	高耐热	良好流动
拉伸强度/MPa	50	45	45	46	45	50	63	46
断裂伸长率/%	30	30	40	30	15	150	150	150
弯曲强度/MPa	65	65	65	65	70	75	85	65
弯曲模量/MPa	—	2100	2100	2200	2200	2100	2400	1700
洛氏硬度(R)	105	103	101	103	108	—	110	90

续表

性能	ASA					ASA/PC		ASA/PBT
	XC-180	XC-801	XC-802	XC-220	XC-811	XC-7045	XC-7079	XC-8045
悬臂梁冲击强度/(J/m)	120	200	400	102	110	550	600	650
冲击强度(有缺口)/(J/m)	100	200	300	110	90	350	400	550
热变形温度/℃	86	80	80	90	95	100	110	90

6. 应用领域

（1）汽车及相关领域

ASA因耐候性好而在汽车行业中应用得很普及，典型的应用为外视镜、散热器格栅、尾部挡板、灯罩等外部部件，目前更是延伸到摩托车面板、野营汽车、小型船壳、冲浪板等领域。具体应用见表3-6。

表3-6　ASA在汽车工业中的应用举例

材料	应用举例
耐热ASA（无喷涂化）	汽车前格栅、后视镜、灯壳、蓄电池箱、空调出风格栅、前面罩
ASA/PC	汽车前格栅、后视镜、灯壳、仪表盘
ASA/AES	汽车外饰件
ASA/PBT、ASA/PBT+GF	汽车接插件、反光镜、行李架
ASA/PC/PBT	汽车保险杠、保险杠支架、行李架、挡泥板

（2）电子电气领域

ASA优先用于耐用设备的外壳，具体如缝纫机、电话机、厨房设备、卫星天线等全天候壳体。

（3）建筑领域

ASA/PVC合金常用于屋面护墙板和门窗型材，在国外已有十几年的应用经验。

（4）其他应用

ASA的表面质量好，颜色稳定持久，并具有清洁性、消毒性和耐腐蚀性，已被广泛用于高级浴室、卫生制品和冷热水交换器等。

二、丙烯腈-氯化聚乙烯-苯乙烯共聚物（ACS）

1. 一般概况

ACS是丙烯腈、氯化聚乙烯、苯乙烯的三元热塑性聚合物。其生产方法是将苯乙烯和丙烯腈接枝到氯化聚乙烯的主链上，一般丙烯腈占20%，氯化聚乙烯占30%，苯乙烯占50%。ACS的性能与其各组分含量有关，冲击强度随氯化聚乙烯的含量增加而增大，流动性随丙烯腈的含量增加而变差。

ACS 主要企业有日本的 Showa Denko（日本昭合电工）、中国的山东日科化学等。

2. 性能

ACS 虽然在物理性质方面与 ABS 相似，但在阻燃性能、耐候性、抗粉尘静电沉积性及热变质性等方面则优于 ABS 和 ASA，反而与 PC 相似。

由于 ACS 是所有外壳用模塑材料中阻燃能力最高的，因而被定为阻燃级别 UL 94 V-0 级。它还对光照引起的变形和褪色有极强的抵抗力，这使它不仅适合户外使用，也适合做办公机器外壳和部件。

ACS 对灰尘静电沉积有固有的抵抗力，因此，不必在配方中添加抗静电剂。

ACS 对酸、碱的稳定性略优于 ABS，但溶解于甲苯、二氯乙烯、乙酸乙酯和丁酮等。

ACS 的主要性能见表 3-7。

表 3-7　ACS 的主要性能

性能	通用级	阻燃级	性能	通用级	阻燃级
相对密度	1.07	1.16	介电强度/(mV/m)	26	25.4
拉伸强度/MPa	31.36	39.2	体积电阻率/(Ω·cm)	2×10^{15}	7.3×10^{15}
断裂伸长率/%	40	50	相对介电常数(10^3Hz)	3.2	3.05
冲击强度/(J/m)	490	117.6	氧指数/%	—	28.5
热变形温度/℃	86	78	成型收缩率/%	0.4	0.4

3. 成型加工

ACS 的成型收缩率小，加工性能好，可用注塑、挤塑、压延、涂覆、热成型、焊接和印刷等方法成型。

ACS 在加工前应先造粒，加入稳定剂和润滑剂，具体配方如下：

配方	单位：质量份
原料	用量
ACS	100
三碱式硫酸铅	1.5
三碱式亚硫酸铅	0.5
硬脂酸	1.5

此配方在 150～160℃下挤出造粒。

尽管 ACS 所用的注塑方法几乎与 ABS 和聚苯乙烯相同，但 ACS 在高温下易分解产生 HCl，所以其加工温度应严格控制，温度最好维持在 190～210℃范围内，最好不要超过 220℃，并且在料筒内不得长时间停留。注射压力为 3.5～4.5MPa，模具温度为 50～60℃，成型周期为 55s。挤出成型温度一般为 190℃，挤出压力为 14.7MPa。

ACS 制品可以相互黏合，可以热冲印、涂漆，并可大量用于厨具和壳体。

4. 应用范围

ACS 的应用范围包括：办公机器的外壳和部件，具体如办公自动化设备、台式电子计算机、复印机；家用器具的外壳和零件，具体如电视机、电磁炉、录音机及录像机；电气开关、电气接件、交流电接头、测量仪器和防火设备及组件。

三、透明丙烯腈-丁二烯-苯乙烯共聚物

1. 一般概况

透明 ABS 是改性 ABS 中附加值最高的产品，它具有高的流动性和低收缩率，故加工性能和产品的尺寸稳定性较好，并且耐化学品性能也较好，因此透明的 ABS 有潜在的能力成为聚碳酸酯的替代材料。在有透明要求的领域得到了广泛应用，如透明容器、家用电器可视窗、电冰箱用食品盘和灯罩等，国内市场对透明 ABS 需求巨大。

但由于其制备工艺复杂、设备成本高、雾度值较高的特点，我国对透明 ABS 开发和应用较晚，在原料的开发、成型设备与工艺研究等方面与国外相比还存在一定的差距，使得生产出的注塑制品透明性差，达不到预期的效果。中国透明 ABS 长期依赖进口，但 2025 年我国大沽化工成功实现了透明 ABS 树脂国产化，填补了国内技术空白。

在市场驱动下，通过将 PMMA 与 ABS 合金化赋予 ABS 透明性也成为研究热点，国内几大改性企业加快了研发力度，先后推出了透明 PMMA/ABS 合金，极大地满足了市场需求，降低了材料成本。

2. 透明原理

普通 ABS 由两个不相容的相即聚丁二烯橡胶接枝共聚物相和 SAN 树脂相所组成，其不同微相之间折射率的差别造成的光散射效应使材料丧失了透明性。接枝橡胶粒径大小和两相折射率的差值，决定了 ABS 的透明性。如果粒径足够小，小到可与可见波长相比，则可认为两相在光学上是均一的，于是产品表现为半透明。如果折射率完全相等，则产品表现为全透明。

透明 ABS 树脂的设计原理在于保持其微观相分离的高级结构的前提下，通过共混、共聚等手段调节材料的化学结构，降低橡/塑相的折射率差，从而消除光散射效应而实现可见光区透明。一般情况下，当两相折射率相差小于 0.009 时就可以达到足够的透明度。从理论上讲，胶乳的粒径只要小于可见光的波长 370nm，就可以透明。但实际上由于两相折射率有微小差异，接枝橡胶粒径小于 100nm 也可以透明，这是因为可见光的波长是 430～760nm。当橡胶粒子粒径比可见光波长小很多时（如 70nm 左右），这样小的粒子可以看作是悬浮在透明介质中的均匀的透明体而不影响光线通过。

透明 PMMA/ABS 合金的设计原理与透明 ABS 类似，为了匹配组分间的折射率，合金通常包含三个组分即 SAN、PMMA 和增韧剂。获得高透明度的关键技术是选择合适的原材料，商业化的透明 ABS 通常选择 MBS 作为增韧剂，选择粒径为 150～300nm 的 MBS 使合金材料兼备透明性和韧性。另外，AN 含量不仅决定了组分间的相容性，同时 SAN 的折射率随 AN 含量而改变，所以在固定组分比的前提下调节 AN 含量，可能使材料完全丧失透明

性。其次，透明材料中即使存在微量的杂质也会引起光散射，导致透光率下降，这必须引起注意。所以在设计 PMMA/ABS 合金时，根据产品对透光率的要求选择合适的原材料，并且在进行理论计算的前提下通过具体实验优化配方，才能事半功倍。

除了材料本身的性质，透光率与制品表面粗糙程度有关，表面越平滑、缺陷越少，透光率越高，可视图像越清晰；而雾度与产品成型工艺有关，比如成型温度过高、剪切过大很容易造成材料分相或降解，表现出来是制品表面呈白雾状，材料由透明变成乳白色或浑浊，严重则透明性完全丧失。

近年来，透明 PMMA/ABS 合金的市场日益壮大，主要生产商有韩国乐天化学（BF 系列），日本旭化成，我国的金发科技和广西长科等。

3. 性能

透明 ABS 有着优秀的穿透指数和良好的可制造性以及物理特性，如抗冲击性和可塑模性。

高透明度：透明 ABS 的透明度与 SAN 和 GPPS 树脂相似，由于不需要过分依赖注射温度，它拥有稳定且优异的透明度，透光率一般可达到 88%以上。

力学性能：透明 ABS 的抗冲击性与通用级 ABS 相似，因为透明 ABS 拥有良好的流动性，所以被广泛地用于喷射注塑和对表面强度要求很高的产品上。

着色性好：任何一种颜色都可着色透明 ABS，它的着色性能优于通用级 ABS。

4. 成型加工

透明 ABS 的流动性与通用级 ABS 相似，所以它的注塑条件与通用级 ABS 相似。透明 ABS 可用于二次加工，如冲压、丝印、粘贴、着色、电镀等性能都与通用级 ABS 相似。

由于生产透明 ABS 制品，不仅要保证制品的尺寸精度、外观质量及强度等，而且要保证制品的透光性，因此透明 ABS 与普通 ABS 的注射成型模具和工艺参数都有所不同，具有自身的特点。

（1）模具要求

透明 ABS 制品透明度的高低与模具的设计和加工精度密切相关，它直接影响制品表面的光学效果。为了得到所需形状的高透明、高光泽的制品，在模具结构设计方面，浇口的位置及尺寸、楔紧块的大小均应重点加以考虑。在保证成本允许的情况下，可以采用热流道技术，设计时应注意热膨胀和隔热这两个问题。模具的冷却水道的排布应尽可能均衡，以保证制品的受热均衡，有利于制品的快速结晶。

在模具加工中，一方面要提高加工精度，另一方面尽量提高模具型腔表面的质量。首先应使模具成型部分高度光滑，成型表面镀铬或达到镜面抛光，以免成型表面粗糙，从而影响制品的透明性。

（2）成型工艺

料筒温度和喷嘴温度：与普通 ABS 一样，透明 ABS 在料筒中受到热和剪切的作用塑化，塑化的均匀性主要取决于温度和受热时间，而料筒温度直接影响到物料的温度和流动性。为保证操作稳定，塑化均匀，避免高温下料团在螺杆内的滑移，使压力和注射量难以控制。同时避免注射过程中受高温作用发生降解和助剂的分解。当料温太低时，影响制品表面的光泽度；料温高于 240℃以上时，雾度会增加，透明性下降。为使经料筒塑化的透明 ABS

高速流经喷嘴和模具流道时达到最大流动性和良好的充模性，对于熔体流动速率较高的物料，料筒温度应控制得低一些，对于熔体流动速率较低的物料，料筒温度则需控制得高一些。料筒温度分三段控制，从靠近料斗一端到喷嘴止，温度渐渐升高，以使物料逐步塑化。喷嘴温度一般略低于料筒前端温度，过高时易发生流延现象（不应超过 230℃）；但喷嘴温度也不能太低，否则会发生堵塞或冷料入模，影响制品透明性。

模具温度：模具温度的高低影响制品的尺寸、性能、结晶度及其他工艺条件。透明 ABS 是结晶性聚合物，升高模温能提高制品的密度和结晶度，有利于力学强度及制品表面光洁度的提高，但制品的模塑收缩率增大，制品易变形。因此，模具温度不宜太高，一般取 40～55℃。但也不能太低，否则会出现固化不完全，使制品产生的各向异性大，并有气泡、空隙等缺陷。为提高制品表面光泽度，减少不均匀收缩程度，模具表面温度可保持在 50℃左右。

注射压力和注射速度：注射压力和注射速度对物料的充模起着决定作用。注射成型透明 ABS 时，为提高制品表面质量，缩短固化时间；为增大透明性，应采用较高的注射速度，若加氮气辅助增压装置更理想。由于透明 ABS 流动性较好，结晶速度快，注射及保压压力不宜过大，以免边缘产生雾状，破坏透明效果。

成型周期：透明 ABS 由于含透明剂，结晶速度快，固化温度高，完成一次注射所需时间比普通 ABS 短，从而减少了成型时间，降低了产品成本。

5. 应用范围

透明 ABS 的综合性能优异，所以能被广泛地用于同时要求透明和强度的产品上，如电子器件、办公自动化设备、玩具、文具、生活用品、监控设备、吸尘器外壳及组件、洗衣机的透明玻璃窗、控制面板（如空调、打印机）、透明管材、透明片材、透明板材等。

四、耐热丙烯腈-丁二烯-苯乙烯共聚物

1. 一般概况

鉴于通用型 ABS 的热变形温度较低，不能满足汽车热空气管、电源插座等某些特殊场合的应用。而玻纤增强 ABS 尽管耐热性非常好，但制品表面缺乏光洁度。耐热 ABS 成功地提高耐热性问题，又保留了 ABS 原有的光泽度，因而开发耐热 ABS 成为热点。

耐热 ABS 是指热变形温度达到 90～105℃的一类 ABS 特种牌号，同时具有耐热、韧性和流动性好三大特性。耐热 ABS 的制品经退火处理后热变形温度还可提高 10℃左右，在 －40℃时仍能表现出一定的韧性，可在 －40～100℃的温度范围内使用。

2. 树脂制造

目前已经开发成功的耐热 ABS 制造方法如下。

改变共聚单体比例：在传统 A/B/S＝（20～30）/(5～40)/(40～70)的范围内，大幅度调整共聚单体比例，具体如降低 B 单体含量、增加 SAN 的分子量、增加丙烯腈含量等。

① 添加耐热共聚单体　在传统 A/B/S 的基础上，引入新的耐热单体品种，具体如马来酰亚胺（MI）等单体，与之共聚合。

实例：兰州石化公司开发的耐热 ABS/MI 的多元共聚物，采用 *N*-苯基马来酰亚胺、苯乙烯、丙烯腈 3 种单体进行悬浮共聚合成出耐热树脂 SMIA，再将 SMIA 与兰化公司万吨级 ABS 装置生产的 ABS 接枝粉及 SAN 珠粒掺混，挤出造粒制取耐热 ABS 树脂。

② 共混特殊耐热树脂　主要耐热树脂有聚碳酸酯（PC）、苯乙烯-马来酸酐共聚物（SMA）、苯乙烯-马来酰亚胺共聚物（SMI）。要求这些树脂与 ABS 的相容性和加工流动性都好，维卡软化点要达到 140℃以上。

实例一：将 40 份 SMA（马来酸酐含量 15%）与 60 份 ABS 制备成耐热 ABS 合金，其热变形温度可以达到 106℃（1.82MPa）。

实例二：吉化开发的耐热 ABS，在 ABS 中加入 40～80 份的 PC 制成合金，具体牌号为 HH7.3、HH7.4，具体性能见表 3-8。

此外，还有日本 JSR 的 ABS47、XT03，美国 GE 公司的 X37、X17 等，具体性能如表 3-8 所示。

表 3-8　吉化耐热 ABS 与其他牌号耐热 ABS 性能比较

性能	吉林石化普通 ABS 9715A	吉林石化耐热 ABS HH7.3	吉林石化耐热 ABS HH7.4	日本 JSR ABS47	日本 JSR XT03	美国 GE X37
熔体流动速率/(g/10min)	15.0	14.9	13.5	4.0	8.0	1.0
拉伸强度/MPa	46.0	58	59.3	52.0	47.1	48
弯曲强度/MPa	80.0	100	97.3	78.5	81.4	83
弯曲模量/MPa	2400	2834	2662	2650	2520	2412
悬臂梁缺口冲击强度/(J/m)	150	206	304	147	137	160
洛氏硬度	106	115	108	109	106	109
热变形温度(1.82MPa)/℃	89	100	105	103	99	100
维卡软化点/℃	102	112	114	112	110	110

3. 性能

耐热 ABS 除了耐热问题提高外，其他性能与通用 ABS 类似。ABS 在一定温度范围内具有良好的抗冲击强度和表面硬度，有较好的尺寸稳定性、一定的耐化学品性和良好的电气绝缘性。它不透明，一般呈浅象牙色，能通过着色制成具有高度光泽的其他任何色泽制品，电镀级的外表可进行电镀、真空镀膜等装饰。通用级 ABS 不透水、燃烧缓慢，燃烧时软化，火焰呈黄色、有黑烟，最后烧焦、有特殊气味，但无熔融滴落。

4. 成型加工

耐热 ABS 同 PS 一样是一种加工性能优良的热塑性塑料，可用通用的加工方法加工。ABS 的熔体流动性比 PVC 和 PC 好，但比 PE、PA 及 PS 差，与 POM 和 HIPS 类似。

ABS 熔体属非牛顿流体，其熔体黏度与加工温度和剪切速率都有关系，但对剪切速率更为敏感。ABS 的热稳定性好，不易出现降解现象。ABS 的吸水率较高，加工前应进行干燥处理。

由于耐热 ABS 的分子结构中含有高刚性的苯环和 *N*-苯基基团，在提高材料耐热性的同时，也增加了分子链的空间位阻效应，使分子链的松弛速度降低，易使制品存在较大的内应力，从而导致制品应力开裂、应力发白、产品发脆等缺陷。因此，降低制品内应力，是耐热ABS注射成型的关键。

以下就耐热ABS树脂的成型加工要点加以阐述。

（1）模具设计

针对耐热ABS树脂的内应力问题，在产品及模具设计上应注意以下几点。

一是产品壁厚要求均一，ABS产品的壁厚差异应控制在25%以内，防止壁厚差异过大引起局部应力集中。

二是对带有柱子的制品，在强度较弱的柱子根部需增加R角过渡或追加加强筋，防止柱子断裂。

三是对于卡扣设计，要求卡扣的根部需要倒R角，R角的大小取决于产品的壁厚，R角和壁厚比应在0.3以上，随此比值增大，内应力逐步减小，但也要考虑产品表面缩水问题。

四是模具冷却水道的设计要保证冷却的均匀性，避免冷却不均、收缩不一而造成的内应力。

（2）模具温度

模具温度对最终制件的充填程度、外观、残余应力的影响是非常重要的。成型耐热ABS时使用模温机来控制模具温度，建议的模具温度是60～80℃。较高的模具温度，往往会产生良好的流动、较高的熔接线强度、较小的产品内应力，但成型周期会适当延长。若模具温度比建议的低，就会导致制品内应力过高，会降低制品的性能，可能出现制品脆裂、螺孔开裂或喷漆开裂等不良现象。

（3）保压压力和时间

对于耐热ABS来说，保压压力和时间的设定是否合理，直接影响了制件内应力的大小。保压压力的增加会使分子间隙变小，链段活动范围减小，熔体的体积缩小，密度变大，分子之间的作用力增加，可以改善产品的缩水及内部质量，但会导致内应力变大，因此，在保证产品外观质量的前提下尽量选用较低的保压压力。

保压时间的设定是根据浇口随着冷却完成其固化、螺杆再推进已不再对成型品施加压力为止的时间。保压时间过长，容易使材料填充过分，分子间隙变小，内应力变大；保压时间过短，产品容易产生缩水，尺寸不稳定。所以保压时间设定应以制品重量不再变化时的最短时间为最佳保压时间。

（4）材料干燥

通常情况下，耐热ABS树脂在储存运输过程中会吸收空气中的水分，其吸水率随空气湿度变化而变化，一般在0.2%～0.4%之间，所以必须对材料进行充分干燥，使材料含水率降至0.05%以下，最好在0.02%以下，否则可能出现水花等表面不良现象。对特殊要求的制品（如电镀），干燥条件为温度72～86℃，时间17～18h。

（5）成型温度

成型温度是耐热ABS加工时需特别关注的一个参数，其设定是以确保耐热ABS充分塑化为基准，应尽量使用供应商建议的成型温度中间值偏上的温度区域，因为成型温度提高会明显地降低耐热ABS的黏度，增加树脂的流动性，使流动距离变长，来保证材料有足够的填充能力。例如，锦湖日丽的耐热ABS HU600建议成型温度为240～260℃。

原则上，当使用建议的成型温度上限时，应使熔体滞留时间尽可能短，避免材料高温降解。

为了更好地加工耐热ABS树脂，得到质量稳定、外观更好、性能最优的产品，合理的产品模具设计以及完善的温度、压力和时间等工艺控制都是必需的。当然，各成型工艺要素还应该综合考虑，彼此协调。

5. 应用范围

汽车耐热领域：广泛应用于包括仪器仪表壳体、框架、散热风栅、车身外板、内装饰板、方向盘、隔声板、门锁、保险杠、通风管等很多部件。

耐热电子电器：广泛应用于电冰箱、电视机、洗衣机、空调器、计算机、复印机、吹风机、微波炉、电熨斗、电饭锅等电子电器中。

建材方面：广泛应用于建材工业的管材、洁具、装饰板等。

其他方面：广泛应用于包装、家具、体育和娱乐用品、机械和仪表工业中。

五、丙烯腈-丁二烯-苯乙烯共聚物/聚氯乙烯合金

ABS/PVC合金最早于1954年由美国的Marbon公司首先工业化生产。传统的阻燃级ABS塑料是通过添加阻燃剂而制成，其缺点是阻燃剂的加入导致ABS的力学性能受到很大损伤，特别是冲击强度大幅度下降，而且成本大大提高。ABS/PVC合金是采用合金的方式达到阻燃目的，在保证合金达到阻燃性能要求的前提下（阻燃性能达到UL 94 V-0级），合金的力学性能基本不变，而且还能显著提高ABS的冲击强度、耐候性能，成本也可大大降低，因此具有广阔的市场应用前景。

ABS/PVC合金结合两种材料的各自优点：加入PVC的主要目的是起到大分子阻燃剂的作用，此外还具有高强度、价格低廉的优点；加入ABS的目的为提高合金的冲击强度、耐热性和加工流动性。两种综合起来，可以达到优势互补的结合，ABS/PVC合金的氧指数可以达到33%、悬臂梁缺口冲击强度可以达到11.5kJ/m^2。

总体而言，ABS/PVC合金具有耐候、耐化学品、抗冲击等特性，非常适合长期暴露在户外日光下的应用，产品符合美国V-0阻燃和F1耐候标准，可广泛应用交流电源拖板、开关板、气候测量仪器外壳、（电信）无线电/微波接收转发天线外壳。

那么ABS/PVC合金配方是如何设计的？

1. PVC树脂的选择

PVC的聚合度越多越好，一般选择聚合度为300左右的PVC树脂最好，如果可能还可以尽可能小，低聚合度的PVC具有流动性好、分子量分布窄的优点，可以促进合金的分散性，尤其是PVC优先分散在合金的表面层，提高合金的阻燃性能。如日本信越的TK-300、TK-400、TK-500、TK-600，天津化工的TH-450，天津大沽的SD-450，青海西部化工的XH-400，山东齐鲁化工的S-500。

2. ABS树脂的选择

ABS的溶解度参数为9.3～9.6，而PVC的溶解度参数为9.5～9.8。ABS为SAN和PB两相混炼而成，其中连续相SAN的溶解度参数为9.3～9.8，而分散相PB的溶解度参数

为 8.44。也就是说，ABS 在 PVC 合金中 SAN 与 PVC 完全相容，而 PB 与 PVC 完全不相容，综合结果 ABS 与 PVC 为部分相容体系，其中丙烯腈的含量越高两种的相容性越高。因此合金中 ABS 要选择丙烯腈含量高而丁二烯含量低的牌号，这一点与 PC/BAS 合金中 ABS 的选择一致，选用本体法 ABS 树脂。ABS/PVC 中两者的含量 60/40 最好，合金的变色程度最小。

3. 相容剂

虽然 ABS/PVC 具有一定的相容性，但如不加入相容剂还不能完全相容。如在 PVC/ABS 中加入相容剂，可进一步改善其相容性，提高性能尤其是冲击性能。目前可用的相容剂有 CPE、EVA、SAN、MBS、ACR、PMMA、AS、PS 等。其中 CPE 的相容效果最好，尤其是做阻燃 ABS 更好，且具有良好阻燃和增韧效果，一般加入 2 份左右；但是 CPE 的热稳定性差，对 ABS、PVC 合金的热稳定性有影响。使用丙烯腈含量 30%以上的 AS 效果也不错；同样 PS 也可用于 ABS/PVC 中；MBS 的加入量为 3～10 份。

在具体配方设计中，可以加大 CPE 的使用量，做成 ABS/PVC/CPE（40/6/15）三元合金，此合金的拉伸强度可以达到 40MPa、弯曲强度可以达到 61MPa，冲击强度可以达到 18.3kJ/m^2、氧指数可以达到 30%。与 ABS/PVC 相比，拉伸强度与弯曲强度基本不变，冲击强度和流动性提高，耐热性略降低。

4. 增韧剂

可以选择 CPE 和 ACR。CPE 具有增韧和增塑双重效果，但是降低了合金的热稳定性。ACR 的增韧效果好，只需要添加 6 份，合金的悬臂梁冲击强度就可以达到 42.3kJ/m^2。

5. 热稳定剂

PVC 树脂和 ABS 树脂的热稳定机理不同，因此选择的热稳定体系也大不相同。不仅两者的稳定体系不同，而且会产生相互对抗作用。例如 PVC 的热稳定剂会影响 ABS 的热稳定性，会加深 ABS 制品的颜色，尤其是铅盐稳定剂更是如此。

ABS 常用的热稳定体系为金属化合物/抗氧剂复合体系。

为了增强对 PVC 的热稳定效果，可以选用复合稳定体系，例如有机锡/铅盐/钙锌/稀土四元复合稳定体系。稀土热稳定剂单独使用需要 5 份，价格很高；有机锡热稳定剂单独使用需要 2 份，价格高；铅盐热稳定剂单独使用需要 3.5 份，铅受到限制不具有环保性；钙锌复合热稳定剂单独使用需要 4 份，价格合适又具有环保性。

6. 耐候剂

ABS/PVC 的耐候性差，需要加入紫外线吸收剂和抗氧剂以改善其耐候性能，如可用美国 GE 公司的亚磷酸酯抗黄变 U626 抗氧化剂。

有机锡热稳定体系配方如下：

配方　　　　　　　　　　　　　　单位：质量份

原料	用量
PVC（SG-8）	60

ABS（PA-756S）	40
甲基锡	1
抗氧剂 1010	0.3
亚磷酸三苯酯	0.3

除此之外：HPVC/ABS/MBS=70/30/7 的综合性能最好，HPVC/ABS/NBR=70/30/14 的冲击性好，PVC/ABS/PMMA=100/20/4 的相容性好。

虽然设计了严密的热稳定体系，但 ABS/PVC 合金的热稳定性还是一般，为了防止加工中产生热分解，要十分注意工艺条件的设定，具体见表 3-9。

表 3-9 ABS/PVC 合金（KZH168G、KZH168Z）的注塑工艺条件

注塑工艺		参数
干燥温度/℃		70～80
干燥时间/ h		2～3
熔体温度/℃		180～200
注射温度/℃	喷嘴	160～280
	一段	170～190
	二段	160～190
	三段	150～170
模具温度/℃		40～60
注射压力/MPa	一级压力	60～90
	二级压力	50～80
	三级压力	40～60
背压/MPa		0～4
螺杆转速/(r/min)		30～60
料筒注射量/%		50～70

总而言之，目前阻碍 ABS/PVC 合金大规模使用的主要障碍还是其热稳定性不好，易产生大量的氯化氢腐蚀模具，大大减少模具的使用寿命，通过对模具进行防腐蚀电镀，可以大大减轻氯化氢的影响。

第四章

聚苯乙烯（PS）类

聚苯乙烯类塑料是指大分子链中包括苯乙烯基的一类塑料，包括无规聚苯乙烯（aPS）、茂金属催化间规聚苯乙烯（sPS）和茂金属催化等规聚苯乙烯（iPS）三大类。无规聚苯乙烯还包括通用聚苯乙烯（GPPS）、高抗冲聚苯乙烯（HIPS）、可发性聚苯乙烯（EPS）、苯乙烯系共聚物四大类。

同样的苯乙烯单体，因为催化剂不同可以聚合成三种不同结构的聚苯乙烯。常规催化剂可以聚合出无规聚苯乙烯，而茂金属催化剂可以聚合出间规聚苯乙烯和等规聚苯乙烯。

无规聚苯乙烯的苯环在聚合物分子链上无规则分布，聚合物呈无定形状态，没有固定的熔点，透明性好，我们现在大规模使用的GPPS即属于此类。

间规聚苯乙烯的苯环在聚合物分子链两侧交替分布，聚合物结晶速度快，熔点高，达到270℃，弹性模量高，电性能和耐化学品性能优良，抗水解能力强，成型性好，具有与PBT、PA、PPS类似的力学性能；缺点为结晶速度慢，可通过加入成核剂改进。sPS是目前获得应用的茂金属聚苯乙烯品种。

等规聚苯乙烯的苯环均分布在聚合物分子链一侧，聚合物的结晶速度慢，熔点240℃，脆性大，目前还没有产业化生产。

第一节　无规聚苯乙烯（aPS）

一、通用聚苯乙烯(GPPS)

1. 一般概况

通用聚苯乙烯（以下简称聚苯乙烯）是指由苯乙烯单体经自由基聚合反应合成的聚合物。

GPPS的优点为高透明性，其透光率可达90%以上，电绝缘性好、易着色、加工流动性好、刚性好及耐化学腐蚀性好等。GPPS的不足之处在于性脆、冲击强度低、易出现应力开裂、耐热性差及不耐沸水等。

国外主要企业有陶氏化学、巴斯夫、菲纳、雪佛龙、英力士苯领、道达尔、盛禧奥、AmSty和杰斯比等。

2024年我国聚苯乙烯生产企业36家，主要分布在华东、华南地区。20万吨/年规模以上企业有18家，合计产能514万吨/年，占全国总产能的74.2%。2024年中国聚苯乙烯生产企业产能统计见表 4-1。

表 4-1　2024 年中国聚苯乙烯生产企业产能统计

企业简称	地区	产能/(万吨/年)	工艺路线
镇江奇美	江苏	52	本体法
中信国安	江苏	0	本体法
上海赛科	上海	35	本体法
宁波台化	浙江	30	本体法
扬子巴斯夫	江苏	20	本体法
英力士苯领宁波	浙江	20	本体法
江苏雅仕德	江苏	12	本体法
绿安擎峰	江苏	12	本体法
赛宝龙	江苏	20	本体法
福建天原	福建	12	本体法
天津仁泰	天津	14	本体法
英力士苯领佛山	广东	20	本体法
广东星辉	广东	30	本体法
惠州仁信	广东	30	本体法
湛江新中美	广东	10	本体法
广州石化	广东	6	本体法
独山子石化	新疆	22	本体法
辽通化工	辽宁	4	本体法
燕山石化	北京	5	本体法
河北宝晟	河北	10	本体法
广西长科	广西	10	本体法
山东玉皇	山东	20	本体法
山东道尔	山东	10	本体法
山东岚化	山东	10	本体法
宁波利万	浙江	40	本体法
安徽昊源	安徽	20	本体法
海湾化学	山东	20	本体法
衡水佰科	河北	10	本体法
河北盛腾	河北	10	本体法
浙江一塑	浙江	40	本体法
利华益利津	山东	20	本体法
漳州奇美	福建	35	本体法
连云港石化	江苏	40	本体法

续表

企业简称	地区	产能/(万吨/年)	工艺路线
安庆兴达新材料	安徽	12	本体法
大连恒力	辽宁	15	本体法
新浦化学	江苏	17	本体法
合计		693	

在聚苯乙烯的主要用途中，包装产品占 50%，透明产品占 40%，注塑制品占 10%。

2. 结构性能

（1）结构

GPPS 是大分子主链为饱和烃类的聚合物，具有良好的电绝缘性；又因吸湿性小，可用于潮湿环境中。

GPPS 的侧基为体积大的苯环，分子结构不对称，大分子链运动困难，GPPS 呈现刚性和脆性，制品易产生内应力，导致制品中易开裂，在油、溶剂等介质中使用性较差。

由于苯基的存在，主链上 α-氢原子活化，易于被空气中的氧氧化，制品长期在户外使用时会变黄变脆。但同时，苯基的存在又赋予其较高的耐辐射性能，在 10^6Gy 辐射剂量下，其性能变化很小。

（2）性能

① 一般性能　GPPS 为无色透明的粒料，燃烧时发浓烟并带有松节油气味，吹熄可拉长丝；制品硬似玻璃状，落地或敲打会发出类似金属的声音；能断裂但不能弯曲，断裂时断口处呈现蚌壳色银光。GPPS 的吸水率为 0.05%，稍大于 PE，但对制品的强度和尺寸稳定性影响不大。

② 光学性能　透明性好是 GPPS 的最大特点，其透光率可达 88%～92%。同 PC 和 PMMA 一样属最优秀的透明塑料品种，统称为三大透明塑料。GPPS 的折射率为 1.59～1.60，但苯环的存在，导致其双折射率较大，不能用于高档光学仪器。

③ 力学性能　GPPS 硬而脆、无延伸性、拉伸至屈服点附近即断裂。GPPS 的拉伸强度和弯曲强度在通用热塑性塑料中最高，其拉伸强度可达 50MPa；但冲击强度很小，难以用作工程塑料。GPPS 的耐磨性差，耐蠕变性一般。GPPS 的力学性能受温度的影响比较大。

④ 热学性能　GPPS 的耐热性能不好，热变形温度仅为 70～90℃，只可长期在 60～80℃温度范围内使用。GPPS 的耐低温性也不好，脆化温度为－30℃。GPPS 的热导率低，一般为 0.04～0.14W/(m·K)；线膨胀系数较大，一般为 $(6\sim8)\times10^{-5}K^{-1}$，与金属相差悬殊，故制品不易带金属嵌件。

⑤ 电学性能　GPPS 的电绝缘性优良，且不受温度和湿度的影响；介电损耗角正切值小，可耐适当的电晕放电；耐电弧性好，适于做高频绝缘材料。

环境性能：GPPS 的化学稳定性较好，可耐一般酸、碱、盐、矿物油及低级醇等，但可受许多烃类、酮类及高级脂肪酸等侵蚀，可溶于芳烃（如苯、甲苯、乙苯及苯乙烯等）、氯化烃（如四氯化碳、氯仿、二氯甲烷及氯苯）及酯类等。GPPS 的耐候性不好，其耐光、氧化性都差，不适于长期户外使用；但 GPPS 的耐辐射性好。

GPPS 的具体性能见表 4-2。

表 4-2　GPPS 的具体性能

性能	数据	性能	数据
相对密度	1.05	维卡软化点/℃	100
吸水率/%	0.05	长期使用温度/℃	60～75
成型收缩率/%	0.4～0.7	脆化温度/℃	−30
透光率/%	88～92	线膨胀系数/($\times10^{-5}K^{-1}$)	8
折射率	1.59～1.60	热导率/[W/(m·K)]	0.14
拉伸强度/MPa	50	体积电阻率/(Ω·cm)	$10^{17}\sim10^{19}$
断裂伸长率/%	2	介电常数(10^6Hz)	2.45～2.65
弯曲强度/MPa	105	介电损耗角正切值(10^6Hz)	$(1\sim2)\times10^{-4}$
压缩强度/MPa	115	介电强度/(kV/mm)	20～28
弯曲弹性模量/MPa	3200	耐电弧/s	60～135
无缺口冲击强度/(kJ/m^2)	16	氧指数/%	20
洛氏硬度(M)	65～90		

3. 成型加工

(1) 加工特性

GPPS 属无定形树脂，无明显熔点，熔融温度范围比较宽，120～180℃。

GPPS 的热稳定性较好，分解温度在 300℃以上。虽然 PS 在惰性气体中的热稳定性很好，但在受热状态下，热氧会引发其降解反应，因此需要加入抗氧剂，具体如主抗氧剂 1010 和辅助抗氧剂 168。

GPPS 的热导率较小，加热和冷却速度都比较慢。

GPPS 熔体属非牛顿流体，熔体黏度适中；黏度强烈地依赖剪切速率的变化，但温度的影响也比较明显。PS 的流动性十分好，是一种易于加工的塑料。

GPPS 的吸水率比较低，在加工前一般不需干燥；如有特殊需要（如要求透明性高）才干燥，具体干燥温度为 70～80℃，时间 1.5h。

GPPS 在加工中易产生内应力，除选择正确的工艺条件、改进制品设计和合理的模具结构外，还应对制品进行热处理。热处理的条件为在温度 65～85℃热风循环干燥箱或热水中处理 1～3h。

GPPS 的分子链刚性较大，最好不加入金属嵌件，防止出现应开裂现象。

GPPS 成型收缩率比较低，一般仅为 0.4%～0.7%。

(2) 加工方法

注塑：选用普通注塑机即可，制品厚度在 2.3～3mm 范围内时，极限流动长度和厚度比为 200∶1，脱模斜度不小于 1°，排气孔、槽的深度小于 0.03mm，两片模具温度差小于 3～6℃。具体工艺条件为：成型温度 180～215℃，注射压力 30～150MPa，模具温度小于 70℃。

挤出：可在普通的挤出机上加工，制品有管材、棒材、片材、薄膜和纤维等。成型后未拉伸时强度低、性脆，拉伸后透明度、光泽、强度和韧性都明显提高。具体的挤出温度在 150～200℃之间。

发泡：用 GPPS 为原料，发泡剂可为化学和物理两种。采用一步法挤出，直接将发泡剂与 PS 混合好或在挤出熔融段将物理发泡剂注入 PS 熔体内，挤出发泡、冷却即可。

用 GPPS 制成的泡沫塑料具有泡孔细腻、强度高等优点，高发泡材料主要产品为吸塑包装材料如快餐饭盒、美术装饰板及发泡网，低发泡材料为仿木型材、片材和仿木板材等。

4. 应用范围

电器制品：GPPS 兼有透明性和良好的绝缘性，可用于电视机、录音机及各种电器的配件、壳体及高频电容器等。

透明制品：GPPS 具有优异的透明性，可用于一般光学仪器、透明模型、灯罩、仪器罩壳及包装容器等。

日用产品：GPPS 的着色性和光泽性好，可广泛用于日用品的生产，具体有儿童玩具、装饰板、家具把手、梳子、牙刷把、笔杆及文具等。

二、高抗冲聚苯乙烯（HIPS）

1. 一般概况

高抗冲聚苯乙烯（high impact polystyrene，HIPS）实质为 PS 的一个冲击改性品种，具体组成为 PS 和橡胶。按改性幅度的大小改性 PS 可分为中抗冲 PS、高抗冲 PS 和超高抗冲 PS 三类。为了适合于不同应用场合的需要，还开发出各种特殊品级的 HIPS，例如阻燃级、抗应力开裂级、高光泽度级、极高冲击强度级、玻璃纤维增强级以及低残留挥发分级等。

HIPS 的生产有机械共混法和接枝共聚法两种。

机械共混法 HIPS 的组成为 PS 和橡胶类聚合物的共混物，橡胶类聚合物主要有丁苯橡胶、苯乙烯-丁二烯-苯乙烯（SBS）等。PS 与 10%～15%丁苯胶共混的 HIPS，冲击强度提高 2 倍，属中抗冲 PS；而 PS/丁苯胶/SBS 三元共混物为超高冲击 PS，且制品的表面光泽高。

接枝共聚法生产的 HIPS，可以克服机械共混法橡胶相分散不均匀的缺点，目前已成为 HIPS 的主要方法。接枝共聚法 HIPS 为苯乙烯单体和 5%～10%的橡胶共聚。

HIPS 突出的特性是易加工、尺寸稳定性优异、冲击强度高并且有较高的刚性。但 HIPS 在耐热性、拉伸强度、透明度、氧气透过性、紫外线稳定性和耐油性方面与 PS 比较还有一定的不足。

2. 性能

HIPS 的外观为白色不透明珠状或粒状颗粒。它除冲击性能优异外，还具有 PS 的大多数优点，如刚性好、易加工、制品光泽度高（光泽度 85%）及易着色等，但其拉伸强度和透明性下降。HIPS 及其他改性 PS 的具体性能见表 4-3。

表 4-3　HIPS 及其他改性 PS 的具体性能

性能	中抗冲 PS	高抗冲 PS	超高抗冲 PS
丁二烯含量/%	3～4	5.1	14.5
相对密度	1.05	1.05	1.02

续表

性能	中抗冲 PS	高抗冲 PS	超高抗冲 PS
维卡软化点/℃	94	101	91
弹性模量/MPa	3100	2200	1600
悬臂梁冲击强度(缺口)/(kJ/m^2)	3.24	7.0	24.3
拉伸强度/MPa	24.6	20.0	13.3
断裂伸长率/%	1.4	3.5	17

3. 成型加工

同 PS 一样，HIPS 的加工性能也很好，可用许多传统的成型方法进行加工，如注射成型、结构泡沫塑料成型、片材和薄膜挤塑、热成型以及注-拉-吹塑成型等。HIPS 树脂吸收水分较慢，因此一般情况下不需干燥。但有时材料表面的水分过多会被吸收，从而影响最终产品的外观质量。在 70℃温度下，干燥 2～3h 就可去掉多余的水分。薄膜、片材和型材的挤塑是 HIPS 用得最多的加工成型方法。

抗冲击聚苯乙烯的加工范围很宽，因此它成为最容易热成型的树脂之一。HIPS 熔体的流动性较 ABS 好，成型收缩率与 ABS 接近，一般为 0.02%～0.06%；因此，成型 ABS 的模具也适用于 HIPS 成型。HIPS 的成型温度比 ABS 低 20℃左右，注射压力低 2～3MPa。

HIPS 的具体成型工艺条件如下。

注射成型：料筒温度 180～250℃，注射压力 69～128MPa，模具温度 50～80℃。

挤出成型：料筒温度 180～220℃，机头温度 200～220℃。

4. 应用范围

HIPS 在有些领域中可取代 ABS，主要应用领域有包装材料、一次性用品、仪器仪表、家用电器壳体、玩具、娱乐用品以及建筑行业。

(1) 各类壳体

HIPS 大量用于电视机、录音机、吸尘器、电话、空调器、洗衣机、复印机、照明器具、仪表、仪器、汽车及办公用品的壳体，是继 ABS 之后第二代壳体材料。仪器仪表和消费电器是 HIPS 产品不断增长的市场之一，包括小型仪表、冰箱内壁和内部零件、电视机外壳、空调部件、商业机器等。特殊级别的 HIPS 树脂在许多领域已取代了价高的工程塑料，一种超高抗冲击强度、耐高温的 HIPS 甚至已可用作汽车内饰部件。

(2) 低发泡材料

HIPS 低发泡制品具有木材可锯、可刨及可钉的性能，外观类似木材，可用于包装、家具和建筑材料等。

(3) 一次性用品

HIPS 的最大专一用途是作为包装和一次性用品材料。在食品包装材料和饮食餐具方面，具体如自动售货机用和分装用杯、各种罩盖、盘、碗等。一次性用品如盘碟类、瓶盖、安全剃刀、笔杆等也是 HIPS 消耗量大的一部分用途。

(4) 其他产品

HIPS 可用于生产板材和片材，HIPS 也可制成管材、医疗设备及纺织器材等。

三、可发性聚苯乙烯（EPS）

1. 一般概况

可发性聚苯乙烯（expanded polystyrene，EPS）又称为发泡级聚苯乙烯，是聚苯乙烯树脂的第三大品种。可发性聚苯乙烯用于制造聚苯乙烯泡沫塑料，其泡沫塑料俗称“发泡胶”或“拿普龙”。

可发性聚苯乙烯是在悬浮法聚苯乙烯珠状树脂中，充入一定量低沸点烃类发泡剂制成。具体有如下三种制造方法。

一步浸渍法：将苯乙烯单体注入以水为介质的聚合釜中，加入过氧化苯甲酰（引发剂）和羟乙基纤维素（分散剂），于85～90℃温度下进行聚合反应，当聚合度达到85%以上时，加入发泡剂，再继续聚合至终止。经洗涤、干燥后，得到可发性聚苯乙烯产品。

二步浸渍法：先将苯乙烯单体进行悬浮聚合制得一定粒度的珠状树脂，过筛分级。再将珠状树脂重新按悬浮聚合的方法加入水、分散剂、乳化剂和发泡剂后，于反应釜中进行加热浸渍处理，即得到可发性聚苯乙烯。

种子聚合法：采用一定粒度的聚苯乙烯、聚乙烯、聚氯乙烯、聚苯醚等树脂粉末或微粒做种子悬浮于聚合介质中，再将含有引发剂的苯乙烯滴加入反应器内进行聚合，当聚合反应进入聚合后期时加入发泡剂，可得到颗粒均匀的可发性聚苯乙烯。采用不同种子得到的可发性聚苯乙烯树脂性能不同，用聚乙烯做种子的可发性聚苯乙烯具有抗冲击性和耐油性，用聚氯乙烯做种子的可发性聚苯乙烯具有阻燃性。

可发性聚苯乙烯的配方设计要点如下。

① 树脂　选悬浮法PS粗粒型，分子量为55000～65000。

② 发泡剂　选物理发泡剂，具体品种有：丙烷、戊烷、石油醚及氯甲烷等，加入量为10份左右。

③ 分散剂　常用聚乙烯醇、肥皂粉及羟乙基纤维素等。

④ 分散介质　自来水或软水。

⑤ 交联剂　有时加入，常用DCP。

PS模压发泡配方的通式为：PS＋物理发泡剂＋水＋分散剂。

下面介绍几例模压法浸渍配方实例（以质量份为单位）。

配方一（通入氮气0.03～0.05MPa）：

原料	用量	原料	用量
PS	100	肥皂粉	5
丁烷	10	DCP	0.8
水	160		

配方二（通入氮气0.03～0.05MPa）：

原料	用量	原料	用量
PS	100	石油醚	8
水	160～200	肥皂粉	2～3

2. 性能

EPS为具有一定粒度的白色或无色透明小珠粒，相对密度为1.05～1.06，可任意着色。

EPS在受热至90～110℃时，体积可膨胀5～50倍，成为具有隔热、隔声、抗震、耐水、耐酸、耐碱等性能的泡沫塑料。

3. 成型加工

可发性聚苯乙烯的成型加工以蒸汽模压法成型为主，偶尔也有挤出和注塑等方法生产泡沫塑料制品。以蒸汽模塑法为例，EPS的具体成型过程如下。

① 预发泡　在连续或间歇式预发泡机内，用蒸汽将EPS颗粒加热，一般温度为100℃左右。加热后EPS粒子软化，内含挥发剂逸散，使之膨胀40倍左右，并保证珠粒之间互不熔融。

② 熟化处理　将已膨胀的珠粒经空气冷却24h，使珠粒内汽化的气体冷凝为液体，降低珠粒内压力，使大气中的空气渗入珠粒中，达到压力平衡；同时使泡孔内的液体增多，以利于进一步发泡，增大发泡倍率。

③ 模压成型　将熟化的珠粒加入模具中，用蒸汽加热到110～120℃，使之软化，泡孔内残留的少量液体蒸发，使发泡珠粒的空间再度增大，不同珠粒互相挤压而成块状产品，主要产品为厚板、片及包装箱等。

4. 应用范围

EPS泡沫制品的主要用途为防震包装材料、隔热保温材料、隔声材料、漂浮材料、绝缘材料、水过滤介质和轻质混凝土填料等。不同密度的制品，应用也不同，具体见表4-4。

表4-4　不同密度EPS泡沫塑料制品的用途

相对密度	具体用途
0.016～0.032	包装材料、保温材料
0.08～0.032	食品容器吸塑片材
0.4～0.8	家具、汽车用品

EPS防震包装材料主要用于家用电器、精密仪表、工艺品、玻璃制品及陶瓷制品等的包装材料。

EPS隔热材料有建筑隔墙板及屋顶夹芯材料等，食品保温容器如快餐饭盒、冰冻食品保温箱等。

第二节　茂金属间规聚苯乙烯（sPS）

茂金属聚苯乙烯是在茂金属催化剂作用下合成的间规聚苯乙烯和等规聚苯乙烯。由于它的苯环规则地排列在大分子链的两侧，产品具有熔点高、耐水解、耐热、耐化学腐蚀、密度小、加工前不用干燥、收缩小及尺寸稳定性好等优点，具有与工程塑料PBT、PA及PPS类似的性能，是传统增强工程塑料的理想替代品。

目前已工业化生产的茂金属聚苯乙烯品种为间规聚苯乙烯，等规聚苯乙烯还未实现工业化生产。

1. 一般概况

间规聚苯乙烯又称为间同立构聚苯乙烯，是用一种高度定向的催化体系——茂金属催化剂催化聚合得到的结晶型聚苯乙烯。虽然间规聚苯乙烯的问世比通用聚苯乙烯晚了半个多世纪，但间规聚苯乙烯不仅继承了通用聚苯乙烯的密度低、电性能优良、水解稳定性好、价廉等优良特性，而且结晶性使其具有了优良的力学性能以及耐热性、耐溶剂性和尺寸稳定性。其结晶速率比等规聚苯乙烯快得多，使得模塑加工得以进行，因此间规聚苯乙烯也可作为新型工程塑料得到普遍应用。

1985 年日本出光化学公司首先研制成功间规聚苯乙烯，并于 1997 年春在千叶建成年产 0.5 万吨的工厂。美国的陶氏公司也于 20 世纪 90 年代末投入生产，以商品名“Questra”上市。产品分两个系列：WA 系列为通用及抗冲击级，可用于汽车配件如发动机零件、电子连接器、散热水箱等；EA 系列为阻燃级，用于电子及电气产品如电脑主板连接器、电信连接器、集成电路板插槽、磁性线圈座、继电器及电器开关等。2000 年美国陶氏公司和日本出光公司在德国 Schkopau 兴建了一个 3.6 万吨的新工厂。我国合成 sPS 的生产单位主要有上海石化研究院。

已商业化的间规聚苯乙烯是以过渡金属配合物如茂钛配合物 $CpTiCl_3$ 为催化剂，以甲基铝氧烷（MAO）或硼烷、硼酸盐为助催化剂，使苯乙烯单体进行定向配位聚合得到的苯乙烯均聚物。

研究表明，利用此类催化体系聚合各种苯环上带取代基的苯乙烯可以得到相应的间规聚苯乙烯，它们都具有高结晶度和高熔点。苯乙烯和烷基苯乙烯的间规共聚物也已制成，这预示着苯乙烯类间规聚合物在工业应用中的价值将会更大。

2. 结构性能

（1）结构

间规聚苯乙烯分子的结构单元构成及其连接方式与通用聚苯乙烯相同，从而使通用聚苯乙烯所具有的较好的化学惰性、优良的电绝缘性、耐湿性等得以保留。

与通用聚苯乙烯不同，间规聚苯乙烯是采用具有间规立构选择性的特殊催化体系经配位聚合得到的，分子链构型呈间规立构，结构单元中的侧基苯环交替排列在大分子链两侧。由于间规聚苯乙烯立构规整性很高，间规结构占比可以大于 99%，具有较强的结晶能力，因而间规聚苯乙烯为可结晶聚合物，晶体熔点高达 270℃左右，结晶速度快，结晶度高达 50%左右，结晶结构完整，可形成接近完全的晶体结构。但 sPS 不具有透明性，而普通 PS 为高透明性塑料品种，这是一个较大缺点。

高度结晶的聚集态结构赋予了间规聚苯乙烯良好的耐热性和耐腐蚀性，使其性能可与尼龙、聚酯、聚苯硫醚等热塑性工程塑料相媲美，从而使其成为性价比较高的工程塑料。

（2）性能

除了具有传统聚苯乙烯的基本特性，其原料价廉易得，因而具有价格优势。尽管间规聚苯乙烯与通用聚苯乙烯一样具有脆性，不适宜单独用作结构材料，但可通过增强、增韧改性完善其力学性能，所以间规聚苯乙烯不失为一种综合性能良好的工程塑料。

综合起来，sPS 具有高弹性模量、低相对密度、良好电性能、尺寸稳定性、耐水解性、耐化学腐蚀性等优异性能。

① 低密度　sPS 的相对密度低，是最轻的工程塑料之一。

其结晶密度和非结晶密度十分接近，收缩率小且恒定，制品的尺寸稳定（表 4-5）。在玻璃纤维增强塑料中，sPS 的密度最低，具体见表 4-6。

sPS 属于半结晶工程塑料，熔融加工后，结晶度可达到 50%左右，并可通过加入成核剂的办法提高其结晶度。另外其线性膨胀率低，吸湿后尺寸变化小。

表 4-5　sPS 和其他塑料尺寸稳定性比较

项目	sPS	PBT	PA66
纵向收缩率/%	0.5	0.55	0.7
横向收缩率/%	0.7	1.50	1.3
纵横比	1.4	2.70	1.9

表 4-6　各类 40%玻璃纤维增强塑料的密度比较

品种	sPS	PA6	PA66	PC	PBT	PET	PPS
相对密度	1.25	1.40	1.40	1.45	1.52	1.60	1.65

② 热学性能　sPS 克服了无规聚苯乙烯热变形温度低的缺点，sPS 的维卡软化点高达 254℃，因此间规聚苯乙烯可在 200℃以上长期使用。

sPS 的熔点为 270℃，与通用的 POM 和 PA 的熔点十分接近。与普通 PS 不同的是，因其结晶度高，热变形温度对玻璃纤维（GF）增强改性敏感，加入 30%玻璃纤维后，热变形温度可提高 1 倍以上，可以达到 250℃左右；而 30%GF 增强 PS 的热变形温度只有 98℃。除此之外，它的低温特性、导热性等热性能指标均与通用聚苯乙烯相似。

③ 力学性能　纯的间规聚苯乙烯与通用聚苯乙烯的力学性能接近，强度指标略高、韧性指标略低，所以间规聚苯乙烯也是一种脆性材料，甚至比通用聚苯乙烯还脆，不适宜单独用作结构材料。因此，实际作为工程塑料使用的间规聚苯乙烯多为玻纤增强或橡胶增韧的改性品种。

日本出光和美国陶氏公司产品的具体性能见表 4-7 和表 4-8。

表 4-7　日本出光公司 Xarecs 牌号 sPS 和玻璃纤维增强 sPS 的性能

性能		非增强		增强	
		S100	A10	15%GF/A120	30%GF/S131
相对密度		1.01	1.09	1.11	1.25
吸水率/%		0.04	0.48	0.05	0.05
成型收缩率/%		1.7	1.7	0.50	0.35
拉伸强度/MPa		35	57	125	118
断裂伸长率/%		20	22	3.0	2.5
弯曲强度/MPa		65	87	125	185
弯曲模量/MPa		2500	2200	4600	8500
悬臂梁冲击强度/(kJ/m^2)	缺口	10	8	10	11
	无缺口	—	—	37	40
洛氏硬度		60	64	45	70

续表

性能		非增强		增强	
		S100	A10	15%GF/A120	30%GF/S131
热变形温度/℃	1.08MPa	95	87	220	250
	0.45MPa	110	157	266	269
线膨胀系数/($\times10^{-5}K^{-1}$)		9.2	8.3	3.9	2.5
阻燃性(UL 94)		相当 HB	相当 HB	相当 HB	HB
体积电阻率/(Ω·cm)		$>10^{16}$	$>10^{15}$	$>10^{16}$	$>10^{16}$
相对介电常数		2.6	3.0	2.8	2.9
介电损耗正切角		<0.001	<0.017	<0.001	<0.001
介电强度/(kV/mm)		66	47	47	48
耐电弧/s		91	120	106	122

表 4-8 美国陶氏公司 Questra 牌号 sPS 和玻璃纤维增强 sPS 的性能

性能		sPS	30%GF/sPS	40%GF/sPS
拉伸强度/MPa		41.34	121.36	132.29
拉伸模量/MPa		3.45	9.99	11.16
断裂伸长率/%		1.0	1.5	1.5
悬臂梁冲击强度/(kJ/m^2)		10.68	96.12	112.14
热变形温度/℃	0.45MPa	104	249	249
	1.08MPa	99	249	249
弯曲强度/MPa		70.97	28.94	184.65
弯曲模量/MPa		3.93	9.65	10.47
相对密度		1.05	1.25	1.32

sPS 的最大缺点为脆性大，可用改性剂改进，适合的改性剂有玻璃纤维、矿物填料和高强纤维等，改性后的 sPS 具有密度低、韧性好、耐热和电性能均好等优点，吸水率又低，可与工程塑料相媲美，具体比较见表 4-9。

表 4-9 玻璃纤维增强 sPS 与其他工程塑料的性能比较

性能	sPS	PBT	PET	PA66	PPS
玻璃纤维含量/%	30	30	30	30	40
相对密度	1.25	1.35	1.55	1.37	1.67
吸水率/%	0.05	0.06	0.10	0.60	0.20
成型收缩率/%	0.35	0.35	0.30	0.35	0.25
断裂伸长率/%	2.5	3.1	2.5	3.5	1.5
拉伸强度/MPa	118	138	152	177	147
弯曲强度/MPa	185	215	196	255	206
弯曲模量/MPa	9020	9500	9800	8300	13700
悬臂梁缺口冲击强度/(kJ/m^2)	11	9	8	10	9

续表

性能		sPS	PBT	PET	PA66	PPS
热变形温度/℃	1.80MPa					
	0.45MPa	251	210	245	250	260
线膨胀系数/($\times10^{-5}$℃$^{-1}$)		269	225	250	262	260
相对介电常数(1MHz)		2.5	4.5	3.0	3.5	2.2
介电损耗角正切(1MHz)		2.9	3.6	3.5	3.3	3.9
介电强度/(kV/mm)		<0.001	0.003	0.007	0.009	0.001
		48	21	26	20	16

为进一步提高 sPS 的耐化学品性和耐热性，降低吸水率和提高尺寸稳定性，可通过 sPS 与其他树脂共混以达到目的，用于共混的树脂有 PS、ABS、SAN 及 PA 等，合金的具体性能见表 4-10。

表 4-10 日本出光公司 sPS/PS 合金和 sPS/PA 合金的性能

性能		sPS/PS E101	sPS/PS D801	sPS/PS D821	sPS/PS D921	sPS/PA	sPS/PA
玻璃纤维含量/%		0	0	20	20	15	20
相对密度		1.03	1.16	1.30	1.33	1.18	1.32
吸水率/%		0.06	0.06	0.06	0.06	—	—
成型收缩率/%		0.70	0.50	0.30	0.30	—	—
拉伸强度/MPa		30	50	115	115	180	240
断裂伸长率/%		35	13	2.4	2.3	3.3	3.0
弯曲强度/MPa		50	90	175	170	110	155
弯曲模量/MPa		2000	2800	7000	7000	5400	9000
悬臂梁缺口冲击强度/(kJ/m^2)		14.0	4.0	6.0	6.0	8.5	11.0
热变形温度/℃	1.80MPa	79	100	120	120	205	220
	0.45MPa	93	115	125	125	230	235
线膨胀系数/($\times10^{-5}$℃$^{-1}$)		8.0	7.5	4.0	4.0	—	—
阻燃性	UL 94,1/32 英寸	—	—	—	V-0	—	—
	UL 94,1/16 英寸	—	V-0	V-0	—	—	—

④ 耐化学品性 间规聚苯乙烯在宽广的使用温度范围内均具有优异的化学腐蚀性和耐溶剂性，具体见表 4-11。与通用聚苯乙烯相比，常温耐蚀性相同，高温耐蚀性大大提高。室温下没有可溶解间规聚苯乙烯的溶剂，即使对通用聚苯乙烯溶解能力较强的溶剂也只能使其溶胀，只有少数溶剂在接近它的沸点时可以溶解。

sPS 的耐水解性明显优于聚酯树脂和尼龙树脂，与聚苯硫醚相当。sPS 对各种酸、碱以及与汽车相关的高温油、防冻液和融雪剂等具有优异的耐久性，但对于一些有机溶剂和洗涤剂等使用时应予以注意，表 4-12 列出了 sPS 和其他工程塑料的耐化学品性比较，表 4-13 列出了 sPS/PS 合金、HIPS、ABS 的耐化学品性比较。

表 4-11　sPS 的耐化学品性

化学溶剂	拉伸强度保持率/%	化学溶剂	拉伸强度保持率/%
28%（质量分数）氨水	100	CFC-113/异丙醇（70/30，质量比）	100
10%（质量分数）氢氧化钠水溶液	100	35%（质量分数）盐酸	95
甲醇	100	丙酮	93
乙二醇	100	乙酸乙酯	63
丙二醇	100	苯	53

表 4-12　sPS 和其他工程塑料的耐化学品性

类型	化学物质	温度/℃	sPS（S131）	PA66/30%GF	PBT/30%GF
酸	盐酸/硫酸/硝酸混合液（pH=3）	100	A	D	D
碱	10%氢氧化钠	80	B	C	D
盐	10%氯化钙	80	A	D	A
醇	甲醇	60	A	C	B
有机溶剂	乙酸乙酯	70	C	A	B
	丙酮	50	C	C	B
	甲基乙基酮	70	C	A	B
汽车用高温油	高辛烷值汽油	80	C	A	A
	轻油	80	A	A	A
	发动机油	150	A	A	B
	柴油机油	150	A	A	B
	变速箱油	150	A	A	C
	制动箱油	150	A	A	A
	聚硅氧烷润滑油	150	A	A	A

注：浸泡 30 天后的外观和物性变化情况。A—外观和物性无变化；B—外观和物性变化小；C—外观和物性变化中（溶胀、剥离等）；D—外观和物性变化大（腐蚀和溶解等）。

表 4-13　sPS/PS 合金（E101）、HIPS、ABS 的耐化学品性比较

类型	化学品品种	E101	HIPS	ABS
表面活性剂	空调洗涤剂 A	A	C	C
	空调洗涤剂 B	A	C	A
食用油	棉籽油	A	B	A
	芝麻油	A	B	A
	MCT 油	A	C	A
化妆品	洗涤液	A	C	A
	UV 保护液	A	C	A

续表

类型	化学品品种	E101	HIPS	ABS
有机溶剂	甲基乙基酮	B	C	C
	丙酮	B	C	C
	甲苯	B	C	C
芳香族化合物	桧木醇	B	C	C
	甜橙油	B	C	B

注：A—无变化；B—有变化；C—变化大。

⑤ 电性能　间规聚苯乙烯不仅继承了通用聚苯乙烯在很宽的频率范围内具有的高绝缘性、介电性及耐电弧性的优良电性能，而且扩展到了很宽广的使用范围。尤其是介电性能更优异，介电常数很小，介电损耗也小（低于 PBT、PET、PA66、PPS、PC 等，仅比氟树脂大一点点），介电强度高于 PBT、PET、PA66、PA46、PPS，耐漏电性在 400V 以上。

⑥ 可电镀性　sPS 制品可焊接和电镀，电镀在 aBS 电镀生产线上调整工序即可，并可在电镀面上直接焊接。

3. 成型加工

sPS 易于加工，可在现有成型设备和模具上进行注塑和挤出加工。sPS 的加工流动性好，在 0.5mm 厚的螺线流动中，具有与 LCP 相同的优异流动性，特别适合薄壁制品的成型。sPS 加工废料可循环使用，回料的物性下降较小。sPS 成型时的纵向和横向收缩率之比为 1.4，而 PBT 和 PA66 则分别为 2.7 和 1.9，所以制品的翘曲度较小，尺寸稳定性更优异。

sPS 的吸水率为 0.01%，因此加工前不需干燥处理，而绝大部分工程塑料都需要干燥处理。

sPS 注射成型的工艺条件：模塑温度 280～310℃，模具温度 120～140℃，注射压力 50～120MPa，注射速度为 40%～70%，背压为 0.5～1MPa。

4. 改性品种

为了提高 sPS 的耐化学品性和耐热性，降低吸水性，提高尺寸稳定性，开发出系列 sPS 合金，已开发的合金材料还有 sPS/PA、sPS/PPO、sPS/弹性体、sPS/PC、sPS/ABS、sPS/AS、sPS/PS 等合金品种。

（1）sPS/PA 合金

sPS 和 PA 不具有热力学相容性，最好的办法为加入含极性基团的 PPO、马来酸酐接枝 PPO 和富马酸接枝 PPO 等相容剂。在有 PPO-*g*-MAH 相容剂存在时，合金的光泽好、硬度高、耐热性能和冲击性能优良，吸湿性低。例如用 45 份（质量份，下文同）sPS 和 45 份 PA 共混，冲击强度只有 4kJ/m^2；如果加入 10 份 PPO-*g*-MAH 作为相容剂，冲击强度可达到 14.2kJ/m^2。在 sPS/PA 合金中加入 PPO-*g*-MAH 作为相容剂的各种配方的性能见表 4-14，日本出光公司 1997 年初开发出 sPS/PA 合金的具体性能见表 4-15。

表 4-14　sPS/PA/PPO-*g*-MAH 系列配方的性能

sPS/PA/PPO-*g*-MAH	拉伸模量/MPa	吸水率/%	热变形温度/℃
90/5/5	9300	0.15	250

续表

sPS/PA/PPO-*g*-MAH	拉伸模量/MPa	吸水率/%	热变形温度/℃
80/10/10	9250	0.14	250
60/30/10	8900	0.21	250
45/45/10	8400	0.18	245
25/65/10	8200	0.51	250

表 4-15 日本出光 Xarecs 牌号 sPS 合金的性能

性能		15%GF 增强 sPS/PA	30%GF 增强 sPS/PA
熔体流动速率/(g/10min)		9.4	10.5
相对密度		1.18	1.32
拉伸模量/MPa		4700	7200
断裂伸长率/%		3.3	3.0
拉伸强度/MPa		180	240
弯曲模量/MPa		5400	9000
悬臂梁冲击强度/(kJ/m^2)	缺口	8.5	11.0
	无缺口	50	50
洛氏硬度		80	88
热变形温度/℃	1.08MPa	205	220
	0.45MPa	230	235
阻燃性（UL 94）		相当 HB	相当 HB

（2）sPS/PA/SEBS 合金

这种三元合金主要特点为冲击性能好，但此三元共混物的相容性一般，需要加入相容剂。如加入马来酸酐接枝甲基苯乙烯间规共聚物，可明显改善合金的性能，具体见表 4-16。

表 4-16 sPS/PA/SEBS 与加入相容剂 sPS/PA/SEBS 配方性能比较

配方(质量比)	冲击强度/(kJ/m^2)	断裂伸长率/%	弯曲模量/MPa	热变形温度/℃	吸水率/%
sPS/PA/SEBS (22.2/70/6)	6.0	8	2290	118	0.79
sPS/PA/SEBS/相容剂 (22.2/70/6/1.8)	9.0	30	2400	192	0.55

再如以 SEBS-*g*-MAH 代替 SEBS，并加入 PPO-*g*-MAH 作为相容剂，共混物的拉伸强度高，耐热性、耐水性和抗冲击性能突出。

（3）sPS/PPO 合金

sPS/PPO 合金中非结晶形态完全相容，合金只存在一个玻璃化转变温度，并且随 PPO 的含量增加而增大，改善了 sPS 的耐热性能，也改善了其抗冲击性和耐应力开裂性。PPO 是 sPS 良好的增韧和耐热改性材料。用 PPO-*g*-MAH 与 sPS 制造合金，弯曲强度和冲击强度同时增加；当加入 5% PPO-*g*-MAH 时，冲击强度提高近 1 倍，具体性能见表 4-17。

表 4-17 sPS/PPO-*g*-MAH 合金的性能

配方组成/质量份		力学性能		
sPS	PPO-*g*-MAH	弯曲强度/MPa	缺口冲击强度/(kJ/m^2)	热变形温度/℃
100	0	1200	4.6	215
97	3	1650	7.6	252
95	5	1750	8.5	252
90	10	1830	8.7	250

(4) sPS/SEBS 合金

这是最新开发的产品，它可有效地改善 sPS 的冲击性能。sPS/SEBS 两组分的相容性一般，如果用其他组分替代 SEBS 或加入相容剂后混合效果更好，改性性能效果更佳。

例如以 SEBS-*g*-MAH、sPS-*g*-SEBS、PPO-*g*-SEBS 代替 SEBS，可明显提高其相性。举一具体配方实例如下：

配方	单位：质量份
原料	用量
sPS	100
PPO-*g*-SEBS	27.8
成核剂（对叔丁基苯甲酸铝）	1
PEP-36	0.1
抗氧剂	0.1

此配方的冲击强度和断裂伸长率比 sPS 提高 2 倍以上。

再如以 PPO 作为 sPS/SEBS 合金的相容剂可明显改善 sPS/SEBS 合金的相容性，如 sPS/PPO/SEBS 合金的共混比例为 76/4/20 时，断裂伸长率为 23%。以 PPO-*g*-MAH 作为相容剂改善 sPS/SEBS 合金相容性的效果更明显，具体配方和性能见表 4-18。以 sPS-*g*-SEBS 为相容剂，合金同时具有优良的冲击强度、弯曲模量和热变形温度，其中热变形温度为 230℃，冲击强度为 $13kJ/m^2$、弯曲模量为 8700MPa。

表 4-18 sPS/PPO-g-MAH/SEBS 合金的性能

配方/质量份					性能	
sPS	PPO-*g*-MAH	SEBS	GF	成核剂	缺口冲击强度/(kJ/m^2)	热变形温度/℃
67.2	1.8	0	30	1.0	91	249
59.4	1.8	8.2	30	0.6	139	224
59.4	0	10	30	0.6	144	240
57.6	1.8	10	30	0.6	160	216

(5) 其他合金

① sPS/PS 合金　共混聚苯乙烯的种类为苯乙烯-二苯乙烯共聚物或苯乙烯-二乙烯基苯共聚物，当 sPS/PS 的共混质量比为 20/100 时，合金的弯曲强度为 2810MPa、拉伸强度为 60MPa、冲击强度为 $15kJ/m^2$。

② sPS/丙烯酸酯类共聚物合金　此合金可改善抗冲击性能和耐热性能，当两者质量比为 75/25 时，冲击强度为 11.9kJ/m²，维卡软化点为 195℃。

③ sPS/PC 合金　合金体系中需加入 PPO-*g*-MAH 作为相容剂，合金的抗冲击性能、强度、耐热性俱佳。

5. 应用范围

sPS 可作为工程塑料而使用，几乎所有 PET、PBT、PA、PPS 等工程塑料应用的场合都可用 sPS 代替。

（1）电子电器

利用 sPS 良好的耐热性和低介电常数，可用作微波炉旋转盘和转动支架；利用 sPS 良好的耐水性，可用作微波炉外壳、电热壶的泵元件；利用 sPS 良好的耐热性和低密度，可用于吸尘器马达的鼓风导管和绝缘子；利用 sPS 的耐热性、耐水解性和耐化学品性，可用作垃圾处理机的内部部件；利用 sPS 良好的耐热性、电绝缘性和成型加工性，可用作电饭煲内底线圈底座；利用 sPS 良好的软熔焊接耐热性，可用作各类端子，具体如 PCI 端子、SLOTI 端子、ACP 端子、PGA 端子、D-SUB 端子、USB 端子、IEEE1394 端子、游戏机端子、CPU 端子等；利用 sPS 良好的流动性，可用作移动电话机的电池固定架和开关，线圈密封制品；利用 sPS 良好的耐热性、绝缘性和防漏电性，可用作电源和接合器用的变压器线圈架；利用 sPS 的低相对介电常数和介电损耗，可用作 BS、CS 广播的调谐器和测量仪器的端子，移动电话机内部天线和高速公路自动收费系统；其他产品还有印刷路板基材、电容器、高频对应部件和微波炉部件等。

（2）汽车配件

利用 SPS 的低密度、良好的耐化学品性、耐水解性和耐热性等特点，可用作汽车排气阀螺线管、速度传感器、控制器、刮水器、空调元件、点火器元件、通风罩、保险杠和插接件等，其他还有端子、配线部件和传感器部件等。

（3）薄膜制品

利用 sPS 良好的耐化学品性和耐水解性，可用作食品包装容器、工业薄膜、包装薄膜、相纸用薄膜、绝缘薄膜和磁带薄膜等。

（4）机械零件

利用 sPS 高弹性模量和良好的尺寸稳定性，可用作机械零件如电机与泵类配件。以日本出光石油化学公司各牌号 Xarec sPS 为例，其具体用途见表 4-19。

表 4-19　日本出光石油化学公司各牌号 Xarec sPS 的用途

品级	品种	阻燃性	加入量/%	用途
非增强级	S100	HB	0	家电部件、电热壶、包装材料、食品容器、半导体制造夹具、高频天线制品、挤出管和挤出板
增强级	C122	HB	15	端子、绝缘子、端子座
	C131		30	线圈架、螺线管
	C132		30	电磁阀、天线、IC 托盘
	C142		40	电力模件、微型发电机开关

续表

品级	品种	阻燃性	加入量/%	用途
增强级	S120		15	电池座
	S132		30	吸尘器马达、换气扇、电饭煲
	C832	1/16 V-0	30	微波炉、垃圾处理机、电热壶
	C842		30	熨斗、泵
	C852		45	端子、速度传感器、模件
	S932	1/32 V-0	30	—
	S942		40	食品容器
	S131	HB	30	电子电器和汽车部件
	S931	1/32 V-0	30	—
电镀级	SP130		30	各种天线、电路板
	SP140	HB	40	移动电话天线、隔离罩
	SP150		50	高频部件
sPS/PS	E101	HB	0	空调排水盘、化妆台、浴具
	D13X	HB	30	空调横流式风机
	D801	1/16 V-0	0	—
	D820		20	传感器部件
	D821		20	风扇马达
	D920	1/32 V-0	20	办公设备外壳
	D921		20	泵外壳

第三节　茂金属等规聚苯乙烯（iPS）

由茂金属催化剂催化聚合的等规聚苯乙烯，其分子中的苯环分布在苯乙烯链的一侧，导致分子结构不对称，结晶速度很慢，熔点较低，为 240℃。而 sPS 树脂苯环在分子链两侧交替分布，分子结构对称，结晶度快，熔点可以高达 270℃。

截至 2023 年 6 月，全球范围内 iPS 还没有实现产业化生产的企业，但是已经有很多国内外大学研究出小试产品。希望国内的大学、研究院、企业加快努力，力争 iPS 在中国尽早实现产业化生产，可以成为继 1958 年中国第一个产业化生产 PA1010 树脂之后，又一个第一个产业化的树脂品种，为中华民族产业争光。

第四节　苯乙烯系共聚物

（一）丁二烯-苯乙烯共聚物

1. 一般概况

丁二烯-苯乙烯的共聚物（BS），俗称 K 料、K 树脂。在透明树脂中，价格介于 PS 与

PC之间，只比PMMA略高一些。

K料含有苯乙烯与丁二烯两种单体。聚苯乙烯具有高透明度，良好的加工性能，缺点是质脆；丁二烯可聚合成橡胶，具有弹性，抗冲击；二者共聚改善了聚苯乙烯的缺点，得到综合性能良好的聚合物。K料是无定形聚合物，流动性较好，且加工出来的制品外观平滑、光泽、透明度高。K料适用于注塑、中空吹塑、挤出等加工方法，可以在大部分普通设备上加工，不需改动原来的设备和模具。

2. 性能

（1）物理性能

K料透明、无味、无毒，相对密度为1.01，比PS（1.05）和AS（1.08）都低，抗冲击性能比PS和AS好。

（2）热性能

由于K料是无定形聚合物，所以其熔点不明显，热变形温度只有77℃。就流动性而言，当温度高于177℃时，聚合物的流动性增加；但高于260℃后，其流动性开始不稳定；料筒温度过高，或在中等的温度下停留时间过长，聚合物会降解，导致制品的外观和性能变差，如透明度下降、变色、变脆等。

（3）光性能

K料是无定形聚合物，对光的干扰程度比稠密的结晶聚合物小，因此雾度很小（1%～3%），透明性极好（89%～91%）。成型加工时为了提高透明度，必须提高模具表面的光洁度和选择最佳的加工条件。

（4）耐化学品性

K料的耐化学品性能较差，有机化合物如醇、酮、酯和芳香族类化合物会使K料软化甚至溶解，油和稀释到一定程度的酸和碱会侵蚀聚合物，但侵蚀的速度和严重程度取决于制品的设计和储存条件。

（5）耐应力开裂性

以K料制成的容器，特别是掺混有PS料的K料，其接触应力引起应力开裂，影响接触应力的因素有加工残余应力、制品形状、负载、储存条件等，因此要测试实际包装产品与容器的相容性。

3. 成型加工

K料吸湿很少，加工前不需干燥。K料加工温度较宽，一般在160～260℃之间，流动性好，容易加工。K料不结晶，收缩率低，不易变形、翘曲等。

K料可以进行二次加工，例如印刷和黏合二次加工。

印刷：多数牌号的K料可直接印刷，对较难印刷的可采用电晕放电处理、等离子处理或火焰处理后再印刷。

黏合：可以采用溶剂黏合，例如甲苯、乙酸乙酯、二氯甲烷等，也可以用超声波焊接。

以注射成型为例，介绍具体加工要点。

（1）注塑机的选用

锁模力：K料的熔体流动速率为8g/10 min左右，与PP、PS相近，因此，在计算锁模力时，选择的材料流动特性系数可与PP、PS相同。

注射量：由于K料在高于260℃时，受热时间长了会生热降解，影响制品的透明度甚至变色，而热降解取决于物料在料筒内停留时间的长短。因此，根据制品的重量来选择合适的注射量，不宜选用注射量超出过多的注塑机，以免物料在料筒内停留时间过长而影响产品的质量。

螺杆：K料的加工性能良好，可选择普通型螺杆，如果制品的透明度要求特别高，则可以选用塑化、均化性能较高的专用螺杆，如设有副螺纹或分流环的螺杆。

喷嘴：采用开放式喷嘴，喷嘴的孔径可以大些。

(2) 产品造型与模具设计

产品造型：K料是无定形聚合物，不会结晶，因此，收缩率较小，而实际收缩率取决于产品设计和加工参数，厚的截面收缩率大于薄的截面，沿流动方向的收缩率大于垂直方向。此外，大部分注塑制品的翘曲现象是由相邻截面的收缩率不同而引起的。所以，在产品造型设计时，要综合考虑这些因素。在允许的前提下，制品壁厚尽可能取大些，各处壁厚尽可能均匀，不要相差太大。这样有利于注塑加工，并能得到良好的制品质量。

脱模斜度与顶出系统：K料制品的表面较光滑，容易黏附在高度抛光的模具上，特别是深模的模芯。因此，在模具设计时脱模斜度应取较大值，一般大于3°，由于K料制品有粘模性，生产过程会出现脱模困难，故模具设计时，尽量使顶出力均匀分布在整个制品上，对于几何形状规则或大面积平整的制品，如杯、瓶、盒子等，最好采用脱模板或脱模环。对于形状不规则的制品，尽可能采用直径较大的推杆或数量较多的推杆，以增加有效顶出面积。

流道：K料的注塑加工，可采用各种冷流道和热流道，流道设计时，必须避免死角位，流道截面可取较大值，热流道的加热器必须安装能精确控制的温度控制器，以免物料因滞留、剪切过量、温度失控而引起降解，影响制品的质量。

浇口：K料的模具可以采用所有类型的浇口，浇口的设计应注意如下几点。

① 浇口的尺寸在制品外观允许的前提下尽量取大些，浇口太小，在高速注射时，熔料会因剪切过量而降解，影响制品的质量。对于厚度大于1.2mm的制品，浇口尺寸应为厚度的3/4，对于薄壁或特别小的制品，浇口尺寸也不能小于0.7mm。

② 浇口应设置在制品上机械强度要求不严格的部位，因为浇口附近的熔料最后注入模具，模具在该处也比较热，冷却比较慢，所以制品的浇口附近部位的温度较高，因收缩不同而存在内应力，导致制品的力学性能较差。

③ 浇口应设置在尽可能均匀地向模腔注料的部位，以免注射成型时，出现缺料或飞边现象。

④ 浇口的位置应设置在从最大容量（或厚度）向小容量（或厚度）注料入模腔的部位，否则会因熔料在浇口附近提前冷却，出现缺料或表面波纹等现象。

⑤ 浇口应设置在避免产生熔接痕的位置，或者尽可能使熔接痕出现在不受力或不明显的部位。

排气：K料对热降解比较敏感，模具必须具有良好的排气性能，否则熔料充模时，会包裹空气，压缩生热致使熔料升温而降解甚至焦化，影响制品的外观和熔合处的机械强度。排气孔和排气槽的开设应按实际需要而又不影响制品的外观，一般排气孔的直径为0.5～0.8mm，排气槽的厚度0.03～0.06mm，宽度3～6mm。

4. 应用范围

广泛用于制造不易碎的透明制品，如杯子、盖子、瓶、合页式盒子、衣架、玩具、

PVC 的代用料制品、食品包装及医药包装用品等。

（二）丙烯腈-苯乙烯共聚物（AS）

1. 一般概况

丙烯腈-苯乙烯共聚物（acrylonitrile-styrene copolymer，AS 或者 styrene-acrylonitrile copolymer，SAN），属于透明塑料品种之一。AS 是无色透明的热塑性树脂，具有耐高温性、出色的光泽度和耐化学介质性，还有优良的硬度、刚性、尺寸稳定性和较高的承载能力。AS 是以丙烯腈和苯乙烯为原料，用本体法、悬浮法或乳液法聚合而得到的，使用热引发剂引发亦可。由于 AS 树脂固有的透明性，故用于制造透明塑料制品。

2017 年 10 月 27 日，世界卫生组织国际癌症研究机构公布的致癌物清单初步整理参考，AS 在 3 类致癌物（对人类致癌性尚未归类）清单中。

2. 性能

AS 为透明或半透明的水白色颗粒。相对密度 1.06～1.08、熔体流动速率 1.4～3.3g/10min、折射率 1.57、平衡吸水性 0.66%、热变形温度 82～105℃、洛氏硬度 R76～80、拉伸强度 72～78 MPa、冲击强度 2.1～2.5 kJ/m^2。AS 制品具有高光泽、高透明、高抗冲击、良好的耐热性和力学性能，又具有刚性大、化学稳定性较高、耐水、耐油、耐酸、耐碱、耐醇类等优点。

AS 比聚苯乙烯有更高的冲击强度和优良的耐热性、耐油性和耐化学腐蚀性，它能很好地耐某些使聚苯乙烯应力开裂的烃类，而弹性模量是现有热塑性塑料中较高的一种。

3. 成型加工

AS 有吸湿特性，因此建议加工前先干燥，干燥条件为 80℃、2～4h。熔化温度一般选择 200～270℃。如果加工厚壁制品，可以使用低于下限的熔化温度。模具温度一般选择 40～80℃，对于增强型材料模具温度不要超过 60℃。冷却系统必须很好地进行设计，因为模具温度将直接影响制品的外观、收缩率和弯曲。注射压力一般选择 350～1300bar，注射速度建议使用高速注射。所有常规的浇口都可以使用，浇口尺寸必须设计得很恰当，以避免产生条纹、糊斑和空隙。

AS 树脂可用普通热塑性塑料的成型方法进行加工，如注塑、挤出、吹塑和压塑成型等。

AS 树脂可进行二次加工，而且其性能变化很小。但是，如果受热厉害的话，产品可能会发生颜色变化，变成黄色调。AS 在再加工中不能混杂其他塑料，尽管它们很容易相容，也会对产品的颜色和透明度产生影响。AS 为极性聚合物，一般与非极性树脂包括聚苯乙烯不相容，但是 AS 树脂与 ABS 树脂是完全相容的。

适用于 AS 的后处理操作包括热冲压、涂漆、丝网印刷、超声波焊接、机械加工、真空喷镀和溶剂粘焊等，以及用于 ABS、丙烯酸酯类树脂和聚苯乙烯的其他大部分后加工方法。

AS 在加工过程中，最容易出现的问题包括溢料飞边、气泡、缩痕、熔接痕、烧焦及黑纹、银丝及斑纹、表面划痕、表面雾状及花纹、光泽不良、龟裂泛白、颜色不均、分层剥离、翘曲变形、脱模不良、模具严重腐蚀等。

4. 应用范围

AS 树脂最大的用途是作为 ABS 的一个组分，采用混炼方法制造 ABS 树脂。因此，所有主要的 ABS 生产厂都先制造 AS 树脂，作为一个中间体，再用其合成 ABS 树脂。除此之外，AS 在商业市场上也有广泛的用途。

家庭用品：AS 用于制造家庭用品是因为它具有透明性，对一般食物和洗涤剂有耐化学品性，并且具有足够的耐高温性，可以在高温洗涤条件下洗涤，具体应用于大口杯、带把杯、洗浴用具、冰桶、沙拉碗和托盘等。

器械附件：AS 树脂在此方面的应用也主要源于其透明性和耐化学品性，主要用途包括冷藏柜抽屉、搅拌器、真空吸尘器部件、加湿器部件和洗衣机洗涤剂喷洒器等。

汽车部件：具有优良抗紫外线性能的 AS 可用于生产车灯玻璃，玻璃纤维增强 AS 可制造汽车仪表盘。

电子电器：主要有仪表透明外壳、蓄电池箱、按键帽、计算器和打印机工作台等。

建筑材料：主要有安全视窗、滤水器外壳和水龙头旋钮等。

医用制品：主要有注射器、血液抽吸管、肾渗析装置及反应器等。

包装材料：主要有化妆盒、口红套管、瓶子、罩盖、帽盖、喷雾器和喷嘴等。

特殊产品：主要有一次性打火机外壳、刷子基材和硬毛、渔具、假牙、牙刷柄、笔杆、乐器管口以及定向单丝等。

改性材料：用于其他塑料的浓色母料载体，作为 PVC 添加剂以改善其成型性、耐热性和光泽度。

（三）苯乙烯-马来酸酐共聚物

1. 一般概况

苯乙烯-马来酸酐共聚物（SMA）是由苯乙烯（styrene）同马来酸酐（maleican-hydride，MAH）嵌段共聚而成的一类低分子量聚合物。按结构分类可以分成交替型和无规型两大类，交替型一般是低分子量的，而无规型一般为高分子量的。SMA 按分子量分类可以分为高分子量型和低分子量型。

高分子量 SMA 的分子量为 11 万～32 万，可用于生产汽车内饰件如仪表板、内装饰等，作为相容剂可用于 PC/ABS、PET/ABS、PBT/ABS、PC/PS、PA/ABS、PA/ABS、PA/PS、PA/PPO 等。高分子量 SMA 包括通用级、高冲击级和玻璃纤维增强级，全球高分子量 SMA 的生产能力超 9 万吨/年，国外企业有 Polyscope、阿科玛等。国内主要有嘉兴华雯化工、岳阳凯门助剂、南京银新化工等。全球低分子量 SMA 的生产能力超 2 万吨/年，主要生产企业有法国克雷威利、Polyscope 等。

我国南京京银新化工有限公司，采用中国石化上海石油化工研究院技术生产。由苯乙烯与马来酸酐两种单体在一定条件下进行共聚反应而得的无规结构共聚物，共聚物中马来酸酐含量和分子量可调。苯乙烯和马来酸酐共聚反应可采用的聚合方法有本体法、溶液法、本体-悬浮法和乳液法。早期 SMA 树脂合成工艺研究中一般采用移热容易的溶液法。因采用特殊构型反应器和搅拌装置，传热传质能力提高，本体法工艺已显现其生产效率高、产品质量佳、排污少等优点。中国石化上海石油化工研究院开发的 SMA 树脂合成技术属该工艺，并结合了真空排气式脱挥技术。主要牌号有 SMA 214、SMA 218、SMA M14、SMA M25、SAM 308、SAM 730B 等，具体品种介绍如下。

透明级：品种有 BENMA218NF、BENMA218HF、BENMA212NF、BENMA212HF，主要用作玻纤增强 AS、ABS 的增容剂。

抗冲改性级：可用于耐热抗冲要求较高的场合，主要牌号有 850M、870M、880M、890M 等。

玻纤增强级：可用作结构件材料如汽车仪表板骨架等，也可改性 AS 做注塑暖风机壳体、扇叶等空调零部件。

2. 性能

SMA 的基础树脂呈白色粉末或片状，为方便水性配方体系应用，SMA 大部分牌号可以以铵盐水溶液形式供应。为适应不同配方体系需求，还研发出了多种衍生物包括部分酯化、酰胺酸化和酰亚胺化 SMA 树脂，让 SMA 树脂的特性发挥得更加充分。

SMA 主要性能有如下几种。

耐热性：SMA 树脂具有较高的热形变温度，比 PS、AS 和 ABS 高出 20～30℃。随 MA 含量增加，SMA 树脂的玻璃化转变温度 T_g、热变形温度和维卡软化点都提高。SMA 树脂与玻纤共混物热变形温度可达 125～140℃。

相容性：SMA 树脂分子结构中具有非极性的芳环基和极性的酸酐基，因此与多种极性或非极性材料（如 PS、AS、ABS、PC 和 PA 等）以及玻纤相容性良好，从而制得性能优良、应用广泛的塑料合金。

化学稳定性：SMA 树脂能耐多种化学试剂及各种动、植物、矿物油脂的侵蚀。

抗冲击性：透明级 SMA 树脂性脆，可用增韧剂改性，提高抗冲击性。冲击改性型 SMA 树脂具有良好的抗冲击性和耐热性。

发泡性：SMA 树脂具有良好的发泡能力，发泡倍数达 5～40 倍，可用 PS 的发泡设备。SMA 树脂发泡体耐热性要比 PS、PE 高 20～30℃。例如 PS 发泡体使用温度为 80℃，而 SMA 树脂发泡体使用温度达 100～121℃。

此外，SMA 树脂发泡体隔声性好，热导率低，可用作保温绝热材料。

3. 成型加工

SMA 树脂的熔体流动速率值大，熔体黏度低，注射成型和挤出成型时流动平稳，易充满型腔，可用通用设备进行挤出吹塑、注塑和热成型，并能制成片材。SMA 树脂挤出温度 230～265℃，冷却固化速度快、制品尺寸稳定，热收缩率仅 0.4%～0.6%。

4. 应用范围

SMA 树脂较少单独用于塑料，主要做各类改性合金的相容剂。单独使用的案例：北美生产的汽车仪表板骨架有三分之二用玻纤增强 SMA 制造。

（四）甲基丙烯酸甲酯-苯乙烯共聚物（MS）

甲基丙烯酸甲酯-苯乙烯共聚物（methyl methacrylate-styrene copolymer，MS），是以甲基丙烯酸甲酯（MMA）和苯乙烯为主要原料所合成的透明共聚合物，属于透明塑料品种之一。主要生产商为日本电气化学公司，商品牌号有 PM-600、SX200、TX-9S 和 TH-9S。这种韧性比 GPPS 要好的树脂主要取代 PMMA，透光率为 92%，韧性比 PMMA 好，硬度比 PMMA 软。

MS 具有优异的透明性和光学性、吸湿性小、耐候性佳、易于加工、成形品残留应力等等特点，折射率 1.56，透明度与 PS 接近，是一种无毒、透明的热塑性塑料。与 PS 相比其耐热性、光泽度、着色性都好，热变形温度与 PMMA 接近。而且 MS 树脂的密度较 PMMA 低，成本也较便宜，常用于与其他树脂共混改性，是一种优良的改性剂。

MS 的物性指标见表 4-20。

表 4-20　典型 MS 的物性指标

项目	指标	项目	指标
相对密度	1.09～1.12	弯曲强度/MPa	100
吸收率/%	0.12	弯曲模量/MPa	3400
透光率/%	92	悬臂梁冲击强度/(kJ/m^2)	16
雾度/%	0.3	洛氏硬度（M）	98
成型收缩率/%	0.2～0.6	热变形温度/℃	85
熔体流动速率/(g/10min)	2～4	垂直燃烧（UL 94）	HB
拉伸强度/MPa	65		

MS 可以采用注射成型及挤出成型，加工条件为注射温度 160～260℃、注射压力 70～120MPa。

（五）甲基丙烯酸甲酯-丁二烯-苯乙烯共聚物（MBS）

1. 一般概况

甲基丙烯酸甲酯-丁二烯-苯乙烯共聚物是由甲基丙烯酸甲酯、丁二烯、苯乙烯三种单体共聚合的产物。

具体合成方法：由甲基丙烯酸甲酯（40%）、丁苯胶乳（30%）、苯乙烯（30%）通过乳液接枝法制得。

日本是生产与使用 MBS 树脂抗冲击改性剂的重要国家，其生产 MBS 树脂的产量高、品种多，而在 PVC 加工中消耗 MBS 树脂的比例占抗冲击改性剂总量的 40%～50%。欧洲和美国也是全球主要生产、消耗 MBS 树脂的地区和国家。

2. 性能

（1）一般性能

MBS 外观为浅稻草黄色透明固体颗粒，相对密度 1.09～1.11，透明性优良，透光率可以达到 90%，折射率 1.538。

（2）力学性能

拉伸强度 38.42 MPa，断裂伸长率＞12%，缺口冲击强度（23℃）＞28.03kJ/m^2，洛

氏硬度 100。

（3）热学性能

热变形温度 84℃（1.82MPa），能在 85～90℃下保持足够的刚性，低温性好，在－40℃下仍有良好的韧性。

（4）环境性能

耐油、耐弱酸、耐弱碱，透明和耐紫外光老化是其突出的优点，溶于丙酮、苯、甲苯、二氯乙烷等有机溶剂。

3. 成型加工

（1）加工特性

MBS 属于无定型聚合物，没有明显的熔点。

MBS 分解温度 280℃，在热加工过程中，热稳定性好，不易出现降解或者分解现象。但是温度超过 260℃，制品就会开始变色。

MBS 的加工流动性不如 ABS 好，最大流动长度与制品厚度比为 130∶1，制品闭环不宜太薄。

MBS 树脂很容易吸湿，加工前一定要进行干燥处理。干燥条件 80～85℃，6～8h。加热干燥时间不能过长，否则物料会出现发黄现象。

MBS 的成型收缩率为 0.4%～0.6%，与 ABS 树脂收缩率接近，模具可以通用。

（2）加工方法

MBS 可用注塑、模压、挤出和吹塑等方法成型。

以注射成型为例：可以采用螺杆式注塑机，渐变或者组合螺杆都可以。喷嘴选用延伸式喷嘴，喷嘴直径 4mm 以上，需要配加热装置。注射温度一般选择 200～220℃范围内，模具温度设定 40～60℃，成型周期 150～180s。

4. 应用范围

MBS 可制成电器和机械产品的透明外壳和零件等，也可作为优良的高分子改性剂，改善高分子透明性和抗冲击性。

例如 MBS 是 PVC 制取透明制品增韧的最佳材料。MBS 与 PVC 折射率相近，故当两者共混熔融以后，容易达到均一的折射率，因此用 MBS 作 PVC 的抗冲改性剂不会影响 PVC 的透明性。当 PVC 中加入 MBS 树脂时，可使其制品的冲击强度提高，同时还可以改善制品的耐寒性和加工流动性。

（六）苯乙烯-马来酰亚胺共聚物（SMI）

苯乙烯-马来酰亚胺共聚物分子主链中含有马来酰亚胺五元环结构，大大提高了共聚物的玻璃化转变温度，因而具有很好的耐热性。主要用于 ABS、PC 等树脂的耐热改性，但因 SMI 与 ABS 相容性不好，常用马来酰亚胺-苯乙烯-丙烯腈三元共聚物先与 ABS 共混。

SMI 主要生产商为日本三菱孟山都化成公司、日本触酶化学公司、日本化学工业公司和上海锦湖日丽塑料公司，典型物性如表 4-21 所示。

表 4-21　日本三菱孟山都化成公司 Superex 系列产品的物性

项目	Superex M			Superex
马来酰亚胺(MI)含量/%	10	20	25	16
相对密度	1.07	1.08	1.08	—
熔体流动速率/(g/10min)	8	8	8	8
折射率	1.596	—	—	—
吸水率/%	0.6	—	—	—
线膨胀系数/($\times 10^{-6}K^{-1}$)	5.5～6.5			
成型收缩率/%	5	6	6	
拉伸强度/MPa	360	380	430	380
弯曲强度/MPa	580	660	720	610
弯曲模量/GPa	2.2	2.4	2.6	2.3
冲击强度/(kJ/m^2)	0.25	0.15	0.13	0.1
热变形温度/℃	110	120	125	90
维卡软化点/℃	110	120	125	102

SMI 一般不直接用于纯树脂，主要用于共混耐热改性，缺点为冲击强度低。

第五章
聚氯乙烯（PVC）类

第一节　聚氯乙烯

1. 一般概况

聚氯乙烯为由氯乙烯单体经自由基聚合而成的聚合物，英文全称 polyvinyl chloride，简称 PVC。PVC 为最早实现工业化的树脂品种之一，是 20 世纪 60 年代前产量最大的树脂品种之一，在 20 世纪 60 年代后期退居第二位，让位给第一的聚乙烯树脂。近年来，由于生产 PVC 的原料丰富，合成路线随着低汞、无汞触媒的应用生产工艺更加环保，PVC 中氯乙烯单体含量降低，价格低廉，在化学建材等应用领域中的用量日益扩大。但随着环境保护要求越来越高，PVC 发展空间还是受到一定的限制，尤其是在美洲地区。

按分子量的大小可将 PVC 分成通用型和高聚合度型两类。通用型 PVC 的平均聚合度为 500～1800，高聚合度型的平均聚合度大于 1800，常用的 PVC 树脂大都为通用型。通用型 PVC 树脂最早于 1935 年由德国 Wacker 公司实现工业化生产，在第二次世界大战中获得普遍应用，极大缓解了当时钢材的不足。而高聚合度型 PVC 树脂则于 20 世纪 60 年代中期开发成功，应用面比较窄，少量用于要求高温、高强度的电缆料和密封条的制造材料。

PVC 树脂的合成在 20 世纪 50 年代前期一直以电石法生产为主，20 世纪 50 年代后期逐渐转向原料充足的乙烯法，乙烯法生产的 PVC 可占 80%以上。但进入 2003 年以后，因石油价格的飞涨，电石法成本比乙烯法低 10%左右，更具有成本方面优势，所以 PVC 的生产又朝着价格低的电石法方向回归。尤其是在我国，因为煤资源丰富，电石法占到 90%以上，仅在几个大型企业中有乙烯法生产线，从生产成本方面看很难与电石法进行成本竞争。

从环保方面看，随着国内汞资源的枯竭和《关于汞的水俣公约》的生效，电石法生产工艺如不能用无汞催化剂替代现有的高汞、低汞，则未来的电石法生产工艺不容乐观，目前无汞催化剂研发主要基于现有工艺呈现“三个方向”：

① 以活性炭为载体，负载贵金属，如负载“金”化合物的无汞催化剂、负载“钌”化合物的无汞催化剂；

② 以活性炭为载体，负载“铜”化合物的无汞催化剂；

③ 通过对“炭”进行改性，制成类石墨烯结构的无金属无汞催化剂。

鄂尔多斯电力冶金二期、山东信发、陕西北元、陕西金泰、新疆中泰、新疆天业已开展了贵金属金基催化剂研发试验。

从产品质量方面看，乙烯法单体质量优于电石法，电石法生产的氯乙烯单体由于含水、金属离子、甲烷、乙炔、乙醛、二氯乙烷等杂质，对 PVC 聚合反应过程影响较为明显，也直接影响到树脂的产品质量。但随着生产工艺的优化，目前电石法与乙烯法生产的氯乙烯质量差距逐渐缩小。

另外，还有我国研发的姜钟法，与电石法相比省去了氯化氢合成，以活性炭为载体、采用“氯化钡”为催化剂，解决了氯乙烯行业面临的汞污染问题，将电石法与乙烯法结合起来，取长补短。但实际运行过程中受原料供应和市场需求影响，开工率呈浮动趋势。

PVC 树脂的聚合以悬浮法为主，产量可占 80%～85%；其次为乳液法，生产 PVC 糊树脂工艺主要有乳液种子聚合法、乳液连续聚合法和微悬浮聚合法三种方法。树脂按形态不同，可将 PVC 树脂分为粉状和糊状两种。粉状常用于生产压延、注塑、吹塑和挤出制品，糊状常用于生产人造革、地板革、壁纸、搪塑法儿童玩具及蘸塑法乳胶手套等。按粉状树脂的结构不同，PVC 粉状树脂可分为疏松型和紧密型两种：其中疏松型呈棉花团状，可大量吸收增塑剂，常用于软制品的生产；紧密型呈乒乓球状，吸收增塑剂能力低，主要用于硬制品的生产。

PVC 塑料主要包括硬制品、软制品、糊制品及低发泡塑料制品等。

PVC 的突出性能为力学强度高、硬度大、耐化学腐蚀性好、电绝缘性好、印刷和焊接性好、阻燃、价格低及软硬度可调等，常用于代替金属及木材等材料。

PVC 的缺点为热稳定性不好，加工性能不好，抗冲击性不好，耐老化及耐寒性差。

2024 年国内聚氯乙烯总产能 2754 万吨/年，行业占比前十位的企业产能达 1097 万吨/年，占全国总产能的 39.8%。2024 年中国聚氯乙烯行业主要生产企业产能统计见表 5-1。

表 5-1　2024 年中国聚氯乙烯行业主要生产企业产能统计

企业名称	地址	产能/（万吨/年）	工艺路线
新疆中泰（集团）有限责任公司	新疆	250	电石法
新疆天业（集团）有限公司	新疆	130	电石法
陕西北元化工集团股份有限公司	陕西	110	电石法
茌平信发聚氯乙烯有限公司	山东	110	电石法
湖北宜化集团有限责任公司	湖北	102	电石法
青岛海湾化学股份有限公司	山东	85	乙烯法
天津渤化化工发展有限公司	天津	80	乙烯法
万华化学集团股份有限公司	山东	80	乙烯法
内蒙古鄂尔多斯电力冶金集团股份有限公司氯碱化工分公司	内蒙古	80	电石法
内蒙古君正能源化工集团股份有限公司	内蒙古	70	电石法
合计		1097	

2. 结构性能

（1）结构

PVC 分子链中含有强极性的氯原子，分子间作用力大，这使 PVC 制品的刚性、硬度、力学性能提高，并赋予优异的难燃性能，但其相对介电常数和介电损耗角正切值比 PE 大。

PVC 树脂含有聚合反应中残留的少量双键、支链及引发剂残基，加上两个相邻碳原子之间含有氯原子和氢原子，易脱除氯化氢，使 PVC 在光、热作用下易发生降解反应。

PVC 分子链上的氯、氢原子空间排列基本无序，所以其制品的结晶度低，一般结晶度只有 5%～15%。

（2）性能

① 一般性能　PVC 树脂为一种白色或淡黄色的粉末，相对密度为 1.2～1.6；其制品的软硬程度可通过加入增塑剂的份数多少进行调整，制成软、硬相差悬殊的制品。纯 PVC 的吸水率和透气性都很小。

② 力学性能　PVC 具有较高的硬度和力学性能，并随分子量的增大而提高，但随温度的升高而下降。PVC 中加入增塑剂份数不同，对力学性能影响很大，一般随增塑剂含量增大，力学性能下降；硬质 PVC 的力学性能好，其弹性模量可达 1500～3000MPa；而软质 PVC 的弹性模量仅为 1.5～15MPa，但断裂伸长率高达 100%～500%。PVC 的耐磨性一般，硬质 PVC 的静摩擦系数为 0.4～0.5，动摩擦系数为 0.23。

③ 热学性能　PVC 的热稳定性十分差，纯 PVC 树脂在 140℃即开始分解，到 180℃迅速加快分解，而 PVC 的熔融温度为 160℃，因此纯 PVC 树脂难以用热塑性方法加工。PVC 的线膨胀系数较小，具有难燃性，其氧指数超 45%。

④ 电学性能　PVC 是一种电性能较好的聚合物。但由于其本身极性较大，其绝缘性不如 PE 和 PP，相对介电常数、介电损耗角正切值和体积电阻率较大；PVC 的电性能受温度和频率的影响较大，受添加剂的种类影响也较大，本身的耐电晕性又不好，一般只适用于中低压和低频绝缘材料。

⑤ 环境性能　PVC 可耐大多数无机酸（发烟硫酸和浓硝酸除外）、碱、多数有机溶剂（乙醇、汽油和矿物油）和无机盐，适合做化工防腐材料。PVC 在酯、酮、芳烃及卤烃中溶胀或溶解，其中最好的溶剂为四氢呋喃和环己酮。PVC 对光、氧、热都不好，很容易发生降解，引起 PVC 制品颜色的变化。变化顺序为：白色→粉红色→淡黄色→褐色→红棕色→红黑色→黑色。

PVC 的具体性能如表 5-2 所示。

表 5-2　不同 PVC 的性能

性能	通用软 PVC	电器用软 PVC	硬 PVC
相对密度	1.2～1.6	1.2～1.6	1.4～1.6
吸水率/%	0.25	0.15～0.75	0.07～0.4
成型收缩率/%	1.5～2.5	1.5～2.5	0.6～1.0
拉伸强度/MPa	10.5～20.1	10.5～20.1	45.7
断裂伸长率/%	100～500	100～500	25
弯曲强度/MPa	—	—	100
弯曲模量/MPa	—	—	3000
压缩强度/MPa	8.8	8.8	20.5
缺口冲击强度/(kJ/m^2)	—	—	2.2～10.6
邵氏硬度	A50～95	A60～95	D75～85
长期使用温度/℃	60～70	80～104	80～90
线膨胀系数/($\times 10^{-5}K^{-1}$)	7～25	7～25	5～18.5
热导率/[W/(m·K)]	0.15	0.15	0.16

续表

性能	通用软 PVC	电器用软 PVC	硬 PVC
体积电阻率/(Ω·cm)	1011～1013	1011～1014	1012～1014
相对介电常数(10^6 Hz)	5～9	4～5	3.2～3.6
介电损耗角正切值(10^6 Hz)	0.08～0.15	0.08～0.15	0.02
介电强度/(kV/mm)	14.7～29.5	26.5	9.85～35
耐电弧/s	—	60～80	—

3. 成型加工

(1) 加工特性

PVC 粉末树脂以颗粒状态存在，其中悬浮法树脂的颗粒尺寸大小为 50～250μm，乳液法树脂的颗粒尺寸大小为 10～30μm；PVC 颗粒由若干个初级粒子组成，悬浮法树脂的初级粒子尺寸大小为 0.6～0.8μm，乳液法树脂的初级粒子尺寸大小为 0.1～0.4μm。

PVC 为无定形高分子化合物，无明显的熔点，在 75～80℃温度下变软，玻璃化转变温度通常 80～85℃，在空气中温度高于 140℃就会降解放出氯化氢，若温度超过 180℃则会迅速分解。

PVC 在 160℃以下以颗粒状态存在，温度高于 160℃时颗粒破碎成初级粒子，在 190℃时初级粒子熔融。

PVC 的加工稳定性不好，是热塑性塑料中热稳定性最差的品种之一，熔融温度 (160℃) 高于分解温度 (140℃)，若不进行改性处理，纯 PVC 树脂难以用熔融塑化的方法加工。改性方法其一为在其中加入热稳定剂，以提高其分解温度，使其在熔融温度之上；其二为在其中加入增塑剂，以降低其熔融温度，使其在分解温度之下。

① 稳定剂　PVC 用热稳定剂有四类，即铅盐类、有机锡类、金属皂类和稀土类，具体见表 5-3。

表 5-3　PVC 常用的热稳定剂品种

种类	品种	性能	应用
铅盐类	三盐基性硫酸铅	热稳定性突出、电绝缘性好、不透明、有毒	硬板、硬管、电缆护套、人造革、注塑制品
	二盐基性亚磷酸铅	热稳定性和电绝缘性优良、耐候性好、不透明、有毒	硬质挤出、注塑制品、电缆、人造革
金属皂类	硬脂酸铅	光热稳定性好、润滑性好、不透明、有毒、不单用	不透明软、硬制品
	硬脂酸钡	热稳定性好、润滑性好、毒性低、不单用	软透明制品、硬板、管材
	硬脂酸镉	耐候性好、透明度好、润滑好、有毒、不单用	软透明制品、人造革、硬板、硬管
	硬脂酸钙	长期热稳定性和润滑性好，无毒、不单用	无毒膜、板材、管材、透明制品
	硬脂酸锌	防初期变色、润滑性好、透明度好、无毒、不单用	无毒膜、片、人造革、农膜

续表

种类	品种	性能	应用
有机锡类	二月桂酸二丁基锡	稳定性优良、透明、润滑性好	薄膜、管、人造革
	二月桂酸二辛基锡	稳定性较好、无毒、润滑性好	食品包装容器
	马来酸二丁基锡	稳定性优良、透明度好	透明及半透明制品

铅盐类的热稳定效果最好，常用于PVC热稳定助剂，但不能用于无毒和透明制品。原来铅盐类稳定剂的用量最大，但是随着无铅化要求日益提高，特别是欧盟RoHS标准2006年下半年的实施（铅含量在1000×10^{-6}以下），铅盐在PVC中的应用场合越来越小了。

有机锡类稳定效果好，透明，但因价格高而限制其使用量。随着铅盐类的禁用，其用量有增大趋势，尤其是北美采用有机锡的比较多。

金属皂类的钙/锌复合稳定剂，属于绝对绿色环境保护类助剂，加上稳定效果的不断提高，其用量越来越多，可用于电线、电缆、型材、管材等，目前已经成为PVC热稳定剂的绝对主力。

稀土类稳定剂为最新品种，具有透明、无毒等优点，我国已有两家生产，并逐级扩大应用，大有发展前途。

PVC热稳定剂可用于硬制品和软制品，在硬制品中的用量大于软制品。

② 增塑剂　增塑剂是PVC软制品热加工中的关键成分，是对PVC软制品的物理性能影响最大的助剂，增塑剂决定着PVC的流变行为，不仅可改善加工性能，还可赋予PVC制品弹性和柔软性。PVC是一种强极性聚合物，分子间的强作用力不仅使PVC加工性能差，而且制品坚硬，缺乏柔韧性。在配方中加入适量增塑剂后，增塑剂分子可以插到PVC分子中间，使PVC分子间距离增大，削弱了分子间作用力，降低了PVC增塑糊黏度和塑化温度，使PVC树脂更易加工，制品质量更优良。

从化学结构上看，增塑剂可分为小分子增塑剂和高分子增塑剂。小分子增塑剂通常为液体，高分子增塑剂对PVC的“增塑”实质上是弹性体与PVC的共混。根据增塑剂与树脂的亲和性和相容性进行分类，可分为主增塑剂和辅助增塑剂。

基于环保政策要求，目前可以使用的主增塑剂品种主要有以下几类。

邻苯二甲酸酯类：主要为邻苯二甲酸二异壬酯（DIDP）和邻苯二甲酸二异癸酯（DINP）两个品种，是目前过渡期内可以使用的邻苯类品种，尚未在全球范围内被禁止使用。

对苯二甲酸酯类：目前可用的只有对苯二甲酸二(2-乙基己)酯（DEHTP）一个品种。

环氧大豆油类：环氧大豆油（ESBO）与PVC相容性有限，只能做聚氯乙烯的辅助增塑剂兼热稳定剂。最近开发出反应型ESBO改性品种，可以部分取代主增塑剂使用，耐热性也有所提高。

柠檬酸酯类：如乙酰基柠檬酸三丁酯（ATBC）等，卫生性好，主要用于医疗产品。

偏苯三酸酯类：偏苯三酸酯（TOTM）类增塑剂为耐热稳定剂，用于PVC耐热电缆料。

聚酯类：聚酯增塑剂通过多元醇和多元酸缩聚反应而成高分子增塑剂，主要为二元醇和二元酸缩聚，具体品种有聚己二酸二丁酯、聚辛二酸二丁酯、己二酸丙二醇聚酯、癸二酸丙二醇聚酯、邻苯二甲酸聚酯等，目前应用不多。

其他类：环己二酸支链C_9醇酯（DINCH），为DINP加氢的产物，性能与邻苯二甲酸酯类接近，目前在替代邻苯类增塑剂方面位居前列。二甘醇二苯甲酸酯（DEDB），使用性能与 DEH 相当，替代 DEHP 的动力非常强大。

近年来因环境保护的要求，对 PVC 增塑剂的要求也越来越严格，如邻苯二甲酸酯类增塑剂就已禁止在玩具中使用，己二酸二(2-乙基己基)酯（DEHA）被禁止在食品保鲜膜中使用。增塑剂正逐渐向柠檬酸类、高分子聚酯类等环保型增塑剂过渡。

PVC 增塑剂主要用于软制品，在硬制品中加入 5 份以下，在软制品中加入量会很大，例如搪塞塑制品加入 100 份以上。

PVC 树脂除了需要加入热稳定剂和增塑剂之外，加工温度控制要精确，要采用渐变型螺杆，加工时间要尽可能短。

PVC 在高温下某些金属离子会加速降解，具体如铁、镉等重金属离子等，因此应严格控制重金属离子的含量。具体方法为加工前要进行磁选，设备应镀铬以防止生铁锈。

PVC 熔体的黏度大，流动特性不好，熔体强度低，易产生熔体破碎和制品表面粗糙等现象；尤其是 PVC 硬制品，此现象更突出，必须加入加工助剂，最常用的加工助剂为丙烯酸酯类（ACR）。在注射成型时，应选择低速高压。

PVC 熔体黏附金属倾向大，熔体之间以及熔体与加工设备之间摩擦力大，需加入润滑剂以克服摩擦阻力。按润滑剂与 PVC 树脂的相容性大小不同，可分为内润滑剂（相容性大）和外润滑剂（相容性差），具体品种如表 5-4 所示。

表 5-4　PVC 常用的润滑剂

种类	品种	性能	用途
烃类	液体石蜡	无色，外润滑	挤出制品
	固体石蜡	外润滑，熔点 57～63℃	通用
	聚乙烯蜡	熔点 90～100℃，无毒	通用
金属皂类	硬脂酸钡	熔点 200℃，兼热稳定性	通用
	硬脂酸铅	熔点 110℃，兼热稳定性，有毒	不透明软硬制品
	硬脂酸锌	熔点 120℃，无毒，透明	无毒透明度膜、片
	硬脂酸钙	熔点 150℃，无毒	无毒透明制品
脂肪酸	硬脂酸	熔点 65℃，无毒	无毒硬制品
酯类	硬脂酸丁酯	熔点 24℃，内润滑，透明	透明、硬制品
	硬脂酸单甘油酯	透明，无毒，内润滑	无毒透明制品
脂肪酸酰胺类	硬脂酸酰胺	熔点 100℃，透明好	硬制品
	亚乙基硬脂酸酰胺	熔点 140℃，内润滑	压延制品、透明制品

PVC 的熔体属非牛顿流体，熔体黏度对剪切速率敏感；所以对热敏性 PVC 树脂，在加工中要降低黏度，可通过提高螺杆转速来达到目的，尽可能少调整温度。

PVC 在加工前需要干燥处理，具体条件为：温度 110℃，时间 1～1.5h。

PVC 配方中的组分多，要充分混合均匀。一要注意加料顺序，吸油性大的填料要后加，以防吸油，润滑剂最后加，以防影响其他组分的分散；二要控制好混合温度，一般热混合在 110℃左右。

PVC 分解后产生的氯化氢具有刺激性和腐蚀性，易腐蚀料筒和螺杆，因此应对料筒和螺杆表面进行镀铬处理。

（2）加工方法

PVC 可用挤出、注塑、压延、吹塑、搪塑和滚塑等方法成型。

① 挤出成型 可用于生产膜、片、板、管、棒、异型材及丝等制品。可选用单螺杆挤出机，但需选用粒料，料筒温度正向设置。近年来常选用锥形异向旋转型双螺杆挤出机，树脂可直接用粉料，料筒温度反向设置，加料段到计量段从高到低，利于充分利用热能和有效排气。

PVC 硬制品的挤出工艺条件为：料筒温度 160～180℃，机头温度 180～200℃，螺杆转速 25r/min 左右。

PVC 软制品的挤出工艺条件为：料筒温度 170～190℃，机头温度 190～210℃，螺杆转速 30r/min 左右。

② 注射成型 常选用 SG-4 和 SG-5 型 PVC 树脂。喷嘴一般选用孔径较大的通用型喷嘴或延长型喷嘴，喷嘴的孔径为 4～10mm，并配有加热装置。PVC 的流动比为 100∶1，脱模斜度为 1°～1.5°，有时还需要增大。主流道浇口直径应比喷嘴直径大 0.5～1mm。

PVC 注塑可用于生产凉鞋、壳体、管件、阀门及泵等制品。注塑的工艺条件为：料筒温度 160～190℃，喷嘴温度高于料筒 10～20℃，注射压力 90MPa 以上，保压压力 60～80MPa，模具温度 40℃，螺杆转速 20～50r/min。

③ 压延成型 可用于生产膜、片、板、人造革及壁纸等制品。具体工艺条件为：第一至四辊辊温分别为 165℃、170℃、175℃、170℃。

④ 压制成型 压制多用于热固性塑料，但热塑性的 PVC 塑料也常用于压制成型，主要用于生产鞋底、硬板及周转箱等形状简单的制品。

PVC 压制成型的工艺为：挤出型坯→冷压→成型，一般也称为冷挤压。

⑤ PVC 糊成型 将 PVC 糊树脂涂于基材上，于 90～200℃下塑化，时间 50～60s，充分熔融后压花、冷却即可。

糊树脂的具体涂覆方法有刮涂法、滚塑法及蘸浸法等。

4. 改性品种

PVC 的改性品种包括高聚合度型 PVC 及 PVC/ABS 合金等。

（1）高聚合度型 PVC 树脂

高聚合度型 PVC 与普通 PVC 结构基本相同，不同点在于分子量大（平均聚合度大于 1800）、分子链长、链的规整性及结晶度增加，分子链间的缠绕点增多，具有类似交联的结构。在常温下，高分子量 PVC 的大分子链间滑移困难，可防止一定的塑性变形，呈现类似橡胶的弹性。与普通 PVC 相比，高聚合度型 PVC 的性能如下。

① 具有较强的吸收增塑剂的能力，可与高达 150 份的增塑剂混合，制成软制品。

② 力学性能优异，拉伸强度和撕裂强度高。

③ 永久压缩变形小，仅为 35%～60%，而普通 PVC 在 65%以上；回弹性高，一般可达 40%～50%。

④ 制品的硬度可在邵氏 A40～95 范围内任意调整，而且受温度的影响小，可在较宽的范围内使用。

⑤ 优良的耐热、耐寒及耐老化性能。

⑥ 耐磨性好，比普通 PVC 高 2 倍。

高聚合度型 PVC 与普通 PVC 的性能比较如表 5-5 所示。

表 5-5　高聚合度型 PVC 与普通 PVC 的性能比较

性能	高聚合度型 PVC	普通 PVC
比容/(cm^3/g)	200	140
邵氏硬度(A)	66	62
拉伸强度/MPa	17.2	14.5
断裂伸长率/%	392	400
撕裂强度/MPa	44	34
冲击回弹性/%	17	14
脆化温度/℃	−46	−42
压缩永久变形/%	59	65
磨耗/cm^3	0.05	0.11

高聚合度型 PVC 的加工性能差，熔融温度高出普通 PVC 约 10℃以上，熔融黏度大。具体的加工方法有注塑、挤出和压延等。注塑可生产高档鞋、运动鞋鞋底、凉鞋、密封垫等，挤出可生产耐热和耐寒电缆、耐压管、汽车和冰箱密封条，压延可生产高档人造革、防水膜及土工膜等。

（2）PVC/ABS 合金

PVC/ABS 合金是两种树脂通过共混技术制成的一类共混物。一般用机械混合法，在双螺杆挤出机或密炼机中生产，ABS 含量为 5%～15%。

PVC/ABS 合金一方面具有 PVC 独特的难燃自熄性（UL 94 达到 V-0 级）、耐化学品性和常温下的力学性能，另一方面又具有 ABS 的耐热、抗冲击和易加工性能。在外观上，其表面光泽度、着色性和可装饰性等都优于 PVC，但耐候性能下降，一般不适用于户外制品。

PVC/ABS 的主要性能指标见表 5-6 所示。

表 5-6　PVC/ABS 的主要性能指标

性能	数据	性能	数据
相对密度	1.13～1.30	断裂伸长率/%	16
熔体流动速率/(g/10min)	1.0～3.0	洛氏硬度(R)	95～110
阻燃性能	UL 94 V-0	弯曲强度/MPa	56～78
热变形温度/℃	56～72	缺口冲击强度/(J/m)	175～412
拉伸强度/MPa	38～46		

PVC/ABS 的配方中除 PVC 树脂、ABS 树脂外，还需要有稳定剂、润滑剂等。

PVC/ABS 的加工温度应低于 ABS，以免 PVC 热分解，停车前用 HIPS、HDPE 清洗料筒。

PVC/ABS 的注射成型的工艺条件：熔融段温度 165～185℃，均化段温度 170～180℃，喷嘴温度 175～190℃，注射压力为 50MPa。

PVC/ABS 的挤出成型工艺条件：料筒后部温度为 160～170℃，料筒前部温度为 170～180℃，机头温度为 170～185℃，口模温度为 165～195℃。

PVC/ABS 主要用于：兼有阻燃和冲击双重功能的制品，具体如电视机、计算机、电话、仪表的壳体，汽车仪表盘、电子接插件等，板材，片材，冰箱内衬，管材等。

5. 应用范围

（1）硬质 PVC 制品的应用

① 管材　用于上水管、下水管、输气管、输液管及穿线管等。

② 型材　用于门、窗、装饰板、木线、家具及楼梯扶手等。

③ 板材　分为瓦楞板、密实板和发泡板等，用于壁板、天花板、百叶窗、地板、装饰材料、家具材料及化工防腐贮槽等。

④ 片材　用于吸塑制品如各种包装盒等。

⑤ 丝类　用于纱窗、蚊帐及绳索等。

⑥ 瓶类　用于食品、药品及化妆品等的包装材料。

⑦ 注塑制品　用于管件、阀门、办公用品罩壳及电器壳体等。

（2）软质 PVC 制品的应用

① 薄膜　农用大棚膜、包装膜、日用装饰膜、收缩膜、保鲜膜、缠绕膜及雨衣膜等。

② 电缆　中低压绝缘和护套电缆料。

③ 鞋类　鞋底和鞋面材料，具体如雨靴、凉鞋及布鞋底等。

④ 革类　人造革、地板革及壁纸等。

⑤ 其他　软透明管、唱片及垫片等。

（3）PVC 糊制品的应用

用于各种革类如人造革、地板及壁纸等，乳胶制品如手套、玩具及密封垫等。

第二节　氯化聚氯乙烯（CPVC）

1. 一般概况

氯化聚氯乙烯的英文简称为 CPVC，俗称过氯乙烯树脂，它是将聚氯乙烯树脂进一步氯化的产物。具体的氯化过程为将聚氯乙烯粉碎后，经氯化、过滤、水洗、中和、干燥五个步骤即可。PVC 的含氯量为 56.7%，而 CPVC 理论含氯量最高可达到 75%，但实际工业化生产中常见的含氯量为 64%～75%。CPVC 的工业化生产方法主要有 3 种：溶液法、气固相法和水相悬浮法。不同的氯化方法可得到结构不同、应用不同的 CPVC，溶液法产品主要用于高级防腐蚀涂料和胶黏剂，气固相法和水相悬浮法产品主要用于硬质塑料。

在 CPVC 的氯化过程中，由于 PVC 树脂的差别和氯化条件的不同，会造成 CPVC 树脂的分子结构不同，尤其是会在氯化过程中产生裂缝、支化和交联等现象，这会对 CPVC 的最终性能产生极大的影响，对 CPVC 的成型加工影响也很大，也因此导致不同厂家的 CPVC 树脂在性能和加工上区别很大。

为提高 CPVC 的产品质量，氯化时必须注意如下事项。

PVC 树脂的选用：必须选用悬浮法 PVC 树脂，同时还要求为疏松型结构、皮层薄而疏松，以利于氯气的扩散和传播；不能选乒乓球结构，其表皮厚而致密，不利于氯气的扩散和传播。PVC 树脂的分子量要适当，以便控制其流动性。

PVC 树脂的氯化前处理：由于国内无 CPVC 专用氯化的 PVC 树脂，必须对普通 PVC

进行氯化前处理，以扩大 PVC 粒子的表面积和降低树脂皮层厚度，增加与氯分子的接触面积。

CPVC 后处理：在 CPVC 悬浮水中加入二氧化硫气体，再进行碱中和、水洗和干燥，以提高 CPVC 的热稳定性。

目前，全球有二十多家公司生产 CPVC 树脂，主要集中在美国、日本、德国、法国等国，采用水相悬浮法和气固相法生产。美国路博润公司是世界最大的 CPVC 生产企业，在产装置年产能超 20 万吨。路博润与全球第二大 CPVC 生产商——日本德山积水化学工业株式会社组建合资企业，在泰国新建一座 CPVC 工厂，该厂年产能 3.2 万吨，成为路博润公司在全球的第五座 CPVC 工厂。路博润 2012 年斥资 1.25 亿美元，在得克萨斯鹿园建造一座 CPVC 生产工厂，该厂为路博润全球第四座工厂。其他三座分别位于美国肯塔基州 Louisville、比利时 Oevel。除了路博润、日本积水以外，钟渊化学、德国巴斯夫和法国的阿科玛等也是世界上主要的 CPVC 生产企业。

目前 CPVC 小产能装置居多，国内企业单套装置最大年产能是 4 万吨，其他多在 1 万～5 万吨。国内较大的 CPVC 厂家有祥生科技、潍坊高信、东营旭业等，其他都是小产能，其中采用气固相法的 CPVC 生产企业目前国内已知的有江苏理文化工有限公司、杭州电化集团有限公司、青海盐湖海纳化工有限公司等。

与国外相比，我国目前 CPVC 树脂的生产还仅仅处在起步阶段，无论从其材料的性能上还是加工性能上，均有较大的差距。一是其氯含量只能保持在 66%左右，超过 68%，则加工性能很差。而美国 B. F. Goodrich 公司的产品氯含量可达 70%～75%，从而使其耐热性、耐燃性、耐老化性均有较大的提高。二是材料的拉伸强度、屈服强度、弯曲强度低于 PVC 材料，这是由国内氯化工艺粗糙造成的。具体表现在：氯化反应是放热反应，反应温度偏高，反应釜内不排氧，通氯不恒定，无后处理工艺，致使氯化过程中产生较多的断链及支化反应，从而形成了其物理性能的下降。如采用聚合度为 700 的普通 PVC 树脂，经氯化后其聚合度可能不到 400。

早期的 CPVC 产品主要应用于涂料、胶黏剂和溶液纺丝，19 世纪后期在输送热水管材方面找到用途后，才将应用范围扩大到塑料制品，并且范围不断扩大、需求量不断增加。

2. 性能

与 PVC 相比，CPVC 的含氯量进一步增加，致使其分子结构的不规整性增大，分子链的极性增强，分子间的作用力增大，从而达到改性的目的。

一是提高了耐热温度，CPVC 产品的最高使用温度可达 110℃，较 PVC 提高了 30～40℃。

二是提高了化学稳定性，改善了 PVC 的耐化学品性能及抗腐蚀性能，能抗酸、碱、盐、脂肪酸盐、氧化剂及卤素等的化学腐蚀。

三是增加了刚性，CPVC 的拉伸强度、弯曲强度较 PVC 也有较大的提高。

四是提高了耐候性和阻燃性能，并降低了燃烧烟密度。

五是提高了树脂的溶解性能，可用于胶黏剂、涂料和纤维的生产。

① 一般性能　CPVC 的外观为白色粉末，相对密度为 1.48～1.58，比 PVC 高，成型收缩率为 0.3%～0.7%，易粘接。

② 热学性能　CPVC 的使用温度比 PVC 高 35～40℃，使用温度最高可达到 100～

105℃，是较理想的耐热材料。几种相近树脂的热变形温度大小排序为：CPVC＞聚丁二烯＞ABS＞HDPE＞PVC。

CPVC 的热导率低，具体值为 0.08～0.13W/(m·K)，用于输送热水时不必在管外加保温层，节省投资。但低导热率在用于地热管时不利于快速散热。

CPVC 的自熄阻燃性好于 PVC，并具有较低的发烟性。

CPVC 的线膨胀系数为（68～76）$\times 10^{-6}$/℃$^{-1}$。

③ 环境性能　CPVC 不仅耐紫外线和大气老化，常温下还耐各类酸、碱介质，即使 100℃温度下仍能耐次氯酸钠溶液、乳酸、稀碱液等介质，它可溶解于氨基磺酸、氯酸钠、硅酸钠、25%高锰酸钾、大于 25%浓度的丙二醇、酚、甲酸、铬酸、丁酸、氯酸、氟化胺等溶剂。几种塑料耐腐蚀性顺序为：CPVC≈PVC＞HDPE＞聚丁二烯＞ABS。

在 CPVC 中加入酚类抗氧剂如 1010、2,6-二叔丁基-4-甲基苯酚、叔丁基邻苯二酚等，还可大大提高其耐候性。

④ 力学性能　PVC 氯化后的分子极性增大，使材料的力学性能得到改善，即使在 100℃的温度下其拉伸强度仍能达到 50MPa，在 90℃温度下的耐蠕变性能仍比 PP 高很多，在 100℃下使用 50 年后 CPVC 管的圆周破坏应力尚有 2.2MPa。CPVC 这种较高的机械强度，可充分满足化工生产对设备及管道等的要求。

拉伸强度为 52～64MPa，断裂伸长率为 4%～65%，弯曲强度为 100～117MPa，拉伸模量为 2482～3280MPa，悬臂梁冲击强度为 53～298J/m，洛氏硬度为 R117～122。

但 CPVC 的致命缺点为脆性大，在高、低温度下脆性都大。

下面介绍几种典型 CPVC 注塑料和挤出料的性能，具体见表 5-7。

表 5-7　几种 CPVC 注塑料和挤出料的性能

性能	饮用热水管管件料	普通热水管管件料	化工塔填料	电缆管料	化工耐热管料
相对密度	1.50～1.55	1.5～1.55	1.5～1.55	1.5～1.55	1.5～1.55
维卡软化点(5kg 载荷)/℃　≥	105	105	105	93	110
拉伸强度/MPa　≥	40	40	40	45	40
弯曲强度/MPa　≥	80	80	80	75	80
缺口冲击强度/(kJ/m^2)	8	8	10	8	12
氧指数/%　≥	45	45	45	40	45

3. 成型加工

（1）加工特性

就我国现在而言，CPVC 的加工性差，加工难度大，具体体现在如下几方面。

CPVC 的熔体流动性差，其熔体黏度大，并且至少比 PVC 大两倍。

CPVC 的加工温度高，为 180～190℃，加工范围窄，加工性能比 PVC 更差。

加工中生产的氯化氢气体易腐蚀设备并易导致熔体分解，为此要求接触物料部分设备要进行镀铬防腐蚀处理。

CPVC 的热分解程度高，在加工温度下比 PVC 更容易脱 HCl；其热分解温度比 PVC 还要低，PVC 为 140℃，CPVC 仅为 100～135℃；因此，在 CPVC 的确加工中更要严格控制温度。

CPVC 的熔体属于非牛顿流体，而且黏弹性明显。

采用水相悬浮法合成的 CPVC 树脂，其结构、性质与悬浮法 PVC 树脂相似，可采用 PVC 通用设备加工，如单螺杆挤出机、双螺杆挤出机和注射成型机和压延机等。

在配方设计中，各类添加剂的使用也与 PVC 大不相同，具体如下。

① 热稳定剂　由于 CPVC 的加工温度高、热敏性高，配方中稳定剂的用量要明显加大，并且要选用温度效果好的复合铅系列产品和有机锡类稳定剂，如有机锡的加入量要达到 2.4～3.5 份。近来为 CPVC 特别开发了一些专用的热稳定剂：例如，由双酚 A 环氧树脂、环烃基环氧化物、烷基酚和季戊四醇组成的复合稳定剂是适合于 CPVC 的新型产品，其特点为无毒，且利于加工；再如，日本钟渊公司开发的高氯酸钡复合稳定剂可使 CPVC 的热稳定时间延长 3～5 倍。

② 润滑剂　由于 CPVC 的熔体黏度高，特别是在注射成型加工中容易产生熔体破裂，所以仅仅使用传统的润滑剂品种如石蜡、硬脂酸和金属皂类是不够的。在 CPVC 的挤出加工中，由于 CPVC 存在一种黏附金属设备的倾向，必须加入润滑剂以克服，所选外润滑剂应该与 CPVC 不相容。在 CPVC 的注射成型加工中，CPVC 树脂间易互相摩擦产生摩擦热，摩擦热对成型加工不利，加入内润滑剂可以减少树脂间的摩擦，所选内润滑剂应该与 CPVC 相容。应当指出，CPVC 配方中的内外润滑要保持平衡，内润滑过量会严重影响塑化效果，使制品质量变差；外润滑过剩，会造成螺杆打滑而影响正常生产。CPVC 要内外润滑剂均衡使用，皂化蜡中的 OP 蜡（褐煤酯蜡）是 CPVC 首选的内外复合型润滑剂品种，另外聚乙烯蜡、氧化聚乙烯蜡、合成硬蜡、石蜡、硬脂酸、脂肪酸酯蜡和金属皂等内外润滑剂可复配使用；例如氧化聚乙烯蜡可与石蜡或合成硬蜡复配，氧化聚乙烯蜡的用量为 0.75～1.3 份，而石蜡或合成硬蜡的用量为 0.5～1.0 份，两者之和不要超过 2.5 份。

③ 加工助剂　CPVC 即使在黏流状态下，其流动单元仍然为初级粒子，树脂微粒之间的相互作用差，热传导效率低，容易产生熔体破裂，塑化质量差。为此在 CPVC 的挤出和注射成型加工中，必须加入加工助剂，以提高塑化质量，增加制品的低温冲击性能。ACR 是 CPVC 的首选加工助剂。

④ 增塑剂　CPVC 主要用于生产硬质制品，因此配方中很少加入增塑剂，如必须加入增塑剂，可选用低分子量聚乙烯、氯化聚烯烃、氯化石蜡、邻苯二甲酸二丁酯、邻苯二甲酸二辛酯、含卤低聚醚、磷酸三邻甲酚酯、磷酸二(2-乙基己基)苯基酯、磷酸三(2-乙基己基)酯和二苯甲醚等。

（2）加工方法

干燥处理：CPVC 加工前需要干燥处理，处理条件为粒料 80～90℃干燥 2～3h、粉料 80℃干燥 2h。

高速热混合：先将 CPVC 树脂、热稳定剂、内润滑剂（硬脂酸）等加入高速混合机内混合，当物料温度升至 95～100℃时，加入外润滑剂（石蜡、聚乙烯蜡等）、抗冲击改性剂、填料、颜料等，进一步混合至温度升到 120～130℃，排料至低速冷混机中。

低速冷混合：将热混合达到 120～130℃的物料加入低速冷混合机中，混合到温度降至 40～50℃后，出料即可。

一般双螺杆挤出机用粉料，单螺杆挤出机和注塑机用粒料。

① 挤出加工　CPVC 挤出时出口膨胀效应大于 PVC。

CPVC 的挤出加工，粒料用同向双螺杆挤出机，模头温度为 200℃，螺杆转速为 17r/min；粉料用反向双螺杆挤出机，模头温度为 196℃，螺杆转速为 19r/min。单螺杆挤出机只能吃粒料，采用螺距不变、螺纹深度逐级变小的全程螺杆，长径比为 22～25。

CPVC 在挤出时经常出现内表面不够光滑的现象，通过调整温度和螺杆转速、调整配方中的内外润滑剂和加工助剂等可解决此问题。

② 注塑加工　考虑到 CPVC 的熔融黏度高和易降解等原因，注塑加工时应注意如下问题。

一是 CPVC 的注射成型应采用低螺杆转速和低注射速度，以减少剪切引起的过热。

二是模具的浇口尺寸应比 PVC 制品厚度稍大或采用多浇口体系。

三是模具温度应控制在 70～100℃为宜。

典型的 CPVC 注射成型条件：料筒温度一段为 165～175℃、二段为 175～185℃，喷嘴为 175～185℃，模具温度为 70～80℃，螺杆压缩比为 2.5，注射压力为 15MPa，注射时间为 6s。

③ 涂覆加工　将 CPVC 溶解于二氯乙烷或丙酮中配成 10%的胶液，或将 CPVC 溶解于四氢呋喃中制成 20%浓度的溶液。

4. 改性品种

（1）增韧改性

为了改善 CPVC 的脆性，一般加入 ACR、CPE、ABS、MABS、MBS、POE 等增韧剂，加入量一般为 4～10 份。

（2）填充改性

CPVC 常用的填充剂为无机填料，主要有碳酸钙、钛白粉、二氧化硅、氧化铝、煅烧陶土、玻璃纤维等，因 CPVC 自身冲击强度差，填料的加入量应在 20 份以下，并需要进行表面处理。

（3）增强改性

CPVC 中加入玻璃纤维可提高热变形温度，下列配方的热变形温度为 120℃。

配方　单位：质量份

原料	用量
CPVC	80
PVC	20
玻璃纤维	22
碳酸钙	30
CPE	4
ACR	3

CPVC 中加入玻璃纤维可提高冲击强度，在 CPVC 中加入 20 份玻璃纤维，冲击强度可提高 10 倍。

（4）耐热改性

CPVC 中加入钙镁氢氧化物、亚甲基或亚乙基双硬脂酰胺类稳定剂可提高 CPVC 的热变形温度，其中加入亚甲基或亚乙基双硬脂酰胺可提高热变形温度 10～15℃。

（5）CPVC/PVC 合金

CPVC/PVC 具有较好的相容性，共有一个玻璃化转变温度。下列配方可使 PVC 的耐热温度提高 15～20℃，具体配方如下：

配方　　　　单位：质量份

原料	用量
CPVC	50
PVC	40
复合稳定剂	3.45
CPE	4
ACR	2
氧化聚乙烯	0.15
硬脂酸	0.1
碳酸钙	3

5. 应用范围

CPVC 广泛用于各种挤出制品，具体包括管材、板材、型材和片材等。应用场合主要为一些化学工业腐蚀环境、有消防要求场所和有耐热要求场合，此时普通的 PVC 树脂性能达不到要求。

（1）生产各类管材

CPVC 管材具备以下使用性能。

① 耐热温度高，可输送温度高于 100℃的液体如热水等。

② 寿命长，维修成本低。

③ 具有更好的抗腐蚀性，基本可抵抗所有酸、碱、醇的侵蚀。

④ 表面光洁度高，流体阻力低，降低流体的压力降，节省能源。

⑤ 保温性好，对高温流通可节省保温成本。

⑥ 电绝缘性好。

⑦ 靠溶剂溶解黏合连接，方便操作。

CPVC 管在高温流体如热水输送和电力电缆管材中具有广阔的发展前景。但在我国 CPVC 管的应用很不广泛，其生产厂家主要集中在浙江、福建、广东等地。

CPVC 管材主要用于如下几个方面。

① 油田原油集输用管材　CPVC 管材的热导率仅为钢管的 1/200，原油在集输过程中，如管材的保温性能很好，可节省大量的能源。另外 CPVC 管材摩擦系数小，在相同条件下其流量至少为钢管的 1.25 倍，且重量轻，安装快捷方便。它优异的化学稳定性和耐温性再加上塑料管固有的耐磨损及不结垢的优点，使得它在原油集输中显示出明显的优势，且使用寿命至少为钢管的 8 倍。再经过玻纤缠绕包覆增强，使用压力可达到 20～60MPa，可基本满足低、中、高压条件下的原油集输使用。

② 化工用耐温、耐腐蚀管道　CPVC 良好的耐温和耐化学侵蚀性，使得它能够承受强酸、强碱及盐水的腐蚀，且最高使用温度可达 100～110℃，它亦能满足化工设备中所要求

的机械强度。预期使用寿命可达 50 年。另外，CPVC 材料氧指数≥50％，有极好的阻燃性和消烟性，是化工设备中符合消防要求部分的理想材料。如果加工工艺和安装恰当，可使 CPVC 管材具有可靠的密封性能，彻底解决化工生产中跑、冒、滴、漏的现象。总之，CPVC 的性能超过 ABS 和 UPVC，并将是它们的取代产品，可用作工厂的热污水管、电镀溶液管道、热化学试剂输送管和氯碱厂的湿氯气输送管道。该类管道输送热水及腐蚀性介质时，介质温度不超过 100℃，仍能保持较高的强度；能够在较高温度和较高内压下长期使用，充分显示了它的优异性能，而且热导率低，不需要保温。

③ 热水、温水用给排水管道　CPVC 用于饮用热水管件料卫生无毒，用于生产饮用水管件、热的饮料、食品、牛奶等输送管道的管件、阀门等。采用恰当的工艺和配方，CPVC 可生产大口径管道，并可采用目前最可靠方便的扩口承插柔性密封圈连接，这是 PP-R、PE-X 及铝塑复合管等管道所无法实现的。因此，它在工业、矿山、建筑、电力、温泉浴场等行业中需输送热水、温水的场合具有较大的应用空间。

④ 高压、超高压电力输送电缆护管　现代化城市的发展，要求埋地铺设电力输送电缆，这就要求电缆护管具有优良的耐热性、绝缘性、易铺设性及阻燃性。CPVC 管材恰恰具有这些性能，具有质轻、易施工、不锈蚀、不燃烧、耐候性好，电绝缘、绝磁性好，抗拉、抗折、抗压和抗冲击性能好等优点。目前已被一些先进国家广泛应用于这一领域，我国也已开始这一方面的尝试，CPVC 已被一些大中城市的电网改造选中采用，用于生产埋地用高压电力电缆套管。

（2）化工防腐制品

化工塔填料用于生产鲍尔环、梅花环、矩鞍环、阶梯环等塔填料。因 CPVC 优异的抗蚀耐氧化性能，广泛用于氯碱工业的氯气干燥塔、尾气吸收塔等，具有压缩强度高、使用寿命长等优点，其他还有反应器、阀门等。

（3）有严格消防要求的场合用材料

由于 CPVC 优良的阻燃性及消烟性，使得这一材料成为具有严格消防要求的塑料产品的首选。主要用于电子电气产品的包装、建筑装潢、交通设施（包括航空）等领域，其发展前景十分诱人。

（4）注塑件

CPVC 树脂可生产供水管的管件、过滤材料、脱水机等，还可以生产电器和电子零件，如电线槽、导体的保护层、电开关、保险丝的保护盖、电缆的绝缘材料等。

（5）压延薄板

可用于制造耐化学品、耐腐蚀的化工设备，如反应器、阀门、电解槽等。

（6）复合材料

由 CPVC 和某些无机或有机纤维所构成的 CPVC 复合材料抗冲击性能好，耐热性也好于其他树脂的复合材料，可制成板材、管材、波纹板、异型材等。

（7）氯纶纤维的改性

国产氯纶纤维的洗晒温度不得超过 60℃，在纺制氯纶时需加入 30％的 CPVC，可以大大提高产品的耐热性，缩水率由原来的 50％降到 10％以下。

（8）发泡材料

CPVC 发泡材料的耐热性优于 PVC 发泡材料，高温时的收缩率相当小，可作为热水管、蒸汽管道的保温材料等。含氯量大于 60％的 CPVC 对溶剂的保持性相当好，可以将 CPVC

置于加热时能产生气体的溶剂中发泡，可得到均一、微孔的发泡气体，可用沸点为50～160℃的烃类、醚类、醛类等溶剂作发泡剂。

（9）其他材料

CPVC与热塑性或热固性塑料共混，可以显著改善这些材料的力学性能，如可使制品的耐热性提高等。

国外还通过生产工艺的改进制备出抗冲击性能更高、透明度更好的CPVC树脂，这种透明材料可用于汽车、音像制品，具有良好的经济效益。

SELECTION OF
PLASTIC
MATERIALS

2

第二篇　工程塑料

第六章

聚酰胺（PA）

聚酰胺（PA）俗称尼龙（nylon），目前为第二大通用工程塑料品种。聚酰胺为大分子链上含有酰胺基团重复结构单元的一类聚合物，主要由二元胺和二元酸缩聚或由内酰胺开环聚合而成。

PA 的不同品种可命名为 PAn（n 为重复单元的碳原子数）或 PAmn，其中 m 代表二元胺的碳原子数目，n 代表二元酸的碳原子数目。按主链结构的不同，PA 可分为脂肪族 PA、半芳香族 PA、全芳香族 PA、含杂环芳香族 PA 和脂环族 PA 等。适于塑料用的 PA 主要有脂肪族 PA、半芳香族 PA 和少量芳香族 PA，具体品种有 PA6、PA66、PA610、PA1010、PA11、PA12、PA612、PA46、PA56、PA1212、PA6T、PA9T、PA10T、PA12T、MC-PA 等。按照聚酰胺的结构不同详细分类见表 6-1，按聚酰胺的其他分类见表 6-2。

表 6-1　按结构分类聚酰胺家族谱

大类	小类	学名	英文简称	俗称	主要生产方
通用聚酰胺	脂肪族聚酰胺	聚己内酰胺	PA6	尼龙 6/单 6	美国杜邦
		聚己二酰丁二胺	PA46	尼龙 46	荷兰 DSM
		聚己二酰戊二胺	PA56	尼龙 56/赛纶	上海凯赛
		聚己二酰己二胺	PA66	尼龙 66/双 6	英威达
		聚癸二酰己二胺	PA610	尼龙 610	美国杜邦
		聚十二碳二酰己二胺	PA612	尼龙 612	山东东辰
		聚癸二酰丁二胺	PA410	尼龙 410	荷兰 DSM
		聚癸二酰癸二胺	PA1010	尼龙 1010	上海赛璐珞
		聚十二碳二酰十二胺	PA1212	尼龙 1212	山东东辰
		聚十二碳二酰癸二胺	PA1012	尼龙 1012	上海凯赛
		聚十一内酰胺	PA11	尼龙 11	法国阿克玛
		聚十二内酰胺	PA12	尼龙 12	法国阿克玛
	脂环族聚酰胺①	聚环己烷-1,4-二甲酰六亚甲基二胺	PA6C	尼龙 6C	日本旭化成
		聚环己烷-1,4-二甲酰十二亚甲基二胺	PA12C	尼龙 12C	郑州大学

续表

大类	小类	学名	英文简称	俗称	主要生产方
通用聚酰胺	半芳香族聚酰胺②③	聚对苯二甲酸丁二胺	PA4T	尼龙 5T	荷兰帝斯曼
		聚对苯二甲酰戊二胺	PA5T	尼龙 5T	上海凯赛
		聚对苯二甲酰己二胺	PA6T	尼龙 6T	日本三井，美国杜邦，巴斯夫，比利时苏威，瑞士伊士曼，中国重庆沃特、浙江新和成、金发科技、三力本诺、惠生新材等
		聚萘二甲酰己二胺	PA6N	尼龙 6N	日本可乐丽
		聚对苯二甲酰壬二胺	PA9T	尼龙 9T	日本可乐丽
		聚对苯二甲酰癸二胺	PA10T	尼龙 10T	瑞士伊士曼、中国金发科技
		聚对苯二甲酰十二碳二胺	PA12T	尼龙 12T	中国君恒、惠生新材
		聚萘二甲酰十二碳二胺	PA12N	尼龙 12N	中国君恒
		聚间苯二甲酰十二碳二胺	PA12I	尼龙 12I	中国君恒
		聚己二酰间苯二甲胺	MXD6	尼龙 MXD6	日内东洋纺织、三菱瓦斯，中国北京安耐吉、鞍山七彩化学
	全芳香族聚酰胺	聚对苯二甲酰胺	PBA	芳纶 14/芳纶 Ⅰ	昊天龙邦
		聚间苯二甲酰间苯二胺	PMIA	芳纶 1313/芳纶 Ⅱ	HT-1(纤维级)美国杜邦
		聚对苯二甲酰对苯二胺	PPTA	芳纶 1414/芳纶 Ⅲ	PPD-T(液晶级)美国杜邦
特种聚酰胺	透明聚酰胺④		① Trogamid T：PATMDT⑤ ② Trogamid CX 是 PACM12⑥		德国赢创(TROGAMID®)T，阿科玛(Rilsan® Clear)，艾曼斯(Grilamid® TR)
	聚酰胺弹性体		PEBA⑦	尼龙 6 弹性体、尼龙 12 弹性体	阿科玛、德固赛、宇部化学，中国浙江心源

① 脂环族尼龙由脂环族二元酸与脂肪族二元胺聚合而成。

② 半芳香族尼龙由芳香族二元酸与脂肪族二元胺聚合而成。

③ 半芳香聚酰胺的芳香单体用对苯二甲酸为 T 系列、用间苯二甲酸为 I 系列、用萘二甲酸为 N 系列。

④ 物理法为加入成核剂，使其晶粒尺寸减小到可见光波长范围，得到微晶态透明尼龙。化学法为引入含侧基或环结构单体，破坏聚酰胺规整性，得到非晶态或微晶态透明尼龙。

⑤ TMD 为 2,2,4-和 2,4,4-三甲基己二胺混合物，T 为对苯二甲酸。

⑥ 用脂肪环族单体替换芳香环族单体。

⑦ PEBA 分子链由聚酰胺链段和聚醚或者聚酯链段嵌段组成。

表 6-2 不同分类的聚酰胺家族谱

按树脂结构分类	脂肪族聚酰胺	PA410、PA6、PA46、PA56、PA66、PA610、PA612、PA1010、PA11、PA1111、PA12、PA1012、PA1212、PA1313、PA1414
	脂环族聚酰胺	PA6C、PA12C

续表

按树脂结构分类	半芳香族聚酰胺	含苯环系列：PA5T、PA6T、PA9T、PA10T、PA12T、PA13T、PA14T 含萘环系列：PA10N、PA12N、PA13N 含间苯二甲酸系列：PA12I
	芳香族聚酰胺	PMIA、PBA、PPTA
按原料来源分类	生物质	PA410、PA5T、PA56、PA610、PA1010、PA10T、PA11、PA1210
	石油基	PA4T、PA6、PA66、PA12、PA6T、PA9T、PA12T
按耐温高低分类	常温	PA410、PA56、PA6、PA66、PA610、PA612、PA46、PA11、PA12、PA1012、PA1212
	高温	PA4T、PA5T、PA6T、PA9T、PA10T、PA12T、PA13T、PA14T

不同国家和地区各品种 PA 的使用比例不同。日本：PA6 占 53%，PA66 占 37%，PA11 和 PA12 占 5%，PA46、PA6T、PA9T 占 5%。欧洲：PA6 占 50%，PA66 占 40%，PA11 和 PA12 占 5%，PA46、PA6T、PA9T 占 5%。美国：PA6 占 47%、PA66 占 45%、PA610 占 8%、PA11 和 PA12 占 6%。中国：以 PA6、PA66 为主，PA1010 次之。

PA 最早的生产厂家为美国杜邦公司。几种主要 PA 诞生时间及生产企业：PA66 为 1936 年美国杜邦，PA610 为 1941 年美国杜邦，PA6 为 1942 年德国巴斯夫，PA11 为 1955 年法国阿托化学，PA1010 为 1961 年中国上海璐璐实业，PA12 为 1966 年德国许尔斯，PA612 为 1972 年美国杜邦，PA46 为 1980 年荷兰帝斯曼。

在 PA 的性能中，存在一个亚甲基的奇偶效应。当亚甲基的数目为偶数时比奇数的熔点高，如 PA7（230℃）的熔点反而高于 PA6（215℃）。这一方面是因为亚甲基为偶数时的氢键密度大，另一方面是两者的结晶结构不同造成的。

PA 的突出特点为：优良的耐磨性、耐摩擦和自润性，较好的力学性能，耐油性优异，气体阻隔性好，耐疲劳性较好。

PA 的突出缺点为：吸湿性大并对力学及电学性能影响大，耐酸性差，在潮湿环境中尺寸变化率大。PA 的吸水率与酰胺键含量比例大小有关，酰胺键的比例越大（亚甲基数目越少），吸水率越高，具体为 PA46＞PA6＞PA66＞PA610＞PA1010＞PA11＞PA12＞PA1212。

第一节　聚酰胺 6

1. 一般概况

PA6 为己内酰胺单体经过缩聚反应产生的聚合物，结构式为$\text{-}[NH(CH_2)_5CO]_n\text{-}$，是一种典型的聚酰胺类高分子化合物。

2024 年中国 PA6 切片总产能 764 万吨/年，新投产装置合计新增产能为 147 万吨/年，淘汰产能为 32 万吨/年。新增省份为江苏省、福建省、山东省、河南省、湖北省及湖南省，新增产能的企业共 9 家。PA6 切片产能占比前十的企业产能合计达 524 万吨/年，主要分布在江苏、浙江一带，基本与 PA6 切片消费区域贴近。

2024年中国PA6切片主要生产企业产能统计见表6-3。

表6-3　2024年中国PA6切片主要生产企业产能统计

企业名称	地区	省份	产能/（万吨/年）	工艺路线
恒申控股集团有限公司	华东	福建	95	己内酰胺开环聚合
杭州聚合顺新材料股份有限公司	华东	浙江	73.5	己内酰胺开环聚合
福建永荣锦江股份有限公司	华东	福建	73	己内酰胺开环聚合
鲁西化工集团股份有限公司	华东	山东	70.5	己内酰胺开环聚合
浙江恒逸锦纶有限公司	华东	浙江	50	己内酰胺开环聚合
江苏海阳锦纶新材料有限公司	华东	江苏	35	己内酰胺开环聚合
江苏弘盛新材料股份有限公司	华南	江苏	35	己内酰胺开环聚合
湖北三宁化工股份有限公司	华东	湖北	35	己内酰胺开环聚合
河南神马尼龙新材料有限责任公司	华东	河南	35	己内酰胺开环聚合
无锡市长安高分子材料厂有限公司	华东	江苏	22	己内酰胺开环聚合

2. 性能

PA6的熔点为215～225℃，比PA66的T_m低，强度和弹性模量也低一些，吸水性比PA66大，但是PA6的断裂伸长率和冲击强度（韧性）比PA66优异，加工流动性也好一些，是物性与价格均优异的树脂，它可以加工成制品、薄膜、单丝、服用纤维等，也容易通过增强、填充、阻燃、与其他树脂共混等进行改性，效果显著，比PA66的应用范围广。PA6有代表性的性能与其他工程塑料的性能比较如表6-4所示，表6-5是德国BASF公司生产的PA6性能。

表6-4　PA6与其他工程塑料的性能比较

项目	PA6	PBT	POM	PC	PPO/HIPS合金
熔点/℃	220	224	180	—	—
玻璃化转变温度/℃	50	32	−56	150	—
密度/(g/cm^3)	1.14	1.31	1.42	1.2	1.09
吸水性(23℃,24h)/%	1.8	0.08	0.22	0.24	0.07
拉伸强度/MPa	74	56	61	63	65
断裂伸长率/%	200	300	60	100	60
弯曲强度/MPa	125	87	91	95	80
弯曲模量/MPa	2600	2500	2640	2300	2500
缺口冲击强度/(J/m)	56	40	65	130	270
洛氏硬度	R114	R118	M80	M80	R118
塔伯磨耗(SC-17)/(mg/1000次)	6	10	14	13	20
摩擦系数(对钢)	—	0.13	0.15	—	0.33
热变形温度(1.82MPa)/℃	63	58	123	135	130

续表

项目	PA6	PBT	POM	PC	PPO/HIPS合金
线膨胀系数/($\times10^{-5}$℃$^{-1}$)	8.5	9.4	10.0	7.0	6.0
UL长期耐热温度/℃	105	120	80	110	100
阻燃性(UL 94)	V-2	HB	HB	V-2	V-0
体积电阻率/(Ω·cm)	1015	1016	1014	1016	1015
相对介电强度/(kV·mm)	31	17	20	90	16
介电常数(60～10^6Hz)	4.0～3.7	3.3～3.1	3.7	3.04～2.98	2.65
耐电弧性/s	121	190	240	120	75

表 6-5　德国 BASF 公司生产的 PA6 的性能

项目	B3、B3K	B5、B5W	B3S	B35SK	B3L
密度/(g/cm^3)	1.13	1.13	1.13	1.13	1.10
吸湿率(23℃,RH50%,饱和)/%	3.0±0.4	3.0±0.4	3.0±0.4	3.0±0.4	2.5±0.4
吸水率(水中,23℃,饱和)/%	9.5±0.5	9.5±0.5	9.5±0.5	9.5±0.5	9.5±0.5
拉伸强度(干态)/MPa	80	80	90	90	65
拉伸强度(湿态)/MPa	50	50	60	60	40
断裂伸长率(干态)/%	50～100	50～100	20～50	50	100
断裂伸长率(湿态)/%	200	200	150	150	250
拉伸模量(干态)/MPa	3000	3000	3200	3200	2650
拉伸模量(湿态)/MPa	1500	1500	1700	1700	1200
简支梁缺口冲击强度(干态)/(J/m)	70	100	40	70	70
简支梁缺口冲击强度(湿态)/(J/m)	不断	不断	不断	不断	不断
悬臂梁缺口冲击强度(干态)/(J/m)	55	100	50	55	130
悬臂梁缺口冲击强度(湿态)/(J/m)	50	55	—	—	55
球压痕迹硬度(干态)/MPa	150	150	160	160	120
球压痕迹硬度(湿态)/MPa	70	70	70	70	63
熔点/℃	220	220	220	220	220
热变形温度(1.82MPa)/℃	55～75	55～75	55～90	55～90	62～65
热变形温度(0.45MPa)/℃	>160	>160	>180	>180	>160
线膨胀系数(干态)/($\times10^{-5}$℃$^{-1}$)	7～10	7～10	7～10	7～10	7～10
热导率(干态)/[W/(K·m)]	0.23	0.23	0.23	0.23	0.23
比热容(干态)/[J/(g·K)]	1.7	1.7	1.7	1.7	1.5
相对介电常数(干态,10^6Hz)	3.5	3.5	3.5	3.5	3.5
相对介电常数(湿态,10^6Hz)	7.0	7.0	7.0	7.0	6.4
介电损耗角正切(干态,10^6Hz)	0.023	0.031	0.03	0.03	0.024
介电损耗角正切(湿态,10^6Hz)	0.3	0.3	0.3	0.3	0.24

续表

项目	B3、B3K	B5、B5W	B3S	B35SK	B3L
介电强度(干态)/(kV/mm)	100	100	100	100	100
介电强度(湿态)/(kV/mm)	60	60	60	60	60
体积电阻率(干态)/(Ω·cm)	1×10^{15}	1×10^{15}	1×10^{15}	1×10^{15}	1×10^{15}
体积电阻率(湿态)/(Ω·cm)	1×10^{12}	1×10^{12}	1×10^{12}	1×10^{12}	1×10^{12}
表面电阻率(干态)/Ω	1×10^{13}	1×10^{13}	1×10^{13}	1×10^{13}	1×10^{12}
表面电阻率(湿态)/Ω	1×10^{10}	1×10^{10}	1×10^{10}	1×10^{10}	1×10^{10}
漏电痕迹性(干态)/V	600	600	600	600	600
漏电痕迹性(湿态)/V	—	500	—	—	—

3. 成型加工

(1) 加工特性

PA6 流体属于牛顿流体，物料的流动性变化对温度很敏感。

干燥处理：由于 PA6 很容易吸收水分，因此加工前的干燥特别要注意。如果含水量超过 0.25%，就会造成成型改变。如果湿度大于 0.2%，建议在 80～110℃的热空气中干燥 16h。如果材料已经在空气中暴露超过 8h，建议进行 105℃、8h 以上的真空烘干。PA 有后吸水性，干燥后应该保存在防潮容器内和封闭的料斗内。注意 PA6 树脂在 90℃以上干燥易引起变色。

回收率：PA 再生料的重复使用次数最好不超过三次，以免引起制品变色或力学性能的急剧下降。再生料添加量建议应控制在 25%以下，过多会引起工艺条件的波动。再生料与新料混合前，必须进行干燥处理。

收缩率：纯树脂收缩率为 0.7%～2.0%，加 30%玻璃纤维后收缩率为 0.3%～0.8%。制品在成型加工过程中，应该逐渐冷却，这样才可降低成型后收缩。

结晶性：除透明 PA 外，其他 PA 都属于结晶性塑料，有较高的熔点，熔融温度范围较窄，热稳定性不好。PA6 树脂较易吸湿，潮湿的 PA 在成型过程中，表现为黏度急剧下降，制品内部混有气泡，制品表面出现银丝，所得制品机械强度下降。

流动性：PA 流动性好，易溢料，注射加工宜用自锁式喷嘴，并应带自加热系统。同时由于熔体冷凝速度快，应防止物料阻塞喷嘴、流道、浇口等引起制品缺料现象。模具溢边值为 0.03。熔体黏度对温度和剪切力变化都比较敏感，但对温度更加敏感，因此降低熔体黏度应先从料筒温度入手。成型收缩范围及收缩率大，方向性差异明显，易发生缩孔和变形等。

内应力：PA6 制品表现为更好的尺寸稳定性和小的内应力，PA6 塑料制品可以通过熔焊液剂来检查应力。

后处理：为了防止和消除制品中的残留应力或因吸湿作用所引起的尺寸变化应进行后处理。后处理方法有热处理法和调湿处理法两种。

热处理：常用方法为将制品浸在矿物油、甘油、液体石蜡等高沸点液体中，热处理温度应高于使用温度 10～20℃。处理时间视制品壁厚而异，厚度在 3mm 以下的为 10～15min，厚度为 3～6mm 的为 15～30min。经热处理的制品应注意缓慢冷却至室温，以防止骤冷引起制品中应力重新生成。

调湿处理：调湿处理主要是对使用环境湿度较大的制品进行的处理，办法有两种。一是沸水调湿法，二是乙酸钾水溶液调湿法（乙酸钾与水的比例为1.25∶1，沸点121℃）。沸水调湿法简便，只要将制品放置在湿度为65%的环境下，使其达到平衡吸湿量即可，但时间较长。而乙酸钾水溶液调湿法的处理温度为80～100℃，处理时间主要取决于制品壁厚，当壁厚为1.5mm时约2h，壁厚为3mm时约8h，壁厚为6mm时约16～18h。

（2）加工方法

① 注射成型

a. 料筒恒温：220℃左右。

b. 模具温度：一般范围60～100℃。模具温度很显著地影响结晶度，而结晶度又影响着塑件的力学特性。对于结构部件来说结晶度很重要，因此建议模具温度为80～90℃。对于薄壁的、流程较长的塑件也建议使用较高的模具温度。增大模具温度可以提高塑件的强度和刚度，但却降低了韧性。如果壁厚大于3mm，建议使用20～40℃的低温模具。对于玻璃增强材料模具温度应大于80℃。

c. 注射压力：一般为100～160MPa，如果是加工薄面长流道制品（如电线扎带），则需要达到180MPa。

d. 保压压力：一般为注射压力的50%。由于材料凝结相对较快，短的保压时间已足够。降低保压压力可减少制品内应力。

e. 背压：一般为2～8MPa，需要准确调节，因为背压太高会造成塑化不均。

f. 注射速度：建议采用相对较快的注射速度。模具应该有好的通气性，否则制品上会出现焦化现象。对增强型材料速度要稍微降低。

g. 螺杆转速：最好将螺杆转速设置低一点，只要能在冷却时间结束前完成塑化过程即可。要求较低的螺杆转矩。

h. 计量行程：(0.5～3.5)D（D为螺杆直径）。

i. 残料量：2～6mm，取决于计量行程和螺杆直径。

j. 浇口系统：点式、潜伏式、片式和直浇口都可以，建议使用盲孔和浇口窝来设置冷料穴。可使用热流道，由于熔料可加工温度范围窄，热流道应提供闭环温度控制。由于PA6的凝固时间很短，因此浇口的位置非常重要。浇口孔径不要小于0.5t（t为塑件厚度），如果使用热流道浇口，尺寸应比使用常规流道小一些，因为热流道能够帮助阻止材料过早凝固。如果用潜入式浇口，浇口的最小直径应当是0.75mm。

k. 料筒设备：可以采用标准螺杆，如果螺杆具有特殊几何尺寸，则会有较高塑化能力；设备要带止逆环和直通喷嘴；对加入了玻璃纤维的增强PA6材料，则需要高耐磨的双金属料筒。

l. 开机注意：开机时应首先开启喷嘴温度，然后再给料筒加温，当喷嘴阻塞时，切忌面对喷孔，以防料筒内的熔体因压力聚集而突然释放，发生危险。

m. 停机注意：无需用其他料清洗，在停机时要用PA6料清空螺杆，防止下次生产时扭断螺杆。熔料残留在料筒内时间最长不要超过20min，此后热降解很容易发生。

n. 脱模剂：使用少量的脱模剂有时对气泡等缺陷有改善和消除的作用。脱模剂可选用硬脂酸锌和白油等，可以混合成糊状使用，使用时必须量少而均匀，以免造成制品表面缺陷。

② 挤出成型

a. 干燥工艺：当PA6的含水量超过0.3%时，就无法挤出成型。在实际生产过程发现

PA 料受潮后，挤出护套就会出现泡沫、粒状物或破损。PA6 材料本身用抽真空的真空袋包装，没有破包的话，可直接投入使用，但如运输过程损破、密封不良或开包未及时用完等，均必须烘干方可使用。受潮 PA 料使用前应进行预干燥。最好用抽真空、旋转桶加热去除水分，每次干燥量不得超过干燥器容积的 3/5。如干燥量太大，干燥器内物料难以旋转，造成受热不均，时间短则水分难以除净，时间长则会使部分物料氧化变黄，无法满足挤出表面的要求。抽真空的真空度应达到 0.05MPa 以上，否则水分难以去除，若采用水蒸气加热，以水蒸气量来控制加热温度，温度宜为 80℃±50℃，加热温度太高则 PA 料会氧化并变黄。

b. 挤出机的要求：挤出机的螺杆长径比一般为（20∶1）～(25∶1)，螺杆和料筒间隙为 0.14～0.18mm，压缩比为（4∶1）～(3.5∶1)。普通渐进型的螺杆在低速时可保证塑化，但挤出量不大；而分离型螺杆塑化更均匀，挤出量更大。

c. 温度的控制：PA6 的挤出温度较窄，温度控制要求较高，温度太高会引起焦烧，而温度太低则 PA6 会冷凝固化造成模具的堵塞。PA6 具有明显的熔点，为 220℃，且冷凝特别快，所以挤出机各区段的温度都必须略高于 220℃，挤出机自进料口至挤出模具的各区段控制温度允许偏差±7℃，具体各段温度 1 区段 235℃、2 区段 240℃、3 区段 240℃、4 区段 240℃、5 区段 245℃。

挤出温度要根据气温、出线速度和 PA 出料量大小等做适当调整，特别要注意挤出机机颈的温度，因为这是连接处，再加上这个区域中有过滤板、滤网、法兰夹套等，散热面积大，因此很难加热到位，若加热未达到要求，而 PA6 冷凝速度快，所以此处很容易在刚开机时形成部分物料固化，使挤出机无法出料，这时螺杆有断裂的危险。因此刚启动时机颈温度或紧靠机颈两头的温度要偏高 5℃，以利于传热，待各区段温度达到规定值后要再保持 5～10min，以保证机颈处温度达到预定的要求，这样就不会产生凝结及堵塞。另外，螺杆刚启动的同时应立即注意观察螺杆电流仪表，观察电流是否异常偏大，若电流偏大，此时应及时停机，并调高加热温度或继续加热。

d. 过滤网的设置：设置过滤网的作用：可以微粒杂质、焦烧颗粒；增大物流的阻力和反压力，使 PA 塑化更均匀；增大压力，使挤出流量均匀。滤网分为两层：40 目＋80 目或 56 目＋80 目。由于 PA 是黏流态，其压力不大，不会挤破滤网。

4. 应用范围

① 包装材料　PA6 的气体阻隔性好，属于中等阻隔性能材料，常与 HDPE 共混和复合，薄膜用于肉、火腿等冷冻食品的包装，吹塑瓶用于牛奶等保鲜包装。

② 日用品材料　PA6 为第一代拉链材料，目前仍大量使用。此外，PA 还可用于一次性打火机壳体、碱性干电池衬垫、头盔、锤柄、锤头、管钳、扳手及机器外壳等。

③ 机械零件　由于 PA6 有很好的机械强度和刚度，其被广泛用于结构部件。由于有很好的耐磨损特性，还用于制造轴承。汽车用高性能增强 PA6 复合材料制造发动机周边部件，如进气歧管、发动机罩盖。

④ 流动改性剂　与 PA66 比较，PA6 的流动性很好，因此在 PA66 的改性料中往往需要加入少量的 PA6，以提高其流动性能。

⑤ 门窗隔热条　为了保证铝合金门窗的美观耐用性能，又赋予其隔声、隔热性能，这就需要在铝合金门窗中间加入门窗隔热条，阻断铝合金的导热和噪声传导。材料一般选用 PA6 加入 15％玻璃纤维增强，主要技术为保证玻璃纤维不外露。目前加入门窗隔热条的铝

合金门窗，热导率基本可以控制在 1W/(m·K) 左右，完全可以满足建筑节能的需要。

⑥ 包装产品　主要为打包带和捆扎扣带，主要用于重包装产品的固定。

第二节　聚酰胺 66

1. 一般概况

2024 年中国 PA66 产能统计见表 6-6。

表 6-6　2024 年中国 PA66 产能统计　　单位：万吨/年

企业	现有总产能	规划总产能	备注
上海英威达	40	40	
平顶山神马	30	30	
重庆华峰	20	30	
宁夏瑞泰	6	8	
台华新材	6	12	锦纶 66 丝
江苏华洋	5	5	
天辰齐翔	4	4	
烟台华润	4	4	
安徽昊源	4	4	
辽阳兴家	4	4	
南山智尚	3.6	3.6	锦纶长丝
中维化纤	3	4	工业丝
浙江新力	2.4	2.4	
优纤科技	2	2	
上海神马	2	2	
新力新材	1.5	3	主要用于本公司下游改性材料原料
玖源化工		120	近期无实质进展
隆华新材		108	试产阶段
新和成		80	40 万吨项目处于开工前审批阶段，前期三地规划 80 万吨
永荣集团/福建荣创		60	一期工程 8 万吨于 2024 年 8 月开工建设
郓城旭阳		60	正处于土建和设备安装过程中
荣盛集团		50	近期无实质进展
恒力石化		40	在建
福建海辰		40	施工
唐山中浩		30	施工
唐山旭阳		30	近期无实质进展
湖北三宁		20	2024 年 8 月 PA 材料一体化项目投产，目前 PA66 实际产量不详
河南心连心		20	项目处于开工前审批阶段

续表

企业	现有总产能	规划总产能	备注
河南峡光		20	近期无实质进展
中化学天辰（泉州）		20	项目备案，尚未开工
台华新材		12	锦纶 66 丝规划总产能 12 万吨
上海洁达		12	与英威达合作，项目启动，无实质进展
山西恒力（中能集团）		12	业经营非正常，项目无进展
聚合顺		8	项目处于开工前审批阶段，近期无实质进展
江苏威名		6	项目处于开工前审批阶段，预计 2027 年底建成
华鼎锦纶		6	纶长丝企业
国锐化工		4.1	企业经营非正常，项目无进展
华鲁恒升		4	建设中
合计	140.5	1087.8	

PA6 和 PA66 是所有 PA 类型中最便宜的两个品种，因此产量也最大，应用面也最广。PA66 是使用范围最广的一种 PA。未填充时，PA66 在不同的温度和湿度范围内均表现出较高的强度，它具有良好的耐磨性，而且对汽油、矿物油和氟碳制冷剂显示出最低的渗透性。

但 PA66 的吸湿率较高，干燥后冲击强度和延展性较低。在所有 PA 中，PA66 对紫外线和氧化降解最为敏感。PA66 和 PA6 对弱酸的耐受性低于 PA610、PA612、PA11 和 PA12。由于 PA66 改善了阻燃性，因此除了常见应用外，在电气元件中的使用较为普遍。它通常用作压铸手工工具主体的金属替代品。

PA6 和 PA66 的区别：一是在潮湿条件下，PA6 的冲击强度和挠曲疲劳寿命比 PA66 更好。二是与 PA66 相比，PA6 可以在较低温度下加工而且结晶较少，这意味着模具收缩率较低，公差更小。

最常用的两种 PA 的性能对比见表 6-7。

表 6-7 PA6 和 PA66 的性能对比

性能	PA6	PA66
成本	低	高
密度	接近	接近
吸湿率	高	低
熔点	低	高
加工温度范围	宽	窄
冲击强度	高	低
刚性	低	高
耐热温度	低	高
流动性	好	差
染色性	好	差

2. 结构与性能

(1) 结构

PA66 中存在酰胺基，可以在大分子中间形成氢键，使分子间作用力增大，赋予 PA66 以高熔点和力学性能，同时也使其吸湿率增大。

PA66 中酰胺基之间的亚甲基，赋予 PA66 以柔性和抗冲击性。PA 中的亚甲基/酰胺基的比例越大，分子中氢键数越少，分子间力越小，柔性越大，吸水越少。

PA66 中的酰胺基排列规整，因此它在适当条件下可以结晶，结晶度可达 50%～60%。PA 晶体有 α、β、γ 晶型，PA6 有 α、γ 两种，PA66 有 α、β 两种。

(2) 性能

PA66 的耐热性比 PA6 高，熔点为 260～265℃，成型速度快（即成型周期短），受热时刚性大，耐热性优良；PA66 的结晶度为 30%～40%，比 PA6 高约 10%，反映 PA66 材料的强度，耐化学品性能、吸水性等性能比 PA6 优良，特别是耐热性和耐油性好，适合制造汽车发动机周边部件和容易受热的部件（如电子电器部件），改性效果也和 PA6 一样显著。但是，PA66 与其他 PA 相比（如 PA6），最易受热降解与交联。PA66 有代表性的性能与其他工程塑料的性能比较如表 6-8 所示，表 6-9 是德国 BASF 公司生产的 PA66 性能。

表 6-8　PA66 与其他工程塑料的性能比较

项目	PA66	PBT	POM	PC	PPO/HIPS 合金
熔点/℃	260	224	180	—	—
玻璃化转变温度/℃	50	32	−56	150	—
密度/(g/cm^3)	1.14	1.31	1.42	1.2	1.09
吸湿率(23℃,24h)/%	1.3	0.08	0.22	0.24	0.07
拉伸强度/MPa	80	56	61	63	65
断裂伸长率/%	60	300	60	100	60
弯曲强度/MPa	130	87	91	95	80
弯曲模量/MPa	3000	2500	2640	2300	2500
缺口冲击强度/(J/m)	40	40	65	130	270
洛氏硬度	R118	R118	M80	M80	R118
塔伯磨耗(SC-17)/(mg/1000 次)	8	10	14	13	20
摩擦系数(对钢)	—	0.13	0.15	—	0.33
热变形温度(1.82MPa)/℃	70	58	123	135	130
线膨胀系数/($\times10^{-5}℃^{-1}$)	8.5	9.4	10.0	7.0	6.0
UL 长期耐热温度/℃	105	120	80	110	100
阻燃性(UL 94)	V-2	HB	HB	V-2	V-0
体积电阻率/(Ω·cm)	10^{15}	10^{16}	10^{14}	10^{16}	10^{15}
介电强度/(kV/mm)	35	17	20	90	16

续表

项目	PA66	PBT	POM	PC	PPO/HIPS 合金
相对介电常数(60～10^6 Hz)	4.1～3.4	3.3～3.1	3.7	3.04～2.98	2.65
耐电弧/s	128	190	240	120	75

表 6-9 德国 BASF 公司生产的 PA66 的性能

项目	A3	A3K、A3W	A3SK	A3R
密度/(g/cm³)	1.13	1.13	1.14	1.10
吸湿率(23℃,RH50%,饱和)/%	2.8±0.3	2.8±0.3	2.8±0.3	2.8±0.3
吸水率(水中,23℃,饱和)/%	8.5±0.5	8.5±1.0	8.5±0.5	8.5±1.0
拉伸屈服强度(干态)/MPa	80	85	90	70
拉伸屈服强度(湿态)/MPa	60	60	65	50
断裂伸长率(干态)/%	50	45	20	10
断裂伸长率(湿态)/%	200	200	80	40
拉伸模量(干态)/MPa	3200	3200	3400	2700
拉伸模量(湿态)/MPa	1600	1600	1700	1600
简支梁缺口冲击强度(干态)/(J/m)	60	50	40	10
简支梁缺口冲击强度(湿态)/(J/m)	不断	不断	不断	40
悬臂梁缺口冲击强度(干态)/(J/m)	55	55	40	40
悬臂梁缺口冲击强度(湿态)/(J/m)	50	50	30	30
球压痕迹硬度(干态)/MPa	160	160	170	140
球压痕迹硬度(湿态)/MPa	100	100	110	100
熔点/℃	255	255	255	255
热变形温度(1.82MPa)/℃	100	100	105	85
热变形温度(0.45MPa)/℃	>200	>200	>200	185
运转几小时最高使用温度/℃	约 200	约 200	约 200	约 200
5000h(拉伸强度保持 50%)最高使用温度/℃	85	105/130	105	—
20000h(拉伸强度保持 50%)最高使用温度/℃	70	90/120	90	—
线膨胀系数(干态)/($\times10^{-5}K^{-1}$)	7～10	7～10	7～10	7～10
热导率(干态)/[W/(m·K)]	0.23	0.23	0.23	0.23
比热容(干态)/[J/(g·K)]	1.7	1.7	1.7	1.7
介电常数(干态,10^6 Hz)	3.6	3.2	3.2	3.3
介电常数(湿态,10^6 Hz)	5.0	5.0	5.0	—
介电损耗角正切(干态,10^6 Hz)	0.026	0.025	0.025	0.015
介电损耗角正切(湿态,10^6 Hz)	0.2	0.2	0.2	—
介电强度(干态)/(kV/mm)	120	120	120	120
介电强度(湿态)/(kV/mm)	80	80/60	80	80

续表

项目	A3	A3K、A3W	A3SK	A3R
体积电阻率(干态)/(Ω·cm)	10^{15}	10^{15}	10^{15}	10^{15}
体积电阻率(湿态)/(Ω·cm)	10^{12}	$10^{12}/10^{11}$	10^{12}	—
表面电阻率(干态)/Ω	10^{13}	10^{13}	10^{12}	$10^{12}\sim10^{13}$
表面电阻率(湿态)/Ω	10^{10}	$10^{10}/10^{9}$	10^{10}	—
漏电痕迹性(干态/湿态)/V	600	600/500	600	600

3. 成型加工

(1) 加工特性

PA66 有明显的熔点，且熔点高，熔程较窄，因此加工温度较高。熔程：PA6 为 220～300℃、PA66 为 260～320℃、PA610 为 220～300℃、PA12 为 285～300℃。

PA66 的熔体黏度低，温度超过熔点后黏度下降很快，熔体的流动性好，熔体黏度对温度和剪切速率都较敏感。但其流体特性接近牛顿流体，即对温度的敏感性较大。

PA66 的热稳定性较差，与 PS、PP 等相差悬殊，热降解倾向严重，应加入二苯胺改善，并严格控制温度。

PA66 成型时有结晶产生，结晶度一般在 20%～30%之间，受加工条件的影响较大。

PA66 的成型收缩率较大，并受树脂的品种、制品的壁厚、流动方向及工艺条件等影响。但增强 PA 的成型收缩率大大降低，一般为纯 PA 的 30%左右。成型收缩率：增强 PA6 为 0.3%～0.7%，增强 PA66 为 0.2%～0.8%，增强 PA610 为 0.4%～0.7%，增强 PA1010 为 0.3%～0.5%。

PA66 的吸水率比较大，在加工前必须干燥，使含水量小于 0.1%。干燥条件为：温度 100～110℃，时间为 10～12h。

PA66 制品成型后需进行调湿处理，以降低吸水对性能的影响，提高尺寸稳定性。调湿处理的条件为在水、乙酸钾水溶液（乙酸钾/水为 1.25/1）、熔化石蜡、矿物油或聚乙二醇中进行，温度高于使用温度 10～20℃，一般为 80～120℃，1.5mm 厚度时间为 2h、3mm 厚度为 8h、6mm 厚度为 16h。

PA66 在加工中易产生内应力，应进行退火处理，放入矿物油、甘油、液体石蜡等高沸点液体中，具体条件为缓慢升温到 160～190℃，停留 15min 后，缓慢冷却即可。

PA66 料回收再加工最好不超过 3 次，并控制占比在 25%以内。

(2) 加工方法

PA66 可用注塑、挤出及吹塑等方法成型。还可以用流动床喷涂、火焰喷涂、各种机械切削等方法进行加工。

① 注射成型 PA 的黏度低、易流动，应用自锁喷嘴。螺杆和料筒的间隙要小，一般小于 0.05mm，以防止产生逆流现象。螺杆为单头、全螺纹、压缩突变螺杆，压缩比为 2～3，要设止逆环。模具要考虑排气，排气孔直径小于 0.025mm，以小于 0.03mm 的溢边值，脱模斜度 40min～1°30′，浇口尺寸为壁厚的 2/3～3/4，但不小于 0.8mm，主流道斜度为 4°～6°。制品的流动长度与壁厚比为 150～200 之间，壁厚不低于 0.8mm。

使用少量的脱模剂会消除 PA 制品气泡等缺陷，脱模剂可以为硬脂酸锌或液体石蜡等。

具体的注射成型工艺条件为：料筒温度 240～280℃，喷嘴温度 240～260℃，模具温度 40～60℃，注射压力 70～120MPa。

② 挤出成型 设备选择：挤出成型采用等距不等深的渐变螺杆，选用排气式挤出机，L/D 为（18～22)/1，压缩比为（3～4)：1。

工艺条件：料筒后部 245～255℃，中部 258～275℃，前部 260～280℃，机头 255～280℃，口模 255～260℃。挤出压力 3.5MPa，螺杆转速 60r/min。

4. 应用范围

PA66 主要用于汽车、机械、包装、电子电器及日用等领域。工业上 PA66 广泛用于制成各种机械、汽车、化工、电子和电气装置的零部件，特别适于高强度或耐磨制件，如各种齿轮、辊子、滑轮、辊轴、轴承、泵体中叶轮、风扇叶片、高压密封圈、阀座、垫片、衬套、各种壳体、工具手柄、支撑架、电缆包层、汽车灯罩等。在电子仪器设备、继电器等电气设备中制作零件、电梯导轨、建筑装饰用扶手等。在医疗器械、体育用品和日用品上也能得到广泛应用，如棒球击球棒、滑雪板等。也可制成薄膜与铝箔等形成复合膜作食品包装，如软包装罐头、饮料等。

（1）汽车工业

汽车为 PA66 的第一大市场，主要用于发动机部件、电子配件、车体部件及输油件等。具体产品有：输油管、空调管、喷油嘴、油箱、燃料过滤器、储油槽、罐、捕集器、齿轮、接线柱、车轮盖及汽车外板等。

（2）机械工业

利用 PA66 高力学性能、耐磨性和自润滑性，可广泛制造齿轮、涡轮、垫片、螺栓、螺母、轴承等。

（3）电子电器

PA66 主要用于民用电器的电饭锅、吸尘器、高频食品加热器以及接线柱、接插件、开关和电阻器等。

（4）体育用品

主要有滑雪板、球拍线、球拍框、冲浪板、冰鞋、钓鱼竿、钓鱼线及渔网线等。用 PA6 制成的渔网丝具有纺丝容易、透明性高、拉伸强度高等优点。

（5）医疗器械

可用于输血管、取血钳、输液器、手术缝合线等。

第三节 其他品种

其他 PA 品种有 PA11、PA12、PA1010、PA1012、PA610、PA612、PA46、PA1111、PA1212、PA4T、PA6T、PA9T、PA10T、PA12T、MCPA 和透明 PA 等。

PA610 和 PA612 的电绝缘性好、吸湿率较低，其中 PA610 具有较低的吸湿率和极低的脆化温度，耐热性更好，并且它比 PA612 更便宜，可以逐渐取代 PA612。PA610 的性能通常介于 PA6 和 PA66 之间，但是比 PA6 和 PA66 价格更贵，在潮湿条件下显示出比 PA66 略高的耐蠕变性能。

PA11 和 PA12 的吸湿率较低，其中 PA12 的吸湿率在所有未填充聚酰胺中最低。它们的柔韧性和冲击强度比 PA6、PA66、PA610 和 PA612 要高，但成本更高、强度更低，最高使用温度也随之降低。PA12 的耐候性是 PA 中最好的，但是最近超韧 PA（实际上是合金）型号的出现令其地位岌岌可危。PA1212 的性能要比 PA6 和 PA66 更好，但比 PA11 或 PA12 更便宜。

在高温条件下，PA46 的冲击强度高、蠕变低且刚度更高、疲劳特性优于 PA66，缺点是加工工艺窗口更窄，难以热塑加工。

一、聚酰胺 46

1. 一般概况

PA46 为丁二胺和己二酸缩聚的产物，1985 年由荷兰国家矿业公司开发，商品名 Stanyl。

其实对 PA46 的研究早在 1975 年就开始了，荷兰 Twente 大学的 Gaymans 在实验室中研究出一种可以合成纯白、高分子量 PA46 的方法，随后荷兰的 DSM 公司以 Gaymans 的研究为基础于 1984 年正式发表了具有商业价值的 PA46 的制造方法，并于 1986 年建立了一座产能 150 吨/年的 PA46 合成工厂，并于 1989 年建成了另一座产能 2 万吨/年的 PA46 的基础树脂工厂。目前 DSM 公司是全球唯一能生产 PA46 基础树脂的公司，并且是全世界唯一拥有合成 PA46 专利技术的公司。

PA46 在汽车和电子应用领域具有无法比拟的性能和价值，可提供高温条件下的优异的力学性能、卓越的耐磨性和低摩擦以及优异的流动性，这使得成型加工更为方便，产品的特殊设计可以更为灵活。PA46 的性能超越了 PPA、PA6T、PA9T 等，同时在需要高温的工作条件下通常优于 PPS 和 LCP 材料。

2. 性能

与 PA6 和 PA66 相比较，PA46 在分子链结构上对称性高，酰胺基团密度高，并且分子链有较好的规整性，进而决定了 PA46 具有耐热性好、强度高、刚性好、结晶度高、结晶速度快，吸水率大但吸水后对物性影响比 PA6 和 PA66 小的特性。PA46 的主要力学性能见表 6-10。

表 6-10　PA46 的主要力学性能

性能项目	一般级别		30%玻璃纤维增强	
	干	湿	干	湿
相对密度	1.18	—	1.4	—
拉伸强度/MPa	81.6	63	255	122.4
断裂伸长率/%	30	280	5	8
弯曲强度/MPa	102	30.6	234.6	142.8
弯曲模量/GPa	3.37	1.12	8.67	4.69
缺口冲击强度/(J/m)	102	408	112.2	193.8
洛氏硬度	123	107	120	118
热变形温度/℃	160	160	285	285
线膨胀系数/K^{-1}	7.3×10^{-5}	7.3×10^{-5}	3×10^{-5}	3×10^{-5}

（1）高耐热性

PA46 具有高熔点和高结晶度，其耐热性十分优良，可在 160℃连续长期使用，玻璃纤维增强后的耐热温度比 PPS 还要高，接近 300℃的高温，PA46 与其他工程塑料的耐热性比较见表 6-11。

表 6-11 PA46 与其他工程塑料的耐热性比较

项目	PA46		PA66		PC		PBT		PPS
GF 含量/%	0	30	0	30	0	30	0	30	40
热变形温度/℃	160	280	80	245	135	135	50	210	260

PA46 的价格相对于 LCP 而言低得多，成型周期短，韧性较好，可用于取代 PPS 和 LCP 等高价格塑料品种。

（2）高温下刚性高

PA46 具有良好的刚性，高温下 PA46 的刚性较其他工程塑料如 POM、PBT、PA66 等都好，并且对温度的依赖性小于其他工程塑料，在高温下也可保持良好的刚性。

（3）高温下冲击强度高

PA46 的结晶温度、结晶密度较其他塑料高，添加玻璃纤维后对 PA46 有较好的增韧效果，并且在绝对干燥状态时的冲击强度较其他常见工程塑料高。PA46 和部分其他 PA 一样，经过调湿后冲击强度大幅度提高，而且在低温下仍比 PA6 和 PA66 高，几种 PA 在不同温度、湿度条件下的冲击强度见表 6-12。

表 6-12 几种 PA 在不同温度、湿度条件下的冲击强度 单位：kJ/m^2

种类	23℃干态	23℃湿态	−20℃湿态
PA46	10	40	7
PA6	5	25	4
PA66	3	18	3

（4）耐蠕变性好

PA46 具有比 PA6、PA66 低得多的蠕变，经过 1000h 后，蠕变几乎为 0。

（5）结晶度高、结晶速度快

PA46 的结晶度较高，结晶速度快，可用相当快的速度注射成型。PA46 与 PA6、PA66 的热性能和结晶性比较见表 6-13。

表 6-13 PA46 与 PA6、PA66 的热性能和结晶性比较

种类	熔点/℃	玻璃化转变温度/℃	结晶度/%	相对密度	结晶速度/s^{-1}
PA46	295	78	54	1.18	4～8
PA66	262	66	36	1.14	1.64
PA6	262	59	33	1.14	0.14

（6）耐化学品性优良

由于 PA46 的结晶度高，其耐化学品性较好，其耐汽油、润滑油、甲醇、乙二醇的能力比 PA66 好得多，PA46 的耐化学品性与 PA46 和 PA66 的耐油性见表 6-14 和表 6-15。

表 6-14　PA46 的耐化学品性

药品种类	化学品名称	耐化学品性
无机酸盐类	10%氨水	稍变化
无机酸	10%盐酸、10%硫酸	有腐蚀
碳氢化合物	甲苯、二甲苯、环己烷	无变化
醇类	甲醇	稍变化
	丁醇、乙二醇	无变化
酮类	丙酮、丁酮（MEK）	无变化
卤化物	四氯化碳	无变化
酯类	乙酸乙酯	无变化
其他	汽油、机油、润滑油	无变化

表 6-15　PA46 和 PA66 的耐油性

树脂种类	耐油性/h	
	50%拉伸强度保持性	75%拉伸强度保持性
25%GF/PA46	500～600	200～250
25%GF/PA66	60～80	40～60

（7）耐焊锡性好

SMT 法要求电子零件必须在较高温度条件下（270～280℃，45～75s）耐焊锡性能稳定，PA46 的耐焊锡性好于 PPS 和 LCP。可保证高温下刚性和尺寸稳定，防止产生变色、变形或插针松动等现象，插针的固定性良好、咬合性良好。

（8）摩擦磨损特性优良

PA46 的摩擦系数低，与 POM 接近。PA46 的耐磨性优于 POM，极适合于一些对耐摩擦和磨损要求较高的零件如齿轮、轴承保持架、转轮、轴承等。

（9）吸水引起的尺寸变化低

因 PA46 分子链中含有氨基的浓度高，其吸水性高于 PA6 和 PA66，导致尺寸和性能的变化。但由于 PA46 具有很高的结晶度，可降低吸水的影响，故吸水引起的尺寸变化远低于 PA6。

3. 具体实例性能介绍

下面以荷兰 PA46 牌号 Stanyl 为例具体详细介绍其性能。

（1）力学性能

PA46 的力学性能取决于温度、含湿量以及老化时间混料成分，尤其是增强剂和填充物的类型和数量，对这些特性的绝对值影响非常大。

① 刚度　因为结晶度很高，所以 Stanyl 直到温度非常接近熔点时还能保持很高的刚度。这样在关键应用中就提供了比普通工程塑料如 PA6、PA66 和热塑性聚酯更大的安全系数。其他耐高温树脂如 PPA 和 PPS 在室温下的模量非常高，但是在高温下超过 100℃刚度却明显下降，而 Stanyl 在温度大于 100℃时具有更高的刚度。

在设计部件时之所以能够将壁厚减小，就是利用了 Stanyl 高温下的刚度优势。与 PPA 或 PPS 比较，采用相同级别的玻璃纤维增强改性材料，Stanyl 材料能使壁厚变薄 10%～15%。利用 Stanyl 来减轻重量，这对汽车以及航空应用而言无疑是非常重要的。加入各类型增强剂改性后，还可以进一步加大刚度，厚度尺寸还可以进一步减小。

② 耐蠕变性　要获得最佳性能以及最长寿命期，承受长期负载的工程塑料必须具有优良的耐蠕变性，即负载情况下的低塑性变形能力。Stanyl 的高结晶度结构使得升温时超过 100℃也能保持优异的刚度，因此其耐蠕变性比其他工程塑料及耐热材料更好。

蠕变是限制材料最高应用温度的一个因素。Stanyl 和 PA66 或 PPA 在同样的环境温度下使用时有优势：在增强剂含量相同时，使用 Stanyl 可以降低壁厚，减少材料用量，并降低成本；在壁厚相同时，Stanyl 增强剂含量可以低于 PA66 增强剂含量。

③ 韧性　韧性即可延展性，常常通过抗冲击性（高速）和断裂伸长率（低速）测得。

拉伸强度和弯曲强度随着温度的升高而降低，韧性却反而增强，因此韧性常常是低温环境下最为关键的性能指标。在汽车应用中，−30℃或−40℃下的低温抗冲击性能好坏非常关键。在很多电子/电气应用中，室温下或升温时的韧性对一些加工流程就非常重要，例如引脚插入、绕线操作和焊接等。

细晶结构使得 Stanyl 比较其他工程塑料能表现出无与伦比的韧性和可延展性，即使在 0℃以下悬臂梁冲击强度或简支梁冲击强度也保持较高值。但是玻璃纤维增强的含量不同，对这两种韧性参数的影响也不同。增大增强剂的百分比含量，则能降低断裂伸长率，同时升高悬臂梁冲击强度或简支梁冲击强度。

玻璃纤维增强 Stanyl 的缺口抗冲击性或摆锤式抗冲击性也很优秀。因此使得 Stanyl 在要求较高的应用场合成为首选材料，而且还方便进一步装配工序，例如使用引脚插入和扣件。Stanyl 的断裂伸长率很高，因此为薄壁部件、薄膜铰链以及注射成型（如在齿轮和滑轮中）提供了最佳解决方案。

④ 抗疲劳性　Stanyl 的高结晶度和细晶体结构使它的抗疲劳性高于大多数其他工程塑料和高温树脂。较之 PA66、PPA 和 PPS，Stanyl 在高温应用中的抗疲劳性方面有了明显的提高，玻璃纤维增强 Stanyl 与 PA66 和 PPA 的抗疲劳性尤其突出，对于齿轮、中冷器、导气管和链条张紧器来说，Stanyl 的抗疲劳性尤为重要。

（2）耐热性能

Stanyl 材料的耐热性能与高温材料 PPS、聚砜类、PEI 和 LCP 类似，要优于人们熟悉的普通工程塑料如 PA6、PA66 和热塑性聚酯。Stanyl 从这些材料中脱颖而出，原因在于其在宽广温度范围内的优异力学性能。对于今日的高技术领域而言，材料在宽广范围内的性能表现通常是非常关键的。

在采用热塑性塑料设计时，在一定的环境条件下材料的性能需要达到部件要求的临界设计标准。当温度升高时多种性能会变差，并会产生热老化现象。因此，对于在高温下使用的部件，应考虑到高温下持续或短期工作的性能。

短期热性能：材料短期热性能用其高温下刚度和强度水平来表示，例如 100℃至 290℃区间的高温。在设计时，应将高温下的刚度和强度作为临界水平考虑，因为通常室温下测得的刚度和强度比高温时要高很多，即使在吸湿之后也如此。

熔点温度与热变形温度（HDT）：从另一个角度很好地诠释了在一定负荷下的耐峰值温度性能。HDT 的定义是，在一定负荷下样条变形到一定程度时的温度，HDT 与高温下的刚性有关。由于 Stanyl 材料在高温下能极好地保持刚性，故其未增强型产品的 HDT 额定为 190℃，增强型产品为 290℃，要明显高于其他工程塑料或高性能材料。

长期热性能：对于设计人员来说，了解终端产品的性能水平和在产品到达使用寿命期限时材料的性能水平非常重要，这意味着材料必须暴露在有氧环境中加热数千个小时。这种耐热性能或空气老化性能，可采取几种不同方式表示。可以选择在室温或高温下测试不同参数，诸如强度、刚度、冲击强度和断裂伸长率等，来表示经过长时间热老化后材料性能。

在汽车工业中经常使用持续使用温度（CUT）作为一个选择标准。其定义为，在一定时间内，通常为 500h、1000h、5000h、10000h 或 20000h 内，某一给定力学性能，通常是拉伸强度或冲击强度，降低 50％时的温度。刚度和断裂伸长率不能用于测量 CUT，因为刚度只在热老化后增加，而所有材料的断裂伸长率都会急剧下降，下降程度无区别。30％玻璃纤维增强型 Stanyl 材料经 5000h 的 CUT 为 175℃；在 175℃下经 5000h 老化后拉伸强度下降 50％。

Stanyl 和竞争性材料（30％～33％玻璃纤维增强型聚酰胺）在升温时，测得的耐热老化性（由 CUT 和 ARO 概念表示）以及刚性方面，Stanyl 具有明显的优势。

E&E 工业广泛使用 UL 给出的相对温度指数（RTI）。该指数在某种意义上可以认为是 60000～100000h 的极长半衰期范围的 CUT 值。热稳定型 30％玻璃纤维增强型 Stanyl 材料的 RTI 值为 140℃。

热老化后的绝对实际工作值为设计人员提供了不同材料间更加真实的比较。绝对实际工作值克服了 CUT 和 RTI 原理的主要缺点，后两者实际上只考虑了特性的保持比例，并且在经老化试验后对那些特性的测量都在室温下进行。如果某些材料的特性本身较低但保持较好，例如 PPS，那么在 CUT 原理下，等级要高于其他特性本身较好但下降较快的材料。而在热老化后，后者测得的绝对值要优于前者。

另外，CUT 是基于室温下测量的特性，而关键的设计往往需要在高温下工作。

Stanyl 和竞争性热塑性塑料在 150℃下测试经热老化后，在实际工作温度 150℃时拉伸强度的绝对水平，Stanyl 胜出。

（3）耐化学品性

众所周知，聚酰胺具有广泛的耐化学品性。Stanyl 也不例外，在高温下 Stanyl 对油和油脂的耐化学品性极佳。

Stanyl 对低渗透燃料甚至是含酒精燃料，也有杰出的耐受性能。因此，Stanyl 成为应用于汽车工业引擎盖下面部件以及齿轮和轴承等其他行业的理想材料。

（4）电学性能

当在电子和电气应用中使用 Stanyl 材料时，一个主要功能是电气绝缘。Stanyl 在高温下能很好地保持这些特性，满足关键的应用需求。

另外，Stanyl 能在高频下保持低而稳定的相对介电常数，这是当今 5G 连接器的关键因素。吸水可能会导致相对介电常数的增加，然而这一结果只在低频时才能表现，当今或未来的 5G 设备一般使用高频，故这种现象基本不会出现。另外，Stanyl 可以在高频下保持稳定的低介电常数。

（5）加工性能

Stanyl® 具有高流动加工性能。Stanyl 不仅在注射成型过程中表现出优异的流动特性，同时还具有成型周期短、生产率高和耐高温的性能（高热变形温度、高熔点），因此 Stanyl

可以用于薄壁应用（例如连接器）。

高流动规格 Stanyl 的流动特性得到进一步增强后，在保持极佳力学特性的同时还具备与流动性最佳的 LCP 相当的流动性能。

高流动规格 Stanyl 可以取代 LCP，其更胜一筹的力学特性（例如熔接线强度）、出色的引脚保持力以及低废品率使得成本节省可达 50%。高流动规格 Stanyl 制成的部件，能在回流焊接温度高达 280℃的时候依然保持尺寸稳定性，这是由于它在这些温度下具有相当优异的刚度。高流动规格 Stanyl 对剪切生热不太敏感，在注射成型过程中需要进行不同的设置。

（6）阻燃性

Stanyl 的阻燃级别可以满足电气工业的需求，其中有多种材料可达到 50%～100%再研磨 V-0 等级，从而降低浪费和材料成本。未改性、无增强型 Stanyl 材料定为 V-2 级，无阻燃剂的玻璃纤维增强型材料为 HB 级。根据多个 UL 标准，Stanyl 还有其他等级。值得注意的是，根据 UL1446 标准，玻璃纤维增强型 Stanyl 材料是 H 等级（180℃）。此外，Stanyl 材料的可燃性也通过了灼热丝着火温度和灼热丝可燃性指数测试。

（7）吸湿效应

与其他聚酰胺相比，Stanyl 分子链中含有氨基，因此其能够可逆地吸收水分，吸湿性取决于温度、环境的相对湿度和特定组件的壁厚。一般而言，吸湿性会降低玻璃化转变温度，导致室温下韧性提高、硬度和强度降低。

Stanyl 硬度的降低小于其他聚酰胺，原因在于 Stanyl 具有高结晶度。在玻璃化转变温度（75℃）以上时，其性能并不受所吸收水分的影响。

而半芳香族聚酰胺玻璃化转变温度更高，因而常落在工作温度范围内。此时吸湿所引起的玻璃化转变温度变化将使在关键工作温度时的性能发生变化。此外，由于具有较高的玻璃化转变温度，因此需要较高的模温，从而需要加热模具。

长时间暴露于 100℃以上时，Stanyl 将会干透，尤其是在更高温度时，干透得更快。同时其特性将接近“干燥”曲线所示的情况。在相当大的温度范围内，特性将会保持一致，若考虑退火的影响，则更是如此。

吸湿会导致产品尺寸发生变化。但是，由于在许多应用中使用的是高度填充合成物，因此尺寸变化是有限的。由于玻璃纤维的定向作用，尺寸变化主要发生在与流动方向垂直的方向。

吸湿通常发生在室温条件下。这是一个相当缓慢的过程，需要很长时间才能达到平衡。在工作温度下使用时（Stanyl 部件的工作温度通常为 100℃以上），干燥非常快。这意味着在许多应用中，水分完全饱和的情况非常少见，吸湿的影响常常是有限的。

对 Stanyl 进行退火处理可显著降低吸湿性。暴露于高温（>100℃）时，退火可导致 Stanyl 无定形形态更紧凑。这种现象是 Stanyl 所独有的，并且是不可逆的。如在汽车应用中，在高温下工作的同时就进行了退火。退火可使吸湿率降至 1/3。退火也可作为单独步骤来改善 Stanyl 部件的尺寸稳定性（建议使用氮气气氛）。吸湿率的降低取决于退火时间和温度。产品的特性，如硬度、强度、抗疲劳性、耐蠕变性以及耐磨性一般都可通过退火得到改善，尽管韧性会稍有降低，但在一定程度上仍好于其他竞争材料。

起泡现象是指在很高的峰温（接近材料 HDT）条件下进行焊接时，在极潮湿的环境中的吸湿会造成起泡。这种现象并不是 Stanyl 所独有的，其他聚酰胺甚至是 LCP 也存在这种现象。可以通过防潮和优化加工工艺防止出现起泡，使焊接部件尽可能处于干燥的环境中。

加工时的湿气控制：在进行熔融加工时，高湿度会使最终组件的表面出现银纹和溅射痕迹。在极端情况下，聚合物基料会发生降解，而且黏度会降低。为了防止出现这种情况，所提供的 Stanyl 颗粒均应是干燥的，并置于气密防潮袋中。

（8）耐磨性

Stanyl 拥有比其他高性能塑料更杰出的耐磨特性。在大多数情况下比其他工程塑料和高性能塑料更有优势，尤其在高温或高扭矩负载下。尽管这些材料的标准规格的摩擦系数都非常小，但 Stanyl 仍然领先于同类产品。主要原因是它具有较高的 PV 等级，这使得加工时可以采用较高的压力或速度。

当处于苛刻的应用条件时，如高温、高负载、高速、苛刻的化学环境和振动等，其他材料会因为熔化（POM、PA6）、易碎（PPS、PPA）、高温下的低刚度（POM、PPS、PA6、PA66、PPA）或高磨损性（PPS）而失败，而 Stanyl 却能提供平稳可靠的性能。

改良的 Stanyl 有更好的耐磨损性，分为未增强型和玻纤增强型。平滑而柔韧的表面，加上升温时的刚度，高熔点、高抗疲劳性以及高抗振性、优良的抗裂纹扩展性以及耐油脂性，所有这些性能使得 Stanyl 成为滑动件，例如起阀器导管、链条张紧器、齿轮、轴承衬套和止推垫圈的理想材料。

在高 PV 值时，Stanyl 的性能比 POM、PPS 和 PPA 优异，而且无论 PV 值高与低，Stanyl 的性能都比 PA6 和 PA66 优异。

4. 成型加工

PA46 在成型加工过程中需要注意如下事项。

PA46 在 330℃以上的温度下，不能长期滞留，否则会导致热降解。注射喷嘴和低温度的模具接触易产生降温现象，造成 PA46 熔料在喷嘴外固化。因此，注射时要在喷嘴处保温，以防止冷凝固化。加工中为了促进 PA46 的结晶，设定的最佳模具温度应在 100～140℃范围内。PA46 的结晶速率高，在加工中应注意缩短成型时间。

PA46 在加工中因水分会导致水解，因此加工前应干燥至含水量在 0.05%以下，并注意干燥后防潮。具体干燥处理要求：干燥机应该是除湿干燥机或是真空干燥机（不是热气箱），干燥后注塑前材料的含水量应低于 0.1%，回料注塑前也应进行干燥，回料颗粒尺寸应尽可能统一，对回料的含量应进行控制。

5. 应用范围

（1）汽车行业

汽车引擎附近特别需要耐高温的零件，耐热温度已提高到 140℃。PA46 除可耐此温度外，耐汽油性和刚性也相当好，已有很多汽车在引擎附近采用 PA46 材料。

（2）电子电气

电子电气零件逐步向薄壁化、小型化方向发展，插针间距离也越来越细密，电子零件的焊接技术也逐渐采用新型 SMT 技术，对耐热性、耐燃性和耐焊锡性要求很高。目前很多企业已开始采用 PA46 这种新材料，具体产品如电视、电脑商业机器的连接器、线轴、感应器、开关等。

（3）机械行业

PA46 的耐磨性和摩擦性良好，且具有耐高温、耐疲劳等优点，适合于制造机械结构制品，具体如自动化控制设备的控制阀、马达、齿轮、断电器、轴承、轴承保持架、传动件等。

二、聚酰胺 1010

1. 一般概况

在众多 PA 品种中，PA1010 综合性能位列前茅，但因价格高而制约其大规模应用。

PA1010 是目前商业化生产的高性能长链 PA 之一，最早由中国上海赛璐珞厂于 1958 年开发成功，与 PA11 同期实现产业化生产和应用。

PA1010 由 1,10-癸二胺和 1,10-癸二酸缩合得到。由于两种单体都是来源于蓖麻油，PA1010 是 100%的生物质材料。其他商业化的全生物基聚酰胺有 PA410、PA56、PA610、PA10T、PA11、PA1012 等。

蓖麻油作为生物基原料资源，一方面是不能够被食用，另一方面是属于非转基因植物，它有着良好的抗旱性，并且它的种植区域对于其他植物来说是不适宜的。因此，蓖麻油作为生物基原料资源，生产 PA1010 不破坏生态平衡，符合环境、经济和社会标准，减少二氧化碳的排放量和对化石基资源的依存度，打开了可持续市场，尤其是以高性能提供需求。

随着市场对低碳减排的要求越来越高，最近几年国内外聚酰胺主要制造商相继决策，推出了生物基聚酰胺 PA1010 的商业化牌号，中国企业有苏州翰普、山东东辰，国外企业有德国赢创、美国杜邦和瑞士艾曼斯。

PA1010 树脂的型号按黏度大小不同进行分类，不同厂家的规定不同，具体见表 6-16 和表 6-17。

表 6-16 苏州翰普的 PA1010 型号

型号	黏度类型	黏度/(mL/g)
09	低黏	80～98
11	中黏	99～116
12	高黏	＞116

表 6-17 山东东辰工程塑料的 PA1010 型号

型号	黏度类型	黏度/(mL/g)
Type Ⅰ	低黏	105±15
Type Ⅱ	中黏	135±15
Type Ⅲ	高黏	180±20

2. 性能

PA1010 为半透明、轻而硬、具有表面光泽的白色或微黄色颗粒，无毒无味，相对密度和吸水率都比 PA6 和 PA66 低，耐磨性和自润滑性与 PA6 相当，耐寒性好于 PA6。PA1010 的电绝缘性和化学稳定性较好，不溶解于大部分非极性溶剂如烃等，但可溶解于极性溶剂如苯酚、浓硫酸、甲酸等，耐霉菌、细菌和虫蛀。PA1010 是具备较高熔点的聚合物，因此热变形温度高，对某些领域的应用有着突出的优势。

PA1010 属于半结晶材料，具有高机械强度和较好的尺寸稳定性，因此即使在湿度较大的环境下，其变化也很小。与其他半结晶聚酰胺产品相比，PA1010 虽然具有一定的结晶性，但它是半透明的，所以可以加工成需要透光的一些部件。

PA1010 的一般性能见表 6-18。

表 6-18　PA1010 的一般性能（GB 体系）

性能	PA1010	30%玻纤增强 PA1010
阻燃性(UL 94)	HB	HB
相对密度	1.03～1.05	1.35
吸水率/%	1.0	—
熔点/℃	210	—
成型收缩率/%	1.0～2.5	—
拉伸强度/MPa	55	135
压缩强度/MPa	65	—
弯曲强度/MPa	80	200
断裂伸长率/%	≥250	—
缺口冲击强度/(kJ/m^2)	5.0	65
热变形温度/℃	—	185(1.86MPa)
耐寒温度/℃	−40	—
体积电阻率/(Ω·cm)	1015	—
相对介电常数(10^6 Hz)	3.1	2.5
介电损耗角正切(10^6 Hz)	0.026	0.18
介电强度/(kV/mm)	15	—

PA1010 的其他各项性能分述如下。

(1) 热学性能

具体性能见表 6-19。

表 6-19　PA1010 的热学性能

热性能	干/调湿	测试标准
熔融温度(10℃/min)/℃	202/—	ISO 11357-1/-3
热变形温度(1.80MPa)/℃	55/—	ISO 75-1/-2
热变形温度(0.45MPa)/℃	110/—	ISO 75-1/-2
线膨胀系数(平行)/(×10^{-6}K^{-1})	110/—	ISO 11359-1/-2
线膨胀系数(垂直)/(×10^{-6}K^{-1})	110/—	ISO 11359-1/-2

（2）电学性能

具体性能见表 6-20。

表 6-20 PA1010 的电学性能

电性能	干/调湿	测试标准
表面电阻率/(Ω·cm)	—/$>10^{14}$	IEC 60093
介电强度/(kV/mm)	—/22	IEC 60243-1
相对漏电起痕指数	—/600	IEC 60112

注：本表中 IEC 60093 标准已被替代，但表中数据测试时依据该标准。本书其他表存在同类标准被替代或废止的情况，不再额外说明。

（3）耐化学品性能

具体性能见表 6-21。

表 6-21 PA1010 的耐化学品性能

化学品大类	化学品小类	耐或者不耐
酸类	乙酸（质量分数 5%），23℃	耐
	铬酸溶液（质量分数 40%），23℃	不耐
	柠檬酸溶液（质量分数 10%），23℃	耐
	盐酸溶液（质量分数 36%），23℃	不耐
	乳酸（质量分数 10%），23℃	耐
	硝酸（质量分数 40%），23℃	不耐
	硫酸（质量分数 38%），23℃	不耐
	硫酸（质量分数 5%），23℃	耐
碱类	氢氧化铵溶液（质量分数 10%），23℃	耐
	氢氧化钠溶液（质量分数 1%），23℃	耐
	氢氧化钠溶液（质量分数 35%），23℃	耐
醇类	乙醇，23℃	耐
	甲醇，23℃	耐
碳氢化合物	*n*-己烷，23℃	耐
	甲苯，23℃	耐
酮类	丙酮，23℃	耐
矿石油类	绝缘油，23℃	耐
	SAE 10W40 广用机油，130℃	耐
	SAE 10W40 广用机油，23℃	耐
	SAE 180/90 齿轮油，130℃	耐

续表

化学品大类	化学品小类	耐或者不耐
常规燃料	柴油（推荐 ISO 1817，液体 F），温度在 90℃以上	耐
	柴油（推荐 ISO 1817，液体 F），23℃	耐
	柴油（推荐 ISO 1817，液体 F），90℃	耐
	ISO 1817，液体 1，60℃	耐
	ISO 1817，液体 2，60℃	耐
	ISO 1817，液体 3，60℃	耐
	ISO 1817，液体 4，60℃	耐
	含有乙醇常规燃料（推荐 ISO 1817，液体 4），23℃	耐
	未含有乙醇常规燃料（推荐 ISO 1817，液体 C），23℃	耐
盐溶液	氯化钠溶液（质量分数 10%），23℃	耐
	次氯酸钠溶液（质量分数 10%），23℃	耐
	氯化锌溶液（质量分数 50%），23℃	耐
其他	4 号制动液，130℃	耐
	乙酸乙酯，23℃	耐
	溶于水中的乙二醇（质量分数 50%），108℃	耐
	过氧化氢，23℃	耐

（4）具体产品性能

各家企业生产的 PA1010 性能略有不同，下面举例说明。

① 苏州翰普公司生产的 Hiprolon® 200 具体性能见表 6-22。

表 6-22 苏州翰普 Hiprolon® 200 的性能

特性		试验方法	MCHLSG30	NCHLP40
相对密度		ISO 1183	1.27	1.06
熔点/℃		ISO 11357	202	192
维卡软化点/℃		ISO 306	190	
吸湿率/%		Sim. to ISO 62	0.6	1.0
负荷热变形温度/℃	1.8MPa	ISO 75-1/2	185	
	0.45MPa		195	45
成型收缩率/%	平行	ISO 294-4，2577	0.65	—
	垂直		0.15	
拉伸强度/MPa		ISO 527-2/1A	136	50
断裂伸长率/%		ISO 527-2/1A	5	>50
拉伸模量/MPa		ISO 527-1/-2	7400	360

续表

特性		试验方法	MCHLSG30	NCHLP40
无缺口冲击强度/(kJ/m^2)	23℃	ISO 179/1eU	95	—/N
	−30℃		95	—/N
缺口冲击强度/(kJ/m^2)	23℃	ISO 179/1eA	19	—/N
	−30℃		11	—/8
阻燃性（UL 94）	1.6mm	IEC 60695	HB	HB
	3.2mm		HB	
漏电起痕指数		IEC 60112	>600	—
体积电阻率/（Ω·cm）		IEC 60695	10^{15}	10^{12}

② 德国赢创集团生产的 Evonik Vestamide® Terra DS 的具体性能见表 6-23。

表 6-23 德国赢创集团 Evonik Vestamide® Terra DS 性能

性能		测试方法	中黏	高黏	30%玻纤增强
熔点/℃		ISO 11357	206	206	206
玻璃化转变温度/℃			37	37	37
在室温条件下的吸水率/%		Evonik	2	2	1.4
维卡软化点/℃		ISO 306	171	171	196
拉伸测试	屈服应力/MPa	ISO 527	54	5	136
	屈服伸长率/%		5	5	4
	断裂伸长率/%		>100	>100	5
拉伸模量/MPa		ISO 527	1700	1700	7400
无缺口冲击强度/(kJ/m^2)	23℃	SO 179/1eU	N	N	95C
	−40℃		N	N	96C
缺口冲击强度/(kJ/m^2)	23℃	ISO 179/1eU	7C	11C	19C
	−40℃		7C	14C	11C

③ EMS 公司 Grilamid® Bio 的具体性能见表 6-24。

表 6-24 EMS 公司 Grilamid® Bio 性能

性能	条件	XE4029	XE4030
生物含量(以 C 计)/%	—	>99	>99
玻纤含量/%	—	50	65
拉伸模量/MPa	潮湿	11500	17000
拉伸强度/MPa	潮湿	160	190
断裂伸长率/%	潮湿	3	2
冲击强度(23℃)/(kJ/m^2)	潮湿	100	85
缺口冲击强度(23℃)/(kJ/m^2)	潮湿	20	20

续表

性能	条件	XE4029	XE4030
熔点/℃	干燥	200	200
相对密度	干燥	1.47	1.46

④ 美国 DuPont Zytel® 的具体性能见表 6-25。

表 6-25 美国 DuPont Zytel® 性能

性能	测试方法	Zytel® RS LC1000 BK385		Zytel® RS LC1200 BK385		Zytel® RS LC1600 BK385	
条件	—	DAM	COND	DAM	COND	DAM	COND
拉伸模量/MPa	ISO 527	2100	1200	1250	700	600	450
弯曲模量/MPa	ISO 178	1740	—	1100	—	500	—
屈服伸长率/%	ISO 527	4.6	24	15	36	—	53
屈服应力/MPa	ISO 527	60	49	38	34	—	27
断裂伸长率/%	ISO 527	100	210	230	230	280	—
无缺口冲击强度(23℃)/(kJ/m²)	ISO 179/1EA	5	10	110(PB)	120(PB)	130(PB)	130(PB)
热变形温度(0.45MPa)/℃	ISO 75/BF	110	—	75	—	85	—
相对密度	ISO R1183	1.05	—	1.03	—	1.04	—
熔点/℃	ISO 11357-3	203	—	200	—	197	—

3. 成型加工

PA1010 的熔体流动性好，易于成型加工，但熔体高于 100℃时与氧接触易引起氧化降解，呈黄褐色。PA1010 熔程较窄，一般为 3～4℃。PA1010 可用注塑、挤出、吹塑等方法加工，加工前需要干燥处理。

具体程序工业条件如下：

挤出成型工艺条件：螺杆挤出温度 250℃、260℃、270℃、280℃；模头温度 200～210℃。

注射成型工艺条件：料筒温度后部 190～210℃，中部 200～220℃，前部 210～230℃，喷嘴 200～210℃；模具温度 20～40℃；注射压力 60～80MPa；注射周期 30～50s。

干燥条件：鼓风干燥温度 90℃±5℃，干燥时间 4～5h，真空干燥温度 85℃±5℃，一般最好选择真空干燥工艺，避免热氧化变色。

后处理：用油或水于温度 90～100℃下处理 4h。

4. 应用范围

PA1010 的主要用途：机械零件如齿轮、轴承、轴套等耐磨制品，电气零件如电线电缆、接插件、变压器骨架等，耐油配件如输油管、油箱衬里、过滤网等，此外还有高压密封圈、医用薄膜等。

具体应用举例如下。

（1）合成纤维

PA1010在合成纤维工业中主要是制单丝。制备方法有熔融纺丝和挤压纺丝。用PA1010制得的单丝具有高强、高弹、耐磨、吸湿率小、无毒等优良性能。PA1010经拉伸后，由于分子排列整齐，强度、弹性和耐磨性更有所提高。

PA1010单丝用于穿制牙刷、衣刷及工业用刷，坚牢耐用，使用过程中不倒毛。PA1010单丝还可以用于编织渔网、绳索和各种网织物，织物网筛可代替金属铜丝网。PA1010由于无毒性，对人体生理无毒害作用，可以织制滤血网，性能优于金属滤血网，经临床试验效果很好。

（2）工程塑料

PA1010由于具有高机械强度、韧性、硬度、刚度，优良的耐磨性（比铜高8倍）、耐油性，PA1010的相对密度仅为铜的1/7，所以可做金属代用品。

PA1010可用于制造机械零件如齿轮、轴承、轴瓦、螺栓、螺帽、瓶等。用PA1010制成的零件，不仅质轻、耐用、耐腐蚀、耐油、耐磨，而且还具有自润滑性能，所制成的滑动零件，可以不加油，使用时没有声音。为改善PA1010的耐磨性能可加入石墨或二硫化钼等减磨剂，使其具有更低的摩擦系数。

玻璃纤维增强PA1010，提高硬度和耐热温度，改善制品线型尺寸收缩率，提高耐磨性，使PA1010的性能接近于金属。

PA1010可以加工成粉末，用于金属表面喷涂。它对报废机械的修复有重大的经济意义。

（3）耐高压密封圈

PA1010具有很高的耐高压性能，因此适用于水压机的耐高压衬垫、冷冻机的衬垫、钢制储氧罐的阀门衬垫、高压阀衬垫的优良材料。

（4）电缆，漆包线的保护层

电缆中的电线，目前大多数使用软聚氯乙烯或聚乙烯作绝缘层。聚氯乙烯和聚乙烯有优良的电绝缘性能，但是，当电流通过温度提高或由于外界温度提高，聚氯乙烯、聚乙烯易软化、机械强度不高。而在电缆电线的外层包上一层薄的PA1010，可使电线既具有聚氯乙烯或聚乙烯高的电绝缘性，又具有高的机械强度。同时，可防白蚁等食害。

漆包线外覆PA1010也可以使用PA1010苯酚溶液，按漆包线涂漆工艺加工，漆包线涂上PA1010苯酚溶液后，经烘干，苯酚挥发，在漆包线外形成一层PA1010薄膜。可用于制造潜水电机高强度耐水漆包线。

（5）电子电器、机电工业

PA1010的吸水率小，具有较稳定的电绝缘性能，机械强度高，可以做各种电器零件和各种高级仪表外壳，用PA1010制造的仪表外壳，质轻、耐震，机械强度高。

用含30%玻璃纤维增强PA1010，做小型电动机的外壳，不仅具有一般金属的高机械强度，而且重量轻、耐腐蚀，最突出的是有着优良的电绝缘性能，可以大大减轻机件的重量，加工方便。

高含量玻纤增强PA1010是手机和电脑外壳绿色方向的首选生物基材料。

（6）耐油、耐腐蚀管材和零件

PA1010耐油性特别好，它与汽油、苯等有机溶剂接触，既不溶解也不溶胀，而且具有高的机械强度，使制品具有稳定的外形，可以用注射成型、挤压成型的方法制造耐油密封圈、阀门及输油管。目前在机床工业中，大量采用PA1010管代替紫铜管作输油管，其特点是重量轻，通过油管可以随时观察油循环情况。由于PA1010的强度高，直径$\phi5\times1$mm管材，能耐10MPa的压力而不破裂，因此，PA1010输油管可用作飞机、船舶、汽车上的输油管。

PA1010对碱具有很大的稳定性，一般强碱在常压下均对它不起作用，所以PA1010可用于制造碱性蓄电池的外壳，是一种理想的材料。

对一般稀酸，PA1010有很好的抵抗性能，除了极强溶剂，如苯酚/浓硫酸等。如浓度为2%的硫酸，在常温下，不能溶解PA1010。它对浓盐酸也是十分稳定的，所以PA1010可以制作耐油、耐腐蚀的零件和容器。

（7）医疗器材

PA1010输血（液）器材代替传统使用的乳胶管、金属滤血网、玻璃制品等进行输血和输液具有重要意义。用PA1010制成的医用薄膜、滤血网和针尾等经120℃蒸汽消毒，或用生理盐水消毒之后，经临床试验对人体毫无影响。

三、聚酰胺610

1. 一般概况

PA610最早由美国杜邦公司在1941年开发成功，是与PA66同时期实现产业化生产和应用的PA品种。PA610是由1,6-己二胺和1,10-癸二酸缩合而成的，重复单元比PA66多4个亚甲基，因此比PA66柔软，吸水率也较低，具有很好的耐低温性和尺寸稳定性。

癸二酸是由蓖麻油提炼而成，蓖麻油来源于自然的、不可食用和非转基因的可再生植物资源。PA610含62%的可再生植物资源，属于生物基聚酰胺，每吨所消耗的矿物燃料比同等性能的化石基聚酰胺少20%，对环境所造成的影响明显减低，其温室气体的排放量减少了50%。

近年来，国内外聚酰胺制造商本着对环境负责的态度，重新评估了PA610性能价值：

① 出色的力学和热力性能，熔点高达215℃，与PA6相似；

② 卓越的耐化学品性能，与PA11和PA12相似；

③ 极高的气体阻隔性；

④ 弱吸水性，介于PA6与PA12之间；

⑤ 环保性，原料为生物质资源。

目前，世界各企业相继推出了PA610的新商业化牌号，具体见表6-26。

表6-26　目前各企业生产的PA610情况

公司	商标	牌号
苏州翰普	Hiprolon®	70SF，N，V，HV，MC HLS G30
Evonik	Vestamide®	Terra HS
BASF	Ultramid®	S3EG6，S3WG6，S3WG7
Rhodia	Technyl®	eXten XA

2. 性能

PA610为半透明或乳白色结晶型热塑性聚合物，性能介于PA6～PA66之间，相对密度和吸水率较小，属于自熄性树脂，力学性能和韧性较好，尺寸稳定性好，耐强碱、耐弱酸性好于PA6和PA66，可溶于酚类和甲酸中。PA610的具体性能见表6-27。

表6-27 PA610的性能（GB体系）

性能	PA610	30%玻纤增强PA610
相对密度	1.07	1.34
吸水率/%	1.8～2.0	1.0
成型收缩率/%	1.5～2.0	—
拉伸强度/MPa	60	118
弯曲强度/MPa	90	162
缺口冲击强度/(kJ/m^2)	5.5	9.8
热变形温度/℃	82	184
耐寒温度/℃	−40	—
体积电阻率/(Ω·cm)	1014	1015
相对介电常数（1MHz）	3.5	—
介电损耗角正切（1MHz）	0.04	—
介电强度/(kV/mm)	16	—

PA610的其他各项主要性能分述如下。

（1）热学性能

具体性能见表6-28。

表6-28 PA610的热学性能

热性能	干/调湿	测试标准
熔融温度(10℃/min)/℃	220/—	ISO 11357-1/-3
热变形温度(1.80MPa)/℃	65/—	ISO 75-1/-2
热变形温度(0.45MPa)/℃	140/—	ISO 75-1/-2
线膨胀系数(平行)/(×$10^{-6}$$K^{-1}$)	110/—	ISO 11359-1/-2
线膨胀系数(垂直)/(×$10^{-6}$$K^{-1}$)	120/—	ISO 11359-1/-2

（2）电学性能

具体性能见表6-29。

表6-29 PA610的电学性能

电性能	干/调湿	测试标准
表面电阻率/(Ω·cm)	—/>10^{15}	IEC 60093
介电强度/(kV/mm)	—/44	IEC 60243-1
相对漏电起痕指数	—/600	IEC 60112

(3) 耐化学品性

具体性能见表6-30。

表6-30　PA610的耐化学品性

大类试剂	小类试剂	耐/不耐
酸类	乙酸（质量分数5%），23℃	耐
	铬酸溶液（质量分数40%），23℃	不耐
	柠檬酸溶液（质量分数10%），23℃	耐
	盐酸溶液（质量分数36%），23℃	不耐
	乳酸（质量分数10%），23℃	耐
	硝酸（质量分数40%），23℃	不耐
	硫酸（质量分数38%），23℃	不耐
	硫酸（质量分数5%），23℃	不耐
碱类	氢氧化铵溶液（质量分数10%），23℃	耐
	氢氧化钠溶液（质量分数1%），23℃	耐
	氢氧化钠溶液（质量分数35%），23℃	耐
醇类	乙醇，23℃	耐
	甲醇，23℃	耐
碳氢化合物	*n*-己烷，23℃	耐
	甲苯，23℃	耐
酮类	丙酮，23℃	耐
矿石油类	绝缘油，23℃	耐
	SAE 10W40广用机油，130℃	耐
	SAE 10W40广用机油，23℃	耐
常规燃料	柴油（推荐ISO 1817，液体F），温度在90℃以上	耐
	柴油（推荐ISO 1817，液体F），23℃	耐
	柴油（推荐ISO 1817，液体F），90℃	耐
	ISO 1817，液体1，60℃	耐
	ISO 1817，液体2，60℃	耐
	ISO 1817，液体3，60℃	耐
	ISO 1817，液体4，60℃	耐
	含有乙醇常规燃料（推荐ISO 1817，液体4），23℃	耐
	未含有乙醇常规燃料（推荐ISO 1817，液体C），23℃	耐
盐溶液	氯化钠溶液（质量分数10%），23℃	耐
	次氯酸钠溶液（质量分数10%），23℃	不耐
	氯化锌溶液（质量分数50%），23℃	耐

续表

大类试剂	小类试剂	耐/不耐
其他	4号制动液，130℃	不耐
	乙酸乙酯，23℃	耐
	溶于水中的乙二醇（质量分数50%），108℃	耐
	过氧化氢，23℃	耐

（4）具体产品性能

国内外不同企业生产PA610的性能举例如下。

① DuPont Zytel® RS的具体性能见表6-31。

表6-31　DuPont Zytel® RS性能

性能	测试方法	Zytel® RS LC3030 NC010	Zytel® RS LC3060 NC010	Zytel® RS LC3090 NC010
黏度	—	低	中	高
条件	—	DAM	DAM	DAM
拉伸模量/MPa	ISO 527	MPa	2250	2000
弯曲模量/MPa	ISO 178	2100	—	1900
屈服应力/MPa	ISO 527	62	58	47
断裂伸长率/MPa	ISO 527	—	230	258
缺口冲击强度(23℃)/(kJ/m²)	ISO 179/1EA	4.5	6.8	5.6
热变形温度(0.45MPa)/℃	ISO 75/BF	—	—	151
密度/(kg/m³)	ISO R1183	1080	1070	1080
熔点/℃	ISO 11357-3	225	223	225

② 苏州翰普 Hiprolon® 70 MC HLS G30的具体性能见表6-32。

表6-32　苏州翰普 Hiprolon® 70 MC HLS G30性能

特性		试验方法	数值
相对密度		ISO 1183	1.31
熔点/℃		ISO 11357	222
维卡软化点/℃		ISO 306	215
吸湿率/%		Sim. to ISO 60	0.8
负荷热变形温度/℃	1.8MPa	ISO 75-1/2	210
	0.45MPa		220
成型收缩率/%	平行	ISO 294-4，2577	1.0
	垂直		0.5
拉伸强度/MPa		ISO 527-2/1A	150
断裂伸长率/%		ISO 527-2/1A	5

续表

特性		试验方法	数值
拉伸模量/MPa		ISO 527-1/-2	8200
无缺口冲击强度/(kJ/m²)	23℃	ISO 179/1eU	88
	−30℃		88
缺口冲击强度/(kJ/m²)	23℃	ISO 179/1eA	15
	−30℃		11
阻燃性（UL 94）	1.6mm	IEC 60695	HB
	3.2mm		HB
漏电起痕指数		IEC 60112	>600
体积电阻率/(Ω·cm)		IEC 60695	1014

③ Evonik Vestamide® Terra HS 的具体性能见表 6-33。

表 6-33 Evonik Vestamide® Terra HS 性能

性能		测试方法	中黏	高黏	30%玻纤
熔点/℃		ISO 11357	222	222	222
玻璃化转变温度/℃		ISO 11357	48	48	48
在室温条件下的吸水率/%		Evonik	3	3	2
维卡软化点/℃		ISO 306	196	196	217
屈服应力/MPa		ISO 527	61	61	147
屈服伸长率/%			5	5	4
断裂伸长率/%			>100	>100	4
拉伸模量/MPa		ISO 527	2100	2100	8300
无缺口冲击强度/(kJ/m²)	23℃	ISO 179/1eU	N	N	89C
	−40℃		N	N	88C
缺口冲击强度	23℃	ISO 179/1eU	7C	7C	16C
	−40℃		6C	6C	10C

④ 山东东辰 PA610 性能见表 6-34。

表 6-34 山东东辰 PA610 性能

测试项目	标准		
	Ⅰ	Ⅱ	Ⅲ
黏度/(g/mL)	105±15	135±15	180±20
干燥失重/%	≤0.1		
颗粒度/(N/g)	30～50		
熔点/℃	208～220		
密度/(g/cm³)	1.07～1.13		

续表

测试项目	标准		
	Ⅰ	Ⅱ	Ⅲ
拉伸强度/MPa	≥50		
断裂伸长率/%	≥100		
弯曲强度/MPa	≥50		

3. 成型加工

PA610 的加工与 PA66 相似，可用注塑、挤出等传统方法加工。干燥温度 80～100℃，加工温度范围比例 PA66 宽。

（1）注射成型

具体注塑工艺条件：允许最大含水量 0.15%，预干燥温度 80℃，预干燥时间 4h，熔融温度范围 250～270℃，模具温度范围 40～60℃，注射压力范围 69～137MPa，停留时间 10min。

（2）挤出成型

具体挤出工艺条件：干燥温度 80℃，干燥时间 2～4h，加工含水率<0.1%，熔融温度范围 230～290℃。

4. 应用范围

P610 的主要用途类似 PA6 和 PA66，具体应用范围如下。

（1）目前应用

PA610 目前的用途也类似于 PA6 和 PA66。在机械行业、交通运输业，可用作套圈、套筒及轴承保持架等；在汽车制造业可用于制作方向盘、法兰、操纵杆等汽车零部件；但与 PA6 与 PA66 相比，尤其适合于制造尺寸稳定性要求高的制品，如齿轮、轴承、衬垫、滑轮及要求耐磨的纺织机械的精密零部件；也可用于输油管道、贮油容器、绳索、传送带、单丝及降落伞布等；在电子电器行业，可用于制造工业生产电绝缘产品、仪表外壳、电线电缆包覆料等。

（2）潜在市场

PA610 有着巨大的潜在市场。生物基的聚酰胺 PA610 与几种常用化石基的聚酰胺的关键实用性能比较如表 6-35 所示。

表 6-35　生物基 PA 与化石基 PA 比较

性能	PA610	PA612	PA12	PA66
耐氯化钙	+	+	++	O
耐水解性	+	+	++	O
强度	+	+	O	++
弹性刚度	+	+	O	++
机械性（干燥/调节）	+	+	++	O

续表

性能	PA610	PA612	PA12	PA66
尺寸稳定性	+	+	++	O
热变形温度	+	+	O	++

注：+表示仪表性能优异的程度，O表示仪表性能较差。

因此PA610将在金属和电子元件的腐蚀性媒介二次成型外壳和尺寸稳定性传动部件、连接器、管子、耐水性循环冷却剂贮液器、传感器等领域得到新的应用。

四、聚酰胺56

1. 一般概况

PA56是以生物基单体戊二胺和石油基己二酸缩聚的新型酰胺类聚合物，而且与PA410、PA610、PA1010、PA1012、PA10T、PA12T一样，属于生物基聚酰胺材料。

为了摆脱国外PA66生产技术的制约，山东凯赛公司经过多年积极探索和研究，用生物法制备的1,5-戊二胺打破了这种僵局，2017年成功开发出了生物基聚酰胺5X系列产品，并在山东济宁和新疆塔城两个基地投产。其中，代表品种为PA56，给被卡住喉咙的国内聚酰胺行业带来了曙光。此外，宁夏伊品生物科技股份有限公司在2022年10月也成功投产。

单体戊二胺来自生物质材料。以玉米、小麦、淀粉、甘蔗、秸秆等农作物原料通过发酵生产氨基酸，然后通过微生物法制备1,5-戊二胺，再与己二酸聚合制得PA56，PA56可应用于纺织、工程塑料等领域，从环境影响性来说可替代部分石油基聚酰胺纤维产品。

2. 结构性能

（1）结构

① PA56奇数碳链特性　PA56与PA66、PA6的分子结构相似，分子主链由酰胺键连接了若干重复单元，分子链末端为羧基和氨基，因此PA56各项性能与PA6和PA66相近。但PA66属于偶偶型碳原子排列，分子链呈现中心对称，其分子链反平行和平行排布是等效的，其酰胺基团之间形成氢键密度较高。而PA56属于奇偶型碳原子排列，分子链非中心对称，虽然酰胺基团密度比PA66高，但是酰胺基团之间形成氢键的概率大大降低，分子内氢键的形成概率仅为PA66的一半。

生物基戊二胺的奇数碳链特性，赋予了PA56系列聚酰胺优良的性能，如良好的自熄性、高韧性和高耐磨性等，PA56具备很好的加工流动性，耐曲翘、横纵向收缩均匀，可在多数情况下取代传统PA66。

② PA56属于全新材料　从结构上看，PA56重复单元主链只比PA66少一个碳原子，而且二者的密度、熔点和干态条件下力学性能都比较接近。但是通过红外光谱曲线对各个峰形位置及峰强度对比分析，PA56峰形位置与PA66、PA6均存在差异，PA56酰胺基中N—H的费米共振与伸缩振动的波峰位置和振动强度不同于PA66、PA6，这些差异性可以证明，PA56结构不同于PA66、PA6，是一种全新的材料。

（2）性能

PA56的具体性能见表6-36。

表 6-36 PA56 具体性能

类别	性能	测试条件	标准	数据
物理性能	密度/(g/cm^3)	—	ISO 1183	1.13～1.14
	吸水率	23℃，50%RH，24h	ISO 62	0.24
		23℃，100%RH，24h	ISO 62	2.5
力学性能	拉伸强度/MPa	23℃，50%RH，24h	ISO 527	82
	弯曲强度/MPa	23℃，50%RH，24h	ISO 178	104
	弯曲模量/MPa	23℃，50%RH，24h	ISO 178	2536
	悬臂梁无缺口冲击强度/(kJ/m^2)	23℃，50%RH，24h	ISO 179	不断
	悬臂梁缺口冲击强度/(kJ/m^2)	23℃，50%RH，24h	ISO 179	4.8
热学性能	熔点/℃	DSC，升温速率 10℃/min	ISO	254
	玻璃化转变温度/℃	DSC，升温速率 10℃/min	ISO	54～76
	热变形温度/℃	0.455MPa	ISO 75-2	200
		1.82 MPa	ISO 75-2	67.5
	维卡软化点/℃	升温速率 50℃/min	ISO 306	222
阻燃性能	氧指数/%	干态	ISO 4589-2	28～31
	垂直燃烧	0.710mm	UL 94	V-2
	垂直燃烧	1.50mm	UL 94	V-2
	垂直燃烧	3.00mm	UL 94	V-2

① 低碳性能　采用生物发酵工艺和可再生原料生产 1,5-戊二胺（DN5），生物基含量高达 45%～100%，因此与现有制造二元胺的工艺相比，戊二胺的生产工艺可显著降低碳足迹。

② 低成本性　生物法生产戊二胺成本将比石化法生产已二胺成本低 30%以上，戊二胺的生产成本可以控制在约 1.4 万元/吨，远远低于已二胺的 2.5 万/吨。因此，生物法原料生产的 PA56 成本比 PA66 降低 30%以上。

③ 树脂性能对比　PA56 具有与 PA66 接近的熔点，除耐温性、强度比 PA66 略差外，PA56 的吸水率比 PA66 和 PA6 略高，染色性比 PA66 好。PA56 可以替代 PA66 部分市场，如纤维领域，PA56 纤维具有高强耐磨、本体阻燃、吸湿快干、易染色、高色牢度、轻量柔软等优点，能够满足不同类别服装的穿用需求，突出体现在面料性能上具有吸湿排汗佳、耐热、低温柔软、耐磨性能强、染色性优异等优点。

④ 增强材料对比　对玻纤增强生物基 PA56 与玻纤增强 PA66、PA6 的基本物理性能、湿态性能、长期耐热性能以及耐化学品性能进行比较。增强 PA56 的熔点（255.6℃）介于 PA66（263.3℃）和 PA6（220℃）之间，自然吸水率高于 PA66（1.8%）和 PA6（2.3%），达到 2.6%，导致增强 PA56 的湿态强度下降和韧性提升最为显著。增强 PA56 经过 150℃/1000h 长期热氧老化后性能保持率与增强 PA66 和 PA6 相似，表现出优异的耐热性能。长期耐溶剂实验结果显示，增强 PA56 的耐水解和醇解性能最差，但是耐变速箱油性能与 PA66 和 PA6 接近。

⑤ 突出的染色性能　生物基 PA56 纤维可用弱酸性染料、活性染料及极性较强的分散

染料进行染色。在其分子结构中，重复单元主链段上的碳原子数量与 PA6、PA66 相近，但较 PA66 的二元胺少了 1 个碳原子，使得原本在 PA66 中可以生成氢键的部位存在游离状态的氢和氧，从而增加 PA56 的染色位点，且新增的羰基和氨基可促进纤维对水的吸收和内部迁移，使 PA56 的可染性、柔软性提高。

总结起来，PA56 的突出优点为低碳性、柔韧性和回弹性、耐磨性、耐油性、着色性优于传统的 PA6、PA66，不足之处为吸水率高于 PA6、PA66，耐热温度和强度低于 PA6、PA66，尺寸稳定性差，耐水解和醇解性能差。

3. 应用范围

（1）纤维

在天然、绿色生物材料的概念以及成本优势的驱动下，PA56 开始在纤维领域探索应用。生物基 PA56 本体具有阻燃性能，极限氧指数可达 32%以上，通过混纺可以满足各类防护服装的阻燃需要，生物基 PA56 染色成品色深，并且色牢度多在 4 级以上，能满足各类混纺针织服装染色和印花要求，PA56 具有轻量柔软、绿色可持续等优点，能够引领纺织服装升级换代。纤维中存在亲水性的酰胺基，赋予纤维一定的吸湿性，不易产生静电，具有柔软的手感。生物基 PA56 的饱和吸水率为 14%，高于 PA6 与 PA66，因此在穿着服装中的舒适度更好。PA56 纤维本质阻燃特性好，在耐磨性和染色鲜艳度上相对于传统尼龙有优势，在地毯的应用上有着广阔的市场前景。

如果将 PA56 树脂与聚酯通过共混、混纺和共聚等形式纺出高质量的超仿棉纤维，就可为提升我国涤纶产品质量提供一条有效途径。PA56 在环保性、柔软度、强度、回弹性几个方面优于 PA6、PA66 和 PET。

（2）汽车配件

PA56 由于其较高的吸水率和较差的耐水解和醇解性能，尚不能完全替代 PA66 作为工程材料在汽车产品上的应用。PA56 想要替代 PA6、PA66 在汽车上的应用，除了需要具有优异的力学性能之外，还要面临耐高温、耐水解、耐油等恶劣使用环境的考验，需要通过一定的改性方法解决。

五、聚酰胺 11

1. 一般概况

PA11 是以蓖麻油为原料制备的长链柔软尼龙，化学结构式为$\mathrm{⁅HNH(CH_2)_{10}CO⁆_n}$。

PA11 于 1955 年首先由法国阿托（Ato chimie）公司实现工业化生产，国外生产厂有：法国阿科玛、德国巴斯夫、美国杜邦等。我国的北京化工研究院和江西樟树化工厂合作开发 0.03 万吨/年装置，1998 年投产；中北大学高分子与生物研究所正在推出千吨级生产线。中国 PA11 生产企业主要有太原中樊泽农、河北凌云等。

PA11 可作为工程塑料和高档材料，主要用于汽车输油管及刹车管等。

2. 性能

PA11 外观为白色半透明体，属半结晶型聚合物，密度较低，吸水率稍高。

PA11 的柔性好，具有良好的耐应力开裂性和耐动态疲劳性能，无润滑状态。

对铜的摩擦系数为 0.18，耐磨性好，自熄，可耐碱、醇、酮、芳烃及油脂等，但耐酸性较差。

PA11 在中低频率范围内具有良好的电学性能，但耐候性中等。

PA11 具有吸水率低、耐油性好、耐低温、易加工和尺寸稳定性好等优点。

3. 成型加工

PA11 为热塑性塑料，可用注塑、挤出、吹塑、旋转及涂覆等方法加工。

（1）加工特性

PA11 加工前需要干燥处理，将含水量降到 0.1%以下。干燥条件为：温度 80～100℃，时间 3～5h，料层厚度 20mm 以下。

PA11 熔体接近牛顿流体，即随剪切速率增大，熔体黏度下降。但不同牌号的 PA11 下降幅度不同，高分子量 PA11 下降明显，而低分子量 PA11 下降缓慢。

PA11 在高温有氧存在下易发生氧化降解，因此加工温度不能太高，一般不宜超过 290～300℃，并避免在高温下停留时间过长。

PA11 的回收料加入量不应大于 20%。

（2）加工方法

① 注射成型

料筒温度和喷嘴温度（表 6-37）：

表 6-37 成型温度

种类	料筒温度/℃			喷嘴温度/℃
	后	中	前	
低分子量 PA11	200	215	230	225
中分子量 PA11	210	225	240	230
高分子量 PA11	230	250	260	230
增塑 PA11	210	220	230	230
30%GF/PA11	240	260	270	270

模具温度：

PA11　　30～40℃

GF/PA11　　90～100℃

注射压力：

PA11　　40～70MPa

GF/PA11　　70～100MPa

后处理：120～140℃，矿物油或液体石蜡中 30～60min。

② 挤出成型

挤出温度：200～260℃。

4. 改性品种

纯 PA11 的力学性能不好，且价格昂贵，需要对其进行改性后才可应用，常用的改性方法如下。

(1) 增塑改性

以 N,N-二甲基苯磺酰胺为增塑剂，可大幅度提高其冲击强度，拉伸强度下降不大。

(2) 共混改性

PA11 和 PA1010 以 70/30 的比例混合，共混物的力学性能优于 PA11。

PA11 和 PE 共混，加入 PE-g-MAH 或 EPDM-g-MAH 为相容剂，当三者比例为 75/15/10 时，冲击强度可提高 2～8 倍，拉伸强度提高 2%～5%。

PA11 和 EVOH 共混，既可改善抗冲击性能，更能改善阻隔性能。当 EVOH 占到 15% 时，合金的冲击强度提高 4 倍，阻隔性能提高 2 倍。

5. 应用范围

① 耐油软管　大量用于汽车工业的输油管、刹车管、压力管及螺管；

② 电缆护套　主要用于各种交通工具中，如汽车、飞机及轮船等；

③ 机械类产品　如齿轮、凸轮、手柄、螺钉、螺帽及套环等；

④ 电子电器　电器的外壳及各种配件如开关、连接杆、接线柱等；

⑤ 军事装备　如枪托、枪把、弹头外壳、训练弹等；

⑥ 其他　滑雪板、运动鞋、无毒管件、喷雾器等。

六、聚酰胺 12

1. 一般概况

PA12 为十二内酰胺自身开环缩聚产物。

合成 PA12 的初始原料是丁二烯，经过一系列中间步骤制造出 PA12 的单体十二内酰胺，然后经过缩聚反应生成 PA12。PA12 的分子式为$\text{+}NH(CH_2)_{11}CO\text{+}_n$。PA12 中的酰胺基团比例比一般的 PA 材料如 PA6、PA66、PA612 等低，因此 PA12 与其他 PA 材料性能有较大的不同。

PA12 于 1966 年由德国的 AG 公司首先实现工业化生产，全球主要生产商有德国赢创工业集团、法国阿科玛、瑞士 EMS 和日本宇部兴产等。2022 年全球 PA12 总产能超 10 万吨/年。中国主要生产商有万华化学、华创特塑等。万华化学 2024 年建成 4 万吨/年 PA12 全产业链装置，打破外资垄断。华创特塑年产能 1 万吨，专注特种 PA 国产化。

PA12 具有 PA 中最小的吸水率，耐热及低温性能好，与金属附着力高。它主要用于汽车、光纤及涂料工业。

2. 结构性能

(1) 结构

PA12 除具有与 PA11 类似的特点外，还具有吸水率小、柔软性好、电性能较其他 PA 要好、尺寸稳定性高等特点。

PA12 中存在着非极性的亚甲基基团，而且数量很大，这使 PA12 分子链的柔顺性较大；PA12 中的酰胺基团是极性的，且内聚能很大，它的分子之间可形成氢键，使分子的排列较规整。因此 PA12 的结晶度高，强度也较高。

（2）性能

① 密度　PA12 的相对密度仅为 1.01～1.03，是所有工程塑料中最小的，这对减轻汽车质量、降低油耗有一定的作用。如果按单位体积比较，PA12 在价格和性能上具有优势。

② 熔点　PA12 的熔点为 172～178℃，稍低于 PA11，成型加工容易，成型温度范围较宽。并且完全能够满足汽车燃油管和气制动管的工作环境温度要求。

③ 吸水性　众所周知 PA 制品最大的缺点就是吸水率大，尺寸稳定性难以保证。但是，由于 PA12 中亚甲基分子的增多，大大降低了亲水基团的影响，因此，PA12 具有 PA 产品中几乎最低的吸水率，吸水率为 0.25%，是 PA 中最低的，这样就减小了制品因吸水而造成的性能和尺寸的改变，这使 PA12 具有很大的优势。吸水后，PA12 的拉伸强度降低很小，而 PA66 和 PA6 却有很大的变化。

④ 冲击强度　对于经常暴露在空气中的 PA12 管，这项指标尤其重要。PA12 在－20℃和－40℃下按标准进行试验，均无断裂现象，完全符合使用要求，证明其抗冲击性能十分优异。

⑤ 高温性能　PA12 的热分解温度大于 350℃，长期使用温度为 80℃，经热处理后可达 90℃，在油中可于 100℃下长期工作，惰性气体中可长期工作温度为 110℃。

⑥ 低温性能　PA12 的耐低温性能好，脆性温度最低达－70℃，因此可广泛用于耐低温的部件。而其他系列的 PA11 为－60℃、PA6 为－25～－10℃、PA66 为－15～0℃。

⑦ 柔韧性　在所有 PA 品种中，PA12 的柔软性最好。增塑剂对 PA12 物理性能的影响集中表现在树脂的弹性模量上。PA12 有三种基本类型的树脂，它们的主要区别是因增塑剂含量不同而形成了不同的柔韧性。随着增塑剂可萃取组分含量的增高，树脂的弹性模量降低。

⑧ 电绝缘性　PA12 是很好的电气绝缘体，并且和其他聚酰胺一样不会因潮湿影响绝缘性能。另外，它有很好的抗冲击性及化学稳定性。

⑨ 低磨耗和低摩擦性能　PA12 有优异的低磨耗、低摩擦性能及自润滑性能，因此 PA12 产品摩擦噪声很低。

⑩ 耐燃油性能　在汽车上，目前使用的含氧燃油、高芳烃燃油和酒精混合燃油会导致许多软管材料的分解。经试验，仅 PA11、PA12 和碳氟树脂弹性体可在此环境下使用。在汽车燃油的作用下，所有的 PA 都会溶胀，从而导致尺寸改变，尤其在含甲醇的汽油中，含有大量酰胺基团的 PA 如 PA6 比含有少量酰胺基团的 PA 如 PA12 溶胀量大很多。经研究发现，含 15%甲醇的燃油对 PA 有很大的影响。

⑪ 耐氯化锌溶液　氯化锌会出现在车底环境中。在一定的温度和湿度下，路上的盐分与镀锌钢板或含锌底漆发生反应，形成少量的氯化锌。氯化锌有很强的腐蚀作用，但 PA12 耐氯化锌溶液的能力很强。臭氧老化、紫外线照射、温度条件等等，都会带给零件不同程度的损伤，降低使用寿命。由于 PA12 中不存在容易受到臭氧进攻的不饱和双键，因此不会发生臭氧老化问题。PA12 对强氧化性酸无抵抗能力。

⑫ 抗老化性能　阳光照射时，其能量能够引起有机物的化学键断裂。而 PA12 中的 C—H、C—O、C ═N 键的键能均很大，紫外线不足以破坏它们，只能破坏键能较小的 C—C 键。因此，在原料中添加适当的抗老化剂后，PA12 的抗紫外线性能十分优异。

⑬ 其他性能　PA12 膜的气密性好，水蒸气透过系数为 9g/m^2。PA12 属自熄性材料。

3. 成型加工

（1）加工特性

PA12 的流动性很好，其黏性主要取决于湿度、温度和储藏时间的影响。

PA12 的尺寸稳定性好，收缩率在 0.5%～2%之间，这主要取决于材料品种、壁厚及其他工艺条件。

PA12 的结晶度高，熔融温度高，其耐热稳定性也较好，添加热稳定剂后，耐热性能更是成倍提高。

PA12 可用热塑性塑料的加工方法加工，可采用注塑、挤出等方法加工成单丝、薄膜、板、棒、型材，粉末可采用流动床浸渍法、静电涂装法、旋转成型等方法加工，尤其适宜在金属表面涂覆和喷涂，加工特性与 PA11 类似。

PA12 加工之前应保证含水率在 0.1%以下。如果材料是暴露在空气中储存，建议要在 85℃热空气中干燥 4～5h。如果材料是在密闭容器中储存，那么经过 3h 温度平衡即可直接使用。

（2）注射成型

熔化温度：一般在 240～300℃范围内，对于普通特性材料不要超过 310℃，对于有阻燃特性的材料不要超过 270℃。

模具温度：对于未增强型材料为 30～40℃，对于薄壁或大面积元件为 80～90℃，对于增强型材料为 90～100℃。增加温度将增加材料的结晶度，因此精确地控制模具温度对 PA12 制品的性能来说是很重要的。

注射压力：最大可到 108MPa，建议使用低保压压力和高熔化温度。

注射速度：高速对于有增强材料的材料更好些。

流道和浇口：对于未加增强材料的材料，由于材料黏度低，流道直径应在 30mm 左右。对于增强型材料要求 5～8mm 的大流道直径。流道形状应当全部为圆形。注入口应尽可能的短。可以使用多种形式的浇口。大型塑件不要使用小浇口，这是为了避免对塑件过高的压力或生成过大的收缩率。浇口厚度最好和塑件厚度相等。如果使用潜入式浇口，建议最小的直径为 0.8mm。热流道模具很有效，但是要求温度控制很精确，以防止材料在喷嘴处渗漏或凝固。如果用热流道，浇口尺寸应当比冷流道要小一些。

（3）挤出成型

挤出温度：190～250℃。

4. 应用范围

PA12 当前被广泛地应用于汽车上的燃油管和刹车管、光纤护套，光电纤维涂层，运动器材以及食品包装。但是由于 PA12 与用量最大的 PA6、PA66 比成本太高，严重影响了其使用范围。如何能在维持 PA12 力学性能的基础上降低成本是扩大 PA12 应用所面临的重要问题。

① 汽车工业　PA12 被广泛应用于汽车管路系统中，如多层燃油管路系统、真空制动助力器管、液压离合器管、中心润滑系统管路、汽车刹车管、输油管、发动机零件、发动机油箱、冷却系统部件及燃料过滤器等。

② 机械工业　具体产品如齿轮、凸轮及轴承保持架等。

③ 光学产品 具体如光学仪器、光导纤维等。
④ 涂料工业 具体如北京化工研究院开发的减磨涂料，可用于直升机尾部等。
⑤ 其他产品 具体如仪表板罩、食品及药物包装材料等。

七、透明聚酰胺

1. 一般概况

透明 PA 是一种具备特殊结构的无定形聚酰胺。目前的主流生产工艺是采用引入含侧基或环结构的单体、破坏分子链规整性的方式，得到非晶态或微晶态透明 PA。作为热塑性 PA，透明 PA 透光率高，其透光率优于 PC 和玻璃，能满足较苛刻的光学应用。同时相比于其他透明塑料，透明 PA 还具有拉伸强度好、硬度高、吸水率低、质量轻、耐磨、耐油、耐腐蚀、耐抓伤等特点。透明 PA 于 20 世纪 60 年代被研发出来，由于其透光率高，市场发展迅速，被广泛应用于汽车、电子电气、机械、光学、体育等领域。

全球范围内，包括美国、日本在内的多个国家都开展了透明 PA 研发工作，由于起步早、技术水平高，欧美、日本等地区透明 PA 市场发展较快。随着研究不断深入，透明 PA 产品种类也不断增加，目前市场上常见的透明 PA 种类有 PA MACM12、PA12/MACMI、PA6I/X、MXD6（高阻隔芳香族透明 PA）等。

早期透明 PA 一直被国外大公司垄断，具体如德国赢创和巴斯夫、瑞士 EMS、法国阿科玛几家。近年来，中国企业不断投产，如平顶山倍安德、山东祥龙、山东广垠、山东东辰和北京安耐吉等。还开发出生物质透明尼龙如聚癸二酰三甲己二胺，生物质含量达到 64%，典型企业有法国阿科玛、山东祥龙新材料和平顶山倍安德。2022 年中国市场消费达到 4800 吨。

常见透明 PC 生产企业及牌号：赢创 TROGAMID® T、TROGAMID® CX，EMS Grilamid TR 55、Grilamid TR 90，阿科玛 Rilsan® Clear G350、Rilsan® Clear G830，巴斯夫 ULTRAMID®。

2. 性能

（1）透明性

常见的透明材料按透明度从大到小顺序依次为：PMMA＞透明 PA＞玻璃＞PC。透明 PA 的透明度仅次于 PMMA，2mm 厚度的透明 PA，对可见光的透光率超过 90%，可满足最苛刻的应用需求。

（2）耐化学品性

透明 PA 耐稀酸、碱、脂肪烃、芳香烃、酯类、醚类、油和脂肪，在耐环境应力开裂方面优于 PC 和 PMMA。传统透明 PA 对醇的耐受性差，近年来各 PA 生产厂商针对该问题进行了改进，推出了更耐醇的新品种。

（3）密度

透明 PA 的密度为 0.99～1.1 g/cm^3，低于 PC 和 PMMA。低密度意味着更舒适的客户体验，比如可生产更轻的运动眼镜和太阳镜。

（4）耐磨性

透明PA经常被用作外壳，比标准规格的PC和PMMA材料有更高的耐磨性和耐刮擦性。

（5）柔韧性

PC和PMMA弯曲模量较大，属于偏硬的材料，而透明PA柔韧性好、形状记忆能力强，可生产更加灵活的产品。

3. 性能

以德国生产的TROGAMID® CX7323材料为例，其制作的高品质的眼镜具有如下特点：

重量轻：约少于乙酸（CA）板材框重量的一半，是PA材料的85%，减轻鼻梁、耳朵负担，使佩戴更加轻便舒适。

高透明：透光率达到91%。

色彩鲜艳：比普通塑料镜框色彩更鲜艳出色。

耐撞击：是普通PA材料的2倍以上；ISO 180/IC：＞125kg/m^2 弹性，有效防止在运动中因撞击而对眼睛产生伤害。

耐高温：短时间内可耐350℃的高温；ISO 527：抗变形指数620kg/cm^2。不易熔化和燃烧。镜框不易变形不易变色，使镜框佩戴更长久。

安全：无化学残留物释放，符合欧洲对食品级材料的要求。

4. 成型加工

干燥温度95～110℃，干燥时间8～10h。透明PA的注塑加工温度为300～315℃，成型加工时需严格控制料筒温度，熔体温度太高会因降解而导致制品变色，温度太低会因塑化不良而影响制品的透明度。模具温度尽量取低些，控制结晶在最低程度，模具温度高会因结晶而使制品的透明度降低。

熔斑、银纹、裂纹这些缺陷常见于聚苯乙烯、有机玻璃等透明制件，透明PA也不例外。有时候透过光线可以看到一些闪闪发光的细丝般的银纹，这些银纹又称烁斑或裂纹，这是由于拉应力在垂直方向产生了应力，使聚合物分子通过纵向流动取向而与未取向部分折射率差异表现出来。解决方法如下。

① 消除气体及其他杂质的干扰，对塑料充分干燥。

② 降低料温，分段调节料筒温度，适当提高模温。

③ 增加注射压力，降低注射速度。

④ 增加或减少预塑背压压力，减少螺杆转速。

⑤ 改善流道及型腔排气状况。

⑥ 清理射嘴、流道和浇口可能的堵塞。

⑦ 缩短成型周期。

⑧ 脱模后可用退火方法消除银纹。

5. 应用范围

由于汽车工业和电子工业的快速发展，透明PA广泛应用于比如汽车油杯、熔断器盖、排气管连接器、计量仪表等器件。

（1）电子电气领域

透明 PA 具有绝缘性能好、热变形温度高、自熄阻燃性、耐蠕变性、高耐久性、透明度高等特性，适用于电子电气领域。

已实现的应用包括：开关尤其是高压开关外壳、继电器外壳、电缆固定头、电池密封件、按钮和键、接线端子、齿轮和机架。透明 PA 在不使用含卤或其他阻燃剂的情况下就能提供耐火性并减少火灾风险，符合美国 UL 实验室的 HB 级阻燃性能要求。

（2）汽车领域

透明 PA 现在已经广泛应用于燃料和油的周围机械部件以及电气机械部件等，如打火机油槽、流量计套、过滤器盖、滤杯、断路器和高压开关壳体等等。

汽车内饰、仪表板、控制台、开关要求必须在使用寿命期间保证外观良好，而这些表面会经常暴露于阳光、汗水、油脂、化妆品、清洁剂中，这会对这些表面造成破坏性影响。透明 PA 优异的耐候性、抗紫外线、耐磨性十分适合该应用。可以通过注射成型和表面层压成型，在部件表面制成 50～750μm 的装饰和保护层。EMS 的透明尼龙成功应用于制造梅赛德斯奔驰 SLK 系列车型的灯光装饰条。

（3）机械领域

高透明度、耐化学品性等优异特性，使透明 PA 广泛应用于机械领域，制备各种注塑部件。包括：水、燃料和压缩空气的过滤器、流量计，汽车油杯，液位指示器，外壳，检查视镜，阀门零件，计量设备和导轨。

（4）光学领域

透明 PA 作为一种理想的透明材料，可满足当前市场对高级镜框和镜片材料的众多要求：质轻、不易碎、耐刮擦、耐化学腐蚀及抗应力开裂。此外，对于眼镜制造商来说，材料的易加工性也非常重要，必须适用于注塑工艺，且易于钻孔和打磨。透明 PA 也可制成螺钉，代替金属用于固定透明 PA 材料制造的镜片，透明 PA 与皮肤有很好的亲和性，从而可完全避免眼镜佩戴者发生过敏的可能性。

尤其是在精密光学仪器、耐压视窗、观察镜、特种灯具外罩等领域的应用是其他材料无法替代的。

与其他眼镜材料相比具有密度低、重量轻等特点，不仅具有优异的机械强度，还具有优异的耐化学品性和抗应力开裂性，可大大减少后加工不良率。适用于生产各种太阳眼镜、运动眼镜和细边镜框。

（5）其他领域

透明 PA 的高透明度、耐磨性和耐溶剂性使其适合作为永久激光标记材料。所标记的各种信息可永久保留，可靠性极高，错误和伪造几乎是不可能的。

透明 PA 制备显微镜载玻片，透明 PA 载玻片可提供更好的附着力，并且对生物组织有更好的保护作用。

在运动领域，耐海水腐蚀的透明 PA 是制造潜水员用鳍脚的理想材料，不仅强度高而且韧性好，耐长期疲劳，确保了最高的安全等级。另外，透明 PA 也适合用于制造运动鞋。

八、单体浇铸聚酰胺（MCPA）

单体浇铸聚酰胺（MCPA）又称 MC 尼龙或铸型尼龙。单体浇铸是以已内酰胺或戊内酰胺为单体，采用碱聚合法在封闭的模具中完成反应并成型的一种液体注射成型方法，目前应用较多的单体为己内酰胺。

MCPA 的分子量比 PA6 大很多，因而其力学性能、尺寸稳定性、耐疲劳性、耐磨性、冲击强度、耐热性、吸水性及电性能等都好于 PA6。例如 MCPA 与 PA6 相比，具有更高的结晶性和刚性，吸水率更低。

MCPA 的具体性能见表 6-38。

表 6-38　MCPA 的性能

性能	数据	性能	数据
相对密度	1.13～1.15	洛氏硬度(R)	100～120
吸水率/%	1.5	热变形温度(1.82MPa)/℃	93
拉伸强度/MPa	75～96	体积电阻率/(Ω·cm)	1012～1015
断裂伸长率/%	10～60	相对介电常数(10^6Hz)	3.7
弯曲强度/MPa	50～120	介电损耗(10^6Hz)	0.02
弯曲模量/MPa	3100	介电强度/(kV/mm)	12～16
缺口冲击强度/(kJ/m^2)	1.67～6.17		

MCPA 的具体成型方法为：将具有反应活性的己内酰胺单体和催化剂注入模具中，在 150℃以上成型。

MCPA 主要用于大型制品，特别是需要量少、品种多、结构复杂的制品，开模具成本高时选用 MCPA。具体产品有：大型齿轮、先浇铸再机械加工，滑动轴承、中高速负荷轴承、辊轴、阀座及导轨等。

第七章

聚碳酸酯（PC）

1. 一般概况

聚碳酸酯（PC）是指由碳酸酯型重复结构单元组成的一类聚合物。PC 为第二大通用工程塑料品种。依具体组成不同，PC 可分成脂肪族、脂环族、芳香族、脂肪-芳香族四类，但在工程上具有实际应用价值的为芳香族 PC，并以产量最大、用途最广的双酚 A 型 PC 为主，本节即介绍此类 PC。

近年来也开发出二氧化碳和环氧丙烷共聚合成的聚碳酸亚丙酯（PPC），不过因为强度达不到工程塑料水平，现主要用于降解塑料领域，而且目前产业化规模不大。但是 PPC 具有降解和固化气体二氧化碳双重环保效果，未来发展前景可期，本书在第三篇特种塑料第十二章生物降解塑料第五节中介绍。

PC 最早于 1958 年首先由德国 Bayer 公司（现为科思创）开始工业化生产，目前国外的主要生产商有沙特基础工业公司、德国科思创公司、美国盛禧奥公司、日本帝人化成和三菱化学等。2024 年全球 PC 年产能达 806.5 万吨。中国主要 PC 生产企业产能见表 7-1。

表 7-1　中国主要 PC 生产企业产能　　单位：万吨/年

生产厂商	地区	现有产能	在建/扩建产能	规划总产能
科思创	上海	55	5	60
帝人	浙江嘉兴	15	0	15
燕化聚碳	北京	6	0	6
三菱瓦斯	上海	10	0	10
大风江宁	浙江宁波	10	0	10
鲁西化工	山东聊城	30	0	40
万华化学	山东烟台	60	0	60
四川天华	四川泸州	10	0	10
盛通聚源	河南濮阳	13	0	16.5
甘宁石化	湖北宜昌	9	0	9
利华益维远	山东东营	13	7	20
浙江石化（荣盛）	浙江舟山	52	52	104
中沙天津	天津	26	0	26
沧州大化	河北沧州	10	0	20

续表

生产厂商	地区	现有产能	在建/扩建产能	规划总产能
平煤神马	河南平顶山	10	0	10
海南华盛	海南东方	26	0	26
恒力石化	辽宁大连	26	0	26
漳州奇美	福建漳州	0	18	18
中海壳牌	广东惠州	0	26	26
中沙福建	福建漳州	0	29	29
中国神华	陕西榆林	0	0	26
合计		381	137	567.5

PC 的突出性能为：优异的抗冲击性和透明性，优良的力学性能和电绝缘性，使用温度范围广（—30～130℃），尺寸稳定性高，耐蠕变性好，是塑料材料中集刚、硬、韧于一体的典型代表品种。

PC 的主要缺点为吸湿率大，加工易产生气泡及银丝，制品易产生残余内应力，对缺口敏感性大，耐疲劳性低，摩擦性及耐磨性不好。

PC 透明度板又称为阳光板，在建筑采光和汽车玻璃中市场潜力巨大。电子电气、建筑、汽车为 PC 的三大应用市场。

2. 结构性能

（1）结构

PC 的分子链中含有多种基团，它所表现的宏观性能为各种基团的综合反映，其中亚苯基提供刚性、力学性能和耐化学品性能，羰基增加刚性，酯基吸水、电绝缘性差、耐化学品稳定性差，醚则赋予韧性。

PC 的分子链对称、简单和规整，应该具有可结晶的能力。但是 PC 大分子主链的刚性和体积效应，使其结晶能力变差；另外，PC 产生结晶的条件很严格，在一般的成型加工条件下，难以形成结晶，因此，PC 基本属于无定形聚合物，因而产品具有优异的透明性。

酯交换法生产的 PC 分子量为（2.5～5）$\times 10^4$，光气法生产的 PC 分子量可达到 10^5，两者比较，光气法 PC 具有性能优势。以前因为光气法生产环保压力大，一般企业不敢选择，目前环保问题已经解决，可以放心大胆选用。而且光气法 PC 对炭黑不敏感，可以用于 PC/炭黑复合导电塑料，冲击强度保存率很高。

分子量对 PC 制品的性能影响很大，一般聚合物中分子量低的成分达到 10%～15%时，对制品的力学性能和热学性能都很大，因此应尽可能减少分子量在 1.1×10^4 以下聚合物的含量。

（2）性能

PC 的具体性能见表 7-2。

表 7-2　PC 及玻璃纤维增强 PC 的性能

性能	PC	30%玻璃纤维 PC
相对密度	1.2	1.45
吸水率/%	0.15	0.1

续表

性能	PC	30%玻璃纤维 PC
成型收缩率/%	0.5	0.2
拉伸强度/MPa	60～70	132
拉伸模量/MPa	2100～2400	10000
断裂伸长率/%	60～120	<5
弯曲强度/MPa	100～120	170
弯曲模量/MPa	2100～2440	—
压缩强度/MPa	80～90	120～130
剪切强度/MPa	35	—
缺口冲击强度/(kJ/m^2)	60～75	—
洛氏硬度(M)	80	90
疲劳极限(10^6 次)/MPa	10.5	—
热变形温度(1.82MPa)/℃	120～140	146
长期使用温度/℃	110	130
线膨胀系数/($\times 10^{-5} K^{-1}$)	7.2	2.7
热导率/[W/(m·K)]	0.2	0.13
体积电阻率/Ω·cm	2.1×10^{16}	1.5×10^{16}
相对介电常数(10^6 Hz)	2.9	3.45
介电损耗(10^6 Hz)	0.0083	0.0070
介电强度/(kV/mm)	18	19
耐电弧/s	120	120

① 一般性能 PC 透明，呈微黄色或白色，硬而韧，燃烧时发出花果臭味，离火自熄，火焰呈黄色，熔融起泡。

② 机械强度 PC 的力学性能十分优良，具有刚而韧的优点。PC 冲击强度特别突出，且分子量越高强度越大，其抗冲击性能是热塑性塑料中最好的一种，比 PA、POM 高 3 倍之多，接近 PF 和玻璃钢的水平。PC 的拉伸强度和弯曲强度都好，且受温度的影响小。PC 的耐蠕变性优于 PA 和 POM，尺寸稳定性好。

PC 的拉伸强度和弯曲强度与 PA、POM 相当。PC 的耐应力开裂性差，缺口敏感性高。PC 的耐磨性一般，比 PA、POM 及 PTFE 等都差，但比 PSF、ABS、PMMA 等都高。PC 的疲劳强度低，具体与其他品种塑料比较如表 7-3 所示。

表 7-3 旋转次数 10^6 时，PC 同其他塑料耐疲劳强度比较

材料	POM	布基 PF	PA6	PA66	PC	氯化聚醚
疲劳强度/MPa	35	27	22	21	10～14	7～7.5

③ 热力学性能 PC 的耐高温性好，纯 PC 可在－40～120℃温度范围内使用；热变形温度可达 120～140℃，并受载荷的作用小；热导率和线膨胀系数都较小，阻燃性好，属于自熄性能材料，可达到 V-2 级别。

PC 的耐低温很差，但是与硅烷共聚可以大幅度提高，硅烷的含量越高，耐低温改性效果就越明显，一般最低可以达到－50℃。

④ 电学性能　PC因属弱极性聚合物，其绝缘性能一般。但可贵之处在于其电性能在很宽的温度及湿度范围内变化较小，如介电常数和介电损耗在23～125℃范围内几乎不变。随PC制品结晶度的提高，其体积电阻率增大。

⑤ 环境性能　PC可耐有机酸、稀无机酸、盐、油、脂肪烃及醇类，但不耐氯烃、稀碱、溴水、浓酸、胺类、酮及酯等，可溶于二氯甲烷、二氯乙烷及甲酚等溶剂中（二氯乙烷是常温溶剂，氯苯是高温溶剂），丙酮会促使其结晶并产生制品内应力。

PC的耐紫外线性不好，需加入紫外线吸收剂；但PC的耐空气和臭氧性能都比较好。

⑥ 光学性能　PC为最优异的光学塑料品种之一，其透光率可超90%，折射率为1.587，适于透镜材料。PC作为高档光学材料的不足之处有二：一为硬度低、耐磨性差；二为双折射率高，不宜用于光学仪器等高精度制品中。

3. 成型加工

（1）加工特性

PC的熔体黏度很高，可达10^3～10^4Pa·s；由于熔融黏度较高，流动性差，给注射成型带来一定困难。其熔体在低剪切速率下接近牛顿流体，应主要通过温度调节流动性；成型时的冷却、凝固和定型时间短。

PC热稳定性较好，但在温度超过340℃时，会分解，制品颜色变深，表面出现银丝、暗条、黑点、气泡等，力学性能下降。另外，含氮化合物和三氧化二锑会加速分解。

PC的刚性大，在加工过程中易产生内应力，因此对成型工艺条件要严格控制。PC制品要进行后处理，处理条件为110～120℃，处理时间视厚度而定，厚度在20mm以下8h、厚度在20mm以上24h。

PC因含有酯键，在成型中对水极为敏感，高温下即使微量水也会引起分解。因此，加工前一定要干燥处理，使含水量在0.02%以下。具体干燥条件为：温度110～120℃，时间10～12h，料层厚度30mm以下。

PC属无定形聚合物，成型收缩率低，一般为0.5%～0.7%，无方向选择性。

PC制品不易带金属嵌件，如必须加入，应将嵌件预热到200℃或更高后再成型加工。

PC再生料可以重复使用。料筒清洗用PC新料即可。

（2）加工方法

PC的加工比较容易，可用注塑、挤出及吹塑等方法加工。

① 注射成型　选用分子量为2.7万～3.4万的中、低黏度的PC树脂，透明制品模具表面光洁度在10级以上，排气孔尺寸小于0.03mm。PC熔体流动长度与制品壁厚之比为80～100，制品壁厚不应低于1mm，应在1.5～5mm之间。

在具体设定工艺条件时：注射温度高，一般在270～320℃；注射压力高，一般为80～120MPa，甚至高达120～150MPa；注射速度要快。

注塑工艺条件：料筒温度前段250～300℃、中段230～270℃、后段220～250℃，喷嘴温度240～290℃，注射压力80～100MPa，模具温度为80～120℃。

② 挤出成型　选用分子量为3.4万以上的高、中黏度的PC树脂，挤出温度为230～300℃。

③ 吹塑成型　挤出吹塑型坯的成型条件同挤出。吹塑成型的模具温度为100～120℃，

吹塑压力为 0.4～0.8MPa。

4. 改性品种

前面介绍的 PC 为芳香族 PC，其余种类放入改性品种介绍。PC 的改性品种比较少，主要为增强 PC 和 PC 合金两类。

（1）增强 PC

增强 PC 的增强材料为玻璃纤维、碳纤维和硼纤维等，增强后可明显提高疲劳强度、拉伸强度、弯曲强度及压缩强度等，改善耐应力开裂性和耐热性，降低吸水率、线膨胀系数和成型收缩率，增强耐磨性和耐蠕变性。但冲击强度会有所下降，透明性丧失，相对密度提高，具体可参见表 7-2。

以耐热性为例，PC 为非结晶型树脂，因此耐热性对增强纤维的敏感性低，加入增强纤维后提高幅度很小，只有提高 20％左右，而 PA 则可提高至 300％多。

以疲劳强度为例，加入 20％玻璃纤维可使疲劳强度从 10MPa 增大到 40MPa，加入 40％玻璃纤维会提高到 50MPa。

以提高耐溶剂开裂为例，在四氯化碳中的耐应力开裂性提高 6～7 倍。

增强 PC 的加工性能与 PC 相差不大，成型温度略高，模具温度在 100℃以上，注射压力不宜过高，以防制品脆裂。有金属嵌件时，要预热到 100℃左右。制品需要在 120℃温度下进行退火处理，以消除内应力。增强 PC 在注塑时易产生熔接痕，如用硅烷 KH550 和氨基甲酸酯复合处理后，可基本消除熔接痕。玻璃纤维加入前，宜在 100℃温度下处理。

增强 PC 主要用于要求强度、耐热和精度的场合，可以代替铝、锌等压铸负荷件以及嵌入金属件的制品，用于插线板、接插件、齿轮、齿条、线圈骨架等。

（2）PC/ABS 合金

PC 的溶解度参数为 39.7 $(J/cm^3)^{1/2}$，可与溶解度参数为 40.138～40.80 $(J/cm^3)^{1/2}$ 的 ABS 具有大部分相容性，因此两种任意比例混合，加工流动性好，缺口敏感性低，低温韧性好。

PC/ABS 合金为目前最成熟、应用最广泛、产量最大的塑料合金品种。它最早于 1963 年由 Borg-Warner 化学公司开发成功，发展速度一直很快，到 2006 年世界产量为 100 万吨左右。目前的主要生产商有沙特阿拉伯 SABIC、美国盛禧奥、德国科思创、日本帝人化成、日本三菱和韩国 LG 等，我国的各大改性塑料厂都可生产 PC/ABS 合金，并可以生产阻燃 PC/ABS 合金，其已经成为改性工程一个常态化改性品种。

PC/ABS 合金常用的合金比例为 70/30、50/50、30/70，常用的相容剂为 ABS-*g*-MAH、SMA、EBA、MBS、MS 等。ABS 中不同组分的含量不同，与 PC 的相容性能不同，ABS 中 AN（丙烯腈）的含量为 25％时与 PC 的相容性好，ABS 中的 B（丁二烯）含量高时与 PC 的相容性不好，一般常选用本体法 ABS，它与 PC 的相容性更好。

生产 PC/ABS 合金的目的如下。

对 PC 而言：降低内应力，改善耐应力开裂性，降低冲击对缺口的敏感性，改善加工流动性，使耐油和耐溶剂性优良，降低吸水率，降低成本；着色性、电性能、力学性能与纯 PC 类似；但耐热性降低、冲击强度略有下降，产品不透明。以改善 PC 的流动性为例，在 PC 中加入 10％ABS，PC 的黏度降低 13％～15％；在 PC 中加入 20％ABS，PC 的黏度降低 20％～27％。

对 ABS 而言：PC 的加入可提高 ABS 的耐热性，耐热温度可以达到 100～120℃范围；提高抗冲击性和拉伸强度等；但降低了加工流动性。

几个典型生产厂家 PC/ABS 合金的性能见表 7-4。

表 7-4 几个典型生产厂家 PC/ABS 合金的性能

性能	日本三菱瓦斯	日本帝人化成
相对密度	1.14	1.13
拉伸强度/MPa	60.0	56～63
弯曲强度/MPa	74.0	83～88
弯曲模量/GPa	—	2.3～2.5
邵氏硬度（A）	115	120～125
悬臂梁冲击强度/(J/m)	—	40～50
热变形温度（1.82MPa）/℃	104	110～115

为了提高 PC/ABS 合金的强度和耐热性，可用玻璃纤维对合金进行增强，具体性能如表 7-5 所示。

表 7-5 增强 PC/ABS 合金的性能

品种	缺口冲击强度/(kJ/m^2)	拉伸强度/MPa	弯曲强度/MPa	断裂伸长率/%	热变形温度/℃
PC/ABS	35.7	52.4	71.3	60	115
10%GF-PC/ABS	8.8	93.1	136.7	2	126
20%GF-PC/ABS	7.4	115.2	151.9	2	126

PC/ABS 合金阻燃可用的磷系阻燃剂为 RDP，PC/ABS 合金中 ABS 含量越多，RDP 阻燃剂的加入量越多。如合金中 ABS 含量为 33%时，阻燃剂 RDP 的加入量为 9%，阻燃级别达到 V-0 级；如合金中 ABS 含量为 25%时，阻燃剂 RDP 的加入量为 8%，阻燃级别达到 V-0 级。

此外，PC/ABS 合金阻燃还可用磷卤类阻燃剂 PB-460，加入量 6%时，阻燃级别可以达到 V-0 级。

PC/ABS 合金已用于兼有优良冲击性能和刚性的壳体材料，具体如机械及电器部件、帽盔及汽车车身等制品。

（3）其他 PC 合金

PC 与 PBT 可按任何比例掺混，但与聚烯烃（PO）不相容，必须加入相容剂。PC 合金的种类很多，并且大都已获得具体的应用。

① PC/HDPE 合金　PC/HDPE 合金具有加工流动性好、弹性模量高、耐应力开裂好等优点，在国外已商品化生产，具体如日本帝人化成的 Panlite，沙特阿拉伯 SABIC 的 Lexan。

PC/HDPE 合金对 PC 而言，其目的是降低熔体黏度，改善加工流动性能；提高冲击强度尤其是缺口冲击强度；提高拉伸强度和断裂伸长率；降低制品的内应力，改善耐应力开裂性，耐溶剂侵蚀和耐沸水反复蒸煮；使着色性能、电性能和力学性能良好；降低 PC 的成本。例如，将 PC 与 30%HDPE 共混，可使其冲击强度提高 4 倍，熔体黏度降低 30%，而拉伸强度和弯曲强度几乎保持不变。

通常，PC 与 HDPE 相容性较差，需要加入相容剂 LLDPE-*g*-MAH、EVA、MBS、SBS、SEBS 等。以在 PC 中加入 LLDPE-*g*-MAH 为例，其改性效果如表 7-6 所示。

表 7-6　PC、PC/LLDPE、PC/LLDPE-*g*-MAH 性能比较

材料	缺口冲击强度/(kJ/m^2)	冲击强度/(J/m)	拉伸强度/MPa
PC	21.2	87.1	50.5
PC/LLDPE	47.5	363.9	47.1
PC/LLDPE-*g*-MAH	63.6	510	51.1

PC/HDPE 合金可用于生产食品餐具、容器、安全帽、电器零件、电动工具外壳和纺织用纬纱管等。

② PC/PBT（PET）合金　PC/PBT（PET）合金可任意比例混。此合金对 PC 而言，改善了耐应力开裂性、耐化学腐蚀性、耐磨损性、热稳定性、润滑性、耐溶剂性和加工流动性，降低 PC 的成本。对 PBT 和 PET 而言，提高了其耐热性、抗冲击性能、尺寸稳定性。PC/PBT 合金的耐低温冲击性好，缺口冲击强度可达到 960J/m，接近纯 PC，在－30℃时缺口冲击强度可仍达到 800J/m。

PC/PBT（PET）合金具有部分相容性，需选用 PO 接枝马来酸酐、EVA、PS 接枝马来酸酐等作为相容剂。

PC/PBT（PET）合金具有优良的综合性能，表面具有珠光色彩，表面涂装性好，加工流动性好，已成为重要的合金品种，具有较高的工业价值，国外很多大公司都已实现产业化生产。PC/PBT 合金的代表品种有沙特阿拉伯 SABIC 的 Xenoy，德国科思创的 Pocan，PC/PET 合金代表品种有德国科思创的 Makroblend。

PC/PBT 的注射成型工艺条件：

干燥处理：110～135℃，约 4h；

料筒温度：235～300℃；

模具温度：70～90℃。

此合金可用于汽车保险杠、车身护板、齿轮箱、电动工具把手、脚踏板、电子和电器部件等。

③ PC/PS 合金　PC/PS 合金可大大提高 PC 的加工流动性，改善其成型性；降低 PC 的双折射率，光学性能好；提高 PC 的硬度，降低 PC 的吸水率，降低 PC 的成本。

PC/PS 合金具有一定的相容性，尤其是在两者比例为（60/40)～(40/60）时，相容性最好。在其他混合比例时，要用 PS-*g*-MAH、PE-*g*-MAH、SBS-*g*-MAH 等作相容剂。

④ PC/PA 合金　合金可改善 PC 的耐油性、耐化学腐蚀性、耐应力开裂，加工性能好，可保持 PC 的冲击强度和耐热性。PC/PA 合金可用 SMAH 作相容剂。PC/PA 合金可用于汽车、家电等。

⑤ PC/POM 合金　PC/POM 两者可以任意比例混合，合金的耐磨性、耐溶剂型和耐应力开裂性提高。在 POM 占比为 25%以下时，PC 的力学性能变化不大，但可显著提高耐溶剂性和耐应力开裂性，耐热性也有明显提高，热变形温度可达到 145℃。

⑥ PC/PTFE 合金　少量 PTFE 微粉加入 PC，可提高 PC 的耐磨性，并保持 PC 的耐热性、冲击性和尺寸稳定性，如在其中加入玻璃纤维，PV 值可大幅度提高。

⑦ PC/PMMA 合金　合金具有耐溶剂性好、缺口抗冲击性好、耐热好、易加工、耐紫

外线和接缝强度高等优点，制品虽不透明，但色彩好、具有珍珠般光泽，可用于装饰品的生产。另外，PC/PMMA 复合产品具有玻璃感觉，在 5G 通信行业主要代替金属后壳，具有十分优异的介电性能。

⑧ PC/SMA 合金　合金的加工流动性好，具有超高抗冲击性能，缺口冲击强度为纯 PC 的 2 倍，耐溶剂性提高。

⑨ PC/弹性体合金　合金可以提高缺口冲击强度，改善加工流动性、耐油性和低温性能，制品的接缝强度高、电性能优良、着色性良好。

（4）硅烷共聚 PC

1969 年 GE（现沙特基础）公司首先开发聚硅氧烷（PDMS）共聚聚碳酸酯，并一直掌握着合成的核心专利，硅烷含量可以达到 20%水平，低温可以达到－60℃，专利保护 2018 年到期。2018 年后，因为无知识产权纠纷，中国企业大举研究开发硅烷共聚 PC，目前中国聚银化工、沧州大化和万华化学等少数企业可以合成 20%硅烷含量共聚 PC。据了解，日本出光只能合成含 9%硅烷含量共聚 PC，而韩国三养也只能合成含 6%硅烷含量共聚 PC。

聚硅氧烷分子中存在大量的硅氧键，主链柔性好，有良好的热稳定性和阻燃性，对氧气和氮气有选择透过性。

① 含硅共聚 PC 机理　常规 PC 与含硅 PC 合成都需要双酚 A、光气，但含硅 PC 还与聚二甲基硅氧烷共聚而成。聚碳酸酯中拥有庞大苯环的刚硬基团，限制了分子链段的内旋，并且强极性基团—COO（酯基）提供了较大的分子间力，使分子链互相束缚，进一步削弱了分子链的柔性。因此，聚合物的玻璃化转变温度和熔融温度较高，熔体黏度高，分子链在外力作用下不易滑移。并且，由于分子链中含有—COO，在有酸或有碱存在的条件下，酯能发生水解反应生成相应的酸或醇。所以，常规 PC 耐水解稳定性不高，对缺口敏感，耐划痕性较差，长期暴露于紫外线中黄变效果明显，并且 PC 容易受某些有机溶剂的浸蚀。

② 引入有机硅基团的优点　增加柔性：引入有机硅基团，增加了结构单元的长度，降低了庞大苯环的刚性，增加了分子链的柔顺性，因此提高了 PC 材料的流动性。

改善耐水解性：有机硅氧烷中“—Si—O—Si—”是一种疏水基团，并且有机硅化合物与无机硅酸盐材料之间有较强的化学亲和力，利用这个性能，可以有效地改变材料表面的特性，使之达到憎水效果。因此，在聚碳酸酯中接上有机硅氧烷结构，利用其独有的性能，从而使聚碳酸酯的耐水解性得到大大提高。

改善耐高低温：在 PC 中接入有机硅，使 PC 的耐高低温性能提高，在－30～40℃时，依然能保持常温下的力学性能。

阻燃、耐腐蚀等性能：有机硅独特的结构，使其兼备了无机材料与有机材料的性能，具有表面张力低、黏温系数小、压缩性高、气体渗透性高等基本性质，并具有电气绝缘、耐氧化稳定性、耐候性、难燃、憎水、耐腐蚀、无毒无味以及生理惰性等优异特性。

耐老化性能：有机硅的耐氧化稳定性、耐候性等特点，使 PC 的耐氧化性能提高，耐黄变性增强。

③ 主要企业　SABIC 的 20%硅烷共聚 PC 树脂，有低温抗冲击性、高韧性、高流动、优异耐候性、阻燃低烟无毒、薄壁透明、高耐热、高透明、易成型等类型。由于 PC 共聚物具有良好的耐化学品性，被用于经常消毒、高温灭菌的医疗器械外壳。这种 Elcres CRX 材料属于 SABIC 的 LNP 特种化合物产品。据称，这种 PC 共聚物旨在防止经常用强力消毒剂清洗的医疗器械出现应力断裂。

（5）生物质 PC

日本三菱化学公司开发了一种生物基 PC 树脂，这种透明生物工程塑料 DURABIO 的共聚单体为异山梨醇，而非传统的双酚 A。

DURABIO 不能生物降解，适用于一系列工程塑料的应用。与传统的 PC 树脂相比，DURABIO 的主要优点为高透明性、优异的光学性能、高抗冲击性及高耐磨性。其优异的光学性能得益于原料异山梨醇。异山梨醇从葡萄糖中萃取而得，是一种应用广泛的生物原料。

除了高透明性和光学均匀性外，该 PC 树脂只有暴露在光下，才会轻微变黄；高透明性使其易于着色，即使是较深的色调和金属效果漆。

（6）脂肪族 PC

主要为二氧化碳共聚物类 PC，具体见第十二章第五节。

5. 应用范围

（1）光学材料

① 照明材料　制造飞机和车辆的风挡和驾驶窗，用作交通工具和住房的玻璃、光学仪器、大型灯罩、防护玻璃、汽车灯罩、照明灯具、防爆灯具和安全面罩等。

② 光学通信材料　光导纤维等近年来开发的具有潜力的用途。

③ 光学材料　光学透镜材料、导光板和光学仪器材料。

④ 镜片　PC 的改性产品具有很轻很薄的优点，不易破碎。

（2）电子/电气

PC 属 E 级绝缘材料，注塑件可用于接插件、开关及线圈框架等，薄膜可用于电容器、录像带、录音带及磁带等。对于壳体材料，常见的有手机外壳、笔记本外壳、充电器外壳。

（3）机械零件

增强 PC 可用于齿轮、齿条、蜗轮、凸轮、拉杆、曲轴及壳体等。

（4）包装材料

利用透明和耐热等性能，用于纯净水、矿泉水的周转桶，水杯，奶瓶及餐具等。

（5）医疗器材

PC 主要用于制造人工血液透析设备、血液采集器、高压注射器、外科手术面罩及其他需在透明、直观条件下操作并需反复消毒的医疗设备中。还可用于医疗器械如杯、瓶、筒、牙科器材、药品容器及手术器械等，医用材料如人工肾、人工肺及人工脏器等。

（6）通信材料

因为 PC 非常适合于薄壁壳体材料，4G 手机大量采用 PC/ABS 作为壳体材料。5G 手机因为对介电性能和耐刮擦性要求更高，目前广泛采用 PC/PMMA 复合材料作为壳体材料。

（7）食品接触材料

PC 材料的耐热温度范围是－45～135℃。超过这个温度范围，PC 材料才会出现老化变质，失去固有性质。在日常食物接触的范围内一般不会放出双酚 A。

（8）行李箱

PC 行李箱是用高品质的纯 PC 材料制作箱体，这是制作防弹玻璃的材料，具有很强的抗冲击性能，在旅行过程中可以有效地抵抗外力。PC 材料表面比较柔韧、刚硬，虽然摸着软、感觉不结实，但是实际上是很柔韧的，一般的成人站在上面都没有问题，清洗比较方便。

（9）建筑业板材

PC 板材已经成功应用在很多国际大型体育场馆的建设中，建成的看台罩棚和外墙透明度高，确保充足的日光照射，最大程度减少了支撑结构，因此轻盈而透明。例如国内的天津奥林匹克中心体育馆、沈阳奥林匹克中心体育馆、上海青浦区体育馆等都是应用了 PC 板材。

（10）汽车零部件

PC 在汽车上主要应用于外饰件和内饰件，如仪表板周围部件、防冻板、车门把手、托架、转向柱护套、装饰板、空调系统配件、车灯零部件等汽车零部件。

（11）航空航天

随着航空、航天技术的迅速发展，对飞机和航天器中各部件的要求不断提高，使得 PC 在该领域的应用也日趋增加。据统计，仅一架波音型飞机上所用聚碳酸酯部件就达 2500 个，单机耗用聚碳酸酯约 2t。

第八章

聚甲醛（POM）

（一）一般概况

聚甲醛是指大分子主链中含有氧化亚甲基重复结构单元的一类聚合物，学名为聚氧化亚甲基，英文全称 polyformaldehyde 或 polyoxymethylene，英文简称 POM，俗称赛钢或夺钢，在五大通用工程塑料中 POM 排名第三。

POM 依结构不同可分为均聚 POM 和共聚 POM 两种。均聚 POM 以甲醛或三聚甲醛为原料合成，大分子主链中的重复结构单元为氧化亚甲基，并用酯基或醚基封端，以提高其耐热性。共聚 POM 以三聚甲醛和 2%～5%的二氧五环两种原料合成，大分子主链中的重复结构单元为氧化亚甲基和二氧五环基两种，并加入 1%的 2,6-二叔丁基甲酚抗氧剂和 0.5%的双氰胺吸收剂。

均聚 POM 最早于 1960 年由美国的杜邦（Du Pont）公司首先实现工业化，当时在美国西弗吉尼亚州的帕克斯堡建成一个产能 1.1 万吨/年的生产装置，并以商品名 Delrin 进行销售，到目前为止杜邦仍然是最大的均聚 POM 生产厂，全球产能占比 8.8%。

共聚 POM 最早于 1962 年由美国的 Celanese 公司首先生产，商品牌号为 Celcon。此外，该公司还同德国的 BASF、赫斯特公司、英国 ICI 公司、日本的赛璐珞公司和旭化成公司合作生产，商品牌号为 Hostaform。1968 年日本宝理塑料株式会社建成产能 0.75 万吨/年的装置，以商品牌号 Duracon（中文名：夺钢）销售，并逐步扩产成为共聚甲醛最大的生产企业，截至 2021 年其年产能 20 万吨左右。

中国 1965 年诞生首套 POM 装置，为吉林石井沟联合化工厂采用长春应用化学所釜式淤浆法聚合技术投产的 1000 吨/年共聚甲醛，稍后上海溶剂厂采用板框式本体聚合技术建成 1700 吨/年的共聚甲醛。因产品质量不稳定、成本居高不下、产业规模小等原因，这两个企业 20 世纪 90 年代就已经关闭。中国真正开发聚甲醛规模化生产开始于云南云天化股份有限公司，该公司于 1997 年从波兰 ZAT 公司引进年产 1 万吨聚甲醛装置，到 2001 年正式生产出合格产品，目前已经成为中国最大的聚甲醛合成企业。

2024 年世界 POM 生产能力超 190 万吨/年，其中均聚 POM 占比不足 10%，共聚 POM 占比超 90%。中国占比超约 26%，位居第一。POM 在通用工程塑料中的增长率最低，年增长率仅为 4%左右，远小于 PA、PC、PET 和 PPO 的增长率。目前国内生产 POM 的企业见表 8-1。

表 8-1　中国 POM 生产企业 2023—2025 年产能及 2026—2027 年规划新增产能

单位：万吨/年

企业名称	区域	2023 年产能	2024 年新增	2025 年新增	2026 年规划新增	2027 年规划新增
云天化	云南省	9（12）				
兖矿鲁化	山东省	8		6（3 期）		
神华宁煤	宁夏回族自治区	6				6（2 期）
中国石油（内蒙古）新材料	内蒙古自治区	4				
鹤壁龙宇	河南省	6				
开封龙宇	河南省	4（6）				
唐山中浩	河北省	4（6）				6（2 期）
新疆国业	新疆维吾尔自治区		4			6（2 期）
天津渤化	天津市	4				
恒力石化	辽宁省		8			
新疆心连心	新疆维吾尔自治区		6			
南通大宝理	江苏省	6（搬迁，2025 年复产）	9			
旭化成（张家港）	江苏省	2（3）				
新疆联合化工	新疆维吾尔自治区			4		
利华益	山东省					8
总计		55（63）	27	10	0	26

注：1. 中国石油（内蒙古）新材料为原中海天野。

2. 宝菱泰 2004 年投产 6 万吨/年，2022 年变更为南通大宝理，2024 年又投产 9 万吨/年，2025 年原来 6 万吨/年装置搬迁新厂址。

3. () 数据为通过技术改造提升的新产能。

聚甲醛是一种高度结晶性的工程塑料，突出特点为刚性大、自润滑性好、耐疲劳、耐摩擦、无噪声、易加工等，是用于塑料齿轮最理想的材料之一。但是，普通聚甲醛由于耐热性较差，缺口冲击强度敏感性强，加上其压缩强度比较低，所以也只能用于低载荷、低转速的塑料齿轮。

均聚、共聚 POM 由于结构不同，在性能上也存在一定的差异，如均聚 POM 的密度、结晶度和力学性能稍高一些，而共聚 POM 的热稳定性、化学稳定性及加工性较好，共聚 POM 的用途较均聚 POM 广泛。

POM 的突出性能为：力学性能和刚性好并接近金属材料，是替代铜、铸锌、钢、铝等金属材料的理想材料；耐疲劳性和耐蠕变性极好；耐磨损、自润性和摩擦性好，与 UHMWPE、PA、PTFE 一起称为四大耐磨塑料材料；热稳定性和化学稳定性高，电绝缘性优良。

POM 的缺点为密度大，耐酸及耐燃性不好，后收缩大且不稳定，尺寸稳定性差，耐候性不高。

POM 广泛用于电子电器、机械、汽车、仪器/仪表、建筑和日用品等领域。

（二）结构性能

1. 结构

POM为线型聚合物，分子主链由—C—O—键组成，结构规整、对称，分子间力大，是一种没有侧链、堆砌紧密、高密度的结晶性聚合物。

均聚POM由纯—C—O—键构成，而共聚POM在若干个—C—O—键中分布着少量的—C—C—键，由于—C—C—键较—C—O—键稳定好，故共聚POM的热稳定性和化学稳定性都好于均聚POM。均聚POM的规整性比共聚POM好，均聚POM的结晶度可达75%～85%，共聚POM的结晶度为70%～75%。均聚POM的密度、力学性能均好于共聚POM。

2. 性能

POM的具体性能见表8-2。

表8-2 均聚POM和共聚POM的性能

性能指标	均聚POM	共聚POM	25%GF/共聚POM
相对密度	1.43	1.41	1.61
吸水率/%	0.25	0.21	—
成型收缩率/%	1.5～3	1.5～3.5	—
拉伸强度/%	70	62	130
断裂伸长率/%	40	60	—
拉伸模量/MPa	3160	2830	8300
弯曲强度/MPa	90	98	182
弯曲模量/MPa	2880	2600	7600
压缩强度/MPa	127	110	—
剪切强度/MPa	67	54	—
缺口冲击强度/(J/m)	76	65	86
洛氏硬度(M)	94	80	—
摩擦系数	—	0.15	—
疲劳极限/MPa	35	31	—
热变形温度(1.82MPa)/℃	110	124	163
长期使用温度/℃	80	100	—
线膨胀系数/($\times10^{-5}K^{-1}$)	7.5	8.5	2.6
热导率/[W/(m·K)]	0.23	0.23	—
体积电阻率/(Ω·cm)	10^{15}	10^{15}	3.8×10^{14}
相对介电常数(10^6Hz)	3.8	2.7	—
介电损耗(10^6Hz)	0.005	0.007	—
介电强度/(kV/mm)	20	20	—
耐电弧/s	220	240	—

（1）一般性能

POM的外观为淡黄色、白色半透明或不透明的粉料或粒料，硬而质密、与象牙相似，制品表面光滑并有光泽。POM易燃，其氧指数仅为14%～16%，火焰上端为黄色、下端为蓝色，类似PP的火焰，燃烧有熔融滴落，并有刺激性味道和鱼腥味。POM的透气性差，仅为PE的几分之一。

（2）力学性能

POM的力学性能优异，比强度可达50.5MPa，比刚度可达2650MPa，与金属十分接近。

POM的力学性能随温度变化小，共聚POM比均聚POM的变化稍大一点。

POM的冲击强度不高，常规冲击强度不及ABS和PC，但是在反复冲击条件下工作的齿轮类制品，长期使用仍能保持较高的冲击强度。POM对缺口敏感，有缺口可使冲击强度下降90%之多。

POM的疲劳强度十分突出，10^4次交变载荷作用后，疲劳强度可达35MPa，而PA和PC仅为28MPa。

POM的耐蠕变性与PA相似，在20℃、21MPa、3000h时仅为2.3%，而且受温度的影响很小。

POM的摩擦系数小，耐磨性好（POM>PA66>PA6>ABS>HPVC>PS>PC），极限PV值很大，自润滑性好，适于受力摩擦制品如齿轮和轴承的生产。但POM制品对磨时，高载荷作用下易产生类似尖叫的噪声。

（3）热学性能

POM的长期耐热性不高，但短期可达到160℃。其中均聚POM短期耐热温度比共聚POM高10℃以上，但长期耐热共聚POM反而比均聚POM高10℃左右。

（4）电学性能

POM的电绝缘性较好，几乎不受温度和湿度的影响；相对介电常数和介电损耗在很宽的温度、湿度和频率范围内变化很小；耐电弧性极好，并可在高温下保持。POM的介电强度与厚度有关，厚度0.127mm时为82.7kV/mm，厚度1.88mm时为23.6kV/mm。

（5）环境性能

POM不耐强酸和氧化剂，对稀酸及弱酸有一定的稳定性。POM的耐溶剂性良好，可耐烃类、醇类、醛类、醚类、汽油、润滑油及弱碱等，并可在高温下保持相当的化学稳定性。

POM的耐候性不好，长期在紫外线作用下，力学性能下降，表面发生粉化和龟裂。

（三）成型加工

1. 加工特性

POM熔体的流变性呈非牛顿型，其熔体的黏度对温度不敏感。对注射成型而言，要增加流动性能，可以从增加螺杆转速、减小喷嘴尺寸等方面入手。

POM的结晶度大，熔程窄，成型收缩率大（可高达3.5%）。对注射厚制品而言，要注意保压和补料，以免造成收缩孔太大而报废。

POM的热稳定性差，温度达到240℃就会严重分解，色泽变黄。在210℃温度下，停留时间如超过20min，也会分解。即使在正常加工温度下，如停留时间过长，也会引起分解。特别是温度超过250℃，分解速度会加快，并溢出强烈刺激眼睛的甲醛气体，严重时制品会产生气泡或变色，更严重时会引起爆炸。因此，必须严格控制温度和停留时间，尽可能选用低温快速的成型工艺条件；另外，还需加入抗氧化剂和双氰胺甲醛吸收剂等稳定剂，以改善其热稳定性能。

POM 的冷凝温度为 160℃，其冷凝速度比熔融速度还要快，在制品表面易产生表面缺陷如褶皱、斑纹及熔接痕等，为此应采用提高注射速度和提高模具温度等方法解决。

POM 制品易产生内应力，后收缩也较大，为此应进行后处理加以解决。后处理的条件为：厚度 6mm 以下，温度 100℃，时间 0.25～1h；厚度 6mm 以上，温度 120～130℃，时间 4～6h。

POM 的吸水率不高，一般在 0.25%左右，一般情况无需干燥处理。但干燥处理可提高制品的表面光泽度，具体干燥条件为：温度 110～120℃，时间 3～5 小时。

2. 加工方法

POM 可用注塑、挤出、吹塑及二次加工等方法成型，并以注塑为主。

（1）注射成型

选用突变压缩螺杆、喷嘴大口径、逆向倒锥度直通喷嘴注塑机，为防止流延，喷嘴应单独冷却。模具采用短而粗的流道，锥度为 3°～5°。

注射成型的条件为：料筒温度 190～200℃，模具温度为 80℃以上，注射压力为 40～100MPa，螺杆转速 50～60r/min；背压要小，一般为 0.6MPa。

（2）挤出成型

挤出温度为 180～210℃，挤出压力 8～15MPa。

（四）改性品种

1. 增强 POM

增强 POM 的增强材料为玻璃纤维、玻璃微珠或碳纤维等，并以玻璃纤维最常用。POM 属于结晶树脂，改性效果对玻璃纤维很敏感，20%玻璃纤维增强后力学性能普遍可提高 2～3 倍，其中 POM 的拉伸强度提高 2 倍、拉伸模量提高 3 倍、耐疲劳强度提高 2 倍，热变形温度提高 50℃以上，具体如表 8-2 所示。

POM 的增强改性加工工艺控制比较困难，因此这里特意加以说明。

（1）混合温度设定

POM 属于热敏性树脂，在熔融增加混合过程中，双螺杆挤出机温度的设定是影响产品质量的重要因素。设定的温度低了，对玻璃纤维的包覆效果就会比较差，会引起玻璃纤维的外露；设定的温度高了，会引起 POM 树脂的热分解。因为温度的设定以保证 POM 树脂不分解为原则，控制在接近熔点温度附近为宜。典型的双螺杆挤出机的 5 段温度设定为 170℃、180℃、190℃、195℃和 185℃。

（2）螺杆组合设置

为了避免螺杆局部出现过热引起 POM 树脂分解，在螺杆的组合上应遵循分散组合、剪切均匀的原则。一是将捏合块分散在多个区间，减少产生摩擦热集中的现象；二是可以适当减少啮合块的数量，以减少物料在螺杆中的停留时间，避免产生 POM 的热氧化降解。总体上讲，POM 树脂增强改性的双螺杆上的螺纹元件组合以中等剪切的螺纹元件组合为好。

（3）螺杆转速控制

提高螺杆转速，可以加强螺杆的剪切效果，提高玻璃纤维的分散均匀性，还可以减少物料在高温下的停留时间。但是过高螺杆的转速，会使摩擦热增加引起温度过热，造成 POM 树脂分解。因此螺杆的转速要合理设置，中端双螺杆挤出机在 400r/min 左右为宜，高端双螺杆挤出机 700r/min 左右为宜。

（4）物料干燥条件

在制备玻璃纤维增强 POM 复合材料时，所有物料的干燥不含水很关键。一方面是 POM 树脂的干燥处理，由于 POM 属于易吸水树脂，而且在高温下很容易引起水解，干燥条件为 70～80℃、4h、物料厚度小于 30mm，最后水分控制在 0.05%以下即可；另一方面玻璃纤维也要干燥处理，具体干燥条件为 120℃、4h。

2. 高韧 POM

由于聚甲醛的结晶度很高，而且结晶的颗粒又比较大，所以其冲击强度不高，尤其是缺口冲击强度更低。适合聚甲醛使用的增韧剂只有 TPU，而且要选用聚醚型 TPU 效果才好，加入量一般要到 30%增韧效果才会明显，其他增韧剂的效果都很一般，因此高韧 POM 实际上就是 POM/TPU 的合金材料。

3. 高润滑 POM

在 POM 中加入聚四氟乙烯、聚硅氧烷、石墨、二硫化钼、润滑油及低分子量 PE 等，可提高其润滑性能。例如，在 POM 中加入 5%～10%的聚四氟乙烯，可降低摩擦系数 60%，耐磨性提高 1～2 倍。再如，在 POM 中加入液体润滑油，可大幅度提高耐磨性和极限 PV 值。为提高油的分散效果，需加入炭黑、氢氧化铝、硫酸钡、乙丙橡胶等吸油载体。如加入 5%的液体润滑油，POM 的耐磨性提高 72%，极限 PV 值可达 3.9MPa・m/s（纯 POM 为 0.213MPa・m/s），为其他工程塑料的 3～20 倍。

（五）应用范围

1. 机械工业

利用 POM 强度大、耐磨、耐疲劳、抗冲击性好及自润滑性高等优点，可制造齿轮、轴承、滑轮、凸轮、皮带轮、导轨、导螺栓、泵体、壳体、阀门、水龙头及管接头等，尤其是最常用的小齿轮首选材料。

2. 汽车工业

利用其比强度高的优点，在交通工具中替代金属锌、铜及铝等，用作水箱阀门、散热器箱盖、风扇、控制杆、开关、齿轮外壳及轴承支架等。

3. 电子电器

利用其介电强度高、介电损耗小、耐电弧性好等电气性能优点，可制造电动工具外壳、开关手柄等，电视机、录像机、计算机、传真机的配件，洗衣机的滚筒和滑轮，空调导风板，冰箱的止挡和滑动托，微波炉的壳体、按键和门轴，电饭煲开盖按钮、推块和微动开关，吸尘器滚轮、轴承和防撞外壳，净水机的水泵、阀门、管路接头和壳体，计时器零件等。

4. 拉链产品

POM 优越的耐磨性、自润滑性决定了它是制造拉链的绝佳材料。偏高档的拉链产品会使用如合资企业南通宝泰菱和张家港杜邦-旭化成的 POM 产品，中低端拉链产品则多数会选择使用国产 POM。

目前中国拉链三大产业集群基地是浙江温州桥头镇、福建晋江、浙江义乌。据了解，目前诸多发达国家和地区已基本放弃了拉链制造业，日本吉田 YKK 也将拉链行业的重心放在中国。中国生产的拉链 20%直接出口，60%与其他产品配套间接出口。此外，广东地区也聚集了众多拉链企业，据统计广东省拉链生产企业有 1000 家以上，其中超过 300 家分布在以汕头为中心区域的潮汕地区，汕头当地又占据了将近三分之一。

5. 卫浴行业

主要用于抽水马桶的水泵阀门以及太阳能的管件等。

6. 其他产品

纽扣，垫圈和密封件，电源插头，键盘。

第九章
热塑性聚酯

热塑性聚酯是具有热塑性特性的饱和聚酯类聚合物，狭义的热塑性聚酯只包括对苯二甲酸系聚酯类聚合物，广义的热塑性聚酯包括所有分子主链中含有酯键的聚酯类聚合物。广义的热塑性聚酯包括如下几种。

对苯二甲酸系列：属于芳香族热塑性聚酯之类，包括聚对苯二甲酸乙二醇酯（PET）、聚对苯二甲酸丙二醇酯（PTT）、聚对苯二甲酸丁二醇酯（PBT）、聚对苯二甲酸-1,4-二羟甲基环己烷酯（PCT），共聚物如对苯二甲酸-二元醇-乙二醇共聚聚酯（PETG）、对苯二甲酸-二元醇-1,4-二羟甲基环己烷共聚聚酯（PCTG）、聚对苯二甲酸-二元酸-1,4-羟甲基环己烷共聚聚酯（PCTA）、对苯二甲酸-二元酸-乙二醇共聚聚酯（PETA）等。这些聚合物都是由乙二醇（EG）、丙二醇（TG）、丁二醇（BG）、新戊二醇（NPG）、1,4-二羟甲基环己烷［又称 1,4-环己烷二甲醇（CHDM）］等与对苯二甲酸（PTA）、间苯二甲酸（IPA）等二酸发生二元或者三元共聚的产物。

萘二酸系列：属于芳香族热塑性聚酯之类，包括聚 2,6-萘二酸乙二醇酯（PEN）、聚 2,6-萘二酸丙二醇酯（PTN）两类。

双酚 A 聚酯系列：属于芳香族热塑性聚酯之类，包括双酚 A 型聚碳酸酯等。

对羟基苯甲酸系列：属于芳香族热塑性聚酯之类，包括各类热致性液晶聚合物（LCP）。

脂肪族聚酯系列：有聚乳酸（PLA）、聚羟基烷酸酯（PHA）、聚己内酯（PCL）、聚丁二酸丁二酯（PBS）、丁二酸-己二酸-丁二醇共聚聚酯（PBSA）、对苯二甲酸-丁二酸-丁二醇共聚聚酯（PBST）、对苯二甲酸-己二酸-丁二醇共聚聚酯（PBAT）等。这些都属于生物降解塑料之类。

二氧化碳聚酯系列：属于脂肪族聚酯之类，具体品种有二氧化碳-环氧乙烷共聚物（PEC）、二氧化碳-环氧丙烷共聚物（PPC）、二氧化碳-环氧丁烷共聚物（PBC）和二氧化碳-环氧环己烷共聚物（PCHC）等。也都属于生物降解塑料系列。

本节主要介绍对苯二甲酸系列产品，其他产品在其他章节中介绍。

第一节　聚对苯二甲酸乙二醇酯（PET）

1. 一般概况

聚对苯二甲酸乙二醇酯为对苯二甲酸和乙二醇直接酯化或对苯二甲酸二甲酯与乙二醇酯交换制成的聚合物，英文名称 polyethylene terephthalate，简称 PET 或 PETP，PET 纤维俗称涤纶。

PET 由英国 ICI 公司于 1946 年首先工业化，美国杜邦公司于 1948 年开始生产，主要用于纤维和薄膜类制品，直到 1966 年日本帝人公司开发出玻璃纤维增强 PET 后，才转而用于工程塑料领域。目前，PET 用于纤维和塑料制品基本各半。塑料制品主要用于透明瓶、薄膜和片材，用作工程塑料的使用量正在迅速增长，但是工程塑料的用量再大也不会超过纤维用量。

普通 PET 是由对苯二甲酸和乙二醇两种单体经过酯化缩聚反应得到的聚合物，属于结晶与非晶共存的结晶型聚合物。PET 的共聚改性就是在对苯二甲酸和乙二醇两种单体之外，引入第三种甚至第四种单体参与共聚，目的是使聚合物产生不对称的分子结构从而形成无定形的共聚物。引入的第三或第四单体可以是二元酸或二元醇，可用的二元酸有间苯二甲酸、丙二酸、丁二酸、己二酸、癸二酸等。当第三单体为二元羧酸时，共聚物称为二元酸改性 PET（PETA）；当第三单体为二元醇时，共聚物称为二元醇改性 PET（PETG）。

2024 年中国 PET 瓶级切片总产能 1963 万吨/年，产能在 100 万吨/年及以上的企业产能约占总产能的 78%。2024 年中国聚酯瓶级切片生产企业产能统计见表 9-1。

表 9-1　2024 年中国 PET 瓶级切片生产企业产能统计

企业名称	省份	产能/（万吨/年）
江苏三房巷实业股份有限公司	江苏	310
海南逸盛石化有限公司	辽宁＋海南	590
万凯新材料股份有限公司	浙江＋重庆	300
华润化学材料科技股份有限公司	江苏＋广东	330
福建百宏聚纤科技实业有限公司	福建	70
四川汉江新材料有限公司	四川	60
远纺工业（上海）有限公司	上海	55
中国石化仪征化纤有限责任公司	江苏	40
广东泰宝聚合物有限公司	广东	40
安阳化学工业集团有限责任公司	河南	30
腾龙特种树脂（厦门）有限公司	福建	25
安徽昊源化工集团有限公司	安徽	60
江苏宝生聚酯科技有限公司	江苏	15
中国石油天然气股份有限公司辽阳石化分公司	辽宁	10
新疆蓝山屯河聚酯有限公司	新疆	16
新疆逸普新材料有限公司	新疆	12
合计	1963	

中国 PET 膜级切片企业主要有中国石化仪征化纤、三房巷、恒逸石化、海南逸盛等。

中国 PET 纤维级切片企业主要有桐昆、恒逸石化、新凤鸣、三房巷、中国石化、恒力石化、盛虹、华润珠海、荣盛、海南逸盛等。

中国 PET 纤维企业主要有恒逸、桐昆、三房巷、新凤鸣、中国石化、恒力石化、盛虹、海南逸盛、华润、荣盛等，基本都是自己合成 PET 树脂，自己纺成涤纶丝。

PET 薄膜的突出性能有阻隔性、透明性、力学性能和韧性，PET 玻璃纤维增强工程塑料的突出性能为力学性能高且受温度影响小、耐热温度高、冲击强度高、耐摩擦、耐蠕变性好、刚性大、硬度大及尺寸稳定性好，增强 PET 在力学性能、刚性、耐热性方面都超过增强 PBT，但加工性不及 PBT。

2. 结构性能

PET 的分子具有高度对称芳环结构，易于取向和结晶，具有较高的强度和良好的成纤性、成膜性，结晶度为 40%～60%，但结晶速度慢，影响成型加工。

纯 PET 耐磨性好、摩擦低、吸水率小、尺寸稳定性高，但力学性能、耐热性和冲击性能较差，经玻璃纤维增强后 PET 的力学性能和耐热性大幅度提高。

纯 PET 及玻璃纤维增强 PET 的性能如表 9-2 所示。

表 9-2　纯 PET 和玻璃纤维增强 PET 的性能

性能	纯 PET	30%GF/PET
相对密度	1.38	1.69
吸水率/%	0.26	0.05
成型收缩率/%	1.8	0.2～0.9
拉伸强度/MPa	78	124.2
断裂伸长率/%	50	3
弯曲强度/MPa	115	195.5
缺口冲击强度/(kJ/m^2)	4	80
洛氏硬度(R)		120
热膨胀系数/($\times 10^{-5}℃^{-1}$)	10	2.9
热变形温度(1.82MPa)/℃	85	215.5
相对介电常数($60 \sim 10^6$ Hz)	2.98～3.16	3.6
介电强度/(kV/mm)	30	29.6
体积电阻率/(Ω·cm)	10^{18}	10^{16}
耐电弧/s	63～190	—

(1) 一般性能

PET 树脂为乳白色半透明或无色透明体，相对密度 1.38，折射率为 1.655，透光率为 90%；PET 属于中等阻隔性材料，对 O_2 的透过系数为 $50 \sim 90cm^3 \cdot mm/(m^2 \cdot d \cdot MPa)$，对 CO_2 的透过系数为 $180cm^3 \cdot mm/(m^2 \cdot d \cdot MPa)$。

(2) 力学性能

PET 膜的拉伸强度很高，可与铝箔媲美，是 HDPE 膜的 9 倍、是 PC 和 PA 膜的 3 倍。PET 的力学性能受温度影响较小，增强 PET 的蠕变小、耐疲劳性极好（好于增强 PC 和 PA)、耐磨性和摩擦性良好。

(3) 热学性能

纯 PET 的耐热性能不高，热变形温度仅为 85℃左右，但增强处理后大幅度提高。PET 的力学性能受温度影响小，在 180℃时的力学性能比 PF 层压板还要好，是热塑性工程塑料中高温下力学性能较好的品种；PET 的耐热老化性好，脆化温度为 −70℃，在 −30℃时仍具有一定韧性；PET 不易燃烧，火焰呈黄色，燃烧有滴落。

（4）电学性能

PET 虽为极性聚合物，但电绝缘性优良，在高频下仍能很好地保持其电学性能。PET 的耐电晕性较差，不可用于高压绝缘场合；电绝缘性受温度和湿度影响明显，且湿度的影响较大。

（5）环境性能

PET 含有酯键，在高温和水蒸气存在条件下不耐酸、碱的作用。PET 对有机溶剂如丙酮、苯、甲苯、三氯乙烷、四氯化碳和油类稳定，对一些氧化剂如过氧化氢、次氯酸钠及重铬酸钾等不稳定。PET 耐候性优良，可长期用于户外。

3. 成型加工

（1）加工特性

PET 属极性聚合物，熔融温度和熔体黏度都较大。

PET 属非牛顿流体，黏度对温度的不敏感而对剪切速率敏感。

PET 吸水性强，在温度达到 60℃以上对水很敏感，温度达到加工温度可以导致水降解。因此 PET 加工前必须干燥处理，干燥条件为温度 130～150℃，时间 3～4h。一般要求注塑用 PET 原料干燥后含水率低于 0.02%，而 PBT 含水率要求低于 0.03%，比 PBT 含水率要求更低。

PET 的加工温度范围较窄，一般为 270～290℃，接近分解温度（300℃），加工中要注意温度不能太高。

PET 的结晶速度慢，为促进结晶，常采用高模温，一般为 100～130℃。另外，可加入成核剂，以促进结晶。

PET 的成型收缩率较大，增强改性后可大大降低，但生产高精度制品时要进行后处理。后处理的条件为：温度 130～140℃，时间为 1～2h。

（2）加工方法

① 注射成型　PET 透明制品常采用热流道，螺杆长径比要大。具体工艺条件为：料筒温度 270～290℃，喷嘴温度 240～250℃，模具温度方面，壁厚小时为 50～70℃、壁厚大时为 140℃，注射压力为 40～100MPa。

② 挤出成型　用于生产薄膜和片类制品。为改善其制品力学性能和光学性能，常进行双向拉伸处理。拉伸温度为 85～90℃，拉伸速率为 1000%～1500%，拉伸倍率为 2.5～3。

③ 吹塑成型　用于生产 PET 瓶体，常用注-拉-吹方法成型，以保证拉伸改性效果。注射型坯的工艺条件同注射成型，吹塑的加热温度为 100℃，吹塑压力 2MPa。

4. 改性品种

PET 的改性品种有增强、共混及结晶改性 PET 等，另外还有回收 PET。

（1）增强改性 PET

纯 PET 由于结晶速度慢，成型收缩率大，尺寸稳定性差，脆性大，限制了它作为工程塑料应用。用纤维增强后，可大大提高 PET 耐热性和力学性能，改善了冲击性能、成型收缩率和尺寸稳定性，使之成为性能优良的热塑性工程塑料。

增强 PET 主要用玻璃纤维，此外还有碳纤维、硅纤维、硼纤维等。增强 PET 的力学性能，与 PC、PBT、PA 等工程塑料相似，热变形温度可达到 225℃，耐应力开裂性好，成型收缩率为0.2%～1%。

随着增强PET性能的不断完善，其在工程塑料中的使用量越来越大，使用范围愈来愈广，成为一种主要的工程塑料品种，主要用于电子/电器工程。

（2）共混改性PET

① PET与PBT共混 如PET和PBT共混并加入0.5%滑石粉为成核剂，共混物具有成型收缩率低、耐热、抗冲击性优良等性能。

② PET与PC共混 改善PET的冲击强度，如PET/PC中加入少量马来酸酐（MAH）接枝PE或PET/PC/ABS三元共混并加入滑石粉为成核剂。

③ PET/PA共混 改善抗冲击性和尺寸稳定性，常在PET/PA共混体系中加入PP-*g*-MAH相容剂。

此外还有PET/SEBS-*g*-MAH、PET/SBS-*g*-MAH、PET/SEBS-*g*-GMA、PET/PE、PET/EPDM和PET/SBS等，目的是改善冲击性能。

（3）结晶改性PET

目的是加快结晶速度，常加入乙烯-甲基丙烯酸共聚物的钠盐、聚乙二醇二缩水甘油醚、聚环氧乙烷、乙烯-马来酸酐共聚物的钠盐、甲基丙烯酸缩水甘油酯（GMA）、乙酰乙酸钠及聚己二酸二丁酯等，无机成核剂有凹凸棒土成核剂。

加入成核剂还有一个附带改性作用，就是能够提高PET耐紫外线老化性能。

（4）回收PET

回收的PET以瓶为主，因为在使用过程中产生降解，其特性黏度仅为0.4dL/g，达不到工程塑料需要的0.9dL/g的特性黏度，甚至达不到正常纺丝PET的特性黏度0.6dL/g的要求。因此，回收PET不进行增黏改性处理，就不能用于工程塑料，也不能够用于瓶级料，只能降级用于纺丝原料，目前也只用于低端的纺丝产品如玩具、家具、枕头等填充材料。

回收PET材料的增黏改性主要是加入扩链剂，如果改性料用于注塑料还要加入成核剂提高结晶速度。

回收PET具有低碳排放的环保价值，未来新产品中不含有一定含量的回收PET，市场推广会受到限制。

5. 应用范围

PET除纤维之外主要用于薄膜和片材、瓶类及工程塑料制件三大类。

（1）薄膜和片材

PET薄膜和片材主要用于包装材料如食品、药品及无毒无菌的卫生包装和纺织品、精密仪器、电子元件的高档包装，录音、录像、照相、电影、磁盘、光盘及磁卡等基材，电器绝缘材料如电容器膜、柔性印刷电路板及薄膜开关等。

（2）瓶类

PET瓶的透明性高、阻隔性好，可用于保鲜包装材料。主要用于啤酒、白酒、碳酸饮料、饮用水、食用油、食品、调味品、药品、化妆品及保健食品等。

（3）工程塑料

主要为PET的增强品种，具体用于如下几个方面。

① 电子/电器 如连接器、线圈绕线管、集成电路外壳、电容器外壳、变压器外壳、电视机配件、调谐器、开关、计时器外壳及继电器等。

② 汽车配件　配电盘罩、阀门、排气零件、分电器盖及小型电动机壳等。

③ 机械零件　齿轮、凸轮、泵壳体、皮带轮、电动机架框及钟表零件等。

④ 拉链材料　为继 PA 和 POM 之后的第三代拉链材料，可用于宽窄两种类型。

（4）纤维类

PET 纤维俗称涤纶纤维或者聚酯纤维，可以分为长丝和短丝两大类，于 1941 年发明，目前是全球第一大纺织品面料。

聚酯纤维具有一系列优良性能，如断裂强度和弹性模量高，回弹性适中，热定型效果优异，耐热和耐光性好。聚酯纤维的熔点为 255℃左右，玻璃化转变温度约 70℃，在广泛的最终用途条件下形状稳定，织物具有洗可穿性，另外，还具有优秀的阻抗性（诸如抗有机溶剂、肥皂、洗涤剂、漂白液、氧化剂）以及较好的耐腐蚀性，对弱酸、碱等稳定，故有着广泛的应用和产业用途。石油工业的飞速发展，也为聚酯纤维的生产提供了更加丰富而廉价的原料，加之近年化工、机械、电子自控技术等技术的发展，使其原料生产、纤维成形和加工等过程逐步实现短程化、连续化、自动化和高速化，聚酯纤维已成为发展速度最快、产量最高的合成纤维品种，全球聚酯纤维占到世界合成纤维总量的 74%。

第二节　聚对苯二甲酸丁二醇酯（PBT）

1. 一般概况

聚对苯二甲酸丁二醇酯为对苯二甲酸二甲酯与丁二醇酯交换或对苯二甲酸和丁二醇直接酯化而成的聚合物。英文名称为 polybutylene terphthalate，简称 PBT 或 PBTP。

PBT 树脂最早由德国科学家 P. Schlack 于 1942 年开发成功，1970 年由美国的泰科纳（Ticona）公司首先生产。如今世界上有十几个国家的 30 多家公司生产，随着市场应用的增长，产量和产能不断扩大。2024 年中国 PBT 产能见表 9-3。

表 9-3　2024 年中国 PBT 产能统计

区域	生产企业	产能/（万吨/年）
华东	长春化工（江苏）有限公司	6+6+6
	中国石化仪征化纤股份公司	2+6+6+12
	浙江美源新材料有限公司	10
	无锡市兴盛新材料科技有限公司	8+10+3
	江苏和时利新材料股份有限公司	2+4
	南通星辰合成材料有限公司	6
	山东潍焦集团有限公司	6
	福建海泉化学有限公司（洲湾）	6
	江苏鑫博高分子材料股份有限公司	3
	江苏科奕莱新材料科技有限公司	6
	浙江长鸿生物材料有限公司	10+10
	江西聚锐德新材料股份有限公司	6

续表

区域	生产企业	产能/（万吨/年）
华北	康辉新材料科技有限公司	6+6+6+6+6+6
华中	河南开祥精细化工有限公司	10+10
西北	新疆蓝山屯河化工股份有限公司	6+6+6
	中化学东华天业新材料有限公司	6
合计		214

国外生产PBT的企业有巴斯夫、帝斯曼、杜邦、沙比克、泰科纳、三菱化学、日本三井、日本东丽、韩国LG等。

PBT的合成有DMT法（酯交换法）和PTA法（直接酯化法）两种工艺。早期由于PTA法中的PTA纯度不够，无法进行大规模生产，因此以DMT法为主。但DMT法生产规模小，质量稳定性差，导致PBT多年未受到应有重视。进入20世纪90年代，PTA的纯度大幅度提高，尤其是PTA连续酯化法的成功，大大提高了合成效率，因此目前PBT的合成以PTA法为主。

PBT与其他工程塑料相比，具有优异的性价比，与PET一样是最价廉的工程塑料品种。纯PBT的性能一般，但用玻璃纤维增强改性后，其力学和热学性能大为改善，其自润滑性和耐溶剂性与POM类似，尺寸稳定性比PA还要优。

PBT的具体性能特点为：力学性能与PA及POM相似、摩擦系数小、自润滑性好、热稳定性和化学稳定性好、电绝缘性优异、刚性和硬度高、抗冲击性好、尺寸稳定性高、加工性好、耐热性好及自熄等。

PBT与其他工程塑料相比特点为：电绝缘性好，可以用于电气绝缘性能要求高的场合；吸水率低，可用于潮湿环境；耐溶剂性好，结晶速度快；流动性好，可成型薄壁制品；此外，纯PBT具有超声波焊接特性。

PBT主要用于电子/电器、汽车、机械及仪器仪表等领域，我国65%用于电子/电器、10%用于汽车、其他25%；美国44.6%用于汽车、19.1%用于电子/电器、8.9%用于仪器仪表；西欧36.4%用于汽车、31.4%用于电子/电器、7.6%用于仪器仪表；日本44.6%用于电子/电器、29.7%用于汽车、25.7%用于机械与仪器仪表。

2. 结构性能

(1) 结构

PBT比PET每个重复单元只多了2个亚甲基，但性能差异很大，具体如表9-4所示。

表9-4　PBT和PET性能比较

性能	PET	PBT
玻璃化转变温度/℃	76～78	24
熔点/℃	256～263	225
结晶性	较慢	较快
相对密度	1.34～1.40	1.31

PBT 的玻璃化转变温度很低，处于室温范围。

不同黏度的 PBT 性能差别很大，具体见表 9-5。

表 9-5　PBT 特性黏度与性能关系

特性黏度/(dL/g)	0.88	1.21	1.28	1.36	1.50	1.80	2.20	2.70
断裂伸长率/%	35	165	180	230	255	170	280	340
冲击强度/(kJ/m^2)	100	170	180	220	250	290	300	320

（2）性能

① 一般性能　纯 PBT 的力学性能和耐热性都不好，因而很少单独使用，用于工程塑料的 PBT 80%都是增强品种。PBT 及其玻璃纤维增强改性品种的具体性能指标如表 9-6 所示。

表 9-6　纯 PBT 及改性 PBT 的性能

性能	纯 PBT	30%GF/PBT	阻燃增强 PBT
相对密度	1.31	1.53	1.67
吸水率/%	0.09	0.07	0.07
成型收缩率/%	—	0.5～1.0	0.5～1.2
拉伸强度/MPa	55	137	137
断裂伸长率/%	200～300	4	4
弯曲强度/MPa	85	196	196
弯曲模量/GPa	2.35	8.82	8.82
缺口冲击强度/(kJ/m^2)	4.31	7.84	6.86
洛氏硬度	M72	R121	M90
热膨胀系数/($\times10^{-5}℃^{-1}$)	8.8～9.6	2.7	2.7
热变形温度(1.82MPa)/℃	58	220	220～230
长期使用温度/℃	120	120～140	120～140
相对介电常数($60\sim10^6$Hz)	3.1	3.7	3.7
介电强度/(kV/mm)	17	23	26
体积电阻率/(Ω·cm)	10^{16}	10^{16}	10^{16}
耐电弧/s	125～190	125	130
燃烧性(UL 94)	V-1	V-1	V-0

② 力学性能　PBT 经过玻璃纤维增强改性后的力学性能大幅提高。PBT 的耐蠕变性优异。PBT 力学性能受温度的影响比较小，高温下尺寸稳定性优良，可用于高温受力结构制件。

③ 热学性能　PBT 的熔点为 224～227℃，PBT 经过玻璃纤维增强改性后的热变形温度提高，是塑料中增加幅度最大的品种之一。在热塑性工程塑料中，增强 PBT 的线膨胀系数最小。

④ 电学性能　PBT 的电绝缘性能优良，增强后 PBT 的介电强度高达 23kV/mm。电绝缘性受温度和湿度的影响比较小，但受频率的影响较大。

⑤ 环境性能　PBT 属于酯类聚合物，不耐强酸、强碱及苯酚类化学试剂，耐油性好、适用于汽车部件，对醇类、醚类、脂肪烃、高分子量酯类等稳定，对有机溶剂有很强的耐应力开裂性。

3. 成型加工

PBT 容易加工，可用注塑及挤出方法成型，但以注射成型为主。

（1）PBT 的加工特性

PBT 和增强 PBT 都具有良好的成型流动性，可制成薄壁制品；但 PBT 的流变曲线比较陡，成型温度范围比较窄，成型中对温度的要求比较严格；温度太高会溢料，温度太低会堵塞喷嘴。

PBT 流体属于非牛顿型，熔体的黏度对剪切速率更敏感，加工中降低黏度应首先从螺杆转速和注射压力入手。

PBT 的结晶速度快，成型周期短。

受结晶、工艺、模具等因素影响，PBT 在成型过程中会出现各向异性，使制品翘曲、扭曲等。

PBT 在流动方向的收缩率为 0.25%，在垂直方向的收缩率为 1%，两者相差悬殊。

PBT 是工程塑料中吸水率最低的品种之一，一般可不必干燥；但在高温下即使少量的水，也会导致水解，因此还是需要干燥处理。具体条件为：温度 120～130℃，时间 3～5h，使吸水率在 0.05%以下。

PBT 加工废料一般不单独使用，常以 20%～30%的比例加入新料中。

（2）PBT 的加工方法

① 注射成型　料筒温度为 230℃、235℃、240℃、245℃和 250℃，喷嘴温度为 255℃；模具温度，纯 PBT 为 60℃左右、增强 PBT 为 80℃左右，温度稍高有利于提高接缝强度和光泽度；注射压力为 50～100MPa，背压为注射压力的 10%～15%，螺杆转速为 60～90r/min。因 PBT 冷却速度快，为防止充模中过早冷凝，应以高注射速度成型。

② 挤出成型　料筒温度为 232℃、260℃、260℃，机头温度为 266℃，冷却辊温度上部为 63℃、下部为 77℃，螺杆转速为 20r/min。

4. 改性品种

PBT 最主要的改性品种为增强 PBT，此外还有共混等改性品种。

（1）增强 PBT

增强 PBT 的 97%以上为玻璃纤维增强，增强后 PBT 在力学性能和热学性能两方面的改性效果十分突出，具体性能参见表 9-6。

具体制法为用双螺杆挤出机，首先将 PBT 树脂与少量的聚烯烃及阻燃剂混合，再同玻璃纤维一起加入挤出机中，于 240～250℃温度下熔融混炼，挤出切粒即可。

（2）PBT 合金

① PBT/PET 合金　改善 PBT 的翘曲及制品的表面光泽。

② PBT/PC 合金　改善耐热温度及冲击强度。

③ PBT/PU/PC 合金　三者共混比例为 50/25/25 时，缺口冲击强度为 850～1400J/m。

④ 低翘曲 PBT　采用滑石粉、云母及玻璃微珠等无机填料填充 PBT，可改善翘曲性。

5. 应用范围

（1）电子/电器

如连接器、开关、插座盖、断路器罩、显像管插座、数码管座、集成电路基座、线圈绕线管、变压器骨架及小型电动机罩盖等。

（2）汽车配件

目前用量不及 PA、PC 及 POM 多，主要用于保险杠、挡泥板、方向盘、汽车点火器、后转角格栅、发动机放热孔罩及电刷支架等。

（3）机械设备

齿轮、拉链、凸轮、按钮及传动轴等。

（4）仪器仪表

办公设备外壳、照相机零件及电子表配件等。

第三节　其他聚酯品种

一、聚对苯二甲酸丙二醇酯（PTT）

1. 一般概况

PTT 为聚对苯二甲酸丙二醇酯聚合物，是近几年才获得工业化生产的一种新型热塑性聚酯品种。因 PTT 的综合性能优异，故被认为是 21 世纪最有希望大规模推广应用的一种新型工程塑料。PTT 是继 PET、PBT、PEN、PCT 之后的热塑性聚酯的又一个新品种，其结构介于 PET 和 PBT 之间，因此具有 PET 的高性能和 PBT 的易加工性，综合了两者的优点。PTT 的价格比 PBT 还要低，随着其树脂产量的不断增大，无疑会给通用工程塑料市场带来相当大的冲击。目前国际上很多有识之士看好 PTT 的发展潜力，已有多家国际知名大公司先后投入 PTT 的开发行列中。下面简述 PTT 的发展史和目前状况。

早在 1941 年第二次世界大战激战中，Whinfield 等人就在实验室中首先合成出 PTT。但长期以来，其合成原料 1,3-丙二醇（PDO）无法实现工业化生产，从而导致 PTT 价格昂贵，无法获得实际应用，使之迟迟未能实现工业化生产。直到 20 世纪 90 年代，可工业化生产 PDO 获得成功后，才使 PTT 得以实现工业化生产。

1995 年德国的 Degussa 公司采用丙烯醛水合路线，工业化生产出聚合级 PDO，并与 Zimmer 工程公司合作共同开发出具有经济可行性的 PTT 聚合工艺。

1995 年美国 Shell 化学公司采用环氧乙烷加氢甲酰化路线生产出低成本的 PDO，并随之实现 PTT 的商业化生产。在 1997 年 6 月的日本国际塑料展览会上首次展出牌号为 Corterra 的 PTT 树脂，引起工程塑料界的极大关注。

随后，美国 DuPont 公司以玉米淀粉为原料，利用生物发酵技术制造 PDO 取得成功，并生产出商品名为 Sorona 的 PTT 树脂。

早期全球 PTT 主要生产企业有两家。美国 Shell 化学公司为最大的 PTT 生产商，目前的年生产能力达到 14 万吨，常规牌号有：CP509201、CP509211、纤维级 CP509250、塑料级 Corterra PTT200。为了保住 PTT 合成霸主的地位，Shell 化学正致力于扩大 PDO 和 PTT 的产能，除与加拿大的 SGF Chimie 公司合作在加拿大建造一个年产 9.5 万吨的 PTT 工厂外，Shell 化学公司还与很多对 PTT 感兴趣的企业洽谈合作。美国 DuPont 公司是第二个主要 PTT 生产厂，位于美国北卡罗来纳州的工厂年产 1.2 万吨 Sorona 牌号 PTT 聚合物，并正计划扩产到年产 5 万吨的规模。

国内盛虹集团下属中鲈科技发展股份有限公司产能为 3 万吨/年，与浙江恒澜科技有限公司 2021 年还组织了生物质 PTT 产品鉴定会。华峰集团通过技术并购与自主创新，已形成完整的生物基 PTT 产业链。其子公司华峰瑞讯于 2025 年 1 月成功实现 3 万吨生物基 SoronaPTT 聚合装置试生产，填补了国内生物基高性能 PTT 切片稳定生产的空白。此次扩建项目计划总投资 2.127 亿元，采用国际先进的五釜流程直接酯化工艺，新增 6 万吨/年产能。

PTT 与 PET、PBT 一样，也是一种半结晶状热塑性树脂。PTT 的合成工艺路线有两条：一条是以脂肪族二元醇和对苯二甲酸（PTA）为原料的直接酯化路线（PTA 法），另一条是以脂肪族二元醇和对苯二甲酸二甲酯（DMT）为原料的酯交换路线（DMT 法）。PTA 法的生产成本比 DMT 法低，且不产生毒性较大的甲醇副产品，可以省去回收甲醇的工序，既节约投资，减少污染，又有利于安全生产。另外，用 PTA 法生产的 PTT 所产生的醚（氧杂环丁烷）也较生产 PBT 时所产生的四氢呋喃少得多，因此以 1,3-丙二醇（PDO）和 PTA 为原料合成 PTT 的方法是首选，目前已工业化的 PTT 方法也均采用 PTA 法制造。

2. 结构性能

以美国 Shell 化学公司生产的 Corterra PTT200 为例，其具体物理性能见表 9-7。

表 9-7 Corterra PTT200 树脂的物理性能

性能	数据	性能	数据
特性黏度/(dL/g)	0.92	相对密度	1.35
熔点/℃	228.0	100 粒切片重/g	2.3
黄色指数色相	11	表观相对密度	0.83
白度色相	87	最大含水率/%	0.2

PTT 与其他纯工程塑料比较见表 9-8；玻纤增强 PTT 与其他玻璃纤增强塑料比较见表 9-9。从表 9-8 中可以看出，PTT 的各项电学性能指标都优良。

表 9-8 PTT 与其他纯工程塑料比较

性能	PET	PTT	PBT	PA66	PC
相对密度	1.40	1.35	1.34	1.14	1.20
成型收缩率/%	3.0	2.0	2.0	1.5	0.7
拉伸强度/MPa	72.5	67.5	56.5	82.8	65.0
弯曲模量/GPa	3.11	2.76	2.34	2.83	2.35
缺口冲击强度/(kJ/m^2)	37	48	53	53	64
热变形温度(1.8MPa)/℃	65	59	54	90	129
熔点/℃	265	225	228	265	—

续表

性能	PET	PTT	PBT	PA66	PC
玻璃化转变温度/℃	80	45～75	25	50～90	150
介电强度/(kV/mm)	22	21	16	24	15
相对介电常数(1MHz)	3.0	3.0	3.1	3.6	3.0
介电损耗角正切(1MHz)	0.02	0.015	0.02	0.02	0.01
体积电阻率/(Ω·cm)	10^{15}	10^{15}	10^{15}	10^{15}	8.2×10^{15}

表 9-9　玻纤增强 PTT 与其他玻纤增强塑料比较

性能	28%GF/PET	30%GF/PTT	30%GF/PBT	33%GF/PA66	30%GF/PC
相对密度	1.56	1.55	1.53	1.39	1.43
成型收缩率/%	0.20	0.20	0.20	0.20	0.25
拉伸强度/MPa	159	159	115	172	131
弯曲弹性模量/GPa	8.97	10.35	7.60	9.00	7.59
缺口冲击强度/(J/m)	101	107	85	107	107
热变形温度(1.8MPa)/℃	224	216	207	252	146

在 5 种纯工程塑料中，PTT 的各项电性能指标优良，拉伸强度、弯曲模量、热变形温度、缺口冲击强度都介于 PET 和 PBT 之间，前 3 个性能指标好于 PBT 但差于 PET，只有缺口冲击强度差于 PBT 但好于 PET；PC 的抗冲击性能和耐热性远好于 PTT，但刚性不如 PTT；PA66 的性能大都比 PTT 要好。

在玻璃纤维增强塑料中，PTT 对玻璃纤维敏感性好，力学性能和耐热温度大幅度提高，尤其是弯曲弹性模量，在 5 种增强塑料中最高，其缺口冲击强度也升高到与 PA66、PC 相当的水平，而 PBT 的冲击强度则大幅度下降。由此可见，增强 PTT 是一种刚、韧兼有的一种塑料，与纯 PC 相似。其中，PTT 的拉伸强度仅次于 PA66，与 PET 相同，比 PBT、PC 高得多；PET 的热变形温度升高幅度很大，达到 224℃，仅比 PA66 的 252℃低。

从上述性能比较看，无论是纯树脂还是增强级，PTT 的综合性能均优于 PBT。与 PET 对比，PTT 在增强级别上略好于 PET，但在纯树脂上不如 PET。但因 PET 存在结晶速度慢和加工性能差的致命缺点，其纯树脂不适合于工程塑料，只有增强级别才可用于工程塑料。结论是在增强级工程塑料应用中，PTT 的性能好于 PET 和 PBT。

与 PC 相比，纯 PC 的性能好于 PTT，但用玻璃纤维增强后，PTT 的各项性能均好于 PC，并且不易产生应力开裂。

无论是纯树脂还是增强树脂，PA66 的性能均好于 PTT，但其吸水性强，导致其尺寸稳定性差，而 PTT 则无此缺点。

综上所述，对玻璃纤维增强 PTT 而言，在同 PET、PBT、PA66、PC 的比较中，完全可同其他工程塑料媲美，甚至在某些领域更有胜出之处。

3. 改性品种

美国 RTP 公司开发出第一个 PTT 改性品种，商品名为 RTP4700，具体牌号和性能见表 9-10。

表 9-10　RTP 公司 RTP4700 系列产品的牌号和性能

牌号	组分	相对密度	缺口冲击强度/(J/m)	拉伸强度/MPa	断裂伸长率/%	弯曲强度/MPa	热变形温度(1.8MPa)/℃
RTP4700	基础树脂	1.33	27	59	>10	980	—
RTP4701	+10%GF	1.40	37	90	2～3	124	—
RTP4702	+15%GF	1.45	37	103	2～3	152	—
RTP4703	+20%GF	1.47	53	117	2～3	179	—
RTP4705	+30%GF	1.56	80	158	2～3	234	—
RTP4707	+40%GF	1.64	96	179	2～3	248	—
RTP4708	+45%GF	1.70	75	145	1.5	207	—
RTP4700AR15TFE15	+15%芳纶+15%PTFE	1.42	37	69	2.9	112	149
RTP4700AR15TFE15SI2	+15%芳纶+15%PTFE+2%聚硅氧烷	1.43	37	64	3.5～4.5	103	157
RTP4701FR	+10%GF+阻燃剂	1.58	37	52	1～2	55	—
RTP4702FR	+15%GF+阻燃剂	1.61	37	83	1～2	110	177
RTP4705FR	+30%GF+阻燃剂	1.73	64	124	1～2	172	210
RTP4701FRNH	+10%GF+无卤阻燃剂	1.56	40	52	1.5	93	192
RTP4705FRNH	+30%GF+无卤阻燃剂	1.70	64	84	1	134	212
RTP4700TFE10	+10%PTFE	1.39	27	52	4.5～5.5	93	66
RTP4702TFE15	+15%GF+15%PFTE	1.53	59	107	3.15	162	196
RTP4705TFE15	+30%GF+15%PTFE	1.67	91	129	2.15	193	204
RTP4700TFE20	+20%PTFE	1.42	27	45	2.5	83	60
RTP4700TFE10SI2	+10%PTFE+2%聚硅氧烷	1.38	32	50	5.5～6.5	90	63
RTP4702TFE15SI2	+15%GF+15%PTFE+2%聚硅氧烷	1.53	69	103	3.1	160	199
RTP4705TFE15SI2	+30%GF+15%PTFE+2%聚硅氧烷	1.52	80	122	3	191	204
RTP4700TFE18SI2	+18%PTFE+2%聚硅氧烷	1.43	32	43	>10	78	60
RTP4705UV	+30%GF+抗紫外线剂	1.56	80	158	2～3	234	—
RTP4781	+10%CF	1.37	37	117	2	165	—
RTP4782	+15%CF	1.48	43	136	1.7	193	204
RTP4783	+20%CF	1.40	37	145	1.5	200	—
RTP4785	+30%CF	1.44	43	165	1.2	234	—
RTP4787	+40%CF	1.48	43	179	1	241	—
RTP4785FR	+30%CF+阻燃剂	1.54	43	167	1	248	189
RTP4785TFE15	+30%CF+15%PTFE	1.50	48	148	1.3	222	213
ESD C4780	导电剂+CF	1.37	27	117	1～3	165	188
Perma Stat * 4700	抗静电剂	1.29	43	44	>10	69	—

我国台湾成功大学的新竹工业技术研究院研究了 PTT 与聚醚酰亚胺（PEI）的共混，但大陆还未见相关研究报道。韩国的 Soongsil 大学、Konkuk 大学、Inha 大学对 PTT 和聚萘二甲酸丙二醇酯（PTN）的共混进行了研究。

4. 应用范围

与五大通用工程塑料相比，除了 PTT 的性能较好外，还具有其他优势。如与 PBT 比较，PTT 在性能和价格上的优势都很明显，可完全替代 PBT 用于工程塑料领域。此外，在工程塑料中，PTT 还可部分替代 PET 和 PA66。

据预测，PTT 可用于电子电气、汽车等领域。具体如：电子电气接插件，线圈骨架、插头、插座、灯座和开关，汽车灯座、电线扎带、传感器、点火线圈、汽车顶棚、刮水器、行李架和格栅，设备和电动工具零件，办公设施及装备。具体应用实例如下。

Shell 化学公司用 30%GF/PTT 替代 30%GF/PBT 生产汽车的气缸盖，PTT 的弯曲模量是 PBT 的 1.5 倍，可使气缸盖的厚度由 4.5mm 减至 3.92mm，零件重量由 2.4kg 降为 2.04kg，大大降低零件成本，并提高汽车的安全系数。

美国 RTP 公司与德国 Epcos AG 公司合作开发的 GF 增强无卤阻燃 PTT 材料已应用到 Epcos 的线圈骨架，该材料不仅符合 Epcos 公司对线圈骨架材料严格的温度、刚性、阻燃要求，并成功通过了冲击和电气测试，符合欧洲环境保护标准。

二、聚对苯二甲酸-1,4-环己烷二甲醇酯（PCT）

1. 一般概况

PCT 是一种耐高温、半结晶型的热塑性塑料，系聚酯家族又一新品种。由美国伊士曼化学公司（Eastman）于 1987 年实现工业化并至今垄断 PCT 的生产。PCT 树脂可由 1,4-环己烷二甲醇（CHDM）和对苯二甲酸二甲酯（DMT）经酯化反应生成，也可由 CHDM 与对苯二甲酸（PTA）直接进行酯化反应生成。

国外早在 20 世纪 50 年代就开始了 PCT 的研究，先后由美国伊士曼公司、德国的 Huls 公司等参与研究，并已申请了专利。近些年，关于 PCT 及其共聚聚酯的工艺研究趋势是由 DMT 法转向 PTA 法，研究方向主要是找到合理经济的生产工艺路径和配方，以及改善和优化聚酯产品的指标。

目前全球主要 PCT 生产商为美国杜邦和伊士曼、日本东丽、中国优巨新材等。

2. 结构性能

PCT 作为聚酯家族的一种新品种，其性质与 PET 和 PBT 相似，具有 PBT 的强度和韧性，而耐热性优于 PET。PCT 具有较高的耐热性，其连续应用温度范围在 130～150℃之间，挠曲温度为 243～260℃，可以代替耐热级的 PBT 用作印刷电路板生产中的波峰焊接板和回流焊接板。

PCT 耐热性能虽然不如聚苯硫醚（PPS）、高温液晶聚合物和耐高温聚酰胺，但优于中温液晶聚合物和其他聚酯。由于 PCT 还具有良好的韧性、热稳定性、易加工性、耐化学品性和低吸湿性，故在潮湿条件下，对 PCT 的力学品性能、尺寸稳定性和加工性能的影响很小。

PCT 对清洗用的溶剂如丙酮、甲乙酮、乙醇和芳香溶剂等有很好的耐化学品性能，但 PCT 的阻燃性能不佳。

PCT 一般以填充共混物、共聚聚酯或熔融共混物 3 种基本形式存在。

填充共混 PCT 采用玻璃纤维和无机物填料，并添加各种稳定剂、阻燃剂和其他加工助剂，使其成为高温使用环境下的高性能材料。PCT 填充共混物优良的高温性能使它有希望在各种工程上应用，尤其是那些要求短期抗高温性的应用。

PCT 共聚聚酯表现出很宽范围的性质，这取决于特定的共聚单体。二醇改性 PCT（PCTG）多为乙二醇改性 PET，具有高抗冲击性、极佳的透明度和高光泽性，特别是抗辐射性和优良的耐化学品性。PCTG 共聚聚酯的缺口悬臂梁冲击强度与 PC 相近，另外它还可与其他聚合物如 ABS 相竞争。这种共聚聚酯的特性使其用于各种医疗和光学等要求透明度和韧性的场合。二酸改性 PCT（PCTA）是一种酸改性共聚聚酯，可加工挤出膜和片材用于包装，PCTA 膜具有极好的透明度、低温柔韧性、高的撕裂强度和耐化学品性。另外，PCTA 可以添加玻璃纤维和（或）其他无机填料，使其具有高温特性，用于双面可烘烤厨具。

PCT 或 PCTG 与其他聚合物的熔融共混物具有一定的力学性能和热性能，可改性后作为专门用途。最通用的熔融共混物是由 PCTG 和 PC 构成的，表现出极佳的透明度和光学特性，如很好的透光性和很低的浑浊度，好的耐化学品性和柔韧性，其缺口悬臂梁冲击强度测定值高。通常，这些熔融共混物具有的性能与 PC 及其他以 PC 为基础的共混物相近。以 PCT 和 PCTG 为基础的熔融共混物可具有比 PC 更好的耐某些化学物的性质，并表现出很好的光泽度和可着色性。由此，这些熔融共混物可用于医药工业以及游乐专用车辆的壳体和罩面板。

3. 成型加工

加入适量的热稳定剂和抗氧剂，可以保证物性稳定。常用的热稳定剂有聚亚苯基硫、苯酚赤藓醇二磷酯和亚磷酸酯，抗氧剂有 626、619 和 1010 等。

（1）干燥处理

PCT 高温下对水敏感，容易产生水解，因此加工前需要干燥处理，干燥条件为 120～140℃温度下 1～2h。

（2）注塑加工

料筒温度 280～300℃，温度设定高而且温度范围窄；模具温度一般在 90～130℃范围内，对于薄壁制品模具温度建议设定 120℃；物料在料筒内停留时间一般不超过 5min。

（3）挤出加工

挤出温度一般在 255～300℃范围，比注塑加工料筒温度范围更宽一些。

4. 应用范围

美国是世界 PCT 最大的消费市场，其次是亚洲。1998 年前日本东丽（Toray）公司直接从美国伊士曼化学公司进口玻璃纤维增强型 PCT；1998 年伊士曼（日本）公司成立，日本国内的 PCT 类树脂供应都间接从此公司进口。过去几年里，日本每年消费大约 500t PCT，主要用于电子工业的接头和插座的生产，由于 LCP、PPS 的激烈竞争，未来几年 PCT 需求增长平稳。其他亚洲的国家和地区的 PCT 消费量高于日本，但增长也较平稳。

在国外，PCT 的主要用途是电子电气和汽车方面。其中，近 80%的 PCT 用于电子电气方面，主要用途有印刷电路板器件、接插件、插座、开关、片连接件、内存卡部件、针形接插件等。汽车是 PCT 的另一大用途，占 20%，主要用于内部连接件、分配器壳、火花塞座、自动传输开关、开关盒、发动机点火部件等。PCT 通常用玻璃纤维增强，其他等级的品种还有玻璃纤维和云母填充。就像其他耐高温热塑性树脂的发展一样，电子电气和汽车工业的需求是 PCT 发展的主要驱动力。在新领域开拓方面，美国伊士曼化学公司研制出 PCT 纤维，其工业用途包括耐高温过滤材料及绝缘材料，还可用于制作结构性复合材料。

由于高耐温性和较好的韧性，在高端领域中 PCT 具有较高的性价比优势，将继续取代 PET、PBT、PA6、PA66 等，全球需求将稳步增长。

由于 PCT 共混物、共聚聚酯和熔融共混物所表现出的宽范围的优良特性，这些材料有一系列的最终用途。PCT 填充共混物应用于电子电气和汽车市场，这取决于它们的耐高热性。共聚聚酯和熔融共混物主要应用在医药、消费品、光学和游乐/专用车辆等市场。PCT 及其共聚聚酯在国内市场前景比较好。PCT 作为一种新型聚酯，具有很高的市场价值，是一个新商机。

具体来讲，PCT 及其改性产品可应用的领域如下。

① 电子电气　PCT 填充共混物用于接线盒、插座、集成电路板、插头槽板组合件、继电器元件、线圈架和无线通信设备元件。发展趋势是小型化和表面加工技术辅助设备，如在高温装配过程蒸气相和红外线焊接等加工技术装备中应用。传统的设备罩盖材料正被高温材料如 PCT 所取代。

② 汽车　由于 PCT 共混物的耐高温性、高强度和耐化学品性，它用于各种汽车发动机室机械元件如交流发电机电枢和压敏器。

③ 医药器械　共聚聚酯和熔融共混物具有透明度高、韧性好、耐化学品性和耐辐射性，因此它们应用于各种医药器械，如导管系统、细菌过滤器、通风管道系统的一次使用零件和医用接管头。

④ 仪表器械　纯色和染色的共聚聚酯及熔融共混物应用于仪表器械，如底板维护喷嘴、液体储存槽、冰箱门和其他透明内部零件。从经济角度，这些聚合物提供的透明度、韧性和耐化学品性在一定范围内不需再用其他的透明聚合物。新的、透明的 PCT 聚合物的特点是能制造较高级模件，同时价格较低，使其成为仪表产品材料中的最新附加物。

⑤ 光学元件　共聚物和熔融共混物可应用于那些要求透明度和高抗冲击性的地方，包括安全护目镜、安全玻璃框、脸部防护罩、太阳镜和牙齿保护套等。

⑥ 游乐/专用车辆　起初选择熔融共混物是由于它们的抗冲击性、耐化学品性和抗 UV 性、光泽度和可染色性。在这些交通工具中的应用包括割草机盖板和侧板，拖拉机发动机盖、护栅和挡泥板等。

三、二元醇改性 PET（PETG）

1. 一般概况

PET 的共聚改性是在 PTA 和 EG 两种单体之外，引入第三种、第四种或者更多的单体参与共聚，引入的改性单体可以是二元酸或二元醇。其目的是使 PET 具有特定的性能，如结晶度下降、韧性提高等。其中最典型的应用是引入一定量的二元醇作为共聚改性单体，从而使共聚酯的结晶能力降低，表现出无定形状态，这类二元醇共聚改性 PET 统称为 PETG。

市场上广为使用的 PETG 包括以新戊二醇（NPG）和 1,4-环己烷二甲醇（CHDM）两种第三单体改性的产品。以 CHDM 改性的 PETG 产品在透明性和热稳定性上有一定优势，但原料 CHDM 价格高；以 NPG 改性的 PETG 产品在热收缩性等关键性能上达到了同等水平，且聚酯原料成本大幅降低，生产的热收缩膜性价比高，对比 PVC 热收缩膜优势十分明显，市场前景广阔。

全球 PETG 2024 年产能及 2025—2027 年规划新增产能见表 9-11。中国 PETG 主要企业概括见表 9-12。

表 9-11　全球 PETG 2024 年产能及 2025—2027 年规划新增产能　单位：万吨/年

企业名称	国家	地区	2024 年	2025 年规划新增	2026 年规划新增	2027 年规划新增
盛虹石化	中国	江苏连云港	13			
华润材料	中国	广东珠海	5		5	
辽阳石化	中国	辽宁辽阳	10			
江苏景宏新材料	中国	江苏宿迁	1	20		20
腾龙特种树脂	中国	福建厦门	1			
河南银金达	中国	河南卫辉	2.7			
万凯新材	中国	浙江海宁	4			
聚智新材	中国	湖北宜昌	10			25
山东万楷	中国	山东菏泽	6			
Eastman	美国		25			
SK Global	韩国		15			
合计			92.7	20	5	45

表 9-12　中国 PETG 主要企业概括

公司名称	产能	主要产品	项目进展/备注
盛虹石化	13 万吨/年 PETG	CHDM-PETG、NPG-PETG	2024 年 1 月投产，国内最大单体产能，国产自给率提升至 50%以上，依托 PT/乙二醇一体化产业链
辽阳石化	10 万吨/年 PETG	PETG 全系列产品	2017 年建成 10 万吨/年产能，2024 年实现全系列生产（中国石油下属企业）
腾龙特种树脂	1 万吨/年 PETG	聚酯瓶级切片、PETG	翔鹭集团旗下兼供工业蒸汽等能源
华润材料	一期 5 万吨/年	CHDM-PETG、NPG-PETG	珠海项目分两期，2021 年底一期试运行，产品质量达国际标准
	二期 5 万吨/年（规划）		
河南银金达	一期 1.5 万吨/年 PETG	NPG 基 PEG、热收缩薄膜	珠海项目分两期，2021 年底一期试运行，产品质量达国际标准
	1.2 万吨/年 PETG 收缩膜		

续表

公司名称	产能	主要产品	项目进展/备注
万凯新材	4 万吨/年柔性化聚酯	NPG 基 PEG、热收缩薄膜	全球瓶级 PET 龙头（300 万吨/年产能），2024 年实现膜用 PETG 稳定生产
湖北国新（聚智新材）	一期 10 万吨/年膜级 PETG 二期 25 万吨级 PETG(规划)	膜级 PETG、瓶级改性 PETG	全球瓶级 PET 龙头（300 万吨/年产能），2024 年实现膜用 PETG 稳定生产
山东万楷	6 万吨/年 PETG	PETG	已投产
江苏景宏新材料	5000 吨/年 PETG 颗粒	PETG 颗粒、PETG 收缩膜	专注 PETG 基础产品生产
浙江合复		PCT、PETG/PCTG、CHDM	建设共聚酯材料项目，涵盖研发、生产、销售
荣盛新材料（台州）			规划 20 万吨/年

相比其他工程塑料，PETG 具有抗冲击性优异、耐热性好、热封性好、弯曲不泛白、耐划痕、抗老化、抗静电、耐化学品性优异、萃取率低、耐水解性好、流动性好、着色力强、易于成型加工、卫生性好（符合 FDA）等特性，属于新一代环保塑料品种。PETG 板材具有突出的韧性和高冲击强度，其冲击强度是改性聚丙烯酸酯类板材的 3～10 倍，并具有很宽的加工范围，高的机械强度和优异的柔性。比起 PVC，PETG 的透明度高，光泽好，容易印刷并具有环保优势。PETG 与其他塑料对比性能见表 9-13。

表 9-13 PETG 与 PMMA、K 料、ABS、PC 的性能比较

性能	PETG（Z-6008）	PETG（Z-6006）	PMMA	K 料（BS）	ABS	PC
透明度/%	91	92	90	70	68	92
冲击强度/(J/m)	860	760	90	60	130	800～1000
断裂伸长率/%	330	310	270	20	50	120
弯曲模量/MPa	1800	1900	1800	2800	2300	2400

在应用领域，PETG 特别适合于生产厚壁透明制品，透明度与 PC 接近，其他性能尤其是刚性和韧性也都接近 PC，但价格比 PC 低，在透明制品领域可替代 PC、透明 ABS、PMMA、K 料等。PETG 的特性黏度 0.6～0.85dL/g，熔点 215℃，加工性能极佳，可设计任意形状，用挤出、注塑、吹塑及吸塑等方法成型，并可进行二次加工如常规的机械加工修饰，但需注意的是其成型收缩率比较大。

PETG 广泛用于高透明片材和板材、高性能收缩膜、热封膜、瓶材及异型材等。

2. 结构性能

PETG 突出的性能有：

① 透明性 PETG 具有高透明度、高光泽度、良好的抗刮伤性能。

② 韧性　PETG 韧性特高，抗冲击性好，断裂伸长率高，弯曲强度高；PETG 板材的挤出板材通常比通用亚克力坚韧 15～20 倍，比抗冲击改性的亚克力坚韧 5～10 倍。PETG 板材在加工、运输和使用过程中具有足够的承受能力，有助于防止破裂。

③ 环境性　PETG 耐化学品腐蚀性好，PETG 板材可以耐受多种化学品以及清洁剂。

PETG 耐候性好，PETG 板材提供了优秀的耐候性。紫外线吸收剂可与其共挤形成一个保护层，保护板材免受紫外线的有害影响而变黄。

④ 加工性　PETG 具有高流动性、优异着色性能，可二次加工、加工性好。

⑤ 环保性　PETG 板材基材均为环保材料且符合食品接触管理要求和 FDA 标准。

⑥ 经济性　PETG 板材价格比 PC 板低，比亚克力更经久耐用。

美国伊士曼 PETG 的具体性能见表 9-14。

表 9-14　美国伊士曼 PETG 的具体性能

性能			试验方法	Z6002	Z6004	Z6006	Z6008
一般性能	相对密度		D792	1.2	1.19	1.2	1.23
	成型收缩率/%		D955	0.2～0.6	0.2～0.6	0.2～0.6	0.2～0.5
	熔体流动速率/(g/10min)	230℃		15	22.5	15	—
		275℃		—	—	—	23
	固有黏度			0.72	0.62	0.72	0.73
力学性能	拉伸强度/MPa		D638	69	71	67	65
	断裂伸长率/%		D638	300	300	310	330
	挠曲模量/MPa		D790	2.9×10^3	2.9×10^3	2.7×10^3	2.6×10^3
	挠曲屈服强度/MPa		D790	100	100	97	96
	洛氏硬度		D785	103	107	105	105
	悬臂梁冲击强度/(kJ/m^2)	23℃	D256	1.5	1.5	7	—
		−40℃	D256	0.7	0.8	1.1	1.2
热学性能	热变形温度 /℃	0.45MPa	D648	75	70	73	74
		1.86MPa	D648	65	65	65	65
	维卡软化点(1kg 负荷)/℃		D1525	85	85	85	88
	阻燃性能		UL 94	V-2	V-2	V-2	—
光学性能	雾度/%		D1003	0.3	0.3	0.3	0.4
	透光率/%		D1003	91	91	91	89

3. 成型加工

PETG 具有出众的热成型性能，板材易于生产出造型复杂及拉伸比大的制品。而且，与 PC 板和抗冲击改性的亚克力不同，这种板材无须在热成型加工前进行预干燥处理。与 PC 板或亚克力相比，其成型周期短，温度低，成品率更高。

PETG 加工简便。PETG 板材可进行锯切、模切、钻孔、冲孔、剪切、铆接、铣边以及冷弯，不至于破碎。表面的轻微刮痕可用热风枪来消除。溶剂粘接亦是常规操作。它比通用亚克力、抗冲击改性亚克力或 PC 板更易于加工，并可进行植绒、电镀、静电等加工处理。

（1）PETG 注射成型加工条件

① 干燥条件　并非所有的塑料在加工前都需要干燥，但聚酯是酸和二元醇反应的产物，水是反应的副产品。在熔融温度下，该反应是可逆的，所以在加工或逆反应发生之前，必须将吸收的水分除去，否则会发生水解反应。

用普通热风循环式干燥机条件为：100℃，4～6h。

用除湿式干燥机条件为：Z6002/3/4，70～75℃，3～5h；Z6008，70～75℃，4～6h。

② 设备选择　注塑机选用普通三段式螺杆注塑机，建议其压缩比为（2.5∶1）～(3.0∶1)，长径比为 L/D＝20∶1。大小选择成品重量应为注塑机最大注射量的 30％～75％。

③ 加工温度

料筒温度：采用较低的加工温度和较短的停留时间（小于 5min），一般正常料温为 240～250℃。具体的料筒温度见表 9-15。

表 9-15　料筒温度

牌号	喷嘴/℃	前段/℃	中段/℃	后段/℃
Z6002	230～240	220～230	220～230	—
Z6004	230～240	220～230	220～230	—
Z6006	240～250	230～240	230～240	—
Z6008	250～260	240～250	230～240	—

模温：用冷却水冷却模具，模温范围为 15～40℃。

④ 螺杆转速　较低的螺杆转速可防止料筒温度过高，建议选用 60～90r/min。

⑤ 背压　适当的背压可加强塑料的塑化并有助于排气，建议背压为 5～10MPa。

⑥ 洗机用料　在使用新料之前，一定要用透明 PC 料洗机；在使用新料之后，可用 PMMA、PS 等透明料清洗。

⑦ 缓冲层　建议使用 5～10mm 的缓冲层范围，一方面可防止材料因停留时间过长而降解，另一方面可减少注塑压力的损失。

⑧ 停留时间　原料在料筒中的停留时间应控制在 5min 之内，否则应打清空胶才可注塑。

⑨ 冷却时间　此材料冷却速率较慢，黏度中等，应根据模具结构、产品厚度设置适当的温度及成型冷却时间，主浇口的脱模夹角要设计在 3°～5°，否则浇口易粘模。

（2）PETG 热收缩膜生产工艺及条件

① 干燥处理　对单螺杆挤出机，推荐采用除湿式干燥机、热风循环干燥机、真空转鼓干燥机，干燥温度 70～75℃，干燥时间＞6h。

对双螺杆挤出机，可省去干燥程序，用真空排气系统将水分和低聚物排出。

② 熔融挤出　在单螺杆挤出机中进行，料筒的各段温度从加料口起依次为 180℃、240℃、260℃、270℃和 275℃，机头温度为 270℃。

③ 流延成片　熔体从衣架式机头中流延至冷却转鼓上冷却成片，冷却转鼓的冷气水温

为 30℃左右。

④ 单向拉伸　高热收缩膜要求横向单向拉伸，拉伸预热温度为 90～100℃，拉伸温度为 105～110℃，拉伸倍数为 3～3.5。链夹需风冷控制在 110℃以下，防止粘夹。

⑤ 冷却定型　拉伸后的 PETG 膜立即进行冷却，而不必进行热定型处理。

4. 应用范围

（1）板片材

使用常规的成型方法，可以制备 1～25.4mm 厚度的透明材料，具有优越的光学性能（高透光性、高光滑性和低光晕），有突出的韧性和高抗冲击性能，其冲击强度是改性聚丙烯酸酯的 3～10 倍，成型性能优异，冷弯曲不泛白，无裂纹，易于印刷和修饰，还可进行各类吸塑成型加工，制成各种电子产品包装材料。PETG 片板广泛应用于室内外标牌，储物架、自动售货机面板，家具、建筑及机械挡板等。我国的第二代身份证就采用 PETG 基材替代传统的 PET 基材，具体由华信新材生产，它具有可回收再利用、不污染环境、易于印刷、防伪造、耐摩擦、耐划痕、抗腐蚀、抗老化、抗静电等优点。

PETG 卡主要应用于欧洲，但在北美、亚洲也得到了越来越多的应用。原因是 PETG 具有很宽的加工范围，高的机械强度和优异的柔性，比起 PVC，PETG 透明度高，光泽好，容易印刷并且具有环保优势。

PETG 材料应用于信用卡。Visa 公司是世界上最大的信用卡公司之一。该公司已认可 PETG 为其信用卡材料。对于要求卡片材料对环境更友好的国家，PETG 可替代聚氯乙烯材料。Visa 指出：来自 3 个不同试验厂的结果显示，PETG 满足信用卡国际标准（150/IEC7810）的所有要求。对于要求卡片材料对环境更友好的国家，PETG 可替代聚氯乙烯材料。

（2）异型材

可制成各类型材，坚硬、透明、光泽好、受压不泛白，易于成型及后加工处理，符合环保要求，广泛用于建筑装饰和医疗设施，并可用于玩具、家用电器、运动器械、家庭用品等。

（3）管材

PETG 管材的抗静电性和透明性好，用于电子产品的周转器。

（4）薄膜

膜用 PETG 占据 PETG 市场的最大份额。据统计，膜用 PETG 市场需求占比约为 50%，片材用 PETG 市场需求占比约为 20%，注塑用 PETG 市场需求占比约为 16.5%，其他（板材用、吹塑用 PETG 等）PETG 市场占比约为 13%。

PETG 热收缩膜是国际公认的环保型热收缩包装材料，其技术指标、物理性能、应用范围和使用方法都接近甚至超过 PVC 热收缩膜，其横向收缩率高达 80%，纵向收缩率小于 3%，无毒、无污染，是替代 PVC 膜的最理想材料。以 NPG 为原料生产的 PETG 薄膜，由于成本大幅降低，已经展示出了对 PVC 可收缩膜强劲的替代趋势。双向拉伸的 PETG 膜适用于高档包装、印刷、电子/电气、电缆包扎、绝缘材料以及各种工业领域的优质基材。单向拉伸 PETG、热收缩薄膜适用于各种容器的外用标签。

（5）吹塑瓶

可以改善传统聚酯饮料瓶韧性低的不足，尤其适合制造大容量厚壁透明容器，高度透明，不易破碎，易于表面修饰，广泛应用于高档化妆品包装。达到美国 FDA 关于食品接触标准，可以应用于食品及医疗制品等领域。在啤酒塑料包装方面，伊士曼公司为朝日公司生产的新型环保塑料包装啤酒瓶，是以 Eastal 共聚聚酯薄膜作密封包装的材料，其外形为银黑色，在颈部辅以黑色孔带状拉环式封盖，可阻挡光线、隔绝空气、保证啤酒质量，并具有在瓶身破裂时防止碎片四溅的防爆功能，收缩性能优越。朝日公司自采用这种包装材料后，Super Dry 和 Dunk 啤酒的销量得到了大幅增长。在化妆品包装方面，产品有香水瓶和瓶盖、化妆品瓶和瓶盖、口红管、化妆盒、除臭剂包装、爽身粉瓶和眼线笔套等。

（6）注塑制品

PETG 注塑产品具有优异的透明度、光泽度，良好的韧性、加工性和优异的着色性。产品有：医疗器械如过滤器、耳咽管、管子连接件、泵、夹子以及透析设备等，家用器皿如杯子、沙拉碗、盐罐、胡椒罐等，电器透明配件如显示器、保护面罩、光源外罩，透明文具如笔套等，透明家庭用品如冰箱保鲜盒等，医药容器如试管等，各类儿童玩具。

四、二元酸改性 PET（PETA）

1. 一般概况

二元酸改性 PET 是 PET 的共聚改性产品，共聚第三单体一般选择间苯二甲酸，故 PETA 常默认即指对苯二甲酯-间苯二甲酸-乙二醇三元共聚物。PETA 是一种热收缩聚酯薄膜优良材料。

PETA 和 PETG 均为无定形聚对苯二甲酸乙二醇酯（amorphous polyethylene terephthalate，APET），又称非结晶化聚对苯二甲酸乙二醇酯。

2. 结构性能

（1）结构

PETA 常用的共聚单体为间苯二甲酸（IPA），它可改变分子的对称紧密结构，破坏大分子链的规整性，降低大分子间的作用力，使分子链变得比较柔顺。同时由于 IPA 的引入，聚酯难以成核结晶，随着 IPA 含量的增大，结晶度越来越小，最后变成非晶聚合物，适合于生产高收缩薄膜。在 PETA 中 IPA 的含量在 20%左右为佳。

（2）性能

和 HPVC 比较，PETA 强度更高，比 HPVC 强度高 20%以上。

与 PET 相比，PETA 的低温韧性、抗撕裂性和耐热性得到改善。以耐热性为例，PETA 可以在 120℃范围长期使用，短期可以在 150℃范围使用。

PETA 为无定形聚合物，制品外观上透明度更高。

PETA 还可以阻挡紫外线老化。

PETA 的具体性能：颜色为无色透明及各种指定颜色，相对密度 1.33，拉伸强度＞60MPa，断裂伸长率 ＞200%，无毒无味，透光率 ＞92%，卷端平整性为端面凹凸＜2mm。

3. 成型加工

干燥处理条件：空气入口温度 150℃，露点 −29～40℃，空位流量 0.062cm^3/(min・

kg·h)，干燥时间 5～6h，最后含水率小于 0.005%。

PETA 属于结晶型树脂，其熔点 242～250℃。

（1）挤出成型

以挤出流延片材为例：选择挤出机 $L/D=(24\sim30)/1$，采用屏障型螺杆配置。

原材料：特性黏度选择 0.76～0.85dL/g，牌号为伊士曼的 APET9921。

料筒温度：1 区 260～270℃，2 区 275～290℃，3 区 270～280℃，4 区 255～265℃，5 区 255～265℃，6 区 255～265℃，连接器 255～265℃，模头 255～265℃。

三辊温度：温度设置原则为 2 辊大于 1 辊 8～10℃，3 辊大于 2 辊 8～15℃，具体设置为 1 辊 32～45℃、2 辊 40～45℃、3 辊 55～65℃。

辊的间隙：1 辊和 2 辊间隙为 0.20～0.25mm。

3 辊压力：薄的片材 6200N/cm，厚的片材 1800 N/cm。

（2）边角料回用

必须经过预结晶处理，预结晶温度为 170℃。因为 PETA 的玻璃化转变温度为 76℃，而干燥温度为 150℃，不经过预结晶处理会在料斗内软化结团。

4. 应用范围

PETA 可以用作片材和高热收缩薄膜，主要在食品包装、建筑、汽车等上应用。

PETA 与广泛使用的 PVC 胶片相比，APET 有以下几点优势。

相对密度小：PETA 相对密度 1.33 比 PVC 的 1.38 低 3.6%。

强度高：PETA 胶片强度比 PVC 胶片高 20%以上，低温抗冲击性能更佳，能耐－40℃而不脆裂，所以通常采用壁薄 10%的胶片来取代 PVC。

耐折性好：PETA 胶片不会出现 PVC 那样的自裂纹折痕，更适用于文件等表面装潢。

透明度高：PETA 胶片透明度高（PVC 胶片偏蓝色），尤其光泽比 PVC 胶片好，更适合精美包装。

PETA 产品无污染、无晶点、透明度高、光洁度好、抗冲击性强，可广泛用于吸塑、折盒、圆筒等精美包装及各种印刷窗口片，并可根据客户要求生产各种颜色的胶片。

五、二元醇改性 PCT

1. 一般概况

二元醇改性 PCT，即对苯二甲酸-1,4-环己烷二甲醇-二元醇共聚物[poly(1,4-cyclohexylene dimethylene terephthalate glycol)，PCTG]，特指对苯二甲酸-1,4-环己烷二甲醇-乙二醇共聚物。它是由对苯二甲酸（PTA）、1,4-环己烷二甲醇（CHDM）和乙二醇（EG）三种单体用酯交换法缩聚的产物，与 PET 比较多了 1,4-环己烷二甲醇共聚单体，与 PCT 比多了乙二醇共聚单体，因此 PCTG 的性能和 PET、PCT 大不相同。PCTG 中 1,4-环己烷二甲醇在二元醇单体中的含量大于 50%。

PCTG 是一种非结晶型共聚聚酯，随着共聚物中 CHDM 的增加，熔点下降，玻璃化转变温度上升，结晶度下降，最后形成无定型聚合物。

PCTG 具有较好的黏性、透明度、颜色、耐化学药剂和抗应力白化能力，可很快热成型或挤出吹塑成型，黏度比 PMMA 好。PCTG 是一种非晶型共聚酯，其制品高度透明，抗冲击性能优异，特别适宜成型厚壁透明制品，其加工成型性能极佳，能够按照设计者的意图进行任意形状的设计，可以采用传统的挤出、注塑、吹塑及吸塑等成型方法，可以广泛应用于板片材、高性能收缩膜、瓶用及异型材、化妆品包装等市场，同时其二次加工性能优良，可以进行常规的机加工修饰。

2. 结构性能

PCTG 是高性能聚酯，具有透明度高、光泽性好、自粘性好、耐化学腐蚀、抗冲击、耐候性佳等优点，并且易加工成型、印刷性好、使用寿命长、无毒环保。

PCTG 综合性能优良，可对其他树脂材料形成替代。PCTG 可在 80℃以下应用场景中替代 PC，其耐化学品性、抗冲击性、延展性、加工性更优，可生产机械、家电外壳。PCTG 还可以在部分应用场景中替代 PVC、ABS、PMMA、K 料等材料。在化妆品包装中就可以替代 PMMA。

部分突出性能介绍如下。

(1) 坚韧性

PCTG 板材的挤出板材通常比通用亚克力坚韧 15～20 倍，比抗冲击改性的亚克力坚韧 5 至 10 倍。PETG 板材在加工、运输和使用过程中具有足够的承受能力，有助于防止破裂。

(2) 耐候性

PCTG 板材提供了优秀的耐候性。可以保持产品的坚韧性，防止变黄。共挤时加入紫外线吸收剂。可保护板材免受紫外线的有害影响。

(3) 耐化学品性能

PCTG 板材可以耐受多种化学品以及常用的清洁剂。

(4) 环保性能

PCTG 板材基材均为环保材料，符合 FDA、NSF、ROHS 认证。PCTG 不含有双酚 A，可用于饮用水接触和食品接触方面。热变形温度一般可超 100℃，可以经受住沸水环境，在较高的温度下工作，而纯 PC 普遍在 120℃。因此，奶瓶、水壶、家用电器等产品领域 PCTG 可以替代 PC。除此之外，PCTG 比 PC 更加耐溶剂，可耐多种化学溶剂如汽车油、洗洁剂和清洁剂、肥皂和洗涤剂、牙膏和薄荷油、烃类溶剂等。故 PCTG 可以做电动牙刷手柄外壳、某些接触香水的美容仪外壳和化妆品容器等。

(5) 经济性

比 PMMA 制品经久耐用。

美国伊士曼 PCTG TX2001 综合性能见表 9-16。

表 9-16 美国伊士曼 PCTG TX2001 的物性

性能	数值	测试方法
密度/(g/cm^3)	1.17	ASTM D792
收缩率-流动方向/%	0.50～0.70	ASTM D955
洛氏硬度（R 级，23℃）	115	ASTM D785

续表

性能		数值	测试方法
拉伸模量（23℃）/MPa		1590	ASTM D638
		1620	ISO 527-2
拉伸张强度/MPa	屈服，23℃	44.0	ASTM D638
		45.0	ISO 527-2
	断裂，23℃	53.0	ASTM D638
		49.0	ISO 527-2
断裂伸长率/%	屈服，23℃	7.0	ASTM D638，ISO 527-2
	断裂，23℃	140	ASTM D638
		130	ISO 527-2
弯曲模量（23℃）/MPa		1590	ASTM D790
		1530	ISO 178
弯曲强度（屈服，23℃）/MPa		66.0	ASTM D790
悬壁梁缺口冲击强度	23℃/(J/m)	650	ASTM D256
	−40℃/(kJ/m^2)	14	ISO 180
	23℃/(kJ/m^2)	66	ISO 180
无缺口悬臂梁冲击（23℃）		无断裂	ASTM D4812
热变形温度/℃	0.45MPa，未退火	109	ASTM D648
	1.8 MPa，退火	92.0	ASTM D648
雾度/%		＜1.0	ASTM D1003

3. 成型加工

PCTG有出众的热成型性能，加工简便，可使用注射成型法、吹塑成型法、挤出成型法来加工成型，可制成片材、板材、管材、膜材、异型材等。

PCTG板材易于生产出造型复杂及拉伸比大的制品，而且与PC板和抗冲改性的亚克力不同，这种板材无须在热成型加工前进行预干燥处理，并可进行锯切、模切、钻孔、冲孔、剪切、铆接、铣边以及冷弯，不至于破碎。表面的轻微刮痕可用热风枪来消除。溶剂粘接亦是常规操作。它比通用亚克力、抗冲击改性亚克力或PC板更易于加工，其成型周期短、温度低、成品率更高，并可进行植绒、电镀、静电等加工处理。

以注射成型为例，美国伊士曼的PCTG TX2001工艺条件见表9-17。

表9-17 美国伊士曼PCTG TX2001注塑工艺

工艺	额定值	工艺	额定值
干燥温度/℃	88.0	加工（熔体）温度/℃	260～282
干燥时间/h	4.0～6.0	模具温度/℃	38.0～66.0

4. 应用范围

PCTG 能够广泛应用在食品包装、化妆品包装、家庭用品、医疗器械、家电配件、建筑材料等领域。

第十章

聚苯醚（PPO）

1. 一般概况

聚苯醚（PPO）又称为聚 2,6-二甲基-1,4-亚苯基醚。PPO 的结构式为：

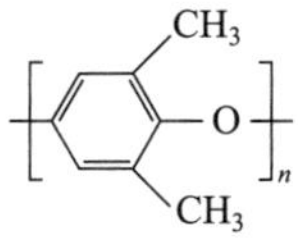

它是 2,6-二甲基苯酚在氧化剂和氯化亚铜催化剂等作用下，通过氧化耦合反应制得的线型聚合物。

1957 年聚苯醚首先由美国通用电气（GE）公司采用氧化偶联工艺方法合成，1965 年美国通用电气公司以 2,6-二甲基苯酚为原料在纽约州建立了世界上第一家生产 PPO 的工厂，1966 年为了改进 PPO 的加工性能，该公司用掺混聚苯乙烯或高抗冲聚苯乙烯的方法成功地对 PPO 加以改性，实现了改性 PPO 的工业化，商品名称为 Noryl，2008 年 SABIC 收购美国通用塑料事业部。1979 年日本旭化成公司生产出苯乙烯接枝改性的 PPO 树脂，商品名称 Xyron，由此打破了 GE 公司的垄断局面。2006 年中国蓝星投产 1 万吨/年 PPO，开启了 PPO 国产化进程，2017 年中国鑫宝投产 1 万吨/年 PPO。全球各 PPO 生产企业见表 10-1。

表 10-1　国内外聚苯醚（PPO）生产厂家（截至 2023 年数据）

地区	生产厂家	生产情况
中国	中国蓝星集团：山西芮城分公司	2005 年投产 1 万吨/年，2017 年 1 万吨/年，合计 2 万吨/年
	中国蓝星集团：南通星辰合成材料有限公司	2020 年 8 月投产 3 万吨/年，蓝星集团两地合计 PPO 产能为 5 万吨/年
	邯郸市峰峰鑫宝新材料科技有限公司	2017 年在邯郸投产 1 万吨/年，2019 年中科鑫宝邢台和唐山各建 4 万吨/年，合计产能 9 万吨/年
	江苏京腾昊桦科技有限公司	泰兴基地三期项目规划产能 5 万吨/年，一期 1 万吨/年 2023 年中投产
	大连中沐化工有限公司	2021 年 1 万吨/年 2,6-二甲基苯酚原料、1.1 万吨/年聚苯醚装置投产
	陕西硕博电子材料有限公司	2019 年渭南投产 3500 吨/年低分子量 PPO
	盘锦三力中科新材料有限公司	2019 年投产 300 吨/年低分子量 PPO
	河北健馨生物科技有限公司	2019 年在沧州投建 1000 吨/年低分子量 PPO
	上海载正化工科技发展有限公司	2021 年投产低分子量 PPO
	台湾晋一化工股份有限公司	低分子量 PPO

续表

地区	生产厂家	生产情况
日本	日本旭化成工业株式会社新加坡工厂	Xyron（称为 PPE），1979 年 7.5 万吨/年
	日本三菱工程塑料株式会社	Lupiace（称为 PPE），1 万吨/年
沙特阿拉伯	沙特基础工业有限公司（SABIC，2008 年购买 GE）	Noryl（PPO），1965 年 13.5 万吨/年

PPO 的聚合方法可分为沉淀聚合和溶液聚合两种。沉淀聚合一般使用卤化亚铜和二甲胺的络合物作催化剂，在聚合反应开始之前，先把溶剂和沉淀剂加入聚合釜中，反应过程中不断有聚合物沉淀出来。溶液聚合一般是以卤化亚铜与二正丁胺的络合物为催化剂，在甲苯溶液中进行聚合反应，反应过程中整个体系呈均相状态，反应结束时用甲醇或乙醇使聚合物沉析出来。

纯 PPO 的热变形温度很高，可以达到 190℃（1.86MPa）；纯 PPO 的相对密度在工程塑料中最低，仅有 1.06；纯 PPO 的线膨胀系数在塑料中最低，仅有（4.9～5.6）×$10^{-5}K^{-1}$，与金属很接近，可以放置金属嵌件；纯 PPO 的成型收缩率很小，只有 0.007%，适合于制造精密度高的制品。

但是，纯 PPO 的熔融黏度太大，导致熔体流动性很差，单独热熔融成型加工很困难，工业化很久也难以获得实际应用。直到开发出 PPO/HIPS 合金——一种改性聚苯醚（MPPO）之后，PPO 树脂才获得迅速发展。随后，又开发出 PPO/PA6 的合金，加工性能和综合性能更优。PPO 合金产业化后，实际应用的 PPO 颗粒料都是 MPPO，只有粉末料才是纯 PPO 粉。MPPO 的开发成功，使 PPO 成为 PA、PC、POM、PBT 和 PET 之后的第六大通用工程塑料品种。

PPO 改性的目的主要为改善加工性能，目前主要为 PPO 和 HIPS 的共混或接枝。这种 MPPO 在美国占 70%，在西欧和日本占 90%。另外一种著名的 MPPO 品种为 PPO/PA 合金，目前已形成批量生产，但规模远远小 PPO/HIPS 合金。PPO/PA 合金在美国占 30%，在西欧和日本仅占 10%。除此之外还有 PPO/PSF 及 PPO/PPS 等改性品种，但用量很小。

MPPO 突出的性能有刚性大、耐蠕变性好、拉伸强度高、电性能在工程塑料中最好、线膨胀系数小等，不足之处为耐疲劳性和耐应力开裂性不好。

MPPO 广泛用于汽车、电子电气、办公用品及机械工业。不同地区的应用比例不同，美国 41%用于汽车、27%用于电子电气、12%用于办公用品、仅 8%用于机械工业；日本及西欧 43%用于办公用品、33%用于电子电气、14%用于汽车、10%用于机械工业。

2. 结构性能

（1）结构

PPO 分子主链上含有的醚键本应增大其柔性，但由于大量的亚苯基芳香环，使链段内旋困难，从而导致刚性增大、熔点升高、耐热性增高、熔体黏度增大、流动性变差、加工困难；二个侧甲基封闭了酚基的两个活性点，使其稳定性增强，从而赋予其耐热性和耐腐蚀性；分子中无极性和水解基团存在，故耐水性好，吸水率低，尺寸稳定性好，电性能好；由于主链上的酚氧基存在，其耐热氧化性不好。

(2) 性能

实用聚苯醚树脂的分子量为 2 万～5 万。具体 PPO 及 PPO/HIPS 合金的性能指标见表 10-2。

表 10-2 PPO 及 PPO/HIPS 合金的性能

性能	PPO	PPO 共混 HIPS	PPO 接枝 HIPS
相对密度	1.06	1.10	1.09
吸水率/%	0.03	0.07	0.07
成型收缩率/%	0.7	0.3	0.3
拉伸强度/MPa	76	62	54
拉伸模量/GPa	2.74	2.45	—
弯曲强度/MPa	114	86	83
弯曲模量/GPa	2.55	2.45	2.16
断裂伸长率/%	60	50	20
冲击强度/(J/m)	127.4	176.4	147
热变形温度/℃	190	128	120
热膨胀系数/($\times10^{-5}$℃$^{-1}$)	4	6	7.5
阻燃性	自熄	自熄	V-1
洛氏硬度	R119	R115	L90
介电强度/(kV/mm)	16～20.5	16～20	16～20
相对介电常数(1MHz)	2.48	2.64	2.60
体积电阻率/(Ω·cm)	10^{17}	10^{16}	10^{16}
介电损耗(10^{-4}～60Hz)	3.5	4	4
耐电弧/s	75	75	80

① 一般性能 PPO 及 PPO/HIPS 合金的外观一般呈白色或淡黄色粉末状和颗粒，无毒，可用于食品和药物行业，相对密度 0.96～1.06；难燃，离火即灭，火焰明亮有浓黑烟，并发出花果臭气味；吸水率低至 0.05%，耐水及水气；成型收缩率小，一般为 0.3%～0.8%，尺寸稳定性高。

② 力学性能 PPO 具有突出的力学性能，尤其以拉伸强度、冲击强度及耐蠕变性最好，PPO 在 21MPa 负荷下 3000h，蠕变值仅为 0.75%，而同样条件下 PC 为 1%，POM 为 2.3%，PA6 为 2%，ABS 为 3%。PPO 的冲击强度很高，比 PC 还要高。PPO 的机械强度随温度及湿度变化小，在沸水中 700h 后，拉伸强度无明显下降。

PPO 的刚性和硬度都比较大，耐磨性好，摩擦系数低。

PPO 的耐疲劳性和耐应力开裂性不好，但 PPO/HIPS 合金可消除应力开裂。

PPO 在长期负荷下，尺寸稳定性优良。

③ 热学性能 PPO 具有较高的耐热性。纯 PPO 的玻璃化转变温度 211℃，熔点 268℃，加热至 350℃ 有分解倾向；纯 PPO 的热变形温度可达 190℃，使用温度范围广，可在 −160～170℃ 温度范围内长期使用，在无负荷条件下间歇使用温度可达 205℃，可在 120℃ 蒸汽中使用。

PPO/HIPS 合金的耐热温度稍低一些，但高于 PC、PA、ABS，与 PF 接近。PPO 的热膨胀系数在塑料中最低，与金属接近，适于金属嵌件的放置。

纯 PPO 阻燃性良好，具有自熄性，PPO/HIPS 合金具有中等可燃性，大都可用无卤阻燃体系，环保方面符合欧盟 RoSH、WEEE 等要求。深圳市沃特新材料股份有限公司生产 PPO/HIPS 合金阻燃材料性能见表 10-3。

表 10-3 沃特无卤阻燃 PPO/HIPS 合金阻燃材料的性能

性能	典型数值	性能	典型数值
拉伸强度/MPa	55	热变形温度（1.80MPa）/℃	118
断裂伸长率/%	10	阻燃性能（UL 94）	V-0
拉伸模量/MPa	2500	加工温度范围/℃	270～300
弯曲强度/MPa	90	最佳加工温度/℃	
弯曲模量/MPa	2300	模具温度/℃	80～110
悬臂梁缺口冲击强度（23℃）/(kJ/m^2)	15	干燥温度/℃	80
悬臂梁缺口冲击强度（−30℃）/(kJ/m^2)	7	干燥时间/h	3

PPO 属于典型的非结晶型聚合物。

④ 电学性能　PPO 具有优异的电性能，它的相对介电常数和介电损耗都比较低，1MHz 频率下介电常数为 2.45、介电损耗为 0.007，在工频范围内是工程塑料中最低的，且在很宽的频率、温度、湿度范围内变化很小，介电性能居塑料的首位。其电绝缘性突出，介电强度高，但耐电弧能力比较差。

不同厂家 PPO 的介电性能稍有不同，具体如表 10-4 所示。

表 10-4 SABIC 和旭化成 PPO 的介电性能

厂家	牌号	相对介电常数（D_k）	介电损耗（D_f）
SABIC	ZKC04	3.04	0.0009
	ZKC06	3.56	0.0009
	ZKC08	3.91	0.0009
旭化成	S2100	3.4～3.6	0.002
	S3100	3.5～3.6	0.0025
	S4100	3.4～3.6	0.002

⑤ 环境性能　PPO 具有优良的耐水、耐蒸汽性能。PPO 对稀酸、稀碱及盐稳定，但是耐有机溶剂如卤代脂肪烃能力比较差。在受力状态下不耐无机酸、碱、芳香烃、卤代烃、矿物油类、酮类和酯类，如在乙酸乙酯、丙酮及汽油等脂肪烃和芳香烃中会溶胀或者应力开裂，在氯化烃中可以溶解。

PPO 的耐光性差，长时间在阳光下使用会变色，需要加入适量抗氧剂改善。

3. 成型加工

（1）加工特性

纯 PPO 属于热塑性树脂，加热到熔点温度也可以熔融，但是其熔融流动性很差，熔体流动速率接近 0，没有办法采用热塑性方法加工成型，需要加入高流动性树脂配成合金，才可以热塑加工。常用的流动改性合金为 PPO/HIPS 和 PPO/PA6 合金。

PPO 为非结晶型聚合物，吸水性小。但微量的水分会导致产品表面出现银丝、气泡等不光滑现象，因此加工前需要干燥处理，干燥条件为：130℃，2～4h，料层厚在 50mm 以下。

PPO 的熔体在低温时为牛顿流体，在高温时为非牛顿流体；加工时需要温度与压力兼调，黏度对温度比较敏感，因此以调整温度为主。

PPO 分子链刚性大，玻璃化转变温度高，不易取向，但强迫取向后很难松弛，所以制品易产生内应力，最好在 180℃的甘油中进行热处理，或加入 2%环氧十八酸异辛酯。

PPO 极易分解，分解时产生腐蚀气体。宜严格控制成型温度，模具应加热，浇注系统对料流阻力应小。

PPO 熔体的黏度大，因此加工时应提高温度，并适当提高注射压力，以提高充模能力。制品厚度太薄不行，一般控制在 0.8mm 以上。

PPO 的回料可重复使用，一般重复使用 3 次，其性能没有明显降低。

PPO 的成型收缩率较小，一般为 0.2%～0.7%，因而制品尺寸稳定性能优良。

（2）加工方法

PPO 可用注塑、挤出、压制等热塑性塑料加工方法加工。PPO 的成型温度为 280～330℃，PPO/HIPS 合金的成型温度为 260～290℃。

① 注射成型　对 PPO 熔体宜采用螺杆式注塑机成型，螺杆的 L/D 应大于 25，压缩比应为 2.5～3.5。

模具的主流道宜采用较大的锥度或采用拉料杆，流道以短粗为好。浇口宜采用直接式、扇形或扁平形，孔径一般为 3～6mm，采用针状浇口时直径应适当加大，对于长流道可采用热流道结构。

在 PPO 注射成型时，宜采取高压、高速注射，保压及冷却时间不能太长。一般注射压力控制在 100～140MPa，保压压力为注射压力的 40%～60%，背压为 3～10MPa，中等螺杆转速折合线速度为 28r/min。

成型温度——料筒温度：前 316～340℃、中 316～340℃、后 315℃；
　　　　　　喷嘴温度：300～320℃；
　　　　　　模具温度：110～150℃。

② 挤出成型　最好用排气式挤出机，以 $\phi30$ 挤出机为例，其工艺条件如下：

料筒温度——加料段 245～255℃，压缩段 265～275℃，均化段 270～280℃。

机头温度——机头 1 250℃，机头 2 220～240℃，口模 200～210℃。

冷却温度——70～80℃。

螺杆转速——40～45r/min。

4. 改性品种

PPO 树脂的商品供应主要有三种：纯 PPO 粉料、PPO/HIPS 合金颗粒、低分子量聚苯醚（LPPO）颗粒。其中 PPO/HIPS 合金综合性能好，已经成为五大通用工程塑料之一。用于 5G 方面的主要是 PPO/HIPS 合金和 LPPO。PPO 的其他改性及其合金有：高抗冲 PS 改性、ABS 改性、低发泡改性、电镀改性及 PPO/PA 合金、PPO/PBT 合金、PPO/PPS 合金、PPO/SBS合金、PPO/PTFE合金等，其中大部分都已工业化生产或正在进行市场开发。

为了满足PPO在各方面的应用，尤其是在流动性极差方面，对PPO进行了多方面改性，具体如加工流动改性、低分子化改性、阻燃改性、耐溶剂改性、电性能改性、应力开裂改性、耐候改性和耐苛刻介质改性等，具体介绍如下。

（1）PPO加工流动改性

① PPO/HIPS合金 PPO/HIPS为PPO的第一大合金品种。美国GE公司PPO/HIPS合金的商品名为Noryl和Prevex。PPO和HIPS可以在很宽的比例范围内形成合金，目前市面上的MPPO大部分为此种材料。

PPO/HIPS合金是一种线型和非结晶型聚合物。HIPS的加入降低了PPO的热变形温度；而PPO又导致了HIPS熔融黏度的增加，因而在成型加工方面要困难一些。PPO的阻燃特性比苯乙烯类树脂好得多，引入PPO所得的共混物通过加入耐热的磷系阻燃剂，极易使之具有阻燃能力。大多数改性聚苯醚合金具有低吸湿能力，因而在很宽的湿度和温度条件范围内，具有良好的电性能。PPO/HIPS合金受水、大多数盐溶液、酸和碱的化学侵蚀程度极低。但是，暴露于一些有机化学品中会引起聚合物合金变软或开裂。

PPO/HIPS合金可用橡胶抗冲改性剂改进韧性，用玻璃和石墨纤维提高刚性，用各种填料改进强度、刚度和阻燃性，并同时降低模具收缩率。石墨纤维是最硬的，在添加10%时，可使弯曲模量超过4136MPa。玻璃纤维由于价廉而最常使用，在玻璃纤维占30%时，产品模量超过6893MPa。矿物填料将合金的拉伸强度提高到6893MPa，且使模量适度增加。此外，纤维和填料可降低成型收缩率。

② PPO/PA6合金 PPO/PA6合金为PPO第二大合金品种，美国GE公司PPO/PA合金的商品名为Noryl GTX。PPO/PA6的相容性不好，需要加入复合相容剂效果才好，例如在PPO/PA6中加入SEBS-*g*-MAH和PPO-*g*-MAH，合金的冲击强度可以达到60kJ/m^2。

PPO提供了极好的耐热性和韧性，PA提供流动性和耐溶剂性。PPO和PA的合金吸湿率比PA低得多。同矿物填充的PA相比，PPO/PA合金的密度更低，韧性更高，磨损更小。PPO/PA用作要求涂漆炉温达到195℃的汽车车身板。这些牌号在汽车应用中取代了PA，用在要求高耐热和延展性以及硬度或尺寸稳定的部件中，像车轮罩、镜子框、接头和联轴器。PPO/PA用在要求耐化学品、尺寸稳定和耐热的液体处理应用中。大部件用吹塑牌号的树脂加工或从热成型片材制得。

（2）低分子量聚苯醚（LPPO）

普通PPO因为熔体黏度较高，在溶剂中的溶解性不好，且耐溶剂性能也不太好，使得其加工性能欠佳，在覆铜板的应用上受限。而低分子量的聚苯醚LPPO，由分子链两端羟基化制得，两端有较活泼的羟基，能发生一系列反应，可制备各种遥爪、嵌段、接枝和星形聚合物。

LPPO的合成方法有两种：单体共聚法和高分子量PPO再分配法。

再分配法通常由高分子量PPO与酚类衍生物经再分配或解聚反应而制得，反应介质为有机溶剂。高分子量PPO的再分配或降解反应还存在一些问题，如产物分子量的双峰分布、自由基引发剂残留在聚合物内、较难控制聚合物的分子结构等。而在水介质中直接由合成低分子量的PPO，不仅符合绿色化学的要求，而且聚合速率相对缓慢，可以很好地控制产物的分子量及分布，具有重要的理论和应用价值。

关于 LPPO 的性能，以盘锦三力公司产品为例进行说明。其产品低分子量的 PPO 重均分子量 7500～8500，数均分子量为 3500～3800，分子量分布 2.3，外观白色至淡黄色颗粒，玻璃化转变温度 120～140℃。

低分子量 PPO 为热塑性树脂，但是成型加工不能直接用于覆铜板，必须经热固性改性后才能满足覆铜板的使用要求。

（3）PPO 阻燃改性

PPO 本身属于结炭性树脂类材料，因而本身具有一定的阻燃性，但达不到 V-0 级别，如要求阻燃级别达到 V-0，就需要加入阻燃剂以进一步提高其阻燃性能。

PPO 常用的阻燃剂品种为磷系，该类阻燃剂与 PPO 有协同作用，只需要加入少量就可达到 V-0 级别。PPO 所用磷系阻燃剂的品种、用量及对性能的影响具体如表 10-5 所示。

表 10-5 不同 PPO 阻燃剂的用量及性能

项目	磷酸三苯酯	间苯二酚双磷酸酯 BPP	间苯二酚双（二苯基磷酸酯）RDP	甲基磷酸酯 TPP	环状磷酸酯	红磷母粒
V-0 级别用量/%	16	12	12	10	8	4
热变形温度/℃	140	100	100	90	135	130
冲击强度/(kJ/m^2)	5	17	17	16	17	18
拉伸强度/MPa	56	61	60	58	59	62

从表 10-5 中可以看出，在阻燃机理、分子结构相近的情况下，磷含量越高的阻燃剂阻燃效果越好，实验也证实了这一点。各种阻燃剂磷含量大小为：红磷（磷含量 93.2%）＞环状磷酸酯（磷含量 20.8%）＞MPP（磷含量 15%）＞RDP（磷含量 10.7%）＞TPP（磷含量 9.4%）＞BDP（磷含量 8.9%），具体加入量见表 10-6。

表 10-6 各类不同磷含量阻燃剂加入量与阻燃级别对照表

阻燃剂品种	磷含量/%	加入量/份	阻燃级别（UL 94）
RDP	10.9	7	V-1
		8	V-0
		9	V-0
BDP-1（液体）	8.9	8	V-1
		9	V-0
		10	V-0
BDP-2（粉料）	10.5	7	V-1
		8	V-0
		9	V-0
红磷母料	40	4	V-1
		5	V-0
		6	V-0

续表

阻燃剂品种	磷含量/%	加入量/份	阻燃级别（UL 94）
微胶囊红磷	78～85	2	V-1
		3	V-0
		4	V-0
白度化微胶囊红磷	40～50	3	V-1
		4	V-0
		5	V-0

（4）PPO耐溶剂改性

PPO耐卤代脂肪烃性能差，用烯丙基化合物改性聚苯醚，由于烯丙基中双键可进行交联，得到交联性热固性PPO树脂，其耐溶剂性增加。另外PPO/PPS合金因PPS的耐腐蚀性好，可以大大提高PPO的耐溶剂性能。

（5）PPO电性能改性

用烯丙基化合物改性聚苯醚，由于烯丙基是非极性基团，故具有介电性能好的优点。

（6）PPO应力开裂改性

在PPO中加入HIPS改性形成的PPO/HIPS合金可以大大改善耐应力开裂性能；如果在合金中加入5%的聚丁烯，耐应力开裂性能还可以提高1倍。在PPO中加入热塑性弹性体SEBS，可以明显提高耐应力开裂性能。

5. 应用范围

（1）电子/电器

改性PPO能够满足在潮湿、负载、高温的条件下具有优良的电绝缘性，其中约有30%用于电子/电器，适用于潮湿且具有载荷的绝缘场合，并可用于超高频。

具体品种有：线圈绕线管、接线柱、电器开关及壳体、蓄电池接合器、定时器、继电器、插座、超高频调频器、电视调谐片、电子管插座、高压绝缘罩、终端设备外壳、键盘座、手提混合器、电动工具、接线盒、压缩机罩盖等。

（2）汽车工业

目前大量应用的主要是PPO合金材料，品种有PPO/HIPS合金、PPO/PA合金、PPO/PP合金等。MPPO在汽车上主要用于对耐热性、阻燃性、电性能、抗冲击性能、尺寸稳定性、机械强度要求较高的零部件。

在美国，PPO的40%用于汽车工业，以大量取代铸铁、铸铝、ABS及PA等。具体产品有仪表板、保险杠、窗框、连接器、自动定位按钮、蓄电池板、防冻器格栅、减震器、吊杆、加热器支架、加热器挡板、阻流板、轮子罩、镜框、座椅靠背、扬声器格栅及反射器支架等。

（3）办公机器

西欧及日本40%的PPO用于办公机器，具体有计算机、打字机、印刷机、传真机、复印机的壳体。

（4）机器零件

用量占PPO的10%左右，主要产品有无声齿轮、凸轮、轴承、泵室、叶轮以及接触流体的高温管材和紧固件等。

（5）新能源行业

MPPO 可以用于新能源汽车电池箱的支架材料，还可以用于太阳能电池的背板材料。

光伏接线盒作为太阳能电池组件的构成部分，其需要能够在恶劣、反差变化大的环境气候条件下使用。另外，要求光伏连接器有高电气安全防护性能，且使用寿命必须在 25 年以上。光伏连接器的性能要求有：结构安全、牢靠和使用方便，耐环境气候指标高，高密封性要求，高电气安全性能，高可靠性。

光伏接线盒暴露在环境中的部分为盒体、盒盖及连接器（PC），它们都是由耐候性强的材料制作，目前最常用的材料为 PPO，它的负荷变形温度可达 190℃以上，脆化温度为－170℃。

（6）5G 通信行业

天线阵子：5G 基站按照功率大小，可以分为宏基站、小基站，5G 宏基站天线罩尺寸长、体积大，注塑加工成本高且易变形，可采用挤塑工艺，选材主要有耐候性低介电 PPO、长玻纤改性 PP 等。

移相器：移相器是基站天线的一个必要组件，移相器中的介质块通常需要很好的尺寸稳定性，各种可调的介电常数和极低的介电损耗。MPPO 由于尺寸稳定性好、电气性能优良、介电损耗低以及介电性能随频率变化不大等优点，在 5G 基站介质块有重要应用，介质块可以改变力和能量的传递，光和声的传递，可以决定波动能量的传递方向和速度。

天线罩：5G 宏基站天线罩尺寸长、体积大，用注射成型工艺生产则模具和注塑设备造价极高且容易变形，因 PPO 的耐温和尺寸稳定好的特性，适合挤塑尺寸大产品；5G 基站天线罩和外壳作为起保护作用的结构件，需要强韧度高和密度低轻量化。经改性后的耐候低介电常数、低介电损耗 PPO 材料具有低相对介电常数（2.3～2.5）和低介电损耗（0.002～0.003）、可挤塑成型、耐候（达到 F1 等级）强、密度低、尺寸稳定和表面可金属化等特征，适用 5G 宏基站天线罩。

（7）高频覆铜板行业

低分子量 PPO 已经成为高速覆铜板用材料热点，而且分子量越低，相对介电常数和介电损耗越低，介电性能越好，目前介电损耗已经低到 0.0030～0.0065 范围内。

目前我国覆铜板行业使用的低分子量 PPO 基本上来自 SABIC、旭化成和三菱瓦斯化学等国外企业，还没有国内企业向覆铜板行业供应低分子量 PPO。随着 5G 时代的到来，国内也有一些企业开始布局低分子量 PPO 产业，有些企业并已开始为客户提供样品，例如南通星辰合成材料有限公司、盘锦三力中科新材料有限公司、陕西硕博电子材料有限公司、河北健馨生物科技有限公司等。

（8）水处理相关行业

由于耐水解和优良的尺寸稳定性，PPO/PBT 改性、PPO 的玻纤矿物改性等在水处理方面有着广泛的应用，主要应用在水泵壳体、外壳、过流部件等。而且 PPO/PPE 可以采用注塑、挤出、模压等工艺生产管道制品。

（9）TPE 电线电缆行业

TPE 材料本身耐热性能、强度等有限，加之，PPO 同 SEBS 相容性好，可直接共混改性。添加 PPO 材料可以明显改善 TPE 线缆料的力学性能、耐热性能、阻燃性能、绝缘电学性能以及高温压缩变形性能。

SELECTION OF
PLASTIC
MATERIALS

第三篇　特种塑料

第十一章

耐热塑料

将所有已经产业化的塑料品种按照耐热温度高低进行分类，可以分成低耐热类塑料、中耐热类塑料、高耐热类塑料和超高耐热类塑料四类，具体分类规则如下。

低耐热类塑料：纯树脂的热变形温度小于 100℃，具体品种有 PE、PS、PVC、PET、PBT、PA6、PA66、ABS、PMMA 等。

中耐热类塑料：纯树脂的热变形温度介于 100～200℃，具体品种有 PP、CPVC、PVDC、POM、PSF、PES、PC、PPO、PCTFE、PVDF、PVF 等。

高耐热类塑料：纯树脂的热变形温度介于 200～300℃，具体品种有 PTFE、FEP、PPA、PPS、PEEK、PASU、PES、PPSU、CP、热塑性 PA、氨基塑料、EP、PF、mPS。

超高耐热类塑料：纯树脂的热变形温度大于 300℃，具体品种有 POB、液晶聚合物、热固性 PA、聚苯并咪唑、聚硼二苯基硅氧烷（450℃）等。

有些塑料纯树脂的耐热温度就很高，但是大多数塑料纯树脂的耐热温度都不高，需要进行增强改性才能提高耐热温度。

本章只介绍部分高耐热类塑料和超耐热类塑料，其余可见热固性塑料等章节。

第一节　高温聚酰胺

高温聚酰胺的品种全部为半芳香族聚酰胺。半芳香族聚酰胺是一类综合性能优异的聚酰胺品种，其分子主链既含有芳香族环链，又含有脂肪链，因此性能兼有芳香族聚酰胺的优异性能和脂肪族聚酰胺良好的加工性能，在性能上普遍具有耐高温、耐腐蚀和吸水率低等优点。

早期的半芳香族聚酰胺耐温一般，如聚对苯二甲酰三甲基己二胺（PATMDT）主要用于透明材料，聚己二酸间苯二甲酰胺（MXD6）主要用于阻隔材料。后期可以用于特种工程塑料的半芳香族聚酰胺最早由日本三井化学于 1980 年生产，组成为 PA6T-PA66 共聚物，主要用于替代高价的 PPS 和 LCP 用于连接器制造。

半芳香族聚酰胺可以分为均聚和共聚两种类型。均聚半芳香族聚酰胺组成确定，普遍具有较高的结晶度，特别适合化学纤维的制造。半芳香族聚酰胺的主要品种有 PA2T（熔点＞400℃）、PA4T（熔点＞430℃）、PA6T（熔点 368℃）、PA9T（日本可乐丽、熔点 328℃）、PA10T（熔点 316℃）、PA11T（熔点 303℃）、PA12T（熔点 293℃）、PA13T（熔点 285℃）、PA14T（熔点 302℃）、PA10N（熔点 320℃）、PA11N（熔点 294℃）、PA12N（熔点 299℃）、PA13N（熔点 288℃）、MXD6（熔点 238℃）、PATMDT 和聚间苯二甲酰己二胺（PA6I）等。MXD6 的熔点只有 238℃，不能用于特种工程塑料，主要用于纺丝和与聚酯共混改性材料。聚间苯 PA6I 为无定形聚合物，耐低温，但是透光率高，可以用于透明材料。PA6T 与 PA6 共混改性，可以降低 PA6 的吸水率，提高 PA6 的尺寸稳定性，加入任何 PA 玻璃纤维增强制品中可以减少表面浮纤。

由于种种原因如合成条件复杂、难以量产等限制，产业化的半芳香族聚酰胺只有如 PA6T、PA9T、PA10T、PA12T 等几个品种。芳香环的刚性和酰胺键之间的氢键力，共同赋予半芳香族聚酰胺高熔点、高耐热性、高强度和高刚性。脂肪链中重复单元碳原子个数小于 6 的半芳香族聚酰胺加热到 350℃以上时都会有少量的热分解，具体如 PA4T 和 PA6T，因此加工温度需要控制在 350℃以下才能够熔融加工，但是其熔点又大于 350℃，只能采取共聚手段降低熔融温度到 350℃以下。共聚单体一般为己二酸、己内酰胺或间苯二甲酸等，因此商品化的 PA6T 都是共聚物。具体品种：PA6T-PA66（杜邦 Zytel HTN502、索尔维 Amodel A4000 和 A6000、三井 ArlenC、青岛三力 1245 和 1252）、PA6T-PA6I（三井 ArlenA、青岛三力 1357、艾曼斯 Grivory、金发科技）、PA6T-PA6（巴斯夫 Ultramide T、青岛三力 1132 和 1125）、PA6T-PA6I-PA66（索尔维 Amodel A1000、青岛三力 1345）、PA6T-PAM-5T（杜邦 Zytel HTN501）、PA6T-PAM-8T（可乐丽 Genestar）等。而那些脂肪链中重复单元碳原子个数大于 6 的半芳香族聚酰胺，加工温度本身就在 350℃以下，因此可轻松加工而不担心热分解。因此理论上只有脂肪族链中重复单元碳原子的个数大于 6 才能有均聚产品，如 MXD6、PA10T 和 PA12T，MXD6 的主要生产企业为日本三菱瓦斯和东洋纺织，PA10T 由中国金发科技和瑞士艾曼斯生产，PA12T 由河南君恒采用郑州大学赵清香团队技术少量生产。

一、聚酰胺 6T

PA6T 是半芳香族 PA 中的典型代表，由己二胺和对苯二甲酸缩聚而成，是 1989 年由日本三井化学所开发出来并实现工业化生产的。PA6T 在脂肪族 PA 的基础上引入了大量苯环，与传统的 PA6、PA66 相比，PA6T 拥有更高的 T_g、较低的吸水率、尺寸稳定性以及耐热性好等特点。

PA6T 的熔点为 350℃，但是其分解温度只有 340℃，导致纯 PA6T 难以用熔融塑化的方法加工成型，需要与其他 PA 单体共聚以降低熔融加工温度，能够解决这个问题。PA6T 引入的单体配比成为 PA6T 改性的关键，因此可以说 PA6T 的耐高温改性具有很大的发展空间。目前流通的 PA6T 均是经过与其他单体共聚后降低了熔点的共聚物或复合物。例如对苯二甲酸-己二胺-十一碳二酸三元共聚物，预聚合温度、压力、时间分别为 280℃、2.4MPa 和 2h，终聚合温度、压力、时间分别为 315～325℃、－0.09MPa 和 1h。对苯二甲酸-己二胺-十一碳二酸共聚物的熔融温度为 260℃，分解温度 450℃，可以用熔融塑化方法加工。

PA6T 属于耐高温 PA 品种，熔点高于 300℃，属于高熔点树脂，高温刚性好，加之耐水性优良，可替代 SMC（不饱和聚酯片状模塑料）用于电子接插件，适合于替代金属，也可替代老品种 PA66 用于潮湿环境中。

PA6T 的结构使其具有低吸湿性、耐高温性、尺寸安定性，具体如下：

① 极低吸水性、低翘曲、耐化学品、高尺寸稳定性材料，以 230℃熔焊 20s 其尺寸变化仅 0.015%，于 SMT 作业温度（240～260℃）下不变。

② 具有高热稳定性及高润滑性。

③ 干燥和潮湿下具有相同的伸展强度和韧性。

④ 与增强 PA 相比，在更高的温度下仍然保持有效的强度和韧性。

⑤ 具有良好的流动性，易于加工。

下面以美国杜邦和日本三井的 PA6T 为例，说明其具体性能，见表 11-1 和表 11-2。

表 11-1 美国杜邦的 Zytel 型 PA6T HTNFR52G30BL 的性能

性能	HTNFR52G30BL	性能	HTNFR52G30BL
拉伸强度(23℃)/MPa	172	热变形温度(1.8MPa)/℃	278
断裂伸长率(23℃)/%	2.2	熔点/℃	308
弯曲模量(23℃)/MPa	11400	相对密度	1.62
悬臂梁缺口冲击强度(23℃)/(J/m)	115	UL 阻燃等级	V-0
热变形温度(0.45MPa) /℃	296	加工湿度率/%	<0.1

表 11-2 日本三井化学 Arlen 型 PA6T HTNFR52G30LX 的性能

性能	HTNFR52G30LX	性能	HTNFR52G30LX
拉伸强度(23℃)/MPa	170	热变形温度(1.8MPa) /℃	295
断裂伸长率(23℃)/%	3	熔点/℃	310
弯曲模量(23℃)/MPa	11400	相对密度	1.66
悬臂梁缺口冲击强度(23℃)/(J/m)	85	UL 阻燃等级	V-0
热变形温度(0.45MPa) /℃	300	加工湿度率/%	<0.1

Arlen 具有热塑性塑料性能，注塑时成型容易，不易起毛边，也使得它成为具有高附加价值的超级工程塑料，并可添加碳纤维、玻璃纤维及配成各种颜色，以符合客户的需求。Arlen 的 T_m 为 310℃，T_g 为 85～125℃。

PA6T 广泛应用于电机/电子零件（SMT 制程），用在需用 SMT 处理的电子元件中，以及 PC MCIA 界面卡插槽或其他的电子用连接器。国内许多著名电子公司均采用 ARLEN 为连接器 SMT 处理主要原料。PA6T 还可用于汽车引擎盖下面的各种零件。

二、聚酰胺 9T

1. 一般概况

PA9T 的学名为聚对苯二甲酰壬二胺，属于独特的半芳香族聚酰胺，是重复单元含有九个碳的长链结构，比重复单元含六碳链的 PA6T 综合性能更好。PA9T 是一种耐高温聚酰胺。日本可乐丽公司从原料单体自行开发的 PA9T 的商品名为 Genestar。

2. 性能

PA9T 吸水率仅为 1%，大大低于 PA6、PA66、PA46、PA6T 等的吸水率，在聚酰胺中最低，与 PBT 相当。尺寸稳定性好，不会因吸水造成尺寸变化及机械强度下降。在干燥和潮湿下提供相同的强度和韧性，与其他短链聚酰胺相比，在更高的温度下仍然保持有效的强度和韧性。

PA9T 的玻璃化转变温度较高（125℃），有高结晶性，使其在高温下仍保持良好的韧性，优于 PA66 和 PA46。耐磨性和摩擦系数小，大大优于其他聚酰胺，甚至超过 POM 和 LCP。

PA9T 具有突出的耐化学品性和耐燃油性，在耐酸、碱、油、醇、二氯化钙、热水和其他流体方面几乎超过所有其他的 PA 品种，略逊于 PPS。其中，PA9T 对燃料油的阻隔性是 PA6、PA11、PA12 的 10 倍，接近 ETFE（乙烯-四氯乙烯共聚物）水平，这些优良性能使 PA9T 十分适用于汽车机罩制品。

PA9T 具有优异的耐热性，熔点高达 306℃，热变形温度达 285℃。280℃过锡测试不会产生气泡，适用较高使用温度的无铅焊锡。

PA9T 的阻燃改性性能好，可于 0.75mm 厚度下达到 94V-0 的阻燃效果。

PA9T 可与 PA6T、PA46、PPA、PPS、LCP 在耐热应用领域竞争。

以日本可乐丽的 PA9T G2330 为例，其具体的性能见表 11-3。

表 11-3　日本可乐丽的 PA9T G2330 的性能

性能	G2330	性能	G2330
拉伸强度（23℃）/MPa	180	热变形温度（1.8MPa）/℃	285
断裂伸长率（23℃）/%	3	熔点/℃	306
弯曲模量（23℃）/MPa	11000	相对密度	1.68
悬臂梁缺口冲击强度（23℃）/(J/m)	100	UL 阻燃等级	V-0
热变形温度（0.45MPa）/℃	295	加工湿度率	<0.1

3. 成型加工

PA9T 易于加工，具有优异的成型性，兼有良好的流动性、高润滑性、高热稳定性和较低的模具腐蚀性。PA9T 成型产品低翘曲，属于高尺寸稳定性材料。

PA9T 熔点高于 306℃，但不需要像 PA6T 那样通过改性降低熔点来适应注射成型的要求。其流动性佳，适用于薄壁制品的成型；加工中比其他 PA 树脂产生的挥发物少，不易污染及腐蚀模具，可延长模具使用寿命；结晶速度快，冷却时间短，具有较短的成型周期。

4. 应用范围

PA9T 有不含玻纤及含玻纤（33%、45%、50%）和防火等规格，对于汽车机罩、电气/电子产品等市场应用极具发展潜力。

PA9T 在汽车工业中主要用于发动机周边产品，具体如汽车动力转向装置、燃油系统部件、发动机支架等。具体产品如动力换向装置（齿轮结构）、滚动轴承架，用以替代 PA46。PA9T 耐燃油性强，适用于做汽车燃油系统部件。另外扩大在汽车中的应用以替代金属，降低车重；可做的部件包括操作构件、中间冷却器罐、发动机支架和要求低摩擦系数的滑动部件。

PA9T 在电子电气工业中的应用，主要为集成电路组件、小型卡式接插件、手机外壳用高焊接强度接插件等。

日本 PA9T 的电子电气应用有注塑插座、开关、继电器设施和各种电子接插件。另外，高流动、低翘曲牌号做集成电路组件，都与其高耐热性而适用于集成电路表面连接工艺和无铅焊接工艺有关。

三、聚酰胺 10T

1. 一般概况

PA10T 即聚对苯二甲酰癸二胺，由芳香族单体对苯二甲酸和脂肪族单体癸二胺共聚合而成，属于半芳香族聚酰胺品种。PA10T 中的单体癸二胺来自蓖麻油，约占 PA10T 的 50%左右，因此属于部分生物基塑料，具有十分突出的低碳排放功能。

PA10 由瑞士艾曼斯公司首先投产。在我国，PA10T 由珠海金发特种工程塑料有限公司在 2006 年首先商业化生产，商品名 Vicnyl。近年来，惠生（泰州）新材料科技有限公司、深圳市沃特新材料股份有限公司、上海杰事杰新材料股份有限公司先后实现了产业化生产，出现了蓬勃发展的良好局面。

2. 性能

PA10T 具有优异的耐热性、结晶速率快、超低吸水率、更好的尺寸稳定性、出色的抗水解性能、优异的耐化学品性能和注塑加工性能。其熔点高达 316℃、加玻纤后热变形温度高于 290℃。其基本性能如表 11-4 所示。

表 11-4　金发 Vicnyl 牌号 PA10T 的典型性能

性能指标		600T	615	630	R615	R630
玻璃纤维含量/%		0	15	30	15	30
相对密度		1.12	1.26	1.38	1.45	1.62
吸水率(23℃,100%RH,24h)		2.4	1.6	1.5	1.0	0.8
收缩率/%	纵向	0.9	0.5	0.3	0.5	0.3
	横向	1.2	1.1	0.9	1.1	0.9
阻燃性(UL 94,0.75mm)		HB	HB	HB	V-0	V-0
拉伸强度/MPa		70	135	185	110	165
断裂伸长率/%		>20	3.5	3.0	3.0	2.8
冲击强度/(J/m)		180	80	100	70	90
弯曲强度/MPa		100	190	260	160	220
弯曲模量/MPa		2500	6800	9000	7000	9800
热变形温度(1.82MPa)/℃		140	285	290	290	295
介电强度(23℃,1.6mm)/(MV/m)		26	28	30	30	30
表面电阻率/Ω		10^{16}	10^{15}	10^{15}	10^{15}	10^{15}
体积电阻率/(Ω·cm)		10^{15}	10^{15}	10^{15}	10^{15}	10^{15}
相对介电常数(1MHz)		3.5	4.0	4.0	4.0	4.0

PA10T 典型的性能如下。

(1) 吸水率低

P10T 的吸水率比 PA6、PA66、PA6T 及 PA9T 都低，比 PA11、PA12 略高，与 PA612 相当，具体对比见图 11-1。

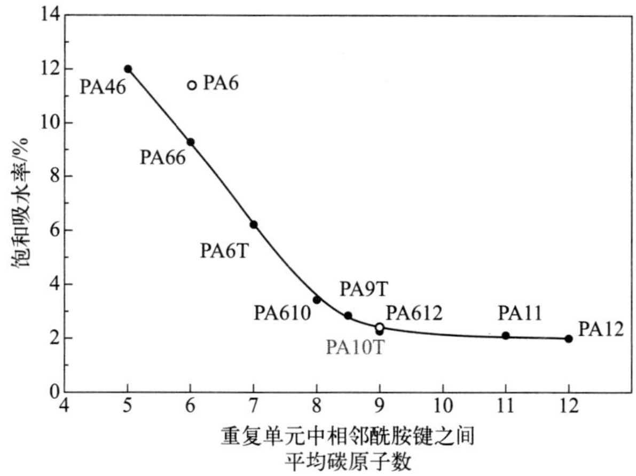

图 11-1　各种 PA 吸水性对比

(2) 尺寸稳定性高

PA10T 的尺寸稳定性好于 PA46、PA6T 及 PA9T 等高温聚酰胺品种。

(3) 优异的热力学性能

PA10T 的熔点为 316℃，是所有高温聚酰胺中最高的。PA10T 玻璃化转变温度为 135℃，进行玻璃纤维增强后的热变形温度可达 295℃。PA10T 的 DSC 曲线见图 11-2。

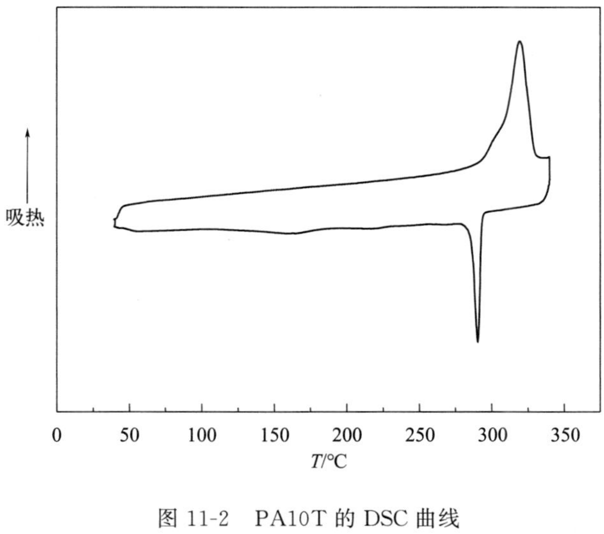

图 11-2　PA10T 的 DSC 曲线

(4) 卓越的耐锡焊性能

PA10T 的耐锡焊温度为 270℃，与 PA9T 相当，而且由于 PA10T 低的吸水率，因此耐锡焊性好于 PA6T 和 PA46，非常适合于表面安装技术（SMT）。

（5）优良的可回收性

PA10T 具有优异的可回收性，在回收 50% 和 5 次以后，材料的拉伸强度仍然可以保持在 90%，而弯曲强度甚至可以保持在 95%以上，具体见图 11-3。

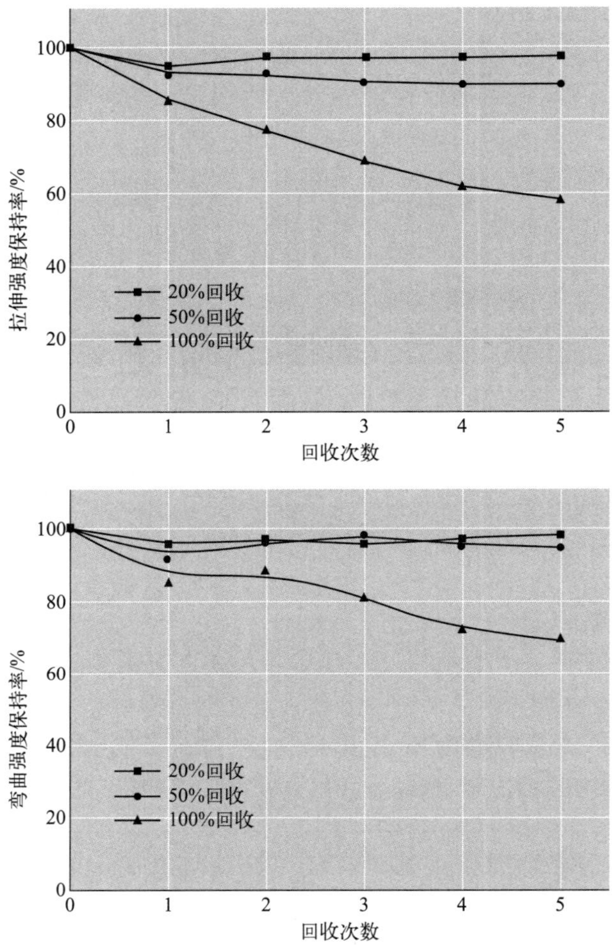

图 11-3　可回收性

（6）耐化学品性

PA10T 的耐化学品性与 PA9T 相似，超过其他高温聚酰胺，仅比 PPS 略低。PA10T 可以耐燃油、醇、酸、二氧化钙、热水和其他流体。PA10T 耐油性好，接近 PEEK 的耐油水平。

3. 成型加工

PA10T 可用注塑、挤出等传统方法加工。因 PA10T 流动性很高，适合于注射成型薄壁制品。PA10T 的高结晶性，使其适合于快速成型加工。

4. 应用范围

目前主要用于电子/电气和汽车行业，具体应用如下。

(1) 电子/电气工业

在某些条件下，由于电气设备微型化的趋势或工作电流的增加，造成其内部元件温度会上升得相当高，因而要求材料具有较高的长期使用温度、较高的硬度、高温时较低的蠕变，因此 PA10T 可用于电动机部件、断路器的内部元件、绕线元件，具体可用于以下领域和市场。

连接器等：具体为模块式接插件、屏蔽头、电源连接器、小间距连接器、分离式连接器、存储卡连接器、边缘穿孔卡连接器和手机连接器、断路器、绕线、SMD 元件、微动开关等。

电动机：如果将同等功率或更大功率的电机微型化，依据设计的不同，其温度可能会显著上升。过载或转子锁死时会引起温度急剧上升，超过 250℃。为了能充分发挥功效，要求电动机有一定的安全度。PA10T 能承受电动机正常运行和过载状况下所产生的热量，能应用于电动机的各种部件，包括端叠片、电刷托架、齿轮和端支架等。

(2) 汽车工业

在汽车工业中，耐热塑料正在很快地替代传统的工程塑料，这一发展背后的推动力，主要源于适合汽车发展的三大要求：

① 为提高安全、舒适和电机管理，更多采用新型电子系统；

② 要求更长的保用期和使用寿命；

③ 发动机区域温度的提高。

对应于汽车二氧化碳排放量的削减、耗油量的改进等环境问题的解决方法就是提高发动机的燃烧温度，使燃油充分燃烧，这样势必会提高发动机室内温度，提高所用塑料的耐热性要求。同时发动机附近的燃料系统、排气系统、冷却系统等的金属部件的塑料化，以及以回收利用为目的的热固性树脂的取代，对材料要求就更为严格。以前的通用工程塑料的耐热性、耐久性、耐化学品性已达不到要求。

从经济角度考虑，PA10T 被证明是理想的金属替代材料。它具有非常好的耐蠕变性能，机械强度、刚性和高温下抗疲劳性能优良，同时还保持易加工的优点。

适合于要求耐热和耐腐蚀较高的配件，具体如引擎箱、燃油系统配件、动力换向装置、滚动轴承架、中间冷却器罐、发动机支架和低摩擦系数的滑动配件等。

(3) 其他行业

由于 PA10T 具有耐高温、耐磨、耐疲劳、高强度、高抗冲击、低吸水性、耐化学品性等优异性能，在航空航天、军工、化工、大型机械部件等领域的应用前景广阔。

四、聚酰胺 12T

1. 一般概况

PA12T 是由十二碳二胺与对苯二甲酸合成的一种新型聚酰胺。国内郑州大学赵清香教授自 2000 年开始，以石油发酵方法合成的长链二元酸为原料，合成了一系列的新型长链半芳香族 PA 如 PA12T、PA11T、PA12N、PA13N 等，2016 年河南君恒实业集团生物科技有限公司采用郑州大学赵清香教授技术建成千吨级 PA12T 生产线。其 PA12T 的性质与综合性能最好，价格与最高的高温 PA 品种 PA9T 相当，熔点在 310℃左右，玻璃化转变温度在 125℃左右，较 PA6T 具有更好的熔融加工性，尺寸稳定性优于 PA9T。

PA12T 是我国继 PA10T 之后又一个具有自主知识产权的新型高温 PA，标志着我国耐高温尼龙领域走在了世界的前列。PA12T 项目的产业化攻克了高温 PA 合成过程中原料利用率低、高温、高黏体系合成工程化技术存在传质传热不均导致产品质量不稳定等产业化重大关键技术问题，开发了氨气循环利用技术、高温成盐技术、半芳香族 PA 一步法高效制备技术等一系列创新关键技术。

PA12T 合成工艺流程如图 11-4 所示。

① 先将十二碳二酸氨化，生成十二碳二腈：

$$HOOC(CH_2)_{10}COOH+2NH_3 \longrightarrow NC(CH_2)_{10}CN+4H_2O$$

② 再对十二碳二腈加氢，生成十二碳二胺：

$$NC(CH_2)_{10}CN+4H_2 \longrightarrow H_2N(CH_2)_{12}NH_2$$

③ 使对苯二甲酸和十二碳二胺发生中和反应，生成 PA12T 盐：

$$HOOCC_6H_5COOH+H_2N(CH_2)_{12}NH_2 \longrightarrow H_3^+N(CH_2)_{12}N^+H_3^- \cdot OOCC_6H_5COO^-$$

④ PA12T 盐经过聚合生成 PA12T 树脂：

$$n[H_3^+N(CH_2)12N^+H_3^- \cdot OOCC_6H_5COO^-] \longrightarrow \left[HN(CH_2)_{12}NHOCC_6H_5CO \right]_n + 2nH_2O$$

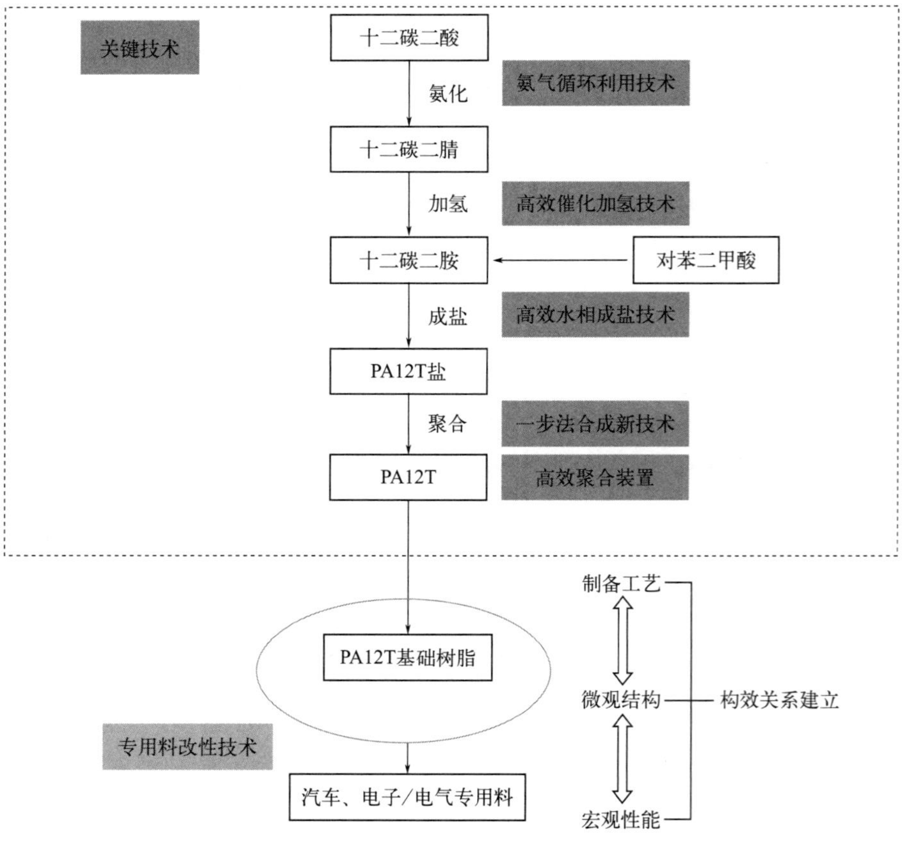

图 11-4 PA12T 的工艺流程

2. 性能

PA12T 熔点 310℃左右，玻璃化转变温度 120℃。与其他 PA 比较的特点：PA12T 的成本较 PA9T 低，较 PA6T 具有更好的熔融性、流动性和加工性，尺寸稳定性优于 PA9T，吸水率低于 PA6T、PA46、PPA、HTN、PA9T 和 PA10T 等高温 PA。

PA12T 产品分为低黏度 2.0、中黏度 2.4、高黏度 3.6 等牌号，低黏度和中黏度为注塑级料，高黏度为挤出级料，可以用于汽车、电子电气等。PA12T 的具体性能见表 11-5。

表 11-5　PA12T 及其玻璃纤维增强 PA12T 的性能

性能	PA12T	30%玻璃纤维增强 PA12T	45%玻璃纤维增强 PA12T
密度/(g/cm^3)	1.11	1.28	1.35
灰分/%	0.1	32	48
熔点/℃	315	315	315
吸水率/%	0.43	0.35	0.31
相对黏度	2.4	2.4	2.4
拉伸强度/MPa	76	180	201
断裂伸长率/%	40	5	2
弯曲强度/MPa	93	224	283
弯曲模量/MPa	2025	7940	12726
简支梁缺口冲击强度/(kJ/m^2)	13	16	10
热变形温度(1.8MPa)/℃	128	270	273
垂直燃烧	HB	V-2	V-0

PA12T 的吸水率比较低，与 PA10T 的比较见表 11-6。

表 11-6　PA12T 与 PA10T 吸水率对比

放置时间/d	PA10T 吸水率/%	PA12T 吸水率/%
1	0.14	0.14
2	0.18	0.17
3	0.22	0.23
4	0.24	0.23
5	0.25	0.26
6	0.29	0.29
7	0.31	0.30
8	0.33	0.33
9	0.34	0.33
10	0.37	0.36
11	0.38	0.37
12	0.39	0.38
13	0.40	0.39
14	0.41	0.41
15	0.43	0.43

续表

放置时间/d	PA10T 吸水率/%	PA12T 吸水率/%
16	0.44	0.44
17	0.46	0.45
18	0.46	0.46
19	0.48	0.47
20	0.5	0.48
21	0.5	0.48
22	0.5	0.48

PA12T 与 PA46、PA6T、PA9T、PA10T 性能比较如下：

PA46 的吸水率太大，制品容易起泡，在某些高温场合稳定性和可靠性不足，而且 PA46 被 DSM 长期垄断。

纯 PA6T 熔点过高，成型加工比较难控制，必须经过改性处理方可使用。而改性的 PA6T 吸水率过高，性能介于 PA46 和 PA9T 之间，属于一个中庸产品。改性 PA6T 可以用于 AP46 和 PA9T 的市场，尤其可能占领 PA9T 的市场。

PA9T 的刚性强，脆性大。其合成原材料壬二胺一直被日本可乐丽垄断，产量有限。

PA10T 是商业化高温聚酰胺中综合性能最好的品种，其吸水率低，成型加工简单，价格又低。是中国国产化产品，不易被国外“卡脖子”。

3. 应用范围

目前 PA12T 有四个牌号，具体见表 11-7。

表 11-7 PA12T 系列牌号性能

牌号	相对黏度	用途
PA12T 20N00（低黏度）	1.9～2.2	流动性好，玻璃纤维增强改性
PA12T 25N00（中黏度）	2.3～2.6	流动性好，玻璃纤维增强改性
PA12T 30N00（高黏度）	2.8～3.0	力学性能好，适合挤出成型
PA12T 35N00（超高黏度）	＞3.5	力学性能优异，适合挤出成型

近年来，为了满足汽车轻量化的需求，以耐高温工程塑料替代金属生产汽车发动机周边部件成为趋势，同时，表面贴装技术中无铅焊锡的使用也对电路板基材的耐热性提出了更高的要求。在此类需求的推动下，高温 PA 发展迅速。

（1）汽车

高温 PA 系列产品具有突出的耐热性，吸水（湿）率低，具有更高的尺寸稳定性和在潮湿环境下更高的强度和刚性保持率，已经被所有的主要汽车制造商认可。它能承受高强度和高负载、耐高温，可在恶劣环境下工作，因此非常适合于发动机区域的应用，特别是排气控制系统、中压增冷器的端盖、涡轮增压器部件、管子、发动机区域的传感器、开关和连接器、进气装置、线缆固定槽、发电机和起动机零部件等。

（2）电子/电气

现大力提倡使用不含铅的焊锡，广泛推行无铅制程，而 PA12T 符合无铅焊接的各项要求。在经历 3 次回流焊、长时间高温以及紫外线老化处理后，仍保持高白度和反射率，具有高的尺寸稳定性、高流动性，可快速结晶，适用于快速成型，与引线框架、封装树脂（硅树脂和环氧树脂）之间有良好的黏结性，如接插件、断路器、LED 灯支架、SMD 元件、微动开关、电动机部件、计算机及其辅助设备、通信业、电气产品等。

五、聚酰胺 4T

PA4T 是 21 世纪以来第一个合成的高温聚酰胺，由掌握着全球唯一丁二胺工业化方案的帝斯曼（DSM）推出。与 PA6T 相似，其熔点也很高（430℃），一般也是与其他聚酰胺共聚，比如 PA66 或 PA6。PA4T 具有卓越的空间稳定性、无铅焊接兼容性、高熔点，在温度上升的情况下具有很高的硬度和机械强度，且相比帝斯曼公司原有的 PA46 产品，甚至是 PA9T，它显示出了超低的吸水率。

PA4T 综合而又优异的性能，将会使它在今后电子/电气和汽车等耐高温应用领域占据重要的份额。PA4T 的发明也是市场小型化和电子产品集中化对性能材料更高要求的体现。

第二节　聚苯硫醚（PPS）

1. 一般概况

聚苯硫醚（PPS）的工业化合成工艺主要为硫化钠或硫氢化钠法。催化剂有锂类催化剂和无锂催化剂两大类，并逐步以无锂催化剂为主导。

美国菲利普石油公司（已被苏威收购）于 1973 年首先实现 PPS 的工业化，目前其年生产能力达到 2 万吨，其生产线为全球最大的 PPS 合成装置之一。自 1984 年美国菲利普石油公司的专利失效后，众多公司纷纷开始生产。目前生产厂家主要集中在美国、日本和中国。多年来，PPS 的产量一直居特种工程塑料之首，2024 年全球年产能约 20 万吨，国外主要生产企业有日本东丽、DIC、吴羽、东洋纺，美国赛拉尼斯等。国内主要生产企业有新和成、中泰化学等。

PPS 的优点有：具有突出的耐热性能，可在 180～220℃温度范围内使用，40%玻璃纤维增强改性后使用温度达到 290℃之高；耐腐蚀性接近聚四氟乙烯，是塑料中第二大耐腐蚀材料；电学性能优异；力学性能优异；阻燃性能好；与无机材料、增强纤维和其他聚合物相容性好，易制成填充制品，最大无机材料填充量可以高达 70%。

PPS 的缺点有：脆性较大，由 PPS 的化学结构可得知，其分子链呈刚性，最大结晶度可达 70%，因而韧性较差，而且其熔接强度也不好，这就限制了其作为抗冲击制品的使用；成本较高，虽然 PPS 在特种工程塑料中价格最低，但是与通用工程塑料相比价格高出 1～2 倍；涂装性差，由于 PPS 具有优异的耐化学品性，所以其涂装性与着色性不理想，想要十分理想地美化它难度比较大；加工困难，因为熔点高，加工中黏度不稳定，在熔融过程中易与空气中的氧发生热氧化交联反应而导致流动性降低。

市场上供应的 PPS 包括 PPS 树脂、线型 PPS 和交联 PPS 三大类。

一般刚刚合成出来的 PPS 的分子量很低，熔体流动速率很高，无法直接作为工程塑料使用。工业上通常会进行热处理，使硫醚键变为亚砜基和砜基，或者是苯环和相邻大分子形成氧桥支化或交联。在不同的热处理温度下，PPS 会变成不同结构和不同形态。一般在150～350℃温度之间热处理会得到分子链增长或支化的 PPS，也就是线型 PPS；而在 350℃温度以上热处理则会出现交联结构的 PPS，即交联型 PPS。

线型 PPS 由于没有交联结构，一方面其韧性会大大提高，另一方面会具有较好的流变性，易于成型加工。同时线型的 PPS 含氧量比交联 PPS 低，因此介电常数也比较低。不过随着国内外企业技术的不断进步，不管是线性 PPS 还是交联 PPS 基本上都能满足 5G 基站天线振子材料的要求。两者比较而言，线型 PPS 具有更高的模量和更高的韧性，交联 PPS 的耐松弛、耐蠕变性更好。

在工程塑料应用领域，纯 PPS 很少作为塑料单独使用，通常都将其与增强纤维或各种无机粉体填料进行复合改性后再作为特种工程塑料使用，或者以各种合金形式出现。典型的品种有：40％玻璃纤维增强 PPS（R-4）、无机填充 PPS（R-8）、碳纤维增强 PPS（G-6）等。

在国外，PPS 的用途为电子/电气占 40％、汽车占 30％、机械行业占 20％、其他占10％。我国 PPS 目前用于电子/电气占 40％、汽车占 20％、机械行业占 20％、其他占 20％。

2. 性能

PPS 的分子结构比较简单，分子主链由苯环和硫原子交替排列。大量的苯环赋予 PPS 以刚性，大量的硫醚键又提供柔顺性。PPS 分子结构对称，易于结晶，属于高结晶型树脂。因分子结构无极性，因而电性能好，又不吸水。

（1）一般性能

PPS 为一种外观白色、高结晶度（最高结晶度为 65％）、硬而脆的聚合物（类似 PS），纯 PPS 的相对密度为 1.3，但改性后会增大。PPS 的吸水率极小，一般只有 0.03％左右。PPS 的成型收缩率极小（流动方向为 0.1％～0.3％，垂直方向为 0.4％～0.8％），线膨胀系数小（小于 3×10^{-5}/$℃^{-1}$），尺寸精度受温度、湿度、外力的影响很小，具有极高的尺寸稳定性，可制造精密度高的塑料制品。

由于 PPS 的化学结构中有 70％的芳香族化合物和 30％的元素硫，因此天生具有阻燃性，其氧指数高达 44％以上，不加任何阻燃剂可达到 UL 94 V-0 级，燃烧时的发烟量远低于其他芳烃树脂和卤素树脂；与其他塑料相比，它在塑料中属于高阻燃材料，燃烧安全性最高；其他阻燃性好的塑料还有纯 PVC（氧指数 47％）、PSF（氧指数 30％）、PA66（氧指数29％）、PPO/HIPS 合金（氧指数 28％）、PC（氧指数 25％）。

（2）力学性能

纯 PPS 的力学性能不高，尤其冲击强度比较低。但进行玻璃纤维增强后会大幅度提高，拉伸强度由 67MPa 增大到 137MPa，增大了 1 倍；冲击强度由 27J/m 增大到 76J/m，增大了 1.8 倍。除玻璃纤维增强可提高 PPS 的冲击强度外，还有其他方法可改善冲击强度，不同方法的比较见表 11-8。

表 11-8 PPS 不同增韧方法的效果比较

类型	PPS/弹性体	PPS/聚合物合金	PPS/碳纤维	PPS/40％玻璃纤维	PPS/无机矿物	纯 PPS
冲击强度/(J/m)	150	105	88	76	31	27

PPS 的刚性很高，具有类似金属的刚性，是工程塑料中少见的，可广泛替代金属。纯

PPS的弯曲模量可达3.8GPa，无机填充改性后可达到12.6GPa，增大3倍之多；碳纤维增强后可达22GPa，增大5倍之多。而以刚性著称的PPO仅为2.55GPa，PC仅为2.1GPa。

PPS在负荷下的耐蠕变性好，硬度高。PPS的耐磨性也高，其1000r时的磨耗量仅为0.04g，填充碳纤维、PTFE及二硫化钼后还会得到大幅度改善。PPS还具有一定的自润滑性和卓越的耐疲劳性。

PPS的力学性能对温度的敏感性能很小。

（3）热学性能

纯PPS的耐热温度不高，但是进行玻璃纤维或无机矿物填充增强改性后的PPS具有优异的热学性能，短期可耐260℃高温，并可在200～240℃下长期使用；改性PPS的耐热性与PI相当，仅次于PTFE，这在热固性塑料中也不多见。PPS的焊锡耐热性极佳，几种工程塑料的焊锡耐热性比较见表11-9。

表11-9　几种工程塑料的焊锡耐热性比较

种类	焊锡耐热温度/℃	
	2秒	5秒
40%GF/PPS	400	300
65%GF/PPS	400	300
30%GF/PBT	300	—
30%GF/PA66	350	250
30%GF/PC	250	—

（4）电学性能

PPS的电学性能十分突出，与其他工程塑料相比，其介电常数和介电损耗都比较低，并且在较大的频率、温度及湿度范围内变化不大，可在高频、高湿和高温等苛刻条件下使用；PPS的耐电弧性好，可与热固性塑料媲美。

PPS常用于电器绝缘材料，其用量可占30%左右。

（5）环境性能

PPS的最大特点之一为耐化学腐蚀性好，其化学稳定性能仅次于PTFE，可与PTFE媲美；PPS对大多数酸、碱、盐、酯、酮、醛、酚、脂肪烃、芳香烃及氯代烃等稳定，高温下不耐氯代联苯及氧化性酸、氧化剂、浓硫酸、浓硝酸、王水、过氧化氢及次氯酸钠等，而且PPS不能长期用于氧化性的酸中如热硝酸。目前还未发现在200℃以下可溶解PPS的溶剂。

PPS的耐辐射性好，在β射线及γ射线下均很稳定。

PPS的耐候性好。

PPS的具体性能请参见表11-10～表11-12。

表11-10　美国苏威PPS的性能

性能	PPS(R-4)	PPS(R-8)
相对密度	1.6	1.8
吸水率/%	<0.05	<0.03
成型收缩率/%	<0.12	<0.12

续表

性能	PPS(R-4)	PPS(R-8)
拉伸强度/MPa	137	98
断裂伸长率/%	1.3	0.8
弯曲强度/MPa	204	144
弯曲模量/GPa	11.9	12.6
缺口冲击强度/(J/m)	76	27
热变形温度(1.81MPa)/℃	>260	>260
无载荷连续使用温度/℃	260	260
线膨胀系数/($\times10^{-5}$℃$^{-1}$)	3	<3
硬度	R132	R121
介电强度/(kV/mm)	18	13.6
相对介电常数(10^3Hz)	3.9	4.6
体积电阻率/(Ω·cm)	10^{16}	10^{15}
介电损耗(10^3Hz)	1.3×10^3	1.7×10^3
氧指数/%	44	53
耐电弧/s	120	190

表 11-11　日本东丽 PPS（GF40）的性能

性能	测试条件	测试标准	PPS(A504X90)
相对密度	23℃	ISO 1183	1.66
吸水率/%	23℃水中24h	ISO 62	0.02
成型收缩率/%	纵向	—	0.2
	横向	—	0.8
拉伸强度/MPa	23℃	ISO 527-1,2	200
断裂伸长率/%	23℃	ISO 527-1,2	1.8
弯曲强度/MPa	23℃	ISO 178	305
弯曲模量/GPa	23℃	ISO 178	15.5
简支梁冲击强度/(kJ/cm^2)	23℃,缺口	ISO 179	11
	23℃,无缺口	ISO 179	55
热变形温度/℃	1.81MPa	ISO 75-1,2	260
熔点/℃	—	ISO 11357-3	278
燃烧性能	0.28mm	UL 94	V-0
线膨胀系数/($\times10^{-5}K^{-1}$)	纵向	ISO 11359-2	2.3
	横向	ISO 11359-2	3.1
洛氏硬度(R)	—	ISO 2039-2	R1322
摩擦系数	对钢	—	0.25
相对介电常数(1MHz)	23℃,60%RH	IEC 60250	4.2

续表

性能	测试条件	测试标准	PPS(A504X90)
体积电阻率/(Ω·cm)	23℃,60%RH	IEC 60093	1014
介电损耗(1MHz)	23℃,60%RH	IEC 60250	0.002

表 11-12　浙江新和成 PPS 的性能

性能	测试条件	测试标准	纯 PPS（3450）	40%GF-PPS（3450）
密度/(kg/cm^3)	23℃	ISO 1183	1.35	1.66
吸水率/%	23℃水中 24h	ISO 62	0.02	0.02
成型收缩率/%	水平方向	ISO 294-4	1.2	0.3
	垂直方向	ISO 294-4	1.8	0.6
灰分（质量分数）/%	750℃	ISO 3451-1	0.1	40
拉伸强度/MPa	23℃	ISO 527-1，2	80	190
拉伸模量/MPa	23℃	ISO 527-1，2	3800	14000
断裂伸长率/%	23℃	ISO 527-1，2	2.2	1.5
弯曲强度/MPa	23℃	ISO 178	150	280
弯曲模量/MPa	23℃	ISO 178	3800	14500
悬臂梁冲击强度/(kJ/m^2)	23℃，缺口	ISO 180	3.8	10
	23℃，无缺口	ISO 180	40	50
洛氏硬度（M）	23℃	ISO 2039-2	90	117.5
热变形温度/℃	1.8 MPa	ISO 75-1，2	110	260
熔点/℃	10℃/min	ISO 11357-3	280	280
玻璃化转变温度/℃	10℃/min	ISO 11357-2	90	90
线膨胀系数/($\times 10^{-5}K^{-1}$)	水平（−50/150℃）	ISO 11359-2	5.0	—
	垂直（−50/150℃）	ISO 11359-2	5.8	—
阻燃性能	1.6mm	UL 94	V0	V0
表面电阻率/Ω	—	IEC 60093	10^{14}	10^{15}
体积电阻率/（Ω·cm）	23℃	IEC 60093	10^{15}	10^{16}
相对介电常数	23℃，1MHz	IEC 60250	3.5	3.5
介电损耗因数	23℃，1MHz	IEC 60250	0.004	0.003
相对漏电起痕指数/V	—	IEC 60112	125	150

3. 改性品种

纯 PPS 具有综合性能好、耐热温度高等优点，但其存在韧性差、易断裂、熔融过程黏度不稳定、结晶度高、要求模具温度保持在 130～180℃、价格高等缺点。为此，PPS 单独使用的情况比较少，需要与其他材料一起开发改性品种。

国外的改性方向为由交联改性发展到现在的直接合成高分子量 PPS。但由于传统 PPS

具有与其他材料极好的黏合性，很适合纤维增强和无机粉体的填充，并可大幅度提高刚性、强度和耐热性，仍然这些仍是 PPS 改性的主流产品。目前改性 PPS 主要集中在表 11-13 所示的几方面。

表 11-13 PPS 的常用改性类别

改性类别	具体应用
提高性能	提高长期可靠性，如耐热冲击性、长期耐化学品性
	提高尺寸精度：共混合金
赋予新性能	高导热级，热导率为 3W/(m·K)
	激光熔着级，厚度 1mm 时激光透过率为 20%～30%
	高频部件级，低收缩、低膨胀、低翘曲、低凹陷
	高耐电弧径迹级，目标 CTI 为 550V
改善加工性能	低模具结碳钢，目标为减量为 50%
	低溢料级，减量 50%
	低模温级，目标为小于 100℃
	低模具腐蚀级

具体改性品级：玻璃纤维和碳纤维增强级，无机粉体填充级，纤维/无机粉体混合填充级，共混合金级。

PPS 的合金有 PPS/PTFE、PA/PA、PPS/PC、/PPS/PS、PPS/POE、PPS/PPO、PPS/PSF 及 PPS/弹性体，具体改性品种如下。

（1）纤维增强 PPS

① 玻璃纤维增强 PPS 这是 PPS 最常用和有效的改性方法，可大幅度提高力学性能如拉伸强度、冲击强度和耐热性能。

随玻璃纤维含量的增大，拉伸强度和冲击强度提高。以拉伸强度为例，随玻璃纤维含量的增加，拉伸强度一直在增加，当玻璃纤维达到 60%时，拉伸强度达到最大值 173.72MPa 左右、热变形温度可达到 260℃。以冲击强度为例，随玻璃纤维含量的增加，冲击强度一直在增加，当玻璃纤维达到 50%时，冲击强度达到最大值 70kJ/m^2 左右。

玻璃纤维在加入前最好用硅烷偶联剂 KH-550 处理，或协同加入增韧剂以提高 PPS 与玻璃纤维的结合强度。也可采用玻璃纤维与无机粉体如高岭土复合填充的方式，得到性能优异的改性品种。

PPS 树脂粉进行玻璃纤维增强改性，得到的玻纤增强聚苯硫醚改性料具有力学性能好、耐蠕变、耐高温、耐磨、阻燃、耐化学腐蚀、电绝缘性能优、耐电弧性好等特点，更有加工性能好、成型收缩率小、尺寸稳定、耐辐射等特点，特别适宜加工薄壁制件。典型玻璃纤维增强 PPS 的具体性能如表 11-14 所示。

表 11-14 典型玻璃纤维增强 PPS 的性能

性能	20%GF/PPS	30%GF/PPS	40%GF/PPS	50%GF/PPS	61%GF/PPS
相对密度	1.51	1.55	1.7	1.68	1.78
成型收缩率/%	0.0025	0.0025	0.0025	0.0025	0.0025

续表

性能	20%GF/PPS	30%GF/PPS	40%GF/PPS	50%GF/PPS	61%GF/PPS
压缩强度/MPa	137	140	130	135	137
洛氏硬度（HR）	100	100	111	111	115
拉伸强度/MPa	120	142	180	176	158
断裂伸长率/%	1.80	1.70	1.6	1.90	1.70
弯曲模量/MPa	1.15×10^4	1.1×10^4	1.36×10^4	1.63×10^4	1.94×10^4
弯曲强度/MPa	172	180	272	284.7	250
悬臂梁缺口冲击强度/(kJ/m^2)	10.8	11.5	14	13	12.2
体积电阻率/($\times10^{15}\Omega\cdot cm$)	1.4	1.0	5	3.4	2.1
表面电阻率/($\times10^{15}\Omega$)	6.9	2.3	5	2.2	5.5
相对介电常数（1MHz）	4	4	4	4	4
电气强度/(kV/mm)	19.6	18.56	17	19.1	17
熔点/℃	281	282	282	282	282
热变形温度（1.80MPa）/℃	264	267	265	267	267
燃烧性（垂直法）	FV-0	FV-0	FV-0	FV-0	FV-0

② 碳纤维（CF）增强 PPS　采用熔融法、悬浮法、薄膜叠层法和粉末法制备 PPS/CF 预浸料。在 CF 增强的同时，如果复合加入 20%用钛酸酯处理过的硅灰石等无机粉体填料，增强 PPS 的改性效果好。

③ 其他材料增强 PPS　可用氧化锌晶须和短芳纶纤维等增强 PPS。

(2) 填充 PPS

由于 PPS 熔融黏度低，因而可以添加 70%的各种填料。不同的填料用量改变材料的强度、电性能、表面性能和尺寸稳定性，以及混合料的成本。

碳酸钙、滑石粉、硅灰石、高岭土、玻璃微珠、二氧化硅等填料可改善其冲击强度，加入量在 20%左右并与纤维复合加入效果好，可比单独加入纤维更进一步提高拉伸强度和冲击强度。也可用石墨、二硫化钼、碳化硅、氮化硅、三氧化二铝和碳化铬等为填料改善其耐磨性。

(3) PPS 合金

① PPS/PA 共混　目的是提高冲击强度，PA 可以为 PA6、PA66 及 PA11、PA12 等，两者的相容性好，不用加入相容剂；一般 PA 含量为 30%～40%范围内，当 PA 的含量在 40%时，冲击强度可提高 5 倍之多，具体见表 11-15；PPS/PA 合金注射成型的料筒温度为 260～350℃，模具温度为 120℃；挤出温度为 280～310℃。

表 11-15　不同比例的 PPS/PA 合金的性能

PPS/PA 的比例	100/0	97/3	95/5	90/10	80/20	60/40	20/80	0/100
拉伸强度/MPa	60	65	69	67	65	82	60	65
弯曲强度/MPa	96	120	125	114	110	125	110	110
缺口冲击强度/(J/m)	29	46	60	61	83	105	139	150
热变形温度/℃	138	137	136	132	130	130	115	75

② PPS/PS、ABS、AS共混　目的是降低成本和改善加工性能，并适当改善其冲击性能，并以ABS的提高幅度最大。PS虽为脆性材料，但与脆性的PPS共混后，可改善流动性；如用ABS或AS代替PS，改性效果会更好。PPS/PS、PPS/AS、PPS/ABS配方中需加入ABS-*g*-MAH作为相容剂，下面介绍几个PPS/PS、PPS/AS、PPS/ABS配方的性能，具体见表11-16。

表11-16　PPS/PS、PPS/AS、PPS/ABS配方的性能

组成	PPS/PS					PPS/AS		PPS/ABS		
比例	100/0	70/30	50/50	20/80	0/100	60/40	0/100	90/10	20/80	0/100
拉伸强度/MPa	45	46	36	30	78	63	73	45	43	42
缺口冲击强度/(J/m)	14.7	28.4	53.9	90.2	107.8	20.6	30.4	36.3	218.5	367.5
热变形温度/℃	137	113	107	85	80	98	85	131	97	86

③ PPS/PC、PPO、PSF、PEEK、PES等共混　目的是改善力学性能、电学性能及加工性能；如共混40%PC，PPS的冲击强度提高2倍，拉伸强度提高40%，不同比例PPS/PC合金的性能见表11-17。

表11-17　不同比例PPS/PC合金的性能

PPS/PC比例	100/0	90/10	70/30	55/45	40/60	25/75	10/90	0/100
拉伸强度/MPa	45	49	56	62	67	70	72	78
缺口冲击强度/(J/m)	14.7	20.6	46.1	52.9	66.6	80.4	99	105
热变形温度/℃	137	137	137	137	137	137	136	136
燃烧性	V-0	V-0	V-0	V-1	V-1	HB	HB	HB
相对介电常数	3.2	3.2	3.1	3.0	3.0	3.0	2.9	2.9
介电损耗角正切	0.0007	0.0009	0.002	0.003	0.003	0.004	0.006	0.007

④ PPS/PTFE共混　共混物具有突出的耐磨性、低摩擦系数和自润滑性，可作为制造轴承、齿轮和衬垫的材料。PPS/PTFE的相容性差，需加入相容剂，具体有PFA（四氟乙烯-全氟烷基乙烯基醚共聚物）、FEP（四氟乙烯-六氟丙烯共聚物）和EPE（四氟乙烯-丙烯醚共聚物）。为提高PPS/PTFE合金的强度和降低其成本，一般合金需要进行玻璃纤维增强处理。LNP公司的OFL-6036牌号PPS/PTFE合金的配方如下：

配方	单位：质量分数
原料	用量
PPS	52%
GF	30%
PTFE	13%
PFA	5%

⑤ PPS/PF共混　可制成多孔性聚合物轴承，PF掺入PPS中，经烧结可形成相互连接的孔穴，当外加入的润滑剂在真空条件下渗入其中后，便制成了PPS基含油轴承材料。PPS/PF的混合比例以50/50为宜，既兼顾强度，又降低成本，更保证了合金的最多孔隙和最高的润滑油保留能力。

⑥ PPS/弹性体共混　不仅可大幅度提高 PPS 的冲击强度，还可用于挤出加工。大日本油墨公司开发弹性体纳米级分散 PPS 合金，为高韧性“Z 系列”产品；其中填充增强增韧型 DIC PPS Z-650-T6 和普通的 40%增强 PPS 比较，冷冲击性能提高 10 倍；非增强型 Z-300 的悬臂梁缺口冲击强度是普通非增强 PPS 的 20 倍，在－40℃低温下冲击性仍不下降；该产品计划用于汽车发动机周边的耐热机壳、泵部件、热水回转配管等。美国雪佛龙菲利普公司推出的弹性体改性 PPS 合金为 Xtel 系列产品，有注塑级 Xtel XE3035、挤出级未加填料的 Xtel XE3200 和 Xtel XE3400，最高连续使用温度为 175℃，断裂伸长率大于 150%（普通 PPS 仅为 8%～10%），管材弯曲 90°不断裂；计划用于汽车电缆夹套、发动机罩下部件、燃油系统配管、耐腐蚀化学处理系统等。

（4）交联 PPS

PPS 的热氧交联反应发生在苯环上，苯环上由于硫醚基团的存在，使得 C-1、C-4、C-7、C-10 位置上 C 的反应活性增大，易发生自由基反应。PPS 处于较高温度且有氧存在时，自由基聚合反应较为活跃，除发生支化反应外，由于苯环其他碳位的反应活性也很大，交联反应也将同时发生，这也正是 PPS 在加热时极易发生深度交联的原因。

（5）高分子量 PPS

可改善低分子量 PPS 的加工性，不经过交联可直接加工，适于制作薄膜及板材。

（6）可吹塑级 PPS

美国 Ticona 公司的 Fortron SKX375A 为 15%玻璃纤维增强线型 PPS，可用于吹塑成型加工。其潜在应用领域包括汽车高温部件、进气歧管（温度达到 200℃以上）、发动机冷却管（冷冻液具有化学腐蚀性）及住宅暖气导管等。该公司还开发出另一种 Fortron 1115L0 及一次吹塑成型汽车发动机涡轮增压空气管技术，取代由铝管和氟弹性体管组合的复杂设计。

日本东丽公司牌号 B672X01B 的 PPS，可进行大型中空吹塑和三维吹塑成型。

（7）可热成型级 PPS

美国 Ticona 公司开发出热成型用 Fortron（r）PPS 树脂，可加工成 1/8in（1in＝0.025km）厚的薄板，用于制作真空泵电机盖板，最高连续使用温度可达到 232℃，并将用于飞机舱板和化学储罐内衬等。

我国在 PPS 改性方面并不落后，PPS 增强、填充和合金都有生产。北京化工研究院开发出 PPS 玻璃纤维增强、矿物填充、耐磨改性、PPS/PA66 合金、PPS/PPO 合金等品种，四川得阳科技和成都乐天开发出 PPS 碳纤维增强级产品，四川得阳科技和广州化工研究所开发出 PPS/PTFE 合金。

4. 应用范围

（1）汽车工业

PPS 用于汽车工业占 30%左右，主要用于汽车功能件；如可代替金属制作排气筒循环阀及水泵叶轮、燃料泵、电动泵叶轮、气动信号调节器、刷柄、点火零件、汽油泵阀座、连接器、汽化器、配油器零件、散热器零件、转向拉杆端部支持、车灯反光镜、灯座、刹车零件、离合器零件、温度传感器、转动零件等；美国通用汽车公司开发出聚苯硫醚/钢复合材料凸轮轴和齿轮，重量降低 50%，生产效率大大提高，生产周期由数小时降为 40s，并降低了发动机噪声。

（2）电子/电气

PPS 用于电子/电气工业可占 40%，它适于环境温度高于 200℃的高温电气元件；可制造发电机和发动机上的电刷、电刷托架、启动器线圈、屏蔽罩及叶片等；在电子工业，制造变压器、阻流圈、接插件、线圈管、继电器的骨架和壳体，集成电路载体；利用高频性能，制造 H 级绕线架和微调电容器等。

（3）机械工业

占 20%左右，可用于壳体、结构件、耐磨件及密封材料，具体有泵体、阀门、轴承、轴承支持架、滑轮、活塞环及齿轮等。

（4）精密零件

照相机、转速表、齿轮、手表、复印机零件等。

（5）封装材料

PPS 封装材料的优点为本身阻燃、不需添加有毒的阻燃剂，封装过程中无小分子有机物产生，属于环保的封装材料，加工中废料可重复使用，耐焊接性能好，成为未来电子封装材料的方向。PPS 封装材料主要用于晶体管、电容器、电阻器、二极管、线圈、变阻器、连接器、集成电路及大规模集成电路等。

纯 PPS 难以满足封装材料的性能要求，要进行适当的配方设计，一是要求 PPS 的纯度要高，二是提高加工流动性和降低成型收缩率。PPS 的配方包括树脂、纤维、填料、流平改性剂、增黏剂等。纤维和填料的作用除增加强度和硬度，还可降低材料的热膨胀系数，使之与被封装的半导体元件及引线匹配。纤维常用磨碎的玻璃纤维；填料常用二氧化硅，也可用三氧化二铝、滑石粉、硅灰石粉、玻璃粉及云母粉等，加入量 60%～80%，并需要用偶联剂处理。为提高封装材料与半导体元件及引线的密闭性，需加入低熔点的树脂，常用的为茚类聚合物和苯酚-芳烷基树脂等。着色剂为颜料如钛白粉和炭黑等。脱模剂为合成树脂蜡、线型肪酸及盐等。

第三节　聚砜（PSF）

聚砜（polysulfone，PSF）指的是分子链中有“烃基—SO_2—烃基”结构单元的一类热塑性聚合物材料。这类聚合物材料以其良好的透明性、耐温性、卫生性、生理相容性而闻名，主要用于医疗器材和食品容器。

第一类砜树脂是 1965 年由美国联碳公司推出的 Udel 聚砜，由于原材料成本较高，加工较难，一般用于对材料要求十分苛刻的地方，也是聚碳酸酯的高级代用品。1976 年该公司推出聚苯砜 Radel R，但后来中断了若干年，1983 年该公司又推出聚芳砜，现归类于聚醚砜 Radel A。1986 年 Amoco 聚合物公司收购了联碳公司的砜树脂行业，Amoco 聚合物公司支配了美国、西欧和日本的砜树脂市场，1998 年 Amoco 公司又被 BP 公司收购，2001 年该行业又被 Solvay 公司收购，成为 Solvay 先进聚合物公司，后者成为世界领先的砜树脂生产公司，生产 Radel A、Radel R 和 Udel。

1972 年 ICI 曾是世界第二大砜树脂生产公司，生产聚醚砜 Victrex。1992 年 ICI 公司终止聚醚砜的生产，BASF 公司成为欧洲唯一的砜树脂生产公司，生产聚砜 Utrason S 和聚醚砜 Ultrason E。日本唯一的砜树脂生产公司是住友公司。

目前聚砜树脂的生产厂家主要有巴斯夫、苏威、住友化学、广东优巨、山东浩然特塑、重庆沃特、山东彩虹、吉大特塑、山东津兰特种聚合物等等。

聚砜家族包括 PSU（双酚 A 型聚砜）、PES（聚醚砜）、PASF（聚芳砜）和 PPSU（聚苯砜）四大类。四类聚砜一致的性能很多，但是也有各自不同的特色性能。

1. 共同性能

聚砜的大分子链上均存在—SO_2—基团，硫原子处于最高的氧化状态，而且—SO_2—基团两边有共轭的苯环，因而使得聚砜具有较高的抗氧化性能和热稳定性，并且使大分子链具有一定的刚性。四种聚砜的最大特点是在较宽广的温度范围内能稳定保持良好的机械强度、优异的耐热性和耐蠕变性。

2. 特殊性能

（1）双酚 A 型聚砜（PSU）

双酚 A 型聚砜由双酚 A 和 4,4′-二氯二苯砜经成盐、缩聚等步骤进行合成得到。亚异丙基可减小分子间作用力，赋予聚合物一定的柔顺性和良好的熔融加工性。非极性的甲基侧链使聚合物的吸湿率小、电绝缘性能有所提高，但对聚合物的耐热性不利，致使 PSU 的玻璃化转变温度、热变形温度和最高连续使用温度均低于 PPSU、PES。

（2）聚醚砜（PES 或 PESU）

聚醚砜的合成方法较多，有熔融脱盐法、脱氯化氢法以及溶液脱盐法等等。与 PSU 相比，PES 的大分子主链上不含对耐热性和热氧稳定性不利的亚异丙基；与 PPSU 相比，其分子主链中又不含使分子链过分刚硬的联苯基，而是保留了使聚砜塑料具有高的耐热性、热氧稳定性、力学性能和电绝缘性的二苯砜基，以及能赋予聚砜良好加工性的醚基。因此 PES 兼备了 PSU 和 PPSU 的优点，综合性能优于 PSU 和 PPSU。它的耐热性优于 PSU，加工性比 PPSU 好。可用一般热塑性塑料的加工方法加工，被称为第一个综合高热变形温度、高冲击强度和最优良成型工艺性的工程塑料。

PES 奶瓶特别不耐落地冲击，而且因流动差难以成型加工，PPSU 产业化后基本淡出奶瓶市场，目前只有国外少数企业采用。另外，PES 可能含有双酚 S，比双酚 A 风险更大。

（3）聚芳砜（PASF）

聚芳砜是由 4,4′-二磺酰氯二苯醚与联苯反应制得，外观为琥珀色透明颗粒。PASF 大分子链中不存在异亚丙基，而含有大量的联苯结构，醚基含量也大大降低。因此导致：PASF 的刚性进一步增加，熔融温度和熔体黏度更高，加工流动性变差，加工比 PSU 更困难；耐热性比 PSU 高得多，玻璃化转变温度 288℃，连续使用温度 260℃，热变形温度 274℃（1.82MPa）。另外，PASF 吸水率在四种聚砜中最大，最大可以达到 3.1%。

（4）聚亚苯基砜（PPSU）

聚亚苯基砜由 4,4′-联苯二酚和 4,4′-二氯二苯砜经成盐、缩聚等步骤合成得到。与 PSU 相比，PPSU 的分子链中不含异亚丙基却含大量的联苯基，因而其耐热性更加突出，但分子链中的醚键仍能提供一定的柔韧性，使其可在－240℃的低温下使用。但是 PPSU 分子链的刚性大大超过 PSU，因此其熔体黏度更高，熔融流动性更差，更难以加工。PPSU 比 PES 流动性和冲击性好，适合做奶瓶原料，可以耐 140℃水蒸气灭菌。PPSU 卫生性很好，可以通过 FDA 检测，适合透明、耐高温的医疗和食品容器选项。

四类不同聚砜的综合性能见表 11-18。

表 11-18　四类不同聚砜的综合性能

性能指标	双酚 A 型聚砜	聚醚砜	聚芳砜	聚苯砜
英文缩写	PSU	PES	PASF	PPSU
相对密度	1.24	1.37	1.37	1.29
吸水率(24h,3.2mm 试样)/%	0.22	0.43	1.8	0.37
成型收缩率/%	0.7	0.6	0.8	0.7
洛氏硬度	M69	M88	M110	M110
拉伸强度/MPa	70	86	91	94
拉伸模量(23℃)/GPa	2.2	2.3	—	2.4
断裂伸长率/%	50～60	40～80	13	60～120
弯曲强度/MPa	107	136	121	127
弯曲模量(23℃)/GPa	2.7	2.6	—	2.6
压缩强度/MPa	280	130	126	150
缺口冲击强度/(kJ/m^2)	14.2	23	8.7	12.1
无缺口冲击强度/(kJ/m^2)	310	296	243	690
比热容/[J/(kg·K)]	1004.83	—	—	—
热变形温度(1.86MPa)/℃	174	204	—	207
热变形温度(0.45MPa)/℃	181	206	274	210
连续使用温度/℃	−100～150	−100～180	−240～260	−100～180
线膨胀系数/($\times 10^{-5}$℃)	3.1	5.5	3.6	—
体积电阻率(23℃)/(Ω·cm)	5×10^{16}	10^{16}	3.2×10^{16}	3.2×10^{16}
介电强度(短时)/(kV/mm)	3.0	16	13.8	6.3
相对介电常数(60Hz)	3.07	3.5	3.94	3.94
相对介电常数(1000Hz)	3.06	3.5	—	3.24
介质损耗(60Hz)	0.0008	—	0.0003	—
介质损耗(1000Hz)	0.0010	—	—	—
耐电弧/s	122	—	61	—

下面分类介绍各类聚砜的详细性能。

一、双酚 A 型聚砜（PSU）

1. 一般概况

双酚 A 型聚砜（PSU）由双酚 A 与 4,4′-二氯二苯基砜缩聚而成，通常简称为聚砜。

PSU 最早于 1965 年由美国 UCC 公司开发。国外主要生产企业有比利时索尔维(Syensqo)、德国巴斯夫、日本佳友化学等。我国的生产厂家有：广东优巨先进新材料股份有限公司、山东津兰特种聚合物有限公司、长春吉大特塑工程研究有限公司山东诰然特塑、大连聚砜塑料有限公司、源川市沃特斯材料股份有限公司等。

PSU最突出的性能为耐热性好，它可在−100～150℃下长期使用，其他如力学性能、耐蠕变性能及电性能都很优良。PSU广泛用于电子电气、汽车配件、医疗器械及机械零件等行业。在欧洲PSU的应用为：36%用于电子电气，32%用于汽车配件，10%用于机械零件，8%用于食品工业部，8%用于工业装备，4%用于医疗器械。

2. 结构性能

（1）结构

PSU为线型杂链大分子，分子链由砜基、亚苯基、二苯基砜、醚基及异丙基组成，不同的基团赋予不同的性能。亚苯基和二苯基砜提供大分子以刚性和耐热性，醚基提供大分子以柔顺性、加工性及溶解性，异丙基提供韧性和加工流动性，综合结果为PSU呈刚性、不易结晶、耐水性好、力学性能高、韧性及低温性能好、加工性优良。

（2）性能

① 性能 PSU的力学性能优良，其拉伸强度和弯曲强度都高于通用工程塑料如PC、POM、ABS及PA等，而且在高温下力学性能保持率高，例如PSU的冲击强度在−60～120℃范围内变化不大。PSU的耐蠕变性十分突出，仅为0.14%～0.2%，而且在较高温度及较大负荷下变化很小。

② 热学性能 PSU具有优良的耐热性，耐热氧老化性突出，并具有优异的自熄性，一般不必进行任何阻燃改性处理。

③ 电学性能 PSU具有优异的电学性能，而且在水及潮湿空气中变化很小，在190℃高温下仍可保持良好的电学性能。

④ 环境性能 PSU可耐无机酸、碱及盐，不耐浓硫酸及硝酸；可被极性有机溶剂如芳香烃、酮类及卤代烃腐蚀。PSF的耐辐射性优良，但耐候性和耐紫外线性不好。

PSU的具体性能指标如表11-18所示。

3. 改性品种

（1）增强改性

PSU用玻璃纤维增强改性后，其复合材料的刚性、强度、尺寸稳定性、耐热性、耐应力开裂性都有不同程度的提高，其中拉伸强度可由70MPa增大到110MPa。

（2）共混改性

PSU可与ABS、PPS、PMMA、F4、PES、PC及PEEK等塑料共混，以改善其加工性、冲击强度、耐应力开裂性、耐磨性等，并可适当降低成本。

如日本住友化学公司开发的PSU/PTFE/羟基苯甲酸酯复合材料，可使PSF的弹性模量和耐磨性大大提高。

再如BASF公司开发的PSU/PEEK合金，具有良好的耐化学腐蚀性和耐磨性。BASF开发的PSU/PES合金，在高温下具有良好的尺寸稳定性，可在190℃下连续工作，短期耐热可达到390℃。

（3）阻燃改性

特殊要求情况下，在PSU中加入0.5%的溴化聚苯醚，其阻燃级别可达到更高级别，并可保持其原有的透明性能。

4. 成型加工

（1）加工特性

PSU因刚性大，导致熔体黏度大、流动温度高；PSF流体接近牛顿流体，黏度对温度敏感而受剪切速率的影响小。

PSU加工前需要干燥，干燥条件为120～125℃，时间5h，要使其吸水率在0.05%以下。

PSU易产生内应力，需进行后处理，条件为150～160℃，时间5h。

PSU的成型收缩小，制品尺寸精度高。

在加工中，PSU熔体不宜停留过长时间，以免引起分解。

（2）加工方法

① 注射成型

料筒温度：后320～340℃、中350～370℃、前340～360℃。

喷嘴温度：320～340℃。

模具温度：120～150℃。

注射压力：100～150MPa。

螺杆转速：50～100r/min。

② 挤出成型

挤出机的 L/D 为20/1，压缩比为2.5～3.5。

料筒温度：后300℃、中315～330℃、前330℃。

口模温度：315～335℃。

牵引温度：＞150℃。

螺杆转速：25r/min。

5. 应用范围

（1）电子电器

PSU具有优良的综合性能和电绝缘性能，其耐热在电工中可达F级，属于一类耐热绝缘材料，可以用于使用温度在－100～160℃的集成线路板。其他产品有电器的外壳如电钻和电池组、蓄电池箱、电容器膜和电线、电缆的护套、电镀槽、示波器的套管及线圈架等，小型精密电子元件如电子连接器、示波器振子接触器、整流器插座、线圈骨架和转向元件等。

（2）汽车工业

PSU具有优良的耐油、耐热及高刚性、高强度等性能，可用于汽车的仪表盘、分速器盖、护板、滚珠轴承保持架、发动机齿轮、止推环及挡泥板外罩等。

（3）医疗器械

由于PSU具有良好的透明性、耐热水及蒸汽性、卫生性等，可广泛用于医疗器械领域，具体产品有防毒面具、接触眼镜片、消毒器皿、内视镜零件、人工心脏瓣膜、人工假牙、超过滤膜和反渗透膜等。

（4）机械工业

由于PSU的高强度、低蠕变、耐水性及尺寸稳定性可用于机械工业中，大量代替铜、铝、锌及铅等金属材料，具体产品有钟表壳体及零件、复印机和照相机零件、食品机械中的热水阀、冷冻系统器具及传动零件等。

二、聚醚砜（PES）

1. 一般概况

聚醚砜（polyethersulfone，PES 或者 PESU）最早是由英国 ICI 公司于 1972 年开发的，国外有苏威公司、美国 Amoco 公司、美国复合技术公司、美国液氮加工公司、美国尔特普公司、美国塞莫菲尔公司、德国的 BASF 公司、日本的住友公司、日本大日本油墨化学公司、日本三井东压化学工业公司、英国帝国化学工业公司、荷兰阿克苏工程塑料公司、瑞士阿莫科化学公司、瑞士埃里克斯公司等生产。我国的生产厂家有佛山珀力玛高新材料有限公司、深圳市沃特新材料股份有限公司、广东优巨先进新材料股份有限公司、山东津兰特种聚合物有限公司、长春吉大特塑工程研究有限公司等。

PES 具有优良的耐热性能、力学性能和绝缘性能等，特别是具有在高温下连续使用和在温度急剧变化的环境中仍能保持性能稳定等突出优点，在许多领域已经得到广泛应用。

2. 结构性能

（1）结构

与 PSF、PASF 相比，PES 既不含脂肪族键又不含联苯结构，大分子主链由砜基、醚基和亚苯基组成，其刚性、耐热性及强度大都介于 PSF 和 PASF 之间。

（2）性能

PES 为琥珀色透明的非结晶塑料，与 PSF 相比，PES 的强度及耐热性稍有提高，具体突出性能如下：

透明性：PES 的透明性在聚砜类塑料中非常好，其透光率可达 88%。

光学特性：折射率为 1.62，在透明塑料中属最大的品种，适于制造透镜。

耐热性：热变形温度为 200～220℃，连续使用温度为 180～200℃，UL 温度指数为 180℃。

耐水解性：可耐 150～160℃热水或蒸汽，在高温下也不受酸、碱的侵蚀。

模量对温度依赖性：其模量在－100～200℃几乎不变，特别在 100℃以上比任何一种热塑性树脂都好。

耐蠕变性：PES 的耐蠕变性极为突出，在较高温度及较大负荷下，耐蠕变性仍极优异。在 180℃以下的温度范围内其耐蠕变性是热塑性树脂当中最优异的一种，特别是玻璃纤维增强 PES 树脂比某些热固性树脂还好。

尺寸稳定性：线膨胀系数小，而且其温度依赖性小是其特点。特点是 30%玻璃纤维增强 PES 树脂，其线膨胀系数只有 2.3×10^{-5}℃$^{-1}$，并且直到 200℃仍然可以保持与铝相近似的值。

卫生性：在卫生标准方面，被美国 FDA 认可，也符合日本厚生省第 434 号和 178 号公告的要求。

阻燃性：具有自熄性，不添加任何阻燃剂即有优异的难燃性，可达 UL 94 V-0 级

(0.46mm)。

耐化学品性：PES耐酸、碱、盐、汽油、机油、脂肪族烃、醇、润滑油等油类和氟利昂等清洗剂，它的耐溶剂开裂性是非晶树脂中最好的。但它耐丙酮、酯和氯仿等极性溶剂的性能不好，使用时应加以注意。具体耐试剂情况见表11-19。

表11-19 PES对各类试剂的反应情况

无机试剂	影响程度	无机试剂	影响程度	无机试剂	影响程度
液氨	A	10%盐酸	A	硼酸	A
氨水	A	浓盐酸	A	双氧水	A
50%氢氧化钠	A	浓硫酸	C	硫化氢	A
10%氢氧化钾	A	浓硝酸	C	碘化钾中的碘	B
10%硝酸	A	乙酸	A	三氯乙烷	C
苯	A	环己醇	A	三氯甲烷	A
安息香酸	A	环己酮	C	二甲苯	B
丙酸	A	甲醇	A	石油醚	A
草酸	A	甘油	A		
环己烷		乙二醇	A		

注：A表示无影响，20℃无吸收；B表示稍有影响，有少量吸收或溶胀，但在某些应用方面有充分耐用性；C表示有较大影响，不能使用。

3. 成型加工

PES的加工特性与PSU十分相似，加工性能很好，不仅可以挤出成型、注射成型、模压成型、吹塑成型、吸塑成型和制成发泡体，还可以进行镀膜、超声波熔接、机械加工、溶剂粘接、涂覆等二次加工。加工温度比PSU高，最高达到360℃；加工前需要干燥，具体干燥条件为100℃温度下3h。

以PES注射成型为例，具体加工工艺条件为：

料筒温度：后300～330℃、前300～360℃。

喷嘴温度：330～360℃。

模具温度：110～130℃。

注射压力：100～160MPa。

螺杆背压压力：50～100MPa。

保压压力：50～70MPa。

螺杆转速：50～60r/min。

以挤出成型 L/D 为24的挤出机为例，具体工艺条件为：

料筒温度：后180℃、中330℃、前330～350℃。

4. 应用范围

(1) 电子电器领域

利用PES的可耐焊锡性、尺寸稳定性好、耐各种清洗剂、可镶嵌金属件、与环氧树脂黏结性好等优点，作为 H 级绝缘材料用于电子、电器领域。已经开发的主要制品有线圈骨架、电位计的外壳和底座、印刷电路板、按钮式开关、可控硅的绝缘体，电动工具马达的绝缘体、打印机、送风机、继电器等的线圈骨架、DIP 开关、各类接插件等。还可以采用挤出成型法制成不同厚度的薄膜用于各种电子设备和电器产品。

(2) 机械领域

利用其高温耐蠕变性、尺寸稳定性、耐油性、韧性好等优点，在一般树脂不能满足使用要求的地方得到了广泛应用。已经开发的主要制品有各种机器的杠杆、柄、支架等，X 射线装置的观察玻璃，农机发动机和汽化器等的绝缘体，活塞环，耐热滚珠，齿轮，复印机零件，照相机零件，放映机零部件，工业用吹风机罩，汽车空调的零部件，电弧焊枪的手柄，各种分析仪器元件等。

(3) 汽车领域

主要利用其在－100～190℃广阔温度范围内的刚性和尺寸稳定性，高温耐蠕变性，耐汽油、柴油、各类机油等特点。已经开发的制品有各种轴承保持架、制动轴的轴瓦、点火器的噪声消除器、发动机齿轮、汽化器的线圈骨架、雾灯的反射镜、止推环等。

(4) 热水领域

主要利用其在 160℃的热水或蒸汽中还能保持优异的耐蠕变性、刚性和尺寸稳定性等特点。开发的主要制品有热水、蒸汽用阀门，防腐蚀电极的绝缘体，温度传感器的元件，各种液体和粉体泵的泵体和叶轮，散热器阀门，超滤装置用零部件等。

(5) 医疗和食品

主要利用其可以采用蒸汽灭菌、干蒸（180℃）灭菌、γ 射线灭菌等灭菌法消毒，而且可以耐反复消毒等特点，开发的主要制品有接触透镜灭菌器、牙科用钻的柄、外科用容器、注射器、食品工业用阀门、人工呼吸器、血压检查管、超过滤膜及反渗透膜等。

(6) 耐热涂料

由于它有与铁、铅等金属的附着力好、涂层表面硬度高等优点，PES 与聚四氟乙烯可配制成耐腐蚀、防辐射、绝缘性能好，阻燃、无毒、与金属附着力最佳的不粘涂料、低摩擦的涂料。广泛应用于厨房用具、家用电器、轻工五金、工业模具、塑料机械等行业。另外，PES 可加工成超细粉，用于粉末喷涂和液体涂料。

(7) 光学领域

PES 可用于眼镜材料、灯罩及内窥镜等。

三、聚苯砜（PPSU）

1. 一般概况

聚苯砜的学名为聚亚苯基砜，英文全称 polyphenylene sulfone，简称 PPSU，是聚砜系列的产品之一，指在分子主链中含有砜基及芳核的高分子化合物，是聚砜家族中的最新品种，外观为透明颗粒。PPSU 是一种高性能特种工程塑料，高透明、耐高温、耐水解、耐化学腐蚀、卫生性好，由于其价格昂贵，一直占领着奶瓶的高端市场。

全球产业化合成企业有很多，国外主要生产企业为苏威（Solvay）和巴斯夫，中国有深圳市沃特新材料股份有限公司、山东浩然特塑股份有限公司、广东优巨先进新材料股份有限公司、山东津兰特种聚合物有限公司和长春吉大特塑工程研究有限公司等。

2. 结构性能

PPSU 的典型性能分类介绍如下。

① 非结晶　PPSU 属于典型的非结晶型树脂，具有明显的熔点，成型收缩率很低。

② 透明性　PPSU 属于典型的透明树脂，透光率可以达到 90%以上。

③ 强度高　PPSU 具有高强度、高刚性、高韧性（不如 PC）的三高特性，可在很宽的范围内保持力学性能。

④ 热性能优异　PPSU 的玻璃化转变温度高达 220℃，纯树脂的热变形温度高达 207℃，连续使用温度达到 180℃。PPSU 耐高温热氧化。

⑤ 高水解稳定性　高温耐水性好、可反复消毒。PPSU 长期与热水接触，不会像 PC 那样水解；即使在 90℃的热水中浸泡一年，力学性能也丝毫不下降。因此 PPSU 可完全满足医疗用品在 134℃高温下长达 18min 的消毒处理，寿命在 145℃蒸汽下至少 12 年。

⑥ 阻燃性好　PPSU 树脂具有优良的自熄性能，燃烧无烟。

⑦ 耐腐蚀性好　除强极性溶剂浓硝酸和硫酸外，PPSU 对一般酸、碱、盐、醇、脂肪烃等稳定，可耐苯酚衍生物、醛类、乙醇、三氟溴氯乙烷、安氟醚等，可耐各类表面活性剂、消毒剂和麻醉剂。部分溶于酯、酮、芳烃，可溶于卤烃 DM，耐离子辐射，无毒。

⑧ 尺寸稳定　PPSU 的线膨胀系数很低，耐蠕变性好，成型收缩率低，产品精密度高，尺寸稳定性高。

⑨ 生理相容性好　适合医疗使用，可以用于医疗器械、人体器官等等。

⑩ 卫生性　一般公认在食品中是安全的，是在已公布的法规和规定文件中允许使用的物质。

⑪ 其他　长期抗菌性好，微波穿透性能好，耐辐射性好。

PPSU 主要的缺点为耐撕裂性能不好。

3. 成型加工

PPSU 易成型加工，加工时还具有较高的熔体黏度，易于制得性能均匀的制品。但熔融黏度比较大，注射成型的主流道和分流道要粗大。

由于改性后聚砜的性能和用途级别相差很大，其加工工艺变数也很大，故应相应调整如下范围。PPSU 加工前需要干燥处理，干燥条件为 90～110℃温度下 3～4h。如果选择注塑加工，注射温度最高可以达到 380℃，模具温度 80～100℃。

4. 应用范围

PPSU 具有广泛用途，尤其是在需要安全卫生、高耐热和高透明的场合，具体如儿童奶瓶、食品用具、医疗器械等。

① 设备零件　适于制作耐热件、绝缘件、减磨耐磨件、仪器仪表零件及医疗器械零件，聚芳砜适于制作低温工作零件。

② 电子电气　聚砜在电子电气工业中常用于制造集成线路板、线圈管架、接触器、套架、电容薄膜、高性能碱电池外壳。

③ 家用电器　聚砜在家用电器方面用于微波烤炉设备、咖啡机、加湿器、吹风机、布

蒸干机、饮料和食品分配器、饮食餐具、水杯、奶瓶等。也可代替有色金属用于钟表、复印机、照相机等的精密结构件。

④ 医疗器械　聚砜已通过美国医药、食品领域的有关规范，可代替不锈钢制品。由于聚砜、耐水解、无毒、耐高温蒸气消毒、不含扰乱内分泌的致癌化学物质（如双酚 A）、高透明、尺寸稳定性好等，可用作手术工具盘、喷雾器、流体控制器、心脏阀、起搏器、防毒面具、牙托等。主要用于需要反复消毒的医疗器械，具体如消毒容器盖、消毒盒、托盘、麻醉设备、外科手术器械手柄、补牙器械、内窥检查器械、呼吸设备、透析设备、超声波探头等。

⑤ 塑料奶瓶　目前我国奶瓶原料市场主要为 PPSU，还有少量 PP 和 PES。PPSU 奶瓶比 PES 奶瓶稍贵一些，奶瓶本体为薄茶色。优点为奶瓶较轻、耐摔不易破裂、冲泡加热或蒸气消毒不易产生化学毒素、不含扰乱内分泌的致癌化学物质、卫生安全，耐热 180℃，可微波加热，兼具玻璃奶瓶的安全通透和 PP 奶瓶的轻盈耐摔的特点。缺点为易残留奶垢不易清洗，容易刮伤，使用期限为 6～8 个月。

四、聚芳砜（PASU）

1. 一般概况

聚芳砜又称为芳香族聚砜和聚苯醚砜，它由芳香双磺酰氯与二元芳烃经熔融缩聚而成，英文名称 polyarylsulfone，简称 PASF 或者 PASU。

PASF 最早由美国 3M 公司于 1967 年开发，现在美国的 Amoco 公司、美国的 3M 公司也在生产。我国生产企业主要有富海华联石化、广东优巨先进新材料、深圳市沃特新材料、金发科技等。

2. 结构性能

（1）结构

与 PSU 比较，PASF 大分子链中不存在异亚丙基，而含有大量的联苯结构，醚基含量也大大降低；因此，PASF 的刚性进一步增加，熔融温度和熔体黏度更高，加工流动性变差，加工比 PSF 难。

（2）性能

与 PSF 比较，PASF 在强度和耐热性上都有大幅提高。拉伸强度提高 25%；耐热温度由 150℃增加到 260℃，提高近 1 倍，并且短期可在 300℃下使用；PASF 的硬度、耐蠕变性、耐磨性都有提高。PASF 耐酸、碱及水蒸气性能优良，对燃料油、烃油、硅油及氟利昂等稳定，耐各种常用的工业溶剂，但不耐某些极性溶剂如二甲基甲酰胺及丁内酯等。

3. 成型加工

PASF 可用一般加工方法加工，但由于其熔融黏度和流动温度都高，加工要比 PSF 困难。

PASF 加工前需要干燥，具体条件为：温度 150℃，时间 10～16h。

PASF 注射成型的工艺条件为：

料筒温度：320～420℃。

模具温度：230～260℃。

注射压力：140～280MPa。

PASF 挤出成型的工艺条件为：

料筒温度：后 230～260℃、中 260～320℃、前 320～340℃。

口模温度：340～410℃。

螺杆转速：30～90r/min。

4. 应用范围

在电子电气行业，PASF 可用作 C 级绝缘材料，制成各种耐高温的线圈架、开关、连接器及配线板等。

在机械行业，PASF 与 PTFE 或石墨共混，可制造耐高温及高负荷下使用的轴承。

第四节 聚酰亚胺（PI）

1. 一般概况

聚酰亚胺大分子主链结构中含有酰亚胺基团，是目前唯一实现商业化生产的杂环类聚合物，英文名称为 polyimide，简称为 PI。

聚酰亚胺包括的品种很多，有均苯型、顺酐型、醚酐型、酮酐型、氟酐型、聚酰胺型、聚醚型、聚酯型、聚胺型及双马来型等，目前仅实现工业化生产的已多达 20 余种，不同品种 PI 的性能差别也较大，作为工程塑料应用的聚酰亚胺大致可划为三类：

第一类是以美国杜邦公司的 Vespel 为代表，属于热固性均苯型聚酰亚胺类型，不能用熔融方法加工。

第二类是以美国 GE 公司的 Ultem 和日本三井东压的 Aurum 为代表，我国的上海合成树脂研究所和长春应用化学研究所也有生产，属于典型热塑性聚酰亚胺类型，可用热塑性方法加工，代表品种有单醚酐和双醚酐型聚酰亚胺。其中以热塑料性醚酐型 PI 最为常用，可占整个 PI 的 60%～70%。

第三类是以双马来酰亚胺为代表，属于热固性类型，因为太脆而不能单独用于工程塑料，但可以用二胺进行改性，或和热塑性塑料制成半互穿网络聚合物。

聚酰亚胺可以分成热塑性聚酰亚胺（TPI）和热固性聚酰亚胺（PIS）两大类，PI 的原料和制品都为浅棕色，自身具有阻燃、高强度、高热稳定性等优异性能。TPI 的力学和热学性能稍差，但是加工性能好，可以采用常规热塑方法加工，树脂往往以颗粒形状供应。PIS 的力学和热学性能都很好，但是加工性能不好，要按照热固性塑料加工方式加工成型，树脂往往以粉末或者液体形式供应。

目前 TPI 树脂有醚酐型聚酰亚胺、聚醚-酰亚胺（PEI）和顺酐型聚酰亚胺等类型。TPI 是在传统的 PIS 的基础上发展起来的具有良好的热塑加工性能的特种工程塑料之一，它不仅可采用 PIS 的所有加工方式成型，还可采用适合于热塑性塑料的挤出和注塑的方法成型，因此特别适于一次成型结构复杂的制品，无需二次加工，解决了传统 PIS 成型加工困难、产品形式单一等问题。TPI往往是在合成PI的单体分子结构中引入柔性链或线型链段结构，从而改善PI的热塑加工性能，但是，柔性链段的引入必然导致材料部分强度及高温性能的下降，在一定程度上导致力学和热学性能下降，限制了其在高端领域如航空、航天的应用。TPI可以通过混合使用的粉末形式，也可以通过常规的注射成型或挤压工艺使用的颗粒形式生产最终零件。国外生产企业主要有美国杜邦、日本宇部兴产、日本钟源化学、PIAM（前身是韩国SKC Kolon）等。国内生产企业在薄膜领域主要有瑞华泰、国风新材、波米科技等，纤维领域主要有先诺新材、江西海派、华威聚酰亚胺等。

目前PIS有均苯型聚酰亚胺（PI）、聚酰胺-酰亚胺（PAI）和双马来酰亚胺（BMI）等。PIS具有高强度、耐高低温、抗腐蚀、耐疲劳、耐磨损、抗冲击、密度小、噪声低、使用寿命长等特点。尤其是具有优良的耐高低温性能，可以在－269～280℃环境中长期使用保持不变形，热分解温度最高可达600℃，是迄今聚合物中热稳定性最好的品种之一。PIS已被广泛应用于航天、航空、空间、汽车、微电子、纳米、液晶、分离膜、密封产品、激光、电器、医疗器械、食品加工等许多高新技术领域，PIS被称为“解决问题的能手”和“黄金塑料”。但是，PIS加工成型困难和制造成本高，一直是制约其快速发展的两个关键因素。PIS可以以液体树脂/溶液、颗粒/粉末、薄膜、纤维、细丝以及半成品（例如棒、管和板）的形式在市场上买到。半成品PI零件通常使用热压成型、直接成型和等静压成型工艺生产。这些半成品零件可以进一步进行CNC加工，以生产出适合苛刻应用的精密零件。

2. 结构性能

聚酰亚胺是典型的耐热聚合物，是最有使用价值的耐高温工程塑料品种，还同时具有优异的力学、介电、低温和耐辐射性能。PI在550℃温度下能短期保持物理性能，可长期在接近330℃温度下使用。广泛用于航空、航天、电子、电气及汽车功能件等。

聚酰亚胺的分子结构中含有十分稳定的芳杂环结构，使其具有其他聚合物无法比拟的优异性能，PI的具体结构和性能如下：

（1）结构

PI的大分子主链中含有大量含氮的五元杂环及芳环，为一种半梯形环链聚合物，同时主链中又含有一定数量的醚键，总体结果为分子呈较大刚性；芳杂环的共轭效应，使其具有优良的稳定性及耐热性；视不同品种PI的分子对称性不同，有结晶和无定形PI两种。

（2）一般性能

极耐高温：PI的耐高温性突出，均苯型PI的热分解温度高达600℃，是迄今为止热稳定性最高的聚合物品种；均苯型PI的热变形温度高达360℃，可在260℃下长期使用，在无氧条件下使用温度可达300℃；全芳香聚酰亚胺按热重分析，其开始分解温度一般都在500℃左右。

耐极低温：PI的耐低温性优异，均苯型PI在－269℃的低温下仍不会变脆，在聚合物中和超高分子量聚乙烯相当。

强度极高：聚酰亚胺具有优良的力学性能，尤其是拉伸强度、耐蠕变性、耐磨性和摩擦性优良，并且随温度变化不大。未填充的塑料的拉伸强度都在100MPa以上，均苯型聚酰亚胺的薄膜（Kapton）为170MPa以上，而联苯型聚酰亚胺（UpilexS）达到400MPa，且基本不受温度的影响。对于弹性模量，工程塑料通常为3～4GPa，纤维可达到200GPa，据理论计算，均苯二酐和对苯二胺合成的纤维可达500GPa，仅次于碳纤维。

极耐溶剂：一些聚酰亚胺品种不溶于有机溶剂，对稀酸稳定，一般的品种不大耐水解和碱，这个看似缺点的性能却是聚酰亚胺有别于其他高性能聚合物的一个很大的特点，即可以利用碱性水解回收原料二酐和二胺，例如对于 Kapton 薄膜，其回收率可达 80%～90%。改变结构也可以得到相当耐水解的品种，如经得起 120℃，500h 水煮。

尺寸稳定：PI 的线膨胀系数低，一般 PI 的热膨胀系数为 $(2\sim3)\times10^{-5}$℃$^{-1}$，其中联苯型为 10^{-6}℃$^{-1}$，个别品种可达到 10^{-7}℃$^{-1}$，因此尺寸稳定性好。

高耐辐射：聚酰亚胺具有很高的耐辐照性能，其薄膜经 5×10^{9}rad 快电子辐照后强度保持率为 90%、经 4.28×10^{7}Gy 钴 60 射线照射后，强度下降很小，保持率为 90%。

电学性能：PI 分子中虽然含有极性基团，但因结构对称和刚性大而影响极性基团的活动，所以 PI 仍具有十分优良的电学性能。具有良好的介电性能，相对介电常数为 3.4 左右。引入氟或将空气纳米尺寸分散在聚酰亚胺中，相对介电常数可以降到 2.5 左右。体积电阻率为 1017Ω/cm。PI 的耐电弧性突出，是少数几种耐电弧材料。前述这些性能在宽广的温度范围和频率范围内仍能保持在较高的水平。

高阻燃性：聚酰亚胺是自熄性聚合物，其氧指数可达 36%，而且发烟率低。

环保性：聚酰亚胺在极高的真空下放气量很少。

卫生性：聚酰亚胺无毒，可用来制造餐具和医用器具，并经得起数千次消毒。有一些聚酰亚胺还具有很好的生物相容性，例如，在血液相容性实验为非溶血性，体外细胞毒性实验为无毒。

生理相容性：PI 具有良好生理相容性，可以用于人体医学领域。

气体阻隔性：PI 的气体阻隔性好，属于中等阻隔材料。

几种常用 PI 的性能比较见表 11-20。

表 11-20　几种常用 PI 的性能比较

性能	均苯型 PI	单醚酐型 PI	聚酰胺型 PI	顺酐型 PI
可否熔融	不可	可	不可	可
外观	不透明褐色	琥珀半透明	—	—
相对密度	1.43～1.59	1.38	1.27	1.28
吸水率/%	0.3	0.3	0.1	0.75
成型收缩率/%	—	0.5～1	0.5～0.7	—
阻燃性	不燃	难燃	不燃	难燃
热变形温度/℃	360	—	274	260
长期使用温度/℃	260	−180～230	230～250	180
热导率/[W/(m·K)]	0.32	0.3	0. 25	—
线膨胀系数/($\times10^{-5}$℃$^{-1}$)	—	1～5	3.8	2.9～3.2
拉伸强度/MPa	90	100	200	80
断裂伸长率/%	6～8	—	10	—
弯曲强度/MPa	98	205	131	—

续表

性能	均苯型 PI	单醚酐型 PI	聚酰胺型 PI	顺酐型 PI
压缩强度/MPa	166	166	153	—
无缺口冲击强度/(kJ/m^2)	53	69～118	—	—
缺口冲击强度/(kJ/m^2)	4	—	5.9	—
体积电阻率/(Ω·cm)	1017	1016～1017	2×1017	9.2×1015
相对介电常数（10^3Hz）	3.4	3.2	4	4.2～4.8
介电损耗（10^{-3}～10^3Hz）	1	1～5	1	1.5～4
介电强度/(kV/mm)	110～120	20	36～42	20
耐电弧/s	230	—	125	—

为了提高 PI 的应用性能，对 PI 进行了系列改性研究。PI 与玻璃纤维和碳纤维的复合材料，可提高其力学性能；PI 填充石墨或聚四氟乙烯后，可明显降低摩擦系数，改进耐磨性能；PI 可与不同的工程塑料制成合金，以获得需要的性能。

3. 成型加工

热塑性 PI 和热固性 PI 的加工方法不同，热塑性 PI 可用注射、挤出的方法成型，而热固性 PI 可用压制、层压、浸渍及流延等方法成型。

（1）热塑性 PI 的加工

① 注射成型　注塑机的 L/D 不宜太大，一般为 18～20，压缩比为 1.2～1.5。PI 的熔融温度高、熔体黏度大；熔体属牛顿流体，温度对黏度影响大，而剪切速率影响小；物料不宜在料筒内停留时间过长。PI 制品应进行后处理，后处理分三个阶段：预加热 165℃、初固化 245℃、终固化 245～260℃。PI 的具体加工工艺条件如下。

料筒温度：一区 380℃、二区 390℃、三区 400℃、四区 400℃。

模具温度：180～210℃。

注射压力：140～280MPa。

螺杆转速：40～60r/min。

② 挤出成型　挤出机的 L/D 在 18～24 为宜，压缩比在 1.0～2.5 范围内为好。料筒温度为 315～340℃，口模温度为 315～325℃。

（2）热固性 PI 的加工

① 压制成型　以均苯型 PI 为例，说明其成型过程。首先，先将均苯型 PI 制成高比表面积的模塑粉。制造方法为：以固体含量为 15%～20%的聚酰胺酸溶液加入叔胺（如三乙胺、吡啶）为成盐剂，加热生成沉淀，除去溶剂，经 300℃高温处理即可。压制成型的具体工艺为：将模塑粉放于模具中，在 10～14MPa 的压力下，30min 内升温到 450℃，保温 10～20min，然后增压至 100～140MPa，冷却至 200℃脱模即可。后处理为温度 250℃，时间 24h。

② 浸渍成型　将聚酰胺酸溶液涂覆在铝箔上，控制一定厚度，最后经酰亚胺化处理制成薄膜类产品。具体工艺为：将经过过滤的聚酰胺酸溶液放入浸渍槽中消泡、升温、浸渍基材铝箔后，运转浸入固体含量为 10%～15%的聚酰胺酸溶液中，视厚度要求确定放卷速度

和浸渍槽个数；浸渍的铝箔在190℃干燥，使溶剂蒸发，然后在350℃下脱水酰亚胺化1～2h，冷却剥离即可。

4.应用范围

PI的应用范围很广泛，PI常以模塑品和膜制品用于机械/汽车、电子电气及航空/航天等领域。其中模塑品的40%用于机械/汽车、25%用于电子电气、15%航空/航天，膜制品的35%用于电子电器、25%用于汽车、20%用于军事、10%用于航空/航天。聚酰亚胺的具体应用如下。

（1）功能薄膜

薄膜是PI的最主要用途，也是聚酰亚胺最早的用途，用于电机的槽绝缘及电缆绕包材料，主要产品有杜邦Kapton、宇部兴产的Upilex系列和钟渊Apical。透明的聚酰亚胺薄膜可作为柔软的太阳能电池底板，还可以用于柔性线路板。无色透明的聚酰亚胺薄膜（colourless polyimide，CPI）可以作为折叠手机盖板。PI薄膜可用于气体的分离，具体如氢/氮、氧/氮、二氧化碳/氮或甲烷，也可作为渗透蒸发膜及超滤膜。

传统的芳香族聚酰亚胺易形成分子内和分子间电荷转移络合物，导致聚酰亚胺薄膜呈棕黄色，俗称黄金膜。这降低了薄膜的可见光透光率，从而严重限制了聚酰亚胺薄膜在光电领域中的应用，目前主要用于15μm厚度多层柔性线路板材料。

如何在提高聚酰亚胺薄膜透明性的同时，降低或消除其特征黄色，获得兼具耐热性和无色透明性的CPI，一直以来都是产业界亟待解决的技术问题。CPI具有无色透明、耐热、尺寸温度、柔软性、低双折射和延迟性、力学强度、介电常数、绝缘性、表面特性、溶解性和存储稳定性，可以广泛用于柔性线路板、柔性太阳能电池、柔性触摸屏和柔性显示器材料等光电高分子材料领域。

增加聚酰亚胺透明性的原则是避免或减少共轭单元以破坏共轭结构，减少分子内或分子间的传荷作用。常用的方法有：设计含氟芳香族聚酰亚胺薄膜或者脂环族聚酰亚胺薄膜，也可以氟元素或脂环结构引入的同时引入砜基和醚键等破坏分子结构的共平面性，还可以兼顾含氟结构、脂环结构和破坏平面共轭结构3类技术手段同时使用。配合使用单体：特定的二酐或者二胺单体，具体如脂环族结构、具有强负电性可以切断圆周率共轭体系的氟代烷基；具有诸如双三氟甲基联苯基之类芳环不在同一个平面上的扭曲结构，可以抑制或降低电荷转移络合物的形成，从而改善CPI的透明性。

（2）功能涂料

作为绝缘涂料用于电磁线，或作为耐高温涂料使用。

（3）先进复合材料

PI与玻璃纤维、碳纤维的复合材料，可以用于航天、航空器及火箭部件，是最耐高温的结构材料之一。

（4）功能纤维

PI纤维的弹性模量仅次于碳纤维，可作为高温介质及放射性物质的过滤材料、防弹和防火织物。

（5）泡沫塑料

PI泡沫塑料可以用作耐高温隔热材料，如火箭和卫星的保温层。PI泡沫塑料因为相对介电常数低，常用于5G通信行业。

（6）工程塑料

PI是优良的工程塑料，既有热固性也有热塑性。热塑性可以模压成型也可以用注射成型或传递模塑。主要用于自润滑、密封、绝缘及结构材料，具体压缩机旋片、活塞环及特种泵密封等机械部件上，具体分领域应用如下。

① 电子电气　PI特别适合于制造高温绝缘材料，其中以H、C级为主，具体有高温插座、印刷线路板、计算机硬盘、集成电路晶片载流子及电缆等。

② 汽车配件　主要用于汽车的活塞、调速齿轮、推进杆、压缩机旋片、高温刹车片、汽车止推垫圈、挡风玻璃刮水器及弹簧底座等。

③ 机械零件　如轴承、衬套、垫圈活塞环、齿轮、凸轮叶片、密封材料、摩擦材料及导轮等。

④ 航空/航天　如发动机尾喷管及鱼鳞片、宇宙飞船的零件等。

（7）胶黏剂

PI可以用作高温结构胶，如作为电子元件高绝缘灌封料已生产。

（8）分离膜

用于各种气体对，如氢/氮、氮/氧、二氧化碳/氮或甲烷等的分离，从空气烃类原料气及醇类中脱除水分。也可作为渗透蒸发膜及超滤膜。由于聚酰亚胺耐热和耐有机溶剂性能，在对有机气体和液体的分离上具有特别重要的意义。

（9）光刻胶

有负性胶和正性胶，分辨率可达亚微米级，常用品种为PSMI。与颜料或染料配合可用于彩色滤光膜，可大大简化加工工序。

（10）在微电子器件中的应用

用作介电层进行层间绝缘，作为缓冲层可以减少应力、提高成品率。作为保护层可以减少环境对器件的影响，还可以对α-粒子起屏蔽作用，减少或消除器件的软误差。

（11）液晶显示用的取向排列剂

聚酰亚胺在TN-LCD、SHN-LCD、TFT-CD及未来的铁电液晶显示器的取向剂材料方面都占有十分重要的地位。

（12）电-光材料

用作无源或有源波导材料光学开关材料等，含氟的聚酰亚胺在通信波长范围内为透明，以聚酰亚胺作为发色团的基体可提高材料的稳定性。

下面按热塑性和热固性聚酰亚胺分类，对主要品种加以介绍。

一、热固性聚酰亚胺

热固性聚酰亚胺是聚酰亚胺的传统品种，具有优异的耐热性和力学性能，但存在加工成型困难的问题，难以成型形状复杂和薄壁制品，主要用于生产薄膜类制品。

热固性聚酰亚胺包括的主要品种如均苯型聚酰亚胺（PI）、聚酰胺-酰亚胺（PAI）、双马来酰亚胺（BMI）、聚酯-酰亚胺、聚胺-酰亚胺及酮酐型聚酰亚胺等。

（一）均苯型聚酰亚胺（PI）

均苯型聚酰亚胺的英文名称为polypyromellitimide或polyimide，简称PI。均苯型聚酰亚胺又称为热固性聚酰亚胺、不溶性聚酰亚胺等。国外的代表品种为美国杜邦公司的Vespel，我国的上海合成树脂研究所、西北化工研究院、四川东方绝缘材料厂等都有生产。

均苯型聚酰亚胺的外观为深褐色不透明固体，在－269～400℃范围内可保持较高的力学性能，可在－240～260℃的空气中或315℃的氮气中长期使用。在空气中，300℃下可使用一个月，460℃下可使用24h。耐辐射性能突出，经剂量为10^7Gy(10^9rad)γ射线照射后，其力学和电学性能不变。在高温和高真空下有良好的自润滑性和低摩擦性。电绝缘性能好，耐老化，耐火焰，难燃，低温硬度和尺寸稳定性好，耐大多数溶剂和油脂等，并耐臭氧和细菌侵蚀等。但冲击强度对缺口敏感性强，易受强碱及浓无机酸的侵蚀，不宜长期浸于水中。PI的主要性能见表11-21。

表 11-21 美国杜邦公司的Vespel牌号PI的性能

性能		SP-1	SP-21	SP-22	SP-211	SP-3
拉伸强度/MPa	23℃	86.2	65.5	51.7	44.8	58.5
	260℃	41.4	37.9	23.4	24.1	—
断裂伸长率/%	23℃	7.5	4.5	3.0	3.5	4.0
	260℃	7.0	3.0	2.0	3.0	—
弯曲强度/MPa	23℃	110.3	110.3	89.6	68.9	75.8
	260℃	62.1	62.0	44.8	34.5	39.9
弯曲模量/GPa	23℃	3.1	3.8	4.8	3.1	3.3
	260℃	1.7	2.6	2.8	1.4	1.9
压缩应力/MPa	1%应变	24.8	29.0	31.7	20.7	34.5
	10%应变	133.1	133.1	112.4	102.0	127.6
压缩模量(23℃)/GPa		2.4	2.9	3.3	2.1	2.4
悬臂梁冲击强度/(J/m)	缺口	42.7	42.7	—	—	21.3
	无缺口	747	320	—	—	112
摩擦系数/(m/s)	PV=0.875 MPa	0.29	0.24	0.30	0.12	0.25
	PV=3.5 MPa	—	0.12	0.09	0.08	0.17
线膨胀系数/($\times10^{-5}K^{-1}$)	23～300℃	54	49	38	54	52
	－62～23℃	45	34	—	—	—
热变形温度/℃		360	360	—	—	—
相对介电常数(10^4Hz)		3.64	13.28	—	—	—
介电损耗角正切(10^4Hz)		0.0036	0.0067	—	—	—
介电强度(2mm)/(kV/mm)		22.0	9.9	—	—	—
体积电阻率/(Ω·cm)		1014～1016	1012～1013	—	—	—
表面电阻率/Ω		1015～1016	—	—	—	—
吸水率/%		0.24	0.19	0.14	0.21	0.23

续表

性能	SP-1	SP-21	SP-22	SP-211	SP-3
相对密度	1.43	1.51	1.65	1.55	1.60
洛氏硬度(E)	45～48	32～44	15～40	5～25	40～55
氧指数/%	53	49	—	—	—

PI 的成型加工比较困难，通常用于生产薄膜、层压板、模压塑料、泡沫塑料等。

(1) PI 薄膜的加工

采用浓度为 15%左右、比黏度为 15～30s 的聚酰胺酸溶液，可采用连续浸渍或流延等方法制膜。以浸渍法为例，在多程浸胶机中反复进行，用 0.05mm 厚的铝箔作为连续载体，每浸一次，需要在上部 170～180℃、中部 130～140℃、下部 70～80℃的烘箱内干燥，形成的聚酰胺酸薄膜再于 350℃下脱水环化 1h 左右，待冷却后脱模剥离即可得到聚酰亚胺膜。

(2) PI 模压塑料的加工

先配制成浓度为 15%～20%的高黏度聚酰胺酸溶液，然后加入叔胺催化剂，加热生产沉淀物，除去溶剂后，经 300℃高温处理，即制成高比表面积的模塑粉。将此模塑粉在模压温度为 200～500℃、压力为 21～210MPa 的条件下，模压成型为需要的制品。

(3) PI 层压板的加工

将玻璃线布浸渍聚酰胺酸溶液后进行层压，层压温度为 300～350℃、压力为 15MPa、时间为 2h，得到层压制品。或将已脱水环化的聚酰亚胺漆布层压，制得玻璃布层压板。

(4) PI 泡沫塑料的加工

向聚酰胺酸的二甲基甲酰胺溶液中通入氮气，搅拌形成均匀的泡沫黏稠浆液，将此浆液加入模具中，在 300～500℃下加热 15～120s，使聚酰胺酸亚胺化，形成聚酰亚胺硬质泡沫塑料，相对密度在 0.01～0.5 之间。还有一种发泡方法是在聚酰胺酸中加入甲酸或酸酐等专用发泡剂。

(5) PI 的烧结成型加工

将特别配制的聚酰亚胺粉末加入模具中，不加压力在 300℃温度下加热 10min，然后加压并维持数分钟，最后在真空炉中于 450℃下处理 5min。

PI 的应用很广泛，具体如下。

PI 薄膜是高温下良好的电工绝缘材料，常用于电动机、变压器线圈的绝缘层和绝缘槽衬，电缆、半导体的包封材料，高温电容器介质，柔性印刷线路板。

PI 模压制品可用于特殊条件下的工作的精密零部件，具体如耐高温、高真空的自润滑轴承，压缩机的活塞环、密封圈和垫圈，鼓风机的叶轮，耐极低温度部件等。

PI 的碳纤维复合材料可在航空、航天中替代金属材料。

PI 泡沫塑料主要用于保温材料、防火材料、飞机防辐射、雷达罩、耐磨遮蔽材料、高温能量吸收材料等。

(二)聚酰胺-酰亚胺(PAI)

聚酰胺-酰亚胺为热固性聚酰亚胺类树脂，为高强度、耐高温、耐辐射的聚酰亚胺品种，可用于绝缘材料和结构材料。与均苯型聚酰亚胺相比，其长期使用温度较低，仅为 220℃，但分解温度可达 450℃；其他性能如柔韧性、耐磨性、耐碱性、加工性及粘接性都与均苯型 PI 相当或高于均苯型 PI。

PAI 可与环氧树脂互混交联固化，成本较低。

目前 PAI 的主要发展方向为增强改性和合金化。PAI 经玻璃纤维增强后，耐热性能提高；PAI 与环氧树脂共混后，加工性能改善，成型温度降低了 50℃左右。

PAI 的成型加工如下：

层压成型——将浸以 PAI 的玻璃布在压力机上压成板材，层压温度为 330～350℃，层压压力为 7～14 MPa，时间 3～4min/mm。

薄膜加工——采用特性黏度≥0.5dL/g 的聚酰胺-酰胺酸预聚物溶液，用流延法制成薄膜，经双向拉伸和热处理后，制成金黄色的透明产品。

模塑料可用注塑和模压成型。

PAI 主要用于薄膜、层压板材、模塑料、增强材料和浇注料等。PAI 玻璃纤维增强塑料可在 316℃连续使用，具有良好的耐烧蚀性能和高温、高频下的电磁性，可用于宇航飞行器的烧蚀材料、透磁材料和结构材料；模塑料可制成各种耐热 F、H 级电绝缘制品，电子元件、发动机部件及机械轴承、齿轮等。薄膜制品可用于耐高温的绝缘包扎材料，长春应用化学所生产的各类 PAI 薄膜的性能见表 11-22。

表 11-22 长春应用化学所生产的各类 PAI 薄膜的性能

性能		PAI 薄膜	EP 改性 PAI 薄膜	EP 改性 PAI 与聚酯复合薄膜
厚度/mm		0.05	0.04	0.085～0.090
拉伸强度/MPa		100～128	100～120	129～143
断裂伸长率/%		10～47	10～12	17～75
体积电阻率/(Ω·cm)	23℃	$(1\sim2)\times10^{15}$	$(3.8\sim7.5)\times10^{13}$	$10^{14}\sim10^{15}$
	180℃	4×10^{10}	2.4×10^{12}	$10^{13}\sim10^{14}$
相对介电常数		3～4		
介电损耗角正切(50Hz)		1.8×10^{-2}		
介电强度/(mV/m)		50～175	90～99	73～133

（三）双马来酰亚胺（BMI）

BMI 是主链含有酰亚胺基的改性聚酰亚胺类树脂，是以马来酰亚胺为活性基的双官能团化合物，是由聚酰亚胺树脂派生的另一类树脂体系。BMI 具有与典型的热固性树脂相似的流动性和可模塑性，与环氧树脂的加工性基本相同，是目前国内 PI 类树脂的研发热点。BMI 具有耐高温、耐辐射、耐潮湿和耐腐蚀等特点，但也有交联密度高和脆性大的缺点，提高 BMI 的韧性是扩大其应用的关键，增韧改性后 BMI 的性能介于 EP 和 PI 之间。

环氧树脂（EP)、聚酰亚胺（PI）和双马来酰亚胺（BMI）是制造高性能复合材料的三大基材。EP 具有优良的加工性，但耐湿热性较差；PI 具有突出的耐热、耐湿热性能，但其加工工艺苛刻；BMI 既有 PI 的耐高温、耐辐射、耐湿热等优良特性，又有类似 EP 的易加工性，可满足高性能复合材料基材的要求，成为发展高性能复合材料的新宠，并越来越激起人们的开发热情，世界许多发达国家都投入大量的精力开发 BMI 及改性 BMI。

20 世纪 60 年代末期，法国的罗纳-普朗克公司首先开发出 BMI 树脂，并实现了商品化生产。我国于 20 世纪 70 年代初期开始了 BMI 的研究工作，目前生产企业有东材科技、咸阳三精科技、洪湖市双马树脂厂、北京金介特新材料科技有限公司。

与均苯型 PI 相比，BMI 的耐热性略低，但可在 180～230℃温度下长期使用；BMI 的其他性能均接近或超过均苯型 PI，且成本低廉，加工性能好，可采用普通热固性塑料的加工方法成型。BMI 的缺点为脆性大、固化温度和后处理温度高，所以改性重点为 BMI 的增韧。

BMI 的具体性能如下：

① 熔点　BMI 单体多为结晶性固体，因其不同的结构而具有不同的熔点。

② 溶解性　常用的 BMI 单体不能溶解于普通的有机溶剂如丙酮、乙醇、氯仿等，只能溶于二甲基甲酰胺（DMF）、*N*-甲基吡咯烷酮（NMP）等强极性、高毒性、价格高的溶剂中。

③ 反应性　在 BMI 结构中，碳碳双键受邻位两个羰基的吸电子作用而成为贫电子键，易于二元胺、酰胺、酰肼、氰尿酸和多元酚等含活泼氢的化合物进行加成反应，也可同含不饱和双键的化合物、环氧树脂和其他结构的 BMI 进行共聚合反应。

④ 固化温度和后处理温度　固化温度为 200～220℃，后处理温度为 230～250℃。

⑤ 耐热性　BMI 结构中含有苯环、酰亚胺杂环等，加上交联密度高，因此具有优良的耐热性，其玻璃化转变温度大于 250℃，使用温度为 177～232℃。

⑥ 力学性能　BMI 具有极高的强度和模量，但冲击强度差，断裂伸长率小。

⑦ 其他　BMI 还具有优良的电性能、耐化学品性能、耐环境性能和耐辐射性。

BMI 可供应的产品有：粉末级、涂层级、浸渍级、胶黏剂级、玻璃纤维增强级和石磨填充级等。以法国 Rhone-poulene 公司生产的 60％玻璃纤维增强 BMI 牌号 Kinel5504 粒料，其具体性能见表 11-23。

表 11-23　法国 60％玻璃纤维增强 BMI 牌号 Kinel5504 的性能

<table>
<tr><th colspan="2">性能</th><th>Kinel5504</th><th colspan="2">性能</th><th>Kinel5504</th></tr>
<tr><td colspan="2">相对密度</td><td>1.9</td><td rowspan="2">剪切强度/MPa</td><td>25℃</td><td>220</td></tr>
<tr><td colspan="2">吸水率/%</td><td>0.2</td><td>250℃</td><td>155</td></tr>
<tr><td rowspan="2">拉伸强度/MPa</td><td>25℃</td><td>190</td><td rowspan="2">缺口冲击强度/(J/m)</td><td>25℃</td><td>907</td></tr>
<tr><td>250℃</td><td>160</td><td>250℃</td><td>891</td></tr>
<tr><td rowspan="2">弯曲强度/MPa</td><td>25℃</td><td>350</td><td colspan="2">热变形温度/℃</td><td>350</td></tr>
<tr><td>250℃</td><td>248</td><td colspan="2">体积电阻率/(Ω·cm)</td><td>9.2×10^{15}</td></tr>
<tr><td rowspan="2">弯曲模量/GPa</td><td>25℃</td><td>25</td><td colspan="2">介电常数(60Hz)</td><td>4.6～6.8</td></tr>
<tr><td>250℃</td><td>18</td><td colspan="2">介电损耗角正切(60Hz)</td><td>0.004～0.015</td></tr>
<tr><td rowspan="2">压缩强度/MPa</td><td>25℃</td><td>230</td><td colspan="2" rowspan="2">介电强度/(mV/m)</td><td rowspan="2">20</td></tr>
<tr><td>250℃</td><td>130</td></tr>
</table>

BMI 的改性方法有如下几种：

① 芳香族二元胺和环氧树脂改性 BMI；

② 热塑性树脂改性 BMI；

③ 橡胶改性 BMI；

④ 含硫化合物改性 BMI；

⑤ 烯丙基苯基化合物改性 BMI；

⑥ 不同结构 BMI 共混改性；

⑦ 长链型 BMI；

⑧ 新型 BMI。

BMI 主要用于纤维增强和无机填充的模压塑料基材、浸渍玻璃布的层压塑料，具体用于如下：

① 绝缘材料　F、H 级耐热和绝缘薄膜、半导体封装材料、电缆包覆材料、耐热端子、接插件及印刷电路板等。

② 耐磨机械配件　各种齿轮、轴承、垫圈、密封圈、汽车刹车片、减震器及医疗器械等。

③ 航空航天结构材料　航天器的隔热层、导弹的耐烧蚀壳体、飞机雷达天线罩、尾舵部件、航空电池及耐热电气元件等。

（四）双马来酰亚胺三嗪（BT）

双马来酰亚胺三嗪（BT）是双马来酰亚胺与三嗪（氰酸树脂）共聚的产物，目前主要由日本的三菱瓦斯化学公司生产，具体型号有 BT2170、BT2470、BT2480、BT2680、BT2160、BT2420、BT2532F、BT3209、BT3309 及 BT4480 等。

未固化的 BT 树脂可分为固态、液态、甲乙酮溶液和粉末状四类：

① 固态　熔点 110℃，具有中、高分子量，高耐热性。

② 液态　黏度为 2～10Pa·s。

③ 甲乙酮溶液　具有中、低分子量，高耐热性，阻燃性。

④ 粉末　高分子量，耐热性。

BT 具有优良的耐热、介电性能、高温粘接性、尺寸稳定性、成型加工性、反应性和低毒性等性能，特别是耐高温潮湿性能优异。

BT 树脂的固化性很好，无需加入固化剂和催化剂，加热即可自行固化。当 BT 树脂中的氰酸树脂含量多时，蒸汽加热到 175℃ 即可固化；当 BT 树脂中的双马来酰亚胺含量多时，蒸汽加热到 220～250℃ 即可固化。具体成型方法可用一般的热固性树脂的加工方法加工，如层压、模压和注塑等。

BT 可与玻璃纤维、碳纤维和聚酰胺纤维等制成复合材料，用于飞机、精密仪器、机床、X 射线装置和汽车等耐热性结构材料，BT 碳纤维复合材料的弯曲强度大于 500MPa。

BT 玻璃纤维布层压板是最新的覆铜板材料，可用于集成电路的制造，其具体的性能见表 11-24。

表 11-24　BT 玻璃纤维布层压板的性能

性能	数值	性能	数值
玻璃化转变温度/℃	240～330	剥离强度(150℃)/(N/m)	15～17
长期使用温度/℃	170～210	相对介电常数(1kHz)	4.1～4.3
耐湿热性(400℃)/s	20	介电损耗角正切(1kHz)	0.002～0.008

续表

性能		数值	性能	数值
铜箔黏结力/(N/m)	20℃	14～19	体积电阻率/(Ω·cm)	5×10^{15}
	200℃	11～13	表面电阻率/Ω	5×10^{14}
吸水性/%		0.3～0.6	加压蒸煮器蒸煮后	无异常
线膨胀系数/(10^{-5}K)		1～1.5	印刷电路板加工性能	优良
巴氏硬度		71	大规模集成电路搭载性	优良
弯曲强度/MPa		600		

BT 树脂还可用于注塑制品的生产和电绝缘材料，其具体的性能见表 11-25。

表 11-25　BT 注塑成型制品的性能

性能		结构件	电器用	性能	结构件	电器用
相对密度		1.75	1.77	悬壁梁冲击强度/(J/m)	65	50
成型收缩率/%		0.48	0.55	表面电阻率/Ω	10^{15}	2×10^{14}
吸水率/%		0.18	0.16	介电强度/(kV/mm)	—	9.2
热变形温度/℃		290	290	耐电弧/s	—	180
弯曲强度/MPa	25℃	170	130	耐漏电性/V	—	185
	200℃	61	52			

（五）聚酯-酰亚胺

聚酯-酰亚胺具有优良的绝缘性、力学性能和耐热性，在 230～240℃ 温度下可使用 20000h，耐化学品性良好，加工性能优于均苯型聚酰亚胺，成本低廉，国内有长春应用化学所和上海涂料染料研究所生产。

用聚酯-酰亚胺制成的薄膜，外观为淡黄色透明，表面硬度 3H，强度高于均苯型聚酰亚胺薄膜，高温氧化稳定性不如均苯型聚酰亚胺，但比聚酯薄膜要好，主要用于 F、H 级耐热绝缘薄膜、电线包皮。国产聚酯-酰亚胺薄膜的性能见表 11-26。此外，聚酯-酰亚胺还可用于半导体封装和纤维。

表 11-26　国产聚酯-酰亚胺薄膜的性能

性能	数值	性能	数值
厚度/mm	0.025	相对介电常数(1kHz)	2.71
拉伸强度/MPa	100～110	介电损耗角正切(1kHz)	6.86×10^{-3}
断裂伸长率/%	14.7	介电强度/(kV/m)	154
表面电阻率/Ω	1.98×10^{16}	阻燃性	自熄

（六）酮酐型聚酰亚胺

酮酐型聚酰亚胺又可称为聚苯酐四酰亚胺，英文名称为 polyimide of ketone-anhydride

type，我国的黎明化工研究院和上海合成树脂研究所有生产。

酮酐型聚酰亚胺的长期使用温度 260～300℃，与玻璃和金属的粘接能力良好，可溶于低沸点的溶剂如丙酮，成本较低。酮酐型聚酰亚胺可用玻璃纤维或碳纤维进行增强，其层压板的耐热老化性优良，可在 250℃温度下长期使用、可在 400℃温度下短期使用。

酮酐型聚酰亚胺可用层压、模压和烧结方法加工。

酮酐型聚酰亚胺层压板的制造工艺为：用增强材料浸渍酮酐型聚酰亚胺的丙酮溶液，除去溶剂后在 200℃下预固化 3h，然后升温到 300℃，在 6.3MPa 的压力下保温 15min，最后在 150～300℃温度下热处理 5h、300℃温度下热处理 16h、350℃温度下热处理 2h，即得到层压制品。

酮酐型聚酰亚胺可用于层压板、印刷电路板、增强塑料、薄膜和泡沫塑料。具体可用于耐高温结构件，如超音速飞机、火箭、喷气发动机内的零部件。

（七） MPI 树脂

MPI 树脂为新型的热固型聚酰亚胺树脂，该树脂在耐高低温和耐辐照性能方面优于环氧树脂、酚醛树脂、有机硅、聚砜、聚酯、聚芳酯等类别的所有高分子绝缘材料，在高温下具有突出的介电性能、力学性能、耐辐照性能、耐燃性能、耐磨性能、制品尺寸稳定性、耐有机溶剂和低温性能。

MPI 聚酰亚胺树脂在高压电力绝缘尤其是 H 级、C 绝缘、外绝缘等高要求领域，具有其他高分子材料无法比拟的性能优势，同目前使用最为广泛的环氧树脂做对比，主要性能说明如下。

耐温性：MPI 树脂能在 180～200℃的高温条件下长期使用，并保持电性能的稳定性，其马丁耐热温度达 390℃，如有需要还可进一步提高，完全可以满足 H 级、C 级耐温等级的绝缘要求；而环氧树脂一般耐温在 130℃以下，要提高其耐温等级，必须进行改性或采用脂环族环氧树脂，不仅成本较高，而且稳定性也难以保证。温度超过 120℃时，环氧树脂介电性能就会大幅下降，当温度达到 180～200℃时，则会热分解。因而即使耐热性能最优异的环氧树脂也只能达到 H 级，世界范围内尚无能达到 C 级使用要求的工业化环氧树脂产品。可见环氧树脂与 MPI 树脂相比，在耐温性能方面存在着难以逾越的差距。

耐候性：MPI 树脂耐气候老化性能优异，户外可保证正常使用寿命在 20 年以上，在高压外绝缘中的应用大幅优于以耐候性著称的有机硅橡胶，更是环氧的 3～6 倍。环氧如较长时间在户外使用会老化脆裂，目前高压电力应用上所谓的户外环氧树脂实际上只是通过添加紫外线吸收剂等方法来延缓制品老化，但由于不能改变环氧树脂所固有的化学结构，效用是十分有限的，其耐候性还远不如硅橡胶。

黏度：形态和黏度决定着高分子材料的适用性和加工成本，MPI 树脂为液态，黏度适中，一般在 200～400cP（$1cP=10^{-3}Pa\cdot s$），在干式变压器、互感器要求无气隙绝缘的浇注中，无需复杂的消泡工艺。而环氧黏度相对较高，黏度一般在 9000～13000cP 以上或者呈固态，浇注时需添加溶剂稀释，并采取加热排除气泡等工艺，消泡难度大、成本高。同时由于无溶剂，不仅有效地提高了绝缘的湿热稳定性和体积电阻稳定性，而且降低了加工成本和能耗，提高了功效。如用于制备绝缘涂料，MPI 树脂由于其低黏度的优势，无须添加溶剂，从而达到高固分、无溶剂的要求，这更是环氧树脂所无法比拟的。

尺寸稳定性：MPI 树脂的尺寸稳定性优异，固化收缩率在 1%以下，由于是无溶剂型的，并且与绝大多数金属、嵌件、填料的附着力和相容性极优，制品固化收缩率在 0.5%以下，可确保制品的尺寸精度，这是陶瓷、硅橡胶、环氧树脂所无法匹敌的。环氧树脂的收缩率在 1%～3%，对于有高精度要求的插件、热块、配合工件难以保证精密度。

性价比：为适应 F 级以上高压及外绝缘和需要，MPI 树脂可根据客户提出的具体指标要求，制备成价廉物美、高性能的浇注料、涂料、模压料、型材及制品等提供给客户。高纯度 MPI 树脂在性能明显优于国外 C 级绝缘材料的同时，价格仅为其 20%～25%，极具竞争力。

此外，环氧树脂还存在着固化物性脆、因含苯环而降低了弹性、剥离强度低、耐机械冲击和热冲击差的缺点，而 MPI 树脂在抗拉、抗压、扭力、黏结力、冲击强度、介电强度等方面也优于环氧树脂等几乎所有其他现已采用的高分子绝缘材料，是在高要求电气绝缘领域取代陶瓷、环氧树脂、硅橡胶等的理想材料。

二、热塑性聚酰亚胺

热塑性聚酰亚胺包括聚醚酰亚胺（PEI）、单醚型聚酰亚胺及双醚型聚酰亚胺等，与热固性聚酰亚胺相比其耐热性能和力学性能不高，但具有热塑性塑料的加工性能，可成型形状复杂或薄壁制品。

为克服热固性 PI 不溶不熔难加工成型的缺陷，并保持其良好性能，1961 美国杜邦开发了首款 TPI 牌号 Kapton。美国通用电气公司早在 20 世纪 70 年代就开始研发热塑性聚酰亚胺（TPI），于 1982 年实现了商业化，并以商品牌号 Ultem 率先推向市场，是全球产能达到万吨级的公司，在 TPI 行业中居标杆地位。

美国通用电气公司（GE）研发的第二代 TPI（Extem），性能更加优异，耐温级别最高达到 310℃，可用热塑性塑料常规的方法加工成型，如挤出、注塑、模压、吹塑等。另一具有代表性的 TPI 商品是 Aurum，该产品由日本三井公司在 20 世纪 90 年代开发成功，玻璃化转变温度达到 250℃，属半结晶性 TPI，耐温级别比 Ultem 高，容易加工成型。

（一）聚醚酰亚胺（PEI）

1. 一般概况

PEI 是聚酰亚胺中的热塑性树脂品种，中文为聚醚酰亚胺，又称为双酚 A 四酰亚胺，属于非结晶塑料品种。PEI 占美国 PI 消费总量的 70%，有与聚醚砜、聚苯硫醚竞争的倾向。PEI 主要由 GE（现 SABIC）生产，商品名 Ultem。

PEI 不仅具有 PI 的各种优异性能，如接近的力学性能、介电性能、耐热、耐腐及耐磨等特点，还克服了热固性 PI 难以加工的缺陷，表现出良好的热塑加工性能。此外，聚醚酰亚胺的价格低廉。

PEI 的外观为琥珀色透明或半透明树脂，无毒、无味，24h 吸水率为 0.25%，密度为 1.28～1.42g/cm^3。PEI 具有杰出的耐高温、高强度、高模量、高阻燃性、耐化学品性，优良的机械强度、电绝缘性能、耐辐射性、耐高低温、耐蠕变及耐疲劳性能和成型加工性，其室温拉伸强度是未增强型聚合物中最高的，加入玻璃纤维、碳纤维或其他填料可达到增强改性目的；电绝缘性好，甚至在高温、高频下仍能保持良好的介电性能，耐化学腐蚀性好，耐紫外线辐照性优良，透微波和红外线，对水的稳定性好，阻燃性好；耐热温度不如热固性

PI，但可在170℃温度下长期使用；PEI缺点为冲击强度对缺口敏感，力学性能和耐热性不如热固性PI好。

沙特基础工业公司（SABIC）的前身美国通用电气（GE）经过10年的研究开发，1982年将特种工程塑料的新成员——聚醚酰亚胺正式投产。后来，SABIC推出用于轻型眼镜架的Ultem树脂，成功应用于中国眼镜生产商正大眼镜的轻型镜架产品中。据悉，该产品是一种PEI树脂，可以进行金属化处理，从而实现各种时尚的设计效果。Ultem树脂的耐高温特性使其能够轻松耐受镜架的真空镀膜工艺环境，并能与金属紧密粘接。Ultem树脂非常坚韧，在高于－30℃的环境中都能保持极强的韧性。采用该产品生产的镜架具有卓越的回弹性，在弯曲试验中可承受30000次回弹循环，而不会出现永久性变形。除此之外，Ultem树脂的良好力学性能与高流动特性意味着可以打造出薄至1.2mm的镜架。一副镜架的重量通常只有7～8g，大约相当于钢制镜架的一半，佩戴起来十分舒适。而模塑后的Ultem树脂具有极高的表面硬度，在摩擦和抛光时不会产生刮擦痕迹。

自GE公司PEI树脂问世以来，美国LNP、RTP、ICI、Thermofil公司，欧洲AKZO、CibaGaigy、Lengning公司，日本工程塑料公司、MitsuiChemicals，中国上海合成树脂研究所、长春应用化学研究所，相继以不同的工艺路线和技术开发类似的PEI。随着增强改性以及合金等品种的陆续出现合金如PEI/PPS、PEI/PC、PEI/PA等，相信其年产量将不断俱增。

2. 结构性能

热稳定性：PEI具有很强的高温稳定性，即使是非增强型的PEI，仍具有很好的韧性和强度。玻璃化转变温度为215℃，热变形温度为198～208℃，可在－160～180℃温度下长期使用，允许间歇高使用温度为200℃。PEI的突出性能是能够经受长时间的高温考验，连续工作温度范围大，可以－200～170℃长期工作，玻璃化转变温度与热变形温度接近、熔点高达330℃；在低温/高温下仍保有高机械强度、高硬度、高耐蠕变性、良好韧性；此耐高热性能，加上出色的阻燃性和UL实验室的认证，使PEI树脂符合了高温应用的苛刻要求。因此PEI优越的热稳定性可用来制作高温耐热器件。

力学性能：PEI树脂兼有高强度与高模量的特性，它还具备突出的延展性。其屈服拉伸延伸使它能够自由结合各种便于装配的搭扣配合设计。甚至在只加入了10%玻纤增强的情况下，也可在0℃以下至200℃温度范围内保持延展性。PEI树脂具有出色的抗冲击性能，但是有缺口灵敏度，建议设计时应大限度地减少注塑部件中的应力集中点（如尖角），以提供最大冲击强度，PEI树脂专用于需要高冲击性能的应用。PEI树脂具有良好的疲劳强度，对于循环装填或摆动部件，耐疲劳是一直要考虑的设计因素。PEI耐蠕变性好，在考虑任何热塑性塑料的机械性能时，设计师必须认识到温度、应力水平和负荷持续时间对材料性能的影响。即使在无法使用许多其他热塑性塑料的温度和应力水平下，PEI树脂也显示了极好的耐蠕变性能。

此外，PEI还具有耐磨性能优异、尺寸稳定性高的优点。

耐水解性好：PEI耐水解性优良，当在120水中浸泡1000h，仍能保持良好的拉伸强度；另外，蒸气压至真空干燥的反复回圈试验，PEI的力学性能也基本不变。因此可用作医疗外科手术器械的手柄、托盘、夹具、假肢、医用灯反射镜和牙科用具。在食品工业中，用作产品包装和微波炉的托盘。

电学性能：PEI有优异的电性能，其相对介电常数是3.15（10^3Hz），体积电阻率6.7×

$10^{17}\Omega\cdot cm$，介电损耗角正切 13×10^3 Hz，耐电弧 128s，超过带电部件支持基板 UL 最低要求 120s。更为重要的是 PEI 的电学性能在温度、频率等环境条件变化情况下仍能保持基本稳定。

阻燃性能：纯 PEI 具有阻燃性和低烟性，在不添加任何阻燃剂的情况下，氧指数为 47%，阻燃等级达 UL 94 V-0 和 5V，符合飞机内件要求的 FAA 阻燃性和热释放性的材料标准。PEI 燃烧时放出的 CO、CO_2、H_2O 与木材相近；用 NBS 法测定的发烟量分别是 0.7～30，0.7 为约 4min 后发烟量，30 为约 20min 后发烟量。

化学性能：和其他无定型塑料不同，PEI 对各种化学品显示特别的耐受性，不受大多数碳氢化合物的影响，能耐无机酸、盐溶液以及稀碱（pH9）的腐蚀。虽然溶于卤代烃如三氯甲烷，但对以氟利昂为基础的清洗剂、制冷剂和气相焊接介质耐受性良好。

耐候性能：PEI 的耐气候性优异，即使在不加任何稳定剂条件下也能受紫外线的暴晒，在氙灯试验耐候箱内曝晒 1000h，测试其拉伸强度变化极微。

耐辐射性：PEI 有良好的耐 γ 辐射性，在以钴 60 为放射源以 1Mrad/h（1rad＝10mGy）的速率经累计暴露 5000h 之后，拉伸强度只损失 60%，此外 PEI 也能透过红外光和微波。

表面处理性：PEI 具有良好的表面处理性能。如电镀性能很好。

配色性能：PEI 具体良好的配色性能，可以任意配成各类颜色。

上海合成树脂研究所的 PEI 的具体性能见表 11-27。

表 11-27　上海合成树脂研究所 PEI 的性能

<table>
<tr><th colspan="2">性能</th><th>数据</th><th colspan="2">性能</th><th>数据</th></tr>
<tr><td colspan="2">相对密度</td><td>1.27</td><td rowspan="2">冲击强度/(kJ/m²)</td><td>缺口</td><td>＞6</td></tr>
<tr><td colspan="2">熔体流动速率(300,0.7MPa)/(g/10min)</td><td>0.1～0.3</td><td>无缺口</td><td>140</td></tr>
<tr><td colspan="2">热分解温度/℃</td><td>518.7</td><td colspan="2">摩擦系数</td><td>0.34～0.36</td></tr>
<tr><td colspan="2">玻璃化转变温度/℃</td><td>210～215</td><td rowspan="2">体积电阻率/(Ω·cm)</td><td>23℃</td><td>2×10^{15}</td></tr>
<tr><td colspan="2">热变形温度(1.8MPa)/℃</td><td>200</td><td>180℃</td><td>2×10^{15}</td></tr>
<tr><td colspan="2">燃烧性(UL94)</td><td>V-0</td><td rowspan="2">表面电阻率/Ω</td><td>23℃</td><td>$3\times10^{16\sim17}$</td></tr>
<tr><td rowspan="2">拉伸强度/MPa</td><td>23℃</td><td>110</td><td>180℃</td><td>2×10^{15}</td></tr>
<tr><td>180℃</td><td>44</td><td rowspan="2">介电损耗角正切(1MHz)</td><td>23℃</td><td>0.003</td></tr>
<tr><td rowspan="3">弯曲强度/MPa</td><td>23℃</td><td>106～131</td><td>180℃</td><td>0.004</td></tr>
<tr><td>180℃</td><td>53～73</td><td rowspan="2">相对介电常数(1MHz)</td><td>23℃</td><td>3.3</td></tr>
<tr><td>200℃</td><td>47～66</td><td>180℃</td><td>2.5</td></tr>
<tr><td rowspan="2">压缩强度/MPa</td><td>23℃</td><td>156</td><td colspan="2">介电强度(1.5mm)/(mV/m)</td><td>36～42</td></tr>
<tr><td>180℃</td><td>62</td><td colspan="2">吸水率/%</td><td>0.25</td></tr>
</table>

SABIC 的 Ultem 牌号 PEI 的具体性能见表 11-28。

表 11-28　SABIC 的 Ultem 牌号 PEI 的具体性能

性能	1000	2100	2200	2300
相对密度	1.27	1.34	1.42	1.51
吸水率(23℃、24h)/%	0.25	0.28	0.26	0.18

续表

性能		1000	2100	2200	2300
热变形温度(1.86MPa)/℃		200	207	209	210
线膨胀系数/($\times10^{-5}K^{-1}$)		6.2	3.2	2.5	2.0
拉伸强度(23℃)/MPa		107	122	143	163
断裂伸长率(23℃)/%		60	6	3	3
拉伸模量(23℃)/MPa		3060	4590	7040	9180
弯曲强度(23℃)/MPa		148	205	214	235
弯曲模量(23℃)/MPa		3370	4590	6330	8470
压缩强度(23℃)/MPa		143	163	—	163
压缩模量(23℃)/MPa		2960	3160	570	3880
悬壁梁冲击强度/(J/m)	缺口	130	6	9	10
	无缺口	370	49	49	44
摩擦系数	自磨	0.19	—	—	—
	对钢	0.20	—	—	—
磨损耗/mg		10	—	—	—
洛氏硬度		109	114	118	125

3. 成型加工

PEI 和热固性聚酰亚胺不同，它具有高流动性，可以薄壁成型至 1.2mm。PEI 以传统的热塑料成型方法成型，加上完美的机械切削和后现代装饰特性，可制成各种各样的零部件。聚醚酰亚胺具有典型的热塑性塑料加工特性，可用注塑、挤出、吹塑及模压等方法加工，适合制备薄壁制品和结构复杂的制品，可制成薄膜、管材、棒材及复杂结构的精密部件。PEI 的热稳定性好，可多次循环加工而不分解。

PEI 属于非牛顿型流体，流动性对温度较敏感。随剪切速率和熔融温度的提高，它的熔体黏度会下降。在成型时应选用较高的熔体温度以及较快的注射速率，如加工壁薄、流程长、结构复杂、内应力高以及性能不随流动方向变化的制件。

选用注塑机时，因选用产品总注射量占机器最大注射量的 20%～80%，此时产品易达到最佳效果。而在大容量注塑机上加工非常小的制件时，会产生不必要的损耗，使树脂长期停留在高温下。

PEI 注塑件的壁厚通常选用 0.75～5mm，特殊情况下，也可模塑 0.25～12.5mm 的制件。

选用注塑机螺杆时复式单螺杆优于柱塞式螺杆，因它能提供较高的注射压力、缩短成型周期、快速均匀的加热以及产生较低内应力的制件。

螺杆和料筒推荐选用长径比（16～24）∶1，压缩比 1.5～3.1 的通用螺杆（压缩比高达 4∶1 的螺杆也可使用），对于玻纤增强 PEI，通常要求使用双金属料筒和螺杆，以减少机械磨损。

喷嘴选用均匀直径的通用喷嘴就可以，最小直径为 4.5mm，平直部分长度为 4～5mm。

喷嘴尽可能短些，有单独的加热器，以维持均匀的温度在 PEI 熔融范围内，防止熔体冷凝。

PEI 最为广泛应用的是注射成型，占 95%以上，注塑成型工艺条件如下：

干燥处理：PEI 具有吸湿特性并可导致材料降解，要求湿度值应小于 0.02%。PEI 在加工前需要干燥处理，干燥条件为 180℃、4h 或 130℃、6h。

熔化温度：普通类型材料为 340～400℃，增强类型材料为 340～415℃。

模具温度：107～175℃，建议模具温度为 140℃。

注射压力：70～150MPa。

注射速度：使用尽可能高的注射速度。

保压时间：5～10s。

冷却时间：5～10s。

Ultem 牌号 PEI 的成型条件见表 11-29。

表 11-29　Ultem 牌号 PEI 的成型条件

项目		数据	项目	数据
干燥条件		150℃、4h	保压压力/MPa	56～105
料筒温度/℃	喷嘴	325～410	背压/MPa	0.4～3
	前部	320～405	压缩比	1.5～3
	中部	315～395	长径比	(16～24)/1
	后部	310～325	锁模力/MPa	50～80
	模具温度/℃	65～175	成型收缩率/%	0.5～0.7
注射压力/MPa		70～126		

4. 应用范围

PEI 具有优异的综合性能，性能好、易加工使其在众多工业领域中得到广泛的应用，成为不可或缺的特种工程塑料。

涂层和薄膜：由于具有很高的强度、柔韧性和耐热性，PEI 是优良的涂层和成膜材料，能形成适用于电子工业的涂层和薄膜，并可用于制造孔径<0.1μm、具有高渗透性的微孔隔膜。还可用作耐高温胶黏剂和高强度纤维等。

医疗与食品：PEI 具有坚韧性、耐高温、耐蒸气消毒性（130℃蒸气反复消毒 4000 次）和杰出的抗析出性（适合用在利用蒸气消毒的杀菌室），不易滋生细菌，常用于食品和医疗。在医疗上可做医疗外科手术器械的手柄、托盘、夹具、假肢、医用灯反射镜和牙科用具。PEI 无毒、无味、无迁移、耐高温、可消毒，可通过 FDA 认定，使其被应用于食品工业中产品包装、吐司炉、餐具、微波炉、公共炊具、饮食服务（可烘烤）。

电子电气：较宽温度（－200～170℃）范围保持稳定的介电常数和损耗因数，在电子行业可做连接件、普通和微型继电器外壳、电路板、线圈、软性电路、反射镜、高精度光纤元件、高温隔热板；高温下的尺寸稳定性，在广泛的温度和频率范围内有一定的电气性能，使之成为电气工业的优选材料。接线柱、继电器外壳、开关、电路板、线圈骨架、印刷线路板、光纤连接器、集成电路底座。

机械行业：PEI 具有优良的综合平衡性能，卓有成效地应用于电子、电机和航空等工业部门，被应用于机械工业泵、叶轮、阀门、齿轮、轴承、垫片、紧固件。用 PEI 取代金属可制造光纤连接器。

飞机工业：机头仪表板、内饰板、舷窗、行李箱架、座椅支架、舱门。

汽车工业：高温连接器、空调感测器、汽车发动机罩、高温照明聚光圈、反射镜、能够替代汽车部件中的铝和热固性塑胶，以及水泵中的铜做的压力部件。

日用品：如制成眼镜框架，产品超强韧，符合 JIS B7285 包括 20000 次循环混合重复，使用寿命长，紫外线稳定，重量轻，耐化学品性和耐水解性优异，尺寸稳定性优异，薄壁成型至 1.2 mm，长期耐热性（170℃），可自定义颜色。

（二）单醚型酰亚胺

单醚型酰亚胺又称可熔性聚酰亚胺，为热塑性聚合物。单醚型酰亚胺除耐热性略低于均苯型聚酰亚胺外（可在−130～230℃温度下长期使用），其他物理、力学等性能均与均苯型聚酰亚胺相当，可耐苯、油、多数有机溶剂及盐酸的腐蚀。

上海合成树脂研究所于 20 世纪 70 年代开发成功单醚型酰亚胺，其主要性能见表 11-30。

表 11-30 上海合成树脂研究所单醚型酰亚胺的性能

性能	YS20	YS30	性能	YS20	YS30
压缩强度/MPa	160	130	体积电阻率/(Ω·cm)	10^{16}	10^{14}
弯曲强度/MPa	180	88.3	相对介电常数	3.0～3.5	3.2～3.5
冲击强度/MPa	100	88.3	介电损耗角正切 (10^4 Hz)	1～5	4～6
表面电阻率/Ω	10^{15}	10^{15}			

单醚型酰亚胺具有热塑性塑料的加工性能，可用模压、层压等方法成型，具体成型如下：

① 模压成型　在小于 20MPa 的压力下，升温到 340～400℃，保温 3～15min，增加压力到 30～40MPa，保持压力冷却到 230℃以上，解压脱模即可。

② 层压成型　将玻璃布浸胶后的坯布经高温脱水酰亚胺化，即可层压。

③ 薄膜成型　单醚型酰胺酸溶液可采用流延法或浸胶直接成膜，然后经高温处理进行酰亚胺化，制成薄膜，该薄膜在 340℃左右时具有自粘性。

单醚型酰亚胺的用途如下：

① 机械配件　可用于制造压缩机叶片、活塞环、密封圈、密封垫、轴瓦、阀座、自润滑轴承、轴承保持架、轴套、轴衬、齿轮、离合器及刹车片等。

② 绝缘材料　具体如插座、插头、线圈架及电子电气零件等，薄膜用于电器元器件的包覆。

③ 航天工业　耐辐射制品等。

（三）双醚型聚酰亚胺

双醚型聚酰亚胺也称可熔性聚酰亚胺，为热塑性树脂，是我国中国科学院长春应用化学研究所在 20 世纪 60 年代末开发的热塑性聚酰亚胺品种。

双醚型聚酰亚胺具有很高的韧性，有明显的角质感，可在−250～230℃温度下长期使用，电绝缘性、耐磨性及耐辐射性能好，国产双醚型聚酰亚胺的性能见表 11-31。

表 11-31　国产双醚型聚酰亚胺的性能

性能	H 薄膜	HF 复合薄膜	RY-1 薄膜	RY-101 模塑料	RY-102 注塑料
拉伸强度/MPa	100～120	90	145	110	132
断裂伸长率/%	25～35	40	50	—	—
弯曲强度/MPa	—	—	—	166	169
冲击强度/(kJ/m^2)	—	—	—	155	81.3
表面电阻率/Ω	10^{13}～10^{15}	10^{14}	10^{16}～10^{18}	10^{16}～10^{18}	—
体积电阻率/Ω·cm	10^{13}～10^{14}	10^{13}	3.2×10^{15}	1.9×10^{15}	—
介电强度/(kV/m)	120	120	110	—	—
相对介电常数(10^4Hz)	2～4	2～3	3.4	3.1	—
介电损耗角正切(10^4Hz)	0.001	0.001	0.0021	0.0017	—

双醚型聚酰亚胺具有很好的加工性能，可进行注塑成型、挤出成型和模压成型，能生产薄壁及形状复杂的制品。

① 模压成型　模压成型温度 360～390℃，模压压力 10～30MPa，保温时间 3min/mm，脱模温度小于 200℃。

② 注射成型　料筒温度 350～370℃，模具温度 160～200℃，注射压力大于 10MPa。

双醚型聚酰亚胺可用于制造自润滑摩擦部件、密封件、轴承保持架、球面垫、轴套、冷气活门、活塞环、电线、密封插头及核能和宇航工业中的耐辐射配件，各种棒材和板材。

（四）顺酐型可熔性聚酰亚胺

顺酐型可熔性聚酰亚胺是可熔性树脂，具有热塑性塑料的加工性能，成本低廉。具有优良的耐热性能，可在 230℃温度下连续使用 1 年以上，在 263℃连续使用 3 个月；顺酐型可熔性聚酰亚胺的耐化学腐蚀性好，但可溶于二甲基甲酰胺、二甲基乙酰胺、二甲基亚砜及 *N*-甲基吡咯烷酮等强极性溶剂中，耐水性优良，具体性能见表 11-32。

表 11-32　顺酐型可熔性聚酰亚胺的性能

性能		数据	性能		数据
相对密度		1.28	线膨胀系数/($\times10^{-5}K^{-1}$)		2.85～3.18
吸水率/%		0.75	热分解温度/℃	空气	452
拉伸强度/MPa	−60℃	107		氮气	479
	23℃	70.5～84.5	弯曲强度/MPa	−40℃	175
断裂伸长率/%		5～8		23℃	114～142
压缩强度/MPa		159		200℃	47
冲击强度/(kJ/m^2)	无缺口	16.3～27.2	弯曲模量(232℃,8000h)/Pa		3.5
	缺口	3.26～4.35	体积电阻率/(Ω·cm)	23℃	1.6×10^{16}
摩擦系数(对钢)	静	0.13		100℃	7.8×10^{14}
	动	0.15		200℃	9.5×10^{13}
热变形温度(1.85MPa)/℃		260	表面电阻率(23℃)/Ω		7×10^{15}

顺酐型可熔性聚酰亚胺可采用热塑性方法加工，具体有注塑、挤出和模压等，成型工艺如下。

① 注射成型 选用长径比为1/20的螺杆式注塑机，料筒温度为246～316℃。

② 挤出成型 挤出温度为316～344℃。

③ 模压成型 模具加热到300℃，加入树脂后闭模恒温3min，开模20s；再闭模2min，压力升到20.4MPa，用水蒸气将模具冷却到200～232℃脱模。

顺酐型可熔性聚酰亚胺主要用于复合材料的基材，制成各种型材。

第五节 聚芳醚酮（PAEK）

1. 一般概况

聚芳醚酮（PAEK）类塑料又称为聚醚酮类塑料，是一类含有芳环的全芳香族半结晶性热塑性特种工程塑料，其结构为在芳基上由一个或几个醚基和羰基连接而成的一类聚合物。按照主链上重复结构单元中醚键和酮基与苯环连接次序和比例的不同，PAEK有很多品种，目前已开发的主要有聚醚醚酮（PEEK）、聚醚酮（PEK）、聚醚酮酮（PEKK）、酚酞型聚醚酮、聚醚醚醚酮（PEEEK）及聚醚酮醚酮酮（PEKEKK）等，其中前4种已实现工业化生产。

聚芳醚酮的研究开发始于20世纪60年代。1962年美国Du Pont公司、1964年英国ICI公司分别报道了在Friedel-Crafts催化剂存在下，通过亲电取代可以合成聚芳醚酮。直到1979年英国ICI制得了高分子量的PEK，奠定了合成聚芳醚酮的基础。

聚醚醚酮是由4,4′-二氟二苯甲酮与对苯二酚在碱金属碳酸盐存在下，以二苯砜作溶剂进行缩合反应制得。

聚醚酮是由4,4′-二氟二苯甲酮与4,4′-二羟基二苯甲酮高温缩聚而成的一类特种工程塑料。

由于PAEK的大分子链中含有刚性的苯环、柔性的醚键和可提高分子间作用力的羰基，具有结构规整性，因此具有三高，即高耐热、高强度和高模量。

PAEK的综合性能优异、耐热级别高（可在200～260℃温度范围内使用）、耐辐射性能好、耐热水性好、耐疲劳和蠕变性好、耐腐蚀性好、阻燃性好（不加阻燃剂可达到V-1级）、电绝缘性优异，是一类新型的耐热工程塑料品种。

芳族聚醚酮具有与聚酰亚胺同等的耐热性，成型加工性能好，可用注塑、挤塑等方法加工成型，不需像聚酰亚胺那样进行后固化，且在湿尺寸变化、耐高温蒸汽、耐酸、碱、水解等性能方面亦优于聚酰亚胺系树脂。

在芳环聚合物中，PAEK的工业化年限比较晚。PEEK是位于塑料金字塔塔尖的一种材料，掌握PEEK材料聚合工艺的企业数量较少。国外主要以威格斯、苏威（索尔维）、赢创三家为主，国内则以中研高科和吉大特塑为核心，2020年全球PEEK产能才万吨左右。英国威格斯公司1977年第一个开发出PEEK树脂，目前产能8650t/a，后又生产PEK；苏威先进聚合物公司2005年收购印度Gharda公司，目前PEEK产能2500t/a；德国赢创工业公司2004年控股长春吉大高功能材料公司，目前PEEK产能1800t/a；辽宁盘锦中润特塑有限公司有共聚PEEK装置，1000t/a生产能力；吉林省中研高分子材料股份有限公司2010

年投产，目前产能1000t/a。山东凯盛新材料股份有限公司2019年投产PEKK，产能1000t/a。2020年1月3日英国威格斯与辽宁盘锦兴福化工公司签订合作协议，合资公司盘锦伟英兴高性能材料有限公司2022年投产PEEK 1500t产能。山东浩然特塑股份有限公司、深圳市沃特新材料股份有限公司、浙江鹏孚窿新材料有限公司都有项目投产。详见表11-33。

表11-33　全球PEEK生产企业产能

企业	产能/(吨/年)	企业	产能/(吨/年)
英国威格斯公司	8650	比利时苏威公司	2500
德国赢创公司	1800（中国生产）	盘锦伟英兴高性能材料有限公司（威格斯合资）	1500
深圳市沃特新材料股份有限公司	1000（含PEKK产能100吨/年）	浙江鹏孚隆科技股份有限公司	1200
吉林省中研高分子材料股份有限公司	1000（700吨/年颗粒、300吨/年细粉）	长春吉大特塑工程研究有限公司	500（PEEKK产能500吨/年，PEK产能500吨/年）
珠海万通特种工程塑料有限公司（金发科技子公司）	300	山东浩然特俗股份有限公司	300
山东君昊高性能聚合物有限公司（君华股份）	1800（工业级1500吨/年、医用级300吨/年）	黑龙江汤原县海瑞特工程塑料有限公司	500
盘锦中润特塑有限公司	1000	吉林省聚科高新材料有限公司	200（不同规格设备3套生产）

目前英国ICI公司、德国BASF公司和Hoechst公司以及美国的Amoco公司都在积极进行开发芳族聚醚酮与碳纤维的复合材料，作为飞机和宇宙飞船的结构材料来看大有发展。

PAEK主要应用在航空航天、汽车工业、电子电气、核电工业、交通运输、机械装备、医疗器械等领域，以及民用高技术领域如汽车工业、精密仪器及食品加工等，其中航空航天、汽车工业是其未来主要应用方向。但制约其发展的因素为价格高，目前价格为50万～70万元/吨。

PEEK为目前可大批量生产的PAEK品种，而PEK、PEKK两种的产量都较小。这三种PAEK主要用于电子电器、压缩机配件、汽车配件、机械零件及医疗器械等，在日本60%用于电子电器、20%用于机械、20%用于其他，在美国25%用于机械、25%用于汽车、15%用于电子电器、5%用于医疗器械、30%用于其他。

2. 结构性能

(1) 结构

聚芳醚酮分子结构中含有刚性的苯环，因此具有优良的高温性能、力学性能、电绝缘性、耐辐射和耐化学品性等特点。聚芳醚酮分子结构中的醚键又使其具有柔性，因此可以用热塑性工程塑料的加工方法进行成型加工。聚芳醚酮系列品种中，分子链中的醚键与酮基的比例（E/K）越低，其熔点和玻璃化转变温度就越高。

PEEK、PEK、PEKK三个品种都为线型聚合物，半结晶聚合物和热塑性特种耐热工程塑料。

PAEK 大分子主链上含有大量的芳环及极性酮基，分子链呈现较大的刚性和较强的分子间力，结果赋予聚合物以高熔点、耐热性和力学强度。

PAEK 大分子中含有大量的醚键，又赋予聚合物以韧性；醚基含量越多，其韧性越好，如 PEEK 的韧性好于 PEKK。

PAEK 醚基、芳基和酮基都是不活泼的，因此能抵抗化学侵蚀，具有很好的耐腐蚀性和耐辐射性。

PAEK 重复单元的规则结构意味着 PEEK 分子可以部分结晶，结晶度提供了耐磨损、蠕变、疲劳和耐化学品性。

PAEK 聚合时通过聚合过程来控制分子量，获得不同的性能。高分子量的聚合物在熔融时是很黏的，因此很难填充非常精细的模具，适合挤出、注塑较大制件。低分子量 PEEK 的冲击力较小，但在熔融状态下流动性更好，因此可以轻松制作复杂的小零件。

(2) 性能

PEEK、PEK、PEKK 三个品种都为半结晶型塑料，可能达到的最大结晶度为 48%，一般通常为 20%～30%。在非结晶状态下的相对密度为 1.265，在最大结晶度时的相对密度为 1.32。

PEEK、PEK、PEKK 三个品种的具体性能请参见表 11-34。

表 11-34 PEEK、PEK、PEKK 的性能等情况

项目	PEEK	PEK	PEKK
相对密度	1.3	—	1.3
拉伸强度/MPa	103	112～132	102
拉伸模量/GPa	3.8	1.1(150℃)	4.5
断裂伸长率/%	11	—	4
缺口冲击强度/(J/m)	1387	—	优于 PPS
氧指数/%	35	—	40
热变形温度/℃	135～160	175～200	—
使用温度/℃	230～240	260	—
线膨胀系数/($\times10^{-5}$℃$^{-1}$)	10	8.4	—
相对介电常数(60Hz)	3.2～3.3	—	—
体积电阻率/(Ω·cm)	6.25×10^{16}	—	—
介电强度/(kV/mm)	19	—	—
加工温度/℃	370～380		360～380
阻燃性(UL 94)	V-0		V-0
T_g(DSC)/℃	144		156(PPS90℃)
T_g(DMA)/℃	170		180
熔点/℃	340	338	
生产企业	英国威格斯(Victrex)	英国威格斯(Victrex)、美国液氮公司	山东凯盛新材料股份有限公司、Rallis 印度公司(专供氰特用)、美国 CEM 公司

3. 成型加工

PEAK 均为热塑性塑料，具有熔融塑料的加工性能，可用一般塑料的成型方法如注射、挤出、模压及吹塑等加工，产品有管、板、片、膜、纤维和注塑制品。PEEK 制品一般注塑尺寸精度可以达到 0.1mm 左右，精密注塑根据产品壁厚的不同、结构也不同。

PEAK 的加工温度高，一般接近 400℃左右，对设备的耐高温加工能力提出了特殊要求。要求注塑机料筒加热段能持续稳定地提供 350℃以上的加热温度。

PEAK 的熔体黏度大，PEEK 熔融状态下的黏度较大，熔体流动性较差，注塑时需要压力更高，对螺杆的磨损更大，需要注塑机能提供更大的注塑压力。

PEEK 熔体在加工温度下具有优异热稳定性，分解温度为 560℃，所以 PEEK 材料在 360～400℃区间内加工，熔体很稳定，热稳定性很好。

PEAK 的加工条件对制品的结晶度及结晶结构影响较大，在加工中应尽可能采用有利于提高结晶度的手段，以提高制品的力学性能。

PEAK 在加工前需要干燥处理，处理条件为温度 150℃、时间 3h。加工后需要后处理，以消除内应力，后处理条件为温度 200℃、时间 1h。

下面以 PEEK 为例，介绍其加工方法。

(1) 注射成型

料筒温度：未增强 PEEK——后 350℃、中 370℃、前 365℃。

增强 PEEK——后 370℃、中 390℃、前 390℃。

喷嘴温度：未增强——358℃。

增强——390℃。

模具温度：140～160℃。

注射压力：13～14MPa。

(2) 挤出成型

选用 L/D 为 20 的挤出机。

料筒温度：一区 350℃、二区 350℃、三区 365℃、四区 370℃。

口模温度：365℃。

螺杆转速：16r/min。

按照分子量大小不同：PEEK 材料可以提供高、中、低各种流动性的原材料。

按照产品外形态不同：可以分为粗粉料、细粉料和颗粒料，也有碳纤维和玻璃纤维增强改性 PEEK 的颗粒料。对于注射成型、挤出成型操作通常推荐颗粒料，其中单丝成型或线缆涂覆推荐深度过滤的纯树脂颗粒。对于玻璃纤维、碳纤维或其他填料的复合改性工艺，通常推荐粗粉或者纯树脂颗粒。对于模压成型或喷涂工艺则推荐细粉料。

4. 改性品种

尽管 PAEK 树脂具有许多优异的特性，但因其价格昂贵而限制了其应用的扩大。另外，PAEK 的抗冲击性较差，需要进行改性以提高。

(1) 化学改性

主要目的为改善 PAEK 的加工性能，通过化学改性改变其具体结构。主要方法有：在分子主链上引入其他基团如砜基、萘基和烷基，在分子侧链上引入侧基，采用共缩聚引入其他结构。

（2）共混改性

具体为 PAEK 同聚醚酰亚胺（PEI）、聚酰亚胺（PI）、聚醚砜（PES）、聚四氟乙烯（PTFE）及聚苯硫醚（PPS）之间的共混，以及不同 PAEK 之间的共混。

PEAK 和 PEI 的相容性很好，PAEK/PEI 在（90/10）～（60/40）的比例范围内只有一个玻璃化转变温度，且随 PEI 用量增加而增加。

PEKK 和 PPS 两者共混，可改善其熔融加工性能。

PPEK 和 PEK 两者共混，也只有一个玻璃化转变温度。

PEEK/PTFE 之间的共混，可降低摩擦系数，降低磨损率，提高极限 PV 值。当 PTFE 的含量为 30%时，可实现前述三性能的最佳组合。

PEEK/聚苯酯/二硫化钼三元复合材料具有优异的力学性能和摩擦、耐磨性能。

（3）填充改性

填充改性除可降低成本外，更主要的是提高其耐磨性能。除了传统的耐磨性材料石墨、二硫化钼、铜粉及聚四氟乙烯外，无机纳米填料的应用越来越多。如在混合过程中，先将无机纳米填料与 PEEK 混合在酒精中，用超声波分散均匀后取出，在 110℃下保温 6h 以除去酒精，再加工成型的性能更好。

用硫化铜或氟化铜填充 PEEK，可同时有效地降低其磨损率和摩擦系数，当加入量为 35%时效果最佳。

（4）增强改性

用玻璃纤维、碳纤维对 PAEK 进行增强改性，其拉伸强度、弯曲强度、耐蠕变性、抗湿热老化性、热变形温度和冲击强度都可大幅度提高。如吉林大学高新材料公司供应的 PEEK 树脂为含 20%玻璃纤维或碳纤维的增强牌号。

以 PEEK 为例，用玻璃纤维或碳纤维增强后的热变形温度可达到 300℃，连续使用温度达到 260℃，其高温承载能力好于 30%碳纤维增强的聚酰胺酰亚胺（PAI）和 30%玻璃纤维增强 PPS。30%玻璃纤维增强 PEEK 的拉伸强度为 75MPa，30%碳纤维增强的 PEEK 拉伸强度为 100MPa。

以 PEEK 增强耐磨改性为例，加入碳纤维的效果明显高于玻璃纤维，如等量的碳纤维耐磨改性效果比玻璃纤维高 5 倍以上。纯 PEEK 的耐磨性不如 UHMWPE 好，但加入 20%碳纤维增强 PEEK 的磨损性比 UHMWPE 低一个数量级，加入 30%碳纤维增强 PEEK 的磨损性比 UHMWPE 低两个数量级。

5. 应用范围

（1）电子电器

由于 PAEK 具有优异的耐热性和电学性能，可用于 C 级绝缘材料。具体产品有：电缆护套、船用电缆、飞机用耐油润滑导线、耐高温沸水导线、耐海水侵蚀导线、高温接线柱、接线板、印刷电路板、电机绝缘内衬材料及电容器膜等。

如德国的 Schlotter 公司用 30%碳纤维增强 PEEK 涂覆 30μm 厚度的铜，可用于柔性电路板基材。

如空中客车公司用 30%碳纤维增强 PEEK 制造飞机电缆夹头和护套，用以代替铝夹头和护套，减重 50%，成本降低 75%。

（2）机械仪表

由于 PAEK 具有较高的强度，可用作结构材料。具体产品有：齿轮、轴承、垫片、密封件、轴承保持架、传感器、活塞环、飞机结构材料及零件。

我国用增强 PEEK 生产大型石油化工生产线 HHE-1 氢气压缩机的三环分立式阀片及弹簧帽，以代替不锈钢材料，已在温州中大冶化机械公司和温州建庆实业公司获得应用。我国还用其生产网状阀片、气体密封环等。

碳纤维增强 PEEK 制造的轴承零件，可以避免金属或陶瓷轴承材料由于裂纹而导致的早期失效。

（3）汽车配件

利用 PEEK 的高耐热性、高力学性能和高耐磨性等，可代替不锈钢和钛金属材料，用于发动机周边功能材料，具体如轴承、垫片、密封件、离合器齿环及刹车系统等。

如德国奔驰公司开发了 30%碳纤维增强的 PEEK 卡车滤油网，可在 300℃以上保持高的力学性能和耐化学腐蚀性能。

（4）医疗器械

PEEK 具有坚韧、高强度、高刚性、耐蠕变、耐磨、耐腐蚀、抗疲劳、生物相容性好等优点，可用于灭菌要求高、反复使用的手术和牙科设备，代替金属制造人造骨。PEEK 人造骨具有质轻、无毒及耐腐蚀等优点，是与人骨最接近的替代材料，可与肌体有机结合。

如苏威特种聚合物美国有限公司开发了 Zeniva ZA-520 牌号 PEEK，为可视级别，适合于 X 射线、CT、核磁共振等成像使用。可以代替钛钢合金用于生产人造骨关节，拥有与人体骨头接近的模量，并获得 FDA 认证。

再如，德国赢创工业集团用 PEEK 制成人体植入泵等。

（5）电子烟配件

PEEK 在加热不燃烧 HNB 新型烟具上也已得到广泛应用，是加热周边部件的核心原料。IQOS 等多家加热不燃烧顶尖产品都在采用 PEEK 的材料解决方案。PEEK 目前在加热不燃烧电子烟领域应用于加热不燃烧电子烟具外壳、加热片底座、雾化仓等部位。除了 IQOS 的烟具外壳、加热底座采用 PEEK 材料，烟蛙科技的 QOQ、思格瑞格的 CIGRIG 烟具部件也是采用 PEEK 材料。

加热不燃烧烟具加热过程中周边温度较高可达 300℃左右，周边材料一般需要满足耐高温、隔热的特性，而 PEEK 熔点高达 343℃，连续使用温度为 260℃，能够适应加热不燃烧烟具的高温特性。

（6）核电站

利用其耐辐射性好的优点，可用于核电站中受辐射的各种塑料制品如容器等。

（7）手机配件

在 iPhone 的天线口塑胶部分起着重要作用。

一、聚醚醚酮（PEEK）

1. 一般概况

PEEK 是一种性能优异的特种工程塑料，与其他工程塑料、特种工程塑料相比具有更多明显优势，在军工、航天、机械、医疗器械、能源、电子等领域得到越来越广泛的应用。

PEEK材料具有优良的耐化学性、热稳定性和抗氧化性能，同时具有良好的机械强度、耐蠕变和电学特性，它可以承受高能辐射，自润滑性好，阻燃性能好，长期工作温度范围可从−100℃至250℃，吸湿性极低，不易磨损及耐磨蚀，耐剥离性，绝缘性稳定、持续暴露于热水或蒸汽不受影响，耐水解和易加工等。

2. 结构性能

(1) 结构

PEEK属于PAEK系列产品之一，是一种线型、半结晶的聚合物。芳基和羰基是非常刚的，可以提供材料刚度，这意味着良好的力学性能和高熔点。醚基提供一定程度的柔韧性，同时像芳基和酮基一样是不活泼的，因此能抵抗化学侵蚀。重复单元的规则结构意味着PEEK分子可以部分结晶，结晶度提供了耐磨损、耐蠕变、抗疲劳和耐化学品性。由此得到的PEEK聚合物被广泛地认为是世界上性能最高的热塑性塑料之一。与金属相比，PEEK材料重量轻、易于成型、耐腐蚀、比强度更高。

PEEK聚合时通过聚合过程来控制分子链的长度或者说分子量，可以获得不同的性能。相比于短链PEEK，长链PEEK（高分子量）更坚韧、更抗冲击。高分子量的聚合物在熔融时是很黏的，因此很难填充非常精细的模具，适合挤出、注塑较大制件。低分子量PEEK的抗冲击性较弱，但在熔融状态下流动性更好，因此可以轻松制作复杂的小零件。

(2) 性能

① 耐高温性　PEEK的玻璃化转变温度为143℃，熔点为334℃。PEEK、PEK、PEKK三个品种的耐热性好，可在135～160℃温度范围内长期使用，进行纤维增强后热变形温度可达到300℃以上，在400℃高温下可短时间使用，在250～260℃温度下可长期使用，使用温度比增强PI、PPS、PTFE及PPO等高出50℃左右。试验表明，纯PEEK聚合物的连续使用温度（RTI）为260℃。

② 高强度　PEEK结构中芳基和酮基提供在较宽的温度范围内具有优异的强度和刚度，如增强后其拉伸强度都超过100MPa，但其在高温下刚性低，强度随温度升高下降快，温度在100～150℃时就急剧下降。三种塑料的耐应力开裂性好，远远好于PSF、PES、PC及PPO/HIPS合金等品种，耐蠕变性及抗疲劳性都比PES高。PEEK对交变应力的耐疲劳性是塑料中最出众的，可与金属合金材料媲美。

③ 高耐磨　PEEK具有优异的耐磨性和特有的自润滑性，进行纤维增强、共混和填充等改性处理后，摩擦系数降低、耐磨性提高，可用于精度高、润滑不够、腐蚀严重、温度高等恶劣环境的摩擦材料。

④ 耐蠕变和抗疲劳　PEEK具有抗疲劳和蠕变性能，这得益于它的半结晶结构，相比于其他聚合物和一些金属更耐用，使用寿命更长。所谓“蠕变”是指在恒定的外加应力作用下，材料在较长时间内发生永久变形。而“疲劳”是指材料在反复循环载荷作用下的脆性破坏。

⑤ 自身阻燃　PEEK具有优异的阻燃性能，纯树脂本身就难以点燃或燃烧，具有自熄性能，在火焰下燃烧释放的烟和毒气极少，符合UL 94 V-0标准，它能抵抗高达600℃的燃烧。

⑥ 电性能好　PEEK的电性能优良，PEEK具有出色的电性能，通常用作电绝缘体，

但也可以修改为导电或静电耗散。在高频下仍可保持较小的介电常数和介电损耗，故可用于高频场合。

⑦ 耐腐蚀性　PEEK 的耐腐蚀性，耐腐蚀性与镍钢接近，仅次于聚四氟乙烯，好于 PC、PPO/HIPS 合金及 PES 等品种。除浓硫酸外可耐任何化学试剂，即使在较高温度下仍能保持良好的耐腐蚀性，也不溶于丙酮、三氯乙烯、二甲苯、氯仿、异丙酮及汽油等溶剂中。能够抵御有化学腐蚀性的环境中可能造成的损害，它能抵抗航空航天工业中使用的喷气燃料、液压流体、除冰剂和杀虫剂。

⑧ 耐辐射好　PEEK 具有优异的抗辐射能力，PEEK 抵抗 γ 射线和电子束辐射，X 射线下透明，例如受 γ 射线作用在 2×10^{7}Gy 以下性能基本不受影响，这点在医疗设备应用中具有吸引力。

⑨ 卫生性好　PEEK 具有良好的生物相容性，无毒，符合 FDA 认证。可以用于医疗器械，例如人工骨骼材料。

⑩ 尺寸稳定性　PEEK 的尺寸稳定性好，线膨胀系数低，非常接近金属铝。

⑪ 低吸水性　PEEK 不吸收水分，因此不会改变其在潮湿环境中的性能。

⑫ 耐水蒸气在所有工程塑料中，它具有最好耐蒸汽性，可在 200℃蒸汽中长期使用，或在 300℃高压蒸汽中短期使用。

⑬ 可再加工和可回收　PEEK 分子非常稳定，因此聚合物可以反复熔化和再加工，其性能变化很小。这有助于环境保护，并可确保生产过程中产生的废料能够被更为经济地重复利用。

3. 成型加工

PEEK 属于热塑性材料高温特种工程塑料，可以通过注射成型加工。PEEK 制品一般注塑尺寸精度可以达到 0.1mm 左右，精密注塑根据产品壁厚的不同、结构也不同。

PEEK 熔融温度需要维持在 385℃左右，要求注塑机料筒加热段能持续稳定地提供 350℃以上的加热温度。PEEK 熔融状态下的黏度较大，熔体流动性较差，注塑时需要压力更高，对螺杆的磨损更大，需要注塑机台能提供更大的注塑压力。

PEEK 具有优异的热稳定性，PEEK 的分解温度为 560℃，所以 PEEK 材料在 360～400℃区间内加工，熔体很稳定，热稳定性很好。

按照分子量大小不同：PEEK 材料可以提供高、中、低各种流动性的原材料。

按照产品外形态不同：可以分为粗粉料、细粉料和颗粒料，也有碳纤维和玻璃纤维增强改性 PEEK 的颗粒料。对于注塑成型、挤出成型操作通常推荐颗粒料，其中单丝成型或线缆涂覆推荐深度过滤的纯树脂颗粒。对于玻璃纤维、碳纤维或其他填料的复合改性工艺，通常推荐粗粉或者纯树脂颗粒。对于模压成型或喷涂工艺则推荐细粉料。

二、聚醚酮（PEK）

1. 一般概况

聚醚酮是由二氟二苯甲酮与芳香族二元酚高温缩聚而成，也可由芳香族二卤代物与 4,4″-二羟基二苯甲酮缩聚而成，化学名称为聚(氧-1,4-亚苯羰基-1,4-亚苯基)。聚醚酮的英文全称 polyetherketone，简称 PEK。

2. 结构性能

PEK 是大分子主链由醚键和酮键交替形成的高分子化合物，因而具有高热氧稳定性、高耐温性、高机械强度和耐化学品性，属于半结晶性聚合物，属特种耐热工程塑料。

PEK 由于其分子结构中的醚键和酮基的比例低于 PEEK，因而其熔点（373℃）和玻璃化转变温度（160℃）均高于 PEEK，连续使用温度为 250℃，耐热性优于 PEEK。

PEK 的力学性能优异。拉伸强度 112～132MPa，拉伸模量 150℃时为 1.1GPa，180℃时为 0.4GPa。PEK 是一种高性能的半结晶热塑性塑料，与传统的非增强 PEEK 相比，在更高温度下具有更高的强度保持、承载能力、耐蠕变性和抗变形能力，如在很宽的温度范围都保持有很高的拉伸强度和弯曲模量，再加上其对许多化学品的固有耐受性，这些都超出标准 PEEK 的限制，使其成为传统 PEEK 的升级版，适用于各种应用。尽管 PEK 和 PEEK 的蠕变模量在室温下相当，但在 150℃ 的温度水平下，PEK 聚合物的蠕变模量是传统未增强 PEEK 的 2 倍以上。因此，在实际应用中，PEK 可以在更高的温度水平下支持更高的负载，而不会出现永久变形。

抗疲劳性是 PEK 的另一个属性，在性能图表上的排名高于 PEEK。这是 PEK 聚合物的半结晶分子结构的结果。对于高应力水平下的抗疲劳性是关键要求的应用，这也是一个好处。

PEK 的耐磨性是传统 PEEK 的 3 倍，还为动态负载下的运动部件和组件提供更长的使用寿命。在 Victrex 的设施中在各种 PV 条件下进行的止推垫圈测试表明，PEK 的磨损仅为供应商标准 Victrex 450G PEEK 等级的 33%。在所有其他轴承和磨损测试条件下，PEK 的比磨损率也始终低于传统的未增强 PEEK 等级。

3. 应用范围

耐水解性使 PEK 成为食品加工设备中需要使用高压蒸汽进行频繁和彻底清洁的组件的理想选择。这一相同属性支持其在需要高压灭菌的医疗应用中的使用。其他值得注意的特性包括固有的低可燃性和烟雾排放，这是航空航天部件的一项资产。

PEK 能与玻璃纤维或碳纤维制成增强材料或复合材料。应用于耐高温结构材料、特种涂料、耐磨材料和电绝缘材料，如高刚性手机壳材料 PEK（101-300）。

三、聚醚酮酮（PEKK）

1. 一般概况

聚醚酮酮（PEKK）是由二苯醚和间苯二酰氯或对苯二酰氯聚合而成，是一种在主链结构中含有两个羰基和一个醚基的重复单元所构成的芳环高聚物，具有耐高温、耐化学腐蚀性能，是一种结晶高分子材料。

PEKK 生产方式主要有亲核取代法、亲电取代法两种。亲电取代法是以芳香族双氟单体、双酚单体为反应物，加入 K_2CO_3 或 Na_2CO_3 作为催化剂，二苯砜为溶剂，生产制备 PEKK。该方法生产的 PEKK 性能较为稳定，且纯度高，但反应条件复杂，且反应物价格高，生产成本较高。亲电取代法是以价格较为低廉的香族酰氯和二苯醚作为反应物，以氯乙烷为溶剂，加入 $AlCl_3$ 作为催化剂，通过傅克酰基化反应，得到摩尔质量较高的 PEKK，是最常用到的 PEKK 合成方法。亲电取代法生产 PEKK 操作较为简单、成本较低，有利于规模化生产。

PEKK 由 Rallis 印度公司（威格斯收购）2009 年第一个实现工业化生产，装置产能 100t/a，专供美国氰特公司使用，用于飞机复合材料。法国阿科玛公司有生产，我国山东凯盛新材料股份有限公司（淄博）2011 年投产 100t/a 装置。

2. 结构性能

PEKK 是一种性能优异的特种工程塑料，属于聚芳醚酮的一种，是一种半结晶高分子材料，密度 1.28～1.31g/cm³，其玻璃化转变温度（155～175℃）和熔融温度（305～375℃）可根据单体用量的不同进行可控调节。其分子结构中苯环、醚键、酮基相互整齐排列的化学结构，赋予了 PEKK 分子高度稳定的化学键特性，使其具有高强度、高耐化学品性、高连续使用温度等优异性能，可用作耐高温结构材料和电绝缘材料，可与玻璃纤维或碳纤维复合制备增强材料。

3. 应用范围

PEKK 具有耐化学性、高强度等优异性能，可被用作耐高温结构材料和电绝缘材料，与碳纤维复合制备增强材料，可被用于生产 3D 打印丝、电子薄膜、碳纤维热塑性复合材料、挤出板棒型材、高档不粘锅涂料等，被广泛应用在新能源汽车、5G 电子、医疗器械、3D 打印增材制造、义齿骨骼植入体、油气开采、航空航天等领域，应用范围宽广。在极端应用环境中，PEKK 可以取代某些金属元件以实现轻量化。首先在航空航天领域，该聚合物材料能够轻松耐受航天发动机内的极端条件。新一代商用飞机的机身设计者正在考虑使用该材料。其次，该材料的另一个重要应用领域是海上油气开采。

随着 PEKK 应用技术的成熟，全球 PEKK 市场规模也扩大，预计到 2025 年全球 PEKK 市场规模达到 5 亿元以上。

第六节　液晶聚合物（LCP）

1. 一般概况

液晶聚合物是指在一定条件下能以液晶相态存在的一类聚合物。

按液晶态的形成条件可分为溶致液晶聚合物（LLCP）、热致液晶聚合物（TLCP）、兼具溶致和热致液晶聚合物、压致液晶聚合物和流致液晶聚合物五类，也有些人将它分为溶致、热致、压致和流致四类。获得重点应用的为 LLCP 和 TLCP 两大类。

按结晶的位置排列可分为：侧链型液晶聚合物和主链型液晶聚合物，大分子链中能够呈有序排列的部分处于侧链上叫侧链型液晶聚合物，大分子链中能够呈有序排列的部分处于主链上叫主链型液晶聚合物。

LCP 不是指某种单一的聚合物品种，而是指聚合物的一种状态。在此种状态下，聚合物分子排列的序列程度介于结晶固体和各向同性液体之间。它一方面具有液体的流动性，另一方面又具有固体分子排列的方向性，兼具固体和液体两者的特性。

液晶聚合物与传统的结晶聚合物不同点在于：在受热熔融或者被溶剂溶解后，这种材料会失去固体宏观的尺寸外形、硬度、刚性等性质，外观上则获得了液体物质的流动性，同时又保持着晶态物质的取向有序性，从而在物理形态上形成各向异性，又兼具液态流动性和晶态分子有序排列特征的过渡态，这种中间形态称为液晶态。常规高分子在熔融或溶解后，分子链会卷曲而相互交叉缠绕，而液晶分子则还是保持着晶态的有序取向。

早在 1972 年，美国的 Carboundcem 公司就开发出第一个液晶聚合物，商品名为 Ekonol，1984 年美国的 Amoco 公司开发出商品名为 Xydar 的液晶聚合物，1985 年美国的 Ticona 公司又开发出商品名为 Vectra 的液晶聚合物。

主要生产企业有：塞拉尼斯、宝理塑料、佳友化学、普利特以及以金发科技、沃特为代表的中国企业。

2. 结构性能

（1）结构

LCP 的分子主链在成型过程会产生高度取向，其制品中的大分子呈伸直链有序排列，很少有分子链的卷曲和缠绕，接近一种理想状态；在此理想状态下，大分子全部伸直排列，要破坏 LCP 制品，需要克服大分子链的化学键能，而不是分子间的作用力；因此，其拉伸强度可用理论计算，如 HDPE 为 6～20GPa、PET 为 150GPa。但实际上 LCP 达不到完全理想状态，总会存在这样或那样的缺陷，实际强度达不到理论计算值。

（2）性能

① 优异的力学性能　虽然 LCP 达不到完全理想状态，但其接近理想状态的分子结构，使其具有很高的力学性能，具有很高的强度及模量。如 Xydar 的拉伸强度为 116MPa，Vectra 的拉伸强度为 206MPa。

LCP 的冲击强度也很高，Xydar 的缺口冲击强度可达 128J/m，Vectra 可达 53～530 J/m。

LCP 的尺寸稳定性好，耐磨性高，可用作耐磨共混材料。

② 良好的耐热性能　LCP 分子间堆砌紧密，分子间作用力大，从而赋予其优异的耐热性。LCP 的耐热级别可分成低耐热、中耐热和高耐热三类，耐热温度分别为 220℃、240℃、260℃，LCP 的最高耐热温度可达 340℃。

LCP 的阻燃性好，氧指数在 35%～50%之间，遇火产生膨胀烧焦，可以在一定范围内替代金属和陶瓷。

LCP 的线膨胀系数小，是塑料中最小的品种，与金属铜几乎一样。

③ 其他各项突出性能　LCP 分子排列致密，因而具有十分低的气体透过性，是一种优异的阻隔材料。LCP 的耐辐射性能好，耐化学腐蚀性好，但耐浓碱及热水性差。

纯液晶聚合物的制品在力学性能上存在着明显的各向异性，难以单独使用，一般要加入大量的填料填充或用玻璃纤维、碳纤维增强，以得到各向同性的制品。

LCP 大分子的主链上一般含有芳环、联苯、萘环等链段与极性酯基交互连接构成线型全芳香族聚酯聚合物。此外，还常在主链上引入脂肪链段，形成非全芳香族聚酯聚合物，以降低其加工温度。

目前 LCP 的发展方向为降低价格和改善性能。为降低 LCP 的价格，Dartco 公司、Montedison 公司利用价格低廉的单体生产 LCP，日本川崎制铁公司以粗焦油为原料生产的萘系原料为单体合成 LCP。在改性方面，通过共聚反应在大分子链中引入弯折结构和不对称结构，开发出性能更好的 Xydar300、Xydar400、Xydar500、Xydar600 牌号；通过 LCP 的填充和增强，不但可抑制各向异性的缺点，提高高温下的强度，还可降低成本。

3. 主要品种

如前所述，液晶聚合物不是某一特定的聚合物品种，而是聚酯、聚酰胺、聚醚、聚磷氮烷、聚二乙基硅氧烷等聚合物在特定条件下的一种结构形态。已开发的热致液晶聚合物为全芳香族聚酯和全芳香族共聚酯，溶液致液晶聚合物为芳香族聚酰胺。

（1）溶致性液晶聚合物（LLCP）

溶致性液晶聚合物主要为芳香族聚酰胺，国内统称为芳纶，分为耐热芳纶和高强度高模量芳纶两大类。耐热芳纶以杜邦公司的聚间苯二胺（PMTA）Nomex 牌号为代表，高强度高模量芳纶以杜邦公司的 Kevlar 牌号为代表，主要品种有聚对苯甲酰胺（英文简称 PBA，又称为芳纶Ⅰ）和聚对苯二甲酰对苯二胺（英文简称 PPTA，又称为芳纶Ⅱ）。Kevlar 由美国杜邦公司 1972 年开发，我国的上海合成树脂研究所、江苏南通合成材料实验厂和上海市合成纤维研究所有生产。

Kerlar 具有高强度、高模量、耐高温、低密度、耐疲劳、富有韧性、优良电绝缘性、阻燃性和耐化学品性。用芳纶制成的纤维强度可达 20g/den❶，超过碳纤维和钢丝，模量为 1014g/den，是钢丝的 5 倍。用 Kerlar 制成的薄膜，其强度比 PI 薄膜大好几倍，具体性能见表 11-35。

表 11-35 Kerlar 薄膜的性能

性能	数据	性能	数据
拉伸强度/MPa	200	介电损耗角正切	0.03
断裂伸长率/%	40～60	相对介电常数	7.0
软化温度/℃	280	介电强度/(kV/mm)	200
体积电阻率/(Ω·cm)	6×10^{15}		

Kerlar 可被用于有机纤维和增强复合材料。

LLCP 高分子液晶聚合物的加工方法为使用强极性的复合溶剂，并施以一定的温度使其溶解，然后通过特殊的液晶纺丝技术加工成为力学性能优异的纤维和薄膜材料。杜邦公司的 Kevlar 产品即采用此种加工方式，比如芳纶Ⅱ采用的强极性溶剂是浓硫酸。

LLCP 其实不单单指芳纶，它还有其他类型聚合物，具体如芳杂环高聚物、聚烯烃嵌段高聚物和聚异腈等，但最常见的品种是芳纶。

芳纶的耐热性和强度都可以达到很高的数值，这是因为它熔融时在剪切应力作用下，分子链很容易发生取向，其机械强度会依据不同成型条件如注射压力、温度等发生很大变化。

（2）热致性液晶聚合物（TLCP）

为了改善刚性大分子链高聚物的难熔难溶性，科学家们在刚性的大分子链中引入适当比例的柔性链段或刚性弯折链段，使其链刚性得以适当降低，从而易于加热熔融，这就出现了热致性液晶聚合物（TLCP）。与溶致性液晶聚合物的芳香族聚酰胺不同，它属于芳香族热塑性聚酯。

❶ den 指旦尼尔，9000m 的纤维重 1g 为 1den。

TLCP这类高分子液晶可以在传统的熔融加工设备上加工成型，不仅可以获得力学性能优异的纤维和薄膜制品，还可以获得片、材、棒及各种特殊形状的塑料制品，甚至还可以获得高精密度、薄壁的注塑制品。

Vectra为美国田柯纳（Ticona）公司和美国塞拉尼斯（Celanese）公司开发的一种液晶聚合物的商品牌号，它是一种全芳香共聚酯，因牌号不同，其具体组成不同：

Vectra-B950为58%6-羟基2-萘甲酸、21%对苯甲酸和21%氨基苯酚的共聚物。

Vectra-A900为73%羟基苯甲酸和27%2-羟基-6-苯甲酸的共聚物。

由于Vectra用2-羟基-6萘酸取代了Xydar的联苯二酚，使其耐热性不如Xydar，其热变形温度为180～240℃，长期使用温度为200℃，属低耐热LCP类。

Vectra的性能与Xydar相似，也具有自增强作用，纯树脂的力学性能与普通增强工程塑料相当，力学性能具有明显的各向异性，流动方向的弯曲强度和弯曲模量为垂直方向的2倍。

Vectra的线膨胀系数极小，其流动方向的线膨胀系数比普通塑料还要小一个数量级，与金属相当，成型收缩率低。

Vectra的阻燃性好，Vectra-B950的氧指数为50%，而Vectra-A900的氧指数为35%。

Vectra的耐化学腐蚀性突出，可耐酸、碱在内的大多数化学品。

Vectra的加工性能要好于Xydar，熔融时在高剪切速率下黏度很低，流动性良好，可在较低的压力下成型，并可成型薄壁制品。

Vectra的具体性能见表11-36。

表11-36　Vectra的具体性能

性能		A950	A130	A540
填充材料		无填充	30%玻璃纤维	40%矿物
相对密度		1.40	1.62	
吸水率/%		0.08	0.05	
拉伸强度/MPa		210	215	
断裂伸长率/%		3.0	2.2	
拉伸模量/MPa		10×10^3	18×10^3	16×10^3
弯曲强度/MPa	流动方向	155	255	180
	垂直方向	54	92	67
弯曲模量/MPa		9×10^3	15×10^3	14×10^3
缺口冲击强度/(J/m)		440	140	110
洛氏硬度(M)		60	—	—
热变形温度(1.82MPa)/℃		180	230	190
热膨胀系数(35～50℃)/($\times10^{-5}$℃)	流动方向	−0.5	2.2	1.0
	垂直方向	2.8	1.4	2.3

4. 成型加工

（1）加工特性

LCP具有低的熔融黏度，加工流动性好，可用注射、挤出等热塑性塑料的加工方法加工。

LCP 属易加工类塑料，常将其用作难加工工程塑料的加工改性共混材料，如 PPS/TLCP、UHMWPE/LCP 等。

LCP 加工前需要干燥处理。

（2）加工方法

Vectra 的注射加工：

料筒温度：280～285℃；

模具温度：54～150℃；

注射压力：14～34MPa。

5. 应用范围

（1）传统应用

LCP 可进行分子自增强改性，具有高强度、高模量，耐热性好、阻燃好，减震性及电绝缘性优良等优点，非常适用于特殊绝缘材料。在美国和日本，80％的 LCP 材料用于电子电器工业；在西欧，也有 52％的 LCP 用于电子电气工业，16％用于无线通信，16.5％用于音像设备，6％用于汽车工业。用 LCP 制成的纤维可用于：光导纤维、渔网、防弹服装、体育用品及刹车片等。

芳纶可以被应用于消防安全织带、耐磨耐高温纤维、煤矿作业绳、盘根、防火阻燃套管等。

（2）高耐热应用

随着电子工业的发展需要尺寸稳定性高并耐高温的薄型电子绝缘材料。近年来，人们对环境问题的关注加倍，在印刷电路板上安置连接器时使用的焊锡向无铅化方向发展，表面涂装时的温度超过了 260℃，PBT（聚对苯二甲酸丁二醇酯）和 PPS（聚癸二酸亚丙基酯）已不能满足性能要求。于是具有高耐热性、对无铅 SMT 有抗耐性的 LCP 被人们逐渐认识。

（3）高流动应用

因为 TLCP 对于小型电子设备具有优异的性能，并且主要适用于注塑成型的大规模生产。在商品化的工程塑料中，LCP 具有很高的流动性（能填充细小及薄壁的产品）、高热稳定性、优良的环保阻燃性、极低的吸水性、较短的成型周期、低收缩率等特点。

（4）5G 通信应用

随着 5G 通信技术使用的频率越来越高，对 LCP 提出了许多新的要求，其中一个要求是介电性能，包括低相对介电常数和低介电损耗。LCP 因其本身固有的低相对介电常数而闻名，具体见表 11-37。如今通信速度越来越快，5G 通信正在走向世界。虽然 LCP 具有较低的相对介电常数，但是大多数等级的 LCP 还没有满足工业要求的低介电常数规格。沃特股份已经开发出几个新等级来覆盖所需的相对介电常数范围，具体见表 11-38，它们可以覆盖在 10GHz 下相对介电常数为 2.5～8.0 的范围，而大多数传统的 LCP 等级范围的相对介电常数为 3.7～4.5。

表 11-37　传统玻纤增强工程塑料相对介电常数

材料	相对介电常数	材料	相对介电常数
LCP(30％玻纤增强)	3.00～4.00	PA46(30％玻纤增强)	4.00～4.60
PA12(30％玻纤增强)	3.00～9.00	PA66(30％玻纤增强)	3.50～5.60

续表

材料	相对介电常数	材料	相对介电常数
PA6T(33%玻纤增强)	4.40～4.60	PTFE(25%玻纤增强)	3.00
PPS(40%玻纤增强)	4.00		

表 11-38　沃特 LCP 相对介电常数的规格

LCP 规格	10GHz 频率下相对介电常数	LCP 规格	10GHz 频率下相对介电常数
KC173C25	2.7	KC173M12	3.2
KC173C15	2.9	KC173H50	6.0
KC173C16	3.0	KC173H60	8.0

除了沃特之外，日本宝理公司公布的中低相对介电常数 LCP Laperos®。其中一个牌号 Laperos® E420P 作为此低相对介电常数系列产品中的第一款产品，其不仅具有优良的性能，例如固有的高耐热性、力学性能、耐化品学性、高流动性和低翘曲性，而且其应用广泛，适用于布线、天线和电路板中使用的薄膜和连接器等。Laperos® E420P 采用了填料和配方技术相结合的方法，实现垂直于 1～20GHz 频带流向的低介电常数（即相对介电常数小于 3.0）。此外，介质损耗角正切在整个频带上都是稳定的，不会对材料造成损坏。而且该材料还可以满足缩小尺寸要求和连接器应用中越来越复杂的设计，更令人惊奇的是其可以用于表面贴装技术（SMT）工艺。

第七节　聚苯酯（POB）

1. 一般概况

聚苯酯又称聚对羟基苯甲酸酯，为对羟基苯甲酸酯及其衍生物酯类在催化剂作用下自缩聚反应的产物，结构式为$\text{+}O—C_6H_5—CO\text{+}_n$。

聚苯酯最早于 1970 年由美国金刚砂公司开发成功，日本住友公司于 1981 年建立 100t/a 的装置，我国晨光化工研究院自贡分院 2000 年实现 50t/a 的生产能力。

聚苯酯主要有三个系列：

① 压制系列　Ekonol-100、1000；

② 注射系列　Ekonol-2000；

③ 改性系列　Ekonol-2008、2008L 等。

早期的聚苯酯虽为线型结构，但因结晶度大于 90%，在高温下呈现与金属相似的非黏性流动，具有类似热固性塑料的加工特性；只是近年来开发出压制和注射成型牌号，才解决了加工难问题，使其应用范围不断扩大。

聚苯酯的性能与金属最接近，它可在 315℃下长期使用，短期使用温度为 370～425℃，热导率在热塑性塑料中最高。在已知塑料中，其耐热性、自润滑性、硬度、电绝缘性及耐磨性都是最好的。

2. 结构性能

聚苯酯的性能特点如下。

① 一般性能　吸水率低，仅为 PI 的 1/4，几乎与 PTFE 相同。

② 力学性能　在很宽的温度范围内具有很高的刚性，其弯曲模量为 PI 的 2 倍，强度及模量随温度下降，其中强度下降快；耐蠕变性好、具有优异的自润性，与钢的摩擦系数为 0.3，耐磨性好；极限 PV 值大，在聚苯酯加入 20%F4 后，PTFE 的 PV 值可达 2.5MPa·m/s，比多孔青铜轴承加润滑油的 PV 值还要大。

③ 热学性能　聚苯酯加热到 538℃时也不熔融，仅在 427℃时发生类似金属的黏性流动，在 325℃以下无明显分解现象，在 425℃以上分解加重。聚苯酯的热导率最大，为一般塑料的 3～5 倍；线膨胀系数较低，与 PI 相仿，并具有优异的耐焊锡性能。

④ 电学性能　聚苯酯的电性能优良，具有较高的相对介电常数和较低的介电损耗，介电强度高，甚至超过 PI 及 PTFE；介电损耗受温度及频率的影响小，可在较大范围内具有稳定值。

⑤ 环境性能　聚苯酯可耐脂肪族和芳香族溶剂，不耐浓硫酸和氢氧化钠；耐辐射性十分优良，经 10^6Gy 钴射线辐照后，力学性能丝毫不变；耐候性也好。

聚苯酯的具体性能参见表 11-39。

表 11-39　聚苯酯的性能

性能		Ekonol-100	Ekonol-1000	Ekonol-2000	Ekonol-2008	Ekonol-2008L
相对密度		1.45	1.43	1.45	1.69	1.69
吸水率/%		0.02	0.02	0.02	0.02	0.02
成型收缩率/%		—	—	—	0.6	0.5
拉伸强度/MPa		17.6	70.3	75	80	120
弯曲强度/MPa		39.4	105	85	100	130
拉伸模量/GPa		4.3	1.3	3.0	4.5	6.8
弯曲模量/GPa		1.9	3.2	4.7	8.3	9.5
压缩强度/MPa		110	141	—	—	—
冲击强度/(J/m)		—	22	40	50	70
洛氏硬度		—	R124	R88	—	—
热变形温度/℃		—	300	293	310	310
长期使用温度/℃		315	260	280～300	—	—
线膨胀系数/($\times10^{-5}$℃$^{-1}$)		6.01	5.14	2.9	2.0	1.5
热导率/[W/(m·℃)]		0.56	—	0.29	0.33	0.33
阻燃性		V-0	V-0	V-0	V-0	V-0
体积电阻率/(Ω·cm)		10^{16}	10^{15}	10^{15}	10^{15}	10^{15}
介电强度/(V/mm)		30	18	14	17	17
相对介电常数	10^3Hz	3.36	3.68	3.2	—	—
	10^6Hz	3.28	3.44	2.9	4.3	4.3

续表

性能		Ekonol-100	Ekonol-1000	Ekonol-2000	Ekonol-2008	Ekonol-2008L
介电损耗正切角	10^3 Hz	6.2	8.5	10	—	—
	10^6 Hz	7.5	15	25	18	18
耐电弧/s		—	127	124	136	136

3. 成型加工

聚苯酯因成型加工性能的不同，可分别用压制和注射成型方法加工。

① 压制成型　适用于 Ekonol-100、Ekonol-1000 系列树脂。分烧结和热压两种。

烧结工艺：先在 150MPa 压力下压制几分钟，以 100℃/h 速度升温，达到 340～380℃，在此温度下烧结 4～10h，以 20～50℃的速度降温至 150℃以下即可。

热压工艺：先将原料预热到 370℃，预热时间 10min，将模具加热到 320℃，以 5MPa/分的加压速度，加压到 200MPa，保压 2min，再以 5～15℃/min 冷却即可。

② 注射成型　适用于 Ekonol-2000 系列树脂。注射前在 120～150℃下干燥 3h，具体工艺条件见表 11-40。

表 11-40　聚苯酯的注射成型工艺条件

性能		E-2000	E-2008L
料筒温度/℃	前	370～390	370～395
	后	370～390	370～395
喷嘴温度/℃		360～380	260～385
模具温度/℃		100～160	100～160
注射压力/MPa		100～130	120～150
螺杆背压/MPa		5	5
保压压力/MPa		20～40	20～40
螺杆转速/(r/min)		50～60	50～60
成型周期/s		15～35	15～35

4. 改性品种

聚苯酯的改性品种有填充、增强及共聚等。

① 玻璃纤维增强品种　可分为 Ekonol-2008 和 Ekonol-2008L 两种，其中 Ekonol-2008 为加 40％短玻璃纤维，Ekonol-2008L 为加 40％长玻璃纤维。

② 高润滑及耐磨品种　A 型为在 Ekonol-100 中加入 PTFE 及石墨，有 S200、S300、S230、S330 等，自润滑好，摩擦及耐磨性优异，磨耗量仅为 PTFE 的 1/1500，摩擦系数接近 PTFE；B 型为在 Ekonol-1000 中加入 PTFE 及石墨，分为 S1000、S1330、S1360 等，其 PV 值高；C 型为 Ekonol 与其他热塑性塑料的共混物，有 S3010 等品种。A、B 型可用压制成型，C 型可用注射成型。

5. 应用范围

利用聚苯酯的高耐热性、高导热性、低热膨胀性、低摩擦性、低磨耗性、自润性及高温耐蠕变性，常用于耐高温绝缘材料和工程塑料。

① 电子电器 主要用 Ekonol-2000 和 Ekonol-S 中的 C 型系列树脂，制造插座、线圈、绕线管及继电器零件等。

② 机械设备 制造轴承、滑块、活塞环及止推环等。

第八节 聚芳酯（PAR）

1. 一般概况

聚芳酯（DAR）为由芳香环和酯键构成分子主链的热塑性塑料。PAR 由二元酚和二元羧酸经缩聚而成其结构式为：

$$\left[O-C_6H_4-C(CH_3)_2-C_6H_4-O-CO-C_6H_4-CO \right]_n$$

PAR 的合成单体不同，可得到上百个品种，其中以双酚 A 和对苯二甲酰氯及间苯二甲酰氯合成的双酚 A 型 PAR 最为常用。

PAR 最早由日本的尤尼吉可公司于 1973 年投入工业化生产，并分为：耐热型（U-100）、通用型（U-1060）、高流动型（U-4015）、吹塑型（U-8000）；此后，美国的 UCC 公司、德国的 Bayer 公司都投入生产；我国的生产企业有晨光化工研究院及福州塑料研究所等。

PAR 的耐热性优异，可在－70～180℃温度范围内使用，力学性能好，价格与通用工程塑料接近，是一种很有发展前途的耐热塑料。

2. 结构性能

（1）结构

PAR 为线型无定形聚合物，大分子主链由亚苯基、醚基、羰基及异亚丙基构成。其中亚苯基赋予 PAR 以刚性；异亚丙基赋予 PAR 以韧性及可加工性；羧基极性大，增加分子间作用力，分子链排列更加紧密，使 PAR 的刚性进一步增大，同时电绝缘性能降低；醚基则增加柔性能。综合结果，PAR 呈现极大的刚性，一定的极性，又具有一定的柔性。

（2）性能

① 透明性能 PAR 为无定形透明性聚合物，其透光率可达 87%，折射率为 1.61，比 PC、PMMA 都高，只比 PES 稍低一点。

② 力学性能 PAR 具有良好的耐蠕变性、耐磨性、抗冲击性及弹性恢复性，在很宽的温度范围内，机械强度保持性好。

③ 热学性能 PAR 的玻璃化转变温度为 193℃，负荷热变形温度为 175℃，热分解温度为 443℃。阻燃性好，氧指数为 36.8%；线膨胀系数小，耐焊锡性好。

④ 电学性能 由于 PAR 的极性，使其在高频下的绝缘性受到影响，但在中、低频范围内具有优良的电绝缘性能。PAR 的耐电弧性好，电性能受温度和湿度的影响小。

⑤ 环境性能 PAR 耐紫外线性好，耐大部分溶剂性也好；PAR 不耐卤代烃、丙酮、香蕉水、芳香烃、氨水、热水、碱及浓硫酸等。

PAR 的具体性能请参见表 11-41。

表 11-41　PAR 的性能

性能	U-100	U-1060	U-4015	U-8000
相对密度	1.21	1.21	1.24	1.26
吸水率/%	0.26	0.25	0.20	0.15
拉伸强度/MPa	71.5	75	83	72.5
弯曲强度/MPa	97	95	115	113
压缩强度/MPa	96	96	98	98
断裂伸长率/%	50	62	62	95
缺口冲击强度/(J/m)	150～250	250～350	250～350	80～150
热变形温度/℃	175	173	174	170
体积电阻率/($10^{16}\Omega \cdot cm$)	2	2	2	2
相对介电常数(10^6Hz)	3	3	3	3
介电损耗(10^6Hz)	0.015	0.015	0.015	0.015
介电强度/(kV/mm)	39	19.8	19.3	19
耐电弧/s	129	129	120	123

3. 成型加工

(1) 加工特性

PAR 的熔体黏度高，比 PC 高 10 倍之多；流动特性接近牛顿流体，黏度受温度的影响大于受剪切速率的影响。

PAR 的成型加工温度与分解温度十分接近，熔融加工温度范围窄，这给加工带来一定的困难；一般需加入热稳定剂，常用亚磷酸三苯酯，用量 0.1%～0.3%。

PAR 在加工前需进行干燥处理，使含水率下降到 0.02%以下；具体干燥条件为：温度 110～120℃，时间 10～20h。

PAR 的成型收缩率小，仅为 0.05%，制品的加工精度高。

(2) 加工方法

PAR 可用传统的加工方法加工，具体如注射和挤出等。

① 注射成型

料筒温度：后 280～300℃、中 300～320℃、前 310～350℃；

模具温度：120～140℃；

注射压力：100～130MPa；

螺杆转速：60～120r/min。

② 挤出成型

料筒温度：后 310℃、中 330℃、前 340℃；

口模温度：320℃。

4. 应用范围

① 电子电器 PAR 可用于 H 级耐热绝缘材料，具体产品有：开关类如键盘、旋钮等，电位器如电位器轴、罩壳等，插座、线圈绕线管、继电器、发光二极管及照明零件等。

② 汽车配件 主要用于汽车透明配件，如透镜、反射镜及灯罩等。

③ 机械零件 塑料泵的叶轮及壳体，机器壳罩，各种滑动部件如齿轮、轴承及皮带轮。

④ 其他 医疗器械及生活用品等。

第十二章

生物降解塑料

生物降解树脂的定义为：在自然界如土壤掩埋、沙土掩埋、海水环境、淡水环境条件下，或在堆肥消化或者厌氧消化的特定条件下，在自然界存在微生物的作用下，引起塑料降解并最终完全变成二氧化碳（有氧）/甲烷（厌氧）、水及所含元素的矿化无机盐以及新的生物质（如微生物死体）的一类塑料。

在生物降解树脂需氧生物降解过程中，生物降解树脂的有机碳会被分解成二氧化碳。在试验中连续监测、定期测量累计产生的二氧化碳量，计算试验中实际产生的二氧化碳量与该材料理论产生的二氧化碳量的百分比，即为绝对生物分解率，国际标准要求大于60%才算合格。在试验中连续监测、定期测量累计产生的二氧化碳量与对比材料（常用纤维素）产生的二氧化碳量进行对比，即为相对生物分解率，国际标准要求大于90%才算合格。不管是相对分解率的90%，还是绝对分解率的60%，试验的生物降解树脂材料中的生物碳都是100%降解，只不过是受检测标准时限要求，在试验中没有100%变成我们监测的二氧化碳而已。

全球达到上述降解条件的生物降解塑料共有5大类，即聚交酯类、脂肪族聚酯类、聚ε-己内酯、聚羟基烷酸酯类和二氧化碳共聚物，中国是唯一五大品种都实现产业化生产的国家。

第一节　聚交酯类

聚交酯类塑料包括三大类：聚乙醇酸（PGA），又称为聚乙交酯；聚乳酸（PLA），又称为聚乙丙交酯（PLGA）。其中，聚乳酸属于聚丙交酯类的主导品种，到目前为止，聚交酯类仍以PLA为主。

一、聚乳酸（PLA）

聚乳酸为2-羟基丙酸聚合物。PLA原料100%来源于生物质材料，并可以100%生物降解，属于最典型绿色低碳环保树脂。

（一）一般概况

1. 乳酸

合成聚乳酸的源头单体原料为乳酸，乳酸的学名为2-羟基丙酸，属于一类含有羟基的羧酸。乳酸在自然界中是天然存在的，它广泛存在于人体、动物、植物、微生物中。1780年瑞典化学家 Carl Wilhelm Scheele 首先发现乳酸，因为是从牛乳制成的酸奶中发现的，所以称为乳酸。

1883 年美国 Charles E. Avery 公司首次实现了乳酸人工合成的产业化生产。工业用乳酸由玉米、木薯、秸秆等生物质原料经微生物发酵方法而来，再经过不同的化学合成工艺合成为聚乳酸。美国、日本、荷兰和比利时等国家已开发利用以玉米、木薯等农作物为原料生产乳酸，而中国已成功攻克非粮原料生产乳酸技术，以秸秆、农林废弃物为原料，以中国自主知识产权的酶转化技术，生产秸秆混合糖（五碳糖和六碳糖），联产黄腐酸有机肥，再使用国产乳酸发酵菌株生产乳酸，实现了秸秆资源的高值化利用，不会影响粮食安全，也为聚乳酸的大规模市场推广提供了原料保障。

2. 丙交酯

丙交酯为乳酸的环状二聚体，是二步法合成聚乳酸的原料。1845 年科学家 Pelouze 通过130℃高温下蒸馏乳酸脱水，首次合成了乳酸的二聚体——丙交酯。1914 年科学家 Gruter 和 Pohl 在聚合过程中加入了辛酸亚锡催化剂和调和催化剂，实现了丙交酯的产业化生产。

因为聚乳酸的二步法工艺不是采用乳酸为单体，而是采用乳酸的二聚体丙交酯为单体，所以我们不得不说丙交酯，它的重要性甚至超过了聚乳酸，因为目前全球聚乳酸产量受限，主要的“卡脖子”技术是丙交酯的合成，用于合成 PLA 的丙交酯要求具有高度的化学纯度和光学纯度，对水分含量要求又很严格，生产难度很大，该技术主要控制在荷兰的科碧恩普拉克和美国 Nature Works 公司手里。

在中国企业和科研机构的共同努力下，当前我们国家已经全面掌握从乳酸到丙交酯的产业化技术，安徽丰原和浙江海正都已经掌握了自主知识产权的丙交酯生产技术，并且实现了产业化大规模化生产。

3. 聚乳酸

1913 年美国科学家 Nef 首先在高温低压条件下，采用乳酸为单体原材料，在真空条件下使用溶剂直接脱水缩聚，聚合物的聚合度仅为 2～7，因分子量很低，为黏稠体或者质脆的玻璃体。这就是目前一步法聚合工艺的起源。

1932 年美国杜邦公司的 Carothers 等证实，采用丙交酯为单体进行开环聚合，可以得到分子量数千的聚乳酸，但是力学性能很差，不具有实用价值。1954 年美国杜邦的 Lowe 进一步完善前辈 Carothers 的聚合方法，合成出高分子量的聚乳酸，具有实际应用价值。这就是今天乳酸的二步法聚合工艺的起源。但是当时的聚乳酸在潮湿的环境中会缓慢水解，不能像 PET 那样在潮湿环境中持久保持性能，所以并没有进入实际应用领域。20 世纪 60 年代人们发现医用领域需要能降解可吸收的材料，易降解的聚乳酸被重新重视起来。1987 年 Leenslag 开发出高分子量聚乳酸，可以用于医学领域。直到 1997 年世界第四大粮商美国 Cargill 公司正式实现了聚乳酸的产业化生产，开始和美国陶氏公司各 50%出资建设了 1.6 万吨/年的工厂 Cargill-Dow 公司，并自己生产乳酸和丙交酯，后来分别在 2004 年、2006 年、2009 年再建 3 套装置扩产到 16 万吨/年，2005 年美国杜邦公司退出，Cargill 公司收购杜邦股份独资，并使用其原始商标名称 Nature Works 作为公司名称至今。2000 年恒天长江生物材料有限公司开发出 PLA 纤维，后采购道达尔丙交酯建成 1 万吨/年 PLA 聚合树脂装置，不经过造粒工序直接纺丝。2006 年我国浙江海正用中国科学院长春应用化学研究所陈学思院士技术，利用二步法建成 1 万吨/年产业化生产线，预聚体丙交酯需要外购，2019 年扩产到 2 万吨/年，2021 年开始自己生产丙交酯。2015 年法国石油巨头道达尔在泰国建设二步法 7.5 万吨/年聚乳酸生产线，自己生产乳酸和丙交酯。2019 年中国粮食巨头中粮集团在吉林德惠投资兴建 1 万吨/年二步法 PLA 生产线，单体丙交酯需要外购。

2019 年 11 月 8 日，安徽丰原利用自主知识产权建设的中国首条年产 5000 吨/年乳酸、3000 吨/年聚乳酸产业化示范线建成投产，标志着中国人全面掌握了从葡萄糖发酵乳酸到聚合丙交酯，再到聚乳酸全产业链工艺及设备核心技术。全球聚乳酸主要生产厂家产能见表 12-1。

表 12-1 全球聚乳酸主要厂家产能 单位：万吨/年

原料	企业	2024 年	2025 年预计	2026 年预计	2027 年预计
乳酸	Natrue Works（美国）	16	16	16	16
	Natrue Works（泰国）		7.5	7.5	7.5
	道达尔（泰国）	7.5	7.5	7.5	7.5
	阿联酋生物技术公司				3
	印度糖公司 BCML				7.5
	丰原比利时合资法国诺曼底工厂			7.5	7.5
	安徽丰原生物技术股份有限公司	10	12	18+12	30
	普立思生物科技有限公司	5	5	5	5
	联泓新材/江西科院生物新材料有限公司	1	1	3+1	4
丙交酯	浙江海正生物材料股份有限公司	5.5	7.5+5.5	13	7.5+13
	扬州惠通科技股份有限公司		3	3	3
聚合	珠海金发生物材料有限公司	3	3	3	4
	中粮生物科技股份有限公司	1	1	1	1
	无锡南大绿色环境友好材料技术研究院有限公司	0.5	0.5	0.5	0.5
合计		49.5	79.5	108	126

聚乳酸的合成工艺理论上可以分成一步法和二步法两种，但是目前规模化生产的 6 家都采用二步法工艺，只有上海同杰良生物材料有限公司采用同济大学任杰教授开发的一步法工艺，2023 年在安徽马鞍山建成了 1 万吨/年生产线。

乳酸、丙交酯和聚乳酸的产出比例为：1.45 吨乳酸生产 1 吨丙交酯，1 吨丙交酯生产 0.95 吨聚乳酸。

目前世界 PLA 的生产现状如下。

（1）合成路线

目前产业化的合成路线为乳酸→丙交酯→聚乳酸。2019 年以前“卡脖子”技术为丙交酯合成，该技术仅掌握在荷兰的科碧恩普拉克和美国 Nature Works 公司手里。中国 2019 年实现技术突破，安徽丰原和浙江海正已经将丙交酯产业化，河南金丹也完成中试规模的技术验证。

（2）合成技术

聚乳酸的合成以二步法聚合技术为主，国内技术为中国科学院长春应用化学研究所陈学思院士团队以丙交酯为单体、锡化合物为催化剂的聚乳酸聚合技术，此技术突破了国外的技术壁垒，但早期受制原料成本及合成技术树脂成本居高不下，同时可能存在残留重金属锡超标的问题。

有没有不用锡做催化剂的新型聚合方法？关键时候还是靠我们国家解决了这个世界难题。可喜的是我国在这方面又走在了世界前列。2016 年 6 月 15 日由南京大学牵头组织的胍催化缩聚合成聚 L-乳酸技术中试及应用项目在兰州通过了专家鉴定，由欧阳平凯院士、钱易院士、蔡道基院士、蒋士诚院士、陈发虎院士等 9 位专家组成的鉴定委员会，一致认为该技术是国内外率先开发的绿色合成工艺，具有原创性，达到国际领先水平。

制约 PLA 快速发展的原因主要为原材料因素，因为 PLA 的原材料为粮食，大量合成 PLA 会消化大量粮食，威胁人类粮食安全。安徽丰原集团已经开发出秸秆制乳酸技术，初步具备产业化条件，更可喜的是秸秆乳酸的成本低于淀粉乳酸。

（二）结构性能

1. 结构

合成聚乳酸的单体原材料乳酸具有手性，有左旋和右旋两种同分异构体，经常混合在一起，难以分离，合成过程也难以控制。依 PLA 的立体构型不同，可分为聚左旋乳酸（PLLA）、聚右旋乳酸（PDLA）和聚消旋乳酸（PDLLA）三种，其中常见的为 PLLA 和 PDLLA。虽然 PDLA 和 PLLA 只差一个字母，但是性能差异很大。

PLLA 是具有光学活性的等规立构聚合物，为半结晶型树脂，在熔融和溶液状态下都可结晶，其结晶度为 60%左右。玻璃化转变温度为 55～65℃，熔点为 170～180℃，是相当硬的材料。我们目前用的 PLA，如果不特指一般是指左旋 PLLA。

PDLA 需要采用特殊分离手段才能够得到，力学性能和耐热性远远高于 PLLA，主要用于医用骨科固定材料如骨钉和骨板等。

PDLLA 为无定形非晶聚合物，玻璃化转变温度为 50～60℃，但无熔融温度，力学性能较低。

2. 性能

本书中提到 PLA 之处，如无特指就是指左旋的 PLLA。

（1）突出优点

主要有：生物降解性、低碳排放性、高刚性、高强度、高结晶、高透明、成型收缩率低、生理相容性、抗菌性等。

就生物降解性而言，PLA 随意放置是很难降解的，需要在有氧气、微生物、50～70℃温度和 50%～60%的湿度堆肥条件下，才可实现 90～180 天后达到 90%的降解，降解产物为 CO_2 和 H_2O，符合欧盟的降解标准 EN13432 和美国 ASTM D6400 的规定。PLA 在非堆肥条件下可进行自然降解，但是降解速度非常慢，在淡水和海水中降解塑料袋和普通塑料袋降解时间相差不大，都是 10～20 年，而裸露在地面上降解塑料袋和普通塑料袋降解时间分别为 20～30 年和 50～100 年。

就低碳排放而言，PLA 的聚合原材料全部来自自然界的生物质，生物质在生产过程中可以吸收大量的二氧化碳，具有碳中和功能。

就抗菌性而言，如果 PLA 作为医用人体植入材料，因抗菌性好可以降低感染的概率，减少抗生素使用量，避免增加人体的抗药性。PLA 作为纺织品和非织造布原料，只要聚乳酸含量超过 30%，就会有良好的抗菌效果。

（2）突出缺点

主要有：韧性差、耐热温度低、断裂伸长率低、降解需要特殊条件等。

PLA 的冲击强度很低，一般才能达到 $2kJ/m^2$ 左右，与 HIPS 韧性接近，很多场合需要增韧改性才能使用。

PLA 的耐热温度太低，只有 60℃左右，很难满足耐热水场合使用，如一次性水杯、奶瓶等包装产品。

PLA 的降解时间不易控制。降解塑料的降解时间受环境的温度、湿度、阳光、土壤酸碱性等因素影响，具体时间不同。如同一种地膜，在不同地区因为温度、湿度、阳光、土壤酸碱性不同，降解时间大不相同。

PLA 加工中结晶速率低、结晶度不高，结晶质量不好，需要加入成核剂改进。

PLA 在生产过程中软化点低，不利于工艺的掌控。

（3）一般性能

PLA 的结晶性能对力学性能和降解性能影响很大。结晶的 PLLA 是与 PET 性能接近的热塑性塑料，但其抗冲击性差。无定形 PDLLA 的力学性能明显低于 PLLA，如 PLLA 和 PDLLA 的弯曲强度分别为 270MPa 和 140MPa，两者相差几乎 1 倍。结晶使降解速度变慢，如在生理盐水中，PDLLA 的半衰期为 3～10 个月，而 PLLA 至少为 5 个月。

随 PLA 分子量的增大，其力学性能提高。因此，用于塑料的 PLA 要求分子量至少要达到 10 万。

PLA 的耐溶剂性好，基本与 PET 相同。它在醇类（甲醇、乙醇、甘油、丙酮）、脂肪烃、酯类（乙酸乙酯）、醚类、食物油及机械油中不溶，在苛性碱的稀溶液中易水解，在强酸强碱的浓溶液中易溶解，在卤代烃如二氯甲烷、二氯乙烷、氯仿中可溶解，在芳香烃中如甲苯、二甲苯可溶解，在四氢呋喃中可溶解。

PLA 的限氧指数较高（24%～29%），燃烧后自灭性好、燃烧发烟量低，有较好的阻燃性。

（三）加工成型

PLA 具有优异的加工性能，可用通用的塑料加工设备加工，具体方法有注塑、挤出、拉伸、纺丝及吹塑等，此外还具有良好的制袋、印刷及二次加工性。

PLA 因为吸水加工前需要干燥处理，含水量控制在 0.01%以下。干燥温度为 60～80℃，干燥时间 2～4h。

PLA 的热稳定性好，PLA 的加工温度为 170～230℃。

PLA 的熔融表面张力小，这给其发泡成型带来一定的困难。

PLA 生产过程中软化点低，不利于吹塑加工生产工艺的掌控。

（四）改性方法

PLA 具有良好的生物降解性能和生理相容性能，但纯 PLA 的力学与 HIPS 相似，质硬而且性脆、热变形温度较低等，其他如热加工结晶速率比较慢、降解产物含有酸性等也需要进行改性处理。

1. 共混改性

（1）PLLA/PDLA 共混

PLLA 的降解速度慢，PDLA 的降解速度快。但是，PDLA 难以合成高分子量的产品，因而其他性能不好，没有获得普遍应用。如果将两者共混可以弥补各自缺点，两者共混的熔融温度为 220～230℃，高于 PLLA 和 PDLA 的熔融温度 170～180℃。

（2）PLLA/PDLLA 共混

PLLA 硬而脆，而 PDLLA 不仅降解性较好，而且自身韧性也好，将两者共混可制成降解性好、韧性优良的 PLA。

（3）PLA/PHB 共混

分子量较低的 PLLA 和 PHB 完全相容，而分子量较高的 PLLA 和 PHB 则出现相分离。一般 PLLA 的分子量小于 18000 时，共混物完全相容；而 PLLA 的分子量大于 20000 时，共混物发生相分离，改性过程需借助相容剂。

（4）PLA/PBS 共混

PLA/PBS 两者具有一定的相容性能，共混物在非结晶区域只有一个玻璃化转变温度。但当两者的分子量都较高时，PLA/PBS 则不相容。加入缩水甘油酯基类相容剂，可提高两者的相容性能。PLA/PBS 合金中，PBS 可起到成核的作用，可提高 PLA 的冷结晶速率。

（5）PLA/PBAT 共混

PLA/PBAT/E-BA-GMA 三元共聚物质量份为 90/10/10，复合材料的缺口冲击强度可以达到 37.6kJ/m^2。

在 PLA/PBAT 共混体系中，两者部分相容，如果加入相容剂可以大大提高两者的相容性。常用相容剂为 2,2-(1,3-亚苯基)-二唑啉（BOZ）邻苯二甲酸酐，例如 PLA 69 份、PBAT 20 份、BOZ 和邻苯二甲酸酐各 1 份配方，产品的拉伸强度 45.3MPa、断裂伸长率 515%。

（6）PLA/PPC 共混

PLA 与 PPC 两者具有部分相容，加入第三组分可以提高相容性。主要相容剂如下。

酯交换剂：具体有钛酸四丁酯，加入 2 份 PPC/PLA 就只有一个共同的 T_g。

扩链剂：具体有环氧苯乙烯-丙烯酸酯低聚物、2,4-甲苯二异氰酸酯、乙烯-马来酸酐共聚物、聚乙酸乙烯酯等。

（7）PLA/PHBV 共混

两者的相容性比较差，需要加入相容剂以提高相容性。可以采用苯乙烯-甲基丙烯酸缩水甘油酯（REC）、聚乳酸接枝马来酸酐为相容剂，例如 PLA/PHBV/相容剂为 20∶80∶4 的配方与未加入相容剂比较，冲击强度提高 50%左右、断裂伸长率提高 100%左右。

（8）PLA/PCL 共混

PLA 与 PCL 属于部分相容，如果不加入相容剂，PCL 的加入量不能超过 15%。相容剂可以是相容最好为 PLA 的极性官能团接枝产物，具体如 PLA-*g*-MAH、PLA-*g*-GMA 等。也可以加入交联剂和增塑剂酯类作为相容剂。如果加入交联剂 DCP，则可以提高两者的相容性，含有 0.3%DCP 的 PLA 中 PCL 的加入量增加到 30%时断裂伸长率可以达到 130%，冲击强度提高 2.5 倍。增塑剂酯类可加入亚磷酸三苯酯、柠檬酸三丁酯为相容剂。具体举例不同含量 PCL 的 PLA/PCL/PLA-*g*-MAH 合金的性能见表 12-2。

表 12-2　不同含量 PCL 的 PLA/PCL/PLA-*g*-MAH 合金的性能

PCL 含量/%	拉伸强度/MPa	冲击强度/(kJ/m^2)	断裂伸长率/%
0	52	4.2	9.8
5	65	5.0	12
10	70	5.9	14
20	64	6.4	12
30	56	7.2	11
40	41	12.4	264
50	39	14.7	385

随着 PCL 含量的增加，拉伸强度先增加后下降，在 PCL 含量达到 10%时拉伸强度最大，数值为 70MPa，比纯 PLA 提高 35%。冲击强度和断裂伸长率都一直增加，在 PCL 含量达到 50%时，冲击强度是纯 PLA 的 250%，此时合金的综合性能最佳。

另外，举例说明增塑剂柠檬酸三丁酯的相容作用如下：

配方	单位：质量份
原料	用量
PLA	70
PCL	20
柠檬酸三丁酯	1
滑石粉	9

此配方的拉伸强度为 62MPa，断裂伸长率为 14%。

(9) PLA/天然生物质材料共混

① PLA/淀粉共混　淀粉可起到填充的作用，降低 PLA 的成本。为提高两者的相容性，可采取如下措施。

淀粉糊化：糊化后的淀粉结晶度降低，增强了与 PLA 的黏结性能。

加入相容剂：加入聚二苯基甲烷二异氰酸酯（PMDI），加入 5%以下的马来酸二辛酯（DOM），加入马来酸酐接枝 PLA，都可起到相容剂的作用。

② PLA/壳聚糖共混　可提高 PLA 的力学性能，改善疏水性，并可控制 PLA 的降解速率。但两者熔融共混困难，可以乙酸-二甲基亚砜（DMSO）为溶剂，制成 PLA/壳聚糖共混物。

③ PLA/甘蔗渣共混　具体性能见表 12-3。

表 12-3　PLA/甘蔗渣共混的性能

甘蔗渣含量/%	0	10	20	30	40
拉伸强度/MPa	16	9	7.5	7	6
冲击强度/(kJ/m^2)	60	47	45	44	42

(10) PLA/其他共混

① PLA/PEG共混 PLA/PEG合金可提高PLA的力学性能和加工性能，PEG分子量为1500的效果好。

② PLA/PVAC共混 两者相容性能好。

③ PLA/PVP共混 聚乙烯吡咯烷酮(PVP)，环境友好并具有生物相容性能，玻璃化转变温度高，亲水性高。两者合金可提高PLA的亲水性和力学性能，可用氯仿为溶剂。

④ PLA还可以与聚己二酸丙三醇酯等共混。

2. 增强改性

玻璃纤维增强：40%的玻璃纤维可使PLA的拉伸强度提高1.6倍、弯曲强度提高1.7倍、弯曲模量提高3.1倍、冲击强度提高5.2倍、热变形温度提高2.8倍。玻璃纤维增强，还显著提高复合材料的结晶度，流动性先升高后降低。玻璃纤维用偶联剂处理后，各项性能还要提高。

天然纤维增强：剑麻、亚麻、黄麻、洋麻等纤维增强PLA后，复合材料的耐热性、刚性和加工性能都有不同程度改善，但冲击强度有轻微下降，具体见表12-4。

表12-4 洋麻纤维增强PLA复合材料的性能

洋麻纤维含量/%	热变形温度(1.82MPa)/℃	弯曲模量/MPa	悬臂梁缺口冲击强度/(kJ/m^2)
0	66	4500	4.4
10	72	5400	3.8
15	107	6300	3.2
20	120	7600	3.1

3. 增韧改性

(1) PLA/普通增韧剂

主要以美国罗门哈斯PLA专用增韧剂为主，可以有透明增韧牌号。优点增韧幅度大，缺点影响降解性能，降低PLA的刚性。PLA与TPU、MBS、ACR、EVA、BS、SEBS-*g*-MAH、EPDM共混可改善冲击强度，但影响生物降解性能。试验还发现，聚硅氧烷树脂、PE蜡、OPE蜡都有一定的增韧性能。

(2) PLA/降解树脂

在前述介绍的共混中，PLA与PBAT(对苯二甲酸-己二酸-丁二醇共聚聚酯)、PHA、PCL共混，可改善其冲击性能，还可以保持完全生物降解性能，其中PLA/PBAT共混物的性能见表12-5。如果在共混合体系中加入相容剂、扩链剂等第三方助剂，可以极大提升共混物性能，此外加入小分子增塑剂，如三乙酸甘油酯、柠檬酸三丁酯、PEG、二苯基甲烷二异氰酸酯、葡萄糖酸酯、甘油和乳酸低聚物等，增韧的同时仍能保持生物降解性能。如PLA/PCL(80/20)中加入TPP相容剂，断裂伸长率可以从28%提高到120%；再如在PLA/PBAT共混体系中加入扩链剂，具体性能见表12-6。

表 12-5　PBAT 对 PLA（2002D）冲击强度的影响

PBAT 含量/%	0	5	10	15	20
冲击强度/(kJ/m^2)	7.5	8.75	11.25	11.25	12.5

表 12-6　ADR（巴斯夫 4300）含量对 PLA/PBAT（90/10）冲击强度的影响

ADR 含量/%	0	0.2	0.4	0.6	0.8
冲击强度/(kJ/m^2)	11.25	16	22.5	31	29

（3）纳米碳酸钙改性

可以提高冲击强度 2 倍，刚性保持比较好，降低制品成型收缩率，提高耐热温度，不影响降解性能，成本很低。

4. 耐热改性

PLA 耐热性能差，注塑制品的热变形温度只有 58℃，影响了其使用范围。

（1）添加成核剂

PLA 常用的成核剂品种见表 12-7。

表 12-7　PLA 常用的成核剂品种

品种	名称
单体	石墨
金属氧化物	二氧化硅
黏土类	水滑石(水合硅酸镁)、高岭土、硅灰石、滑石粉、蛭石、黏土、膨胀性氟云母、蒙脱土
无机盐类	乳酸型(乳酸钙)、碱性无机铝化合物(氢氧化铝、氧化铝、碳酸铝和水滑石化合物)、硫酸钡、硅酸盐化合物(如钠、铝等)、贝壳粉
有机盐类	苯甲酸盐、山梨糖醇化合物、金属磷酸盐、安息香酸盐(钠、钾、钙)、芳香族和脂肪族羧酸酰胺化合物、邻苯二甲酸酯、柠檬酸酯、乳酸酯等
高分子类	聚羟基乙酸及其衍生物、聚乙醇酸和/或衍生物、碳纤维、有机纤维、木粉、竹粉、对苯二甲酸和间苯二酚构成的全芳香族聚酯细粉末

PLA 加入滑石粉、硅灰石、硬脂酸盐等成核剂可增加透明性，提高 PLA 的结晶速率，增加生产效率。

为提高成核剂分散性可加入分散剂。例如，以滑石粉为成核剂时，可加入酰胺类有机化合物作为分散剂。

（2）适当交联

加入有机氧化物等交联剂与助交联剂，使 PLA 轻度交联，提高耐热性。

用辐射交联技术，以三烯丙基异氰酸酯（TAIC）为助交联剂。如日本住友电工超效能高分子公司用工业电子线对 PLA 进行辐射交联，开发了可耐 100℃的 PLA 注塑制品。

四川大学的白红伟教授团队在 2023 年初发布聚乳酸交联技术最新进展，通过引入少量（0.5%～3%，质量分数）环氧官能化的苯乙烯-丙烯酸低聚物（ESA）作为反应性助剂，成功制备得到超韧的 PLA/PBAT 共混物新材料。结果表明，PLA 与 PBAT 分子链均可接枝到 ESA 侧链上，在共混物界面上原位生成 PLA-*g*-PBAT 共聚物，进而实现了有效的界面增容。同时，ESA 还可以诱导 PBAT 动态硫化，最终在 PLA 基体中形成了高度交联的 PBAT 粒子网络。界面增强和 PBAT 粒子成网均有利于引发 PLA 基体的塑性变形，从而显著提高增韧效率。特别地，PLA/PBAT（70/30）共混物的缺口冲击强度和断裂伸长率可达到 62.4kJ/m^2 和 232%，并且拉伸强度可从 44.2 MPa 增加到 51.5 MPa，展现出优异的强韧平衡性。值得注意的是，该团队首次证明了 ESA 的环氧当量、分子量等分子特性在调控 PBAT 分散相形态和界面增容中发挥着关键作用。此项研究为刚韧平衡的全生物降解 PLA 材料的开发开辟了新途径，具有重要的理论意义和实用价值。

（3）纤维增强

配方　　单位：质量份

原料	用量
PLA	70
短玻璃纤维	15
滑石粉（0.5～1.5μm）	15

此配方 1.82MPa 载荷下，热变形温度为 127℃。如果加入长玻璃纤维，耐热温度提高显著，以 2mm 玻璃纤维（GF）为例，改性性能见表 12-8。

表 12-8　PLA 纤维增强材料性能

性能	PLA	PLA+40%GF
拉伸强度/MPa	66	108
弯曲强度/MPa	107	180
弯曲模量/MPa	3490	10870
悬臂梁缺口冲击强度/(kJ/m^2)	5	26
热变形温度(1.82MPa)/℃	58	167

（4）植物纤维增强

以长度小于 5mm 的洋麻纤维增强 PLA，当其含量在 15%时，在 1.82MPa 载荷下的热变形温度达到 107℃，超过 ABS。

（5）填充耐热改性

可用有机化合成氟云母，加入 10%后 PLA 的热变形温度为 115℃（0.98MPa）载荷。

5. 增塑改性

PLA 可进行外增塑改性，具体可选用的增塑剂品种如邻苯二甲酸二酯、聚乙二醇、三乙酸甘油酯等。

增塑剂的品种不同，对 PLA 的增塑效果大不相同，其中以三乙酸甘油酯的增塑效果最好，加入 PLA 中可使其断裂伸长率超过 300%。加入增塑剂还改善冲击强度。

6. 提高熔体强度

（1）反应挤出

反应挤出是在 PLA 熔融挤出过程中加入支化剂，它为 3 个或以上多官能团的化合物，官能团为异氰酸酯、酸酐、环氧化物或有机过氧化物等，可与 PLA 分子上的羰基、羧基及羟基等基团发生反应，在分子中引入长支链，从而增加其熔体强度。

① 添加有机过氧化物　PLA 分子链末端的端羟基和端羧基上的氢属于活泼氢，过氧化物可夺取此氢而使 PLA 产生自由基，分子间发生交联反应，从而提高其熔体强度。常用的有机过氧化物有烷基过氧化物、二氧杂环丙烷、酯类过氧化物和酰类过氧化物等，一般优先选用热稳定性好的品种，加入量为 0.5%～2%。

例如日本三井公司采用 2,6-二甲基-2,5-双(叔丁过氧基)己烷（PO）与 PCL 或 PBS 协同加入 PLA 中，其改性效果见表 12-9。

表 12-9　过氧化物改性 PLA 熔体强度

配方	熔体强度/mN	弹性模量/MPa	断裂伸长率/%
PLA/PCL＝50/506	120	1000	
PLA/PCL/PO＝50/50/0.5	6	1000	260
PLA/PBS＝50/50	25	1300	120
PLA/PBS/PO＝50/50/0.5	1500	200	

② 添加含环氧官能团化合物　PLA 分子链中的端羟基或端羧基可与环氧官能团发生反应，可在其上引入长支链，提高 PLA 的熔体强度，改善其吹膜、吹塑和发泡性能。

可用的含环氧官能团化合物有：甲基丙烯酸缩水甘油酯（GMA）、丙烯酸缩水甘油酯和(3,4-环氧环己基）甲基丙烯酸甲酯等。

例如，采用 2.5%日本东压合成公司的 ARUFON UG-4030（组成为 GMA-苯乙烯共聚物）与 PLA 共混，其有良好的发泡性能，泡孔均匀，直径为 68～102μm。

再如，用日本油脂公司产的 BULENMA-CP-50M（为环氧官能团的丙烯酸聚合物）对 PLA 进行扩链改性，加入 0.8%时，熔体强度从 6mN 增加到 17mN，熔融黏度从 5.55×10^2Pa·s 增加到 8.36×10^2Pa·s。

③ 添加多价异氰酸酯化合物　多价异氰酸酯化合物可与 PLA 的端羧基反应，引入支化结构。不同种类的异氰酸酯化合物改性效果不同，芳香族类效果好，具体有二苯基甲烷二异氰酸酯（MDI）、2,4-甲苯二异氰酸酯（TDI）、亚二甲苯基二异氰酸酯（XDI）、MDI 官能度为 2～5 的混合物，其效果为：MDI 混合物＞XDI＞MDI＞TDI，加入量在 0.5%～5%的范围内最好。

例如，在 PLA 中加入 1%的 MDI 混合物，其熔体强度达到 22mN；加入 1%的 XDI 可达到 17 mN，加入 1%的 MDI 可达到 16 mN，加入 1%的 TDI 可达到 15mN。

（2）辐射交联

可用的辐射源有电子辐射和 γ 射线，其中电子射线的辐射剂量为 1～40kGy。为促进辐射交联，需加入助交联剂。助交联剂为含有两个或以上双键的低分子化合物，加入量 1～7 份，配合少量抗氧剂如 1010，可抑制降解。助交联剂具体品种为三烯丙基异氰尿酸酯、三烯丙基氰尿酸酯、三甲基烯丙基异氰尿酸酯、三甲基烯丙基氰尿酸酯等，其中三烯丙基异氰尿酸酯效果最好，PLA 中加入 3 份三烯丙基异氰尿酸酯后，用 13kGy 的电子射线辐射，可显著提高 PLA 的熔体强度。

（3）纳米复合

PLA 与纳米材料复合，可改善其熔体强度，如日本 Unitika 开发的 HV-6200，熔体强度达到 460mN，纯 PLA 仅为 10mN。

7. 结晶改性

PLA 加入成核剂（如稀土成核剂）、滑石粉、硬脂酸盐等成核剂可增加透明性，加速加工过程结晶，提高成型效率，提高产品性能。

8. 降解速度改性

由于 PLA 分子主链刚性很强，侧链上含有甲基，因此不易被细菌降解吞噬，导致自然降解速率慢。

试验发现，在 PLA 中加入羧酸、醇等会促进其降解，并且羧酸的促进程度远远大于醇。羧酸和醇对 PLA 的降解促进能力依次为癸酸＞十二酸＞十六酸＞正癸醇＞十六醇＞癸二醇＞正丁醇＞丁二醇。

加入 4.5 份的月桂酸，PLA 降解时间可以缩短到 1 周，用于缓释药物材料。加入适量的胶原质，可以使 PLA 在 5 周内降解一半。加入淀粉也可以改善其降解性能。

9. 降解产物改性

PLA 填充羟基磷灰石（HA）改性，可消除乳酸降解产生过量酸引起的非感染性炎症。

羟基磷灰石是一种重要的生物材料，是人体骨骼、牙齿的主要成分。人工合成的 HA 与人体组织有着良好的相容性，可与骨组织形成骨性结合。HA 本身较脆，不适合单独用于骨折内固定材料。HA 呈弱碱性，对 PLA 的酸催化降解有一定的抑制作用，因而可降低 PLA 的降解性能。

10. pH 值调节改性

PLA 的 pH 值为 6.5，略显酸性，在人体中降解后，会逐渐积累大量乳酸，达到一定的量后，会导致人体该部位感觉酸痛。对于植入人体的 PLA 材料如骨钉，可加入碱性的羟基磷灰石，增大其 pH 值至 7 左右。

11. 亲水改性

PLA 树脂属于亲油类型，在医学上往往需要亲水的 PLA，故需要进行改性。

在 PLA 大分子的主链嵌段共聚亲水性的乙二醇，其接触角从 460°下降到 200°，可用于药物缓慢释放材料。

PLA 与壳聚糖进行复合，复合材料具有很好的亲水性能和多孔结构。

（五）应用范围

聚乳酸的应用十分广泛，可用于加工从工业到民用的各种塑料制品、包装食品、快餐饭盒、无纺布、工业及民用布。进而加工成农用织物、保健织物、抹布、卫生用品、室外防紫外线织物、帐篷布、地垫面等等，市场前景十分看好。

1. 农用地膜

目前中国每年使用农地膜约 200 万吨，地膜覆盖能够显著提高农作物产量和水分利用效率，减少除草剂、化肥使用数量。由于重使用、轻回收，部分地区农田地膜残留污染情况严重，成为制约农业可持续发展的瓶颈之一。监测显示，覆膜 20 年以上产区的残膜量高达 8kg/亩以上，部分产区已达 15 kg/亩（1 亩＝666.67 平方米）。地膜残留影响土壤通透性、田间作业、作物生长发育，破坏生态环境，造成严重的“白色污染”。

农业农村部正在中国全面推动可降解地膜使用，2023 年可降解地膜使用目标是 500 万亩，需要可降解原料 4 万吨，2025 年初步计划达到 3000 万亩。由于各地政府已经认识到传统石油基地膜对农业的危害，纷纷主动推广可降解地膜，部分地区对可降解地膜的补贴已经达到 200 元/亩。

国内聚乳酸企业也将地膜研发列入重要方向，安徽丰原与中国农科院成立农膜污染防控重点实验室、全生物降解地膜研发推广中心，已取得聚乳酸地膜技术的全面突破，正在全国推广应用。聚乳酸地膜成本为 150～220 元/亩，传统石油基聚乙烯地膜成本需要 110 元/亩，但聚乳酸具有低碳排、降解周期可控、增产等优良特点，不用农民人工为地膜破洞、回收秧苗和回收残膜，考虑农民人工成本在 60～100 元/亩，加上政府补贴后，聚乳酸地膜已经具备了良好的经济效益和社会效益。

目前正在推广的大田作物地膜，以水稻为例，通过覆膜插秧施肥一体机，可以在水稻领域大规模推广聚乳酸地膜。每年中国水稻种植面积达到 3.7 亿亩，使用聚乳酸可降解地膜，有以下优点：

① 水稻增产 30％～50％；

② 保温性能好，可增加日平均气温 2.76℃，相当于增加一个种植积温带；

③ 种植过程无需除草剂，除草率可达到 90％以上，对泥虫、潜叶蝇防控达 80％；

④ 保墒性能好，可节水 40％；

⑤ 符合有机水稻认证要求；

⑥ 覆膜栽培技术可显著提高根系密度、根表面积密度和根干质量，提高水稻籽粒产量、水分利用效率和抗倒伏性及抗病性。

2. 一次性餐具

中国禁塑令要求到 2025 年，地级以上城市餐饮外卖领域不可降解一次性塑料餐具消耗强度下降 30％，这将带来 50 万吨/年的聚乳酸餐盒、刀叉勺等制品的市场需求。而 2021 年国务院办公厅发文，倡导政府部门和事业单位带头禁塑，目前航空领域的全线禁塑，都为聚乳酸餐盒、餐具制品未来应用提供了政策支持。

丰原作为 2022 年北京冬奥会可降解餐具官方供应商，为冬奥会提供了 3600 余万件聚乳酸一次性可降解餐具和可重复使用餐具，取得了良好的社会效益和市场示范作用。

目前聚乳酸餐具已被市场充分认可，进入市场大规模发展阶段。

3. 包装袋

根据中国塑料加工工业协会和国家统计局披露的相关数据，我国每年快递包装塑料袋产量约 180 万吨，购物塑料袋约 400 万吨，外卖塑料包装约 50 万吨。目前邮政总局已经确定使用可降解膜袋，但传统 PPAT 膜袋存在成本高、货架期短、强度差等缺点，通过新的聚乳酸/PBAT 交联技术，聚乳酸添加比例提高到 50％，生产的膜袋强度高，透明度好，成本与传统 PPAT 膜袋价格相当。

4. 双向拉伸膜

目前双向拉伸膜（双拉膜）的主要原料是PP和PET材质，中国市场容量在1400万吨/年，聚乳酸双拉膜具有高透明、硬挺、可热封、可印刷、可透气等优良性能，可应用于食品包装、透明胶带、标签膜等领域。在邮政行业禁塑要求中，透明胶带计划在2025年全部替换为可降解胶带，双拉膜市场前景广阔。国内多家企业成功产业化聚乳酸双拉膜系列产品，能向市场大规模供应聚乳酸双拉膜制品。

5. 高倍发泡制品

石油基材料EPS、EPP发泡产品广泛应用于冷链物流、包装缓冲材料、建筑外墙保温等行业，国内市场用量超过300万吨/年，但这些石油基发泡材料难以回收，不能降解，对环境影响较大。

聚乳酸发泡是采用超临界二氧化碳釜压发泡工艺或挤出发泡工艺，对聚乳酸改性微粒进行物理发泡，即可得到可降解的EPLA轻质材料，再通过蒸汽模压成型工艺，可应用于家电缓冲包装、冷链运输保温箱、建筑节能保温材料、工业周转、汽车领域等。产品隔热保温效果好，抗冲击性能强；综合成本与EPP相当；难燃，燃烧时无黑烟，不释放有毒有害气体，提高消防安全等级。

聚乳酸发泡粒子生产的建筑保温板，已经进入项目示范阶段，根据中国建科院检测数据，聚乳酸发泡板具有环保、节能、阻燃等优良特性。

6. 高端仿瓷餐具

三聚氰胺（又称密胺）餐具是以三聚氰胺-甲醛树脂为原料，加入颜料及其他助剂，经模压成型制得的餐具产品，其中的原料三聚氰胺-甲醛树脂是三聚氰胺与甲醛聚合而成的高分子化合物。如果三聚氰胺餐具在生产加工过程中使用原料不合格，生产加工质量不过关，或者使用过程中加热、接触酸性物质等，可能导致甲醛和三聚氰胺等有害物质迁移量增大。甲醛属于1类致癌物，三聚氰胺属于2B类致癌物，对人体均可能产生严重危害。为加强食品安全，减少健康风险，国内外对三聚氰胺餐具中甲醛和三聚氰胺迁移量进行了相关要求。

以聚乳酸为主料，添加瓷粉生产的聚乳酸高端仿瓷餐具，已在国内量产，该产品对标传统三聚氰胺餐具，具有无毒、环保、成本相当的特点，目前中国市场有20万吨/年的需求。

7. 制品

因为PLA具有高刚性和高硬度，适合于需要强硬的餐具刀、勺、杯、管等制品生产，随着航空领域和餐饮企业对环保的重视，一次性餐具市场正在快速增长中。

8. 纤维

聚乳酸纺织品天然抑菌抗螨，是目前纺织行业最受关注的绿色纤维制品。2022年聚乳酸纺织品新品包括红豆集团聚乳酸T恤、特步集团聚乳酸运动系列、愉悦家纺聚乳酸床上用品、山东龙福聚乳酸车用脚垫、界首嘉明新材料聚乳酸篷布用底布等，同时聚乳酸被服产品也在铁路卧铺上开始测试，界首嘉明新材料用聚乳酸长丝生产篷布底布，替代棉布或涤纶布，已经开始量产，聚乳酸篷布成本低于棉布，在欧美市场开始推广。国内聚乳酸纤维产能也在扩张，安徽丰原新建 3 万吨/年纤维项目，台州鸿源生物新建 1 万吨/年纤维装置，上海德弗伦、山东龙福现有纤维产能开工率也在不断提升。

PLA 纤维还可以用于香烟的过滤嘴材料。三长花牌香烟最新采用了环保材料 PLA 做成的过滤嘴，用完的过滤嘴可以完全生物降解。

9. 淋膜制品

聚乳酸作为目前市场最成熟、最经济替代 PE 淋膜的材料，已经广泛用于淋膜纸杯、纸碗的销售，在饮料、餐饮、方便食品领域多家终端企业开始使用聚乳酸淋膜制品，目前国内比较大的企业如恒鑫生活淋膜用 PLA 约为 4000 吨/年，全国需求约为 2 万吨/年。

10. 吸管

目前国内可降解吸管市场约为 3 万吨/年（PLA 用量约为 2 万吨），聚乳酸后结晶工艺的普及，已经将纸吸管逐步淘汰，随着奶茶、咖啡行业的继续发展，需求量也将逐步提高。

11. 无纺布

目前传统聚乳酸无纺布市场主要是用于做无纺布购物袋、包及口罩等，用量较小，年消费量在 5000 吨左右，随着最新的欧盟委员会发布的《生物基、可生物降解和可堆肥塑料的政策框架》，如果茶包、过滤式咖啡包和胶囊可以使用聚乳酸等生物基可堆肥降解材料制作，其中将有一定幅度的市场增长，市场需求量将超过 5 万吨/年。目前海南市场已经禁止使用超薄石油基无纺布袋，市场需求快速上升中。

12. 3D 打印材料

PLA 的熔体黏结强度高，成型收缩率低到 0.3%左右，成型加工尺寸精度高，结晶均匀制品不翘曲，成型制品表面光滑，尤其适合于 3D 打印材料。特别是 3D 打印材料一般居家应用，PLA 在打印过程中不会产生有毒气体，无异味产生，适合家庭 3D 打印材料。

13. 医用材料

聚乳酸在医药领域应用也非常广泛，如可生产一次性输液用具、免拆型手术缝合线、药物缓释包装剂等。中国科学院长春应用化学研究所聚乳酸技术的聚乳酸美容针，已经开始商用。

二、聚乙醇酸（PGA）

1. 一般概况

聚乙醇酸（PGA）是由乙醇酸单体聚合而成的聚合物，又可以称为聚羟基乙酸或聚乙交酯，属于线型热塑性脂肪族聚酯。目前 PGA 的价格偏高是制约其快速发展的主要问题，好在我国开发的煤化工合成路线即将产业化，预计将大大降低 PGA 成本。

乙醇酸在自然界中广泛存在，如砂糖、葡萄和植物叶子中都含有乙醇酸，也可从乙酸钙中得到乙醇酸，最近开发出煤化工技术路线获得乙醇酸技术。

PGA 的合成工业路线与 PLA 很相似，有一步法和二步法，并以二步法为主导。

一步法：也称为缩合聚合法，它将乙醇三单体直接脱水聚合成 PGA，优点工艺路线较短，单产品 PGA 的分子量偏低，性能很差，没有使用价值。

二步法：也称为开环聚合法，将乙醇酸单体先聚合成二预聚体乙交酯，乙交酯在催化剂（以机金属化合物如辛酸亚锡等作引发剂）作用下，以乙醇作为分子量和反应速率控制剂，在高温和低压力的条件下，使乙交脂的阳离子开环聚合成 PGA。缺点是工艺路线长、工艺复杂、树脂有催化剂残留，优点为产品分子量高、综合性能好。

2. 生产状况

1995 年日本吴羽公司率先开发出 PGA 工业化合成技术，2002 年吴羽在日本福岛县岩木市建成 100 吨/年的中试装置，2008 年吴羽与美国杜邦合作在美国西弗吉尼亚州杜邦美国工程内建设 4000 吨/年的合成装置，构筑了从原料乙醇酸至 PGA 树脂以煤为原材料的一条龙生产体系。

我国有很多企业研发 PGA 的生产技术。上海浦景化工技术有限公司开发的 300 吨/年中试装置，2015 年通过内蒙古通辽认证，随后建设 1000 吨/年中试装置。国家能源集团神华与浦景合作规划在榆林能源化工有限公司基地量产 5 万吨/年，2020 年 04 月通过陕西省审核。通辽金煤集团已建成 8000 吨/年乙醇酸生产装置，并将乙醇酸制成初级 PGA 树脂。还有长春圣博玛生物材料有限公司、深圳市博立生物材料有限公司、北京纳英材生物降解新技术有限公司等也在陆续开发。

PGA 树脂可以进行增黏、改性、加工成型等后处理，让 PGA 力学性能更优，降解速度可控，更易于加工成型，最终制备出不同牌号、面向不同应用领域的 PGA 树脂粒料或制品，生产可满足注塑、纺丝、吹膜等不同用途需求的 PGA 专用树脂粒料或制品。

3. 结构特性

PGA 外观为白色粉末，无味，分子量为 2 万～15 万，相对密度 1.5172，熔点 240℃，玻璃化转变温度为 36℃，硬度高。属于高结晶性树脂，结晶度 65%。纯 PGA 的典型性能：拉伸强度 100MPa，断裂伸长率 8%，热变形温度 145℃。

PGA 几乎不溶解于常见的有机溶剂，只能溶解于氟异丙醇、苯酚和二氯苯酚（10/7）混合液及三氯乙酸这类强极性溶剂中。

（1）快速降解

目前其降解速度最快，而且还同时具有生物降解和水降解双重降解功能。降解产物为二氧化碳和水，安全无毒，可以进入人体代谢循环系统。降解性能完全可以通过欧盟、美国、日本的降解认证。

（2）诱发降解

低分子量的 PGA 是理想的生物降解诱发剂，加入通用塑料如 PE、PP、PS、PVC 等树脂之中，可以诱发普通塑料降解。

（3）力学性能

PGA 具有优良的力学性能，拉伸强度和弯曲强度都很高。PGA 的强度与分子量大小有关，分子量超过 1 万就可以满足手术缝合线的强度要求。PGA 可以进行自增强改性，改性后强度可以提高 2～3 倍，可以用于骨钉和骨板材料。以拉伸强度为例，PGA 拉伸强度为

90MPa，而 PLA 为 70MPa、PET 为 60MPa、PS 为 50MPa、PP 为 40MPa。以弯曲强度为例，PGA 弯曲强度为 180MPa，而 PET 为 100MPa、PP 为 40MPa。

PGA 加入普通塑料 PE、PP、PS、PVC 等树脂之中，可以改善韧性和断裂伸长率等力学性能。

（4）高阻隔性能

高分子量的 PGA 具有优异的阻隔性能，并且不受环境温度的影响。对氧气和水蒸气的阻隔性能是 PET 的 100 倍和 PLA 的 1000 倍。例如，在 PET 瓶原料中仅加入 1%的 PGA，PET 瓶酒可以减薄 20%之多。

4. 成型加工

PGA 对熔融温度很敏感，因为在螺杆类价格设备中，PGA 除了外加热量，还有螺杆的剪切和摩擦热量，因此加入温度应该低一些，否则温度超过 210℃时，长期受热熔体会变成褐色流淌，因此成型温度控制很关键。

PGA 典型的注塑温度（从喷嘴开始）：228℃、226℃、226℃、220℃。对于特殊的薄壁制品则最好采用热流道模具。

具有良好的注塑、纺丝性能。PGA 也可通过流延成膜，复合制备高阻隔性能的膜材料，其阻隔性超过 EVOH。

5. 改性技术

（1）PGA/PLA 合金

PGA、PLA 具有很好的共混性能，在 PLA 中加入少量 PGA 可大大改善 PLA 的注塑加工性能，提高结晶速度和耐热性，而且让生产效率得到很大提高，可在一定程度上替代 PLA 成核剂和 PDLA，用于 PLLA 的改性。

（2）PGA/PBAT 合金

用 PGA/PBAT 合金制造的塑料袋主要性能见表 12-10。

表 12-10 PGA/PBAT 可降解膜袋

测试项目	测试标准	测试条件	测试结果
拉伸强度/MPa	ASTMD 4321	50mm/min	≥30
断裂伸长率/%	ASTMD 4321	50mm/min	≥340
直角撕裂强度/(N/mm)	ASTM D1004	500mm/min	≥100
热变形温度/℃	ASTM D648	1.8MPa	<100
熔体流动速率/(g/10min)	ASTM D1238	190℃、2.19K	1～8
密度/(g/cm^3)	ASTM D792	23℃	1.25～1.30

6. 应用范围

聚乙醇酸的应用主要表现在生物医学和生态学两个方面。但目前 PGA 的实用性还较小，在控制分解性、改善加工性能等方面还有许多工作要做，希望各位有识之士加快研究。

聚乙醇酸的生物医学应用主要表现在医用缝合线（分子量达 10000 以上的聚乙醇酸，其强度完全能满足可吸收缝合线的使用要求）、药物控释载体、骨折固定材料、组织工程支架、缝合补强材料、农用薄膜。

聚乙醇酸在生态学上的应用是作为对环境有益的完全可生物降解性塑料取代在塑料工业中广泛应用的生物稳定的通用塑料。聚乙醇酸主要用作缓释体系，控制除草剂的释放速度。使用聚乙醇酸塑料农用薄膜最明显的优点是不会像目前大量使用的聚乙烯和聚氯乙烯那样造成环境污染，这种薄膜在使用几年后可自动降解，不会污染土地和水源。聚乙醇酸塑料还可用作林业木材、水产用材和土壤、沙漠绿化的保水材料。

三、聚乙丙交酯（PLGA）

1. 一般概况

聚乙丙交酯（PLGA）又称为聚(L-丙交酯-乙交酯)、乳酸-羟基乙酸共聚物、乳酸-乙醇酸共聚物，CAS 登录号 30846-39-0。

PLGA 是一种可降解的功能高分子有机化合物，具有良好的生物相容性、无毒、良好的成囊和成膜的性能，被广泛应用于制药、医用工程材料和现代化工业领域。在美国 PLGA 通过 FDA 认证，被正式作为药用辅料收录进美国药典。

2. 聚合方法

（1）传统开环聚合法制备无规聚乙交酯丙交酯

PLGA 的制备多采用开环聚合法，常见的开环聚合是将乙醇酸和乳酸分别脱水环化，合成乙交酯（GA）、丙交酯（LA）两种中间体，再由 GA 和 LA 开环聚合得 PLGA 无规共聚物。

具体过程如下：

O-氯乙酰-DL-乳酸的制备：在装有分水器、恒压滴液漏斗的三颈瓶中，加入适量的氯乙酸、强酸型离子交换树脂和甲苯，回流加热，伴随机械搅拌下滴加等量的乳酸，以出水量控制反应进程。滤出树脂，升华除去未反应的氯乙酸，然后在 110～120℃、0.11MPa 下收集 *O*-氯乙酰-DL-乳酸的粗产品。用甲苯重结晶 3～4 次得白色晶体，此 PLGA 树脂的熔点为 72～74℃。

DL-3-甲基乙交酯的制备：将 0.102mol Na_2CO_3 溶于 *N*,*N*-二甲基甲酰胺（DMF）溶液中，加入三颈瓶中；另用适量的 DMF 溶解 0.1038mol *O*-氯乙酰-DL-乳酸，在恒压下缓慢滴加到含 Na_2CO_3 的 DMF 溶液中，在 80℃温度下反应 2h，冷却至室温。减压蒸出 DMF 后，残余物加适量丙酮；滤去析出的无机盐，滤液浓缩后得棕色固体。在异丙醇和甲苯中重结晶，得 DL-3-甲基乙交酯晶体，此 PLGA 树脂的熔点为 56～60℃。

PLGA 的制备：把一定质量比的单体 DL-3-甲基乙交酯和辛酸亚锡置入经硅烷化处理的小聚合管中，在氮气保护下，130～150℃温度下熔融聚合。产物用二氯甲烷溶解，在甲醇中沉析，经洗涤后真空干燥备用。

（2）直接熔融聚合法合成聚乙交酯丙交酯

用不同构型乳酸与羟基乙酸直接熔融共聚制得了不同的熔融共聚产物，该工艺简单，化学原料及试剂使用量少，有利于降低生物降解材料 PLGA 的成本。

直接熔融聚合的方法：以左旋乳酸（L-LA）、外消旋乳酸（DL-LA）为原料与乙醇酸

(GA) 按不同摩尔比投料，先进行除水处理，之后加入催化剂 $SnCl_2$（用量为反应物质量的 0.5%），在温度 165℃、压力 70Pa 下反应 10h。反应结束后，提纯、真空干燥得到白色固体即为 PLGA。

3. 结构性能

聚乙丙交酯是无规共聚、无定形聚合物，具有良好的生物相容性、生物降解性能、无毒、良好的成囊和成膜性。

不同的单体比例可以制备出不同类型的 PLGA，例如 PLGA75：25 表示该聚合物由 75%（摩尔分数）乳酸和 25%羟基乙酸组成，单体比例不同的 PLGA 性能差别很大。

PLGA 外观白色、浅黄色粉末或颗粒，密度 1.2～1.3g/cm^3，含水率≤0.5%，玻璃化转变温度为 40～60℃，旋光度≤－50，残留单体＜1%，残留溶剂＜0.5%，重金属≤10mg/kg，锡催化剂残留＜200mg/kg，硫酸盐灰分＜0.1%，特性黏度 0.2～1.8dL/g (30℃)。乳酸均聚物或羟基乙酸均聚物比较难溶，而 PLGA 展现了更为广泛的溶解性，它能够溶解于更多更普遍的溶剂当中，如氯化溶剂类、四氢呋喃、丙酮或乙酸乙酯等。

在降解性能上，在 pH 为 7～9 的范围内容易降解，在人体内可降解成小分子化合物，随体液排出。PLGA 常见的降解产物是乳酸和羟基乙酸，所以当它应用在医药和生物材料中时不会有毒副作用，是人代谢途径的副产物。破坏酯键会导致 PLGA 的降解，与 PLA 相比 PLGA 降解程度随单体比不同而有差异，因此可以根据 GA 含量不同控制聚合物降解时间，乙交酯比例越大越易降解，也存在特例，当两种单体比为 50：50 时，降解的速度会更快，差不多需要两个月。通过调整单体比，进而改变 PLGA 的降解时间，这种方法已广泛应用于生物医学领域中，如皮肤移植、伤口缝合、体内植入、微纳米粒等，市售的治疗晚期前列腺癌的 Lupron Depot 即是用 PLGA 充当药物载体。

PLGA 有良好的生物相容性和生物降解性能且降解速度可控，加上材料的强度又高，在生物医学工程领域有广泛的用途。已被制为人工导管、药物缓释载体和组织工程支架材料。各种 PLGA 药物微球制备应用多见报道，其中 PLGA 微球作为蛋白质、酶类药物的载体，是研究的热点。

常用 PLGA 的 L-丙交酯（LA）/乙交酯（GA）摩尔比为 90/10、80/20、75/25、70/30、50/50。表 12-11 为武汉海山科技有限公司 PLGA 产品物性。

表 12-11 武汉海山科技有限公司 PLGA 产品物性

型号	组成比例 LA/GA	特性黏度/(dL/g)	LA/GA 组成比例范围	特性黏度范围/(dL/g)
PLG90-03	90/10	0.3	(87/13)～(93/7)	0.20～0.40
PLG90-05	90/10	0.5	(87/13)～(93/7)	0.40～0.70
PLG90-08	90/10	0.8	(87/13)～(93/7)	0.70～1.00
PLG90-12	90/10	1.2	(87/13)～(93/7)	1.00～1.40
PLG90-16	90/10	1.6	(87/13)～(93/7)	1.40～1.80
PLG90-20	90/10	2.0	(87/13)～(93/7)	＞1.80
PLG80-03	80/20	0.3	(77/23)～(83/17)	0.20～0.40
PLG80-05	80/20	0.5	(77/23)～(83/17)	0.40～0.70

续表

型号	组成比例 LA/GA	特性黏度/(dL/g)	LA/GA 组成比例范围	特性黏度范围/(dL/g)
PLG80-08	80/20	0.8	(77/23)～(83/17)	0.70～1.00
PLG80-12	80/20	1.2	(77/23)～(83/17)	1.00～1.40
PLG80-16	80/20	1.6	(77/23)～(83/17)	1.40～1.80
PLG80-20	80/20	2.0	(77/23)～(83/17)	>1.80
PLG75-03	75/25	0.3	(72/28)～(78/22)	0.20～0.40
PLG75-05	75/25	0.5	(72/28)～(78/22)	0.40～0.70
PLG75-08	75/25	0.8	(72/28)～(78/22)	0.70～1.00
PLG75-12	75/25	1.2	(72/28)～(78/22)	1.00～1.40
PLG75-16	75/25	1.6	(72/28)～(78/22)	1.40～1.80
PLG75-20	75/25	2.0	(72/28)～(78/22)	>1.80
PLG70-03	70/30	0.3	(67/33)～(73/27)	0.20～0.40
PLG70-05	70/30	0.5	(67/33)～(73/27)	0.40～0.70
PLG70-08	70/30	0.8	(67/33)～(73/27)	0.70～1.00
PLG70-12	70/30	1.2	(67/33)～(73/27)	1.00～1.40
PLG70-16	70/30	1.6	(67/33)～(73/27)	1.40～1.80
PLG70-20	70/30	2.0	(67/33)～(73/27)	>1.80
PLG50-03	50/50	0.3	(47/53)～(53/47)	0.20～0.40
PLG50-05	50/50	0.5	(47/53)～(53/47)	0.40～0.70
PLG50-08	50/50	0.8	(47/53)～(53/47)	0.70～1.00
PLG50-12	50/50	1.2	(47/53)～(53/47)	1.00～1.40
PLG50-16	50/50	1.6	(47/53)～(53/47)	1.40～1.80
PLG50-20	50/50	2.0	(47/53)～(53/47)	>1.80

4. 应用范围

目前在医疗方面主要用作手术缝合线材料、骨科固定材料、手术防粘连膜、皮肤移植材料、组织工程支架、组织修复材料及药物缓释材料等。

第二节　聚二元酸二元醇酯

聚二元酸二元醇酯目前产业化的品种有聚丁二酸丁二酯（PBS）、丁二酸-己二酸-丁二醇共聚聚酯（PBSA）、对苯二甲酸-丁二酸-丁二醇共聚聚酯（PBST）、对苯二甲酸-己二酸-丁二醇共聚聚酯（PBAT）4 个，并以 PBAT 为主导品种。国内研究单位主要有中国科学院理化所、清华大学、四川大学等，主要生产厂家及产能情况见表 12-12。全球 PBAT 产能最大的公司为 BASF，产能为 7.5 万吨/年。我国 PBAT 材料产业化发展速度快，行业内企业集中度高，产量已经超过国外。

表 12-12　“十四五”期间中国 PBS 类树脂在建产能

企业名称	品种(年份)	产能/万吨
国内企业		
金发科技股份有限公司	PBAT(2022)	18
新疆蓝山屯河化工股份有限公司	PBAT(BDO)	12
宁波长鸿高分子科技股份有限公司	PBAT(一期于 2021 年 9 月试车)	12
中化学东华天业新材料有限公司(天业)	PBAT	10
山东道恩高分子材料股份有限公司	PBAT	6
万华化学(四川)有限公司	PBAT	6
山东睿安生物科技有限公司	PBAT	6
彤程新材料集团股份有限公司	PBAT	6
阳煤集团华阳新材料科技集团有限公司	PBAT	6
山东瑞丰高分子材料股份有限公司	PBAT	6
湖北宜化生物降解新材料有限公司	PBAT	6
济源市恒通高新材料有限公司(河南联创)	PBAT	6
安徽昊源化工集团有限公司(阜阳)	PBAT	6
惠州博科环保新材料有限公司(湖南宇新能源子公司)	PBAT	6
恒力营口康辉石化有限公司	PBAT	3.3
浙江华峰环保材料有限公司	PBAT	3
山西金晖兆隆高新科技股份有限公司	PBAT	2
中国石化仪征化纤股份有限公司	PBAT、PBST、PBSA、PBS	3
河南金丹乳酸科技股份有限公司	PBAT	6
甘肃莫高聚和环保新材料科技有限公司	PBAT 和 PBS	2
安徽雪郎生物科技股份有限公司	PBS	2
杭州亿帆科技有限公司(停产)	PBAT	1.5
台湾长春化学有限公司	PBAT(BDO)	1.3
安徽安庆和兴化工有限公司	PBS	1
国内总计(万吨)		137.1
国外企业		
意大利 Novamont	PBAT	10(生物基)
德国 BASF	PBAT(2010)	7.5
韩国 Kolon 和 SK	PBAT(2023)	5
越南安发特(An Phat Holdings)持股集团	PBAT	3(出口美国)
日本三菱泰国 Pttmcc 工厂	PBS	2
印度信实工业公司(RIL)	PBAT 中试	0.1

目前 PBS 类树脂普遍面临如下几个问题。

① 材料生物质化问题 生物基 PBS 可以用纤维素、半纤维素等材料发酵成丁二酸，然后加氢转变成为丁二醇。玉米芯、蔗糖、蔗渣、稻草、小麦秆、高粱秆、白杨、芦苇、向日葵壳等含有 20%～40%戊聚糖、30%～60%纤维素以及 20%～30%木质素等，可以用于生产生物基丁二醇。但因生物法单体杂质含量和气相的不同，用于聚合反应的工艺和配方与石化基单体不同。日本三菱化学株式会社和我国的山东兰典生物科技股份有限公司都可以生产生物基丁二酸。随着发酵法丁二酸技术的不断完善提高，发酵法生产丁二酸的成本逐渐降低，未来 PBS 的发展方向必然是生物基 PBS。兰典的合伙企业用其生产的生物质丁二酸，已经建成 1 万吨生物质 BDO 生产线。

② 结晶慢的问题 可以通过加入成核剂如凹凸棒、氮化硼等，清华大学郭宝华教授已合成出新型成核剂。

③ 薄膜横向强度低的问题 加入第三单体可以形成长支链，可用单体如 1,4-己二醇、1,2,4-丁三醇等，加入量小于 1%。

④ 提高耐水解性进行封端处理，降低酸值就可以提高耐水性能。

一、聚丁二酸丁二醇酯（PBS）

1. 一般概况

PBS 由丁二酸和丁二醇缩聚而成，属于脂肪族聚酯类生物降解塑料，是目前世界公认的综合性能最好的降解塑料品种，被认为是最有前途的生物降解类高分子材料。

采用传统的丁二酸和丁二醇缩聚反应合成的 PBS 分子量低于 5000，力学性能差，难以作为塑料应用。20 世纪 90 年代中期，日本昭合高分子公司采用异氰酸酯作为扩链剂，与传统合成的低分子量 PBS 反应，得到分子量 20 万的高分子量 PBS，才使 PBS 的合成真正实现产业化，并迅速成为生物降解塑料的研究热点之一。我国中国科学院理化技术研究所工程塑料国际研究中心，研究成功分子量 20 万以上 PBS 的一步法合成工艺，并申请了国家发明专利，拥有完全自主的知识产权。与日本昭和公司的扩链法相比，直接合成法工序简单，物料消耗和设备投入更小，生产成本更低，还克服了扩链法产品中含有有害物质异氰酸酯的弊端，产品可用于医疗和食品领域。

与 PHA、PLA、PCL 等生物降解塑料相比，PBS 具有价格低廉的优势，其成本仅为前者的 1/3 或更低，与 PET 的价格相当，而且通过生物发酵生产丁二酸和丁二醇，价格还可进一步降低。

PBS 生产原料为脂肪族二元酸、二元醇，来源于石油，也可从纤维素、奶业副产品、葡萄糖、果糖、乳糖等中发酵生产。生产设备可通过对现有通用聚酯生产设备略做改造进行，目前国内聚酯设备产能严重过剩，改造生产 PBS 为过剩聚酯设备提供了新的机遇。

2. 结构性能

PBS 只有在堆肥的条件下才可降解，在正常条件下使用时不具有降解性。和 PCL 一样，目前 PSB 树脂也是来自石油产品，属于不可再生资源。PBS 具有很好的综合性能，介于 PP

和 ABS 塑料，加工性能类似于 PE。纯 PBS 的耐热温度接近 100℃，稍加改性就可以达到 100℃，还可以用淀粉和碳酸钙填充降低成本，用于快餐盒制造可以代替昂贵稀缺的 PLA。

PBS 为一种典型的脂肪族聚酯，密度为 1.26g/cm^3，熔点为 115℃，热变形温度 85℃，改性后可以接近 100℃，制品可耐 100℃热水，可用于灭菌包装。PBS 拉伸强度一般为 40～56MPa，韧性好，断裂伸长率＞400％，硬度较高，洛氏硬度 95 左右，但 PBS 的脆性高。PBS 的溶解性类似于 PET，不溶于水和通常的有机溶剂，仅溶于卤化碳氢化合物；PBS 属于结晶型聚合物，根据分子量的高低和分子量分布的不同，结晶度在 30％～45％之间。PBS 和 PBSA 的性能及与 PP、LDPE 的性能比较如表 12-13。

表 12-13　PBS、PBSA、PP、LDPE 的性能

性能	PBS	PBSA	PP	LDPE
熔体流动速率/(g/10min)	1.5	1.5	2	2
密度/(g/cm^3)	1.26	1.23	0.90	0.92
熔点/℃	115	95	165	108
玻璃化转变温度/℃	−32	−45	−5	−102
结晶温度/℃	75	50	120	80
热变形温度/℃	97	69	110	49
拉伸强度/MPa	56.8	44.1	49.0	29.4
断裂伸长率/%	600	800	800	800
弯曲模量/MPa	657	343	1370	196
结晶度/%	30～50	20～30	55	30～40

3. 成型加工

PBS 分子主链中含有大量的亚甲基结构，又使其具有与通用聚乙烯塑料类似的加工性能，可在通用的聚烯烃加工设备上进行加工，加工温度范围宽，适合于吹塑薄膜与中空容器、挤出加工片材、纺丝、注塑等多种加工工艺。

以安庆和兴化工有限责任公司生产的 PBS 为例，列举一些简单的成型加工工艺。

（1）注塑加工

Z201、Z101 两种型号 PBS 的注塑工艺条件见表 12-14。

表 12-14　Z201、Z101 两种型号 PBS 的注塑工艺条件

<table>
<tr><th colspan="2">项目</th><th>Z201</th><th>Z101</th></tr>
<tr><td rowspan="4">温度/℃</td><td>机头</td><td>140</td><td>130</td></tr>
<tr><td>三区</td><td>150</td><td>140</td></tr>
<tr><td>二区</td><td>150</td><td>140</td></tr>
<tr><td>一区</td><td>140</td><td>130</td></tr>
<tr><td>模温/℃</td><td>30～40(机水冷)</td><td colspan="2">30～40(机水冷)</td></tr>
</table>

续表

项目		Z201	Z101
注射压力/MPa	50～70	40～50	
注射时间/s	3～5	3～5	
保压压力/MPa	30～40	20～30	
保压时间/s	1～2	1～2	
冷却时间/s	20～30	20～30	

（2）挤出加工

E101、E201两种型号PBS的挤出的工艺条件具体见表12-15。

表12-15　E101、E201两种型号PBS的挤出工艺条件

项目		E101	E201
温度/℃		140～150（机头）	130～140（机头）
双螺杆挤出共混造粒	喂料速度 挤出速度 牵引速度	相互匹配	相互匹配
	冷却	建议风冷 若水冷后必须80℃干燥6h以上	建议风冷 若水冷后必需80℃干燥6h以上
	储存	建议锡纸袋或PE薄膜袋密封包装后置阴凉处	建议锡纸袋或PE薄膜袋密封包装后置阴凉处
双螺杆挤出片材	辊温/℃	40～50	40～50
	厚度/mm	0.2～1.2	0.2～1.2
	宽度/mm	660	660
单螺杆挤出软管	机头温度/℃	140～150	140～150
	冷却/℃	20～25	20～25
备注		此工艺参数仅供参考，应根据共混组分、配方、产品结构等的不同做适当调整。用户参考这些数据后应自行对产品进行调查和试验，这些数据对产品某些性质或特定用途的适用性不做任何担保	

（3）吹膜加工

B601、B602两种型号PBS的吹膜工艺条件具体见表12-16。

表12-16　B601、B602两种型号PBS的吹膜工艺条件

级别		B601	B602
设备		普通PE吹膜机	
温度/℃	机头	130	145
	三区	140	150
	二区	140	150
	一区	130	145

续表

级别	B601	B602
螺杆转速	按薄膜厚度、宽度、吹胀比等调节	按薄膜厚度、宽度、吹胀比等调节
牵引速度		
风速		
厚度/mm	0.005～0.08	0.005～0.08
吹胀比	2～10	2～10
备注	此工艺参数仅供参考，应根据产品、组分组成等不同要求做适当调整。用户参考这些数据后应自行对产品进行调查和试验，这些数据对产品某些性质或特定用途的适用性不做任何担保	

4. 改性品种

PBS 具有高脆性、高度疏水结构、缺少活性位点、降解速率较慢等缺点，这会大大限制其应用范围，需要对其进行改性处理。通过对其进行共聚、共混和分子修饰等方法改性，可实现 PBS 的亲水性、生物相容性、反应活性及降解性的改善。

（1）共聚改性

共聚可改善 PBS 的生物相容性和反应活性。生物相容性指不会引起机体强烈的免疫排斥反应，并可诱导机体的有利反应，如诱导组织再生等。但 PBS 本身的疏水性较强，无法实现与生命体系在分子水平上和细胞水平上的相互作用。如在 PBS 大分子中引入亲水基团—OH、—NH_2、—COOH 等，就可使其具有亲水性和反应活性。具体改性方法如引入羟基官能团与富马酸共聚，或者引入环状碳酸酯链段等。

普通 PBS 突出的缺点是热变形温度太低，应用领域受到限制，为此人们对 PBS 耐热性进行了较多的改性应用研究。芳香族聚酯的熔点高，但不能被微生物降解，当在 PBS 中引入适量的芳环共聚组分时，既可提高其耐热性，又能保留生物降解性。有关研究指出随着引入芳环量的增加，聚合物的结晶度下降，降解性能先上升后下降出现了极大值。这是因为聚合物的结晶度大小对生物降解性有影响，结晶度越大降解越困难。还有影响聚合物生物降解的因素是聚合物的结构，芳香族结构聚合物很难降解。在芳环含量较低时，结晶度起主要作用；随着芳环含量的增加，结晶度降低，生物降解性提高；在芳环含量增大到一定程度时，芳环结构又起了主导作用，随芳环含量继续增加，降解性下降。芳香族聚酯的耐热性能好，但不能被微生物降解。在 PBS 中引入适量的芳环共聚组分，既可以提高使用温度又能保留生物降解性。

清华大学郭宝华课题组多年来在 PBS 改性方面做了大量的工作，制备了丁二酸-甲基丁二酸丁二酯共聚物、丁二酸-苯基丁二酸丁二酯共聚物、丁二酸-2,2-二甲基丁二酸丁二酯共聚物、丁二酸丁二酯-丁二酸丙二酯共聚物、聚丁二酸丙二酯等等，并对系列材料的性能进行了深入的研究。发现调节共聚组分的比例，可以改变聚酯的生物降解性。同时，聚酯的熔点和结晶性质对生物降解性有很大的影响，聚合物熔点越高越不利于生物降解，聚合物的无定形部分比结晶部分更易生物降解。

用聚乙二醇（PEG）与 PBS 进行嵌段共聚，得到的 PBS/PEG 嵌段共聚物，可改善 PBS 的亲水性，大幅度提高降解速度，并适当提高其分子量。表 12-17 和表 12-18 分别是 PBS/

PEG 嵌段共聚物吸水情况及 3%氢氧化钠水溶液中 50h 失重率情况。

表 12-17　PBS/PEG 嵌段共聚物的吸水率

PBS/PEG	100/0	80/20	70/30	60/40	50/50
吸水率/%	9.86	15.7	26.8	45.3	60.8

表 12-18　PBS/PEG 嵌段共聚物在 3%氢氧化钠水溶液中 50h 的失重率

PBS/PEG	100/0	80/20	70/30	60/40
失重率/%	2	5	24	61

以乙二醇、己二醇、己二酸作为其共聚组分，采用溶液缩聚法合成了三种相应的共聚酯，与 PBS 本身 58%的高结晶度相比，共聚聚酯的结晶度下降到 40%以下，降解性能得到改善。

研究脂肪族聚酯如聚丁二酸丁二醇酯（PBS）、聚己二酸丁二醇酯（PBA）、聚癸二酸丁二醇酯（PBSe）及共聚聚酯 P(BS-*co*-BA）的生物降解性，结果发现由于结晶度降低，共聚聚酯的酶降解速率比 PBS 要快，且随结晶度的降低降解速率增大。

用熔融缩聚法合成了一系列基于聚对苯二甲酸丁二醇酯（PBT）、PBS 及聚乙二醇（PEG）的嵌段共聚物。通过加入对苯二甲酸及乙二醇等共聚组分，显著增加高分子链的柔韧性和亲水性，降低结晶度，从而获得具有生物相容性及潜在医用价值的生物材料。调节体系中软硬段比例，可获得不同降解速率的用于骨、软骨、皮肤等组织工程的支架材料。

使用一种新型共催化剂通过熔融缩聚合成了丁二酸-丁二醇-ε-己内酯共聚聚酯。此共聚聚酯显示出远高于 PBS、PCL 的降解速率，尤其是当 ε-己内酯/丁二酸丁二醇酯的摩尔比例为 4.52 时，降解速率最快。另外还指出分子链柔韧性与化学结构及形态一样，均是影响降解行为的重要因素。

将富马酸作为丁二酸、丁二醇的共聚组分，通过缩聚法合成了一系列丁二酸丁二醇酯-富马酸丁二醇酯共聚物，并在催化剂及水的共同作用下，实现了该高分子主链含有不饱和碳碳双键的双羟基功能化，制备得到带有亲水性功能侧羟基的新型生物降解脂肪族聚酯。

为了兼具 PBS 和 PLLA 在物理性能、生物相容性和生物降解性方面的优点，制备了一种含 PBS 软段和 PLLA 硬段的三嵌段生物降解共聚酯 PLLA-*b*-PBS-*b*-PLLA，PBS 软段的加入明显改善了 PLLA 硬段的柔韧性，二者在无定形区域中能很好地混溶，分析结果表明这种新型的生物降解脂肪族共聚酯可用作潜在的生物医用材料。

通过苹果酸酯类化合物的 α-羟基保护、与丁二醇的缩合聚合、侧羟基的去保护反应合成了主链带有亲水性活性羟基基团的生物降解性聚苹果酸丁二醇酯。

(2) 共混改性

在具体应用中，PBS 可与淀粉等天然高分子材料以及其他生物降解塑料例如聚乳酸（PLA）等进行共混，也可进行碳酸钙等填充或玻璃纤维的增强。这是最常用的一种方法，结果得到的性能改变通常有结晶度降低、韧性延伸性得到改善、降解性提高等。

① PBS 与普通塑料共混　将 PBS 与普通塑料共混可提高 PBS 的力学性能，并降低成本，例如 PBS 和芳香性 PBT 或 PET 共混，在较高温度及氮气保护下使其熔融并在混合阶段抽真空促进酯交换反应的发生，这样提高了两种聚酯的相容性以便于生产和加工。

将 PBS 与 PEO 共混后，利用 PEO 的强亲水性，显著地弥补了 PBS 亲水性差的缺点，使得 PBS 在亲水性要求较高的领域得到了应用。

PBS 与不饱和聚酯共混，可以同时改善 PBS 的流动性和韧性，常用的 PBS/UP 比例为 100/25。

② PBS 与其他生物降解树脂共混　将 PLA 与 PBS 共混，研究了 PLA 与 PBS 共混复合体系的相行为和微观形态。该复合材料综合了 PLA 高强度、高硬度和 PBS 高韧性、高耐温性、良好加工性的优点，得到了综合性能良好的 PBS/PLA 共混材料。

将 PBS 与 PPC 共混，制备了一系列性能优异的 PBS/PPC 复合材料，既达到了对 PPC 增强、提高耐热性的目的，同时 PPC 对 PBS 也起到了增韧的作用，拓宽了 PBS 的加工温度范围，而且无定形的 PPC 也进一步加快了 PBS 的降解速率。

将 PHB 与 PBS 等溶液共混发现两者不相容，需要加入相容剂。PHB 与 PBS 共混，综合了 PHB 强度高、硬度高、耐热性高与 PBS 韧性好、加工性能好的特点。

将 PBS 和 PCL 进行共混复合，由于 PCL 熔点低，降解速率快，从而 PCL 对 PBS 起到了一定的增塑作用，加快了 PBS 的降解速度。

③ 填充 PBS　利用一些天然环保的有机或无机填料对 PBS 进行填充改性，是一种简单易行而且常用的改性手段。在具体应用中，PBS 可与淀粉等天然高分子材料进行共混，也可进行碳酸钙等填充和玻璃纤维的增强。

一般填料的价格非常低，填充 PBS 后能大幅度地降低 PBS 的成本，而且还可以起到一定的增强和润滑作用，对材料的硬度、耐温性也有一定的改善。但是填料填充 PBS 后，使得材料的韧性下降明显，材料的流动性也很差，同时也会使得材料的密度大幅增加，间接地增加了材料的成本，所以填料填充 PBS 要根据产品的用途灵活选择。

在 PBS 中填充淀粉制备 PBS/淀粉复合材料。PBS 与淀粉共混时，首先将淀粉糊化处理，淀粉在水和热的作用下，发生糊化以破坏淀粉的结晶，然后将糊化淀粉干燥后与 PBS 在流变仪中共混。淀粉与 PBS 都是完全降解材料，但淀粉的力学性能差，选择合适的配比以得到既保留力学性能又最经济的材料。

利用层状蒙脱土对 PBS 进行共混改性，对复合材料的微观结构以及性能进行了研究。结果发现，蒙脱土对 PBS 不但可以起到增强的作用，还可以起到提高其耐温性的作用。

④ 增强 PBS　玻璃纤维是常用的增强材料，可以明显提高 PBS 复合材料的力学性能。剑麻纤维对 PBS 也会起到增强作用，纤维长度、含量及表面处理对增强效果有影响。用天然的蚕丝纤维对 PBS 进行增强改性，也有不错的增强效果。还可以利用辐射交联的方法制备交链 PBS 制品，其力学性能有一定程度提高。

5. 应用范围

PBS 的用途极为广泛，可用于包装材料如包装薄膜、餐盒、化妆品瓶、药品瓶、电子产品的包装，可用于一次性器具如一次性餐具、一次性医疗用品，可用于农业领域如农用薄膜、药物缓释材料等。

日本昭和高分子公司开发的可生物降解的 PBS，主要用于生产包装瓶、薄膜等，可小批量生产。日本的尤尼吉可公司用含有 PBS 和丁二酸乙二醇酯的共聚物制备具有高拉伸强度的生物降解性耐热皮芯聚酯单丝，皮层聚合物熔点比芯层低，制得的单丝在土壤中埋藏三个月后质量损失 3.6%。德国 APACK 公司开发了 PBS 降解塑料薄膜，其降解性能和力学性能优良，已经应用于餐具以及食品包装业等。

二、对苯二甲酸-己二酸-丁二醇共聚聚酯（PBAT）

1. 一般概况

脂肪族聚酯类具有优异的生物降解性能，但综合性能一般。芳香族聚酯虽不具有生物降解性能，但力学性能好。两者共聚的目的是综合脂肪族聚酯的降解性能和芳香族聚酯的力学性能。21 世纪初，一些国际知名的化学公司相继推出可生物降解的脂肪族聚酯与芳香族聚酯共聚物商品 PBAT。

PBAT 最早德国 BASF 公司开发，商品名为 Ecoflex。BASF 开发了 Ecoflex 与淀粉的共混产品 Ecobras，以及 Ecoflex 与 PLA 的共混系列产品 Ecovio，并有市场供应。美国 Eastman 公司也开发出脂肪族聚酯与芳香族聚酯共聚物，商品名为 Eastar-Bio。此外日本的 Teijin 公司开发了商品名为 GreenEcopet 的 PBAT 产品。美国 Dupont 公司也开发了商品名为 Biomax 的 PBAT 产品。中国 PBAT 生产企业及 2024 年产能见表 12-19。

表 12-19　2024 年中国 PBAT 主要产能统计

企业名称	品种	产能/(万吨/年)
新疆蓝山屯河降解材料有限公司	PBAT	6
	PBAT/PBT	6
	PBAT/PBS	0.8
甘肃莫高聚和环保新材料科技有限公司	PBAT	2
金晖兆隆高科技股份有限公司	PBAT	2
	PBAT	6
	PBAT	6
山东睿安新材料科技有限公司	PBAT	3
	PBAT	3
万华化学集团股份有限公司	PBAT	6
安徽昊图新材料有限公司	PBAT	6
（恒力）江苏康辉新材料科技有限公司	PBAT	3.3
中国石化仪征化纤股份有限公司	PBAT	1
彤程新材料集团股份有限公司	PBAT	6
浙江华峰新材料有限公司	PBAT	3
珠海金发生物材料有限公司	PBAT	2.5
	PBAT	3.5
	PBAT	6
	PBAT	6
中化学东华天业新材料有限公司	PBAT	6
	PBAT	4

续表

企业名称	品种	产能/(万吨/年)
华阳新材料科技集团有限公司	PBAT	6
宁波长鸿高分子科技股份有限公司	PBAT	6
湖北宜化集团	PBAT	6
安徽昊源集团化工有限公司	PBAT	6
河南恒通化工集团	PBAT	6
山东道恩高分子材料股份有限公司	PBAT	6
惠州博科环保新材料有限公司（宇新股份）	PBAT	6
河南金丹乳酸科技股份有限公司	PBAT	6
河南开祥精细化工有限公司	PBAT	8
山东瑞丰高分子材料有限公司	PBAT	6
合计		150.1

2. 结构性能

PBAT 与 PBS 相比较，多一个苯环结构的引入，使其既有良好的延展性、断裂伸长率、耐热性和抗冲击功能，又具有优良的生物降解性。PBAT 的抗撕裂强度是聚乙烯的 120%，冲击强度是聚乙烯的 130%，上述性能是生产高性能膜材的必备条件。PBAT 是目前生物降解塑料膜材的主要原材料，终端产品通常是由 PLA 和 PBAT 树脂共混改性而成。PBAT 是脂肪族聚酯和芳香族聚酯的共聚物，综合了脂肪族聚酯的优异降解性能和芳香族聚酯的良好力学性能。

PBAT 是一种半结晶型聚合物，通常结晶度为 30%左右，结晶温度在 110℃附近，而熔点在 130℃左右，密度在 1.18～1.3g/mL 之间，邵氏硬度在 85 以上。

3. 成型加工

PBAT 的加工性能与 LDPE 非常相似，可用 LDPE 的加工设备吹膜。

4. 改性品种

(1) PBAT/PLA 合金

两者属于热力学部分相容，需要加入相容剂。相容剂有：甲基丙烯酸缩水甘油酯/丙烯酸酯或者苯乙烯共聚物、乙烯-丙烯酸丁酯共聚物接枝甲基丙烯酸缩水甘油酯（EBA-*g*-GMA）、乙烯-丙烯酸甲酯共聚物接枝甲基丙烯酸缩水甘油酯（EMA-*g*-GMA）、六亚甲基二异氰酸酯（HDI）、过氧化二苯甲酰（BPO）、聚乙二醇（PEG）及聚己内酯（PCL）等。

PLA 的加入可以明显提高 PBAT 的强度和挺度。

(2) PBAT/PBS 合金

加入 PBS 可以降低 PBAT 的价格，提高 PBAT 的耐热性。

(3) PBAT/PPC

提高 PBAT 的强度、热封性能和阻隔性能，当 PPC 含量为 30%时，拉伸强度达到

40MPa，阻隔性能提高 60%。

PBAT/PPC 合金需要加入相容剂，具体如二苯基甲烷二异氰酸酯（MDI）。

（4）PBAT/纳米碳酸钙

纳米碳酸钙含量 10%时，冲击强度、拉伸强度、断裂伸长率和撕裂强度都有明显提高。如果加入相容剂 EMH4210，改性效果会更好。

（5）PBAT 发泡改性

纯 PBAT 的发泡性不好，主要是熔体强度不高，用 7%的 EMA 进行扩链改性后，特性黏度（0.111dL/g）和支化度（2.41）提高、结晶温度和结晶度略有提高，可发泡性能逐渐提高，具体体现在泡孔尺寸（10μm）、泡孔密度（$3.4\times10^{9}cm^{-3}$）和发泡倍率（4.4）逐渐增加，但是发泡密度（$0.3g/cm^{3}$）稍有下降。

5. 具体应用

PBAT 材料不仅可以生物降解也可堆肥，所以使用 PBAT 可以对抗白色污染，PBAT 生产的生物降解垃圾袋是生物堆肥垃圾中心回收生物变废物时的唯一使用膜材。

PBAT 主要市场是塑料包装薄膜、农用薄膜、一次性塑料袋和一次性塑料餐具，具体见表 12-20。

表 12-20　PBAT 改性后应用领域

应用领域	具体应用产品
塑料薄膜	农用地膜、收缩膜、保鲜膜
塑料袋	购物袋、垃圾回收袋
纸淋膜	用于纸杯包装纸等生物降解涂层
一次性用具	改性后，可用于一次性刀叉

三、对苯二甲酸-丁二酸-丁二醇共聚聚酯（PBST）

与 PBAT 比较，PBST 的力学性能、热稳定性、生物降解性优异，能够广泛用于一次性日用品、包装材料、塑料袋、农用薄膜等领域，是解决塑料“白色污染”问题的重要途径。

中国石化北京化工研究院从 2004 年初开始以稀土化合物作为催化剂进行 PBST 的聚合研究，先后完成不同装置规模的小试、模试、中试和工业生产装置的聚合试验。同时，依据对 PBST 的分子结构设计，开发了形状记忆材料、室温塑型骨折固定材料、3D 打印线材等。该技术落地海南炼化，2023 年底实现 6 万吨/年装置中交，该套装置为国内外首套 PBST 专用连续聚合装置。此外，2019 年 2 月 28 日，仪征化纤生物可降解材料 PBST（产品牌号 TS159）在万吨级装置上实现工业化生产。

PBST 与 PBS 性能比较见表 12-21。

表 12-21　PBS 和 PBST 的性能比较

性能	PBS	PBST
重均分子量/($\times10^{4}$)	8.12	6.95

续表

性能	PBS	PBST
结晶度/%	65.72	59.24
初始热分解温度/℃	367.4	367.78
断裂强度/MPa	26.15	31.76
断裂伸长率/%	99.43	76.45

韩国 Top Leaf Chemical Korea 公司开发的 PBST 系列产品 BG2000 适合薄膜、BG5000M 适合片材和丝、BG5000J 适合无纺布，具体性能见表 12-22。

表 12-22 韩国 PBST 的性能

性能项目	性能数值		检测标准
	BG2000	BG5000M	
密度/(g/cm^3)	1.26	1.25～1.27	ASTM D792
熔体流动速率/(g/10min)	2±1	2～5	ISO 1133
熔点/℃	118～128	115～118	ASTM D2117
玻璃化转变温度(Tg)/℃	−29	−26	ASTM D2117
酸值/[mg(KOH)/g]	<1.5	<1.5	ASTM D974
拉伸强度/MPa	33	37	ASTM D638
断裂伸长率/%	500	100	ASTM D638
热变形温度(0.45MPa)/℃	90	88	JIS K7207
结晶温度/℃	82	81	ASTM D2117
邵氏硬度(D)	30～34	30～32	ISO 868

挤出制品加工条件：料筒温度 170～190℃，机头温度 190～200℃，喷丝板温度 200～210℃，拉伸板温度 80～85℃，冷却板温度 2～6℃。

四、丁二酸-己二酸-丁二醇共聚聚酯（PBSA）

PBSA 由丁二酸、1,4-丁二醇、己二酸共聚而成，其生物降解性大幅提高，明显好于 PBS。具体降解性能为：在厌氧气下，30 日可降解 90%以上；在试验厂堆肥试验 12 周后降解 90%。PBSA 降解的中间产物丁二酸为生命体内三羧酸循环的重要中间生成物质，最终降解为二氧化碳和水。

在 PBAT、PBST 的工业化生产基础上，2020 年 10 月 27 日，仪征化纤生物降解塑料产品再添新成员。历时数年，他们攻关的 PBSA 在万吨级装置上实现了工业化生产，采用国内独有工艺技术，工艺路线国际领先。

与 PBAT 相比，PBST 具有熔点低、结晶快、流动性高等特点，可用于生产 3D 打印线材、热黏合纤维、医用材料、膜袋类等产品。

PBSA 还可以通过添加碳酸钙和淀粉降低成本。

第三节　聚ε-己内酯（PCL）

1. 一般概况

PCL是由ε-己内酯单体在以金属阴离子络合有机化合物如四苯基锡做催化剂，作引发剂，进行阴、阳离子及络合型开环聚合而成的，其分子量与歧化度随起始物料的种类和用量不同而异，一般分子量在1万～10万之间。

PCL具有较好的生物降解性和生物相容性，是人体植入的首选材料，可用作手术缝合线、心血管支架等体内材料。由于PCL的熔点低，加之价格又高，所以很少单独使用，常与其他降解塑料共混使用，用于调节其他降解材料的性能。

PCL为美国Dicell化学公司于1989年开发的产品，美国UCC公司于1993年实现商业化生产，商品名为TONE。目前全球的生产企业见表12-23，中国“十四五”期间规划产能见表12-24。

表12-23　国内外产业化PCL项目

国家	公司	产量/(吨/年)	商品名
英国	英杰维特(Ingevity)	30000	—
中国	深圳光华伟业股份有限公司	8000	eSUN
中国	湖南聚仁化工新材料科技有限公司	3000	PCL系列

表12-24　中国“十四五”期间PCL规划产能　　单位：万吨

公司名称	2020年产量	“十三五”总产能	“十四五”总产能	“十四五”年度增加产能				
				2021年	2022年	2023年	2024年	2025年
湖南聚仁化工新材料科技有限公司	0.5	0.5	4.5	—	—	2	—	2
山东吉鲁己内酯特种材料有限公司(陈学思技术)	—	—	2	—	1	1	—	—
纬柏(深圳)生物新材料科技有限公司	0.2	0.2	0.95	—	0.25	—	0.3	0.2
湖北孝感易生新材料公司	0.2	0.2	0.8	0.6	—	—	—	—
云南聚和生物科技有限公司	0.08	0.2	0.7	—	0.2	—	0.2	0.1
惠州康脉生物材料有限公司		0.15	0.5			0.35		
山东孚日新能源材料有限公司			0.2					

2. 结构性能

PCL是一种半晶型的热塑性树脂，结晶度约为45%。PCL的力学性能与中密度聚烯烃相似，其断裂伸长率和弹性模量介于LDPE与HDPE之间，其柔软程度、拉伸强度与PA类似。PCL的外观特征很像中密度聚乙烯的乳白色，并具有蜡质感，安全无毒。PCL密度1.14g/cm^3，玻璃化转变温度为−60℃，分解温度约250℃，不溶于水，但易溶于多种极性有机溶剂。由于PCL的熔点低，而且在40℃左右就变软，因而限制了其应用范围。但是PCL耐低温性能好，可以在－60℃的温度下使用。

PCL产品特点：

① 生物相容性　PCL分子内酯基的存在，在体内与生物细胞相容性很好，细胞可在其基架上正常生长，并可降解成CO_2和H_2O。

② 生物降解性　PCL在土壤和水环境中，6～12月可完全分解成CO_2和H_2O。

③ 良好相容性　PCL具有良好的有机高聚物相容性，可与PE、PP、ABS、AS、PC、PVAC、PVB、PVE、PA、天然橡胶等很好地相容。

④ 良好溶剂溶解性　PCL在芳香化合物、酮类和极性溶剂中很好地溶解，但是不溶于正己烷。

⑤ 良好的形状记忆性　PCL优异的形状记忆功能来源于其内部存在不完全相容的两相结构，即共同存在一个可以保持制品形状的固定相和一个可以随温度变化发生软化的可逆相。可逆相可以是熔点较低的结晶态或者玻璃化转变温度较低的玻璃态，分子之间只有物理交联结构。而固定相分子之间可以有物理和化学两种交链结构。将固体相和可逆相不同的软化温度分别标注为T_a和T_b，在PCL成型加工过程中，材料的加热温度在T_a之上，固体相和可逆相都处于软化状态，成型后温度冷却到T_b之下，两相都处于硬化状态，制品定型。对于二次热成型加工，材料的加热温度在T_a和T_b之间，可逆相发生软化成为第二形状，保持在应力状态下定型；如果再次加热温度到T_a和T_b之间，可逆相再次软化，而固定相在回复应力作用下，使制品再次回到初始状态，此为形状记忆效应的原理。

PCL与其他主要降解塑料PLA和PBAT性能比较见表12-25。

表12-25　光华PCL800C与PBAT和PLA性能对比

性能项目	PCL	PBAT	PLA
结构类型	脂肪族聚酯	芳香族聚酯	脂肪族聚酯
密度/(g/cm^3)	1.14	1.25	1.24
熔点/℃	60	120	160
玻璃化转变温度/℃	－60		58～62
热变形温度(0.86MPa)/℃	40	46	50～70
耐低温/℃	－60		
结晶度/%	45	30	10～40
拉伸强度/MPa	54	30	60
断裂伸长率/%	1000	530	2～10
弯曲强度/MPa		25	70～100
拉伸模量/MPa	2400		3000～4000
弯曲模量/MPa		400	4000～5000
冲击强度/(kJ/m^2)	15.2		4.2

PCL分子链比较柔顺，结晶性较强，具有比PGA、PLA更好的疏水性，在体内降解较慢，是人体植入的首选材料。PCL还具有优良的药物渗透性，是一种理想的疏水性药物载体，可用于药物缓释或控释胶囊材料。

由于 PCL 的熔点低，很少单独使用，PCL 与其他树脂共混提高其耐热性，如表 12-26 所示 P-HB02、P-HB05 两个牌号就是其共混品种，其耐热性、力学性能和加工性都得到改善。

表 12-26 几种 PCL 的性能

性能	PCL-H7	P-HB02	P-HB05
熔体流动速率/(g/10min)	1.14	1.21	1.22
拉伸强度/MPa	59.8	50.0	41.2
断裂伸长率/%	730	570	510
拉伸模量/MPa	225	264	255
弯曲强度/MPa	13.7	25.5	27.4
弯曲模量/MPa	274	529	558
悬臂梁缺口冲击强度/(kJ/m^2)	—	0.49	0.38
热变形温度(高负荷)/℃	47	50	51
维卡软化点/℃	55	106	106
生物降解性(20 天)/%	75	70	45

3. 成型加工

PCL 的熔融黏度很低，具有很好的热塑性和加工性，易成型加工，可用传统的加工技术如挤出、注塑、拉丝及吹膜等成型，可制成薄膜和其他包装材料。

因为 PCL 树脂的吸水率偏大，热成型加工前都需要进行干燥处理以降低吸水率，避免热加工中导致树脂发生水解降解。但是由于 PCL 的熔点为 60～70℃，所以干燥温度应该控制在 50℃以下。

PCL 可以进行注射、挤出和吹塑加工。注射成型的加工温度区间为 120～180℃，在此区间制品的记忆功能明显减弱，如果温度接近分解温度 250℃，制品记忆功能基本消失。吹塑成型的加工温度为 70～120℃。

对于 PCL 共混挤出造粒加工，因为 PCL 特别软，采用常规的切粒方式难以切断，需要采用冷却切粒方式进行。

4. 改性品种

目前开发的 PCL 改性品种如下。

(1) PCL-PEC 共聚物

PEC 是一种具有优良生理相容性并具有特殊降解机理的亲水性高分子材料，降解的主要产物乙二醇。将二氧化碳-环氧乙烷共聚物（PEC）引入 PCL 内使两者共聚合，可以提高共聚物的亲水性，破坏 PCL 的结晶性，加快降解速度，更适合于人体药物的缓释材料。

(2) PCL/PLA 合金

PCL/PLA 合金可以提高 PCL 的降解速率、力学性能和熔点等。

PCL 与 PLA 两种在热力学上属于部分相容，加入适量相容剂可以明显提高复合材料的性能。相容剂最好为 PLA 的极性官能团接枝产物，具体如 PLA-*g*-MAH、PLA-*g*-GMA 等 (MAH 为马来酸酐，GMA 为四基丙烯酸缩水甘油酯)。也可以加入交联剂和增塑剂酯类作为相容剂。如果加入交联剂 DCP 可以提高两者的相容性，含有 0.3%过氧化二异丙苯的 PLA 中，LCP 的加入量增加到 30%时断裂伸长率可以达到 130%，冲击强度提高 2.5 倍。增塑剂酯类可加入亚磷酸三苯酯、柠檬酸三丁酯为相容剂。

对于不含有相容剂的 PCL/PLA 合金，最佳质量比例为 50/50，具体见表 12-27。

表 12-27　不同含量 PLA 对 PCL/PLA 合金性能的影响

PLA 含量/%	拉伸强度/MPa	冲击强度/(kJ/m^2)	断裂伸长率/%	水接触角/(°)	质量损失 10%时温度/℃
0	19.3	15.2	35.5	70.9	302
40	24.7	6.4	10.4	89.0	306
50	28.1	6.3	11.2	91.7	309
60	32.5	5.3	8.2	96.2	313
70	36.5	5.0	7.2	88.5	317
100	41.8	4.2	5.7	80.3	399

对含有相容剂的 PCL/PLA 合金，可以明显提高 PCL 的拉伸强度。随着合金中 PLA 含量的增加，合金的拉伸强度一直增加。当合金中 PLA 含量 40%时，拉伸强度可以达到 60MPa，断裂伸长率还可以保持 300%的较高数值。

(3) PCL-PLA 共聚物

将己内酯与丙交酯进行共聚得到 PCLA 共聚物，丙交酯含量达到 50%时，改性 PCL 熔点可提高 60℃。引入丙交酯单体后 PCL 链段的规整性降低，结晶度下降，可提高 PCL 的降解速率。

(4) PCL/PBAT 合金

PCL 与 PBAT 共混改性能够赋予这种共混改性薄膜较好的功能，具体如下。

① 提升热封性能　PCL 有高结晶性，同时低熔点，能使薄膜在无需太高的活化温度下，即可产生黏性，从而有利于提升薄膜材料的热封性。这一良好特性有望使 PCL 在超市购物袋、环保包装材料、保护膜基材等方面，作为热封性功能层，得到广泛应用；

② 挺性和韧性统一　PCL 材料因具有独特的形状记忆功能，可以有效减少经过多次弯折后材料折痕的产生；

③ 加工性能良好　PCL 和 PBAT 共混使用，可显著降低材料的加工温度，减少能耗；

④ 降解性好　PCL 不仅适用于家庭堆肥，还可适用于海水降解环境；

⑤ 其他性能　还可以提高薄膜的透明性和耐低温性能。

(5) PCL/PPC 合金

对于 PCL/PPC 合金而言，PCL 含量小于 30%完全相容，PCL 含量大于 30%部分相容。

(6) PCL/天然高分子材料共混

天然高分子材料可以是淀粉、纤维素、木质素、壳聚糖、木粉（包括秸秆粉、竹粉）等共混。以淀粉为例，PCL 直接与淀粉共混相容性很差，复合材料性能不好，需要用改性淀粉或者加入相容剂，复合材料性能才好。PCL/50%改性淀粉复合性能与 PCL 接近，并且改善了 PCL 的亲水性能和加工流动性能。PCL/竹粉中的竹粉需要用 1.5%的铝酸酯偶联剂进行表面处理才可以混合，复合材料的弯曲强度可以达到 47MPa。

(7) PCL/羟基磷灰石共混

羟基磷灰石需要用硅烷偶联剂 KH570 或者 KH560 进行表面处理，复合材料的结晶温度可以提高 43℃，拉伸强度可以提高 8%左右。

(8) PCL/聚乙二醇(PEG)共混

PCL/PEG 合金可以提高 PCL 的亲水性、降低结晶度。PEG 为水溶性高分子材料，分子结构中含有大量的乙氧基，可以与水分子形成氢键，具有优异的亲水性能。

(9) PCL/无机粉体共混

PCL/无机粉体复合材料可以明显提高 PCL 的拉伸强度、刚度、耐热性和韧性等性能。

以 PCL/超细碳酸钙复合为例：拉伸强度随着碳酸钙含量的增加，在 10%～30%范围内基本保持不变，超过 40%时拉伸强度快速下降；断裂伸长率基本保持持平，甚至还略有增加；弯曲强度和弯曲模量一直在增加。采用纳米碳酸钙填充 PCL 改性效果更好，但是要用 2%含量的偶联剂进行表面处理，偶联剂选用钛酸酯 NDZ-101 最好。当纳米碳酸钙含量为 6%时，拉伸强度提高 50%，断裂伸长率提高 35%。如果是无机粉体硫酸钡、蒙脱土复合改性，选用硅烷偶联剂效果更好。

(10) PCL 辐射交联改性

采用高辐射剂量的辐射对 PCL 树脂进行改性，辐射反应以交联为主，属于无规交联反应。交联后的 PCL，弹性模量、耐热温度等性能都有显著提高，其中熔融温度和结晶温度均提高 5℃以上。

5. 应用范围

相容剂：PCL 良好的相容性和流动性，可用于塑料合金的相容剂，也可作为 PC、ABS、PET 等树脂的流动改性剂和柔软改性剂。在 PBAT/PLA 共混体系中，适当添加一定量的 PCL，可改善二者的相容性。

增韧剂：PCL 作为增韧剂，少量添加到 PLA 中，可有效提高 PLA 的断裂伸长率及冲击强度。

地膜材料：利用 PCL 上述这些优良特性，如良好的韧性、可海水降解等。

包覆材料：PCL 其优良的低温可塑性，以及 58～60℃的熔点，可以一定程度保持被包覆物的生物活性。可用于农用种子包衣、肥料缓释等，以及其他对生物活性有要求的应用领域。

医用材料：可作为控释药物载体，细胞、组织培养基架，完全可降解塑料手术缝合线。

3D 打印材料：利用 PCL 熔点低的特点，制造低温 3D 打印材料，儿童使用不易出现烫伤的意外。

形状记忆材料：利用 PCL 的形状记忆功能和低温形变的特点，用于骨折衬托材料，取代传统的石膏，可以在洗澡时取下。国外利用这些特点，也制成可以热变形的儿童积木玩具。

第四节 聚羟基脂肪酸酯(PHA)

1. 发展历史

微生物合成的聚酯类塑料是最早开发的一类生物可降解塑料，其具体组成为羟基脂肪酸酯的均聚物或共聚物。

PHA于1888年首次发现，已经在自然界中存在了30亿年之久。1925年首次分类成功，并进行了化学表征；在1927年科学家就发现，在适当条件下微生物可以合成PHA类可降解聚合物；1960年研究人员发现它可以由糖、淀粉、纤维素和植物油为原材料合成。工业界从20世纪80年代起开发新的聚乳酸（PLA）系列产品，而新的PHA系列的开发始于20世纪90年代，比PLA大约晚10年。目前，全球许多PHA项目正在上马，这些项目涵盖了多种类型的PHA，显示了这一新型聚合物系列所取得的进展。

2. PHA品种

PHA化学本质上是一种高分子聚酯，在细胞体内PHA聚合酶（PhaC）的催化下，一定碳链长度的羟基脂肪酸相互连接形成酯键，最终形成不同类型、具有不同分子量的PHA聚酯。根据组成单体碳链长度的不同，PHA可以分为短链PHA和中长链PHA。其中，短链PHA的单体碳链长度一般为3～5，如聚3-羟基丙酸酯(P3HP)、聚3-羟基丁酸酯(PHB)、聚4-羟基丁酸酯(P4HB)、聚3-羟基戊酸酯（P3HV），以及3-羟基丁酸-4-羟基丁酸共聚聚酯[P(3HB-*co*-4HB)或P34HB]、3-羟基丁酸-3-羟基戊酸共聚聚酯[P(3HB-*co*-3HV)或PHBV]等。而中长链PHA的单体碳链长度在6～14之间，如聚3-羟基己酸酯(PHH*x*)、聚3-羟基辛酸酯（PHO），以及3-羟基己酸-3-羟基辛酸共聚聚酯[P(3HB-*co*-3HO)]等。根据组成单体种类的多少，PHA可以分为均聚物（homopolymer）和共聚物(copolymer)，后者可进一步细分为随机共聚物（random copolymer）和嵌段共聚物（block copolymer)。此外，由于PHA单体的侧链R基团十分多样，理论上可以引入具有双键或三键、卤素、氨基、苯环等官能基团的单体，而这些官能团又允许通过后期化学修饰增加新的官能团，形成所谓的“功能PHA”。官能团的加入能够改善PHA材料性能，并带来诸如温敏、光敏、pH值调节等特殊材料功能。

聚3-羟基丁酸酯（PHB）是PHA系列的第一个已知产品，在自然界中已经存在了超过30亿年，并已成为植物、动物和人类新陈代谢的重要组成部分，为其提供能量和营养。在自然界中，它是由微生物以糖（葡萄糖等）、淀粉和纤维素为原料生产的。然而自然界中发现的PHB分子量太低，无法通过制造加工得到各种各样的塑料制品。如今，通过使用多种不同的原料如固体废物、废水、废气（如二氧化碳和甲烷）、煎炸废油、糖、纤维素、植物油等进行微生物发酵，人们已生产出9种不同的PHA产品，这有助于建立循环经济的用后价值链。

PHA系列中的各品种不能简单地彼此替代，因为它们各自具有不同的性能特点。而且其衡量性能特点的指标跨越的区间很宽，如分子量在3×10^8～1×10^9之间、结晶型聚合物的熔融温度为60～170℃、拉伸模量在10～1000MPa之间、拉伸屈服强度在1～45MPa之间、断裂伸长率在1%～1000%之间。这明确显示，PHA不能被简单地视为单一产品。

然而，所有PHA系列产品都拥有一项特性，即在土壤和水体中、需氧和厌氧条件下、被细菌或真菌利用时，均可发生生物降解，尽管降解的速度取决于PHA产品的类型、制品厚度和其他外部条件。从原理上来讲，PHA产品的生物降解性可被调整以适应具体需求，其中生物降解的时间取决于形状因素和外部条件。这种多功能的生物降解特性可确保随着时间的推移，不会有任何PHA微塑料残留在环境中。

除结晶型PHA产品之外，非结晶型的PHA产品也已经成功开发并推向市场。当然，非结晶型PHA的应用场景与结晶型PHA完全不同。尽管PHA产品尚不能完全替代化石基聚合物产品，但是PHA产品可以替代绝大多数化石基聚合物，因此PHA产品的目标市场非常庞大，并且可能与许多可被它们取代的基于化石基聚合物的市场一样庞大。

PHA聚合物也可用作热固性材料（PUR和不饱和聚酯树脂）的基础材料，许多这方面的应用已在开发中，但还未实现商业化。此外，非结晶型PHA聚合物在胶黏剂中的用途也已被成功证明。以上这些工作都证明了PHA作为新型聚合物系列的多功能性。

最初，基于其开发曲线，新型PHA聚合物的市场价格很高，这限制了其市场渗透力。然而，PHA聚合物系列产品的原料生产商和应用开发者已经指出，价格只是时间和规模的问题。随着这些产品系列应用的激增和成熟，PHA材料将具有成本竞争力。

3. 发展现状

目前已开发的微生物合成PHA种类有：聚3-羟基丁酸酯（PHB）、聚3-羟基戊酸酯（P3HV）、聚4-羟基丁酸酯（P4HB）、3-羟基丁酸-3-羟基戊酸共聚聚酯（PHBV）、3-羟基丁酸-3-羟基己酸共聚聚酯（PHBHHx）、3-羟基丁酸/4-羟基丁酸共聚聚酯（P34HB）等。国内外已建、在建或拟建的PHA项目见表12-28和表12-29。

表12-28 “十四五”期间规划建设PHA项目 单位：万吨/年

单位名称	品种	产能
北京蓝晶生物科技有限公司	PHBHHx	0.1
江苏蓝素生物材料有限公司(北京蓝晶江苏盐城滨海子公司)	PHBHHx	2.5
中粮生化能源(榆树)有限公司	PHB	0.1
珠海麦得发生物科技有限公司	PHB、P34HB、P3HB3HD	1
上海本农天合生物技术有限公司	P34HB	2.38
北京微构工场生物科技有限公司	PHB、P34HB、P3HB4HV	1.1
湖北星辰自然生物技术有限责任公司(湖北黄冈)	P34HB	0.5

表12-29 国外规划建设的PHA项目

PHA品种	企业
PHB	德国慕尼黑Biomers公司（1000吨/年）
PHBV	英国ICI（Zeneca）公司（350吨/年、牌号Biopol）
PHBHHx	美国P&G公司（5000吨/年）
P34HB	美国ADM公司（50000吨/年）
	美国Danimer Scientific公司（佐治亚州）（11.4万吨/年）
	Kaneka（已经在日本建立了一家小型PHA工厂）
	初创公司RWDC（计划在美国建立一个工厂）

其他参与PHA发酵中试的国外企业有：日本三菱瓦斯化学公司、日本卡奈卡公司、美国Metabolix公司、巴西PHB Industrial S/A公司、英国Biocycle公司、德国Biomer公司和荷兰Agrotechnology & Food Tnnovations公司等，可见在此领域参与企业的热情度很高。

PHA的种类很多，目前已见报道的就有40多种。其中PHB、P3HV和P4HB为PHA

均聚物的典型代表，属于第一代产品；PHBV为第二代产品；PHBHH*x*为第三代产品；P34HB为第四代产品。PHB是PHA中最典型的一种，但因熔化温度和分解温度接近，难以加工。如果用小于10%（摩尔分数）的β-羟基戊酸与3-羟基丁酸共聚合，产物PHBV可克服PHB的加工缺点；而且根据PHBV中3-羟基戊酸的含量不同，可得到从软到硬一系列性能的共聚产品。

可以天然可再生资源如天然植物淀粉作为碳源，通过微生物发酵方法合成生物可降解PHA类塑料。常见的用于PHA合成的微生物有罗氏真氧菌（*Ralstoniaeutropha*）、恶臭假单胞菌（*Pseudomonas putida*）、盐单胞菌（*Halomonasbluephagenesis*）等。包括盐单胞菌在内的极端微生物是PHA的优良生产者。极端微生物可以在大多数微生物都无法增殖的苛刻条件下（诸如高低pH、高低温或高渗透压）生长，因此，它们在发酵过程中对杂菌有更强的抵抗能力，适合开放连续式的大规模发酵生产。以PHA生产为例，结合多种生物工程技术，可以将极端微生物开发成优秀的PHA生产底盘菌，这不仅会简化生产流程也会显著降低PHA生产成本。据报道嗜盐菌在未经灭菌的海水培养基中可以持续开放发酵至少两个月而不被杂菌污染。野生型盐单胞菌能在pH 8.0～9.0含有60g/L NaCl的葡萄糖培养基中快速生长，并积累高达细胞干重80%以上的PHA。极端嗜盐古菌*Natrinemaajinwuensis* RM-G10也能在pH 7.0的、含200g/L NaCl的高盐培养基中积累60%以上的PHA。嗜热的沙氏芽孢杆菌（*Bacillus shackletonii*）K5菌株可以在45℃和pH 7.0条件下合成高达其细胞干重73%（9.76 g/L）的PHB。

PHA材料具有优良的生物可降解性、生理相容性、压电性和非线性光学活性，可广泛用于包装材料、药物缓释材料及电化学材料等领域。PHA同时具备力学性能好、耐热性优良、耐紫外线、耐油性和阻隔性良好、热塑性加工性良好的优势，可用注塑、吹塑及压延等方法加工。PHA的缺点为合成性能不稳定，加工效率低，价格高，略带颜色和味道。

一、聚3-羟基丁酸酯（PHB）

1. 一般概况

聚3-羟基丁酸酯为PHA家族中研究最多、投入工业化生产最早的品种。1926年法国科学家Lemoigne首次从巨大芽孢杆菌细胞中提取得到PHB，1990年英国ICI公司推出商品名为Biopol的PHB。

PHB是由不同的细菌将碳水化合物在可控的营养条件下发酵生成的。目前发酵法仍为生物降解塑料的主要合成手段，但由于菌种、发酵生产及分离提取等方面存在困难，导致合成成本居高不下。要想降低PHB的成本，必须降低包括发酵和分离在内的步骤成本。我国天津大学开发的四步法合成PHB新工艺，有望使PHB的成本降低到20元/kg左右。目前PHB在国内只有小规模化生产。

2. 结构性能

PHB是以3-羟基丁酸（3HB）为单体的高聚合度均聚物，其结构式如图12-1所示。

图12-1　PHB结构式

PHB的分子量因菌种及合成条件不同而异，一般为4.5×10^5～

6×10^6，相应的聚合度 n 约为 700～12000。PHB 容易结晶，其结晶度高达 60%～80%；如在 PHB 中添加成核剂，可以控制球晶的大小；如在固化过程中对材料进行拉伸，球晶会出现平坦扩展式的排列，拉伸强度会大幅度增加至 300MPa 以上。PHB 在结晶时，因球晶在半径和圆周的收缩率不同，在大晶体内部产生裂纹，冲击诱发时，裂纹迅速增加和扩大，导致材料非常脆、抗溶剂性差、断裂伸长率也很低。PHB 的热稳定性不好，温度超过熔点 10℃即分解，导致加工温度范围很窄，实用性很低。因此，PHB 虽有工业化生产，但未见大批量应用。

PHB 的性能特点为高熔点、高结晶度、高拉伸强度、密度大、光学活性好、透氧性低、抗紫外线辐射、生物可降解性、生物相容性、压电性和抗凝血性好等，有望在电子、光学及生物医学等高技术领域获得应用。

PHB 的生物降解性良好，无论在好氧还是厌氧的环境中，均可完全降解，分解产物为水和二氧化碳及生物有机质，可以全部为生物所利用，对环境无任何污染。

PHB 的物理性能与 PP 极为相似，软化点、结晶度和拉伸强度等性能介于 PVC 和 PET 之间。天然 PHB 具有抗冲击性能差、容易热降解、耐溶剂性差、结晶度过高、后结晶现象严重、加工困难等缺点。通过热处理、共聚可改变其结晶和非结晶结构，添加无机物、增塑剂或其他降解聚合物，可使其抗冲击性和耐溶剂性得到改善。PHB 的具体性能与 PP 比较见表 12-30。

表 12-30　PHB 与 PP 的性能比较

性能	PHB	PP
玻璃化转变温度/℃	5	−10
熔点/℃	171～182	171～186
结晶度/%	60～80	65～70
相对密度	1.23～1.25	0.905～0.94
弯曲模量/GPa	3.5～4	1.7
拉伸强度/MPa	40	39
缺口冲击强度/(kJ /m^2)	2～4	4～7
断裂伸长率/%	4～8	200
氧气透过系数/[cm^3/(m^2 · d · MPa)]	450	17000
抗紫外线性	好	差
抗溶剂性	差	好
生物分解性	好	差

3. 成型加工

PHB 属于热塑性塑料，其熔融温度为 171～182℃。但 PHB 在高温下极其不稳定，205℃即已开始分解，分解温度略高于熔点，导致加工温度范围很小。PHB 的熔体强度很低，无须极大的合模力，也可成型超薄壁或复杂结构的制品。PHB 可进行注塑成型、挤出成型和模压成型。PHB 注塑后结晶现象比较严重，需要较长的时间才能完成结晶，制品定型较慢，成型周期较长。PHB 注射成型温度一般在 160～180℃之间，注射压力 80～120MPa，模具温度控制在 40℃左右，挤出温度为 150～170℃。常用 PHB 为内增塑剂来改善 PHB 的加工性能。

4. 改性方法

虽然 PHB 为最早开发的微生物发酵合成的完全生物降解塑料，但因为有着热稳定性不好、超过熔点就分解、冲击强度很低、硬而脆等缺点，PHB 应用面不广。要想改善 PHB 的缺点，就要进行 PHB 性能的改善。

改善 PHB 缺点的方法有 3 种：一为采用热处理的方法，控制其结晶结构和非结晶结构，从而得到具有优异力学性能的 PHB 材料；二是将 3-羟基丁酸与其他单体形成共聚物，3-羟基丁酸与 4-羟基丁酸共聚得到 P34HB，与 3-羟基戊酸共聚得到 PHBV，与 3-羟基己酸共聚得到 PHBHH*x*；三为进行共混复合，PHB 氢键的作用使之很容易与其品种的材料（如 PA、PC、PET、PBT 等）以任何比例混合。

（1）增韧改性

① PHB/聚氧乙烷（PEO）共混　当 PEO 的含量在 20%以下时，两者形成完全相容体系；当 PEO 的含量在 20%以上时，两者形成部分相容体系。随着 PEO 用量的增加，共混物由脆性材料变为韧性材料。

② PHB/PCL 共混　当 PCL 含量在 40%～60%时，PHB 的拉伸强度和弹性模量都有提高，力学性能甚至好于 LDPE，具体见表 12-31。

表 12-31　PHB/PCL 共混物性

PHB 含量/%	拉伸模量/GPa	最大应力/MPa	断裂伸长率/%
0	0.36	18.4	7.4
20	0.53	19.0	5.5
40	0.86	21.4	4.4
60	1.47	23.7	1.8
80	1.92	25.0	1.3
100	2.10	29.4	1.0

在 PHB/PCL 体系中加入锌酸亚锡作为催化剂，在液相条件下使 PHB/PCL 进行酯交换反应，产生嵌段共聚物 PHB-*co*-PCL，作为共混体系的相容剂，极大地改变共聚物的结晶行为，提高 PHB 热稳定性。也可以在 PHB/PCL 共混过程中加入过氧化二异丙苯（DCP），形成 PHB-*b*-PCL 嵌段共聚物，提高共混物间的相容性，明显提高 PHB 的韧性。

③ PHB/PLA 共混　PHB 与低含量的 PLA 以任何比例混合完全相容，而 PHB 与高含量的 PLA 混合会出现相分离。

④ PHB/PPC 共混　PHB 与 PPC 是不完全相容的两相体系，PPC 耐热性能差，但有很好的韧性，通过对 PPC 进行接枝处理来改善两者的相容性，PPC 的加入改善了 PHB 的脆性，提高了断裂伸长率，并抑制 PHB 的结晶过程，降低 PHB 熔点，拓宽了加工温度等。其力学性能见表 12-32。

表 12-32　PHB/PPC 共混体系物性

PHB 含量/%	拉伸强度/MPa	断裂伸长率/%	弹性系数/MPa
100	38.07	8.08	1209.06
90	26.79	9.51	1179.72
70	12.60	6.66	1115.02
60	25.84	15.54	907.55
50	9.32	10.91	902.55
40	3.31	116.08	170.21
30	3.55	304.02	90.39
20	2.66	404.56	5.18
10	1.12	844.64	4.56

其他共混方案还有：PHB/ENR（环氧化天然橡胶）或 NR（天然橡胶）/PB-*g*-MAH，冲击强度提高 440%，但模量下降 60%；PHB/ENR 或 NR/PB-*g*-MAH/钛酸盐改性蒙脱土，冲击强度提高 5 倍，模量也提高；PHB/超高分子量（500 万）聚乙二醇（PEO）共混具有较好的韧性。

（2）增塑改性

增塑改性的目的为降低加工温度，防止加工中产生分解。

内增塑为 PHB 与其共聚物之间进行共混，具体如 PHBV、P34HB、PHBHH*x* 等。

F. Gassnern 等人研究了 PHB 与 PHBV 共混物的结晶性质，结果表明：熔融状态下，PHB/PHBV 分为两相；在 5℃以上 PHBV 的冲击弹性模量比 PHB/PHBV 共混物的低；在室温环境内，PHBV 的玻璃化损耗峰明显高于共混物，表明 PHB/PHBV 的力学性能比 PHBV 共聚物的优良。KaiZhao 将不同含量的 PHB 与 PHBHH*x* 复合，用于制备薄膜和支架材料，结果表明 PHBHH*x* 可增加材料的柔韧性，含量为 60%时性能最佳。陈国强等对 PHB/P34HB 共混体系的结晶性能、力学性能和热性能进行研究，结果表明体系的玻璃化转变温度共混前的从 0.5℃降低到共混后的－17℃（60%P34HB），断裂伸长率从共混前的 1.8%提高到共混后的 34.2%（60%P34HB），5%热分解温度从共混前的 235℃提高到共混后的 246.3℃。这表明 PHB/P34HB 共混体系具有较好的相容性，可显著降低 PHB 的玻璃化转变温度，提高冲击强度和断裂伸长率，热稳定性也有大幅度的提高。

外增塑可通过添加增塑剂实现，具体品种如低分子量 PEO、柠檬酸三丁（三乙）酯、三乙酸（丁酸）甘油酯及环氧大豆油（ESO）等。

NYoshiea 等研究了小分子增塑剂对 PHB 的增塑效果，发现三丁酸甘油酯具有很好的增塑效果，加入量为 23%时 T_g 下降 26℃，T_c 下降 30℃。分析认为三丁酸甘油酯的溶度参数和 PHB 的溶度参数接近，具有很好的相容性。通常应用两种以上增塑剂复配对 PHB 进行增塑，这样才可以得到力学性能和加工性能相对比较平衡的一种材料，单一的增塑剂可能增塑效果比较好，但对材料的力学性能影响较大，有的材料对 PHB 力学性能影响较小但容易析出。研究中发现当柠檬酸酯与甘油酯以 3∶1 的比例进行配合时，对 PHB 有很好增塑作用，对 PHB 的力学性能影响较小，对材料的韧性提高较为明显。

（3）其他改性

研究人员发现用纳米黏土改性的 PHB，除了强度明显提高外，其生物降解速度也明显提高，可在 7 周内完全降解，而纯 PHB 的降解速度则要慢得多。

5. 应用范围

PHB 已在农业、包装、电子、光学、生物医学等高技术领域获得应用。具体产品为农用地膜，包装材料，一次性用品，生物功能材料，医疗用品如包扎带、手术缝合线、骨科固定材料等。

二、3-羟基丁酸-3-羟基戊酸共聚聚酯(PHBV)

1. 一般概况

PHBV 是 3-羟基丁酸（3HB）与 3-羟基戊酸（3HV）的共聚物，是 PHB 的共聚改性品种，是第二代 PHA 产品。开发 PHBV 的主要目的是改善 PHB 的脆性。PHBV 于 20 世纪 70 年代由英国 ICI 公司首先开发，以丙酸、葡萄糖为碳源，通过微生物发酵合成，商品名为 Biopol。随后，日本 Monsanto 公司也开发出了 PHBV。

PHBV 是微生物非平衡生长状态下（如缺乏氮、磷、镁等），细胞体内合成的一种热塑性聚酯，在微生物体内主要作为细胞内碳源和能量贮存物质。

PHBV 的合成原料为各类常见碳源如淀粉、糖类、水果、蔬菜、植物秸秆和果壳等，具有完全可生物循环性。

PHBV 具有完全生物降解性（可完全降解为二氧化碳和水）、生物相容性、压电性和光学活性等特殊性能，可用于植被降解包装材料、组织工程材料、缓释材料和电学材料等。

2. 结构性能

PHBV 的结构式如图 12-2 所示。

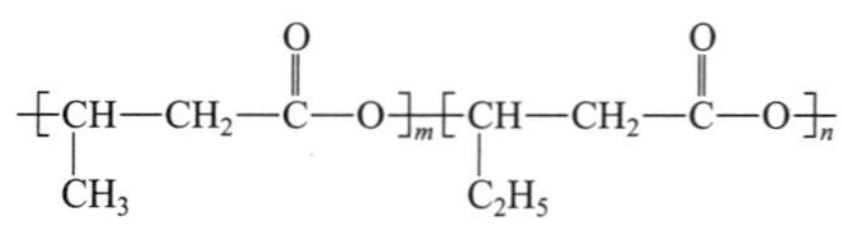

图 12-2　PHBV 的结构式

PHBV 的性能随共聚物中 3-羟基戊酸含量的变化而变化。随着 3-羟基戊酸加入量的增加，共聚物的物性由原来 PHB 的硬脆转变为 PHBV 的软韧，熔点可以由 PHB 的接近于 180℃降低到 PHBV 的 137℃（含 20%的 3-羟基戊酸），结晶度降低，熔体黏度增加，从而显著改善了热塑加工性，同时提高了力学稳定性，如冲击强度和韧性增加，硬度和脆性下降。当 3HV 含量在 3%～8%范围时，PHBV 的热学和力学性能与 PP 类似，可熔融加工，具有热塑性。因此，可通过改变 3HV 的比例，将 PHBV 物性的变化控制在需要的范围内。一般情况下，PHBV 中的 3HV 含量高时，共聚物的柔软性好，冲击性高，但杨氏模量低。PHBV 的具体性能见表 12-33。

表 12-33　PHBV 的具体性能

共聚物组成		拉伸强度/MPa	断裂伸长率/%
3HB	3HV		
100	0	43	6
97	3	28	45
90	10	24	242

续表

共聚物组成		拉伸强度/MPa	断裂伸长率/%
3HB	3HV		
84	16	26	444
56	44	10	511

PHBV 的力学性能好，冲击强度高；耐热性优良，可在热水中使用，相当于 PP；耐水性、耐油性、耐化学品性及阻隔性优良；耐候性优良，可不加抗氧剂及光稳定剂直接使用。PHBV 具有很好的生物降解性，在有氧无氧条件下都能自然降解，并具有良好的生理相容性。

英国 ICI 公司 Biopol 牌号 PHBV 的具体性能如表 12-34 所示。

表 12-34　英国 ICI 公司 Biopol 牌号 PHBV 的性能

性能	D311G	D411G	D611G
熔点/℃	151	144	136
熔体流动速率/(g/10min)	5	7	8
杨氏模量/GPa	0.8	0.7	0.4
拉伸强度/MPa	28	25	20
断裂伸长率/%	16	20	42
弯曲模量/GPa	1.8	1.0	0.8
悬臂梁冲击强度/(J/m)	161	198	360

PHBV 在好气和厌气（如河川、海底的泥中、深水管中及深土中）条件下均显示良好的生物降解性，最后分解为 CO_2 和 H_2O。其在野外的降解性能如表 12-35 所示。

表 12-35　PHBV 在野外的降解性能

条件	从表层起降解速度/(μm /周)	厚 5μm 膜完全降解的时间/周
厌气性水中	100	0.5
好气堆肥化装置中	50	1
河泥淤积物中	10	5
好气性水中	7	7
表层土土壤中(25℃)	5	10
海水中(15℃)	1	50

PHBV 在空气中和净水中安全稳定，不会发生降解。

3. 成型加工

PHBV 的加工温度范围更广，通过调整 3HV 和 3HB 的比例，熔点可以控制在 110～175℃之间。

4. 改性方法

PHBV 的缺点为价格高、力学性能低、硬而脆（冲击强度仅为 16.9J/m）、加工温度窄、易分解等，自诞生以来一直未获得大规模应用。必须对其进行性能改善后，方可普遍应用。因此，PHBV 有不加增塑剂型、交联型及填料增强型等品种。

PHBV 可与其他高分子材料共混。PHBV 与淀粉共混，可节省成本；PHBV 与 PCL 共混可提高韧性；PHBV 也可与聚乳酸、聚乙酸乙烯酯、聚乙烯醇、聚甲基丙烯酸甲酯、乙烯-乙酸乙烯酯共聚物等材料共混改性，具体实例如下。

(1) PHBV/淀粉体系

PHBV 为疏水性聚合物，而淀粉为亲水性聚合物，两者的相容性差。一般要对淀粉进行接枝、表面修饰等改性，以提高两者的相容性。

如将甲基丙烯酸缩水甘油酯接枝到淀粉上，可与 PHBV 形成很好的共混材料。还可以将过氧化物作为交联剂加入 PHBV/淀粉中，促进相容性，并提高冲击强度。采用玉米直链淀粉/PHBV/PCL/过氧化物/均苯四酸酐体系，可提高冲击性能。对于 PHBV/淀粉/DCP 体系，当比例为 100/20/2 时，冲击强度最大。

(2) PHBV/无机物体系

PHBV/30%羟基磷灰石（HA）体系，杨氏模量为 2.75GPa、拉伸强度为 62MPa，可用于人工骨材料。PHBV/羟基磷灰石（HA）/活性陶瓷/磷酸三钙体系，可用于新型生物材料。PHBV/硅灰石复合材料，可用于改善复合材料的骨架性能。PHBV/碳纳米管体系，碳纳米管含量 2%，结晶温度和结晶速率提高。PHBV/3%有机蒙脱土体系，拉伸强度达 35.6 MPa，比纯 PHBV 增加 32%，结晶度降低，结晶速率提高。

(3) 其他改性体系

PHBV/酚类化合物，酚羟基易与 PHB、PHBV 中的羰基氧原子形成氢键，破坏原来的结晶，达到增韧的目的，如 PHBV/双酚 A/填料体系。PHBV/ESO（环氧大豆油）体系，冲击强度由 PHBV 的 3.5kJ/m^2 增加到 8.0 kJ/m^2。HBV/DCP 交联体系，可达到增韧目的。PHBV 完全生物降解共混体系，具体见表 12-36。以 PHBV/PPG 为例，其具体的力学性能见表 12-37。PHBV 非降解共混体系具体共混实例见表 12-38，以 PHBV/NBR 共混物为例，其具体的力学性能见表 12-39。

表 12-36 PHBV 完全生物降解共混体系

共混体系	组分名称	相容性
PHBV/PHB	聚 3-羟基丁酸酯	相容
PHBV/ESO	环氧化大豆油	相容
PHBV/DBP	邻苯二甲酸二丁酯	相容
PHBV/TEC	柠檬酸三乙酯	相容
PHBV/PHBP	3-羟基丁酸-3-羟基丙酸共聚聚酯	部分相容
PHBV/PCL	聚己内酯	部分相容
PHBV/SO	大豆油	不相容
PHBV/CO	蓖麻油	不相容

续表

共混体系	组分名称	相容性
PHBV/PPG	聚丙二醇	不相容
PHBV/PLA	聚乳酸	不相容
PHBV/PPC	聚碳酸亚丙酯	不相容

表 12-37 PHBV/PPG 共混物的力学性能

PPG 含量/%	拉伸模量/MPa	拉伸强度/MPa	断裂伸长率/%
0	727	16	16
10	743	14	15
30	668	11	13
50	124	2	13

表 12-38 PHBV 非降解共混体系实例

共混体系	参与共混组分名称	相容性
PHBV/PVDF	聚偏氟乙烯	相容
PHBV/NBR	丁腈橡胶	相容
PHBV/PVAC	聚乙酸乙烯酯	相容
PHBV/BPA	双酚 A	相容
PHBV/PVC	聚氯乙烯	部分相容
PHBV/SAN	苯乙烯-丙烯腈共聚物	不相容
PHBV/ENR	环氧化天然橡胶	不相容

表 12-39 PHBV/NBR 共混物的力学性能

NBR 含量/%	拉伸模量/μPa	拉伸强度/MPa	断裂伸长率/%
0	1119	27	4
10	540	21	6
30	412	15	70
50	157	8	406

三、3-羟基丁酸-3-羟基己酸共聚聚酯(PHBHH*x*)

PHBHH*x* 为 3-羟基丁酸（3HB）和 3-羟基己酸（3HH*x*）的共聚物，是一种近年来开发的新型完全生物降解聚合物，属于 PHA 系列四代产品中的第三代产品，PHBHH*x* 的结构式如图 12-3 所示。

PHBHH*x* 的性能优于 PHB 和 PHBV，但成本比 PHB 和 PHBV 分别低 25%和 40%。表 12-40 是 PHBHH*x* 性能与 PHBV 性能的对比情况。

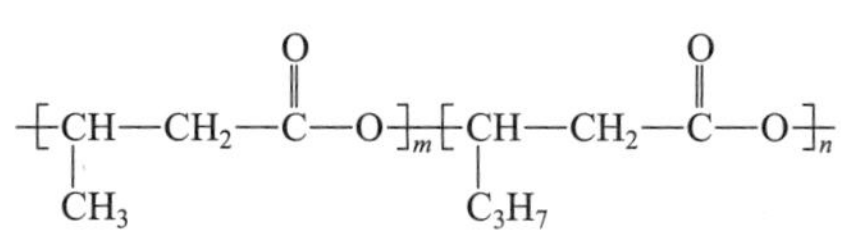

图 12-3 PHBHH*x* 的结构式

表 12-40　PHB 与 PHBHH*x* 性能对比

样品	T_m/℃	T_g/℃	拉伸强度/MPa	断裂伸长率/%
PHB	177	4	43	5
P(3HB-*co*-10%3HV)	150	—	25	20
P(3HB-*co*-20%3HV)	135	—	20	100
P(3HB-*co*-10%3HH*x*)	127	−1	21	400
P(3HB-*co*-17%3HH*x*)	120	−2	20	850

PHBHH*x* 的生物降解性能也优于 PHBV 和 PHB，PHBHH*x* 共聚物的性能严重依赖共聚物中 3HH*x* 的含量，目前的合成技术已可以任意控制 3HH*x* 的含量。随着 3HH*x* 含量的增大，材料的热稳定性随着 3HH*x* 的加入得到明显提高，结晶度、玻璃化转变温度和熔点降低，而柔软性和断裂伸长率提高。目前只有美国、日本和中国在研究和生产 PHBHH*x*。

四、3-羟基丁酸-4-羟基丁酸共聚聚酯(P34HB)

1. 一般概况

3-羟基丁酸（3HB）和 4-羟基丁酸（4HB）的共聚物是 PHB 的改性品种，属于 PHA 家族中的第四代产品。

P34HB 是一种生物体内积聚形成的可生物降解的高分子材料，最早由日本东京工业大学用发酵法合成，目前世界上有三家公司建有工业化合成 P34HB 的装置，但市场至今未见有批量原料供应。

P34HB 具有优异的综合性能，在降解树脂中仅次于 PBAT 树脂。

2. 结构性能

P34HB 的结构式如图 12-4 所示。

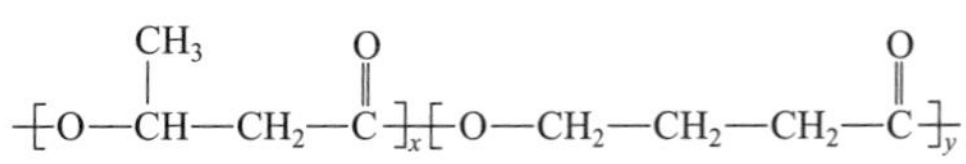

图 12-4　P34HB 的结构式

P34HB 是一种微黄色颗粒或白色粉末状固体，略带淀粉味，制品的透明性类似于半透明的 HDPE。P34HB 可以燃烧，火焰呈上红下蓝，燃烧后有熔融落滴产生，并伴有麦芽糖烧焦气味。P34HB 不易溶于水，其吸水率小于 0.4%，成型收缩率一般为 1%～2.5%。P34HB 的性能可以通过调解共聚物的组成，从而得到从类似于塑料到类似于橡胶的一系列性能不同的产品。在 P34HB 的共聚物组成中，单体 3HB 脆性较大，赋予材料的刚性更多；4HB 有类似橡胶的性质，主要赋予 P34HB 良好韧性。

P34HB 属热塑性结晶高分子材料，结晶度随 4HB 含量不同而有所不同，高含量的 4HB（大于 18%以上）将不具有结晶特性，成为一种橡胶态聚合物，P34HB 结晶速率较低。

在 P34HB 中，随着 4-羟基丁酸单体的增加，共聚物由结晶性的硬塑料向富有弹性的橡胶态过渡，结晶度和熔点及玻璃化转变温度也随之下降，材料的热稳定性得到进一步提高，P34HB 的热分解温度一般在 185℃以上，达到 250℃时快速分解，P34HB 的玻璃化转变温度最低可至−30℃以下。

据研究表明，P34HB 共聚物中 4HB 的比例由 40%增至 100%，拉伸强度可以从 17MPa

增加到104MPa，也就是说，可以通过改变聚合物中4HB的含量来改变聚合物的物理机械性能。而且随着4HB的增加，P34HB共聚物的玻璃化转变温度和熔点还可以下降，这对于加工制造行业节约能源提供了极大的方便。P34HB生物降解机理与PHB相似，首先P34HB表面吸附降解酶，然后是酶活性位点参与聚合链的水解。有研究表明：P34HB的生物降解速度是目前发现的所有生物降解材料中最快的一种，不同共聚物的降解速率为：P34HB>PHB>PHBV。在3μm/mL的PHB降解酶溶液中，膜厚40～70μm的PHB薄膜，20h后失重达60%～70%，而P34HB薄膜在5h后失重量就达到了64%，P34HB的酶降解速率先随共聚单元含量增加而上升，达到最大值后，随着共聚单元含量的进一步增加，降解速率反而又下降。其最大降解速率是均聚PHB的6～7倍。

3. 成型加工

（1）加工特性

P34HB是一种疏水性共聚物，粉料一般吸水率在0.4%以下，粒料吸水率小于0.1%，因此加工前不需要干燥处理，可以直接用于成型加工。

P34HB的热稳定性能不好，加工范围比较窄，热失重法测试P34HB分解温度在195℃以上，但实际应用加工过程中，当温度达到180℃时就快速降解。因此在加工之前需要加入热稳定剂及抗氧剂来提高材料的热稳定性能，并用增塑剂降低材料的熔融加工温度。P34HB的加工温度随共聚物中4HB含量的升高而降低，一般P34HB的加工温度控制在100～170℃之间。对加工设备而言，由于P34HB加工温度范围较窄，需要具有更精准温度控制的加工设备，温度有10℃间的差别就会引起材料加工中的巨大差异，螺杆一般采用渐变形螺杆，材料在料筒中的停留时间要尽量缩短。

P34HB的熔体接近牛顿液体，温度达到熔点之后，熔体黏度迅速下降，P34HB熔体黏度对温度和剪切速率都较为敏感，相对而言要对温度的敏感性大些。P34HB的熔体强度较低，因此不通过改性的P34HB很难用于吹膜、吹瓶等挤塑产品。

P34HB结晶情况与4HB含量有关，当4HB含量达到18%以上时，材料几乎看不到有结晶现象产生，材料呈现出橡胶态。P34HB结晶缓慢，通常需要十几个小时或二十几个小时以上才能完成，加工产品时，制品定型需要的时间较长，这样停留在螺筒中的物料也会因受热时间较长而使性能下降。P34HB可以异向成核，一般加入滑石粉、二氧化硅、BN、PHB或山梨醇作为成核剂，提高P34HB结晶速率。

P34HB在4HB低含量情况下对缺口比较敏感，因此在设计和制造产品时应尽量避免尖角或缺口，以免制品在使用过程中因尖角或缺口的存在而引起应力集中，发生破坏。

（2）加工方法

P34HB可用注塑、挤出和吹塑等塑料常规方法成型加工。

① 注塑　通常选用4HB含量在8%以下的P34HB原料，设备以通用注塑机为主，最好选择成型PVC塑料制品的注塑机。P34HB注塑时的温度一般控制在150～170℃之间，温度设定从加料段到喷嘴依次递增，喷嘴温度设定为最高，过高的温度设置一方面不利于缩短材料的成型周期，另一方面会有降解现象发生。注射压力控制在60～100MPa之间，冷却定型时间一般都在30s以上，模具温度控制在40℃左右。

② 挤出　可用于生产管材、片材、膜等产品，挤出机一般选择长径比为25∶1的渐变型螺杆挤出机，挤出温度控制在130～150℃之间。

③ 吹塑　可以在普通吹膜机或吹瓶机上进行吹塑成型，吹塑成型的温度一般控制在120～140℃之间，吹塑成型时的吹胀比可以控制在3∶1左右。

4. 改性方法

与PHB相比，P34HB的热稳定性和韧性有所改善，但其加工性能及力学性能并不能完全满足加工成型和使用要求。采用微生物发酵工艺生产的PHA产品最终要成为塑料产品必须经过改性处理。P34HB的改性方法与通用塑料一样，可以应用增塑改性、共混改性、填充改性以及增强改性和化学改性等方法。

(1) 增塑改性

增塑改性是改善P34HB的一种主要改性方法。将PHB与DEHP[对苯二甲酸二(2-乙基己基)酯]以不同比例共混，并热压成型，可发现DEHP与PHB有良好的相容性，共混可改善PHB的结晶行为、降低熔融温度、加宽熔融温区；用偏光显微镜观察PHB与DEHP混合体系的晶相结构发现，随着DEHP用量的增加，球晶尺寸变小，当DEHP质量分数为50%时，几乎看不到球晶的存在。随着增塑剂的加入，材料的流动性能得到改善、加工特性黏度降低，熔融塑化温度降低，另外，增塑剂的加入可明显提高P34HB的韧性和断裂伸长率，材料的玻璃化转变温度也下降。P34HB常用的增塑剂有：柠檬酸三乙酯（TEC)、环氧大豆油、蓖麻油甘油酯、邻苯二甲酸二乙酯等。增塑剂用量一般不高于P34HB的20%，一般控制在10%左右。过高的增塑剂加入量一方面会使材料的刚性剧烈下降，另一方面会导致增塑剂较易在制品使用过程中析出，使制品性能明显下降. 最好的方法是两种增塑复配使用，效果明显优于使用单一增塑剂. 表12-41是甘油酯增塑剂对P34HB性能影响。

表12-41　甘油酯增塑剂对P34HB性能影响

项目	P34HB	P34HB+2%甘油酯	P34HB+5%甘油酯
熔体流动速率/(g/10min)	4.7	8.9	11.4
拉伸强度/MPa	25.4	25.3	21.1
断裂伸长率/%	19.5	51.5	83
弯曲强度/MPa	35.5	32.5	28.6
弯曲模量/MPa	1023	982	794
缺口冲击强度/(kJ/m^2)	4.1	6.9	7.6

(2) 共混改性

P34HB是一种极性共聚物，可以与很多高分子材料共混，由于PHA的加工温度比较低，高温情况容易降解，所以不能应用熔融温度过高的高分子材料与之共混。

① P34HB/PLA共混　P34HB可以与PLA以任意比例进行共混，并且有比PHB/PLA更好的相容效果。PHB/PLA两种材料的相容性主要与PLA和PHB的分子量有关，PHB与低分子量PLA（M_n=9900～18000）共混时，DSC显示只有一个T_g，说明两相是可以相容的；P34HB与高分子量PLA（M_n=20000～39000）共混时，DSC显示两个T_g，说明两相是部分相容。将PLA与M_w=9400的PHB共混，当PHB质量分数为50%时，熔融体系只出现一个T_g，表明PLA与低分子量PHB是完全相容的；当PHB质量分数低于50%时，PLA与高分子量PHB（M_w=140000）混合时出现两个T_g，体系不相容。P34HB可以和分

子量达到100000以上的PLA进行共混，当体系中加入40份PLA（P34HB为100份）后，材料的刚性大幅度得到提高，同时材料的加工性能也可以得到进一步的改善。而在PLA中加入30份的P34HB后，材料的冲击性能将得到很大程度提高，同时材料的耐热性能及吸水性能也得到很好的改善。在研究中发现两相中若加入10份的PBS，可以起到明显的增容效果。表12-42是P34HB/PLA共混合金的性能。

表12-42　P34HB/PLA共混合金的性能

P34HB/PLA	拉伸强度/MPa	断裂伸长率/%	弯曲强度/MPa	悬臂梁缺口冲击/(kJ/m^2)
0/100	65	6	78	2
30/70	45	25	68	4
50/50	30	68	50	5
60/40	28	120	40	9.8
70/30	25	120	30	12
90/10	23	210	25	—
100/0	17	800	22	—

② P34HB/PBS共混　P34HB可以与PBS以任意比例进行共混，且两者相容性非常好。P34HB的加入对PBS的结晶动力学参数影响不大，P34HB的加入不产生异相成核作用，而是使PBS的结晶生长更加完善，并且使PBS的结晶活化能先升高后降低。PBS结晶速率快，有助于缩短共混材料的成型周期，同时P34HB可以明显改善PBS的韧性，两者的加工性能都得到提高，共混后的材料可以吹膜、注塑、挤出片材等等。表12-43是PBS/P34HB共混合金性能。

表12-43　PBS/P34HB共混合金性能

PBS/P34HB	熔体流动速率/(g/10min)	拉伸强度/MPa	断裂伸长率/%	悬臂梁缺口冲击强度/(kJ/m^2)	成型周期/s
100/0	20.0	34.3	42	6.3	20
80/20	14.2	25.8	55	7.4	23
60/40	12.4	23.3	62	7.9	30
40/60	8.2	18.9	75	8.7	46
20/80	2.8	16.4	87	12.3	55
0/100	0.5	15.9	850	>30	80

此外P34HB还可以与聚甲醛（POM）、聚甲基丙烯酸甲酯（PMMA）、聚乙酸乙烯酯（PVAC）、乙烯-乙酸乙烯酯共聚物（EVA）、聚氧化乙烯（PEO）、聚己二酸丁二醇酯（PBA）、聚环氧丙烷（PPO）、聚氨酯（PU）等很多非生物降解塑料共混，并具有很好的相容性。

（3）填充改性

P34HB常用的填充材料为碳酸钙、滑石粉、云母粉、硫酸钡、淀粉、纤维素及木粉等。一般在填充前需对粉体材料进行活化处理，以提高材料界面强度，增加两种材料的相容性。填充后的P34HB在刚性、耐热性能、耐蠕变性、尺寸稳定性、成型加工性能等方面都有很好改善，成型周期缩短。表 12-44 是不同偶联剂处理的滑石粉对 P34HB 性能的影响。表 12-45 是不同含量滑石粉填充 P34HB 性能影响。

表 12-44　不同偶联剂处理的滑石粉对 P34HB 性能的影响

项目	P34HB+30%滑石粉+1%铝酸酯	P34HB+30%滑石粉+1%邻苯二甲酸酯	P34HB+30%滑石粉+1%硅烷
拉伸强度/MPa	13.98	14.17	14.59
断裂伸长率/%	10.42	22.77	17.86
冲击强度/(kJ/m^2)	7.57	8.43	5.86
熔体流动速率/(g/10min)	10.83	4.47	19.32
弯曲强度/MPa	25.68	25.28	25.94

表 12-45　不同含量的滑石粉填充 P34HB 性能影响

项目	P34HB+10%滑石粉	P34HB+20%滑石粉	P34HB+40%滑石粉	P34HB+50%滑石粉	P34HB+60%滑石粉	P34HB
拉伸强度/MPa	16.20	16.02	13.90	14.57	13.75	17.05
断裂伸长率/%	40.47	18.56	13.72	5.86	13.07	200
冲击强度/(kJ/m^2)	9.56	7.30	7.45	5.17	2.85	8.67
熔体流动速率/(g/10min)	0.475	0.535	0.361	0.244	0.396	0.140
弯曲强度/MPa	25.0	26.14	23.18	23.00	20.78	23.86

注：表 12-41～表 12-45 中 P34HB 的 3HB 含量不同，因此断裂伸长率等数据有一定差异。

生物降解塑料很多都是用淀粉进行填充，不同淀粉填充的 P34HB 性能也不同，一般玉米淀粉和木薯淀粉较多，而且填充材料的性能也较好。

（4）增强改性

P34HB 还可以增强改性，当植物纤维加入 20%后可明显改善材料的刚性、耐热性能及拉伸强度。一般选择亚麻纤维、黄麻纤维或剑麻纤维，也可以用竹粉、松木粉和杨木粉。

5. 应用范围

P34HB 的应用是材料科学与生物科学相结合的一个新的领域。作为一种微生物合成的、性能类似于聚丙烯的可降解“塑料”而引起人们的关注，所以它的主要应用范围是与塑料有关的领域。

P34HB 可以用于农业长效缓释化肥、杀虫剂、除莠剂、抗真菌剂等。

P34HB 在医药及医疗上的应用，如：长效药物载体，用于静脉注射、口服、皮下埋植延长药效，达到难以到达的施药部位；医用手术缝合线、肘钉、伤口敷料、血管替代品（尤其心血管）、骨骼替代品、骨板、医用药棉、伤病员服、骨骼愈合支架及人体整形时的填充材料等。

P34HB 具有很好的压电性能，所以可以在微电子中应用，可以用于压力传感器元件。

P34HB 在环保包装上也有应用前景，P34HB 性能具有与传统塑料 PP、PE 相似的特点，P34HB 薄膜具有气体阻隔性好的特点，可以作为食品包装、购物袋、垃圾袋、服装包装、电子产品包装膜及其他工业产品包装等。P34HB 片材可以做成各种包装盒，用于礼品包装、化妆品包装、手机包装、小食品包装、文具用品包装等。P34HB 吹制瓶可以用于化妆品、洗浴液、洗涤液、医药、饮品等产品的包装。

此外，P34HB 还可以用于一些壳体材料的外壳、玩具部件、办公文具、日用品、汽车内饰件等，4HB 含量达到 20%以上的 P34HB 还可以作为弹性体使用，P34HB 的发泡产品可以作为电子产品等缓冲填充物或电子产品包装及其他产品包装领域。

第五节 二氧化碳共聚物

（一）一般概况

二氧化碳（CO_2）是石油和天然气等物质燃烧以及生物的呼吸作用释放出来的一种气体，也是工业的副产品，既是温室效应的“元凶”，又是潜在的碳资源。全球多数国家已经加入了努力减少温室气体排放的行列中，二氧化碳的回收利用则成为当前国际节能减排的热点。

大自然对二氧化碳的固化已经为我们树立了杰出的榜样，每年通过光合作用转化成碳水化合物以及各种有机材料的二氧化碳高达 2000 亿吨。与之相比，人类在生产实际中利用二氧化碳的规模则是非常有限的。可喜的是，人们已经找到了利用二氧化碳合成聚合物的新方法，如生产全生物降解的聚碳酸酯及其衍生的三元、四元共聚物。二氧化碳与环氧化物共聚反应得到的脂肪族聚碳酸酯（APC）具有热塑性、高透明度、阻隔性能好、紫外线稳定等优异性能，是一种极具潜力的环境友好塑料。APC 可在空气中完全燃烧或在土壤中完全降解，只产生二氧化碳和水，没有其他有毒气体或者剩余灰渣，还可实现温室气体的转化，符合未来“绿色化学”发展要求的理想材料。

目前被研究最多的二氧化碳共聚物是聚碳酸亚丙酯（PPC），是由二氧化碳与环氧丙烷（PO）交替共聚反应得到的。PPC 可以作为包装材料、气体阻隔材料以及生物医用材料等，拥有较大的工业化应用潜力。

可以与 CO_2 共聚的环氧化物很多。其中，环氧丙烷（propylene oxide，PO）、环氧环己烷（cyclohexene oxide，CHO）、环氧乙烷（ethylene oxide，EO）和环氧氯丙烷（epichlorohydrin，ECH）是在二氧化碳共聚研究中使用最多的环氧化物，它们与二氧化碳共聚得到的聚合物分别为聚碳酸亚丙酯［poly(propylene carbonate)，PPC］、聚碳酸亚环己基酯［poly(cyclohexene carbonate)，PCHC］、聚碳酸亚乙酯［poly(ethylene carbonate)，PEC］和聚碳酸亚氯丙基酯［poly(epichlorohydrin carbonate)，PECHC］。

目前，在合成 APC 过程中，始终存在着催化效率低、聚合物加工性差、成本高、有气味等难题，它们已成为产业化的瓶颈，是目前各国竞相研究的焦点。

由二氧化碳制备完全降解塑料的研究始于 1969 年。美国在日本发现基础上通过改进催化剂，于 1994 年生产出二氧化碳可降解共聚物。中国的河南天冠集团、内蒙古蒙西集团、中国海油海南东方厂合成出脂肪族碳酸酯，江苏金龙绿色化学公司生产出脂肪族聚碳酸亚乙酯及基于该树脂的降解型聚氨酯泡沫塑料。

目前已批量生产的二氧化碳基塑料原料主要有二氧化碳-环氧丙烷共聚物、二氧化碳-环氧丙烷-环氧乙烷三元共聚物、二氧化碳-环氧丙烷-环氧环己烷三元共聚物、二氧化碳-环氧丁烷共聚物等品种。

此外，还开发出二氧化碳-R-环氧柠檬烷（LO）二元共聚物（简称 PLC），具有与 PS 相似的特性。

目前实现产业化的 APC，以二氧化碳与环氧丙烷的共聚物为主。制约其发展的是环氧乙烷或环氧丙烷的价格高，合成催化剂价格高且供应紧张，造成成本价格居高不下。中山大学孟跃中教授改进的优化合成工艺预计可降低 60%的成本，价格接近通用塑料。

我国正在掀起一轮 APC 投资热潮，具体生产情况见表 12-46。

表 12-46 我国二氧化碳共聚物主要生产企业

单位名称	品种	产能/(万吨/年)
河南天冠集团	PPC	2.5
博大东方新型化工(吉林)有限公司	PPC	5
山东联欣环保科技有限公司	PPC-P①	20
广东茂名天源石化有限公司	PPC-P	3
河北中煤旭阳能源有限公司	PPC-X②	3
河北沧州临港丰亚化工有限公司	PPC-X	3
江苏中科金龙环保新材料有限公司	PPC-TPU③ 弹性体	3
湛江天诚生物降解材料有限公司	PPC 和 PEC 低聚物	0.5

①二氧化碳-环氧丙烷-邻苯二甲酸共聚物。

②二氧化碳-环氧丙烷-环氧环己烷-邻苯二甲酸共聚物。

③二氧化碳-热塑性聚氨酯。

（二）结构性能

APC 为具有线型分子结构的无定形态二氧化碳共聚物，其主链上含有亚烷基、醚键和碳酸酯键，末端是羟基，故具有柔性，分子间也具有一定的作用力，可赋予 APC 一定的力学性能。前述基团也使共聚物易溶于许多溶剂，并较易发生水解反应，其端羟基在高温或催化剂的影响下，能与适当距离的酯键发生醇解反应，引起主链的连续降解，降低热稳定性，并具有较好的生理相容性和生物降解性。另外，不同分子量的环氧化物影响共聚物侧基的大小，从而影响主链的刚硬度，使 APC 具有不同的玻璃化转变温度，PEC 的玻璃化转变温度为 0～5℃，PPC 的玻璃化转变温度为 15～40℃，PBC 的玻璃化转变温度为 60℃。通过调整聚合时二氧化碳和环氧化物的比例，可获得性能各异的 APC 产品，以适应不同的市场需要。

APC 产品均为无定形的非晶态物质，主链含有大量的氧原子，因此密度很大，分子排列紧密，表现出优秀的气体阻隔性能，并具有较好的生物相容性和生物降解性；此外，非晶结构相对于结晶结构具有更高的熔体黏度，因此适用于发泡、吹膜等领域。PPC-P 和 PPC-X 引入了刚性基团，具有较高的机械强度和杨氏模量，可以提高薄膜的强度；其超高的透明度，适合于透明度要求较高的薄膜、片材类型产品。与其他材料共混，如与 PBAT 共混，可以大幅度提高其封口性能，增加塑料购物袋的热封强度；最后，其优异的阻隔性能，达到了典型的阻隔塑料，如 PVDC 的阻隔性能指标。

PPC 的性能特点：

较高的拉伸强度及其杨氏模量，可以提高薄膜的强度；

较高的透明度，适合于透明度要求较高的薄膜、片材类型产品；

较高的熔体强度，有利于生产超薄薄膜的生产；

优异的封口性能，可以增加塑料购物袋的热封强度；

优异的阻隔性能，在所有降解塑料中阻隔性能最好。

优异的形状记忆功能：PPC 在 25～55℃温度下弯曲-回复率和在 35～55℃温度下拉伸-回复率均大于 95%，并且保持了 9 次的循环稳定性，且在 25～35℃温度范围内显示了良好的温度记忆效应。用 HA（羟基磷灰石）改性处理后，形状记忆效应更好。如将羟基磷灰石用 KH570 表面处理，其用量达到 20%时，合金具有力学恢复性和形状记忆效应，断裂伸长率为 315%，弹性回复率达到 98%。

以 PEC 为例，其薄膜的具体性能与 LDPE、PP 比较见表 12-47。

表 12-47　PEC、LDPE、PP 及 OPEC 薄膜的性能

性能		LDPE	PP	PEC	OPEC（3×3 倍拉伸）	OPEC（5×5 倍拉伸）	PPC	PBC
熔点/℃		114	163	106	106	106		
相对密度		0.93	0.91	1.26	1.26	1.26	1.27	1.18
分解温度/℃				210			218	240
吸水率/%				0.406			0.397	—
折射率				1.470			1.413	1.470
相对介电常数				4.32			3.0	3.25
薄膜厚度/μm		59	53	55	40	15		
拉伸强度/MPa	纵	28	75	81	110	148	40（分子量11 万）	
	横	20	54	84	—	—		
断裂伸长率/%	纵	314	650	540	196	147		
	横	582	800	800	—	—		
水透过系数/[g·mm/(m^2·d·MPa)]		5	2.5	270	270	—		
氧透过系数/[cm^3·mm/(m^2·d·MPa)]		3000	700	158	—	—		
雾度/%		5	7	24	15	3		
水蒸气透过系数/[$\times 10^{-7}$mL·cm/(cm^2·s·cmHg)]				1.7			1.3	1.2
氧气透过系数/[$\times 10^{-10}$mL·cm/(cm^2·s·cmHg)]				14			30	200
氮气透过系数/[$\times 10^{-2}$mL·cm/(cm^2·s·cmHg)]				6.9			5.3	4.3
二氧化碳透过系数				大	大	大	大	大

APC可用通用塑料的成型方法加工，产品有薄膜、片材、泡沫塑料、注塑制品和中空制品。

（三）树脂品种

1. PPC树脂

聚碳酸亚丙酯（PPC）是以二氧化碳和环氧丙烷为原料合成的一种完全可降解的环保型塑料。

1969年日本东京大学的井上祥平课题组首次报道了二氧化碳和环氧丙烷的交替共聚合反应，即PPC，成为该领域最受关注的科学发现。研究人员发现在多种可与二氧化碳共聚合的环氧单体中，最具工业化价值的是最初发现的环氧丙烷。通过二氧化碳和环氧丙烷共聚合成的PPC也是研究最为广泛的。由于PPC的重复单元由一个二氧化碳分子和一个环氧丙烷分子组成，因此理论上二氧化碳约占PPC总质量的43%，其原料成本相对其他生物降解塑料较低，有助于解决长期制约生物降解塑料发展的成本瓶颈。目前，已经实现产业化的APC只有PPC，生产企业都集中在中国，目前在产的有河南南阳中聚天冠低碳科技有限公司、吉林博大东方公司、江苏中科金龙、浙江华峰等。表12-48是PPC产品的主要性能指标。

表12-48　PPC产品的主要性能指标

项目	各牌号PPC产品的理化指标			
	PPC-TG5，3.3	PPC-TG14，2.5	PPC-TG22，2.5	PPC-TG25，0.2
拉伸强度/MPa	≤10	10～18	18～25	≥25
断裂伸长率/%	>400	200～700	50～500	<200
熔体流动速率/(g/10min)	0.5～7	0.1～5	0.1～5	0～0.3
数均分子量	25000～70000	30000～70000	30000～100000	>80000
分子量分布	1.5～3	1.5～3	1.5～3	2～3
5%热失重分解温度/℃	>200	>230	>240	>250
玻璃化转变温度/℃	20～30	30～37	30～37	33～38
灰分/%	≤1.4			
密度/(g/cm^3)	1.26～1.32			
生物分解率/%	符合ASTM D5338-15(2021)标准			

聚碳酸亚丙酯可溶于极性溶剂，如低级酮、乙酸乙酯、二氯甲烷和氯代烃，不溶于醇类、水和脂肪烃等溶剂，但在水中可以形成稳定的乳液。PPC不允许氧气等气体通过它扩散，具有优异的阻氧性能。玻璃化转变温度在25～45℃之间，PPC黏合剂是无定型的。PPC的玻璃化转变温度略高于PEC。PPC的折射率为1.46，而介电常数为3。

聚碳酸亚丙酯用于增加一些环氧树脂的韧性。聚碳酸酯与淀粉（PPC /淀粉）的复合材料用作可生物降解的塑料。

2. PPC-P 树脂

塑料产品最主要的特性是其使用温度范围，APC 一般都是非晶结构，其最高的使用温度也就是其玻璃化转变温度。APC 材料玻璃化转变温度与通用的塑料产品相比都在一定程度上偏低。针对此关键问题，中山大学孟跃中教授的研究团队独辟蹊径，在第一代 PPC 项目的基础上进一步开发，采用全新一代的非金属高效催化剂，通过加入第三单体邻苯二甲酸（PA）进行共聚，在高分子链中引入芳香性结构，开创了半芳香无定形聚酯-聚碳酸酯结构的二氧化碳-环氧丙烷-邻苯二甲酸共聚物（简称 PPC-P）的生产工艺，也称第二代的 PPC 生产技术或产品工艺。以二氧化碳、环氧丙烷和邻苯二甲酸为原料生产的 PPC-P 全生物降解塑料，具有聚合物力学性能好、玻璃化转变温度高、完全透明、超高的气体和水汽阻隔性能、满足相关的生物降解标准要求、生产工艺简单、生产过程无三废、投资极小、原料成本超低等突出优点。对 PPC-P，通过调整邻苯二甲酸含量，可获得性能各异的产品，以适应不同的市场需要，其主要性能如表 12-49 所示。

表 12-49　PPC-P 主要性能

项目	指标
密度（25℃，GB/T 1033.3—2010)/(g/mL)	1.26～1.30
二氧化碳质量分数/%	>15（根据产品牌号的玻璃化转变温度不同，可调）
数均分子量（采用 GPC 法测定，氯仿溶剂，聚苯乙烯标样）	60000～250000（根据产品牌号不同，可调）
分子量分布（采用 GPC 法测定）	1～6（根据产品牌号不同，可调）
玻璃化转变温度（GB/T 19466.2—2004)/℃	48～55（根据产品牌号不同，可调）
熔体流动速率（160℃/2.16 kg）（GB/T 3682.1—2018)/(g/10min)	0.5～20（根据产品牌号不同，可调）
5%失重分解温度（SN/T 3003—2011)/℃	>245
拉伸强度（25℃，GB/T 1040.2—2022）/MPa	>40
透光率（GB/T 2410—2008)/%	≥88
断裂伸长率（GB/T 1040.2—2022)/%	>5

3. PPC-X 树脂

PPC-P 产品的玻璃化转变温度达到了 50℃左右，能满足普通塑料的基本应用场景，但是，对于要求高稳定性场合还是达不到要求，如发泡产品、薄膜产品等具有薄壁结构的产品。中山大学孟跃中教授的研究团队继续在 PPC-P 产品的基础上进一步开发，引入第四单体环氧环己烷（CHO）进行共聚，合成了具有聚酯-聚碳酸酯结构的二氧化碳-环氧丙烷-环氧环己烷-邻苯二甲酸共聚物（简称 PPC-X）。与 PPC-P 产品一样，PPC-X 也具有力学性能好、完全透明、超高的气体和水汽阻隔性能、满足相关的生物降解标准要求、生产工艺简单、生产过程无三废、投资极小、原料成本超低等突出优点。但是玻璃化转变温度比 PPC-P 有了进一步的提高，通过调整环氧环己烷的含量，可获得不同玻璃化转变温度的产品，其主要性能如表 12-50 所示。

表 12-50　PPC-X 主要性能

项目	指标
密度（25℃，GB/T 1033.3—2010）/(g/mL)	1.26～1.29
二氧化碳质量分数/%	＞17（根据产品牌号的玻璃化转变温度不同，可调）
数均分子量（采用 GPC 法测定，氯仿溶剂，聚苯乙烯标样）	60000～200000（根据产品牌号不同，可调）
分子量分布（采用 GPC 法测定）	1～6（根据产品牌号不同，可调）
玻璃化转变温度（GB/T 19466.2—2004）/℃	70～90（根据产品牌号不同，可调）
熔体流动速率（160℃/2.16 kg）（GB/T 3682.1—2018）/(g/10min)	0.5～20（根据产品牌号不同，可调）
5%失重分解温度（SN/T 3003—2011）/℃	＞245
拉伸强度（25℃，GB/T 1040.2—2022）/MPa	＞45
透光率（GB/T 2410—2008）/%	≥88
断裂伸长率（GB/T 1040.2—2022）/%	＞5

APC 的应用领域很广泛，具体如下：

① 生物降解塑料　产品主要用于包装材料和医用材料。

② 塑料改性剂　用于脆性树脂的增塑剂、增韧剂和加工助剂，具体树脂如环氧树脂、丁腈橡胶和 PVC 等。

③ 医学材料　利用优异的生物相容性，用于抗凝血材料。

④ 化学试剂　如颜料和填料的表面处理剂，陶瓷胶黏剂、玻璃胶黏剂、合金材料烧结合剂等。

⑤ 阻隔材料　PPC 具有优异的氧气阻隔性能，但是由于其耐热温度低，可以作为复合材料中间层复合使用，用于阻隔薄膜、阻隔片材和阻隔包装瓶。

第十三章
热塑性弹性体（TPE）

第一节　热塑性弹性体概述

（一）热塑性弹性体定义

热塑性弹性体的定义为：兼有塑料和橡胶的特性，在常温下显示橡胶的高弹性，而在高温下又能塑化成型加工的一类高分子材料。英文为 thermoplastic elastomer，简称 TPE，或 thermoplastic rubber（热塑性橡胶），简称 TPR，习惯上常常选用 TPE 代表热塑性弹性体。TPE 为继天然橡胶、合成橡胶之后的第三代“橡胶”，TPE 的出现取代了原来塑料中接近橡胶性能的软质 PVC 和 EVA 等。TPE 可以应用于对橡胶性能要求不高的场合。但在橡胶性能要求较高的场合，如高载荷、高动态受力的机动车轮胎则不能应用热塑性弹性体，只能用传统的弹性体。

（二）热塑性弹性体的性能

TPE 是大分子结构中同时含有树脂段（硬段）和橡胶段（软段）的一类聚合物。橡胶必须经过硫化（交联）处理后，才具有优异的性能；而 TPE 中的硬链段间的作用力足以形成物理交联。TPE 的物理交联为可逆的，在常温下为交联结构，具有橡胶的性能；在高温下物理交联被破坏，又重新具有热塑性塑料的加工性能。

TPE 的特点：

① 加工性能好　可用如注塑、挤出、吹塑及压延等热塑性成型方法加工，不用硫化处理，废料可多次重复加工。

② 硬度范围广　与硫化橡胶相比，TPE 的性能介于橡胶和塑料之间，但硬度和使用温度范围更广，相对密度更低。

③ 应用均全受限　在应用方面 TPE 只能部分取代橡胶，用于性能要求不高的场合，如动力轮胎等高性能场合不能用。

④ 品种更多样　与传统橡胶比，品种更多，目前已开发出近百种 TPE，应用选择面更广泛。

与塑料相比，TPE 的优点为：高弹性；硬度可变化范围广；压缩永久变形小，一般在 40%以下；耐磨性好，如 SBS 和 TPU 可作为鞋底材料；耐油性好；耐化学腐蚀性能好；耐候性、耐老化性和耐水性好；耐寒性好，一般可耐－100℃；电绝缘性好。

TPE 的主要性能见表 13-1。

表 13-1　主要热塑性弹性体品种的性能

性能	TPS	TPO	TPU	TPEE	TPAE	TPVC
相对密度	0.91～0.95	0.88	1.1～1.25	1.17～1.25	1.01	1.2～1.3
硬度范围	37A～71A	60A～90A	30A～80D	40A～70D	40D～60D	40A～70A
拉伸强度/MPa	9.8～34.3	2.9～18.6	29.4～49	25.9～39.2	11.8～34.3	9.8～19.6
热变形温度/℃	60	120	100	140	100	100
脆化温度/℃	−70	−70	−70	−70	−70	−50

注：TPS—热塑性聚苯乙烯类弹性体；TPO—热塑性聚烯烃类弹性体；TPU—热塑性聚氨酯弹性体；TPEE—热塑性聚酯弹性体；TPAE—热塑性聚酰胺弹性体；TPVC—热塑性聚乙烯弹性体。

不同弹性体的性能各有差异，具体特色为 TPS 类弹性高、TPU 类耐磨性好、TPO 密度小，TPS、TPU、TPEE、TPAE 耐寒性好，TPEE 类耐热性好，TPS 和 TPO 价格低。

弹性体最具代表性的性能为压缩永久变形，它随弹性体的硬度增大而变低，它的数值越低，就说明其弹性性能越好。

（三）热塑性弹性体的加工

1. 加工特性

与橡胶比较，TPE 具有如下加工特点。

① 不需硫化，可直接加工；

② 可用标准的塑料加工设备加工；

③ 对需硫化的品种，能用橡胶注塑机进行硫化，时间由 20min 缩短到 1min；

④ 边角料和废品可重复循环使用；

⑤ 加工时间短；

⑥ 加工能量消耗低；

⑦ 制品尺寸精度高；

⑧ 熔体黏度对温度和剪切速率都敏感，而橡胶的熔体黏度主要取决于分子量的大小，一般通过混炼来降低分子量，以改善其加工性能；

⑨ 自补性强大，配方可大大简化。

2. 加工条件

常用 TPE 的注射成型和挤出成型加工条件见表 13-2 和表 13-3。

表 13-2　常用 TPE 注塑成型加工条件

加工条件	TPO	TPS	TPVC	TPU	TPEE
注射温度一/℃	190～210	180～190	140～155	140～165	165～180
注射温度二/℃	200～220	190～200	160～170	165～190	180～200
注射温度三/℃	210～230	200～220	170～185	175～200	180～205
注射温度四/℃	210～230	210～220	170～190	185～215	200～220
注射压力/MPa	50～100	30～70	80～120	80～120	30～60

续表

加工条件	TPO	TPS	TPVC	TPU	TPEE
模具温度/℃	40～70	30～60	30～70	30～50	40～60
成型收缩率/%	0.1～0.18	0.1～0.25	0.15～0.25	0.7～2.0	0.1～0.17

表 13-3　常用 TPE 挤出成型加工条件

TPE 品种	料筒温度/℃			连接体温度/℃	机头温度/℃
	一段	二段	三段		
TPO	190～200	200～210	210～220	210～220	210～230
TPS	170～190	190～210	190～210	190～210	190～210
TPEE	200～210	210～210	210～220	200～210	200～220
TPU	170～180	180～190	190～200	190～200	190～200
TPAE	220～230	230～240	240～250	240～250	245～250

（四）热塑性弹性体的制造

TPE 的具体合成方法简单介绍如下。

1. 单体化学聚合法

这是一种直接由单体小分子聚合成大分子聚合物弹性体的方法，具体又可分为如下几类。

（1）主链共聚

所有聚合单体在主链上聚合，具体可分为：活性阴离子聚合，如 SBS、SIS 等；配位阴离子聚合，如 TPI（反式-1,4-聚异戊二烯）等；自由基聚合，如 TPF（热塑性氟弹性体）等；缩聚合，如 TPEE 等；加成聚合，如 TPU 等。

（2）接枝共聚

至少有一种单体在聚合物主链之外，以分枝形式聚合。

（3）离子聚合

大分子主链之间以离子键形式交联在一起，形成网状立体结构。

2. 机械共混法

此方法为将树脂与橡胶等两种或两种以上聚合物通过特殊手段，使之有机混合在一起形成弹性体，这是橡塑并用技术的重大突破。其发展经历三个主要发展阶段，即简单机械共混→动态部分交联共混→动态全交联共混。

① 简单机械共混将两种或两种以上聚合物，加入相容剂或未加入相容剂，用剪切力等物理作用使之熔融混合均匀，形成聚合物合金类弹性体。简单机械共混法由美国的 Uniroyal 公司开发于 1973 年。例如，制备 NBR/PP 弹性体时，可采用 CPE、PP-*g*-MAH 及 CPP（氯化聚丙烯）等为相容剂。用简单机械共混可制成的弹性体品种有 TPVC 及 STPO（饱和烯烃类弹性体）等。

② 动态部分交联共混在两种或两种以上聚合物中加入硫化剂，在存在高温度场和高剪切场的容器中边熔融剪切混合、边进行橡胶相的部分交联反应，并随时将橡胶相交联单元分

散成可流动的微小单元，分散到树脂相中，以保证弹性体的可塑性。动态部分交联共混得到的热塑性弹性体中橡胶相有部分交联结构存在，因此永久变形性和耐热性比简单机械共混要好。但由于橡胶相的含量不能大于50份，弹性体的橡胶感不强。橡塑动态部分交联共混的思路是由Gessler于1962年首先提出，并在10年后由美国的Uniroyal公司在1973年实现了工业化生产。

③ 动态全交联共混在两种或两种以上聚合物中加入硫化剂，在存在高温度场和高剪切场的容器中边熔融剪切混合、边进行橡胶相的完全交联反应，并随时将橡胶相交联单元分散成可流动的微小单元，分散到树脂相中，以保证弹性体的可塑性。动态全交联共混制成的热塑性弹性体，其橡胶相完全硫化，并能均匀地分散于树脂相中，即使橡胶含量大于50份也能分散；大量已硫化的橡胶相可赋予弹性体以强度、弹性、耐热、耐油及压缩永久变形性能；而以颗粒状分散的橡胶相，又能保证弹性体的加工流动性。动态全交联共混于1981年由美国的Monsanto公司首先实现工业化生产，品种为EPDM/PP，商品名为Santoprene，凝胶含量大于97%。我国有很多学者研究此技术，如中国工程院院士张立群教授团队，已经在山东道恩投入TPV的批量生产。

无论是部分还是全部交联共混，硫化技术的关键在于硫化体系的选择。目前动态交联共混常用的三大硫化体系有硫黄/促进剂体系、过氧化物/助交联剂体系和酚醛树脂。硫黄体系的成本低，但硫化速度慢，易形成不稳定的多硫键，挤出物外观不好，加工有异味，不适合商业化推广。过氧化物体系形成C—C键，产物具有稳定性、耐热性、耐油性、抗压缩永久变形和电绝缘性等，但反应中促进树脂的降解反应，工艺难控制，制品的力学性能不好。酚醛树脂仅对橡胶相起作用，对树脂相影响小，加工和制品的性能好，具有综合优势。

采用动态全交联共混法制成的弹性体为TPV，它不是指单一的弹性体品种，而是一类弹性体的总称。目前已开发的TPV包括11种橡胶和9种树脂，可制成99种TPV，并可分为非极性橡胶/非极性树脂型、极性橡胶/非极性树脂型、非极性橡胶/极性树脂型、极性橡胶/极性树脂型四类，各类TPV的制备特点见表13-4。

表13-4　各类TPV的制备特点

类型	实例	制备特点
非极性橡胶/非极性树脂型	EPDM(乙丙橡胶)/PP或EPDM/PE	质量比为(20/80)～(80/20)，硬度为35A～50D 硫化体系可用硫黄/促进剂、过氧化物和酚醛树脂，其中以硫黄/酚醛树脂硫化体系取得的力学性能和流变加工性能平衡 在密炼机中于180～200℃下混合5min 共混物具有优异的耐臭氧、耐候、耐热老化、压缩变形低、耐油性、耐热性及耐动态疲劳等
	NR(天然橡胶)/PP或NR/PE	质量比为(30/70)～(70/30)，以不同比例调节硬度 一般采用过氧化物或有效的硫黄体系为交联剂，以防止NR硫化返原 共混条件：NR/PE为150℃、4min NR/PP为165～185℃、5min 力学性能好，耐热、耐熔溶剂、耐热氧化，加入少量EPDM、CPE、CSM、马来酸酐接枝PE及环化NR等可大大提高力学性能
	IIR(丁基橡胶)/PP	硫化体系以酚醛树脂、硫黄为主，加入EPDM可提高力学性能、改善弹性和流动性，因此一般多用IIR/EPDM/PP三元共聚物

续表

类型	实例	制备特点
极性橡胶/非极性树脂型	NBR(丁腈橡胶)/PP	质量比为(30/70)～(70/30)，可制成耐热、耐油及耐老化的弹性体 为提高两者的相容性可加入 PP 接枝马来酸酐或使用端胺基液体 NBR
	ACM(丙烯酸酯橡胶)/PP	耐热和耐低温性能好，用 5%以下马来酸酐接枝 PP 为相容剂
非极性橡胶/极性树脂型	EPDM/PA	动态硫化温度为 190～300℃，共混温度高于 PA6 的软化点 硫化剂用过氧化物，金属化物用硬脂酸锌、硬脂酸钙、氧化锌或氧化镁等 马来酸酐接枝 PA6 为相容剂 弹性体具有优异的耐溶剂性和耐化学腐蚀性
	EPDM/PBT	用过氧化物为交联剂，弹性体具有良好的拉伸性能和低永久变形性能 相容剂为 EPDM 接枝 3%丙烯酸类单体如丁基丙酸或甘油丙酸
极性橡胶/极性树脂型	NBR/PA	两者可按广泛的比例混合 弹性体具有极好的耐高温、耐油和耐溶剂性能
	NBR/PBT	—

几种类型 TPV 的硫化配方和硫化温度见表 13-5。

表 13-5 几种类型 TPV 的硫化配方和硫化温度

组成	共混比例	硫化体系	硫化温度/℃
EPDM/PP	50/50	酚醛树脂:5 份;二氯化锡:1 份	180～190
NBR/PA6、PA66	65/35	酚醛树脂:1.3 份;防老剂 264:2 份	215
ACP/PA6、PA66	45/55	氧化镁:1.1 份	235
PU/PA6、PA66、PA610	50/50	过氧化物:0.5 份;胺类助交联剂:1 份	180
氯醚橡胶/PA6、PA66、PA610	50/50	硫黄:0.4 份;促进剂 DM:1 份;硬脂酸锌:1.67 份	170～180

3. 化学反应法

① 加氢反应是在不饱和弹性体中加入氢气使其具有饱和性，如 SBS、SIS 用加氢反应可制成饱和的 SEBS 和 SEPS 新品种，目的在于提高其耐热性和耐候性等。

② 卤化反应是在弹性体的侧链上用卤素进行取代反应，形成新的弹性体品种，目的在于提高其耐腐蚀性和阻燃性等。

（五）热塑性弹性体的品种

已工业化的 TPE 有：苯乙烯类（TPS：SBS、SEBS、SIS、SEPS）、聚烯烃类（TPO：TPV、POE、EPDM、EPR）、双烯类（TPB、TPI）、氯乙烯类（TPVC、TCPE）、聚氨酯类（TPU）、聚酯类（TPEE）、聚酰胺类（TPAE 或 TPA）、有机氟类（TPF）、有机硅类（TSI）、乙烯类（TEVA、TEEA）、离子键型等，具体如表 13-6 所示。其中 TPS、TPO、双烯类和氯乙烯为通用类，并以 TPS 和 TPO 为中心，两者产量达到 80%左右。而耐热、耐油、高强度、高耐磨的 TPU、TPEE、TPAE、TPF 为工程塑料类。

TPE的具体发展经历了如下四个时代：

第一代（1958～1967年）：TPU、TPS、TPI及TPVC等；

第二代（1968～1977年）：TPV、TPB及TPEE等；

第三代（1978～1987年）：TPAE、TPF及MPR等；

第四代（1988年至今）：TP-NR等。

表13-6　热塑性弹性体的种类和组成

种类	品种	硬链段	软链段	制法	用途
聚苯乙烯类（TPS）	SBS	PS	BR(顺丁橡胶)	化学聚合	通用
	SIS	PS	IR(异戊橡胶)	化学聚合	通用
	SEBS	PS	加氢BR	化学聚合	通用、工程
	SEPS	PS	加氢IR	化学聚合	通用、工程
聚烯烃类（TPO）	STPO	PP	EPDM	机械共混	通用
	TPV-PP/EPDM	PP	EPDM＋硫化剂	机械共混	通用
	TPV-PP/NBR	PP	NBR＋硫化剂	机械共混	通用
	TPV-PP/NR	PP	NR＋硫化剂	机械共混	通用
	TPV-PP/IIR	PP	IIR＋硫化剂	机械共混	通用
双烯类	TPB(1,2-NR)	聚1,2-丁二烯		化学聚合	通用
	TPI(反式1,4-IR)	聚反式1,4-异戊二烯		化学聚合	通用
	T-NR(反式1,4-NR)	聚反式1,4-异戊二烯		天然聚合	通用
	TP-NR(改性顺式1,4-NR)	聚顺式1,4异戊二烯改性物		接枝聚合	通用
聚氯乙烯类（TPVC）	HPVC	结晶PVC	非晶PVC	聚合或共混	通用
	PVC/NBR	PVC	NBR	机械共混	通用
	TCPE	结晶CPE	非晶CPE	聚合或共混	通用
聚氨酯类	TPU	氨酯结构	聚醚或聚酯	加成聚合	通用、工程
聚酯类	TPEE	酯结构	聚醚或聚酯	缩聚	工程
聚酰胺类	TPAE	酰胺结构	聚醚或聚酯	缩聚	工程
有机氟类	TPF	氟树脂	氟橡胶	化学聚合	通用、工程
有机硅类	TSI	结晶PE	Q橡胶	机械共混	通用、工程
		PS	聚二甲基硅氧烷	嵌段共聚	通用、工程
		PC	聚二甲基硅氧烷	嵌段共聚	工程
		聚芳酯	聚二甲基硅氧烷	嵌段共聚	工程
		聚砜	聚二甲基硅氧烷	嵌段共聚	工程
乙烯类	EVA型	结晶PE	乙酸乙烯酯	嵌段共聚	通用
	EEA型	结晶PE	丙酸乙烯酯	嵌段共聚	通用
离子间键型		乙烯-甲基丙烯酸离聚体		离子聚合	工程
		磺化乙烯-丙烯三元离聚体		离子聚合	通用
熔融加工型		乙烯互聚物	氯化聚烯烃	熔融共混	通用

表13-6中主要的TPE在中国的应用比例见表13-7。

表13-7　各类TPE在中国的应用比例

品种	TPS	TPO	TPU	TPVC、TPEE、TPAE
应用比例/%	50	30	13	7

第二节　热塑性聚苯乙烯类弹性体（TPS）

热塑性聚苯乙烯类弹性体的英文简称为 TPS，又称为 SBC（styrenic block copolymers），目前是第一大热塑性弹性体品种，其用量占整个热塑性弹性体的 50%左右。TPS 的主要成分为苯乙烯嵌段共聚物，工业上主要由苯乙烯与丁二烯或异戊二烯为单体、以二烷基锂为引发剂进行阴离子聚合而成。SBC 按嵌段成分不同可分为苯乙烯-丁二烯-苯乙烯嵌段共聚物（SBS）、SBS 的加氢产物 SEBS、苯乙烯-异戊二烯-苯乙烯嵌段共聚物（SIS）、SIS 的加氢产物 SEPS、NBR 的加氢产物 HNBR、SBR 的加氢产物 HSBR 几种类型。SBC 按聚合物的结构可分为线型和星型，按是否充油可分为充油型和非充油型。依据分子中硬段和软段的比例不同和分子量的差异，SBC 被标记为硬度不同的各类牌号。

TPS 最早于 1965 年由美国 Shell 实现工业化生产，是目前世界上产量最大、发展速度最快的热塑性弹性体，年增长率 5%。我国的北京燕山石化、巴陵石化及茂名石化等企业都有生产。

与其他热塑性弹性体相比，TPS 具有高强度、柔软、永久变形小的特点，主要用于制鞋、电子、家用电器、电缆、汽车配件、医疗器械、沥青改性、聚合物改性、胶黏剂和防水卷材中。其中 SBS 主要用于制鞋、防水卷材、塑料和沥青改性剂，SEBS 主要用于胶黏剂、改性相容剂、医疗用品、汽车、家电和自动化办公设备，SIS 及 SEPS 主要用于热熔型胶黏剂及沥青改性。中国 TPS 用于制鞋占 80%，缺口从韩国、日本、俄罗斯和中国台湾等国家和地区进口。

SBS、SIS 的最大问题为耐热性低，使用温度仅为 60℃；同时其耐候性、耐油性和耐磨性也无法同橡胶比较。为此出现了 SBS、SIS 的加氢改性产品，冲击强度大幅度提高，耐候性和耐热性得到明显改善。

一、苯乙烯-丁二烯-苯乙烯嵌段共聚物（SBS）

1. 一般概况

SBS（中国南方地区习惯上将其改性料称为 TPR）为苯乙烯-丁二烯-苯乙烯嵌段共聚物，其中苯乙烯的含量为 15%～40%。SBS 按结构可分为线型和星型两种结构，但以线型结构为主，一般不特殊指出为星型结构即为线型结构。SBS 按性能可分为非充油型和充油型。

SBS 最早由美国壳牌公司于 1965 年开发，目前其仍为世界最大的 SBS 生产商。

2. 生产概况

以苯乙烯、丁二烯为原料生产 SBS，工业上采用锂系引发剂阴离子溶液聚合工艺，聚合物溶液经凝聚脱除溶剂后成为固体产物，常规生产方法采用间歇聚合、湿法凝聚工艺。

国外生产厂商致力于开发连续聚合技术及干法凝聚工艺。与现行的间歇聚合技术相比，连续聚合技术的主要特点是生产效率高，产品质量稳定，物耗和能源消耗低。常规湿法凝聚工艺用水量大，能耗高，污水量较大，并有可能增加产品中凝胶含量，而干法凝聚工艺则可克服湿法凝聚工艺的诸多缺陷，是合成橡胶业界的一次革命。

国内 SBS 生产工艺技术经过二十多年的开发，已具一定水平。2003 年，采用国产化技术建成 SBS 装置。国产化 SBS 生产装置采用间歇聚合、湿法凝聚工艺，连续聚合工艺仍在开发中。前些年，国产 SBS 产品存在批次间质量不稳定、色泽较深、熔融温度偏高等问题，这一问题基本得到解决。目前，国产技术生产的 SBS 产品质量已有较大改进，基本接近国外同类产品质量，竞争力有所提高。

虽然我国 SBS 的研究开发已经取得重要进展，使用自己开发的成套技术建成了两套万吨级的生产装置，并成功地实现了向意大利 Enichem Elastomers 公司和中国台湾合成橡胶股份有限公司提供成套技术转让，但是目前我国 SBS 及其系列产品成套技术与国外先进技术相比，无论在物耗、能耗还是品种牌号等方面仍存在一定的差距。因此，从长远发展来看，国内还需要进一步加大 SBS 领域的科研投入，在物耗、能耗、生产的连续性及工艺控制进一步提高技术水平，同时在产品的应用开发，品种、牌号的多样性上争取获得更大突破，以增强我国 SBS 行业参与国际市场的整体竞争力。

2025 年中国 SBS 产能见表 13-8。

表 13-8　2025 年中国 SBS 产能

企业	产能/（万吨/年）
惠州李长荣	40
巴陵石化	20
宁波长鸿	15.5
海南巴陵	12
古雷石化	10
宁波金海晨光	9.5
茂名石化	8
独山子石化	8
燕山石化	6
天津 LG 渤天	6
菏泽科信	6
华锦橡胶（原辽宁戴纳索）	5
广东众和	5
安徽百昊晟	5
香江石化	5
福化鲁华	4
浙江众立	3
山东聚圣	3
奥盛	0.5
合计	171.5

注：数据来自隆众资讯。

目前我国SBS国内市场满足率仅为50%左右，今后随着需求量的增加，满足率还可能更低，这为国内SBS的快速发展奠定良好的市场基础。目前国内北京燕山石化公司合成橡胶厂和岳阳巴陵石化公司合成橡胶厂SBS装置进一步扩能的工作已经展开。国内一些地区和企业也正在加紧对SBS项目的前期研究工作，预计在今后几年内我国SBS生产装置能力将会有较大的提高。同时国内市场必将受到中国台湾、韩国及日本等地区和国家产品的冲击，国内、国际SBS的竞争将日趋激烈。因此新建装置必须在产品性能及生产成本均具竞争优势，才能在竞争中得以生存和发展。

国外SBS主要用于黏结剂及沥青改性剂的生产，而我国SBS产品则主要用于生产档次较低的鞋料产品，开发SBS的新用途、进行新牌号的研制已迫在眉睫。随着国家对基本建设的大量投入，高等级公路建设步伐的加快，SBS用于道路沥青改性是重要的潜在市场。

3. 性能

经过50多年的发展，SBS是目前消费量最大的弹性体品种。SBS具有优良的拉伸强度和断裂伸长率（与硫化橡胶接近），硬度低、比较柔软和易拉伸，表面摩擦系数大、防滑性好，耐低温性好，电绝缘性优良。星型SBS的拉伸强度和断裂伸长率都比线型SBS小，星型SBS纵横向的弹性伸长率差异大，但加工性和透明性则更优。星型和线型SBS的具体物性见表13-9。

表13-9 星型和线型SBS的具体物性

性能	线型SBS			星型SBS		
苯乙烯/丁二烯(质量份)	70/30	72/38	60/40	70/30	72/38	60/40
相对密度	0.94	0.94	0.95	0.94	0.94	0.95
邵氏硬度(A)	71	62	58	80	78	76
熔体流动速速/(g/10min)	<1	6	8	—	—	—
拉伸强度/MPa	31.7	31.7	25.4	19.3	17.6	27.5
断裂伸长率/%	880	880	700	700	800	750
压缩永久变形/%	10	10	—	—	—	—
撕裂强度/(kN/m)	4000	1200	—	—	—	—
形状	片状	片状	片状	片状	片状	片状

SBS对无机物和极性有机物有良好的稳定性，具体如表13-10和表13-11所示。SBS对非极性有机物的稳定性不好，特别是内聚能相对密度为7.4～10的非极性有机物稳定性更小。

表13-10 SBS对不同浓度无机物的稳定性

无机物		重量变化/%	颜色变化	无机物		重量变化/%	颜色变化
蒸馏水		+0.4	淡白	乙酸	100%	+17	白
硫酸	98%	—	黑褐		5%	+0.8	白
	40%	+0.2	无	氢氧化钠	42%	−0.2	无
	10%	+0.1	无		10%	−0.1	无

续表

无机物		重量变化/%	颜色变化	无机物		重量变化/%	颜色变化
硝酸	61%	—	茶褐	氨水	28%	+0.3	无
	10%	+0.1	黄		10%	+0.3	无
盐酸	36%	+0.7	淡白	氯化钠	10%	−0.1	无
	10%	+0.1	无				

表 13-11　SBS 对不同有机物的稳定性

溶剂	稳定性	溶解度常数	溶剂	稳定性	溶解度常数
四氯化碳	易溶	8.6	丁酮	易溶	9.3
氯仿	易溶	9.3	丙酮	难溶	10.0
二硫化碳	易溶	10.0	二异丙醚	难溶	7.3
苯	易溶	9.2	正己烷	难溶	7.3
甲苯	易溶	8.9	正戊烷	难溶	7.4
氯苯	易溶	9.5	甲醇	不溶	14.5
环己烷	易溶	8.2	异丁醇	不溶	12.7
醚	易溶	7.4	乙醇	不溶	10.5
乙酸乙酯	易溶	9.1			

4. 成型加工

SBS 结构中含有双键，因此其耐热氧、臭氧和紫外线性不好，户外制品中需加入抗老化剂或紫外线稳定剂，以改善其耐候性。

SBS 的电绝缘性优异，并可视具体需要加入导电添加剂，制成导电材料。

SBS 的缺点为耐热性、耐候性、耐油性和耐磨性不高，用于高性能要求场合需要改性处理。

SBS 的加工条件为：料筒温度 140～210℃，模具温度 10～40℃，注射压力 40～80MPa，背压为 5～10 MPa。

5. 应用范围

SBS 单独使用主要用于鞋类材料、杂货、玩具、胶管和胶带等制品，如各种鞋底、休闲鞋和运动鞋鞋身、日用杂品、汽车配件、家电零件、休闲用品及玩具等。

在改性塑料中，主要用于 PS、ABS 等树脂，改善其增韧、柔软性、耐低温性、回弹性、耐曲挠性等性能，不仅可大大提高冲击强度，而且透明性也非常好。

在非塑料方面，主要用作沥青改性材料和胶黏剂。在沥青改性材料中，可改善沥青的软化点、感温性、针入度及耐低温性。SBS 为热熔胶的主要材料，用于纸尿布、汽车和家电的组装作业等。

具体应用范围如下。

（1）制鞋业

用 SBS 代替硫化橡胶和聚氯乙烯制作的鞋底弹性好，受力或残余变形小，色彩美观，具有良好的抗湿滑性、透气性、耐磨性、低温性和耐曲挠性，不臭脚、穿着舒适等优点，对沥青路面、潮湿及积雪路面有较高的摩擦系数。废 SBS 鞋底可回收再利用，成本适中。鞋底式样可为半透明的牛筋底或色彩鲜艳的双色鞋底，也可制成发泡鞋底。用 SBS 制成的价廉的整体模压帆布鞋，其质量比聚氯乙烯树脂鞋轻 15%～25%，摩擦系数高 30%，具有的优良的耐磨性和低温柔软性。SBS 所具有这些优良性能，使得它在制鞋业中的应用十分广泛。

我国是世界上最大的鞋类产品生产国和最大的鞋类产品消费市场，今后相当时间内，鞋料市场仍将是国内 SBS 主要的目标市场。

（2）沥青改性

SBS 在沥青改性中的应用包括防水卷材沥青改性以及道路沥青改性两个方面。用 SBS 改性的沥青防水卷材具有低温屈挠性好、自愈合能力和耐久性好、抗高温流动、耐老化、热稳定性好以及抗冲击等特点，可以大大提高防水卷材的性能，延长其使用寿命，可满足重要建筑物和构筑物的需要。在包括桥面（混凝土）、地铁以及地下通道等的市政工程以及包括水池、水渠等的水利工程方面得到了广泛应用。

（3）聚合物改性

SBS 是较好的树脂改性剂，可与 PP、PE、PS、ABS 等树脂共混，以改善制品的抗冲击性能和曲挠性能，这类产品多用于电气元件、汽车方向盘、保险杠、密封件等。与国外发达国家和地区相比，我国的聚合物改性行业尚处于起步阶段。随着我国汽车工业和家电产业的发展，消费者对商品的舒适性、安全性、耐用性等性能要求将逐步提高，加上我国合成树脂工业的快速发展，国内聚合物改性行业将得到蓬勃发展。

（4）胶黏剂

由于 SBS 在烃类溶剂中具有很好的溶解能力，溶解快、稳定性好、内聚力强，避免了用芳香烃溶剂对人体健康的危害。加上 SBS 胶黏剂良好的弹性、黏结强度和低温性能，黏度低，耐蠕变性能优于一般 EVA 类、丙烯酸系胶黏剂等特性，在生活中得到了广泛的应用。可用于生产鞋用胶黏剂、冶金粉末成型剂、裱胶胶黏剂、木材快干胶、标签和胶带用胶、一次性卫生用品用胶、覆膜胶黏剂、密封胶以及用于挂钩、电子元件与一般强力胶、万能胶和压敏胶黏剂等。

（5）其他领域

SBS 还可用作玩具、家具和运动设备的主要原料；用作地板材料、汽车坐垫材料、地毯底层和隔声材料以及电线和电缆外皮。此外，SBS 还可用于水泥加工、汽车制造和房屋内装修以及各种胶管的制造，用于亮油、医疗器件、家用电器、管带以及电线电缆等方面。

二、苯乙烯-乙烯-丁二烯-苯乙烯嵌段共聚物（SEBS）

1. 概况

SEBS（中国南方地区习惯上将其改性料称为 TPE）为 SBS 的加氢产物，是 SBS 的饱和型改性品种。以 BR 加氢部分为软段。具体组成为苯乙烯(S)-乙烯(E)-丁二烯(B)-苯乙烯

(S)嵌段共聚物。SEBS可用马来酸酐进行接枝改性，成为极性更高的f-SEBS。长久以来，SEBS的主要生产厂一直被壳牌公司垄断，后来日本的旭化成公司有少量生产，两家公司也都能生产f-SEBS。

2025年中国SEBS产能见表13-12。

表13-12 2025年中国SEBS产能

企业	产能/（万吨/年）
巴陵石化	11
南通台橡	5.5
海南巴陵	5
惠州李长荣	4
浙江众立	4
宁波长鸿	2.5
安徽百昊	2.5
福建鲁华	2.5
合计	37

注：数据来自隆众资讯。

SBS加氢形成SEBS后与SBS相比的性能变化为：SEBS着色性能好，颜色分散均匀、无流痕和褪色，相对密度低，耐热性提高，拉伸强度和韧性都增大（与硫化橡胶相当），耐热老化性和耐候性改善（与SBS相比、SEBS无不饱和双键存在）、对臭氧和紫外线有良好的耐受性，与树脂的相容性增加，硬度范围扩大（A0～D50），耐油性相当，电绝缘性类似，断裂伸长率降低，耐低温好、可在－60℃温度下保持良好的柔韧性，优良的电性能、介电强度高达39mV/mm。SEBS和SBS一样，对无机物和极性有机溶剂有较好的化学稳定性，但对非极性有机溶剂的稳定性小。SEBS和f-SEBS的具体性能见表13-13。

表13-13 SEBS和f-SEBS的具体性能

性能	SEBS	f-SEBS
S/EB(质量份)	30/70	30/70
相对密度	0.91	0.91
熔体流动速率/(g/10min)	3.0	2.5
邵氏硬度(A)	67	84
拉伸强度/MPa	31.6	35.2
断裂伸长率/%	500	650

SEBS的价格比SBS高。

SEBS尤其是f-SEBS与树脂和其他添加剂的黏结性很高，主要用于改性剂、胶黏剂和相容剂；在胶黏剂应用方面，SEBS主要用于填缝材料；因SEBS对多种塑料合金都具有良好的相容性，因此又称为万用相容剂，具体见表13-14。

表 13-14 SEBS 和 f-SEBS 与各种树脂的相容性

工程塑料	相容性		通用塑料	相容性		热固塑料	相容性	
	SEBS	f-SEBS		SEBS	f-SEBS		SEBS	f-SEBS
PA	不容	大	PE	大	大	SMC	中	大
PET	不容	中	PP	大	大	BMC	中	中
PPO	不容	大	PS	大	大	AP	不容	大
POM	不容	中	ABS	小	小	PF	不容	大
PC	不容	中	PVC	小	小	DAP	不容	大
PPS	不容	中						

SEBS 很少单独使用，单独应用主要在医疗材料、薄膜和片材等方面。一般与树脂、软化剂和填料等混配制成改性塑料品种，以拓展其应用领域。SEBS 改性的主要原因为：

① SEBS 与传统硫化橡胶相比，刚性过大，使用温度、耐溶剂性、耐油性降低。

② SEBS 黏度较大，不易在塑料加工设备上加工。

③ SEBS 价格太高。

以 PP 改性 SEBS 为例，可降低 SEBS 的熔融黏度，改善力学性能，降低成本。

作为改性剂，SEBS 和 f-SEBS 主要用于工程塑料中。如加入 PC、PA、PET、PBT 中，可改善其冲击强度，尤其是低温冲击强度更明显。

另外，f-SEBS 对 PA、PET、PPO、PPS 类树脂具有优异的低温增韧改性效果，在美国和日本被广泛用于增韧剂。

2. SEBS 和 SBS 弹性体的区别

（1）性能不同

TPE 一般是以 SEBS 为基材改性而成，TPR 一般是以 SBS 为基材改性而成，TPR 和 TPE 都不是纯弹性体材料，而是以 SBS、SEBS 为基础，添加其他各种助剂的共混改性料。纯 SBS、SEBS 黏度较高，加工难度较大，因此需要添加各种助剂改善其性能。比如添加 PS 树脂改善 SBS 的加工性能、提高刚性，充油（一般是环烷基油）可改善加工流动性、抗裂纹性等，填料（如白炭黑、碳酸钙）可降低一定成本等。TPR 和 TPE 的配方没有可比性，因为配方都是可以根据不同应用场合来进行调整的，它们的配方区别只在于基料的不同，改性料的性能也主要取决于基料的性能。

SBS 是一种优异的苯乙烯系热塑性弹性体，不必经硫化即具有类似硫化橡胶的物理性质，可直接注射成型，并且能全部回收利用。SEBS 是 SBS 加氢得到的产品。SEBS 不含不饱和双键，因此其耐老化、耐黄变、耐温、耐腐蚀性能优于 SBS。同理 TPE 的耐老化等性能也优于 TPR。而 TPR 分子具有类似橡胶的不饱和分子结构，因而更具有橡胶的手感和回弹性。

（2）区分方法

① 看光泽（SBS 更光） 一般以 SBS 为基料的 TPR 比以 SEBS 为基料的弹性体更有光泽。当然在很多情况下，SEBS 基弹性体也有光泽，SBS 基料的 TPR 也可以亚光。在同样亚光的条件下，SEBS 基料的 TPE 比 SBS 基料的 TPR 手感更加细腻。一般情况下，也就是 TPE 颗粒表面为雾面或亚面时，具有光散射性；TPR 颗粒为亮面，具有光反射性，尤其是

透明料更为明显。

② 闻气味（SBS 味大） 一般情况下，良好的 TPE 基本可以做到无味，通常 SBS 基料的 TPR 比 SEBS 基料的味道较大。

③ 看发黏（SBS 黏） SBS 基料吸油能力不如 SEBS 基弹性体，所以通常 SBS 基料的 TPR 比 SEBS 基料的 TPE 更容易感到发黏。当然也有例外，一些低分子量的 SEBS 基或者其副牌也容易发黏。

④ 看燃烧（SBS 烟大） SEBS 是 SBS 氢化处理的产物，氢含量比较高，燃烧无浓烟，味道也小，所以通常 SBS 基料的 TPR 燃烧比 SEBS 基料的 TPE 有更多的浓烟。

⑤ 看温度（SBS 加工温度低） 通常情况下，SBS 基料的 TPR 在 150℃左右就可以热塑性加工，而 SEBS 基料的 TPE 需要在 180℃左右才能热塑性加工。

⑥ 看粘接（SEBS 不易粘接） 一些需要胶水站接的制品，如鞋材、工艺品、玩具公仔等，一般 TPE 材料，因 TPE 与胶水粘接比较牢，而 TPE 材料与胶水则几乎不粘。

三、苯乙烯-异戊二烯-苯乙烯嵌段共聚物（SIS）

SIS 为苯乙烯-异戊二烯-苯乙烯嵌段共聚物，SBS 的生产厂有一部分也生产 SIS，其中以壳牌公司产量最大。

SIS 的硬度比 SBS 还低，拉伸强度小，但断裂伸长率大，具体性能见表 13-15。

表 13-15 SIS 的具体性能

性能	1 号	2 号	3 号	4 号	5 号
相对密度	0.93	0.93	0.93	0.93	0.93
熔体流动速率/(g/10min)	10	7	6	1	3
玻璃化转变温度/℃	−72	−72	−72	−72	−72
邵氏硬度(A)	37	40	40	45	45
拉伸强度/MPa	17.0	23.0	8.0	18.0	7.0
断裂伸长率/%	1400	1250	1350	1250	1050
形状	颗粒	颗粒	颗粒	颗粒	颗粒

SIS 同 SBS 一样，对无机物和极性有机物有良好的稳定性，但对非极性有机物的稳定性不好，具体的有机耐溶剂性能见表 13-16。

表 13-16 SIS 的有机耐溶剂性能

溶剂	稳定性	溶解度常数	溶剂	稳定性	溶解度常数
正戊烷	难溶	7.0	二甲苯	易溶	8.8
正己烷	难溶	7.3	甲苯	易溶	8.9
正庚烷	难溶	7.4	苯	易溶	9.2
正辛烷	难溶	7.6	氯仿	易溶	9.3
乙醚	易溶	7.4	丙酮	难溶	10.0

续表

溶剂	稳定性	溶解度常数	溶剂	稳定性	溶解度常数
环己烷	易溶	8.2	丙烯腈	难溶	10.5
MEK(2-丁酮)	易溶	9.3	异丙酮	不溶	11.5

SIS 的最大特点为黏着性好，是优秀的胶黏剂。SIS 的 90%用作热熔胶，剩余部分用作溶剂涂布型胶黏剂。

四、苯乙烯-乙烯-丙烯-苯乙烯嵌段共聚物（SEPS）

SEPS 为 SIS 的加氢产物，是 SIS 的饱和型改性品种。它是苯乙烯-乙烯-丙烯-苯乙烯嵌段共聚物，其软段为乙烯-丙烯共聚部分（EP 部分），硬段为苯乙烯部分。具体由 SIS 的软质段 1,4-IR、3,4-IR 和 1,2-IR 经加氢氢化而成。常见的 SEPS 以大部分 1,4-IR 结构和少部分 3,4-IR 结构的 SIS 加氢而成，很少用 1,2-IR 结构 SIS。将 1,4-IR 氢化即得 PE 结构，将 3,4-IR 氢化即得 PP 结构。如果 SEPS 中 1,2-IR 结构含量超过 70%，则为高乙烯基型 SEPS，性能明显有别于其他两种结构。

SIS 与 SEPS 的性能相当，但 SEPS 的拉伸强度大，耐热性和耐候性明显改善，断裂伸长率小、柔软性更好，压缩永久变形小。通用 SEPS 和高乙烯基型 SEPS 的具体性能如表 13-17 和表 13-18 所示。

表 13-17　SEPS 的具体性能

性能	1 号	2 号	3 号	4 号	5 号
苯乙烯含量/%	30	13	13	13	35
相对密度	0.93	0.89	0.89	0.89	0.92
熔体流动速率/(g/10min)	100	0.1	1	13	不流动
拉伸强度/MPa	12	20.3	17.2	12.2	27
断裂伸长率/%	580	880	930	1110	690
邵氏硬度(A)	80	57	52	36	80

表 13-18　高乙烯基型 SEPS 的具体性能

性能	1 号	2 号	3 号
类型	三链段未氢化	三链段未氢化	三链段氢化
苯乙烯含量/%	20	20	20
玻璃化转变温度/℃	8	−17	−19
拉伸强度/MPa	15	14	13
断裂伸长率/%	690	860	890
邵氏硬度(A)	68	57	52

SEPS 主要用于如下 4 个方面：

① PS、PO 及工程塑料的改性材料；

② 与各类添加材料形成的复合材料；

③ 胶黏剂和相容剂；

④ 填缝密封材料。

例如，用高乙烯基型 SEPS 与 PP 等树脂共混，形成的合金可制造高级抗震材料和透明塑料材料。

五、随机型丁苯橡胶氢化后的产品（HSBR 弹性体）

HSBR 弹性体是由随机型丁苯橡胶（SBR）氢化后的产品，目前对其具体结构还不十分清楚，但从其玻璃化转变温度判断应该含有高比例的 1,2 型结构。HSBR 最早由日本的合成橡胶公司开发，之后立即引起业界的重视。

HSBR 弹性体的硬度低、柔软性高、拉伸强度低、断裂伸长率大，在 TPE 中其力学性能较差。HSBR 弹性体的具体性能见表 13-19。

表 13-19 HSBR 弹性体的具体性能

性能	1 号	2 号
苯乙烯含量/%	10	30
相对密度	0.89	0.92
熔体流动速率/(g/10min)	3.5	5.3
拉伸强度/MPa	4.2	1.2
断裂伸长率/%	1300	1400
邵氏硬度(A)	39	57
玻璃化转变温度/℃	−50	−45

HSBR 弹性体主要用于与其他树脂的共混改性，以 25%HSBR 弹性体与 PP 共混，其冲击性能大大提高，并且在透明性、耐刮性、耐污性等方面均好于 TPS，与 TPVC 接近，但比 TPVC 更加环保。

第三节 热塑性聚烯烃类弹性体（TPO）

热塑性聚烯烃类弹性体（TPO）是热塑性弹性体的重要品种。TPO 目前主要包括 TPV、POE 和 EPDM 三大类，都是以化学反应方式得到的。早期 TPO 包括采用 PE、PP 树脂与弹性体简单共混的聚烯烃弹性体，因为性能不突出，目前已逐步被 TPV、POE 和 EPDM 所取代。

一、热塑性硫化橡胶（TPV）

1. 一般概况

热塑性硫化橡胶（thermoplastic dnyamic vulcanizate，TPV），又称为热塑性动态硫化

橡胶或者聚烯烃合金热塑性弹性体。

现阶段，一般提到 TPV，均指采用动态硫化工艺生产的产品。这种工艺指：在橡胶和热塑性塑料熔融共混过程中使橡胶（如三元乙丙橡胶）以低于 2μm 尺寸的微粒作为分散相分散在塑料基体（连续相，如 PP）中，把橡胶与塑料的特性很好地结合在一起，得到综合性能优异的高性能弹性体材料。

与之相对应的，也可以采用静态硫化工艺生产热塑性硫化橡胶，即橡胶按传统方法先硫化好，然后通过磨粉设备磨成粉，最后与熔融的热塑性塑料共混。理论上这种方法也能制得性能优良的 TPV，但到目前为止，只是处于实验室阶段。

TPV 常温下的物理性能和功能类似于热固性橡胶，在高温下表现为热塑性塑料的特性，可以快速经济和方便地加工成型。

2. 配方制造工艺

许多塑料和橡胶之间可形成 TPV，但仅有个别共混物经过动态硫化后具有实用价值，商业化的 TPV 配方主要有 PP/PE/EPDM、PP/NBR、PP/ACM、PS/SEBS。有研究者对 11 种橡胶和 9 种塑料制备的 99 种橡胶/塑料共混物进行了评价，研究发现要得到最佳性能的热塑性硫化橡胶，必须满足以下条件：

① 塑料和橡胶两种聚合物的表面能匹配。当塑料与橡胶之间的极性或表面能差别比较大的情况下，添加合适的相容剂，再进行动态硫化，也可以得到性能优良的共混物。

② 橡胶缠结分子链长度较低。

③ 塑料的结晶度大于 15%。

以 EPDM/PP 配方为例，有一步法和二步法动态交联工艺。

配方	单位：质量份	配方	单位：质量份
原料	用量	原料	用量
EPDM（日本株式会社）	60	氧化锌	5
PP（T30S）上海石化	40	硬脂酸 1DCP	2
抗氧剂 1010	0.3	硫黄	0.3

一步法工艺：所有助剂一次性加入双螺杆挤出机，在 190℃温度下熔融混炼，切粒后 60℃干燥 12h。

二步法工艺：

第一步：EPDM/PP 先在 190℃温度下熔融混炼，切粒后 60℃干燥 12h；

第二步：EPDM/PP 颗粒与其他助剂混合好，在 185℃温度下熔融混炼，切粒后 60℃干燥 12h。

两种工艺的性能对比见表 13-20。

表 13-20　EPDM/PP 一步法和二步法动态硫化工艺产品性能对比

性能	一步法	二步法	二步法较一步法提高
拉伸强度/MPa	24.71	26.66	1.95
拉伸模量/MPa	284.6	355.7	71.1
拉伸屈服强度/MPa	15.17	17.56	2.39

续表

性能	一步法	二步法	二步法较一步法提高
断裂伸长率/%	695.2	687.2	−8
弯曲强度/MPa	10.78	12.33	1.55
弯曲模量/MPa	354.4	405.9	51.5
冲击强度/(kJ/m^2)	24.95	30.42	1.55
熔体流动速率/(g/10min)	9.45	10.4	0.95
邵氏硬度	86	88	2
压缩永久变形	11.91	8.24	−3.67

3. 性能

TPV 突出的性能介绍如下。

① 强度高 具有优异的拉伸强度和高韧性；

② 弹性好 具有良好的回弹性和耐压缩变形性，优异的抗永久变形性能；

③ 耐环境 具有优异的抗老化性能和良好的耐候性能，耐环境和耐老化性相当于三元乙丙橡胶，同时其耐油耐溶剂性能与通用型氯丁橡胶不相上下；

④ 温度宽 应用温度范围广，可以在−60～150℃温度范围内使用；

⑤ 硬度宽 软硬度应用范围广，一般为 25A～54D；

⑥ 易染色 这大大提高了制品设计的自由度，颜色多样化有全透明、半透明、浅色系列，着色很容易；

⑦ 易成型 具有优良的加工性能，可用注射、挤出等热塑性塑料的加工方法加工，高效、简单易行，无须增添设备，流动性高、收缩率小，可与 PP、PA、PC、ABS、PS、PBT、PET 等多种材料共注射或挤出成型；

⑧ 电性能 具有优异的电绝缘性能；

⑨ 再生性 可回收重复使用，且反复使用 6 次性能无明显下降，而传统橡胶不能回收利用；

⑩ 相对密度轻 相对密度只有 0.90～0.97，是弹性体中最轻的品种；

⑪ 美观好 外观质量均匀，表面档次高，手感好；

⑫ 后加工 易于焊接；

⑬ 环保性 环保无毒；

⑭ 补强性 配方简单，助剂对聚合物的影响制约小，质量性能更易掌握。

TPV 的耐热性不如橡胶，随着温度上升而物性下降幅度较大，因而适用范围受到限制。TPV 的压缩变形、弹性回复、耐久性等同橡胶相比较差，价格上也往往高于同类橡胶。

4. 成型加工

TPV 具有热塑性塑料的加工性能，又具有硫化橡胶的物理性能，可谓是塑料和橡胶优点的优势组合。TPV 的开发成功，可直接用橡胶注塑机硫化，时间由原来的 20min 左右，缩短到 1min 以内。由于需要的硫化时间很短，因此已可用挤出机直接硫化，生产效率大幅提高，使橡胶工业生产流程缩短了1/4，节约能耗25%～40%，提高效率10～20倍，堪称橡胶工业又一次材料和工艺技术革命。

TPV加工性能优越，具有良好的热塑性加工性能，无须硫化即可加工，可以循环使用降低成本，既可以单独成型，也可以与PP、PE、PC、PS、ABS等基体材料包覆成型。

TPV有轻微的吸湿特性，应补充干燥，特别是在进行挤塑或吹塑加工前，更要进行干燥。在把材料放到干燥箱中之前，应当先把干燥器的温度升高到100℃。然后使TPV在干燥箱中保持2～3h。应避免与相对湿度高的环境接触，因为材料会吸收水分，使加工的产品产生空洞。如果在停机较长的时间之后，需在重新开始操作之前，把挤塑机筒内所存留的原料排出。在加工TPV之前和之后，应当把挤塑设备彻底清理干净。注塑设备或挤塑机机筒应当以机械方式清理或者用聚乙烯或聚丙烯彻底置换排空。

（1）注塑加工

TPV的熔体黏度比许多种普通热塑性材料更大，在加工时，需应用较大的注料嘴、注料口、流道和浇口，还需要采用高的注射压力和较快的注射速率，以提高充模速度和减少飞边，此后在较高的压力下有一个短的保持时间，使之足以将浇口冻结。注射螺杆的速度应当是100～200r/min，背压力在不需要混合时应当尽可能低。

（2）挤塑加工

不需要真空定径。建议采用长径比为28∶1或更大比例的挤塑机。通常单段螺杆比为3∶1左右，如果需要用筛网组合，可用20～60目的筛网。最好将熔体温度保持在规定范围的下限，使挤塑产品的质量最优。

（3）吹塑加工

TPV机械操作条件要求与注塑和挤塑所规定的相同。模具设计、型坯尺寸、加工周期时间以及壁厚均匀等吹塑加工因素都与制件的几何形状有很大的关系。熔体加热过度将使牵伸比下降，应当避免过热。

5. 应用范围

（1）汽车工业

汽车密封条、密封件系列产品，汽车防尘罩、挡泥板、通风管、缓冲器、波纹管、进气管等。汽车高压点火线，可耐30～40kV电压，可满足UL 94 V-0阻燃要求。

（2）日用消费

手动工具、电动工具、除草机等园艺设备的零部件，家用电器上使用的垫片、零件，剪刀、牙刷、鱼竿、运动器材、厨房用品等产品的手柄握把，化妆品、饮料、食品、卫浴用品、医疗用具等产品的各类包装，各种轮子、蜂鸣器、管件、皮带等接头的软质部件，针塞、瓶塞、吸管、套管等软胶件，电筒外壳、儿童玩具、玩具轮胎、高尔夫袋等。

（3）电子电器

各种耳机线外皮、耳机线接头，矿山电缆、数控同轴电缆、普通及高档电线电缆绝缘层及护套，电源插座、插头与护套等，电池、无线电话机外壳及电子变压器外壳护套，船舶、矿山、钻井平台、核电站及其他设施的电力电缆线的绝缘层及护套，家电外壳、手柄、握把等。

（4）交通器材

道路、桥梁伸缩缝，道路安全设施、缓冲防撞部件，集装箱密封条。

(5) 建筑建材

动力部件密封条，建筑伸缩缝、密封条，供排水管密封件、水灌系统控制阀等。

二、聚烯烃弹性体(POE)

聚烯烃类树脂包括聚烯烃弹性体(POE)、聚烯烃塑性体(POP)和烯烃嵌段共聚物(OBC)三类。

POE和POP均为乙烯和α-烯烃(碳数大于2)两种单体的无规共聚物，两者的化学性质和结构没有本质的区别，只是共聚的α-烯烃单体的含量有所区别，导致密度有所差异。通常POE中α-烯烃单体质量分数大于20%，而POP中α-烯烃体质量分数一般在15%～20%范围内，因此POP的密度高于POE。POE耐候性、耐老化性能良好，主要应用于改性领域；而POP具有优异的黏结强度、抗撕裂性和透明性，主要应用于薄膜制备领域，作为吹膜、挤出、流延用热封层。

OBE为乙烯和α-烯烃两种单体的嵌段共聚物。OBE结构规则性提高，比POP和POE性能更优异，如对PP树脂增韧效果更好，可以降低添加量，对强度和刚性影响比较小，低温增韧性更好。OBC的耐温性提高，有时可以达到100℃；熔体流动速率更高，甚至可以达到100g/10min以上，适合做母料的载体使用。

(一) POE

1. 一般概况

POE是乙烯和含量20%以上α-烯烃两种单体的共聚物，以辛烯为例其结构式为：

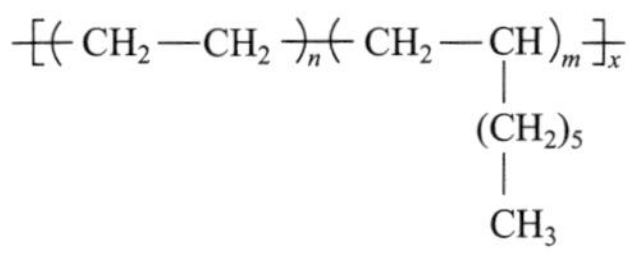

共聚单体α-烯烃是指双键在分子链端部的单烯烃，目前已知商品化的种类有α-丙烯(C_3)、α-丁烯(C_4)、α-己烯(C_6)、α-辛烯(C_8)四种，其中乙烯-丙烯共聚物简称为EPC，乙烯-丁烯共聚物简称为EBC，乙烯-己烯共聚物简称为EHC，乙烯-辛烯共聚物简称为EOC(狭义上的POE主要指EOC)。

1991年美国埃克森美孚公司首先投入生产，称为POE；接着美国陶氏化学的聚烯烃弹性体树脂于1994年正式投放市场，商品名为Engage POE，商品名为Affinity POP。POE具有窄分子量分布和均匀短支链分布，主要性能非常突出。

POE早期叫超低密度聚乙烯(ULDPE)，因为其密度低于0.890g/cm^3，表现为弹性体性能。而普通线型低密度聚乙烯(LLDPE)密度在0.890～0.915 g/cm^3以上，表现为塑性体性能。POE、POP和LLDPE在性能上是弹性体和塑性体的区别，在本质上是共聚的α-烯烃单体质量分数大小的区别：LLDPE共聚单体含量小于15%，而POE和POP共聚单体含量等于或者大于15%。当共聚的α-烯烃单体达到15%及以上时，所得聚烯烃树脂就会由塑性体向弹性体转变。一般情况下，α-辛烯的质量分数一般在15%～45%范围内。另外，在催化工艺上，LLDPE 可用普通催化体系催化，而 POE 一般需要用茂金属催化工艺实现。

POE 分子结构与三元乙丙橡胶（EPDM）相似，因此 POE 也会具有优异的流动性、耐老化、耐臭氧、耐化学介质和电绝缘性等优异性能。通过对 POE 进行过氧化物或辐射交联，材料的耐热温度、永久变形、拉伸强度、撕裂强度、耐气候性等主要性能都有很大程度的提高。多用途的 POE 能够超过 PVC、EVA、SBR（丁苯橡胶）、EMA 和 EPDM 等，今后 POE 有可能取代传统的 EPDM。

2. 合成工艺

POE 与 EPDM 和 TPV 一样属于弹性体的一种，而烯烃聚合催化剂是聚烯烃聚合技术的核心，种类有铬基催化剂、齐格勒-纳塔催化剂、茂金属催化剂、非茂金属催化剂等。其中茂金属催化剂单活性中心的特征能使任何 α-烯烃单体聚合，在 1991 年被埃克森美孚首次成功用于聚乙烯的工业化生产，并开发出 Exact 系列弹性体。与传统烯烃聚合催化剂相比，采用特殊的茂金属催化剂不仅可以使 POE 具有很窄的分子量分布，而且可以引入更多的共聚单体 α-辛烯。从目前大部分的资料来看，各大生产商的 POE 均是采用茂金属催化剂和溶液法进行生产的，区别可能只是使用不同配体的茂金属催化剂以及不同生产工艺。

目前 POE 产业化面临的核心问题有三方面：

第一是催化剂，茂金属催化剂研发情况或匹配情况等是最核心的问题。目前，我国茂金属催化剂及其催化产品的研发主要依靠中国石化、中国科学院化学所等单位。一些民营企业也有研究院和研究体系。由于专利等问题，基本上是先购买国外催化剂，再加上自己的技术储备，不断改进和摸索。

第二是原料。α-烯烃其占 POE 产业链利润的约 60%。POE 所需的 α-烯烃原料，最主要是辛烯等。由于国外企业对线性 α-烯烃技术封锁以及极高的技术转让费，我国每年需要从国外进口大量高碳数 α-烯烃。

第三是 POE 溶液聚合工艺。目前陶氏第一代专利即将到期，通过国内科研所、院校对 POE 工艺的研究，结合国外专利到期的情况，可以进行应用，所以 POE 工艺方面基本没有问题。

2021 年 8 月，万华化学公司自主知识产权的 POE 产品已经完成中试。万华在 2023 年投产 10 万吨/年 POE。万华化学于 2020 年 4 月申请发明专利《一种烯烃聚合催化剂、烯烃聚合催化剂组合物及制备聚烯烃的方法》，其自主研发的催化剂活性高、热稳定性好，适用于高温溶液聚合制备聚烯烃，尤其是乙烯-辛烯共聚物。

2021 年全球 POE 消费量已超过 120 万吨，产能超过 100 万吨/年，当时只有几家国外公司掌握了生产 POE 的核心技术和知识产权。主要生产厂家有美国的陶氏（占比 42%）和埃克森美孚（占比 19%）、日本的三井（占比 16%）、韩国 SK（占比 19%）和 LG（占比 4%）、北欧化工有限公司等，2020 年全球市场需求约 100 万吨，具体如表 13-21 所示。其中 SK 的 POE 实际产地是新加坡的 SSNC（SABIC、SK 合资控股）SSNC 跟 SK 是同一个 POE 牌号。其中陶氏化学的 POE 最为常见，其产能达到 100 万吨/年，市场占有率超过 50%。而埃克森美孚目前的主要产能是向 Vistamaxx 调整，其在新加坡有 30 万吨/年的产能。

表 13-21　主要 POE 生产厂家产品的共聚组分

厂家	牌号	共聚组分
埃克森美孚	Exact	α-丁烯
	Vistamaxx	α-丙烯
陶氏化学	Engage	α-丁烯/α-辛烯
	Versify	α-丙烯
	Affinity	α-辛烯
三井化学	Tafer DF	α-丁烯/α-辛烯
	Taffer XM	α-丙烯
LG 化学	Lucene	α-丁烯/α-辛烯
SSNC(SABIC 和 SK 合资)	Smart Solumer	—

国外 POE 主要牌号：美国杜邦陶氏系列 POE8999、8150、8842、8200、7467、7447、7256 等；美国埃克森公司系列 5061、5371、5181、5101、5361、KN140；日本三井 TAFMER 系列 DF610、DF710、DF740、DF810、DF840；LG 化学系列 LC170、LC670、LC175、LC565。

2024 年全球主要 POE 生产企业产能见表 13-22。

表 13-22　2024 年全球主要 POE 生产企业产能

企业	生产基地分布	产能/（万吨/年）	所属国家
陶氏化学	美国、西班牙、泰国、沙特阿拉伯	107	美国
埃克森美孚	美国、新加坡	47	美国
LG	韩国	38	韩国
SABIC＋SK 合资公司	韩国	33	韩国/沙特阿拉伯
三井化学	新加坡、日本	25	日本
万华化学	中国	20	中国
北欧化工	荷兰	12	荷兰
贝欧亿	中国	3	中国
合计		285	

2024 年我国 POE 产能达到 27 万吨/年，产量超过 7 万吨。目前，我国有贝欧亿公司、万华化学、独山子石化 3 家聚烯烃弹性体生产企业，产能分别为 20 万吨/年、3 万吨/年、4 万吨/年。

2025—2030 年中国 POE 拟在建产能见表 13-23。

表 13-23　2025—2030 年中国 POE 拟在建产能

所在大区	企业名称	所在地	产能/（万吨/年）	预计投产
华北地区	万华化学	山东	40	2025 年
华南地区	茂名石化	广东	5	2025 年

续表

所在大区	企业名称	所在地	产能/（万吨/年）	预计投产
华东地区	盛虹斯尔邦（虹景）	江苏	10	2025 年
华北地区	贝欧亿	山东	10	2025 年
华北地区	天津南港	天津	10	2025 年
华东地区	盛虹炼化（盛景）	江苏	30	2026 年
华北地区	诚志股份	山东	20	2026 年
东北地区	鼎际得石化	大连	20	2026 年
华东地区	联泓惠生（泰州）	江苏	10	2026 年
华东地区	卫星石化	浙江	60	2026 年
东北地区	大庆石化	黑龙江	10	2026 年
西北地区	东华科技	陕西	5	2026 年
华南地区	湛江中捷精创	广东	10	2026 年
华东地区	浙石化	浙江	40	2026 年
华东地区	金塘新材料（舟山）	浙江	20	2026 年
西北地区	兰州石化	甘肃	10	2027 年后
华南地区	中能高端新材料	湖北	10	2027 年后
华东地区	镇海炼化	浙江	10	2027 年后
华北地区	鲁南化工	山东	10	2027 年后
华北地区	亚通化学	山东	20	2027 年后
西北地区	陕西榆林新材	陕西	5	2027 年后
华东地区	扬子石化	江苏	10	2027 年后
华东地区	荣盛（台州）	浙江	30	2027 年后
华东地区	中国石油蓝海新材料	江西	10	2027 年后
合计			415	

3. 结构性能

POE 从本质上来说就是支化的聚乙烯，POE 中的聚乙烯链结晶区（树脂相）起物理交联点的作用，而 α-烯烃的引入削弱了聚乙烯链的结晶作用，形成了呈橡胶状态的无定形区（橡胶相），具有明显的热塑性弹性体的结构。

与传统聚合方法合成的聚合物相比，POE 具有很窄的分子量分布和短支链分布，具有优异的力学性能如高弹性、高强度、高断裂伸长率和高冲击强度和良好的低温性能；因其分子链为饱和结构，叔碳原子的含量较少，具有优异的耐热老化性和紫外线性能；窄的分子量分布，使其在注塑和挤出加工过程中不产生翘曲。可控制聚合物上辛烯链的分布，在短支链中引入长支链，改善加工流动性和提高透明度。良好的活动性可改善填料的分散效果，同时也可改善制品的熔接痕强度。

随着 POE 相对密度的增大，材料的结晶熔融峰温度升高，拉伸强度增大，硬度呈上升趋势，100%定拉伸强度和弯曲强度提高，呈现塑料的特性。POE 的相对密度取决于聚合物中 α-烯烃的含量高低，α-烯烃的含量增加，相对密度减少，硬度降低，熔融温度下降，材料呈现橡胶的特性，拉伸强度和模量变小，断裂伸长率增大。以美国杜邦公司的系列 POE 为例，具体性能如表 13-24 所示。

表 13-24 杜邦典型 POE 的性能

牌号	相对密度	门尼黏度 ML(1+4)/100℃	熔体流动速率/(g/10min)	邵氏硬度	软化温度/℃	拉伸强度/MPa	断裂伸长率/%	用途
8180	0.863	35	0.5	66	49	10.1	>800	弹性体
8150	0.868	35	0.5	75	55	15.4	750	弹性体
8100	0.870	23	1.0	75	60	16.3	750	弹性体
8200	0.870	8	5.0	75	60	9.3	>1000	弹性体
8400①	0.870	1.5	30	72	60	4.1	>1000	
8452	0.875	11	3.0	79	67	17.5	>1000	弹性体
8411①	0.880	3	18	76	78	10.6	1000	
8003	0.885	22	1.0	86	76	30.3	700	弹性体
8585	0.885	12	2.5	86	76	25.5	800	
8401①	0.885	1.5	30	85	76	10.8	>1000	
8440	0.897	16	1.6	92	95	32.6	710	
8480	0.902	18	1.0	95	100	35.3	750	
8450	0.902	10	3.0	94	98	30.7	750	弹性体
8550	0.902	7	4.3	94	98	30.4	800	弹性体
8402①	0.902	1.5	30	94	100	14.2	940	
8540	0.908	18	1.0	94	103	33.8	700	
8445	0.910	8	3.5	94	103	27.9	750	挤出
8403①	0.913	1.5	30	96	107	13.7	700	
H-530	0.870	—	0.5	75	50	22	750	
H-130	0.870	—	1	73	50	16	800	
H-430	0.870	—	4	72	110	10	1000	
H-430A	0.860	—	15	68	95	13	1200	
H-3530	0.870	—	35	70	45	4	1350	
H-120	0.885	—	1	84	63	32	700	
H-420	0.885	—	4	84	61	25	800	
H-1520	0.885	—	15	83	54	16	1100	
H-410	0.895	—	4	92	80	40	770	
H-1510	0.895	—	15	91	72	25	800	

①为含有润滑剂品种，主要用于模塑。

POE 主要性能指标：熔点 50℃～70℃、DSC 熔融结晶峰温度 55℃、100％模量 1.0～5.2MPa、弯曲模量 8.0～28.0MPa、熔体流动速率 0.5～30g/10min、断裂伸长率 700％～1350％、低温脆性＜－76℃。

具体突出特点如下。

低密度：相对密度在 0.852～0.913，是塑料中密度低的品种之一；

透明度高：可以达到 85％的透光率，有极佳的光学性能，它的雾度低于低密度聚乙烯，并且光泽度更好，总体光学性能与聚丙烯薄膜相当；

加工性能好：POE 的分子量分布窄，具有较好的流动性，加工性很好，不用专门设备加工，对设备的磨损很小；

抗老化性：POE 分子结构中没有不饱和双键，因此具有优良的耐老化性、耐化学品和耐臭氧等性能；

黏结性好：POE 具有良好的黏结性，制品的熔接痕强度高，由于这种黏性是由原料本身的结构决定的，因此它不会随温度、湿度等环境因素的变化而变化，并且可长时间保持；

低温冲击性：温度低到－76℃时，冲击强度仍然保持很好；

卫生性好：本身无味、无残留析出、无臭，部分牌号的 POE 有 FDA 认证；

热封性能好：体现在起始热封温度低，热封温度范围宽，热封强度高；

弹性好：柔软性很好，又富有弹性；

力学性能好：抗穿刺强度和耐撕裂强度都很突出；

耐辐射：可耐 γ 射线的辐射，耐医疗消毒；

韧性高：与聚烯烃相容性好，可以用于 PE、PP 增韧剂；

分散性好：与无机粉体相容性好，可以用于母料载体；

银纹改性：各成分之间起到连接、缓冲作用，使体系在受到冲击时起分散、缓冲冲击能的作用，减少银纹因受力发展成裂纹的可能；

具体的不足：拉伸强度、耐油性、耐压缩永久变形和耐磨耗等不太好。

4. 加工成型

POE 有良好的加工性能，通常采用热塑性塑料加工设备进行加工成型，成型加工温度和加工压力一般应略高一些，可在极高的加工速度下加工。POE 加工流动性好，无须加入加工助剂和特殊设备，可以直接加工，具有杰出的成型能力和良好的热成型性能等。

比如除了注射成型、挤出成型，POE 也可用压延机加工成板材或薄膜，并可吹塑成型等等。在加工过程中，POE 不需混炼和硫化，但可以通过交联提高拉伸强度、耐热性和耐化学品性能等。

为了降低 POE 的成本，强度和硬度等性能，可在 POE 树脂中加入一定量的增强剂和加工助剂，具体见表 13-25。

表 13-25　炭黑、碳酸钙和石蜡油对 POE8180 性能的影响

性能	POE8180	炭黑用量		轻质碳酸钙用量		20％石蜡油＋80％炭黑
		40％	80％	40％	80％	
冲击弹性/％	58	48	39	52	47	40
拉伸强度/MPa	15.1	15.8	12.7	11	9.3	11

续表

性能	POE8180	炭黑用量		轻质碳酸钙用量		20%石蜡油+80%炭黑
		40%	80%	40%	80%	
断裂伸长率/%	800	752	520	716	672	815
撕裂强度/(kN/m)	32.8	73.9	97	36.8	32.2	72.8
邵氏硬度(A)	68	88	95	82	84	88

5. 具体应用

（1）优异抗冲击改性剂

POE 直接改性主要应用于 PP 和 HDPE 的共混改性，POE 直接改性 PP 是其目前最重要的市场应用。POE 可有效地改善其他聚烯烃的抗冲击性，尤其是对 PP 的冲击改性效果比传统的 EPDM 更有优势，两者的分散效果好，并可保持比 EPDM 更好的屈服强度及良好的加工流动性，主要用于 PP、HDPE 和 EVA 的增韧改性。改性增韧后的 PP 可应用于汽车保险杠、汽车门板、家电外壳、办公文具、电瓶车和摩托车的塑料配件以及 PP 果冻杯、口罩领域。

POE 通过过氧化物引发可以顺利有效地与马来酸酐（MAH）/甲基丙烯酸缩水甘油酯(GMA)/丙烯酸 AA 等单体发生接枝反应，所得到的接枝物广泛用来增韧 PA 等工程塑料，同时也可以当作相容剂用于塑料合金中。POE 与马来酸酐接枝后形成 POE-*g*-MAH，可以用作尼龙优良的增韧剂。

（2）作为热塑性弹性体材料的应用

POE 具有较高的强度和断裂伸长率，具有较好的耐老化性，因此对于耐热和永久变形要求不高的场合可用其直接加工产品，以取代软质 PVC、EPDM、EMA、EVA、EAA、TPV、SBC、SBS、LDPE 等，用于汽车挡泥板、运动鞋、导管、输送带、印刷滚筒等。

具体应用如下。

弹性薄膜：可以用纯 POE 生产塑料薄膜，因为其具有优异的弹性也称为弹性薄膜。薄膜的特点为柔软性好，弹性大；热封性能优异，体现在起始热封温度低、热封温度范围宽、热封强度高、良好的黏结性能；性能上具有优异的抗穿刺性和耐撕裂性。主要用于一次性手套，有弹性，与皮肤贴合性能好。还可以用于拉伸薄膜、缠绕薄膜、超韧薄膜的共混材料。

POE 作为单一材料使用，主要应用于光伏组件的封装材料——胶膜。在光伏组件中，胶膜放在组件钢化玻璃/背板与太阳能电池之间，用于封装并保护电池片。其他 POE 还可以单独用于弹性手套用薄膜。

鞋底材料：POE 从 2000 年开始被应用于鞋材行业，目前在鞋中底的应用也主要是与 EVA 橡塑并用，它比 EVA 更轻质，可带来良好的拉伸强度、更好的触感，本身的耐寒性、耐老化性、耐臭氧性、耐化学品性能都较优，用量一般为在 EVA 中加入 20 份左右。陶氏的 7467、8150 是用得最广泛的，普遍采用较多的还有埃克森美孚的 9061、韩国 LG 的 168、日本三井的 DF180 等等。

发泡材料：POE 的发泡应用主要是对 EVA 进行改性，EVA 共混 POE 发泡制作运动鞋中底。POE 的柔韧性和回弹要比 EVA 高出很多，并用发泡会有更好的效果，如发泡后的产品质量更轻，压缩回弹更好，接触良好，泡孔均匀细腻，撕裂强度高等突出优点。无论是模压发泡还是造粒后的注射发泡，POE已经大量被使用在沙滩鞋、拖鞋、运动鞋的中底，鼠标垫，坐垫，保丽龙材料，保温材料，缓冲片材，箱包衬里等发泡产品上。

线缆护套：POE可代替EVA、EEA或EPDM用于非PVC电缆护套料绝缘；另外POE硬度和强度的变化率低，可代替EVA或者与EVA并用来生产无卤阻燃电缆料。未经交联的POE材料耐温不高于80℃，永久变形大，难以满足工程材料的要求。经过（过氧化物、辐射或硅烷）交联后，可改善热稳定性、热老化性、耐候性、压缩永久变形和硬度等，表13-26为过氧化物交联对POE性能的影响。如加入一定量的填充增强剂和加工助剂，具体如轻质碳酸钙、炭黑和石蜡油等，有利于综合性能的提高。如加入40份炭黑N330，材料的撕裂强度和拉伸强度成倍增加；添加少量的石蜡油，材料的热老化性改善。

表13-26 过氧化物交联对POE性能的影响

项目	不同过氧化物添加量时的数值					
	0份	2份	4份	6份	8份	10份
交联时间/min	—	19	15	13	13	13
拉伸强度/MPa	15.1	4.9	4.0	3.6	3.3	1.9
断裂伸长率/%	800	392	296	260	228	72
压缩永久变形/%	152	68	44	24	16	4
邵氏硬度(A)	68	72	71	69	68	68

注：基本配方为POE8180，100份；过氧化物，2份；硬脂酸钙，0.5份；氧化锌，5份；滑石粉，2份。

散热软管：POE的耐热性、耐老化性、压缩永久变形、拉伸强度和硬度优于EPDM，比EPDM更适合做散热软管材料，POE用于散热软管的配方和性能见表13-27。

表13-27 POE用于散热软管的配方和性能

项目		POE	EPDM
配方	POE8180(ML23)	100	—
	EPDM(充油20%、ML55、亚乙基降冰片烯)	—	70
	EPDM(ML60、亚乙基降冰片烯)	—	50
	炭黑(N330)	85	85
	石蜡油	35	35
	氧化锌	5	5
	氧化镁	10	10
	硬脂酸锌	0.5	0.5
	防老剂	4	4
	硫化剂	1	1
	40%DCP	10	10
	合计	250.5	270.5

续表

<table>
<tr><th colspan="4">项目</th><th>POE</th><th>EPDM</th></tr>
<tr><td rowspan="23">性能</td><td colspan="3">硫化温度/℃</td><td>175</td><td>175</td></tr>
<tr><td colspan="3">硫化时间/min</td><td>10</td><td>10</td></tr>
<tr><td colspan="3">100%定伸强度/MPa</td><td>7.9</td><td>4.6</td></tr>
<tr><td colspan="3">拉伸强度/MPa</td><td>16.1</td><td>13.4</td></tr>
<tr><td colspan="3">断裂伸长率/%</td><td>200</td><td>250</td></tr>
<tr><td colspan="3">邵氏硬度(A)</td><td>92</td><td>77</td></tr>
<tr><td colspan="3">脆化温度/℃</td><td>−55</td><td>−62</td></tr>
<tr><td colspan="3">压缩永久变形/%</td><td>18</td><td>31</td></tr>
<tr><td rowspan="3">热老化(156℃,168h)</td><td colspan="2">拉伸强度变化/%</td><td>−6</td><td>−23</td></tr>
<tr><td colspan="2">断裂伸长率变化/%</td><td>5</td><td>−36</td></tr>
<tr><td colspan="2">硬度变化/%</td><td>+1</td><td>+10</td></tr>
<tr><td rowspan="12">耐溶剂性</td><td rowspan="2">B燃料油(23℃,70h)</td><td>体积膨胀/%</td><td>109</td><td>132</td></tr>
<tr><td>拉伸强度变化/%</td><td>−68</td><td>−70</td></tr>
<tr><td rowspan="2">燃料油(23℃,70h)</td><td>断裂伸长率变化/%</td><td>−65</td><td>−62</td></tr>
<tr><td>硬度变化/%</td><td>−32</td><td>−30</td></tr>
<tr><td rowspan="4">55%乙二醇,45%水(沸腾,168h)</td><td>体积膨胀/%</td><td>2</td><td>2</td></tr>
<tr><td>拉伸强度变化/%</td><td>8</td><td>3</td></tr>
<tr><td>断裂伸长率变化/%</td><td>−5</td><td>0</td></tr>
<tr><td>硬度变化/%</td><td>1</td><td>0</td></tr>
<tr><td rowspan="4">刹车油(175℃,70h)</td><td>体积膨胀/%</td><td>4.3</td><td>−2.1</td></tr>
<tr><td>拉伸强度变化/%</td><td>−3.4</td><td>−4.6</td></tr>
<tr><td>断裂伸长率变化/%</td><td>10</td><td>32</td></tr>
<tr><td>硬度变化/%</td><td>−3.0</td><td>−2.0</td></tr>
</table>

母粒载体：POE在色母粒或填充母粒中当作载体或者代替PE蜡，可改善色母或填充母粒的品质。

热熔胶：POE可以代替EVA生产高档的热熔胶，且产品可以做到无异味、低密度、高的流动涂覆性、浸润性好等，也可以与EVA并用。

无纺布：为了提高纺熔非织造布的柔软性和悬垂性，非织造布生产过程中需要选择合适的聚烯烃弹性体，并且添加其他的功能助剂。通过配方设计，添加一定比例的弹性体，可以大大改善非织造布的使用性能，产品克重也可大大降低。其柔软度、静摩擦系数、动摩擦系数都会明显改进。

（二）POP

典型的POP为美国DOW公司开发的Affinity，采用INSITE技术生物茂金属催化剂，为乙烯-辛烯共聚物，其中辛烯的含量低于20%，相对密度0.875～0.935。Affinity表现出良好的加工性能和物理性能。Affinity 对剪切速率比较敏感，在高剪切塑料下黏度下降很快，很容易成型加工。同时其静态剪切黏度高，熔体强度好，在吹塑过程中膜泡保持稳定。Affinity 具有优良的热封性能，与其他树脂的相容性能好，具有优异的共挤出性能。与 ULDPE 和 9%乙酸乙烯酯（VA）含量 EVA 相比较，Affinity 的抗穿刺性能、抗冲击性能、热合强度及透明性都好，而且密度低于 EVA 和 PVC。

大部分牌号的 Affinity 已经获得了美国 FDA 认证，可以用于食品包装材料，压花膜、流延膜、吹塑膜，还可以用于黏合层。此外，POP 还可以用作 HDPE 和 PP 的改性剂。

POP 起封温度低、热黏度高、抗污染热封、韧性、抗撕裂和透明性的特点，使其应用于：食品包装领域，如生鲜食品、鲜肉和加工肉类、块状奶酪和牛奶等；卫生和医疗领域，如尿布；弹性薄膜领域，如弹性腰带和底膜；个人护理领域，如洗涤剂、洗衣粉和洗发水包装等。

POP 的韧性和耐用性，使其适用于耐用品应用领域或作为基础聚合物与其他聚合物共混，以改善加工过程中的流动性或者是制成品的柔软性。这些制品包括地板、容器、挤出型材及注塑和滚塑制品。

三、乙丙橡胶（EPR）弹性体

乙丙橡胶是以乙烯和丙烯为基础单体合成的共聚物，依共聚物分子链中单体组成不同，有二元乙丙橡胶和三元乙丙橡胶之分，二者统称为乙丙橡胶（ethylene propylene rubber，EPR）。二元乙丙橡胶为乙烯和丙烯两种单体的共聚物，简称 EPM；三元乙丙橡胶为乙烯、丙烯和少量的非共轭二烯烃三种单体的共聚物，简称 EPDM。二元乙丙橡胶由于分子结构中不含双键，不能用硫黄硫化，只能用过氧化物硫化，因而限制了它的应用，在乙丙橡胶商品牌号中只占总数的 15%～20%；而三元乙丙橡胶由于侧链上含有二烯烃的双键，因此不但可以用硫黄硫化，还可以用过氧化物硫化，而且还保持了二元乙丙橡胶的各种特性，从而成为乙丙橡胶的主要品种，也获得广泛的应用，在乙丙橡胶商品牌号中占 80%～85%。

EPM 和 EPDM 都属于聚烯烃类弹性体，两者在性能上相互接近，都具有优异的耐候性、耐臭氧性、电绝缘性和抗侵蚀性，只不过 EPDM 的加工性更好、硫化方式更多、用量更广泛。本内容只介绍三元乙丙橡胶，有时也将其简称为乙丙橡胶。

1. 三元乙丙橡胶概述

早在 1963 年 EPDM 就开始商业化生产，2017 年全球产能 200 万吨，其中中国产能 37 万吨，而需求 70 万吨。中国境内能够生产 EPDM 的除了吉林石化年产能 9 万吨装置外，其余均由外资占据，如中石化上海三井项目、德国朗盛常州项目、韩国 SK 宁波项目。国外主要为埃克森美孚（21%）、德国朗盛（23%）、日本三井（11%）、韩国锦湖（5%）和 SK（5%）、美国陶氏（7%）、美国狮子（6%）、意大利埃尼（5%）等企业垄断。

有报道表明，中国近年来也在生产，如山东东辰控股集团有限公司子公司山东统洲化工有限公司年产能 5 万吨的三元乙丙橡胶（EPDM）项目、延长石油延安能源化工公司 5 万吨/年项目、万达集团山东天弘化工有限公司 9 万吨/年项目已经在 2018 年试车，此外，山东玉皇化工有限公司 5 万吨/年项目、中国石化燕山分公司 4 万吨/年项目、中国海油能源发展有限公司 5 万吨/年项目、重庆长寿化工有限公司新疆奎山 8 万吨/年项目都在规划之中。

EPDM 为乙烯、丙烯及非共轭二烯烃的三元共聚物，其中的非共轭二烯烃主要包括亚乙基降冰片烯、双环戊二烯及 1,4-己二烯等单体。EPDM 是一种典型的弹性体材料，具有极好的硫化特性，在所有弹性体材料中 EPDM 的密度最小。EPDM 可以大量填充油和无机填料，它能吸收大量的填料和油而影响特性不大，因此可以制成成本低廉的橡胶材料。

早期的 EPDM 为块状，与树脂共混很不方便，现已开发出粒状 EPDM。EPDM 常用于 PP、HDPE 的增韧，是 PP 传统的增韧剂，一般加入量为 10%～30%，其增韧效果好于 SBS，但略低于 POE，之所以没有被 POE 逐渐取代，主要是 EPDM 的低温冲击性能更好。

EPDM 具有优异的抗氧化性、抗臭氧、电绝缘性和抗侵蚀能力。

2. 分子结构和特性

三元乙丙橡胶中的二烯烃具有特殊的不饱和结构，在其分子链的两端含有两个双键，双键中的一个参与主链共聚反应，另外一个位于侧链用于硫化或者交联。三元乙丙橡胶的主链是完全饱和的，这个特性使得三元乙丙橡胶可以抵抗热、光、氧气、臭氧的侵蚀。三元乙丙橡胶本质上是无极性的，对极性溶液和化学物具有抵抗性，吸水率低，具有良好的绝缘特性。

在三元乙丙橡胶生产过程中，通过改变三单体的数量、乙烯丙烯比、分子量及其分布以及硫化的方法可以调整其特性。

（1）第三单体的选择

EPDM 合成中的第三单体就是非共轭二烯烃类型的单体，是通过与乙烯和丙烯的共聚，在聚合物中产生不饱和键，以便实现硫化。

第三单体的选择必须满足的要求：至少含有两个不饱和双键，一个用于主链聚合、一个用于侧链硫化。目前工业化生产三元乙丙橡胶用第三单体只有如下三种：亚乙基降冰片烯（ENB）、双环戊二烯（DCPD）和 1,4-己二烯（HD）。HD 单体目前只有美国杜邦公司一家使用。最近第三单体技术又有新发展，国外研制出用 1,7-辛二烯、6,10-二甲基-1,5,9-十一三烯、3,7-二甲基-1,6-辛二烯、5,7-二甲基-1,6-辛二烯、7-甲基-1,6-辛二烯等作为三元乙丙橡胶的第三单体，使三元乙丙橡胶的性能有了新的提高。

（2）二烯烃类型和含量对聚合物特性的影响

三元乙丙橡胶生产中主要是用 ENB 和 DCPD，其中最广泛使用的是 ENB，它比 DCPD 产品硫化要快得多，两者具体性能比较见表 13-28 所示。

表 13-28　第三单体 ENB 和 DCPD 对应 EPDM 性能影响比较

第三单体	对应 EPDM 特性
ENB	快速硫化，高拉伸强度，低永久形变
DCPD	防焦性，低永久应变，低成本

在相同的聚合条件下，第三单体的本质影响着长链支化，并且按以下顺序递增 EPM<EPDM（ENB）<EPDM（DCPD）。

随着二烯烃第三单体的增加，EPDM 将具有更快硫化率、更低的压缩形变、高定伸、促进剂选择的多样性、减少的防焦性和延展性、更高的聚合物成本。

（3）乙烯丙烯比（质量份）

乙烯丙烯比可以在硫化阶段进行改变，商业化的三元乙丙橡胶的乙烯丙烯比范围在(80/20)～(50/50)。当乙烯丙烯比由 50/50 变化到 80/20 时：正面的影响有更高的压坯强度、更高的拉伸强度、更高的结晶化、更高的玻璃化转变温度、能将原材料聚合物转化成丸状以及更好的挤出特性等，负面的影响就是不好的压延混合性、较差的低温特性以及不好的压缩形变。当丙烯比例更高时，好处就是更好的加工性能、更好的低温特性以及更好的压缩形变等。

（4）分子量和分子量分布

弹性体的分子量和分子量分布与门尼黏度密切相关。门尼黏度高的弹性体，分子量高、分子量分布宽。三元乙丙橡胶的门尼黏度是在高温下得到的，温度通常为 125℃。这样可以消去由高乙烯含量所产生的任何结晶化影响，避免掩盖聚合物的真正分子量。分子量以及在三元乙丙橡胶中的分布可以在聚合过程中通过以下因素控制：催化剂以及共催化剂的类型和浓度、温度、改性剂如氢的浓度。

可以通过凝胶渗透色谱法使用二氯苯作为溶剂在 150℃温度下测量三元乙丙橡胶的分子量分布。含有 DCPD 的三元乙丙橡胶有更宽的分子量分布。

增加三元乙丙橡胶的分子量可以使其具有更高的拉伸强度和撕裂强度，在高温情况下具有更高的生坯强度，能够吸收更多的油和填料，增加混炼和碾磨加工性。较窄的分子量分布可以改进硫化速度、硫化状态以及注塑行为。

（5）硫化类型

三元乙丙橡胶可以利用有机过氧化物或者硫黄来进行硫化。与硫黄硫化相比，过氧化物交联的三元乙丙用于电线电缆工业时具有更高的温度抗性、更低的压缩形变以及改进的硫化特性。过氧化物硫化的缺点在于更高的成本。

三元乙丙橡胶的交联速度和硫化时间随着硫化类型和含量而改变，不同第三单体和硫化体系的硫化效率不同。硫化速度由快到慢的顺序为：硫黄硫化体系，亚乙基降冰片烯＞1,4-己二烯＞双环戊二烯；过氧化物硫化体系，双环戊二烯＞亚乙基降冰片烯＞1,4-己二烯。

3. 三元乙丙橡胶的性能

EPDM 的分子主链具有类烯烃结构，因此保留聚烯烃的所有特性。与其他常用的通用橡胶或特种橡胶相比，三元乙丙橡胶的主要性能优势在于以下几方面。

（1）性价比高

三元乙丙橡胶的密度是生胶密度最轻的常用橡胶，其相对密度只有 0.87 左右，加之可大量充油和加入填充剂，因而可大幅度降低橡胶制品的成本，弥补了三元乙丙橡胶生胶价格高的缺点，并且对高门尼值的三元乙丙橡胶来说，高填充后物理机械能降低幅度不大。

（2）优异的耐老化性

三元乙丙橡胶有优异的耐候性如耐臭氧、耐日光、耐热、耐酸碱、耐紫外线、耐辐射、颜色稳定性。三元乙丙橡胶制品在 120℃下可长期使用，在 150～200℃下可短暂或间歇使用，加入适宜防老剂可提高其使用温度。以过氧化物交联的三元乙丙橡胶可在苛刻的条件下使用，在臭氧浓度 50×10^{-6}、拉伸 30%的条件下，可达 150h 以上不龟裂。

在与其他不饱和的二烯类橡胶如 NR、SBR、BR、NBR 和 CR 等并用时，EPDM 可起到高分子抗氧剂或防老剂的作用。

（3）优异的耐化学品特性

由于三元乙丙橡胶缺乏极性，主链属于饱和度结构，因而对各种极性化学品如醇、酸、碱、酮、酯、氧化剂、制冷剂、洗涤剂、动植物油、极性油等均有较好的抗耐性，但在脂属和芳属溶剂（如汽油、苯等）及矿物油中稳定性较差，在浓酸长期作用下性能也要下降。

（4）耐水蒸气性能

三元乙丙橡胶有优异的耐水、耐过热水和耐水蒸气性能，并优于其耐热性。在230℃过热蒸汽中，近100h后外观无变化。而氟橡胶、硅橡胶、氟硅橡胶、丁基橡胶、丁腈橡胶、天然橡胶在同样条件下，经历较短时间外观发生明显劣化现象。

三元乙丙橡胶耐过热水性能亦较好，但与所有硫化剂密切相关。以二硫化二吗啡啉、TMTD为硫化剂的乙丙橡胶，在125℃过热水中浸泡15个月后，力学性能变化甚小，体积膨胀率仅0.3%。

（5）优良的绝缘性能

EPDM的体积电阻率$10^{16}\Omega\cdot cm$、击穿电压30～40MV/m、相对介电常数（1kHz，20℃）2.27。三元乙丙橡胶具有优异的电绝缘性能和耐电晕性，电性能优于或接近于丁苯橡胶、氯磺化聚乙烯、聚乙烯和交联聚乙烯。

（6）弹性

由于三元乙丙橡胶分子结构中无极性取代基，分子内聚能低，分子链可在较宽范围内保持柔顺性，仅次于天然橡胶和顺丁橡胶，并在低温下仍能保持。

（7）黏结性

三元乙丙橡胶由于分子结构缺少活性基团，加上胶料易于喷霜，自粘性和互粘性很差。

（8）适用温度范围广

最低使用温度－60～－40℃，最高使用温度为可长期在130℃条件下使用。

乙丙橡胶最主要的缺点是硫化速度慢，难与其他不饱和橡胶并用，自粘和互粘性都很差，故加工性能不好。

4. 三元乙丙橡胶改性品种

从20世纪60年代初三元乙丙橡胶开发成功以来，世界上又出现了多种改性乙丙橡胶和热塑性乙丙橡胶，从而为乙丙橡胶的广泛应用提供了众多的品种和品级。改性乙丙橡胶主要是将乙丙橡胶进行溴化、氯化、磺化、顺酐化、马来酸酐化、有机硅改性、尼龙改性等，还有接枝丙烯腈、丙烯酸酯等。多年来，采用共混、共聚、填充、接枝、增强和分子复合等手段，获得了许多综合性能好的高分子材料。乙丙橡胶通过改性，也在性能方面获得很大的改善，从而扩大了乙丙橡胶的应用范围。

溴化乙丙橡胶是在开炼机上经溴化剂处理而成。溴化后乙丙橡胶可提高其硫化速度和黏合性能，但机械强度下降，因而溴化乙丙橡胶仅适用于作乙丙橡胶与其他橡胶黏合的中介层。

氯化乙丙橡胶是将氯气通过三元乙丙橡胶溶液而制成。乙丙橡胶氯化后可提高硫化速度，耐燃性、耐油性，黏合性能也有所改善。

磺化乙丙橡胶是将三元乙丙橡胶溶于溶剂中，经磺化剂和中和剂处理而成。磺化乙丙橡胶由于具有热塑性弹性体的体质和良好的黏着性能，在胶黏剂、涂覆织物、建筑防水瘦肉、防腐衬里等方面得到广泛的应用。

丙烯腈接枝的乙丙橡胶以甲苯为溶剂，过氯化苯甲醇为引发剂，在80℃下使丙烯腈接枝于乙丙橡胶。丙烯腈改性乙丙橡胶不但保留了乙丙橡胶耐腐蚀性，而且获得了相当于丁腈-26的耐油性，具有较好的物理机械性能和加工性能。

热塑性乙丙橡胶（EPDM/PP）是以三元乙丙橡胶为主体与聚丙烯进行混炼，同时使乙丙橡胶达到预期交联程度的产物。这不但在性能上保留于乙丙橡胶所固有的特性，而且还具有显著的热塑性塑料的注射、挤出、吹塑及压延成型的工艺性能。

除此之外，改性乙丙橡胶还有氯磺化乙丙橡胶、丙烯酸酯接枝乙丙橡胶等。

三元乙丙橡胶与其他橡胶并用也是乙丙橡胶应用的一个很大的领域。乙丙橡胶与其他橡胶并用在性能上可互补并改善工艺和降低成本。但由于各种配合剂对不同高聚物的亲和能力各异，共硫化性又取决于各高聚物交联效率，不同高聚物并用共混不可能达到分子级相容，而是分相存在的不均体系。配合剂的这种相间不均分配，对乙丙并用橡胶的性能有重大影响。

① 三元乙丙橡胶与丁基橡胶有较好的相容性和共硫化性，此两胶并用力学性能呈加和性，丁基橡胶可改善乙丙橡胶气密性，提高撕裂性和隔声性；而乙丙橡胶改善了丁基橡胶的耐臭氧性和耐老化性，改善了丁基橡胶压出表面光度，提高了半成品停放时的抗变形性能。

② 三元乙丙橡胶可以不同比例地与氯丁橡胶并用，以改善乙丙橡胶的耐油性能。乙丙橡胶与氯丁橡胶并用后，两种橡胶性能互补。乙丙橡胶的耐油性、耐燃性和黏着性有所改进；氯丁橡胶也改善了耐臭氧、耐化学腐蚀、耐热、耐蒸汽、耐低温屈挠等性能，并提高了氯丁橡胶的加工油及炭黑的填充量，从而降低了成本。

③ 乙丙橡胶与硅橡胶并用后，耐热性、耐候性、低温柔顺性和电性能进一步获得改善；硅橡胶力学性能也有较大改善。三元乙丙橡胶与氟橡胶并用，氟橡胶的低温性和乙丙橡胶的耐介质性均有提高，并降低了胶料的成本。

④ 乙丙橡胶对SBR、NR等进行改性，提高了此类橡胶的耐老化性和耐高温性能，也提高了乙丙橡胶的黏着性。

⑤ 汽车密封条用的三元乙丙橡胶为适应汽车各部位密封要求，也曾与LDPE、SBR等进行过并用，并取得了理想效果。与LDPE或液态聚丁二烯烃橡胶并用可获得高硬度（邵尔A型硬度为96）EPDM橡胶，此类高硬度EPDM多数应用于汽车水箱和行李箱密封条的生产。尤其是采用与液态聚丁二烯烃橡胶并用的高硬度EPDM橡胶，其挤出工艺性较好。

⑥ 除乙丙橡胶与其他种类橡胶并用外，把乙丙橡胶作为热塑性工程塑料的改性剂的应用，其用量不小而且应用也较广泛。例如乙丙橡胶对PVC、PP、PE等的改性，主要改善这些热塑性工程塑料的耐候性、回弹性、低温抗脆性等性能要求。

当三元乙丙橡胶与丁基橡胶、天然橡胶、丁苯橡胶混合时，在选择合适的三元乙丙橡胶产品时，必须考虑到下列因素：

当与丁基橡胶进行混合时，由于丁基橡胶具有较低的不饱和度，为适应丁基橡胶的硫化速度，最好选择含量相对较低的DCPD和ENB的三元乙丙橡胶。

当与天然橡胶和丁苯橡胶混合时，最好选择8%～10%ENB含量的三元乙丙橡胶，以满足其硫化速度。

5. 具体应用

根据乙丙橡胶的性能特点，主要应用于要求耐老化、耐水、耐腐蚀、电气绝缘几个领域，如用于轮胎的浅色胎侧、耐热运输带、电缆、电线、防腐衬里、密封垫圈、建筑防水片材、门窗密封条、家用电器配件、塑料改性等。乙丙橡胶的性质与用途。

乙丙橡胶可大量充油和填充炭黑，制品价格较低，乙丙橡胶化学稳定性好，耐磨性、弹性、耐油性和丁苯橡胶接近。乙丙橡胶的用途十分广泛，可以作为轮胎侧、胶条和内胎以及汽车的零部件，还可以作电线、电缆包皮及高压、超高压绝缘材料。还可制作鞋等浅色用品。

第四节　热塑性聚氨酯弹性体（TPU）

（一）一般概况

热塑性聚氨酯弹性体（TPU）是以聚醚型或聚酯型多元醇与异氰酸酯聚合的产物，用量占弹性体的10%左右。TPU中短链二醇与异氰酸酯反应形成的氨酯为硬链段，长链二醇与异氰酸酯反应形成的氨酯为软链段，两者组成嵌段聚合物。TPU最早于1930年由德国开发，但直到1960年左右美国的Mobav公司开发出带交联键的热塑性TPU，才开始迅速发展。目前，在国外以欧美为主的生产厂家达到30余家，德国的Bayer、BASF，英国的ICI、Anchor等公司重点以制鞋为主；美国的DDE、Mobay，日本的Elastoran、Polyurefhane等公司则以汽车和机械部件为主。我国目前已成为亚洲最大的TPU消费国，年消费量超过100万吨，约占世界的20%，在烟台、太原、南京及上海等地都有大型生产厂。

TPU中的硬段为异氰酸酯与短链二元醇如乙二醇、丙二醇、1,4-丁二醇或双酚A构成，软段为异氰酸酯与长链多元醇所构成。异氰酸酯主要为二苯甲烷二异氰酸酯（MDI）、2,4-或2,6-甲苯二异氰酸酯（TDI）、无黄变性的HDI（六亚甲基二异氰酸酯）及加氢MDI等，长链多元醇有聚亚烷基二醇（特别是PTMG）一类的聚醚类，聚亚烷基己二酸酯、聚己内酯及聚碳酸酯等聚酯类。因组成TPU的异氰酸酯、短链二元醇、长链二元醇的品种不同，可形成许多性能不同的品种。

（二）结构性能

TPU具有优异的高强度、强韧性、耐磨性、耐油性、耐寒性、耐疲劳性、耐屈挠性和高回弹性，尤其是耐磨性最突出。缺点为耐热低、耐压缩性较差、耐光性不高、外观易变黄、加工易粘模等。TPU的主要性能见表13-29。

表13-29　TPU的主要性能

项目	1号	2号	3号	4号	5号
相对密度	1.18	1.19	1.21	1.21	1.21
拉伸强度/MPa	47	37.2	42.1	47	42.6
断裂伸长率/%	540	600	600	550	550
撕裂强度/(kN/m)	—	88.2	112.7	184.2	159.7
压缩永久变形/%	—	37	37	30	—
低温柔软温度/℃	−33	−50	−45	−37	−25

续表

项目	1号	2号	3号	4号	5号
脆化温度/℃	<−72	<−72	<−72	<−72	<−72
注塑加工	—	适合	适合	适合	适合
挤出加工	可以	适合	适合	适合	—
压延加工	适合	—	—	—	—
吹塑加工	—	可以	可以	—	—
溶液加工	适合	—	—	—	—
工业零件	—	可以	适合	适合	适合
鞋底	—	可以	适合	适合	适合
胶管、输送带	—	适合	适合	适合	—
薄膜、板	可以	可以	适合	—	—

（三）成型加工

为改善 TPU 的加工性，还开发出许多易加工品种。如适用于双色成型、高透明性、高流动性及高回收性的鞋用 TPU，用于生产透明胶管的无可塑、低硬度易加工 TPU，用于汽车保险杠等大型制件的玻璃纤维增强、高刚性、抗冲击的增强型 TPU 等。特别是在 TPU 中加入反应性成分，在热塑成型后，通过“熟化”而形成的不完全 IPN（互传网络）的 TPU 发展十分迅速。此外，还开发了用于汽车保险杠的 PC/TPU 合金、高透湿 TPU、导电性 TPU、磁性 TPU 等。

（四）应用范围

TPU 目前主要用于生产高档运动鞋、滑雪靴、登山靴等，其他产品有日用品、体育用品、玩具、装饰材料、软管、医疗、汽车部件、电子电器胶管、绳索、织物（称为氨纶）、传动带、输送带、导轮、滑轮、电线、电缆、导管、薄膜等。

1. 鞋材领域

因为 TPU 具有弹性佳、轻便、耐磨、舒适等优点，同时 TPU 还能起到显著的减震和缓冲作用，是鞋底材料的优质之选，比如运动鞋、休闲鞋等。

基于长达七年的研究以及与巴斯夫的合作，Brooks Levitate 成为第一家生产 DNA AMP 鞋中底的公司，DNA AMP 鞋中底由巴斯夫 Elastopan® Sports 混合轻型材料制成，舒适耐用，可以为跑步者提供高性能的能量反馈。

2. 汽车领域

TPU 的耐磨性、耐弯曲疲劳性、弹性突出，可用于各种汽车零部件，如用于换挡拉杆手柄、各种联轴节的轴套和垫圈、各种线束的接插件、螺旋伸缩电线、电缆护套、减震器、弹簧限位块等，还可与其他塑料或橡胶复合使用，用于汽车保险杠、安全气囊、防尘罩等部件。电动汽车充电线缆需要耐受恶劣的天气和紫外光照射，所以线缆材料需要有优异的耐紫外线和耐候性，同时为了保证充电安全，线缆需要无卤阻燃。TPU 材料具有耐磨、耐油、耐候性、耐高压、耐酸碱、耐盐雾、防水和良好的热稳定性等特性，在新能源汽车领域的应用主要是充电桩线缆。

3. 医疗领域

路博润医疗级 TPU 材料具有卓越的生物稳定性和生物相容性，出色的强度、耐水解性、非血溶性，无腐蚀性或危险化学物质释放。透明度高，强度和柔性由于 PVC 可用于制作高耐破强度的薄壁管和流体存储袋。路博润医疗级 TPU 应用于牙套、静脉输液解决方案以及留置针尖头套管。

巴斯夫 Elastollan® TPU 材料能够有效避免与药物反应造成活性物质损失，同时具有高透明、耐化学、易加工、高耐撕裂、不易扭结、易消毒，不含邻苯二甲酸等优异性能，并且拥有 FDA 和 USP Class VI 认证，可用于医疗（输液）管路、导尿管和供氧器。同时拥有良好的抗热变形性能，几乎不产生静电，不会对手术造成阻碍，可用于供氧器。也可以加工超薄的壁厚和复杂的形状，如导尿管。

4. 电子电器

巴斯夫 Elastollan® LP9307 TPU 材料通过了 ISO 10993 皮肤敏感性测试，具有良好的触感，出众的流动性能也提高了生产效率，应用于智能腕表，皮肤敏感者也可放心佩戴。科思创 TPU 材料具有出色的耐磨性和易于加工性能，应用于扫地机器人。朗盛 Tepex® optilite 连续黑色玻璃纤维增强 TPU 复合材料，兼具薄、轻、韧、强等特点，坚固耐用，且易于成型，能提供外观美感，可用于电器外壳。

除了上述应用以外，TPU 材料还可用于电子配件、手机护套、电子产品包胶等。

5. 运动用品

巴斯夫 Elastollan® TPU 性能卓越，生产周期短，具有良好的耐磨损性与阻尼性，在低温条件下也能保持优良的延展性和柔韧性，可用于滑雪靴扣带部件。Elastollan® TPU 自行车内胎拥有更薄的壁厚，比传统橡胶内胎轻 50%，同时不会降低长期负载能力和使用寿命。而 Infinergy® SP E-TPU 材料以巴斯夫的 Elastollan® TPU 为基础，通过创新的程序进行发泡，具有卓越的回弹性和缓冲性，同时吸水率极低，适用于运动场地坪和儿童运动场，还可用于自行车座椅填充和网球拍等用品。

朗盛 Tepex® 材料可应用于各类运动设备，不仅能够减轻零部件的重量，还提供优异的性能，比如能量返还、抗冲击以及外观部件和表面极佳的美感。可用于自行车头盔或防护设备、竞赛自行车的制动杆和踏板、运动背包框架、滑雪板和鞋底等。

6. 电线电缆

TPU 材料除了用于汽车充电桩线缆外，也可用于其他各类线缆护套。

7. 输送管道

TPU 具有优异的耐水解、耐化学品性、低温柔韧性、耐磨损等性能，可用于输送管道、消防水带等。

8. 薄膜纺织

巴斯夫 TPU 纤维具有环境友好柔软舒适的弹性、优异的色牢度，设计自由度高。同时采用 Elastollan® Hotbond TPU 制成的热熔级 TPU 提供了高的黏合强度和良好的耐洗性，符合 Oeko-tex 和 Bluesign 标准。采用巴斯夫 TPU 材料的纱线，采用巴斯夫 TPU 纱线织成的内衣。除此之外，TPU 还可制成薄膜纺织材料和合成革。

9. 其他领域

巴斯夫 Elastollan® TPU 材料的耐磨、耐切割、耐撕扯的特性，使其还可用于喷砂胶带和矿石筛网。

（五）聚醚型和聚酯型 TPU 区分

TPU 分为聚醚型和聚酯型，根据产品应用的不同要求，需要选用不同类型的 TPU，比如对于耐水解性要求比较高的，聚醚型 TPU 比聚酯型 TPU 要更合适。那么，聚醚型 TPU 和聚酯型 TPU 有哪些区别？以及怎么去辨别？下面分别从原料差异、结构差异、性能对比、辨别方法 4 个方面进行阐述。

(1) 原料差异

热塑性弹性体的结构特征就是同时含有软链段和硬链段，分别给材料带来柔软性和刚性。TPU 也一样有软链段和硬链段，而聚醚型 TPU 和聚酯型 TPU 的区别就在于软链段的不同，可以从原料上看区别。

聚醚型 TPU：4,4′-二苯基甲烷二异氰酸酯（MDI）、聚四氢呋喃（PTMEG）、1,4-丁二醇（BDO），其中 MDI 的用量约 40%，PTMEG 约占 40%，BDO 约占 20%。

聚酯型 TPU：4,4′-二苯基甲烷二异氰酸酯（MDI）、己二酸（AA）、1,4-丁二醇（BDO），其中 MDI 的用量约 40%，AA 约占 35%，BDO 约占 25%。

可以看到：聚醚型 TPU 软链段原料是聚四氢呋喃（PTMEG）；聚酯型 TPU 软链段原料是己二酸（AA），其中与丁二醇生成聚己二酸丁二醇酯作为软链段。

(2) 结构差异

TPU 的分子链是 $(AB)_n$ 型嵌段线型结构，其中 A 为高分子量（1000～6000）的聚酯或聚醚，B 一般是丁二醇，AB 链段间化学结构是二异氰酸酯。根据 A 结构的不同，TPU 可分为聚酯型、聚醚型、聚己内酯型、聚碳酸酯型等等，较常见的就是聚醚型 TPU 和聚酯型 TPU。聚醚型 TPU 和聚酯型 TPU 的整体分子链都是线型结构，区别主要还是在于软链段是聚醚多元醇还是聚酯多元醇。

(3) 性能对比

聚醚多元醇是在分子主链结构上含有醚键、端基带有羟基的醇类聚合物或低聚物。因其结构中的醚键内聚能较低，并易于旋转。因此聚醚型 TPU 具有优异的低温柔韧性、耐水解性、耐霉菌性、抗紫外线性等，产品手感好，但剥离强度与断裂强度相对较差。

聚酯多元醇中共价键能极强的酯基可以和硬链段形成氢键，起到弹性交联点的作用，但聚酯容易受到水分子的侵袭而发生断裂，水解生成的酸又能进一步催化聚酯的水解。因此聚酯型 TPU 具有优异的力学性能、耐磨性、抗撕裂性、耐化学腐蚀性、耐高温性、易加工等，但耐水解性较差。

(4) 辨别方法

要根据产品物性需求来选择 TPU 种类。若要求有良好力学性能，就选聚酯型 TPU；如果考虑成本、密度、产品使用环境，比如做水上游乐产品，则聚醚型 TPU 更合适。

不过它们在外观上没有明显的区别，在选用的时候或者不小心搞混两种类型 TPU 时，可用如下方法分辨。比如化学显色反应法、气相色谱质谱（GCMS）、中红外光谱等，但这些方法技术要求较高，花费时间较长。密度比较法则相对比较简单，又快速。

密度比较法就是根据聚酯型 TPU 密度比聚醚型 TPU 大的原理进行区分。具体的密度范围是：聚醚型 TPU 相对密度 1.13～1.18，聚酯型 TPU 相对密度 1.18～1.22，实际区别比较小，因此测试密度一定要准确才能区分出来。

第五节　其他热塑性弹性体

一、热塑性聚酯弹性体（TPEE）

1. 一般概况

热塑性聚酯弹性体（TPEE）是含有聚酯硬段和聚醚软段的嵌段共聚物，以聚对苯二甲酸丁二醇酯（PBT）为硬段，以低玻璃化转变温度的脂肪族聚酯或聚醚为软段交替组成的共聚物，多为块状聚合物。如以非结晶的聚酯为软段以代替聚醚，还可以提高其耐热性。TPEE 中聚醚软段和未结晶的聚酯形成无定形相，聚酯硬段部分结晶形成结晶微区，起物理交联点的作用。TPEE 具有橡胶的弹性和工程塑料的强度：软段赋予它弹性，使它像橡胶；硬段赋予它加工性能，使它像塑料。与橡胶相比，它具有更好的加工性能和更长的使用寿命；与工程料相比，同样具有强度高的特点，而柔韧性和动态力学性能更好。

依具体结构不同，TPEE 可分为如下类型：

聚酯-聚醚型，硬段为芳香系结晶性聚酯，软段为聚醚。

聚酯-聚酯型，硬段为芳香系结晶性聚酯，软段为脂肪族聚酯。

液晶型，硬段为刚直的液晶高分子，软段为脂肪族聚酯。

其中以聚酯-聚醚型用量最大，聚酯-聚酯型的耐热性好。

TPEE 最早于 1972 年由美国杜邦公司以 Hytrel 商品名供应，分为压制、注塑、挤出、吹塑以及阻燃、卫生及耐紫外线等多个品种；其他生产厂有美国 GE 的 Valox、荷兰 Akzo chem 的 Arnitel、日本东洋纺织的 Pelprene、韩国的 Kopel、日本的 Zeon、美国的 Eastman Kodak 和 Hoechst Celanese、日本合成化学、日本帝人及日本东丽等，中国目前合成企业为仪征化纤公司。因 TPEE 具有优异的机械强度、耐热性、耐低温性、耐油性和耐疲劳性，易于加工成型，故发展很快，目前年需求量已达到 10 万吨以上。其中 35%用于工业橡胶制品如胶管、胶带，20%为汽车配件，其余为家电、消音齿轮和电脑编码器卡等。

TPEE 的缺点为硬度大，不易制成柔软的制品，并且耐压缩变形、耐热水性和耐强酸性都较差，价格较高，仅比 TPAE 低。改进的 TPEE 有以聚己内酯为软段的酯-醚共聚物，可改进耐水解性、耐寒性、耐热性、耐候性及机械强度。此外还有 TPEE 与 PA、PC 共混的合金，超耐热和耐候的 TPEE，主要用于汽车的外板和外装饰件等。

除合成 TPEE 外，也有用 PBT 树脂与橡胶弹性体共混品种，具体有 PBT/EPDM 和 PBT/ACM 等。共混 TPEE 性能不如合成品种，但可在塑料加工厂制造。

2. 结构性能

常用 TPEE 由对苯二甲酸、1,4-丁二醇及聚丁醇共聚而成，其硬段比例增大可增强物理刚性和化学稳定性，软段比例增大可提高柔韧性和低温性能。

（1）力学性能

通过对软硬段比例的调节，TPEE 的邵氏硬度可以从 30D 至 82D，其弹性和强度介于橡胶和塑料之间。与其他热塑性弹性体相比，在低应变条件下，TPEE 模量比相同硬度的其他热塑性弹性体高。当以模量为重要的设计条件时，用 TPEE 可缩小制品的横截面积，减少材料用量。TPEE 具有极高的拉伸强度、良好的耐蠕变、抗疲劳性能、高冲击强度和良好的低温柔韧性、高抗撕裂强度及高耐摩擦性能。与 TPU 相比，TPEE 压缩模量与拉伸模量要高得多，用相同硬度的 TPEE 和 TPU 制作同一零件，前者可以承受更大的负载。在室温以上，TPEE 弯曲模量很高，而低温时又不像 TPU 那样过于坚硬，因而适宜制作悬臂梁或扭矩型部件，特别适合制作高温部件。TPEE 低温柔顺性好，低温缺口冲击强度优于其他 TPE，耐磨耗性与 TPU 相当。在低应变条件下，TPEE 具有优异的耐疲劳性能，与高弹性相结合，使该材料成为多次循环负载使用条件下的理想材料，齿轮、胶辊、挠性联轴节、皮带均可采用。

（2）热学性能

TPEE 具有优异的耐热性能，硬度越高，耐热性越好。TPEE 在 110～140℃ 连续加热 10h 基本不失重，在 160℃ 和 180℃ 分别加热 10h，失重仅为 0.05% 和 0.1%，因而 TPEE 的使用温度非常高，短期使用温度更高，能适应汽车生产线上的烘漆温度（150～160℃），并且它在高低温下力学性能损失小，因此可以在温度上升时保持良好的性能。TPEE 在 120℃ 以上使用，其拉伸强度远远高于 TPU，此外 TPEE 还具有出色的耐低温性能，TPEE 脆点低于－70℃ 并且硬度越低，耐寒性越好，大部分 TPEE 可在－40℃ 下长期使用。由于 TPEE 在高、低温时表现出均衡性能，它的工作温度范围非常宽，可在－70～200℃ 使用。

（3）耐化学介质性能

TPEE 具有极佳的耐油性，在室温下能耐大多数极性液体化学介质（如酸、碱、胺二醇类化合物），但对卤代烃（氟利昂除外）及酚类的作用却无能为力，其耐化学品的能力随其硬度的提高而提高。TPEE 对大多数有机溶剂、燃料及气体的抗溶胀性能和抗渗透性能是好的，对燃油渗透性仅为氯丁胶、氯磺化聚乙烯、丁腈胶等耐油橡胶的（1/300）～（1/3），但 TPEE 耐热水性较差，添加聚碳酰亚胺稳定剂可以明显改善其抗水解性能。

（4）耐候性与耐老化性

TPEE 在很多不同条件下，如在水雾、臭氧、室外大气老化等条件下，化学稳定性优良。像大多数弹性体一样，在紫外光作用下会发生降解，因此对于室外应用或制品受阳光照射的条件，配方中应添加紫外线防护助剂，其中包括炭黑和各种颜料或其他屏蔽材料；此外 TPEE 还具有不同程度的水解性。

不同 TPEE 类型具有不同的性能，具体介绍如下。

（1）聚酯-聚醚型 TPEE

其硬段聚酯以 PBT 为代表，也可用乙二醇与萘-2,6-二羧酸取代；软质段聚醚以 PTMG

为代表。聚酯-聚醚型 TPEE 的具体性能如表 13-30 所示。

表 13-30　聚酯-聚醚型 TPEE 的性能

性能	E-450B	P-150M	P-153D	P-55B-07
相对密度	1.28	1.19	1.25	1.15
成型收缩率/%	1.7	0.3	0.3	0.5
熔体流动速率/(g/10min)	10	20	19	2
含水率/%	0.25	0.36	0.50	—
邵氏硬度(A)	99	96	96	94
邵氏硬度(D)	78	50	57	44
拉伸强度/MPa	35.4	38	44	32.6
断裂伸长率/%	410	420	500	550
压缩永久变形(70℃,22h)/%	—	60	63	48
撕裂强度/(kg/cm)	212	145	180	164
悬臂梁冲击强度/(J/m)	4	NB	NB	NB
Taber 磨耗/(mg/1000 次)	5	15	10	2
热变形温度/℃	161	50	50	—
脆化温度/℃	−60	−65	−60	<−65
阻燃性/(UL 94)	HB	HB	HB	HB
线膨胀系数/$℃^{-1}$	14×10^{-5}	17×10^{-5}	17×10^{-5}	—
介电强度/(kV/mm)	30	30	30	22
体积电阻率/(Ω·cm)	7×10^{15}	1×10^{14}	1×10^{14}	9×10^{12}

(2) 聚酯-聚酯型 TPEE

其硬段聚酯为 PBT，软段为脂肪族聚酯。其耐热老化性优、耐候性优、耐金属侵蚀性优。具体性能见表 13-31。

表 13-31　聚酯-聚酯型 TPEE 的性能

性能	S-1001	S-2001	S-3001	S-6001	S-9001
相对密度	1.21	1.24	1.26	1.28	1.29
成型收缩率/%	1.2	1.3	1.5	1.7	1.8
熔体流动速率/(g/10min)	18	16	16	12	16
含水率/%	0.1	0.38	0.34	0.30	0.28
表面硬度	96	97	97	99	99
邵氏硬度(A)	48	55	60	72	78
邵氏硬度(D)	31	37	41	45	50
拉伸强度/MPa	730	610	540	490	400
断裂伸长率/%	60	61	62	—	—

续表

性能	S-1001	S-2001	S-3001	S-6001	S-9001
撕裂强度/(kg/cm)	120	158	170	200	255
悬臂梁冲击强度/(J/m)	NB	NB	NB	15	6
Taber 磨耗/(mg/1000 次)	15	12	10	8	6
热变形温度/℃	68	107	117	130	116
脆化温度/℃	<−65	<−65	<−65	<−60	<−50
阻燃性/(UL 94)	HB	HB	HB	HB	HB
线胀系数/$℃^{-1}$	19×10^{-5}	14×10^{-5}	14×10^{-5}	14×10^{-5}	14×10^{-5}
介电强度/(kV/mm)	25	30	30	30	30
体积电阻率/(Ω·cm)	2×10^{12}	2×10^{13}	1×10^{14}	5×10^{14}	7×10^{15}

（3）液晶型 TPEE

液晶型 TPEE 的最大特点为硬质段的含量比软段少许多，因此硬度较低，表面邵氏硬度仅为 30D 左右，但拉伸强度、断裂伸长率、压缩永久变形及弹性等都很优秀。

液晶型 TPEE 开发于 1972 年，到 1984 年后才用于高刚性、高强度及高耐热工程类应用。具体性能见表 13-32。

表 13-32 液晶型 TPEE 的性能

性能	1#	2#
相对密度	1.24	1.25
含水率/%	—	0.42
表面硬度(邵氏 D)	28	31
拉伸强度/MPa	100	100
断裂伸长率/%	450	500
压缩永久变形(70℃、22h)/%	23	25
撕裂强度/(kg/cm^2)	60	65
悬臂梁冲击强度/(J/m)	NB	NB
Taber 磨耗/(mg/1000 次)	4	3
软化温度/℃	140	160
阻燃性/(UL 94)	HB	HB
线膨胀系数/℃	1.4×10^{-4}	1.3×10^{-4}

3. 热塑加工性

TPEE 易加工且具有经济性，废旧产品良好的可回收性。

4. 应用范围

TPEE 既可单独使用，也可用玻璃纤维增强，作为工程塑料而应用。TPEE 大多用于需要耐疲劳性、强韧性和耐热等场合，具体如汽车等速连接头套、保险杠、电子机械的开关等制品。具体应用参见表 13-33。

表 13-33　不同硬度 TPEE 的应用实例

项目	具体产品	硬度(D)	成型
汽车类	各式套筒	55、47	吹塑
	等速连接	50	吹塑
	操控杆外壳	55	吹塑
	电缆内皮	72	挤出
	电缆外皮	63	挤出
	安全带环扣外壳	55	注塑
	玻璃窗防止轮	55	注塑
	弹簧	55	注塑
	球接头轴套	55	注塑
	保险杠	55	注塑
	车身边条	55	注塑
	轮胎嵌件	63	浇铸
机械零件	油压管	40～72	挤出
	卷曲管	63、72	挤出
	垫片	55	注塑
	隔膜	40	注塑
	可挠性接头	55	注塑
	传动带	55	挤出
	压缩弹簧	40	浇铸
	消防水管内衬	55	挤出
电机通信	电话线外皮	72	挤出
	齿轮、凸轮	55	注塑
	光纤披覆	40、55	挤出
	时装皮带	55、63	注塑
其他	啤酒桶栓	55	注塑
	梳子	47、63	注塑
	鞋中底	55	注塑
	自行车无内胎车轮	55	挤出
	滑雪鞋底	55、63	注塑
	合金组分	40	挤出

TPEE 主要用于要求减震、抗冲击、抗弯曲、密封性和弹性、耐油、耐化学品并要求足够强度的领域。例如：聚合物改性、汽车部件、耐高低温电线护套、液压软管、鞋材、传动

皮带、旋转成型轮胎、挠性联轴节、消声齿轮、电梯滑道、化工设备管道阀件中的防腐耐磨耐高低温材料等。

二、热塑性聚酰胺弹性体（TPAE）

1. 一般概况

热塑性聚酰胺弹性体（TPAE）是以聚酰胺为硬质段、以玻璃化转变温度低的聚醚或聚酯为软质段的共聚物。组成 TPAE 的 PA 可以为 PA6、PA66、PA610、PA11 及 PA12 等品种，以 PA6 和 PA12 最常用。TPAE 的软质段为聚醚二醇或聚酯二醇的长链聚醇，如聚乙二醇和聚丙二醇等。

近年来又开发出共混型 TPAE，它为硬质的 PA 与软质的弹性体共混，具体品种有 PA/EPDM 及 PA/NBR 等。

TPAE 实际已远离橡胶的性能，缺乏弹性，价格也较 TPEE 高。主要优点为保留了 PA 树脂的长处，如强韧性、耐化学品性、耐磨性以及非常好的消声性等，可用于制造消声齿轮、运动鞋、网球拍、登山靴、滑雪靴等。

TPAE 是目前市场上应用的最新 TPE 品种，最早于 1979 年由德国的 Atochem. SA 公司首先开发应用，接着德国的 EMS-CHEMIE AG 公司、Ato chem 公司、RHONE-POULENC SA 公司、HUELS AKT 公司和大日本油墨公司也开发成功，后来美国的 Atochem. North America 公司、EMA-American Grilon 公司才陆续跟随。我国目前有很多研究，但未见规模化生产。

目前世界 TPAE 的需要量为 1 万吨左右。

2. 结构性能

与其他 TPE 相比，TPAE 相对密度小，易于成型加工；硬度变化范围广。其他单独 TPE 所无法达到的硬度，TPAE 均可达到，具体见表 13-34。

表 13-34　各种 TPE 的硬度范围

弹性体品种	邵氏硬度(A)	邵氏硬度(D)
硫化橡胶	50～90	—
TPO	70～85	—
TPAE	75～90	40～60
TPU	80～90	40～52
TPEE	—	40～70
PA11 或 PA12	—	55～70

TPAE 在无机酸、碱、沸水中会因水解而导致性能下降，在 80℃ 以下温水或室温下的有机酸、有机溶剂中几乎不变化，对机械油和石油很稳定。但在氯烃、芳香烃及醇中会溶胀，在酚、甲酚等极性溶剂中会溶解。TPAE 的具体耐化学腐蚀性如表 13-35 所示。

表 13-35　TPAE 对各类试剂的稳定性

试剂	20℃	60℃	试剂	20℃	60℃
水	A	C	甘油	A	A
乙酸(50%)	D	D	丙酮	A	A
盐酸(10%)	D	D	己烷	A	A
硫酸(10%)	C	D	DMF(*N*,*N*-二甲基甲酰胺)	D	D
硝酸(10%)	D	D	氯	D	D
苛性钠(50%)	D	D	1 号机油	A	A
苛性钠(10%)	C	D	3 号机油	A	B
氯化钾(饱和)	A	C	硅油	A	A
氯化锌(饱和)	A	C	猪油	A	A
氯化钠(饱和)	A	C	石蜡	A	A
甲苯	B	D	异辛烷	A	A
乙酸乙酯	B	C	海水	A	C
三氯乙烯	C	D	咖啡	A	C
乙醇	A	B	牛乳	A	C
甲醇	B	C	啤酒	A	A
酚(饱和)	D	D	砂糖	A	A
乙二醇	A	A	茶	A	A

注：A—不变；B—微变；C—稍变；D—变。

TPAE 的缺点为耐强酸、强碱和热水性都不如 TPEE，价格又高，但可用与 TPU 共混的方法降低成本。

TPAE 的具体性能见表 13-36。

表 13-36　TPAE 的具体性能

性能	E40	E47	E62	L-2121	L-1901
	共聚	共聚	共聚	共混	均聚
相对密度	1.01	1.01	1.02	1.02	1.01～1.02
成型收缩率/%	0.3～1.2	0.3～1.2	0.4～1.5	0.8～1.5	0.8～1.5
饱和吸水率/%	0.7	0.8	1.1	—	1.5
熔点/℃	150	160	175	172	178
洛氏硬度(R)	55	58	72	88	106
邵氏硬度(A)	96	97	98	98	—
邵氏硬度(D)	40	47	62	60	—
拉伸强度/MPa	13	21	39	41	44～50
断裂伸长率/%	200	400	300	230	100～300
弯曲强度/MPa	6	8	23	21	54～59

续表

性能	E40	E47	E62	L-2121	L-1901
	共聚	共聚	共聚	共混	均聚
悬臂梁冲击(40℃)	不断	不断	不断	—	—
悬臂梁冲击(20℃缺口)	不断	不断	不断	不断	54
悬臂梁冲击(−40℃缺口)	不断	不断	88	111(0℃)	50(0℃)
悬臂梁冲击(−60℃缺口)	245	94	48	49(−20℃)	46(−30℃)
悬臂梁冲击(−78℃缺口)	106	35	—	32	—
磨耗量/(mg/1000 次)	30	8	5	3～4	3～4
撕裂强度/(kN/m)	88	127	147	152	—

3. 成型加工

TPAE 具有良好的加工性能，具体为加工稳定性好、料把易切断、顶出及脱模性好、产生溢料少、成型周期短、尺寸稳定性好等。用 100%回料加工性能变化不大，但颜色变化大，故所用回料以 20%以下为宜。

4. 应用范围

如同 TPEE 一样，TPAE 也属于高性能的工程用 TPE。TPAE 基本上可直接使用纯料成型加工，但 TPAE 易与无机性填充剂或其他种类的塑胶混合，故可依用途需要进行共混或填充改性，赋予其特别的性能，以满足不同的需要。例如在 TPAE 中混入导电性填充剂，可制成半导电性板材；或加入玻璃纤维制造增强材料；或与工程塑胶混掺制成工程合金。

TPAE 的主要用途为制造运动用品、汽车用品、工业用品、家电用品等零件。尤其是雪鞋等耐低温运动用品，使用最多，具体见表 13-37。

表 13-37　TPAE 的用途

范围	应用项目	要求性能
汽车	保险杠、框体 防振钢板(特殊贴合钢板) 窗框 特殊蛇腹形零件(吹气成型)	耐热、耐油、耐候与柔软性 粘接性、低密度 耐热、耐磨耗 柔软性、强韧性、成型性
运动用品	棒球、足球、登山、高尔夫球等运动用鞋及冬季运动用品	柔软性、耐磨耗性、低密度、低温抗冲击、成型加工性
家电用品	胶管(空气、水、油用)、耐压管内衬、外皮材、薄膜类(吹气成型)、热熔胶、蛇腹管等	柔软、强韧、抗冲击、耐化学品、耐磨耗、耐热、粘接性

三、聚氯乙烯类热塑性弹性体

（一）热塑性聚氯乙烯弹性体（TPVC）

热塑性聚氯乙烯弹性体（TPVC）实际为软质 PVC 的延伸产品，其永久压缩变形大大降低，具有接近橡胶的性能。TPVC 的发展历程为：PVC/增塑剂、PVC/EVA、PVC/ABS、PVC/PMMA、PVC/NBR 及 PVC/CPE 等。

TPVC 具体可分为化学聚合型和共混型两种。

化学聚合型 TPVC 可分为高聚合度 PVC、部分交联 PVC、离子交联 PVC、特殊共聚 PVC 四类。

共混型 TPVC 以 PVC 为硬段、以 NBR 等橡胶类弹性体为软段经共混而成，具体分为高分子量 PVC/塑化 PVC 掺混型、部分交联 PVC/塑化 PVC 掺混型、高分子量 PVC/弹性体共混型和普通 PVC/部分交联弹性体共混型等。具体品种以 PVC/部分交联 NBR 共混为主，其他还有 PVC/EPDM、PVC/TPU 及 PVC/EVA 等。其中部分交联 PVC/部分交联 NBR 共混而成的 TPVC，压缩永久变形最低，甚至可与 SEBS 相媲美。

TPVC 70%以上用于汽车领域，具体如汽车的方向盘及雨刷条等，15%用于电线，10%用于建筑防水。近年来又扩展到家电、园艺、工业及雨衣等领域，应用范围不断扩大。

TPVC 最早由日本三菱孟山都公司以 Sanprene 商品名上市，接着日本住友塑料、东亚合成化学、电气化学、三菱化成、钟渊化工及信越等 10 余家相继生产，目前产量达到 3 万吨。我国只有兰州石化公司生产 PVC/NBR 型 TPVC。TPVC 可以说是日本独自开发的，欧洲国家不但不开发，也不销售和应用。它们反而对 CPE 类弹性体感兴趣，并开发出许多品种。

TPVC 的价格低廉，具有良好的耐油性、耐候性、耐老化性、耐臭氧及耐化学品性，但弹性、压缩永久变形和高温形状保持性一般，有酸味溢出使其应用范围受到很大影响。

与软质 PVC 相比，TPVC 的优点如下：

① 永久压缩变形小；

② 反弹性大；

③ 弯曲疲劳强度高；

④ 耐磨性优；

⑤ 着色自由度高；

⑥ 可制成透明制品；

⑦ 耐臭氧性优；

⑧ 加工性优；

⑨ 制品具有光泽性。

TPVC 的主要用途：

① 汽车制品　头枕、扶手的外皮、握把、雨刷片、门窗边条及防尘套等。

② 电线、家电　电话卷线、麦克风线及垫片等。

③ 土木、建筑　止水板、垫片、防水布及间隔块等。

④ 胶管　真空管、保护管及排烟管等。

⑤ 其他　胶布及地垫等。

下面详细介绍 TPVC 的主导产品 PVC/NBR 弹性体。

1985 年日本的 Zoen 公司首先实现了 HPVC/NBR 动态交联型 TPV 的工业化生产，商品名为 Elastar，分为普通、耐热、耐油、非抽出 4 个品级 10 个牌号；1987 年日本 Nippon Zoen 公司随后也开发出离子交联型 NBR/PVC 弹性体。

PVC 与 NBR 的溶解度参数相近，能自动互溶。举一个 HPVC/NBR 的配方（份）实例如下：

配方	单位：质量份
原料	用量
NBR-40	70
HPVC（1700～2500）	30
DEHP[对苯二甲酸二(2-乙基己基)酯]	50
酚醛硫化体系（硫黄）	4（2.5）
轻质碳酸钙	15
促进剂	适量
抗氧剂	适量

HPVC/NBR生产的工艺流程如下；

HPVC、DEHP、稳定剂 $\xrightarrow[\text{混炼}]{150\sim170℃}$ NBR、配合剂 $\xrightarrow[\text{普通混合}]{1\sim2\text{min}}$ 硫黄 $\longrightarrow$ 促进剂 $\xrightarrow[\text{动态硫化}]{155℃,\ 7\text{min}}$ 下片 $\xrightarrow[\text{模压}]{170℃}$ 样片

HPVC/NBR的具体性能见表13-38。

表13-38　HPVC/NBR的具体性能

性能	硫黄硫化体系	酚醛硫化体系
邵氏硬度(A)	64	74
拉伸强度/MPa	16.15	12.83
100%定伸强度/MPa	2.46	4.55
断裂伸长率/%	600	350
断裂永久变形/%	7	3
撕裂强度/(kN/m)	52.7	38.7

HPVC/NBR型TPV可用于生产汽车雨刮器、波纹管、胶管、电线电缆、护套、弹性膜、垫片、缓冲件及密封件等。

（二）氯化聚乙烯（CPE）

氯化聚乙烯（CPE）是PE在悬浮液或四氯化碳溶剂中与氯气反应而成的弹性体，从广义上讲也属于TPVC类。CPE的结构中以结晶性PE为硬段，以氯化PE为软段。CPE的耐候性、耐臭氧性、耐油性、耐化学腐蚀性及阻燃性都很好，具体性能见表13-39。

表13-39　CPE的性能

性能	非结晶性				半结晶	结晶
	301A	401A	TR	406AE	303B	303C
外观	粉状	粉状	片状	片状	粉状	粉状
氯含量/%	30	40	28	40	30	30
相对密度	1.10	1.20	1.08	1.20	1.13	1.15

续表

性能	非结晶性				半结晶	结晶
	301A	401A	TR	406AE	303B	303C
邵氏硬度(D)	62	55	47	45	81	97
拉伸强度/MPa	9.8	7.8	2.9	2.9	11.8	14.7
断裂伸长率/%	750	800	700	1000	700	320
脆化温度/℃	<−70	<−70	<−70	<−60	<−55	—
熔体流动速率/(g/10min)	2.2	1.8	8.0	35	40	16

CPE 还可与 PP、PA 进行动态交联共混弹性体，CPE/PA 弹性体的配方及性能见表 13-40。

表 13-40　CPE/PA 弹性体的配方及性能

项目	配方及性能	1#	2#	3#	4#	5#	6#
配方	CPE	60	60	60	60	60	60
	PA	40	40	40	40	40	40
	MgO	—	—	—	—	6	6
	硬脂酸铅	—	—	—	—	1.2	1.2
	环氧稳定剂	—	—	—	—	3	3
	间苯基双马来酰亚胺	—	1.2	4.8	—	—	—
	三甲基丙烷	—	—	—	1.2	1.2	—
	三丙烯酸酯	—	—	—	—	—	—
	有机过氧化物	—	0.6	2.4	0.6	0.6	—
性能	成型温度/℃	210	180	180	210	210	250
	拉伸强度/MPa	14.7	21.8	19.5	17.2	17.9	13.8
	断裂伸长率/%	340	370	270	350	280	100
	邵氏硬度(D)	40	46	46	35	56	50

未交联 CPE 可与其他树脂混合，用于 PVC 的增韧改性、ABS 和 PE 的阻燃改性。交联 CPE 可用于电线电缆的外皮、电器配件和汽车用胶管等。

目前的生产商有美欧的 Disso、杜邦和日本昭和电工等。我国为继美国之后第二大生产国，年产量达 30 万吨，主要有潍坊亚星和杭州科利等，其中仅潍坊亚星一家年产量就达 20 万吨。

四、二烯类热塑性弹性体

（一）反式 1, 4-聚异戊二烯（TPI）

反式 1,4-聚异戊二烯（TPI）弹性体主要为天然橡胶的同分异构体，又称为热塑性反式天然橡胶。此类橡胶在古塔波和巴拉塔等野生树上发现已有 100 余年了。古塔波橡胶和巴拉塔橡胶均含有98%以上反式聚异戊二烯结构。硫化后古塔波橡胶已用于海底电缆，巴拉塔橡胶可用于高尔夫球外皮。但因呈热塑性状态，结晶性强、可供量少，应用未获得普及。

1963年加拿大的Polysar公司、1973年日本的Kurary公司先后以有机金属触酶合成了反式聚异戊二烯橡胶（1,4-加成）。TPI的微观结构同异戊二烯橡胶（IR）正好相反，反式结构占99%，以结晶型反式1,4-聚异戊二烯为硬链段，以非结晶型反式1,4-聚异戊二烯为软链段；分子量分布很广，平均分子量在45万左右，结晶度40%，熔点67℃，同热塑性天然橡胶（TNR）很相似。TPI的优点为力学性能好、耐刮伤性好，又可硫化成型，具体性能见表13-41；缺点为软化温度太低，只有40～70℃，用途受限制。硫化后的TPI在力学性能上提高不大，但在耐磨性、耐久性和耐油性等方面提高明显。

表13-41　TPI的性能

性能	数据	性能	数据
外观	白色颗粒	玻璃化转变温度/℃	－68
相对密度	0.96	拉伸强度/MPa	29
熔体流动速率/(g/10min)	0.70	断裂伸长率/%	450
结晶度/%	36	邵氏硬度(D)	50
熔点/℃	67	撕裂强度/(kg/cm)	88

TPI可取代天然橡胶用于整形外科器具、石膏代替物、运动保护材料、海底电缆、高尔夫球外皮及人体模型等；近年来备受瞩目的是利用其具有优异的结晶性和对温度的敏感性，成功地用于形状记忆材料，生产玩具零件、胶管、电线接头及医疗用品等制品。据报道，我国的青岛科技大学已开发出TPI。

（二）间规1,2-聚丁二烯（SPB）

聚丁二烯包括顺式1,4-聚丁二烯结构、反式1,4-聚丁二烯结构和1,2-聚丁二烯结构三种，1,2-聚丁二烯结构又含有间规、无规和等规三种立体结构。SPB含有90%的1,2-聚丁二烯，以结晶性间规聚合1,2-聚丁二烯为硬质段，以无规聚合1,2-聚丁二烯为软质段。

SPB于1974年由日本JSR公司成功开发，因聚合难度大，目前仍为唯一生产厂。SPB的耐热性和力学性能不如橡胶，但具有良好的透明性、撕裂强度、耐候性和电绝缘性，可在75～110℃的温度范围内任意加工。SPB的具体性能见表13-42。

表13-42　SPB的具体性能

性能	1号	2号	3号	4号	5号
相对密度	0.899	0.901	0.906	0.909	0.913
熔体流动速率/(g/10min)	3	3	3	3	3
软化温度/℃	36	39	52	68	96
熔点/℃	70	75	80	90	110
脆化温度/℃	－42	－40	－37	－35	－32
撕裂强度/(kN/m)	5	6	10	13	17
断裂伸长率/%	780	750	700	670	630

续表

性能	1号	2号	3号	4号	5号
压缩永久变形/%	69	79	91	95	98
悬臂梁冲击强度/(kJ/m^2)	未破坏	未破坏	未破坏	未破坏	未破坏
成型收缩率/%	2.3～3.3	0.7～0.9	0.3～0.5	0.3～0.6	0.4～0.6

SPB广泛用于制鞋、海绵及薄膜等方面，年用量达3万吨。SPB既可用非硫化法加工普通的拖鞋和便鞋，又可用硫化法加工成高档的运动鞋和旅游鞋。用SPB制造的EVA海绵不易塌陷变形，穿着舒适。用TPB生产的薄膜，具有良好的透氧气性、透二氧化碳气体、防水性和透明性，并可光降解，可用于蔬菜、水果、肉和海鲜的包装。TPB为非极性材料，对极性的药物无吸附性，因此可用于医疗液体输送器具。

TPI和TPB与其他类型TPE的不同点为可硫化成型。

五、热塑性氟弹性体（TPF）

热塑性氟弹性体（thermoplastic fluoroelastomer，TPF）为利用氟碳化合物乳液聚合而得的氟橡胶（A）与氟树脂（B）组合形成的B-A-B型嵌段聚合物，TPF保留了氟橡胶和氟树脂的耐热性、耐油性、耐化学品性和耐候性，是所有TPE中性能最高、价格最高的品种。

TPF于1987年由日本大金公司开发，主要有ETFE和PVDF两大类别。目前TPF的生产能力为2万吨/年左右，美国占1/3、日本1/6、荷兰1/6。我国的晨光化工研究院、上海氟塑料研究所等有很强的开发能力，2005年我国的生产能力已达3000吨以上。

TPF可用挤出、注塑及压制等方法加工，主要制造导管和薄膜等制品。

六、离子键型热塑性弹性体

离子键型弹性体是在烃主链上呈悬吊状导入羧酸基、磺酸基及磷酸基等，再用金属离子进行部分或完全的中和处理，形成离子键交联结构，体现出热塑性弹性体的性质。

离子键型弹性体的开发比较早，只是近年来才引起重视。目前已开发的品种有：杜邦的含钠或锌离子的乙烯-甲基丙烯酸共聚物离子聚合体和全氟磺酸盐离子聚合体，日本旭硝子的全氟羧酸盐离子聚合体。其他还有EPDM磺化离聚体，以硬脂酸锌中和；SBR与PP在硬脂酸锌的存在下，形成IPN（互穿聚合物网络）熔融共聚物。

离子键型弹性体具有较好的热封性、强韧性、挤压性、黏合性、透明性、耐油性和耐寒性等，用于包装薄膜、黏合薄膜、滑雪靴及高尔夫球等方面。

第十四章
耐腐蚀塑料

在所有塑料中，耐腐蚀性最好的品种为氟塑料，因此本章重点介绍氟塑料，并附带介绍耐腐蚀性次之的氯化聚醚。耐腐蚀较好的塑料聚苯硫醚耐热性更突出，因此放在第十一章耐热塑料的第二节介绍。

第一节 氟塑料

氟塑料是指脂肪烃大分子链侧链上的氢原子部分或全部被氟原子取代一类塑料的总称。

氟树脂品种繁多，性能优异，发展历史悠久，并已成为当今世界现代工业中许多关键技术不可或缺的材料。氟树脂是含氟原子的单体通过均聚或共聚反应而得，再加之特殊的结构，使得氟树脂在耐热性、耐酸性、耐碱性、耐化学性、耐候性、疏水疏油性、耐沾污性、黏性、生物体适应性、气体选择透过性、射线敏感性和低摩擦系数等方面有优良的表现。

按氟原子的数目和共聚组分不同，氟塑料可分为不同种类。其中，均聚物有聚四氟乙烯（PTFE 或 F4)、聚三氟氯乙烯（PCTFE 或 F3)、聚偏氟乙烯（PVDF 或 F2)、聚氟乙烯（PVF 或 F1)，共聚物有聚全氟乙丙烯（FEP 或 F46)、四氟乙烯-全氟烷基乙烯基醚共聚物（PFA)、四氟乙烯-乙烯共聚物（ETFE 或 F40)、三氟氯乙烯-乙烯共聚物（ECTFE 或 F30)、四氟乙烯-六氟乙烯-偏氟乙烯共聚物和四氟乙烯-六氟丙烯-三氟乙烯共聚物等。其中 PTFE 占 57%、PVDF 占 18%、FEP 占 15%、其他占 10%。

一、聚四氟乙烯（PTFE/F4）

1. 一般概况

聚四氟乙烯是由四氟乙烯单体在游离基引发剂存在下聚合而成的聚合物，英文名称 polytetrafluoroethylene，简称 PTFE 或 F4。PTFE 是目前氟塑料的主要品种，产量约占世界氟塑料总产量的 60%～70%。它具有优异的高低温性能和化学稳定性，很好的电绝缘性、非黏附性、耐候性、不燃烧和良好的润滑性。PTFE 是为国防和尖端技术需要而开发的，而后逐渐推广到民用。其用途涉及航空航天、石油化工、机械、电子、建筑、轻纺等工业部门，是解决现代科学技术军工和民用许多关键技术和提高生产技术水平不可或缺的材料。

PTFE 最早是由美国杜邦公司于 1948 年投入工业化生产，因其具有优异的耐腐蚀性、低摩擦系数、良好的自润滑性、耐热性和电绝缘性而获得广泛的应用。PTFE 是所有氟塑料中用量最大的一种，可用于机械工业的摩擦材料、化学工业的防腐材料、电器工业的绝缘材料以及防黏结材料、分离材料和医用高分子材料等。PTFE在国外有美国、日本、德国、法国和俄罗斯等国生产，具体生产厂家如下：

美国——美国杜邦公司、美国联合化学公司、美国联合纤维塑料公司、美国奥西玛塔公司、美国卡斯汤姆复合物公司、美国弗伯菲尔公司、美国帝国化学公司、美国液氮加工公司、美国罗哲斯公司、美国尔特普公司。

日本——日本大金工业公司、日本旭硝子公司、日本三井氟化学工业公司。

意大利——意大利奥西玛塔公司、意大利蒙特爱迪生公司、意大利蒙特弗朗斯公司。

其他——德国赫斯化学厂、德国赫斯特公司、法国阿托化学公司、法国尤金-库赫尔曼化学品公司、英国帝国化学工业公司。

2023年全球主要PTFE生产商的生产能力已达到315120吨/年，其中中国主要生产商的产能达到207020吨/年，约占全球产能的65.7%。如包含国外公司在中国国内的产能，则国内PTFE的生产能力达到了227320吨/年，约占全球产能的72.1%（表14-1）。

表14-1 2023年中国的主要PTFE生产商及其生产地点、产能

生产商	地点	产能/(吨/年)	
		小计	合计
东岳	山东淄博	65000	65000
中化	四川自贡	3000	41000
	山东聊城	11000	
巨化	浙江衢州	29320	29320
理文	江西九江	16700	16700
三爱富	江苏常熟	11800	11800
梅兰	江苏泰州	11500	11500
三农	福建三明	11500	11500
永和	富建邵武	10000	10600
	浙江金华	600	
中氟	江西赣州	5000	5000
华氟	山东济南	3600	3600
孚诺林	浙江绍兴	1000	1000
合计			207020

PTFE有三大品类即悬浮树脂、分散树脂和浓缩分散液，在实际应用中三个品类的消费量各国不尽相同，目前悬浮树脂占50%～60%，分散树脂占20%～35%，浓缩分散液占10%～20%。

悬浮法PTFE主要用于制造机械工业用的密封圈、垫片等，以及化工设备用的泵、阀、管配件和设备衬里等。另外还制造电绝缘零件、薄膜等。

分散PTFE主要用于制造耐腐蚀、耐高温、高介电电线电缆。在化工方面，主要用于制造丝扣密封生料带、管道衬里等。

PTFE浓缩分散液主要用作食品、纺织、印染、造纸等工业中的防粘涂层以及浸渍玻璃布、石棉等。

随着自动模压成型、液压成型、柱塞成型等自动化、连续化的加工技术革新的普遍应用以及 PTFE 应用的开发，新的品种牌号不断出现。

（1）悬浮 PTFE

悬浮 PTFE 一般分为以下三类：

① 微粉末　颗粒平均直径在 20～35μm，可供模压成型。

② 颗粒料　具有良好的粉末流动性，较大的表观密度。粗颗粒度料（粒径 300μm 左右），供自动模压成型、液压成型用，也可用作一般模压成型。

③ 预烧结料　可用柱塞法加工成较细、较薄的制品，如直径 5～50mm 的棒材、壁厚 3～25mm 的管材等。

另外悬浮 PTFE 还可加工成细度在 10μm 以下的超细粒度粉料。三井杜邦氟化学品公司的 DLX-6000，旭硝子公司的 L-168、L-169、L-170、L-171 就是这类产品。它们的主要用途是作为干粉润滑剂，用于禁油的精密仪器，以及做橡胶、塑料等的润滑添加剂，还可加在炸药、导火索、火箭推进燃料中提高燃烧效果。目前这类树脂随着性能的不断改良和完善，正日渐拓展其应用范围。

（2）分散 PTFE

① 高压缩比粉料　于压缩比大于 2500∶1 的条件下挤出成型，适于加工成直径在 2mm 以下，壁厚 0.2～0.5mm 的薄壁细管和电线绝缘护套。

② 中压缩比粉料　于压缩比大于 400∶1 条件下挤出，适于加工为直径 2～15mm、壁厚 0.5mm 以上的中型薄壁管。

③ 低压缩比粉料　于压缩比小于 300∶1 的条件下挤出，适于加工成较粗的管子以及直径 5mm 以上的粗棒材供制作密封生料带。

（3）PTFE 浓缩分散液

该类 PTFE 主要用于涂层，浸渍石棉、玻璃纤维及多孔材料。

2. 结构性能

（1）结构

PTFE 的侧基全部为氟原子，分子链的规整性和对称性极好，大分子为线型结构，几乎没有支链，容易形成有序排列，故极易结晶；一般制品的结晶度可达 57%～75%，最高可达 93%～97%。PTFE 大分子两侧全部为 C—F 键，它是很稳定的化学键，并把主链上的碳原子屏蔽保护起来，使分子链难以破坏，因而具有最好的耐腐蚀性和耐热性。PTFE 大分子的偶极距接近于零，基本不带极性，电绝缘性好。PTFE 大分子的表面自由能很低，因此具有高度的不黏附性和最低的摩擦系数。

（2）性能

① 一般性能　PTFE 外表为似蜡状白色粉末，无毒、无味、无臭，不燃烧、不黏结、不吸水，气体阻隔性好；PTFE 具有良好的生物相容性和抗血栓性，是理想的医学材料。

② 热学性能　PTFE 具有优良的耐热性和耐寒性，可长期在 −195～250℃ 范围内使用。其热导率为 0.25W/(m·K)，线膨胀系数比大多数塑料小，并随温度升高而增大。

③ 力学性能　PTFE 的突出力学性能为低摩擦性和自润滑性，其摩擦系数为塑料中最低者，对刚的动、静摩擦系数都为 0.04；但 PTFE 的耐磨损性不好，需加入二硫化钼、石墨等耐磨材料改性。除优良摩擦性外，PTFE 的其他力学性能一般，其拉伸强度、弯曲强

度、冲击强度、刚性、硬度、耐蠕变、耐疲劳等性能都较差。

④ 电学性能　PTFE 的电绝缘性十分好，体积电阻率可以达到 10^{19} 级别。介电性能优异，介电常数最小，介电损耗小且基本不受温度、湿度和频率的影响，可在潮湿条件下应用；PTFE 的耐电晕性不好，不能用作高压绝缘材料；PTFE 的耐电弧性好，最高可达 360s。PTFE 的击穿电压高。

⑤ 环境性能　PTFE 具有优异的化学稳定性，可耐各种强极性溶剂如浓酸、浓碱和强氧化剂，甚至可耐“王水”。目前只发现高温下熔融的碱金属如钠、氟元素、三氟氯乙烯以及高于 300℃氢氧化钠等少数物质在高温下才可对其有一定作用。PTFE 的耐候性优良，在室外 6 年，性能基本不变；但耐辐射不好，经 γ 射线照射后变脆。

PTFE 的具体性能指标见表 14-2。

表 14-2　PTFE 的具体性能指标

性能	PTFE	20%GF/PTFE	20%GE+5%石墨/PTFE	60%锡青铜/PTFE
相对密度	2.18	2.26	2.24	3.92
吸水率/%	0.1	0.1	0.1	0.1
氧指数/%	>95	—	—	—
断裂伸长率/%	233	207	193	101
拉伸强度/MPa	27.6	17.5	15.2	12.7
压缩强度/MPa	13	17	16	21
弯曲强度/MPa	21	21	32.5	28
缺口冲击强度/(kJ/m^2)	2.4～3.1	1.8	7.6	6.8
无缺口冲击强度/(kJ/m^2)		5.4	1.77	1.66
布氏硬度(HB)	456	546	554	796
最高使用温度/℃	288	—	—	—
最低脆化温度/℃	−150	—	—	—
线膨胀系数/($\times10^{-5}$℃$^{-1}$)	10.5	7.1	12	10.7
热导率/[W/(m·K)]	0.24	0.41	0.36	0.47
摩擦系数	0.04～0.13	0.2～0.4	0.18～0.20	0.18～0.20
磨痕宽度/mm	14.5	5.5～6.0	5.5～6	7.0～8.0
极限 PV 值(0.5m/s)	—	5.5	4.5	3
体积电阻率/(Ω·cm)	$>10^{17}$	—	—	—
介电强度/(kV/mm)	60～100	—	—	—
相对介电常数	1.8～2.2	—	—	—
介电损耗	2×10^{-4}	—	—	—
耐电弧/s	360	—	—	/

3. 改性品种

PTFE 的改性主要集中在如下几个方面：

① 改善加工性 用聚四氟乙烯与其他单体共聚，如四氟乙烯/六氟丙烯、四氟乙烯/乙烯、四氟乙烯/全氟丙基乙烯基醚等。

② 改善耐磨性 主要方法为填充耐磨材料，改善其刚性和耐磨性，常用的填充材料有：二硫化钼、二氧化硅、玻璃纤维、石墨及青铜粉等，可进行单独填充或复合填充。

③ 改善压缩恢复性 通过在PTFE中加入成孔剂可以制备具有微孔结构的膨化材料，例如加入氯化钾45%后，膨化聚四氟乙烯的压缩率为89.3%、恢复率为82.12%。

PTFE的改性品种如下。

（1）悬浮PTFE的改性

将少量的其他含氟单体加入TFE中共聚，既保留了PTFE原有的大部分物理、化学特性与耐热性，又在其他性能方面得到了改进。如压缩变形降低，压缩强度提高，冷流性能改善、粒子稳定性好，不需后处理就具有良好的流动性；焊接性能优良，相互间不需要焊接就可实现自黏结等。赫司特公司开发的Hosteflon TFM就是这样的改性品种，各大公司用于改性的共聚单体有六氟丙烯、全氟烷基乙烯基醚等等。

（2）分散PTFE的改性

PTFE分散树脂中加入少量共聚单体，可降低熔体黏度。这样可降低树脂在挤出加工时所需要的挤出压力，且烧结性好，提高了制品的强度，由此开发出一系列高压缩比品级的PTFE分散树脂。它们适于加工成软管、管子、电线护套或者加工成多孔体，用作防水透气的服装布料、生物医药材料等。

（3）填充PTFE改性

填充PTFE即在树脂中加入一定比例的填充剂，从而克服了PTFE的缺点，开拓了各方面新的用途。填充剂的品种和含量的选择决定了填充PTFE的各项物理性能。常用的填充剂大体可分为无机材料、金属材料和有机材料三类。现商品化的填充剂主要是玻璃纤维、二硫化钼、石墨、碳纤维、铜粉、聚酰亚胺、聚苯酯和聚苯硫醚。

近年来选用耐磨有机高分子聚酰亚胺、聚苯硫醚、聚醚酮、聚对羟基苯甲酸等作为填充剂制成的PTFE填充料，用量正在逐步增长。将其作为耐磨密封材料，减轻对铝等较金属较材料的磨损。

无机填料填充PTFE的工艺也有新的改进，如日本大金公司把半亲水性玻璃纤维粉末用偶联剂处理后再和PTFE树脂在含三氯甲烷水相中温和，过滤得到粒状粉，加工成模压制品，力学性能有较大改善。

4. 成型加工

（1）加工特性

PTFE大分子碳链两侧具有电负性极强的氟原子，氟原子间的斥力很大，使大分子链内旋转困难，分子链僵硬。这种特性使其熔点高达327℃，并且在温度达到熔点后，虽结晶熔化，但因黏度太高（$10^{10}\sim10^{11}$Pa·s），不能成为可流动的流体；即使温度达到分解温度（390℃）发生分解时，也不能流动；因此，PTFE不能用热塑性塑料的加工方法加工，只能用烧结成型、挤出成型、推压成型、机械加工和液压加工等特殊方法加工。

（2）烧结成型

烧结成型是PTFE的一种主要成型方法，主要适合于厚壁非连续制品的成型，如板、棒、套管及垫圈等。烧结成型一般可分成如下三个步骤：

① 制坯　选用悬浮法 PTFE 经 20 目过筛处理，加入模具中，缓慢升压至 30～50MPa。对直径大而高的型坯，升压速度为 5～10mm/min，保压 10～15min；对于一般的型坯，升压速度为 10～20mm/min，保压 3～5min。

② 烧结　将压制好的型坯放入热空气循环回转式烧结炉内，升温至 370～380℃。大型制品升温速度为 30～40℃/h，小型制品升温速度为 80～120℃/h。最后保持烧结温度至型坯完全形成胶状半透明体。

③ 冷却　冷却速度影响制品的结晶大小和性能高低。对于厚度大于 4mm 的制品，冷却速度为 15～24℃/h；对于厚度小于 4mm 的制品，冷却速度可更快一些。

(3) 挤出成型

挤出成型同烧结成型相似，也要经过制坯、烧结和冷却三个过程，只不过其制坯过程不用压机，而用柱塞式挤出机或螺杆式挤出机，可连续制坯，适于生产厚壁连续性制品如管材、板、棒材等连续制品。生产中值得注意的是，一是机头直径要小于料筒直径。二是烧结和冷却都在机头内进行，机头的温度要分成烧结温度和冷却温度。挤出机一般选用等距、等深、无压缩比的螺杆。

(4) 推压成型

也称为挤压成型，其实质为挤出和压延的结合，它适合连续薄壁制品如薄膜的成型，但未经烧结，因此又称为生料带。原料选用分散聚合的 PTFE，为减少推压阻力，加入 17～20 份助挤剂如石蜡油或二氯乙烯。具体挤压工艺过程为：（树脂＋助挤剂）混合→预压制坯（压力为 0.7～1.5MPa，压缩比为 50～150）→型坯预热（200℃）→挤压成型（压力 5～10MPa，速度 1～2m/min）→细棒或厚带（直径 5～10mm）→压延（在双辊压延机上进行，分一步法和多步法，细棒预热到 40～60℃，压延辊温度 50～80℃，压延速度 3～10m/min）→萃取处理（除去助挤剂，萃取温度 150～200℃）→制品。

(5) 机械加工

用已烧结成型的棒材，在精密机床上切削即可，可生产 PTFE 熟制品薄膜，厚度可达 0.04mm 左右。具体成型工艺为：烧结棒→切削（刀尖角 40°～50°，速度 90～225m/min 液体氟化物喷淋冷却）→厚膜片→一步或多步压延（压延温度：膜厚为 0.005mm 时，100℃±5℃；膜厚为 0.03mm 时，130℃±10℃）→制品。

(6) 液压加工

又称为橡皮袋法，适于大型和形状复杂不宜用压制法生产的制品。具体方法为将松散的 PTFE 粉末均匀地放于橡皮袋和模壁之间，在橡皮袋中施加液压 12～13MPa，经 20～30min 保压得到型坯烧结即可。

5. 应用范围

由于 PTFE 具有优异的耐腐蚀性、耐高温性能、低摩擦系数、良好的电绝缘性、不黏附性和生理相容性，广泛用于密封材料、滑动材料、防腐材料、绝缘材料及医用材料等。

① 耐腐蚀方面　用纯 PTFE 树脂制造各种化工容器和零件，具体有管材、储罐、反应釜、设备衬里、阀门、泵体、接头、过滤材料、分离材料等一切与有腐蚀性介质接触的制品。

② 耐磨方面　用 PTFE 进行填充耐磨改性处理，可用于耐磨性材料。具体制品有：动静密封环、活塞环、垫圈、阀瓣、阀座、轴承、轴瓦、滑块及导轨等。

③ 绝缘材料　用纯 PTFE 树脂制造耐高温、高频电绝缘和耐电弧制品，具体有：高频

绝缘、高频电缆、耐潮湿电缆、电容器线圈、电机槽的绝缘及集成电路板等。

④ 医用材料　用纯 PTFE 树脂制造人造血管、人工心脏、人工食管、人工腹膜、人工心肺装置、各种插管及导液管等。

⑤ 不粘材料　主要用于涂层制品如各种不粘锅、食品加工机器、机器的防粘辊筒等。

二、聚偏氟乙烯（FVDF/F2）

1. 一般概况

聚偏氟乙烯是由偏氟乙烯单体均聚或与其他少量含氟乙烯基单体共聚合而成的含氟功能型聚合物，其分子式为 $[CH_2—CF_2]_n$，英文名称为 poly（vinylidene fluoride），简称 PVDF 或 F2，属于热塑性氟塑料品种，是一种高度非反应性热塑性含氟聚合物。PVDF 兼具氟树脂和通用树脂的特性，除具有良好的耐化学腐蚀性、耐高温性、抗氧化性、耐候性、耐射线辐射性能外，还具有压电性、介电性、热电性等特殊性能，可与 PTFE 竞争，目前已成为氟塑料中仅次于聚四氟乙烯的第二大品种。

PVDF 可通过 1,1-二氟乙烯的聚合反应合成，方程式为

$$nCH_2=CF_2 \longrightarrow [CH_2CF_2]_n$$

工业化生产中主要以乳液聚合法和悬浮聚合法为主。我国 PVDF 树脂生产主要以乳液聚合工艺为主，近几年开始使用悬浮聚合工艺，未来 PVDF 产能扩建时悬浮聚合工艺将成为首选。

1961 年美国 Pennwalt 公司以商品名 Kynar 最先推出 PVDF 树脂，共有 4 个系列 18 个品种，随后法国、日本、比利时、俄罗斯、德国都有自己的产品面世。

2024 年中国 PVDF 主要企业见表 14-3。

表 14-3　2024 年中国 PVDF 主要企业

企业		产能/（万吨/年）
山东东岳集团		2.5
山东德宜新材料有限公司		1.5
山东联创产业发展集团股份有限公司		0.8
上海华谊三爱富新材料有限公司（内蒙古三爱富万豪氟化工有限公司）		0.7
阿科玛 Arkema（常然）氟化工有限公司（Kynar 系列）		2.2
苏威 Solvay 特种聚合物（常熟）有限公司		0.8
吴羽（常熟）预材科有限公司		0.5
索尔维		1
中化蓝天集团有限公司		1.45
浙江巨化股份有限公司		1
浙江孚诺林化工新材料有限公司		3
浙江永和制冷有限公司	邵武永和金塘新材料有限公司	0.6
浙江永和制冷有限公司	内蒙古永和氟化工有限公司	0.2

续表

企业	产能/（万吨/年）
多氟多新材料股份有限公司（含天霖）	1
宁夏氟峰新材料科技有限公司	1
乳源东阳光氟树脂有限公司	2.5

锂电池领域为PVDF需求增速最快的领域。PVDF在锂电池中用途较广，在黏结剂、分散剂、电解质、隔膜涂层、隔膜、电解质中均有应用，其中最重要的是用作正极黏结剂和隔膜涂覆材料。根据对2025年锂电池装机量的预估，对应锂电池用黏结剂需求约为7万吨。全球PVDF主要传统厂商有阿科玛、索尔维、三爱富新材料和东岳集团等，全球前四大厂商共占有大约65%的市场份额。目前中国是全球最大的PVDF市场，占有大约40%的市场份额，之后是欧洲和北美市场，二者共占有接近40%的份额。

仅就技术角度看，PVDF的合成技术难度不低，因此尽管锂电池和光伏产业十分火热，但在短期内想要大幅拉动PVDF的产能也很难，这也将继续导致PVDF价格居高不下。不仅如此，PVDF的原料供应本身也相对受限，如不可再生的战略性资源萤石，后续国家相关部门也已经出台政策控制萤石资源的滥采，提出“要像保护稀土资源一样保护萤石资源”。

2. 结构性能

（1）结构

PVDF是以—CH_2—CF_2—为结构单元的链状结晶型聚合物。偏二氟乙烯单体的结构不对称，导致PVDF的结构也不对称。在聚合过程中，结构单元的排列还存在着头-尾（—CH_2—CF_2—CH_2—CF_2—）、头—头（—CF_2—CH_2—CH_2—CF_2—）、尾—尾（—CH_2—CF_2—CF_2—CH_2—）结构。

PVDF化学结构中以氟—碳化合键结合，这种具有短键性质的结构与氢离子形成最稳定最牢固的结合。因而氟碳涂料具有特异的物理化学性能，不但有很强的耐磨性和抗冲击性能，而且在极端严酷与恶劣的环境中有很高的抗褪色性与抗紫外线性能。

PVDF的分子量为40万～60万，结晶度为60%～80%，氟含量为59%。

PVDF在氟塑料中具有韧性最强、摩擦系数低、耐腐蚀性、耐老化性、耐气候、耐辐照性能好等特点。

（2）性能

① 一般性能　PVDF是一种白色粉末状结晶性聚合物，相对密度为1.75～1.78，折射率数为1.42，吸水率小于0.04%。

② 压电性和热电性　PVDF具有突出的压电性能和热电性能，是具备此性能的极少数塑料之一，也是目前最常用的压电和热电塑料品种。

PVDF属半晶态的极性聚合物，有α、β、γ和λ 4种晶型。α晶型存在于熔融态中，分子链呈螺旋形无规则排列，分子总偶极矩为零，不显示压电性；β晶型存在于拉伸的PVDF中，分子链呈规则排列，自发极化大，取向后相对介电常数可从6～8提高到11～14，具有较高的压电性。

PVDF压电塑料膜的制造方法为：将流延烘干的PVDF膜单向拉伸，在膜的两侧加上正负电极，在500～800kV/cm的极化电压下处理1h，这样交替排列的氟氢原子分别旋转到聚合物主链的两侧，成为 PVDF 压电膜。其压电性能为：压电应变常数 $d_{31}>40.1$ $(10^{-12}C/N)$，压电电压常数 $g_{31}>174\times10^{-3}V\cdot m/N$，耦合系数 $k_{31}>10.2\%$。其热电系数为 $4\times10^{-9}C/(cm^2\cdot C)$。

③ 耐辐射性　PVDF 具有较高的耐辐射性，在 3×10^8rad γ 射线辐射下，性能不下降；而 PTFE 在 8×10^6rad γ 射线辐射下，就已发脆。

④ 耐腐蚀性　PVDF 的耐腐蚀性仅次于 PTFE，可耐大多数无机盐酸、盐类、氧化剂、脂肪酸、弱碱、卤素、芳烃和氯代溶剂，但在极性大的有机溶剂如酮、醚、胺和发烟硫酸、强碱中可溶胀至溶解。常温下可溶解在二甲基甲酰胺、二甲基乙酰胺等少数极性溶剂中，在较高温度下可溶解在某些酸类和酯类化合物中。

⑤ 耐热性　PVDF 的玻璃化转变温度为−35℃，脆化温度为−60℃，结晶熔点为 140～180℃，热分解温度为 350℃，可在−40～150℃温度范围内连续使用。

PVDF 的线膨胀系数为 $4.2\times10^{-5}℃^{-1}$，热导率为 3.49W/(m·K)，具有优异的自熄性。

⑥ 电性能　由于 PVDF 的极性大，其相对介电常数和介电损耗都比较大。相对介电常数在 60Hz 时为 8.5，在 10^3Hz 时为 7.7，在 10^6Hz 时为 6.4；介电损耗为 0.04～0.2，介电强度为 510kV/mm，耐电弧为 50～70s。

⑦ 耐候性　PVDF 具有优异的抗紫外线和气候老化性，其薄膜在室外 10～20 年也不变脆和龟裂。

⑧ 力学性能　PVDF 的力学性能是氟塑料中最优越的，在一定的温度和压力下仍能保持良好的强度。PVDF 的韧性好，耐磨性高，拉伸强度为 50MPa，硬度（D）为 70～80，抗蠕变性优良。

PVDF 的具体性能见表 14-4。

表 14-4　PVDF 的具体性能

项目		指标	项目		指标
相对密度		1.75～1.78	弯曲强度/MPa		48～62
分解温度/℃		350	弯曲模量/GPa		1.4～1.8
热变形温度/℃	1.82MPa	90	压缩强度/MPa		69～103
	0.45MPa	150	冲击强度/(J/m)		211
熔点/℃		140～180	体积电阻率/(Ω·cm)		2×10^4
玻璃化转变温度/℃		−35	介电强度/(kV/mm)		5～10
脆化温度/℃		−60	相对介电常数	1000Hz	7.7
结晶度/%		35～80		60Hz	8.5
吸水率/%		0.04	耐电弧/s		50～70
最高使用温度/℃		150～165	阻燃性		自熄
邵氏硬度(D)		70～80	线膨胀系数/K^{-1}		4.2×10^{-5}
拉伸强度/MPa		36～60	热导率/[W/(m·k)]		3.49
断裂伸长率/%		50～100	成型收缩率/%		3

3. 成型加工

（1）加工特性

PVDF熔体具有非牛顿流体的特性，熔体黏度高，导热性差。

PVDF的熔点与分解温度相差较多，熔点为170℃，分解温度为316℃，两者相差100℃以上，因此加工温度范围宽，加工热稳定性好，可在240～260℃温度范围内加工，但应避免长期高温分解炭化。其导热性差，在具体选择设备时，要考虑其导热性差、黏度较高且对剪切应力敏感的特点。

PVDF加工时无须加入润滑剂和稳定剂，如为了提高耐磨性，可加入二硫化钼、石墨和玻璃纤维等。

PVDF不吸湿，加工前不用干燥处理。

PVDF因结晶导致成型收缩率较大，一般为3%左右，设计模具和制定工艺条件时应注意。

PVDF通常可用常规的模压、挤出、注塑、浇铸等成型方法加工，其产品可进行锯、刨、钻、磨和车削等机械加工，也可进行熔接和表面金属化处理。

（2）加工方法

PVDF和普通热塑性树脂一样，可用一般热塑性塑料加工方法加工，如挤出、注塑、模塑、传递模塑、浇铸等，PVDF的具体加工方法如下。

① 挤出成型　高分子量级的PVDF的熔融强度较好，可以用挤塑的方法成型加工成薄膜、片材、管、棒和电源绝缘套等产品，根据所使用的设备和加工的制品形状，温度控制在210～290℃之间，成型温度控制在180～240℃之间，必须严格控制温度不能使温度长期超过其熔融温度。挤出成型设备可选用一般螺杆挤塑机。

选用树脂应具有较好的熔融流动性和较好的稳定性，设备用等距不等深的长径比为$L/D=20\sim25$螺杆，压缩比为2.5～3，具体可用PE的加工设备。挤出工艺条件：料筒温度200～260℃，口模温度220～275℃。

用ϕ25mm挤出机加工ϕ16.3mm的PVDF棒时，挤出条件如下：

过滤网：40目、60目、100目；

口模直径：100mm；

螺杆转速：4r/min；

料筒温度：200℃；

口模温度：220～275℃；

挤出速度：32mm/min。

② 注射成型　原材料：选用低分子量级的PVDF，熔体流动速率高，可以用喷射注塑的加工方法进行加工，原料不需要干燥处理。

设备：PVDF的注射成型可用通用注塑机，长径比为23，压缩比为2～3，喷嘴为自由流动的短喷嘴，与PVDF接触部位要进行防腐蚀处理，具体为螺杆、料筒和喷嘴要用耐腐蚀的镍合金钢，口模为钢镀铬。

模具：在模具设计方面，分流道的形状最好为圆形，可将热损伤和压力降低至最小。在分流道的末端应设立冷料井。

工艺：在确定工艺条件时，模温宜高不宜低，模温高有利于充满模具，产品外观好，制品的内应力低。

注塑的常用工艺条件为：

注射压力 8～12MPa；

保压压力 8～12MPa；

保压时间 20s；

冷却时间 60s；

料筒温度在 220～290℃的范围内，其中后段 220℃、中段 250℃、前段 260℃；

喷嘴温度 180～260℃；

模具温度 60～90℃；

螺杆转速 150r/min；

成型周期 40～100s。

③ 模塑成型　先将 PVDF 在烘箱中预热，预热温度为 215～235℃。加到温度为 180～195℃的模具中，用 14MPa 的压力施压和保压，保压时间视熔融和流动所需时间而定。厚壁制品应冷却到 90℃后脱模，以避免制品产生真空气泡或发生变形。为提高制品的尺寸稳定性和降低制品的内应力，应将制品在 135～150℃的烘箱中进行退火处理。

④ 传递模塑成型　一般先采用挤出机塑化，然后将物料输送到储料缸中，通过柱塞泵将储料缸中的物料注入模具里，并保压冷却。不管是模塑成型还是传递成型，主要用来生产体积较大、壁厚较厚的产品。

⑤ 浇铸成型　以二甲基乙酰胺为溶剂，将固体的 PVDF 配制成固体含量为 20%的溶液，将其浇在铝箔上，经过 200～300℃ 的热熔化后，快速水冷却处理，即可得到浇铸 PVDF 薄膜。

⑥ 喷涂处理　选用 PVDF 的分散液，将待喷涂制品加热到 250℃左右，用喷枪喷匀，储罐压力为 0.01MPa，喷枪空气压力为 0.1MPa，喷涂速度 100g/min。将喷涂后的制品在 120℃下加热 30min，再于 240～250℃下加热 20min，得到厚度为 20～40μm 的光滑 PVDF 涂层。

⑦ 极化处理　将拉伸 PVDF 薄膜的双面用真空镀膜法蒸镀上 1 层金属膜，可作为电极。常用的金属镀膜厚度为 0.1μm，需要在强直流电场下进行极化处理，极化温度为 80～100℃，极化场强度为 500kV/cm，极化时间为 30～60min，即可得到具有优良压电性能的 PVDF 薄膜。

⑧ 其他加工　还可采用浸渍、共挤出、复合等加工工艺。

4. 应用范围

PVDF 作为防腐、绝缘和耐候性材料的应用十分广泛，主要用于化工设备、电子电器和建筑涂料等方面。此外，由于 PVDF 具有独特的压电性和热电性能，还可用于一些特殊的功能性领域。

(1) 薄膜

主要集中在转移膜、锂电池隔膜、压电薄膜、太阳能背板膜、多孔膜、水处理膜和建筑装饰膜等。

转移膜：PVDF 膜可以结合蛋白质，而且可以分离小片段的蛋白质，最初是将它用于蛋白质的序列测定，因为硝酸纤维素膜在 Edman 试剂中会降解，所以就寻找了 PVDF 作为替代品，虽然 PVDF 膜结合蛋白的效率没有硝酸纤维素膜高，但由于它的稳定、耐腐蚀使它成为蛋白测序理想的用品，一直沿用至今。PVDF 膜与硝酸纤维素膜一样，可以进行各种染色和化学发光检测，也有很广的适用范围。这种 PVDF 膜，灵敏度、分辨率和蛋白亲和力在精细工艺下比常规的膜都要高，非常适合于低分子量蛋白的检测。

但是使用 PVDF 膜前，一定要先用无水甲醇预处理，再在转移缓冲液中平衡好才可以使用（PVDF 膜用甲醇泡的目的是转移缓冲液活化 PVDF 膜上面的正电基团，使它更容易跟带负电的蛋白质结合）。经过预处理的 PVDF 膜在转膜时，可以使用不含甲醇的转移缓冲液。而使用 NC 膜时，有的需要用无水甲醇处理，有的则不必，直接用转移缓冲液平衡好就可以了。

锂电池隔膜：锂电池被认为是未来最有潜力的大型电源和储能装置，电池隔膜是一个关键部件，放在正负极之间，以防止电短路，同时允许带电离子的快速传输。锂离子电池对隔膜的要求包括良好的化学和热稳定性、低厚度、适当的孔隙率和孔径以及良好的机械强度。PVDF 膜是一种可做锂离子电池隔膜的材料。按照所用材料，电池隔膜分为聚烯烃改性隔膜和新材料体系隔膜。其中新材料体系主要有含氟聚合物类隔膜、纤维素类隔膜、聚酰亚胺类隔膜、聚酯类隔膜及其他聚合物陶瓷复合隔膜等。含氟聚合物隔膜主要是指 PVDF 隔膜材料。从材料角度可以将其分为单一聚合物、多元聚合物和有机无机复合物三类。最常用的单一聚合物包括 PVDF、P(VDF-HFP)（聚偏氟乙烯-六氟丙烯）和 P(VDF-TrFE)（聚偏氟乙烯-三氟乙烯）。相比于聚烯烃类隔膜材料，含氟聚合物材料隔膜具有更强的极性和更高的介电常数，大大地提升了隔膜的亲液性，并有助于锂盐的离子化。此外，这类材料的成型方法多样，如浇铸法、电纺法、热压法等，有利于调控孔隙率。

PVDF 可以用于如 PE 和 PP 隔膜涂覆，提高隔膜的安全性能。PVDF 主要作为黏结剂、隔膜和隔膜涂层应用于锂离子电池行业。锂离子电池的组成结构包括正极、负极、电解质、隔膜、外壳等五大部分。

（2）涂料

PVDF 是氟碳涂料最主要原料之一，以其为原料制备的氟碳涂料已经发展到第六代，由于 PVDF 树脂具有超强的耐候性，可在户外长期使用，无需保养，该类涂料被广泛应用于发电站、机场、高速公路、高层建筑等。

作为涂料，PVSF 需要溶剂才能溶解成溶液，可以用的溶剂有 THF、DMF、NMP、DMAc、TEP、DMSO 和 DMF/丙酮等，单独用丙酮不行。

（3）黏结剂

PVDF 用于制备锂离子电池的黏结剂具备以下特点：聚偏氟乙烯为半结晶性聚合物，结晶度比较高，结晶熔融温度高，因此在电池的一般使用温度下，PVDF 的结晶性使存在电解液体的分子很难流通，充放电负荷增大；在制备电池时的干燥速度等不合适时，PVDF 的收缩率与集电体的收缩率差异比较大，含活性物质的涂膜会从集电体上脱离；在使用过程中，随着时间的迁移，又由于电极的内部应力使电极合剂层从集电体上部分或全部剥离情况，导致负荷特性变差，引起容量劣化。PVDF 均聚物存在上述的问题，通过深入研究试验，推出了 PVDF 共聚物，通过在聚合过程中引入少量极性单体与 VDF 共聚制备。引入极性基团的 PVDF 共聚物可以极大提高黏结剂黏结性能，防止电极脱落，显著降低黏结剂含量，赋予电池更高的能量密度、更小的内阻，带来更高的能量密度、更好的功率性能和更长的循环时间。

电极黏结剂材料的选择是生产高性能锂离子电池的关键。目前主要的锂离子电池黏结剂有 PVDF、PVA、SBR 等。PVDF 是最常见的正极黏结剂，突出的特点是抗氧化还原能力强，热稳定性好，易于分散，但缺点是需要使用 *N*-甲基吡咯烷酮（NMP）作溶剂，价格贵且有一定的环境污染。常规的 PVDF，主要作用机理是范德华力，就是分子间作用力起黏结作用，有些改性的 PVDF，其作用机理有两部分：一部分是高分子量所带来的范德华力，另一部分是由改性所导致的和箔材之间的化学键作用。

（4）管材

PVDF 是一种高强度、耐腐蚀的物质，通常是用来制造水管的。

（5）电线电缆

用于防腐蚀领域，具体如计算机用线、军用和宇航装置的接线、热收缩套管和连接器、阴极保护电缆、发电厂的控制电缆、高层建筑电缆（可不用金属管）。

（6）抗腐蚀零件

PVDF 具有良好的耐化学品性、加工性及抗疲劳和耐蠕变性，是石油化工设备流体处理系统整体或者衬里的泵、阀门、管道、管路配件、储槽和热交换器的最佳材料之一。用 PVDF 制作的设备能满足 TOCS 以及阻燃要求，被广泛应用于半导体工业上高纯化学品的贮存和输送。

防腐材料的具体应用：

衬里板材：PVDF 板可用于输送腐蚀性介质的罐车衬里和其他容器的衬里，一次和二次加工方便。

管道和配件：PVDF 管道及配件有三通、弯头、大小头等配件，应用于防腐蚀液体的输送管道。

泵：具体有离心泵、柱塞泵、隔膜泵、回转泵、齿轮泵、油池泵、计量泵和电磁泵等。

阀门：具体有球阀、闸门阀、止回球阀、针阀、止回阀、塞阀和隔膜阀等。

（7）压电材料

这类材料及其材质具有柔韧、低密度、低阻抗和高压电电压常数等优点，为世人瞩目，且发展十分迅速，在水声超声测量、压力传感、引燃引爆等方面获得应用。不足之处是压电应变常数偏低，使之作为有源发射换能器受到很大的限制。

PVDF 在水听器、医疗诊断和机器人用柔性传感器方面得到重要应用。

在传感材料方面，用于制造机器人的触觉传感器等。

在检测材料方面，将其涂在飞机表面，可检测裂缝的位置。

在发电材料方面，可用其将海波的机械能转变成电能。

在记录材料方面，压电膜用于麦克风设备，可产生连续而清晰的电信号，并可将信号记录在磁带上，通过放大器传送出去。

（8）滤布材料

PVDF 可做成针织布、无纺布和机织布，用于过滤用布，具有优异的过滤效果和极高的耐腐蚀性，可用于腐蚀性液体的过滤，具体如造纸漂白液的过滤，寿命长达 10 年，而原有的不锈钢丝滤布寿命仅 2 年。PVDF 单丝还可用于喷雾器中。

三、聚三氟氯乙烯（PCTFE/F3）

1. 一般概况

聚三氟氯乙烯是三氟氯乙烯单体通过不同方式聚合而成的聚合物。英文名称为 polychlorotrifluoroethylene，简称 PCTFE 或 F3。PCTFE 为最早开发的氟塑料品种，最早于 1946 年实现工业化生产。PCTFE 的耐化学腐蚀性和耐热性等性能不如 PTFE，但可用热塑性塑料的加工方法加工；对于一些耐腐蚀性要求不高，PTFE 又不能成型加工的制品，可选用 PCTFE。因此，PCTFE 成为第三大氟塑料材料。PCTFE 在国外有美国、日本、德国、英国、俄罗斯及法国等多家公司生产，具体厂家有美国联合化学公司、美国奥西玛塔公司、美国帝国化学公司、美国 3M 公司、日本大金公司、法国尤金-库赫尔曼公司、英国帝国化学公司、俄罗斯联合化学进出口公司。我国目前能够生产 PCTFE 的企业主要有山东青岛宏丰氟硅科技有限公司。

2. 结构性能

（1）结构

与 PTFE 相比，PCTFE 大分子中由一个氯原子取代一个氟原子，破坏了大分子的对称性，降低了其规整性，使其结晶度较 PTFE 低，但仍可达到 85%～90%。由于 C—Cl 键不如 C—F 稳定，其耐热性不如 PTFE 高。氟、氯原子的体积都比较大，可以把主链屏蔽起来，赋予其良好的耐腐蚀性能，但不如 PTFE 高。由于氯原子的引入，分子间作用力增大，使 PCTFE 的硬度和强度都好于 PTFE。

（2）环境性能

PCTFE 的耐化学腐蚀性仅次于 PTFE，高氟含量使 PCTFE 能耐几乎所有的化学物质和氧化剂，可在酸、碱或者氧化剂中长时间浸渍而不发生任何变化。仅在高温下可溶于某些高度卤化的溶剂如四氯化碳、苯、甲苯、对二甲苯、环己烷、环己酮及 2,5-二氯三氟苯等，在高温下熔融的碱金属、元素氟、氨、氯气、氢氟酸、浓硫酸及浓硝酸可将其腐蚀，在高温条件下与苯及苯的同系物、多卤化物接触时产生溶胀。常温下可耐大多数有机溶剂，但乙醚、乙酸乙酯等能使其溶胀。PCTFE 的耐候性好，耐辐射性是氟塑料中最好的，可允许 3×10^5 Gy 以下的辐照。

（3）热学性能

PCTFE 的热熔融温度为 211～216℃，玻璃化转变温度为 71～99℃。分解温度为 260℃，在 250℃高温条件下，仍能保持良好的热稳定性能。但从 130℃起开始出现结晶，在 160～200℃温度范围内结晶速度最快，随着结晶度的增加，脆性逐渐增大。因此其长期使用温度应保持在 130℃以下；若使用温度超过 200℃，将会逐渐地分解而遭损坏。耐寒性好，可在－195℃温度下工作，在液氮、液氧和液化天然气中不发生脆裂、不蠕变，在一定条件下能在接近绝对零度（－273℃）下使用。PCTFE 的线膨胀系数低，仅为 $(4.5\sim7.0)\times10^{-5}$/K。

（4）力学性能

PCTFE 的力学性能好于 PTFE，如拉伸强度和压缩强度都高于 PTFE。PCTFE 的力学性能受其结晶大小影响较大，随结晶度增大，硬度、拉伸强度及弯曲强度等都提高，而冲击强度和断裂伸长率下降。

（5）电学性能

PCTFE 具有不吸湿、不炭化及不助燃等性能，因此电绝缘性优良，其体积电阻率和介电强度都很高。但由于氯原子破坏了对称性，使相对介电常数和介电损耗增大，但是相对介电常数与介电损耗因子在很宽的频率范围内都比较小，绝缘电阻与介电击穿电压等电气性能优良，并且几乎不受温度或湿度的影响，是一种远比传统材料更能承受苛刻条件的高频绝缘材料。

(6) 透气性能

PCTFE是塑料材料中透气性较低的品种之一，对许多气体和液体都具有不渗透性能。如对水的透过系数为0.16g·mm/(m^2·d·MPa)，比PVDC还要低，在所有塑料中水蒸气渗透率是最低的阻水材料。可用于生产阻气膜，用于盐水和工业气体的包装材料；也可生产高真空系统的密封材料。

(7) 光学性能

随结晶度的降低，PCTFE的透明性增大，如低结晶的3mm厚度的PCTFE片材仍可透明；PCTFE的折光指数随结晶度不同在1.429～1.435范围内变化。4～7μm厚度的PCTFE膜对红外线的透过率为90%，可用于导弹的红外窗上。

(8) 耐候性

PCTFE还有良好的耐候性，它暴露在户外阳光下一年对性能仍无任何影响。

PCTFE的具体性能见表14-5。

表14-5 PCTFE和FEP的性能

性能		中结晶度PCTFE	低结晶度PCTFE	FEP
相对密度		2.13	2.11	2.14～2.17
吸水率/%		<0.01	<0.01	<0.01
氧指数/%		>95	>95	>95
硬度(洛氏)		R115	R110	R45
拉伸强度/MPa		35～40	30～35	14.7
断裂伸长率/%		125	190	160
弯曲强度/MPa		70	55	—
压缩强度/MPa		14	12	11.2
剪切强度/MPa		38	42	—
缺口冲击强度/(kJ/m^2)		17	37	不断
热变形温度(负荷0.46MPa)/℃		130	130	70
低温脆化温度/℃		−150	−150	−115
线膨胀系数/($10^{-5}K^{-1}$)		4.5～7	4.5～7	8～11
最高使用温度/℃		198	198	204.4
体积电阻率/(Ω·cm)		10^{18}	10^{18}	2×10^{18}
介电强度/(kV/mm)		13～15	13～15	20～24
相对介电常数	60Hz	2.24～2.8	2.24～2.8	2.1
	10^3Hz	2.3～2.7	2.3～2.7	2.1
	10^6Hz	2.5～2.7	2.5～2.7	2.1
介电损耗	60Hz	0.0012	0.0012	0.0002
	10^3Hz	0.023～0.027	0.023～0.027	0.0003
	10^6Hz	0.009～0.017	0.009～0.017	0.0005
耐电弧/s		360	360	—

3. 成型加工

(1) 加工特性

PCTFE 与 PTFE 不同，受热可熔融流动，可用热塑性塑料的加工方法加工，如注射、挤出、压制及涂覆等。PCTFE 属于非牛顿流体，随剪切速率增大，其表观黏度下降。PCTFE 的黏度高，230 时可达 0.5～5MPa·s，必须在高温下才会有足够的流动性；其加工温度为 250～300℃，分解温度为 315℃，两者接近，成型温度范围窄，加工中必须严格控制温度，以防止分解。PCTFE 的热导率小，传热慢，加工中升温和冷却速度不要太快。PCTFE 在成型加工中，加工条件对结晶度影响较大，成型收缩为 1%～2.5%。PCTFE 因黏度大，制品易产生内应力，加入少量偏氟乙烯/三氟氯乙烯共聚物可改善。加入氟油，可增加制品的柔软性能。PCTFE 的加工腐蚀性强，加工设备接触熔体部分要进行镀硬铬处理

(2) 注射成型

选用通用注塑机，具体成型工艺条件如下：

料筒温度：后 210℃、中 285～290℃、前 275～280℃；

喷嘴温度：265～270℃；

模具温度：110～130℃；

注射压力：80～130MPa；

注射时间：20～60s；

冷却时间：20～60s。

(3) 挤出成型

具体成型工艺条件如下：

料筒温度：后 220～250℃、中 240～260℃、前 270～280℃；

机头温度：280～310℃；

螺杆转速：30r/min；

冷却：薄壁制品为急冷，厚壁制品为缓冷。

(4) 压制成型

具体成型工艺条件如下：

压制速度：50mm/min；

加热温度：276℃；

压制压力：4～10MPa。

(5) 涂覆成型

将 PCTFE 粉末与悬浮剂乙醇、填料石墨或氧化铬（2%～3%）一起配成浓度为 30%～40%的悬浮液。用喷涂、浸涂及刷涂等方法成型，成型后自然或在 70℃的恒温箱中干燥去掉乙醇，于 300℃恒温箱中熔融塑化，最后浸入或喷淋冷水冷却即可。

4. 应用范围

① 利用耐腐蚀性，制造耐腐蚀性要求不高、制品形状复杂、用 PTFE 难以成型的耐腐蚀制品，如耐腐蚀高压密封件、高压阀的阀瓣、泵和管道的零件、衬里、隔膜及视镜等。

② 利用光学性，制造光学视窗如导弹的红外窗。

③ 利用阻气性，制作高真空的密封材料。

④ 利用涂覆性，制造各种化工设备的涂层。

四、聚全氟乙丙烯（FEP/F46）

1. 一般概况

聚全氟乙丙烯为四氟乙烯单体和六氟丙烯单体在一定条件下共聚的产物，又称为四氟乙烯/六氟丙烯共聚物，英文名称 fluorinated ethylene-propylene resin，简称 FEP 或 FEP。FEP 的耐腐蚀性比 PTFE 稍差，其他性能均与 PTFE 相似；其突出优点为加工性好，可用热塑性塑料的加工方法加工，因而成为第四大氟塑料材料。FEP 最早由美国的杜邦公司于 1960 年开发，我国的济南化工厂、上海三爱富公司及晨光化工研究院二分厂等生产。国外的生产厂家有：美国杜邦公司、美国帝国化学公司、日本大金工业公司、日本三井氟化学公司、日本三井-杜邦化学公司、荷兰阿克苏工程塑料公司、英国帝国化学公司及俄罗斯联合化学进出口公司。

2. 结构性能

① 结构　FEP 属线型聚合物，它可以看成是 PTFE 分子中一个氟原子被三氟甲基（$—CF_3$）取代的产物，增大了空间位阻，降低了分子的对称性和规整性。其结果为耐腐蚀性不及 PTFE，但加工流动性得到改善，可用常规方法加工。FEP 共聚物的具体组成为：四氟乙烯占 82%～83%、六氟丙烯占 17%～18%，两者属无规共聚。

② 一般性能　FEP 的疏水性和不粘性与 PTFE 相似。

③ 热学性能　FEP 的耐热性低于 PTFE 而优于 PCTFE，长期使用温度为－85～205℃，线膨胀系数随温度升高而升高。

④ 环境性能　FEP 的耐腐蚀性与 PTFE 接近，但稍逊于 PTFE。FEP 可耐无机酸、碱、醇、酮、芳烃、卤烃、去污剂及油脂等，只有高温下的碱金属、三氟化氯可与其作用。FEP 与 PCTFE、PTFE 一样，具有较好的耐候性，但其耐辐射性不好。

⑤ 电学性能　FEP 的电性能优异，相对介电常数和介电损耗都比较小，且受频率、温度、湿度的影响较小。

⑥ 力学性能　FEP 的突出力学性能为冲击强度高，即使带缺口，室温下也冲击不断。拉伸强度、弯曲强度、冲击强度和断裂伸长率随温度升高而下降。FEP 室温的耐蠕变性比 PTFE 好，但高温下不如 PTFE 好。

FEP 的具体性能见表 14-5 所示。

3. 成型加工

① 加工特性　FEP 的流体性能与 FCTFE 接近，为非牛顿流体，黏度对剪切速率敏感，可用热塑性塑料加工方法加工；其熔体黏度也比较高，在 343～393℃ 的温度范围内，熔体黏度为 10^3～10^4Pa・s，比一般热塑性塑料大 10～100 倍；加工温度范围窄，注意加工分解；传热率小，加工时注意升温和冷却速度。FEP 的成型收缩率为 3%～6%；易于静电吸附，加工时要保持清洁，并视具体需要加入抗静电剂。

② 注射成型　可选通用的注塑机，具体工艺条件为：料筒温度 315～370℃，喷嘴温度

370℃，模具温度 205～235℃，注射压力 35～140MPa。

③ 挤出成型 选用螺杆直径为 15～25mm 的挤出机，挤出温度为 315～375℃。

④ 压制成型 压制温度为 290～300℃，压力为 7～15MPa，冷却温度为 150℃。

4. 应用范围

FEP 可用作复杂形状的耐腐制品，用于电缆的护层材料、机械密封件和轴承件，FEP 制造的膜可贴在需要防粘的设备上，制作印刷线路板、软管及管道等。

五、四氟乙烯-全氟烷基乙烯基醚共聚物（PFA）

1. 一般概况

四氟乙烯-全氟烷基乙烯基醚共聚物为四氟乙烯单体与全氟烷基乙烯基醚单体共聚的产物，又称为可熔聚四氟乙烯，英文名称为 tetrafluoroethylene-perfluorinated alkyl vinyl ether copolymer，简称 PFA。PFA 最早由美国杜邦公司 1972 年投产，日本三井氟化学公司也有生产；其他外国公司有美国帝国化学公司、美国尔普特公司、日本大金公司、日本旭硝子公司、日本三井-杜邦化学公司及英国帝国化学公司等。我国的上海三爱富公司和晨光化工研究院也有生产。

2. 结构性能

PFA 的耐腐蚀性、力学性能、电绝缘性、润滑性、不粘性、不燃性及耐老化性与 FTFE 基本相同，但耐高温力学性能比 FTFE 好，最突出优点为加工性好，可进行熔融加工。因其性能与 FTFE 接近，而可熔融加工，故称为可熔 FTFE。

PFA 的耐腐蚀性与 FTFE 相同，不受普通的酸、碱、氧化剂、还原剂及卤素的侵蚀，但可被熔融金属和高温氟气分解；PFA 的耐候性好，耐辐射一般。

PFA 的抗冲击性好，机械强度受温度影响小；在无载荷下可于 260℃长期使用；介电常数随频率变化小，而介电损耗随频率增加而增大，电绝缘性好。

PFA 的具体性能见表 14-6。

表 14-6 PVF、PFA、ETFE、ECTFE 的性能

性能	PVF	PFA	ETFE	ECTFE
相对密度	1.39	2.13～2.16	1.7	1.68～1.70
吸水率/%	<0.5	<0.03	<0.029	1
氧指数/%	—	>95	31	64
折光指数	1.467	—	1.40	—
硬度(邵氏或洛氏)	—	D60	D75	R93
拉伸强度/MPa	85～105	28～32	45.5	31～49
弯曲强度/MPa	—	—	49.7	48
长期使用温度/℃	−100～150	260	−10～180	−80～170

续表

性能		PVF	PFA	ETFE	ECTFE
线膨胀系数/($\times10^{-5}$℃$^{-1}$)		4.6	12	—	8
体积电阻率/(Ω·cm)		7×10^{14}	10^{18}	10^{17}	$>10^{15}$
介电强度/(kV/mm)		137	19	16	19
相对介电常数	10^3Hz	8.5	2.1	2.6	2.6
	10^6Hz	7.4	2.1	2.6	2.6
介电损耗	10^3Hz	0.0016	0.0003	0.0008	0.002
	10^6Hz	—	0.003	0.0005	—
耐电弧/s		—	180	72	135

3. 成型加工

PFA 可用挤出和压制等方法加工。其中压制成型的压制温度为 340～360℃，加热时间为 20～30min，压力为 5～6MPa；挤出条件同 FEP。

4. 应用范围

PFA 主要用于高频及超高频绝缘材料，耐腐设备衬里，抗粘、耐高温、耐油及不燃制品等。

六、聚氟乙烯（PVF/F1）

1. 一般概况

聚氟乙烯是由氟乙烯单体聚合而成的聚合物。英文名称 poly（vinyl fluoride)，简称 PVF 或 F1。PVA 最早由美国的杜邦公司于 1960 年开发，美国、德国和比利时等国都有生产，我国浙江化工研究所也在生产。PVF 是一种性能优异的热塑性树脂，具有优良的耐紫外线和耐候性能。

2. 结构性能

PVA 分子的对称性不如 PTFE，相对密度 1.38，折射率为 1.467，摩擦系数 μ 为 0.3，吸水率小于 0.5%，耐雾盐和防菌性好，无毒，气体阻隔性好，透明性好。

PVA 的耐腐蚀性不如 PTFE 好，但室温下能耐大多数酸、碱及溶剂如稀硫酸、磷酸、硝酸、氢氧化钠、苯酚及煤油等，在高温下可溶于二甲基甲酰胺、二甲基乙酰胺、六甲基磷酰胺、γ-丁内酯和四甲基脲中。PTFE 的耐候性优异，室外曝晒 10 年，透明性和可挠性不变。

PVA 的长期使用温度为－100～150℃，机械强度较高、耐磨性好，介电常数、介电损耗及介电强度都较高。

3. 成型加工

PVF 树脂的分解温度低于其熔融加工温度，熔融黏度较大，采用传统的熔融加工方法难以加工，这一点同 PVC 相同，必须加入增塑剂才可加工。常用的增塑剂为苯二甲酸二丁酯及磷酸三甲酚酯等。

① 流延成型　由于PVA与增塑剂的相容性不好，所以常用溶剂流延法加工。如用二甲基甲酰胺配成8%的溶液，在125～130℃温度下流延，可制成0.013～0.1mm的薄膜。PVDF薄膜一般采用平膜挤出流延成型，然后经单向或双向拉伸成型。

② 吹塑成型　具体的工艺为：将PVF树脂、潜溶剂和热稳定剂按一定的比例混合后，加入双螺杆挤出机造粒，然后加入单螺杆挤出机中吹塑成型，得到含有一定量潜溶剂的薄膜，将该膜放入烘箱加热至120℃以上，脱出潜溶剂即得到最终制品。

潜溶剂的选择在室温下对PVF无任何溶解能力，但在100℃以上可部分溶解PVF树脂的溶剂，适合作潜溶剂的材料应具有较大的偶极矩，其中以邻苯二甲酸二甲酯（DMP）的效果最好，加入量在60～120份。其他潜溶剂还有γ-丁内酯、*N*,*N*-二甲基甲酰胺（DMF）及*N*,*N*-二甲基乙酰胺（DMAC）等。

热稳定剂选用甲酸钠的效果最好，并可用于透明制品。

具体工艺条件见表14-7。

表14-7　PVF吹塑成型的加工条件与薄膜的性能

造粒温度/℃	吹膜温度/℃	生产过程
130	210	造粒时潜溶剂无严重挥发，得到白色膏状颗粒，吹膜时得到的管坯呈鲨鱼皮状，无法吹塑成型
170	180	造粒时潜溶剂有一定的挥发，得到透明的颗粒，挤出管坯有大量晶点，吹塑时无法得到膜泡
170	210	造粒和吹膜时潜溶剂有一定程度的挥发，得到透亮的颗粒，可吹出较好的无色透明薄膜，表面无晶点
170	230	造粒时潜溶剂有一定的挥发，得到透亮的颗粒，吹膜时潜溶剂有严重的挥发，吹出透明薄膜发黄
210	210	造粒时潜溶剂有严重的挥发，得到透亮的颗粒，吹塑时挤出物发干，无法得到完整的管坯

4. 应用范围

PVA主要用于薄膜制品，PVA吹塑薄膜的主要性能见表14-8。PVA可用于天窗、屋顶的透明材料、耐腐涂层、高介电常数电器部件、海底电缆、抗盐雾仪表零件涂层及食品机械防粘涂层等。

表14-8　PVF吹塑薄膜的性能

吹胀比/%	厚度/mm	拉伸强度/MPa	拉伸模量/MPa	断裂伸长率/%	撕裂强度/MPa
220	0.06～0.10	21.3	884.8	133.1	74.8

七、四氟乙烯-乙烯共聚物（ETFE/F40）

四氟乙烯-乙烯共聚物为四氟乙烯单体与乙烯单体共聚的产物，英文名称为tetrafluoroethylene-ethylene copolymer，简称 ETFE 或 F40。F40 最早由美国杜邦公司于 1972 年投产，其他生产公司有美国奥西玛塔公司、美国弗伯菲尔公司、美国帝国化学公司、美国液氮加工公司、日本旭硝子公司、日本大金工业公司、日本三井氟化学公司、英国帝国化学公司及俄罗斯联合化学进出口公司。我国的上海三爱富公司也生产。

ETFE 兼有 PE 的耐辐射性和 F4 的耐腐蚀性，其耐辐照剂量可达 10^7Gy，耐化学品性能与 PTFE 和 FEO 相似。低温抗冲击性在氟塑料中最好，力学性能良好，耐蠕变性和弯曲性能均比 PTFE 好，电绝缘性优良。

ETFE 的具体性能如表 14-6 所示。

ETFE 可用熔融方法加工，但成型温度范围窄，流动性不如 FEP，熔体对模具的黏合力大，需加脱模剂。ETFE 可用压制、挤出、涂覆等方法加工。

压制成型为在模具内涂有机硅脱模剂，适当排气后加 5～12MPa 的压力，待温度升到 245～255℃呈半透明状态后，升压到 30～59MPa，并于 280℃温度下保温一定时间，冷却即可。

挤出成型的工艺条件为：料筒温度后段 220～240℃、中段 300～330℃，机头温度 330～370℃，口模温度 340～370℃，螺杆转速 5～75r/min，最后在 130℃温度下退火处理即可。

八、三氟氯乙烯-乙烯共聚物（ECTFE/F30）

三氟氯乙烯-乙烯共聚物为三氟氯乙烯单体与乙烯单体共聚的产物，英文名称 ethylene-chlorotrifluorothylene copolymer，简称 ECTFE 或 F30。F30 最早由美国 Allied 公司于 20 世纪 60 年代投产，目前只有美国和俄罗斯两国生产。

ECTFE 具有 PA6 的机械强度、PTFE 的耐腐蚀性、HDPE 的加工性能，可长期在－80～170℃温度范围内使用。ECTFE 的耐腐蚀性优，ETFE 相当，在室温和高温下可耐一般的酸、碱及王水腐蚀，在热卤代烃中溶胀，高温下受苯胺和二甲基酰胺腐蚀；可耐 5×10^5Gy 的辐照，耐辐射性较好；电性能较好，且不随频率变化。

ECTFE 的具体性能如表 14-6 所示。

ECTFE 的加工除成型温度较高外，与 HDPE 的成型工艺相似，比 PCTFE 的加工性能好。

ECTFE 主要用于化工管道、管件、阀门、泵及储罐的防腐材料，电线、电缆的护层材料。

第二节 氯化聚醚（CP）

（一）一般概况

氯化聚醚又称为聚氯醚，学名聚合 3,3′-双(氯甲基)丁氧环，英文名称为 chlorinated ployether，简称 CP。为 3,3′-双(氯甲基)丁氧环单体在催化剂作用下开环聚合的产物。

氯化聚醚最早由美国的 Herculs Powder 公司于 1960 年开发，现在美国赫格里斯公司、美国液氮加工公司和美国孟山都公司有生产，我国的上海东海化工厂和广州助剂厂有生产。

氯化聚醚具有仅次于 PTFE 的耐化学腐蚀性，耐磨性及耐热性优良，力学性能均衡，尺寸稳定性高。主要用于化工防腐、机械零件及潮湿状态下的绝缘材料。

由于氯化聚醚的价格高于通用塑料，限制了其发展。

（二）结构性能

1. 结构

氯化聚醚的大分子链上含有醚键（—O—），因而具有柔顺性；其主链化学结构规整对称，从而表现为高熔点及结晶性，极低的吸水性和较好的阻隔性。

2. 性能

（1）突出的耐腐蚀性能

氯化聚醚的耐腐蚀性在塑料中仅次于PTFE，且价格比PTFE低得多；其具体耐腐蚀性与金属镍和PCTFE相近，对多种酸、碱和溶剂稳定，只有少数几种强酸、强氧化剂和强极性溶剂如发烟硫酸、发烟硝酸、二氯乙烷、四氢呋喃及铬酸等可不同程度腐蚀它。

（2）优异的耐磨性和低摩擦系数

氯化聚醚的耐磨性极好，与POM相当，是PA6的2倍、PA66的3倍、EP的5～6倍、PCTFE的17倍，为耐磨性最好的工程塑料品种之一。

氯化聚醚的耐磨性与其他工程塑料比较如表14-9所示。

表14-9　几种塑料的耐磨性比较

性能	氯化聚醚	POM	PC	PA9	ABS
摩擦系数	0.35	0.46	0.30	0.57	0.35～0.46
磨痕宽度/mm	4.22	5.10	12.04	10.5	7.0
磨损量/μg	3.58	3.5	73.5	63.9	12.2

（3）吸水率低、尺寸稳定性好

氯化聚醚在室温下24h的吸水率仅为0.01%，在工程塑料中属最小。其成型收缩率为0.4%～0.6%，尺寸稳定性好，尤其在湿度变化大的应用场合。

（4）力学性能均衡

除冲击性能偏低外，氯化聚醚的其他力学性能较均衡。

氯化聚醚的力学性能随结晶度、晶型及温度等因素的影响而变化。随结晶度升高，拉伸强度和弯曲强度增大，其中α晶型的强度高于β晶型，而冲击强度和断裂伸长率下降。拉伸强度和弯曲强度随温度升高而下降，尤其是弹性模量下降幅度最大。例如，在120℃时，其拉伸强度仅为室温的一半。

氯化聚醚在低温负荷下具有较好的耐蠕变性，一般小于5%，比PE、PVC及ABS都好。

（5）较好的耐热性

氯化聚醚可在120℃温度下长期使用，短期使用温度在130～140℃范围内，在−40℃时呈现显著的脆性；其热导率比LDPE低三分之一。

（6）良好的导电性

除介电损耗稍大外，氯化聚醚的电性能与PC相似，属于一种较好的绝缘材料，尤其适合在潮湿和腐蚀性的环境中应用。氯化聚醚的电性能随温度变化较大，其体积电阻率和介电损耗在 100℃分别急剧下降和上升，但随频率变化不大。

氯化聚醚的具体性能见表 14-10。

表 14-10　氯化聚醚的性能

性能	数据	性能	数据
相对密度	1.4	无缺口冲击强度/(kJ/m^2)	不断
吸水率/%	0.01	缺口冲击强度/(kJ/m^2)	1.57～2.16
成型收缩率/%	0.4～0.6	热变形温度/℃	99
拉伸强度/MPa	43～55	体积电阻率/Ω·cm	10^{16}
断裂伸长率/%	60～130	介电强度/(kV/mm)	20
压缩强度/MPa	62～75	相对介电常数	3.2
弯曲强度/MPa	61～70	介电损耗(50Hz)	0.01

（三）改性方法

氯化聚醚的低温脆性大、刚性较差、强度中等，为改善其脆性、提高强度及刚性、降低线膨胀系数和降低成本，往往需要改性。

氯化聚醚常用的改性方法一种为用玻璃纤维增强，以提高强度及刚性，降低线膨胀系数；另一方法为与低温韧性树脂如 LDPE、CPE 等共混，以提高改善其低温脆性。

（四）成型加工

1. 加工特性

① 氯化聚醚的熔体黏度低，加工流动性好，属于非牛顿流体，黏度对剪切速率非常敏感，基本与 PE 相似。

② 氯化聚醚的三种晶型随加工条件不同而变化。模温高于 120℃，主要为 α 晶型；模温低于 120℃，主要为 β 晶型；模温高于 120℃，骤冷却时，主要为无定形态。

③ 氯化聚醚的结晶速度慢，分子柔性大，因而制品内应力小，不用后处理，并适于金属嵌件的放入和形状复杂制品的生产。

④ 氯化聚醚不易吸水，可不必干燥而直接加工；特殊情况如需干燥，条件为 80～120℃，时间 2h。

⑤ 氯化聚醚在加工时易放出腐蚀性气体，料筒和螺杆进行要镀铬或防腐处理。

2. 加工方法

氯化聚醚可采用注塑、挤出、双向拉伸、吹塑及压制等方法加工。

① 注射成型　选用一般注塑机即可，模具要有加热系统，以保证适当的模温，模具的浇口要宽敞一些。具体工艺条件如下：

料筒温度：前 185～200℃、中 185～200℃、后 170～180℃；

喷嘴温度：180～190℃；

模具温度：90～100℃；

注射压力：80～150MPa；

加工时间：壁厚2mm为20～30s、4mm为30～40s、6mm为60s。

② 挤出成型 可成型管、棒、电缆及薄膜等制品，采用PE的加工设备即可，具体工艺条件如下：

料筒温度：190～240℃；

机头温度：180～220℃。

③ 喷涂加工 可用氯化聚醚溶液、悬浮液、流化床及粉末进行喷涂，与金属的粘接性好。

（五）应用范围

1. 在化工防腐方面

氯化聚醚可用于120℃以下的耐腐环境中，代替不锈钢和PTFE材料，主要制作防腐涂层及制品，如耐酸、碱及有机溶剂泵的壳体、阀门、化工管道及容器等。

2. 在机械方面

因耐磨性好、蠕变小、尺寸稳定及无内应力等优点，氯化聚醚可用于机械零件和仪表配件，具体产品有轴承、轴承保持架、导轨、齿轮、凸轮、齿条、轴套和密封材料等。

3. 在电器工业方面

氯化聚醚可用于潮湿状态和腐蚀环境中的绝缘材料，具体产品有海底电缆、化工电缆、亚热带和盐雾环境中工作的电器配件等。

4. 在医疗器械方面

氯化聚醚对人体无生理副作用，又可用高压蒸汽加热消毒，因此可用于外科手术医疗器械。

第十五章

阻隔塑料

阻隔塑料是指对小分子液体、气体、水蒸气、气味等透过系数小的一类聚合物。阻隔塑料薄膜的阻隔能力用透过系数表示，其单位为 mL(g)・mm/(m^2・d・MPa)，代表意义为 1mm 厚度的塑料薄膜制品、在温度 23℃、湿度 60%RH、1MPa 压力下、每平方米面积上 1 天透过小分子物质的体积［cm^3(mL)］或重量（g），通常以 O_2、CO_2 和水蒸气三种小分子物质为标准。一种材料的透过系数越小，其阻隔性能越好。一般高阻隔性塑料的透过系数小于 10mL(g)・mm/(m^2・d・MPa)，中等阻隔塑料的透过系数为 10～100mL(g)・mm/(m^2・d・MPa)。

常用的高阻隔性塑料有：EVOH（乙烯/乙烯醇共聚物）、PVDC（偏二氯乙烯共聚物）、PAN（丙烯腈共聚物）、MXD6（芳香尼龙）；中等阻隔性塑料有：PPC、PGA、PA、PET、PEN 及 POK（聚酮）等。除此之外聚三氟氯乙烯、PI 及 LCP 阻隔性能也很好。

本节只介绍 EVOH、PVDC、MXD6、PAN、PEN、PVA 和 POK 阻隔塑料。PPC 和 PGA 在生物降解塑料中有介绍，PA、PET、聚三氟氯乙烯、PI 及 LCP 分散在其他章节中简单介绍。

第一节　乙烯-乙烯醇共聚物（EVOH）

（一）一般概况

乙烯醇单体与乙烯单体共聚形成的共聚物简称 EVOH 或 EVAL。EVOH 兼具聚乙烯醇的优异阻隔性和聚乙烯的加工性，又具有透明、光泽高等优点，是迄今为止发现的阻隔性最好的树脂品种之一，也是目前在我国应用最普及的高阻隔性复合材料。

纯 EVOH 制品的吸水性高，这会严重影响其阻隔性能。因而 EVOH 一般不单独使用，往往作为中间层材料与其他塑料复合使用，防止其吸水，以保证其优异的阻隔性。EVOH 与其他材料的相容性好，可与 PE、PP、PA、PET 等材料复合。

EVOH 于 1972 年由日本 Kuraray（可乐丽）公司实现工业化生产，目前生产企业有日本的可乐丽公司、日本合成化学工业公司、中国台湾长春石油化工公司等，其中日本可乐丽公司一家就占全球平均的 65%中国石化集团四川维尼纶厂 2019 年有报道投产。可乐丽的具体牌号如下：EPE100 用于吹塑瓶，EPF101 用于瓶、膜及片，EPH101 用于共挤出，EPK102 用于共挤出，EPG110 用于流延。

全球 EVOH 2024 年产能及 2025—2027 年拟新增产能见表 15-1。

表 15-1 全球 EVOH 2024 年产能及 2025—2027 年拟新增产能 单位：万吨/年

企业名称	国家/地区	2024 年	2025 年	2026 年	2027 年
可乐丽	美国	5.8	6.3	6.3	6.3
	比利时	3.5	4.0	4.0	4.0
	日本	1.0	1.0	1.0	1.0
	新加坡			1.8	1.8
三菱化学	美国	4.1	4.1	4.1	4.1
	英国	1.8	3.9	3.9	3.9
	日本	1.0	1.0	1.0	1.0
长春石化	中国台湾	3.0	3.0	3.0	9.0
中石化川维	中国	1.25	1.25	3.65	3.65
荣盛新材料	中国				5.0
皖维高新	中国				0.6
盛虹石化	中国				2.0
合计		21.45	24.55	28.75	42.35

（二）结构性能

1. 结构

EVOH 中乙烯单体与乙烯醇单体的含量不同，性能也大不相同。其中乙烯单体提供其耐水性和加工性，而乙烯醇单体则提供其阻隔性。因此，乙烯单体的含量增大，EVOH 的阻隔性、拉伸强度、冲击强度下降而耐水性及加工性改善；乙烯醇单体含量增大，EVOH 的阻隔性增大，而耐水性及加工性变差。一般情况下，EVOH 中乙烯醇的含量为 66%～82%。

2. 性能

（1）一般性能

EVOH 的相对密度为 1.2，制品的透明性好并有光泽，易于印刷及热封。

EVOH 属于高结晶型聚合物，其结晶温度为 160℃，熔点为 180℃，玻璃化转变温度为 60℃。

（2）耐环境性能

EVOH 的耐油及有机液体性好，但不耐低级醇类；在 20℃下，在各种液体和油中浸渍一年后，对环己烷、二甲苯、石油醚、苯、丙酮等的吸收率为 0%，对色拉油的吸收率 0.1%，对乙醇吸收率为 2.3%，对甲醇吸收率为 12.3%。

EVOH 可耐弱酸、弱碱和盐，耐候性好，耐紫外线性优良。

（3）力学性能

EVOH 具有优异的拉伸强度、冲击强度、耐穿刺性、弹性、表面硬度及耐磨性，其拉伸强度、冲击强度及耐穿刺性与双向拉伸 PA 相当。以 EVOH 膜为例，其拉伸强度纵向为

80MPa、横向为52MPa，其断裂伸长率纵向为160%、横向为200%。

（4）阻隔性能

EVOH具有最突出的阻隔性。一般地说，当乙烯含量增加时，气体阻隔性能下降，防潮性能改进，且树脂更易于加工。含29%乙烯EVOH的O_2透过系数为0.1mL·mm/(m^2·d·MPa)。含38%乙烯EVOH的O_2透过系数为0.4mL·mm/(m^2·d·MPa)，阻隔性是PVDC的10～20倍、PAN的80倍、MXD6的120倍；对CO_2的透过系数为1.5～6mL·mm/(m^2·d·MPa)，对水的透过系数为20%～25% g·mm/(m^2·d·MPa)。

EVOH的阻隔性与PVDC一样，随温度升高而迅速下降，只是比PVDC下降稍慢一些。例如，当温度从20℃升高到60℃时，EVOH的透过系数升高12倍。

由于在EVOH树脂的分子结构中存在着羟基，EVOH树脂具有亲水性和吸湿性。当吸附湿气后，气体的阻隔性能会受到影响。EVOH的阻隔性随湿度升高也迅速下降，比PVDC还要快些。例如，湿度由20%升高到80%时，透过系数提高10倍。但通过复合加工将EVOH夹在复合膜的中间层，就可有效地解决水降低阻隔性的问题，这也正是EVOH要复合使用的原因之一。EVOH和PVDC两大阻隔塑料的性能对比见表15-2。

表15-2 EVOH和PVDC两大阻隔塑料的性能

树脂	EVOH	PVDC
优点	① 在低潮湿环境下具有高阻隔性 ② 对油脂、酸类和溶剂类化学品阻隔效果好 ③ 高透明性 ④ 气味芬芳 ⑤ 容易与其他塑料挤出	① 具有高阻隔气体和防潮性能 ② 阻隔性不受湿度影响 ③ 蒸煮过程中阻隔性能温度
缺点	① 吸湿性严重影响阻隔效果 ② 高压环境下阻隔性下降	① 树脂有热敏性，难以加工 ② 透明性差 ③ 环保性能不佳 ④ 产品价格很高

（5）其他性能

EVOH的耐候性好，并且有很强的抗静电性。

（三）成型加工

EVOH的加工性很好，可用注塑、挤出、流涎及复合等方法加工。

1. 加工特性

EVOH加工前如含水率大于0.3%就需要进行干燥处理，处理条件为：真空干燥温度70～80℃，时间8h。

EVOH树脂是所有商用强阻隔树脂中，热稳定性最高的树脂，这一性质使加工中产生的废料可以再生和再利用，再生料中含有20%以上的EVOH，并可多次重复使用。

2. 加工方法

EVOH可采用传统的热塑性加工方法加工，如注塑、挤出、吹塑、压延等。但以挤出-拉伸-吹塑制瓶和双向拉伸制膜两种方法最为常用。

以挤出为例：

螺杆的 L/D 为（25～28)/1，形式为等距不等深，压缩比为（3～4)/1，四层过滤网为：50 目、80 目、150 目、60 目。

加工温度：料筒依次为 180℃、200℃、220℃、230℃。

连接体温度：220℃。

机头温度：230℃。

螺杆转速：30～60r/min。

双向拉伸温度：90～100℃。

（四）改性品种

EVOH 的改性目的一为改进耐水性，二为进一步提高阻隔性。

1. 复合改性

改进耐水性：EVOH 为中间层，外层为防水层。外层材料有 LDPE、HDPE、LLDPE、CPP、OPP（定向聚丙烯）、PET 及 PA 等。具体复合材料有 LDPE/EVOH/LDPE、OPP/EVOH/OPP、PET/EVOH/PE、PE/EVOH/PA/EVOH/PE 等。EVOH 除与 PA 的相容性好，可直接复合而不用加入黏合层，与其他材料复合都要加入黏合层，否则复合强度不够。

2. 填充改性

改进阻隔性：如在 EVOH 中加入 21%云母，其阻隔性提高 3～5 倍；在 EVOH 中填充石英，阻隔性也可提高 3～5 倍。

3. 双向拉伸

改进阻隔性：EVOH 膜经双向拉伸后，阻隔性可提高 2～3 倍。

（五）应用范围

由于受 EVOH 加工性、耐水性和成本性三个因素的制约，目前 EVOH 很少单独使用，一般作为中间阻隔层制成多层复合薄膜使用。复合的方法有：熔融共挤出复合、干式复合、湿式复合和涂覆复合等。

1. 包装材料

食品包装：EVOH 因阻氧性好，其复合膜常用于保鲜包装材料，如香肠、牛奶、烧鸡、番茄酱、果汁、调味品（酱油）、食用面糊、乳酪制品和加工过的水果等包装。

PET/EVOH/PET 吹塑瓶还可用于啤酒瓶及饮料瓶。

非食品包装：非食品应用包括溶剂、化学品、医药有关的包装，汽油桶的内衬，空调连接管的内衬，机动车的燃料箱、燃料管。

2. 医用材料

主要制造医用选择性渗透膜，用于药物包装的缓释材料。

3. 结构材料

为了防止汽车油箱的汽油渗漏，采用 EVOH 与 HDPE 复合结构，制造的油箱气密性更好。

为了防止自来水在输送管材中产生细菌、霉菌等，管材中间层加入 EVOH，可以减少管道中氧气含量，减少有氧菌的产生，用于输送直饮水。

第二节　偏二氯乙烯的共聚物（PVDC）

（一）一般概况

偏二氯乙烯的共聚物（PVDC），最早由美国杜邦公司开发于 1940 年。它为一种高阻隔性树脂，其 O_2 的透过系数稍高于 EVOH，而 CO_2 和 H_2O 的透过系数都比 EVOH 低。纯 PVDC 虽然具有高的阻隔性能，但其加工性十分不好。它的熔融温度与分解温度十分接近，且与增塑料剂的相容性又不好，难以单独加工，无实际应用价值。为此，常用偏二氯乙烯与其他单体共聚，虽阻隔性稍有下降，但改善了加工性。可用的共聚单体有氯乙烯、苯乙烯、乙酸乙酯、丙烯腈、丙烯酸甲酯、甲基丙烯酸甲酯及不饱和羧酸等。目前已实现商业化生产的 PVDC 品种有：偏二氯乙烯/氯乙烯共聚物（VCD/VC)、偏二氯乙烯/丙烯酸甲酯共聚物（VCD/MA)、偏二氯乙烯/丙烯腈共聚物（VCD/AN)，但以与氯乙烯单体的共聚物最为常用。偏二氯乙烯与氯乙烯的共聚物称为“莎纶”，其中氯乙烯的含量为 10%～15%。

PVDC 有三种供应形式：

乳液型：PVDC 以颗粒形式分散在水溶液中，其中 VDC 的含量为 80%～94%；PVDC 乳液常用于涂层，并可在较低温度下进行。

漆液型：PVDC 溶于溶剂中，其中 VDC 的含量为 88%～93%，阻隔性最好，也主要用于涂层。

模塑型：VDC 与 VC 的共聚物，VDC 的含量为 75%～90%，可用注塑与挤出等方法成型。

PVDC 的价格远低于 EVOH，在我国应用非常普及；但 PVDC 因含有氯而受到环境保护组织的反对，预计将来增长速度将放缓。

我国生产 PVDC 的厂家主要为烟台万华化学和浙江巨化。

（二）结构性能

在 PVDC 中，VDC 的含量越高，其阻隔性越高；反之，其阻隔性越低。

1. 一般性能

PVDC 的外观为白色粉末，属半结晶型聚合物；相对密度为 1.7，吸水率小于 0.1%；热收缩率为 25%～50%；阻燃性好，属自熄性树脂；透明性好，易于印刷。

2. 力学性能

PVDC 的机械强度高，其拉伸强度比 EVOH 还要高。其断裂伸长率纵向为 84%，横向为 100%。PVDC 的热封强度低，弹性差。PVDC 的耐磨性好。

3. 耐环境性

PVDC 的耐环境性好，可耐油及各种溶剂；耐弱酸，但不耐碱。PVDC 的耐紫外线性差，易发脆。

4. 阻隔性能

PVDC 同 EVOH 一样，具有优异的阻隔性，PVDC 对 O_2 的透过系数为 0.5～4mL·mm/(m^2·d·MPa)，对 CO_2 的透过系数为 1.2mL·mm/(m^2·d·MPa)，对水的透过系数为 0.2～6g·mm/(m^2·d·MPa)。

PVDC 阻隔性对湿度敏感性小于 EVOH。但对温度很敏感，如温度从 20℃ 升高到 60℃，其透过系数增大 100 倍之多。

典型的 PVDC 综合性能见表 15-3。

表 15-3 典型的 PVDC 综合性能

性能		数据
拉伸强度/MPa	拉伸	35～70
	未拉伸	200～400
断裂伸长率/%	拉伸	10～20
	未拉伸	15～40
冲击强度/(J/m)		25～50
热变形温度/℃		100～150
流动温度/℃		<185
脆化温度/℃		−10～10

（三）成型加工

1. 加工特性

PVDC 属热敏性聚合物（温度超过 120℃就会开始脱氯化氢，温度达到 200℃时，快速降解），熔体黏度大，流动性差，受热很容易分解。加工中需加入增塑剂和热稳定剂。如可加入 6%～7%的二苯基乙基醚或环氧大豆油为增塑剂，加入热稳定剂种类与加入 PVC 相同，但加入量更大。当环氧大豆油加入 3.5%时，单螺杆挤出机吹塑的 PVDC 薄膜具有优异的拉伸性能和突出的阻隔性能。

PVDC 在加工中易放出 HCl 气体，从而腐蚀螺杆。因此，螺杆要进行电镀保护。

PVDC 易分解，加工废料不可重复使用。

2. 加工方法

PVDC 可用注塑、挤出、复合、涂覆及吹塑的方法加工，其中以涂覆方法为主。

选用不同涂覆液体，其一次涂覆的厚度不同；选用乳液一次可涂 1～15μm，而选用漆液一次可涂 0.6～6μm。其中漆液的阻隔性最好。

PVDC 也可作为中间层用于共挤复合，但由于其加工温度低且易热分解，对复合材料限制较多，只能同加工温度较低的材料共挤复合，否则会引起 PVDC 的热分解；如它只能同 PVC、EVA 及 CPE 材料等复合。如要同加工温度高的材料复合，只有用干式或湿式复合方法，如同 PET、PP 及 PE 的复合等。

（四）改性品种

在 PVDC 中，除常用的 VDC/VC 共聚外，还开发一些其他品种，如 VDC-VC-丙烯腈（85/13/2）三元共聚物、VDC-VC-丙烯酸酯（85/7.5/7.5）三元共聚物、VDC-丙烯酸酯二元共聚物和 VDC-丙烯腈二元共聚物等。

除此之外，PVDC 的物理改性品种也很多，具体实例如下：

PVDC/EVA（VA 含量为 28%～35%）共混物中 EVA 含 5%时冲击强度最好。

PVDC/ACR 共混物中 ACR 含量为 0.3%时冲击强度最好。

PVDC/PP 共混物中 PP 含量为 1%～3%时冲击强度最好。

PVDC/MBS 共混物中 MBS 含量为 2%～3%时冲击强度最好。

PVDC/PA 共混物中 PA 含量为 20%～60%时冲击强度最好，阻隔性又高，可用于火腿肠的包装。

（五）应用范围

PVDC 阻隔材料可用的范围比 EVOH 还要广泛，它除可用于保鲜包装材料外，还可用于碳酸饮料、防潮及保味品的包装。

PVDC 为通过美国 FDA 检测的透明阻隔包装材料，耐水性好，可与食品接触，因而 PVDC 常用的为其涂覆和复合材料，如可涂覆在 PET、PS、PP、PA、PVC 及 PE 等材料上。以涂覆在 BOPP 上 2.5μm 为例，阻隔氧气性能提高 1000 倍，阻隔水的性能提高 3 倍。另外，单层 PVDC 可制成双向拉伸薄膜，具有优良的热收缩性和阻隔性，微波加热也不会分解，可广泛用于食品保鲜薄膜。

PVDC 的具体应用如下：

① 防潮包装　如各种干食品、干蔬菜、奶粉、茶叶及香料包装等。

② 保鲜包装　如搁置的熟食品如香肠及烧鸡包装等。

③ 碳酸饮料的包装　如汽水及啤酒包装等。

④ 海洋用品　如渔网及海带养殖绳等。

⑤ 涂料　如机械及建筑材料的涂层等。

⑥ 夹层材料　主要用于直饮水材料，隔绝氧气，防止管壁细菌滋生。

第三节　聚乙烯醇（PVA）

（一）一般概况

聚乙烯醇，英文名称 poly（vinyl alcohol），简称 PVA 或 PVOH。

聚乙烯醇树脂是一种用途广泛的水溶性高分子聚合物，性能介于塑料和橡胶之间。它的用途可分为纤维和非纤维两大类。

聚乙烯醇树脂系列产品系白色固体，外观分絮状、颗粒状、粉状三种，无毒无味、无污染。根据型号规格的不同，可在常温至90℃水中溶解。其水溶液有很好的黏结性和成膜性，能耐油类、润滑剂和烃类等大多数有机溶剂，具有长链多元醇可酯化、醚化、缩醛化等化学性质。

由于PVA具有独特的强力黏结性、皮膜柔韧性、平滑性、耐油性、耐溶剂性、保护胶体性、气体阻绝性、耐磨性以及经特殊处理具有的耐水性。因此，除了作为纤维原料外，也被大量用于生产涂料、胶黏剂、纸品加工剂、乳化剂、分散剂、薄膜等产品，应用范围遍及纺织、食品、医药、建筑、木材加工、造纸、印刷、农业、钢铁、化工等行业。

PVA具有可生物降解性、高阻隔性，其中生物降解时间适中，可很好地满足使用周期较长、常规生物降解材料无法满足的应用场景，是目前塑料材料中阻隔性最好的品种之一。

（二）结构性能

聚乙烯醇可看作是以乙烯醇为单体的聚合物，但乙烯醇极不稳定，在常态下自发地进行分子间重排转变为乙醛，所以自然界中并不存在游离状态的乙烯醇单体，也就不能通过乙烯醇单体直接聚合制得聚乙烯醇，而是由乙酸乙烯酯经聚合得到聚乙酸乙烯酯，再在碱性条件下醇解而制得聚乙烯醇。醇解过程不可能将分子链上的乙酰基团100%转化成羟基，仍会保留少量乙酰基团，所以聚乙烯醇分子中既含有亲水性的羟基，又含有疏水性的乙酰基，通过改变其聚合度、羟基和乙酰基的比例，可使PVA性质发生很大变化。

聚合度大小对聚乙烯醇的膜强度、黏结强度和黏度有显著影响，聚合度越大，聚乙烯醇的黏度越高，膜强度、黏结强度越高，耐水性、阻隔性亦会相应提高，但低温黏度稳定性、水溶性会逐渐降低。

醇解度是衡量聚乙烯醇分子中亲水性羟基和疏水性乙酰基多寡的一个重要指标，随着醇解度的降低，聚乙烯醇分子中亲水性羟基数量减少，聚乙烯醇分子形成氢键的能力也相应减弱，而疏水性的乙酰基数量相应增加。正是这种亲水、疏水基团数量的变化导致了聚乙烯醇性能发生很大变化。一般地，随着醇解度的降低，聚乙烯醇的乳化分散能力、对疏水性材料粘接力、水溶解性能、低温黏度稳定性能都会提高，但膜强度、耐水性相应降低，溶液起泡性趋向明显。

另外，PVA结晶度对其性能也有很大影响。PVA结晶度增加，PVA分子链间氢键作用力增强，PVA强度、耐水性和熔点提高；PVA结晶度下降，PVA水溶性、膨润性和低温黏度稳定性提高。因此，通过控制PVA氢键作用和结晶行为，可改善PVA强度、熔融加工特性、水溶性、耐热性和黏度稳定性。

PVA材料对人体无毒性，具有很好的气体阻隔性、保香性、非带电性、耐油性、强韧性、透明性，很适合作为高阻隔性食品保鲜、保香膜，在干燥条件下阻隔性能优异，不同材质薄膜的氧气透过系数见表15-4。

表15-4 不同材质薄膜的氧气透过系数

薄膜材料	PVA	EVOH	PVDC	PAN	PA	HDPE
氧气透过系数/[mL/(24h·m²)]	≤0.2	0.4～5.0	7.7～26.5	12.5	40	510～3875

注：测试条件为厚25μm，23℃，0%RH。

但是，PVA 薄膜在湿度较大的环境中阻隔性能快速下降，这是由于聚乙烯醇分子链上存在大量亲水羟基。若 PVA 膜置于潮湿环境中，PVA 分子链上的羟基易与水分子形成氢键，水蒸气透过系数缓慢变大，当相对湿度超过某个极限值（23℃：RH ＝60％；37.8℃：RH＝70％）时，薄膜产生一定程度的溶胀，导致 PVA 膜阻隔性能快速下降。

因此，PVA 作为高阻隔材料，一般与阻水性能优良的聚烯烃材料配合使用，将其制成复合膜，充分发挥各自优势。

（三）成型加工

1. 加工特性

常规 PVA 产品因分子内氢键数量多，熔融塑化温度高于分解温度，无法进行热塑性加工。PVA 的传统成型加工，一般采用水溶液流延法，干法热塑加工必须首先对 PVA 进行增塑改性，通过加入增塑剂降低 PVA 的熔融塑化温度后，才能采用热塑加工方法进行加工。

2. 水溶液流延法成型加工

PVA 是水溶性高分子材料，很容易溶解在热水中。目前市场上大部分 PVA 产品成型加工，都采用水溶液流延法。

首先将特定型号的 PVA 溶解在水中，配制成一定浓度的水溶液，然后采用涂布或挤出成膜，再经过干燥、收卷即可加工成 PVA 膜产品。目前市场上的 PVA 光学膜、PVA 水转印膜，以及其他绝大部分的 PVA 水溶膜等，都是通过这种方法进行加工的。

3. 增塑改性及热塑加工

由于 PVA 熔融塑化温度高于分解温度，直接进行热塑加工会引起 PVA 的热分解，造成产品发黄、变色等问题，所以用于热塑加工的 PVA 一般都进行了加工改性。

PVA 加工改性的目的是拉大熔融温度与分解温度的差距（建立加工窗口），使之可采用热塑方法加工。具体改性途径有两个：一是降低其熔融温度，使其远远低于分解温度；二是提高其分解温度，使其远远高于其熔融温度。目前的改性方法主要为在 PVA 中加入增塑剂。一是减少分子内和分子间氢键的数量，降低分子间的作用力；二是控制聚集态结构，降低结晶度。

目前常用的 PVA 增塑剂品种，有水、甘油、乙二醇、丁二醇、二甘醇、聚乙二醇、己内酰胺等，以己内酰胺改性效果最好。增塑剂的改性原理为：增塑剂进入 PVA 大分子内部，与 PVA 分子间发生了强烈的相互作用，以较强的分子间力取代了 PVA 本身的分子间氢键，降低了 PVA 分子间作用力，降低了熔点。多数低分子试剂都可进入 PVA 内部，但只有与 PVA 分子发生强烈作用的物质才能起到增塑剂的作用；而低聚物由于体积大，只有能与 PVA 分子间发生强烈作用的才能进入其内部，成为增塑剂并发挥增塑功能。

已开发的增塑剂有：水（去离子，铁含量在 5×10^{-8}kg/kg 以下）、丙三醇、乙二醇、丁二醇、二甘醇、双丙甘醇、山梨糖醇和己内酰胺等水溶性化合物，增塑剂的种类和用量对 PVA 的加工改性效果不同，具体可参见表 15-5。

表 15-5 不同增塑剂改性 PVA 的熔点和分解温度

增塑剂	熔点/℃	分解温度/℃	熔点与分解温度温差/℃	可加工温度区/℃
无	230.12	247.42	17.30	0
水	228.92	263.10	34.18	120～160
丙三醇	221.44	247.46	26.02	130～160
乙二醇	227.82	250.81	22.99	130～160
己内酰胺	207.12	262.25	55.13	120～180

从表 15-5 中可以看出，不同增塑剂在不同程度上都降低了 PVA 的熔点，提高了 PVA 的热分解温度，拉大了两者之间的距离。如果以改性后 PVA 的熔点与热分解温度差值大小来衡量其改性效果好坏，各增塑剂的次序如下：

己内酰胺＞水＞丙三醇＞乙二醇

尤其是己内酰胺的改性效果最好，它将 PVA 的分解温度与熔点之差拉大到 55℃，可以实现 PVA 的热塑性加工。

在实际应用中，往往将两种以上增塑剂协同加入，会取得比单一增塑剂更好的效果。如增塑剂 A 和 B，单独加入 A、B 和协同加入 25 份，PVA 的熔融温度分别为 220℃、200℃和 190℃。此外，除增塑剂外，还要加入适量的界面活性剂、尿素、硼酸及氢氧化铝等。举一个实例，PVA 加工配方如下：

配方　　单位：质量份

原料	用量
PVA	100
丙三醇	10
界面活性剂	0.1
水	适量

加入增塑剂的改性 PVA 属于非牛顿流体，随剪切速率增加，表观黏度下降。同时，改性 PVA 对温度也较为敏感，可用温度来调解熔体的黏度。但从生产控制的角度来考虑，黏度对温度太敏感，不易控制质量；可以通过降低 PVA 含水量来降低温度的敏感性。

另外，热塑加工时对 PVA 树脂也有要求。一是尽可能选用低醇解度树脂，或者低醇解度树脂与高醇解度树脂共混；二是 PVA 聚合度应尽可能低。

还有一种改性方法，在 PVA 中加入轻度交联剂如密胺树脂改性液。一方面它可使 PVA 中的羟基发生适度的交联，使 PVA 形成三维结构的涂层，降低对水的敏感性；另一方面，改性液可以同部分羟基反应，适当减轻羟基成氢键的能力，降低其表面张力，增强与基膜的黏合力。

美国一公司用较低聚合度的 PVA 开发出具有水溶性、热塑加工性和生物降解性的 PVA 原料，可用挤出、吹塑等方法成型，PVA 膜用于食品包装、农用水溶性膜等。日本一公司开发出熔点为 200～210℃、分解温度为 240℃的 PVA，可用挤出、吹塑、注塑方法加工制成透明性、水溶性、耐化学品性优异的 PVA 膜。

（四）应用范围

PVA 具有很多特殊性能，被广泛应用于电子、纺织、食品、医药、建筑、木材加工、造纸、印刷、农业、钢铁、高分子化工等行业。

1. 偏光片、液晶显示屏

PVA 光学膜通过染色、拉伸后具有偏光性，是制备偏光片的关键材料，偏光片广泛应用于手机、电脑、电视等显示面板。

2. 汽车挡风玻璃、安全玻璃

PVA 与正丁醛缩合制备的聚乙烯醇缩丁醛树脂（PVB），进而制得 PVB 薄膜，主要用于制备汽车挡风玻璃、建筑安全玻璃、光伏夹层胶膜等。

3. 食品阻隔包装

PVA 复合阻隔膜可广泛用于食品保鲜包装、液体鲜奶无菌包装等，起到很好的保鲜、保香、保色作用。

4. PVC 悬浮聚合分散剂

PVA 可作为 PVC 悬浮聚合过程中的分散剂，是生产 PVC 树脂过程中不可或缺的助剂之一。

5. VAE 等乳液聚合乳化剂

PVA 可作为 VAE 乳液、聚乙酸乙烯酯乳液等产品乳液聚合过程中的乳化剂。

6. 水溶性包装膜

PVA 水溶膜用于包装在水中使用的产品，如农药、洗涤剂、颜料、洁厕块、种子、除草剂、化肥和水处理药剂等，也用于包装医院被污染的用品及衣物，以及用于绣花底膜、宠物粪便收集包装等。

7. 高强高模纤维

PVA 高强高模纤维，具有高强度、高模量、低伸度、耐碱性、耐候性、亲水性等特征，可替代石棉作为水泥制品和混凝土的增强材料、防裂材料，还可用于制作缆绳、渔网等高强度应用场合的材料。

8. 纸张加工

PVA 在纸张加工过程中应用广泛，在表面涂布时作为表面施胶剂、纸管或纸板的黏结剂，颜料涂布过程的胶合剂与纸张的内部上胶等。

第四节　聚萘二甲酸乙二醇酯（PEN）

（一）一般概况

聚萘二甲酸乙二醇酯是由 2,6-萘二甲酸或 2,6-萘二甲酯与乙二醇经缩聚反应而形成的聚合物，其分子结构式为：

$$H{+}O-CO-C_{10}H_8-CO-O-CH_2-CH_2{+}_nOH$$

英文全称为 polyethylene naphtholate，简称 PEN。

PEN 的结构与性能与 PET 十分相似，只要将 PET 结构中的苯环置换成萘环即可成为 PEN。

虽然 PEN 树脂早已开发成功，但只是近年来其合成单体 2,6-萘二甲酸实现了工业化生产，生产成本大大降低，才使 PEN 进入实际应用阶段。但 PEN 的成本目前仍高出 PET 很多，这是制约其广泛应用的主要原因。

自从 1997 年 Amoco 公司开发出产能为 2.7 万吨/年的 PEN 以来，与 PET 相比价格过高，导致 PEN 在大多数领域无法与 PET 相竞争，大大限制了 PEN 的发展。目前全球生产 PEN 的企业有帝人集团、东洋纺、三菱化学（氧化法和酯化法年产各 2 万吨）、钟纺、Uni-PET、M&G（收购 Shell 公司的 PET、PEN 事业）、KOSA、美国 AMOCO 公司（氧化法和酯化法年产各 4.5 万吨）、英国 ICI 公司、美国伊士曼公司、杜邦及 Kolon 等为数不多的聚酯相关企业。另外还有一些聚酯生产厂商如伊士曼化学在摸透了 PEN 制造和应用技术并申请了多项专利之后，蓄势待发，等待有利时机进入 PEN 领域。

早在 20 世纪 70 年代初，我国四川东方绝缘材料厂等单位曾研制过 PEN，近年来江苏仪征化纤公司等单位又在树脂制造方面做了不少研究工作。

（二）结构性能

由于 PEN 具有与 PET 相似的结构，因而其性质也具有相同的特性。但由于 PEN 中的萘环比 PET 中的苯环体积更大，导致 PEN 分子链的刚性更高，比 PET 具有更优异的力学、电气、化学、耐热及阻隔等性能。

因 PEN 的分子结构单元大，其结晶速率仅为 PET 的七分之一，所以 PEN 比 PET 更适于生产透明类制品。

PEN 的突出优点为：气体阻隔性好、耐热温度高及力学性能优异等。

下面具体介绍 PEN 的性能。

1. 一般性能

PEN 的外观同 PET 相似。其相对密度为 1.36，比 PET 略低一点。PEN 的吸水率为 0.3%，略低于 PET，湿度膨胀系数为 10.5×10^{-6}/RH%（纵向）。PEN 的成型收缩率纵向为 0.9%，低于 PET 的 1.5%；其横向收缩率更小，几乎接近零。PEN 在可见光下为透明状态，在紫外光范围内，PEN 可通过波长 380nm 以下的光；PEN 在阳光下容易着色，但耐光性比 PET 强。

2. 热学性能

PEN 的 T_g 为 121℃，比 PET 的 T_g 高 46℃；PEN 的 T_m 为 273℃；PEN 长期耐热性好，可在 155℃下长期使用。

PEN 的尺寸稳定性好；PEN 热收缩率小，在 150℃时仅为 0.9%，比 PET 小 60%左右；PEN 热膨胀系数为 13×10^{-6}/℃（纵向），也略低于 PET。

3. 力学性能

与 PET 相比，PEN 的力学性能普遍高于 PET。其拉伸强度为 60MPa，比 PET 高 35%左右。双向拉伸 PEN 薄膜的力学性能更好，其纵向拉伸强度为 280MPa，横向拉伸强度为 270MPa。PEN 的杨氏模量为 1800MPa，比 PET 高 50%，双向拉伸 PEN 薄膜的杨氏模量高达 6200MPa。PEN 的弯曲模量比 PET 高 5%。双向拉伸 PEN 薄膜的断裂伸长率为纵向 90%、横向 85%，比 PET 略低。PEN 的直角撕裂强度与 PET 相当。其冲击强度略低于 PET 15%左右。

由于 PEN 分子的结晶速率慢，拉伸时分子取向带来的结晶度低，因而比 PET 更适于高倍率拉伸。

4. 化学性能

PEN 同 PET 一样，分子结构中含有酯基，遇水会发生水解反应，但 PEN 的水解速率比 PET 小，水解引起力学性能下降程度仅为 PET 的三分之一。

PEN 可耐除浓硫酸、浓硝酸及浓盐酸以外几乎所有化学品，并可耐放射线，其耐放射线性能是 PET 的 6 倍左右，可达到 11MGy。

5. 电学性能

PEN 的击穿电压和电阻率与 PET 相当，其体积电阻率为 $10\times10^{17}\Omega\cdot cm$（25℃）。

PEN 的电导率与 PET 接近，在较宽的温度范围内变化小，适于小型耐热电容器薄膜。

6. 阻隔性能

PEN 最突出的性能之一为其优异的阻隔性能，对各种小分子物质的阻隔性能都好于 PET。

PEN 对 O_2 的阻隔性能是 PET 的 4 倍，其透过系数仅为 $9.6cm^3\cdot mm/(m^2\cdot d\cdot MPa)$。

PEN 对 CO_2 的阻隔性能是 PET 的 5 倍，其透过系数仅为 $35cm^3\cdot mm/(m^2\cdot d\cdot MPa)$。

PEN 对 H_2O 的阻隔性能是 PET 的 3.5 倍，其透过系数仅为 $6.7g\cdot mm/(m^2\cdot d\cdot MPa)$。

（三）成型加工

PEN 同 PET 一样，属于非牛顿流体，即其黏度对温度不敏感，而对剪切速率敏感。

PEN 因分子结构中含有刚性基团，其熔体黏度比 PET 高 10 倍左右。

PEN 的加工温度高于 PET。PET 可用的加工方法都适于 PEN 的加工，具体加工方法有注塑、挤出及吹塑等。

PEN 在加工前需要干燥处理。

PEN 吹塑成型的吹塑温度为 120～140℃，模具温度为 40～50℃。

在具体设计 PEN 模具时，一般要选择小浇口，以利于注塑时高速剪切，从而降低熔体黏度，增大流动性。

因为 PEN 的成型温度与熔体黏度均高于 PET，所以使用 PET 成型设备加工 PEN 制品容易产生云雾状及凝胶体现象。一般 PEN 选用无结晶 PET 专用机（排气式）加工效果好。

（四）应用范围

1. 利用高阻隔性能

PEN 的最大用途为阻隔性包装材料，它可用于食品及医用包装。具体有啤酒、汽水、牛奶及保鲜食品的包装。1998 年，第一批 PEN 啤酒瓶在欧洲意大利的 SIPA 公司出现，存放 6～9 个月后口感与玻璃瓶包装的无差别，CO_2 的含量相同。

2. 利用高强度、高刚性

PEN 可用于磁带底膜、胶片、F 级绝缘材料、电子照相用带基、耐热电容器膜及话筒喇叭震动膜等。

3. 利用耐热性、尺寸稳定性

PEN 可生产透明导电膜、高密度软磁盘、光盘、电子部件、变压器、软印刷电路板、集成块及平面发热体等。

4. 利用耐辐射性

PEN 可生产太空用品及原子炉内膜片。

5. 利用液晶偏光性能

PEN 制品还能有更薄的厚度，利用此优点日本东洋纺开发 30～40μm 的 PEN 液晶偏光薄膜。目前智能手机等小尺寸液晶屏幕所使用的液晶偏光薄膜为三乙酸纤维素（triacetyl cellulose，TAC）和环烯烃聚合物（cyclo olefin polymer，COP），这类光学薄膜的厚度仅为 30～40μm。如果采用 PEN 制造的偏光薄膜开发成功，那其厚度相同的情况下性能针对更优异。而目前 PET 液晶偏光薄膜的主流厚度为 80μm，对于轻薄化为主旋律的当下，这样的缺点略显致命，甚至会掩盖很多优点。

第五节　聚己二酰间苯二甲胺（MXD6）

（一）一般概况

聚己二酰间苯二甲胺（MXD6）是一种特殊的高阻隔性 PA 材料，它是间苯二胺与己二酸发生缩聚反应的产物，属于半芳香族 PA。

20 世纪 70 年代，日本东洋纺织公司首先开发纤维级 PA MXD6，主要用于纤维的生产；20 世纪 80 年代，日本的三菱瓦斯公司开发出塑料级 PA MXD6，主要用于阻隔性包装材料和工程结构材料。我国湖南工业大学王文志研发团队在研究 MXD6 合成技术，辽宁鞍山七彩化学股份有限公司也有中试装置。北京安耐吉能源工程技术有限公司沧州工厂 2021 年首次实现国内规模化生产，突破了三菱瓦斯的垄断。

MXD6 的阻隔性虽比 PVDC 及 EVOH 稍小一点，但其阻隔性不受温度及湿度的影响，这尤其适合于高温和潮湿的场合使用，阻隔性好于 EVOH。

在当今阻隔性包装及以塑代钢的大趋势中，MXD6 成为引人注目的 PA 新品种之一。

（二）结构性能

1. 一般性能

MXD6 是一种半结晶性芳香 PA。与 PA6 和 PA66 比，其吸水率低，吸水后尺寸变化小，强度保持性好；MXD6 的流动性好、成型收缩率低，适用于精密制品的加工。

2. 力学性能和热性能

MXD6 具有优异的力学性能和热性能，其机械强度和热变形温度高，线膨胀系数小。MXD6 进行玻璃纤维增强后，力学性能还会大幅度提高。以 30% 玻璃纤维增强聚酰胺 MXD6 为例，其力学性能和热性能与 PA6、PA66、PET 及 PBT 比较如表 15-6 和表 15-7 所示。MXD6 的力学性能受温度影响较小，可在很宽的温度范围内保持高的强度和刚性；MXD6 的力学性能受湿度的影响也较其他 PA 低。

表 15-6 30%玻璃纤维增强 MXD6 与 PA6、PA66、PET、PBT 性能比较

性能	MXD6	PA6	PA66	PET	PBT
相对密度	1.46	1.36	1.38	1.61	1.52
吸水率/%	0.2	1.1	0.8	0.03	0.01
热变形温度/℃	232	205	260	240	214
线膨胀系数/($\times10^{-6}$℃$^{-1}$)	1.5	2.2	2.6	1.5	2.9
热导率/[W/(m^2·K)]	0.15	0.27	0.33	0.22	0.17
收缩率/%	0.51	0.7	0.8	0.5～0.7	0.6～0.8
拉伸强度/MPa	206	166	175	124	129
拉伸模量/MPa	12100	9300	10500	9300	8800
弯曲强度/MPa	261	242	239	164	199
弯曲模量/MPa	11800	8200	8300	9000	8900
压缩强度/MPa	245	128	171	122	129
缺口冲击强度/(kJ/m^2)	0.84	0.87	0.82	0.42	0.67
无缺口冲击强度/(kJ/m^2)	6.1	10.9	9.1	1.4	6.5
洛氏硬度(M)	112	93	98	91	94

表 15-7 MXD6 与 PA6 或者 PA66 共混增强的性能对比

材料	拉伸强度/MPa	弯曲强度/MPa	弯曲模量/MPa
PA6 50%+GF 50%	202	320	13000
PA6 40%+MXD6 10%+GF 50%	229	355	15748
PA66 50%+GF 50%	230	330	14000
PA66 38%+MXD6 12%+GF 50%	248	345	16206

从表 15-6 中可以看出，MXD6 与 PA6 的共混改性效果要比 PA66 好一些。

3. 阻隔性能

MXD6 对 O_2 的透过系数为 2～5$cm^3/(m^2 \cdot d \cdot atm)$（20$\mu$m，23℃，60%RH 情况下，下同），比 PA6 小 10 倍；对 CO_2 的透过系数为 28$cm^3/(m^2 \cdot d \cdot atm)$，对 H_2O 的透过系数为 7～10$g/(m^2 \cdot d)$。在常温下和相对湿度较低时，MXD6 的阻隔性不如 EVOH 和 PVDC 高；但随温度和湿度增加，其阻隔性能下降不像 EVOH 和 PVDC 那样快，即在高温和高湿度下，其阻隔性与 EVOH 和 PVDC 接近。例如，在湿度为 80%RH 时，MXD6 的阻隔性与 EVOH 和 PVDC 一样。

由于 MXD6 和 PET 在熔点、玻璃化转变温度等热性能方面非常近似，两者极易形成合金。在 PET 中 MXD6 含 3%～5%，其阻隔性能提高 2 倍，且其撕裂强度、耐压性与纯 PET 单层瓶相当；用 MXD6 与 PET 复合生产碳酸饮料瓶，当 MXD6 层为 6%时，保留 85%碳酸气的储存时间为 35 周，而纯 PET 瓶仅为 12 周。

（三）应用范围

预计汽车将是 MXD6 的最大市场，而阻隔包装材料次之。

1. 包装材料

（1）食品包装

以 PET/MXD6 共混或者多层复合形式制瓶，符合 FDA 要求，用于酒、饮料、药品及食品的阻隔包装。

以 PA6 和 MXD6 流延复合之后再双向拉伸制膜，具有优异的阻隔性，耐蒸煮性，大批应用在玉米包装行业，如日本尤尼吉可的 HG 膜（HG15、HG25 等）。

（2）软垫材料

用于防震、消声包装材料，包装精密仪器、仪表及贵重物品。

2. 工程结构材料

在汽车配件中，许多场合要求材料制品具有高机械强度和良好的耐油性能，并可在 120～160℃范围内长期使用。

玻璃纤维增强的 MXD6 的耐热温度可达 225℃，高温下的强度保持率高，可用于汽车引擎的汽缸盖、活塞、汽缸体、同步齿轮及轴承等。

MXD6/PPO 合金具有耐高温、高强度、尺寸稳定性、耐油性、耐磨损等性能，可用于汽车车体的垂直外板、前后挡泥板、车轮罩和几乎不能用钢板冲压成型的曲面部分及汽车底盘。

3. 磁性塑料

复合磁性塑料中的树脂材料以前常用 PA6、PA66、PA12 及 PP 等，但 PA6、PA12 的吸水大，吸水后耐热性不够。而 MXD6 的吸水小、密度小、收缩率低及尺寸精度高，是理想的复合磁性基体材料。

第六节　间苯二甲酰己二胺-对苯二甲酰己二胺共聚物（PA6I/6T）

（一）一般概况

间苯二甲酰己二胺-对苯二甲酰己二胺共聚物是一种高阻隔PA，阻隔性能、原理基本与MXD6类似，属于非晶半芳香族PA，英文简称为PA6I/6T。

PA6I/6T最早由美国杜邦公司开发出来，商品名称Selar® PA3426，主要用于食品包装和尼龙改性行业，其后瑞士EMS公司、赢创德固塞、莎士比亚、英威达也推出相应产品。不过目前国内杜邦公司PA3426和瑞士EMS公司的G21、G16等占据了很大的市场份额。2021年北京安耐吉能源工程技术有限公司沧州工厂PA6I/6T与MXD6同时批量化投产，打破了国际垄断。除此之外，国内外生产企业还有日本三井化学ArlenA、瑞士艾曼斯Grivory、中国青岛三力和金发科技。

PA6I/6T的阻隔性与MXD6类似，常温常湿下比PVDC和EVOH小，但是高温高湿情况下性能更优异，并且比较适合蒸煮应用，对气体的锁味性更强。

随着己二胺的国产化进程加速，价格逐步降低，PA6I/6T在薄膜和尼龙改性上的应用将得到进一步的拓展。

（二）结构性能

1. 一般性能

与PA6和PA66比，PA6I/6T吸水率低，吸水后尺寸变化小，属于聚酰胺中最低类别，比PA66低50%以上，吸收后强度保持性好。与MXD6类似，PA6I/6T流动性也很好、成型收缩率低，适用于精密制品的加工。

2. 力学性能与热性能

PA6I/6T具有优异的力学性能，由于是非晶结构，所以受热变形温度影响较大。PA6I/6T具有高耐热性能、高玻璃化转变温度（125℃），即便在发动机室高温环境下，也能维持高刚性。PA6或者PA66改性时加入PA6I/6T会大幅提高玻纤或者填料的分散性，提高整体的力学性能如拉伸强度和弯曲强度，缺口冲击强度有略有下降。PA6、PA66中加入PA6I/6T之后的性能对比见表15-8。

表15-8　PA6I/6T与PA6或者PA66共混增强的性能对比

材料	拉伸强度/MPa	弯曲强度/MPa	弯曲模量/MPa
PA6 50%+GF 50%	202	320	13000
PA6 40%+PA6I/6T 10%+GF 50%	224	352	15142
PA66 50%+GF 50%	230	330	14000
PA66 38%+PA6I/6T 12%+GF50%	249	349	16363

由表15-8可以看出，PA6或者PA66加入PA6I/6T之后性能均有较大幅度的提升。由

于 PA6I/6T 优异的流动性，制品表面形成富树脂层（主要以 PA6I/6T 树脂为主），制品表面非常光亮；同时有效阻碍了水汽的进入，使制件有很好的强度保持率。

3. 阻隔性能

尼龙 PA6I/6T 的氧气透过系数为 $10cm^3/(m^2 \cdot d \cdot atm)$（50μm，23℃，85%RH），相当于同样条件下 PA6 的 1/5；对 CO_2 透过系数为 $40cm^3/(m^2 \cdot d \cdot atm)$ （50μm，23℃，85%RH），对水汽透过系数为 $7g/(m^2 \cdot d)$（50μm，23℃，85%RH）。与 MXD6 类似，在常温常湿下 PA6I/6T 阻隔性不如 EVOH，但是在高温高湿下（35℃、85%RH），阻隔性反而大幅提升，优于 EVOH，这是半芳香阻隔 PA 的特点，在高温蒸煮保鲜行业得到很好的应用。

由于 PA6I/6T 本身就是 PA，所以和 PA6 具有非常好的相容性，为了提升性能，大部分会作为添加剂使用。研究显示，PA6 里面加 15% PA6I/6T 所制成的薄膜，阻隔性可以提升 1 倍，热处理之后可以提升 2 倍。

4. 优良的耐化学品性

可以耐机油、甲醇汽油和 LLC（50%），比 PA66、PA6 都要好得多。

（三）成型加工

对于注塑加工方式，具体建议及参考如下。

（1）预备干燥

开封后，必须对接触空气（已吸收水分）的产品进行再干燥。除湿干燥机：温度为 100℃，2～6h。

（2）成型设备

设备需要考虑磨耗的情况（阻燃牌号是耐腐蚀）。选择单次注射量≥最大射出容量 10%的小型设备。标准喷嘴即可。

（3）模具

同样需要考虑选用磨耗（阻燃牌号是耐腐蚀）的钢材。排气槽为 10μm 左右。

（4）工艺条件

料筒温度：NH 320℃ （315～335℃），C3 320℃ （320～335℃），C2 320℃ （315～335℃），C1 310℃（300～325℃）；

料斗下部：70℃（50～90℃）；

模具（非增强牌号）温度：120℃（90～140℃）；

注射速度：中速；

注射压力：中压；

螺杆速度：150r/min。

（四）应用范围

1. 包装材料

① 对于 PE/PA6 多层共挤薄膜，PA6I/6T 作为助剂加入 PA6 中，提高阻隔性、薄膜透

明度、吹胀比等。符合 FDA 要求，用于各种肉类等食品的阻隔包装。

② 单独作为阻隔层使用，用于牙膏、化妆品瓶、酸奶杯、调味品包装等。

2. 工程结构材料

PA6I/6T 具有高刚性、高流动、低吸水、低翘曲的特点，加入 PA6 或者 PA66 中改性，可以大幅提升材料的力学性能，尤其适合对尺寸稳定要求高、力学性能要求高的场合。比如：汽车后视镜、空调出风口、水箱、水表、卫浴部件等。

第七节　茂金属环烯烃均聚物和共聚物（COC）

（一）一般概况

茂金属环烯烃聚合物是一种新型非晶聚烯烃树脂，其突出的性能有吸水率接近于零、玻璃化转变温度高、韧性好、透明性好、光学性能好、气体阻隔性高、耐化学品性好、耐光性佳、成型加工性好，所以应用前景十分广阔。

环烯烃单体的聚合活性很低，传统催化剂无法使其很好聚合，因此环烯烃均聚物（COP）和环烯烃共聚物（COC）一直未发展起来。茂金属催化剂的开发，可使环烯烃单独聚合或与其他单体共聚合。已开发成功的环烯烃有环丁烯、环戊烯和降冰片烯等，并制成熔点高达 400℃的高分子量聚合物，具体见表 15-9。但采用茂金属催化剂聚合成功的环烯烃均聚物具有高结晶度和高熔点，熔点可达到 400～600℃，具有不溶不熔的特点，在高温下未熔融就已经分解，且不溶于有机溶剂，导致成型加工困难。改善聚环烯烃加工性的方法为加入 α-烯烃与之共聚合，形成环烯烃共聚合物。

表 15-9　几种茂金属环烯烃聚合物的聚合条件及性能

单体	聚合温度/℃	催化活性/[g/(mol·h)]	熔点/℃
环丁烯	0	350	485
环丁烯	−10	180	485
环戊烯	0	120	395
环戊烯	30	480	395
降冰片烯	20	150	＞600

1987 年日本三井石化公司用茂金属催化剂合成了乙烯-二亚甲基八氢萘（DMON）共聚物，并于 2000 年进行工业化生产，产品的商品名为 Apel。1990 年德国 Hoechst 公司用茂金属催化剂合成了乙烯-降冰片烯共聚物，并于 2000 年在德国的 Oberhausen 建成 3 万吨/年的装置，产品的商品名为 Topas。

目前已开发的环烯烃共聚物主要为乙烯-降冰片烯共聚物，主要生产企业为日本宝理。均聚物为单一降冰片烯聚合物，生产难点更大，主要生产企业有日本瑞翁，开发的降冰片烯均聚物耐热 265℃。下面主要介绍环烯烃共聚物。

中国部分企业通过自主研发，已初步掌握包括单体合成、催化剂筛选、聚合反应控制、共聚产物纯化、链结构与分子量调控、反应器设计等一系列 COC/COP 生产的核心技术和工艺。目前，拓烯科技、无锡阿科力、辽宁鲁华泓锦已实现环烯烃聚合物的工业化量产，分别拥有 3000 吨/年、1000 吨/年、500 吨/年 COC 生产装置。金发科技的 80 吨/年中试装置已于 2023 年投产。中国石化天津石化 850 吨/年降冰片烯和 1000 吨/年 COC 项目已于 2025 年 10 月备案。此外，万华化学、益丰新材料、中国石油等企业正在开展单体及聚合物合成的小试试验。华为也相继发布了相关专利，显示出其在 COC/COP 领域的研发实力。

2024 年，全球 COC/COP 产能合计约 9.3 万吨/年，产能高度集中于少数几家企业，其中日本企业在该领域占据显著优势，合计产能占比达 95%。日本瑞翁 2021 年扩产后产能占全球总产能的 45%，是全球最大的 COC/COP 生产商；宝理塑料通过收购德国赫斯特集团的 Topas 业务进入 COC 领域，产能约占全球总产能的近 40%。

（二）结构性能

1. 结构

COC 分子主链上含有大体积的脂环结构，因此结晶性十分差。

2. 性能

COC 具有聚烯烃类似的热稳定性、耐光性和耐化学品性，在力学性能、流动性和尺寸精度等方面具有非晶树脂的特点，其中最突出的性能为双折射率和水蒸气透过系数小。

（1）一般性能

① 密度小　比 PMMA 和 PC 低约 10%，有利于制品轻量化。

② 吸水率低　属于低吸水率的聚合物，饱和吸水率小远低于 PMMA 和 PC，不会产生因吸水导致物性下降的影响。

（2）气体阻隔性

Apel 的气体透过系数低，尤其是水蒸气透过系数是现有树脂中最低的，氧气的透过系数为 60g·mm/(m^2·d)，CO_2 的透过系数为 25g·mm/(m^2·d)，而透湿系数更低，至 0.09g·mm/(m^2·d)。COC 与其他树脂的阻隔性比较见表 15-10。

表 15-10　COC 与其他树脂的阻隔性比较

树脂	水透过系数/[g·mm/(m^2·d)]	O_2 透过系数/[g·mm/(m^2·d)]	CO_2 透过系数/[g·mm/(m^2·d)]
Apel APS8009	0.09	60	25
OPP	0.15	65	210
CPP	0.30	85	280
HDPE	0.20	5	230
LDPE	0.45	200	1060
PVC	1.2	5	10
PVDC	0.05	0.4	1.5
PS	3.0	140	350
PC	4.0	120	430

续表

树脂	水透过系数/[g·mm/(m^2·d)]	O_2透过系数/[g·mm/(m^2·d)]	CO_2透过系数/[g·mm/(m^2·d)]
PET	1.0	5	12
PAN	2.4	0.1	—
OPA	4.0	0.8	4.5
TPX	3.0	450	5500
EVOH	0.8	0.05	0.75

（3）光学特性

COC是一种非晶态的高分子材料，自然形态类似玻璃，透明度大于91%，并且双折射率小，阿贝数和折射率大，尺寸稳定性好，吸水率极低，是非常优良的光学材料。与PMMA和PC相比，COC吸水性低，不会因为吸水而造成光学特性的变化；由于COC含有极性和异向性小的单体，因而双折射率很低，这在透明塑料中很少见，是替代PC用于光盘的最佳材料。COC透明度特别高，主要用于要求有玻璃般清晰度的产品，包括镜头、小瓶、显示器和医疗设备等。COC具有与PMMA相匹敌的光学性能以及高于PC的耐热性，还具有比PMMA和PC更加优良的尺寸稳定性等。

（4）耐化学品性

COC具有普通聚烯烃的优良的耐水、耐水蒸气、耐酸、耐碱性及盐，并可耐极性溶剂；但因COC的非结晶性能，致使在汽油、润滑油、三氯乙烷等碳氢化合物和卤化物中会有溶解和溶胀现象。COC与其他树脂的耐化学品性见表15-11。

表15-11　COC与其他树脂的耐化学品性

化学品种类	Apel	PP	PC	PET	PVC
酸	A	A	A	B	A
碱	A	A	C	C	B
无机盐类	A	A	A	A	A
乙醇	A	A	C	B	A
酮	A	A	C	A	C
酯	A	A	C	A	C
氯系溶剂	C	C	C	A	C
芳香族溶剂	C	B	C	A	C
汽油	C	B	C	A	C
润滑油	C	B	C	A	B
色拉油	A	A	A	A	A

注：A—可用，B—注意，C—不能用。

（5）耐热性

乙烯-降冰片烯共聚物的耐热性和非晶性能与降冰片烯的含量有关，降冰片烯的含量越高，共聚物的耐热温度和透明度越高。共聚物具有较高的玻璃化转变温度（80～180℃），耐热温度超过100℃，还可以在－80℃的环境下长期超低温使用。

日本三井石化公司 Apel 和德国 Hoechst 公司 Topas 的具体性能及与其他非晶树脂比较见表15-12和表15-13。

表 15-12　日本三井石化公司 Apel 的具体性能及与其他非晶树脂比较

性能	Apel APS8009	Apel APS5014	Apel APS6518	HPVC	CPPS（环对苯乙烯）	PC	PET
相对密度	1.02	1.02	1.02	1.38	1.05	1.20	1.34
吸水率/%	<0.01	<0.01	<0.01	0.1	0.03	0.2	0.3
玻璃化转变温度/℃	80	130	175	80	90	145	80
热变形温度/℃	75	120	155	70	80	135	70
拉伸强度/MPa	60	45	60	55	45	65	60
断裂伸长率/%	30	3	3	150	3	110	300
弯曲强度/MPa	100	100	100	100	80	95	90
弯曲弹性模量/MPa	2800	3500	3200	3000	3100	2400	2700
悬臂梁缺口冲击强度/(kJ/m^2)	40	20	20	20	20	650	40

表 15-13　德国 Hoechst 公司 Topas 的具体性能及与其他非晶树脂比较

性能	Topas	PS	PC	PMMA
相对密度	1.02	1.05	1.2	1.2
吸水率/%	<0.01	0.1～0.3	0.2	0.3
成型收缩率/%	0.6～0.7	0.4～0.7	0.15	0.3
弯曲弹性模量/MPa	3445	3100～3445	2343	3100
拉伸强度/MPa	59.94	44.1～56.5	62.01	68.90
断裂伸长率/%	3～4	2～3.6	80	5
悬臂梁缺口冲击强度/(kJ/m^2)	21.36	21.36	267～864.4	16.02
热变形温度(0.45MPa)/℃	75～170	76～94	142	92
邵氏硬度(D)	89	75～84	85	100
透光率/%	92	88	91	92
雾度/%	1	3	1	1
折射率	1.53	1.59	1.59	1.49
双折射率	低	高/低	低/高	低
阿贝数	58	31	34	61

（三）成型加工

1. 加工特性

COC可用注射成型、吹塑挤出成型、中空成型、压延成型等多种方式加工，尤其是可以进行结晶聚烯烃难以采用的热成型，它因能很好地吸收碳氢化合物类发泡剂而容易制成泡沫塑料。

COC 易吸湿，因此成型前一定要严格进行干燥处理，一般是在 110℃的温度下，对材料干燥 4～6h，这样有利于改善制品透明的外观。如果采用注射成型，在对制品冷却阶段最好是快速冷却，这样有利于增加制品的透明度，但要注意制品开裂现象。螺杆清洗，先用低黏度清洗剂进行清洗，再用 COC 进行二次清洗。

COC 的表面二次加工性好于普通聚烯烃，具有良好的涂装性、印刷性和黏结性能，并可进行热熔接成型。

2. 加工方法

COC 注射成型工艺条件：料筒后部温度一般为 240～270℃，料筒中部温度一般为 250～310℃，料筒前部温度为 260～310℃，喷嘴温度为 250～310℃，模具温度最好为 110～145℃。COC 最佳加工温度一般为 260～310℃，注射压力为 50～110MPa，注射速度一般选中等偏快，保压压力一般为 30～60MPa。

COC 挤出成型时最好选用单螺杆机，若用双螺杆机一定要保证有足够的压力和加热，特别是大件制品，若温度太低，压力不足，COC 大件制品极易开裂。

下面以 Topas 的注-拉-吹工艺为例，其具体的工艺参数和设备相关参数见表 15-14、表 15-15。

表 15-14　Topas 的注-拉-吹工艺参数

项目	8007-D61	6013-D61	6015-D61
熔体流动速率/(g/10min)	30	13	4
热变形温度/℉	167	266	302
加料口温度/℉	＜140	＜230	＜230
加料段温度/℉	374～428	446～500	464～518
压缩段温度/℉	392～446	464～518	482～554
均化段温度 1/℉	392～446	464～518	482～554
均化段温度 2/℉	392～446	464～518	482～590
注射喷嘴温度/℉	392～500	464～572	446～590
模具温度/℉	122～158	212～230	212～266
料坯温度/℉	122～150	194～212	212～230
瓶颈温度/℉	122～158	212～266	266～302
瓶身温度/℉	130～158	212～230	284～320
瓶底温度/℉	122～158	194～212	212～230
吹塑温度/℉	212～248	212～248	356～392

注：$t/℃=\frac{5}{9}(t/℉-32)$。

表 15-15 Topas 的注-拉-吹设备的设定参数

项目	数据	项目	数据
注塑压力/ psi	7255～14510	缓冲量	4 mm 标准
保压压力/psi	4353～7255	螺杆类型	PVC 螺杆(长 L/D)
背压压力/psi	10～30	喷嘴类型	易流动型
注塑速度/(mm/s)	50～150	喷嘴内径/mm	0.9～2.2
螺杆转速/(r/min)	100～150	拉伸比	(1∶2)～(1∶3)
螺杆回吸量	没有或最小化	浇口直径/mm	1.8～2.2

注：1psi=6.895kPa。

再举一个透镜级 Topas 的注射成型工艺条件，具体见表 15-16。

表 15-16 透镜级 Topas 的注射成型工艺条件

工艺项目	具体数据	工艺项目	具体数据
干燥温度/℃	100	注射压力/MPa	35
干燥时间/h	6～24	注射速度/(mm/s)	20
料筒温度/℃	270	螺杆转速/(r/min)	100～150
模具温度/℃	105～115		

（四）应用范围

在光学仪器领域，COC/COP 凭借其高热变形温度、高透明性、良好的尺寸稳定性、低双折射率、低介质损耗、低相对介电常数和低密度等一系列优良特性，成为制备各类光学元件的重要材料。其应用形态主要分为光学树脂和光学薄膜两种。光学树脂主要用于智能手机镜头、安防镜头、车载镜头、AR/VR 光学镜片等，而光学薄膜主要用于偏振片保护膜、显示屏薄膜、电视感光元器件以及投影仪感光元器件等。

在包装领域，COC/COP 具有高收缩性、低收缩力、低密度以及高气体阻隔性等特征，能够减少食品和医药包装厚度、增加包装模量、提高包装的气体阻隔性、耐穿刺性和易撕性。

在医疗领域，COC/COP 因其优异的水蒸气阻隔性和生物相容性，以及优良的透明性、耐热性和耐化学性，能够延长药品的保存时间。此外，其密度比玻璃小得多，可以进行蒸汽以及伽玛射线的消毒，是一种优质的医学材料，特别适用于微量滴定板、血液储存器、血液透析器、预充注射器、吸液管和疫苗用西林瓶等医疗器材的制造，还可用于生物芯片。2024 年，COC/COP 在医疗领域的消费量约为 0.4 万吨。

除上述应用领域外，COC/COP 还可用于电容器膜、过滤器膜以及移动设备天线等电子电气领域。2024 年，COC/COP 在其他领域的消费量约为 0.2 万吨。

第八节 聚酮（POK）

（一）一般概况

聚酮（polyketone，POK）是由一氧化碳、烯烃（乙烯或丙烯）共聚的一种新型聚合物。因以一氧化碳为共聚单体，故其属于绿色环保聚合物。到目前为止，开发的共聚单体主要为乙烯，丙烯主要作为第三单体来调整聚合物的熔点等其他物理性能。

聚酮是一种线型严格交替的共聚物，分子结构中含有活泼的羰基，具有可光降解、良好的力学性能、耐溶剂、无毒等性质，此外还可以作为母体转变成许多种功能高分子材料。另外，由于原料价格低廉，与大多数用石油为原料制备聚酮相比，降低了成本，节约了能耗。

目前国外聚酮树脂已实现工业化。英国壳牌在英国卡林顿和美国盖斯托马各建立了一套装置，生产能力分别为 2.0 万吨/年。韩国晓星已经在韩国实现了产业化生产，在中国有销售。此外，BP 化学、杜邦、道化学等公司也紧随其后，正处在开发试生产阶段。以韩国晓星公司为例，目前有 6 个基本树脂牌号为 M230A、M330A、M340A、M620A、M630A、M640A，熔体流动速率在 6～200g/10min，熔点在 220～240℃，适合注塑和挤出成型，此外还有 27 个改性品种。

（二）具体性能

POK 是一种分子主链碳、氢通过高度结晶形成紧密结晶的一类聚合物，属于脂肪族聚合物，共聚单体按等规排列聚合。POK 在性能上属于工程塑料的范畴，密度比 POM 轻 12%，比 PBT 轻 6%。POK 的分子结构决定其具有杰出的抗冲击性，而且在不同的条件下机械强度变化较小，性能稳定性优于其他普通工程塑料，POK 的主要性能见表 15-17。

表 15-17 POK 的主要性能

性能		POK	PA6	PA66	PBT	POM
密度/(g/cm^3)		1.24	1.14	1.14	1.30	1.41
熔点/℃		220	220	260	220	160
冲击强度/(kJ/m^2)		12	5.2	4.1	5.0	6.5
拉伸强度/MPa	干燥	70	80	80	55	65
	正常	70	55	70		
	湿润	60	35	50		
断裂伸长率/%	干燥	270	17	19	16	35
	正常	270	40	60		
	湿润	390	360	370		
弯曲模量/MPa	干燥	1800	2600	2900	2400	2500
	正常	1800	1200	2200		
	湿润	1450	600	1100		

POK 突出的性能介绍如下：

1. 冲击强度

在很宽的稳定范围内，POK 具有优异的冲击强度，除了不如 PC 外，比通用工程塑料 PA、POM、PET、PBT、PPO 都好。

2. 耐化学品性

POK 主链由 C—C 链段构成，化学性能稳定，除强酸强碱外，其他化学环境基本可耐受，耐化性与 PPS 相当。具体而言，POK 具有优异的耐化学品性、耐燃料油性能和耐水解性能，在酸碱中性能不变差，耐燃油性能是 PA12 的 2 倍，是汽车燃油管的理想材料。

3. 耐热性

POK 的热变形温度可以达到 210℃，长期使用温度可达 125℃，在该温度下材料机械强度具有较高的保持率，可用于类似发动机周边部件替代 PA 及聚酯等。

4. 耐磨性

POK 作为耐磨性突出的新型工程塑料，POK 的耐磨耗性能是 POM 的 14 倍，属于目前最好的耐磨塑料品种。因为具有长期尺寸稳定性，强度受湿度影响小，POK 能够在滑轮、齿轮、轴承衬套等领域，用于替代 POM、PA 等材料，提高产品的使用寿命并在一定程度上降低噪声。

5. 阻隔性

POK 具有高气体阻隔性能，与 EVOH、PVDC 的阻隔性能相当，属于高阻隔型聚合物品种，POK 对水、氧及有机物质都有杰出的阻隔性，在汽车燃油系统、包装膜材、化妆品包材等方面有广阔的应用前景。

6. 阻燃性

POK 具有良好的阻燃性能，添加阻燃剂使用量仅为尼龙的 50%就可以达到 UL 94-V0 级别。常用阻燃剂以亚磷酸金属盐阻燃剂为例，加入 8%即可，而尼龙需要 17%。

7. 高弹性

POK 的回弹性可以达到 400%，高于其他目前使用的工程塑料。

8. 抗水解性

在常温（23℃）下，POK 材料长期泡水后，力学性能变化远小于 PA、聚酯类材料。其优异的长期耐水解，基本与 PPS、PPO 相当。长期在 95℃热水环境下浸泡，材料力学性能下降幅度也很小，具有优异的耐水解性。总而言之，无论在常温还是热水中，PK 均具有优异的抗蠕变性及尺寸稳定性，因此可以替代尼龙用于汽车水室、中冷器、热水表等应用。

9. 低 VOC 和低气味

POK 具有独有的生产工艺及环保配方，很少会有小分子析出及挥发，基本不含五苯和三醛，符合国内外各类车企的低 VOC 标准。另一方面，其低气味能够轻松通过类似 VDA270 的气味等级测试，适合在汽车内饰方面替代 POM 和 ABS 等。

10. 耐紫外线

POK 经过耐候改性后抗 UV 性大大提高，长期使用强度保持率高，有利于提升产品使用寿命，可替代 PA、ABS、PC 等在户外长期使用。

11. 电绝缘性

POK 吸湿率低，电绝缘性优异，在冷、热水中长期浸泡，电阻保持率较 PA 高，因此能够用于断路器、电子连接器、铁路扣件等替代尼龙。

（三）改性品种

由于聚酮分子中存在羰基，可进行化学改性，经加氢、硫醇化、氨化等反应，得到聚醇、聚巯醇、聚酰胺和聚酯等 20 多种功能高分子材料，适用于多种用途。更为重要的是，聚酮分子链中含有大量的羰基，能够发生与低分子酮类相似的光化学反应。聚酮的最大吸收波长范围为 280～290nm，太阳光中恰好存在该波长的紫外光，所以聚酮类高分子材料在室外易发生光降解，而在室内则因玻璃门窗的吸收作用，使该波长的紫外光大为减少，所以比较稳定。聚酮光降解是在羰基键附近的碳链断裂生成酮类、烯类及二氧化碳等低分子物，不存在环境污染问题，因而成为环境友好材料。

（四）成型加工

POK 很容易成型加工，可通过挤出、注塑、吹塑等不同工艺成型加工，成型周期短，生产效率高。

（五）应用范围

POK 聚酮凭借其独一无二的特性，包括出色的耐磨性和耐化学品性、卓越的冲击强度和对气体和碳氢化合物的阻隔性、耐水解稳定性，为汽车、电子电气、包装、水处理等各个行业带来了技术创新，具体应用有汽车燃油管、汽车配件、电气接插件、开关、齿轮、高阻隔包装、纤维等。

第九节　聚丙烯腈（PAN）共聚物（PAN 共聚物）

（一）一般概况

纯聚丙烯腈（PAN）的阻隔性能十分优异，但由于其吸水性太大，严重影响 PAN 的阻隔性及其他性能，并且难以加工。因此，纯 PAN 很少使用，而常用聚丙烯腈共聚物，又称为 PAN 共聚物。PAN 共聚物可有效地降低其吸水性，并基本保持其原有的阻隔性。

常用的 PAN 共聚物为丙烯腈-甲基丙烯酸酯（苯乙烯）-丁二烯（丁腈胶）三元接枝共聚物。其具体组成为：丙烯腈含量约为 70%；甲基丙烯酸酯或苯乙烯 20%～30%；丁二烯或丁腈胶含量小于 20%。

PAN 共聚物的合成方法为：在乳化剂、引发剂和调解剂的存在下，丁二烯和丙烯腈在水相中聚合成胶乳；然后加入甲基丙烯酸酯、丙烯腈催化剂，形成接枝共聚物。

（二）结构性能

PAN 共聚物具有优良的气体阻隔性，保香和保味性能也很好。其 O_2 的透过系数为

$8cm^3 \cdot mm/(m^2 \cdot d \cdot MPa)$，$CO_2$ 的透过系数为 $16cm^3 \cdot mm/(m^2 \cdot d \cdot MPa)$，水的透过系数为 $50g \cdot mm/(m^2 \cdot d \cdot MPa)$；比 EVOH、PVDC 共聚物的阻隔性低，与 MXD6 相当。

PAN 共聚物的阻隔性也受温度、湿度的影响，其对湿度的敏感性与 EVOH 接近，但比 PVDC 共聚物小。

PAN 共聚物的耐化学品性好，具有中等拉伸强度，用橡胶改性或双向拉伸后，冲击性能好。

（三）应用范围

PAN 可以加工成吹塑容器等。

1. 食品包装

PAN 共聚物因耐水性一般，不用于饮料的包装，但可用于其他非饮料食品的包装，常见的有调味品、维生素增补剂、干汤粉、加工肉类及巧克力等。

2. 非食品包装

PAN 共聚物可用于家用电器、汽车等工业产品的包装，以及修正液、指甲油的包装材料。

第十六章

功能性聚合物

功能性聚合物是指具有双重功效的一类聚合物，如同时具有亲水性和疏水性等。聚合物的合成反应可分为均聚、共聚和接枝三类，而功能性聚合物为共聚聚合物和接枝聚合物时，可以用作聚合物合金和填充的相容剂，也可单独用于塑料原料。

第一节　接枝类功能聚合物

接枝为在大分子主链上再聚合出小支链的一种聚合方法。常用的接枝聚合物基体有 PE、PP、PS、POE、EPDM 及 ABS 等，常用的接枝单体有丙烯酸、丙烯酸甲酯、丙烯酸乙酯、丙烯酸丁酯、甲基丙烯酸、甲基丙烯酸甲酯、马来酸酐（MAH）及缩水甘油醚等，其中以马来酸酐最常用。

一、马来酸酐接枝聚乙烯（PE-g-MAH)

1. 一般概况

马来酸酐接枝聚乙烯又称为接枝改性聚丙烯，英文名称 maleic anhydride graft polyethylene，简称 PE-*g*-MAH。PE-*g*-MAH 是以 PE 为基材开发的改性新品种，特别是将 PE 进行极性官能团化，使非极性的 PE 分子链接枝上极性化合物，已获得国内外的广泛应用。PE-*g*-MAH 在共混增容、填充增强、改性工程塑料、与金属材料的热复合、黏合等方面有着重要的用途，例如 PE-*g*-MA 已广泛用于玻纤增强聚乙烯、矿物及木粉填充聚乙烯等复合材料改善界面的相容性和亲和性。此外，PE-*g*-MAH 用于 PE/PA 合金，能极大地促进 PE 与 PA 之间的相容性，制成阻隔性优异的 PA 合金，用于阻隔包装容器。添加少量这种接枝改性聚乙烯，可明显改善材料的可漆性和粘接性，显著提高材料的力学性能和热学性能。

该产品是通过化学反应的手段在聚乙烯分子链上接枝数个马来酸酐分子，使产品既具有聚乙烯的良好加工性和其他优异性能，又具有马来酸酐极性分子的可再反应性和强极性，利于作为偶联剂和相容剂使用，在塑料领域具有广泛的用途。

马来酸酐接枝聚乙烯的具体合成方法介绍如下。

（1）溶液接枝法

在配有回流冷凝管、温度计、搅拌器的三口瓶中加入 50g LDPE、5g MAH 和 500mL 二甲苯，加热回流至全溶。再加入 0.15g DCP，并计时反应 90min。稍冷后快速倒入 0℃的

1000mL 丙酮中沉淀。过滤得絮状物，真空烘干即得 PE-*g*-MAH 产品。

（2）反应式挤出接枝法

将 PE、MA、引发剂等按一定比例在高速混合机中混合均匀，然后在双螺杆挤出机或密炼机中进行反应挤出接枝物，经拉条、冷却、切粒后得 PE-*g*-MAH 产品。

（3）固相接枝法

在低于 PE 熔点的温度下（通常在 PE 的玻璃化转变温度以上、熔点以下，如 90～130℃），使处于固态（粉末或颗粒）的 PE 与 MAH 单体、引发剂在搅拌反应器（如转鼓式混合器、高速混合器）中进行接枝反应。有时需要加入少量溶胀剂（如丙酮或其他低沸点溶剂）来促进单体向 PE 颗粒内部扩散。

（4）辐射接枝法

利用高能射线（如 γ 射线、电子束）辐照 PE 产生 PE 大分子自由基，再与气态或液态的 MAH 单体接触进行接枝反应。可在固态或熔融态下进行。

2. 结构性能

接枝共聚物在常温下不溶于水和有机溶剂，外观为半透明、白色颗粒，相对密度在 0.91～0.97 之间，接枝率在 0.8%～1.5%之间，熔体流动速率略低于所选 PE 基材，其力学性能、耐候性能、耐化学品性、热稳定性等与聚乙烯相当。马来酸酐接枝改性聚乙烯，在保持聚乙烯物理性能的同时，呈现出高的极性和可反应性。

3. 成型加工

PE-*g*-MAH 可采用 LDPE 的加工设备进行挤塑成型、共挤塑复合、挤塑涂覆等成型加工。其加工温度略低于 LDPE 的加工温度，注塑压力、保压压力应控制在适当值，挤出温度应控制在 180℃左右。

4. 应用范围

（1）高分子偶联剂

用于玻璃纤维、滑石粉、碳酸钙、云母、氢氧化铝（镁）等填充聚乙烯复合材料，改善聚乙烯基体与填料界面的相容性和黏结性。添加量 3%～10%，可大大提高复合材料的力学性能。与常用的硅烷、钛酸酯、铝酸酯及磷酸酯类偶联剂相比，PE-*g*-MAH 对复合材料力学性能的改善效果更佳。

（2）极性增强剂

用于增加聚乙烯的极性，添加 10%～20%，可明显改善聚乙烯的染色性、黏合性和可漆性。

（3）分散促进剂

用于聚乙烯填充母料、色母料、阻燃母料及降解母料等。由于其与颜料、染料、阻燃剂等有较强的相互作用，可促进颜料、染料、阻燃剂等在聚乙烯载体树脂中的分散。

（4）高分子相容剂

用于 PE/PA 等合金，改善相界面的相容性和亲和性。

二、马来酸酐接枝聚丙烯（PP-*g*-MAH)

1. 一般概况

马来酸酐接枝聚丙烯又称为接枝改性聚丙烯，英文名称 maleic anhydride graft polypropylene，简称 PP-*g*-MA。

PP 本身力学性能一般，限制了自身的用途，且 PP 是非极性聚合物，在与其他极性高聚物如 PA、聚酯（PET 或 PBT）及 PC、玻璃纤维、无机填料等共用以期望提高冲击强度等性能时，由于它们之间的相容性差而带来了困难，这就需要新的相容剂提供帮助，最适合的品种马来酸酐接枝聚丙烯应运而生。

马来酸酐接枝聚丙烯由聚丙烯经反应挤出接枝马来酸酐制得。聚丙烯与马来酸酐、丙烯酸、甲基丙烯酸甘油酯等具有反应性基团的极性单体进行化学接枝是对 PP 改性的有效手段。通过在 PP 大分子链上接枝这些反应基团不但可以明显改善聚丙烯与填料进行填充的亲和性或与极性的工程塑料进行共混时组分之间的相容性，而且可以作为黏结树脂在复合膜生产中得到应用。

PP 与马来酸酐的接枝反应可以通过溶液接枝、熔融接枝和固相接枝来进行。利用反应性挤出的方法进行的熔融接枝具有设备投资少、工艺操作简单、产物无需后处理等优点而获得了广泛的工业化应用前景。将 PP、MAH、引发剂和抗氧剂等在高速混合机中混合均匀，然后在双螺杆挤出机中进行反应挤出接枝，然后经拉条、冷却、切粒制得 PP-*g*-MAH。

2. 结构性能

接枝聚丙烯因在聚丙烯分子链上接枝强极性有机小分子基团，从而使得其显示出优良的特性。在有机过氧化物的存在下对非极性的 PP 进行接枝改性，以改善聚丙烯与其他极性聚合物的相容性及其自身的染色、涂装性能，并成为极性材料与非极性材料粘接和相容的桥梁。

3. 成型加工

添加一定量接枝物做相容剂的材料可用挤塑、注塑、吹塑和真空成型等方法得到不同用途的产品。马来酸酐接枝聚丙烯还可以与其他烯烃类聚合物共混。

4. 应用范围

（1）偶联剂

无机增强材料（玻璃纤维）和填充材料（滑石粉、碳酸钙、氢氧化镁、颜料）与聚丙烯之间的偶联剂。

（2）极性增强剂

用于增加聚丙烯的极性。改善聚丙烯与极性材料（金属、PA 等）的粘接性等。添加 10%～20%，可明显改善聚丙烯的染色性、黏合性和可漆性。

（3）分散促进剂

用于聚丙烯色母料、阻燃母料及降解母料等。由于其与颜料、染料、阻燃剂等有较强的相互作用，可促进颜料、染料、阻燃剂等在聚丙烯载体树脂中的分散。

（4）高分子相容剂

用于 PP/PA 等合金，改善界面的相容性和亲合性。

三、马来酸酐接枝 ABS（ABS-g-MAH）

1. 一般概况

马来酸酐接枝 ABS 又称为接枝 ABS，英文名称 maleic anhydride graft acrylonitrile-butadiene-styrene copolymer，简称 ABS-*g*-MAH。

ABS 具有优良的物理力学性能，表面强度高、尺寸稳定、耐化学品性和电性能良好，易于成型加工，可电镀，可作胶黏剂，而且价格低，是应用最广泛的工程塑料之一。为了进一步提高 ABS 的综合性能和扩大其应用范围，常采用共混改性的方法。但由于 ABS 与其他聚合物的相容性不是很理想，常需添加增容剂以减小颗粒直径，降低界面张力，使相间能混合均匀，以更好地改善其性能。ABS 体系的常用增容剂有接枝 ABS MAH、苯乙烯-MAH 共聚物、苯乙烯-甲基丙烯酸共聚物、苯乙烯-甲基丙烯酸甲酯共聚物、苯乙烯-甲基丙烯酸缩水甘油酯共聚物、甲基丙烯酸甲酯-甲基丙烯酸缩水甘油酯共聚物等，其中 MAH 接枝 ABS（ABS-*g*-MAH）由于基本保持了原 ABS 的性能而备受关注。

ABS-*g*-MAH 不仅可用作 PC/ABS 合金、PA6/ABS 合金的增容剂以提高其力学性能，还可赋予 ABS 极性。只要添加少量的 ABS-*g*-MAH 就可以大幅度提高 ABS、AS 与玻璃纤维（GF）的结合力，使 GF 增强 ABS（ABS/GF）、GF 增强 AS（AS/GF）复合材料的拉伸强度、断裂伸长率等有较大提高。

ABS-*g*-MAH 的合成方法为：将 ABS、MAH、引发剂和抗氧剂等在高速混合机中混合均匀，然后在双螺杆挤出机中进行反应挤出接枝，经拉条、冷却、切粒制得 ABS-*g*-MAH。

2. 结构性能

ABS-*g*-MAH 与纯 ABS 主要力学性能比较：从冲击强度来看，随着接枝 MAH 量的增加，ABS-*g*-MAH 的冲击强度明显下降；从拉伸强度数据可以看出，随着 MAH 接枝量的增加。材料的拉伸强度稍有增加。这两种相反的作用同时影响着 ABS-*g*-MAH 的拉伸力学性能，其结果使得接枝 MAH 的量对接枝物的拉伸强度影响不大。ABS-*g*-MAH 作为共混增容剂改善 ABS/PC 合金缺口冲击性能，不加增容剂的 ABS/PC 合金冲击性能较纯 ABS 大幅度下降，加入 10 份 ABS-*g*-MAH 能够保持住纯 ABS 的冲击强度并有所提高；加入 20 份 ABS-*g*-MAH 较不加增容剂的 ABS/PC 合金，冲击强度提高到 1.5～2.5 倍。这说明 ABS-*g*-MAH 对 ABS/PC 合金起到良好的增容作用。

3. 成型加工

按一定比例加入 PC/ABS 合金或 GF 增强 ABS（ABS/GF）等材料中可用挤塑、注塑等方法得到不同用途的产品。

4. 应用范围

（1）偶联剂

可以作为增强或填充ABS复合材料的偶联剂。

（2）相容剂和增韧剂

可以作为PC/ABS、PA/ABS合金的相容剂和增韧剂。

四、马来酸酐接枝聚烯烃弹性体（POE-g-MAH）

1. 一般概况

马来酸酐接枝聚烯烃弹性体又称为马来酸酐接枝POE，英文名为maleic anhydride graft metallocene polyolefin elastomer，简称POE-*g*-MA。

POE是美国道氏化学公司推出的采用茂金属催化剂使乙烯与辛烯通过原位聚合而得到的专利产品，具有良好的加工性，没有不饱和键，耐候性优于其他弹性体，可用于改善其他树脂的韧性。分子结构的特殊性赋予了POE优异的耐紫外光性、良好的力学性能和流变性能；此外，POE还具有与聚烯烃亲和性好、低温韧性好、性能价格比高等优点。因而自其问世以来，被广泛应用于聚烯烃的增韧和其他改性，包括软质和硬质发泡材料，经过氧化物引发交联制作电缆料等。但由于其为非极性大分子，难以与其他极性塑料如PA、热塑性聚酯、聚碳酸酯等共混制备合金，所以如何提高POE的极性，使其带有反应活性较高的极性官能团成为一个重要的研究课题。

由于马来酸酐具有在熔融加工温度下易与其他高聚物接枝的特点，因而在接枝技术中得到了广泛的应用。马来酸酐接枝POE（POE-*g*-MAH）是在POE分子上引入马来酸酐使其分子极性增强，从而对其他极性塑料如PA具有了亲和力，达到提高PA等塑料的冲击性能的目的。

马来酸酐接枝聚烯烃弹性体的合成方法：采用熔融接枝法在反应式双螺杆挤出机中进行接枝反应。将马来酸酐溶于一定量的丙酮中，然后加入POE、引发剂在高速混合机中混合均匀，用双螺杆挤出机挤出条状接枝物，进行水冷、切粒和干燥。

2. 结构性能

POE-*g*-MAH外观多为无色或淡黄色颗粒，接枝率在0.5%～1%之间。它能增加PA的抗冲击性能，降低PA的吸水率以及改善无机填料与PA的相容性。

3. 成型加工

按一定比例填入聚烯烃、PA及其填充材料中可用挤塑、注塑等方法得到不同用途的产品。

4. 应用范围

① 主要用于挤出和注塑料；

② 用于改善无机填料与PA、聚酯、聚烯烃的界面相容性能；

③ 可提高尼龙的冲击性能和低温性能，降低 PA 吸水率；

④ 可提高热塑性聚酯的抗冲击性能和低温性能；

⑤ 可提高聚烯烃抗冲击性能和低温性能。

五、马来酸酐接枝乙烯-乙酸乙烯酯共聚物（EVA-g-MAH）

1. 一般概况

马来酸酐接枝乙烯-乙酸乙烯酯共聚物（EVA）又称为马来酸酐接枝 EVA，英文名称为 maleic anhydride graft ethylene-vinyl acetate copolymer，简称 EVA-*g*-MA。

乙烯-乙酸乙烯酯共聚物是聚乙烯共聚物的重要组成部分，它比一般聚烯烃的力学性能优越，从而使其应用日益广泛。而经过接枝改性后，EVA 可以更好地发挥其特点。与聚乙烯和聚丙烯相比，EVA 中由于含有乙酸乙烯酯（VA）基团，极性较大，与 MAH 的相容性较好，因而在相同的条件下接枝效率也更大；而且 VA 含量越大，越有利于接枝反应。

EVA 接枝物的用途十分广泛，主要被用作各种不相容体系的增容剂和改性剂。在 LLDPE/PBT 体系中加入 EVA 和 EVA-*g*-MAH 等增容剂，在提高冲击强度的同时，不会降低拉伸强度和弯曲强度。EVA-*g*-MAH 进行原位反应增容，制备了具有超韧性的 PA6/EVA/EVA-*g*-MAH 三元共混合金。此外，EVA 接枝物在微孔、阻燃材料、涂料及胶黏剂等方面也有一定的应用。

EVA-*g*-MAH 的合成反应为采用熔融接枝法在反应式双螺杆挤出机中进行接枝的反应。具体将 MAH 溶于一定量的丙酮中，然后加入 EVA、引发剂在高速混合机中混合均匀，用双螺杆挤出机挤出条状接枝物，进行水冷、切粒及干燥。

2. 结构性能

乙烯-乙酸乙烯酯共聚物经功能化改性后，其黏结和偶联性能得到增强，是极好的黏结促进剂和偶联材料。常用的 EVA-*g*-MAH，主要有 VA 含量为 28%和 18%的两种。作为反应性高分子偶联剂，EVA-*g*-MAH 比传统的硅烷、钛酸酯、铝酸酯及磷酸酯类偶联剂更具有优越性，只要添加少量就能极大改善聚烯烃与玻纤、滑石粉、碳酸钙、氢氧化铝（镁）及云母等无机填料的界面相容性，显著提高材料的拉伸强度、弯曲强度、冲击强度及热变形温度等。它还可以作为热熔胶，显著提高塑料和金属黏结的剥离强度。总之，EVA-*g*-MAH 已成为无卤阻燃料、各种塑料合金及塑料和金属复合材料最优良的助剂。

3. 成型加工

以适量的比例添加到树脂中，可通过挤塑、注塑、吹塑等加工方法得到不同用途的产品。

4. 应用范围

填充改性剂、无卤阻燃填料（氢氧化镁和氢氧化铝等）的偶联剂、增韧剂及胶黏剂等。

六、马来酸酐接枝三元乙丙橡胶（EPDM-g-MAH）

1. 一般概况

马来酸酐接枝三元乙丙橡胶（EPDM-*g*-MAH）是超韧PA生产的有效添加剂。超韧PA即高抗冲PA，具有一般PA6或PA66的力学强度和耐热性、耐化学品性，最突出的优点是抗冲击韧性大大提高，为纯PA的几倍乃至几十倍。低温性能也很突出，甚至在－40℃时其缺口冲击强度也可达到纯PA的4～6倍。

马来酸酐接枝三元乙丙橡胶也适用于聚酰胺/聚烯烃合金。聚酰胺与聚烯烃共混，主要是为了提高聚酰胺在常态和低温下的冲击强度，增加韧性。然而，聚酰胺带有极性较强的酰胺基团，与非极性的聚烯烃共混时，两相之间的相容性较差，相分离现象严重，导致合金冲击强度下降，所以需改进聚酰胺与聚烯烃之间的相容性。

马来酸酐接枝三元乙丙橡胶的合成方法介绍如下。

方法一（实验室法）：将定量的EPDM及定量的MAH、二甲苯置于四口瓶中，升温并通N_2，当升温至100℃时，加入定量的引发剂反应，然后自然降温至室温。卸下反应装置，滴入丙酮、沉淀、抽滤，用丙酮洗涤产物3次，真空干燥（40℃），同时回收滤液。

方法二（反应挤出法）：将定量的EPDM及定量的MAH、引发剂等所需物料在挤出机中共混挤出经冷却切粒即得成品。此方法为工业法制备马来酸酐接枝EPDM最佳方法。加工温度在180～200℃之间。

2. 结构性能

EPDM-*g*-MAH多为无色或浅黄色颗粒，接枝率1.0%左右。可用于PA与EPDM合金的增容增韧，尼龙、聚丙烯等塑料合金的增韧及超韧化，以及高含量矿物填充、无卤阻燃复合材料体系的增容改性。

MAH在相容剂研究中起着重要的作用，通过将MAH接枝于三元乙丙橡胶，可以提高EPDM与PA的相容性，增加PA的韧性。

3. 成型加工

挤塑EPDM-*g*-MAH通常可用加工PA6、PA66树脂的单螺杆或双螺杆挤出机进行加工。

4. 应用范围

EPDM-*g*-MAH是PA6、PA66的有效增韧剂，用于PA6、PA66增韧，如增强增韧、阻燃增韧及增强阻燃增韧等，提高PA的抗冲击性、耐寒性、成型加工性及降低吸水率等，增韧PA6、PA66的具体性能见表16-1和表16-2。

表16-1　增韧PA6的具体性能

项目	PA6	PA6＋10%(EPDM-*g*-MAH)
拉伸强度/MPa	69	57

续表

项目	PA6	PA6+10%(EPDM-*g*-MAH)
弯曲强度/MPa	90	75
悬臂梁冲击强度/(kJ/m²)	10	45

表 16-2　增韧 PA66 的具体性能

项目	PA66	PA66+10%(EPDM-*g*-MAH)
拉伸强度/MPa	75	59
弯曲强度/MPa	102	78
悬臂梁冲击强度/(kJ/m²)	8	16

增韧 PA66 用于车轮盖、发动机水箱盖和风扇等部件。

七、马来酸酐接枝高抗冲聚苯乙烯（HIPS-g-MAH）

1. 一般概况

高抗冲聚苯乙烯（HIPS）是一种用途非常广泛的聚合物，它具有良好的抗冲击性能，容易加工成型，在家用电器工业中有广泛应用，但由于其耐溶剂性能较差，这在一定程度上限制了它的应用范围。

聚酰胺为性能优异的工程塑料，作为金属的替代品广泛应用在精密机械零件、仪表及航空等方面，但价格较贵且吸水率较高。如能对两者进行共混改性，则有望获得一个综合性能理想的产物，但由于两者热力学不相容，其共混物的性能较差，熔融接枝共混是提高不相容聚合物相容性的有效途径。此时人们对 PS/PA 进行了广泛研究，采用 HIPS 熔融接枝马来酸酐，经反复试验其对 HIPS/PA6 共混体系的增容作用十分明显。

马来酸酐接枝高抗中聚苯乙烯（HIPS-*g*-MAH）的生产方法有如下 2 种。

（1）实验室方法

按比例称取精制的 DCP 和 MAH，溶于少量分散剂（丙酮）中，与 HIPS 在高速捏合机里混合 10min，使之分散均匀，取出物料放置 24h 以挥发除去分散剂，然后在双螺杆挤出机中挤出造粒，即得 HIPS-*g*-MAH 产品。

（2）工业生产方法

一定配比的 HIPS、MAH 及引发剂 DCP 等在同向平行双螺杆挤出机中挤出，温度控制在 160～210℃之间，经冷却切粒即得所需制品。

2. 结构性能

HIPS-*g*-MAH 的外观为白色浅黄色透明状颗粒，接枝率 1.0%左右。可用于 ABS 或 AS 与 PA 的增容改性，以及 PA 与 PPO（PPE）合金的增容改性等。

3. 成型加工

马来酸酐接枝高抗冲聚苯乙烯树脂通常可用加工 HIPS、PS、ABS 树脂的单螺杆或双螺杆挤出机加工。马来酸酐接枝高抗冲聚苯乙烯也可与不同的聚合物进行共挤塑。

4. 应用范围

马来酸酐接枝 PS 是 PC/ABS、ABS/GF、PC/GF、PA/ABS、PPO/PA66 等高分子合金有效的相容剂。

第二节　共聚物类功能聚合物

一、乙烯-丙烯酸共聚物和乙烯-甲基丙烯酸聚物（EAA 或 EMAA）

1. 一般概况

乙烯-丙烯酸共聚物（ethylene acrylic acid copolymer，EAA）和乙烯-甲基丙烯酸共聚物（ethylene methyl acrylic acid copolymer，EMAA）由乙烯分别与丙烯酸或甲基丙烯酸在高压下通过自由基机理共聚制得，于 1963 年由美国 Dow 化学公司投入工业化生产。

乙烯-丙烯酸共聚物是一种具有热塑性和极高黏结性的聚合物。由于羧基团的存在以及氢键的作用，聚合物的结晶化被抑制，主链的线型被破坏，因此提高了 EAA 的透明性和韧性，降低了熔点和软化点。EAA 与多种填充物、颜料、染料等有很好的相容性，但与胺、环氧化物以及金属的氢氧化物、氧化物、碳酸盐等共混或共挤时，若这些材料发生分解，将导致聚合物的交联和其他问题。

EAA 和 EMAA 的生产工艺与高压聚乙烯的工艺流程相似。基本生产工艺为：乙烯、丙烯酸或甲基丙烯酸、引发剂投入高压反应釜中，在温度为 100～250℃、压力为 108～186MPa 条件下，进行共聚合反应。

2. 结构性能

由于共聚物分子内和分子间存在氢键，使得共聚物具有良好的力学性能，EAA 和 EMAA 的拉伸强度、冲击强度均比 EVA 高。

共聚物的性能与羧酸含量、分子量等有关。随着丙烯酸含量的增加，共聚物的拉伸强度、冲击强度、耐环境开裂、相对密度、透明性、柔软性、对金属的黏结强度等性能增加，而维卡软化点和熔体温度下降。

3. 成型加工

EAA 和 EMAA 是热塑性树脂，具有优良的加工性能。可采用与 LDPE 相同的加工方法进行加工，如挤出、注塑、吹塑及涂塑等，树脂不需要干燥处理，喂料区温度由于这种树脂较低的软化温度可以降低一些。由于共聚物中含有羧基，对金属有腐蚀作用，加工设备应该用耐腐蚀金属制成或者镀上铬或镍加以保护。启动和关机期间，挤出机应该用 LDPE 树脂清洗。

4. 应用范围

EAA 具有优良的耐磨性、低温抗冲击性、良好的透明度和着色性，广泛应用于包装、粉末涂层、胶黏剂、密封材料、水性溶剂等方面，下面简要介绍其具体应用：

① 用于塑料薄膜和铝箔之间的粘接　挤出涂覆生产饮料纸盒、牙膏管、电缆屏蔽层等，同时 EAA 还有抗撕裂、抗穿刺及防腐等保护作用；

② 粉末涂层　EAA 粉末可以喷涂于管材、钢材及无纺布等材料表面，作为防腐材料；

③ 热熔胶　高性能高熔体流动速率的 EAA 可以生产热熔胶，用于难粘接材料；

④ 水性溶剂　高 AA 含量高熔体流动速率的 EAA 在适当的反应条件下能溶解于热的碱性溶液，可以配制水性胶黏剂，用于服装衣料的黏合；

⑤ 降解环保材料　EAA 与淀粉基材料共混可以生产降解塑料；

⑥ 复合材料　用 EAA 与玻纤制成的复合增强材料用于汽车及建筑上，与聚氨酯复合可用作地毯底衬。

二、乙烯-丙烯酸乙酯共聚物（EEA）

1. 一般概况

乙烯-丙烯酸乙酯共聚物（ethylene ethylacrylate copolymer，EEA），是一种结晶度比 PE 低的柔软性热塑性塑料。EEA 树脂是在专门改装过的高压聚乙烯反应器中反应制得的。

一般 EEA 中丙烯酸乙酯（EA）含量在 5%～20%之间。随着 EA 含量的增加，共聚物的密度和柔软增加。EEA 具有良好的低温性能和柔软性，加工中热稳性好，有较大的填料相容性、优良的耐弯曲开裂及耐环境应力开裂性，具有较大弹性，与有机过氧化物进行交联可提高耐热性、耐蠕变性及耐溶剂性。生产 EEA 的厂家和牌号有：日本三井 EVAFLEX@ EEA、A702、A703、A707、A709 等和日本联合碳化 NUC EEA MB-180、DPDJ6169、9169、6520、894 等。此外还有日本尤尼吉可和住友制造 EEA 树脂。

2. 结构性能

EEA 的低温柔软性和抗冲击性比 EVA 还要好，电绝缘性好，但不耐腐蚀，软化温度降低，主要用于要求坚韧性和耐寒性的产品，如柔性软管和汽车护板等。

3. 成型加工

EEA 有较高的热稳定性，并属于非腐蚀性降解产品，因而能适应的加工条件比较宽，可采用与 LDPE 类似的加工方法进行加工，具体如挤出和注塑等。

4. 应用范围

① EEA 可用作易弯、耐折、弹性好的软管及低温度密封圈。

② EEA 可用作手术用袋、外科手套、包装薄膜及容器等。

③ 以 EEA 和炭黑为原料的半导体薄膜及管材可制成微型芯片。

④ EEA 可注射成型的制品有汽车方向盘及其他部件、电机部件、安全器具、冷藏库浅盘、家庭用品及运动鞋底等。

⑤ EEA 可用作电绝缘材料，如通信电缆套管等。

三、乙烯-丙烯酸丁酯共聚物（EBA）

1. 一般概况

乙烯-丙烯酸丁酯聚合物（ethylene *N*-butyl acrylate copolymer，EBA）由乙烯与丙烯酸丁酯以过氧化物为引发剂，经自由基聚合而成。

EBA 在杜邦公司的商品名称为 Elvaloy AC，其中含有 27%的丙烯酸丁酯，熔体流动速率为 4.0g/10min，外观呈半透明软颗粒。采用独特的管式法生产，BA 单体分布更均匀，材料柔韧、熔点高、热稳定性高、热封性能好、低温抗冲击性好、对颜料和无机填料的包容力强；且极性高，与各种聚合物都有良好的相容性能。

2. 结构性能

由于产品结构的特征，EBA 在很多领域可以替代 EVA，效果比 EVA 更好。主要表现在发泡体积大，反弹性好，更柔软，耐高低温性好。但由于 EBA 的价格高于 EVA，故替代应用领域不多。

EBA 的热稳定性卓越，其挤出成型温度非常宽，最高加工温度可达 300℃。由于高填充性，可以制成高填充复合制品。对许多材质如 PE、PS、PP 等有良好的粘接性能、优秀的耐化学腐蚀性、良好的弹性，低温环境下仍保持优异的一致性（良好的力学性和柔性）、耐疲劳和防龟裂（银纹）性能和良好的拉伸性能。

3. 成型加工

可采用共挤和共混方式加工，也可采用挤出涂覆工艺。可用于复合膜、涂覆面料、地毯等产品的生产，塑料增韧改性，也可用于工程色母料的加工。

4. 应用范围

① 可用作复合膜、涂覆面料、地毯。用于多层复合膜 PA、PET、AL、PE、PP 的粘接层和热封层，作为胶黏树脂使用，或涂覆在 PP 无纺布、涤纶（PET）面料上；也可替代橡胶，用于 PA 地毯的背胶。

② 这类树脂是一种好的聚丙烯改性剂，是聚酰胺、PET、PP、ABS 和 PBT/ABS 共混物的高效增韧剂，尤其可以改善低温抗冲击性能。3%～5%的添加量可使 PA6/66 的抗冲击性能明显改善，也可使 ABS 的抗冲击性能改善，用于 PP 可使抗冲击性提高 2～3 倍。且增韧改性后，熔体黏度不增加，加工性好。

③ 是环保、无毒软制品，可用于透明医用手套、尿袋、洗衣机管等。

④ 用作色母和其他功能母粒载体树脂。热稳定性高达 330℃，填料的包容力超过 70%，极性高，与各种聚合物的相容性好，可用于生产高质量、高浓度的工程塑料（PA6/66、PC、ABS、PET、PBT）用母料。

四、乙烯-丙烯酸甲酯共聚物（EMA）

1. 一般概况

乙烯-丙烯酸甲酯共聚物的英文名称为 ethylene-methyl acrylate，简称 EMA。商品供应的 EMA 一般含有 18%～24%质量分数的丙烯酸甲酯，熔体流动速率值为 0.5～20g/10min。市场上供应的 EMA 有些规格是纯树脂，另有一些规格则含有爽滑剂和抗粘连剂。

EMA 用普通高压反应器生产。丙烯酸甲酯单体和乙烯气体一起喷射进入反应器，以过氧化物为引发剂，经自由基聚合，反应生成无规共聚物。

2. 结构性能

这类共聚物与低密度聚乙烯相比，其抗冲击性、耐弯曲疲劳性、耐环境应力开裂性及低温性能均较好。其柔韧性及热稳定性亦好，是所有高压 α-烯烃共聚物中热稳定性最好的一种，并且容易加工，低温热封性能优异；与各种聚乙烯及聚丙烯都有很好的相容性；可与大量填料混合而不变脆。它可以添加 50%以上的填料而不影响其弹性，而且可以与所有聚烯烃树脂相容，因而可用作母料的基质树脂。

EMA 共聚物主要改善的性能（与 LDPE 均聚物相比较）包括：维卡软化点从 100℃下降为 72℃；弯曲模量减小；抗环境应力断裂性能显著提高；介电性能增强。该类材料对大多数化学品有良好的抵抗力，但在有机溶剂和硝酸中连续浸泡之后，性能明显下降。

EMA 可与 LDPE、聚丙烯、聚酯、聚酰胺及聚碳酸酯等共混，以提高其冲击强度，增强热熔接性能，提高黏合性，减小刚度和增加表面摩擦系数。

EMA 的用途广泛，可作复合膜层间胶黏剂、热熔胶、密封圈、软管、片材、型材、包装薄膜、电缆包覆、玩具及容器等；也可用作其他树脂的改性剂，具体如相容剂和增韧改性。

3. 成型加工

EMA 可用注塑、吹塑、挤塑和共挤塑等方法加工。

EMA 树脂常用环型及平面型薄膜模头进行共挤压，以便在基材上形成一个热熔接合层；或者用作连接层，以提高聚烯烃、聚酯类、聚碳酸酯、EVA、PVDC、EAA、OPET 及 OPP 等复合材料的层合黏合性。

采用标准的 LDPE 薄膜挤压生产线，在约 185℃的熔化温度下，很容易把 EMA 加工成吹制薄膜。吹制薄膜拥有极高的落球冲击强度，而且使用传统的热熔接设备或射频方法（RF）很容易使之热熔接。

4. 应用范围

（1）薄膜

EMA 膜也称为丝膜，非常柔软，且无噪声，不易褶皱，薄膜雾度大于 EVA 膜，阻隔性与 EVA 膜相近。EMA 薄膜具有类似乳胶橡胶的柔软度，很适合做一次性手套及某些医疗用品。

根据FDA和USDA的规定，EMA满足食品包装的要求。在使用双氧水卫生洗涤液的无菌包装方面，EMA也已被认可作热封口及食品表面接触材料，还符合医药用USP的Ⅵ级标准要求。EMA树脂在焚化时，不会释放有害物质。

EMA是良好的挤压贴胶和挤塑层合树脂，这是由于它有天然良好的热稳定性，对常用基材的粘接性、热熔接及射频熔接性能都很好。

EMA可用于生产医疗卫生用品（手套、袋、尿布、无纺布）等。

（2）相容剂

EMA可作为其他聚合物的改性、各类浓缩母料的基料和聚合物共混时的相容剂，以改善冲击性能、热封性、韧性、柔软性及增加表面摩擦系数。EMA与烯烃类相容性较好，可作为易撕封盖膜的基础原料，抗污染性优良，低温热封性佳，也可作为工程塑料的改性剂。

（3）其他应用

EMA可用于泡沫制品、管材、注射喷嘴、汽车垫圈、挤出型材等制品的加工。软管及型材具有优秀的抗应力断裂性能和低温冲击强度，泡沫片材可用于肉类或食品包装方面。EMA用于热熔胶低温性能优异。

第三节　树枝状聚合物

树枝状聚合物（dendrimer），又称树枝化聚合物，是重复单元呈树枝状的聚合物。行业中对其有多种称呼，本书中统称为树枝状聚合物。

（一）发展历史

“树枝状聚合物”这一名称国际公认的是由A·D·施吕特（A. D. Schlüter）在1998年首先提出。最早的关于树枝状聚合物的合成报告可以追溯到唐纳德·托马里亚（Donald A. Tomalia）于1987年获得的专利，当时被称为“棒型树枝状化合物”。随后于1992年，Percec在公开文献中报道了聚合物具有“锥形的侧链”（tapered side chains）。在1994年，树枝状聚合物作为圆柱形纳米级对象（nano objects）的潜力得到了广泛承认和关注。

多年来，树枝状聚合物在生物医学领域从简单的药物运送载体，到复杂的医疗成像等多个方面都得到了应用，包括纳米级生物传感器和纳米级催化剂等。树枝状聚合物具有精确的纳米构造，其合成方法有发散法和会聚法。由合成步骤决定了树枝状聚合物精确的代数（generations）或层数（layers）与体积。树枝状聚合物的直径范围从G0代到G10代，分别为10～130nm。与普通高分子聚合物不同，树枝状聚合物具有低黏度、高溶解性、可混合性以及高反应性等特点。其体积和形态还可在合成过程中加以专一性控制，比如设计出具有巨大内部疏水空间（hydrophobic void spaces），而表面却是亲水性质的树枝状聚合物。

国外仅有DSM等不超过四家企业在美国、荷兰、澳大利亚生产工业级别的树枝状聚合物，国内仅有威海晨源等3家企业可以生产。

树枝状聚合物典型品种为支化PA6。支化PA6是由荷兰DSM公司开发的系列产品，它以己内酰胺为单体，以赖氨酸为支化单体，进行共缩聚合而成，属于一种新型功能聚酰胺。

① 星形支化PA6　PA6中引入长支链以后，分子链更易沿加工方向取向，使树脂具有高熔体流动性、优异的力学性能和易加工性能，可以广泛应用于改性助剂、导热材料和磁性

能材料的基材。

② 无规长链支化 PA6　具有高熔体强度和熔体稳定性，可以用于双向拉伸薄膜、中空吹塑成型和发泡制品等。

③ 超支化 PA6　可以作为塑料的改性剂、相容剂等。

（二）化学合成

树枝状聚合物的合成主要存在两种路线：大单体路线和 Attach-to 路线。在大单体路线中，首先合成包含树枝化基元的大单体，然后进行聚合；大单体路线通常较难得到较长的聚合物主链，尤其当树枝化基元代数比较高的时候。在 Attach-to 路线中，首先合成聚合物主链，然后一代接一代地添加树枝化基元，直到特定的代数；Attach-to 路线通常不可避免地在合成的树枝状聚合物中引入结构缺陷。

（三）结构特性

一个树枝状聚合物大分子往往包含数千树枝化基元。少数几个树枝化基元会连接到一个各向同性的点。根据不同的代数，树枝状聚合物拥有不同的粗细度（即直径），这一点可以通过原子力显微镜清楚地观察到。中性的树枝状聚合物通常溶解于有机溶剂，带电的树枝状聚合物可溶于水。已经合成的树枝状聚合物包括多种多样的主链，例如聚甲基丙烯酸甲酯、聚苯乙烯、聚乙炔、聚苯、聚噻吩、聚芴、聚苯乙炔、聚硅氧烷、聚氧杂降冰片烯、聚亚乙基亚胺等。分子量高达 4×10^7 的树枝状聚合物已经被成功合成。

树枝状聚合物具体结构特性：精确的分子结构，可以在分子水平上得到严格控制，分子量分散系数近似为 1；高度的几何对称性，使其结构具有高度均匀性；大量官能团的存在，使其具有多功能性；分子内含有内腔，体现主客体化学和分子催化；分子量具有可控性，源于其合成方法；分子本身具有纳米尺寸，尺寸小至几到几十纳米。

（四）性能特点

好的流体力学性能：有利于成型加工，可作流变学改性剂。

独特的黏度行为：其特性黏度随分子量的增加出现最大值。

容易成膜：已在膜科学方面进行了大量的研究。

多功能性：源于表面有大量的官能团存在。

不易结晶：由其高度支化结构决定。

独特的密度与分布：随分子量的增加其密度出现极小值。

独特的折射率增量：发现折射率增量随分子量的增加出现最大值。

稳定性：具有良好的热稳定性。

（五）工业应用

1. 在自组装膜中的应用

树枝状分子具有相同的大小、可控的表面官能团、良好的化学稳定性，是制备 LB 单层膜、自组装单层膜（SAMs）、铸膜、胶体以及纳米簇的良好材料。树枝状分子内部的空腔容纳了金属粒子之后，在胶黏剂、化学传感器、光学、电子学以及膜化学领域有广阔的应用前景。

2. 在石油废水处理中的应用

油田进入开发的中后期，因注入油层的水量增加，导致采出石油中的含水量也逐渐增大。传统石油水处理的絮凝剂是PAM，但随着对环境保护标准的提高，需要研发出高效的絮凝剂，树枝状聚合物作为絮凝剂用于石油废水的处理可达到满意结果，同时也不会对环境造成二次污染。

3. 在造纸及染料废水处理中的应用

染料工业废水处理的突出问题是色度及难降解有机物的去除。树枝状聚合物作为高效絮凝剂，可将染料废水中的有机物沉淀，同时也是一种高效脱色剂，脱色率高达98%。

4. 在含重金属离子废水处理中的应用

树枝状聚合物分子与Cu^{2+}等具有很强的络合能力，适用于含Cu^{2+}、Zn^{2+}、Cr^{3+}等重金属离子的工业废水处理，比如印染废水、制革工业废水及核工业废水等。

5. 在乳化炸药中的应用

乳化炸药最重要的是储存稳定性，通常乳化炸药里添加的稳定剂会降低其爆速。但研究表明，树枝状聚合物作为稳定剂加入乳化炸药中后，不但不会降低爆速，反而爆速会略有提升。

6. 在纳米材料中的应用

树枝状聚合物分子粒径为2～10nm不等，其天然的内部空腔恰好能容纳纳米级金属离子，国内外已有不少文献，证明了其可以用以制备纳米级金属粒子或金属氧化物。

7. 在生物医学上作为药物载体的应用

内部空腔和结合点可以携带药物；高密度表面基团经过修饰，改变水溶性和靶向作用；毒性较低，通过扩散和生物降解实现药物释放；分子设计实现生物相容性和降解性。

8. 在生物医学上作为基因载体的应用

树枝状聚合物生理条件下为聚阳离子，与许多重要蛋白质和生物组装分子的大小及形状很匹配，且有很好的溶解性，末端氨基很容易与DNA中的带负电的磷酸基相互作用；内部有空腔，促进DNA结合的复合物的稳定性。

9. 作为核磁共振造影剂（MRI）的应用

树枝状聚合物表面具有大量基团和空腔，可以增加造影剂复合物的数量；完美结构，大分子尺寸，从血液循环排除慢，成像时间长；增加成像的灵敏度和清晰度（弛豫时间长）。

10. 作为硼中子俘获治疗试剂治疗癌症的应用

叶酸修饰的树枝状聚合物分子可以结合^{10}B，靶向作用于肿瘤细胞。^{10}B与低能中子进行核裂变产生能量以及细胞毒素破坏肿瘤细胞。

11. 在催化剂领域的应用

树枝状聚合物封装金属粒子作为催化剂：比表面积大、催化效率高；能很好地稳定纳米粒子，并创造纳米微环境；能再生使用。

12. 作为塑料加工改性剂的应用

在塑料改性加工过程中，由于填充材料、阻燃剂、其他合金塑料组分等的加入，往往会遇到加工流动性差、组分难以共混或者分散不均匀等问题，树枝状聚合物由于具有熔融黏度低，类球形的结构，具有独特的流体力学特性，可以作为润滑、增塑、分散等功能性加工改性剂，通过降低塑料加工熔体黏度的表观黏度，增强大分子链段的活动能力，从而改善塑料加工流动性，降低加工温度有利于加工生产，并且改善产品的表面质量。目前市场上已有商品化的树枝状润滑剂（威海晨源分子新材料有限公司，CYD-701 系列、CYD-816A、CYD-P214、CYD-C600 等），综合考虑与树脂的结构相容性以及在体系中的作用方式，通过设计分子结构和表面官能团，从而实现不同塑料体系的应用，具有优异的润滑、分散等性能，可以广泛应用于 PA、PP、PBT、PET、PC 等各种塑料改性体系，另外也有针对特种工程塑料开发的树枝状耐高温润滑剂。其中聚烯烃专用润滑剂 CYD-P214 产品，可以有效改善滑石粉等填料在聚烯烃体系的分散性，解决虎皮纹、加工流动性等问题。尼龙专用润滑剂 CYD-816A 产品，可以翻倍提升尼龙改性料的熔体流动速率，有效改善加工流动性、提产能降能耗，同时还能保持比较好的力学性能，并解决表面浮纤问题，性能独特，树枝形聚合物在 PA 增强改性中典型数据如表 16-3 所示。

表 16-3　树枝状聚合物在 PA 增强改性中应用

项目	熔体流动速率(275℃，2.16kg)/(g/10min)	熔体流动速率相对变化率/%	简支梁冲击强度(23℃)/(kJ/m²)	简支梁冲击强度相对变化率/%	拉伸强度/MPa	断裂伸长率/%	弯曲强度/MPa	弯曲模量/MPa
测试标准	GB/T 3682.1		GB/T 1043.1、1043.2		GB/T 1040.1～5	GB/T 1040.1～5	GB/T 9341	GB/T 9341
PA6+30%GF	25.5	0	9.8	0	143.0	7.0	204.0	6950
PA6+30%GF+0.3%CYD-816A	49.4	93.7	11.0	12.2	160.0	7.0	222.0	7850
PA6+30%GF+0.5%CYD-816A	69.6	172.9	10.8	10.2	163.0	7.2	226.0	8220

13. 作为塑料共混增容剂的应用

由于聚合物之间存在极性差异，往往其共混物的力学性能降低，从而影响了材料的应用。因此提高共混物的相容性是使其具有优良特性的重要保障。常见的提高共混体系相容性的方法是在共混体系中添加增容剂，树枝状聚合物改性线型聚合物可以作为塑料增容改性剂，可以有效降低共混体系的界面张力，在两相界面之间发挥作用，使得共混物更好地分散在两相中，不仅增强了复合材料的界面相容性还提高了共混物的力学性能。在提高塑料制品加工性能的同时，有效提高了制品的力学强度，提升了产品的质量。威海晨源分子新材料有限公司开发应用于工程塑料、可降解材料中的相容剂，可以有效改善材料配方体系的相容性。

14. 作为增韧改性剂的应用

在热固性树脂，包括环氧树脂、聚氨酯树脂体系，通过特殊结构设计的树枝状大分子可以很好地增韧。尤其是环氧树脂体系，端羟基及端环氧基的树枝状聚酯可以作为增韧剂使用，并在不影响其耐候性模量和加工性能的条件下，能够有效地增强环氧树脂的韧性。目前国内威海晨源分子开发的树枝状聚酯 CYD-H20 系列、聚醚产品 CYD-T56 系列在这一方面已经得到很好的应用，效果显著，可以提升环氧树脂韧性 50%以上，树枝状聚合物在环氧树脂增韧中的应用具体数据如表 16-4 所示。

表 16-4 树枝状聚合物在环氧树脂增韧中的应用

体系	拉伸强度/MPa	拉伸断裂应力/MPa	弯曲强度/MPa	冲击强度/(kJ/m²)
环氧树脂 E51＋硅微粉(空白)＋酸酐	70.215	70.215	130.11	10.0891
环氧树脂 E51＋树枝状增韧剂 CYD-T58＋硅微粉＋酸酐	98.781	98.781	156.86	15.1436
某进口产品配方＋硅微粉	90.856	90.856	140.63	14.0018
相比空白变化率	40.68%	40.68%	20.56%	50.10%

15. 作为固化剂的应用

端氨基的树枝状大分子固化剂，具有高度分支的结构、多表面官能团以及类球形三维空间立体结构，可作为环氧树脂增韧固化剂使用，具有优良的黏结强度、柔韧性等特点，可以广泛应用于环氧涂料、环氧胶黏剂、环氧复合材料等环氧树脂体系。由于其表面含有多个活性伯胺，室温下可快速固化，也可以加热固化；由于多支化结构带来的多作用位点，增加与基材之间的相互作用，固化后的黏结强度高；树枝状聚合物具有多个官能团参与交联形成较好的三维交联结构，并且相比常规固化剂具有长的柔性链段，从而带来较好的韧性，同时兼顾较好的硬度和本体强度。表 16-5 是国内威海晨源分子新材料有限公司开发的一系列树枝状大分子胺类固化剂加到环氧树脂 E51 中的典型性能数据，室温固化 1h，70℃固化 1h，室温下放置 24h。

表 16-5 树枝状聚合物在环氧树脂中应用

牌号	胺值/(mg KOH/g)	黏度(25℃)/(mPa·s)	外观	固化时间(50g，25℃)/min	参考配比(100g E51)	冲击强度/(kJ/m²)	弯曲强度/MPa	弯曲模量/MPa	拉伸强度/MPa	拉伸剪切强度/MPa
检测标准	高氯酸法	GB/T 2794—2022	目视			GB/T 2567—2021	GB/T 2567—2021	GB/T 2567—2021	GB/T 2567—2021	GB/T 7124—2021

续表

牌号	胺值/(mg KOH/g)	黏度(25℃)/(mPa·s)	外观	固化时间(50g，25℃)/min	参考配比(100g E51)	冲击强度/(kJ/m²)	弯曲强度/MPa	弯曲模量/MPa	拉伸强度/MPa	拉伸剪切强度/MPa
CYD-N1406	440～480	1500～2500	无色至淡黄色液体	15min	60±20	2.44	80.4	2664.77	57.48	18.52
CYD-N1635	520～620	500～1000	褐色液体	14min	20～40	2.38	91.34	2937.47	63.09	11.92
CYD-N1640	350～450	200～500	黄色至浅褐色液体	50min	30～50	1.4	72.65	2386.78	50.27	19.87
CYD-N1407	250～350	7000～8000	浅褐色液体	8min	60	1.28	67.33	2309.34	48.49	16.17
CYD-N1638	550～650	400～500	棕色黏稠液体	14min	30	1.2	65.3	2010.58	40.5	14.3
CYD-N1639	450～500	600～1000	无色至浅黄色液体	25min	50	2.59	81.19	2430.43	62.02	15.26
CYD-N1636	300～400	400～600	无色至浅黄色液体	30min	30	2.47	68.17	2198.06	53.58	14.3
CYD-N287	350～400	3000～4000	无色至浅黄色液体	60min	65	3.53	72.84	2434.31	59.16	14.56
CYD-NJ401	350～400	3000～4000	褐色黏稠液体	40min	50	1.16	72.93	2479.53	18.79	11.22
CYD-NJ301	300～350	1200～2000	无色至浅黄色透明液体	30min	100	4.36	37.16	1442.01	24.04	17.17
CYD-286A	300～350	200～400	无色至浅黄色透明液体	150min	50	2.7	74.86	2258.6	58.89	11.19

第十七章

光电塑料

光电塑料是指可以进行光电性质相互转换的一类聚合物材料。具体的光电塑料可以分成光致电和电致光两大类型，就是说光致电为塑料经过光照可以发电，电致光是塑料通电可以发光。其中 OLED（有机发光二极管）材料就是典型的通电可以发光的有机发光材料，聚合物太阳能电池就是典型的光照可以发电的有机发电材料。

聚合物能够进行光电转换的首要条件是具有导电性能。就塑料的导电性而言，按导电率和体积电阻率大小不同，可将塑料分为绝缘体、半导体、导体三大类别。

绝缘体：体积电阻率大于 $10^{12}\Omega \cdot cm$，或电导率小于 $10^{-9}S/cm$；

半导体：体积电阻率介于 $10^{6} \sim 10^{12}\Omega \cdot cm$ 之间或电导率介于 $2 \sim 10^{-9}S/cm$ 之间；

导体：体积电阻率小于 $10^{6}\Omega \cdot cm$，或电导率大于 2S/cm。

其中，导电性塑料是指体积电阻率小于 $10^{6}\Omega \cdot cm$ 或电导率大于 2S/cm 的一类高分子化合物。

至少在 20 世纪 80 年代以前，人们一直认为塑料为绝对的非导体材料。1977 年日本学者 K. Siakawa 和 Mac. Diarmid 首次开发出体积电阻率为 $10^{3}\Omega \cdot cm$ 的聚乙炔，并于 1986 年将其进行双向拉伸改性处理后，导电率可达 $10^{4} \sim 10^{5}S/cm$，接近于金属铜和银的导电率。这时，人们才认识到塑料也可能成为导体，而且是一种电的良导体。

到目前为止，研究的光电塑料有大分子链中含有共轭双键的聚合物，具体如聚乙炔（Pa）、聚苯胺（PAn）、聚噻吩（PTh）、聚吡咯（PPy）、聚苯乙炔（PPv）、聚咔唑（PCBZ）、聚乙烯咔唑（PVK）、聚对亚苯（PPp）、聚席夫碱、聚多烯、聚硅烷等；大分子链主链或者侧链上含有稠合芳烃基的聚合物；大分子链主链或者侧链上具有杂环的聚合物，具体如聚乙烯咔唑及其衍生物；一些生物高分子及其类似物，如聚乙烯咔唑及其衍生物。

聚合物要具有高导电性能，其结构上应具有以下条件：

① 具有共轭结构这种聚合物的大分子主链是由交替排列的双、单键组成的重复单元，共轭键上的 π 电子可以在整个分子链上离域，从而产生载流子（电子或空穴）和输送载流子。

② 非共轭聚合物分子间的 π 电子轨道相互重叠。

③ 聚合物具有电子接受体或给予体。

纯导电性树脂的实际导电性都不好，但经过掺杂处理后，导电性可大幅度提高，成为导电塑料。不同树脂的掺杂材料不同，具体参见表 17-1。也有聚合物不用外加掺杂材料，具有自身掺杂的特点，如聚噻吩等。

表 17-1　不同导电聚合物的掺杂材料

导电聚合物	掺杂材料
聚乙炔、聚苯基乙炔	碘、五氟化砷、五氟化硼
聚噻吩、聚吡咯、聚苯硫醚	五氟化硼、五氟化砷、五氟化锑
聚苯胺、聚对亚苯	三氯化铝、质子酸

对于导电聚合物，大都不具有热塑加工性能，其成型加工方式具体如下：

对可溶导电聚合物可采用溶液或乳液聚合物，直接进行流延成膜加工或涂覆加工；粉末聚合物配成溶液，再进行流延成膜加工或涂覆加工；粉末聚合物与固体热塑聚合物共混加工。

对不溶不熔导电聚合物可采用：乳液聚合物，直接进行流延成膜加工或涂覆加工；粉末聚合物配成乳液，再进行流延成膜加工或涂覆加工；粉末聚合物与固体热塑聚合物共混加工。

导电塑料具有质轻、导电性好、防腐蚀、防生锈等优点，是一类很有发展前途的导电材料。遗憾的是到目前为止，虽对导电聚合物的研究已十几载，但离实际大规模应用还有很远的距离。例如，在电极材料、光电材料等方面，导电塑料还缺乏竞争力。这主要是因为如下几方面。

① 加工性不好　迄今为止，导电聚合物都不具有可熔的热塑性加工特点；而且，具有可溶性的聚合物品种也不多，目前只有可溶性 PAn 和聚(3-长链烷基噻吩）两种具有可溶性能；大多数聚合物都为不溶不熔的聚合物，难以热塑加工。而可溶性导电聚合物，也只能采用溶液流延方法成型加工。

② 稳定性不好　随着芳杂环导电聚合物的开发，解决了导电聚合物化学和环境不稳定性问题；但掺杂物本身的不稳定，也会导致导电聚合物不稳定。

③ 均一性不好　较难合成结构均一的聚合物导电聚合物都存在着化学结构上的缺陷，各个层次上的凝聚态也存在多分散性。

④ 价格比较高　只有 PAn 的加工成本稍低。

⑤ 卫生性不好　提供导电性的掺杂物大都有毒。

目前通过改变掺杂物品种，如用聚对苯磺酸掺杂 PAN，已实现 PAN 的溶解和熔融，可溶解于水或有机溶剂。已经实现 PAN 溶解、熔融加工的企业有：芬兰 Panipol 公司（实现吨级可溶可熔 PAN 的工业化生产），其他如日本电工、德国 Oremecon、吉林正基科技有限公司也有生产。

第一节　聚噻吩及其衍生物（PEDOT）

一、聚噻吩（PTh）

聚噻吩（polythiophene，PTh）是一种常见的导电聚合物。本征态聚噻吩为红色无定形固体，掺杂后则显绿色。这一颜色变化可应用于电致变色器件。聚噻吩不溶，有很高的强度。在三氟化硼乙醚络合物中电化学聚合得到的聚噻吩强度大于金属铝。

聚噻吩的能隙较小，但氧化掺杂电位较高，故其氧化态在空气中很不稳定，迅速被还原为本征态。同时聚噻吩可以被还原掺杂。聚噻吩很容易在3位引入侧链，根据侧链的不同，聚噻吩的溶解性以及电化学性质有较大的区别。例如，在3位引入己基聚合则得到聚3-己基噻吩（P3HT）。

聚噻吩可以由2、5位带有特定官能团的噻吩单体通过偶联得到，也可以通过噻吩的电化学聚合制得。其聚合电位很高，通常在2.0V以上。使用三氟化硼乙醚络合物作溶剂可大大降低噻吩的聚合电位（约1.2V）。

聚噻吩可以看作是把顺式聚乙炔的H用S取代而成；也可用2,5-卤代噻吩脱卤或用电化学氧化聚合制得。它具有π共轭体系，十分稳定，可在空气中长期保存。由电化学合成的聚2,5-噻吩处于电化学掺杂状态，主链上有正电荷，电导率可达$10^2 \sim 10^3$S/cm。将取代基引入噻吩获得的聚噻吩体系，可像肥皂一样溶于水中，得到呈液晶状态的混浊溶液。将该溶液置于磁场中，经脱水获得的聚噻吩纤维的电导率仅比铜低一个数量级。此外，聚噻吩还可用于制作蓄电池、发光二极管、光电化学电池、非线性光学材料等。

二、聚噻吩衍生物

聚3,4-亚乙基二氧噻吩（PEDOT）为聚噻吩的衍生物，由德国拜耳公司在1988年首先合成，具有分子结构简单、能隙小等特点。最初设计这种结构是为了通过减少聚合物主链上的α-β和β-β连接以获取可溶性的导电聚合物。虽然用化学或者电化学方法得到的是不溶的聚合物，但它显示出另外一些意想不到的性质而引起人们的注意。由于3位和4位都被侧基所取代，聚合反应只能在2位和5位上进行，因此所得的聚合物是线性的（非交联的）、很少有共轭缺陷的聚合物；而醚取代基又降低了单体和聚合物的氧化电势，使其更容易聚合，并且在氧化还原（掺杂和脱掺杂）的循环过程中更稳定。与其他导电聚合物相比，PEDOT还有以下这些优点：

① 导电率高。用旋涂或者浇铸成膜得到的PEDOT其电导率能达到550S/cm，用气相聚合法得到的聚合物更是达到1000S/cm以上。

② 氧化状态下具有很高的稳定性。在120℃下保持1000h，其电导率基本不变。

③ 氧化状态下是透明的。这是它在电子器件方面得到广泛应用的一个重要因素。

但是纯PEDOT树脂不能够溶解和熔融，难以加工成型。将其与水溶性高分子电解质磺化聚苯乙烯（PSS）以一定比例掺杂后，可以形成水溶液，解决了流延加工的问题。PEDOT/PSS水溶液为深蓝色液体，固体含量1.3%～1.7%，需要在低温2～8℃保存，并且要避光。PEDOT/PSS具有类似PEDOT一样的性能，薄膜电导率高、环境稳定性高、力学强度高、透光率高。此后，PEDOT应用领域得到了快速发展，尤其是以PEDOT为基材开发出来的新材料、新工艺、新元件等得到了充分发展。

普利司通、德国世泰科、日本旭化成FINECHEM、日本山梨大学、三洋电机、东京工业大学等都在相关的领域开展了研究工作。以PEDOT为功能材料的产品产业化最好的企业为比利时的爱克发材料（Agfa materials）。

Agfa的OrgaCon系列PEDOT导电油墨产品有：活性成分为PEDOT/PSS的Orgacon EL-P 3040、EL-P 3042、EL-P 6010（双固化：热固化和UV固化）。

PEDOT 主要用于太阳能电池、OLED、电致变色材料、透明电极材料等领域。

在太阳能电池中阳极 ITO 上涂一层 PEDOT 作为电池的给体材料，可以作为传输空穴的收集电极材料。

PEDOT 具有响应时间短、着色率高、氧化状态下稳定性好等优点，可以用于自适应伪装的光致变色材料。在光学军事伪装方面，优异 PEDOT 变色单一，需要改进其变色范围，达到变色丰富的目的，特别是实现黄色和绿色的变色范围，具体方法是通过共聚实现。对于红外伪装方面，PEDOT 在中远红外波段亦有优良的变发射率性能，变化值可以达到 0.4 左右，在氧化状态下其发射率可以低至 0.3 左右，最有可能用于红外自适应伪装中。

第二节　富勒烯及其衍生物

一、富勒烯

富勒烯（fullerene）是一种完全由碳组成的中空分子，微观形状呈球形、椭球形、柱形或管状。简称 C_{60} 或者 C_{70}，中文系英文音译而来。富勒烯在结构上与石墨很相似，石墨是由六元环组成的石墨烯层堆积而成，而富勒烯不仅含有六元环还有五元环，偶尔还有七元环。

自然界是存在富勒烯分子的，1980 年日本的饭岛澄男在透射电子显微镜下观察到富勒烯洋葱状的结构，2010 年科学家们通过史匹哲太空望远镜发现在外太空中也存在富勒烯。1985 年英国化学家哈罗德·沃特尔·克罗托博士和美国科学家理查德·斯莫利在莱斯大学制备出了第一种人造富勒烯，即 C_{60} 分子。因为这个分子与建筑学家巴克明斯特·富勒的建筑作品很相似，人们将其命名为“富勒烯”。

在富勒烯发现之前，人们认为碳的同素异形体只有石墨、钻石、无定形碳。它的发现极大地拓展了碳的同素异形体的种类，在富勒烯之后又发现了碳纳米管和石墨烯。富勒烯、碳纳米管和石墨烯独特的化学和物理性质以及在技术方面潜在的应用，引起了科学家们强烈的兴趣，尤其是在材料科学、电子学和纳米技术方面。

大量低成本地制备高纯度的富勒烯是富勒烯研究的基础，自从克罗托发现 C_{60} 以来，人们发展了许多种富勒烯的制备方法。目前较为成熟的富勒烯的制备方法主要有电弧法、热蒸发法、燃烧法和化学气相沉积法等。

富勒烯完全无毒，主要用于工业材料、电化学、催化剂、化妆品及抗癌药物等。

(1) 护肤品

由于富勒烯能够亲和自由基，因此个别商家将水溶性富勒烯分散于化妆品。富勒烯具有抗氧化作用。

(2) 多元体研究

富勒烯衍生物与卟啉、二茂铁等富电子基团共价或非共价形成多元体，用于研究分子内能量、电荷转移、光致能量和电荷转移。

(3) 有机太阳能电池

自 1995 年俞刚博士将富勒烯的衍生物[66]-C_{61}-丁酸甲酯（[6,6]-phenyl-C_{61}-butyric acid methyl ester，[60]PCBM 或 PCBM）用于本体异质结有机太阳能电池以来，有机太阳能电

池得到了长足的发展，掺杂 PCBM 的有机太阳能电池已作商用，迄今大部分有机太阳能电池以富勒烯作为电子受体材料。

二、富勒烯衍生物

PCBM 具有较好的溶解性，很高的电子迁移率，可与常见的聚合物给体材料形成良好的相分离，因此已成为有机太阳能电池的电子受体的标准物。美国的 Solarmer 和 Konarkar 公司已经将含有 PCBM 的有机太阳能电池商业化。

常见的富勒烯衍生物有[60]PCBM 和[70]PCBM 两大类，[70]PCBM 全称为 [6,6]-苯基-C_{71}-丁酸甲酯。富勒烯衍生物继承了富勒烯的共轭笼状碳分子结构，使得其具有极好的电子容纳能力，具有很高的电子迁移性。在富勒烯引入了苯环、碳链和酯基团使得其具有较好的溶解性。其与常见的聚合物电子给体材料如高规整聚 3-己基噻吩（rr-P3HT）能形成良好的相分离。

从 1995 年 PCBM 首先被用于聚合物太阳能电池到现在，尽管给体材料研究热点从聚亚乙烯（PPV），到聚 3-己基噻吩（rr-P3HT），再到聚芴等不断进化，又到钙钛矿材料，但受体材料一直是以 PCBM 为主。因此 PCBM 在有机太阳能电池的研究和未来应用中占据非常重要的地位。

PCBM 的结构如下：

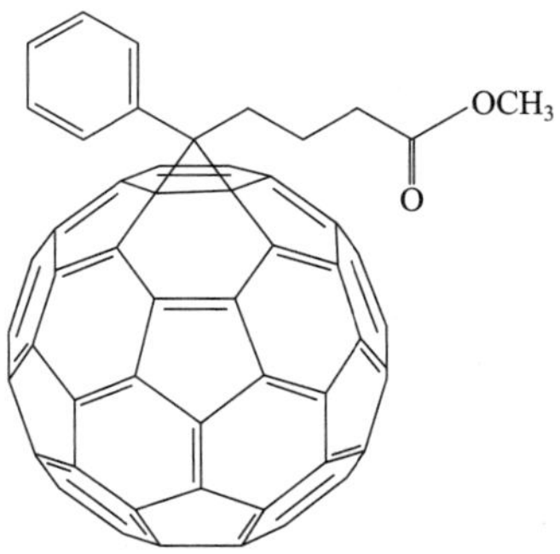

富勒烯衍生物由富勒烯 C_{60} 或 C_{70} 和 5-苯基-5-(对甲苯磺酰肼基)戊酸甲酯在邻二氯苯中回流制取。C_{60} 和 C_{70} 的制备法有激光法、电弧法和火焰法。激光法为微量的制备方法，火焰法可以得到较高的富勒烯产率，但实验条件难以控制；电弧法能够宏观量地制备出富勒烯，制备装置简单，易操作，但产率不高，仅为 8.26%。

这 3 种方法制成的富勒烯包含 C_{60}、C_{70} 及更高碳数富勒烯，因此纯净的富勒烯 C_{60} 或 C_{70} 等获取难度较大，价格高昂。PCBM 的合成产率也不高，仅为约 35%，以消耗 C_{60} 计算为 83%，分离纯化到 99%以上工艺复杂。这些因素造成了高纯度 PCBM 获取成本高昂。

各国对新能源的研究和开发越来越重视，尤以太阳能光伏技术为甚。经过几十年的发展，硅基太阳能电池技术已经日臻成熟，但其生产中会带来严重污染及大量能源的消耗，因此太阳能光伏的研究重点转向低成本的有机太阳能电池。有机太阳能电池核心由给体材料和受体材料组成，PCBM 是有机太阳能电池常用的受体材料。

基于 NPB 材料的空穴传输特性，以 3-己基噻吩的聚合物（P3HT）和富勒烯衍生物

（PCBM）作为活性层，制备了不同阳极修饰层的太阳电池。

第三节　其他光电塑料

一、聚苯胺（PAn）

聚苯胺（polyaniline，PAn）的分子式为：

$$-\!\!\!(C_6H_5-NH)\!\!\!-_n$$

对聚苯胺的研究已有近百年的历史，直到1980年成功地聚合成电活性的聚苯胺膜以来，才发现它具有优良的导电性能。目前，聚苯胺是最有希望获得应用的一种导电聚合物，因此对其研究十分活跃，并且取得的进展也比较大。

聚苯胺与其他类型导电聚合物有所不同，因受氧化程度和质子化程度不同而存在着多种化学结构，并可通过控制质子化程度来控制导电率。它在不同的氧化-还原状态下具有可逆性，且具有不同的结构、组分、颜色及导电率。其完全氧化型和还原型都为绝缘体，只有在中间氧化状态通过质子酸掺杂后，才能形成电的良导体，其电导率最高可达10^3S/cm。聚苯胺的掺杂材料和掺杂机理也与其他导电聚合物不同，它具有独自的掺杂现象。它通过质子酸或三氯化铝掺杂而导电。在具体掺杂过程中，聚苯胺大分子上的数目并没有发生改变。

纯聚苯胺具有良好的热稳定性，本征态的聚苯胺在360℃才发生分解；它耐氧化性及环境稳定性好；它化学稳定性好，几乎不溶于任何溶剂。

处于导电状态的掺杂聚苯胺，由于强烈的大分子间作用力，使得聚苯胺分子链呈现高刚性，表现为不溶不熔，加工性不好，使聚苯胺难以获得实际应用。为此，人们采用改进聚合方法、采用取代苯胺聚合等方法，制成部分可溶性聚苯胺。可溶性聚苯胺可用溶于二甲基亚砜、吡啶、*N*-甲基吡咯烷酮、四氢呋喃、二甲基甲酰胺等有机溶剂和浓硫酸中，从而可将聚苯胺配成溶液，并由此制成导电薄膜。聚苯胺薄膜的机械强度十分低，需通过控制分子量、接枝共聚等方法改进，从而获得实际性应用。

实际上应用的聚苯胺并非纯聚苯胺，而是具有一定强度可加工的改性聚苯胺共聚物。例如，1981年美国与德国两个公司合作开发聚苯胺共聚物，外观为深绿色粉末，相对密度为1.36。

此外，聚苯胺可与PVC、ABS及PC等共混，可用注塑、挤出、吹塑等方法成型。例如，在聚苯胺中加入70%的SPVC，产品的电导率为125S/cm，拉伸强度为42MPa，断裂伸长率为250%。

福建厦门华侨大学的林志勇教授开发出PAN溶液常温聚合。该产品可以为溶液，用直接用于涂层、流延成型或浇注成型；也可以干燥成粉末，用于与其他树脂复合；产品的电导率大于30S/cm，体积电阻率为0.01Ω·cm。

聚苯胺的改性：

聚苯胺/多壁碳纳米管复合——电导率27S/cm。

聚苯胺/纳米三氧化二铁复合——电导率0.8S/cm，但同时具有磁性。

聚苯胺/蒙脱土复合材料——具有优异的微波吸收性，在9.1～12.5GHz范围内反射损耗为－10dB，在 11GHz 处最大反射损耗为－15.8dB。

二、聚苯乙炔（PPv）

聚苯乙炔［poly-(p-phenylenevinylene，PPv］的分子式为：

$$\leftarrow C_6H_5-CH=CH \rightarrow_n$$

属于 π-π 共轭型导电聚合物；它具有较高的导电率，其电导率为 3×10^{-2}S/cm；而且还可作为电致发光材料。聚苯乙炔作为电致发光材料最早于 20 世纪 90 年代由英国剑桥大学开发成功，它可发出波长 551nm 的光，发光率为 0.75％。

纯聚苯乙炔虽难以加工，但由于聚苯乙炔可先制成预聚物，然后通过减压抽真空加热制成导电膜，加工问题得到解决。因此，聚苯乙炔成为 90 年代研究最多的导电材料。

聚苯乙炔的改性品种一为在苯环上引入取代基，二是对乙烯基改性。在苯环上引入取代基的有聚(2,5-二庚基对苯乙炔)，代号 Hp-PPv，可溶于氯仿、甲苯等有机溶剂，因而，可采用流延方法加工。

三、聚对亚苯（PPp）

聚对亚苯（polyparaphenylene，PPp）的分子式为：

$$\leftarrow C_6H_5 \rightarrow_n$$

聚对亚苯有化学缩合聚合和电化学聚合两种合成方法。化学缩合聚合的产物为不溶不熔的褐色粉末，难于成型加工；而电化学聚合可得到薄膜状产品，其颜色也很深。但电化学聚合的产物聚合度小，仅为 20，电气特性和力学性能低；为提高其聚合度，必须采用可溶性预聚体转换工艺，即在成型加工的预聚阶段就予以成型，成型后再进一步聚合，聚合度为 80～110。

聚对亚苯具有较高的导电性，可进行 n 型和 p 型掺杂；用 $AlCl_3$ 进行气相掺杂后，其电导率为 10^{-2}S/cm。

聚对亚苯在电化学上也显示出有趣的特性，已有用于电池电极的报道。

四、聚吡咯（PPy）

用于导电的聚吡咯（polypyrrole，PPy）为 3 位取代 PPy 的衍生物，已分别合成了聚 3-烷基吡咯及聚 3-烷基噻吩吡咯等品种。

聚吡咯的导电性很好，用五氟化硼掺杂后，其体积电阻率仅为 $10^2\Omega\cdot$cm。

聚吡咯是少数高稳定性导电聚合物，其膜制品在空气中具有优良的稳定性。

聚吡咯的力学性能不好，常用其与 PVC、PVA 及 PI 等复合，以提高其强度。

五、聚乙炔（Pa）

聚乙炔（polyacethlene，Pa），是最早开发的导电聚合物品种，分子式为：

$$\text{-}\!\!\left(CH=CH\right)\!\!\text{-}_n$$

纯聚乙炔的导电性不高，但经过掺杂后，聚乙炔导电性极高；如聚乙炔用碘掺杂后，电导率可达 10^4S/cm；经双向拉伸处理后可达到 10^5S/cm。它是一种优良的导体材料，是室温下导电最好的非金属材料。

第十八章
智能化塑料

智能化塑料（intelligent plastic）是指能够感知和接受外部环境的信息如声、光、电、磁、酸碱度、温度及力等，并可根据环境变化自动改变自身形态，做出反应的一类新型高分子材料。智能化塑料同时具备传感、控制及驱动三重功能，它能通过自身的感知，进行信息处理，发出指令并执行完成动作，从而达到自检测、自诊断、自监控、自校正、自修改和自适应的功能。

智能材料是美、日科学家提出的新概念，是继天然材料、合成高分子材料、人工设计材料之后的第四代新材料，是现代高技术新材料发展的重要方向之一，将支撑未来高技术的发展，使传统意义下的功能材料和结构材料之间的界线逐渐消失，实现结构功能化、功能多样化。科学家预言，智能材料的研制和大规模应用将导致材料科学发展的重大革命。一般说来，智能材料有七大功能，即传感功能、反馈功能、信息识别与积累功能、响应功能、自诊断能力、自修复能力和自适应能力。

自然界中具有智能化的材料很少，只有通过对材料结构进行特殊的设计才能得到具有智能化的材料，除智能化合金外，还有智能化塑料。目前已开发的智能化塑料主要有形状记忆塑料、压电塑料、自修复塑料及热电塑料等。

第一节　形状记忆塑料

（一）形状记忆塑料的记忆原理

形状记忆是指具有初始形状的制品经形变固定后，通过加热等外界手段的刺激又恢复初始形状的现象。根据刺激手段的不同，形状记忆塑料（shape memory plastic，SMP）又可分为热响应型、电响应型、光响应型、化学响应型和生物响应型等。

① 热响应型 SMP　在室温以上发生变形，能在室温状态下固定形变且可长期存放。当温度再升高到某一特定响应温度时，制品能很快恢复到室温时的形状。热响应型 SMP 可广泛用于医疗器械、体育运动、建筑、包装、汽车、坐垫、光信息记录介质及报警器等。

② 电响应型 SMP　是热响应型 SMP 与导电材料如炭黑、金属粉末和导电聚合物的复合材料，该类材料通过加电流而产生热量使材料的温度升高，形变恢复，兼有导电性能和形状记忆功能。电响应型 SMP 可用于电子通信及仪器仪表等领域，具体如电子集束管和电磁屏蔽材料等。

③ 光响应型 SMP　将特定的光致变色基团引入分子的主链和侧链中，当材料受到紫外线照射时，变色基团发生光异构化反应，使分子链的状态发生显著变化，在宏观上表现为

光致变形；当光照停止时，变色基团发生可逆的光异构化反应，分子链的变化状态恢复，材料的宏观变形恢复原状。光响应型 SMP 主要用于印刷材料、光记录材料及光驱动分子阀等。

④ 化学响应型 SMP 利用材料周围介质性质的变化来刺激材料发生变形和形状恢复；常见的化学感应方式有 pH 值变化、平衡离子置换、螯合反应、相转变反应和氧化还原反应等，具体品种有部分皂化的聚丙烯酰胺、聚乙烯醇和聚丙烯混合物等。化学响应型 SMP 主要用于蛋白质或酶的分离膜、化学发动机等特殊应用领域。

形状记忆的原理为：材料具有特殊的多相结构，多相结构一般由可防止树脂流动的固定相和随刺激条件变化而发生软化硬化的可逆相，两相组成中，固定相的作用在于保持原始形状的记忆，可逆相的作用是保证制品可改变形状。

不同类型树脂的固定相和可逆相不同。热固性塑料的固定相为交联结构，可逆相为结晶态或玻璃态；热塑性塑料的固定相为结晶态、玻璃态或聚合物之间的相互缠绕和吸附，可逆相为结晶态或玻璃态。以形状记忆 PU 为例，其结构中的软段为可逆相，部分结晶的硬段形成的物理交联点为固定相。

形状记忆塑料的加工过程包括三个阶段：记忆形状、制品变形和形变恢复。

① 记忆形状 也称为一次成型，它是将树脂加热熔化，固定相和可逆相均处于软化状态，熔体注入模具中，冷却即可得到原始形状。

② 制品变形 也称为二次成型，它将一次成型的原始形状制品加热至临界形变温度如可逆相的玻璃化转变温度，此时的可逆相开始软化而固定相不会变形；在适当的外力作用下，可逆相发生压缩或拉伸形变；在外力保持下冷却，冷却后外力解除，可逆相的形变仍然得以保持。

③ 形变恢复 将二次成型制品加热至形变恢复温度如可逆相的玻璃化转变温度时，可逆相开始软化，借助于材料内部链段的热运动，可逆相的形变开始恢复。

SMP 在日本的发展很快，产品涉及聚降冰片烯、反式聚异戊二烯、丁苯共聚物和聚氨酯。我国的上海交通大学开发出记忆温度 60～70℃ 的形状记忆树脂。中国矿业大学开发了反式聚异戊二烯（TPI）。已见报道的 SMP 品种有：聚降冰片烯、高反式聚异戊二烯、丁苯共聚物、聚氨酯、交联聚烯烃、交联 EVA、PEO/PET 共聚物、PA 接枝 HDPE、天然鱼油合成的聚合物及环己丙酯等。

（二）形状记忆塑料的品种

在形状记忆塑料开发出来以前，所用的形状记忆材料为形状记忆金属合金（SMA）。形状记忆塑料与形状记忆金属合金比较，其优点如下：

① 形变需要的应变力小，SMP 仅为 4MPa，而 SMA 为 500MPa；

② SMP 的加工性能好；

③ SMP 的相对密度小；

④ SMP 的耐化学腐蚀性好；

⑤ SMP 的形变量大。

形状记忆塑料与形状记忆金属合金比较，其缺点如下：

① 响应速度比 SMA 慢得多；

② 目前无法使用电激励；

③ 在韧性及刚性上差，需用玻璃纤维、有机纤维增强改性。

目前已开发的形状记忆塑料有：聚降冰片烯、反式1,4-聚异戊二烯（TPI）、丁二烯-苯乙烯共聚物（BS）、热塑性聚氨酯（TPU）、交联聚乙烯（XLPE）、交联EVA等。

1. 聚降冰片烯

聚降冰片烯是以乙烯和环戊二烯为原料制成的一种立体结构并非特别规整的非晶聚合物，其分子内含有环状降冰片基团，属于环烯烃类聚合物，其分子量高达300万，比普通树脂高约100倍。

聚降冰片烯最早由法国的CDF Chimie公司开发于1984年，先由乙烯和环戊二烯在Dies-Aldeer催化剂作用下合成降冰片烯，然后开环聚合得到含双键和五元环交替结合的无定型聚合物。日本的杰昂（Zron）公司进一步开发出系列产品，并以商品名Norsoreex投入市场。我国的中国矿业大学和中国科学院化学所等取得一定的研究成果。

聚降冰片烯的固定相为超高分子量链的缠绕交联结构，可逆相为玻璃化转变温度附近发生玻璃态和橡胶态可逆变化的结构。

聚降冰片烯的玻璃化转变温度为35℃，介于塑料和橡胶之间。聚降冰片烯制品在受热250℃以上时，试样可以任意改变形状，固化后温度超过40℃时，在很短的时间内就能恢复原来的形状，而且温度越高恢复越快。

聚降冰片烯的主要特点如下：

① 分子内无极性基团和化学交联结构，属于热塑性树脂，可用注塑、挤出、压延、真空等方法加工成型。但因分子量太高，成型加工比较困难。

② 玻璃化转变温度接近人体温度（39℃），在室温下为硬质，适用于制造织物。

③ 未经硫化的聚降冰片烯片材强度高，并具有减震功能。

④ 充油处理后，变成JIS硬度为15的低硬度橡胶，耐湿气性和滑动性较好。

⑤ 透明性很好，透光率达到92%，折射率为1.51，吸水率仅为0.4%，耐湿性好。

⑥ 热变形温度高达162℃，是透明塑料中耐热性较好的品种，但不及PPA（300℃）、PES（180℃）及PAR（180℃）。

除聚降冰片烯外，降冰片烯与它的烷基化、烷氧基化、羧酸衍生物形成的非晶和半结晶共聚物，也具有形状记忆功能，并可通过控制共聚单体的比例来调整其玻璃化转变温度的大小，使用温度为−90～200℃。

2. 反式1,4-聚异戊二烯

反式1,4-聚异戊二烯是由反式1,4-异戊二烯单体经溶液聚合而成的1,4-加成聚合物，于1988年由日本的可乐丽公司开发成功，简称TPI，该公司采用AlR_3-VCl_3系列Ziegler催化剂，聚合成接近100%聚合率的反式1,4-聚异戊二烯。此材料具有形变恢复率大（1～3MPa）、形变速度快、恢复精度高等特点。TPI的主链中含有双键，T_m为60～70℃，结晶度为40%。TPI的分子链几乎100%为反式结构，主链中含有双键，易同硫黄、过氧化物发生交联反应，在熔点以下温度范围内具有较高的弹性模量。用于形状记忆材料的TPI由树脂、填料和交联剂组成，具体配方如表18-1所示，各类成分配好后用双辊混炼机、密炼机或双螺杆挤出机混炼成混炼胶，然后于模具中热压硫化成制品。由于TPI分子主链上含有双键存在，成型后发生部分化学交联，无法再重新加工。

表 18-1　TPI 的具体配方和性能

配方成分及性能	1号	2号	3号	4号	5号
反式 TPI	100	100	100	70	100
顺式聚异戊二烯	—	—	—	30	—
轻质碳酸钙	30	150	150	30	30
环烷系操作油	—	—	150	—	—
氧化锌	5	5	5	5	5
硬脂酸	1	1	1	1	1
硫黄	0.5	0.5	0.5	0.5	0.5
DCP	3	3	3	3	—
硫化促进剂	—	—	—	—	3
弹性恢复率(横)/%	100	98.3	97.9	100	99.6
弹性恢复率(纵)/%	100	98.3	95.3	100	99.5

形状记忆 TPI 中的交联结构为固定相，能熔化和结晶互相变化的部分结晶相为可逆相，形状记忆温度为 40℃。TPI 具有形变速度快、形变恢复力大、形变恢复精度高、形变温度可调整、耐溶剂好、耐酸碱、绝缘性好及耐寒性好等优点。缺点为耐热和耐候性不好，热响应温度偏低。

TPI 属于热固性塑料，加工中经过交联处理，成型后不能再重复加工。为改善重复加工性和热响应温度低的缺点，常用交联 HDPE 与其共混。TPI/HDPE 可于 150℃温度下共混，HDPE 的比例为 20～30 份，处于适中的范围内。

3. 丁二烯-苯乙烯共聚物（BS）

丁二烯-苯乙烯共聚物英文简称为 BS，又称为 K 料（美国菲利浦公司商品名），日本旭化成公司 1988 年开发。它是由苯乙烯与丁二烯通过接枝或嵌段共聚而成的热塑性弹性体。BS 的固定相为高熔点（120℃）的苯乙烯结晶部分，可逆相为低熔点（60℃）聚丁二烯结晶部分。

BS 可在 120℃时用注塑、挤出及压制等方法加工；制品的形变恢复温度为 60℃，形变量高达 400%；形变恢复快，在常温保存时自然恢复极小；重复形变时，恢复率有所下降，但至少可用 200 次。

BS 的综合性能好，又具有良好的透明性。

4. 热塑性聚氨酯（TPU）

TPU 由异氰酸酯、多元醇和扩链剂聚合而成，为含有部分结晶的线型聚合物，因反应活性点的不同，可以是热塑性和热固性。其结构中的软段即非晶部分可作为可逆相，硬段即结晶部分可作为物理交联点（固定相），其中软段的玻璃化转变温度（－30～70℃）为形状恢复温度，玻璃化转变温度可通过软硬段比例来调整。

日本三菱重工业公司于 1988 年开发成功形状记忆 TPU，形状恢复温度范围很宽，可通过调整原料的种类和配比以得到不同的玻璃化转变温度，已获得形状恢复温度为 25℃、35℃、45℃和 55℃的形状记忆 TPU，因属热塑性树脂，可用注塑、挤出和吹塑等方法加工。

日本三洋化成工业公司也开发了液体 PU 系列 SMP，分为热塑性和热固性两大类，可制成薄膜和注塑制品，形状恢复温度为 40～90℃。

TPU 可用注塑、挤出、吹塑等方法加工，价格低、着色容易、形变量高达 400%，耐候重复性好，已受到足够的重视。

聚氨酯的具体性能请参见本书第二十章。

5. 交联聚乙烯（XLPE）

交联聚乙烯是 1981 年第一个开发的热致形状记忆塑料。通过聚烯烃的交联反应，可减小结晶度，但仍要保持一定的结晶度。若交联度适宜，则在结晶相的软化点时，链结间分子可无序活动，链段能自由旋转，表现出类似橡胶的高弹态。在外力的作用下，材料因拉伸而变形，淬火后链段因结晶被冻结，材料硬化定型。重新加热到熔点时，链段运动恢复，材料又恢复原状。

交联聚乙烯用 LDPE 为基材，可用过氧化物交联、硅烷交联和高能电子束辐射交联。目前主要以辐射交联为主，以电子加速器或放射性元素钴作能源进行照射而达到交联的目的。

XLPE 属结晶型塑料，其长期使用温度为－40～125℃，短期使用温度可达到 150℃，其响应温度为 100～130℃，可用其制造热收缩管材。

生产热收缩管所用原料首选 XLPE 形状记忆材料，先将成型后的 XLPE 制品交联，再加热至熔点以上，使结晶熔化，呈橡胶状态。此时进行二次成型并冷却，依靠结晶的形成将二次成型的形状固定下来，对于热收缩管，其形变量可达 200%以上。如将前述二次成型的制品再加热到熔点以上，结晶熔化，形变消失并恢复到初始形状。

有时单一 PE 树脂满足不了具体的需要，可选用乙丙共聚物、PE/CPE/$BaTiO_3$ 共混物等。

交联聚乙烯类形状记忆塑料的用途很广阔，具体可用于如下几方面。

（1）医疗器材

形状记忆塑料可用于固定创伤部位的器材以代替传统的石膏绷带，另外还可用于医用组织缝合器材、防止血管阻塞器材及止血钳等。

（2）包装材料

形状记忆塑料主要用于热收缩包装材料，如啤酒、饮料、电池等产品的包装也可用于容器衬里材料及容器外层的印刷薄膜。

（3）异径管材的连接

将形状记忆塑料制成管接头，用于连接不同口径的管材及作为高压电缆的接头等。

（4）其他用途

形状记忆塑料还可用作建筑紧固销钉，先装配后紧固；保险杠及安全帽，冲击变形后，可重新加热恢复；火灾报警感温装置；自动开闭阀门等。

在交联聚乙烯类形状记忆塑料方面，我国的工业化程度很高，有很多知名的企业早就实现了大规模化工业生产，典型的企业有长春热缩材料公司、深圳芯源新材料公司、深圳琦富瑞电子有限公司及深圳市沃尔核材股份有限公司等。

6. 交联 EVA

EVA 为乙烯-乙酸乙烯酯共聚物，其分子链由非极性、结晶性的乙烯酯链段和极性的、非结晶性乙酸乙烯链段组成。与 PE 相比，由于引入了乙酸乙烯酯单体，降低了产品的结晶度，熔点下降到 100℃以下，很容易采用先成型后交联的方式制备交联聚合物。而且可通过调节 EVA 中乙酸乙烯酯的含量，以调整其性能。随 EVA 中交联度的提高，形变恢复率不断提高；交联度不变，其形变恢复率也不变。

7. PEO-PET 共聚物

在共聚物中 PEO 的玻璃化转变温度和熔点低，是共聚物的软段部分，可提供弹性体的性能；PET 具有较大的玻璃化转变温度和熔点，可以形成物理交联，是共聚物的硬段部分，提供材料以挺度和冲击性。PEO-PET 形状记忆效应是 PEO 部分在无定形相中运动的结果。

8. PA 接枝聚乙烯

PA 接枝聚乙烯（HDPE-*g*-PA）分子中，接枝在 HDPE 上的 PA 可在分子间形成物理交联点，使其具有形状记忆功能，并且与交联 PE 的形状记忆效果相似，形变恢复率大于 95%，在 120℃时的恢复性最大，恢复速度好于交联 PE。

PA 接枝 PE 通过熔融混合反应挤出即可得到，材料通用，有利于推广应用。

9. 天然鱼油合成聚合物

将天然鱼油、改性鱼油、鱼油甘油三酸酯化学改性可以合成形状记忆共聚物。由于鱼油中含有不饱和键，可以聚合。但由于鱼油的流动性不好，单独聚合的分子量低，因此需要共聚。共聚产物为热固性材料，具有良好的交联结构，在 200℃以下很稳定，具有形状记忆效应，形状记忆温度为 40～50℃。

10. 含氟聚合物

主要品种为 PTFE 和 FEP。以 PTFE 为例，在高温时表现出高弹态，可以进行拉伸，拉伸时的形变滞后于应力，因此冷却后可冻结应力，再加热时发生应力松弛，促使材料恢复到原料的尺寸。将挤出成型 PTFE 管材进行横向扩张，可以制成热收缩管材。国内已有采用吹胀法和糊膏法挤出 PTFE 热收缩管材的报道。用吹胀法生产 FEP 管材，吹胀率可达到 100%，制品在 100℃就可收缩，最佳收缩温度为 160～180℃，材料的力学性能较好，可在－260～205℃温度范围内使用。

其他形状记忆塑料还有：TPU/PCL/苯氧基树脂共混物、PVC/PCL 共混物、聚乙烯-丁二烯共聚物、聚酯系列合金、交联聚乙烯基甲基醚、聚乙烯醇缩醛凝胶、聚己内酯、聚酰胺和聚氟代烯烃等。

（三）形状记忆塑料的应用

尽管形状记忆塑料的开发时间还很短，但与形状记忆合金和形状记忆陶瓷相比，SMP

具有变形量大、形状恢复容易和形状恢复温度便于调整、电绝缘性和保温性好、不生锈、易着色、可印刷、质量轻、耐用及价格低等优点，广泛用于医疗、包装、建筑、玩具、汽车及报警器材等领域，SMP 的主要应用范围见表 18-2。

表 18-2　SMP 的主要应用范围

应用类型	具体产品
医疗卫生	绷带、夹板、骨科矫形器、牙科矫形器、导尿管、血管封闭材料、携带用容器、血管扩展材料、缝合器材、防止血管阻塞器材、止血钳及四肢模型材料等
机械制造	自动启闭阀门、热收缩套管、防音辊、连接装置、衬里材料及缓冲器等
电子电器	电子集束管、光驱动分子阀、电磁屏蔽材料、光记录媒体及电缆防水接头等
日常用品	便携式餐具、头套、坐垫、人造花、智能控温或调垫褶皱网服装等
土木建筑	固定螺钉、空隙密封及异径管连接等
印刷包装	热收缩膜、商标、容器衬里材料、容器外印刷材料及夹层覆盖等
文体娱乐	保险杠、安全帽、文具、教具、玩具及体育保护器材等
其他	火灾报警装置、机器人、太阳能帆板、天线等

下面举几个具体应用实例。

1. 异型管接合料

先将形状记忆塑料管软化，并趁热向管内穿入直径比管内径大的棒状物，以扩大其口径，冷却后抽出棒状物，得到的制品为热收缩管材。使用时，将直径不同的管材插入收缩管中，用热水或热风加热收缩管，使其迅速收缩将两个管头紧密固定。此法可广泛用于仪器内部线路集合、线路终端的绝缘保护和通信电缆的接头防水等。

2. 医疗器材

聚降冰片烯、反式聚异戊二烯和 PU 等形状记忆塑料可代替传统的石膏，用于骨科创伤的固定材料，可反复使用。具体使用过程为：先将形状记忆塑料裁成创伤部位的形状，用热水或热风将其加热软化，将其变成易装配形状，冷却后装配到创伤部位，再加热使其收缩固定在创伤部位，起到固定作用。使用过后，可利用塑料的塑性取下，加热后恢复原始形状。

3. 缓冲材料

SMP 可以用于汽车的外壳、缓冲器、保险杠及安全帽等领域，当汽车受到撞击时，上述材料会发生变形，再将变形的配件加热即可恢复到原始的形状。

4. 包装材料

SMP 可以很容易地制成筒状包装材料，直接套到包装物上，加热即可牢固地收缩包装在产品上，主要用于包装食品、电池、书籍、扑克牌及高档服装等。可用于包装材料的形状记忆收缩材料有 PE 和 EVA 等。

第二节　压电塑料

压电行为是指在给物质施加外部压力时，会产生与外部压力成正比的电流；反之，在给物质施加电压时，会产生与电压成正比的变形。而压电塑料是指在外加机械力的作用下能发生强烈的极化现象并在其制品表面形成电荷，从而产生一定电压的高分子材料。压电塑料在机械能的作用下可产生电能；反之，压电塑料在外加高电场的作用下，也能产生机械力，这种现象称为压电效应。压电塑料的对外响应参数为压力或电场。

具有压电性的无机材料有：水晶、四水合酒石酸钾钠、钛酸钡、碳化锌及锆钛酸铅等，其中以锆钛酸铅的压电性最好。已用于水晶钟的振荡器、调频无线电的滤波器、电子打火机和气体自动点火栓用元件等。无机压电材料的压电性大，但硬而脆，不易加工，应用面受到限制。

并不是所有塑料都具有压电特性，只有强极性聚合物被极化后，才会显示出明显的压电现象。另外，聚合物的偶极矩对压电性的产生具有重要的作用。具有压电性的高分子材料主要为氟聚合物，具体品种有聚偏二氟乙烯（PVDF）、偏二氟乙烯-三氟乙烯共聚物、偏二氟乙烯-四氟乙烯共聚物等，其具体特点如下：

① 无各向异性。

② 加工性好，可成型复杂形状制品。

③ 可改变柔软程度。

④ 对温度的敏感性小。

⑤ 其他性能优异。

除氟聚合物外，偏二氯乙烯-乙酸乙烯酯共聚物、PA11 和聚偏二氯乙烯等也有一定的压电性，但很小，这些塑料材料的压电性能如表 18-3 所示。

表 18-3　几种塑料的压电应变常数

材料	压电应变常数/($\times 10^{-12}$C/N)
聚偏二氟乙烯	40.1
偏二氟乙烯-四氟乙烯共聚物	30.1
偏二氟乙烯-三氟乙烯共聚物	26
偏腈乙烯-乙酸乙烯酯共聚物	7
偏二氯乙烯-乙酸乙烯酯共聚物、PA11	6
偏腈乙烯-苯乙烯共聚物	5
聚偏二氯乙烯	3.3

在上述压电树脂中，以 PVDF 最为常用，它集压电与热电性能于一体，力学性能高、柔韧性好、易大面积成型，在水听器、医疗诊断和机器人用柔性传感器方面得到重要应用。PVDF 有多种晶型，只有 β 晶型具有压电性。在本体聚合物中，需要通过单轴拉伸才能实现从 α 晶型向 β 晶型转变，但由于其结晶度只有 50%左右，所以压电性仍不高。

高分子压电材料唯一缺点为压电性不如无机压电材料高。可通过加入无机压电材料来提高 PVDF 的压电性。压电填料的粒度一般在 300 目以上，加入量为 50%左右。如日本三菱油化开发的 POM 与锆钛酸铅（PTZ）复合材料，具有高度压电性。常见各类压电材料的性能见表 18-4 所示。

目前，高分子压电材料已用于制作头戴耳机、扬声器、扩音器、脉搏计、血压计、骨质诊断计、冲击传感器及振荡传感器等。

表 18-4　常见压电材料的性能

性能	PVDF	复合 PVDF	VDC/VAC	POM/PTZ	橡胶/PTZ	PTZ	ZnC	水晶	钛酸钡
相对密度	1.78	1.88	1.2	4.5	5.6	7.5	5.7	2.65	5.7
音速/(km/s)	2.4	2.4	2.5	1.9	—	4	6.4	5.7	4.4
声阻抗 /($\times 10^4$ Pa@s/m)	4.0	4.5	3.0	8.0	—	30	36	15.1	25
弹性模量 /($\times 10^3$ N/m^3)	9.1	11.3	7.5	2.0	0.04	86	—	77.2	110
耦合系数	0.2	0.3	0.28	0.25	—	0.64	0.28	0.09	0.21
压电常数 /($\times 10^{-2}$ C/N)	40.1	10	6	17	35	110	—	2	78
应变常数 /($\times 10^{-3}$ V·m/N)	174	110	169	20	72	10	60	50	5
相对介电常数	6.2	6	4.2	45	55	1200	18.8	4.5	1700
介电损耗正切角	0.13	0.15	0.05	0.25	—	0.002	—	—	—
使用温度/℃	80	100	160	140	100	250	—	575	—

注：PTZ 为锆钛酸铅。

第三节　自修复塑料

1. 一般概况

自修复塑料是指当材料受到破坏后，在一定条件下可以自我修复部分或者全部性能的一类塑料材料。

针对聚合物的自修复是在 20 世纪 80 年代被提出的，这是一种为延长聚合物使用寿命和治愈无形微裂纹的手段。White 等在 2001 年报道的关于这方面的研究激发了世界对这一材料的广泛兴趣。如美国航空局和欧洲航空局都对此方法和材料给予了高度的关注。与此同时，2007 年 2 月在荷兰的代尔夫特技术大学还举行了关于自愈合材料的第一届国际会议，正式确定了自修复材料为单独一个学科。

2. 修复机理

从机理上讲，自愈合聚合物材料本身就具有恢复材料的载荷传递能力，这种恢复可以是自主发生，也可以是被一个具体的刺激物所激发的，例如热量的辐射等。因此，这些材料的应用将极大地促进高聚物组分的安全性和耐久性而不需在监测或外部修理上花费较大成本。这一系列智能材料的研发过程的灵感来源于仿生系统。一个仿生材料的例子如血管出血的愈合剂，这就是由自我修复的复合材料制成的，由 Dry 和 Sottos 提出。这些材料还可以用来治愈由其他裂解诱导的残余应力或是纤维黏结所造成的损害。

3. 具体品种

(1) 自愈合橡塑材料

2011 年，以瑞士弗里堡大学的材料科学家 ChristophWeder 为首的一个研究小组开发出一种暴露在紫外光下可“自愈合”的橡塑材料。最终这种材料有望被用于清漆、涂料或手机外壳中。

Weder 和他的开发小组在塑料上做出一道深刮痕后，只需用集中紫外光对着照射即可修复。紫外光仅加热刮痕周围的区域，只需短短 1min 就能消除刮痕。

之所以能实现自我愈合，其秘诀在于聚合物的特殊结构。传统型聚合物是由被强大的共价键附着的长链状分子所组成的。而 Weder 开发出的塑料则是穿插锌或镧离子的较短的分子结构。在固态下，其分子构成有黏性的“金属坐标”连接物，其长链结构可有效地与金属离子相连。当在塑料上照射紫外光时，紫外光被金属离子吸收后转化为热量，这股热量足以融化局部区域并修复断裂。

在测试中，Weder 的研究小组在他们开发的一块 400μm 厚的塑料上划出了一道 200 多微米深的刮痕。在紫外光下照射两次，每次 30s 后，刮痕就被修复了。

(2) 能自动重组的自愈合聚合物

2013 年，西班牙圣塞瓦斯蒂安电化学技术中心的研究人员成功研制出首个自愈合聚合物，它被誉为是第一款无须外来干预就能进行自我修复的聚合物。研究人员称，聚合物被切割成两半后，它们会重新聚拢到一起，一个样本在 2 个小时内能够完成 97％的自我修复。

科学家称，用这种材料制成的单个组件，即使用手使劲拉伸，也不会断掉。他们表示：“这种材料在室温环境下能进行有效的自我修复，不用加热或光照等任何额外的外来干预。”他们表示，从电子元件到住宅，该材料有助于提高塑料部分的寿命和安全性。类似聚合物已经被应用到很多商品中，这种新型聚合物“具有很大的商业潜力，便于真正的商业应用。”

第四节 热电塑料

热电效应是指随着电介质温度的变化，电介质外发生电荷消失或电场变化的热电转换现象。具备热电效应的热电塑料主要用于能量、电磁、音响的转换器件上。

与其他热电性材料相比，热电塑料具有如下优点：

① 加工方便，可制成厚度薄、面积大的制品。

② 热电转换率高，稳定性好。

③ 相对介电常数低，机械共振小，能抑制振动噪声。

几种常用热电材料的热电系数见表 18-5。

表 18-5 几种常用热电材料的热电系数

材料	聚氟乙烯（PVF）	PVDF（单向拉伸）	聚[3,3-双（氟甲基）氧杂环丁烷]	PVDF/钛酸铅	PVDF/锆钛酸铅
热电系数/[$\times 10^{-9}$℃/(cm^2·℃)]	1.6	4	8～16	5	10
材料	二甘氨酸硫酸酯	钛酸锂	锆钛酸铅	钛酸铅	
热电系数/[$\times 10^{-9}$℃/(cm^2·℃)]	40	23	37	60	

在具有一定热电性能的树脂中加入高热电系数的材料如锆钛酸铅、钛酸铅、钛酸锂及二甘氨酸硫酸酯等，是提高树脂热电性能的有效方法。

SELECTION OF
PLASTIC
MATERIALS

第四篇 其他塑料

第十九章

热固性塑料

热固性塑料是以热固性树脂为主要组成物，配合各种必要的改性助剂，经交联固化形成制品的塑料。热固性塑料在制造成型过程的前期为液态，在制造成型过程中发生化学反应形成交联网络结构聚合物，成型后为不溶不熔的固态，重新加热也不能再次热熔或软化流动。常见的热固性树脂有酚醛树脂、氨基树脂、环氧树脂、聚氨酯、不饱和聚酯树脂、醇酸树脂等。

热固性塑料具有力学强度高、耐蠕变性好、耐热温度高、加工尺寸精度高及电气绝缘性好等优点，但也存在加工相对较难的缺点。热固性塑料的常规加工方法为压制和层压等，后来开发出注射和挤出成型，但比热塑性塑料的加工更难控制。

与热塑性塑料相比，热固性塑料的树脂品种相对较少。目前已应用的通用热固性树脂主要有酚醛树脂、氨基树脂、环氧树脂及不饱和聚酯树脂四种，其他还有均苯型聚酰亚胺(PI)、聚酰胺-酰亚胺（PAI)、双马来酰亚胺（BMI)、氰酸酯树脂、呋喃树脂、烯丙基树脂和醇酸树脂等。

热固性塑料主要用于电器绝缘、日用品、机械制造、建筑材料及玻璃钢等领域。

第一节　酚醛树脂及塑料

以酚类化合物与醛类化合物经缩聚反应而制成的聚合物称为酚醛树脂（PF)，其中以苯酚和甲醛为原料缩聚的酚醛树脂最为常用。酚醛树脂为第一个工业化的合成树脂品种。它于1909年由比利时裔美国科学家贝克莱特（Backland）首先实现工业化生产，因此人们又习惯称PF为“贝克莱特”。

以酚醛树脂为主要成分并添加大量其他助剂而制成的制品称为酚醛塑料，俗称“电木”。

酚醛树脂因价格低廉、原料丰富、性能独特而获得迅速发展，目前产量在热固性塑料中排第一位，占整个塑料的5%左右。

纯PF树脂因性脆及机械强度低等缺点，很少单独加工成制品。一般酚醛树脂的制品为在树脂中加入大量填料以进行改性，并因填料的品种不同而具有不同的优异性能，可应用在不同领域。

酚醛树脂常制成如下塑料制品：PF模塑料制品、PF层压制品、PF泡沫塑料制品、PF纤维制品、PF铸造制品及PF封装材料等6种，并以前3种最为常用。

一、酚醛树脂

酚醛树脂中酚类单体主要为苯酚，其次为甲酚和二甲酚等；醛类单体主要为甲醛，有时也用糠醛及乙醛。在酚醛两种单体中，甲酚具有三个活性点，但常用邻、对位两个活性点；醛类具有两个活性点。在反应中，如醛类的比例大于酚类，则多余的醛类会同酚类的第三个活性点反应，从而生成体型交联聚合物；反之，如果醛类的比例小于酚类，则生成线型聚合物。

酚醛树脂固化后的具体成分十分复杂，虽已应用近100年，但至今仍不能准确测定其固化树脂的具体结构。

在具体合成反应中，酚类和醛类两种单体的比例及催化剂性质不同，可以分别合成热塑性树脂和热固性树脂两种。

1. 热塑性酚醛树脂

热塑性酚醛树脂为线型结构，具有可溶可熔的特点。纯热塑性酚醛树脂加热也不交联固化，只有在加入适当的固化剂后才可固化。

热塑性酚醛树脂为在酚的比例大于醛的比例，两者摩尔比为1/0.85时，采用酸性催化剂时反应的产物。单体酚可以为三官能度的苯酚、间甲酚、间苯二酚或二官能度的邻甲酚、对甲酚、2,3-二甲酚等；单体醛可以为甲醛，有时也用糠醛。

热塑性酚醛树脂的具体反应配方如下：

配方　　单位：质量份

原料	用量
苯酚	100
甲醛	26.5～27.5
盐酸	0.056

热塑性酚醛树脂为粉状，常用于PF模塑粉和泡沫塑料的原料。

2. 热固性酚醛树脂

热固性酚醛树脂可分为甲、乙、丙三个阶段，甲阶PF为线型可溶可熔树脂，乙阶PF为少量交联的半可溶可熔树脂，丙阶PF为交联体型不溶不熔树脂。一般合成的PF树脂大都控制在甲阶或乙阶，以保证在具体加工制品时可以流动，加工中不加固化剂加热即可固化；而处于丙阶PF树脂的加工则很困难。

热固性酚醛树脂为酚的比例小于醛的比例，两者摩尔比为1/(1.1～1.5)时，采用碱性催化剂时反应的产物。单体酚可以为三官能度的苯酚、间甲酚及间苯二酚，不可用二官能度的酚类；单体醛可以为甲醛。

热固性酚醛树脂的具体反应配方如下。

(1) 固体粉末配方

配方　　单位：质量份

原料	用量
苯酚	100
甲醛	37
氨水	5

(2) 乳液配方

配方　单位：质量份

原料	用量
苯酚	100
甲醛	40.5
NaOH	1.0

热固性酚醛树脂为粉状固体或乳液，常用于层压、泡沫及浇铸等制品的原料。

3. 改性 PF 树脂

无论热塑性还是热固性 PF，都有许多缺点，如耐热性及抗氧化能力不高、性脆、对玻璃纤维黏附力差、易吸水、高频绝缘性和耐电弧较差等。这些缺点都可通过改性方法加以克服。

PF 的具体改性方法有：

① 封锁酚羟基，可改善其吸水、变色及交联过快的缺点。

② 引入其他组分，包围酚羟基，使之丧失活性，如引入聚乙烯醇缩醛和环氧树脂等。

③ 与多价元素如 Ca、Zn、Mg、Cd 等形成配合物。

④ 用杂原子如 O、S、N、Si 等取代亚甲基键合基团。

⑤ 共混其他聚合物材料。

PF 的具体改性品种有：

① 聚乙烯醇缩醛改性 PF　可以改善 PF 对玻璃纤维的黏合性，克服其脆性，提高玻璃钢制品的力学强度。

② 环氧树脂改性 PF　改性品种兼有环氧树脂的黏合性和 PF 的耐热性，克服 PF 的脆性，是最常用的一个改性品种。

③ 有机硅改性 PF　可改进 PF 的脆性、耐热性、耐低温性、冲击强度和韧性，常用于航空结构材料、耐热、绝缘材料及消熔材料等。

④ 硼改性 PF　用硼酸与苯酚生成硼酸酚酯，再与甲醛反应；可提高耐热性、瞬时耐高温及机械强度等；用于刹车件及耐高温消熔材料，如硼酚醛玻璃纤维复合材料具有极优良的耐高温及烧蚀性，是火箭及导弹等空间技术上的理想烧蚀材料。

⑤ 磷改性 PF　改性品种具有突出的耐热性和抗火焰性。

⑥ 共混 PF　具体共混品种有丁腈橡胶、热塑性弹性体、聚氯乙烯及聚酰胺等。

⑦ 热塑性弹性体改性　在 PF 中加入热塑性弹性体，以改善其抗冲击性能。

其他还有苯胺、二甲苯及三聚氰胺改性等。

二、酚醛模塑料

酚醛模塑料又称为酚醛压塑粉，它是以酚醛树脂为基础，加入粉状填料、固化剂及润滑剂等组成。因酚醛树脂为棕色，因而只能制成深色制品。

1. 配方设计

① 树脂　选用热塑性 PF 或甲阶热固性 PF，大都为固体粉末。树脂的加入量为 35%～

55%（质量分数，下同），主要起到胶黏剂的作用，将填料黏结起来。树脂的性质在一定程度上决定制品的最终性能，如二甲苯改性PF具有抗湿热性及优异的电性能，三聚氰胺改性PF的抗电弧及抗泄漏电等性能。

② 填料 起到骨架作用，填料的加入量为30%～60%。填料的性质影响制品的机械强度、耐热性、电绝缘性和成本的高低。常用的填料有玻璃纤维、石棉、木粉、棉绒、织物碎片、碳酸钙、滑石粉、云母粉及石英粉等。填料根据制品的性能要求而选用，如高强度制品选用玻璃纤维和石棉、低收缩率用木粉、电绝缘性用云母、耐热用石棉、耐磨用石墨等。

③ 固化剂 选用热塑性PF树脂时，需要外加固化剂，才能发生固化反应。而选用甲阶热固性PF时，则可不用固化剂，自身就能发生固化反应。常用的固化剂有六亚甲基四胺（俗称乌洛托品），加入量10%～15%。选用热固性PF树脂时，有时也加入2%～6%的固化剂，以促进其固化反应。

④ 固化促进剂 其作用为促进树脂的固化，提高制品的耐热性及机械强度，具体有MgO、$Ca(OH)_2$等，加入量一般为0.5%～4%。

⑤ 润滑剂 改善加工流动性和黏膜性，并稍提高热稳定性。常用的润滑剂有硬脂酸、硬脂酸镁及硬脂酸锌等。

⑥ 增塑剂 改善PF的可塑性及流动性。内增塑剂一般为水及糠醛等，外增塑剂一般为二甲苯及苯乙烯等。

⑦ 典型的PF模塑粉配方如表19-1所示。

表19-1 PF模塑粉配方 单位：质量份

组分	通用级	绝缘级	中抗冲级	高抗冲级
热塑性PF	100	100	100	100
六次甲基四胺	12.5	14	12.5	17
氧化镁	3	2	2	2
硬脂酸镁	2	2	2	3.3
对氟蒽黑染料	4	3	3	3
木粉	100	—	—	—
云母	—	120	—	—
织物碎片	—	—	—	150
棉绒	—	—	110	—
石棉	—	40	—	—

2. 结构性能

不同填料和不同用途的PF的具体性能如表19-2和表19-3所示。

表19-2 不同填料PF的具体性能

性能	铸塑制品（无填料）	模塑料		
		木粉填充	碎布填充	矿粉填充
相对密度	1.34	1.35～1.4	1.34～1.38	1.9～2.0

续表

性能	铸塑制品（无填料）	模塑料		
		木粉填充	碎布填充	矿粉填充
拉伸强度/MPa	28～70	35～56	35～56	21～56
弯曲强度/MPa	49～84	56～84	56～84	56～84
剪切强度/MPa	42～56	56～70	70～105	28～105
压缩强度/MPa	70～175	105～245	140～224	140～224
缺口冲击强度/(kJ/m^2)	1～3.26	0.54～2.7	1.66～16.6	1.36～8.15
线膨胀系数/($\times10^{-5}K^{-1}$)	3～8	3～6	2～6	2～6
相对介电常数	4	5～15	5～10	5～10
介电强度/(V/mm)	8～12	4～12	4～10	4～10
体积电阻率/(Ω·cm)	10^{12}～10^{14}	10^{9}～10^{12}	10^{8}～10^{10}	10^{9}～10^{12}

表 19-3 不同用途 PF 的具体性能

性能	通用 PF(A)							耐热用 PF(C)		电器用 PF(E)			
	PF1A1	PF2A1	PF2A2	PF2A3	PF2A4	PF2A5	PF2A6	PF2C3	PF2C4	PF2E2	PF2E3	PF2E4	PF2E5
吸水率/(mg/kg)	50	60	50	50	40	40	50	40	30	15	15	10	15
体积系数	3	3	3	3	3	3	3	4	3	3	4	3	3
弯曲强度	60	70	70	70	70	70	60	60	50	45	50	80	70
冲击强度/(kJ/m^2)	1.3	1.5	1.5	1.5	1.5	1.5	1.8	2.0	1.0	1.0	1.3	1.5	1.5
热变形温度/℃	120	146	140	120	140	140	140	155	150	140	140	120	140
体积电阻率/(Ω·cm)	10^{10}	—	10^{8}	10^{10}	10^{9}	10^{9}	10^{8}	10^{8}	10^{8}	10^{12}	10^{12}	10^{12}	10^{12}
介电强度/(MV/m)	3.5	—	3.5	3.5	3.5	3.5	3.5	2.0	2.0	5.8	5.8	7.0	5.8
介电损耗	0.08	—	0.1	0.08	0.1	—	—	—	—	0.02	0.02	0.02	0.02

下面分别介绍 PF 的几种具体性能。

(1) 力学性能

PF 制品的耐蠕变性比热塑性塑料要好，尤其是云母和石棉填充的 PF 制品耐蠕变性更好。

PF 制品尤其是玻璃纤维增强和石棉填充 PF 制品的机械强度对温度的依赖性小，具体参见表 19-4。但木粉填充的 PF 对温度的依赖性大，在温度为 90～105℃时拉伸强度急剧下降。

PF 树脂及填料都易吸水，并且易产生内应力和翘曲变形，从而引起机械强度的下降。

表 19-4　不同温度下玻璃纤维增强 PF 的机械强度

性能	−40℃	20℃	150℃
拉伸强度/MPa	77.5	59	48
拉伸模量/MPa	20600	20600	15100
弯曲强度/MPa	186	175	150
冲击强度/(kJ/m^2)	233	162	95

（2）电学性能

① 温度的影响　随着温度的升高，PF 的体积电阻下降，介电强度开始升高，达到 100℃后迅速下降；介电损耗和相对介电常数升高。

② 湿度的影响　当 PF 的吸水性大于 5%时，电性能迅速下降。

（3）物理性能

① 收缩率　不同填充材料 PF 模塑料的收缩率如表 19-5 所示。不同成型方法 PF 制品的收缩率也不同，大小顺序为：注射成型＞传递成型＞压制成型。

表 19-5　不同填充材料 PF 模塑料的收缩率

材料	玻璃纤维 PF	石棉＋云母 PF	木粉＋石棉
收缩率/%	0.05～0.2	0.2～0.4	0.5～0.6
材料	石棉 PF	木粉、纸粉、布粉 PF	合成纤维 PF
收缩率/%	0.3～0.5	0.6～0.8	1～1.4

② 线膨胀系数　酚醛塑料的线膨胀系数，在塑料中属较小者，一般为 $(2\sim4.5)\times10^{-5}K^{-1}$。

（4）耐热性

PF 塑料的耐热性在热固性塑料中仅次于 SI。不同填充材料 PF 的耐热温度不同，无机填充为 160℃，有机填充为 140℃，玻璃纤维和石棉填充为 160～180℃。

（5）耐腐蚀性

PF 塑料的化学稳定性一般，不耐酸、碱介质。

3. 成型加工

PF 的加工性不好，废料不能回收利用。早期只能用压制方法成型，后来开发出注射成型，从而扩大了其应用范围。

（1）压制成型

温度 150～190℃，压力 10～30MPa。前述工艺条件，壁厚制品取上限，壁薄制品取下限；形状简单制品取下限，形状复杂制品取上限。

（2）注射成型

温度控制要精确，绝对防止物料在料筒内固化。进料温度 30～70℃，料筒温度 75～95℃，喷嘴温度 85～100℃，射出料温度 120～130℃，模具温度 150～220℃（动模比定模高 10～15℃），注射压力 100～170MPa。

4. 应用范围

PF 模塑料主要用于电器绝缘件、日用品、汽车电器和仪表零件等，具体产品有：电器开关、灯头、电话机外壳、瓶盖、纽扣、手柄、闸刀、电熨斗及电饭锅零件及刹车片等。以日本为例，PF 制品在不同应用领域的应用比例如表 19-6 所示。

表 19-6 日本 PF 模塑料的应用比例

应用领域	家电及民用	通信及电子仪器	其他
应用比例/%	12	10	14

三、酚醛层压制品

1. 一般概况

酚醛层压制品以 PF 树脂为胶黏剂，以牛皮纸、棉布、石棉布、玻璃布及绝缘纸等填料为基材，经过加热加压（温度 155～180℃、压力 5～12MPa）层压处理后固化成为层压板、管材或其他形状的制品。

酚醛层压制品的优点为相对密度小（1.3～1.4）、吸水小、力学性能如拉伸及压缩强度比模塑 PF 制品大、电绝缘性好、热导率低及摩擦系数低，可任意机械加工，布基层压板抗冲击、弯曲高、抗扭转和吸收振动力，可用于较大振动零件如齿轮。

酚醛层压制品主要用于印刷线路板及机械零件等。

2. 配方设计

酚醛层压制品的配方组成如下：

（1）树脂

选用热固性甲阶 PF，为乳液状，具体配方（单位：质量份）如下。

① 苯酚甲醛树脂配方。

原料	用量
苯酚（100%）	100
甲醛（37%）	105
氨水（25%）	5.5
乙醇（95%）	52

② 甲酚甲醛树脂配方。

原料	用量
混合甲酚（100%）	114
甲醛（37%）	110
氨水（25%）	5.8
乙醇（95%）	60

（2）基材

绝缘纸，有用于层压板、棒及管的浸渍纸和用于电容器套管的卷绕纸两种；绝缘棉布，有煮炼布和不煮炼布（机械强度高、加工性能好）两种；玻璃布，有布缎纹、平纹、斜纹和方织四种，用于绝缘层压板的为含碱量1%以下的E玻璃布；此外还有石棉布、牛皮纸及合成纤维等。

3. 性能及用途

不同基材的PF层压制品具有不同的性能，具体如表19-7所示。

表19-7　不同基材PF层压制品的性能

性能	铸塑品（无填料）	层压制品		
		纸	布	石棉
相对密度	1.34	1.24～1.38	1.34～1.38	1.6～1.8
拉伸强度/MPa	28～70	40～100	56～140	42～84
弯曲强度/MPa	49～84	70～210	84～210	84～140
剪切强度/MPa	42～56	35～84	35～84	28～56
压缩强度/MPa	70～175	140～280	175～280	140～280
缺口冲击强度/(kJ/m^2)	1～3.26	1.66～8.15	5.44～21.7	2.7～8.25
线膨胀系数/($\times 10^{-5}K^{-1}$)	3～8	2～3	2～3	2～3
介电强度/(kV/m)	8～12	10～30	4～20	10～18
相对介电常数	>4	4～8		
体积电阻率/(Ω·cm)	10^{12}～10^{14}	10^{10}～10^{12}	10^{10}～10^{12}	10^{9}～10^{10}
耐热温度/℃	—	100～125	125～135	135～140

① 纸基层压板　对强酸的稳定性不高，不耐碱，但耐矿物油，绝缘耐热E级。可用于制造电器绝缘结构零件如接线板和绝缘垫圈等。

② 布基层压板　与纸制层压板相比，它具有更高的机械强度和耐油性能，常用于垫圈、轴瓦、轴承、皮带轮及无声齿轮等机械零件，以及电话、无线设备和要求不高的绝缘体等。

③ 玻璃布基层压板　与其他层压板相比，它具有耐热性、机械强度、介电性能和化学稳定性好等优点，其马丁耐热温度可达200℃以上，属B级绝缘耐热，是重要的电器工业绝缘材料，广泛用于电机、电器及无线电工程中。

由于纯PF与玻璃纤维的黏结力差，一般常用环氧酚醛树脂作为黏合剂树脂。

在PF板材中，玻璃纤维基层压板的用量最大，可占40%～60%。

④ 石棉布层压板　用于石棉布基层压板的浸渍液配方（质量份）为：

原料	用量
苯酚	100
甲醛	103.5
氨水（25%）	2

石棉布基层压板的优点为耐热性和耐摩擦性突出，因而主要用于刹车片及离合器等耐磨材料，以及要求较高机械强度及耐热的机械零件。

⑤ 超级纤维层压板　用聚酰胺纤维、碳纤维、石墨、晶须等为基材制成的层压制品具有优异的耐热性能，可作为耐烧蚀导弹外壳、宇宙飞船的耐热面层等。

⑥ 层压管　以卷绕的纸、棉布及玻璃布等为基材，以酚醛乳液为黏合剂，经热卷、烘

焙而制成，主要用于电器绝缘结构零件。不同的基材品种，所用的 PF 树脂品种及用量不同：

纸基层压管：用甲酚甲醛树脂，含胶量为 35%；

布基层压管：用苯酚甲醛树脂，含胶量为 55%；

玻璃布基层压管：用环氧苯酚甲醛树脂，含胶量为 35%。

⑦ 层压棒　所用基材不同，PF 树脂品种及用量不同：

纸基层压棒：用苯酚甲醛树脂，含胶量为 48%；

布基层压棒：用苯酚甲醛树脂，含胶量为 54%；

玻璃布基层压棒：用环氧苯酚甲醛树脂，含胶量为 41%。

⑧ 敷铜层压板　在纸或玻璃纤维层压基板的一面或两面敷上铜箔，以赋予其导电性，主要用于印刷电路板。

四、酚醛泡沫塑料

1. 一般概况

酚醛泡沫塑料具有价格低、耐热好（可耐 150℃、最高达 200℃，而 PS 泡沫为 70℃，PU 为 120℃）、重量轻、绝热性好、刚性大、尺寸稳定性高、难燃、燃烧无滴落、低烟等优点，具体性能如表 19-8 所示。以其高隔热性为例，从焊枪喷出 3000℃火焰对准 PF 泡沫板，2min 后背面无传热迹象。酚醛泡沫塑料缺点为脆性大。

酚醛泡沫塑料主要用于：耐热和隔热的建筑材料、保存和运输鲜花的亲水性材料和救生材料等。

表 19-8　酚醛泡沫塑料的性能

性能	数据	性能	数据
相对密度	0.2	拉伸强度/MPa	1.2
压缩强度/MPa	4	冲击强度/(kJ/m^2)	0.2
使用温度/℃	130～150	吸水率/%	0.3
线性收缩率/%	0.5	相对介电常数(10^{10}Hz)	1.31
热导率/[W/(m·K)]	0.06	介电损耗正切角(10^{10}Hz)	0.01

2. 配方设计

① PF 树脂　可用热塑性 PF 和热固性甲阶 PF 两种酚醛树脂，具体发泡配方不同。热塑性 PF 因发泡设备大、效率低、能耗大而少用。热固性 PF 的聚合是以氢氧化钠为催化剂，甲醛/苯酚为（1.4～2.0)/1。

② 固化剂　选用六亚甲基四胺或酸类，具体如苯磺酸或酚磺酸等。

③ 发泡剂　以物理发泡剂为主，化学发泡剂为辅。具体有二氯甲烷、正戊烷、碳酸氢钠、AC 等。以正戊烷为例，其具体配方与相对密度的关系如表 19-9 所示。

表 19-9 发泡剂用量与 PF 泡沫密度的关系

相对密度	0.04	0.05	0.06	0.07
甲阶 PF/kg	54	66	81	95
正戊烷/kg	9.4	3.0	1.7	1.3
盐酸/乙二醇(1/1)/kg	5.0	5.8	9.3	10.9

④ 表面活性剂 只在热固性甲阶 PF 液体发泡配方中使用，具体有聚乙烯山梨糖醇酐脂肪酸酯、硅氧烷基环氧杂环共聚物和长链烷基酚的聚环氧烷烃等，用量为 2%～4%。

下面举几个具体 PF 泡沫塑料的配方。

(1) 热塑性 PF 发泡配方

配方	单位：质量份	
原料	①	②
热塑性 PF	100	100
六亚甲基四胺	10～13	10～13
发泡剂	5～8	5～8
助剂	0.5～8	0.5～1
填充剂	10～15	10～15
丁腈橡胶	—	20～25
硫化剂	—	2～5

此配方制品的相对密度为 0.05～0.1，热导率为 0.03～0.04W/(m·K)。

(2) 热固性 PF 发泡配方①

配方	单位：质量份
原料	用量
液体甲阶 PF	100
发泡剂	10～20
表面活性剂	3～5
填充剂	0～40
固化剂	10～30

此配方制品的相对密度为 0.03～0.07，热导率为 0.03～0.04W/(m·K)。

(3) 热固性 PF 发泡配方②

配方	
原料	用量
液体甲阶 PF	5kg
乙氧基化的蓖麻油	150g
十二烷基硫酸钠	60g
正戊烷	600mL
对甲基苯磺酸溶液	200mL

此配方制品的相对密度为 0.02，吸水率 92.3%，水保持率为 28.5%。

五、其他酚醛塑料制品

1. 酚醛封装材料

传统的半导体封装材料以环氧树脂为主，但随着对绝缘性和热膨胀的要求越来越高，转而用 PF 改性 EP 为封装材料，它具有流动性好、热膨胀性低和吸水性等优点，具体配方如下：

配方	单位：质量份
原料	用量
PF 改性 EP	30
熔融硅粉	70
固化促进剂	适量

2. 酚醛纤维材料

选用线型 PF，纺丝后交联成热固性聚合物，纺丝方法有两种：

① 熔纺法　热塑性 PF 和 PA6（10%）→熔融混合纺丝→甲醛、盐酸交联处理→水洗→干燥。

② 湿纺法　热固性甲阶 PF 和聚乙烯醇→湿法纺丝→拉伸→水洗→干燥→热固化。

酚醛纤维材料的阻燃性好，氧指数为熔融法 36%、湿法 28%～30%，在 2500℃的火焰中，既不熔化也不燃烧；在烧蚀条件下，具有良好的绝热性能和耐摩擦性能。

酚醛纤维材料可用于如下几方面：

① 防火纤维可用于防火服装、工业防火板及隔热服装等。

② 用于高温密封圈，如 PF 纤维与橡胶复合材料，可在 180℃以上使用，并可用于排气温度为 590～650℃的密封圈上。

③ 刹车片及离合器摩擦片。

④ PF 纤维与 PTFE 复合后，用于导向轴承、阀垫等自润滑材料。

3. 酚醛壳模树脂

酚醛壳模树脂用于铸造工业中的砂型，其中 70% 的酚醛壳模树脂用于汽车发动机的铸造。

酚醛壳模树脂的组成为：树脂、砂、煤油、甲醇、六亚甲基四胺等，树脂用固、液态均可。

第二节　氨基树脂及塑料

以含有氨基或酰氨基官能团的化合物如脲、三聚氰胺及苯胺等与醛类化合物如甲醛等缩聚反应制成的一类树脂为氨基树脂，英文名称为 amino formaldenide resin，简称 AF。AF 包括脲甲醛（脲醛）（UF）树脂、三聚氰胺（密胺）甲醛（MF）树脂、苯胺甲醛树脂、脲-

三聚氰胺甲醛树脂及脲-硫脲甲醛树脂等很多品种，目前应用较多的为 UF 和 MF 两种，其中 UF 的产量占 80%，MF 占 15%以上。氨基树脂的最大用途为刨花板和胶合板的胶黏剂，其次为涂料和纤维，用于塑料制品的仅占 10%左右，主要用于餐具的制造。与酚醛不同的是，氨基树脂为白色，因而可配成各种颜色。

在氨基树脂中加入填料等助剂即可制成氨基塑料。氨基塑料具有力学强度高、电绝缘性好、表面硬度高、耐刮伤、无色透明、可制成色泽鲜艳的制品等优点，广泛用于餐具、日用、建筑、电器绝缘及装饰贴面板等。

脲醛树脂最早于 1926 年在英国实现工业化生产，三聚氰胺甲醛树脂最早于 1938 年在德国实现工业化生产。

一、脲醛树脂及塑料

1. 脲醛树脂

脲醛树脂为脲与甲醛在 1/(1.5～2) 的比例下缩聚反应而成的聚合物，不同脲醛塑料所选用的树脂不同。用于脲醛泡沫塑料的 UF，要求聚合度高、水溶液的黏度高，故甲醛用量大；用于模塑粉的 UF，要求黏度低、聚合度小，故甲醛用量小；层压用 UF，聚合度和黏度要求介于前述两者之间。

脲醛树脂的固化一般在加热（130～160℃）条件下反应而成，为加快固化速度，可以加入酸类固化剂如草酸、邻苯二甲酸及硫酸锌等。

2. 脲醛模塑料

脲醛模塑料为重要的氨基塑料品种，日本为最大的海外生产商，我国的上海天山塑料厂、天津树脂厂、长春化工三厂及扬州化工厂等也有生产。

（1）配方设计

脲醛模塑料又称为压缩粉和电玉粉，它由脲醛树脂、固化剂、填料、增塑剂、润滑剂和着色剂等组成。

① 树脂　起胶黏剂作用，选用低聚合度、低黏度的 UF 树脂。

② 固化剂　起加快固化作用，主要为酸类物质如草酸、邻苯二甲酸、苯甲酸、氨基磺酸胺及磷酸三甲酯等，用量为 0.2%～2%。

③ 填料　目的是改善性能和降低成本，如改善尺寸稳定性、耐热性及刚性等；常用的填料有纸浆、木粉、云母、玻璃纤维、纤维素及无机填料等，用量为 25%～35%。用量太少，压缩粉流动性大；用量太大，制品表面不光滑，耐水性差。

④ 润滑剂　改善流动性、易于脱模。具体品种为硬脂酸盐及无机酸酯类如硬脂酸甘油酯、硬脂酸环己酯等，用量为 0.1%～1.5%。

⑤ 稳定剂　作用为消耗少量分解的固化剂，保证压缩粉的储存时间长。具体品种为六亚甲基四胺及碳酸铵等，用量为 0.2%～2%。

⑥ 增塑剂　只在高聚合度树脂中才加入，目的改善流动性和冲击性。常用缩水甘油 α-甲苯基醚等，用量 5%～15%。

下面举一个具体配方实例。

配方	单位：质量份
原料	用量
尿素	100
甲醛（37%）	200～225
六亚甲基四胺	5～8
草酸	0.4～0.6
纤维素	60～70
ZnSt	1

（2）结构性能

不同品种填料的脲醛模塑料的性能不同，具体如表19-10所示。

表19-10　脲醛模塑料的性能

性能指标	脲醛模塑料		
	加α-纤维素	加木粉	加增塑剂
相对密度	1.48～1.6	1.48～1.6	1.48～1.6
拉伸强度/MPa	52～80	52～80	48～66
断裂伸长率/%	0.6	0.6	0.7～0.8
缺口冲击强度/(kJ/m^2)	1.2～1.4	1.0～1.4	1.0～1.3
无缺口冲击强度/(kJ/m^2)	7～10	7～10	7～10
弯曲强度/MPa	76～117	76～114	93～107
压缩强度/MPa	175～245	—	—
热变形温度/℃	128～138	—	—
相对介电常数(10^6 Hz)	6～7	6～7	6～7
介电强度/(kV/m)	12～16	6～14	8～16
体积电阻率/(Ω·cm)	10^{13}～10^{15}	10^{13}～10^{15}	10^{14}～10^{16}

脲醛模塑料制品的色泽鲜艳，光泽如玉，耐油、弱酸及有机溶剂，表面硬度高，无臭无味。

脲醛模塑料的拉伸和冲击性能在0℃左右最好，随温度升高而迅速下降；压缩性能和蠕变性能在室温时最好。

脲醛模塑料的电绝缘性能优良，耐电弧性好，可用于低频绝缘；但电性能受温度及湿度的影响较大。

（3）成型加工

脲醛模塑料可用压制和注塑两种方法成型。一般结构简单的制品用压制法，结构复杂的制品用注塑法。

压制的工艺条件为：预热温度70～80℃，模压温度135～140℃，模压压力24～

25MPa，时间为 1～2min，并视具体壁厚的增大而延长。

注塑工艺条件为：料筒温度的后段为 45～55℃、前段为 75～100℃，喷嘴温度为 85～110℃，模具温度为 140～150℃，注射压力 98～180MPa，保压时间每毫米壁厚 30s。

（4）应用范围

脲醛模塑料主要用于色泽鲜艳的日用品、装饰品及低频电绝缘零件，具体如纽扣、瓶盖、餐具、钟壳、发夹、旋钮、电器插座、插头、灯座及开关等。

3. 脲醛层压塑料

脲醛层压塑料的应用不如其他热固性树脂广泛，主要用于桌椅面板、船舱、家具、车厢、图板、音箱及建筑装饰材料等。

脲醛层压塑料原料为脲醛水溶液，为增强耐水性，常用三聚氰胺改性；填料多为片状的棉织品和玻璃布。层压的工艺条件为温度 150℃，压力为 10～12MPa。

4. 脲醛泡沫塑料

脲醛泡沫塑料的主要优点为质轻，相对密度仅为 0.01～0.02，还不及软木的 1/10；热导率极低，仅为 0.024～0.031W/(m·K)，为软木的一半；此外还具有耐腐蚀性，加入磷酸二氢胺后又具有不燃性。脲醛泡沫塑料的主要缺点为对水及水汽不稳定，强度低如压缩强度仅为 0.025～0.05MPa，抗冲击性差。

脲醛泡沫塑料以机械发泡法为主。

树脂的配方为：

配方　　单位：质量份

原料	用量
脲	100
甲醛（300g/L）	300
甘油增塑剂	20

发泡液的配方为：

配方　　单位：质量份

原料	用量
二丁基萘碳酸钠	10
磷酸	15
间苯二酚	10
水	65

发泡液与树脂液的比例为 2/5。

脲醛泡沫塑料的成型方法为：先将发泡液加入鼓泡设备中搅拌 2～3min，产生大量泡沫；在 1～2min 内加入树脂液，搅拌 15～20s 即可。混合液浇铸于模具中，在室温下放置 4～6h，沥去底部水分；在烘房内热处理，第一昼夜温度为 40～50℃，第二昼夜温度为 50℃。

脲醛泡沫塑料主要用于建筑隔声隔热材料，因性脆而常在现场边施工边发泡。

二、三聚氰胺甲醛树脂及塑料

1. 三聚氰胺甲醛树脂

三聚氰胺甲醛树脂的用量不及脲醛树脂大，仅为其一半左右。

三聚氰胺甲醛树脂又称为密胺树脂，它为在弱碱条件下，三聚氰胺与甲醛反应的产物。不同用途的三聚氰胺甲醛塑料对MF树脂的要求不同。模塑粉用MF树脂的三聚氰胺与甲醛的摩尔比为1/(2～3)，树脂呈强碱性，以增加储存的稳定性。层压用MF树脂两种单体的比例相同，但碱性不如模塑粉用MF树脂强，储存期较短。

三聚氰胺甲醛树脂的固化与脲醛相似，在加热到130～150℃范围内，不加固化剂即可交联固化。

2. 三聚氰胺甲醛模塑料

三聚氰胺甲醛模塑料又称为压缩粉或密胺粉，国内的上海天山塑料厂、长春化工二厂及格重庆合成化工二厂等有生产。

三聚氰胺甲醛模塑料的组成如下：

① 树脂　强碱性的MF树脂。

② 填料　α-纤维素、木粉、二氧化硅等无机填料及棉等。

下面举一个具体配方的例子：

配方	单位：质量份
原料	用量
三聚氰胺甲醛树脂	100
α-纤维素	60～75
ZnSt	0.8～1.2

三聚氰胺甲醛模塑料具有比脲醛塑料更优异的性能，它吸水率较低（0.15%）、在潮湿和高温条件下绝缘性好，耐电弧好（180s），表面硬度更高，耐刮刻性好，着色性好，耐热好，耐果汁及耐油性能好等。

三聚氰胺甲醛模塑料可采用压制和注塑两种方法成型。

压制成型的工艺条件为：温度为145～165℃，压力为25～35MPa。

注射成型的工艺条件为：料筒前段温度为90～110℃，后段温度为60～80℃，模具温度为170℃。

三聚氰胺甲醛模塑料的最主要用途为制造餐具，可占其消费量的一半左右；此外还可用于日用品如钟表等壳体、餐具把手及电器绝缘材料等。

3. 三聚氰胺甲醛层压塑料

三聚氰胺甲醛层压塑料的组成为：

① 树脂　选碱性的MF树脂。

② 填料　常用片状如牛纸、石棉布、玻璃布及棉布等。

具体层压条件为：温度135～145℃，压力25～35MPa，时间为1.5～3min。

三聚氰胺甲醛层压塑料的耐水性优异、机械强度高、耐热性和耐磨性都好，并可制成彩色图案的面板，广泛用于车辆、船舶的内壁面板及各种家具面板等装饰板。

第三节　环氧树脂及塑料

1. 一般概况

环氧树脂（epoxy resin，EP）是泛指分子结构中含有两个或两个以上环氧基团，以脂肪族、脂环族或芳香族等有机化合物为骨架，并能通过环氧基团经交联反应形成聚合物的单体化合物或低聚物。

环氧树脂最早于19世纪末～20世纪初诞生。1891年，德国Lindmann发现以苯二酚与环氧氯丙烷反应可生成树脂状聚合物；1909年，俄国Prileschajew将过氧化苯甲醚与烯烃反应生成了环氧化物。随后，于20世纪30～40年代进入环氧树脂研发阶段。1930年，瑞士P. Castan、美国S. O. Greenlee等发现多元胺固化的环氧树脂具有高黏结强度，并分别于1936年、1939年研制出双酚A型环氧树脂。在20世纪40～60年代，环氧树脂进入工业化开发阶段。1947年，美国Devoe & Raynolds公司最早实现环氧树脂工业化生产；瑞士Ciba（汽巴）公司、美国Shell（壳牌）公司及Dow（陶氏）公司相继开展工业化生产及应用开发；1955年，美国Dow Chemical co.（陶氏化学公司）、Reichhoid化合物公司建立了环氧树脂生产线。我国环氧树脂的研发工作始于1956年，在上海、沈阳两地的实验室首先获得成功；1958年，上海树脂厂、无锡树脂厂先后开始了环氧树脂工业化生产；20世纪80年代末，岳阳石化环氧树脂厂、无锡树脂厂先后引进国外生产装置，推动了我国环氧树脂工业的发展。

2024年，中国环氧树脂行业总产能345.3万吨/年。其中，环氧树脂企业超过10万吨/年的企业有昆山南亚、三木、豪邦、国都等，共10家，产能合计168.3万吨/年，占国内总产能的49%。目前环氧树脂生产企业主要工艺是一步法和二步法，暂无新工艺产出。伴随环氧树脂产品装置的逐步投产，环氧树脂行业生产规模呈现一体化及集中化发展。在环氧树脂生产企业中，除昆山南亚等产品部分自用消费外，其余环氧树脂工厂多以外销为主。2024年中国环氧树脂行业主要生产企业产能统计见表19-11。

表19-11　2024年中国环氧树脂行业主要生产企业产能统计

企业名称	产能/(万吨/年)
南亚电子材料(昆山)有限公司	24.8
江苏三木化工股份有限公司	20.0
浙江豪邦化工有限公司	18.0
国都化工(昆山)有限公司	18.5
江苏瑞恒新材料科技有限公司	18.0
江苏扬农锦湖化工有限公司	17.0
南通星辰合成材料有限公司	16.0
中石化湖南石油化工有限公司	15.0

续表

企业名称	产能/(万吨/年)
长春化工(江苏)有限公司	11.0
珠海宏昌电子材料有限公司	10.0
合计	168.3

环氧树脂的品种很多，通常根据化学结构以及环氧基团的结合方式可分为：①缩水甘油醚型环氧树脂，由含活泼氢的多元酚、多元醇与环氧氯丙烷反应得到，如双酚A型、双酚F型、双酚S型、酚醛及邻甲酚醛型环氧树脂等；②缩水甘油酯型环氧树脂，由多元酸(酐)与环氧氯丙烷反应得到，如均苯三酸型环氧树脂、邻苯二甲酸型环氧树脂、环己二酸型环氧树脂等；③缩水甘油胺型环氧树脂，由含活泼氢的多元胺与环氧氯丙烷反应得到，如4,4′-二氨基二苯甲烷型环氧树脂；④脂肪族环氧化物，由链状或环状双烯或多烯烃类化合物与过氧化物经不饱和双键环氧化得到，如环氧大豆油、双环戊二烯环氧化物等。双酚A型环氧树脂是由双酚A与环氧氯丙烷缩聚而成的通用型环氧树脂，目前在工业上产量和用量最大，占环氧树脂总量的80%以上。其他各类环氧树脂大多具有某些独特的性能，如耐高温、阻燃、柔韧及低黏度等，通常只用于特殊场合。本节主要介绍双酚A型环氧树脂，其他类型环氧树脂只在改性品种中简单介绍。

通常，环氧树脂本身不具有力学性能，因而不能单独使用。环氧树脂用于塑料制品时，必须加入固化剂并经交联固化反应形成体型网状结构，才具有优异的性能。

环氧树脂固化物具有优异的力学性能、电绝缘性、耐化学品性、耐热性及尺寸稳定性等，主要应用于涂料、电子电气、胶黏剂及复合材料等领域，在塑料中广泛用于浇注、注射、热压、缠绕等成型的制品。

2. 配方设计

环氧树脂塑料由环氧树脂、固化剂、稀释剂、增塑剂、增韧剂、增强剂及填充剂等组成。

(1) 环氧树脂

环氧树脂可为液体环氧树脂和固体环氧树脂两类。液体环氧树脂常用于浇注、注射及层压成型等，固体环氧树脂常用于热压成型。

环氧树脂分子结构中含有大量的环氧基、羟基等活性基团，具有很好的交联反应活性。其中，环氧基团可与固化剂反应，使线型结构变成三维网络结构；而羟基等极性基团使分子间作用力增强；苯环可赋予制品力学和耐热性能；亚甲基则提供制品以柔性和冲击性能。下面以浇注制品为例，将EP、UP(不饱和聚酯)、PF三种树脂的性能比较列在表19-12中。

表19-12　浇注EP、UP、PF的性能比较

性能指标	EP	UP	PF
相对密度	1.15～1.25	1.10～1.46	1.30～1.32
吸水率/%	0.05～0.25	0.15～0.6	0.12～0.36
成型收缩率/%	1～2	4～6	8～10
拉伸强度/MPa	60～80	41.2～69.6	42.2～61.8
断裂伸长率/%	0.6～0.9	1.3～2	1.5～2

续表

性能指标	EP	UP	PF
压缩强度/MPa	100～110	90.2～166	86～107.9
弯曲强度/MPa	100～130	58.8～117.7	76.5～117.7
线膨胀系数/($\times10^{-6}K^{-1}$)	15～35	8～10	6～8
热变形温度/℃	60～110	—	—
体积电阻率/(Ω·cm)	10^{14}～10^{16}	—	—

环氧树脂分子链上环氧基团的数量决定了环氧树脂的性能，通常有三种表示方法。

环氧值：每 100g 树脂中含有环氧基团的物质的量，mol/100g；

环氧基百分含量：每 100g 树脂中含有环氧基团的质量，%；

环氧当量：含 1mol 环氧基团的环氧树脂质量，g/mol。

三者的换算关系为：

环氧值＝环氧基百分含量/43；

环氧值＝100/环氧当量。

常用 E 加环氧值表示双酚 A 型环氧树脂的牌号，如 E-42 表示该环氧树脂的环氧值为 0.42 mol/100g。

环氧树脂除上面介绍的双酚 A 型环氧树脂外，还有如下几种：

① 卤代双酚 A 型环氧化树脂　自熄性好，可用于阻燃。

② 有机钛环氧树脂　热稳定性和介电损耗小，可用于绝缘。

③ 有机硅环氧树脂　耐热、耐水性好，可用于高温、高湿及温度剧变的场合。

④ 酚醛型环氧树脂　热稳定性及力学性能好，其复合材料与双酚 A 型环氧树脂复合材料的性能比较如表 19-13 所示。

表 19-13　双酚 A 型环氧树脂玻璃钢与酚醛型环氧树脂玻璃钢的性能比较

性能指标	双酚 A 型环氧树脂玻璃钢	酚醛型环氧树脂玻璃钢
拉伸强度/MPa	300	472
热变形温度/℃	232	330
体积电阻率/Ω·cm	3×10^{14}	3×10^{14}
介电强度/(kV/mm)	11.5	11.6

⑤ 三聚氰酸环氧树脂　耐高温性好，马丁耐热温度可达 250℃，化学稳定性及耐紫外线性能好。

⑥ 脂环族环氧树脂　耐热性好，热变形温度可达 300℃，耐候性好。

(2) 固化剂

固化剂的作用是使环氧树脂交联固化。可用于环氧树脂的固化剂品种很多，通常有以下几类：

① 胺类固化剂　包括脂肪族胺、芳香族胺及改性胺等，是环氧树脂中用量最大的固化剂，主要品种有：乙二胺，用量 6%～8%；二乙烯三胺，用量 8%～10%；间苯二胺，用量 14%～16%。

② 酸酐类固化剂　包括芳香族酸酐、脂肪族酸酐、脂环族酸酐及卤代酸酐等，主要品

种有：顺丁烯二酸酐，用量30%～40%；均苯四酸二酐，用量56%；邻苯二甲酸酐，用量30%～50%；聚壬二酸酐，用量20%～25%。

③ 咪唑类固化剂 如二甲基咪唑等，用量0.5%～10%。

④ 高分子类固化剂 如低分子量PA、PF、苯胺甲醛树脂、三聚氰胺甲醛树脂、脲醛树脂等。

(3) 稀释剂

稀释剂的作用为降低环氧树脂的黏度，改善其流动性。包括非活性和活性两类稀释剂。

① 非活性稀释剂 不参与环氧树脂固化反应，大多为高沸点溶剂如戊醇、DEH［对苯二甲酸二(2-乙基己基)酯］、DBP（邻苯二甲酸二下酯）及苯乙烯等，用量5%～15%。

② 活性稀释剂 参与环氧树脂固化反应，主要有苯乙烯环氧化物、苯基缩水甘油醚及烯丙基缩水甘油醚等，用量5%～20%。

(4) 增塑剂和增韧剂

环氧树脂固化物一般脆性较大，通常需要加入增塑剂、增韧剂，改善和提高固化物的冲击强度、弯曲强度等力学性能。

增塑剂通常为DEHP、DBP及磷酸酯类等，用量5%～20%。

增韧剂为带活性基团的热塑性树脂，如PA、液体丁腈橡胶等。

(5) 增强剂和填充剂

增强剂为纤维类，主要为玻璃纤维及织物，其制品称为环氧玻璃钢。

填充剂为无机矿物粉类，用量最大可达200%，主要有石英粉、云母粉、碳酸钙及钛白粉等。

参考实例：

配方一：环氧树脂浇铸料（含填料）

配方	单位：质量份
原料	用量
环氧树脂	100
二乙基三胺	8～10
DBP	10
钛白粉	50

配方二：环氧树脂层压料（不含填料）

配方	单位：质量份
原料	用量
环氧树脂	100
顺丁烯二酸酐	30
苯乙烯	10

3. 性能

环氧塑料的性能取决于树脂和固化剂、助剂、填料等的分子结构与组成、交联固化程度（固化度）等因素。

（1）力学性能

用环氧树脂制成的玻璃钢制品具有比一般工程塑料好的力学性能，具体如表 19-14 所示。

表 19-14　几种环氧树脂玻璃钢的性能

性能指标	E-42＋苯酐	E-51＋三乙醇胺	EP＋PF
环氧树脂含量/%	45	48	＞35
拉伸强度/MPa	294	294	450
拉伸模量/MPa	17650	16670	23170
压缩强度/MPa	243	294	221
压缩模量/MPa	17650	11800	12900
弯曲强度/MPa	402	461	415
弯曲模量/MPa	17650	15690	16170
冲击强度/(kJ/m^2)	180	270	284

但 EP 的强度和模量随温度升高而下降。以 E-42 环氧玻璃钢为例，在 23℃时弯曲强度为 383MPa，在 100℃时弯曲强度仅为 25.3MPa。

（2）热学性能

环氧树脂固化物具有优良的耐热性能，但耐热性取决于树脂和固化剂的品种及用量、交联固化度等。低分子量 PA 固化环氧树脂的热变形温度最高为 90℃，酸酐固化环氧树脂约为 100℃，含有苯环酸酐固化的脂环族环氧树脂制品耐热性高；轻度交联环氧树脂固化物的热变形温度仅为 60℃，而高度交联环氧树脂固化物则高达 250℃。

另外，环氧树脂固化物的线膨胀系数和收缩率小，因而具有良好的尺寸稳定性。

（3）电气绝缘性能

环氧树脂固化物的电气绝缘性能优良，体积电阻率为 $10^{14}\sim10^{16}\Omega\cdot cm$，介电损耗角正切值为 $(2.58\sim3)\times10^{-2}$，相对介电常数为 4.03。但电气绝缘性能与环氧树脂、固化剂及添加剂的品种、制造工艺和环境温湿度相关，如酸酐固化环氧树脂的电性能受湿度的影响较大。

（4）耐化学品性

双酚 A 型环氧树脂分子结构中含有苯环及醚键，耐化学品性好，可耐一般的酸和碱。耐化学品性也与固化剂种类有关。胺类固化剂的耐碱性好、耐酸性差，而酸酐类固化剂的耐酸性好、耐碱性差。

4. 成型加工

环氧树脂塑料的成型方法很多，主要有热压、层压、注射及浇注成型等。

（1）热压成型

通常加入碳纤维、玻璃纤维、无机填料等增强材料，制品的相对密度为 1.8～2。

成型工艺：预热温度 60～90℃、时间 30s，热压温度 135～190℃，压力 1.96～19.6MPa，压缩比 2%～7%，成型周期 60s。

（2）层压成型

环氧树脂层压玻璃钢是环氧树脂塑料的最大用途，基材以玻璃丝布为主，也用石棉、云母及纸张等。其中，树脂占25%～35%，基材占60%～70%。

环氧树脂塑料的层压成型可分为湿法和干法成型两种。

湿法成型是将配好的层压液涂于基材上，直接一次热压固化。此法多选用低分子量环氧树脂，加入适量活性稀释剂。

干法成型是将配好的层压液涂于基材上，先分层预固化，再热压固化。此法常用高分子量环氧树脂。

（3）注射成型

设备要求：温度控制精度为±1℃，L/D 为14～20，螺杆呈锥形、螺槽较深，以降低剪切，螺杆中心水冷却，螺杆与料筒间隙为13～37μm，压缩比为0.8～1.4。

原料要求：长期储存稳定，流动性好并可保持长时间塑化，高温下固化时间短。

成型工艺：料筒温度50～60℃，喷嘴温度80～90℃，模具温度190～220℃，注射压力79.8～107MPa，背压7～8MPa。

（4）浇注成型

常用于电子元器件的塑封和各种零件的成型。

成型工艺：将树脂与固化剂、填充材料等充分搅拌并混合均匀，然后注入模具（需预涂脱模剂）中成型。成型过程中可加热或不加热，当树脂黏度过大影响浇注工艺时，可加入适量稀释剂调节黏度。

5. 应用范围

（1）环氧玻璃钢制品

可用于大型壳体，具体如游船、汽车车身、座椅、快餐桌、发动机罩、后轮罩、仪表盘、化工防腐管道、防腐槽、防腐罐、飞机降舵及气体瓶等。

（2）注塑和压制制品

主要用于汽车发动机部件、头灯反射镜、制动用制品、开关壳体、线圈架、家电底座、电动机外壳等。

（3）浇注制品

各种电子和电器元件的塑封、金属零件的固定等。

（4）泡沫塑料制品

主要用于中低温度绝热材料、轻质高强夹心材料、防震包装材料、漂浮材料及飞机吸声材料等，用途不如PF和AF泡沫塑料广泛。

第四节　不饱和聚酯树脂及塑料

不饱和聚酯（unsaturated polyester，UP）是指由不饱和二元酸（酐）或饱和二元酸（酐）同饱和二元醇或不饱和二元醇缩聚而成的聚合物。

UP最早于1942年由美国的Unite States Rubber公司生产，随后英国、意大利、法国和日本相继生产。目前我国的不饱和聚酯合成厂很多，有代表性的生产企业如下。

内资企业：常州天马集团有限公司、新阳科技集团有限公司、南通方鑫化工有限公司、常州华科聚合物股份有限公司、山东凯威尔新材料有限公司、永悦科技股份有限公司、肇庆福田化学工业有限公司、浙江龙鑫化工有限公司、上海新天和树脂有限公司、镇江利德尔复合材料有限公司、江阴市建恒化工有限公司、广东晨宝复合材料有限公司、湖北旺林新材料科技有限公司、鑫双利（惠州）树脂有限公司、广西华砻树脂有限公司、华东理工大学华昌聚合物股份有限公司、上海富晨新材料有限公司、常州市日新树脂有限公司等。

外资企业：常州华日新材有限公司、上海英力士复合材料有限公司、长兴合成树脂（常熟）有限公司、雷可德高分子（天津）有限公司、金陵力联思树脂有限公司等。

一、不饱和聚酯树脂

纯 UP 为线型热塑性聚合物，它与饱和聚酯（PBT、PET）的不同点在于它的大分子主链上含有不饱和的双键（—CH ═CH—）。不饱和键易被氧化，并能通过加成反应与其他烯烃类单体交联聚合，形成热固性的网状聚合物，因此常用烯烃类单体作为交联剂。

热固性 UP 配方中的成分比较多，具体品种介绍如下：

① 不饱和二元酸　主要有顺丁烯二酸酐和反丁烯二酸酐两种。

② 饱和二元酸　主要有邻苯二甲酸、间苯二甲酸、苯酐和邻苯二甲酸酐等多种。

③ 二元醇或多元醇　二元醇为乙二醇、丙二醇、一缩二乙二醇、一缩二丙二醇等，常用前两种，特点为价廉、产品硬度和强度高。使用少量多元醇如甘油、季戊四醇等，可增加产品枝化的可能性。

④ 交联剂　交联剂为分子中含有双键的一类单体，苯乙烯最常用，此外还有丙烯酸类和丙烯酰胺类等。

⑤ 引发剂、加速剂和阻聚剂　引发剂的作用为引发交联反应，常用过氧化物。加速剂的作用为提高引发剂的效率，常用胺类和钴皂类。阻聚剂的作用为防止原料的储存中聚合，常用硫黄、多元酚及醌等。

⑥ 触变剂　作用为使高黏度的树脂在外力的作用下变成流体，外力去掉时又恢复不流动状态。一般生产大型制品时采用触变剂，主要品种为 PVC 粉或二氧化硅粉。

下面给出一个具体配方说明各成分的含量。

配方　　单位：质量份

原料	用量
丙二醇	100
邻苯二甲酸酐	89
顺丁烯二酸酐	59
苯乙烯	106
氢醌（储存稳定剂）	适量
石蜡	适量
对苯二酚（缓聚剂）	0.024

UP 制品为硬质、外观褐色半透明，在紫外光下发出蓝色的荧光。相对密度为 1.2～1.3，吸水率为 0.1%～1%，对水蒸气具有高度不透过性。

UP 的力学性能好，纯 UP 制品的拉伸强度为 40～90MPa，玻璃纤维增强后可达 250～350MPa。

纯 UP 制品可在 100℃温度下使用，玻璃纤维增强后使用温度可达 200℃。

UP 的耐化学品性一般，不耐氧化介质的氧化，耐普通酸、碱及溶剂性也不好。

二、不饱和聚酯塑料

UP 在加工固化过程中没有挥发物逸出，可以在常温常压下成型；其固化反应能力高，加工极其方便，可用注射、浇注、压制、手糊、缠绕、喷射等方法成型。

纯 UP 的各种性能不够理想，因此一般很少单独用作塑料制品，主要用于涂料。常用的 UP 塑料制品为在其中加入填料或增强材料进行改性。UP 的玻璃纤维增强塑料，又称为"玻璃钢"，是 UP 最常用的改性制品，其用量可占整个 UP 塑料的 80%以上。

1. 填充制品

UP 填充制品用量不大，但应用面较广。常用的填料有石粉、云母粉、玻璃粉、石英粉、瓷粉、碳酸钙及矿渣等。成型方法主要有浇铸、压制等。

UP 可进行热铸塑，与酚醛铸塑类似，且硬度比酚醛高，颜色又浅，可用于制造装饰制品、纽扣、刀把、刷柄及伞柄等。以纽扣为例，其具体配方如下：

配方　单位：质量份

原料	用量
UP（103＃）	100
$CaCO_3$	100
短玻璃纤维	30
ZnSt	3
MgO	1.5
DCP	1

UP 与无机填料的相容性好，可进行大量无机填充。因此适于仿制品的生产，具体如人造大理石、混凝土及人造玛瑙等。具体配方如下：

（1）人造玛瑙

配方　单位：质量份

原料	用量
UP	100
过氧化甲乙酮	2～4
萘酸钴	1～4
填料	300

（2）人造大理石

配方　单位：质量份

原料	用量
UP（191 号、195 号、300 号）	65
苯乙烯	35
过苯甲酸叔丁酯	2

玻璃粉	180
$Al(OH)_3$ 粉	90
ZnSt	3
MgO	2
玻璃纤维	27

（3）酸洗槽用混凝土

配方　单位：质量份

原料	用量
UP（306 号）	100
引发剂	4
促进剂	0.4
铸石粉（140 目）	250
石英砂（2 号）	120
石英砂（3 号～7 号各 30 份）	150
石英粉（40 目）	30
石英石（5～20mm）	550

UP 具有良好的电绝缘性，并可进行室温固化，可广泛用于电子元件和电器部件的塑封，对电器件起保护作用；具体产品有电容器元件、成套微型化电路、小型互感器及变压器等。以互感器浇铸液为例，其配方如下：

配方　单位：质量份

原料	用量
UP（307 号）	80
UP（182 号）	20
石英粉（200 目）	100～120
引发剂	4
促进剂	2

2. 增强玻璃钢

玻璃钢的力学性能十分强，在某些方面接近金属，拉伸强度比钢还要高近一倍；相对密度仅为 1.7～1.9，是结构钢材的 1/4～1/5，铝合金的 2/3，具有十分优秀的比强度，比铝合金还要高，广泛可用作结构材料。此外，UP 制品还有具有韧性好、耐热温度高等优点。以手糊法玻璃钢为例，其具体性能如表 19-15 所示。

表 19-15　手糊法玻璃钢的性能

性能	数据	性能	数据
相对密度	1.7～1.9	体积电阻率/(Ω·cm)	10^{14}
吸水率/%	0.5	相对介电常数	＜6
拉伸强度/MPa	202～300	介电损耗角正切值	0.01～0.03

续表

性能	数据	性能	数据
弯曲强度/MPa	264～520	介电强度/(kV/mm)	14～29
冲击强度/(kJ/m^2)	150～180	耐电弧/s	120～160
马丁耐热温度/℃	＞120		

玻璃钢的成型方法很多，具体有手糊法、缠绕法、压制法及注塑法等。

三、不饱和聚酯模塑料

1. 一般概况

不饱和聚酯模塑料是以不饱和聚酯为基体，加入增强纤维材料、无机粉体填充材料、苯乙烯交联剂、热塑性树脂低收缩添加剂、脱模剂、引发剂等组成的多元增强复合材料。与传统的玻璃钢（FRP）不同之处在于，玻璃钢为树脂＋增强纤维二组分，而不饱和聚酯模塑料为树脂＋增强纤维＋填料三组分。按制品结构和加工方法的不同，不饱和聚酯模塑料可分为片状模塑料（SMC）、块状模塑料（BMC）和团状模塑料（DMC）3 种，其性能相差不大，具体如表 19-16 所示，为便于叙述以 BMC 统称。不饱和聚酯模塑料具有优良的刚性、拉伸强度、冲击强度、耐热性、尺寸稳定性、成型收缩率低且可调整、难燃性、耐磨性、耐化学品性等；本身又为分散型复合材料，具有优良的加工流动性，可进行低压成型，可进行注射、压制、传递成型，能加工出薄壁和形状复杂的大型制品。不饱和聚酯模塑料的发展速度很快，因优良的加工性能和表面性能而广泛用于汽车配件、电子电气等领域。

表 19-16 片状模塑料和块状模塑料的性能

性能	SMC	BMC
相对密度	1.75～1.95	
吸水率/%	0.5	
成型收缩/%	＜0.15	
热变形温度/℃	＞240	
体积电阻率/Ω·cm	＞10^{13}	
介电强度/(kV/mm)	＞12	
介电损耗角正切值(10^6Hz)	0.01～0.05	
耐电弧/s	＞180	
阻燃性	V-1	
简支梁无缺口冲击强度/(kJ/m^2)	＞90	＞30
弯曲强度/MPa	＞170	＞90
相对介电常数(10^6Hz)		4.8

2. 性能

(1) 一般性能

BMC 的相对密度较高，一般为 1.3～2.1；制品的外观光亮，手感很好，有硬而厚重的感觉；用火加热会产生很多油烟，并有苯乙烯气味；某些品种的 BMC 难燃，但某些品种又很易燃，燃烧后留下无机物。

(2) 线膨胀系数和尺寸稳定性

BMC 的线膨胀系数为 $(1.3\sim3.5)\times10^{-5}℃^{-1}$，比一般的热塑性塑料小，使 BMC 具有很高的尺寸精度和尺寸稳定性。温度对 BMC 的尺寸稳定性影响小，但湿度对尺寸稳定性的影响则比较严重，吸湿后会发生膨胀。

由于 BMC 的线膨胀系数与钢 $(1.2\times10^{-5}℃^{-1})$、铝 $(2.3\times10^{-5}℃^{-1})$ 的接近，因而可与其进行复合。

(3) 力学强度

BMC 的拉伸强度、弯曲强度和冲击强度等性能总体上高于热塑性塑料，与热塑性能比较见表 19-17～表 19-19 所示。BMC 虽然存在蠕变现象，但比热塑性塑料要好。

表 19-17　BMC 与玻璃纤维增强热塑性塑料性能比较

性能	BMC		POM	PA66	PC	PP	PBT	ABS	PPO
	模压	注射							
玻璃纤维含量/%	22	22	25	30	10	20	30	20	20
相对密度	1.82	1.82	1.61	1.48	1.26	1.04	1.52	1.22	1.21
拉伸强度/MPa	41.4	33.8	127.6	179.3	82.7	44.8	131.0	75.8	100.0
弯曲强度/MPa	88.3	87.6	7.58	241.3	110.3	57.2	193.1	107	127.6
弯曲模量/MPa	10.9	9.93	7.58	18.96	4.14	3.59	9.65	6.0	5.17
压缩强度/MPa	137.9	—	117.2	182.7	86.5	172.4	124.1	96.5	121.4
冲击强度/(J/m^2)	227.9	153.7	95.4	106	196.1	159	95.4	74.2	90.1
洛氏硬度	H80～	H80～	M78～	—	M75～	—	R95～	—	—
		112	112	M94		M100		R115	
热变形温度(1.82MPa)/℃	260	260	162	249	149	146	221	104	154

表 19-18　不同品级 BMC 的性能

BMC 品种	相对密度	收缩率/%	吸水率/%	拉伸强度/MPa	弯曲强度/MPa	弯曲模量/MPa
高强度	1.7	0.15	0.20	45	95	7
自熄	1.8	—	0.25	45	100	9
低收缩	1.8	0.05	0.20	50	95	8.5
耐化学	1.7	0.02	0.10	50	110	7
电绝缘	1.8	0.15	0.15	45	90	8.5
快固化	1.85	0.10	0.25	35	85	7

表 19-19 不同玻璃纤维含量电绝缘级低轮廓 BMC 的性能

性能	玻璃纤维含量/%		
	15	22	30
相对密度	1.80	1.82	1.85
吸水率(煮沸 4h)/%	0.65	0.65	0.65
成型收缩率/%	0.1	0.1	0.1
拉伸强度/MPa	35	42	49
弯曲强度/MPa	91.4	105	119
压缩强度/MPa	127	141	155
无缺口冲击强度/(kJ/m^2)	2.65	3.24	3.73
热变形温度(1.82MPa)/℃	202	202	202
着火时间/s	100	90	80
着火温度/℃	530	520	510
燃烧时间/s	50	60	70
氧指数/%	32	30	28
介电强度/(kV/mm)	15.75	14.76	13.78
耐电弧/s	185	180	180

(4) 耐水和耐溶剂性

BMC 对水、乙醇、脂肪烃、油脂和油具有良好的耐腐蚀性，但不耐酮、氯碳氢化合物、芳香烃、酸及碱等。BMC 的吸水率低，水浸一天后绝缘性仍很好。

(5) 耐热性

BMC 的耐热性比一般的工程塑料好，耐热变形温度为 200～280℃，可长期在 130℃温度下使用。

(6) 耐老化性

BMC 的耐老化性好，在室内可用 15～20 年，在户外曝晒 10 年后强度保持率在 60%以上。

(7) 电学性能

耐电弧性最突出，BMC 的耐电弧性可达到 190s 左右。

(8) 低臭气性

BMC 采用的苯乙烯交联剂在固化后仍然会有 0.1%的残留，这在用于加热器具如微波炉或面包炉时，会发出臭气。因此，在用于食品器具时，应选用无残留苯乙烯单体型 UP 树脂。

表 19-20～表 19-22 是部分国内外生产厂家 BMC 的性能。

表 19-20 国内部分厂家 BMC 的性能

性能	北京 251 厂	上海天山塑料厂	上海曙光化工厂	常州 253 厂		上海合成树脂研究所
	电器型	L-100	D 型	苯乙烯交联型	DAP 消联型	MD-1
弯曲强度/MPa	90～120	>120	≥80	≥70	>80	≥80

续表

性能	北京 251 厂	上海天山塑料厂	上海曙光化工厂	常州 253 厂		上海合成树脂研究所
	电器型	L-100	D 型	苯乙烯交联型	DAP 消联型	MD-1
冲击强度/(kJ/m^2)	2～640	>80	≥35	≥80	≥20	15～25
体积电阻率/(Ω·cm)	>2×10^{14}	>1×10^{12}	>2×10^{14}	>1×10^{12}	>2×10^{12}	10^{13}～10^{14}
介电强度/(kV/mm)	10～14	>8	≥85	≥85	>8	10
耐电弧/s	>180	—	—	—	—	—
介电损耗角正切值	5×10^{-3}	—	—	—	—	—
相对介电常数	>45	—	—	—	—	—
热变形温度/℃	>180	—	—	—	—	—
马丁耐热/℃	>220	>180	≥180	150	>180	≥160
收缩率/%	0.1～0.2	0.06～0.1	0.06～0.1	—	—	0.1～0.5
吸水率/%	<0.1	<0.1	<0.1	≤0.15	≥0.15	≥0.2
相对密度	>1.7	>2.0	>2.0	1.7～1.8	1.7～1.8	1.8～2.0

表 19-21　Haysite 公司生产 BMC 的性能

性能	通用型 12000	电器型 20000	高强度型 16100	军用型 270FRⅡ
玻璃纤维含量/%	15	15	30	—
相对密度	2.1	1.95	1.80	1.75
收缩率/%	0.2	0.25	0.2	0.12
吸水率/%	0.4	0.1	0.1	0.23
阻燃性	—	V-0	—	V-0
拉伸强度/MPa	35.5	45.8	35.5	60
弯曲强度/MPa	106	106	127	120
压缩强度/MPa	142	91.5	106	134
悬臂梁冲击强度/(kJ/m^2)	16.4	21.9	23.7	87.4
耐电弧/s	185	190	150	185
介电强度/kV	400	400	350	375
相对介电常数(1MHz)	6.5	5.5	5.0	4.62

表 19-22　日本三井公司生产 BMC 的性能

性能	一般用	阻燃、电器	耐腐、机器	汽车配件
玻璃纤维含量/%	15	22	22	—
相对密度	1.85	1.85	1.85	1.85
收缩率/%	0.02	0.02	0.1	0.02

续表

性能	一般用	阻燃、电器	耐腐、机器	汽车配件
吸水率/%	0.2	0.2	0.2	0.2
氧指数/%	21.5	30	32	21.5
拉伸强度/MPa	30	33	33	35
弯曲强度/MPa	100	85	85	90
压缩强度/MPa	125	140	140	140
无缺口冲击强度/(kJ/m^2)	27	30	30	32
热变形温度/℃	>200	>200	>200	>200
耐电弧/s	>120	190	>180	—
介电强度/(kV/mm)	13	16	16	13
相对介电常数(1MHz)	4～5	4～6	5～6	—

3. 配方设计

不饱和聚酯模塑料的配方包括：不饱和聚酯树脂、低收缩树脂、稀释剂、交联剂、引发剂、阻聚剂、增强材料和填料等，各组分具体介绍如下。

(1) 不饱和聚酯树脂

对不饱和聚酯树脂的性能要求如下：

① 对增强纤维和填料具有良好的浸润性能，可提高树脂和纤维及无机填料的粘接强度。

② 树脂要有适当的黏度，一般初始黏度要低，以适合于高填充的要求。

③ 树脂的固化温度要低，挥发物要少，工艺性好。

④ 严格控制含水量，一般在 0.1%～0.15%之间，高于 0.2%后严重影响稠化性能。

⑤ 满足一些特殊的性能要求，具体如耐腐蚀性和耐热性等。

不饱和聚酯可用原料的品种很多，原料不同性能也不同，如通用、韧性、柔性、耐化学性、耐高温性、自熄性和低收缩性等品种。

不饱和聚酯由不饱和二元羧酸（酸酐）、饱和二元羧酸（酸酐）和多元醇经缩聚而成，并在缩聚后加入一定量的乙烯基单体如苯乙烯，配成黏稠状液体树脂。不饱和二元羧酸（酸酐）主要为顺丁烯二酸酐，也有用反丁烯二酸酐；饱和二元羧酸（酸酐）常用苯二甲酸酐或间苯二甲酸，也用己内酸、四氯邻苯二甲酸酐、四溴邻苯二甲酸酐或菌氯酸等；多元醇有丙二醇、双酚 A 和新戊二醇等。UP 通常可分为通用型、间苯型和双酚 A 型三大类，BMC 中常用通用型和间苯型 UP。以通用型 UP 为例，聚合的典型配方如下：

原料	用量
顺丁烯二酸酐	3mol
邻苯二甲酸酐	1mol
丙二醇	4.5mol

在 UP 的配方中，通过改变原料的种类和比例，可获得不同性能的 UP。

如要求 UP 耐腐蚀和耐热时，多元醇从丙二醇改为双酚 A 和新戊二醇，不饱和酸用反丁烯二酸酐，饱和酸用间苯二酸。

要求阻燃时，不饱和酸用四氯邻苯二甲酸酐、四溴邻苯二甲酸酐或菌氯酸，阻燃剂选用卤系阻燃剂、磷系阻燃剂和水合氢氧化铝。

作为 BMC 用 UP 树脂常用邻苯二甲酸酐型饱和酸，为具有一定黏度的液体。部分国内可适用于配制 BMC 的 UP 生产厂商见表 19-23。

表 19-23 可适用于配制的国内 UP 厂家

生产厂家	特性与用途	牌号	商标
江苏常州市二五三厂	用于 BMC 团料	199	天马牌
江苏江阴市第二合成化工厂	用于 SMC/BMC，活性高、低收缩 用于 SMC/BMC，活性高	FL-9505 FL-9506	富丽牌
江苏常州华日新材有限公司	BMC 用 BMC 注射用	PS-260 PS-220	—
江苏亚邦涂料股份有限公司	可用于 BMC、SMC	YB-912＃	亚邦牌
南京金陵帝斯曼树脂有限公司	SMC/BMC 专用，增稠稳定、高光泽 BMC 专用，增稠稳定、高光泽 SMC/BMC 专用，增稠稳定、高光泽 SMC/BMC 专用，增稠稳定、高光泽 SMC/BMC 专用，高耐热、高耐腐蚀	P17-902 P17-901 P17-951 P17-952 A400-901	百良材牌
山东烟台齐鲁树脂厂	汽车级树脂，可用于 SMC/BMC	31-601	—

（2）低收缩树脂

加入的目的为降低 BMC 的收缩率。低收缩树脂是 BMC 配方中除 UP 之外的另一个液体组分，常选用细分散或溶解的热塑性树脂，具体如 PE、PS、PMMA、ABS、PVAC、PVC 和纤维素塑料等，其加入量不同 BMC 的收缩率变化很大，比例适当时可将 BMC 的收缩率调整为接近于 0。UP/低收缩树脂的常规比例为 60/40，合计共计 100 份。对不相容的 PE、PVC 与 UP 加入量稍少，对相容的 PVAC、PS 等加入量稍多。

（3）稀释剂和交联剂

稀释剂的主要目的是降低 UP 的黏度，常用苯乙烯和甲基丙烯酸甲酯。苯乙烯以前最常用，但因对人体健康有危害，正逐渐减少其用量，改用邻氯代苯乙烯或邻苯二甲酸二烯丙酯。

交联剂是在一定温度下使 UP 发生固化反应的助剂，为分子中含有双键的一类单体。UP 最常用的交联剂也是苯乙烯，它具有双重功能，在常温下为稀释剂，在交联温度下又成为交联剂。

苯乙烯也为液体，BMC 配方中 UP/低收缩树脂/苯乙烯的比例是 60/40/(45～50)。

（4）引发剂

主要用过氧化二酰、过氧化酯、二过氧化缩酮、二烷基过氧化物、偶氮化合物等，具体品种为过氧化苯甲酸叔丁酯（TBPB）和过氧化（2-乙基）己酸叔丁酯（TBPO）。单独加入 TBPB 1 份时，固化速率仅达到 1min/mm。如果 TBPB 和 TBPO 两者混合使用，比例为 0.7/0.3，总加入量为 1 份左右，此时的固化速率可达到 1min/2.5mm。

（5）阻聚剂

常用对苯二酚，加入量 0.02%～0.05%。

（6）增强材料

主要以玻璃纤维为主。碳纤维价格太高，也有用芳纶纤维和聚酯纤维的，但都很少用。

玻璃纤维可用短切纤维、无捻粗纱和短切纤维毡三种。无捻粗纱常用于要求纤维长度大的场合，单丝直径为 8μm，具体如 40/20-4114、40/40-4114 和 40/20-聚乙酸乙烯酯型。BMC 强度要求高时，也有时用加捻纱，型号有 80/5-4114、80/5-聚乙酸乙烯酯、80/5-石蜡乳剂型等。

① 表面热处理　去掉表面的浸润剂如石蜡乳剂等，处理条件为 340～350℃、10～15min。

② 表面化学处理　用 A-151、KH-550、K-570 等硅烷偶联剂处理。

玻璃纤维的含量为整个配方 10％～40％。具体添加量视具体 BMC 的需要而定，不同制品的加入量不同，具体如表 19-24 所示。

表 19-24　不同用途 BMC 制品中玻璃纤维的加入量

BMC 制品	制品的弯曲强度/MPa	玻璃纤维加入量/％
微型马达的塑封用料	60	12～14
汽车前照等反射镜	80	14～16
断路器外壳	100	18～20
地下管网的电缆支承架	120	20～24

（7）填料

填料的作用为降低收缩率、降低热膨胀、提高表面光洁度等。

填料的品种为碳酸钙、滑石粉、硅藻土、氧化硅、硫酸钙、硫酸钡、氢氧化铝等，其中以碳酸钙和氢氧化铝两种最为常用。填料的粒度为 325 目，表面用脂肪酸或树脂处理，常用的加入量为 100 份 UP＋低收缩改性树脂中加入 185～250 份，也有达到 300～400 份的配方。

（8）脱模剂

内脱模剂为硬脂酸、硬脂酸锌、硬脂酸镁、硬脂酸钙等，加入量 4 份左右。

外脱模剂为机油、硅油、氟塑料、蜡等。

脱模剂最常用的品种为硬脂酸锌，通常加入量 4 份左右。

（9）增稠剂

为增加 UP 的黏度而加入的一种组分，常用的品种为氢氧化钙和氧化镁，在暖季节中选用氢氧化钙，而在冷季节则选用氧化镁，具体的加入量为 1～1.2 份。

下面举几个 BMC 的具体配方实例。

通用 BMC 的具体配方（单位：质量份）：

原料	用量
UP 树脂	18
低收缩改性树脂	7
过苯甲酸叔丁酯	0.25
碳酸钙	48
细粉状聚乙烯	5

硬脂酸锌　1

氧化镁　1

浮选石棉　5

玻璃纤维　15

BMC 的具体制造工艺为：UP 树脂预热→交联剂→填料、增稠剂、脱模剂→玻璃纤维（60～80℃、8h 烘干）→捏合→烘干。

特殊 BMC 的具体配方如表 19-25 所示。

表 19-25　特殊 BMC 配方　　单位：质量份

组分	低收缩型	无收缩型	电器用型	耐电弧型	阻燃型	高填充型
UP	19	35	35			70
间苯型乙烯基甲苯聚酯				18		
聚己二酸丙二醇酯		7				
PVC		1.5				
低收缩改性树脂	13					30
卤化聚酯					34	
过苯甲酸叔丁酯	0.32					1
过氧化苯甲酰		1	1	0.2	0.3	
硬脂酸锌			2	1	1.4	7
硬脂酸铝						
碳酸钙	47	38.5			44	180
浮选石棉	5.7					
氧化镁						0.4
氢氧化铝			36	72		
氢氧化钙			2			
玻璃纤维(6.4mm)	15	15	24	9	15	15
内脱模剂	0.3	2				

SMC 的具体配方为：

配方　单位：质量份

原料　用量

UP（邻苯二酸型）　100

过氧化苯甲酰叔丁酯　1

低收缩改性树脂　0～10

碳酸钙　70～120

硬脂酸锌　1～2

氧化镁　1～2

安定剂　适量

SMC 的具体制造工艺为：UP 树脂、固化剂、增稠剂、填料、低收缩添加剂等混合→粗纱玻璃纤维→浸渍→稠化→包装。

上述 BMC 和 SMC 原料的具体模压条件为：模塑温度 140～160℃、模塑压力 10～20MPa、单位厚度固化时间 40～60s/mm。

4. 成型加工

BMC 的加工流动性好，热膨胀系数和成型收缩率都很低，制品的尺寸精度及稳定性很高。BMC 在常温下为不粘手的纤维片状、纤维块状和纤维油灰状团料，成型时比酚醛塑料和氨基塑料的加工流动性都好，可用压制、压铸、注射等方法成型，可加工面积大、壁厚薄、形状复杂的各类壳体制品。

（1）BMC 的加工特性

① 流动性　BMC 十分易于流动，并可在低压下保持良好的流动性，在注射成型时可在低压下获得较高的注射速度。

② 固化性　BMC 的固化速度快，其成型温度为 135～145℃，固化时间为 30～60s/mm。固化在模具内进行，首先从模具接触面开始，向中心发展，最后全部固化。

③ 收缩率和尺寸精度　BMC 的收缩率很低，在 0～0.5%范围内，收缩率可根据实际需要加入低收缩添加剂进行自由调整，并可分为无收缩（收缩率在 0.05%以下）、低收缩（收缩率在 0.05%～0.3%）和高收缩（收缩率在 0.3%～0.5%）三个等级。

④ 着色性　BMC 具有较好的着色性。

⑤ 不足性　在加工方面，BMC 的不足之处有成型时间较长、制品的毛刺较大等。

（2）BMC 模塑料的配制

BMC 是由液态 UP 树脂、固体粉状填料、短切玻璃纤维等十几种组分经混合而成的混合物，为了使预混好的 BMC 物料在成型时便于投料等操作，通常将预混料先挤压成条状和丸块状。

BMC 的配制分两步进行：

第一步：将树脂、引发剂、着色剂、脱模剂及可能加入的部分填料等组分，加入高剪切型搅拌机中搅拌均匀，混合温度达到 49～54℃，然后再慢慢加入剩余填料并按进一步混合，以得到树脂预混浆料。

第二步：将上述预混浆料加入 Z 形铰刀式混料机或行星式混合机中，加入在 66℃温度下烘干处理的短切玻璃纤维，进一步搅拌 10～15min 后卸出料团，将料团用挤出机挤成小圆柱条状和丸块状，烘干后用聚酯薄膜密封包装，储存以备用。

BMC 配制过程的要点如下：

UP 树脂的黏度在 25Pa・s 时，对混合最为有利。

填料的水分含量应保持在 1%以下。

树脂和填料的混合应在 49～54℃温度下混合，热混合预混料的力学性能高于冷混合，拉伸强度提高 30%左右。

玻璃纤维应在 66℃温度下烘干处理后，少量、分批加入。

（3）注射成型加工

BMC 的注射成型与一般的热固性塑料基本相同，不同点在于 BMC 的油灰状团块料难以加料，要用强制加料装置。另外，BMC 在加料时就可以看成是已“塑化好”的湿式预混料，螺杆的作用不是塑化，而是混合、输送和计量。

BMC 虽然属于热固性塑料，但因具有良好的加工流动性，因此十分适合于注塑成型加工。在具体注塑时压力不高，注射时间比较短，能采用快速充模，使物料不会出现局部固化的现象，并能均匀地充满模腔，获得表面光亮的制品。

对于大多收注射用的 BMC，其玻璃纤维含量在 15%～20%之间，长度为 6mm 左右。BMC 模塑料的初始黏度为 10^4 Pa·s 左右，而适合于注射用的初始黏度在 10^2～10^3 Pa·s 范围内最好。

注射成型的具体工艺条件如下：

料筒温度：由于注射用 BMC 在加入料筒前已塑化好，因此物料在注入模具前，注射料筒一般不需要很高的温度，一般温度控制在 60℃以下，以保证其不固化。

模具温度：通常在 140～160℃的温度范围内，保证物料充满模腔后迅速固化。

成型压力：注射用 BMC 的黏度较低，因此所需的注射压力也比较低，一般在 20～70MPa 的范围内；对于封装成型时，为防止损坏封装件，压力应更小，一般为 10MPa 左右。

固化时间：比模压成型要短，一般为 15～60s，依不同产品而定。

注射时间：注射速度很快，最短可低为 1s。

具体 BMC 的注射成型工艺条件实例见表 19-26。

表 19-26　BMC 的注射成型工艺条件

工艺条件	数值	工艺条件	数值
料筒温度/℃	20～60	背压/MPa	1.5～5.5
注射压力/MPa	27.5～80	模具温度/℃	140～160
注射速度/s	1～8	热压时间/s	20～30
螺杆转速/(r/min)	20～50	保压时间/s	5～30

(4) 压制成型加工

BMC 的压制成型是将一定量的模塑料加入已预热的模具中，经加压、加热而固化成型为所需的制品。其具体过程为将 BMC 固体模塑料加入预热好的钢制模具中（加料），以一定的速度将模具闭合（合模），BMC 模塑料在压力下流动并充满整个型腔（充模），在需要的压力和温度下保持一定时间使其充分固化，定型后开启模具即得到需要的制品。

压制成型的具体工艺条件如下：

成型压力：由于 BMC 模塑料的流动性良好，成型时不需要很高的压力就可充满模腔，成型压力只有一般热固性塑料的 1/4～1/2，对大多数制品而言 3.5～7MPa 足以，但对于表面要求高的制品，可能用到 14MPa 的高压。

模具温度：成型温度，一般上下模具的温度为 (145±5)℃；为了方便制品脱模，一般定模的温度调低 5～15℃。

合模速度：整个合模过程应在 50s 内完成。

固化时间：依制品壁厚而定，制品的壁厚为 3mm 时，固化时间 3min；制品的壁厚为 6mm 时，固化时间 4～6min；制品的壁厚为 12mm 时，固化时间 6～10min。

(5) 压铸成型加工

压铸成型是介于压制与注射成型之间的一种方法，又称为传递模塑、压注或注压成型等。

压铸成型是将一定量的 BMC 模塑料料坯放进加料室进行适当的预热，然后用压铸柱塞将压铸室内的 BMC 模塑料快速压入已闭合的热模具腔内，当物料充满型腔后，再经适当的保压、加热，待制品完全固化定型后，即可开模取出制品。

与压制成型相比，压铸成型可采用多型腔模成型。

与注射成型相比，压铸成型优点比较少，有被逐步取代的趋势；唯一的优点为压铸成型属于立式成型，在成型带有嵌件的制品时有安放嵌件方便。

压铸成型不适于成型大型 BMC 塑料制品，但适合于加工结构复杂、开孔、嵌件多、形状凸凹多变的绝缘件、支撑件、结构件等制品，另一个重要的用途是用于 BMC 塑封件，将电气元器件包埋于 BMC 塑料中，达到绝缘、防腐蚀、防振的目的。

适用于压制成型的 BMC 模塑料原则上都可适用于压铸成型。

BMC 的压制成型具体工艺条件如下：

成型压力：与压制成型相比，物料在通过浇口时压力损失大，因此其成型压力比压制成型要高 1.5～2.5 倍，达到 14～28MPa。

模具温度和预热温度：模具温度一般为 120～150℃，预热温度要比模具温度低 15～20℃，以保证物料在压铸室内不会因温度高而提早固化。

预热时间：40～60s/mm 壁厚。

充模时间：10～30s。

固化时间：10～30s/mm 壁厚。

5. 应用范围

① 汽车工业　在汽车中的用途很多，具体有保险杠、车身前围板、前散热器罩、车灯架、水箱面罩、燃料箱、进水管、仪表盘、发动机罩及行李箱等。

② 电子、电器行业　电器罩壳、电熨斗、烤箱、微波炉、电流断路器、开关、接触器、连接器、灭弧室、绝缘端子、接线柱、刷杆、刷架、隔弧板、夹弧板、塑封材料及印刷线路板等。

③ 建筑制品　高位水箱、浴盆、洗面池及整体浴室等。

④ 化工产品　各种储罐、管路、流道及泵壳体等。

⑤ 其他产品　具体有座椅、餐桌、飞机部件、小型船艇、大型壳体及通风管道等。

第五节　环氧乙烯基酯树脂及塑料

环氧乙烯基酯树脂是由环氧树脂与甲基丙烯酸或不饱和一元酸通过开环加成化学反应而制得。通常被称为环氧乙烯基酯树脂（VE）或环氧丙烯酸树脂。环氧乙烯基酯树脂秉承了环氧树脂的优良特性，又有不饱和聚酯树脂的良好工艺性能。在适宜条件下固化后，表现出某些特殊的优良性能，固化性和成型性方面更为出色。由于兼具了环氧和不饱和聚酯树脂的优点，其应用领域正在不断扩大，故自 20 世纪 60 年代以来，获得了迅速发展。环氧乙烯基酯树脂首先由美国壳牌化学推出 Epocrgl 品牌，然后在 1966 年由美国 Dow 化学推出 Derakane 品牌，紧随推出的是 Ashland 化学的 Hetron 品牌，以及日本的昭和高聚物株式会社的 Ripoxy 品牌。华东理工大学是国内环氧乙烯基酯树脂最早的研究单位。在 20 世纪 70 年代初，率先成功研制了环氧乙烯基酯树脂系列产品，而华东理工大学华昌聚合物有限公司则成功将环氧乙烯基酯树脂产业化，并成功应用于环保防腐、交通运输、新能源、船舶游艇等领域。目前环氧乙烯基酯树脂品牌和种类很多，有代表性的生产企业及产品如下。

国外产品有英力士复合材料的 Derakane、Hetron、帝斯曼（DSM）的 Atlac、AOC 的 Vipel、Interplastics 的 CoREZYN、Reichhold 的 Dion、昭和（Showa）的 Ripoxy、上纬（Swancor）的 Swancor 等。国内企业有华东理工大学华昌聚合物有限公司、上纬新材料科技股份有限公司、长兴合成树脂（常熟）有限公司、常州华科聚合物股份有限公司、淄博鲁凯树脂有限公司、浙江天和树脂有限公司等、镇江利德尔复合材料有限公司、上海富晨化工有限公司等。

由于树脂合成的工艺和方法的不同，环氧乙烯基酯树脂的结构、性能及应用也有差别。由不同的环氧树脂与不同的不饱和一元羧酸结合，可得多种环氧乙烯基酯树脂。若用其他单体与环氧乙烯基酯树脂分子上的羟基相结合，那将使树脂得到改性。由于反应物的选择和树脂改性的多样化，环氧乙烯基酯树脂已发展成了一类品种繁多的树脂。尽管环氧乙烯基酯树脂品种繁多，但其基本型仍是以双酚 A 环氧为基础，这种基本型树脂可作纯树脂，也可和反应性单体如苯乙烯交联。

不同类型的环氧乙烯基酯树脂所用的环氧树脂有双酚 A 环氧树脂、双酚 F 环氧树脂、酚醛环氧树脂、多官能团环氧树脂、氢化双酚 A 环氧树脂、酯环族环氧树脂等。

不饱和一元羧酸有丙烯酸、甲基丙烯酸、丁烯酸、苯丙烯酸等。

苯乙烯是环氧乙烯基酯树脂合成工艺过程中最常用的交联单体，同时又是树脂本身非常重要的稀释剂。具有此功能的单体还有许多，其主要品种包括二乙烯基苯、乙烯基甲苯、氯苯乙烯、α-甲基苯乙烯/叔丁基苯乙烯、双环戊二烯丙烯酸酯、邻苯二甲酸二烯丙酯、三聚氰酸三烯丙酯、丙烯酸酯、甲基丙烯酸酯等。

苯乙烯反应性强、性能好、价格低，在环氧乙烯基酯树脂中使用苯乙烯时可测定在不同苯乙烯用量下的热变形温度，取得最高温度值时的单体添加量即为苯乙烯的最适宜用量。苯乙烯含量对环氧乙烯基酯树脂的耐化学品性有影响，苯乙烯含量低时树脂耐化学品性好，其他交联剂对环氧乙烯基酯树脂的性能影响也各不相同。乙烯基甲苯稀释的环氧乙烯基酯树脂多用于电气绝缘方面，其吸水率低、弯曲强度较高、热老化后电击穿强度保留率比一般聚酯高，在金属对模加工中易于成型，而且挥发性低、闪点比苯乙烯高。用双环戊二烯酸酯稀释的环氧乙烯基酯树脂比用苯乙烯稀释的具有较长的储存期，而且对环氧乙烯基酯树脂相容性好。不过，为取得相对应的黏度值需要加入更多的双环戊二烯酸酯，这样的缺点是所得树脂脆性较大。环氧乙烯基酯树脂在不同交联剂中的力学性能也存在一定差异，如采用苯乙烯或氯苯乙烯、乙烯基甲苯进行交联固化时拉伸强度及伸长率较高，而采用双环戊二烯丙烯酸酯和二乙烯基苯进行固化时拉伸强度和断裂伸长率低、脆性较大。

改性剂的类型、品种也很庞大。改性剂应用的主要目的是赋予环氧乙烯基酯树脂新的性能或为了改进施工工艺。通常使用异氰酸酯类、橡胶类、聚氨酯类等，这些物质的加入可以有效改善环氧丙烯酸酯类乙烯基酯树脂的综合性能，但不影响树脂的主体结构，换言之合成环氧乙烯基酯树脂的过程与改性剂关系不大，添加改性剂主要目的是提高产品应用性能或改善施工工艺性能。一般情况下一种高分子添加剂很难同时兼具增韧和降收缩两种作用。但实验中发现丁腈橡胶对环氧乙烯基酯树脂的改性作用可兼具增韧和降收缩二重性，即在低添加量时可起到增韧树脂的作用，而在高添加量时则可明显地降低树脂固化收缩率。通过工程应用发现下列物质可对环氧乙烯基树脂起到改性作用，主要品种包括：甲苯二异氰酸酯

（TDI）、二苯甲烷二异氰酸酯（MDI）、多亚甲基多苯基多异氰酸酯（PAPI）、己二异氰酸酯（HDI）、异佛尔酮二异氰酸酯（IPDI）、三甲基己二异氰酸酯（TMDI）、二环己基甲烷二异氰酸酯（HMDI）、苯二亚甲基二异氰酸酯（XDI）、四甲基苯二亚甲基二异氰酸酯（TMXDI）、甲基苯乙烯异氰酸酯（TMI）、六氢甲苯二异氰酸酯（HTDI）、丁腈橡胶、聚氨酯等。

一、环氧乙烯基酯树脂

（一）环氧乙烯基酯树脂的种类

1. 双酚 A 型环氧乙烯基酯树脂

双酚 A 型环氧乙烯基酯树脂是由甲基丙烯酸与双酚 A 二缩水甘油醚型环氧树脂通过开环加成反应合成的溶于苯乙烯溶剂的溶液。其特点是聚合物中具有端基或侧基不饱和双键。结构式见图 19-1。

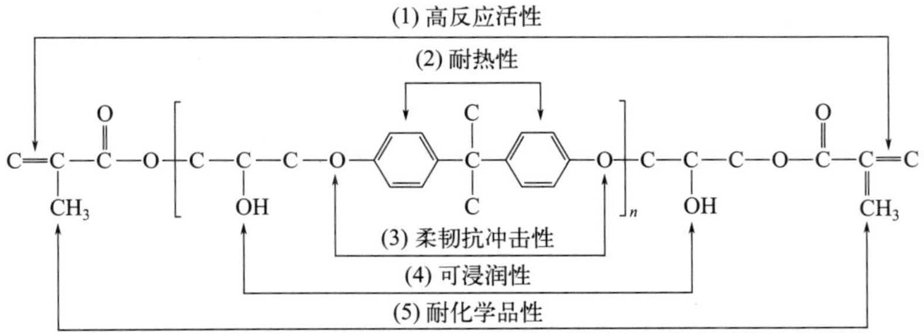

图 19-1 双酚 A 通用型环氧乙烯基酯树脂结构式

① 位于端基的乙烯基活性较高，使树脂快速固化；

② 环氧树脂主链赋予乙烯基聚酯树脂耐热性；

③ 醚键可使树脂具有优异的柔韧抗冲击性；

④ 仲羟基与玻璃纤维或其他纤维表面上的羟基相互作用，可以改善对玻璃纤维或其他纤维的浸润性和粘接性；

⑤ 甲基可屏蔽酯键，提高酯键的耐化学品性能和耐水解稳定性。酯键比不饱和聚酯中约少 35%～50%，提高了在碱性溶液中的水解稳定性。

环氧乙烯基酯树脂的拉伸强度、断裂延伸率及热变形温度均受环氧树脂结构及分子量的影响。

2. 溴化双酚 A 环氧乙烯基酯树脂

溴化双酚 A 环氧乙烯基酯树脂（阻燃型环氧乙烯基酯树脂）一般采用溴化双酚 A 环氧树脂开环合成，结构式如图 19-2 所示。由于树脂中含溴，因此阻燃型环氧乙烯基酯树脂既具有与通用型双酚 A 环氧乙烯基酯树脂相同的耐化学性，同时又赋予树脂自熄性。

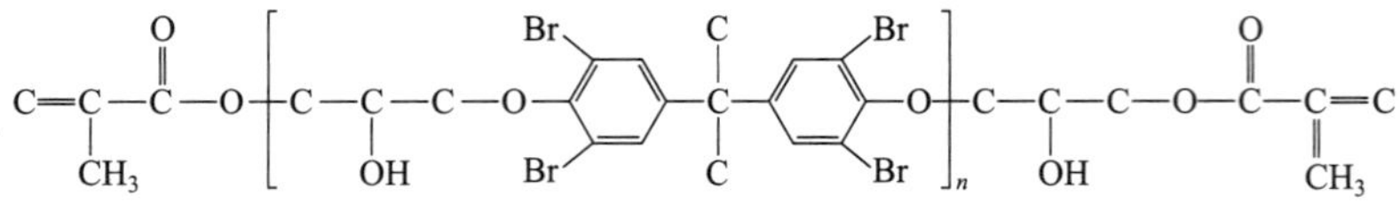

(n=1~6)

图 19-2　溴化双酚 A 环氧乙烯基酯树脂

3. 酚醛型环氧乙烯基酯树脂

酚醛环氧树脂引入乙烯酯树脂的骨架中，合成的环氧乙烯基酯树脂一般称 NOVOLAC 型环氧乙烯基酯树脂（图 19-3），树脂具有较高的热稳定性。

固化后的酚醛型环氧乙烯基酯树脂，交联密度高、耐热性好，可延长使用寿命并且具有优良的耐腐蚀性，特别对含氯溶液或有机溶剂耐腐蚀性好。

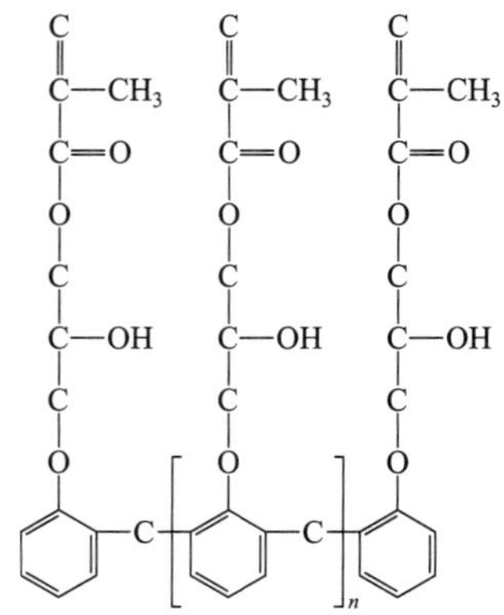

图 19-3　酚醛型环氧乙烯基酯树脂

4. 高交联密度型酚醛环氧乙烯基酯树脂

为了适应于耐高温强度要求情况下，一些厂家对酚醛型环氧乙烯基酯树脂还进行了改性，提高了树脂的交联密度和耐热性能，使树脂具有优良的耐酸、耐溶剂腐蚀性和抗氧化性能，适用于各种高温强腐蚀情况，如吸收塔、含有各种废气的高温烟囱等。

5. 光敏乙烯基树脂

环氧乙烯基树脂的不饱和双键在分子链端，活性较高，同时配以分子设计，加入光引发剂使得其在紫外线或电子束的辐射下就能固化。光引发剂可用苯醌或苯偶姻醚，用以吸收紫外线能量，并传递给树脂系统，使乙烯基团进行聚合反应。此类树脂可以用于印刷、光敏油墨等，在油漆工业上用作光敏涂料，在无线电工业中用作 PCB 上的光致抗蚀膜。

6. 橡胶改性型环氧乙烯基酯树脂

将橡胶引入环氧乙烯基酯树脂中，除改进韧性外，还可增加黏性，降低放热温度，并减少收缩率。橡胶改性的环氧乙烯基酯树脂，具有优异的抗冲击性能及高的断裂伸长率，拓宽了应用领域。虽然其在耐化学品性方面稍逊通用双酚 A 型环氧乙烯基酯树脂，但粘接强度、耐磨性能优异，可用于铁材或混凝土表面防腐蚀施工时的底涂树脂及需较好抗冲击性的 FRP 制品。

7. PU 改性型环氧乙烯基酯树脂

将氨基甲酸酯（或氨基甲酸乙酯）对环氧乙烯基酯树脂进行改性，使其兼有链内和链端不饱和性。氨基甲酸乙酯的不饱和性可增强对玻璃纤维的浸润性和层间粘接性，提高了树脂与纤维的相容性和制品强度。

8. 其他特殊性能环氧乙烯基酯树脂

（1）环氧乙烯基酯树脂

通过改性可符合片状模塑（SMC）工艺要求，这是一种可使固化过程分段进行的树脂，用于预浸料和片状模塑料中，使固化反应先进行到 B 阶段，然后再进行热压成型。为使树脂能用于 SMC 工艺，必须有化学增稠性能，同时又能保留分子中的不饱和性，在成型时可进行交联固化。为此在乙烯基酯分子上引入了酸性官能团，供稠化反应用。这种树脂比 UP 树脂对玻璃纤维的浸润性好，有更好的流动性，使热压时压力可以减低，在 B 阶段又有很快的反应速度。树脂可用于结构件，尤其是汽车用可以减轻重量；加入低收缩剂还能够改善表面性能和收缩性。

（2）船舶专用环氧乙烯基酯树脂

经过改性专用于船舶的环氧乙烯基酯树脂其耐水性及耐候性更加优秀。

（3）底涂环氧乙烯基酯树脂

对于各种基材（如铁材或混凝土）的防腐蚀内衬，底涂层的好坏将直接影响到内衬工程（如砂浆、FRP 或鳞片工程）的持久及耐用性能，底涂环氧乙烯基酯树脂正是为此而设计。其主要特点：

① 属环氧乙烯基酯树脂类，具有优异的物理化学性能；

② 与基材有特佳粘接力，可再次涂覆；

③ 成型工艺与一般环氧乙烯基酯树脂相同。

（4）环氧乙烯基鳞片树脂

环氧乙烯基鳞片树脂结合了环氧乙烯基酯树脂及玻璃鳞片的优点，可制成拥有优异耐化学品性、耐磨性及极低渗透率的树脂涂层。

（5）柔性环氧乙烯基酯树脂

柔性环氧乙烯基酯树脂对钢和混凝土表面有很好的黏结性，其断裂伸长率、粘接强度、冲击强度、层间强度均高于传统环氧乙烯基酯树脂，并具有独特的耐磨性，可适应各种防腐蚀工程施工的需要。

（6）高韧性环氧乙烯基酯树脂

高韧性环氧乙烯基酯树脂具有更高的韧性和断裂伸长率。

其主要特点如下：

① 能耐大部分酸、碱、盐溶液和部分溶剂。

② 通过分子设计极大地提高了柔性、拉伸性能和冲击强度，与普通柔性环氧乙烯基酯树脂相比，冲击强度增大一倍。

③ 优良的耐动态载荷性能，在循环温度、压力波动和机械冲击条件下具有较好的抗冲击性，强度保留率高。

④ 极高的断裂伸长率，达到了 9%以上。

⑤ 工艺性能优良，极好的反应活性和玻纤浸润性。

⑥ 良好的耐磨性。

（7）耐高温阻燃型环氧乙烯基酯树脂

耐高温阻燃型环氧乙烯基酯树脂结合了阻燃环氧乙烯基酯树脂及高交联密度酚醛环氧乙烯基酯树脂的优点。

其主要特点如下：

① 优异的耐热性，T_g 高达 200～210℃，能在较高温度下表现出良好的力学性能和耐腐蚀性能。

② 优良的耐腐蚀性，耐溶剂及氧化性介质的性能尤为突出。

③ 优良的阻燃性，氧指数达 28%以上。

（二）环氧乙烯基酯树脂的制备

有机不饱和酸中的羧基与环氧树脂中的环氧基可发生开环加成反应而生成酯。环氧乙烯基酯合成原理如下：

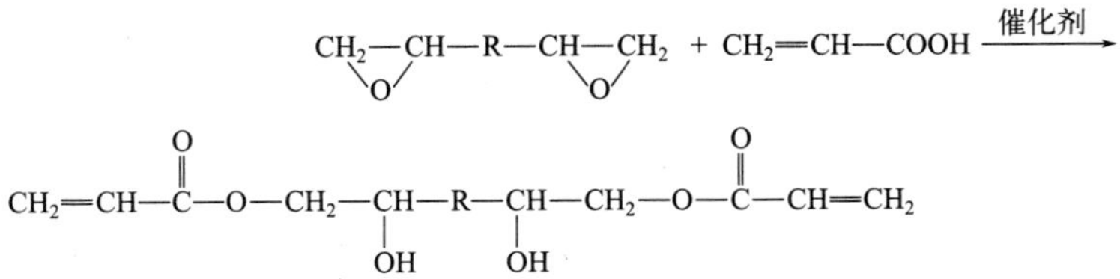

由于双酚 A 环氧树脂中环氧基的高活性，即使在常温和无催化剂条件下，该反应也可缓慢地进行。

在进行上述开环酯化主反应的同时，在有质子存在条件下，环氧树脂尚可发生自聚副反应。

为了保证反应朝开环酯化主反应方向进行，尽量减少副反应的干扰，选择合适的催化剂是关键。环氧基开环酯化反应的常用催化剂有叔胺、季铵盐、路易斯酸、有机磷化合物和有机金属络合物等。

合成反应一般在 80～140℃下进行。在此温度条件下另一副反应，即甲基丙烯酸中的双键聚合反应就有可能发生。为避免这一副反应发生，添加适当的酚类阻聚剂是必须的。

合成环氧乙烯基酯的工艺流程如下：

$$\frac{\text{环氧树脂}}{\text{甲基丙烯酸}}\xrightarrow[80\sim140℃]{\text{催化剂、阻聚剂}}\text{环氧乙烯基酯}\xrightarrow{\text{苯乙烯}}\text{环氧乙烯基酯树脂}$$

反应终点可由酸值来控制，反应过程无“三废”生成。红外光谱跟踪显示，表征环氧基的特征吸收峰（$910cm^{-1}$）随着反应进行逐渐减弱，最后完全消失。说明本反应转化率可达到 95%以上，接近 100%。

（三）环氧乙烯基酯树脂牌号与性能

表 19-27 为国内外不同企业环氧乙烯基酯树脂的一些牌号。

表 19-27　国内外不同企业环氧乙烯基酯树脂牌号

项目	英力士		昭和聚合物	力联思	华昌聚合物
种类	Derakane	Hetron	Ripoxy	Atlac	MFE
双酚 A 型环氧乙烯基酯	411	922	806	430	711
阻燃型环氧乙烯基酯	510	992	550	750	707

续表

项目	英力士		昭和聚合物	力联思	华昌聚合物
酚醛型环氧乙烯基酯	470	980	630	590	W1
高交联密度型酚醛环氧乙烯基酯	—	970	600	—	780HT
柔性型环氧乙烯基酯	8084	—	—	—	790
PU 改性型环氧乙烯基酯	—	—	—	580	710
耐高温阻燃型环氧乙烯基酯	—	—	—	—	708E
高韧性型环氧乙烯基酯	—	—	—	—	792

表 19-28 为不同企业双酚 A 型环氧乙烯基酯树脂产品主要性能指标。

表 19-28 不同企业双酚 A 型环氧乙烯基酯树脂产品性能

项目	英力士		昭和聚合物	力联思	华昌聚合物
品牌	Derakane	Hetron	Ripoxy	Atlac	MFE
牌号	411	922	806	430	711
酸值/(mg KOH/g)	—	—	10±3	6±2	10±3
黏度(25℃)/(mPa·s)	350	450	160±70	470±30①	350±80
固含量/%	45	55	55	62±2	55±3
凝胶时间(25℃)/min	20±5	12	15±5	12	20±5

①测试条件 23℃。

表 19-29 中列出了国内外标准双酚 A 型环氧乙烯基酯树脂的一些典型性能。

表 19-29 国内外标准双酚 A 型环氧乙烯基酯树脂典型性能

树脂	拉伸强度/MPa	拉伸模量/GPa	断裂伸长率/%	弯曲强度/MPa	弯曲模量/GPa	HDT/℃
Derakane 411	83	2.9	7-8	148	3.4	102
Hetron 922	86	3.2	6.7	141	3.5	105
Ripoxy 806	79	—	3.2	135	3.1	110
Atlac 430	95	3.6	6.1	150	3.4	105
MFE 711	88	3.4	5.5	130	3.3	103

环氧乙烯基酯树脂耐腐蚀及耐水性均很好，与各种增强纤维的浸润性和粘接性好，黏度适中，用它做基体材料制得的玻璃钢力学性能好，固化收缩率比不饱和聚酯树脂小，固化性能及工艺性能均很好，所用的引发剂、促进剂也与不饱和聚酯树脂相同。

（四）环氧乙烯基酯树脂的固化

环氧乙烯基酯树脂同不饱和聚酯树脂一样，是通过引发剂所产生的游离基激活树脂和交联剂中的双键，进行交联反应而发生固化的。产生游离基的方法常用引发剂和促进剂的化学分解以及引发剂的热分解两种方法。引发剂和促进剂的化学分解，通常采用氢过氧化物、有机过氧化物为引发剂，各种金属或胺类作为促进剂；引发剂的热分解可用过氧化物和偶氮或重氮化合物。紫外线及辐射引发也已获得发展。引发剂分解所产生的游离基一般都很不稳定，它含有未配对电子的端基，可以再和另一个乙烯基酯基团反应。于是使树脂经加成聚合反应而固化，形成三向网状结构。整个过程无副产物出现。

环氧乙烯基酯树脂的固化体系及使用工艺与不饱和聚酯树脂很相似，过氧化物催化剂引发化学反应，使树脂固化。钴促进剂和胺加速剂也用于催化过程，以加速并增进固化。阻聚剂被用来延长凝胶时间。其他添加剂包括填料、触变剂（改善流动性及防止垂直层合时树脂下淌）、浸润剂、内脱模剂以及各种纤维增强材料。

1. 引发剂

环氧乙烯基酯树脂充分完全固化是极为重要的，只有这样才能获得最佳交联性能。引发剂的选用取决于树脂的要求以及固化温度。一般室温固化可用过氧化甲乙酮或过氧化环已酮和钴促进剂。如用过氧化苯甲酰则用 *N*,*N*-二甲基苯胺促进剂。在环氧乙烯基酯树脂的固化过程中，过氧化甲乙酮中二聚物含量高的比含量低的活性更大。这种影响和聚酯树脂恰恰相反。在加热固化中，可用过氧化苯甲酰（BPO）、过氧化苯甲酸叔丁酯或异丙苯过氧化氢。环氧乙烯基酯树脂常温条件下采用的引发剂和促进剂见表 19-30。

表 19-30　常用引发剂及促进剂

引发剂	促进剂	其他固化条件
过氧化甲乙酮	钴(Co^{2+})	加热
过氧化环已酮	钴(Co^{2+})	
异丙苯过氧化氢	钒(V^{2+})	加热/助促进剂
过氧化甲基异丁酮		
过氧化苯甲酰	二甲基苯胺液	
过氧化苯甲酸叔丁酯		加热
过氧化二苯甲酰	二甲基苯胺液	

2. 促进剂

常用促进剂为环烷酸钴、萘酸钴、异辛酸钴、二乙基苯胺、钒铬合物等。

除此之外，为保证固化度高、材料性能优异，还常采用助促进剂。常用的助促进剂为液体有机酸与磷酸酯增塑剂组成的淡黄色透明液体；也常用二甲基苯胺作为过氧化甲乙酮/环烷酸钴盐引发系统的助促进剂。有时为保证在较低温度下有良好的固化效果，常采用两种促进剂混合使用。表 19-31 是常用的混合促进剂配方，表中比例仅供参考。

表 19-31　常用混合促进剂参考配方

引发剂		促进剂Ⅰ		促进剂Ⅱ	
配方	用量	配方	用量	配方	用量
过氧化甲乙酮	2～3	Co^{2+}	2～3	二甲基苯胺液	0.5～1
过氧化苯甲酰	1～4	二甲基苯胺液	2～4	Co^{2+}	0.5～1

由于环氧乙烯基酯树脂的线型分子和反应性单体的交联，只要较少的交联点，即可形成三向的网状结构，故凝胶一般很快。经过诱导期后，只有很少或没有黏度的逐渐增加过程，

即迅速凝胶。凝胶速度还取决于游离基的浓度。增加引发剂、促进剂的浓度或者升温，都可以缩短凝胶时间。

环氧乙烯基酯树脂也可通过离子放射、电子发射、紫外线或其他高能放射而固化。离子放射是产生游离基的一种方法，只用几秒时间就可使树脂聚合完成并充分固化，因为其发射的强度可以使游离基极快生长。电子发射具有高量子能，可使聚合所需的游离基直接由乙烯基树脂产生。紫外线发生共振分解而产生游离基。以上各种辐射引发都具有极其稳定的存放特性，树脂的引发不需用通常的引发剂或促进剂。

对引发与固化过程的工艺性能测定主要有放热峰温度、残余单体含量、存放工作时间、硬度及表面黏结性减少程度等。放热峰温度要足够高，使树脂能迅速固化；但又不能过高，否则树脂易开裂。特别对于浇铸件以及大块、厚壁部件，要掌握好放热峰温度，防止散热慢而造成热量聚集。

3. 阻聚与诱导期

环氧乙烯基酯树脂即使在未加引发剂时，也含有产生游离基的活性因子，会使树脂缓慢交联，最终达到凝胶。如温度上升，活性增大，这种缓慢的凝胶过程可以加速。为了防止这种情况，确保树脂有较长的贮存期，在树脂中一般加有阻聚剂。常用的阻聚剂是对苯二酚，当然还有其他许多具有类似结构的有机物。阻聚剂能和游离基反应，使之“中和”失去活性，从而阻止树脂的交联反应。因在未引发的树脂系统中，常温下产生游离基的速度很慢，故只需很少量的阻聚剂就可显著延长树脂的贮存期。但贮存温度必须控制，并要避免曝光。在树脂进行加工固化时，加入引发剂，产生的游离基首先与阻聚剂互相消耗，待阻聚剂消耗完时，继续产生的游离基即开始，引发树脂交联固化。这一引发剂和阻聚剂互相消耗的阶段，即固化工艺中的诱导期，也是加工操作中可用的有效时间。

4. 环氧乙烯基酯树脂主要的固化体系

聚合物性能主要决定于它的化学结构，但作为热固性材料还与固化条件有关。苯乙烯或其他单体的残余量会降低树脂固化后的物理性能与耐化学品性能。空气中的氧对环氧乙烯基酯树脂的接触表面有阻聚作用，会使制品的耐候性与耐化学品性能降低。故应注意采取措施隔离表面与空气的接触。工程中最常采用的方法有：

① 在环氧乙烯基酯树脂施工至表面层时，配料中加入适当的石蜡-苯乙烯溶液，形成薄膜，隔绝空气。

② 一旦由于接触空气而使表面固化存在缺陷或表面固化不良时，可采用易挥发性溶剂轻抹表面，破坏厌氧层，以使固化完全。

根据大量工程实践，环氧乙烯基酯树脂的最佳施工环境温度条件为 15～30℃。为了获得合理的固化速度，有时环境条件较苛刻，但一般不宜低于 10℃。温度低会引起固化速度慢、硬度低、机械强度和耐化学品性能下降、苯乙烯残留量增高等问题。室温固化后在 100℃经 2h 的后固化处理能达到较好的性能和低苯乙烯残留量。

用于环氧乙烯基酯树脂的主要室温固化系统有下列 3 种。

(1) 过氧化酮类/钴盐促进剂

过氧化酮类化合物的化学结构对乙烯基酯树脂的固化有明显的影响。有些过氧化酮类化合物在钴盐作用下会在乙烯基酯树脂中产生气体，因此选用时要注意，例如过氧化乙酰丙酮会引起大量气泡和导致不固化，故不适用。常用的过氧化酮类化合物是过氧化甲乙酮、过氧化环己酮等。钴盐类常用：环烷酸钴、萘酸钴、异辛酸钴等。

(2) 过氧化苯甲酰/胺类

常用过氧化苯甲酰、过氧化二苯甲酰/二甲基苯胺液。

(3) 过氧化物/钒促进剂/助促进剂

过氧化物推荐使用过氧化甲乙酮或异丙苯过氧化氢。

当通过树脂固化制作不同的构造层时固化体系会有所调整，比如，用于胶衣层树脂的固化系统可采用如下配方。

配方	单位：质量份
原料	用量
环氧乙烯基酯树脂	100
过氧化甲乙酮	2～3
辛酸钴	2～3
二乙基苯胺	1

这种固化系统在胶衣层和层铺层树脂中都可以使用，所以对于愿意使用单一固化系统的成型操作者来讲是很适合的。本配方的凝胶时间（20℃）约为 15min。树脂胶凝后，在 20℃放置 25min 之后，即可进行层铺操作。

当采用手糊法或喷射成型进行层铺时，可使用与上述胶衣层相同的配方。常用的施工参考配方可参见表 19-32，其中前两个方案是采用混合促进剂的办法，具有常温条件下加速反应的作用或在略苛刻条件下固化树脂的功能。

表 19-32 环氧乙烯基酯树脂常用的含促进剂钴盐的配方 单位：质量份

配方	1	2	3	4
环氧乙烯基酯树脂	100	100	100	100
过氧化甲乙酮	2～3		2～3	2～3
过氧化甲基异丁酮		2～3		
辛酸钴	2～3	2～3	1～3	1～2
二乙基苯胺	0.5～1	0.5～1		

用缠绕法室温成型层铺时，因为常常希望有较长的凝胶时间（2～3h），故在配方中可适当减少钴盐用量和不加胺类化合物，以保证有效延长凝胶时间。考虑到较厚断面上聚合热的释出和缠绕成型的玻璃纤维含量高会相互影响固化速度，所以也要对引发剂的量做适当的调整。

这种配方可用于室温下湿法缠绕成型较厚的构件及部件，例如管道和容器的法兰。生产成型较薄的产品时，若达到最佳的结果，则在 100℃下至少固化 2h。

添加阻聚剂也可以延长凝胶时间，但是必须严格控制添加量，否则会给固化带来不利的影响，例如 10%叔丁基邻苯二酚溶液的最大添加量为树脂重量的 0.1%。对苯二酚的最大添加量不超过树脂重量的 0.2%。

在低温和高湿度的不利固化条件下，可以使用复合固化系统，以改善环境因素对施工质量的影响，比如如下配方：

配方	单位：质量分数
原料	用量
过氧化甲乙酮	1%
二乙基苯胺	0.5%
过氧化二苯甲酰	1%
辛酸钴	0.5%

混合用于乙烯基酯树脂的固化，同时采取加热措施，使固化达到完全。如：加热固化（50℃以上）。

环氧乙烯基酯树脂具有优异的耐化学品性能和力学性能，已广泛用于较高室温下缠绕成型制造玻璃钢管道和储罐。在缠绕、注射、SMC和BMC等成型工艺技术中，环氧乙烯基酯树脂需在加热条件下固化。

缠绕成型工艺中常用的配方和对其进行模拟试验的结果见如下配方及表19-33。试样在3mm厚的钢模上缠绕成型，厚度为6mm，缠绕结束后将试样在100℃的烘箱中固化。

配方	单位：质量份
原料	用量
某商品环氧乙烯基酯树脂	100
过氧化甲乙酮	1
辛酸钴	0.5

表19-33 测试结果

项目	指标
凝胶时间（20℃）/h	2.5
凝胶时间（100℃）/min	1.0
到达放热峰的时间/min	7.3
放热峰温度/℃	166
100℃，30min后的苯乙烯残留量/%	0.20
100℃，30min后的巴柯尔硬度	43

热模压成型工艺与不饱和聚酯树脂一样，热模压成型中环氧乙烯基酯树脂常用的固化剂是过氧化二苯甲酰和叔丁基过氧化苯甲酸酯。

适用于环氧乙烯基酯树脂的固化体系（包括引发剂、促进剂、加速剂）种类较多。合理地选择固化体系，很大程度上取决于成型工艺、环境温度和最终产品应用的要求。

在环境温度较低时，可添加少量二甲基苯胺（DMA）作为加速剂。10%DMA溶液的常用添加量为0.5%～2.0%。促进剂或加速剂的用量需注意，过量的钴盐会产生较多气泡从而延迟固化，过量的铵盐会因放热过高导致制品缺陷。

在环境温度较高的情况下，如果树脂凝胶过快可使用阻聚剂，如叔丁基邻苯二酚（TBC）、2,4-戊二酮来调整，不得随意降低引发剂或促进剂用量。

选择异丙苯过氧化氢（CHP）/钴盐（Co）体系可以达到降低放热峰要求，对于厚制品可以实现平缓放热，避免热量聚集释放。

5. 环氧乙烯基酯树脂的主要特点

（1）环氧乙烯基酯树脂浇铸体的性能

表 19-34 列出了主要的环氧乙烯基酯树脂浇铸体固化后的各种性能对比。由表中数据可见，不同品种的环氧乙烯基酯树脂之间的性能差异较大，一般都是针对不同的使用要求而设计的。

表 19-34　环氧乙烯基酯树脂浇铸体固化后的性能比较

性能参数	双酚 A 型	酚醛型	溴化阻燃型
拉伸强度/MPa	82.7	75.8	76.1
断裂伸长率/%	5	3	5
弯曲强度/MPa	124.0	137.9	124.0
弯曲模量/GPa	3.1	3.8	3.6
热变形温度/℃	102	143.9	110
巴氏硬度	35	40	40

（2）环氧乙烯基酯树脂手糊成型玻璃钢的主要性能

环氧乙烯基酯树脂手糊成型玻璃钢的主要性能见表 19-35。

表 19-35　环氧乙烯基酯树脂手糊成型玻璃钢的主要性能

性能参数		PS15-39 标准规定值	双酚 A 型	酚醛型	溴化阻燃型
苯乙烯含量/%			45	36	40
热变形温度/℃			210～215	290～305	225～235
弯曲强度/MPa	室温	131	204	165	164
	66℃		196	—	164
	93℃		189	169	165
	107℃		101	—	145
	121℃		34	166	83
	149℃		22	145	—
	163℃		—	83	—
	177℃		—	55	—
弯曲模量/GPa	室温	5.5	7.1	8.6	7.6
	66℃		7.0	—	7.6
	93℃		5.9	8.1	6.7
	107℃		3.4	—	5.7
	121℃		1.6	7.3	4.0
	149℃		1.6	5.7	—
	163℃		—	4.2	—
	177℃		—	3.5	—

续表

性能参数		PS15-39 标准规定值	双酚 A 型	酚醛型	溴化阻燃型
拉伸模量/MPa	室温	83	143	124	113
	66℃		173	—	126
	93℃		150	128	134
	107℃		126	—	128
	121℃		81	130	117
	149℃		53	117	—
	163℃		—	100	—
	177℃		—	76	—
拉伸强度/GPa	室温		12.0	11.4	10.3
	66℃		12.5	—	11.7
	93℃		10.3	11.8	9.0
	107℃		7.7	—	8.7
	121℃		5.2	11.8	8.3
	149℃		—	7.2	—
	163℃		—	6.2	—
	177℃		—	5.0	—

从表 19-35 中数据可看出，这几种玻璃钢的力学性能大大超过美国标准局为防腐用板材规定的 PS15-69 标准。环氧乙烯基酯树脂玻璃钢不仅具有较好的机械强度，而且有较高的高温强度。适于制造高温下操作的防腐设备。已固化的环氧乙烯基酯树脂具有较高的断裂伸长率。这是这类树脂优于其他树脂的重要特征之一。这样不仅可以提高玻璃钢层板第一次出现裂纹时的应变量，而且可以显著提高层板的抗冲击能力。

6. 环氧乙烯基酯树脂的主要质量指标及其性能

(1) 力学性能

表 19-36 列出了不同环氧乙烯基酯树脂浇铸体的相关性能。

表 19-36　不同环氧乙烯基酯树脂浇铸体的相关性能

性能参数	双酚 A 型	酚醛型	溴化阻燃型
拉伸强度/MPa	70～90	70～80	70～80
弯曲强度/MPa	120～150	130～140	90～120
压缩强度/MPa	110～120	130～150	110～130
冲击韧度/(kJ/m^2)	5～8	2～4	5～8
热变形强度/℃	100	151	108
固化收缩率/%	7.5～8.5	7.0～8.0	7.5～8.5

续表

性能参数	双酚 A 型	酚醛型	溴化阻燃型
表面电阻率/Ω	$>10^{15}$	$>10^{15}$	$>10^{15}$
体积电阻率/(Ω·cm)	$>10^{15}$	$>10^{15}$	$>10^{15}$
介电损耗角正切	0.013	0.024	0.016
相对介电常数	3.14	3.35	3.36
耐电弧/s	115～125	80～100	5～15
介电强度/(kV/mm)	14～18	15～17	14～17

表 19-37 中列出了双酚 A 型环氧乙烯基酯树脂与一些改性环氧乙烯基酯树脂的典型性能。表 19-38 为双酚 A 型环氧乙烯基酯树脂与一些不同类型橡胶改性的环氧乙烯基酯树脂的典型性能。

表 19-37　双酚 A 型环氧乙烯基酯树脂与一些改性环氧乙烯基酯树脂的典型性能

种类	拉伸强度/MPa	拉伸模量/GPa	延伸率/%	断裂韧性 G_{Ic}/(J/m²)	T_g/℃
双酚 A 型	76～86	3.1～3.3	7～8	100～120	120
柔性型	28	2.0	22	659	56
橡胶改性型	62～76	2.5～3.2	8～10	409	105

表 19-38　双酚 A 型环氧乙烯基酯树脂与橡胶改性环氧乙烯基酯树脂典型性能

种类	橡胶含量/%	拉伸强度/MPa	拉伸模量/GPa	断裂伸长率/%	G_{Ic}/(J/m²)	T_g/℃
双酚 A 型	0	76～86	3.1～3.3	7～8	100～120	120
橡胶改性-1	12.5	34	1.65	35	910	121
橡胶改性-2	8	62～76	2.5～3.2	8～10	410～550	95～125
橡胶改性-3	12.5	41～42	1.9～2.3	10～12	1770～2180	114-120

(2) 耐腐蚀性能

主要环氧乙烯基酯树脂在常温条件下耐蚀数据见表 19-39，可对工程选材提供参考。

表 19-39　环氧乙烯基酯树脂耐腐蚀性能

化学品	质量分数/%	双酚 A 型	酚醛型	溴化阻燃型
溴水	5	耐	耐	耐
氯水	0～100	耐	耐	耐
盐酸	<20	耐	耐	耐
饱和盐酸	30	耐	耐	耐
氢溴酸	<60	耐	耐	耐
氢氰酸	0～100	耐	耐	耐

续表

化学品	质量分数/%	双酚A型	酚醛型	溴化阻燃型
氢氟酸	10	耐	耐	耐
硫化氢	0～100	耐	耐	耐
次氯酸	<20	耐	耐	耐
硝酸	<20	耐	耐	耐
磷酸	0～100	耐	耐	耐
五氧化二磷	<54	耐	耐	耐
三氯化磷	100	耐	耐	耐
硫酸	<75	耐	耐	耐
亚硫酸	10	耐	耐	耐
过磷酸	100	耐	耐	耐
水	—	耐	耐	耐
盐水	0～100	耐	耐	耐
海水	—	耐	耐	耐
氨水	<20	耐	耐	耐
氢氧化钾	<25	耐	耐	耐
碳酸钠	<35	耐	耐	耐
氢氧化铝	0～100	耐	耐	耐
乙酸铵	65	耐	耐	耐
碳酸铵	0～100	耐	耐	耐
氢氧化钠	<50	耐	耐	耐
氯化铁	0～100	耐	耐	耐
硝酸铁	0～100	耐	耐	耐
硫酸铁	0～100	耐	耐	耐
二氯化铁	0～100	耐	耐	耐
硝酸亚铁	0～100	耐	耐	耐
硫酸亚铁	0～100	耐	耐	耐
氯酸锌	0～100	耐	耐	耐
硝酸锌	0～100	耐	耐	耐
硫酸锌	0～100	耐	耐	耐
硫酸镍	0～100	耐	耐	耐
氯化钾	0～100	耐	耐	耐
氯化钠	0～100	耐	耐	耐
硝酸钠	0～100	耐	耐	耐
硫酸钠	0～100	耐	耐	耐

续表

化学品	质量分数/%	双酚A型	酚醛型	溴化阻燃型
硫化钠	0～100	耐	耐	耐
氯化钙	0～100	耐	耐	耐
硫酸铜	0～100	耐	耐	耐
硫酸铁	0～100	耐	耐	耐
丙烯酸	25	耐	耐	耐
乙酸	<75	耐	耐	耐
辛酸	100	耐	耐	耐
油酸	0～100	耐	耐	耐
乙二酸	0～100	耐	耐	耐
苯二甲酸	0～100	耐	耐	耐
肉豆蔻酸	100	耐	耐	耐
丙酸	<50	耐	耐	耐
水杨酸	0～100	耐	耐	耐
酒石酸	0～100	耐	耐	耐
醋		耐	耐	耐
苯磺酸	50	耐	耐	耐
乙醛	0～100	耐	耐	耐
丁醇	0～100	耐	耐	耐
乙醇	100	耐	耐	耐
甲醇	10	耐	耐	耐
液压油		耐	耐	耐
双氧水	<30	耐	耐	耐
棕榈酸异丙酯	100	耐	耐	耐
喷射机油		耐	耐	耐
矿油		耐	耐	耐
石油精	100	耐	耐	耐
萘	100	耐	耐	耐
橄榄油	100	耐	耐	耐
四氯乙烯	100	耐	耐	耐
丙二醇	0～100	耐	耐	耐
肥皂	0～100	耐	耐	耐
原油	100	耐	耐	耐
甲苯	100	耐	耐	耐
三氯乙烷	100	耐	耐	耐

续表

化学品	质量分数/%	双酚 A 型	酚醛型	溴化阻燃型
松节油	100	耐	耐	耐
尿素	<50	耐	耐	耐
环己酮		耐	耐	耐
柴油	100	耐	耐	耐
二氯苯	100	耐	耐	耐
乙二醇	100	耐	耐	耐
甲醛	0～100	耐	耐	耐
己二醇		耐	耐	耐
二甲苯	100	耐	耐	耐
甘油	10	耐	耐	耐

乙烯基酯树脂不耐的介质有：丙酮（acetone）、液氨（ammonia liquid）、苯（benzene）、三氯乙烯（trichloroethylene）、三氯酚（trichlorophenol）、吡啶（pyridine）、酚（phenol）、三硝基苯酚（trinitrophenol）、二氯甲烷（methylene chlo ride）、乙基溴（ethyl bromide）等。

(3) 耐腐蚀性能与相关材料的比较

通用型环氧乙烯基酯树脂与双酚 A 型不饱和聚酯相比，环氧乙烯基酯树脂的耐化学性好，拉伸强度高，用作浇铸及增强塑料时韧性、抗冲击性、粘接性好。通过调整原料中环氧树脂分子量的大小可以得到耐热性、耐溶剂性、低介电特性、耐低温性等具备环氧树脂特性的环氧乙烯基酯树脂。

与双酚 A 型环氧树脂相比，通用环氧乙烯基酯树脂则黏度低、固化活性高、耐化学品性及耐水性好。

表 19-40 给出了在常温固化下双酚 A 型不饱和聚酯、环氧树脂及环氧乙烯基酯树脂性能的简单比较。表 19-41 为不同类型的热固性树脂玻璃钢的力学性能，表 19-42 为不同类型的热固性树脂玻璃钢的电气性能，表 19-43 给出了不同树脂品种在室温下耐化学试剂的性能，而高温耐化学试剂性能则列于表 19-44。

表 19-40　不同树脂的性能比较

项目	环氧树脂	乙烯基酯树脂	不饱和聚酯树脂
施工工艺性	尚可	良-优	优
硬度	低-高	低-高	低-高
机械强度(韧性)	优	优	良
电性能	优	优	优
热性能(HDT)	约 100℃	约 165℃	约 150℃
耐化学品性	尚可-良	优	优

续表

项目	环氧树脂	乙烯基酯树脂	不饱和聚酯树脂
碱	优	良-优	不可-良
溶剂	尚可	良-优	良
强氧化酸	尚可	尚可-优	尚可-优
耐候性	尚可	尚可-良	尚可-良
固化体积收缩率/%	约 5	5～9	7～10

表 19-41 不同类型的热固性树脂玻璃钢的物理力学性能

项目	聚酯玻璃钢	环氧乙烯基酯玻璃钢	环氧玻璃钢	酚醛玻璃钢
相对密度	1.64～1.68		1.6～1.7	1.35～1.41
吸水率(24h)/%	0.2～0.5		0.94	0.05
成型收缩率/%				0.15
拉伸强度/MPa	180～210	263～304	296	344～609 加瓷粉、石墨粉
弯曲强度/MPa	230	310～355	397	300～590
压缩强度/MPa	80～120	190～220	207	
拉伸模量/MPa	7000		8000	1800～6800
热导率/[kcal/(m·℃)]	0.248		0.131	
马丁耐热温度/℃			79.7	
冲击强度/MPa	25.5			10
线膨胀系数/℃$^{-1}$	0.1×10^{-5}			$(0.35\sim1.07)\times10^{-5}$

注：切割加工时，湿法加工的拉伸强度比干法加工低 3%～5%，但弯曲强度则高约 3%。

表 19-42 不同类型的热固性树脂玻璃钢的电气性能

项目	体积电阻/(Ω·m)	表面电阻/Ω	相对介电常数	介电损耗角正切	沿层击穿强度/(kW·mm)	耐电弧/s	耐电弧径迹性/kV
聚酯玻璃钢	3.2×10		3～5	<0.05	13～40	60～180	2.0～2.5 浸泡痕迹法
环氧玻璃钢	5.17×10	1.34×10	4.7～52 (60Hz)	0.017～0.025	28.4 垂直	50～180 树脂	

表 19-43 不同树脂的耐化学品性比较

树脂	无机酸	有机酸	强酸	碱	有机溶剂
邻苯二甲酸型不饱和聚酯树脂	尚耐	尚耐	不耐	不耐	不耐
间苯二甲酸型不饱和聚酯树脂	良	良	良	尚耐	良
双酚 A 型不饱和聚酯树脂	优	优	优	优	耐
乙烯基酯树脂	优	优	优	优	优

续表

树脂	无机酸	有机酸	强酸	碱	有机溶剂
环氧树脂(室温固化)	尚耐	良	不耐	优	尚耐
环氧树脂(加热固化)	优	优	不耐	优	良
呋喃树脂(室温固化)	尚耐	尚耐	不耐	尚耐	尚耐
呋喃树脂(加热固化)	优	优	不耐	优	优

表 19-44 不同树脂 100℃下能耐化学试剂的质量分数 单位：%

介质	双酚 A 型不饱和聚酯树脂	双酚 A 型环氧乙烯基酯树脂	醛型环氧乙烯基酯树脂
硫酸	50	75	75
盐酸	≤10	≤37	≤30
硝酸	≤10	10	5
乙酸	不耐	25	50
铬酸	≤30	10	—
磷酸	50	15	20
氢氧化钠	5	5	5
次氯化钠	5	—	5
甲苯	不耐	—	耐
四氯化碳	不耐	—	耐

7. 影响环氧乙烯基酯树脂使用的主要因素

（1）黏度

环氧乙烯基酯树脂的黏度是使用过程及成型工艺中的重要性能，不同的温度对黏度影响很大。改变稀释剂的添加量是调节黏度的主要方法。加入触变添加剂是满足特殊黏度要求的措施。

① 温度对树脂黏度的影响　温度升高树脂的黏度下降，但下降的速度在加入苯乙烯的前后有不同变化。未加苯乙烯之前，黏度随温度的上升而下降较快；加入苯乙烯后，黏度随温度变化稍趋平缓。

② 稀释剂对树脂黏度的影响　加入不同的稀释剂对树脂的黏度有不同影响。随着稀释剂添加量的增加，树脂黏度迅速下降。苯乙烯和邻苯二甲酸二烯丙酯的用量变化对典型的乙烯基酯树脂的黏度有影响，加稀释剂后树脂黏度的变化范围很大。增加苯乙烯量可使黏度降低，可容纳较多的填料，且能较快地浸透玻璃纤维，如果要求耐化学品性较强，要适当提高苯乙烯浓度（50%质量分数），这样固化后树脂的耐酸、耐碱性较强；苯乙烯浓度低时，耐溶剂性较强。

③ 对树脂要求有触变性时，可加入活性二氧化硅。与此同时，再配合加入极性添加剂如甘油，可以增强前者的触变效果。

(2) 断裂伸长率对层合材料性能的影响

环氧乙烯基酯树脂具有高延伸性。这种特性对层合制品性能的影响，在实际使用中有很大意义。在拉荷载下，第一次出现开裂时的断裂伸长率对比情况见表 19-45。表中列出了两种乙环氧烯基酯树脂和一种聚酯树脂的断裂伸长率及其层合板的拉伸应变情况，可见环氧乙烯基酯树脂的延伸性特别好。

表 19-45　不同类型树脂的断裂伸长率对比

类型	断裂伸长率/%	第一次可见树脂开裂时层合板中拉伸应变/MPa
双酚 A 型环氧乙烯基酯树脂	5～7	1～1.2
酚醛型环氧乙烯基酯树脂	3～4	0.6～0.7
刚性不饱和聚酯树脂	1.5～2	0.3～0.5

注：层合板结构为表面毡-短切毡-表面毡，短切毡密度 $457g/m^2$，裂纹用平行光束在 45°照射下观察。

环氧乙烯基酯树脂的高延伸性，给各类层合制品的性能提供了良好的条件，对于板材的抗冲击性以及管材的耐压与防渗漏能力都极为有利。

在国外经过 50 多年的开发和应用开拓，在国内经过 40 多年的探索，环氧乙烯基酯树脂已经发展成一系列具有特殊功能的高性能热固性树脂，在复合材料、防腐蚀、涂料、胶黏剂等很多领域已经得到了广泛的应用。

8. 环氧乙烯基树脂应用领域

按行业划分，全球环氧乙烯基酯树脂市场主要分为三类：复合材料、涂料以及其他。环氧乙烯基酯树脂极佳的耐腐蚀性以及优异的物理化学性能，使其成为大量化工防腐蚀 FRP 工程之首选材料。如玻璃钢槽罐、管道、塔器以及耐腐蚀格栅等；高耐腐蚀地坪、高强度 FRP 制品；重防腐玻璃鳞片涂料、鳞片胶泥；电厂脱硫防腐（耐高温、耐强酸强碱）；化工车间工作台耐酸、耐碱、耐高温、防腐等。而环氧乙烯基酯树脂基复合材料则广泛应用于风电、建筑桥梁、交通运输、压力容器、游艇船舶、海洋工程、体育休闲等行业。同时，由于环氧乙烯基酯树脂具有优良的力学性能、工艺性能及耐腐蚀性能，近年来在航天、船舶海洋工程、国防军工等高端领域应用也越来越迫切。

二、环氧乙烯基酯树脂模塑料

可增稠型环氧乙烯基酯树脂中特殊设计的端羧基结构使其能够在增稠剂（碱土金属氧化物，如氧化镁、氢氧化镁等）作用下快速达到增稠效果，满足模塑料（SMC/BMC）工业化需求。

环氧乙烯基酯树脂分子链结构上并未含有与 SMC/BMC 工业通用的不饱和模压树脂的端羧基基团，因此不能直接被使用于工业的 SMC/BMC 生产线。但是高端型的热固性模塑料，又迫切需要使用到环氧乙烯基酯树脂。因此针对不同的具体应用，可以设计不同的端羧基引入方式，也就形成了不同增稠效果的环氧乙烯基酯树脂。

（一）配方实例

可增稠型环氧乙烯基酯树脂配方实例如下：

配方	单位:%(质量分数)
原料	用量
环氧树脂	33.5
阻聚剂	0.02
甲基丙烯酸	15.6
催化剂	0.09
苯乙烯	41.9
稳定剂	0.02
顺酐	8.9

(二)生产企业

部分国内可适用于配制 SMC/BMC 模塑料的 VE 生产厂商见表 19-46。

表 19-46 可适用于配制 SMC/BMC 的国内部分 VE 厂家

生产厂家	特性与用途	牌号
华东理工大学华昌聚合物有限公司	适用于 SMC/BMC,高耐热、高韧性	MFE 751 MFE 752 MFE 757
南京金陵帝斯曼树脂有限公司	SMC/BMC 专用,高耐热、高耐腐蚀	P104-02
常州华科聚合物股份有限公司	适用于 SMC/BMC	HS-4410F HS-4411 HS-4412-Z HS-4495F
上纬新材料科技股份有限公司	可用于 BMC/SMC,高韧性	SWANCOR 976 SWANCOR 978
浙江天和树脂有限公司	SMC/BMC 专用	TH-450 TH-450-1 TH-450-2
上海富晨化工有限公司	SMC/BMC 用,高刚性	FUCHEM 893

(三)设计原理

BMC 是 bulk molding compound 的简称,也可简称为 DMC(dough molding compound),实际上两者的组分是一致的,现今已经通称,只是行业不同而叫法不一,简称为团状模塑料。

常规的 BMC 组成见图 19-4。

BMC 是由液态树脂、固体粉料、短切玻纤片料等近 10 种组分经物理混合而成的复合物,在加温加压条件下,树脂和单体交联,发生加聚反应而固化。

1. BMC 配方中各组分主要功能及其调节的机理

① 树脂基体 VE:耐热性、机械强度、成型性、表面质量;

② 低收缩剂 PE、PS、PMMA、PVAC:表面质量、着色性、冲击强度;

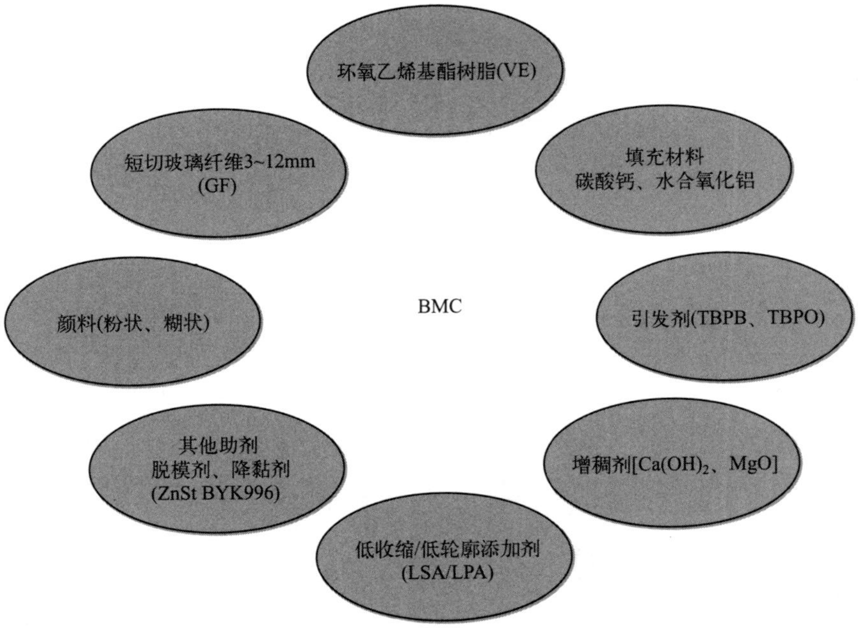

图 19-4　常规 BMC 组成

③ 增强纤维　GF、CF：机械强度、表面质量、流动性；

④ 填充材料　$CaCO_3$、$Al_2O_3 \cdot 3H_2O$：流动性、机械强度、表面质量、成本；

⑤ 引发剂　TBPB、TBPO：反应始发时间、固化周期、表面质量；

⑥ 增稠剂　MgO、$Ca(OH)_2$：成型性、可操作性；

⑦ 内脱模剂　ZnSt、CaSt：成型温度、脱模性；

⑧ 着色剂　无机、有机。

2. 液体组分的配比

BMC 配方表中大多是以每 100 质量份树脂加入的质量份数作为单位。常规的配方表中液体组分的配比如下：

配方	单位：质量份
原料	用量
VE	70
LSA	30

根据低收缩剂在成型中形成微空穴的理论来抵消树脂收缩的机理，通常低收缩剂 LSA 的加入量，是以低收缩剂的实际固含量来控制：

$$A = \text{LSA} \times B / (\text{VE} + \text{LSA})$$

式中　A——低收缩剂在 BMC 组分中的固含量；

B——配制低收缩剂时，热塑性树脂粒料在单体苯乙烯中的质量分数；

VE——环氧乙烯基酯树脂的加入量；

LSA——低收缩剂的加入量。

LSA 一般都采取定向采购，也可以自配，在配方设计时一定要先摸清 LSA 中热塑性树脂的浓度，浓度的高低直接影响 LSA 的黏度，黏度过高会影响随后加入粉料时的浸润。黏度高时，就认为加些单体苯乙烯来降黏，用来改善混料时对粉体的湿润。但这不是一个好办法，过量的苯乙烯加入，在固化时用不完，残留的苯乙烯会引起许多弊端，诸如强度下降、耐热性变差，甚至在成型中拔高放热峰温度，致使产品表面微裂。一般在配方设计时要校核苯乙烯的含量，控制在 45～50 份。

3. 矿物填料的添加量

矿物填料的种类很多，目前常用的是碳酸钙 $CaCO_3$ 和水合氧化铝（alumina trihydrate，ATH）即含三个结晶水的氧化铝，分子式为 $Al_2O_3 \cdot 3H_2O$，也可称为氢氧化铝 $Al(OH)_3$。主要是利用着火时，结晶水被炽热而释放出水蒸气能阻隔火焰而起到阻燃作用。

矿物填料在 BMC 组分中的单价最低，是降低成本的主要贡献者，同时矿物填料可以采用不同颗粒直径的级配，对提高制品的密实度和表观质量有很大好处，故配方设计中贯彻尽可能高的填料含量是配方设计长期追求的目标。通常矿物填料的加入量，取

$$F=180\sim250(\text{份})$$

当然根据填料的吸油值、液体树脂糊的基础黏度和是否添加降黏助剂等因素，F 的数值可以调整至大大超出上述水平，达到 300 份，欧洲更有推出 400 份填料加入量的 BMC 配方。填料加入量的多少主要取决于能否在后续混料中将要加入的短切玻纤被完全分散并充分浸渍，又不露白纤。而为了取得足够的强度，又必须要加入足量的玻纤时，混料（树脂＋粉料）的黏度是关键影响因子，一定要寻求填料加入量与 BMC 强度要求的平衡点。

4. 其他辅料的添加量

（1）脱模剂

BMC 脱模剂通常使用硬脂酸锌，应对供应商的品质如纯度和细度提出严格的要求，尤其是不能有结块。脱模剂的用量也与成型制品的复杂程度有关，形状比较简单脱模容易的制品可以少加一些，一般原则是能少加尽量少加。如果模具刚刚试用、形状又较复杂不易脱模时可适量按 4 份或略增一些投料。

（2）增稠剂

BMC 的增稠机理与 SMC 的增稠机理是完全一致的，只是增稠行为没有像 SMC 那样严格。BMC 配料中添加增稠剂，同样是希望经捏合机充分混合已经均相的黏弹体能基本保持其均质、均相的状态，不发生相分离，更不希望有液态树脂析出，而且希望在成型流动期间预混料还能带着玻纤一起流动，充满型腔的各个部位。故增稠不良或达不到相当高的黏度都是造成制品多种表观缺陷的重要原因。

增稠剂大多选用粉体与填料同时加入捏合机，故推荐的增稠剂的用量是 1.0～1.2 份。当环境湿度较高时，不仅填料粉体吸湿，玻纤表面也吸湿，$Ca(OH)_2$ 粉更易吸湿，水的存在会严重影响增稠行为，产生不稳定因素，应注意防控。

（3）引发剂

常用的引发剂是 TBPB，添加量取 1.0 份。目前，为了提高成型速率，已较多地采用复合型引发剂，寻找固化速率和模塑料存放寿命之间的相对合理，一般选择 TBPB 和 TBPO 混用，总添加量还保持在 1.0 份左右，两者的分配可按 TBPB 0.70 份，TBPO 0.30 份。

（4）颜料

也称着色剂，对客户来讲目前对 BMC 制品外表颜色的追求愈发显得重要了，因为这对他们而言，最终推到市场上的产品对顾客的吸引力如何，很大部分原因在于制品的色彩鲜艳程度和色泽明亮程度。BMC 的着色最直接的就是使用色粉，如黑色，则直接选用炭黑投入，一般控制在 3.0 份左右即可；白色则直接选用钛白粉，用量在 4.5 份左右。选择与样品较接近的色粉，但要保证其分解温度高于成型温度，遮盖力强，易于分散，但其用量都只能在试验捏合机中小量试验后确定。有的样品的颜色无市场可采购的色粉，则必须外购颜料糊，或自行用三辊研磨机配混颜料糊，这时候的颜料糊的添加量更要通过试验捏合机混炼后来确定。

（5）玻璃纤维的加入量

以上讨论时都使用“份”为单位，而论及玻纤的加入量时就要使用 BMC 组分的质量分数来计量和计算。玻纤含量直接与制品的强度有关，BMC 弯曲强度随玻纤加入量增加而升高，如图 19-5 所示。

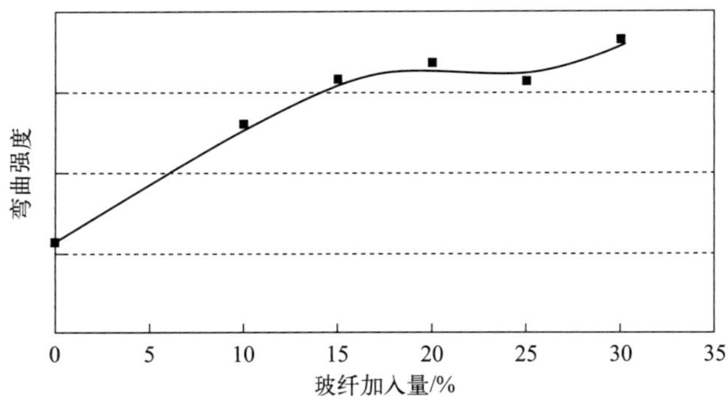

图 19-5　玻纤加入量与弯曲强度的相关曲线

5. 加工工艺

环氧乙烯基酯树脂模塑料（SMC/BMC）的制造与成型加工工艺与不饱和聚酯树脂模塑料相同。

6. BMC 配方实例（表 19-47）

表 19-47　BMC 配方实例

料的品名及代号	品种或规格	配合量	在 300L 捏合机中的投料量/kg
环氧乙烯基酯树脂 VE	65%VE(双酚 A 型)	70 份	10.5
低收缩添加剂 LSA	47%PS	30 份	4.5
填料碳酸钙 $CaCO_3$	500 目		10
	1200 目		5
	500 目		16
脱模剂 ZnSt		4.0 份	0.6
增稠剂 $Ca(OH)_2$	试剂级	1.3 份	0.20

续表

料的品名及代号	品种或规格	配合量	在 300L 捏合机中的投料量/kg
引发剂 TBPB	99%纯度	1.2 份	0.18
阻聚剂 264		0.1 份	0.015
颜料:炭黑 CB	炉黑	2.0 份	0.3
玻纤	6mm	16.7%(质量分数)	9.5
合计			56.795

7. SMC 配方实例（表 19-48、表 19-49）

表 19-48　SMC 配方实例 1　　单位：质量份

配方	高尔夫球头	汽车零部件	发动机罩
双酚 A 型环氧乙烯基酯树脂	70	80	
酚醛型环氧乙烯基酯树脂			60
低收缩剂	30	20	40
TBPB(98%)	1.0～2.0	1.0～2.0	1.5
硬脂酸锌	4.0～5.0	4.0～5.0	4.0
色料	—	—	2.25
助剂 1	—	—	0.3
助剂 2	—	—	1.0
填料	0～50	20～100	200
氧化镁(35%糊)	1.5～3.0	1.8～2.5	2.8
玻纤(25.4mm)	30%～40%	45%～65%	30%

表 19-49　SMC 配方实例 2　　单位：质量份

配方	高强结构件	功能件
双酚 A 型环氧乙烯基酯树脂	80	60
低收缩剂	20	40
TBPB(98%)	1.0	1.5
硬脂酸锌	6.0	4.0
助剂	1.0	2.0
填料	—	220
氧化镁(35%糊)	2.8	2.4
玻纤(25.4mm)	30%	35%

表 19-50 列举了某些环氧乙烯基酯树脂 SMC 的性能。

表 19-50　SMC 性能

性能	ASTM 试验标准	耐热型	高强型	汽车结构件
增强材料(玻纤,25.4mm)/%		50	30	
增强材料(碳纤,25.4mm,PAN 12K)/%				53
相对密度	D792	1.82	1.9	1.48
拉伸强度/MPa	D638	194	330	282
拉伸模量/GPa	D638	18.7	26.1	55.0
弯曲强度/MPa	D790	311	610	606
弯曲模量/GPa	D790	15.2	21.3	38.5
压缩强度/MPa	D695	173	280	286
压缩模量/GPa	D695		18.6	33.8
剪切模量/GPa	D4065	54		
巴氏硬度	D2538	60		
吸水性/%	D570	0.15		
成型收缩率/%	D955	0.1		
可燃性	ISO 3795	自熄		
线膨胀系数/(×℃$^{-1}$)	TMA	15×10^{-6}		
泊松比				0.305

8. 环氧乙烯基酯树脂模塑料（SMC/BMC）产品应用领域

① 电器　电器罩壳等；
② 电器元件与电机部件　绝缘子、绝缘操作工具等；
③ 电子工程应用　印刷电路板等；
④ 汽车　电池包外壳、车轮、座椅、散热架、发动机阀套、悬挂支臂等；
⑤ 休闲体育　运动器材、运动滑板、高尔夫击杆的球头等；
⑥ 其他　安全帽、安全鞋、模具、阀门及防蚀模造材料等。

第六节　其他热固性树脂及塑料

一、氰酸酯

1. 一般概况

氰酸酯树脂是于 20 世纪 60 年代开发的一种新型热固性树脂，它的分子结构重复单元中含有两个或两个以上的氰酸酯官能团（—OCN），其结构通式为 NCO—R—OCN，又称为三嗪 A 树脂，英文名称为 triazine A resin、TA resin、cyanate resin，简称 CE。

国外生产的产品主要有日本拜尔公司的层压板、日本三菱瓦斯公司的覆铜板、美国拜耳化学公司的 KL3-4000（CE 的 70％丁酮溶液）等。

我国对氰酸酯树脂的研究起始于 20 世纪 90 年代，由中国航空工业济南特种研究所于 1997 年 4 月份首次在国内研制成功，并于 1998 年底完成了实验室阶段的合成配方、工艺优化、树脂提纯等关键技术工作。山东新华机器厂与 637 所于 2001 年 8 月建成的年产 10t 氰酸酯树脂中试生产线进入试生产阶段后，经过对树脂的理化性能、反应性能、力学性能、耐热性能和介电性能的测试和表征，其综合性能与国外同类树脂相当；树脂合成率在 92.5％以上，纯度达到 97.6％，均高于国外文献的报道水平。无锡化工研究设计院于 2005 年研制成功低损耗氰酸酯树脂（BT 树脂），这种综合性能优良的新型合成高分子材料是由双酚 A 氰酸酯经预聚后与双马来酰亚胺共聚合而成，具有良好的耐热性及力学性能，吸水率低，制成的复合材料耐温等级高、耐湿热性好、介电性能优异，因而可用作高速数字及高频用印制电路板、高性能透波结构材料和航空航天用高性能结构复合材料的基体树脂。

2. 结构性能

CE 的重均分子量为 2000，在常温下为固态或半固态，也有的种类在常温下为液体，可在 50～60℃软化。CE 可溶解于常见的溶剂如丙酮、氯仿、四氢呋喃及丁酮等，可被 25％的氨水、4％的氢氧化钠水溶液、50％硝酸和浓硫酸侵蚀，但可耐苯、二甲基甲酰胺、甲醛、燃料油、石油、浓乙酸、三氯醛酸、磷酸钠浓溶液及 30％的 H_2O_2 等。CE 与增强材料如玻璃纤维、Kevlar 纤维、碳纤维、石英纤维及晶须的黏结性能好。它具有优良的高温力学性能，其弯曲强度和拉伸强度均高于双官能团环氧树脂，弯曲模量介于双马来酰亚胺和多官能团环氧树脂之间；具有低的成型收缩率和极低的吸水率（＜1.5％）；耐热性好，玻璃化转变温度为 240～260℃，最高可达 400℃，改性后可在 170℃左右固化；耐湿热性能、阻燃性和黏结性均好；具有极低的介电损耗和极低的相对介电常数，相对介电常数为 2.8～3.2，介电损耗角正切为 0.002～0.008，而且介电性能对温度和电磁波频率的变化都显示出特有的稳定性，即宽频带性。

在 CE 的固化反应中，有机锡化合物可作为氰酸酯树脂固化反应的有效催化剂。用有机锡催化后，氰酸酯固化树脂和复合材料具有优良的性能，其中固化树脂的弯曲强度为 124MPa，冲击强度为 12.6kJ/m^2，玻璃化转变温度为 258℃；复合材料的弯曲强度为 742.6MPa，层间剪切强度为 72.3MPa。这表明在有机锡化合物的催化作用下，氰酸酯充分表现出了高性能树脂基体的特性。

3. 成型加工

CE 的加工性能与环氧树脂相近，可在 170℃左右进行固化。不但可用传统的注射和模压成型，还可采用先进的宇航复合材料成型工艺，具体如缠绕、热压罐、真空袋和传递模塑等。

4. 增韧改性

在大量商品化的氰酸酯树脂中主要以双酚 A 型氰酸酯树脂为主，因为它合成工艺简单，原材料价廉易得。但是其主要缺点是分子中三嗪环结构高度对称，结晶度高，树脂固化物的脆性较大，制得的复合材料预浸料的铺覆性差，单体聚合后交联密度大，需对其进行增韧改性。

CE可用的增韧材料包括热固性树脂、热塑性树脂、弹性体和纳米粒子等。弹性体包括天然橡胶、氯丁橡胶、聚异戊二烯、端羧基丁腈等；热塑性树脂包括聚苯醚、聚碳酸酯、聚砜、聚醚醚酮、聚醚砜、聚醚酰亚胺、聚酰胺、聚丙烯酸酯及其他聚酯等；热固性树脂包括环氧树脂（EP）、双马来酰亚胺树脂（BMI）、带不饱和双键的化合物如苯乙烯、丙烯酸酯和不饱和聚酯树脂等。上述材料对CE的改性方法可为共聚和共混，以实现对氰酸酯树脂的增韧。

（1）用热固性树脂改性

将CE与其他热固性树脂共聚或共混改性是氰酸树脂改性的重要途径之一，在CE中加入热固性树脂可以降低固化物的交联度，并能与氰酸生成一些韧性基团，加入不同种类的热固性树脂可以得到不同支化度和微观结构的网络。

目前主要应用的为EP、BMI及EP和BMI与氰酸酯树脂的共聚物。

① 氰酸酯树脂与EP共聚合改性 环氧树脂是一种工艺性和力学性能优异的树脂，用它改性氰酸酯树脂，在保持氰酸酯树脂介电性能和耐热性下降幅度较小的前提下，可使其工艺性和韧性得以改善。改性原理为氰酸酯树脂可与EP发生共聚合反应，生成氰脲环、异氰酸酯环及三嗪环等。形成的大量三嗪环可保持氰酸酯树脂的固有性能优点，又能与氰酸酯树脂共固化而形成交联网络，提高改性材料的力学性能；树脂体系反应不产生活泼氢，因而吸水率低；树脂固化物中含有大量的醚键，使其具有较高的韧性。另外，少量的EP可促进CE的固化反应。

举一个具体应用实例，以双酚A型氰酸酯树脂（BCE）、F-644酚醛环氧树脂、E-51环氧树脂为原料，将BCE和环氧树脂按不同的比例进行混合，加热到110～120℃，预聚10～15min，倒出冷却至室温便得到改性的氰酸酯树脂体系。

经优化最后确定了两个配方：

配方1 E-51环氧树脂：BCE＝30∶70

配方2 F-644环氧树脂：BCE＝30∶70

BCE树脂在常温下为白色至浅黄色结晶，当和少量环氧树脂经过一定温度和时间预聚后所得树脂为浅棕色透明黏稠状物，溶于丙酮、乙醇等普通溶剂，与其他树脂如不饱和聚酯树脂、酚醛树脂等具有良好的相容性，它们的贮存稳定性良好，在室温下可存放3个月，性能变化较小。

以E-51环氧树脂改性的BCE为树脂基体制备的碳纤维和玻璃纤维复合材料预浸料具有良好的铺覆性和贮存稳定性。表19-51列出了以配方1为基体的复合材料性能，可看出它具有优异的力学性能、耐热性和耐湿热性；E-玻璃布和T-300的层间剪切强度分别为43.6MPa和96.8MPa，拉伸强度分别为357MPa和1380MPa，弯曲强度分别为533MPa和1970MPa；在150℃温度下经过100h水煮后的层间剪切强度保持率均大于80%。它们可用于航空航天等性能要求较高的复合材料构件。

表19-51 BCE复合材料的性能

性能		E-玻璃布增强材料	T-300增强材料
纤维体积含量/%		53	65
层间剪切强度/MPa	室温	43.6	96.8
	150℃	37.2	78.4

续表

性能	E-玻璃布增强材料	T-300 增强材料
吸水率(水煮 100h)/%	35.6	80.3
拉伸强度/MPa	357	1380
拉伸模量/GPa	29	153
断裂伸长率/%	2.5	2.1
弯曲强度/MPa	533	1970
弯曲模量/GPa	32	148
吸水率(水煮 100h)/%	1.63	1.32

② 氰酸酯树脂与 BMI 共聚合改性　将氰酸酯树脂与 BMI 熔融混合得到均相的共混体系，在较低的温度下就可发生共聚反应，氰酸酯树脂官能团（—OCN）与 BMI 的马来酰亚胺环上不饱和双键上的活泼氢反应，得到共聚合树脂 BT。BT 树脂的玻璃化转变温度为 250℃以上，具有较低的介电损耗和相对介电常数，优良的冲击强度，通常用作高性能印刷线路板的基体树脂。

③ 氰酸酯树脂/BMI/EP 三元共聚合改性　氰酸酯树脂与 EP 的改性虽然冲击强度增加，但降低了原有的模量、耐热性和耐化学腐蚀性；氰酸酯树脂与 BMI 的改增韧效果不明显，工艺性较差。将三者一起共聚合，工艺性和韧性都好。

（2）用热塑性树脂改性

氰酸酯树脂可与许多非结晶性热塑性塑料共混，具体如聚苯醚、聚碳酸酯、聚砜、聚醚醚酮及聚醚砜等，两者形成半互穿网络结构，使冲击强度提高，但耐热性下降，因黏度增大而加工性能变差。

举一个具体实例，选择耐潮湿性好、价格较低的热塑性聚苯醚（PPO），利用溶剂共混法对 CE 进行改性，当 PPO 的加入量为 10%时，在热变形温度基本保持不变的情况下，材料的冲击强度可提高 30.6%，原因在于固化过程中 PPO 可与 CE 形成双连续相结构。

再举一个例子，在 CE 中加入 8%的聚乙烯基吡咯烷酮（PVP）后，CE 的冲击强度增加到 14.2kJ/m^2，比纯 CE 提高 2 倍以上；弯曲强度达到 120MPa，比纯 CE 提高 15%。

（3）用弹性体改性

氰酸酯树脂最常用的弹性体增韧剂为端羧基丁腈橡胶（CTBN），可在较低的温度（80℃）下共混，对黏度的影响很小，但耐热性明显下降。

（4）不饱和双键化合物改性

氰酸酯树脂可与带不饱和双键化合物，具体如苯乙烯、丙烯酸丁酯、不饱和聚酯树脂等共混合，得到共聚合产物的性能见表 19-52。

表 19-52　氰酸酯树脂与不饱和双键化合物共聚产物的性能

性能	氰酸酯树脂	氰酸酯树脂/苯乙烯	氰酸酯树脂/甲基丙烯酸甲酯	氰酸酯树脂/丙烯酸丁酯
拉伸强度/MPa	50	50.3	85.1	63.1

续表

性能	氰酸酯树脂	氰酸酯树脂/苯乙烯	氰酸酯树脂/甲基丙烯酸甲酯	氰酸酯树脂/丙烯酸丁酯
断裂伸长率/%	1.42	0.5	3.1	1.8
弯曲强度/MPa	80.9	127.9	169.9	112
冲击强度/(kJ/m^2)	5.2	5.1	6.5	7.2
弯曲模量/GPa	4.5	11	3.9	3.4
马丁耐热温度/℃	—	158	135	112

5. 应用范围

（1）电子电气

CE 是一种新型的电子材料和绝缘材料，成为电子、电器和微波通信等高科技领域重要的基础材料之一，是理想的雷达罩用树脂基体材料，同时也是制备高频高性能印制电路板的极佳材料。对于那些应用于复杂的大型电子计算机设备中的印刷线路板，要求长时间使用也不会受到腐蚀，以免突然使机器中断运行而损失数据。因此，电子线路板用复合材料必须具备良好的热稳定性、低的热膨胀系数、良好的耐湿热性能等。氰酸酯树脂就成为生产优质电子印刷线路板最理想的基体材料，日本各大公司的层压板和覆铜板的具体性能见表 19-53 和表 19-54。美国的 ATT 和 IBM 公司均使用改性 CE 作为 PCB 的基体树脂。

表 19-53　日本拜尔公司 CE 层压板的性能

性能	数值	性能	数值
弯曲强度/MPa	614	介电强度/(kV/mm)	44
拉伸强度/MPa	545	体积电阻率/(Ω·cm)	6×10^{14}
悬臂梁缺口冲击强度/(J/m)	800	耐电弧/s	>130
线膨胀系数/(10^{-6}/K)	11		

表 19-54　日本三菱瓦斯公司覆铜板的性能

性能		数值	性能	数值
吸水率/%		0.6～0.7	相对介电常数(10^6 Hz)	4.2
玻璃化转变温度/℃		255	介电损耗角正切值(10^6 Hz)	0.003
长期使用温度/℃		165	体积电阻率/(Ω·cm)	10^{15}
铜箔粘接力/MPa	20℃	0.167～0.186	热膨胀系数/($\times10^{-5}$/℃)	1.5
	200℃	0.137～0.157	阻燃性(UL 94)	V-0

此外，CE 还是极好的芯片封装材料。

（2）航空航天

由于氰酸酯树脂具有很好的力学性能、耐热、耐湿热性能及优良的耐腐蚀性能等，在军事、航空和航天等方面，它既可以直接也可以通过适当的改性来制作航空、航天和航海领域的结构件如机翼、舰船壳体等，高性能结构/功能材料领域，如先进复合材料树脂基体、雷达天线罩等。CE还可制成宇航中常用的泡沫夹芯结构材料。

（3）胶黏剂等

CE还具有良好的相容性，同环氧树脂等不饱和聚酯共聚可提高材料的耐热性及力学性能，用作胶黏剂、涂料、复合泡沫塑料和人工介质材料等，同时也是制配特性黏结剂和密封、封装的良好材料。

（4）透波材料

CE的透波率极高，透明度好，是极佳的透波材料。

（5）雷达罩材料

CE可用于雷达罩中，传统的材料为EP、UP和BMI，要求材料的相对介电常数小于3.5、介电损耗角正切小于0.01、玻璃化转变温度大于150℃，CE可完全满足其要求的性能。

二、聚双环戊二烯

1. 一般概况

聚双环戊二烯（polydicyclopentadiene，PDCPD）为双环戊二烯（DCPD）的均聚物或共聚物，属于一种交联三维网状结构热固性工程塑料。其聚合工艺为：在有机金属催化剂六氯化钨和一氯二乙基铝组成的催化剂存在下，由双环戊二烯开环歧化聚合制得。

双环戊二烯单体来源于石油裂解制乙烯和煤炭炼焦中的C_5副产物。DCPD在空间构型上有桥环式和挂环式两种同分异构体，合成PDCPD选用桥环式单体为主。聚合以开环易位聚合反应进行，具体有溶液和本体聚合两种方式。

国内对于DCPD应用研究和PDCPD-RIM（反应注射成型）技术开发研究一度停滞不前。2010年前后，河南科技大学张玉清教授采用新型开环易位催化体系对聚双环戊二烯的高性能化和反应注射成型技术进行了广泛深入的研究，已开发出了高强、高韧、阻燃等高性能PDCPD复合材料。目前国内双环戊二烯年产能在23万吨左右，其中拥有双环加氢装置的工厂为淄博鲁华泓锦新材料集团股份有限公司、濮阳市瑞森石油树脂有限公司和山东凯日化工股份有限公司等。

国外在20世纪80年代已经实现产业化生产，当前能生产PDCPD材料的厂家多集中在美国和日本，主要是美国Metton公司、Hercules和Goodrich公司以及日本瑞翁株式会社、帝人株式会社。

近几年，基于环境因素，一些发达国家对玻璃钢产品的使用进行了严格的控制，而PD-CPD则属于环境友好材料。国家环保政策的规范、公民环保意识的加强和市场认知度的提高为PDCPD制品的高速发展提供了契机。

2. 性能

PDCPD具有轻质、高强度、耐腐蚀、耐高低温、高耐冲击、高耐蠕变性、着色效果好、耐候性、耐磨性、表面涂饰性、电绝缘性、微波透过性好、介电性能好、耐酸碱性及防水性等特点，是综合性能非常优异的热固性材料。具体特点如下。

力学性能平衡：兼有高冲击强度和高弯曲模量，比 PA 和聚氨酯要好，特别适合于制造表面装饰制品和结构件。

耐低温特性好：物理性能不受低温影响，在－40℃环境下制品不发脆。

耐化学品性好：具有极好的耐腐蚀性，特别耐酸和碱。

可涂饰性能好：表面很容易形成氧化物薄膜，附着性很好，还可以进行电镀处理。

低密度：有利于制品的轻量化。

具体性能见表 19-55。

表 19-55　PDCPD 的典型性能数据

性能		数据	性能	数据
相对密度		1.03	压缩强度/MPa	58.6
吸水率/%		0.12	剪切强度/MPa	51
拉伸强度/MPa		48	洛氏硬度(R)	115
拉伸模量/MPa		1900	热变形温度/℃	108
断裂伸长率/%		4.7	热膨胀系数/$℃^{-1}$	8×10^{-5}
弯曲强度/MPa		76	阻燃性	HB
弯曲模量/MPa		1880	相对介电常数	2.77
缺口冲击强度/(J/m)	25℃	460	介电损耗正切角	0.001
	－40℃	110		

PDCPD 在－40～115℃温度范围内冲击强度保持稳定，增强 PDCPD-RIM 弯曲模量可达 2896MPa 以上。PDCPD-RIM 的耐热性优于 PU、PVC、PE 及 PP 等材料，尺寸稳定性优于 PU，耐蠕变性优于 PA 制品，并且具有很好的环境适应性，鉴于此种优势，PDCPD-RIM 制品有取代金属和其他工程塑料的趋势。

3. 成型加工

PDCPD 制品在生产中一般采用 RIM 工艺，基于高纯度的 DCPD（≥98%）经过开环移位聚合反应（ROMP）制得，原料多为双组分体系（A、B 液），其工艺如下。

原料：A、B 料液均为低黏度液体，A 料含有 DCPD、活化剂及添加剂，B 料含有 DCPD、催化剂及添加剂，黏度控制在 0.2～1.0Pa·s，料温为 20～30℃；

模具：模具需预热到 40～80℃，制品较厚或较大时，阴模、阳模应有 20～40℃的温差；

计量、混合及注模：A、B 料液的质量比最好为 1∶1，差值应<5%；

解压、脱模：制品结构简单时可自脱模，当有加强筋或其他复杂结构时，可借助脱模剂；

整理、修饰：整个生产的成型周期在 6min 左右。

PDCPD-RIM 制品用设备由注塑机、模具及合模机组成。注塑机包括贮料罐、循环管路、计量泵和混合头。贮料罐需配备加热、冷却装置，并装有搅拌器、N_2 保护系统及自动进料装置等，循环管路需配有过滤器及热交换器等，计量精度控制在±1.5%。混合头是

RIM 装置的主要部件，直接影响料液混合的均匀度，为了提高注塑机的利用率，可采用“一机多头”生产线。模具的密封性和传热性要求很高，但由于注模的压力不高（一般为 0.3～1.0MPa），对模具的材质、结构强度要求较低，因此可用铝、铝锌合金、环氧树脂及铸钢等材质模具，降低模具投资成本。合模机用于固定模具，其锁模力、锁模精度、平行性和刚性均非常重要，PDCPD-RIM 制品成型通常采用卧式锁模系统。

作为一种轻度交联的热固性聚烯烃，除了具有更好的综合力学性能外，更具优势的是低的原料黏度（300mPa·s）与低的（15～30psi，1psi＝6895Pa）成型压力特点，这使得 PDCPD 可以采用 RIM 工艺来成型，该工艺将聚合与成型集于一体，容易充满大型复杂零件的模腔，零部件上的孔可以直接成型，且没有接缝。RIM 成型工艺本身比 FRP 喷射、RTM 或 SMC 等工艺更容易实现自动化，具有成型快、周期短、成本低、产品质量好的优点。

反应注射成型的特点如下。

① 反应速度快　DCPD 的聚合是按开环移位聚合机理进行，属放热反应，即使不加热，在催化剂的作用下，反应一旦引发，聚合反应也能在瞬间完成；

② 单体黏度低　液态 DCPD 的黏度很低（约 0.3Pa·s），可以在短时间内充满模具。该特点使其特别适合制造大型的形状复杂的模塑制品；

③ 聚合反应开始时间可调节　通过加入有效的调节剂，可以控制聚合反应开始的时间，这就使得有充分的时间混合、充模。再加上液料黏度低，使其可采用低压成型；

④ 采用双组分催化体系　在成型过程中，将原料分为 A、B 两组分，A 组分包括 DCPD、助催化剂、调节剂、添加剂，B 组分包括 DCPD、主催化剂、调节剂、添加剂，然后将 A、B 液在混合头中快速混合均匀，注入预热好的模具，在极短的时间内引发聚合反应，生产出大型的或形状复杂的制件。

4. 应用领域

PDCPD 制品可用作汽车零部件如保险杠、缓冲板、仪表板、挡泥板等，也可用作体育用品外壳和耐化学品容器等，近年来主要用作雷达罩、5G 基站天线罩等。

（1）污水净化槽

随着水污染问题的日益严重，各个国家都出台了相关政策，要求生活、生产污水自产自治、循环利用，因此对污水净化槽的需求量剧增。目前，污水净化槽多采用玻璃钢制造，而玻璃钢存在生产效率低、工作环境差，以及对环境污染严重等缺陷，因此一些发达国家已禁止使用玻璃钢净化槽。在这种情况下，急需一种材料来替代玻璃钢，而 PDCPD 材料以其一系列的优异性能引起了污水净化槽应用领域的关注：可一步成型、生产效率高，属于“环境友好材料”；卓越的耐腐蚀性保证了其较长的使用寿命；高强度保证了其可承受足够的水压，可制备大型的、不同厚度的且结构复杂的模塑产品；生产自动化程度高，降低了劳动力成本。

（2）氯碱行业的设备管道

氯碱生产过程中同时存在盐水腐蚀、碱腐蚀、酸腐蚀和氯气腐蚀等，成为腐蚀的重灾户，而我国氯碱的年需求量达上千万吨，因此急需防腐材料提高设备的抗腐蚀性，延长设备的使用寿命，保证安全稳定地连续生产。氯碱装置常用的材料有碳钢、铸铁、不锈钢、铜及铜合金、镍及镍合金、钛及钛合金等，碳钢和铸铁价廉易得，但耐腐蚀性差，其他金属又价格昂贵。相比之下，PDCPD 制品可很好地解决氯碱厂家的困扰，其耐溶剂腐蚀的范围广，可在 pH 0～14 之间的高温介质下工作；易于成型，可满足氯碱装置的设计要求；卓越的耐腐蚀性可极大地延长设备管道的使用寿命；与镍、钛金属相比，价格低廉。

（3）卫浴产品

PDCPD制品不会发生陶瓷易破碎的问题，其高抗冲击能力可确保产品的长期安全使用。另外，PDCPD材料还具有其他优势：优异的涂饰性能、灵活多样并具有艺术性的设计，可满足客户的个性化需求；可一步成型，生产效率高；产品设计无接合缝，安全性和舒适性都令人满意；环保、无污染。

（4）医疗设备

PDCPD材料可制备质量轻、体积大且空间结构精确的医疗设备，而且产品导热性低、电绝缘性高，添加一定的阻燃剂后，还可满足国家对室内用塑料的阻燃要求。基于这些优异特性，PDCPD材料可为我国医疗设备的创新发展提供保障。

（5）皮划艇

目前，舰船所用的玻璃钢材料刚性模量低，而PDCPD属于高刚性、高模量材料，可一步成型，整体性好，壳体无接缝、无缝隙，质轻高强，对减轻结构质量有较大的潜力。另外，由于成型简便，比钢质、木质艇省工，批量生产性好，采用PDCPD材料还可有效降低皮划艇的造价。

（6）车辆

PDCPD可代替金属或玻璃钢而应用于车辆壳体及其他部件，其优点是质量轻，转运、组装更省力，并且可降低生产线上工人的劳动强度、降低车辆燃油消耗及提高车辆载荷量；投资小，生产周期短，见效快；车辆壳体可实现外观自由设计，使其更加多样化、个性化；壳体喷漆前几乎不经过任何处理就可达到A级表面粗糙度；着色性、电镀性及抗老化性优异。

（7）5G天线罩

2019年以来中国进入了5G通信年代，5G信号为毫米波段，电磁波抗干扰能力弱，需要罩材料的抗电磁波干扰能强，具体要求材料的相对介电常数小于4、介电损耗角正切小于0.001，而PDCPD正好满足其使用条件。

（8）其他应用

PDCPD材料的低密度、高强度、高硬度、高抗冲击性及优异的耐腐蚀性使其可用于制造大型垃圾箱，替代木材制备载荷量更大、使用更耐久的物流托盘，以及高强度、高抗冲击能力、大面积的薄壁制件，如空投箱。优异的低温特性（−40℃环境下材料不变脆）则使其可用于制造摩托雪橇。PDCPD材料还在体育器材、大型电器外壳及航空制造业等领域具有很好的应用前景。

三、苯并噁嗪

1. 一般概况

苯并噁嗪是指结构中含有六元噁嗪环的化合物，名称源自benzoxazine音译，简称PBZ。PBZ具有优良的加工性、模量高、强度大、耐热好、吸水率低、V-1级别阻燃等特性综合性能和高性价比，合成原料来源广泛、价格低廉，合成工艺简单、固化无小分子释放、固化收缩率接近零，制品成型加工孔隙率低、尺寸精度高。

1944 年 Holly 和 Cope 两位科研人员在研究 Mannich 反应物时意外发现苯并噁嗪中间体。进入 21 世纪后，PBZ 的产业化研究加快速度，日本、韩国、美国和欧洲共申请 80 余项专利，并陆续有产业化生产。

我国的研究与世界同步，未来 10～20 年 PBZ 可以成为与环氧树脂、酚醛树脂一样成熟的热固性树脂。国内企业如成都科宜高分子科技有限公司已开发数百种产品。

2. 结构性能

合成的分子结构可以灵活进行高分子设计。

PBZ 具有高的玻璃化转变温度和耐热性、热温度性、高热态强度、高模量、低固化收缩率、制品低孔隙率、低介电常数、低吸水率、突出的阻燃性、较高成炭率等。

高耐热性：固化完全后，玻璃化转变温度在 150℃以上。

优良的电绝缘性能：苯并噁嗪开环聚合后，具有类似酚醛树脂的结构和良好的电绝缘性能。

良好的力学性能：苯并噁嗪树脂在适当的温度条件下即可固化，但固化温度和后处理温度较酚醛和环氧较高；但它和环氧树脂复合使用时，具有良好的力学性能。拉伸强度、拉伸模量和断裂伸长率等力学指标都明显优于酚醛树脂和环氧树脂。力学性能的缺点为冲击强度低。

电性能优异：相对介电常数 3.0～3.2，介电损耗角正切 0.007～0.008。

3. 成型加工

成型加工时固化收缩率接近 0%，可以大大减小复合材料的界面张力，使 PBZ 可广泛用于航空和航天材料。而环氧树脂固化收缩率为 3%，不饱和聚酯固化收缩率为 8%。

加工产品固化时属于开环聚合，不需要加入小分子固化剂，因此没有小分子化合物释放，安全环保。

4. 应用范围

PBZ 主要应用在航天热防护、航空结构件、阻燃电子器件等，具体应用领域如下。

① 覆铜板、层压板　苯并噁嗪与含磷环氧树脂复合使用，能实现 N-P 复合阻燃，从而实现无卤阻燃，所以被广泛应用在无卤覆铜板上；由于其优良的耐热性，也被使用在高耐热覆铜板上；同时也用于 F 级、H 级环氧层压板上，以提高层压板的耐热性和阻燃性。

② 耐火材料　由于苯并噁嗪树脂固化无小分子放出，固化过程不释放水分，其耐热性好，特殊耐火材料上也得到了应用。

③ 医药化工　苯并噁嗪种类众多，部分苯并噁嗪中间体具有医药价值，受到国内外众多医药企业和研究机构的重视，近几年不断有苯并噁嗪医药中间体问世。

④ 复合材料　苯并噁嗪树脂能与环氧树脂、酚醛树脂良好复合，从而得到性能更优异的复合材料，在航空航天、汽车火车等诸多领域得到大力应用。

⑤ 可用作传递模塑（RTM）制品生产。

四、呋喃

呋喃树脂是主链以呋喃环为主的聚合物。其中较重要的有糠醛苯酚树脂、糠醇树脂、糠醛丙酮树脂、糠醛丙酮甲醛树脂、环氧糠醛树脂和糠脲树脂等，由该类树脂所制得的塑料称为呋喃塑料。

呋喃树脂在固化过程中，没有低分子化合物释放出，所以适于低压成型。其固化物的最大特点是耐强碱性优良，耐热性较好。

呋喃树脂与酚醛树脂相比较有如下优点。

① 耐酸及耐溶剂性与酚醛树脂相似，突出的是耐强碱性优于酚醛树脂，可在碱性和酸性交替的介质中使用，耐热性比酚醛树脂高。

② 呋喃树脂自身缩聚过程缓慢，储存期比酚醛树脂长得多，如常温下存放经 1～2 年后黏度变化不大。

呋喃树脂的主要用途如下。

① 突出的耐酸、碱性和耐热性，可用在制造火箭液体燃料方面。

② 低黏度的呋喃树脂用于浸渍各种多孔物质如木材、石墨、陶瓷、石棉及玻璃布等，可制成高强度、耐化学腐蚀、耐高温的玻璃钢。

③ 因具有防腐蚀性，可用于化工设备衬里和其他耐腐蚀材料。

下面介绍几个主要的呋喃树脂品种。

1. 糠醛苯酚树脂

10 份苯酚、7.5 份糠醛和 0.5～1 份碳酸钠，在 150℃下加热 2～3h，除去未反应的苯酚和糠醛，冷却后的粉末产品即糖醛苯酚树脂。将粉末糠醛苯酚树脂溶解于乙醇，加入 3～10 份六亚甲基四胺，与 100 份木粉混合并粉碎、干燥即为塑料粉，可用酚醛塑料的模压工艺加工，可生产各类形状复杂的日用品和电绝缘制品。

糠醛苯酚树脂的固化需用固化剂，具体品种为六亚甲基四胺，并且需要在较高的温度下才能固化。

糠醛苯酚树脂的最大特点为易根据配方中苯酚和糠醛的比例、固化剂的用量来决定其固化速度，因此常用于热固性模压料和注塑料的固化速度调节剂。

糠醛苯酚树脂制成品的外观和力学性能好，耐热性比一般的酚醛塑料高 10～20℃，尺寸稳定性好，在高温下的硬度和绝缘性能优良。除制造日用品和绝缘材料外，还可用于砂轮、木材和金属的黏合剂，以及其他热固性树脂的改性剂。

2. 糠醇树脂

糠醇树脂为以硫酸为催化剂使糠醇经过缩聚反应而成的树脂，价格仅为环氧树脂的 1/3、酚醛的 1/2。

糠醇树脂在固化反应时需加入无机酸或有机酸为固化剂，固化速度和温度取决于酸的活性和用量。例如，强酸如硫酸或对甲苯磺酸可在室温下固化，而弱酸如苯酐、顺酐、磷酸等需在 95～200℃温度下固化，但可低压成型。

固化前的糠醇树脂为红色黏稠不易流动的液体，能溶解于丙酮、醇和醚类，但不溶于苯。固化后的糠醇树脂为不溶不熔的固体树脂，耐酸、碱性有机溶剂，耐热性好，耐水性好，硬度高。但存在脆性大、固化收缩率大和对多孔性物质黏合力差等缺点。

糠醇树脂与玻璃纤维、碳纤维及石墨等具有良好的黏合性，可制成增强塑料，用于耐腐蚀性玻璃钢管、阀门、泵体及衬里等。

3. 糠酮树脂

糠酮树脂为糠醛与丙酮在等摩尔比例下用氢氧化钠为催化剂先合成糠酮单体，再用过量硫酸中和后进一步反应制成的。

糠酮树脂的固化反应需在对甲苯磺酸、对氯苯磺酸等固化剂存在下进行，加入量为5%左右。

未固化的糠酮树脂为黑褐色黏稠液体、棕红色到黑色油状液体，相对密度为1.16，含水量为2%，pH值为7左右。固化后的糠酮树脂具有很好的耐酸、耐碱和电绝缘性。但不耐氧化介质，脆性大，黏合力差。

糠酮树脂可制成玻璃纤维增强层压制品，压制条件为温度160℃、压力5～6MPa，主要用于耐腐蚀和电绝缘增强材料。

五、烯丙基塑料

烯丙基树脂是由邻、间、对三种异构体的苯二甲酸二烯丙酯（DAP、DAIP、DATP）在引发剂的作用下，通过分子中的双键聚合而成的一类树脂，产品多为固体粉状预聚物。此预聚物在催化剂或光、热的作用下，可固化成不溶不熔的热固性树脂。在粉状的烯丙基树脂预聚物中，除加入引发剂外，还需加入过氧化物、增强材料和填料等，可制成烯丙基塑料。

烯丙基塑料具有优良的电绝缘性、水解稳定性和尺寸稳定性，加工性良好，可用于制造微型电工、电子元器件，并可用于火箭、地面遥控和导航零件等。

烯丙基树脂的种类很多，主要品种有邻苯二甲酸二烯丙酯（DAP)、间苯二甲酸二烯丙酯（DAIP)、对苯二甲酸二烯丙酯（DATP)、聚三聚氰酸三烯丙酯（PTAC)、聚三聚异氰酸三烯丙酯（PTAIC）等。

下面以聚邻苯二甲酸二烯丙酯为例，介绍DAP塑料的性能和应用。

将DAP单体在过氧化物引发剂的作用下聚合成固体粉末预聚物，外观为白色至淡黄色。此预聚物与过氧化物、增强材料等混合即制成DAP塑料，如增强材料为玻璃布，即成为层压塑料。我国的天津合成材料厂和上海曙光化工厂生产产品具体性能见表19-56。

表19-56　国产DAP的生产厂家及性能

项目	天津合成材料厂预聚物	上海曙光化工厂预聚物
外观	白色或淡黄色粉末	白色或淡黄色粉末
分子量	1500～3000	1500～4000
碘值	55±5	45～60

DAP塑料可用模压、传递、注塑和层压等方法成型。不同添加材料制成DAP塑料的模压工艺条件见表19-57。

表19-57　DAP塑料的模压工艺条件

填料	模塑压力/MPa	模塑温度/℃	模塑时间/(min/mm)
玻璃纤维	70～300	150～160	1～2

续表

填料	模塑压力/MPa	模塑温度/℃	模塑时间/(min/mm)
木粉	100～300	150～160	1～2
无机填料	100～300	150～160	1～2

DAP具有优异的介电性能、尺寸稳定性和热稳定性，可在150℃温度下长期使用，在200℃温度下短期使用。具有良好的加工流动性和加工工艺性，电绝缘性优异于酚醛、环氧和氨基塑料，吸水性小，耐化学品性优良。

DAP模塑料广泛用于飞机、船舶、电气及电子产品的接线板、开关、转换器、汽车及铁路等电气装备零件、电子器件和精密电子元件等。玻璃纤维增强DAP塑料主要用于雷达天线罩、绝缘板和装饰板等。

第二十章

聚氨酯（PU）

聚氨酯为大分子链中含有氨酯型重复结构单元的一类聚合物，全称为聚氨基甲酸酯(polyurethane，PU)。PU是由多异氰酸酯与聚醚型或聚酯型多元醇在一定比例下反应的产物，有聚酯型和聚醚型两大类，最早于1937年由德国奥托·拜耳公司合成。

PU不像PE、PP那样具有十分清楚的结构，而通常指含有特定基团的一类聚合物。因两种合成单体的种类及组成不同，可分成线型的热塑性PU和网状的热固性PU两类。

PU可分成弹性体、泡沫塑料、聚氨酯纤维（中国称为氨纶）、聚氨酯橡胶、聚氨酯涂料和胶黏剂等大类。以前一直以泡沫塑料为主，后来弹性体的发展速度十分迅速，用途也越来越广。现在氨纶的发展势头强劲，带动了整个聚氨酯行业快速发展。本书主要介绍聚氨酯弹性体和泡沫塑料两大类。

1. 合成原料

（1）异氰酸酯

主要品种有：甲苯二异氰酸酯（TDI），分2,4-和2,6-两种异构体，混合比例为80/20（TDI-80）和65/35（TDI-65）两种，可用于软质到硬质泡沫制品；二苯基甲烷二异氰酸酯(MDI)，用于半硬和硬质泡沫制品；多亚甲基对苯基多异氰酸酯（PAPI），含有三官能度，可用于热固型的硬质泡沫、混炼及浇铸PU制品。

（2）多元醇

聚氨酯的合成反应一般不是直接用多元醇，而是用末端含有羟基的低聚物，有聚醚多元醇和聚酯多元醇两种。

聚醚多元醇为多元醇、多元胺或其他含有活泼氢的有机化合物与氧化烯烃开环聚合而成，它具有黏度低、弹性大等优点，常用品种如聚丙二醇（PPG），常用于软质PU中。

聚酯多元醇由有机多元酸与多元醇经缩聚反应而成，二元酸与二元醇合成的线型聚酯多元醇主要用于软质PU，二元酸与三元醇合成支型聚酯多元醇主要用于硬质PU。聚酯多元醇的黏度大，不如聚醚型应用广，常用于绝缘、耐油、耐热、尺寸稳定及力学性能高的PU制品。

（3）添加剂

① 催化剂　作用为加速聚合反应，有胺类和锡类两类。胺类如三亚乙基二胺、*N*-烷基吗啡啉等，有机锡类如二月桂酸二丁基锡，一般两者协同加入。

② 发泡剂　用于发泡制品，具体有水、液态二氧化碳、氟氯烷烃、氢氯氟烃、氢氟烃、戊烷及环戊烷等。

③ 泡沫稳定剂　用于泡沫制品，可降低表面张力、控制泡孔大小及泡孔壁强度等，常

用水溶性聚醚硅氧烷。

④ 交联剂及扩链剂　常用甘油、三羟甲基丙烷及季戊四醇等。

2. 合成方法

（1）预聚体法

也称二步法，首先由异氰酸酯与多元醇生成末端带有异氰酸酯的低分子预聚体，然后加入其他添加剂，进一步反应成最终制品。此法常用于聚醚型泡沫塑料制品。

（2）半预聚体法

将异氰酸酯与部分多元醇反应生成末端带有异氰酸酯的低分子预聚体，然后加入另一部分多元醇及其他添加剂，进一步反应成最终制品。此法常用于硬质和半硬质泡沫塑料制品。

（3）一步法

将参加反应的所有单体和添加剂等一起加入，一次反应完成。因工艺简单、投资少而普遍采用。

第一节　聚氨酯弹性体

1. 一般概况

聚氨酯弹性体是一种 PU 的密实制品，其性能介于橡胶与塑料之间，具有高回弹性、吸震性、耐磨性、耐油、耐撕裂、耐化学腐蚀及耐辐射等性能。由于其加工方法越来越简单，应用越来越广泛，现已发展成为 PU 的主导制品。

狭义的聚氨酯弹性体可分为混炼聚氨酯（MPU）、浇注聚氨酯（CPU）和热塑性聚氨酯（TPU，在第十三章第四节中有专门介绍）三种，其中 TPU 和 MPU 制品在成型前为固体，CPU 在制品成型前为液体。与 TPU 和 MPU 相比，CPU 的原材料选择范围更大，产品硬度范围更宽，特别适合于大中型产品的生产，弥补了 TPU 和 MPU 制品加工工艺的局限和不足，可最大限度发挥聚氨酯弹性体的性能优势，拓宽聚氨酯弹性体的应用领域。

广义的聚氨酯弹性体除了 TPU、MPU、CPU 之外，还应包括防水涂料、铺装材料、鞋底原液、合成革浆料、氨纶和胶黏剂，因为它们在室温下均处于高弹态或成为橡胶态。其中防水涂料、铺装材料、鞋底原液在制品成型前均为液体，不含溶剂，也可以归属于 CPU。下面重点介绍氨纶。

氨纶是聚氨基甲酸酯纤维的简称，原料由 PTMEG 和纯 MDI 反应制成，是目前最有弹性的合成纤维，性能比 PA6 制成的锦纶要好很多。最早由德国拜耳于 20 世纪 30 年代开发成功，1959 年美国杜邦首先实现了工业化生产，商品名为“莱卡”。由于在化纤中少量添加就能明显提升产品的弹性、强度和舒适度，氨纶又被称为纺织工艺的“工业味精”。氨纶一般不单独使用，而是少量掺入其他纤维中，用于紧身衣、游泳衣、内衣和连体衣等需要回弹力的服装。

2024 年全球氨纶产能约 174 万吨，中国 2024 年氨纶产能 134 万吨左右。我国是全球最大的氨纶生产国和消费国，近年来我国氨纶产能产量也保持较快增长。中国氨纶行业集中度较高，主要企业如华峰化学、晓星氨纶、新乡化纤、诸暨华海、泰和新村的总产能占比约 70％～80％。

2. 结构性能

（1）结构

PU 弹性体的种类很多，化学结构也十分复杂，但都是由聚酯或聚醚二元醇与二异氰酸酯反应生成的软段和由低分子二元醇和二异氰酸酯反应生成的硬段构成的嵌段聚合物。不同 PU 弹性体的差别只在于柔性链段与刚性链段的比例、连接和排列方式不同，从而导致整体性能的差异。

PU 弹性体中的硬段对模量、硬度和撕裂强度有特殊的作用，而软段则主要影响制品的弹性及低温性能；也就是说，PU 中的软、硬段分别赋予其不同的性能。

PU 弹性体也有不同程度的交联结构，其交联包括一级和二级两种结构。一级交联结构为多异氰酸酯、多羟基化物等反应生成的氨基甲酸酯、脲基甲酸酯等化学键形成的交联，它稳定、不可逆，在具体成型过程中形成，主要发生在混炼和浇铸 PU 中。二级交联结构比一级交联要弱，它由分子间的氢键形成交联，使其具有很高的模量和力学性能；二级交联发生在 PU 弹性体中，交联程度越大，制品的密度越大、强度越大、刚性越大。

PU 弹性体中存在两相结构。硬段互相规整有序紧密地排列在一起，形成结晶区，赋予弹性体以高强度、刚性和高熔点等性能；软段则无规卷曲排列，形成无定形区，赋予弹性体以柔性、弹性、吸湿性和耐低温性能。

（2）性能

PU 弹性体的性能介于塑料和橡胶之间。不同类型多元醇合成的 PU 弹性体的性能稍有差异，聚酯型 PU 的力学性能高、耐油性好，但耐水性较差；聚醚型 PU 的耐低温性及耐水解性优于聚酯型，但耐油性和力学性能稍差一点。

① 力学性能

PU 弹性体的硬度变化范围比较宽，可从邵氏 A10 到 D80，断裂伸长率高达 600%～800%。而天然橡胶的最高邵氏硬度仅为 A70，断裂伸长率为 550%。

PU 弹性体的撕裂强度较高，比天然橡胶大 2～10 倍。

PU 弹性体的回弹性高，减震效果好。

PU 弹性体的应变滞后于应力，从而使损失的能量变成热量；大量的内热使 PU 弹性体在高速运动场合使用受到限制，只能用于低速场合。

PU 弹性体的耐磨性好，具体耐磨性能如表 20-1 所示，一般耐磨性为天然橡胶的 3～10 倍；其摩擦系数在 0.2～3 范围内变化，适于鞋底材料。

表 20-1　不同塑料的耐磨性能

品种	PU 弹性体	PA610	PET 膜	PA11	HDPE
磨耗量/mg	0.5～3.5	16	18	24	29
品种	PA66	LDPE	HPVC	ABS	PS
磨耗量/mg	49	70	122	275	324

② 热学性能

PU 弹性体的耐热性较差，一般只能在 80℃以下使用，温度超过 80℃会导致性能下降。但 PU 弹性体的耐低温性较好，并以聚醚型为最佳，可在－70～－62℃温度范围内使用。

TPU 在火焰中燃烧，离火后缓慢燃烧，火焰内黄色变蓝色，燃烧时无滴落、氮烧焦，有异氰酸酯的刺激气味。

③ 环境性能

PU 弹性体的耐水性一般，在水中浸泡或暴露于湿气中，会引起力学性能下降；但聚醚型 PU 的耐水解性要比聚酯型好 5～10 倍。

PU 弹性体的耐油性、耐非极性和弱极性溶剂性能好，其中以聚醚型好于聚酯型。但其不耐强酸、强碱及极性溶剂的作用。

PU 弹性体耐臭氧和氧性、耐紫外线和辐射性都好，可长期于户外使用。

PU 弹性体的生理相容性好，具有良好的抗血栓性，可用于人体内的人造器官。

④ 电学性能

PU 弹性体的电性能较好。其硬度越大，电性能越好。但 PU 吸水后电性能下降，限制了在高绝缘场合的应用。

3. 成型加工

(1) 浇注聚氨酯（CPU）弹性体的加工

CPU 的成型极为方便，将液体反应物注入模具中，经加热即可固化形成复杂制品，特别适合大型 PU 制品的制造。浇注聚氨酯原液由三组分组成，包括纯 MDI、聚酯多元醇以及以催化剂为主的各类助剂。目前，中国华峰化学浇注聚氨酯原液产能 52 万吨/年，全球排名第一。

CPU 的加工可用一步法、预聚体法和反应注射成型法三种方法。

一步法为将聚酯二元醇、二异氰酸酯和扩链剂等一起充分混合后浇入模具中，待尺寸稳定后进行交联，条件为 100℃、3～24h。一步法 CPU 制品的性能一般，只有在聚酯多元醇的羟基数和多异氰酸酯的—NCO 数大于 2 时，用一步法才最合适。

预聚体法适合于聚酯多元醇的羟基数和多异氰酸酯的—NCO 数等于 2 时使用。具体方法为：预聚物的合成、预聚物和交联剂充分混合、浇入模具中升温交联。交联剂为多胺类和多醇类，两者搭配使用效果好。

反应注射成型法也叫液体注射成型或高压冲击混合成型，其实质是一步法或半预聚体法反应的变形。不同点在于其反应是在高压或充分混合下进行的，可使制品的强力黏合性能大幅提高。

CPU 的应用很广，可用于合成革、鞋底料、铺装材料、体育跑道、建筑防水材料等。

(2) 热塑性聚氨酯（TPU）弹性体的加工

TPU 与 CPU 大不相同，它是先合成为线型聚合物或部分交联聚合物，市售为颗粒状。此聚合物具有热塑性，可用热塑性方法加工，如注塑、挤出、吹塑和压延等，也可将其溶剂化涂层加工成革制品。

TPU 可为聚酯型或聚醚型，异氰酸酯为 MDI，交联剂为 1,4-丁二醇或乙二醇。TPU 为线型时分子两端由—OH 接尾，而部分交联型在其中加入多醇类如甘油等，使其具有耐油、耐磨性和永久变形小的优点。

TPU 在加工前需要干燥处理，干燥条件为 93～110℃、1～2h，使其水分在 0.1%以下。在具体加工中，TPU 受强剪切作用时，内部易发热而发生降解，因此螺杆转速不能太快。TPU 的流动特性属牛顿流体，其黏度对温度敏感；较小的温度变化即可引起黏度的急剧变化，因而加工温度范围比较窄。TPU 对金属的黏合倾向较大，需加入润滑剂或与其他材料共混加以改善。

TPU 在注射成型时可选用通用注塑机，由于熔体黏度较低，流道可长一些；注射成型的料筒温度为 170～220℃，模具温度为 10～50℃，注射压力较低，一般为 14～18MPa。

TPU 可挤出生产异型材、管材、电缆护套、吹塑薄膜及片材等，选用常规挤出机即可。

（3）混炼聚氨酯（MPU）弹性体的加工

MPU 一般是在—NCO/—OH 为 1～1.02 配比下并加入交联剂组成，具体配方如下：

配方 单位：质量份

原料	用量
乙二醇己二酸酯混聚酯二醇	80
1,4 丁二醇	10～11
三亚乙基二胺	0.2～0.5
二月桂酸二丁基锡	0.2～0.7
聚硅氧烷	1
炭黑	8
云母粉	0.5～1
MDI	60
一氟二氯甲烷	0～15
水	适量

MPU 以一步法为主，所有反应组分先生成黏流状胶料，送入烘箱固化制得生胶；再加入混炼机中混炼，混炼温度 40～60℃，时间 15～25min；最后将混炼好的胶料注入模具中，交联成型即可。

4. 应用范围

PU 弹性体可代替天然橡胶、丁腈胶及氯丁胶，还可代替塑料和金属用于许多方面。

（1）汽车工业

汽车用热塑性弹性体以聚酯型为主，一般常用 RIM-PUR，并在其中加入 6%～8%玻璃纤维和玻璃微球增强。具体产品有：保险杠、挡泥板、方向盘、阻流板、行李箱盖、门把手、扶手、仪表盘及防滑链等。

PU 弹性体具有弹性大、承载力大、耐磨好、耐切割等优点，但因其具有应变滞后于应力的特点，制成的轮胎仅可用于低速行驶的车辆，具体有实心轮胎、马车胎、叉车胎、小平车胎及自行车胎等。

（2）建筑材料

主要用于运动场人造跑道、地下管密封件、防水材料、建筑混凝土墙壁和天花板浮雕的模板等。

（3）制鞋工业

利用 PU 弹性体的耐磨性、高弹性、弯曲强度高、耐低温性好等优点，广泛用于高档鞋底材料如运动鞋、冰鞋及登山鞋等。

（4）合成革

用 PU 制成的合成革材料具有最接近天然革的性能，手感好、透气性高、柔软适度，广泛用于服装、皮鞋、家具、箱包及车辆座椅等。

（5）医疗器材

利用 PU 弹性体的生理相容性和抗血栓性的优点，可用于绷带、心脏助动器、血泵、人造血管、人工肾及人造心室等。

（6）其他方面

用浇注 PU 弹性体可制造轧辊，可用于高承重和高耐磨的钢铁及造纸工业中；PU 弹性体还可用于油田、采矿和冶金工业中高耐磨和高强度的结构材料，具体有油田旋转除砂器、选煤筛网、浮选机、螺旋选矿机、矿砂输送管和传动带。

第二节　聚氨酯泡沫塑料

PU 泡沫塑料为 PU 最主要的品种。PU 泡沫塑料按制品的性能可分为软质、半硬质和硬质三种。

1. 软质 PU 泡沫塑料

软质 PU 泡沫塑料俗称“海绵”，开孔率达 95%，用量占整个泡沫塑料的 60%以上。

软质 PU 泡沫塑料的配方：多元醇为分子量 2000～4000、官能度 2～3 的聚醚型，异氰酸为 TDI、用量不超过多元醇的 1.1 倍，发泡剂为水和物理发泡剂，催化剂为胺、锡并用，具体配方如下：

配方　　单位：质量份

原料	用量
聚醚多元醇	100
水	3
二氯甲烷	6
胺、锡催化剂	0.9
聚硅氧烷泡沫稳定剂	1.3
TDI	110

软质 PU 泡沫塑料可用一步法和预体法成型，但以预聚体法为主。生产工艺为块状连续生产法和间歇模塑生产方法，其初级产品外观像块状面包。

软质 PU 泡沫塑料具有轻度的交联结构，其相对密度为 0.02～0.04，回弹性高。

软质 PU 泡沫塑料主要用于家具（如床垫、坐垫和沙发）、体育防震用品及防震包装材料三大领域。

2. 半硬质 PU 泡沫塑料

半硬质 PU 泡沫塑料的用量很少。其配方设计为：多元醇为分子量 1000～2000、官能度 3～4 的聚醚型，异氰酸为 TDI 或 MDI、用量不超过多元醇的 1 倍，发泡剂为水和物理发泡剂，催化剂为胺、锡并用。

半硬质 PU 泡沫塑料与软质 PU 泡沫塑料相似，开孔率为 90%，交联度高于软质 PU，并具有很高的压缩强度。

半硬质 PU 泡沫塑料主要用于防震缓冲材料和包装材料，具体如汽车头枕及保险杠等。

3. 硬质 PU 泡沫塑料

硬质 PU 泡沫塑料又称为“黑料”，用量为 PU 泡沫塑料的 40%左右。其配方设计为：多元醇为分子量 400～800、官能度 3～4 的聚醚型，异氰酸为 TDI、MDI 和 PADI，用量为多元醇的 1.3～1.5 倍，发泡剂为水和物理发泡剂，催化剂为胺、锡并用，具体配方如下：

配方　　　　单位：质量份

原料	用量
聚醚多元醇	100
一氟二氯甲烷	40
丙二酮	0.6
泡沫稳定剂	1.5
三亚乙基二胺	0.3
二月桂酸二丁基锡	0.3
PAPI	150

硬质 PU 泡沫塑料为高度的交联结构，基本为闭孔（开孔率仅为 5%～15%）；它的热导率为 0.008～0.025W/(m·K)，是一种优质的绝热保温材料；它可在－200～150℃的温度范围内使用，耐化学品性好，但不耐强酸及强碱。

硬质 PU 泡沫塑料的冲击强度较低，常用聚氨酯＋环氧树脂＋有机纤维体系进行改进。

硬质 PU 泡沫塑料的成型加工可用预聚体法、半预聚体法和一步法。对绝热保温材料，用铸塑发泡成型和现场喷涂成型两种方法；对结构材料，用反应注射成型。

硬质 PU 泡沫塑料的应用如下：

① 绝热制冷材料用于冰箱、冷藏柜、冷库等以及输送冷、热介质管道的保温材料。

② 建筑材料主要用于屋顶隔热保温材料。

③ 结构材料具有木材可刨、可锯、可钉的特点，称为聚氨酯合成木材。主要用于椅子骨架、桌子、门框及窗框等。

第二十一章

聚甲基丙烯酸甲酯（PMMA）

（一）一般概况

聚甲基丙烯酸甲酯（polymethyl methacrylate，PMMA）为大分子链上含有甲基丙烯酸甲酯重复结构单元的一类聚合物，俗称“有机玻璃”“亚克力”或“亚加力”。

1907年，德国化学家Otto Rohm博士发明了PMMA，1931年由ROHM&HASS公司产业化生产，随后，英国ICI公司、AerosttturesHamble公司、LucasAerosPace公司，法国的SullyProductsSpecianx公司以及日本三菱人造丝公司（MRc）相继成功产业化生产PMMA。目前国外主要的PMMA粒子及板材供应商为三菱化学、罗姆化学、盛喜奥、旭化成、可乐丽等。我国于20世纪70年代由上海珊瑚化工厂、锦西化工厂等开始生产PMMA，经过数十年发展，从上游MMA单体，到下游的粒子及板材都不断壮大。上游生产MMA单体的企业包括万华化学、华谊集团、斯尔邦、宏旭化学、苏州双象、浙石化、龙新化工等，国内年产能已经超过120万吨。下游的粒子及板材生产商包括万华化学、深圳新涛、镇江奇美等。

2025年PMMA全球产能和中国产能统计分别见表21-1、表21-2。

表21-1　2025年PMMA全球产能统计

企业	已投产产能/(万吨/年)
罗姆化学	40
三菱	36
奇美	36
阿科玛	26
住友	15
LG化学	12
PLASCOLITE	6
韩国大山	6
可乐丽	6
SABIC	5.5
旭化成	5
双象	23
万华	16

续表

企业	已投产产能/(万吨/年)
日科化学	4.5
熠亮	2
合计	239

表 21-2 2025 年中国 PMMA 产能统计 单位：万吨/年

企业	已投产	建设中	规划中
罗姆化学	6		
三菱	6		
奇美	13		
双象	23（苏州 8、重庆 15）		
万华	16（一期 8＋二期 8）		
日科化学	4.5		14
熠亮	2		
浙石化		18	
新涛化学		14	
诚志		10	
拓烯		6	
浙美		6	18
晶塑		3	8.8
顾得		3	6
哈密新能			40
榆林榆能			20
河南能达			15
鼎际得			10
众浦			10
齐翔腾达			10
中海海南			5
延安能化			5
合计	70.5	60	161.8

注：全球在建和规划产能均在中国。

PMMA 由于其化学组成及结构特点，使其具备独特的特点，如高透明性、高绝缘性、机械强度优等一系列优点，尤其高透明性的特点，使得 PMMA 可以替代玻璃，在光学、电器等领域有其独特的应用；此外，它耐候性好、表面硬度高及综合性能优良，主要用途包括户外广告、建筑及铁路材料、光学应用、卫浴等。

PMMA 主要以板材为主，按照生产方式可分为挤出板材及浇注板材。此外，PMMA 粒子可进行注塑、模压等方式加工。

（二）性能

PMMA 的具体性能数据见表 21-3。

表 21-3　PMMA 的性能

性能	数据	性能	数据
相对密度	1.17～1.19	维卡软化点/℃	100
吸水率/%	2	线膨胀系数/($\times10^{-5}K^{-1}$)	80
拉伸强度/MPa	55～77	热导率/[W/(m·K)]	7
拉伸模量/MPa	2400～2800	体积电阻率/(Ω·cm)	0.14～0.2
断裂伸长率/%	2.5～6	相对介电常数(10^6Hz)	10^{15}
弯曲强度/MPa	110	介电损耗(10^6Hz)	2.2～2.5
压缩强度/MPa	130	介电强度/(kV/mm)	0.02～0.08
无缺口冲击强度/(kJ/m^2)	18～24	耐电弧/s	20
洛氏硬度	M100		

1. 光学性能

PMMA 为高度透明的无定形热塑性塑料，具有十分优异的光学性能，透光率可达 90%～92%，折射率为 1.49，并可透过大部分紫外线和红外线。

2. 力学性能

PMMA 为一种质轻而坚韧的材料，在常温下具有优良的拉伸强度、弯曲强度和压缩强度；但冲击强度一般，且缺口敏感较大；表面硬度一般，易于划伤，耐磨性较低，抗银纹能力较差。

3. 热学性能

PMMA 的氧指数为 17.3%，属易燃塑料，燃烧有花果臭味；耐热温度不高，长期使用温度仅为 80℃。

4. 电学性能

由于分子中极性较大，其电性能不如 PE 好，其相对介电常数较大；主要用作高频率绝缘材料。

5. 环境性能

PMMA 的耐候性好，可长期在户外使用。

PMMA 中酯基的存在使其耐溶剂性一般，只可耐碱、稀酸及水溶性无机盐、长链烷烃、油脂、醇类及汽油等；不耐芳烃、氯代烃，具体品种有四氯化碳、苯、二甲苯、二氯乙烷及氯仿等。

（三）成型加工

1. 加工特性

PMMA属非牛顿流体，黏度的变化主要受螺杆转速的影响。其熔体的黏度比PE、PS等高，对温度的敏感性也比其他非牛顿流体类塑料高。

PMMA对加工温度比较敏感，成型温度在180～230℃，加工温度范围比较窄，超过260℃即分解。因此加工中要严格控制温度，以防过热。

PMMA在加工前需进行干燥处理，使其含水量在0.02%以下。干燥条件为：先在100～110℃干燥4h，再于70～80℃下干燥2h，料层厚度应小于30mm。

PMMA的熔体黏度较大，成型中易产生内应力。为得到尺寸精度高的制品，必须进行退火处理。退火处理条件为：温度85℃，缓慢冷却即可。

2. 加工方法

PMMA可用聚合成型和塑化成型两种。

（1）聚合成型

主要为浇注成型，将液体的MMA单体和催化剂一起注入模具中，在适当的温度下（一般40～60℃）保温一定时间，然后高温聚合后，进行缓慢冷却即可。

浇注成型可用于生产平板、圆棒和圆管等制品。

（2）塑化成型

塑化成型有注射、挤出和热成型等。

注射成型的料筒温度为180～230℃，喷嘴温度为180～230℃，模具温度为40～60℃，注射压力为110～140MPa，保压压力为40～60MPa，注射时间为1～5s，保压时间为20～40s，冷却时间为20～40s。

挤出成型的温度为210～230℃。

热成型的温度为100～120℃。

（四）改性品种

1. α-甲基取代PMMA

常用的为α-甲基氟化PMMA，它可提高拉伸强度、冲击强度和硬度，透明性不变。其中拉伸强度为132MPa，冲击强度为25kJ/m^2，布氏硬度为318MPa。

2. 交联PMMA

采用乙二酸二丙烯酯、三聚氰酸三丙烯酯及二乙烯基苯等为交联剂，交联后耐热性、力学性能和表面耐磨性都有提高。

3. 共聚PMMA

① 与苯乙烯共聚，流动性好、易加工、成本低，可用于假牙。

② 与丙烯酸甲酯共聚，如牌号为372的有机玻璃，冲击强度和耐磨性高。

③ 与丙烯腈共聚，增大刚性和硬度。

④ 与甲基丙烯酸共聚，热变形温度可达 120～140℃。

（五）应用范围

PMMA 应用广泛，呈现中低端竞争激烈，高端依赖进口的局面。其中中低端 PMMA 主要应用领域为广告灯箱、标牌、灯具、浴缸、仪表、生活用品、家具等，高端 PMMA 主要应用于液晶显示屏、光学纤维、太阳能光伏电池、化妆品装饰盒、汽车灯罩、防弹玻璃、飞机座舱玻璃、医用高分子材料、军用光学设备、高铁车窗、警用盾牌、高端潜水镜等领域。PMMA 材料已被列入我国高端石化化工产品发展重点名录，高端材料的进口替代前景极为广阔。

1. 照明及采光

常用于灯罩、视窗和液晶显示导光板等，如用于各种交通工具如飞机、轮船、汽车上的视窗，还有仪表窗、展示窗、广告橱窗、天花板照明板等。

液晶显示器导光板是 PMMA 下游应用增长最快的领域之一。在下游市场高速增长的需求拉动下，国内显示面板及材料迎来了快速的发展，以京东方、华星光电、天马、龙腾光电、中电熊猫等为代表的一批面板生产企业的崛起，带动了中国平板显示产业链的高速发展。

2. 光学仪器及光纤

各种光学镜片如眼镜、放大镜、导光板、菲涅耳透镜等，信息传播材料如光盘及光纤等。

PMMA 材料制成的塑料光纤是优异的短距离数据传输介质，被认为是光纤到户（FTTH）“最后一公里”的最佳解决方案。全球范围内，生产塑料光纤的主要企业有日本的三菱、旭化成、东丽等公司。我国科学家经过多年努力，已掌握从原材料提纯、经本体聚合直接拉制塑料光纤的整套技术。中国科学院理化技术研究所已研制成功日产 10 万米 PMMA 塑料光纤的全自动流水线，累计生产出数百万米低损耗塑料光纤。

同时，除光通信领域外，塑料光纤还被应用于景观照明，2012 年伦敦奥运会的开闭幕式上的景观工程就采用了深圳华鹰世纪光电技术有限公司供应的塑料光纤。目前，塑料光纤用于景观照明在国内还处于萌芽阶段，但发展前景值得期待。

3. 医学材料

用于牙科材料如牙托、假牙以及假肢材料等。

4. 日用品

各种产品模型、标本及工艺美术品等，各种纽扣、发夹、儿童玩具、笔杆及绘图仪器等。

5. 5G 材料

PC/PMMA 复合板兼具 PC 和 PMMA 的优点，既能满足刚性与装饰的要求，同时又可以满足无线充电无屏蔽的需要，并且较 3D 玻璃和陶瓷成本低，已和陶瓷、玻璃等成为替代传统金属后盖的手机背板新方案。

PMMA 与 PC 复合挤出板材，解决了高透明性、抗冲击性、黄变性等一系列问题。后续通过涂层工艺可制得加硬板材，可用于制造手机背板和手机壳等。

6. 卫浴制品

PMMA 板材可通过吸塑成型，做成浴缸、浴盆等卫生制品，属于高档家居用品行列。

7. 滤波材料

PMMA 在光谱范围内可进行光学设计，形成一系列特殊应用的板材。

X 射线屏蔽：用它制备的抗 X 射线板材，以替代铅板用于医疗领域。

紫外光选择性屏蔽：在紫外光范围内，可选择性屏蔽不同的紫外波段。一方面可抗紫外满足户外使用耐黄变的需求，另外可用于紫外光固化 3D 打印设备镜头。

可见光选择性光屏蔽：在可见光领域对 PMMA 进行特殊波段的光屏蔽，可用于激光防护，满足 OD=5 的要求。当屏蔽波段到 450nm 时，PMMA 板材具有抗蓝光功能，可广泛用于消费电子领域。

红外线透过性：该种板材对红外线有穿透性，可用于安防、消费电子等应用领域。

8. 汽车轻量化材料

汽车轻量化技术是有效提高新能源汽车续航里程的方法之一，汽车自重每减少 10%，其能源消耗可降低 6%～8%。汽车轻量化的关键是使用轻质、安全、高性能的材料，PMMA 凭借光学性能优良、密度小、耐候性好等优点被广泛应用于车身多个位置，是 PMMA 在整车应用的重要领域。

车灯：车灯起到照明和信号的作用，要求材料具有良好的透光性、抗冲击和耐老化性。PMMA 因具有质轻、易着色、美观等优点而广泛应用于新能源汽车车尾灯灯罩。

车窗玻璃：车窗占汽车整体比重较大，车窗对透光、抗冲击、耐候和碎片少等要求较高，PMMA 在满足上述条件的同时，还具备抗紫外线辐射、抗老化风化的作用。欧洲大部分汽车制造商用 PMMA 做汽车侧边及后边挡风玻璃材料，较传统玻璃减重 40%～50%。

仪表盘：PMMA 韧性非常好，冲击强度高，抗震动不开裂，过耐压测试不开裂，强度好，光学透明度高，广泛用于汽车仪表盘。

保险杠：PMMA 和 ABS 复合材料可用作新能源汽车保险杠，集合了 PMMA 抗划伤、不易褪色、环保及 ABS 抗冲击、耐温性好、电气性佳、易喷镀等优点，同时较镁铝合金成本更低。

第二十二章

其他一般塑料

第一节　聚丁烯（PB）类

丁烯包括1-丁烯（$CH_3—CH_2—CH_2═CH_2$）（又称为正丁烯、丁-1-烯或者α-丁烯）、2-丁烯（$CH_3CH═CH—CH_3$）、异丁烯［$CH_3—C(CH_3)═CH_2$］三种同分异构体，可以聚合成聚丁烯和聚异丁烯，分别介绍如下。

一、聚丁烯

1. 一般概况

聚丁烯（polybutene，PB）一般以1-丁烯为单体，在齐格勒-纳塔催化剂的作用下聚合而成。

PB的结构式：

$$\left[CH_3—\underset{\underset{C_2H_5}{|}}{CH} \right]_n$$

PB为一种半结晶的聚烯烃热塑性弹性体，与聚乙烯、聚丙烯、聚4-甲基-1-戊烯并称为四大聚烯烃塑料。PB具有良好的力学性能，突出的耐环境应力开裂性能和耐蠕变性能（这一点与PP不同）以及良好的耐热性、耐化学腐蚀性、耐磨性、可挠曲性和高填充性，性能接近工程塑料。

PB采用正丁烯单体在催化剂作用下合成，可以采用本体法、气相法、溶液法和黏浆法聚合，并以气相和溶液法为主。

PB于1954年在美国开发成功，直到1964年才获得应用。1977年在荷兰与巴赛尔成立合资公司批量生产，生产能力6.7吨/年，但是有40%的原材料被韩国爱康株式会社垄断。实现产业化的还有日本三井化学和出光、爱康理美特公司，我国的天津石化有2.5万吨/年的产能。

PB的性能如此优异，但是由于价格高于PE和PP，PPR和PERT可以替代PB，制约了PB的发展。还有，我国的丁烯大部分用作α-烯烃与乙烯共聚生产LLDPE，所以剩余丁烯很少，也限制了聚丁烯的发展。

2. 结构性能

PB的分子结构与PP相似，不同之处在于PB的侧链为乙基，分子间距离大，等规度低于PP；而PP的侧链为甲基，分子间距离小。与PP一样，只有等规PB的实用性大，无规PB也可用，但实用性小。与PP相比，PB的结晶度较低，质地柔软，稍带弹性体的特性。PB具有PE的部分冲击性能和PP的耐应力开裂和耐蠕变性能，并稍带有一点点橡胶的特性。PB可以在－30～100℃温度范围内使用，具有可挠性、耐磨性、密封性和可高填充性能。PB为线型、等规、多晶型、半结晶性热塑性聚合物，结晶度为50%～55%，其性能与结晶的关系很大。PB的结晶结构有5种晶型，分别为晶型Ⅰ（孪生六方晶系）、晶型Ⅱ（四方晶系）、晶型Ⅲ（斜方晶系）、晶型Ⅰ′（非孪生六方晶系）、晶型Ⅱ′（非四方晶系），并以Ⅰ、Ⅱ两种晶型聚合物最为常用。经熔融挤出的树脂首先生成亚稳定的晶型Ⅱ，在室温和常压下放置5～7天后转变成稳定的晶型Ⅰ，在晶型转变后，聚合物的密度、结晶度、硬度、刚性、韧性和拉伸强度也转变到晶型Ⅰ对应的性能。其中Ⅰ型为稳定的晶体，熔点为124℃，在－30～100℃温度范围内具有良好的力学性能。PB不同晶型与其性能的关系见表22-1。

表22-1 PB不同晶型对应的性能

项目	Ⅰ	Ⅱ	Ⅲ	Ⅰ′
红外光谱特性吸收峰位置/cm^{-1}	925～810	900	900～810	925～792
晶体外观形貌	菱形	四方形	斜方形	散式菱形
晶系	孪生六方晶系	四方晶系	斜方晶系	非孪生六方晶系
熔点/℃	121～136	100～120	96	95～100

PB的玻璃化转变温度为－30℃，熔点为124～130℃，可在－30～100℃范围内长期使用。结晶度为48%～55%，相对密度为0.93～0.94。PB的突出性能为耐热、耐蠕变和耐应力开裂性，同时还具有PE的冲击韧性。

PB在90℃温度以下可耐大多数无机试剂，在常温下耐酸、碱、有机溶剂、蜡、轻油、洗涤剂等，但不耐热氧化性酸，PB制品可溶解于芳烃和卤代烃。

PB的电绝缘性好，并具有良好的隔湿性能，对气体和水蒸气的阻隔性比PE还要好。

PB与PE、PP的性能比较见表22-2。

表22-2 PB与PE、PP的性能比较

性能	PB	PP	PE
相对密度	0.915	0.905	0.945
拉伸强度/MPa	35	30～38	21～38
断裂伸长率/%	250	>600	>600
邵氏硬度(D)	60～68	70～75	62～69
缺口冲击强度/(J/m)	不断	27～117	80～167
熔融温度/℃	125～130	158～164	127～131

续表

性能		PB	PP	PE
软化温度/℃		120～126	148～153	80～90
脆化温度/℃		－30～－10	－5～20	－70
热变形温度/℃		88	107～127	120
热导率/[W/(m·K)]		0.2326	0.2326	0.4303
线胀系数/($\times10^{-4}K^{-1}$)	20℃以下	1.26	0.9	1.8
	20～60℃	1.25	2.0	3.0
体积电阻率/(Ω·cm)		$>10^{16}$	$>10^{16}$	$>10^{16}$
相对介电常数		2.2～2.3	2.2～2.6	2.2～2.35
介电强度/(mV/m)		70	20～26	18～20
介电损耗角正切		＜0.005	＜0.0005	＞0.0005

3. 成型加工

PB 的加工性能介于 PE、PP 之间，不同成型方法的工艺条件见表 22-3。

表 22-3　PB 不同成型加工方法的工艺条件

项目	压制成型	注射成型	挤出成型
成型温度/℃	150～175	145～195	145～195
成型压力/MPa	68～206	68～206	68～206

PB 可采用传统的单螺杆挤出机生产管材，可用 LDPE 吹膜设备加工薄膜。

PB 制品成型后在 10 天内会因晶型转变而产生 2%的收缩率，在晶型未转变前可进行压花纹、浮雕、拉伸等二次加工处理。传统的 PB 管材结晶定型时间慢，需要 7～10 天，山东京博石油化工有限公司研发的技术可使新材料 PB-A 只需 3～5 天结晶定型，时间缩短了 57%，大大提升了加工成型的周期。

PB 制品可用氯代烃溶剂进行焊接，所以 PB 管材的连接非常方便。

4. 应用范围

PB 主要用于生产管材、薄膜、板材和各种容器。

管材是 PB 的最大用途。在管材方面，聚丁烯主要用于自来水管、热水管与暖气管等管道材料。制成的 PB 管材是当今世界上最先进的自来水管、热水和暖气排管之一，具有耐寒、耐热、耐压、不生锈、不腐蚀、不结垢、寿命长（可达 50 年）且能长期耐老化的特点，特别适合做管材原材料，可以耐热水、抗臭氧性能好、流体黏附性小（流体压力损失小）、不易产生水锤现象、摩擦力小。

PB 薄膜的冲击强度和撕裂强度高于其他 PO，可用于重包装材料。

PB 可用于垫圈、密封件、缓冲器和工业片材等。

PB 还可与 PP 共混，以改善其冲击强度、耐应力开裂性能、耐蠕变性和低温封口性能。PB 与 PE 共混，可改善其加工性能和耐应力开裂性能。

二、聚异丁烯（PIB）

1. 一般概况

聚异丁烯是由异丁烯经离子聚合制得的聚合物，它是一种典型的饱和线型聚合物。分子链主体不含双键，无长支链存在，其结构见图 22-1，其中无不对称碳原子。聚异丁烯分子中结构单元以首-尾形式有序连接。

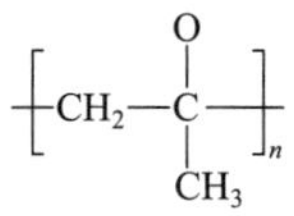

图 22-1 聚异丁烯结构

1873 年苏联 Бутлеров 首次发现了异丁烯在 BF_3 作用下的聚合，并经详细研究确定了其结构。德国 BASF 公司于 1940 年首次建立了 6000t/a 聚异丁烯生产装置，美国 Exxon 公司 1942 年建立了第一个工业规模丁基橡胶厂，并于 1942 年生产出聚异丁烯产品。目前，美国、法国、俄罗斯、德国都有商品级别聚异丁烯生产，主要采用德国 BASF 公司和美国 Seandard oil 公司的连续聚合技术。美国 Exxon 公司低分子量聚异丁烯的生产工艺与此相同，都是把高纯度的异丁烯和异丁烷或己烷混合，用 $AlCl_3$ 或 BF_3 为催化剂在－10～－20℃下聚合。而高分子量聚异丁烯的制造工艺却不相同，Exxon 公司采用的是 $AlCl_3$ 为引发剂的淤浆聚合工艺，该工艺中，聚合淤浆的稳定是影响 PIB 连续运转的关键技术问题。Exxon 公司将接枝 29%苯乙烯的聚异丁烯共聚物加入聚合系统，有效地克服了聚合物淤浆的自黏性。美国 Cosden 公司利用石油炼油厂的混合 C_4 馏分合成一种聚合物，这种聚合物是由大量的异丁烯和少量的丁烯共聚所得的共聚物，被称为聚异丁烯。美国 Cosden 公司合成低聚异丁烯采用 $AlCl_3$ 引发体系，原料中的 1-丁烯是个温和的抑制剂，它能使低聚异丁烯收率降低，但对平均分子量影响不大，而 2-丁烯既是抑制剂，又是链转移剂，能使收率和平均分子量都降低。因此，使用混合 C_4 合成低聚异丁烯反应过程是异丁烯在抑制剂和链转移剂存在下的聚合过程。

我国的聚异丁烯开发较晚，兰化炼油厂、锦州炼油厂和大庆石化总厂在 1977 年生产的聚异丁烯均为淡黄色，无法用于白色制品中，且分子量 20000 以上的产品中尚含有稀释油，并非单一聚异丁烯产品，因此其生产开发受到限制。1988 年吉化研究院研制出无色低分子量聚异丁烯，并建立 100t/a 低聚异丁烯中试装置，来满足大连鼠药厂和日本三井消毒株式会社合作生产捕鼠胶的需求。1995 年吉化研究院建成了我国第一套 200t/a 无色聚异丁烯生产装置，分子量范围在 30000～100000 之间，产品主要技术指标达到了国际先进水平，可完全替代进口产品，填补了国内空白。

2. 结构性能

（1）结构

在未变形状态下，聚异丁烯是无定形聚合物。室温下，高分子量聚异丁烯链在拉伸时出现结晶，在结晶区域，每 8 个结构单一重复形成螺旋链结构。由于大分子链的相间碳原子上两个甲基的空间交错，使得聚合物链不呈平面锯齿形模型，而且—CH_2—中碳的键角明显增大，由四面体时的 109.5°变形为 123°，即呈螺旋链结构。

根据聚合所用原料，由纯异丁烯（含量≥99%）为原料制得的聚合物，称为聚异丁烯。而由含有异丁烯、其他烯烃（1-丁烯、顺-2-丁烯和反-2-丁烯）和烷烃（正丁烷、异丁烷）的混合轻 C_4 馏分为原料制得的聚合物，因其产物大分子链上嵌有少量正丁烯（含量≤5%）

结构单元，故俗称聚丁烯。分子量相同的商业化聚丁烯与聚异丁烯的结构与性质基本相同。

由于链转移反应和链终止反应，聚异丁烯链端通常含有不饱和双键。根据末端双键的化学结构，聚异丁烯可划分为普通聚异丁烯和反应性聚异丁烯。普通聚异丁烯的末端 α-烯烃含量少于 15％，其他结构主要是 β-烯烃和内烯烃；反应性聚异丁烯是指末端 α-烯烃结构含量占 70％以上的聚异丁烯，商品化的反应性聚异丁烯的 α-烯烃结构含量通常在 80％以上。

（2）性能

聚异丁烯具有饱和烃类化合物的化学特性，侧链甲基紧密对称分布，是一种性能独特的聚合物。聚异丁烯的聚集态和性质取决于其分子量和分子量分布，黏均分子量在 70000～90000 范围时，聚异丁烯发生由黏性液体到弹性固体的转变。

通常，根据聚异丁烯分子量的大小分为以下系列：低分子量聚异丁烯（数均分子量为 200～10000）；中分子量聚异丁烯（数均分子量为 20000～45000）；高分子量聚异丁烯（数均分子量为 75000～600000）；超高分子量聚异丁烯（数均分子量大于 760000）。

① 气密性　聚异丁烯的突出特点之一是具有优异的气密性。两个取代甲基的存在，导致分子链运动缓慢和自由体积小。因而产生低的扩散系数和气体渗透性。

② 溶解性　聚异丁烯可溶于脂肪烃、芳香烃、汽油、环烷烃、矿物油、氯代烃、一硫化碳中；部分溶于高级的醇类，或在醇、醚、酯、酮类等溶剂以及动植物油中溶胀，溶胀程度随溶剂碳链长度增加而增大；不溶于低级的醇类（如甲醇、乙醇、异丙醇、乙二醇和共甘醇）、酮类（如丙酮、甲乙酮）和乙酸。

③ 耐化学品性　聚异丁烯可以耐酸碱等，如氨水、盐酸、60％氢氟酸、乙酸铅水溶液、85％磷酸、40％氢氧化钠、饱和食盐水、38％硫酸＋14％硝酸的侵蚀，但不能抵抗强氧化剂、热的弱氧化剂（如 60％的高锰酸钾）、某些热的浓有机酸（如 373K 的乙酸）和卤素氟、氯、溴的侵蚀。

3. 成型加工

（1）加工技术

聚异丁烯热稳定性好，可在 140～200℃下加工，分子量基本不变。低温下加工，大分子易发生机械降解，聚异丁烯的分子量越高，降解越剧烈。当加工温度为 120～150℃时，断链降解可以减少到最低程度。但是，在高于 300℃时，受到机械剪切、辐射或在有机过氧化物作用下，高分子量聚异丁烯能够发生降解或解聚，导致平均分子量降低，其中氧化反应最为突出。因此，在加工过程中，通常加入防老剂 264 或 1％的稳定剂丁羟基甲苯。若特别要求加工稳定性和抗老化性，建议加入 0.01％的防老剂 Irganox1010 进一步稳定化。

除硫化外，高分子量聚异丁烯的加工与其他橡胶一样，可以在适合橡胶加工的设备（如双辊混炼机、密炼机）中进行混炼、捏合、塑炼，与填料、增塑剂、其他聚合物和其他材料混合加工。

聚异丁烯的韧性和回弹性高，以至于不能进行单独挤出和压延加工。聚异丁烯与炭黑、硅酸钙、硅藻土、环化橡胶、聚乙烯、聚苯乙烯或酚醛树脂共混，可降低其韧性和回弹性。高分子量聚异丁烯可通过加入石油、石蜡、煤焦油、松柏油或类似材料进行增塑。使用有限兼容性的增塑剂，如磷酸三甲酚酯，可以改善聚异丁烯的加工性能和剥辊性能。

与其他黏性材料一样，低分子量聚异丁烯可与油、石蜡、溶剂以及其他聚合物混溶，采用大功率带有桨叶的混合器加工。

（2）硫化技术

聚异丁烯是近乎完全饱和的烃类弹性体，故不能用普通的硫黄硫化体系。聚异丁烯的硫化通常采用过氧化物硫化体系。用二叔戊基过氧化物、叔丁基过氧化氢等代替二叔丁基过氧化物以及用含硫化合物如烯化多硫树脂、硫化四甲基秋兰姆代替硫黄时，均未得到性能满意的硫化胶。

4. 应用范围

聚异丁烯产品是半固体状的黏性液体，其分子量一般比聚丁烯高，主要作为稠化剂使用。低分子量聚异丁烯不含蜡状物质而具有良好的电气特性，因此广泛用作电绝缘油。由于它在 300℃左右能全部分解而不留下残余物，可作为高温无积碳润滑油基础组分，广泛应用到二冲程发动机油、电绝缘油、润滑、冷却液和生产低密度聚乙烯过程中的超高压压缩机汽缸油等。

聚异丁烯的应用领域与其分子量密切相关。通常，低分子量聚异丁烯和中分子量聚异丁烯可以用作油品添加剂、胶黏剂、密封剂、涂料、润滑剂、增塑剂和电缆浸渍剂。高分子量聚异丁烯可用作塑料、生胶及热塑性弹性体的抗冲击改性添加剂等。

20 世纪 80 年代后，异丁烯聚合物在非润滑油方面的应用不断扩大，如美国在这一领域的用量占其总用量的 1/3 左右，日本占 2/3 左右。中国生产聚丁烯产品绝大部分应用于润滑油方面，每年还进口 3000t 左右的聚（异）丁烯，用作油品添加剂，生产无灰分散剂、口香糖基料、胶黏剂、密封剂等。

高分子量聚异丁烯加入天然橡胶或丁苯橡胶中，可改进高温下橡胶的耐老化性、耐候性、耐弯曲断裂性、抗臭氧性、橡胶的介电性能，降低其对水的吸收和对气体的渗透。可用于燃料罐、管线及其他容器或各种车用轮胎的衬里。在塑料熔点以上 6～10℃时，通过加入少量高分子量聚异丁烯，可以大幅度提高和改善聚烯烃的冲击强度、撕裂强度、拉伸-断裂性能、阻隔性能、柔韧性及抗酸、碱侵蚀等性能。

第二节　纤维素塑料

纤维素塑料是将植物中纤维素这种天然高分子化合物，经过化学反应，再加入各种助剂后经过物理改性得到的一类热塑性塑料。纤维素塑料是热塑性塑料中最为强韧的品种之一，具有良好的光泽、透明度好、硬度大、机械强度、尺寸稳定性好等优点，具有优良的耐热性、电绝缘性、耐候性、化学性能等。纤维素塑料很多，性能各异。纤维素酯类塑料主要有硝酸纤维素、乙酸纤维素、乙酸-丙酸纤维素、乙酸-丁酸纤维素、丙酸纤维素等；纤维素醚类包括乙基纤维素、氰乙基纤维素、羟乙基纤维素等。

纤维素塑料是最古老的改性合成塑料品种，最早诞生在 1872 年，是科学家偶然用棉布擦拭残留硝酸的桌面而形成的改性聚合物。

各种纤维素衍生物是高纯度纤维素通过不同方法制得的。

硝酸纤维素（cellulose nitrate，CN）：是纤维素用硝酸和硫酸的混合酸硝化后，经过除酸、预洗、煮沸、洗净、脱水，以醇除水后就得到含醇的硝酸纤维素。

乙酸纤维素（cellulose acetate，CA）：是纤维素经乙酸预处理后，以硫酸催化，用醋酐和乙酸乙酰化，沉淀稳定以后（即得三乙酸纤维素）进行适当的加水分解，再经沉淀稳定，就可得到所需乙酰化度的乙酸纤维素。

乙酸-丁酸纤维素（cellulose acetate butyrate，CAB）：是由纤维素用硫酸催化，经乙酸、丁酸、乙酸酐、丁酸酐酯化后的产物。

乙酸-丙酸纤维素（cellulose acetate propionate，CAP）：是由纤维用硫酸催化，经乙酸、丙酸、乙酸酐、丙酸酐酯化后的产物。

乙基纤维素（ethylcellulose，EC）：是由纤维素经浓的氢氧化钠溶液处理后生成碱纤维素，再用氯乙烷醚化而成。

氰乙基纤维素（cyanoethylcellulose，C-EC）：是纤维素经氢氧化钠溶液处理后生成碱纤维素，再用丙烯腈醚化而成。

羟乙基纤维素（hydroxyethylcellulose，HE-C）：是由纤维素和环氧乙烷反应制得纤维素醚。

纤维素塑料是上述纤维素衍生物加入一系列助剂后加工而成。常用的助剂有如下几种。增塑剂：提高其流动性和改善制品的性能；稳定剂：预防其热降解，变色和其他光学反应；润滑剂：可以提高熔融物料的流动性和从模具中快速脱模；填充剂：改变和提高物理性能、力学性能，降低成本；着色剂：获得各色塑料制品，并改变其性能；溶剂：在流延法、压块法等所谓湿式法的加工过程中要使用溶剂。

下面介绍纤维素塑料的两大主要品种：乙酸纤维素和硝酸纤维素。

一、乙酸纤维素

乙酸纤维素为将纤维素用乙酸或含催化剂的乙酸活化处理，再用乙酸和乙酸酐混合物以硫酸或过氯酸等为催化剂进行乙酰基化反应而成，并可分成三乙酸纤维素和二乙酸纤维素两种。其英文名称为 cellulose acetate，简称 CA。属于天然高分子材料的改性产品，使其具有合成高分子材料的热塑性。

乙酸纤维素最早于 1905 年由德国 Bayer 公司生产，我国保定第一胶片厂、上海群力塑料厂、哈尔滨塑料厂及无锡电影胶片厂等也有生产，它是目前纤维素塑料中应用最广泛的一个品种。

乙酸纤维素外观为白色粒状、粉状或棉花状固体；具有坚硬、透明及光泽好等优点，其折射率为 1.49，透光率为 87%；拉伸强度为 13～61MPa，悬臂梁冲击强度为 21～277J/m，热变形温度为 43～98℃，体积电阻率为 $10^{13}\Omega\cdot cm$，相对介电常数（10^6 Hz）为 3.2～7，介电损耗角正切（10^6 Hz）为 0.01～0.1。

三乙酸纤维素较二乙酸纤维素强韧，拉伸强度大出几乎一倍左右，耐热性高，宜制造电影胶片；二乙酸纤维素较易溶解于浓盐酸和丙酮，而三乙酸纤维素则不溶；三乙酸纤维素可溶于二氯甲烷和氯仿，而二乙酸纤维素则不溶。

乙酸纤维素的加工方法有两种：一为配成溶液用以生产薄膜、片材等；二为与增塑剂如对苯二甲酸二(2-乙基己基)酯（DEHP）等配合后混炼，再进行挤出和注射成型，其中注射温度为 170～255℃。

三乙酸纤维素广泛用于胶片、薄膜及磁带等制品，二乙酸纤维素则用作香烟过滤嘴、手柄、自行车把、笔杆及眼镜框等。

二、硝酸纤维素

硝酸纤维素是将纤维素用硝酸和硫酸组成的混合酸硝化得到的含醇纤维素材料，英文名称为 cellulose nitrate，简称 CN，也是一种改性天然高分子材料，具有热塑性加工性能。

硝酸纤维素最早于 1872 年由美国 A. D. P 公司投产，是世界上第一个由天然高分子材料经改性制成的塑料材料，俗称为“赛璐珞”；我国有上海赛璐珞厂、大连第一塑料厂及浙江乒乓球厂等生产，硝酸纤维素至今还有一定的应用市场。

硝酸纤维素为白色无味固体、相对密度 1.38、坚韧、色鲜艳；透明性好，折射率为 1.50，透光率为 88%；吸水率小，尺寸稳定性高；连续使用温度为 60℃，拉伸强度 48～55MPa，相对介电常数为 7.0～7.5，介电损耗为 0.09～0.12。

硝酸纤维素在加工中需加入增塑剂，具体如樟脑等。如需配成溶液，可选用的溶剂有酒精和丙酮等。

常用的加工方法为浇注成型，将配好的溶液经浇注和干燥即可。

其他加工方法为先将硝酸纤维素在捏合机中于 36℃温度下充分混合，然后在压滤机中于 60℃温度下压滤，最后用压延、压制及挤出等方法加工成不同形状的制品。

硝酸纤维素可用于文教用品如乒乓球、三角尺、笔杆及乐器外壳等，日常用品如玩具、化妆品盒、眼镜框、伞柄、自行车把及刀柄等。

第三节　聚乙烯醇缩丁醛树脂（PVB）

1. 一般概况

聚乙烯醇缩醛（PVB）是聚乙烯醇和醛类化合物经缩聚反应的一类聚合物，种类很多，常用的有聚乙烯醇缩甲醛、缩乙醛、缩甲乙醛和缩丁醛四种，醛的碳越多，分子就越柔软。

主要合成企业有美国的杜邦和首诺、日本的积水、中国的建滔特种树脂及台湾地区的长春化学。

PVB 的具体合成工艺介绍如下。

在盐酸作催化剂条件下，质量比 1∶1 的醛和醇反应生成半缩醛，因半缩醛极不稳定，又进一步与另一个醇反应生成稳定的全缩醛。

具体合成工艺有两种：从所用原料上分，有以乙酸乙烯酯为原料的一步法和以聚乙烯醇为原料的二步法；从聚合方法上分，有溶解法和沉淀法两种。

目前工业化生产的方法有一步溶解法和二步沉淀法两种。

2. 结构性能

PVB 分子结构中具有羟基、乙酰氧基、丁醛基等活性反应基团，具有很高的反应活性，可以进行皂化反应、羟基的酯化反应和醛基与羟胺的反应等，从而导致其具有高的黏结力、好的溶解性和良好的力学性能。另外，通过调整 PVB 分子结构中羟基、乙酰氧基、丁醛基的比例，可使 PVB 获得需要突出的某项性能，如高粘接性能。

PVB 外观为白色粉末（粒径 60～200μm），透明性好，无毒，无味。

PVB 的力学性能较好，拉伸强度高，低温抗冲击性好，耐磨性好。

PVB 的耐热温度不高。

PVB 还具有良好的耐水性、耐老化性（耐光、氧和臭氧）、柔软性和成膜性，尤其是粘接性最突出。

PVB 可溶解于醇类、酯类、酮类等多种有机溶剂中，具体如乙酸乙酯、甲乙酮、环己酮、二氯甲烷和氯仿等。但耐无机酸和脂肪烃等溶剂。

PVB 还可与酚醛树脂、氨基树脂、环氧树脂和纤维素类树脂等具有良好的相容性。

PVB 的综合性能如表 22-4 所示。

表 22-4 PVB 的各项综合性能指标

<table>
<tr><th>性能</th><th>数据</th><th colspan="2">性能</th><th>数据</th></tr>
<tr><td>相对密度</td><td>1.1</td><td colspan="2">压缩强度/MPa</td><td>81～142</td></tr>
<tr><td>折射率</td><td>1.485</td><td colspan="2">弯曲模量/GPa</td><td>1.9～2.1</td></tr>
<tr><td>吸水率/%</td><td>0.3～0.4</td><td colspan="2">冲击强度/(kJ/m^2)</td><td>60～130</td></tr>
<tr><td>玻璃化转变温度/℃</td><td>57</td><td colspan="2">布氏硬度/MPa</td><td>130</td></tr>
<tr><td>维卡软化点/℃</td><td>60～75</td><td colspan="2">体积电阻率/(Ω·cm)</td><td>10^{14}</td></tr>
<tr><td>马丁耐热温度/℃</td><td>48～54</td><td colspan="2">介电强度/(mV/m)</td><td>16</td></tr>
<tr><td>软化温度/℃</td><td>60～65</td><td rowspan="2">相对介电常数</td><td>10^3 Hz</td><td>3.4</td></tr>
<tr><td>耐寒温度/℃</td><td>−60</td><td>10^6 Hz</td><td>3.3</td></tr>
<tr><td>线膨胀系数/℃$^{-1}$</td><td>9.5×10^{-5}</td><td rowspan="2">介电损耗角正切</td><td>10^3 Hz</td><td>0.007</td></tr>
<tr><td>拉伸强度/MPa</td><td>28～60</td><td>10^6 Hz</td><td>0.024</td></tr>
</table>

3. 成型加工

（1）加工配方

一般加入 25%左右的增塑剂，常用品种为癸二酸二丁酯。分解温度 180℃。

（2）加工条件

采用挤出流延法生产薄膜，加工温度 120～170℃，其中料筒温度为 130～140℃，机头温度为 140～150℃。最好用双螺杆挤出机先塑化，再加入单螺杆挤出机中进一步塑化成型，先经 140℃的热辊压延，再经 60℃温度定型辊处理。

4. 应用范围

① 夹层玻璃的中间粘接膜 PVB 树脂对无机和有机玻璃的粘接性均好，其折光指数与无机玻璃相近，最适合于夹层玻璃的黏合剂。目前是 PVB 的最大用途。

② 黏合剂 可黏合金属，用于覆铜面板的铜箔黏合剂。

③ 涂料 因对金属的黏合力强，可作为金属涂料的底漆。

④ 防水漆 用于布料的防水涂层，如丝绸雨衣、帆布帐篷等。

⑤ 薄膜 陶瓷花纸转印膜。

第四节　聚 4-甲基-1-戊烯（PMP）

1. 一般概况

聚 4-甲基-1-戊烯是以丙烯的二聚体 4-甲基-1-戊烯为单体，通过定向聚合制成的等规聚合物。聚 4-甲基-1-戊烯的英文全称为 poly-4-methyl-1-pentene，简称 PMP，商品名 TPX。

PMP 为一种多用途的工程塑料，同时具有 90%以上的透明度，具有耐热性（可达到 200℃）、耐化学品性、相对密度低（工程塑料中最低）、易脱模、透水、透气等性能，是一种多用途的工程塑料。

PMP 是于 1966 年英国 ICI 公司开发成功的，1975 年日本三井石化公司购买 ICI 技术建成 6000 吨/年的装置，它是目前世界上唯一的 PMP 商业化生产厂。产品可分为结晶与非晶、透明与不透明两类，具体牌号有 RT18（无色透明）、RT18XB（澄清透明）、DX820（无色透明）、MX002（无色透明）、MX004（无色透明）及 MBZ230（白色不透明）等。

2. 结构性能

（1）一般性能

PMP 的相对密度为 0.83，是热塑性塑料中密度最小的种类。PMP 的透明性很好，透光率为 90%，介于 PMMA 和 PS 之间；其紫外线透过率仅次于玻璃而居第二位；其折射率为 1.463，属于偏低者；其阿贝数为 56.4，有些偏大。PMP 的吸水率极低，其耐水性也好，对水蒸气和气体的透过系数比 PE 高 10 倍。

（2）热学性能

PMP 热变形温度为 80～145℃之间，维卡软化点为 179℃；玻璃化转变温度为 20～130℃，结晶熔点为 240℃；线膨胀系数为 $12\times10^{-5}℃^{-1}$，热导率为 0.167W/(m·K)。

（3）力学性能

PMP 的刚性大，高于 100℃时，其刚性超过 PP；高于 150℃时，其刚性超过 PC。PMP 的拉伸及耐蠕变性能介于 HDPE 和 PP 之间，20℃时断裂伸长率为 15%；其力学性能随温度变化小，在 205℃时，仍具有可使用的机械强度；在接近熔点时，仍可保持形状稳定。

由于 PMP 的 T_g 可低至 20～30℃，因此其制品在低温至常温时（30℃以下）使用，断裂伸长率小，冲击性能差，强度大致同 PE；在 30℃以上使用时，其柔性增加、断裂伸长率和冲击强度增大。

（4）电学性能

PMP 的电学性能优良，好于其他聚烯烃塑料。体积电阻率与 PTFE 相似；相对介电常数为 2.12，在塑料中最小，且不随温度和频率变化；介电损耗角正切也小，仅为 1.5×10^{-4}。

（5）环境性能

PMP 的耐化学品性好，能耐无机酸、碱等化学试剂，但易受强氧化剂侵蚀，轻质烃和氯代烃会使其溶胀。

PMP 的耐紫外线性不好，时间长久会变黄；在室外使用时，应加炭黑和其他光稳定剂；加入二氧化钛会提高热稳定性。

以日本三井石化的 TPX 为例，其具体性能见表 22-5。

表 22-5　日本三井石化 TPX 的性能

性能	RT-18	RT-20	DX-810	DX-845	RO-15	DX-830	DX-836
外观	透明	透明	透明	透明	白不透	白不透	白不透
相对密度	0.835	0.840	0.830	0.835	0.835	0.840	0.845
熔融温度/℃	235	230	235	235	235	240	240
熔体流动速率/(g/10min)	26	26	70	8	26	26	8
拉伸强度/MPa	25	22	26	26	25	24	24
断裂伸长率/%	40	55	10	30	30	10	15
弯曲强度/MPa	40	30	46	43	40	34	42
洛氏硬度(R)	80	70	90	85	85	90	85
线膨胀系数/($\times10^{-5}K^{-1}$)	11.7	11.7	11.7	11.7	11.7	11.7	11.7
热导率/[W/(m·K)]	0.1675	0.1675	0.1675	0.1675	0.1675	0.1675	0.1675
热变形温度/℃	100	105	140	100	100	100	100
吸水性/%	0.01	0.01	0.01	0.01	0.01	0.01	0.01
收缩率/%	1.5～3.0	1.5～3.0	1.5～3.0	1.5～3.0	1.5～3.0	1.5～3.0	1.5～3.0

3. 成型加工

(1) 加工特性

PMP 成型前不必进行干燥处理，其成型收缩率纵向为 2%～2.5%，横向为 0.5%～1.5%。

PMP 的加工温度较高，且熔融温度范围较窄，加工中要特别注意温度的调节。PMP 的熔体黏度较低，黏度对剪切速率的依赖性大体同 PP。

(2) 加工方法

PMP 可采用通用的加工方法成型，具体如注塑、挤出及吹塑等。

PMP 的注射成型温度为 260～300℃，模具温度为 70℃。

PMP 在挤出时应选用 L/D 大于 20 的螺杆。

4. 应用范围

TPX 的应用比例为医疗器械 45%、电子电器 35%、薄膜 10%、餐具 5%。

TPX 的具体用途有医疗器械如一次性注射器等，实验室用具、食品容器、奶瓶、汽车灯罩、烤箱器具、烘烤盒、照明灯具及高压电缆等。

TPX 还用于 IT 和电子、工业材料等各领域。在同样透明性能、模塑性能及耐蚀性能情况下，TPX 的耐热性较其他聚烯烃更佳，熔点为 230℃，可广泛应用于柔性印刷电路板离形膜、发光二极管加工膜和合成革离型纸等。

另外，由于 TPX 具有透明和耐化学品性能，还是食品及化妆品优良的包装材料。

第五节 其他一般聚合物

一、聚硅氧烷

聚硅氧烷（polysiloxane）是一类以重复的 Si—O 键为主链，主链硅原子上直接连接有机基团的聚合物，结构式如图 22-2 所示。

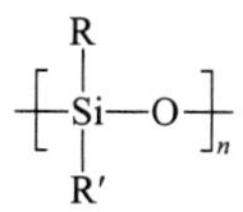

图 22-2 聚硅氧烷的结构式

图 22-2 中，R 和 R′代表有机基团，如甲基、苯基等；n 为聚合度，一般不小于 2。聚硅氧烷主链结构为 Si—O—Si 结构，本质上与石英一样，区别在于其侧基上连接有机基团。

聚硅氧烷在历史上曾被称为“硅酮”（silicone）或者有机硅塑料。聚硅氧烷可以是线型、环状或交联的聚合物，因此有热塑性和热固性之分。

在中国，习惯将硅烷单体和聚硅氧烷统称为有机硅化合物，并称聚硅氧烷液体为硅油，聚硅氧烷橡胶为硅橡胶，聚硅氧烷树脂为硅树脂。具体介绍如下：

硅油：为低分子量（一般在 1 万以下）线型结构聚合物，为了达到某些性能也会对分子结构接枝改性。无色或浅黄色透明液体，憎水憎油，具有高的沸点和低的凝固点，耐热性和化学稳定性好，作为化学助剂被应用到各行各业。其中最常见的是可用作各行各业的消泡剂、液压油、高级润滑油、填料表面处理剂和破乳剂，胶乳促凝剂，也可用作建材、纺织物、纸和其他许多物质的防水/减水剂，塑料行业的润滑剂、脱模剂，个人护理的头发保湿剂，发泡聚氨酯中作稳泡剂，农业油墨涂料行业中也可用作流平剂等，同时还是良好的电绝缘体。

硅橡胶：是分子量很大（10 万级）的线型结构聚合物。经加填料及其他助剂、硫化后可得弹性体，即硅橡胶。硅橡胶具有电绝缘性、化学稳定性、生理惰性和在广泛温度范围内保持良好的弹性等特点；主要用于制造在高温或低温下使用的橡胶制品和整形术中需要的人造器官。

硅树脂：是含有活性基团、可进一步固化的线型结构聚合物。可制耐热的高级电绝缘漆（硅漆）、耐热塑料（硅塑料）、层压玻璃布和保护涂层等。

聚硅氧烷弹性体分为室温硫化硅橡胶（RTV）（聚合度为 200～1500）和加热熟化硅橡胶（聚合度 2500～11000），后者是由环状单体开环聚合得到。硫化和熟化交联作用，但熟化一词具有进一步聚合和交联的含义。

单组分室温硫化硅橡胶是由端羟基聚硅氧烷、交联剂（甲基三乙酰氧基硅烷）和催化剂（月桂酸二丁基锡酯）组成，空气中的湿气可使交联剂水解成 $CH_3Si(OH)_3$ 和乙酸，前者可与聚硅氧烷在室温下完成固化过程。

双组分室温硫化硅橡胶的两个组分是含乙烯基的聚硅氧烷和交联剂（八甲基四硅氧烷）。其交联反应：在氯铂酸或铂的络合物催化作用下，Si—H 和乙烯基进行加成反应。在锡盐催化作用下 Si—H 和 Si—OH 也可以反应，并有 H_2 放出。

聚硅氧烷在异常宽的温度范围（－100～250℃）内，能保持其物理特性。它的 T_g 低至－127℃，因此具有杰出的低温柔韧性。其次它耐高温、耐氧化，在化学和生理环境中稳定性好，其耐候性、斥水性及介电性能也好。聚硅氧烷的用途十分广泛，液体产物被用作消泡剂、纤维憎水整理剂、表面活性剂、润滑剂、真空脂和加热油浴。树脂被用作清漆、涂料、脱模剂、胶黏剂及绝缘材料等。弹性体用作密封材料、电绝缘材料、垫圈及管子等，也可用作医用材料，如人工心脏瓣膜、起搏器、接触眼镜和血浆瓶内涂层等。与其他有机弹性体材料相比，聚硅氧烷弹性体强度比较差，所以加入填料增强更为重要。

二、笼型聚倍半硅氧烷（POSS）

1. 一般概况

笼型聚倍半硅氧烷（polyhedral oligomericsilsesquioxane，POSS），通式 $(RSiO_{3/2})_n$，其中 R 为八个顶角 Si 原子所连接基团。硅原子与氧原子的个数比为 1∶1.5，因此叫“倍半”硅氧烷。n 一般为 6、8、10 或者 12，通常文献报道最多是 $n=8$ 时的六面体笼状结构，简称 T8，结构见图 22-3。自 POSS 问世以来各种 POSS 及其相关衍生物不断被合成出来，极大地促进了 POSS 物理与化学的发展。

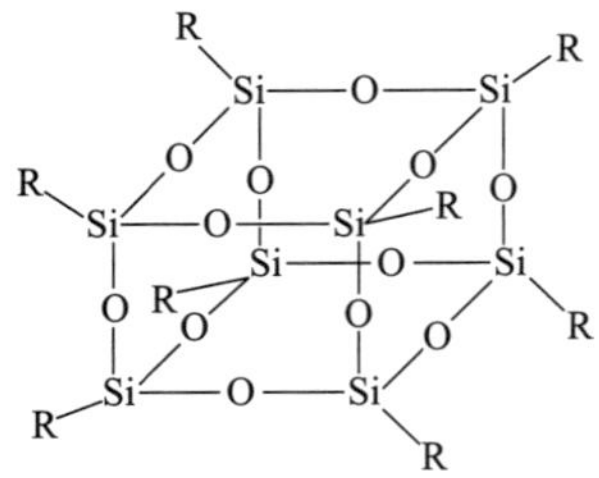

图 22-3　T8 的立体结构图

1946 年 D. W. Scott 首次从氯硅烷的水解缩聚反应产物中分离出了真正意义上的低聚倍半硅氧烷，但是合格率很低，不具备产业化生产条件。20 世纪 90 年代中期，美国空军研究实验室推进技术委员会为了满足空军对新一代超轻、高性能聚合物材料的需要，发展了一种多面体低聚倍半硅氧烷的纳米结构杂化体系。POSS 是由 Si—O 交替连接的硅氧骨架组成的无机内核，在其八个顶角上 Si 原子所连接的基团 R 可以为反应性或者惰性基团。

POSS 种类繁多，其具体区别主要依据 R 基的种类和个数不同，因此其应用范围较广。名称也是根据 R 基的不同取名，例如当 R 基为乙烯基、氨基、苯基时可分别称之为乙烯基 POSS、氨基 POSS 和苯基 POSS。目前国内科研机构制备的 POSS 均是根据对材料性能和属性的不同要求从而来选择性地控制 R 基的性质和个数，不同的活性 R 基可以与不同的聚合物基体之间发生化学键合作用。

合成方法目前主要通过硅烷偶联剂水解得到，其他方法还包括“烷基取代法”等。

2. 结构性能

（1）结构

POSS 是由 Si—O 交替连接的硅氧骨架组成的无机内核，其形状如同一个“笼子”，故得名为笼型聚倍半硅氧烷，其中 Si 原子之间的距离为 0.5nm，R 基团之间距离为 1.5nm，属于多面体纳米化合物。POSS 的具体结构特点如下：

① 笼型框架　POSS 的笼型框架结构使得其具有良好的介电性和光学性能。在增韧方面，POSS 纳米粒子能终止微裂纹尖端的发展，并能引发银纹或者剪切带或者分子链重新排列，“笼子”的弹性能够起到类似“弹珠”的作用。

② 无机内核　Si—O 交替连接的硅氧骨架组成的无机内核，能抑制聚合物分子的链运动而赋予杂化材料良好的热稳定性、力学性能和阻燃性。Si—O 键能为 445.2kJ/mol，相比之下 C—C 键能为 350.7kJ/mol，C—O 键能为 359.1kJ/mol，因此要想破坏 POSS 内核中的键所需能量较大。

③ 纳米尺度 POSS的三维尺寸均处于纳米尺度范围内，是典型的纳米化合物，具有纳米粒子小尺寸效应、表面与界面效应、量子尺寸效应、宏观量子隧道效应，从而具备较强综合性能。

④ R基多变 POSS在聚合物中的应用主要取决于R基，R基可以为反应性的基团，如烯基、环氧基、氨基等等，可以通过反应性的R基来与聚合物之间发生接枝或者聚合反应，从而产生聚合物之间的化学键合作用，引入POSS基，实现分子层上的均匀分散，提高聚合物性能。当R基为惰性基团，如烷基、亚烃基、芳基等，可以调节POSS纳米结构与聚合物之间的相容性。

单官能团POSS指的是八个顶角的基团中只有一个是反应性基团，其余七个均为惰性基团。这类单官能团POSS中的活性反应基团可以与多种聚合物单体反应，得到含POSS的共聚物，或将POSS接枝到聚合物主链上形成接枝共聚物，还可以封端基得到端基为POSS的杂化材料。采用单官能团主要得到的是吊坠型POSS，线型的吊坠POSS能够提高氧渗透性、玻璃化转变温度和降解温度，但是其阻燃性、密度和黏度会有所下降。单官能团POSS多采用“顶端戴帽”的方法来合成，典型的反应就是将环戊基或者环己基三氯硅烷在丙酮的水溶液中水解制备得到T(OH)（即还有一个顶角未闭合，分别为三个羟基），然后在三乙胺的存在下加入另一种三氯硅烷，进行关环反应，得到闭合的笼型结构。

多官能团POSS就是R基部分或者全部是反应性基团，可以作为热固性树脂的交联剂，形成高度交联的POSS基聚合物纳米杂化材料。与之对应的R基若全为惰性基团，则可以用于与聚合物共混制备杂化材料。

（2）性能

POSS分子的内核由Si—O—Si键构成，硅元素的存在赋予了POSS独特的物理性质，比如耐温性、热稳定性、阻燃性、介电性等、绝缘性能等。外围是烷基取代基或官能化的取代基，取代基的大小决定了分子的尺寸。八个顶角可以是惰性基团，也可以是活性基团，分子结构设计性高，不同分子结构的POSS的物理化学性质也不尽相同。

3. 应用范围

POSS/聚合物纳米复合材料是最新发展起来的一种高性能有机无机杂化材料，以POSS为无机成分，无机相与有机相间通过强的化学键结合，不存在无机粒子的团聚和两相界面结合力弱的问题，因此很容易通过共聚、接枝或共混等方式与聚合物基体进行复合制备。

POSS/聚合物纳米复合材料的综合性能优异。主要表现在：

① 可以使复合材料的使用温度增加，提高耐热性能；

② 可以提高复合材料的力学性能，起到增强的作用；

③ 可以改善复合材料的加工性能；

④ 可以使复合材料具有显著的延迟燃烧特性；

⑤ 可以改善复合材料的介电性能，明显降低介电常数和介电损耗；

⑥ 可以多功能化，将POSS作为封端基或交联固化中心，可以获得满足不同需要的改性聚合物。

例如，在PPS中加入0.5%的笼型聚倍半硅氧烷POSS，相对介电常数可以下降30%左右。

再如，在UP中加入10%的POSS，拉伸强度提高30%，冲击强度提高15%，体积电阻率提高1～2个数量级别。

又如，POSS通过化学键的方式引入有机硅材料中，POSS作为交联点增加了硅橡胶的交联密度，可以显著提高有机硅材料的热稳定性和物理机械性能。POSS与硅树脂物理共混，可以有效地抑制甲基硅树脂的热解聚和热氧化反应，对有机硅树脂在室温和高温下的力学性能都显著提高。

三、聚乙烯吡咯烷酮（PVP）

PVP作为一种合成水溶性高分子化合物，分子量5000～700000，无臭、无毒、无味，外观为白色粉末或透明溶液。具有水溶性高分子化合物的一般性质，如胶体保护作用、成膜性、黏结性、络合能力、吸湿性、表面活性、化学稳定性、增稠、增溶或凝聚作用，可溶于水、含氯溶剂、乙醇、胺、硝基烷烃和低分子脂肪酸。可与多数无机盐和多种树脂相溶，不溶于丙酮、乙醚等。但其最具特色，因而受到人们重视的是其优异的溶解性能及生理相容性。在合成高分子中像PVP这样既溶于水，又溶于大部分有机溶剂、毒性很低、生理相容性好的并不多见，特别是在医药、食品、化妆品这些与人们健康密切相关的领域中，随着其原料丁内酯价格的降低，必将展示其发展的良好前景。

PVP的固体和溶液都很稳定，具有成膜性和吸湿性，其薄膜无色透明，硬而光亮。加入某些天然或合成高分子化合物，有机化合物可有效地调节PVP的吸湿性和柔软性。PVP有很强的黏结能力，极易被吸附在胶体粒子表面起到保护胶体的作用，PVP有优良的生理惰性和生物相容性，对皮肤、眼睛无刺激或过敏，实际无毒，LD_{50}＞13000mg/kg。

以下是其应用领域的具体介绍。

1. 医药卫生

PVP有优良的生理惰性，不参与人体新陈代谢，又具有优良的生物相容性，对皮肤、黏膜、眼等不形成任何刺激。从生物学的观点来看，PVP的分子结构特征与蛋白质类似，甚至于它的水溶性、对某些小分子的配合能力，以及能够被某些蛋白质沉淀剂如硫酸铵、三氯乙酸、单宁酸和酚类所沉淀等特性，也和蛋白质相似。这些特性使PVP被广泛地用作药物制剂的辅料。

具体应用：用作制剂的胶黏剂、共沉淀剂；作为注射液中的助溶剂或结晶生成阻止剂；作为成膜剂用于制作包衣；作为延缓剂、缓释剂用于药物的可控释放，可延长药物的作用时间；用于制作人工玻璃体人工角膜、外科包扎带。

另外，PVP还可以作为着色剂和X射线造影剂。

2. 食品加工

PVP本身不会致癌，有良好的食物安全性，能与特定多酚化合物（如单宁）形成络合物，在食品加工方面主要作为啤酒、果汁、葡萄酒等的食品澄清剂和稳定剂。

3. 日用化妆品

在PVP的消费结构中，化妆品工业在发达国家占30%～50%，在我国占70%～80%。

由于 PVP 具有极低的毒性和生理惰性，它对皮肤、眼睛无刺激，在医药领域中有长期使用的记录，所以用于化妆品等很安全。在日用化妆品中，PVP 及共聚物具有良好分散性及成膜性，PVP 在乳液中有保护胶体的作用，可用于脂肪性和非脂肪性膏体中，用作定型液、喷发胶及摩丝的定型剂、护发剂的遮光剂、泡沫稳定剂、波浪定型剂及染发剂中的分散剂和亲和剂。在面霜、防晒霜、脱毛剂中添加 PVP，可增强湿润和润滑效果。

四、石油树脂

1. 一般概况

石油树脂（hydrocarbon resin，HCR）是以石油裂解过程中副产物 C_5、C_9 馏分为原料，以硫酸、无水三氯化铝、三氟化硼等为催化剂，经过预处理、聚合、闪蒸等工艺生产出的一种热塑性树脂，是分子量介于 300～3000 的低聚物，是近年来新开发的一种化工产品，具有价格低廉、混溶性好、熔点、耐水、耐乙醇和化学品等优点，可广泛用于橡胶、胶黏剂、涂料、造纸、油墨等多种行业和领域。

石油树脂因来源为石油衍生物而得名，它具有酸值低、混溶性好、耐水、耐乙醇和耐化学品等特性，对酸碱具有化学稳定性，并有调节黏性和热稳定性好的特点。石油树脂一般不单独使用，而是作为促进剂、调节剂、改性剂和其他树脂一起使用。

2. 主要品种

石油树脂根据原料的不同分为脂肪族树脂（C_5）、脂环族树脂（DCPD）、芳香族树脂（C_9）、脂肪族/芳香族共聚树脂（C_5/C_9）及加氢石油树脂。其组成分子皆是碳氢化合物，故又称之为碳氢树脂（HCR）。

石油树脂生产应用最多的是 C_9 石油树脂和 C_5 石油树脂。

（1）C_9 石油树脂

C_9 石油树脂特指以包含 9 个碳原子的“烯烃或环烯烃进行聚合或与醛类、芳烃、萜烯类化合物等共聚而成”的树脂性物质。

C_9 石油树脂又称芳烃石油树脂，分为热聚、冷聚、焦油等类型，其中冷聚法产品颜色浅、质量好，平均分子量为 2000～5000；淡黄色至浅褐色片状、粒状或块状固体，透明而有光泽，相对密度 0.97～1.04，软化点 80～140℃，玻璃化转变温度 81℃，折射率 1.512，闪点 260℃，酸值 0.1～1.0，碘值 30～120；溶于丙酮、甲乙酮、环己烷、二氯乙烷、乙酸乙酯、甲苯、汽油等，不溶于乙醇和水；具有环状结构，含有部分双键，内聚力大。分子结构中不含极性或功能性基团，没有化学活性；耐化学品性、耐水性良好；黏结性能较差，脆性大，耐老化性不佳，不宜单独使用；与酚醛树脂、古马隆树脂、萜烯树脂、SBR、SIS 相容性好，但由于极性较大，与非极性聚合物相容性较差；可燃，无毒。

（2）C_5 石油树脂

C_5 石油树脂以其剥离黏结强度高、快粘性好、黏结性能稳定、熔融黏度适度、耐热性好、与高聚物基质的相容性好且价格低等特点，开始逐步取代天然树脂增黏剂（松香和萜烯树脂）。

3. 应用范围

（1）热熔胶

精 C_5 石油树脂流动性好，能改善主体材料的润湿性，黏性好，有突出的初黏性能。优良的抗老化性，颜色浅，透明，低臭，低挥发物。在热熔胶中，可单独用 ZC-1288D 系列作为增黏树脂，也可与其他增黏树脂混合使用，以改善热熔胶的某种特性。

（2）涂料

涂料主要使用高软化点的 C_9 石油树脂、DCPD 树脂、C_5/C_9 共聚树脂，加入石油树脂能够增加涂料光泽度，提高漆膜附着力、硬度、耐酸、耐碱性。

（3）橡胶

橡胶主要使用低软化点的 C_5 石油树脂、C_5/C_9 共聚树脂及 DCPD 树脂。此类树脂和天然橡胶胶粒有很好的互溶性，对橡胶硫化过程没有大的影响，橡胶中加入石油树脂能起到增黏、补强、软化的作用。特别是 C_5/C_9 共聚树脂的加入，不但能增大胶粒间的黏结力，而且能够提高胶粒和帘子线之间的粘接力，适用于子午线轮胎等高要求的橡胶制品。

（4）黏合剂行业

石油树脂具有很好的黏结性，在胶黏剂和压敏胶带中加入石油树脂能够提高胶黏剂的粘接力、耐酸性、耐碱性以及耐水性，并且能够有效地降低生产成本。

（5）油墨行业

油墨用石油树脂，主要是高软化点 C_9 石油树脂、DCPD 树脂。油墨中加入石油树脂能起到展色、快干、增亮的效果，提高印刷性能等作用。

（6）涂料行业

道路标志与道路划线用涂料，石油树脂对混凝土或沥青路面有较好的附着力，并且耐磨性和耐水性好，与无机物有着良好的亲和性，涂布容易、耐候性好、干燥快、坚固度高，而且可以改进涂层的理化性能，提高耐紫外线和耐候性。石油树脂路标漆渐渐趋于主流，需求量逐年上涨。

（7）塑料改性剂

主要用于 BOPP 双向拉伸膜的增刚剂。

五、萜烯树脂

1. 一般概况

萜烯树脂系天然松节油加工而成的聚合物，英文全称 terpene resin。具有浅色、透明、低气味、高硬度、高附着力、无毒、中性、电绝缘性、疏水、不结晶、耐稀酸稀碱、耐热、耐光、抗老化、抗氧化性、热稳定性好等良好性能。并对各种合成物质有良好的相容性，易溶于芳香烃及植物油。特别在 EVA 系、SIS 系、SBS 系等热溶胶中具有优良的相容性和耐候性及增黏效果。

萜烯树脂按色泽分为特级、一级、二级，每级又按软化点分为 T-80、T-90、T-110、T-120。

2. 性能

（1）物理性能

分子式：$(C_{10}H_{16})_n$；

平均分子量：650～2600；

外观：淡黄色黏稠液体或透明脆性固体；

相对密度：0.95～1.0；

软化点：80～140℃；

玻璃化转变温度：73～94℃；

溶解性：易溶于甲苯、二氯甲烷、松节油、脂肪烃，不溶于水、甲醇、乙醇、丙酮、乙酸乙酯；

稳定性：热稳定性好，不结晶，遇光和热不变色；耐酸、耐碱、耐海水；低温性、耐候性亦佳；

可燃性：可燃；

毒性：无毒。

（2）化学性能

萜烯易发生环化、氧化、还原、聚合等反应。萜烯还可进行分子内重排与烯键转位。

加成反应：萜类化合物中的碳架双键和官能团双键都能与相应试剂发生加成反应，这些反应是分离提取和鉴定萜类化合物的基础。

氧化反应：不饱和键是发生氧化反应的主要位点，常见的氧化试剂包括臭氧、三氧化铬、四乙酸铅、高锰酸钾等。

脱氢反应：脱氢反应可以使萜类化合物中的环结构转变成芳香环。

重排反应：萜类化合物中含有丰富的双键，可以发生协同重排或者酸碱催化的重排反应。

3. 应用范围

萜烯树脂广泛应用于接着剂、双面胶带、溶剂型胶水、书本装订版、包装、胶布、烯烃胶布、牛皮纸卡胶布、胶带标签、木工胶、压敏胶、热溶胶、密封胶、涂料和油墨及其他聚合物改质剂等方面。

在SIS系热溶胶黏剂中，与C_5石油树脂并用可解决其单独使用时的水性（渗水）现象。在SBS系热溶胶黏剂中，有优良的耐热、耐候、耐老化性、增黏效果。

在溶剂型天然橡胶胶黏剂中，有较好的初黏性内聚力以及防老化后耐蠕变性。

在溶剂型SBR橡胶黏着剂中，具有维持内聚力和良好的初黏性，尤其在快速黏着方面较优良。

在溶剂型丙烯酸胶黏剂中，与各种丙烯酸相溶良好、对接着力和凝聚力有明显提高。

在EVA系热溶胶黏剂中，具有良好的相溶性、加热稳定性、接着力、高温接着性。

SELECTION OF
PLASTIC
MATERIALS

第五篇　材料选用原则及方法

第二十三章
塑料材料的选用原则

第一节　塑料选材的一般原则

（一）一般概论

塑料的发展速度十分惊人，从其诞生到现在百余年，已见报道开发成功的树脂种类达到上万种，实现工业化生产的也不下千余种，我们实际获得应用的也有百余种。

每一个塑料品种可分成不同的类别，如聚酰胺包括 PA3、PA4、PA6、PA46、PA66 等。每一类别的塑料品种又可分成不同级别，如 PE 可分成注塑级、吹膜级、挤管级、抽丝级、吹瓶级、涂层级及滚塑级等，再如 EVA 可以分成光伏级、发泡级和鞋材级等。每一级中又有许多牌号和不同生产厂家供选。

每一牌号的塑料品种还可以通过各种改性方法获得全新的性能，例如加入填料或增强材料和其他辅助材料制成填充级、增强级、增韧级、耐磨级、导热级、耐热级、阻燃级、透明级、抗静电级及抗老化级等；或通过共混制成“合金”；或通过加工工艺如定向拉伸、结晶、发泡等来获得新的性能，以满足使用要求。

塑料材料的选用就是在众多的塑料品种中，选择一个合适的品种。初看起来，可供选择的塑料品种太多，有令人眼花缭乱的感觉。但实际上并不是所有工业化的树脂品种都获得了具体应用，而我们在前面四篇内容中介绍过的树脂品种只是百种左右，占到实际应用树脂品种的 95%左右。而且，在具体应用中，最常用的树脂品种也不外乎 30 种左右。因此，我们所指的塑料材料的选用，并不是漫无边际地选择，而是在前面介绍过的常用树脂品种中选用。选择范围不是很广，可选品种不是很多，往往只局限于几个品种之间。

在实际选用过程中，有些树脂在性能上十分接近，反复比较也难分伯仲，它们的性能又具可变性。究竟选择哪一种更为合适？需要多方考虑，需要反复权衡，才能下最后的决定。因此说，塑料材料的选用是一项十分复杂的工作，目前可遵循的规律并不十分明显。

我们常常要从塑料许多性能的综合平衡来考虑，还要包括工艺性能与成本性能，而且根据某些性能数据如磨损性、抗冲击性尚不能完全预测其使用性，有时又缺乏准确可靠的设计公式。有一点需提醒读者特别注意，从各种书刊上引用的塑料材料性能数据，都是在特定条件下测定的，这些条件可能与实际工作状态差别较大。选用时一定要注意与使用条件和使用环境是否相吻合，如不吻合则要将所引数据转换成实际使用条件下的数据或按实际使用条件重新测定。例如，各种强度都是在一定温度下测定的，不同温度下的强度值差别很大。一般随着温度的升高，强度都有不同程度的下降，只不过有的品种下降幅度大，而有的品种下降幅度小。再如，热变形温度都是在一定负荷下测定的，0.45MPa 的负荷适合于热变形温度小于 100℃的树脂测定时使用，而 1.86MPa 的负荷适合于热变形温度大于 100℃的树脂测定时使用。在选用时一定要注意两者的负荷是否吻合。

（二）塑料的选材原则

笔者根据多年的工作、学习和实践经验，总结了一些塑料材料选用的规律，姑且称为塑料材料的选用原则，下面分别加以介绍。

面对一个要开发制品的设计图纸，首先要确定这个产品是否可选用塑料材料制造。其次，要确定影响塑料材料选材的因素。要考虑部件的功能和决定部件功能的有关材料性能，同时还要考虑诸如部件的特点和禁忌、使用时的外界条件、临界条件、使用寿命和使用方式、维修方法、制品尺寸、尺寸精度、加工工艺、生产数量、生产效率、制品成本、原料来源和经济效益等。这些因素包括两方面。一方面是使用环境介质和环境条件，如构件承受的负荷和自重，冲击和振动等机械作用的影响；接触的气体、液体、固体及化学品；暴露的大气环境中气温、湿度、降雨、阳光、冰雪、紫外线、辐射以及有害气体等的影响；贮存环境条件和长期贮存的影响；此外，除静态破坏影响外，还要考虑摩擦升温、蠕变、成型收缩等引起的变形、应力松弛以及反复应变而引起的疲劳，高应变率引起的力学性能变化等。另一方面是搬运、勤保养或操作时，制品可能遭到外力作用的影响。充分考虑这些因素才能明确所要求的综合性能。

在具体的实践中，究竟选用哪种塑料材料最合适呢？往往从以下几个方面具体考虑。

1. 制品要求的使用性能

制品的使用条件：包括受力条件、电能状况、阻隔透过性、透明性、精度、颜色、光泽及外观等。

制品的使用环境：包括环境温度、环境湿度、接触固体、接触液体及环境的光、氧、辐射等气体。

以受力条件为例，因为塑料与金属的特性不同，设计受力的塑料零部件时，必须考虑塑料的特点，并认真进行结构设计和合理选材。与金属等材料相比：一般塑料的力学性能特点如下：

① 热膨胀大　塑料受热膨胀，线膨胀系数比金属大很多，与金属复合时要选用线膨胀系数最接近的树脂，否则在温度升高时会出现分层现象；作为与金属铜结合的接插件或者覆铜板，与其线膨胀系数最接近的材料为特种工程塑料 LCP，因此常选择其作为高档的精密接插件材料。

② 刚性较低　一般塑料的刚度比金属低一个数量级左右，只有 PS、PC、PPS 的刚性较好一些；因此工程塑料在具体应用中往往要进行玻璃纤维增强改性，增强改性后的刚性甚至可以增大 100%以上，尤其是对结晶型的 PA、饱和聚酯、聚苯硫醚、聚醚醚酮等效果很明显。

③ 温度影响　塑料的力学性能在长时间受热时下会明显下降，不同树脂的下降幅度不同，有的大一些（如 PA、PEEK 等），有的则小一些（如 PC、POM、PBT、PET、PPO、PPS、PSF 等），具体见表 23-1，但是下降都比金属、陶瓷、玻璃和石材大许多。

表 23-1　各类塑料的耐蠕变性、耐疲劳性、强度对温度敏感性和线膨胀系数等性能的比较

性能	PA	PC	POM	PBT	PET	PPO	PPS	PSF	PEEK	PI	LCP
耐蠕变性	差	好	好	好	好	好	好	好	好	好	极好
耐疲劳性	好	差	好	好	好	差	好	差	极好	好	好
耐磨性	好	中	好	中	中	中	好	好	好	好	好
强度对温度敏感性	大	小	小	小	小	小	小	小	大	小	小
线膨胀系数	大	小	小	中	中	小	小	小	极小	小	极小
耐辐射性	差	差	差	差	差	差	好	好	好	好	好
阻燃性	自熄	自熄	易燃	自熄	自熄	自熄	不燃	自熄	难燃	难燃	自熄
玻纤增强的最高耐热温度/℃	240～290	150	165	220	215	155	260	180	290	300	300

④ 蠕变特性　一般塑料在常温和低于其屈服强度的应力下长期受力，会出现永久形变或称为蠕变，不同材料的蠕变幅度不同，有的大一些如 PA，有的则小一些如 PC、POM、PBT、PET、PPO、PSF、PEEK、PPS、LCP、PI 等，进行玻璃纤维增强改性后会大大改善。

⑤ 缺口敏感　塑料对缺口损坏很敏感，其中敏感性最大的品种为 PC，往往要进行缺口敏感改性后才可以应用。

⑥ 强度偏低　塑料的力学性能通常比金属低很多，但进行玻璃纤维或者碳纤维增强改性后强度会大幅度提高，有的增强材料的比强度和比模量高于金属，如果制品设计合理，在需要轻量化的使用场合，会更能发挥出优越性。

⑦ 各向异性　一般增强塑料力学性能是各项向性的，这使得塑料制品在不同部位的性能差异很大，甚至会影响制品的使用寿命。例如，塑料齿轮就会产生很大的负面影响，因此往往需要选择各向同性材料制造。

⑧ 吸湿性强　塑料都会有吸湿性，但是有限塑料品质的吸湿性很大，并会引起塑料制品的尺寸和性能变化，PA 的吸湿性最明显，吸水率甚至高达 10%左右，因此 PA 作为结构材料时，往往需要进行增强改性处理降低吸湿性。

⑨ 耐疲劳差　虽然塑料的耐疲劳性数据目前还很少，但已知 PC、PSF、PPO 的耐疲劳性不好，比金属要差很多。

根据塑料的特性，不能简单地直接用塑料代替金属材料，必须按所选塑料的性能和特点，重新设计制品的尺寸和形状，以适合于塑料的性能特点。

2. 原料的加工性

① 加工成本　不同加工方法的加工成本不同，应选择可用低加工成本成型方法加工的原料，以降低制品的成本。各类加工方法的加工成本为：非连续制品——烧结＞注塑＞压制；连续制品——压延＞挤出＞流延；中空制品——滚塑＞注-拉-吹＞挤-拉-吹＞搪塑；泡沫塑料——注塑＞挤出＞模压。

② 加工废料　塑料在加工过程中会产生边角料、料把和废料，如何利用这些废料，直接影响制品的成本。加工中产生的废料可分为如下三类：

不能回收利用：热固性塑料制品、交联产品和高透明制品，具有如 PF、AF、EP、UP

及 XLPE 等。

部分回收利用：热敏性塑料、高性能制品和透明制品，具体如 PVC、POM 等。

全部回收利用：一般性能要求制品，具体如 PE、PP、PS、ABS、PA、PC、PBT、PET 及 PPS 等。

③ 加工精度　制品要求的加工精度，现有的塑料品种是否能达到？根据目前数据，塑料制品只能达到 3 级精度，因此太高精度的部件不能选用塑料，典型的部件为手表内部部件。

④ 加工形状　塑料的优点之一为容易程序加工，可以加工形状复杂的制品。但是，对形状极其复杂的制品，现有的塑料品种是否能加工也是需要仔细考虑的。

3. 制品的成本

① 原料价格　应首先考虑选用低价格原料。如果性能满足不了，首先考虑进行改性处理以提高性能。如果改性处理也达不到性能需求，只能考虑更换价格高的材料了。

② 加工费用　应首先选择低价格的加工方法，如塑料薄膜有吹塑和流延两种加工方法，流延加工的成本比较高，因此尽可能选择吹塑方法加工。

③ 使用寿命　制品的使用寿命越长，其单位使用成本越低。因此应该选择使用寿命更长的塑料品种，例如对 HDPE 和 PP 而言，HDPE 的耐紫外光性能更好，户外制品最好选择 HDPE。

④ 维护费用　塑料制品的维护费用很低，如制品使用时不用维护，使用成本就很低。例如，塑料具有优异的自润滑性能，具体如自润滑 PA、POM、PTFE 等品种，作为齿轮使用可以不加润滑油，节省润滑油维护费用，就会大大降低使用成本。

4. 原料的来源

单从塑料来源上考虑，选用次序为：

① 从应用性考虑　选用顺序为通用塑料＞工程塑料＞特种塑料。

② 从是否可买到考虑　选用顺序为已工业化＞刚工业化＞未工业化。

③ 从购买距离考虑　选用顺序为本省＞外省＞进口。

④ 从库存考虑　优先选用有库存的原料。

（三）塑料的选材步骤

从原则上讲，塑料的选材一般按以下三个步骤进行：

1. 考虑应用环境

根据应用目的，列出部件的全部功能要求，并尽可能定量化，具体举例如下：

① 在额定的连续载荷下允许的最大变形量。

② 使用和运输过程中所受的应力种类和大小，是否长期受力，是动态还是静态应力。

③ 最高工作环境的温度。

④ 在最高工作温度下，允许的尺寸变化。

⑤ 零部件允许的制造尺寸公差。

⑥ 零部件的使用性能要求，如拉伸强度、冲击强度、绝缘性、耐热温度、耐磨性、耐

蠕变性、耐疲劳性等。

⑦ 部件是否要求着色、粘接及电镀等表面性能。

⑧ 要求贮存期多长时间，是否在户外使用。

⑨ 有无耐燃性要求。

2. 考虑使用性能

根据部件的功能要求，考虑使用性能数值和设计数据，提出目标材料的性能数值，并通过这些性能要求来选定材料，即使这些性能估计是粗略的，也会大大方便候选材料的筛选，为最终材料的选定提供有益的依据。

选择恰当材料性能是很关键而又复杂的，因为零部件的某一功能常常包含几种性能，例如在尺寸稳定性的要求中除尺寸精度外，还要考虑线膨胀系数、模塑收缩率、吸水性及蠕变性等因素对使用中尺寸精度的影响。零件的强度和刚度，除了从材料性能上考虑以外，还要从制品结构设计上如厚度和加强筋等加以考虑。材料的成型工艺性、耐久性、经济性等也都是选材时应考虑的因素。有时候，某些使用要求不一定能明确对材料性能的定量要求，如电镀性往往要通过实际试验或已有的经验来筛选。又如塑料炮弹弹带，要求材料经受高速冲击、压缩、扭拧、剪切等复杂的外力作用和高速高温高压气流的影响，很难直接提出材料的定量性能要求，因此，除了通过力学计算外，还可通过模拟试验和探索试验来推算受力情况，提出粗略的性能要求。

3. 最后综合选择

最后通过部件工程性能要求与材料性能的比较来确定候选材料。选择塑料时应注意下面几个问题：

① 必须对选用塑料的性能有较全面的了解，然后根据使用条件去考虑配方、工艺和制品设计等。

② 塑料一般导热性低，选用和设计时要充分注意。

③ 塑料的线膨胀系数一般比金属大，有的易吸水，因此尺寸变化较大，选用和设计时要考虑恰当的配合间隙和公差范围。

④ 有的塑料有应力开裂的倾向，选用和设计时要尽量减少应力，制品设计要避免应力集中，或做适当的后处理，并要严格控制加工工艺。

⑤ 有的塑料有蠕变和后收缩或变形的倾向，选用和设计时应充分注意。

⑥ 各种塑料都有一定的使用强度范围和允许接触的介质以及能承受的压力和速度极限，选用和设计时应该考虑。

（四）塑料选材的途径

着手选材，可以先进行初选，然后综合评价后进行试验。初选可通过两个途径：一是根据制品的用途选材；二是根据制品要求性能选材，如利用材料性能表和性能等级分类等。同时还要考虑经济成本和安全卫生等因素。

1. 根据制品的用途选材

用途主要是指制品应用域的归类，此外还包括制品的使用环境、受力类型和作用方式、使用对象等要素。

（1）塑料制品的使用环境

所谓使用环境是指材料或制品使用时经受周围环境的温度、湿度、介质等影响，特别是温度和湿度的影响。根据用途的不同，温度条件可由南北极的低温到赤道或沙漠地区的炎热气温，或者是宇航环境的高低温，甚至在火灾时的高温等；湿度条件从在水中长期或间歇浸泡与露天雨淋到冬天的干燥状态（30％RH）；有的制品是在特殊气体中使用或者用于接触化学液体或溶液的场合；此外，自然暴露状态下除了风、雨、雾等影响外还受太阳光的曝晒及辐射等等。因此，必须考虑塑料对使用环境的适应能力，具体如耐候性和耐辐射性。

（2）塑料制品的受力类型和作用方式

根据制品的受力类型和受力状态及其对材料产生的应变来筛选能满足使用要求的材料是很必要的。也就是说，要考虑上述各种环境下的外力作用是拉伸、压缩、弯曲、扭曲、剪切、冲击或摩擦，或是几种力的组合作用。此外，还要考虑外力的作用方式是快速的（短暂）还是恒应力或恒应变的，是反复应力还是渐增应力等等。

用于冲击负荷场合的制品，应选择冲击强度高的；用于恒定应力的场合且必须防止变形时，应选择蠕变小的材料；用于反应力作用的场合，应选择疲劳强度比较高的材料；用于拉伸作用力如桥的拉索、钓鱼线等，应选择高拉伸强度材料。

（3）塑料制品的使用对象

使用对象是指使用塑料制品的国别、地区、民族和具体使用者的范围。例如。国家不同，其标准规格也不同。如美国的电气部件用的塑料，为保证其对热和电气的安全性，要求必须符合 UL 规格。另外，对色彩和图案及形状的要求也会因国家、民族的习惯和爱好而不同，应选择合适的色彩和形状。在工业上使用也要根据使用对象选择不同的材料，如儿童喜欢鲜艳色彩的制品。

（4）按塑料制品的用途分类

按用途分类的方法有多种，有的按应用领域分类，具体如汽车运输工业用、家用电器设备用、机械工业用、建筑材料用、宇航和航空用等等。有的可按应用功能分类，如结构材料外壳、容器等，如低摩擦材料轴承、滑杆、阀衬等，受力机械零件材料、耐热和耐腐蚀材料如化工设备、耐热设备和火箭导弹用材料等，如电绝缘材料、电气结构制品及透明材料等等。

当有几种材料同属一类用途时，应根据其使用特点和材料性能进一步比较和筛选，最好选择 2～3 种塑料进行试验比较。比如说外壳类用途就包括动态外壳、静态外壳及绝缘外壳等，因此要求使用不同特性的塑料。动态外壳是经常受到剧烈震动或轻微撞击的容器，要求材料除有刚性和尺寸稳定性外，还要有较好的冲击强度。在室内应用时可采用 ABS 塑料，在户外使用的应考虑耐老化性能好的材料，如 AAS（丙烯腈-丙烯酸酯-苯乙烯共聚物）或 MAAS 等。静态外壳是用在不活动或少活动的部位，如仪表壳、收音机和电视机外壳等，要求形状和尺寸稳定、美观，一般可采用高冲击强度聚苯乙烯、ABS 及聚丙烯等，如要求透明则可采用乙酸丁酸纤维素、聚甲基丙烯酸酯或聚碳酸酯。至于绝缘外壳，除要求绝缘外，有的还要求有高的机械强度和冲击强度，如电动机罩、电动机械外壳等，则可采用玻璃纤维增强聚碳酸酯、玻璃纤维增强聚对苯二甲酸丁二酯（PBTP）或热固性树脂基玻璃钢等。

2. 根据制品要求性能选材

（1）制造容器、外壳、盖、导管的塑料

这类制品一般不要求承载很大负荷，但要求有良好甚至优良的冲击强度和硬度、良好的或适中的拉伸强度和尺寸稳定性，以及良好的外观和耐环境性，并要求材料的价格适中，对另有特殊性能要求的应专门考虑。如果是金属制造，一般是采用钢板、型钢、铸铝或冲切铝、轻合金或压铸金属。这些材料强度较高，硬度也好。但是，当遇到下列情况和要求时，采用塑料更为合适。

① 必须防止共振而且要求传声小；

② 要求有一定的弹性变形以防止由于偶然碰撞而引起的凹痕；

③ 制品形状复杂，用金属加工工艺生产有困难；

④ 制品不希望后加工；

⑤ 要求制品整体电绝缘（或部分绝缘）和绝热，或整体着色或要求透明、半透明；

⑥ 要求耐腐蚀和耐湿气，不生锈。

考虑以上的特点，比较适宜的材料有 ABS、HIPS、改性 PP、PC/ABS、PVC/ABS、PC/PBT、PPO/HIPS 及 SMA 等。有时，一种材料不能满足要求，往往需要塑料和其他材料复合，例如需要控制蠕变或弯曲变形或特别耐磨耗时，可把带螺纹的金属嵌件嵌入塑料件中，如果要求结构壳体能经受碰撞和粗用，则可考虑采用金属和塑料的复合板或在金属表面上复合塑料。

（2）低摩擦应用方面的塑料

这类应用要求的材料需具有低的摩擦系数，甚至无润滑时摩擦系数也低，耐磨蚀性好，并具有适中至良好的稳定性、耐热性和耐腐蚀性。以往采用铜锑锡合金、青铜、铸铁、预润滑的木材、石墨等。但是，当遇到下列情况和要求时，采用塑料更为合适。

① 有腐蚀或磨耗；

② 加工时，润滑剂会污染产品；

③ 组件必须在高于或低于普通润滑剂的适用温度下工作；

④ 要求无保养操作；

⑤ 用塑料可避免复杂的润滑体系；

⑥ 迫切要求减重时；

⑦ 要求电绝缘；

⑧ 要求减弱声响、噪声；

⑨ 要求尽量减少擦伤和刻痕。

根据上述要求，作为轴承减摩零件的合适塑料为 ABS、HPVC、PET 及 PBT 等。但是，当工作温度长期超过 260℃或有很大的径向负荷、止推负荷时，或是需要连续高速运转，以及长期时间内要求轴的偏斜极小或要求轴的磨损先于轴承的磨损时，应考虑用其他材料。有时（尤其是遇到下列情况）可考虑用塑料和其他材料组合，如需要尽快散发热量、要求蠕变极小、仅用塑料不能承受太高负荷等。

（3）用作重应力机械零件的材料如齿轮、凸轮、齿条、联轴节及辊子等

这类应用要求材料的机械强度高，尤其要求具有高的弯曲、拉伸和冲击强度，在升高温度时仍具有良好的耐疲劳性和稳定性，机械加工性良好，尺寸稳定、能模塑成型精密公差制

品。以往是采用铸铁、钢、黄铜等，但是，当遇到下列情况和要求时，考虑用塑料更为合适。

① 迫切要求减重；

② 使用环境沙尘多，有磨蚀和腐蚀；

③ 尽量减小声响或振动；

④ 希望有综合效能。

根据上述要求，比较合适的塑料有 PA、POM、PBT、PEEK、PI 及 PPS 等。但是，如果要求承受重负荷、工作温度高以及迫切要求降低材料成本，应考虑用其他材料。如果要求抗冲击性好、耐弯曲而且要求成本低，可以考虑采用塑料与其他材料（如金属）组成的结构复合材料。

（4）用作化工设备的塑料和耐热塑料

这类应用要求材料耐化学腐蚀、吸湿性小，有的还要求耐高低温，具有一般到良好的机械强度。以往是采用不锈钢、铌和其他贵金属。但是当遇到下列情况和要求时，可考虑用塑料更为合适。

① 特别要求耐腐蚀，而不锈钢又不能满足要求；

② 要求既耐腐蚀又耐磨损；

③ 迫切要求降低成本或延长化工设备的使用寿命；

④ 要求减少保养，便于维修；

⑤ 要求绝热、隔热以及耐瞬时高温或烧蚀（为了选材方便，也可将耐热塑料另分一类）。

根据上述的要求，比较合适的有氟树脂、氯化聚醚及 PPS 等。此外，还有不饱和聚酯玻璃钢用于大型手糊制品；酚醛或改性酚醛塑料用于耐高温、耐烧蚀或既耐热又要求具有较高强度的制品。但是，如果要求的机械强度不高，工作温度长期超过 290℃，而且在高低温变动范围很宽的情况下要求尺寸稳定性良好时，应考虑新型复合材料或用其他材料。如果工作条件要求强度很高，而且要有极好的耐腐蚀性，或者要求在升高温度下极耐腐蚀，或者需要借助塑料在高温下慢慢烧蚀来保护金属免受损坏，则可考虑用塑料和其他材料组成的复合材料（如石墨、耐热树脂与填料或石棉、碳纤、SiO_2 纤维等组成的复合材料）。

（5）用作电气结构零件的塑料

这类应用要求材料在低至中频下电绝缘性优良，具有高的强度和抗冲击性能，良好的耐疲劳性和耐热性，在升高温度情况下，尺寸稳定性良好。以往是用陶瓷、玻璃或云母，但是当遇到下列情况和要求时，考虑用塑料更为合适。

① 有冲击负荷；

② 迫切要求减重；

③ 尺寸精度要求较严格，陶瓷、玻璃等无机绝缘材料加工达不到要求时；

④ 要求制造形状复杂的导体-绝缘体组合成整体的制品或零件（如印刷电路、集流环组件、灌封或封嵌件等）。

根据上述的要求，比较合适的塑料有 ABS、PS 及 HIPS 等。此外，还有聚酯（PETP、PBTP）、氟塑料、聚苯醚、聚砜、聚酰亚胺、聚酰胺酰亚胺、酚醚树脂，聚对二甲苯也是较好的绝缘材料。作为一般绝缘材料还可采用聚乙烯、聚丙烯、聚苯乙烯、聚氯乙烯，可用于制造一般电线电缆绝缘。聚碳酸酯可用于要求高冲击强度的透明零件；浇注环氧树脂或模塑料可包封电子和电气元件，适用于要求对环境有最大抗耐能力的场合。组合电器组件的包封可以用有机硅橡胶和环氧组合封来获得更佳的性能；模塑的环氧树脂用于在宽广的温度范围内要求尺寸稳定的零件；三聚氰胺甲醛塑料用于要求具有较大硬度的零件；有机硅聚合物用于要求耐高温的场合；氨基塑料用于要求价格低廉的场合；酚醛层压材料用于冲切和模冲零件等等。但是如果工作温度极高，或压缩负荷很高，应考虑用其他材料。

（6）用作透光零件、透明板和模型的塑料

这类透明或带色的半透明材料要求透光性良好，具有良好至优良的二次成型性和成型加工性，不易碎（抗冲击）并有一般至良好的拉伸强度。过去大多数采用玻璃，但是玻璃存在一些缺点，特别是不能满足下列使用要求：

① 制品要求抗冲击、耐振动、不易击碎；

② 要求具有一定的可弯性；

③ 要求有更高的比强度；

④ 材料必须是天然半透明而不应通过表面处理来达到半透明；

⑤ 要求易于成型形状复杂的制品等。

根据上述的要求，比较合适的塑料有 PMMA、PC、PS、透明 PVC、透明 PP、透明 ABS、AS、BS、MBS、MS、纤维素塑料、mCOC、PET、PETG 及烯丙基二甘醇酯树脂（CR-39）等。其中丙烯酸酯类塑料推荐作一般应用，特别适用于光学、装饰和室外应用。浇注的丙烯酸酯板料，具有较高的强度和透明性，可制造中、低精度透镜，挤压成型用的丙烯酸酯塑料价格较低（尤其是制造薄的制品），并且有较好的二次成型性；在透明塑料中聚碳酸酯具有最高的强度，可制作透明的面罩、防护眼镜或防护板。乙酸丁酸纤维素具有优良的抗冲击性，并可进行热成型；透明聚氯乙烯具有最佳的二次成型性和印刷适应性；乙酸纤维素塑料可用作可弯曲的透明板和防护板；中等抗冲击的聚苯乙烯和硬质聚氯乙烯塑料是价格低廉的透明和半透明材料；聚苯乙烯可制作价格最低的模塑透明部件。CR-39 是光学上主要使用的热固性塑料，其透明性、耐磨性、抗冲击性及耐化学品性都很好，采用表面镀膜或涂有机硅膜来提高其表面硬度和耐磨性，能连续耐 100℃，短期内耐 150℃。但尚有吸湿性较大等问题，目前主要用于制作镜片。但是，如果要求制品具有极好的耐化学品性或者要求适应高的工作温度，或在工作条件下有磨损，在宽广的温度范围内要求有极好的尺寸稳定性，则应考虑对塑料进行表面处理或采用其他材料。随着新材料的不断出现，选材表也要不断补充修改，以利于提高制品质量、降低成本。如轴承、轴瓦等低摩擦材料，以前一直使用布基酚醛层压品，但近年来则采用聚酰胺和聚甲醛，要求摩擦系数更小和全耐热时可采用含氟塑料粉末或纤维的聚甲醛或聚酰亚胺。

上述各种因素将在以下篇幅中一一详细叙述，供读者在选用时参考。

第二节　塑料材料的适应性

任何一种材料都不可能尽善尽美，总会存在这样或那样的不足，从而限制了在某些特定场合的应用。例如，金属材料的耐腐蚀性不好，玻璃和陶瓷材料的韧性不好，木材的强度及防腐蚀性低。塑料材料虽然具有很多突出的性能，但是也有其自身的局限性，只不过同其他材料相比，其局限性更小，应用范围更广。

（一）各种材料的性能比较

目前应用的材料有金属、玻璃、陶瓷、水泥、石材、塑料、橡胶及纤维等，按材料的性质不同可进行如下分类：

- 材料
  - 金属材料——钢、铁、铝、铜、铅、锌及合金等
  - 非金属材料
    - 无机材料——玻璃、陶瓷、石材、水泥等
    - 有机高分子材料——木材、天然橡胶、塑料、合成橡胶、合成纤维等

不同品种材料的性能比较如表 23-2 所示。

表 23-2　不同品种材料的性能

性能	钢	铝	铜	玻璃	陶瓷	木材	HDPE	PC	30%GF/PA610
相对密度	7.8	2.8	8.4	2.6	2.1～2.94	0.28～0.9	0.95	1.21	1.45
线膨胀系数/($\times10^{-5}$/℃$^{-1}$)	1.2	2.4	1.8	0.58	0.3～0.6	0.9～2.4	13.4	7.0	3.28
热导率/[10^2W/(m·K)]	0.6	2.1	3.8	0.5	0.4	0.0011	0.0044	0.019	0.022
拉伸强度/MPa	550	470	390	6～8	20～260	—	29	65	256
冲击强度/(J/m)	70	168	46	脆	脆	—	30	54	177
比强度	70	168	46	3	10～86	—	30	54	176

从表 23-2 中可以看出，不同材料的性能大不相同。在强度方面，以金属材料最好，特种陶瓷和碳纤维增强工程塑料次之；在比强度方面，以金属铝和碳纤维增强工程塑料最好；在冲击强度方面，以金属、塑料为好；在耐热方面，以陶瓷、金属和玻璃最好，塑料次之，木材最小；在密度方面，以塑料和木材最小，木材中以泡桐最轻，塑料中以泡沫塑料最轻；在线膨胀系数方面，以塑料最大，陶瓷最小；在导热性方面，以塑料、木材最小，玻璃、陶瓷次之，金属最大。

（二）何种情况不宜选用塑料

塑料材料虽具有很多优点，其综合性能又最好，但它并不是无所不及的万能材料。在有些使用条件要求苛刻的场合，塑料往往不能使用，不得不由其他材料取而代之。

一般情况，在下列使用条件下，建议不宜选用塑料材料而应选用其他材料。

1. 要求材料强度特别高

超强纤维增强的工程塑料随强度会大幅提高，并且比强度高于钢。但在大载荷应用场合，当拉伸强度超过 300MPa 时，塑料材料仍满足不了需要。此时只好用高强度金属材料或超级陶瓷材料了。

2. 要求耐热温度高

塑料的最高使用温度一般在 300℃左右，而且大多数塑料的使用温度都在 100～260℃范

围内；只有芳杂环聚合物、热固性聚酰亚胺、液晶聚合物、聚苯酯、聚苯并咪唑（PBI）、聚硼二苯基硅氧烷（PBP）等超特种工程塑料的热变形温度可大于300℃。因此，如果使用环境的温度长期超过400℃，几乎没有塑料材料可供选用；如果使用环境的温度短期超过400℃，甚至达到500℃以上，并且无较大的负荷，有些耐高温塑料可短时使用。不过以碳纤维、石墨或玻璃纤维增强的酚醛等热固性塑料很特别，虽然其长期耐热温度不到200℃，但其瞬时可耐上千度高温，可用作耐烧蚀材料，用于导弹外壳及宇宙飞船面层材料。

3. 要求尺寸精度高

由于塑料材料的成型收缩率大且不稳定，有的品种如POM还有后收缩；塑料制品受外力作用时，产生的变形（蠕变）大；热膨胀系数比金属大，有的要大上几倍。因此，塑料制品的尺寸精度不高，很难生产高精度产品。不同塑料材料可生产制品的精度如表23-3所示，从表中可以看出对于1、2级精度的制品，建议尽可能不要选用塑料材料，而选用金属或高级陶瓷。

表23-3　不同塑料材料对应的产品精度

精度等级	可用塑料材料品种
1	无
2	无
3	PS、ABS、PMMA、PC、PSF、PPO、PF、AF、EP、UP、F4、UHMWPE、30%GF增强塑料等，其中以30%GF增强塑料的精度最高
4	PA类、氯化聚醚、HPVC等
5	POM、PP、HDPE等
6	SPVC、LDPE、LLDPE、EVA、热塑性弹性体等

4. 高绝缘性材料

在超高压电力输送环境中，要求绝缘材料的耐电晕性特别突出。而塑料材料除PE、PI及XLPE的耐电晕性较好外，其他塑料的耐电晕性都不好。但PE、PI及XLPE的耐电晕性只可用于550kV的高压，对于超过550kV的超高压绝缘材料，几乎没有一种塑料材料可以满足需要了。此时，建议选用云母等其他绝缘材料。

5. 高导电材料

塑料材料素以绝缘性能好而著称，但近年来开发出不少导电性塑料品种，具体有聚乙炔、聚苯胺、聚吡咯及聚噻吩等，这些导电树脂的导电性能接近于导电金属。但在目前的开发阶段，塑料导体仍存在诸多不足。例如，导电性能不好，强度低，原料价格十分昂贵，成型加工困难。为此，在最近一段时期内，除非环境特殊需要（如质轻、形状复杂、耐腐蚀等），否则不建议用塑料材料做高导电材料，而选用导电金属材料。

6. 高磁性材料

传统的磁性材料一直为铁氧体和稀土两类。近年来开发的磁性塑料材料一直为树脂与磁粉的复合材料，其磁性不高，只能用于对磁性要求不高的场合。最近，对磁性塑料材料的开发已取得一些进展，有报道已合成的磁性树脂有：

① 聚双 2,6-吡啶基辛二腈，磁性可与磁铁相匹敌，颜色为黑色；

② 金属钒与四氰乙烯的聚合物，可在 77℃以下保持较好的磁性；

③ 聚席夫碱的铁螯合物。

但真正用作高磁性材料的还没有，只是处于研究开发阶段。因此，建议目前不要选用塑料材料用作高磁性材料，而低磁性材料可选用复合磁性塑料材料。

（三）何种情况宜选用塑料

在下列所介绍的各种情况下，建议选用塑料材料。

1. 要求制品轻质性突出

塑料材料的相对密度在 0.83～2.2 范围内，在众多材料中只比木材的相对密度稍高一点。木材的相对密度在 0.28～0.98 范围内，比塑料要更轻一些。而泡沫塑料材料的相对密度会更低，其相对密度在 0.1～0.4 范围内，高发泡塑料制品的相对密度甚至比 0.1 还要低许多。

为此，在制品特别强调轻重，而木材又不能满足需要时，一般选用塑料或泡沫塑料。

2. 要求制品比强度高

比强度为材料的强度与材料的相对密度比值。在各种材料中，塑料材料具有最高的比强度，比特种合金铝还要高。在一些既要求减重又要求高强度的中、低载荷使用环境中，塑料材料是最合适的材料品种。如各种交通工具中的结构部件，都可用相应的塑料代替；在汽车工业中，塑料结构件的使用量已达到 6%以上，而且正逐步增长；在飞机、轮船及航天工具上，使用塑料材料减重的意义更巨大。

3. 制品形状特别复杂

在各种材料中，塑料具有易加工的特点，它适于成型形状复杂的制品。对于形状复杂的制品，宜采用易加工的塑料材料，用注射方法成型。例如一个汽车用油箱，用金属材料制造，由 5 个部件组成，需要 23 道工序，加工费占 50%；用塑料材料制造，由三个部件组成，只需 3 道工序，加工费仅为 20%～30%。

4. 中低载荷作用下的结构制品

由于塑料材料在强度上不及高强度金属材料和特种陶瓷材料，且其强度值随温度、湿度的升高而迅速下降。所以，它不适于连续高温且有载荷作用的场合使用，只适用于中低温度下、中低载荷作用的结构制品。例如，上述使用条件下的齿轮、轴承等。

5. 要求制品的耐腐蚀性好

塑料具有很高的耐腐蚀性，其耐腐性仅次于玻璃及陶瓷材料。不同品种塑料的耐腐蚀性不同，在塑料中聚四氟乙烯的耐腐蚀性最好，可耐各种强酸、强碱及强氧化剂，甚至连“王水”都耐；其他塑料大都不耐强酸、强碱及强氧化剂。

一些化工管道、容器及需要润滑的结构部件都宜应用耐腐蚀塑料材料制造。

6. 要求综合性能好的制品

在所有材料中，塑料材料的综合性能最高。以PC及PSF为例，在其大分子中，同时具有刚、韧、硬的性能，既同时具有拉伸、弯曲、压缩、剪切、冲击、耐磨性能，又具有耐腐蚀、电绝缘性优异等优点。因此，在一些要求综合性能好的制品，如力学性能、热性能、电性能、环境性能都要求时，应选用塑料材料。

7. 要求具有自润滑性的制品

很多塑料品种都具有优异的自润滑性，如PA、POM、UHMWPE、PI及PTFE等。在很多场合，摩擦接触的结构制品禁止使用润滑剂，以防止污染，如食品、纺织、日用及医药机械等。用自润滑性塑料材料制造运动型结构制品，不经润滑即可正常运动，而且可避免污染。如我们日常生活用的拉链，常选用PA、POM等自润滑材料制造。

8. 要求制品具有防震、隔热、隔声性能

塑料尤其是泡沫塑料同时具有优异的防震、隔热、隔声性能，只有木材具有相近的性能，而其他材料都无可比拟。

在防震应用上，软质PU、PE、PS泡沫塑料最为常用。其中软质PU泡沫塑料常用于体育器材，而PE、PS常用于防震包装。

在隔热应用中，常用硬质PU、PS、PF和脲醛等泡沫塑料。

在隔声应用中，PS泡沫塑料最常用。

第三节　塑料制品的使用性能

也就是说塑料制品的使用性能是选用材料首要考虑的因素。所选塑料材料本身具有的性能必须满足制品的使用性能要求。这样，用这种材料制造的制品才可达到产品的设计目的。

对于一个特定的塑料制品而言，往往需要很多性能。在具体选用时，首先须将众多性能分为主要性能、相关性能和次要性能。这样在选用时可分清主次，抓住主要矛盾，将选用过程简单化。

塑料制品的主要性能、相关性能和次要性能的重要性不同，其排列依次如下：

① 主要性能　它是决定制品使用性能的关键性能，是材料必须具备的性能；

② 相关性能　它是为制品主要性能服务的辅助性能，是材料最好要有的性能；

③ 次要性能　它是与制品使用性能关系不大的性能，是材料可有可无的性能。

例如，用于高压绝缘的塑料制品，在其要求的使用性能中，各种性能的作用如下：

① 主要性能　包括材料的耐电晕性能及介电性能；

② 相关性能　包括材料的体积电阻率、介电常数、介电损耗、耐候性能、耐热性能等；

③ 次要性能　包括材料的力学性能、阻燃性能、加工性能、成本高低、表面性能等。

再如，用于盛装硫酸的瓶子，在其要求的使用性能中，各种性能的作用如下：

① 主要性能　材料的耐硫酸腐蚀性要好；

② 相关性能　包括材料的耐压性能、跌落冲击性能等；

③ 次要性能　包括材料的透明性能、阻隔性能、耐候性能等。

又如，用于手表的无声齿轮，在其要求的使用性能中，各种性能的作用如下：

① 主要性能　包括材料的疲劳强度、冲击强度及耐磨性等；

② 相关性能　包括材料的耐热性能、摩擦性能、尺寸精度、自润滑性等；

③ 次要性能　包括材料的耐溶剂性能、加工性能等。

塑料制品的使用性能是由其使用条件和使用环境两个因素决定的，在不同的使用条件和使用环境中，塑料制品要求的使用性能不同。如同为一种齿轮制品，在重载荷作用下，要求其机械强度高、耐磨性好；在食品及纺织机械中，为防污染不能用润滑剂，要求其具有自润滑性；在高温环境中，要求其耐热性要好；在电力设备中，要求其电绝缘性要好；在化工设备中，要求其耐腐蚀性要好；在核动力设备中，要求其耐辐射性要好；在矿井中，要求其具有抗静电性，以防产生电火花引起瓦斯爆炸。

（一）塑料制品的使用条件

塑料制品的使用条件主要包括塑料制品的受力情况、电能情况、渗透性要求、透明性要求、尺寸精度要求、外观及可装饰性、材料可改性性能等。

1. 塑料制品的受力情况

塑料制品的受力情况是指制品在使用过程中受载荷作用的状况，受力情况包括受力类型、受力性质、受力状态和受力大小 4 种。

（1）受力类型

制品所受力的类型不同，制品要求的性能也不同，相应地对所选材料的性能要求也不同。常见的受力类型及对材料的性能要求如下：

① 拉伸力　如绳索、拉杆等制品，要求材料的拉伸强度要高；

② 压缩力　如垫片、密封圈等制品，要求材料的压缩强度要高；

③ 冲击力　如汽车保险杠、仪表盘等制品，要求材料的冲击强度要高；

④ 弯曲力　如体育器材的单、双杠等制品，要求材料的弯曲强度要高；

⑤ 扭曲力　如传动轴等制品，要求材料的扭曲强度要高；

⑥ 剪切力　如螺栓等制品，要求材料的剪切强度要高；

⑦ 摩擦力　如轴承、导轨、活塞等制品，要求材料的抗磨损性要高；

⑧ 压力　如饮料瓶、上水管、煤气管等，要求材料的抗爆破强度要高。

（2）受力性质

受力性质是指制品所受作用力的可变化性。如果所受的作用力为不变化的则称为恒定力（动态力），如果所受的作用力为变化的则称为非恒定力（静态力）。非恒定力又可分为渐增（减）变化和周期性变化两种，对于渐增（减）变化的应力称为渐增（减）应力，而对于周期性变化的应力则称为间歇力。

对于受恒定力或渐增（减）力作用的制品如螺母、垫片、密封环等，要求所用材料的耐蠕变性能要好；即在长期载荷作用下，制品的尺寸变化应尽可能小。常用的材料有：PPO、ABS、PSF、PC、POM 及相应的玻璃纤维增强工程塑料。

对于受间歇力作用的制品如齿轮、凸轮、活塞环等，要求所用材料的抗冲击性和耐疲劳性要好，以保证长期使用。常用的材料有 PC、PA、PPO、POM、PET 及 PBT 等。

（3）受力状态

受力状态是指制品受力作用时与施力物体之间的接触状况。接触状况可分为两种：一种为静止接触，如垫片、螺母等制品；另一种为摩擦接触，如密封圈、轴承、齿轮等。其中，摩擦接触又包括滚动摩擦接触和滑动摩擦接触两种。

对于摩擦接触的受力制品，不仅要求所选材料的力学性能要好，而且要求所选材料具有高耐磨损性、低摩擦系数及自润滑性。常用的耐磨塑料材料有 PA、POM、PI、POB、PBT、PEEK 及 UHMWPE 等；常用的低摩擦塑料材料有 PTFE、UHMWPE、POB、PA、PBT；常用的自润滑性的塑料材料有 PA、POM、PTFE、PI 及 UHMWPE 等。

（4）受力大小

受力大小是指制品所受载荷的高低，一般习惯上将受力大小分为大、中、小三种。由于塑料材料的强度不及金属材料高，并且塑料材料的强度随温度升高而迅速下降。因此，塑料材料不适用于高温、高载荷作用的受力制品，而只适用于常温下中、低载荷作用的受力制品。对于受力较大的塑料制品，一般都需要对材料进行纤维增强改性处理，以提高其强度。

2. 塑料制品的电能情况

塑料制品的电能情况是指制品使用场合所受电能的状况，如交流或直流、电压的高低、频率的大小等。制品在不同的电能作用下，对材料的电学性能要求不同。

（1）塑料制品在高压下使用

要求材料具有优秀的耐电晕性，并且介电强度、体积电阻率要高，介常数、介电损耗要小，适合的材料只有 PE、XLPE 及 PI 等。

（2）塑料制品在常温中、低压下使用

大多数非强极性和高吸水性塑料材料都可以选用，如 PVC、PP、PS、ABS、PF、AF、EP、UP、POM、PC 及 PMMA 等。

（3）塑料制品在高温中、低压下使用

只有少数耐热塑料材料可满足需要，如 PTFE、PI、PPS、PPO 及 PSF 等。

（4）塑料制品用于绝缘开关

电绝缘开关要求材料的耐电弧性好，几种耐电弧好的塑料材料如下：

PCTFE＞PTFE＞SI＞共聚 POM＞HDPE＞AF＞PF＞EP＞PSF＞聚苯酯＞PAR＞PBT＞PI＞PC。

（5）塑料制品用于电容器介质

要求塑料材料的介电常数要大，介电损耗要小并且不随频率升高而增大。常用的材料有：PET、PP、PS、PTFE、PC 及 PI 等。

（6）塑料制品在高频下使用

在高频下，应该选用电性能不随频率升高而下降的塑料材料，以保证高频下的电性能。适用的品种有 PE、PP、PS、PTFE、FEP、PI、SI 及 PPO 等。

3. 塑料制品的尺寸精度要求

塑料制品的尺寸精度不如金属等材料高。因此，对于高精度（如 1、2 级精度）要求的制品不宜选用塑料材料。

塑料制品的精度受原料的成型收缩率、吸水率、蠕变、线膨胀系数及耐溶剂性等因素制约。

（1）原料收缩的影响

一种材料的成型收缩率越大，其相应制品的尺寸精度就越低。塑料原料的成型收缩率一般比其他材料大，因而只能生产一般精度的制品。不同塑料品种的成型收缩率相差很大，其中，结晶性塑料的成型收缩率为1%左右，而非结晶性塑料的成型收缩率为0.5%左右。所以，结晶性塑料制品的尺寸精度不如非结晶性塑料的尺寸精度高；在生产较高精度的制品时，尽可能选用成型收缩率低的非结晶塑料原料。

有的塑料原料成型收缩率不稳定，如POM塑料的成型收缩率在制品成型后几周还要变化，准确成型收缩率难以精确计算，很难生产高精度的制品。所以，在生产较高精度的制品时，不选用成型收缩率值不稳定的塑料材料。

塑料材料进行增强或无机填充改性后，其成型收缩率会大大降低。如纯PP的成型收缩率为1%～2.5%，而30%GF/PP的成型收缩率则下降为0.4%～0.8%。再如，纯PA1010的成型收缩率为1.3%～2.3%，而30%GF/PA1010的成型收缩率为0.3%～0.6%。因此，在生产较高精度的制品时，尽可能选用经过改性处理的塑料原料。

塑料的成型收缩率还与加工条件、制品设计及模具设计等因素有关，如快速冷却和高压注射可降低成型收缩率。这些因素在生产较高精度的制品时，应引起注意。

（2）原料蠕变的影响

蠕变是制品在受力状态下所产生的永久形变。如果在高载荷作用下，蠕变会引起大的尺寸变化，从而严重影响制品的尺寸精度。如一个拧紧的螺母，会因蠕变的作用在几个月后变松。

如要生产在长期载荷作用下的较高精度制品，一定要选用耐蠕变性好的塑料材料，如LCP、PPO、POM、PBT、PET、PPS、PSF及PC等，其中LCP的耐蠕变性最好，PA的耐蠕变性不好。

另外，纯塑料材料经增强或填充改性后，其耐蠕变性能会大大提高，可用于生产在长期载荷作用下的较高精度制品。如纯PET的蠕变值为10%，加入23%的玻璃纤维后，其蠕变值下降为2%。

（3）原料线膨胀的影响

原料的线膨胀又称为热膨胀，它是指制品在温度升高时的尺寸变大的现象。与其他材料相比，塑料材料的线膨胀系数大，比金属可大几倍，比玻璃、陶瓷及木材都要大。因此，塑料制品在温度变化时，易引起较大的尺寸变化，不适用于生产高温下使用的高精度制品。

纯塑料原料进行增强或填充改性处理后，其线膨胀系数也会下降。如纯PA6的线膨胀系数为$8.3\times10^{-5}℃^{-1}$，而30%GF/PA6的线膨胀系数为$(1.2\sim3.2)\times10^{-5}℃^{-1}$。

（4）原料吸水的影响

塑料材料在吸水后引起体积膨胀，导致尺寸增大，严重影响塑料制品的尺寸精度。为此，在潮湿环境中应用的塑料制品，如尺寸精度要求高时，不宜选用高吸水性塑料，具体如PA、PES及PVA等。

（5）原料溶胀的影响

除氟塑料外，大部分塑料原料在相应的溶剂中都会产生溶胀现象，引起制品体积的增大。因此，对于与化学介质接触的塑料制品，要选用介质不能引起其溶胀的塑料材料制造，以保证制品在使用中的尺寸精度。如在脂肪烃、芳香烃及卤代烃介质中，不宜选用聚乙烯材料，它们长时间接触会发生溶胀现象。

4. 制品的渗透性要求

制品的渗透性是指气体、液体在其中的透过性大小，对于渗透性大的材料称为透过材料，而对于渗透性小的材料则称为阻隔材料。在不同的应用场合下，对制品的渗透性大小要求不同。

（1）透过性制品

透过性制品包括微孔材料及选择性透过材料，它们主要用于液体或气体的过滤和分离。具体制品有：富氧膜、离子交换膜、渗透膜、反渗透膜、扩散渗透膜及微孔过滤膜等。

（2）阻隔性制品

阻隔性制品常用于碳酸性饮料、食品保鲜包装等包装材料，如汽水瓶、啤酒瓶、真空袋等。可选用的材料有：EVOH、PVDC、PAN、MXD6、PEN、PET、PA 以及 PE/EVOH/PE 及 PE/PA/PE 等复合材料。

5. 制品的透明性要求

有些场合需要制品具有透明性能，如农用大棚膜及地膜，各种透镜、灯罩及窗，透明包装材料如饮料、服装及工艺品的包装，光传播材料如光纤，光记录材料如光盘等。

不同塑料材料的透明性大不相同，具体排列如下：

高透明性材料：PMMA、PC、PS、PET、PETG、mCOC、CR-39、HEMA、AS、BS、MS、MBS、TPX、聚降冰片烯等；

中等透明性材料：PVC、透明 PP、透明 ABS、透明 PA、PE、EP 等；

不透明性材料：ABS、PBT、PPO、POM 等。

6. 制品的外观要求

不同塑料材料制成制品的外观不同，如用 ABS、PP、MF、PS 等原料制成的制品表面光泽性好，用 PS、ABS 为原料制成的制品色泽鲜艳，而用 PF 制成的制品只能为深颜色。

经过填充或增强改性制品的外观性能往往下降。因此，要求外观性能高时，尽可能不要填充或增强。

现在已开发出塑料用光亮剂，加入塑料中可明显提高其表面光泽。

制品的颜色也很重要。不同的国家、不同的民族所钟情的颜色也不同，如阿拉伯国家都以绿色为吉祥色。不同的产品对颜色的要求也不同，如在绝缘电缆中，不同的颜色代表不同的极相。为此，制品的颜色往往根据用户的需要来制定。

另外，如制品达不到外观性能要求，还可进行抛光、电镀等二次表面处理，以提高其表面光泽。

（二）塑料制品的使用环境

塑料制品的使用环境包括环境温度、环境湿度、接触介质及环境的光、氧、辐射等。塑料制品在不同的使用环境中，对其要求的性能不同。如在高温下要求材料耐热温度高；在潮湿环境中，要求其耐水性要好。

1. 环境温度

环境温度即塑料制品使用场合的温度。由于塑料材料的耐热性不及金属等其他材料，所以，环境温度越高，可用塑料的品种越少。在具体选材时，要注意环境温度不能超过材料的热变形温度、使用温度和脆化温度三种中的任何一个。热变形温度主要改变塑料制品的尺寸，而使用温度和脆化温度则改变塑料制品的性能。

（1）热变形温度

环境温度如超过材料的热变形温度，制品会发生严重变形，从而丧失其使用功能。所以在具体选用时，所选材料的热变形温度一定要高于使用环境温度。

（2）使用温度和脆化温度

随使用环境温度的升高，塑料的大部分性能变坏，具体如拉伸强度、压缩强度、弯曲强度、刚性、硬度、耐蠕变、耐磨性、耐溶剂性、体积电阻、介电强度、介电损耗等；也有少部分性能变好，如断裂伸长率、冲击强度、介电常数等。当然，随使用环境温度的下降，塑料的上述性能变化与温度升高正好相反。当温度升高（下降）到某一特定值（热变形温度以下）时，虽然制品没发生变形，但材料的性能随之下降到某一临界值；低于临界值时材料的性能则满足不了制品的需要，习惯上将升高到临界值时对应的温度称为塑料制品的使用温度，而将温度下降到临界值时对应的温度称为塑料制品的脆化温度。

在具体选材时，不仅从制品的外形尺寸变化上考虑热变形温度，还要考虑使制品丧失使用性能的使用温度和脆化温度。几种温度中哪一种造成塑料制品的破坏，就选哪一种温度为最高使用环境温度。例如，选用的A树脂生产拉杆，其热变形温度为100℃，但当温度达到80℃时，其拉伸强度下降至最低要求；温度再升高，虽制品没产生大的变形，但拉伸强度已满足不了实际需要；造成制品破坏的为使用温度，选用时应以使用温度为主；因此，此制品的最高使用环境温度为80℃。再如，同样为A树脂，用于电绝缘制品，当温度升高到120℃时，其电绝缘性能仍可满足实际需要，但此时制品已严重变形；造成制品破坏的为热变形温度，选用时应以热变形温度为主；因此，此制品的最高使用环境温度为100℃。又如，在严寒的冬季或在南北极地区，由于温度十分低，往往造成塑料的冲击强度满足不了需要，制品变得十分脆，丧失了使用价值；此时，造成破坏的为脆化温度，选用时应以脆化温度为主。

下面举几个温度对塑料性能影响的例子。

① 力学性能　几乎所有热塑性塑料的机械强度（冲击强度例外）都随温度升高而明显下降，尤其以PA、PEEK的影响最大，热固性塑料和大部分热塑性塑料如PC、POM、PET、PBT、PPO、PSF、LCP及PPS等影响较小。

例如，当温度从－34℃升高到27℃时，PMMA制品的疲劳强度下降58%；当温度从23℃升高到70℃时，PA6的压缩变形从1%上升到4.8%，PA66从0.8%上升到3.4%，PA1010从0.8%上升到4.2%；当温度由20℃上升到60℃时，PA6的拉伸强度由80MPa下降到28MPa，PA66由100MPa下降到50MPa，PA1010由95MPa下降到50MPa；当温度由30℃上升到60℃时，PA6的冲击强度由50kJ/m^{2}增大到180kJ/m^2，PA66由20kJ/m^{2}增大到120kJ/m^2，PA1010由15kJ/m^{2}增大到80kJ/m^2。

② 电学性能　随温度升高，塑料的电绝缘性能变差。如体积电阻率和介电强度下降，介电常数和介电损耗升高。只有PP、F4、F46的电性能不随温度升高而变化，可用于高温

绝缘。

例如，温度从23℃升高到80℃，PA1010的体积电阻率从$10^{14}\Omega \cdot cm$下降到$10^{11}\Omega \cdot cm$，LDPE的介电损耗正切角从3×10^4上升到4.2×10^4。

③ 耐腐蚀性能　在高温下，塑料材料的耐腐蚀性能大大下降。许多在常温下对塑料不起作用的溶剂，在高温下会使塑料制品溶胀或溶解。例如，常温下PP可耐所有溶剂，但温度在80℃以上，PP制品可为非极性脂肪烃、芳烃等溶胀或溶解。

2. 环境湿度

环境湿度对低吸水性的塑料制品的使用性能影响小，如PO、EP、POM、PVC、PPO及PSF等制品；对SI及PTFE制品而言，它不受湿度影响。但对于高吸水性塑料如PA、PVA等制品则影响很大，尤其对力学性能和电绝缘性能的影响更大。

（1）力学性能

除冲击强度外，塑料材料的强度都随环境湿度的升高而下降。例如，PA66的吸水率从2%升高到6%时，其拉伸强度则从60MPa下降到40MPa；再如，PA1010的吸水率从0.4%上升到1.2%时，其弯曲强度则从60MPa下降到40MPa。

（2）电绝缘性能

随湿度升高，材料的电绝缘性变差，体积电阻率和介电强度下降，相对介电常数和介电损耗升高。例如，PA1010的湿度从0.3%升高到0.4%时，其介电常数从3.6增大到4。

3. 接触的介质

塑料制品可接触的介质有：水、试剂、生物、人类及物体等。塑料制品与接触介质之间会产生相互作用，从而造成或塑料制品或接触介质的破坏。

（1）介质对塑料制品的影响

有些介质会造成塑料制品丧失其使用性能，具体如下：

对于腐蚀性介质如浓硫酸、高锰酸钾等，它们会对塑料制品产生强烈的降解等破坏作用；对于一些强极性溶剂，它们会对塑料制品产生应力开裂、溶胀及溶解等破坏作用。

对于高潮湿环境或在水中，强吸水性塑料会发生水降解反应。

对于微生物介质如细菌、真菌、霉菌及藻类，它们会对塑料制品产生生物降解破坏作用，使高分子化合物变成小分子化合物。

（2）塑料制品对介质的影响

有些塑料制品与人体接触时，会造成人体的伤害。防止意外伤害的发生，应采取如下具体措施：

对于与人体接触的物品如日用品、玩具等，要求无毒或低毒。

对于人类食用的食品、药品用包装材料、医疗器械等以及化妆品包装材料，要求绝对无毒；不仅树脂绝对无毒，添加剂也要无毒；而且，加工环境也要清洁、卫生，以防加工中污染。

对于长期与人体接触或植入人体内用作人体器官的医用塑料制品，除要求绝对无毒外，更要求塑料制品与人体的生理相容性要好、抗血栓性好、无致癌嫌疑等。

对于瓶体、管道等压力容器，要求其耐爆破压力要高，以防爆炸引起人体的伤害。

对于日用品、装饰材料、建筑材料等塑料制品，要求其阻燃性和防止火灾蔓延性要好；

以防燃烧的火焰、熔滴及释放的毒气使人类烧伤、烫伤或中毒；为此，应选择难燃或自熄性、发烟量少、燃气无毒或毒气性小的材料。

对于电器用绝缘材料，其介电性能、耐热性、阻燃性一定要超过规定指标适当幅度，以增加其安全系数，以防电压、电流过高引起局部发热或击穿。发热会导致火灾事故，击穿会导致人体触电。

4. 环境的光、氧及辐射

塑料制品周围存在的光、氧及辐射线等会引起塑料的降解反应，导致塑料制品性能下降，从而大大缩短其使用寿命。

（1）光、氧的作用

光、氧的存在会引起塑料制品的降解。对于 PE、PP、PS、ABS、PVC、PA、POM、PC、PBT 及 PET 等易产生光、氧老化的塑料材料，尤其是其制品长期在户外使用，如地膜、棚膜、太阳能装置及汽车保险杠等，要求必须加入抗氧剂及光稳定剂，或选用抗光、氧作用的塑料材料，具体如少数耐光、氧作用的 ASA、PU 及 PMMA 等。

（2）辐射的作用

辐射也会导致塑料制品的降解，而且绝大多数塑料材料的耐辐射性都不好，只有氟树脂、聚酰亚胺、聚苯硫醚、聚醚醚酮、液晶聚合物、超高分子量聚乙烯、聚砜、聚偏氟乙烯、聚苯酯等少数几种塑料品种的耐辐射性能较好。所以，在有辐射源存在的使用场合，如核电站使用的塑料配件，必须选用前面提到的耐辐射性塑料材料。如核电站用高温电缆，常选用聚酰亚胺或聚苯硫醚制造。

第四节 塑料的加工性能

塑料的加工性能是指其树脂转变成制品的易难程度。不同树脂品种的加工性能大不相同，有的树脂很容易加工，而有的树脂则很难加工。在具体选用树脂时，一定要考虑所选树脂的加工性能如何。一般要考虑的内容有：树脂的可加工性、加工成本、加工废料三方面问题。

（一）树脂的可加工性

不同树脂品种的可加工性能不同。在选材时，如几种树脂其他性能相近，此时必须考虑其可加工性，应尽可能选用那些易加工的树脂品种。有时不得不选用难加工树脂，要详细考虑其加工特性，以制定正确的加工方法。

一般可将难加工树脂分为如下三类。

1. 易热分解类树脂

易热分解类树脂是指熔融温度与分解温度接近或熔融温度超过分解温度的一类树脂。具体有 PVC、PVDC、CPE、PVF 及纤维素等，其中 PVC 为最典型的代表品种；PVC 的熔融温度为 170℃，而其热分解温度为 140℃；因此 PVC 树脂在熔融之前就已经分解，难以用熔融的方法加工。

在易分解类树脂的加工中，必须加入增塑剂以降低熔融温度或加入热稳定剂以提高热分解温度，从而使其分解温度在熔融温度以上，差距越大越好。常用的增塑剂有：苯二甲酸酯类、脂肪族二元酸类、磷酸酯类、环氧化合物类等。常用的热稳定剂有：铅盐类、金属皂类、有机锡类、有机锑类及稀土类等。

另外，POM、TPU、PA 等在加工中易发生热氧化降解，常加入抗热氧稳定剂等。

2. 热固性树脂

热固性树脂包括 PF、AF、EP 及 UP 等，其纯树脂的性能不好，而且熔融黏度特别低，几乎成为流体，因此难以用熔融方法加工，属难加工类树脂。

在热固性树脂的加工中，要加入可使大分子交联（又称为固化）的助剂即固化剂（又称为交联剂）以及固化促进剂等。常用的固化剂有：胺类、酸酐类、咪唑类等，以及硫黄类和过氧化物类（CPE 用）。

热固性树脂常用压制方法加工成型。近年来开发出可注射的 PF 及 AF 料，其注射成型工艺比较难控制，且需用专用注射机。因此，除非塑料制品形状特别复杂和精度要求较高，否则尽可能不用注射方法加工。

3. 高熔融黏度类树脂

高熔融黏度类树脂包括 PTFE、UHMWPE、PPO 及聚苯酯等。这类树脂的共同特点为：在达到熔融温度时，树脂处于熔融状态，但由于其熔融黏度十分高，虽熔融但不流动，具有类似金属的非黏性流动特性。

高熔融黏度类树脂一般采用烧结或冷挤压的方法加工成坯料，再用机械手段加工成具体尺寸的制品。因此，高熔融黏度类树脂难以加工出复杂形状的制品。

如果塑料制品的性能要求不高，可对高熔融黏度类树脂进行共混改性，即在其中混入易加工树脂。例如，在 PPO 中混入 PS 等，可使 PPO 用常规方法加工，但原有性能会下降。

（二）塑料的流动性与加工方法

不同品种的塑料具有不同的流动性，按此将塑料分成高流动性塑料、低流动性塑料和不流动性塑料，具体如下：

① 高流动性塑料　PS、HIPS、ABS、PE、PP、PA 等。

② 低流动性塑料　PC、PPO、PPS 等。

③ 不流动性塑料　PTFE、UHMWPE 等。

同一品种塑料也具有不同的流动性，主要原因为分子量、分子链分布的不同，所以同一种原料分为不同的牌号。不同的加工方法所需用的流动性不同，所以牌号分为注塑级、挤出级、吹塑级、压延级等，具体见表 23-4。

表 23-4　不同加工方法与熔体流动速率的关系

加工方法	熔体流动速率/(g/10min)
压制、挤出、压延	0.2～8
流延、吹塑	0.3～15
涂覆、滚塑	1～8
注塑	1～60

（三）塑料的加工成本

塑料的加工成本包括加工设备成本和加工能耗两个方面。其中加工能耗又包括加工前的干燥处理、加工中的加工温度高低、加工时间长短、制品的后处理等。

在具体选材时，对塑料的加工成本主要考虑如下几方面因素。

1. 在加工设备成本方面

（1）要选用设备投资小的塑料加工设备

塑料有很多加工方法，主要有压延成型、注射成型、挤出成型、中空吹塑成型、压制成型、真空吸塑成型等。不同塑料加工方法的设备投资大小不同，而且相差往往很大。下面将不同塑料加工方法的设备投资由大到小排列（以中型设备为例）：

压延成型＞注射成型＞挤出成型＞中空吹塑成型＞压制成型＞真空吸塑成型

在具体选材时，尽可能选用加工设备投资少的成型方法。例如，生产一次性饮水杯，既可注射成型也可吸塑成型；从设备投资上考虑，要采用吸塑成型方法加工。又如，同是HDPE面包用周转箱，可用注塑和压制两种方法加工，但压制方法投资小，建议尽可能选用压制方法加工。

（2）要选用本公司现有的塑料加工设备

利用现有设备，可大大节省设备投资。例如，要生产PVC农用大棚膜，可用压延和挤出吹塑两种方法加工；而本公司现有压延设备，则应选用压延法生产PVC膜。虽然挤出吹塑法的投资远少于压延法，但毕竟要增加新的投资。

2. 在加工能耗方面

尽可能选用加工能耗低的加工方法，具体应注意如下几方面。

① 尽可能选用不需干燥可直接加工的塑料原料　如PE、PP、PVC及PTFE等塑料原料都不需干燥；而大部分工程塑料和透明性塑料如ABS、POM、PA、PC、PMMA、PS、PET、AS及MPPO等都需要干燥，这势必要增加能耗。常见几种塑料材料的干燥条件如表23-5所示。

表 23-5　常见几种塑料材料的干燥条件

塑料材料	干燥温度/℃	干燥时间/h
PS	70～80	1.5～2
ABS	80～85	2～4
PMMA	首先 100～110	4
	然后 70～80	2
PA	80～100	10～36
PC	普通烘箱 110～120	25～48
	真空干燥 110	10～25
	沸腾床干燥 120～130	1～2
POM	110	2～3

续表

塑料材料	干燥温度/℃	干燥时间/h
PET	真空干燥 130～135	3～4
MPPO	100～110	2
PES	160	3
PSF	120	5
	160	2～3

② 尽可能选用不需加工后处理的塑料原料　有些刚性分子链聚合物如 POM、PS、PC 及 MPPO 等，制品中容易残留内应力，在使用中易产生应力开裂现象。为此，对这些材料要进行加工后处理，以消除残留内应力，这也会引起能耗的增大。常见塑料制品的后处理条件如表 23-6 所示。

表 23-6　几种塑料制品的后处理条件

塑料制品	后处理温度/℃	后处理时间/h
POM	130	4～8
PC	100～120	8～24
PA	高于使用温度 10～20	0.5～1
ABS	70～80	2～4
PS	65～85	1～3
PSF	150	5

③ 尽可能选用加工温度低的塑料原料　塑料的加工温度越低，加工中的能量消耗则越低。在塑料材料中，PC、MPPO 等通用工程塑料或特种工程塑料的加工温度高，加工能耗也高，尽可能少选。

④ 尽可能选用对加工设备磨损和腐蚀小的塑料原料　以延长设备的使用寿命，降低设备的年折旧成本。

3. 在加工精度方面

不同的塑料加工方法，制成制品的精度不同。注射成型的制品精度最高，而真空吸塑成型的制品精度最低，不同成型方法的成型精度由大到小的顺序如下：

注射成型＞挤出成型＞注吹成型＞挤吹成型＞压制成型＞压延成型＞真空吸塑成型

在具体选用材料时，要视制品的尺寸精度要求来确定加工方法。

4. 在加工形状方面

不同加工方法加工的制品形状不同。从制品形状复杂程度上看，注射成型可制成形状复杂的制品。从制品尺寸大小上看，压延成型、真空吸塑成型、压制成型、缠绕成型可制成大面积的制品；如大型化工储罐及游船等，都可用缠绕成型制成。

（四）塑料加工的废料

不同的加工方法，产生的废料比例大小不同。不同的塑料材料，废料的可利用率不同。

在具体选用时，应尽可能选用产生废料少的加工方法和废料可重复利用的塑料原料，以最大限度地增加原料利用率。在这方面，具体应注意如下几方面问题：

① 对于高透明性塑料制品　其加工废料不能重复使用，重复使用会影响制品的透明性。

② 对于卫生性要求很高的塑料制品　其加工废料不能重复使用，重复使用会影响制品的卫生性。

③ 对于性能要求高的制品　其加工废料不能重复使用，重复使用会导致制品性能的下降。

④ 对于易分解性树脂　其加工废料不能重复使用，因废料已产生分解，重复使用会影响制品的性能。

⑤ 对于其他品种的塑料制品　包括一般性能制品、低透明制品，其加工废料可多次重复使用；如 POM 塑料，加工废料可加入 30%，并可循环使用 10 次左右；再如，MPPO 塑料，废料可加入 20%，可循环使用 5 次以上。

⑥ 对于不同的加工方法　废料的产生率不同，具体大小顺序为真空吸塑成型＞挤出吹塑成型＞注射成型＞压延成型＞压制成型＞挤出成型。其中，以真空吸塑成型一次性口杯为例，其废料率高达 40%。

第五节　塑料制品的成本性

在具体选用塑料材料时，要首选成本低的原料，以制成物美价廉的塑料制品，提高在市场上的竞争力。

塑料制品的成本的构成主要包括原料的价格、加工成本、使用寿命、使用维护费等。其中，塑料的加工成本在前一节已介绍，本节只介绍其他三方面因素。

（一）塑料原料的价格

塑料原料的价格指在原料市场上所购得树脂并运输到厂所花费的成本。不同塑料原料的价格相差很大，有的为几倍，最高的甚至上百倍。而且，价格的不稳定因素很多，不同原料在不同时期内的价格变化也很大。

塑料原料的价格对塑料制品的成本影响最大。对于注塑制品，一般原料的价格可占产品总成本的 60%～70%；对于挤出制品，一般原料的价格可占产品总成本的 70%～80%。

在具体选用塑料原料时，如果几种原料的性能接近，则应首先选用价格低的原料。即使价格低的原料在少数非主要性能上可能满足不了制品的要求，但因价格低也应尽可能选用；至于少数性能的缺陷，可通过适当的改性处理来弥补。

下面简单介绍一下各种塑料原料的大致价格区域。

① 低价位塑料　大部分通用热塑性塑料材料和通用热固性塑料材料都属于低价位原料，它们主要包括：PE、EVA、PP、PS、PVC、ABS、UHMWPE、PF、AF、EP 及 UP 等。

② 中价位塑料　通用工程塑料如 POM、PA、PC、MPPO、PBT、PET、PMMA 及 PU 等都属于中价位塑料，目前属 PC 和 MPPO 的价格最高，PA 次之。

③ 高价位塑料　高价位塑料原料大都为一些具有特殊功能的材料，因而除非特殊需要，在一般情况下尽可能不选用；而应尽可能选用一般工程塑料的改性品种，成本增加不高，但性能可以满足。高价原料主要包括：PTFE、PCTFE、FEP、PPS、PI、PSF、PES、PEK、

PEEK、LCP 及聚苯酯等，它们的价格大都超过 5 万/吨，如 PTFE 的价格超过 10 万/吨。

（二）塑料制品的使用寿命

在考虑产品的价格时，往往只考虑产品成本的整体价格，而忽略产品的单次使用价格。单次使用价格指产品在使用寿命内，每使用 1 次的产品价格。它与产品的使用寿命长短有关，使用寿命越长，其单次使用价格越低。

因此在选材时，应尽可能选单次使用价格低的塑料材料。具体选用方法为：首先尽可能选用使用寿命长的塑料原料，其次选择添加防光、氧、热及生物降解剂的抗老化改性塑料材料。

（三）塑料制品的使用维护费

塑料制品的使用维护费指产品在使用过程中为保证正常运行而必须产生的费用。例如，用作齿轮和轴承的塑料制品，往往需要加入润滑剂润滑以保证正常运行，并且延长其使用寿命。

在具体选材时，要尽可能选择那些不用进行维护的原料。例如，可用于生产齿轮的原料很多，如 PA、POM、PC、PBT、布基 PF 及 MPPO 等；但从维护费用一项考虑，PA、POM 具有一定的自润滑性，在齿轮运行过程中可少加润滑或不加润滑；因此，齿轮用塑料材料选 PA、POM 最合适。

第六节　塑料原料的来源

塑料原料的来源指原料在市场上是否容易购得。我们在具体选用塑料材料时，应尽可能选择那些来源广泛、可随时随地买得到的塑料品种。否则，原料的性能再好，市场上买不到，也只能是“巧妇难为无米之炊”。

从塑料原料的来源上考虑，应注意如下几点：

① 尽可能利用工厂现有的库存原料　这样可降低原材料的占有成本，盘活固定资本，提高企业资金流动率。

② 尽可能选择通用的塑料材料　通用塑料材料的生产厂家多，可很方便购得。

③ 尽可能选用已进入生产成熟期的塑料原料　因为处于开发初期的任何产品，在性能上往往存在这样或那样的不足；同时，开发初期的开发费用投入多，生产规模小，导致生产成本偏高。

④ 尽可能选用市场上不紧俏的原料　紧俏的原料往往不易购得，且价格偏高。

⑤ 尽可能选用产地近的原料　产地近的原料，一方面可节省运输费用，缩短运输时间；另一方面，由于运输时间短，可以每次少进，以降低资金占用率。

⑥ 尽可能选用国产原料　这不仅是一个扶植民族工业的爱国问题，还是成本问题。与国产原料相比，国外原料一是增加了进口关税和跨洋过海的运费，二是发达国家的劳动力成本高。因此，进口原料的价格往往偏高；虽然其在性能上比国产原料要好一些，但其性能/价格比还是偏高。

⑦ 最后才考虑选用进口原料。

第二十四章

塑料材料的选用方法

近年来，人们开发出一些带有规律性的选材方法，虽说规律性不是很强，但可引导选材过程少走一些弯路，多走一些捷径。在这些选材方法中，较常用的有雷达图模型法、统计数量化综合法、价值分析法和计算机辅助选用法，本书分别做简单介绍。

第一节　雷达图模型法

雷达图模型法是一种比较简单、直观的选材方法，它是在所选材料集中在几种性能相近的品种基础上的一种方法。因此，它不是一种直接的选材方法，而是在基本确定的很少材料中的精确的间接选材方法。

首先根据制品的使用要求和性能指标选定评价项目，并对每个项目进行分析和评价，确定各项评价项目的分值，并分别用阿拉伯数字 5、4、3、2、1 表示，分别代表优、良、可、差、劣 5 个等级。

然后，用雷达图进行评价选材。具体方法如图 24-1 所示，具体选材步骤如下。

① 选定制品需要评价的性能指标项目，具体如拉伸强度、冲击强度、热变形温度及耐药品性等。

② 画两个同心圆，在内外圆之间标出要评价的各个项目，每个项目用一条射线从内圆处指向圆心。

③ 在内圆中又画 4 个同心圆，将射线分成 4 等份，用五个圆周线与射线的交汇点来表示各个项目的得分值。

④ 按标准对每个项目评出得分值（按 5 个等级评定），并在对应的每个项目的分射线上标记一个点。

⑤ 将所有评分点用直线连接起来，即构成雷达图。

图 24-1 为用于壳体待选的三种塑料材料 PS、HIPS、ABS 的雷达图模型图。雷达图模型图中的星形图越接近圆形，说明其各项指标越平衡，综合性能越好。从图 24-1 中可以发现，ABS 材料的综合性能好于其他两种材料，是壳体材料的首选品种。

雷达图模型图法也有其局限性。因为实际选材时，往往需要强调几项突出的指标。如在 ABS、PC 两种材料中，如要求耐热和抗冲击，则要选用 PC；如要求流动性高，则要选用 ABS。

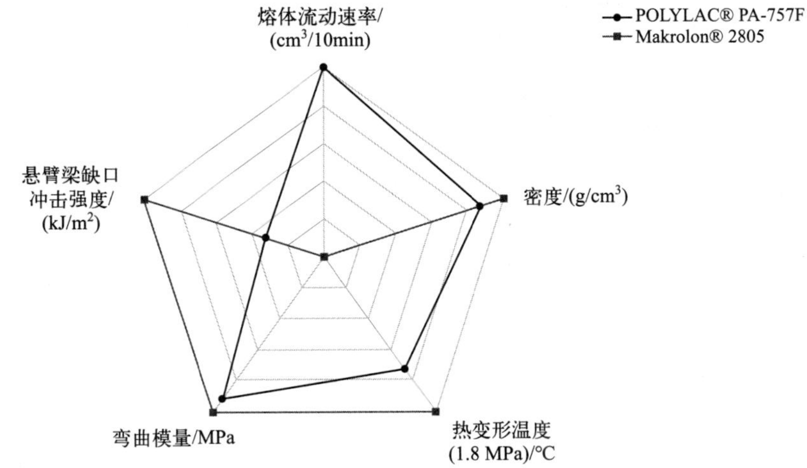

图 24-1　雷达图模型图

第二节　统计数量化综合法

统计数量化综合法同雷达图模型图法一样，也为一种间接的选材方法。它是在初选基本满足使用性能要求的前提下，再对预选的材料进行综合评价。其具体评定方法同雷达图模型图法相似，只不过不用图而用统计计算表罢了。

统计数量化综合法的具体步骤如下。

① 确定需要评价的项目，具体如拉伸强度、体积电阻率等。

② 以预选的几种材料作为评价方案，具体如 ABS、HIPS、PS 等。

③ 确定评价项目的重要性系数（加权法），不太重要的次要性能的重要系数为 1，而主要性能的重要系数要大于 1；如对壳体而言，冲击强度为主要性能，其重要性系数可定为 3。

④ 确定各项目的评分标准。

⑤计算各个项目的得分。

⑥ 用各个项目的分与其对应的重要系数相乘，然后累计叠加，计算各个项目的总得分，列于综合评价表中。

⑦ 从综合评价表中选取得分最高的材料作为首选材料。

例如，仍以 ABS、HIPS、PS 三种待选的壳体材料为例，用统计数量化综合法进行选材。

选定主要性能如冲击强度的重要系数为 3，相关性能如价格、加工性、静态强度的重要系数为 2，其他次要性能的重要系数为 1。参考图 24-1 中的各项性能的得分，分别乘以重要系数，列于表 24-1 中。从表 24-1 中可以看出，总得分最高者为 ABS。因此，对于壳体材料应首选 ABS。

表 24-1　用于壳体几种材料的统计数量化综合表

性能指标	ABS	HIPS	PS
冲击强度	4×3	2×3	1×3

续表

性能指标	ABS	HIPS	PS
价格	3×2	3×2	5×2
加工性	4×2	4×2	5×2
静态强度	3×2	2×2	1×2
硬度	4×1	5×1	5×1
耐磨	4×1	3×1	2×1
耐热	3×1	3×1	2×1
耐低温	5×1	2×1	1×1
耐化学品	4×1	4×1	3×1
耐候	2×1	3×1	3×1
尺寸稳定性	5×1	5×1	5×1
总计得分	55	49	46

统计数量化综合法与雷达图模型图法相比，增加了重要性系数，突出了主要性能；因而，准确性又更进了一步。

第三节 价值分析法

以上两种方法将价格列在性能中比较，虽然统计数量化综合法增加了重要系数，但对价格的重要性考虑不够。价值分析法将价格（成本）和性能分开，计算性能与成本的比值，即通常所说的性能/价格比。要提高制品的价值，其途径为提高性能或降低成本，以提高性能价格比。目的在于以最低的成本，来实现产品的最佳性能。价值分析中的价值如下式计算：

$$价值=\frac{功能}{成本}=\frac{使用性能}{成本}$$

通过价值分析法，可以发现哪些是高性能、低成本的制品，哪些是成本高、性能差的制品；以采取相应改进措施，既保证质量，又避免浪费。

对于多部件的复杂产品，可以通过计算价值系数来选择需要改进的零部件，其方法有多种，这里以强制决定法为例进行说明。

强制决定法的评价步骤为：

（1）计算功能评价系数

采用两两比较法，将两个零件中功能比较重要的记 1 分，次要的记 0 分，然后计算功能评价系数：

$$功能评价系数=\frac{某一零件的功能评分}{全部零件的功能评分}$$

（2）计算成本系数

$$成本系数=\frac{某零件的目前成本}{产品目前整体成本}$$

(3) 计算价值系数

$$价值系数=\frac{功能评价系数}{成本系数}$$

(4) 以价值系数作为选择改进对象和功能分析的参数，得出如下结论：

① 价值系数接近 1 的，说明功能与成本分配是恰当的；

② 价值系数小于 1 的，说明功能与成本分配不当，成本过高，需要改进；

③ 价值系数大于 1 的，说明功能与成本分配不当，功能过高，这时要检查功能是否可靠，如确因技术先进，质量可靠，则可无须提高成本。

(5) 如果通过市场预测和同类产品比较，要把产品成本降低时，可按功能评价系数来分配预计成本。

$$零件降低成本指标=零件目前成本-零件预计成本$$

$$零件预计成本=功能评价系数\times总目标成本$$

(6) 从零件降低成本指标可以分析实施方案及降低指标实现的可能性。

(7) 采用上述的统计数量化方法对实施方案进行综合评价，选择最优方案开展工作。

下面举一个具体计算实例：

某产品由 A、B、C、D、E、F、G、H、I 等 9 个零件构成，整体的目前成本是 239 元，各零部件的功能评价系数和成本如表 24-2 和表 24-3 所列。试用价值分析法判别各零部件的功能/成本分配是否合理？假如通过市场预测要把成本价格降至 200 元，应如何分配各部件的成本？

表 24-2　功能评价系数表

零件名	两两比较结果									功能评分	功能评价系数
	A	B	C	D	E	F	G	H	I		
A	×	1	1	0	1	1	1	1	1	7	0.194
B	0	×	1	0	1	1	1	1	1	6	0.167
C	0	0	×	0	1	1	1	0	0	3	0.083
D	1	1	1	×	1	1	1	1	1	8	0.222
E	0	0	0	0	×	0	1	0	0	1	0.028
F	0	0	0	0	1	×	1	0	0	2	0.056
G	0	0	0	0	0	0	×	0	0	0	0
H	0	0	1	0	1	1	1	×	1	5	0.139
I	0	0	1	0	1	1	1	0	×	4	0.111
										Σ=36	Σ=1.00

注：D 零件的功能评价系数最大，最重要，其次是 A、B 零件；G 零件和 E 零件的数值最小，不重要，如果结构上允许，可以和其他零件合并。若能满足性能要求，尽量用廉价材料。

表 24-3　各项评价指标

零件名称	功能评价系数	目前成本	成本系数	价值系数	分配预计成本	降低成本指标
A	0.194	47	0.197	98	38.8	8.2

续表

零件名称	功能评价系数	目前成本	成本系数	价值系数	分配预计成本	降低成本指标
B	0.167	72	0.301	555	33.4	38.6
C	0.083	18	0.075	11	16.6	1.4
D	0.222	15	0.063	3.52	44.4	－29.4
E	0.028	16	0.067	0.42	5.6	10.4
F	0.056	11	0.046	1.22	11.2	－0.2
G	0	5	0.021	0	0	5
H	0.139	25	0.105	1.32	27.8	－2.8
I	0.111	30	0.126	0.33	22.2	7.8
合计	1.00	2.39	1.00		200(目标成本＝200)	39

按上述步骤计算，将结果列于表 24-2 和表 24-3 中，由此二表中可以发现：

① 零件 A、C 的价值系数接近 1，说明功能与成本基本恰当，但零件 A 仍可适量改进。

② 零件 B、E、I 的价值系数小于 1，说明功能与成本分配不当，成本过高，为改进对象；B 零件若因客观条件大幅降低成本有困难，则可酌情处理。

③ 零件 D、F、H 的价值系数大于 1，说明功能高于成本分配，特别是对于 D 零件，应检查其功能是否可靠，如果可靠，就不必提高成本；零件 F、H 的功能若能保证，也不必提高成本。

用价值分析方法分析产品和零件，还要根据实际情况加以分析。无论在选材和改换原产品的材料时，都应首先从保证质量和满足使用性能要求两方面考虑。另外，还应注意材料的货源与市场价格波动等因素是否会严重影响理论分析的正确性能。

第四节　计算机辅助选用法

随着计算机技术的应用越来越广泛，人们开始建立塑料品种的物性数据库，进而开发出计算机辅助选择塑料材料系统。物性数据库是将物性表电子化及数据库化，用户可以根据产品对材料的要求进行方案匹配，要求越具体越完整，得到的方案就越准确。

目前市场上广泛使用的物性数据库有 UL、塑库网等。

UL（Underwriter Laboratories Inc.）是美国安全试验实验室开发的材料物性数据库，在海外使用比较广泛，是一个需要付费使用的英文数据库（图 24-2）。

国内目前使用较多的是塑库网的超级物性表数据库，有网页版（图 24-3）和微信小程序（图 24-4）两个版本。它支持从材料的制造商、种类、填充物、特性、性能参数和应用等维度，去筛选匹配的材料。

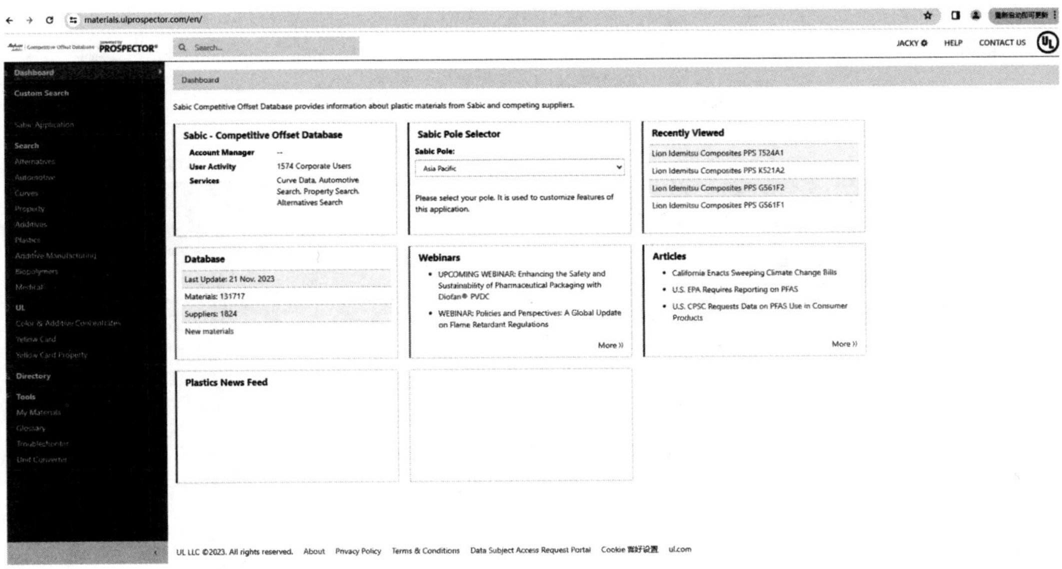

图 24-2　UL 页面

图 24-3　塑库网-网页版页面

图 24-4　塑库网-微信小程序版页面

塑库网的超级物性表数据库，除了包含材料的物性数据，还拥有丰富的图表，可以一次展示多维度非物性表标准的数据关系（图 24-5）。

同时，塑库网还有性能测试项目的解读（图 24-6），包含测试的目的、原理、方法等，以方便用户在选材的过程中，更好地理解这些专业术语的真正含义。

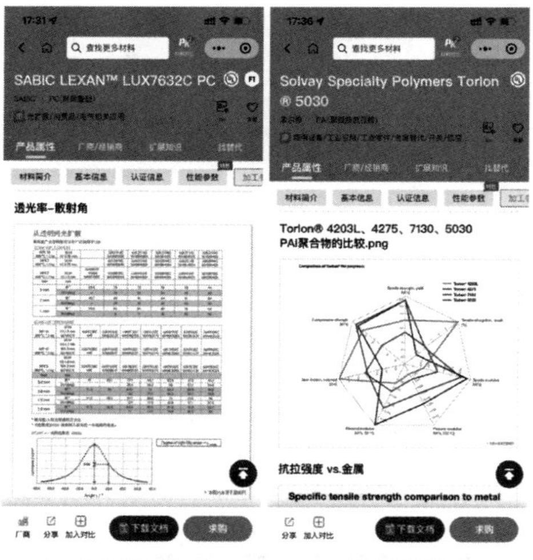

图 24-5　数据关系图表

图 24-6　性能测试项目的解读

此外，塑库网依托于系统中的数十万份物性大数据，可以根据材料的种类、配方、工艺等数据，进行搜索、匹配和计算，提供缺失物性数据的参考值（图 24-7）。

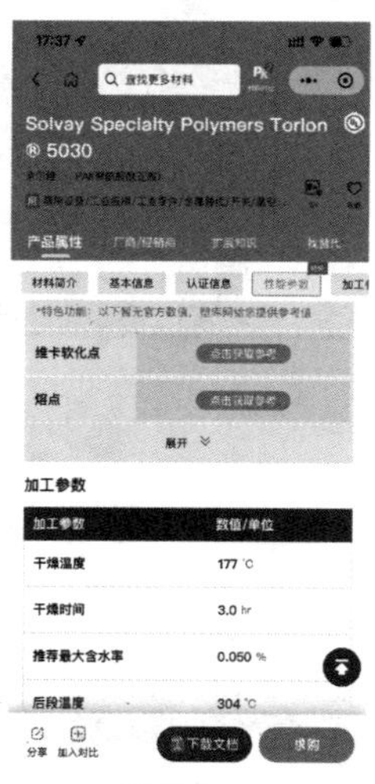

图 24-7　搜索页面

附　录

聚合物分类及中英文名称对照表

类别	用途	品种	中文名称	英文简称	俗称及备注
塑料	通用塑料	聚乙烯（PE）类	低密度聚乙烯	LDPE	PE 料
			中密度聚乙烯	MLDPE	
			高密度聚乙烯	HDPE	PO 料
			线型低密度聚乙烯	LLDPE	拉力料
			茂金属聚乙烯	mPE	
			乙烯-乙酸乙烯酯共聚物	EVA	
			超高分子量聚乙烯	UHMWPE	UPE
			氯化聚乙烯	CPE	
			乙烯-降冰片烯共聚物	COC	镜头料
			超低密度聚乙烯	ULDPE	
			甚低密度聚乙烯	VLDPE	
			交联聚乙烯	PEX，XLPE	
			耐热聚乙烯	PERT	
		聚丙烯（PP）类	均聚聚丙烯	PP 或 PP-H	百折胶
			无规聚丙烯	aPP	
			共聚聚丙烯	PP-C	热水管材料
			无规共聚聚丙烯	PP-R	
			嵌段共聚聚丙烯	PP-B	
			茂金属聚丙烯	mPP	
			等规聚丙烯	iPP	
			间规聚丙烯	sPP	
			超高分子量聚丙烯	UHMWPP	UPP
			氯化聚丙烯	CPP	
		聚氯乙烯（PVC）类	未塑化聚氯乙烯	UPVC	硬质聚氯乙烯
			已塑化聚氯乙烯	SPVC	软质聚氯乙烯
			氯化聚氯乙烯	CPVC	
			聚偏氯乙烯	PVDC	
		聚苯乙烯（PS）类	无规聚苯乙烯	aPS	
			通用聚苯乙烯	GPPS	硬胶
			高抗冲聚苯乙烯	HIPS	
			可发性聚苯乙烯	EPS	
			茂金属聚苯乙烯	mPS	
			间规聚苯乙烯	sPS	日本出光
			等规聚苯乙烯	iPS	

续表

类别	用途	品种	中文名称	英文简称	俗称及备注
塑料	通用塑料	聚苯乙烯（PS）类	苯乙烯-马来酸酐共聚物	SMA	
			丁二烯-苯乙烯共聚物	BS	K料
			丙烯腈-苯乙烯共聚物	AS	
			甲基丙烯酸甲酯-苯乙烯共聚物	MS	
			甲基丙烯酸甲酯-丁二烯-苯乙烯共聚物	MBS	
			苯乙烯-马来酰亚胺共聚物	SMI	
		丙烯腈-丁二烯-苯乙烯共聚物（ABS）类	丙烯腈-丁二烯-苯乙烯共聚物	ABS	壳体料
			丙烯腈-苯乙烯-丙烯酸酯共聚物	ASA	户外料
			丙烯腈-氯化聚乙烯-苯乙烯共聚物	ACS	
			丙烯腈-丙烯酸酯-苯乙烯共聚物	AAS	
	工程塑料	聚碳酸酯(PC)	聚碳酸酯	PC	防弹胶
		聚酰胺（PA）	聚己内酰胺	PA6	尼龙6（杜邦商品名）/单6/锦纶
			聚己二酰己二胺	PA66	尼龙66/双6
			聚癸二酰戊二胺	PA56	尼龙56/赛纶
			聚癸二酰己二胺	PA610	尼龙610
			聚癸二酰丁二胺	PA410	尼龙410
			聚癸二酰癸二胺	PA1010	尼龙1010
			聚十二碳二酰十二碳十二胺	PA1212	尼龙1212
			聚十二碳二酰癸二碳二胺	PA1012	尼龙1012
			聚十一内酰胺	PA11	尼龙11
			聚十二内酰胺	PA12	尼龙12
		聚甲醛（POM）	均聚聚甲醛	POM	赛钢
			共聚聚甲醛	POM	夺钢（宝理商品名）
		热塑性饱和聚酯	聚对苯二甲酸乙二醇酯	PET	涤纶（宝理商品名）
			聚对苯二甲酸丁二醇酯	PBT	
			聚对苯二甲酸丙二醇酯	PTT	
			二元醇改性聚对苯二甲酸乙二醇酯	PETG	
			对苯二甲酸-间苯二甲酸-乙二醇三元共聚酯	APET	
			聚对苯二甲酸-1,4-环己烷二甲醇酯	PCT	
			聚对苯二甲酸-乙二醇-高量1,4-环己二甲醇酯	PCTG	
			聚对苯二甲酸-间苯二甲酸-1,4-环己二甲醇三元共聚酯	PCTA	
			聚萘二甲酸乙二醇酯	PEN	
		聚苯醚	PPO	日本称为PPE	
			改性聚苯醚	MPPO	

续表

类别	用途	品种		中文名称	英文简称	俗称及备注
塑料	特种塑料	耐热塑料	高温聚酰胺	聚己二酰丁二胺	PA46	
				半芳香尼龙	PPA	
				聚对苯二甲酰丁二胺	PA4T	T代表对苯二甲酸系列
				聚对苯二甲酰己二胺	PA6T	
				聚对苯二甲酰壬二胺	PA9T	
				聚对苯二甲酰癸二胺	PA10T	金发
				聚对苯二甲酰十二碳二胺	PA12T	君恒
				聚己二间苯二甲胺	MXD6	安耐吉
				聚间苯二甲酰己二胺	PA6I	I代表间苯二甲酸系列
				聚间苯二甲酰十二碳二胺	PA12I	尼龙12I
				间苯二甲酰己二胺-对苯二甲酰己二胺共聚物	PA6I/6T	尼龙6I/6T
				聚1,4-环己烷二甲己二胺	PA6C	C代表脂环族系列
				聚1,4-环己烷二甲十二碳二胺	PA12C	尼龙12C
				聚萘二甲己二胺	PA6N	N代表萘二甲酸系列
				聚萘二甲酸十二碳二胺	PA12N	尼龙12N
				聚壬二酸酐	PAPA	
				聚对苯甲酰胺	PBA	芳纶14/芳纶Ⅰ
				聚间苯二甲酰间苯二胺	PMTA	芳纶1313/芳纶Ⅱ
				聚对苯二甲酰对苯二胺	PPTA	芳纶1414/芳纶Ⅲ
			聚苯硫醚	聚苯硫醚	PPS	
			聚砜	聚砜	PSF，PSU	
				聚醚砜	PES	
				聚芳砜	PASU	
				聚苯砜	PPSU	
			聚酰亚胺	均苯型聚酰亚胺	PI	
				改性聚酰亚胺	MPI	
				聚酰胺-酰亚胺	PAI	
				聚醚酰亚胺	PEI	
				双马来酰亚胺	BMI	
				双马来酰亚胺三嗪	BT	
			聚芳醚酮	PAEK		
				聚醚醚酮	PEEK	
				聚醚酮	PEK	
				聚醚酮酮	PEKK	
				聚醚醚醚酮	PEEEK	
				聚醚酮醚酮酮	PEKEKK	
			液晶聚合物	LCP		
			其他	聚苯酯	POB	
				聚芳酯	PAR	

续表

类别	用途	品种		中文名称	英文简称	俗称及备注
塑料	特种塑料	阻隔塑料		聚乙烯醇	PVA	
				乙烯-乙烯醇共聚物	EVOH	
				偏氯乙烯的共聚物	PVDC	
				聚萘二甲酸乙二醇酯	PEN	
				聚己二酰间苯二甲胺	MXD6	
				聚酮	POK	
		耐腐蚀塑料		聚氟乙烯	PVF，F1	
				聚偏二氟乙烯	PVDF，F2	
				聚三氟氯乙烯	PCTFE，F3	
				聚四氟乙烯	PTFE，F4	塑料王
				聚全氟乙丙烯	FEP，F46	
				四氟乙烯-全氟烷基乙烯基醚共聚物	PFA	
				氯化聚醚	CP	
		光电塑料		聚苯胺	PAn	
				聚噻吩	PTh	
				聚吡咯	PPy	
		降解塑料	聚交酯	聚乳酸	PLA	
				聚左旋乳酸	PLLA	
				聚右旋乳酸	PDLA	
				聚消旋乳酸	PDLLA	
				聚乙醇酸	PGA	
				聚乙丙交酯	PLGA	
			聚羟基脂肪酸酯(PHA)	聚 3-羟基丁酸酯	PHB	
				聚 3-羟基戊酸酯	P3HV	
				聚 3-羟基己酸酯	P3HH	
				聚 4-羟基丁酸酯	P4HB	
				3-羟基丁酸-3-羟基戊酸共聚聚酯	PHBV	
				3-羟基丁酸-3-羟基己酸共聚聚酯	PHBHHx	
				3-羟基丁酸-4-羟基丁酸共聚聚酯	P34HB	
			聚二元酸二元醇酯	聚丁二酸丁二醇酯	PBS	
				丁二酸-己二酸-丁二醇共聚聚酯	PBSA	
				对苯二甲酸-丁二酸-丁二醇共聚聚酯	PBST	
				对苯二甲酸-己二酸-丁二醇共聚聚酯	PBAT	

续表

类别	用途	品种		中文名称	英文简称	俗称及备注
塑料	特种塑料	降解塑料	聚己内酯	聚ε-己内酯	PCL	
			二氧化碳共聚物	二氧化碳-环氧乙烷共聚物	PEC	
				二氧化碳-环氧丙烷共聚物	PPC	
				二氧化碳-环氧丙烷-环氧环己烷-邻苯二甲酸共聚物	PPC-X	
				二氧化碳-环氧丙烷-邻苯二甲酸共聚物	PPC-P	
				二氧化碳-环氧丁烷共聚物	PPB	
				二氧化碳-环氧己烷共聚物	PCHC	
		热塑性弹性体(TPE/TPR)	聚苯乙烯类	苯乙烯-丁二烯-苯乙烯嵌段共聚物	SBS	TPE
				苯乙烯-乙烯-丁二烯-苯乙烯嵌段共聚物	SEBS	TPR
				苯乙烯-异戊二烯-苯乙烯嵌段共聚物	SIS	
				苯乙烯-乙烯-丙烯-苯乙烯嵌段共聚物	SEPS	
			聚烯烃类	聚烯烃弹性体	POE	
				二元乙丙橡胶	EPM	
				三元乙丙橡胶	EPDM	
				聚丙烯-橡胶动态硫化交联共混弹性体	TPV	
			其他	热塑性聚氨酯弹性体	TPU	
				热塑性聚酯弹性体	TPEE	
				热塑性聚酰胺弹性体	TPAE	
				热塑性聚氯乙烯弹性体	TPVC	
				反式-1,4-聚异戊二烯弹性体	TPI	
				间规聚合1,2-聚丁二烯弹性体	TPB	
				热塑性氟弹性体	TPF	
				离子键型热塑性弹性体		
	一般塑料	热固性塑料		酚醛树脂	PF	电木
				环氧树脂	EP	
				氨基树脂 脲醛树脂	UF	花泥
				氨基树脂 三聚氰胺甲醛树脂	MF	电玉粉
				不饱和聚酯	UP	
				不饱和聚酯片状模塑料	SMC	
				不饱和聚酯模块状模塑料	BMC	
				不饱和聚酯团状模塑料	DMC	
				氰酸酯	CE	
				苯并噁嗪树脂	PBZ	
				呋喃树脂		包括糠醛苯酚树脂、糠醇树脂、糠酮树脂等品种
				烯丙基塑料	DAP	
				聚双环戊二烯	PDCPD	

续表

类别	用途	品种	中文名称		英文简称	俗称及备注
塑料	其他一般塑料	聚氨酯（PU）	弹性体	浇注型	CPU	RIM-PU
				热塑型	TPU	
				混炼型	MPU	
			泡沫塑料	软质		海绵
				半硬质		
				硬质		黑料
		聚甲基丙烯酸酯	聚甲基丙烯甲酯		PMMA	有机玻璃/亚加力/亚克力
			甲基丙烯酸甲酯-丁二烯-苯乙烯共聚物		MBS	
			苯乙烯-甲基丙烯酸甲酯共聚物		MS	
		纤维素塑料	乙酸纤维素		CA	
			硝酸纤维素		CN	
		聚烯烃	聚丁烯		PB	
			聚异丁烯		PIB	
			聚 4-甲基-1-戊烯		TPX，PMP	
		其他	聚乙烯醇缩丁醛		PVB	
			聚乙烯吡咯烷酮		PVP	
			聚硅氧烷		SI	
			笼型聚倍半硅氧烷		POSS	
			石油树脂		HCR	
			萜烯树脂		TR	
橡胶	天然橡胶		天然橡胶		NR	
	合成橡胶		硅胶		SI	
			丁苯橡胶		SBR	
			丁腈橡胶		NBR	
			氯化丁腈橡胶		HNBR	
			顺丁橡胶		BR	
			氯丁橡胶		CR	
			丁基橡胶		IIR	
			异戊橡胶		IR	
			丙烯酸酯橡胶		ACM	
			氟橡胶		FPM	
			三元乙丙橡胶		EPDM	
			乙丙橡胶		EPR	
			氯磺化聚乙烯橡胶		CSM	

续表

类别	用途	品种	中文名称	英文简称	俗称及备注
化纤	聚酰胺类		聚酰胺 6	PA6	锦纶
			聚酰胺 66	PA66	
			聚酰胺 56	PA56	赛纶
	聚酯类		聚对苯二甲酸乙二醇酯	PET	涤纶
			聚对苯二甲酸丙二醇酯	PTT	
			聚对苯二甲酸丁二醇酯	PBT	
	聚丙烯腈		聚丙烯腈	PAN	腈纶
	聚丙烯		聚丙烯	PP	丙纶
	聚氨酯		聚氨酯	PU	氨纶
涂料	成膜树脂		丙烯酸树脂	AR	
			丙烯酸聚氨酯树脂	PUA	
			环氧丙烯酸树脂	EA	乙烯基酯树脂
			聚氨酯树脂	PU	
			醇酸树脂	AK	
			酚醛树脂	PF	
			氨基树脂	AF	
			环氧树脂	EP	
			不饱和聚酯树脂	UP	
			有机硅树脂	SI	
			聚脲树脂	PUA	
			氟碳树脂	PTFE	
	改性树脂		石油树脂		增稠剂
			萜烯树脂		增稠剂
			纤维素衍生物		增稠剂
胶黏剂	黏合树脂		环氧树脂		
			聚氨酯		
			硅胶		
	改性树脂		松香树脂		
			聚乙烯醇缩丁醛	PVB	增黏剂

参考文献

[1] 吴金坤. PVDF 的特性及生产现状[J]. 化工新型材料, 1998, (12): 10.

[2] 钱芝龙. PTT 工程塑料的开发和应用[J]. 工程塑料应用, 2003 (7): 31.

[3] 张士林,范孜娟. 聚偏氟乙烯树脂性能和加工应用 [J]. 工程塑料应用, 2005 (4): 67.

[4] 朱友良. 聚偏氟乙烯树脂的性能与应用[J]. 上海塑料, 2005 (4): 35.

[5] 李洪飞. 吹塑成型 PVF 薄膜工艺研究[J]. 塑料工业, 2005 (10): 28.

[6] 周强. 聚偏二氯乙烯树脂增韧改性研究[J]. 中国塑料, 2008, 22 (7): 11-15.

[7] 陈静. 生物降解聚丁二酸丁二醇酯/聚乙二醇嵌段共聚物的合成及表征[J]. 中国塑料, 2007, 21 (10): 13-16.

[8] 彭李超. 可完全生物降解的聚乳酸共混体系研究进展[J]. 中国塑料, 2008, 22 (11): 1-8.

[9] 王军. PBS 和 PBST 的合成与表征[J]. 塑料, 2008, 37 (3): 58-60.

[10] 李新功. 用于生物降解薄膜的聚己内酯与聚乳酸共混物的制备及性能分析[J]. 农业工程学报, 2016, 32(15): 182-186.

[11] 吴君毅, 江建安. 氟树脂及其应用[M]. 第 2 版. 北京: 化学工业出版社, 2025.

[12] 中国合成树脂协会. 中国合成树脂产业发展报告(2025)[M]. 北京: 石油工业出版社, 2025.